国家出版基金项目

"十三五"国家重点出版物出版规划项目

深远海创新理论及技术应用丛书

微波雷达与辐射遥感

Microwave Radar and Radiometric Remote Sensing

（上册）

[美]法瓦兹·T. 乌拉比（Fawwaz T. Ulaby）
[美]大卫·G. 朗（David G. Long） 著

张 彪 何宜军 译

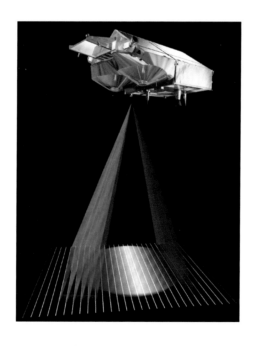

海洋出版社

2024 年·北京

内 容 简 介

本书主要介绍了微波遥感理论、系统和应用方面的内容，包括电磁波的传播和反射、雷达散射、微波辐射测量和辐射传输、大气辐射探测、散射模型与陆地观测、辐射模型与陆地观测、雷达观测和卫星散射计、真实孔径与合成孔径机载侧视雷达、干涉合成孔径雷达、雷达遥感海洋原理和方法、星载高度计和辐射计海洋遥感等内容。全书内容丰富，结构严谨，语言通俗易懂，其专业性和可读性在遥感领域得到广泛认可。

本书适用面广，不仅适合海洋科学类、大气科学类和测绘类等相关专业在校学生阅读，对遥感等领域的研究者来说也具有很高的阅读和参考价值。

图书在版编目 (CIP) 数据

微波雷达与辐射遥感：上下册／（美）法瓦兹·T. 乌拉比（Fawwaz T. Ulaby），（美）大卫·G. 朗(David G. Long) 著；张彪，何宜军译. -- 北京：海洋出版社，2023.9
ISBN 978-7-5210-1150-0

Ⅰ.①微⋯　Ⅱ.①法⋯ ②大⋯ ③张⋯ ④何⋯　Ⅲ.①微波雷达②辐射-应用-遥感技术　Ⅳ.①TN958②TP7

中国国家版本馆 CIP 数据核字 (2023) 第 151283 号

The original English-language publication with Artech House © Artech House.

图　字：01-2023-5946 号

审图号：GS 京 (2024) 0217 号

丛书策划：郑跟娣	发 行 部：010-62100090
责任编辑：郑跟娣	总 编 室：010-62100971
助理编辑：李世燕	编 辑 室：010-62100026
责任印制：安 森	承 印：鸿博昊天科技有限公司
出版发行：海洋出版社	版 次：2023 年 9 月第 1 版
地 址：北京市海淀区大慧寺路 8 号	印 次：2024 年 1 月第 1 次印刷
网 址：www. oceanpress. com. cn	印 张：74.75
邮 编：100081	字 数：1416 千字
开 本：787 mm×1 092 mm 1/16	定 价：680.00 元（上下册）

前　言

本书涵盖了微波遥感理论、系统和应用方面的内容，研究生也参与了该书的编撰。本书由 9 位作者共同合著，按章节次序（非同时）撰写，确保每章的风格、符号和标记保持一致。书中设计了许多章节和小节的过渡，意在内容明晰和结构严谨。我们的目标是将本书篇幅限制在 1000 页以内，该目标已成功实现。

本书特色

（1）书籍主页：www.mrs.eecs.umich.edu，读者浏览本书主页可以获得如下信息：

- 计算机代码——见下文(2)；
- 交互式模块——见下文(3)；
- 空间微波传感器的网址；
- 高分辨率图像。

（2）计算机代码：为了便于读者模拟和评价电磁波与地球表面天然介质之间的相互作用，我们编写并提供了大量的 MATLAB 代码(权限允许)，这些程序用于计算不同介质(大气组分，海洋表面，海冰，积雪覆盖、裸露和植被覆盖的土壤表面)的反射、吸收、散射和辐射。读者可以通过书籍主页网址下载这些配有文档说明和实例的程序文件。多个程序代码组合可以用于特殊的应用需求。

（3）交互式模块：为了便于视觉分析，读者可以通过交互式模块输入一系列参数并以图像的形式观察结果。模块执行 MATLAB 代码并将结果显示在计算机屏幕上。

致谢

如果没有如下几位特殊贡献者的活力和才华，本书不可能出版。因此，每一位都值得褒奖：

Richard Carnes：一位具有超高天赋的钢琴表演者，应用他熟练的 LaTeX 排版系统，几次编辑书稿内容，总是用艺术家的眼光追求完美的排版。

James Green：一位最近获得密歇根大学建筑学学位的研究生，草绘了本书中近 1 000 幅彩色图像。他负责仔细检查本书各章风格、符号和标记的一致性，编辑并细致地对 1 000 余篇参考文献查错。

Dr. Adib Nashashibi：编写了本书中涉及的 50 个 MATLAB 计算机代码，使用这些代码绘制了书中许多模型图。

Dr. Leland Pierce 和 Ms. Janice Richards：将 MATLAB 代码转化成用户友好的交互式模块，这项工作要求 Leland 和 Janice 具有 JavaScript 程序设计和执行的才能。

Jane Whitcomb：一位天赋异禀的研究生，提供了章节末约一半问题的解。

编写一部 1 000 页且又无错误的教科书几乎是不可能的，但可以将错误的数量降低到最少。我们感激仔细检查每个字、图和公式的研究生：Michael Benson，David Chen，Mark Crocket，Rachel Kroodsma，Victor Lee，Nathan Madsen，Kyra Moon，Steven Reeves，Craig Sringham 和 Joe Winkler。正是由于他们仔细的审阅，许多错误被发现并校正。

结束语

出于纯粹的热爱，我们付出努力撰写这本书。我们享受写作，希望读者享用它。

代表所有作者

法瓦兹·乌拉比(Fawwaz Ulaby)

2014 年 1 月

目 录

下 册

第 **1** 章
绪　论

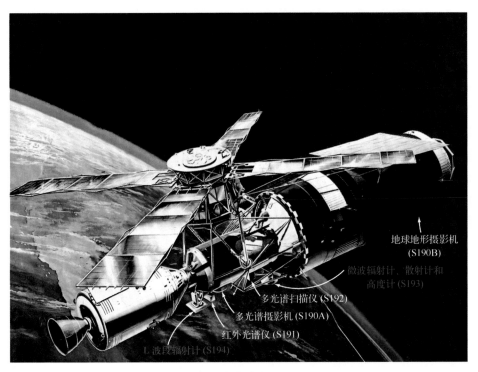

地球地形摄影机
(S190B)

微波辐射计、散射计和
高度计 (S193)

多光谱扫描仪 (S192)

多光谱摄影机 (S190A)

红外光谱仪 (S191)

L 波段辐射计 (S194)

天空实验室

1.1　为什么使用微波进行遥感？

　　航空摄影自 19 世纪晚期起就开始投入使用，与之相比，微波遥感则是较新的技术，自 20 世纪 60 年代初才开始为民所用。既然航空摄影技术已如此成熟，为什么还要使用微波进行遥感呢？

> ▶ 微波给人们提供了全新而又独特的视角来获得关于地球环境的新信息，这些信息往往无法用其他方式获得。◀

　　微波可以穿透云层，甚至在一定程度上可以穿透雨层，并且具有不依赖太阳作为照射源的特点。因此，微波遥感传感器能够全天候、全天时观测地球。图 1.1 所示为云对太空与地球表面之间无线电传输的衰减效应随电磁波长变化的函数图像。当云的密度大到足以完全掩盖地球表面时，航空或卫星光学成像传感器则失去了观测能力，然而对微波影响却很小。冰云对波长超过 1 cm 的微波几乎没有任何影响，水云也只对波长小于 2 cm 的微波有显著影响。与云相比，雨对微波的影响较大，但是它只对波长小于 4 cm 的微波有严重影响，如图 1.2 所示。因此，主动式(雷达)微波传感器几乎能够在任何条件下观测地球。

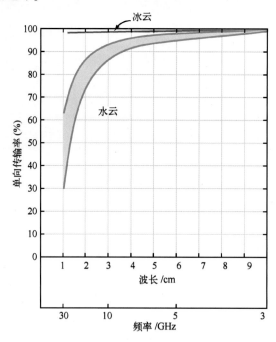

图 1.1　云对从太空到地球表面的无线电传输的衰减效应

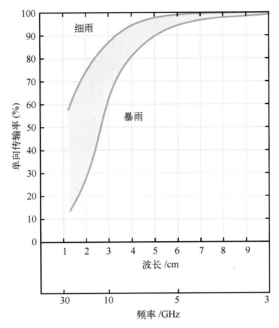

图 1.2　雨对从太空到地球表面的无线电传输的衰减效应

> ► 对于被动式微波遥感(辐射测量)而言，云和雨的衰减效应会影响某些频率对应的地球表面辐射测量。然而，衰减效应也提供了与云和雨有关的信息，科学家可以利用这些辐射衰减信息定量获取感兴趣的重要的地球物理参数，如总液态水含量、云中液态水滴的尺寸分布、大气温度以及降雨强度等。◄

　　波长较长的辐射计尤其适合观测地球极地地区，辐射信号能够穿透云层。然而，在可见光谱段观测这些区域较为困难。

> ► 使用微波的另一个原因在于，与光波相比，它们穿透植被的深度更大。◄

　　图 1.3 描绘了微波穿透深度与波长的关系。电磁波穿透植被的程度取决于植被冠层的含水量和密度以及微波的波长。微波的波长越长，穿透深度越大。因此，通过波长较短的微波，可以获得植被表层的信息，而通过波长较长的微波则可以获得植被底层及地面以下的信息。此外，微波能够大幅度穿透地面。图 1.4 显示了在 3 种不同频率下，微波信号在 3 种不同土壤中衰减 63% 时的穿透深度。微波频率较低时，在干土中的穿透深度很大，但是在湿土中的穿透深度却十分有限。

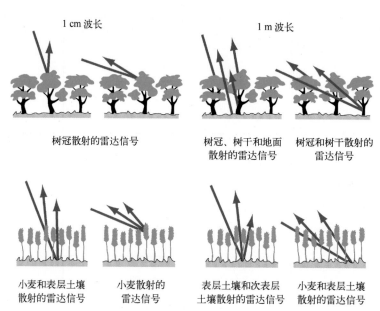

1 cm 波长　　　　　　　　　1 m 波长

树冠散射的雷达信号　　　树冠、树干和地面　　树冠和树干散射的
　　　　　　　　　　　　散射的雷达信号　　　　雷达信号

小麦和表层土壤　　　小麦散射的　　　表层土壤和次表层　　小麦和表层土壤
散射的雷达信号　　　雷达信号　　　土壤散射的雷达信号　　散射的雷达信号

图 1.3　雷达信号穿透植被及经植被散射图解。与湿植被相比，信号在干植被中的穿透深度更大

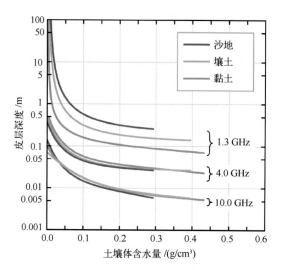

图 1.4　雷达信号透入地面皮层深度与土壤体含水量、微波频率以及土壤类型的函数关系

（Ulaby et al.，1974）

> ▶ 使用微波的第三个原因，也是最重要的原因，是利用微波获得的信息不同于电磁波谱中可见光和红外区域获得的信息。◀

从自然地表散射的微波尤其与地表的电性质（块体介电属性）和几何性质（粗糙度）有关。因此，使用设计合理的微波传感器，能够推断地表的几何形状及其电性质。此外，由微波得到的几何性质和电性质可以对由可见光和红外辐射所获得的信息加以补充，从而促进对地表的几何性质特征和介电特征以及分子共振特性的研究。

1.2 微波传感器概述

微波遥感仪器可以分为两大类：被动式仪器（辐射计）和主动式仪器（雷达），如图 1.5 所示。这两种仪器均包括天线和接收机，与辐射计不同的是，雷达还包括一个发射机。这两类传感器已经在航空航天设备中投入使用，用于对地球和其他行星的研究。主/被动式微波传感器还可以按照仪器的一般工作原理和功能再进行细分。

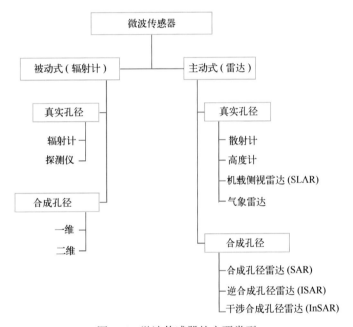

图 1.5 微波传感器的主要类型

常见的主动式微波传感器可分为以下 5 种：合成孔径雷达系统、机载侧视雷达、散射计、高度计以及气象雷达。从这些名称可以看出，合成孔径雷达运用了合成孔径天线处理技术，而其他传感器系统通常使用真实孔径天线。逆合成孔径雷达用于地面以外物体的地基遥感探测。

▶ 合成孔径雷达系统和机载侧视雷达系统均用于移动平台上成像。◀

这些系统发射调频脉冲，使用多普勒/距离处理技术来形成后向散射图像。合成孔径雷达能够提供高分辨率观测，但是相比于其他传感器要复杂得多。散射计能够精确测量后向散射，但是与合成孔径雷达相比，其分辨率相对较低。高度计是专门用于测量平台高度的雷达系统，但是也可以从回波中提取其他信息。气象雷达是专门用于测量降雨量以及其他气象现象的雷达。干涉合成孔径雷达（InSAR 或 IFSAR）是一种专门用于测量地形和表面目标运动的合成孔径雷达。监视雷达用于探测和/或跟踪飞机、船舶以及导弹，Richards 等（2010）和 Skolnik（1980）发表的文章均对其有更为详细的介绍。

> ► 辐射计是一种用于观测微波信号热辐射的被动式微波传感器。◄

辐射与被探测的面目标和体目标的物理温度及电性能有关，并且大气中的云、雾、雨滴等水汽凝结物会对辐射信号进行调制（散射和吸收）。由于辐射计没有发射机，所以通常来说，消耗功率要小得多。与雷达传感器相比，辐射计能够以较宽的频率范围（带宽）观测地球表面。虽然合成孔径辐射计（干涉仪）也用于地球遥感和天文观测，但是传统辐射计主要使用真实孔径天线对地观测（Burke et al.，2002；Goodberlet，2000；Le Vine，1999；Ruf et al.，1988；Thompson et al.，1994；Wohlleben et al.，1991）。垂直探测仪是专门用于获取大气参数垂直剖面的辐射计。

1.3 微波遥感简史

1.3.1 雷达

科学家第一次以 200 MHz 频率尝试产生无线电波的实验取得了成功。按照目前频率分配的命名方法，该频率在超高频带范围内，并且非常接近微波频段（300 MHz 至 300 GHz）的下界。1886 年，Heinrich Hertz 使用谐振器检验了麦克斯韦的电磁理论，证明微波可以探测各种金属和非金属物体的反射。

1903 年，Hulsmeyer 首次将雷达用于船只探测，并于 1904 年获得了该项专利（Hulsmeyer，1904）。Marconi（1922）预测可以使用无线电进行目标探测，但是并未发展这一应用。A. H. Taylor 和美国海军研究实验室（NRL）的其他科学家是将雷达应用于船舶和飞机探测的先驱。科学家在 1922 年第一次用连续波做了雷达探测目标的实验（Skolnik，1980）。

值得关注的是，科学家于 1925 年利用第一台脉冲雷达做了电离层探测的遥感实验（Breit et al.，1926）。Taylor、Breit 和 Tuve 从一个无线电站发射微波脉冲，然后在数英里以外观测到经电离层反射的脉冲，从而测出电离层的高度。直到 20 世纪 30 年代初，脉冲雷达才开始用于探测距离地球较近的物体（Taylor et al.，1934）。1936 年，美国海军研究实验室成功地研制了第一台脉冲雷达。大约在同一时期，英国的 Robert Watson-

Watt(1957)也研制了脉冲雷达。第一批机载雷达是工作在400 MHz频率段的调频高度计,在第二次世界大战前得到广泛应用(Matsuo,1938)。

第二次世界大战时,所有的主要参与国都使用脉冲雷达系统对飞机和/或船舶进行定位。第二次世界大战初期部署的机载雷达在长波频段工作(Rowe,1948)。此后不久,美国麻省理工学院辐射实验室(MIT Rad. Lab.,1948—1952 年)和其他国家的同类实验室证明,在微波频段工作的机载雷达能够对地面成像。到 1946 年,工作频段在 3 GHz、10 GHz 和24 GHz 的成像雷达得到广泛应用。第二次世界大战期间,其他类型的雷达系统也有所发展,并得到广泛应用,主要包括高度计和雷达近炸引信。近炸引信能够在行驶中的飞机附近引发炮弹爆炸,不需要直接命中即可摧毁该飞机。同时,它也可以引发远高于地面的炮弹爆炸,从而减少其破坏性影响,而同样也不需要直接命中。

早期的机载成像雷达需要使用旋转天线对物体表面进行扫描。天线的尺寸有限,因此对图像分辨率有一定的限制。20 世纪 50 年代,一种新型雷达——机载侧视雷达问世。因其天线与飞机机身平行从而可以获得足够的天线长度,因此使用机载侧视雷达可以获得更高分辨率的图像。

> ▶ 机载侧视雷达通过指向侧方向的固定波束来实现扫描,飞机移动时波束在陆地上扫过,从而形成扫描图像。该图像记录于长条胶片上。◀

20 世纪 50 年代,多种类型的机载侧视雷达系统研发成功,包括在 10 GHz(波长为 3 cm)、16 GHz(波长为 1.9 cm)和 35 GHz(波长为 8.6 mm)频率下工作的各种雷达系统。在这些高频率下,使用尺寸长达 15 m 的天线,可以获得更高分辨率的图像,而且探测的距离更远。到 1960 年,雷达系统已经可以获取大量的图像,但是由于是军事机密,这些图像并没有向公众开放。不过,在 1964 年,8.6 mm 波长的 AN/APQ-97 系统获取图像经解密操作,该数据集清晰地显示成像雷达是一种有效的观测地球的工具,进而推动了成像雷达的进一步发展。

> ▶ 1952 年,Wiley 研制出一种基于"多普勒波束锐化"技术的机载雷达,这就是我们今天所熟知的第一台合成孔径雷达(SAR)。◀

Wiley 研发的第一个雷达系统工作在 75 MHz 频段,以指向前方约 45°(现在称之为"斜视模式")的波束面向机身的侧方对地面目标成像(Cutrona,1970)。1954 年,伊利诺伊大学开始自主研发基于多普勒处理技术的雷达(Sherwin et al.,1962),并将这项技术称之为"合成孔径"。1956 年,这项研究转交至密歇根大学继续进行(Cutrona et al.,1961)。20 世纪 50 年代末至 60 年代初,密歇根大学以及许多公司都致力于合成孔径雷达系统的秘密研发。1961 年，对这一新型成像雷达进行描述的论文在科学期刊公开发表(Cutrona et al.，1961，1962)。同时，其他国家也开始研制类似的成像雷达，包括苏联(Reutov et al.，1970)、法国和英国等国家。然而，直到 1961 年美国科学家发表了相关论文后，其他国家才开始有了对该国研究成果进行阐述的公开论文。

> ▶ 合成孔径雷达可以通过侧视成像获取图像。在方位方向，像元分辨率大小与距离雷达的远近无关，使用短天线获得方位向高分辨率。◀

这表示，机载雷达的分辨率有了很大的提高，并且星载高分辨率成像雷达这一概念有望实现。本书第 13 章和第 14 章详细阐述了合成孔径雷达和机载侧视雷达。

成像雷达在科学上首先应用于地质研究，但是，人们从一开始就认为，成像雷达可以应用到许多其他研究中，如土地利用、水资源以及植被研究。1967 年，美国陆军和当时位于巴拿马奥连特省的巴拿马政府共同实施了第一个大型雷达测绘项目(Viksne et al.，1969)。20 世纪 70 年代，美国密歇根环境研究所(ERIM)(Rawson et al.，1974)和喷气推进实验室(JPL)(Schaber et al.，1980)研制了 1.25 GHz 和 9 GHz 多极化合成孔径雷达系统，并实施了相关飞行实验。多极化、多频率图像极大地促进了人们对雷达遥感的认知，从而推动了全极化成像雷达的诞生(Ulaby et al.，1990；Cloude Pottier，1996；Touzi et al.，2004)。干涉合成孔径雷达系统的发展使得从空中测量全球地形的设想成为现实(Farr et al.，2007；Hanssen，2001；Zebker et al.，1986)。机载合成孔径雷达研制技术持续发展，使得雷达天线尺寸越来越小，成像分辨率越来越高。合成孔径雷达已经能够实现获取空间分辨率小于 10 cm 的观测图像(Doerry et al.，2005)。

科学家使用雷达来观测天气情况始于早期的地基雷达，他们发现"草"(海浪的反射)的高度与风有关。实验表明，雷达能够探测雨、雪和冰雹。20 世纪 50 年代，美国研发出第一代气象雷达。1971 年，位于俄克拉荷马州的国家强风暴实验室的科研人员使用第一代民用多普勒雷达研究了风暴形态(Cobb，2004)。随后，其他气象(天气)雷达应运而生，实现了下一代天气雷达(NEXRAD)网的部署，从而最终基本实现了气象雷达在美国的全覆盖。目前，其他国家也部署了类似的网络。这些雷达能够在多个高度测量降雨和风速，并提供风暴预警(Meischner，2004)。这些雷达也因天气预报广播而被公众熟知。

星载雷达

雷达最初应用于太空中航天器的对接，现在已经广泛应用于成像、测高和测风领域。虽然目前军方已经研发出星载雷达，并实施了相关飞行实验，但是我们主要介绍雷

达在民用方面的应用。表 1.1 总结了安装在民用航天器上的成像雷达发展历史。第一代星
载成像雷达曾用于研究表层被云覆盖的金星，也曾用于研究泰坦星（West et al.，2009）。
从 20 世纪 70 年代末开始，苏联研发并发射了一系列侧视机载雷达来观测地球，这是其
Okean 卫星计划的一部分，其中还包括扫描辐射计。早期的这些雷达分辨率都非常低。

表 1.1 星载合成孔径雷达及其主要特征（Moreira et al.，2013）

传感器	运营周期	波段 （极化方式）	评价	机构，国家
Seasat	1978 年	L(hh)	第一颗民用合成孔径雷达卫星，仅运行了 3 个月	NASA/JPL（美国）
SIR-A, SIR-B	1981 年，1984 年	L(hh)	航天飞机雷达任务	NASA/JPL（美国）
ERS-1/2	1991—2000 年/ 1995—2011 年	C(vv)	欧洲遥感卫星（欧洲首颗合成孔径雷达卫星）	ESA（欧盟）
J-ERS-1	1992—1998 年	L(hh)	日本地球资源卫星（日本首颗合成孔径雷达卫星）	JAXA（日本）
SIR-C/X-SAR	1994 年 4 月和 10 月	L/C（四极化） X(vv)	航天飞机成像雷达任务，首次证明星载多频合成孔径雷达	NASA/JPL（美国）
Radarsat-1	1995 年至今*	C(hh)	加拿大首颗合成孔径雷达卫星，刈幅可达 500 km，具有扫描合成孔径雷达成像模式	CSA（加拿大）
SRTM	2000 年 2 月	C(hh+vv)， X(vv)	航天飞机雷达地形测绘任务，第一个星载干涉合成孔径雷达	NASA/JPL（美国）， DLR（德国）， ASI（意大利）
ENVISAT/ASAR	2002—2012 年	C（双极化）	首颗采用发射/接收模块技术的合成孔径雷达卫星，刈幅可达 400 km	ESA（欧盟）
ALOS/PALSAR	2006—2011 年	L（四极化）	先进的陆地观测卫星（Daichi），刈幅可达 360 km	JAXA（日本）
TerraSAR-X/ TanDEM-X	2007 年至今 2010 年至今	X（四极化）	首个太空双站雷达，分辨率高达 1 m，2014 年底全球地形可用	DIR/Astrium（德国）
Radarsat-2	2007 年至今	C（四极化）	分辨率：1 m×3 m（方位角×距离），刈幅可达 500 km	CSA（加拿大）
COSMO- SkyMed-1/4	2007…2010 年至今	X（双极化）	由 4 颗卫星组成的星座，分辨率可达 1 m	ASI/MID（意大利）
RISAT-1/2	2008 年至今	C（四极化）	后续卫星（RISAT-1a）将于 2016 年发射，RISAT-3（1 波段）正在研制中	ISRO（印度）
HJ-1C	2012 年至今	S(vv)	由 4 颗卫星组成的星座，2012 年发射第一颗卫星	CRESDA/CAST/ NRSCC（中国）

* "至今"指原著编写时的时间，全书后文与此一致，不再另注释。——译者注

传感器	运营周期	波段 (极化方式)	评价	机构，国家
Kompsat-5	2013 年	X(双极化)	韩国多用途卫星 5 号，分辨率高达 1 m	KARI(韩国)
PAZ	2013 年	X(四极化)	计划与 TerraSAR-X 和 TanDEN-X 一起组成星座	CDTI(西班牙)
ALOS-2	2013 年	L(四极化)	分辨率：1 m×3 m(方位角×距离)，刈幅可达 490 km	JAXA(日本)
Sentinel-1a/1b	2013 年/2015 年	C(双极化)	星座由两颗卫星组成，刈幅可达 400 km	ESA(欧盟)
Radarsat Constellation-1/2/3	2017 年	C(双极化)	星座由 3 颗卫星组成，刈幅可达 500 km	CSA(加拿大)
SAOCOM-1/2	2014 年/2015 年	L(四极化)	两颗卫星的星座，完全极化	CONAE(阿根廷)

　　20 世纪 60 年代早期，科学家提出了星载合成孔径雷达对地观测的设想，但是直到 1978 年 6 月，搭载合成孔径雷达的海洋学卫星 Seasat 才发射至太空，如图 1.6 所示 (Jordan，1980)。该系统仅运行了 3 个月，就获取了数百万平方千米的高分辨率雷达图像。从 20 世纪 80 年代至 21 世纪初，若干个航天飞机搭载的合成孔径雷达相继成功发射，其中航天飞机雷达地形测绘任务(SRTM)使用雷达干涉测量技术来测量全球表面地形(Farr et al.，2007)。目前，许多其他的星载合成孔径雷达系统都已在轨运行或处于各种规划阶段。

　　另外两种雷达系统，如散射计和高度计，已经搭载在各种飞行平台上，广泛应用于对地观测。不少科学家在第二次世界大战期间(Kerr et al.，1951；Davies et al.，1946)以及第二次世界大战以后(MacDonald，1956；Rouse，1969)对散射系数进行了测量。Long(1975)对 1975 年以前的散射测量值进行了总结。

　　▶ 散射计(该术语名称由 R. K. Moore 于 1965 年命名)是一种用于定量测量雷达散射系数的仪器。◀

　　1974 年，美国发射的 Skylab 卫星携带了 S-193 散射计，用于测量太空中的散射。结果表明，可以利用散射计测量的散射信号推断近表面风速(Moore et al.，1977)。因该实验的成功实施，1978 年发射的海洋卫星 Seasat 上也携带了散射计(Grantham et al.，1977)。这种多天线扇形波束多普勒散射计是第一个同时用于科学研究和业务化海面风场观测的传感器，它促进了一系列用于海面风场业务化观测的卫星散射计的快速发展(表 1.2)。Seasat 散射计使用 4 个正交的扇形波束[图 1.7(a)]观测来自海表同一位置处、不同入射角和方位角对应的后向散射，进而计算近海表风速和风向。后续研发的一些仪器，如 ERS-1/2 散射计（1991—2011 年）（Attema，1991）、NASA 散射计（NSCAT，1996—1997 年）（Naderi et al.，1991）以及高级散射计（ASCAT，2008 年至今）（Figa-Saldana et al.，2002），均采用了扇形波束天线、多普勒滤波和/或距离门技术。SeaWinds 散射计（1999—2010 年，2006 年）（Spencer et al.，2000，2003）是第一个将双旋转波束用于海面风场观测的星载散射计，其后则是印度的 Oceansat-2 散射计（Parmar et al.，2006）。

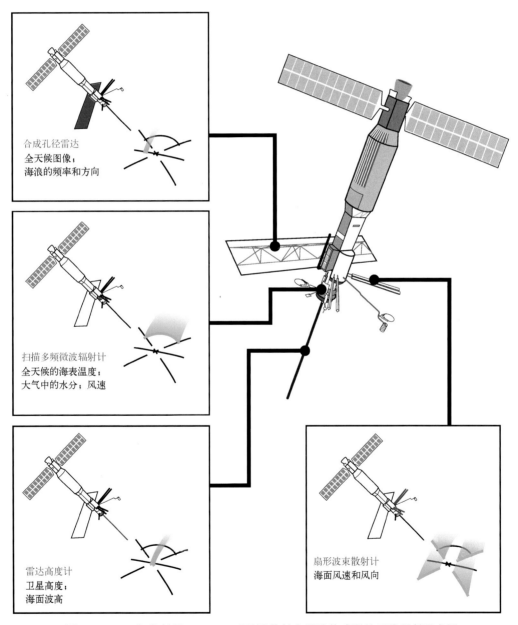

图 1.6　1978 年发射的 Seasat-1 卫星及其每个微波传感器的天线照射示意图

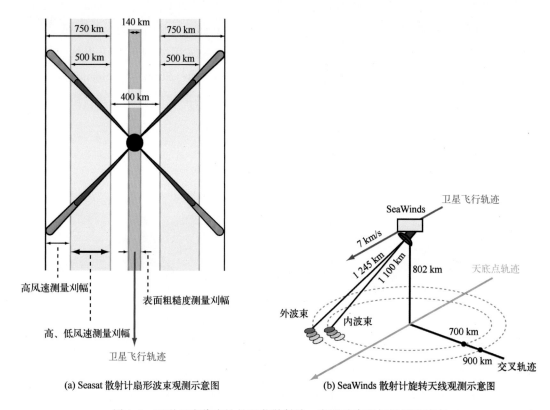

(a) Seasat 散射计扇形波束观测示意图   (b) SeaWinds 散射计旋转天线观测示意图

图 1.7 两种具有代表性的星载散射计：扇形波束和扫描笔形波束

表 1.2 搭载在卫星平台上的散射计

参数	SASS	ESCAT	NSCAT	SeaWinds	ASCAT	OSCAT
频率/GHz	14.6	5.3	13.995	13.6	5.3	13.6
天线方位角						
极化方式	vv 和 hh	vv	vv 和 hh	h(外波束)/h(内波束)	v	v(外波束)/h(内波束)
波束分辨率	固定多普勒	距离门	可变多普勒	笔形波束	距离门	笔形波束
科学观测模式	多样性	SAR 海面风场	仅海面风场	海面风场/高分辨率	仅海面风场	海面风场/高分辨率
分辨率(σ^0)	标准 50 km	50 km	25 km	分辨率单元 25 km×25 km 6 km×25 km	25 km/50 km	分辨率单元 30 km×68 km 5 km×30 km

续表

参数	SASS	ESCAT	NSCAT	SeaWinds	ASCAT	OSCAT
刈幅/km	约750　约750	500	600　600	1 400　1 800	500　500	1 400　1 836
入射角	0°~70°	18°~59°	17°~60°	46°，54.4°	25°~65°	49°，57°
日覆盖率	可变	<41%	78%	92%	65%	>90%
任务及日期	Seasat：1978 年 6—10 月	ERS-1：1992—1996 年 ERS-2：1995—2001 年	ADEOS-1：1996 年 8 月至 1997 年 6 月	QuikSCAT：1999 年 6 月至 2009 年 11 月； ADEOS Ⅱ：2002 年 1—10 月	METOPD：2007 年 6 月至今； METOPB：2012 年 9 月至今	Oceansat-2：2009 年 10 月至今

　　风散射计现已成为卫星测风的标准仪器。散射计后向散射测量已广泛应用于探测海冰类型和范围、冰山以及土壤湿度和植被密度（Liu，2002）。图 1.8 描绘了 SeaWinds 散射计观测的全球地球表面雷达后向散射。高级散射计具有双频、高分辨率观测的优势（Long et al.，2009）。计划于 2014—2015 年发射的土壤湿度主被动（SMAP）遥感卫星将采用低分辨率的 L 波段散射计和 L 波段辐射计以提高土壤湿度测量的准确度（Entekhabi et al.，2010）。

图 1.8　SeaWinds 星载散射计观测的全球陆地和海冰后向散射，
图中显示了由海洋后向散射反演的海面风速和风向

卫星高度计已广泛应用于海洋研究，并且成为研究海洋环流的重要工具(Fu et al.，2001)。此外，高度计还用于测量其他行星的表面地形，例如一直被云层所覆盖的金星。表1.3总结了卫星高度计的发展历史。卫星高度计能够准确测量卫星到地面或海表面的距离。搭载高度计的卫星同时携带辐射计，主要用于高度计大气延迟信号校正。结合精确的轨道定位信息，高度计可以准确地测量海面高度。该信息对于确定大地水准面(地球重力场)极为有用。海洋地形测量能够用于海底地形测绘和海流计算。此外，利用高度计观测也可以获取海面风速。图1.9展示了利用ERS-1高度计观测得出的大地水准面形状。未来将发展宽幅成像高度计系统(Rodriguez et al.，1999；Pollard et al.，2002)。通过跟踪从海面返回至高度计的脉冲波形，科学家可以获取高度计星下点海浪有效波高信息(Sandwell，1991)。

表1.3 民用遥感高度计发展历史

年份	航天器/仪器	波段	高程精度[a]/cm
1973 年	Skylab/S-193	Ku	—
1975 年	Geos3	C	—
1978 年	Seasat/ALT[b]	Ku	10
1983 年	Venera 15/16[b]	S(8 cm)	
1985—1998 年	Gesat[d]	Ku	
1978—1992 年	Pioneer Venus-1/ORAD[b]	S(1.757 GHz)	
1990—1992 年	Magellan/ALT[b]	S(2.385 GHz)	3 000
1991—1996 年	ERS-1/RA[d]	Ku	
1995—2011 年	ERS-2/RA[d]	Ku	
1981—2006 年	TOPEX-Poseidon/SSALT, NA[d]	C, Ku	5
1997 年至今	Cassini/ALT[b]	Ku	100
1998—2008 年	GFO[d]	C, Ku	
2001 年至今	Jason-1/Poseidon-2[d]	C, Ku	
2002—2008 年	Envisat/RA-2[d]	Ku	
2006 年至今	CloudSat/CPR[e]	W	5 000
2008 年至今	Jason-2/Poseidon-3[d]	C, Ku	2.5
2010 年至今	Cryosat-2/Siral[c]	C, Ku	
2011 年至今	HaiYang-2[d]	C, Ku	
2013 年	Saral/Aluka[d]	Ka	

a：根据后续报告处理/评估；b：为测量行星地形设计；c：为测量冰盖高度和海冰出水高度设计；d：为测量海洋地形设计；e：为测量云层剖面设计。

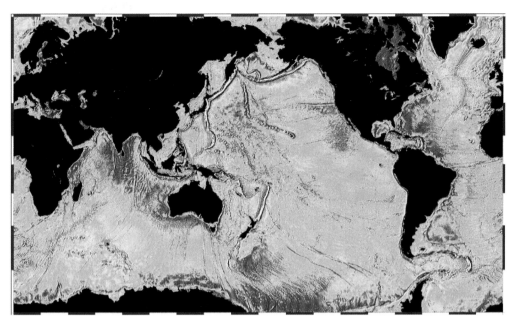

图 1.9　通过 ERS-1 星载高度计数据反演的大地水准面形状（由 Sandwell 和 Smith 提供）

热带降雨测量卫星（TRMM）携带的降雨雷达（Precipitation Radar, PR）是第一个发射全太空的用于测量降雨分布的气象雷达。Ku 波段 TRMM-PR 于 1997 年成功发射并运行在赤道轨道，它采用电子扫描天线测量刈幅 50 km 内的降雨量。降雨雷达的水平分辨率为 4~5 km，垂直分辨率为 250 m（Kozu et al., 2001）。2006 年，CloudSat 卫星发射，它搭载了一台 94 GHz 的雷达，用于测量沿天底点轨迹上云和雨的垂直廓线（Tanelli et al., 2008）。

1.3.2　辐射计

▶ 所有物质都会辐射电磁能，这源于物质内部原子和分子的运动。◀

物质还能吸收和/或反射那些入射到该物质表面的电磁波能量。介质表面和内部的几何形状、表面温度和介电性质的空间分布，会影响介质本身发射、吸收和散射电磁辐射的极化方式和角度变化。通过测量某物质辐射的电磁能量，可以推断出该物质的部分属性。

▶ 辐射测量即测量电磁辐射。微波辐射计是一种灵敏度很高的接收器，能够测量微弱信号的微波辐射。◀

当微波辐射计通过其天线波束观测地球表面时，天线接收的辐射一部分来自地球表面自身的辐射，一部分源于其周围环境如大气的反射辐射。通过选择合适的辐射计参数（波长、极化方式和视角），则有可能建立辐射计所接收的能量大小与特定感兴趣的地球表面或大气参数之间的定量关系。例如，辐射计对裸露土壤表面的观测表明，土壤湿度对 20~30 cm 波长范围内的辐射响应有重要影响（Schmugge，1978）。这种辐射能量与土壤湿度之间存在的关系使得科学家能够利用微波辐射计遥感观测大范围土壤湿度。土壤湿度在水文、农业和气象应用等诸多领域都是极为重要的物理参数。在许多情况下，利用多频观测可以反演多个地球物理变量或预测某一特定变量的垂直剖面。利用星载微波辐射计多频观测可以绘制全球海洋大气温度剖面、水汽总含量和云中液态水的空间分布图。

微波辐射测量技术最早是在 20 世纪 30 年代和 40 年代发展起来的，即将辐射计天线背离地球，测量来自地球以外物质的电磁能量。在 50 年代末，地表微波辐射遥感问世。科学家研制的 4.3 mm 波长的微波辐射计用于测量太阳温度和大气衰减。美国得克萨斯大学 Straiton 研究小组人员对水、木头、草、沥青等几种地表物质做了辐射观测（Straiton et al.，1958）。这些观测实验是科学家首次试图将辐射计天线朝下指向地表观测，而不是朝上观测地球以外的其他行星。

从那时起，微波辐射测量就成为环境遥感领域中不可分割的一部分。目前，科学家利用被动微波传感器在气象、水文、海洋和军事等领域进行了大量的应用研究。星载微波辐射观测实验可追溯到 1962 年 12 月 14 日，Mariner 2 号卫星搭载的辐射计对金星进行了第一次近距离观测（Barrett et al.，1963）。Mariner 2 号卫星搭载的是一个双频微波辐射计，工作波长为 1.35 cm 和 1.9 cm。对地球进行被动式观测始于 1968 年苏联发射的 Cosmos 243 号卫星，它配有 4 个微波辐射计（Basharinov et al.，1971）。1978 年发射的 Seasat-1 卫星包括一个微波辐射计以及几个不同的微波雷达，如图 1.6 所示（Barrick et al.，1980）。

> ▶ 自 1968 年以来，许多卫星都搭载了微波辐射计（表 1.4）。微波辐射计已经成为对地观测，特别是海洋观测的重要传感器。◀

早期的辐射计具有有限数量的观测通道，但是近年来新研制的辐射计具有许多通道，还具有全极化观测能力。图 1.10 为高级微波扫描辐射计（AMSR）观测的全球亮温数据。辐射计图像的空间分辨率相对较低，为 25~50 km。迄今为止，许多星载辐射计的图像分辨率都在这个范围（表 1.4），这是因为辐射计的空间分辨率是由天线的波束宽度和平台高度决定的。由于波束宽度近似于天线长度与波长比率的倒数，因此要获得窄波束宽度就需要尺寸较大的天线。低频辐射计较难解决这个瓶颈问题，而它又特别适合探测海表盐度和土壤湿度。为了克服这种局限性，科学家研制了合成孔径辐射计系统，也称作干涉仪，用来提高辐射计成像的空间分辨率。干涉仪最初用于射电天文学(Ryle，1952；Ryle et al.，1960)。

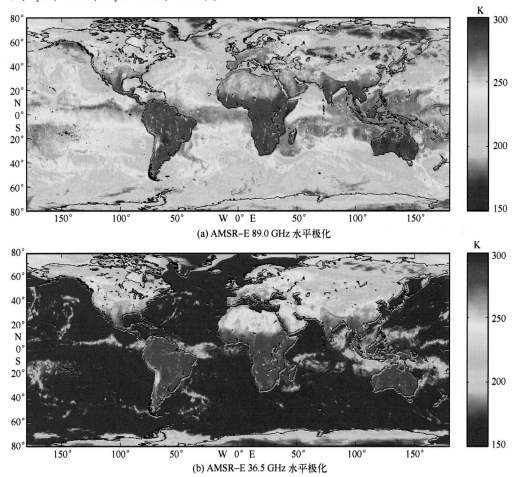

(a) AMSR-E 89.0 GHz 水平极化

(b) AMSR-E 36.5 GHz 水平极化

图 1.10 搭载在对地观测系统上的 AMSR-E 观测的全球亮温被动微波图像

表 1.4 星载微波辐射计发展历史

年份	航天器及仪器缩写	频率/GHz	天线类型	刈幅/km	分辨率[b]/km
1962 年	Mariner 2 Venus Flyby	15.8, 22.4	机械扫描抛物线	行星齿轮	1 300[a]
1968 年	Cosmos 243	3.5, 8.8, 22.3, 37	喇叭式		13
1972 年	Nimbus 5/ESMR	19.3	电扫描阵列式	3 000	25
1973 年	Nimbus 5/NEMS	22.2, 31.4, 53.6, 54.9, 58.8	透镜加载喇叭式	天底点	200
	Skylab/S-193	13.9	机械扫描抛物线	180	16
	Skylab/S-194	1.4	相控阵列式	天底点	115

续表

年份	航天器及仪器缩写	频率/GHz	天线类型	刈幅/km	分辨率[b]/km
1974 年	Meteor	37			
1975 年	Nimbus 6/ESMR	19.3	电扫描阵列式	3 000	20×43
	Nimbus 6/SCAMS	22.2, 31.6, 52.8, 53.8, 55.4	旋转双曲镜面	2 700	150
1978 年	DMSP/SSM/T	50.5, 54.2, 54.3, 54.9, 58.4, 58.8, 59.4	旋转镜面	1 600	175
1978	TIRO N/MSU	50.3, 53.7, 55.09, 57.6	旋转镜面	2 300	110
1978—1987 年	Seasat-1/SMMR	6.6, 10.7, 18, 21, 37	摆动偏置抛物面反射器	600	14×21
1978 年至今	Nimbus 7/SMMR	6.6, 10.7, 18, 21, 37	摆动偏置抛物面反射器	800	18×27
1987, 1990, 1991, 1997, 1999	DMSP/SSM/I	19.35, 22.2, 37, 85.5	旋转偏置抛物面反射器	1 400	15×13
1989 年	COBE	31.56, 53, 90	差动喇叭式	全天候	
1997 年至今	TRMM TMI	10.7, 19.3, 21.3, 37, 85.5	旋转偏置抛物面反射器	878	6
1998, 2000, 2002, 2005	DMSP/AMSU-A/B	23.8, 89, 31.4	旋转偏置反射器	1 650	45
2001—2011 年	Aqua/AMSR-E	6.9, 10.7, 18.7, 23.8, 36.5, 89	旋转偏置抛物面反射器	1 445	4×6
2001 年	WMAP	22, 30, 40, 60, 90	差动喇叭式	全天候	
2002 年	ADEOS-II/AMSR	6.9, 10.7, 18.7, 23.8, 36.5, 89	旋转偏置抛物面反射器	1 400	4×6
2003 年至今	Coriolis/WindSat	6.68, 10.7, 18.7, 23.8, 37.0	旋转偏置抛物面反射器	1 000/400（前/后）	8×13
2009	SMOS	1.41	合成孔径式	1 500	40
2011 年	Aquarius	1.413	推扫偏置抛物面反射器	340	62×68
2014—2015 年	SMAP	1.41	圆锥扫描网反射器	1 000	39×47

a：经由 L. King, NASA/GSFC 提供；b：最高频率分辨率。

　　机载合成孔径辐射计早在 1990 年就研制成功并进行了相关实验（Le Vine，1990）。2009 年发射的土壤湿度和海洋盐度（SMOS）卫星是第一个星载合成孔径辐射计。SMOS 使用沿着 3 个间距为 8 m 的伸展臂排列的 69 个天线阵列测量 L 波段辐射值，这些观测值可以处理成空间分辨率为 35 km、幅宽为 1 000 km 的图像（Kerr et al.，2010；Font et al.，2000）。

1.4　电磁波谱

图 1.11 描绘了晴空条件下大气不透明度的频率和波长分布。按电磁波在真空中传播的波长或频率，递增或递减排列，则构成了电磁波谱。最低频率（最长波长）是无线电波，包含波谱中的微波部分。位于电磁波谱较高频率（较短波长）处是红外线，接下来是可见光。可见光往前是紫外线，与之重叠的是 X 射线。最后，最高频率对应的是伽马射线。遥感的主要依据是电磁波谱。然而，本书主要关注电磁波谱中的无线电波，特别是微波波段。大气不透明度，反映了信号穿透大气的能力，如图 1.11 顶部所示。微波频段的大气透射率（与不透明度相反）如图 1.12 所示。大气不透明度和透射率对于选择合适频率遥感大气、陆地和海洋有重要参考作用。

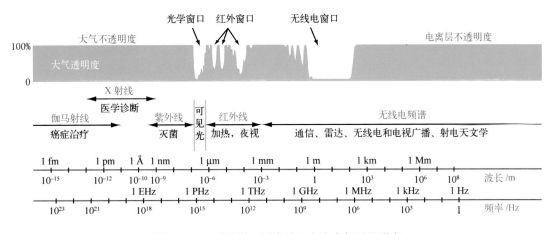

图 1.11　电磁波谱，图中最上方为大气不透明度

例如，由于在 22 GHz 和 183 GHz 频率附近水汽的吸收作用，在 58 GHz 和 119 GHz 附近氧气的吸收作用，这些频率几乎是大气辐射测量的专用频率。与之相反，频率低于 20 GHz 时，大气基本透明。因此，在大气窗口内的信号衰减可以接受。图 1.12 描绘了那些透过大气观测地球表面的传感器工作频段（该频段内的频率小于 20 GHz）以及大气透射窗口对应的频率。短程雷达，如汽车防撞雷达，在 77 GHz 频段工作，此时大气衰减有助于最大限度地减少来自远处雷达的干扰。

图 1.13 总结了无线电频谱及其应用领域，包括通信、导航、广播、雷达和被动式遥感。由于频谱是有限的资源，这些服务必须共享频谱，为此，各国政府与国际电信联盟（ITU）等国际组织合作，协调无线电频谱共享应用。ITU 采用国际英文字母给十进频率波段范围命名。

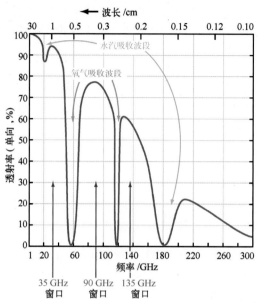

图 1.12 在晴空条件下，沿垂直方向穿过地球大气层的透射率

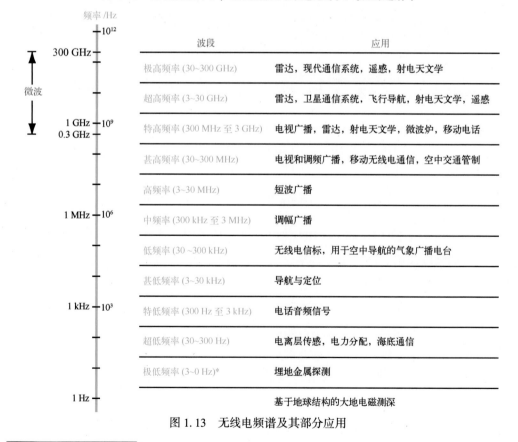

图 1.13 无线电频谱及其部分应用

---

* 此处原著有误，应为 3~30 Hz。——译者注

▶ 按照惯例，微波波段包括 0.3~300 GHz(波长为 1 m 至 1 mm)范围内的特高频(UHF)、超高频(SHF)以及极高频(EHF)。◀

在微波区域内存在多种不同的频段字母命名方案，表 1.5 显示了常用微波波段名称。各种频段还有 ITU 制定的官方子名称，此处暂不介绍。然而，通常来说，K 波段的下段(一般为 10.9~22 GHz)称为 Ku 波段，而 K 波段中高于 22 GHz 的部分通常称为 Ka 波段。尽管存在其他更准确的定义，但是这些标志较为常用。

表 1.5 常用微波波段名称

波段	频率范围/GHz	波段	频率范围/GHz
P	0.225~0.390	K	10.9~36.0
L	0.390~1.550	Q	36.0~46.0
S	1.550~4.20	V	46.0~56.0
C	4.20~5.75	W	56.0~100
X	5.75~10.9		

除了 Q 波段和 V 波段，雷达可以在其他所有波段下工作，对于大多数遥感，雷达在 L 波段或更高频率下工作。在具体分配的频段内使用雷达需要经过正式的行政批准(美国的联邦通信委员会或其他国家的类似机构；世界无线电行政大会对国际频率进行分配)，获得许可证才能使用雷达进行观测。表 1.6 列出了部分分配的频率和一些非遥感应用对应的频率。雷达遥感系统和其他雷达之间共享频段通常是不允许的。因此，雷达遥感系统的设计者不能任意选择和使用频率。

表 1.6 根据 1992 年世界无线电行政大会总结的遥感专用雷达频率分配表
(这些都与其他服务共享) 单位：GHz

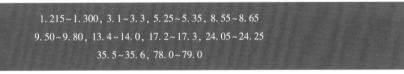

| 1.215~1.300, 3.1~3.3, 5.25~5.35, 8.55~8.65 |
| 9.50~9.80, 13.4~14.0, 17.2~17.3, 24.05~24.25 |
| 35.5~35.6, 78.0~79.0 |

其他分配的例子	
雷达高度计	4.2~4.4
多普勒导航仪	8.8, 13.25~13.40
气象雷达	5.6~5.65, 9.3~9.5
岸基雷达	5.35~5.65, 9.0~9.2, 10.0~10.55
船载雷达	5.46~5.47, 9.3~9.5, 14~14.3, 24.25~25.25, 31.8~33.4

辐射计也可以在整个微波频谱下工作。微波辐射计的测量精度与 $(B\tau)^{-1/2}$ 成正比，其中 B 是接收机带宽，τ 是积分时间。由于辐射计搭载在移动平台上，通过扫描获得宽刈幅，所以 τ 会受到明显的限制。因此，要实现高精度的辐射测量，应使用尽可能宽的带宽。然而，由于辐射计对干扰非常敏感，因而通常使用被保护的频率，这些频率专门用于被动遥感。表 1.7 总结了被动式遥感传感器频率分配结果信息。被动式微波系统与射电天文共用这些分配频率。这些频率被加以保护，以防止出现任何形式的非法使用。然而，对于机载和星载被动式传感器而言，一些射电天文波段过于狭窄，因此在共享的基础上，它们还有一些额外的频率可以使用(表 1.7)，但是这些系统的使用者必须明白，由于受到地面发射机的干扰，他们可能无法对地球上的某些地方进行探测。被动微波遥感无须许可证，但是设计人员必须准备应对可能会受到的干扰——即使是在分配的仅用于被动遥感的频段内工作。以图 1.14 为例，该图显示了极化辐射计 WindSat 于 2008 年观测的干扰位置图。

表 1.7　被动式遥感传感器频率分配表　　　　单位：GHz

0.404~0.406[a]	15.35~15.40[a]	89~92[a]
1.370~1.400[s]	21.2~21.4[p]	100~102[p]
1.400~1.427[s]	22.21~22.5[s]	105~116[a]
1.660 5~1.668 4[p]	23.36~24.0[a]	116~126[p]
2.600~2.640[s]	31.3~31.5[a]	150~151[p]
4.2~4.4[s]	31.5~31.8[p]	164~168[a]
4.80~4.99[s]	36~37[p]	174.5~176.5[p]
6.425~7.250[s]	50.2~50.4[p]	200~202[p]
10.60~10.68[p]	51.4~54.25[a]	217~231[a]
10.68~10.70[a]	54.25~58.2[p]	235~238[p]
15.20~15.35[s]	64~65[a]	250~242[a]

a：保护射电天文——不允许发射；
p：共享的，主要用于具有发射机的服务；
s：共享的，二次用于具有发射机的服务。

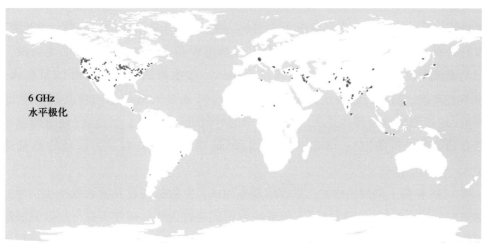

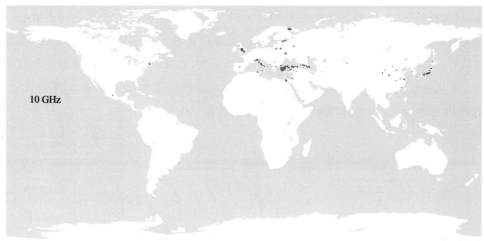

图 1.14 极化辐射计 WindSat 在 6 GHz 水平极化和 10 GHz 极化下观测到的射频干扰(RFI)强度
(图片由美国海军研究实验室的 William Johnson 和 Li Li 提供)

1.5 雷达基本原理与应用

1.5.1 雷达遥感原理

> ▶ 术语"雷达"的意思为无线电探测和测距。雷达在某个时期主要用于探测船舶和飞机以及确定距离,科学家和工程师在该时期命名了"雷达"这一术语。 ◀

目前，一些无线电设备只能用于测量电磁波的振幅；另一些设备则只能用于测量电磁波传播的速度。在许多情况下，目标(例如地面)是已知的，因此，"探测"可能没有必要。"雷达"一词现在适用于任何无线电设备。雷达发射机发射电磁波，当入射电磁波照射至反射或散射表面或某个物体，接收机测量反射信号的某些属性。从根本上来说，雷达能够确定以下属性：①方向(通过天线的指向对其进行确定)；②距离(通过测量信号到达并从目标物返回的时间进行确定)；③速度(通过测量回波的多普勒频移进行确定)；④雷达散射截面(通过比较回波与发射信号的能量进行确定)。

图 1.15 描绘了典型遥感雷达系统的基本构成。发射机通过发射天线产生信号，信号射向"目标"，并经过该"目标"反射或散射回到接收天线，接收天线再将散射波耦合至接收机电路中，接收机对回波信号进行放大，然后再对信号进行处理，从而得到感兴趣目标的特征。除了最简单的振幅测量雷达之外，发射机和处理器之间需要有一定的相关性，这样才能对发送和接收信号的特征进行比较。许多雷达使用单天线发射和接收信号。对于这些雷达，通过使用收/发转换开关(T/R 转换开关)在发射机和接收机之间交替切换信号发射和接收方式，也有些雷达是使用微波循环器来实现信号隔离。本书第 13 章至第 16 章将详细阐述雷达系统设计和工作原理。

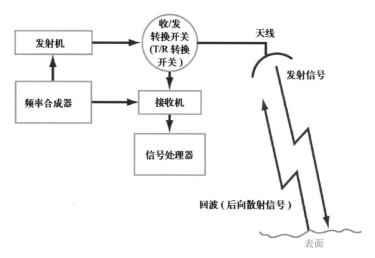

图 1.15　遥感雷达系统的基本构成

如前所述，用于遥感应用的雷达系统可分为两大类：成像雷达(合成孔径雷达和机载侧视雷达)和非成像雷达(如散射计、高度计和气象雷达)。许多遥感应用需要成像雷达，但是在一些特殊的应用领域，例如海面风速测量，则需要使用散射计。虽然星载散射计是非成像传感器，但是它也可以获得低分辨率的图像。

在机载侧视雷达成像过程中，天线以竖向宽横向窄的波束指向一侧。如图 1.16 所示，搭载雷达的航空器经过目标区域时，图像就生成了。在这个简单的脉冲系统中，机载雷达发射的短脉冲主要集中在图中所示的横向窄波束内。当脉冲到达目标物后，会有信号返回到雷达。

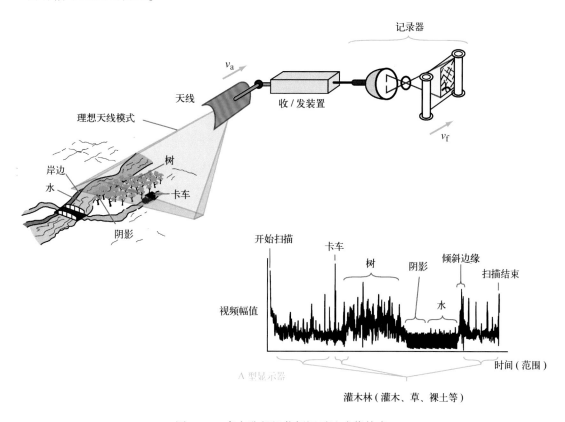

图 1.16　真实孔径机载侧视雷达成像技术

> ▶ 与其他脉冲雷达一样，根据接收信号的时间延迟，可以得出目标物和雷达之间的距离。◀

该图描绘了在飞行过程中，在某一特定时刻对应的典型雷达回波，树丛和桥梁的回波信号强，而雷达阴影区域内的河床则没有回波信号。在发射单脉冲时，返回信号可以在图 1.16 所示的示波器上显示。在早期的机载侧视雷达系统中，信号的强度记录在与航空器同步移动的胶片条上，当航空器向前移动时，胶片也会随之移动。航空器移动时，一系列的强度线形成地面雷达回波的二维图像。事实上，使用胶片进行记录有很大的局限性，现代雷达系统都以数字化的方式来存储数据。

> ▶ 机载侧视雷达可分为两类：真实孔径系统以及合成孔径系统。前者的波
> 束宽度由实际天线尺寸决定；后者则通过平台运动和信号处理，获得沿轨方
> 向更窄的波束宽度。◀

真实孔径系统的常用名是"SLAR"，而合成孔径雷达（SAR）系统的常用名为
"SAR"，尽管后者也是机载侧视雷达的一种类型。

　　SLAR 的沿轨分辨率与天线的波束宽度和到目标物距离的乘积成正比。因此，
SLAR 的分辨率随着交轨向距离的变化而变化，想要获得高分辨率图像就要使用大型天
线。相对于 SLAR，SAR 的主要优点在于：SAR 的沿轨分辨率与合成天线的长度成正
比，与到目标物的距离无关（本书第 14 章将对这一重要结论加以阐述）。因此，无论是
机载 SAR，还是星载 SAR，沿轨分辨率不会降低。与 SLAR 不同，若想得到高分辨率的
图像，SAR 需要使用短天线而不是长天线。图 1.17 解释了 SAR 如何从多个天线位置处
获得回波信号，然后将这些信号合成一个较长的等效天线，从而获得更高的沿轨分辨
率。现在，许多 SAR 系统具有多极化观测能力，能够获得与目标散射机制有关的信息，
进一步提高 SAR 图像数据的利用率（Ulaby et al.，1990；Cloude et al.，1996；Touzi
et al.，2004）。

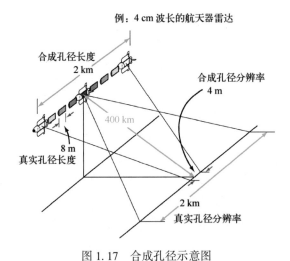

沿轨分辨率
真实孔径 $r_a = \lambda R / l$
合成孔径 $r_a = l / 2$

例：4 cm 波长的航天器雷达

合成孔径长度
2 km

合成孔径分辨率
4 m

400 km

8 m
真实孔径长度

2 km

真实孔径分辨率

图 1.17　合成孔径示意图

　　最常用的非成像遥感雷达包括气象雷达、散射计和高度计。风散射计通过多个方
位角或多频率观测，测量宽刈幅区域内相同位置处的后向散射。散射计的基本功能是

准确测量后向散射。研究人员需要特别注意仪器热噪声设计和内部辐射校正方案，以期在 10 年内达到星载系统所需的测量精度。对于海面风场测量，卫星散射计必须能够满足多入射角和/或多方位角观测需求。如图 1.7 所示，这个需求可以通过使用多个扇形波束天线（Naderi et al.，1991）或旋转笔形波束天线（Spencer et al.，1997）来实现。使用扇形波束天线时，可以采用多普勒处理和/或距离门获得沿波束方向分辨率。

> ▶ 卫星高度计测量平台与海面之间的距离，其测量精度约为 1 cm。 ◀

虽然雷达测距精度至关重要，但是高精度定轨也非常重要，这样才能实现高度计厘米级海洋观测精度（Zieger et al.，1991）。为了避免潮汐混叠，高度计需要采用特殊的轨道，如 TOPEX/Poseidon 卫星 1 600 km 轨道（Fuet et al.，1994；Fu et al.，2001）。根据高度计返回脉冲形状，可以提取海表面波信息，后向散射平均值提供了风产生的表面粗糙度信息。

气象雷达测量后向散射和随距离变化的多普勒频移，因而可以观测大气中降雨和风场。它们通常将旋转天线多波束与距离门技术相结合，在三维空间采集观测数据（Cobb，2004；Meischner，2004）。

1.5.2　雷达遥感应用

遥感雷达已成为对地观测的标准工具，新的雷达遥感应用也在持续发展。表 1.8 总结了一些常见的机载和星载成像雷达（SLAR 和 SAR）在遥感领域的应用。

> ▶ 非成像雷达在遥感领域的主要应用是对海洋和极地海冰进行观测，星载雷达高度计和散射计在这方面均有所应用。 ◀

高度计已经广泛应用于测量大地水准面的详细特征，甚至通过精确测量海流偏转信息，获取潮汐和海流特征（Fu et al.，2001；Leitao et al.，1978），并测量高度计星下点海浪的有效波高（Gower，1979）。潮汐、海流和海浪信息有助于科学家预测厄尔尼诺和拉尼娜事件。雷达散射计能够准确测量海面风速和风向以及降雨率（Naderi et al.，1991）。散射计也用于海冰测绘、冰山追踪以及土壤湿度和植被覆盖监测。图像处理重构技术（Early et al.，2001）使散射计可以充当成像传感器，进而拓展了其应用范围。

雷达成像已广泛应用于地质研究中，例如识别地质结构（旨在矿产勘探与普通地质测绘），其次可以对岩石类别进行分类。这在岩石裸露的沙漠地区非常有效，而在植被覆盖度很高的区域效果并不显著，在这些区域，雷达信号主要来自植被，因而雷达无

法探测植被覆盖下的岩石，除非岩石和植被具有类似的散射特征。

表 1.8　机载和星载成像雷达典型应用领域

地质：
    结构
    岩性

水文：
    土壤水分
    流域制图
    洪水测绘
    地表水(池塘、湖泊、河流)测绘
    雪地测绘

农业：
    作物制图
    农业生产监控
    识别场边界
    监测生长和收获进展
    确定应力区
    牧场监测
    水资源问题——水文学同理

森林：
    监测伐木
    绘制火灾损害图
    确定应力区
    植被密度

制图：
    地形测绘
    土地利用制图
    监测土地使用变化、城市发展等

极地(冰层)：
    海冰监测与制图
    冰山的探测和跟踪
    绘制冰川冰原图
    监测冰川变化，包括测量速度

海洋：
    测量波谱
    监测溢油
    监测船舶交通及渔船队
    风速、风向测量
    雨
    云
    测量海流
    海底测绘

　　尽管散射计已用于测量土壤湿度，然而成像雷达还没有应用于土壤湿度业务化监测。实验结果已证明合成孔径雷达图像能够提供土壤湿度信息(Ulaby et al.，1974，1979，1982a；Oh et al.，1992；Dubois et al.，1995a)。由于水体和陆地表面对应的雷达后向散射具有明显的对比度，因此利用合成孔径雷达监测洪水显得较为简单。SMAP等卫星任务从太空中获得全球土壤湿度信息(Entekhabi et al.，2010)。这一类卫星还将监测积雪覆盖范围和特征以及含水量等信息，这对于确定未来河流径流变化、预测是否会发生洪水或者确定可用于灌溉或水力发电的水量很重要(Stiles et al.，1980a)。

　　雷达在极地区域具有独特的观测优势。极地区域夜晚时间较长，且存在大面积的冰雾，这两点限制了可见光传感器在极地地区的遥感应用。研究表明，雷达能够较好地探测海冰特征(Page et al.，1975)。

星载 SAR 已用于湖泊和覆冰监测,并且已广泛用于绘制冰川冰图以及确定格陵兰、南极洲和其他地区的冰川流速(Jezek,2003)。SAR 图像已用于业务化海冰监测以及探测和跟踪极地区域的冰山。利用计算机技术,将散射计观测进行拼接和再处理,可以得到适用于许多应用研究的散射计(和辐射计)图像。相对于机载侧视雷达和合成孔径雷达,散射计的空间分辨率比较低,但在气候研究中,特别是在极地地区,散射计发挥着极其重要的作用。

Seasat 上搭载的合成孔径雷达首次证明了监测全球海浪的能力(Beal,1980)。从那时起,许多星载合成孔径雷达都有"波模式"成像模式,用于测量海浪谱,探测和追踪海洋溢油(Kraus et al.,1977;Moncrief,1980;Lehner et al.,2000)。海面毛细波是产生雷达后向散射信号的主要因素,海洋溢油会阻尼表面毛细波,因而被溢油覆盖的区域在雷达图像上呈现出黑暗状特征。虽然散射计的空间分辨率较低,但也可用于大范围监测海洋溢油(Lindsley et al.,2012)。众所周知,岸基和船载雷达能够监测船舶交通状况。目前,科学家正在开展 TerraSAR-X 等星载 SAR 图像舰船监测研究(Moreira et al.,2010)。

1.6 辐射计基本原理与应用

1.6.1 辐射计原理

雷达天线发射电磁波至观测目标,然后接收经目标散射的回波信号。相比之下,辐射计的"发射源"是目标本身,因而辐射计仅仅是被动式接收器。辐射计天线仅接收来自目标发射和/或反射的能量。如图 1.18 所示,全功率辐射计由天线、信号放大器、信号检测器、信号积分器(低通滤波器)和记录装置组成。

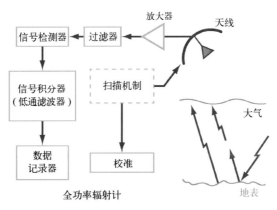

图 1.18 微波辐射计主要元件

正如本书第6章详细阐述的，物体在热力平衡状态下发射的功率 P 是其物理温度 T 的函数，在微波波段，P 与亮温 T_B 成正比：

$$P = kT_B B \qquad (1.1)$$

式中，k 为玻尔兹曼常数，B 为辐射计带宽。如果物体具有恒定的物理温度 T，则称该物体具有辐射率（$e = T_B/T$）。辐射率 e 介于 0（完全不辐射物体）到 1（完全辐射体，也称作黑体）之间。

理想条件下，当辐射计天线波束照射目标，如果获取均匀的亮温 T_B（表示沿天线照射方向上的辐射），则辐射计天线观测功率与目标发射功率 P 相同。然而，在实际工作中，辐射计观测的辐射能量等于所有入射方向上的辐射积分（各方向辐射权重由天线方向图确定），大气影响、天线结构自辐射以及内部噪声对接收机的干扰等因素也都起着重要的作用，将在本书第6章和第7章作具体阐述。

尽管上文已经指出，辐射计仅仅是被动式接收机，但是辐射计接收机与传统的雷达或通信接收机有两点不同之处。首先，传统接收机处理的输入信号是相位相干的，且近乎单频；而物体介质发射的自然辐射则是相位非相干的，并且涵盖了整个电磁波谱上的频率，也就是说，它具有"类噪声"的性质，并且类似于接收机组件产生的噪声功率。

第二个差别与接收机输出端的信噪比 S_n 有关。在传统的接收器中，当 $S_n \gg 1$ 时，才能对信号与噪声的波动分量进行区分，从而准确地提取接收信号中的信息。一般来说，结合发射信号的振幅和波形设计，并且在接收器部分使用信号处理技术，可以满足这一条件；散射计也经常采用类似于辐射计信号采集和处理的方法（详见第7章）。然而，对于辐射计而言，其测量的辐射信号通常比接收机的噪声功率小得多。要获取精确的亮温（T_B）观测值，需要将高灵敏度的接收机采集的信号在时域和频域进行平均处理。此外，接收机还要保证有较高的稳定性和准确性，因而需要时常对接收机进行定标。为了达到上述标准，目前已经研发出若干不同的接收机配置，第7章将对其中的部分配置进行具体的阐述。

典型辐射计既可测量垂直极化信号亮温，也能测量水平极化信号亮温，每种极化亮温都蕴含了观测目标的信息。本书第7章中将会介绍，极化辐射计测量4个斯托克斯极化参数（Gasiewski et al., 1993；Tinbergen，1996），从中可以推断出观测目标的更多信息。

1.6.2　微波辐射计应用

▶ 微波辐射计用于以下几方面：天文学研究、军事应用和环境监测。◀

　　虽然雷达和辐射计都用于射电天文学研究，但是地基雷达仅限于对太阳及其临近目标(如太阳系内的行星和月亮等)进行观测，而辐射计则可以测量银河系中众多天体以及其他星系天体释放的辐射。

　　辐射计的主要军事用途是用于检测或定位金属物体。如前所述，亮温 T_B 是表征辐射计(通过其天线波束)观测目标自身辐射的术语，该值最小为 0 K(不发射介质)，最大可达目标本身的物理温度 T_0 (完全发射体，也称为黑体)。同样，辐射率 $e(=T_B/T_0)$ 介于 0~1。理论上，理想导电材料，如金属物体，其辐射率为 0，因此很容易就能将其与地球表面区分开(陆地表面辐射率很少会小于 0.3，通常都大于 0.7)。虽然金属物体自身不发生辐射，但它们的辐射温度通常不等于 0，这是因为它们可以反射大气下行辐射。视场内有无金属物体对应的辐射对比度是波束填充因子(金属目标横截面积与天线地面足印的比率)的函数。足印大小(即空间分辨率)由辐射计与地面之间的距离以及天线波束宽度决定，而天线波束宽度又由天线尺寸和微波频率确定。即使在高频波段，辐射计固有的有限空间分辨率也不能改变，因此使用弹载微波辐射计定位军事目标时，只有当目标在数百米内，才能实现有效探测。例如，Deitz 等(1979)通过研究发现，高于地面 100 m 的 35 GHz 辐射计可以轻松地排除坦克周围地面的信号波动干扰，进而探测坦克位置。在更高的微波频率(例如，94 GHz 和140 GHz 的大气窗口频率)下，该高度范围可以增加 3~4 倍，这是因为对于给定的天线尺寸，视场随着高度与频率比率的平方 $(h/f)^2$ 而变化。在实际业务中，微波辐射计和联合使用的空间分辨率更高的雷达、红外扫描仪，是军事目标探测的主要传感器。由于辐射计不发出任何预警信号，因此在导弹接近目标区域时，微波辐射计是战争最后阶段的主要传感器。由于微波辐射计是宽频段非相干接收机，所以天线波束在相对均匀的地形上扫描时，其观测的亮温比"相干"雷达系统观测的后向散射波动幅度小。如果目标的亮温 T_B 与背景温度不同，那么这种较小的波动转化成虚假警报的可能就会降低。

　　除了在射电天文学和军事领域中应用，目前，微波辐射计在气象学、海洋学和水文学(表 1.9)等若干地球科学领域中也得以广泛应用。星载微波辐射计空间分辨率较低(表 1.4)，限制了辐射计在 15 km 或更高分辨率下的遥感应用。这意味着，除少数陆地遥感应用以外，大多数辐射计主要用于观测海洋参数或者海洋上方的大气参数，这些参数包括海表温度和风速(Wilheit，1979)，海冰类型及其密集度(Zwally et al.，1977)，大气水汽含量、液态水含量以及温度剖面(Staelin et al.，1973；Wilheit，1979)，降雨率(Wilheit et al.，1977)和盐度(Pampaloni et al.，2000)。

表 1.9　机载和星载微波辐射计在遥感领域的典型应用

水文：	海洋：
土壤水分	测量海面风速
流域地表水系	测量海表温度
洪水测绘	测量海表盐度
地表水(池塘、湖泊、河流)测绘	监测海洋溢油
积雪范围、雪水当量、雪湿度	绘制降雨量分布图
农业：	气象和气候(主要在海洋上)：
作物产量估测和灌溉调度中的土壤水分分布	温度廓线
冻-融边界划定	水汽总量
	水汽廓线
	液态水(降雨)
极地地区(冰冻圈)：	平流层、中间层和低热层：
海冰和海冰类型监测与制图	大气温度廓线
绘制冰川冰原图	磁场分布
监测冰盖融化情况	大气气体丰度

科学家已经证明辐射计可用于测量陆地土壤湿度(Newton et al.，1980)和积雪量(Chang et al.，1982)。这些应用对土壤表面粗糙度和植被覆盖情况较敏感。为此，测量土壤湿度需使用低频亮温观测，因为低频亮温对土壤表面粗糙度和植被不敏感。SMAP 卫星将搭载一个与辐射计工作频率相同的主动式传感器，以便计算并去除植被辐射亮温贡献(Entekhabi et al.，2010)。

目前，极化辐射测量技术主要应用于测量海面风速和风向。海面波浪会引起斯托克斯亮温的方位向变化。因此，仅使用辐射计在某一方位向观测的亮温，即可计算出形成该波浪的矢量风(Yueh et al.，1994，1995；Gaiser et al.，2004)。

1978 年，搭载第一台民用 SAR 的 Seasat 卫星

1.7 图像示例

为了向读者介绍主动式和被动式微波传感器观测的各种图像，我们展示了图 1.19
至图 1.24。这些典型图像显示了目标的后向散射或辐射信号，或是由这些主动和
被动观测信号反演的地球物理要素。这 6 幅图像以及图 1.8、图 1.9 和图 1.10 仅仅
是冰山一角，后面的章节会给出更多的图像。此外，可在本书的网站（www. mrs. eecs.
umich. edu）上获取这些高分辨率图像。

图 1.19　华盛顿特区 Ku 波段合成孔径雷达图像

合成孔径雷达在该区域上方对其成像。在这幅雷达后向散射图上，建筑物、桥梁等人工地物清晰可见。水体的后向散射强度
远远小于建筑物和植被，因此水体在图像中显示为黑色部分。在某些地区可以看到个别树木，道路和城市发展格局也清晰可
见。国会大厦位于中心偏左的位置，国家广场向右延伸。华盛顿纪念碑则位于中心偏右的位置，虽然图中只能清晰地显现
出纪念碑的阴影部分。纪念碑下方是椭圆广场和白宫，而海军研究实验室在图像左上角(图片由桑迪亚国家实验室提供)

图 1.20 圣弗朗西斯科(旧金山)湾部分区域合成孔径雷达图像

图像中的颜色反映了每个像素的极化后向散射。城市中街道和道路的方向改变了这些区域的极化响应，因此
该颜色与道路相对于雷达视向(由上至下)的方向有关。水体的后向散射强度低，因此看起来颜色很暗。太平
洋是图像中左边的黑暗区域，而圣弗朗西斯科(旧金山)湾则位于中心区域。海湾中明亮的物体是船舶。圣弗
朗西斯科(旧金山)市在左上角，通过圣弗朗西斯科(旧金山)-奥克兰海湾大桥与奥克兰相接，该桥穿过位于
顶部中心的耶尔巴布埃纳岛。可以清晰地看到圣布鲁诺山位于中心偏左，在圣弗朗西斯科(旧金山)南部。圣
安德烈亚斯湖位于左下方山区西部边缘的圣安德烈亚斯断层边缘(图片由喷气推进实验室提供)

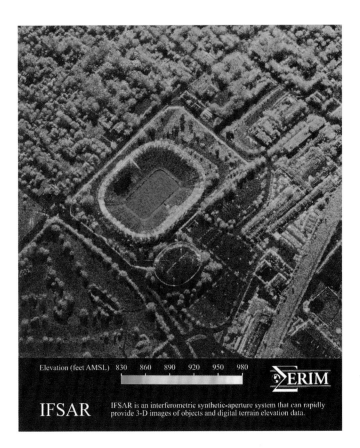

图 1.21　该 SAR 图像叠加在使用干涉合成孔径雷达(IFSAR)技术产生的高度图(颜色)上，该图像是合成孔径雷达干涉测量的最早图例之一。雷达是从上空进行照射的。图像中心可以看出是密歇根大学足球场。请注意，相对于看台，运动场的位置偏低。从图像中心可看出，图中个别树木的高度逐渐变高(图片由密歇根环境研究所提供)

图 1.22　基于被动式多通道微波辐射计测量绘制的南极海冰密集度图，每个像元的颜色表示该像元对应区域内被海冰覆盖的比率，其余的区域则表示开阔水面。陆地和近陆地区已被掩膜。海冰覆盖范围是衡量地球气候系统热量平衡的重要因素(图片由美国国家冰雪数据中心提供)

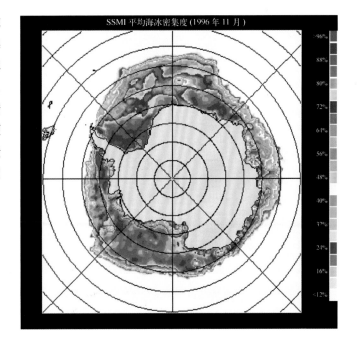

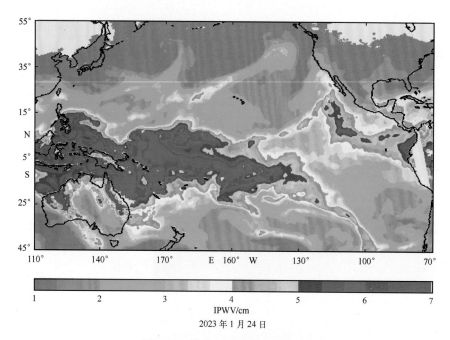

图 1.23　综合可降水量(IPWV)图

这是预测强降水的重要参数，它对大气的热平衡也有影响，对于气候模拟至关重要。基于多卫星平台和传感器的被动式多通道微波观测可以得到 IPWV 6 小时平均图(Kidder et al.，2007)。沿着赤道南部热带辐合带的 IPWV 值较高，这表明该地区蒸发强烈，对流降水多。IPWV 测量值实际是立方厘米级的等效降水量(图片由美国国家海洋和大气管理局提供)

图 1.24　该星载雷达图像显示了加利福尼亚州巴斯托附近的莫哈韦沙漠的一部分
(图片由美国国家海洋和大气管理局/喷气推进实验室提供)

第❷章
电磁波的传播和反射

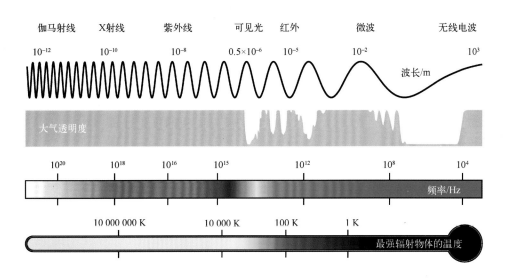

伽马射线	X射线	紫外线	可见光	红外	微波	无线电波
10^{-12}	10^{-10}	10^{-8}	0.5×10^{-6}	10^{-5}	10^{-2}	10^{3}

波长/m

大气透明度

10^{20} 10^{18} 10^{16} 10^{15} 10^{12} 10^{8} 10^{4}

频率/Hz

10 000 000 K   10 000 K   100 K   1 K

最强辐射物体的温度

电磁波谱

想要了解主动式和被动式微波传感器的工作原理以及传感器测量的与电磁波相关的物理量是如何体现地球表面或大气的生物、水文和地球物理信息的，我们有必要深入了解电磁理论以及电磁波是如何与物质介质发生相互作用的。这些相互作用包括电磁波的散射、吸收、透射和辐射以及这些过程的组合。因此，本章回顾了电磁波的相关理论及其性质，电磁波在有损介质和无损介质中的传输以及在平面边界的反射和透射。本章内容可以为后续章节中粗糙面边界散射和涉及微粒的体散射（如含水滴的云层、雨、雪和含有针状叶的树冠等）建模提供理论基础。

与本章内容有密切联系的第 6 章建立了某一表面或介质（如大气）自然发射的电磁能与该表面或介质的介电特性及几何特性之间的联系。雷达测量的散射电磁能和辐射计测量的辐射能不仅取决于观测目标的属性，还依赖于微波传感器本身的特性，即电磁波波长、相对于目标的观测方向以及微波传感器天线的极化方式。本书接下来的内容将对以上传感器参数分别讨论。

2.1　电磁平面波

时变电场能够激发磁场，而时变磁场也能够激发电场。这种循环方式使得电磁波能够在自由空间和物理介质中传播。如果电磁波在均匀介质中传播，且在传播过程中没有与介质中任何障碍物或边界发生相互作用，那么就称该均匀介质为无界的，例如太阳光的传输和由天线发射的电磁波的传输都可以看作电磁波在无界介质中的传输。无界介质包括有损介质和无损介质。电磁波在无损介质（如空气、理想电介质）中传播时，能量不会衰减；在有损介质（非零电导率物质，如水）中传播时，部分电磁波的能量会转化为热量。

由局部辐射源（如天线）产生的电磁波，以球面波的形式向外扩散，如图 2.1（a）所示。尽管天线向外辐射的能量在不同方向分布不均匀，但是球面波在各方向上的传播速度是相同的。在距离辐射源足够远的地方观测，球面波的波前可近似看作与球面波相切的均匀平面波［图 2.1（b）］。平面波便于在笛卡儿坐标系下描述，并且在数学上比用球坐标系更容易处理。

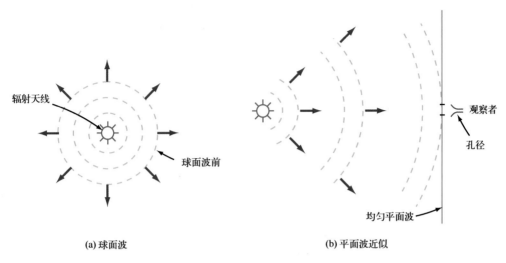

(a) 球面波   (b) 平面波近似

图 2.1 电磁辐射源(如灯泡或天线)发射的波具有球形波前;然而,对于远距离观察者而言,穿过观察者光圈的波前大致呈平面状

2.1.1 结构参数

无论物质构成如何,微小体积的物质可由 4 个电磁结构参数表征:

- $\varepsilon'\varepsilon_0$:介电常数($F/m$)[†];
- μ:磁导率(H/m);
- ρ_v:单位体积电荷密度(C/m^3);
- σ:电导率(S/m)。

其中,ε_0 为自由空间的介电常数,$\varepsilon_0 = 8.85 \times 10^{-12}$ F/m;ε' 为相对介电常数。

> ▶ 这里我们用 ε' 而不是 ε 这个符号表示相对介电常数,这样在接下来的章节中,我们就可以用 ε 表示正弦时变条件下物质的复介电常数。◀

结构参数例子:

(a) 自由空间:

$\varepsilon' = 1$;

$\mu = \mu_0 = 4\pi \times 10^{-7} H/m$;

$\rho_v = 0$;

$\sigma = 0$。

---

† 本节的物理量单位缩写,请参见附录 A。

（b）纯介质：

ε'：具体介质；

$\mu = \mu_0$（除了磁铁之外的所有物质）；

$\rho_v = 0$；

$\sigma = 0$。

（c）导电介质：

ε'：具体介质；

$\mu = \mu_0$（磁铁除外）；

ρ_v 可能为零，也可能不为零；

$\sigma \neq 0$。

从后续章节中可以得知，在介电介质（包括真空）中，电磁波在传播过程中能量并没有损失（零衰减）。相反，在导电介质中，电磁波在传播过程中部分能量会被介质吸收，电磁波能量衰减。

2.1.2　麦克斯韦方程

在各向同性均匀介质中，麦克斯韦方程的微分形式表示为

$$\nabla \cdot \boldsymbol{E} = \frac{\rho_v}{\varepsilon' \varepsilon_0} \qquad \text{（高斯定律）} \tag{2.1a}$$

$$\nabla \times \boldsymbol{E} = -\mu \frac{\partial \boldsymbol{H}}{\partial t} \qquad \text{（法拉第定律）} \tag{2.1b}$$

$$\nabla \cdot \boldsymbol{H} = 0 \qquad \text{（磁学高斯定律）} \tag{2.1c}$$

$$\nabla \times \boldsymbol{H} = \boldsymbol{J} + \varepsilon' \varepsilon_0 \frac{\partial \boldsymbol{E}}{\partial t} \qquad \text{（安培定律）} \tag{2.1d}$$

式中，$\boldsymbol{E}$ 为电场强度，V/m；$\boldsymbol{H}$ 为磁场强度，A/m；$\boldsymbol{J}$ 为介质中的电流密度，A/m²。

通常情况下，时变电场和磁场（$\boldsymbol{E}$ 和 $\boldsymbol{H}$）及其场源（电荷密度 ρ_v 和电流密度 $\boldsymbol{J}$）取决于空间坐标(x, y, z)和时间变量 t。然而，若电场和磁场时间变化与角频率 ω 符合正弦函数形式，则这些量可由仅取决于(x, y, z)的相量表示。电场矢量相量 $\boldsymbol{E}(x, y, z)$ 与瞬时电场 $\boldsymbol{E}(x, y, z; t)$关系如下：

$$\boldsymbol{E}(x, y, z; t) = \mathrm{Re}\left[\boldsymbol{E}(x, y, z) \mathrm{e}^{j\omega t}\right] \tag{2.2}$$

式中，$j = \sqrt{-1}$；ρ_v 和 $\boldsymbol{J}$ 的定义与此类似。对于时谐量而言，时间域上的差异对应于相量域中 $j\omega$ 的乘法。麦克斯韦方程[式（2.1）]的相量域表达式为

$$\nabla \cdot \boldsymbol{E} = \rho_v / \varepsilon' \varepsilon_0 \tag{2.3a}$$

$$\nabla \times \boldsymbol{E} = -j\omega \mu \boldsymbol{H} \tag{2.3b}$$

$$\nabla \cdot \boldsymbol{H} = 0 \qquad (2.3\text{c})$$

$$\nabla \times \boldsymbol{H} = \boldsymbol{J} + j\omega\varepsilon'\varepsilon_0 \boldsymbol{E} \qquad (2.3\text{d})$$

2.1.3 复介电常数

在电导率为 σ 的介质中，传导电流密度 $\boldsymbol{J}$ 与电场 $\boldsymbol{E}$ 的关系如下：$\boldsymbol{J}=\sigma\boldsymbol{E}$。假设该介质中没有其他电流，则式(2.3d)可表示为

$$\begin{aligned} \nabla \times \boldsymbol{H} &= \boldsymbol{J} + j\omega\varepsilon'\varepsilon_0 \boldsymbol{E} \\ &= (\sigma + j\omega\varepsilon'\varepsilon_0)\boldsymbol{E} \\ &= j\omega\varepsilon_0\left(\varepsilon' - j\frac{\sigma}{\omega\varepsilon_0}\right)\boldsymbol{E} \end{aligned} \qquad (2.4)$$

复介电常数 ε 定义为

$$\varepsilon = \varepsilon' - j\frac{\sigma}{\omega\varepsilon_0} \qquad (2.5)$$

式(2.4)可重新表示为

$$\nabla \times \boldsymbol{H} = j\omega\varepsilon\varepsilon_0\boldsymbol{E} \qquad (2.6)$$

式(2.6)两边同时取散度，由于任何矢量场旋度的散度恒为零(例如 $\nabla \cdot \nabla \times \boldsymbol{H} = 0$)，因此式(2.6)遵循 $\nabla \cdot (j\omega\varepsilon\varepsilon_0\boldsymbol{E}) = 0$(或 $\nabla \cdot \boldsymbol{E} = 0$)。将其与式(2.3a)比较，表明 $\rho_v = 0$。该结果基于如下假设：介质中可能存在的唯一电流是由电流传导产生。将式(2.6)代入式(2.3d)，同时在式(2.3a)中，设 $\rho_v = 0$，则麦克斯韦方程变为

$$\nabla \cdot \boldsymbol{E} = 0 \qquad (2.7\text{a})$$

$$\nabla \times \boldsymbol{E} = -j\omega\mu\boldsymbol{H} \qquad (2.7\text{b})$$

$$\nabla \cdot \boldsymbol{H} = 0 \qquad (2.7\text{c})$$

$$\nabla \times \boldsymbol{H} = j\omega\varepsilon\varepsilon_0\boldsymbol{E} \qquad (2.7\text{d})$$

式(2.5)中的复介电常数 ε 实部记作 ε'，虚部记作 ε''，因此，

$$\varepsilon = \varepsilon' - j\frac{\sigma}{\omega\varepsilon_0} = \varepsilon' - j\varepsilon'' \qquad (2.8)$$

且

$$\varepsilon'' = \frac{\sigma}{\omega\varepsilon_0} \qquad (2.9)$$

因为 ε'' 与材料的热损失有关，所以称为材料的介质损耗因子。对于 $\sigma = 0$ 的无损介质，则 $\varepsilon'' = 0$ 和 $\varepsilon = \varepsilon'$。

2.1.4 波动方程

为得到 $\boldsymbol{E}$ 和 $\boldsymbol{H}$ 的波动方程，并求解方程，获取 $\boldsymbol{E}$ 和 $\boldsymbol{H}$ 作为空间变量(x, y, z)的

解析表达式，我们对式(2.7b)两边取旋度，并做适当的替代，从而得到关于 E 的齐次波动方程，即

$$\nabla^2 E + \omega^2 \mu \varepsilon \varepsilon_0 E = 0 \qquad (2.10)$$

在笛卡儿坐标中，E 的拉普拉斯算子如下：

$$\nabla^2 E = \left(\frac{\partial^2}{\partial x^2} + \frac{\partial^2}{\partial y^2} + \frac{\partial^2}{\partial z^2}\right) E \qquad (2.11)$$

定义传导常数 γ 为

$$\gamma^2 = - \omega^2 \mu \varepsilon \varepsilon_0 \qquad (2.12)$$

式(2.10)可以表示为

$$\nabla^2 E - \gamma^2 E = 0 \qquad (2.13)$$

在推导式(2.13)时，首先对式(2.7b)两边取旋度。若颠倒这一过程，即首先对式(2.7d)两边取旋度，再用式(2.7b)消除 E，则得到 H 的波动方程：

$$\nabla^2 H - \gamma^2 H = 0 \qquad (2.14)$$

由于 E 和 H 的波动方程形式相同，因而其解的形式也相同。

2.2　无损介质中的平面波传播

电磁波的相速度 u_p 和波长 λ 等属性与角频率 ω 和介质的 3 大结构参数：ε'、μ 和 σ 有关。若该介质不具有传导性（$\sigma = 0$），则平面波在传播过程中不会衰减，因此该介质称为无损介质。由于在无损介质中 $\varepsilon = \varepsilon'$，则式(2.12)表示为

$$\gamma^2 = - \omega^2 \mu \varepsilon' \varepsilon_0 \qquad (2.15)$$

对于无损介质，波数 k 通常定义为

$$k = \omega \sqrt{\mu \varepsilon' \varepsilon_0} \qquad (2.16)$$

由式(2.15)，$\gamma^2 = -k^2$，式(2.13)表示为

$$\nabla^2 E + k^2 E = 0 \qquad (2.17)$$

2.2.1　均匀平面波

在笛卡儿坐标系中，电场相量表示为

$$E = \hat{x} E_x + \hat{y} E_y + \hat{z} E_z \qquad (2.18)$$

将式(2.11)代入式(2.17)*，得到如下形式：

$$\left(\frac{\partial^2}{\partial x^2} + \frac{\partial^2}{\partial y^2} + \frac{\partial^2}{\partial z^2}\right)(\hat{x} E_x + \hat{y} E_y + \hat{z} E_z) + k^2(\hat{x} E_x + \hat{y} E_y + \hat{z} E_z) = 0 \qquad (2.19)$$

---

* 此处原著有误，应为将式(2.11)和式(2.18)代入式(2.17)。——译者注

要满足式(2.19)，则需消去方程左边的每个矢量分量。因此，

$$\left(\frac{\partial^2}{\partial x^2} + \frac{\partial^2}{\partial y^2} + \frac{\partial^2}{\partial z^2} + k^2\right)E_x = 0 \tag{2.20}$$

类似的表达式也应用于 E_y 和 E_z。

> ▶ 均匀平面波的特征：电场和磁场中穿过无限平面上的所有点具有相同的属性。◀

若恰巧为 x-y 平面，则 $\boldsymbol{E}$ 和 $\boldsymbol{H}$ 不随 x 和 y 变化。因此，$\partial E_x/\partial x = 0$ 且 $\partial E_x/\partial y = 0$，则式(2.20)简化为

$$\frac{\mathrm{d}^2 E_x}{\mathrm{d}z^2} + k^2 E_x = 0 \tag{2.21}$$

类似的表达式也应用于 E_y、H_x 和 H_y。$\boldsymbol{E}$ 和 $\boldsymbol{H}$ 的其余分量均为零，即 $E_z = H_z = 0$。

> ▶ 平面波沿传播方向上没有电场或磁场分量。◀

对于相量 E_x，式(2.21)常微分方程的通解为

$$E_x(z) = E_x^+(z) + E_x^-(z) = E_{x0}^+ \mathrm{e}^{-jkz} + E_{x0}^- \mathrm{e}^{jkz} \tag{2.22}$$

式中，E_{x0}^+ 和 E_{x0}^- 是根据边界条件确定的常数。式(2.22)中的第一项包括负指数 e^{-jkz}，代表沿 $+z$ 方向传播，振幅为 E_{x0}^+ 的平面波。与此相似，第二项包括正指数 e^{jkz}，代表沿 $-z$ 方向传播，振幅为 E_{x0}^- 的平面波。假设 $\boldsymbol{E}$ 只含 x 方向分量(即 $E_y = 0$)，且 E_x 只与沿 $+z$ 方向传播(即 $E_{x0}^- = 0$)的波相关，在这种情况下：

$$\boldsymbol{E}(z) = \hat{\boldsymbol{x}} E_x^+(z) = \hat{\boldsymbol{x}} E_{x0}^+ \mathrm{e}^{-jkz} \tag{2.23}$$

要确定与此平面波相关的磁场 $\boldsymbol{H}$，可以在式(2.7b)中，令 $E_y = E_z = 0$，从而得到

$$H_y(z) = H_{y0}^+ \mathrm{e}^{-jkz} \tag{2.24a}$$

和

$$H_{y0}^+ = \frac{k}{\omega\mu} E_{x0}^+ \tag{2.24b}$$

磁场 $\boldsymbol{H}$ 的其他分量为零(例如 $H_x = H_z = 0$)。无损介质的本征阻抗定义为

$$\eta = \frac{\omega\mu}{k} = \frac{\omega\mu}{\omega\sqrt{\mu\varepsilon'\varepsilon_0}} = \sqrt{\frac{\mu}{\varepsilon'\varepsilon_0}} \quad (\Omega) \tag{2.25}$$

式中，k 的表达式由式(2.16)给出。结合式(2.25)，沿 $\hat{\boldsymbol{x}}$ 方向具有电场 $\boldsymbol{E}$ 并在 z 平面传播的平面波的电场和磁场为

$$\boldsymbol{E}(z) = \hat{\boldsymbol{x}} E_x^+(z) = \hat{\boldsymbol{x}} E_{x0}^+ \mathrm{e}^{-jkz} \tag{2.26a}$$

$$H(z) = \hat{y} \frac{E_x^+(z)}{\eta} = \hat{y} \frac{E_{x0}^+}{\eta} e^{-jkz} \qquad (2.26b)$$

▶ 由于电场和磁场彼此垂直，且同时垂直于平面波的传播方向，则称该平面波为横向电磁波(图2.2)。◀

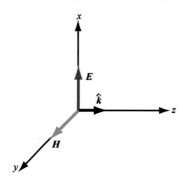

图2.2 沿 $\hat{k} = \hat{z}$ 方向传播的横向电磁(TEM)波。对于所有横向电磁波，$\hat{k}$ 都平行于 $E \times H$

一般情况下，E_{x0}^+ 是复数，其振幅为 $|E_{x0}^+|$，相位角为 ϕ^+，即

$$E_{x0}^+ = |E_{x0}^+| e^{j\phi^+} \qquad (2.27)$$

因此，瞬时电场和磁场可以写为

$$\begin{aligned}
E(z, t) &= \mathrm{Re}[E(z) e^{j\omega t}] \\
&= \hat{x} |E_{x0}^+| \cos(\omega t - kz + \phi^+) \quad \mathrm{(V/m)} \qquad (2.28a)
\end{aligned}$$

和

$$\begin{aligned}
H(z, t) &= \mathrm{Re}[H(z) e^{j\omega t}] \\
&= \hat{y} \frac{|E_{x0}^+|}{\eta} \cos(\omega t - kz + \phi^+) \quad \mathrm{(A/m)} \qquad (2.28b)
\end{aligned}$$

由于 $E(z, t)$ 和 $H(z, t)$ 对 z 和 t 具有相同的函数依赖关系，因此称它们为同相；若其中一者振幅达到最大值，则另外一者的振幅也会达到最大值。在无损介质中传播的平面波具有 E 和 H 同相这一特征。

该平面波的相速度为

$$u_p = \frac{\omega}{k} = \frac{\omega}{\omega \sqrt{\mu \varepsilon' \varepsilon_0}} = \frac{1}{\sqrt{\mu \varepsilon' \varepsilon_0}} \quad \mathrm{(m/s)} \qquad (2.29)$$

其波长为

$$\lambda = \frac{2\pi}{k} = \frac{u_p}{f} \quad \mathrm{(m)} \qquad (2.30)$$

在真空中，$\varepsilon' = 1$ 且 $\mu = \mu_0$，式(2.25)中相速度 u_p 和本征阻抗 η 为

$$u_{\mathrm{p}} = c = \frac{1}{\sqrt{\mu_0 \varepsilon_0}} = 299\ 792\ 458 \approx 3 \times 10^8 \qquad (\mathrm{m/s}) \qquad (2.31)$$

$$\eta = \eta_0 = \sqrt{\frac{\mu_0}{\varepsilon_0}} = 377(\Omega) \approx 120\pi \qquad (\Omega) \qquad (2.32)$$

式中，c 为光速；η_0 为自由空间的本征阻抗。

图 2.3 展示了 1 MHz 电磁波在空气中传播时，电场 $\boldsymbol{E}$ 和磁场 $\boldsymbol{H}$ 的剖面图，有

$$\boldsymbol{E}(z,\ t) = \hat{\boldsymbol{x}} \cos\left(2\pi \times 10^6 t - \frac{2\pi z}{300} + \frac{\pi}{3}\right) \qquad (\mathrm{V/m}) \qquad (2.33\mathrm{a})$$

$$\boldsymbol{H}(z,\ t) = \hat{\boldsymbol{y}} \frac{E(z,\ t)}{\eta_0} = 2.65\hat{\boldsymbol{y}} \cos\left(2\pi \times 10^6 t - \frac{2\pi z}{300} + \frac{\pi}{3}\right) \qquad (\mathrm{mA/m})$$

$$(2.33\mathrm{b})$$

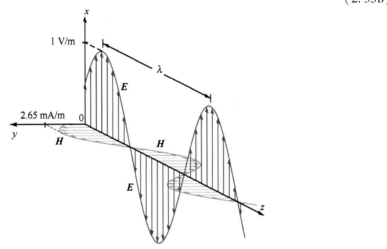

图 2.3　式(2.33)定义的平面波在 $t = 0$ 时的电场 $\boldsymbol{E}$ 和磁场 $\boldsymbol{H}$ 空间变化

2.2.2　电场和磁场的一般关系

我们可以发现，对于以单位矢量 $\hat{\boldsymbol{k}}$ 表示的沿任意方向传播的任意均匀平面波而言，电场相量 $\boldsymbol{E}$ 和磁场相量 $\boldsymbol{H}$ 的关系为

$$\boldsymbol{H} = \frac{1}{\eta} \hat{\boldsymbol{k}} \times \boldsymbol{E} \qquad (2.34\mathrm{a})$$

$$\boldsymbol{E} = -\eta \hat{\boldsymbol{k}} \times \boldsymbol{H} \qquad (2.34\mathrm{b})$$

▶ 应用右手定则：右手四指弯向从 $\boldsymbol{E}$ 的方向指向 $\boldsymbol{H}$ 的方向，拇指的指向即为电磁波的传播方向 $\hat{\boldsymbol{k}}$。◀

式(2.34a)和式(2.34b)给出的关系不仅适用于无损介质,同样适用于有损介质。如2.4节所述,有损介质 η 的表达式与式(2.25)中 η 的表达式并不相同。只要 η 的表达式适用于电磁波传播的介质,式(2.34a)和式(2.34b)总能成立。

将式(2.34a)应用于式(2.26a)所示的电磁波,传播方向 $\hat{k} = \hat{z}$ 和 $\boldsymbol{E} = \hat{x}E_x^+(z)$,因此

$$\boldsymbol{H} = \frac{1}{\eta}\hat{k} \times \boldsymbol{E} = \frac{1}{\eta}(\hat{z} \times \hat{x})E_x^+(z) = \hat{y}\frac{E_x^+(z)}{\eta} \tag{2.35}$$

式(2.35)与式(2.26b)所示结果相同。

一般而言,沿+z方向传播的均匀平面波既有 x 分量,也有 y 分量,其中电场 $\boldsymbol{E}$ 为

$$\boldsymbol{E} = \hat{x}E_x^+(z) + \hat{y}E_y^+(z) \tag{2.36a}$$

并且相关的磁场 $\boldsymbol{H}$ 为

$$\boldsymbol{H} = \hat{x}H_x^+(z) + \hat{y}H_y^+(z) \tag{2.36b}$$

应用式(2.34a),得到

$$\boldsymbol{H} = \frac{1}{\eta}\hat{z} \times \boldsymbol{E} = -\hat{x}\frac{E_y^+(z)}{\eta} + \hat{y}\frac{E_x^+(z)}{\eta} \tag{2.37}$$

联立式(2.36b)与式(2.37),得到

$$H_x^+(z) = -\frac{E_y^+(z)}{\eta}, \quad H_y^+(z) = -\frac{E_x^+(z)}{\eta} \tag{2.38}$$

图2.4展示了电磁场矢量合成,该电磁波可被视为两个电磁波之和,其中一个电磁波的电场和磁场分量为(E_x^+, H_y^+),另一个电磁波的电场和磁场分量为(E_y^+, H_x^+)。一般而言,横向电磁波在与传播方向正交的任何方向均有电场,同时相应的磁场也在同一个平面上,方向由式(2.34a)决定。

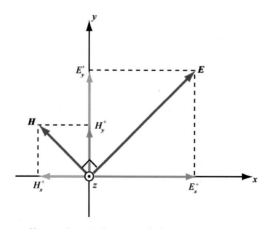

图2.4 电磁波$(\boldsymbol{E}, \boldsymbol{H})$等于两个电磁波之和,其中一个电磁波的电场和磁场为$(E_x^+, H_y^+)$,另一个电磁波的电场和磁场为$(E_y^+, H_x^+)$,这两个电磁波均沿+z方向传播

2.3　无损介质中的波极化

> ▶ 均匀平面波的极化描述了电场 $\boldsymbol{E}$ 矢量在与传播方向正交的平面中某点随
> 时间变化的轨迹。◀

在多数情况下，电场 $\boldsymbol{E}$ 的轨迹为椭圆，并称该波为椭圆极化波。在一定条件下，椭圆可能变为圆形或直线，这种情况下，极化态分别称为圆极化或线性极化。

如 2.2 节所述，对沿 z 平面传播的平面波，其电场和磁场的 z 分量均为零。因此，通常情况下，对沿 $+z$ 方向传播的平面波，其电场相量 $\boldsymbol{E}(z)$ 可以看作由一个 x 分量 $\hat{\boldsymbol{x}}E_x(z)$ 和一个 y 分量 $\hat{\boldsymbol{y}}E_y(z)$ 组成，表示为

$$\boldsymbol{E}(z) = \hat{\boldsymbol{x}}E_x(z) + \hat{\boldsymbol{y}}E_y(z) \tag{2.39}$$

其中，

$$E_x(z) = E_{x0}\mathrm{e}^{-jkz} \tag{2.40a}$$

$$E_y(z) = E_{y0}\mathrm{e}^{-jkz} \tag{2.40b}$$

式中，E_{x0} 和 E_{y0} 分别为 $E_x(z)$ 和 $E_y(z)$ 的振幅，为简单起见，省略了上标加号；e^{-jkz} 中的负号表明波沿 $+z$ 方向传播。

通常，振幅 E_{x0} 和 E_{y0} 是复数，都含有幅度和相位角信息。根据定义，波的相位与基准状态有关，如 $z=0$ 和 $t=0$，或 z 和 t 的其他组合。接下来的讨论会使得概念明晰，式（2.39）和式（2.40）描述的波的极化取决于 E_{y0} 相对于 E_{x0} 的相位，而不取决于 E_{x0} 和 E_{y0} 的绝对相位。因此，为方便起见，将 E_{x0} 的相位设置为零，同时将 E_{y0} 相对于 E_{x0} 的相位标记为 δ，因而 δ 是电场 $\boldsymbol{E}$ 的 y 和 x 部分的相位差。相应地，将 E_{x0} 和 E_{y0} 定义为

$$E_{x0} = a_x \tag{2.41a}$$

$$E_{y0} = a_y\mathrm{e}^{j\delta} \tag{2.41b}$$

式中，$a_x = |E_{x0}| \geqslant 0$ 及 $a_y = |E_{y0}| \geqslant 0$ 分别为 E_{x0} 和 E_{y0} 的振幅。因此，根据定义，a_x 和 a_y 不能假设为负值。将式（2.41a）和式（2.41b）应用于式（2.40a）和式（2.40b），总的电场相量为

$$\boldsymbol{E}(z) = (\hat{\boldsymbol{x}}a_x + \hat{\boldsymbol{y}}a_y\mathrm{e}^{j\delta})\mathrm{e}^{-jkz} \tag{2.42}$$

且相应的瞬时电场为

$$\boldsymbol{E}(z,\ t) = \mathrm{Re}\left[\boldsymbol{E}(z)\,\mathrm{e}^{j\omega t}\right] = \hat{\boldsymbol{x}} a_x \cos\ (\omega t - kz) + \hat{\boldsymbol{y}} a_y \cos\ (\omega t - kz + \delta) \quad (2.43)$$

当描述空间某点电场时，其幅度和方向这两个属性尤为重要。$\boldsymbol{E}(z,\ t)$ 的振幅为

$$|\boldsymbol{E}(z,\ t)| = \left[E_x^2(z,\ t) + E_y^2(z,\ t)\right]^{1/2} = \left[a_x^2 \cos^2(\omega t - kz) + a_y^2 \cos^2(\omega t - kz + \delta)\right]^{1/2}$$

$$(2.44)$$

电场 $\boldsymbol{E}(z,\ t)$ 沿 x 和 y 方向有分量。在具体位置 z，$\boldsymbol{E}(z,\ t)$ 通过倾斜角 $\tau(z,\ t)$ 进行表征，相对于 x 轴，倾斜角 $\tau(z,\ t)$ 定义式为

$$\tau(z,\ t) = \arctan\left[\frac{E_y(z,\ t)}{E_x(z,\ t)}\right] \quad (2.45)$$

通常情况，$\boldsymbol{E}(z,\ t)$ 的强度和方向是 z 和 t 的函数。接下来，我们会分析一些特殊情况的例子。

2.3.1 线性极化

> ▶ 若 z 固定，$\boldsymbol{E}(z,\ t)$ 轨迹的直线部分为时间函数，则称该波为线性极化波，当 $E_x(z,\ t)$ 和 $E_y(z,\ t)$ 同相（例如 $\delta = 0$）或反相（例如 $\delta = \pi$）时，该情况发生。◀

这种情况下，式（2.43）简化为

$$\boldsymbol{E}(z,\ t) = (\hat{\boldsymbol{x}} a_x + \hat{\boldsymbol{y}} a_y)\ \cos\ (\omega t - kz) \quad \text{（同相）} \quad (2.46a)$$

$$\boldsymbol{E}(z,\ t) = (\hat{\boldsymbol{x}} a_x - \hat{\boldsymbol{y}} a_y)\ \cos\ (\omega t - kz) \quad \text{（反相）} \quad (2.46b)$$

对于反相情况，电场幅度为

$$|\boldsymbol{E}(z,\ t)| = (a_x^2 + a_y^2)^{1/2}\,|\cos\ (\omega t - kz)| \quad (2.47a)$$

倾斜角为

$$\tau(z,\ t) = \arctan\left[\frac{-a_y \cos\ (\omega t - kz)}{a_x \cos\ (\omega t - kz)}\right] = \arctan\left(\frac{-a_y}{a_x}\right) \quad \text{（反相）} \quad (2.47b)$$

我们注意到，τ 独立于 z 和 t。图 2.5 展示了在半圆上 $z=0$ 处 $\boldsymbol{E}$ 的轨迹线段。z 为其他值时，轨迹也相同。当 $z=0$ 且 $t=0$ 时，$|\boldsymbol{E}(0,\ 0)| = [a_x^2 + a_y^2]^{1/2}$。当 $\omega t = \pi/2$ 时，$\boldsymbol{E}(0,\ t)$ 的矢量长度减为零。当 $\omega t = \pi$ 时，在 $x\text{-}y$ 平面的第二象限，该矢量反向且其振幅增加到 $(a_x^2 + a_y^2)^{1/2}$。由于 τ 独立于 z 和 t，虽然 $\boldsymbol{E}(z,\ t)$ 穿过起点往返振荡，但沿着与 x 轴成倾斜角 τ 的方向保持不变。

若 $a_y = 0$，则 $\tau = 0°$ 或 $180°$，同时该波为 x 极化；相反，若 $a_x = 0$，则 $\tau = 90°$ 或 $-90°$，该波为 y 极化。

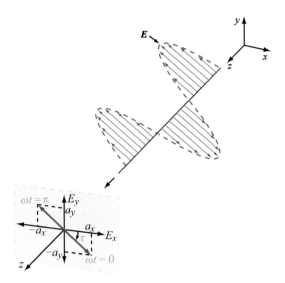

图 2.5　沿+z 方向传播的线性极化波

2.3.2　圆极化

现在我们考虑一种特殊情况，$\boldsymbol{E}(z)$ 的 x 分量和 y 分量的振幅大小相同，相位差 $\delta = \pm\pi/2$。若 $\delta = \pi/2$，则这种波极化称为左旋圆（LHC）极化，若 $\delta = -\pi/2$，则该波极化称为右旋圆（RHC）极化。

左旋圆极化

若 $a_x = a_y = a$ 且 $\delta = \pi/2$，则式（2.42）和式（2.43）变为

$$\boldsymbol{E}(z) = (\hat{\boldsymbol{x}}a + \hat{\boldsymbol{y}}a\mathrm{e}^{j\pi/2})\mathrm{e}^{-jkz} = a(\hat{\boldsymbol{x}} + j\hat{\boldsymbol{y}})\mathrm{e}^{-jkz} \tag{2.48a}$$

$$\begin{aligned} \boldsymbol{E}(z,\ t) &= \mathrm{Re}[\boldsymbol{E}(z)\mathrm{e}^{j\omega t}] \\ &= \hat{\boldsymbol{x}}a\cos(\omega t - kz) + \hat{\boldsymbol{y}}a\cos(\omega t - kt + \pi/2) \\ &= \hat{\boldsymbol{x}}a\cos(\omega t - kz) - \hat{\boldsymbol{y}}a\sin(\omega t - kz) \end{aligned} \tag{2.48b}$$

相应的电场振幅大小和倾斜角为

$$\begin{aligned} |\boldsymbol{E}(z,\ t)| &= [E_x^2(z,\ t) + E_y^2(z,\ t)]^{1/2} \\ &= [a^2\cos^2(\omega t - kz) + a^2\sin^2(\omega t - kz)]^{1/2} \\ &= a \end{aligned} \tag{2.49a}$$

和

$$\tau(z, t) = \arctan\left[\frac{E_y(z, t)}{E_x(z, t)}\right] = \arctan\left[\frac{-a\sin(\omega t - kz)}{a\cos(\omega t - kz)}\right]$$

$$= -(\omega t - kz) \tag{2.49b}$$

我们可以看出，E 的振幅独立于 z 和 t，然而 $\tau(z, t)$ 依赖于这两个变量。这些函数依赖与线性极化情况下的函数依赖相反。

当 $z=0$ 时，式 $(2.49b)$ 可以得出 $\tau = -\omega t$，负号表明倾斜角随时间的增加而减小。如图 2.6(a) 所示，$E(t)$ 在 x-y 平面的轨迹为圆形，且随时间变化（观察到该平面波接近时）沿顺时针旋转。这种平面波称为左旋圆极化波，因为左手拇指指向该平面波传播方向时（这种情况下即 z 的方向），其余 4 根手指弯曲的方向即是 E 旋转的方向。

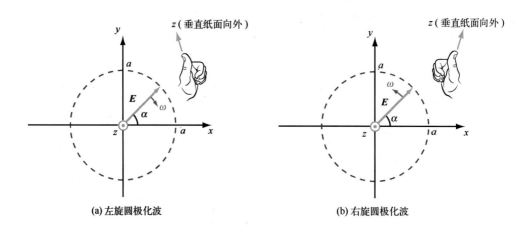

(a) 左旋圆极化波　　　　　　　　　　(b) 右旋圆极化波

图 2.6　沿 $+z$ 方向（垂直纸面向外）传播的圆极化平面波

右旋圆极化

若 $a_x = a_y = a$ 且 $\delta = -\pi/2$，则能得到

$$|E(z, t)| = a, \quad \tau = (\omega t - kz) \tag{2.50}$$

如图 2.6(b) 所示，$E(0, t)$ 的轨迹是时间的函数。对于右旋圆极化，右手拇指沿着该平面波的传播方向时，其余 4 根手指弯曲的方向与 E 的旋转方向一致。图 2.7 展示了螺旋形天线发射的右旋圆极化波。

> ▶ 极化旋转性由 E 作为时间函数在某一固定平面中沿正交于传播方向的旋转确定，与 E 作为距离函数在某一固定时间点的旋转方向相反。◀

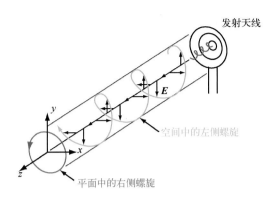

图 2.7　螺旋形天线辐射的右旋圆极化波

2.3.3　椭圆极化

既非线性极化也非圆极化的平面波称为椭圆极化波。也就是说，$\boldsymbol{E}(z, t)$ 的轨迹在与传播方向垂直的平面中呈椭圆形。椭圆的形状以及电场的旋转性(左手或右手)由比值 (a_y/a_x) 和相位差 δ 决定。

如图 2.8 所示，极化椭圆长轴沿 ξ 方向，长度为 a_ξ；短轴沿 η 方向，长度为 a_η。旋转角 ψ 是指该椭圆的长轴和参考方向(此处选为 x 轴)之间的夹角，ψ 的范围为 $-\pi/2 \leqslant \psi \leqslant \pi/2$。椭圆形状及其电场旋转性由椭圆率角 χ 表征，定义为

$$\tan\chi = \pm \frac{a_\eta}{a_\xi} = \pm \frac{1}{R} \tag{2.51}$$

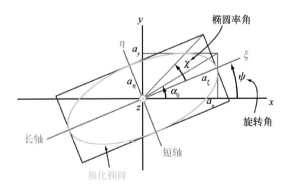

图 2.8　在 x-y 平面中沿方向 z 传播的平面波对应的极化椭圆(垂直纸面向外)

正号对应左手旋转，负号对应右手旋转。χ 的取值范围为 $-\pi/4 \leqslant \chi \leqslant \pi/4$。$R =$

a_ξ / a_η 称为极化椭圆的轴比率,并且在圆极化的 1 和线极化的 ∞ 之间变化。极化角 ψ 和 χ 与平面波参数 a_x、a_y 和 δ 有关(Born et al., 1965),关系为

$$\tan 2\psi = (\tan 2\alpha_0)\cos\delta \qquad (-\pi/2 \leqslant \psi \leqslant \pi/2) \qquad (2.52a)$$

$$\sin 2\chi = (\sin 2\alpha_0)\sin\delta \qquad (-\pi/4 \leqslant \chi \leqslant \pi/4) \qquad (2.52b)$$

式中,α_0 为辅助角,定义为

$$\tan \alpha_0 = \frac{a_y}{a_x} \qquad \left(0° \leqslant \alpha_0 \leqslant \frac{\pi}{2}\right) \qquad (2.53)$$

图 2.9 展示了各种旋转角和椭圆率角组合 (ψ, χ) 的极化椭圆示意图。若 $\chi = \pm45°$,则该椭圆变为圆形;若 $\chi = 0°$,则该椭圆变为直线。χ 为正值(对应于 $\sin\delta > 0$)时,为左旋;χ 为负值(对应于 $\sin\delta < 0$)时,为右旋。

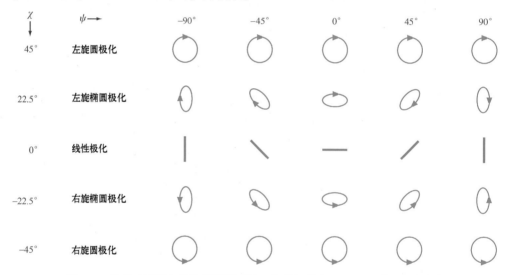

图 2.9　垂直于纸面向外传播的平面波,各种极化角 (ψ, χ) 组合的极化态[†]

根据定义,振幅 a_x 和 a_y 是非负数,因此比率 a_y/a_x 在 0(x 轴线性极化)到 ∞(y 轴线性极化)之间变化,因此,辅助角 α_0 的变化范围为 $0° \leqslant \alpha_0 \leqslant 90°$。利用式(2.52a),解出的 ψ 值有两种可能,二者均在 $-\pi/2$ 到 $\pi/2$ 之间。正确的选择由以下规则确定:

$$\begin{cases} \psi > 0°, & \text{如果 } \cos\delta > 0° \\ \psi < 0°, & \text{如果 } \cos\delta < 0° \end{cases}$$

> ▶ 总之,旋转角 ψ 的符号和 $\cos\delta$ 的符号相同,椭圆率角 χ 的符号和 $\sin\delta$ 的符号相同。◀

[†] 计算机代码 2.1(参见本书序中介绍)。

2.4　有损介质中的平面波传播

为了考察有损(导电)介质中的平面波传播, 我们回到式(2.13)给出的波方程

$$\nabla^2 \boldsymbol{E} - \gamma^2 \boldsymbol{E} = 0$$

以及

$$\gamma^2 = -\omega^2 \mu \varepsilon \varepsilon_0 = -\omega^2 \mu \varepsilon_0 (\varepsilon' - j\varepsilon'') \tag{2.54}$$

式中, $\varepsilon'' = \sigma/\omega\varepsilon_0$, 且 γ 为复数, 我们将它表示为

$$\gamma = \alpha + j\beta \tag{2.55}$$

其中, α 为介质衰减常数, β 为介质相位常数。将式(2.54)和式(2.55)组合, 得到

$$\alpha = -\omega\sqrt{\mu\varepsilon_0}\,\mathrm{Im}\{\sqrt{\varepsilon}\} \tag{2.56a}$$

$$\beta = \omega\sqrt{\mu\varepsilon_0}\,\mathrm{Re}\{\sqrt{\varepsilon}\} \tag{2.56b}$$

另外, 将式(2.54)中的 γ 换为 $(\alpha + j\beta)$, 得到

$$(\alpha + j\beta)^2 = (\alpha^2 - \beta^2) + j2\alpha\beta$$
$$= -\omega^2\mu\varepsilon'\varepsilon_0 + j\omega^2\mu\varepsilon''\varepsilon_0 \tag{2.57}$$

复代数的规则要求方程一侧的实部和虚部与另一侧相同, 因此

$$\alpha = \omega\left\{\frac{\mu_0\varepsilon'\varepsilon_0}{2}\left[\sqrt{1 + \left(\frac{\varepsilon''}{\varepsilon'}\right)^2} - 1\right]\right\}^{1/2}$$

$$= \frac{2\pi}{\lambda_0}\left\{\frac{\varepsilon'}{2}\left[\sqrt{1 + \left(\frac{\varepsilon''}{\varepsilon'}\right)^2} - 1\right]\right\}^{1/2} \quad (\mathrm{Np/m}) \tag{2.58a}$$

$$\beta = \omega\left\{\frac{\mu_0\varepsilon'\varepsilon_0}{2}\left[\sqrt{1 + \left(\frac{\varepsilon''}{\varepsilon'}\right)^2} + 1\right]\right\}^{1/2}$$

$$= \frac{2\pi}{\lambda_0}\left\{\frac{\varepsilon'}{2}\left[\sqrt{1 + \left(\frac{\varepsilon''}{\varepsilon'}\right)^2} + 1\right]\right\}^{1/2} \quad (\mathrm{Np/m})^\dagger \tag{2.58b}$$

其中, $\lambda_0 = c/f$ 为自由空间中的波长。

> ▶ 我们设 $\mu = \mu_0$, 因为遥感中遇到的天然材料为非磁性, 包括水、冰、土壤、植被等。◀

对于电场为 $\boldsymbol{E} = \hat{\boldsymbol{x}}E_x(z)$, 并沿+z 方向传播的均匀平面波, 波方程式(2.13)可以简化为

$$\frac{\mathrm{d}^2 E_x(z)}{\mathrm{d}z^2} - \gamma^2 E_x(z) = 0 \tag{2.59}$$

---

† 计算机代码 2.2。

解该方程，得到

$$\boldsymbol{E}(z) = \hat{\boldsymbol{x}} E_{x0} e^{-\gamma z} = \hat{\boldsymbol{x}} E_{x0} e^{-\alpha z} e^{-j\beta z} \tag{2.60}$$

通过式(2.3b)：$\nabla \times \boldsymbol{E} = -j\omega\mu\boldsymbol{H}$，或者用式(2.34a)：$\boldsymbol{H} = (\hat{\boldsymbol{k}} \times \boldsymbol{E})/\boldsymbol{\eta}_c$，可以确定相关的磁场 $\boldsymbol{H}$，其中 $\boldsymbol{\eta}_c$ 为有损介质的本征阻抗。两种方法都给出

$$\boldsymbol{H}(z) = \hat{\boldsymbol{y}} H_y(z) = \hat{\boldsymbol{y}} \frac{E_x(z)}{\eta_c} = \hat{\boldsymbol{y}} \frac{E_{x0}}{\eta_c} e^{-\alpha z} e^{-j\beta z} \tag{2.61}$$

式中，

$$\begin{aligned}
\eta_c &= \sqrt{\frac{\mu_0}{\varepsilon\varepsilon_0}} = \sqrt{\frac{\mu_0}{\varepsilon'\varepsilon_0}} \left(1 - j\frac{\varepsilon''}{\varepsilon'}\right)^{-1/2} \\
&= \frac{\eta_0}{\sqrt{\varepsilon'}} \left(1 - j\frac{\varepsilon''}{\varepsilon'}\right)^{-1/2} \qquad (\Omega)^\dagger
\end{aligned} \tag{2.62}$$

其中，η_0 为自由空间的本征阻抗。之前提到，在无损介质中，$\boldsymbol{E}(z, t)$ 和 $\boldsymbol{H}(z, t)$ 同相；然而，在有损介质中，由于 η_c 为复量，该特性不再适用。

根据式(2.60)，$E_x(z)$ 的振幅为

$$|E_x(z)| = |E_{x0} e^{-\alpha z} e^{-j\beta z}| = |E_{x0}| e^{-\alpha z} \tag{2.63}$$

其大小与 z 呈指数递减趋势，速率由衰减常数 α 确定。由于 $H_y = E_x/\eta_c$，H_y 的大小也随 $e^{-\alpha z}$ 的增大而减小。随着电场变弱，电磁波的部分能量转化为热能，传导至介质中。当电磁波传播一定距离 $z = \delta_s$ 时，有

$$\delta_s = \frac{1}{\alpha} \qquad (m) \tag{2.64}$$

该波振幅减小了 $e^{-1} \approx 0.37$ 倍（图 2.10）。衰减深度 $z = 3\delta_s$ 时，电场振幅不到其初始值的 5%，$z = 5\delta_s$ 时，电场振幅不到初始值的 1%。

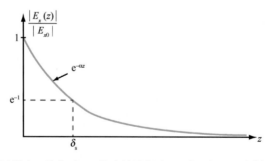

图 2.10　振幅 $E_x(z)$ 随距离 z 的衰减。z 值为趋肤深度 δ_s 时，$|E_x(z)|/|E_{x0}| = e^{-1}$ 或 $z = \delta_s = 1/\alpha$

▶ 距离 δ_s 称为介质的趋肤深度，用于表征电磁波穿透导电介质的深度。◀

---

† 计算机代码 2.2。

在理想介质中，$\sigma = 0$ 且 $\varepsilon'' = 0$；利用式（2.58a）得到 $\alpha = 0$，因此，$\delta_s = \infty$。因而，在自由空间中，平面波能无限传播，且振幅不会衰减。对于另外一种极端状况，在理想导体中，$\sigma = \infty$，利用式（2.58a），可以得到 $\alpha = \infty$ 和 $\delta_s = 0$。因此，电场仅限于理想导体的表面。

式（2.58a）、式（2.58b）和式（2.62）给出的 α、β 以及 η_c 表达式适用于任何线性介质、各向同性介质和均匀介质。在理想介质中（$\sigma = 0$），这些表达式简化为无损介质对应的表达式（2.2 节），其中 $\alpha = 0$，$\beta = k = \omega\sqrt{\mu_0\varepsilon'\varepsilon_0}$ 且 $\eta_c = \eta$。对于有损介质，比率 $\varepsilon''/\varepsilon' = \sigma/\omega\varepsilon'\varepsilon_0$（在所有这些表达式中都会出现）对分辨介质的耗损程度起到重要作用。当 $\varepsilon''/\varepsilon' \ll 1$ 时，则该介质为低耗介质；当 $\varepsilon''/\varepsilon' \gg 1$ 时，则该介质为良导体。在实践中，若 $\varepsilon''/\varepsilon' < 10^{-2}$，则认为该介质为低耗介质；若 $\varepsilon''/\varepsilon' > 10^2$，则该介质为良导体；若 $10^{-2} \leqslant \varepsilon''/\varepsilon' \leqslant 10^2$，则该介质为准导体。对于低耗介质和良导体，式（2.58）给出的表达式可被显著简化，如下文所述。

2.4.1　低耗介质

式（2.54）中，非磁介质中 γ 的一般表达式为

$$\gamma = j\omega\sqrt{\mu_0\varepsilon'\varepsilon_0}\left(1 - j\frac{\varepsilon''}{\varepsilon'}\right)^{1/2} \tag{2.65}$$

对于 $|x| \leqslant 1$，函数 $(1-x)^{1/2}$ 可以用其二次级数的前两项近似表示，即 $(1-x)^{1/2} \approx 1 - x/2$。对于 $x = j\varepsilon''/\varepsilon'$ 且 $\varepsilon''/\varepsilon' \ll 1$ 的低耗介质，对式（2.65）应用这种近似，得到

$$\gamma \approx j\omega\sqrt{\mu_0\varepsilon'\varepsilon_0}\left(1 - j\frac{\varepsilon''}{2\varepsilon'}\right)$$

$$\approx j\frac{2\pi}{\lambda_0}\sqrt{\varepsilon'}\left(1 - j\frac{\varepsilon''}{2\varepsilon'}\right) \tag{2.66}$$

式（2.66）的实部和虚部分别为

$$\alpha \approx \frac{\pi\varepsilon''}{\lambda_0\sqrt{\varepsilon'}} \qquad (\text{Np/m}) \tag{2.67a}$$

$$\beta \approx \frac{2\pi}{\lambda_0}\sqrt{\varepsilon'} \qquad (\text{rad/m}) \tag{2.67b}$$

我们注意到 β 的表达式和无损介质中波数 k 的表达式相同。将二次项近似应用到式（2.62），可以得到

$$\eta_c \approx \frac{\eta_0}{\sqrt{\varepsilon'}}\left(1 + j\frac{\varepsilon''}{2\varepsilon'}\right) \tag{2.68a}$$

实际上，对于低耗介质，$\varepsilon''/\varepsilon' < 10^{-2}$，式（2.68a）中的第二项通常被忽略。因此

$$\eta_c \approx \frac{\eta_0}{\sqrt{\varepsilon'}} \tag{2.68b}$$

2.4.2 良导体

当 $\varepsilon''/\varepsilon' > 100$ 时，式(2.58a)、式(2.58b)和式(2.62)可以近似为

$$\alpha \approx \frac{\pi\sqrt{2\varepsilon''}}{\lambda_0} \qquad (\text{Np/m}) \tag{2.69a}$$

$$\beta = \alpha \approx \frac{\pi\sqrt{2\varepsilon''}}{\lambda_0} \qquad (\text{rad/m}) \tag{2.69b}$$

$$\eta_c \approx \sqrt{\frac{j\mu_0}{\varepsilon''\varepsilon_0}} = \frac{(1+j)\eta_0}{\sqrt{2\varepsilon''}} \qquad (\Omega) \tag{2.69c}$$

在式(2.69c)中，我们用了 $\sqrt{j} = (1+j)/\sqrt{2}$ 这一关系。对于 $\sigma = \infty$ 的良导体，利用这些表达式可以得到 $\alpha = \beta = \infty$，且 $\eta_c = 0$。表 2.1 总结了不同介质中传播参数的表达式。

表 2.1　各种非磁介质的 α、β、η_c、u_p 和 λ 的表达式[†]

参数	任一介质	理想介质 ($\sigma = 0$)	低耗介质 ($\varepsilon''/\varepsilon' \ll 1$)	良导体 ($\varepsilon''/\varepsilon' \gg 1$)	单位
$\alpha =$	$\omega\left\{\dfrac{\mu_0\varepsilon'\varepsilon_0}{2}\left[\sqrt{1+\left(\dfrac{\varepsilon''}{\varepsilon'}\right)^2}-1\right]\right\}^{1/2}$	0	$\dfrac{\pi\varepsilon''}{\lambda_0\sqrt{\varepsilon'}}$	$\dfrac{\pi\sqrt{2\varepsilon''}}{\lambda_0}$	Np/m
$\beta =$	$\omega\left\{\dfrac{\mu_0\varepsilon'\varepsilon_0}{2}\left[\sqrt{1+\left(\dfrac{\varepsilon''}{\varepsilon'}\right)^2}+1\right]\right\}^{1/2}$	$\dfrac{2\pi\sqrt{\varepsilon'}}{\lambda_0}$	$\dfrac{2\pi\sqrt{\varepsilon'}}{\lambda_0}$	$\dfrac{\pi\sqrt{2\varepsilon''}}{\lambda_0}$	rad/m
$\eta_c =$	$\sqrt{\dfrac{\mu_0}{\varepsilon'\varepsilon_0}}\left(1-j\dfrac{\varepsilon''}{\varepsilon'}\right)^{-1/2}$	$\dfrac{\eta_0}{\sqrt{\varepsilon'}}$	$\dfrac{\eta_0}{\sqrt{\varepsilon'}}$	$\dfrac{(1+j)\eta_0}{\sqrt{2\varepsilon''}}$	Ω
$u_p =$	ω/β	$c/\sqrt{\varepsilon'}$	$c/\sqrt{\varepsilon'}$	$c/\sqrt{2/\varepsilon''}$	m/s
$\lambda =$	$2\pi/\beta = u_p/f$	u_p/f	u_p/f	u_p/f	m

注：在实践中，若 $\varepsilon''/\varepsilon' < 0.01$ 时，则认为该介质为低耗介质，$\varepsilon''/\varepsilon' > 100$ 时，则该介质为良导体；$c = 3\times10^8$ m/s；$\eta_0 = 377$ Ω。

2.5　电磁功率密度

本节涉及电磁波携带的功率流。对于时域电场为 $E(t)$ 和相关磁场为 $H(t)$ 的任何波，功率密度矢量 $S(t)$ 的定义为

---

† 计算机代码 2.1。

$$\pmb{S}(t) = \pmb{E}(t) \times \pmb{H}(t) \qquad (\text{W/m}^2) \tag{2.70}$$

$\pmb{S}(t)$ 的单位为 $(\text{V/m}) \times (\text{A/m}) = \text{W/m}^2$，方向为沿着波的传播方向。因此，$\pmb{S}(t)$ 代表电磁波所携带的单位面积功率(或功率密度)。

实际上，更为重要的物理量为波的平均功率密度，$\pmb{S}$ 是 $\pmb{S}(t)$ 的时间平均值:

$$\pmb{S} = \frac{1}{2}\text{Re}\left[\pmb{E} \times \pmb{H}^*\right] \qquad (\text{W/m}^2) \tag{2.71}$$

如图 2.11 所示，如果电磁波入射到面积为 A 的孔径，且外表面单位矢量为 $\hat{\pmb{n}}$，则通过孔径或被孔径截获的总功率通量为

$$P = \int_A \pmb{S} \cdot \hat{\pmb{n}} \mathrm{d}A \qquad (\text{W}) \tag{2.72}$$

对于沿 $\hat{\pmb{k}}$ 方向传播且与 $\hat{\pmb{n}}$ 形成角 θ 的均匀平面波，$P = \pmb{S} A \cos\theta$，其中 $\pmb{S} = |\pmb{S}|$。

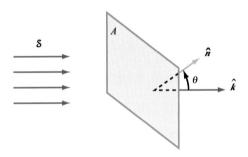

图 2.11　通过孔径的电磁功率通量

2.5.1　无损介质中的平面波

沿 +z 方向传播，具有任意极化的均匀平面波的电场通式为

$$\pmb{E}(z) = \hat{\pmb{x}} E_x(z) + \hat{\pmb{y}} E_y(z) = (\hat{\pmb{x}} E_{x0} + \hat{\pmb{y}} E_{y0}) \mathrm{e}^{-jkz} \tag{2.73}$$

式中，一般情况下，E_{x0} 和 E_{y0} 是复数。$\pmb{E}$ 的振幅为

$$|\pmb{E}| = (\pmb{E} \cdot \pmb{E}^*)^{1/2} = \left[|E_{x0}|^2 + |E_{y0}|^2\right]^{1/2} \tag{2.74}$$

利用式(2.34a)，可以得到与 $\pmb{E}$ 相关的相量磁场:

$$\pmb{H}(z) = (\hat{\pmb{x}} H_x + \hat{\pmb{y}} H_y) \mathrm{e}^{-jkz} = \frac{1}{\eta}\hat{\pmb{z}} \times \pmb{E} = \frac{1}{\eta}(-\hat{\pmb{x}} E_{y0} + \hat{\pmb{y}} E_{x0}) \mathrm{e}^{-jkz} \tag{2.75}$$

该波可看作两个电磁波的叠加，其中一个分量为 (E_x, H_y)，另一分量为 (E_y, H_x)。

在式(2.71)中，利用式(2.73)和式(2.75)，可以得到

$$\pmb{S} = \hat{\pmb{z}}\frac{1}{2\eta}\left(|E_{x0}|^2 + |E_{y0}|^2\right) = \hat{\pmb{z}}\frac{|\pmb{E}|^2}{2\eta} \qquad (\text{W/m}^2) \tag{2.76}$$

这表明，功率在 z 方向流动，z 方向的平均功率密度等于 (E_x, H_y) 和 (E_y, H_x) 波的平

均功率密度。需要注意的是，由于 $\mathcal{S}$ 仅取决于 η 和 $|\boldsymbol{E}|$，只要电场振幅相同，不同极化的波平均功率相同。

2.5.2 有损介质中的平面波

式(2.60)和式(2.61)给出的表达式表征了 x 极化平面波的电场和磁场，该波沿 z 方向在有损介质中传播，且传播常数 $\gamma = \alpha + j\beta$。通过将这些表达式扩展为一种更为普遍的情况：沿 x 和 y 都有分量的波，可以得到

$$\boldsymbol{E}(z) = \hat{\boldsymbol{x}}E_x(z) + \hat{\boldsymbol{y}}E_y(z) = (\hat{\boldsymbol{x}}E_{x0} + \hat{\boldsymbol{y}}E_{y0})\mathrm{e}^{-\alpha z}\mathrm{e}^{-j\beta z} \qquad (2.77\mathrm{a})$$

$$\boldsymbol{H}(z) = \frac{1}{\eta_c}(-\hat{\boldsymbol{x}}E_{y0} + \hat{\boldsymbol{y}}E_{x0})\mathrm{e}^{-\alpha z}\mathrm{e}^{-j\beta z} \qquad (2.77\mathrm{b})$$

式中，η_c 是有损介质的本征阻抗。应用式(2.71)，可以得到

$$\mathcal{S}(z) = \frac{1}{2}\mathrm{Re}[\boldsymbol{E} \times \boldsymbol{H}^*] = \frac{\hat{\boldsymbol{z}}(|E_{x0}|^2 + |E_{y0}|^2)}{2}\mathrm{e}^{-2\alpha z}\mathrm{Re}\left(\frac{1}{\eta_c^*}\right) \qquad (2.78)$$

η_c 在极坐标下可表示为

$$\eta_c = |\eta_c|\mathrm{e}^{j\theta_\eta} \qquad (2.79)$$

式(2.78)可以重写为

$$\mathcal{S}(z) = \hat{\boldsymbol{z}}\frac{|E(0)|^2}{2|\eta_c|}\mathrm{e}^{-2\alpha z}\cos\theta_\eta = \hat{\boldsymbol{z}}\mathcal{S}_0\mathrm{e}^{-2\alpha z} \qquad (\mathrm{W/m}^2) \qquad (2.80)$$

式中，$|E(0)|^2 = \left[|E_{x0}|^2 + |E_{y0}|^2\right]^{1/2}$ 是 $z = 0$ 时 $\boldsymbol{E}(z)$ 的振幅。

> ▶ 然而电场 $\boldsymbol{E}(z)$ 和磁场 $\boldsymbol{H}(z)$ 以 $\mathrm{e}^{-\alpha z}$ 随 z 衰减，功率密度 $\mathcal{S}$ 随 $\mathrm{e}^{-2\alpha z}$ 增大而减少。◀

当平面波传播距离为 $z = \delta_s = 1/\alpha$ 时，其电场和磁场大小减少为原来的 $\mathrm{e}^{-1} \approx 37\%$，平均功率密度减少为原来的 $\mathrm{e}^{-2} \approx 14\%$。

2.5.3 功率比的分贝标度

功率 P 的单位是瓦(W)。在很多工程问题中，重要的量是两个功率级 P_1 和 P_2 的比率，比如雷达系统接收和发射的功率，通常 P_1/P_2 可能会在几个不同的数量级之间变化。分贝(dB)标度为对数，因此提供了一种能方便地表达功率比率的方式，尤其在绘制 P_1/P_2 的数值随其他相关物理量变化时。若

$$G = \frac{P_1}{P_2} \qquad (2.81)$$

则

$$G[\,\mathrm{dB}\,] = 10\,\log\,G = 10\,\log\left(\frac{P_1}{P_2}\right) \quad (\mathrm{dB}) \quad\quad (2.82)$$

衰减率是指 $S(z)$ 的振幅随传播距离减小的速率，定义为

$$A = 10\,\log\left[\frac{S(z)}{S(0)}\right] = 10\,\log(\mathrm{e}^{-2\alpha z})$$

$$= -20\alpha z\,\log\,\mathrm{e} = -8.68\alpha z = -\alpha[\,\mathrm{dB/m}\,]z \quad (\mathrm{dB}) \quad\quad (2.83)$$

式中，

$$\alpha[\,\mathrm{dB/m}\,] = 8.68\alpha \quad\quad [\,\mathrm{Np/m}\,] \quad\quad (2.84)$$

我们还注意到，由于 $S(z)$ 和 $|E(z)|^2$ 成正比，

$$A = 10\,\log\left[\frac{|E(z)|^2}{|E(0)|^2}\right] = 20\,\log\left[\frac{|E(z)|}{|E(0)|}\right] \quad (\mathrm{dB}) \quad\quad (2.85)$$

表 2.2 比较了所选择的 G 值和对应的以分贝为单位的 $G[\,\mathrm{dB}\,]$ 值。

表 2.2　用自然数和分贝表示的功率比率

G	G/dB	G	G/dB
10^x	$10x$	0.5	-3
4	6	0.25	-6
2	3	0.1	-10
1	0	10^{-3}	-30

2.6　垂直入射波的反射和透射

为方便起见，我们将平面波的反射和透射分为 3 个部分：在这一节中，我们仅讨论图 2.12(a) 所示的垂直入射；在 2.7 节和 2.8 节这两节中，我们考察图 2.12(b) 描述的更为普遍的斜入射；到目前为止，我们讨论了两种不同的波极化，在 2.9 节和 2.10 节这两节中，我们将探讨遥感中尤其重要的特殊情况。

然而，由于本节会使用射线和波前这两个概念来描述电磁波，因此我们首先要解释射线和波前以及二者之间的关系。射线是一条直线，表示波所携带的电磁能量的方向，因此其平行于传播单位矢量 $\hat{\boldsymbol{k}}$。波前是指一个平面，波在这个平面上相位恒定，且波前垂直于矢量 $\hat{\boldsymbol{k}}$。因此，射线垂直于波前。图 2.12(b) 所示的波入射、反射和透射的射线表示法与图 2.12(c) 所示的波前表示法一致。这两种表示法互为补充；射线表示法更易于用图解说明，而波前表示法能提供一种物理视角，易于了解当波遇到非连续边界时会发生什么。接下来的讨论会用到这两种表示法。

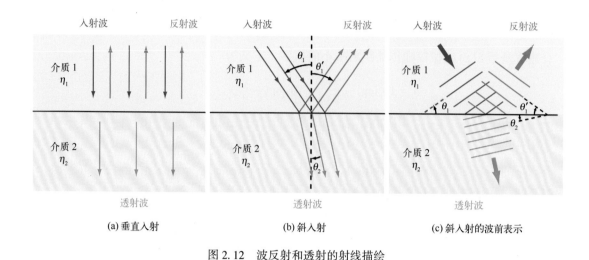

| (a) 垂直入射 | (b) 斜入射 | (c) 斜入射的波前表示 |

图 2.12　波反射和透射的射线描绘

2.6.1　无损介质间的边界

位于 $z=0$ 处(图 2.13)的平面边界将两种无损、均匀的电介质分开。介质 1 的相对介电常数为 ε_1' ，磁导率为 μ_0 ，并且充满了 $z \geq 0$ 半空间。介质 2 的相对介电常数为 ε_2' ，磁导率为 μ_0 ，并且充满了 $z \leq 0$ 半空间。y 极化平面波电场和磁场为 $(E^i,\ H^i)$ ，沿 $\hat{k}_i =$

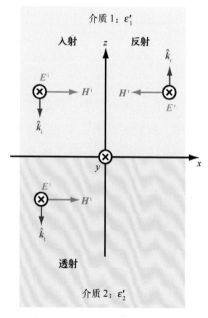

图 2.13　由 x-y 平面分隔开的两个电介质

$-\hat{z}$ 方向从介质 1 中向介质 2 传播。在 $z=0$ 边界处发生反射和透射，形成反射波和透射波。该反射波电场和磁场为 $(E^r,\ H^r)$ ，在介质 1 中沿 $\hat{k}_r = \hat{z}$ 的方向传播，透射波电场和磁场为 $(E^t,\ H^t)$ ，在介质 2 中沿 $\hat{k}_t = -\hat{z}$ 方向传播。

表 2.3 左侧部分给出了 3 个线性极化波(图 2.13)电场和磁场的表达式。介质 1 和介质 2 中的总场为

$$E_1 = E^i + E^r \qquad (2.86a)$$

$$H_1 = H^i + H^r \qquad (2.86b)$$

$$E_2 = E^t \qquad (2.86c)$$

$$H_2 = H^t \qquad (2.86d)$$

注意上标 i、r 和 t 用于表示入射、反射和透射，下标 1 和 2 表示介质 1 和介质 2 中的总场。入射电场、反射电场和透射电场在 $z=0$ (两种介质之间的边界)时的振幅大小分别为 E_0^i 、E_0^r 和 E_0^t 。介

质 1 的波数和本征阻抗分别为 $k_1 = 2\pi\sqrt{\varepsilon_1'}/\lambda_0$ 和 $\eta_1 = \eta_0/\sqrt{\varepsilon_1'}$，介质 2 的波数和本征阻抗分别为 $k_2 = 2\pi\sqrt{\varepsilon_2'}/\lambda_0$ 和 $\eta_2 = \eta_0/\sqrt{\varepsilon_2'}$。

表 2.3　垂直入射时无损介质和有损介质中的电磁场表达式[†]

无损介质	有损介质
$\boldsymbol{E}^{\mathrm{i}} = \hat{\boldsymbol{y}} E_0^{\mathrm{i}} e^{jk_1 z}$,　$\boldsymbol{H}^{\mathrm{i}} = \hat{\boldsymbol{x}} \dfrac{E_0^{\mathrm{i}}}{\eta_1} e^{jk_1 z}$	$\boldsymbol{E}^{\mathrm{i}} = \hat{\boldsymbol{y}} E_0^{\mathrm{i}} e^{\gamma_1 z}$,　$\boldsymbol{H}^{\mathrm{i}} = \hat{\boldsymbol{x}} \dfrac{E_0^{\mathrm{i}}}{\eta_{c_1}} e^{\gamma_1 z}$
$\boldsymbol{E}^{\mathrm{r}} = \hat{\boldsymbol{y}} \rho E_0^{\mathrm{i}} e^{-jk_1 z}$,　$\boldsymbol{H}^{\mathrm{r}} = -\hat{\boldsymbol{x}} \rho \dfrac{E_0^{\mathrm{i}}}{\eta_1} e^{-jk_1 z}$	$\boldsymbol{E}^{\mathrm{r}} = \hat{\boldsymbol{y}} \rho E_0^{\mathrm{i}} e^{-\gamma_1 z}$,　$\boldsymbol{H}^{\mathrm{r}} = -\hat{\boldsymbol{x}} \rho \dfrac{E_0^{\mathrm{i}}}{\eta_{c_1}} e^{-\gamma_1 z}$
$\boldsymbol{E}^{\mathrm{t}} = \hat{\boldsymbol{y}} \tau E_0^{\mathrm{i}} e^{jk_2 z}$,　$\boldsymbol{H}^{\mathrm{t}} = \hat{\boldsymbol{x}} \tau \dfrac{E_0^{\mathrm{i}}}{\eta_2} e^{jk_2 z}$	$\boldsymbol{E}^{\mathrm{t}} = \hat{\boldsymbol{y}} \tau E_0^{\mathrm{i}} e^{\gamma_2 z}$,　$\boldsymbol{H}^{\mathrm{t}} = \hat{\boldsymbol{x}} \tau \dfrac{E_0^{\mathrm{i}}}{\eta_{c_2}} e^{\gamma_2 z}$
相位匹配：　$(\boldsymbol{E}^{\mathrm{i}}+\boldsymbol{E}^{\mathrm{r}})\big\|_{z=0} = \boldsymbol{E}^{\mathrm{t}}\big\|_{z=0}$　$(\boldsymbol{H}^{\mathrm{i}}+\boldsymbol{H}^{\mathrm{r}})\big\|_{z=0} = \boldsymbol{H}^{\mathrm{t}}\big\|_{z=0}$	相位匹配：　$(\boldsymbol{E}^{\mathrm{i}}+\boldsymbol{E}^{\mathrm{r}})\big\|_{z=0} = \boldsymbol{E}^{\mathrm{t}}\big\|_{z=0}$　$(\boldsymbol{H}^{\mathrm{i}}+\boldsymbol{H}^{\mathrm{r}})\big\|_{z=0} = \boldsymbol{H}^{\mathrm{t}}\big\|_{z=0}$
$\rho = \dfrac{\eta_2 - \eta_1}{\eta_2 + \eta_1}$,　$\tau = 1 + \rho$	$\rho = \dfrac{\eta_{c_2} - \eta_{c_1}}{\eta_{c_2} + \eta_{c_1}}$,　$\tau = 1 + \rho$
$k_1 = \dfrac{2\pi}{\lambda_0}\sqrt{\varepsilon_1'}$,　$k_2 = \dfrac{2\pi}{\lambda_0}\sqrt{\varepsilon_2'}$	$\gamma_1 = \alpha_1 + j\beta_1$,　$\gamma_2 = \alpha_2 + j\beta_2$
$\eta_1 = \dfrac{\eta_0}{\sqrt{\varepsilon_1'}}$,　$\eta_2 = \dfrac{\eta_0}{\sqrt{\varepsilon_2'}}$	$\eta_{c_1} = \dfrac{\eta_0}{\sqrt{\varepsilon_1}}$,　$\eta_{c_2} = \dfrac{\eta_0}{\sqrt{\varepsilon_2}}$

注：$\varepsilon_1 = \varepsilon_1' - j\varepsilon_1''$；$\varepsilon_2 = \varepsilon_2' - j\varepsilon_2''$。

E_0^{i} 的振幅由负责产生入射波的波源确定，因此假定 E_0^{i} 振幅已知。我们的目标是把 E_0^{r} 和 E_0^{t} 与 E_0^{i} 联系起来。通过将电磁边界条件应用到 $z=0$ 处的总电场和总磁场，可以实现这一目标。这些边界条件表明总电场的切向分量在两个相邻介质的边界处总是连续的，并且在边界处没有电流源时，总磁场情况也是如此。在目前的例子中，入射波、反射波和透射波的电场和磁场均与边界相切。在 $z=0$ 处应用边界条件，亦称相位匹配，可以得到

$$E_0^{\mathrm{r}} = \left(\frac{\eta_2 - \eta_1}{\eta_2 + \eta_1}\right) E_0^{\mathrm{i}} = \rho E_0^{\mathrm{i}} \tag{2.87a}$$

$$E_0^{\mathrm{t}} = \left(\frac{2\eta_2}{\eta_2 + \eta_1}\right) E_0^{\mathrm{i}} = \tau E_0^{\mathrm{i}} \tag{2.87b}$$

式中，

$$\rho = \frac{E_0^{\mathrm{r}}}{E_0^{\mathrm{i}}} = \frac{\eta_2 - \eta_1}{\eta_2 + \eta_1} \qquad （垂直入射） \tag{2.88a}$$

---

† 计算机代码 2.3。

$$\tau = \frac{E_0^t}{E_0^i} = \frac{2\eta_2}{\eta_2 + \eta_1} \qquad (\text{垂直入射}) \qquad (2.88b)$$

ρ 和 τ 这两个量称为菲涅耳反射和透射系数。在无损介质中，η_1 和 η_2 为实数，因此，ρ 和 τ 也均为实数。由式(2.88a) 和式(2.88b) 很容易看出，ρ 和 τ 相互联系：

$$\tau = 1 + \rho \qquad (\text{垂直入射}) \qquad (2.89)$$

将如下公式

$$\eta_1 = \frac{\eta_0}{\sqrt{\varepsilon_1'}}$$

$$\eta_2 = \frac{\eta_0}{\sqrt{\varepsilon_2'}}$$

应用于式(2.88a)，可以得到

$$\rho = \frac{\sqrt{\varepsilon_1'} - \sqrt{\varepsilon_2'}}{\sqrt{\varepsilon_1'} + \sqrt{\varepsilon_2'}} \qquad (2.90)$$

表 2.3 左侧给出了介质 1 和介质 2 中电场、磁场和功率密度的完整表达式。

利用式(2.71)，则介质 1 中的净平均功率密度为

$$\pmb{S}_1 = \frac{1}{2}\text{Re}\big[\pmb{E}_1(z) \times \pmb{H}_1^*(z)\big] = \frac{1}{2}\text{Re}\bigg[\hat{\pmb{y}}E_0^i(e^{jk_1z} + \rho e^{jk_1z}) \times \hat{\pmb{x}}\frac{E_0^{i\,*}}{\eta_1}(e^{-jk_1z} - \rho^* e^{jk_1z})\bigg]$$

可以得到

$$\pmb{S}_1(z) = -\hat{\pmb{z}}\frac{|E_0^i|^2}{2\eta_1}(1 - |\rho|^2) \qquad (2.91)$$

式(2.91)括号中的第一项和第二项分别表示入射波和反射波的平均功率密度，因此

$$\pmb{S}_1 = \pmb{S}^i + \pmb{S}^r \qquad (2.92a)$$

且

$$\pmb{S}^i = -\hat{\pmb{z}}\frac{|E_0^i|^2}{2\eta_1} \qquad (2.92b)$$

$$\pmb{S}^r = \hat{\pmb{z}}\,|\rho|^2\frac{|E_0^i|^2}{2\eta_1} = \hat{\pmb{z}}\,|\rho|^2\pmb{S}^i \qquad (2.92c)$$

尽管 ρ 对于有损介质和无损介质均为实数，但我们将其当作复数，从而在式(2.92c)中提供一个表达式，使得介质 2 导电时，该表达式也成立。

介质 2 中透射波的平均功率密度为

$$\pmb{S}^t(z) = \pmb{S}_2(z) = \frac{1}{2}\text{Re}\big[\pmb{E}_2(z) \times \pmb{H}_2^*(z)\big]$$

$$= \frac{1}{2}\mathrm{Re}\left[\hat{\boldsymbol{y}}\,\tau\,E_0^{\mathrm{i}}\mathrm{e}^{jk_2z} \times \hat{\boldsymbol{x}}\,\tau^*\,\frac{E_0^{\mathrm{i}*}}{\eta_2}\mathrm{e}^{-jk_2z}\right]$$

$$= -\hat{\boldsymbol{z}}\,|\tau|^2\,\frac{|E_0^{\mathrm{i}}|^2}{2\eta_2} \tag{2.93}$$

通过式(2.88a)和式(2.88b)，可以很容易地证明，对于无损介质

$$\frac{\tau^2}{\eta_2} = \frac{1-\rho^2}{\eta_1} \tag{2.94}$$

从而得到

$$\mathcal{S}_1 = \mathcal{S}_2$$

该结果是考虑节约功率的情况下求得的。

2.6.2 有损介质间的边界

在 2.6.1 节中，我们考虑了无损介质中的平面波通常入射到另一无损介质的平面边界上。现在，我们将表达式推广到有损介质。在结构参数为$(\varepsilon', \mu, \sigma)$的介质中，传播常数$\gamma = \alpha + j\beta$和固有$\eta_\mathrm{c}$均为复数。表2.1给出了$\alpha$、$\beta$和$\eta_\mathrm{c}$的通式。若介质1和介质2的结构参数为$(\varepsilon_1', \mu_0, \sigma_1)$和$(\varepsilon_2', \mu_0, \sigma_2)$，则根据表2.3左侧列出的无损介质的电场和磁场表达式，将jk替换为γ，将η替换为η_c，便能得到介质1和介质2的电场和磁场表达式。表2.3右侧部分列出了相应结果。

2.7 斜入射波的反射和透射

在前面的章节，我们考察了平面波的反射和透射，这些平面波通常入射到两种不同介质之间的平面界面上。现在我们考察斜入射的情况，如图2.14所示。为简单起见，我们首先假设所有的介质都是无损的，然后再将结果扩展到有损介质。$z = 0$平面形成了介质1和介质2的边界，介质1和介质2的结构参数分别为(ε_1', μ_0)和(ε_2', μ_0)。图2.14中方向为$\hat{\boldsymbol{k}}_\mathrm{i}$的两条线代表垂直于入射波波前的射线，沿$\hat{\boldsymbol{k}}_\mathrm{r}$和$\hat{\boldsymbol{k}}_\mathrm{t}$的线分别代表垂直于反射波和透射波的射线。关于垂直于边界(z轴)定义的入射角、反射角和透射(折射)角分别为θ_1、θ_1'和θ_2。

这3个角由斯涅耳定律相互关连：

$$\theta_1 = \theta_1' \qquad (\text{斯涅耳反射定律})$$

$$\frac{\sin\theta_2}{\sin\theta_1} = \frac{u_{\mathrm{p}2}}{u_{\mathrm{p}1}} = \sqrt{\frac{\varepsilon_1'}{\varepsilon_2'}} \qquad (\text{斯涅耳折射定律}) \tag{2.95}$$

式中，$u_{\mathrm{p}1}$和$u_{\mathrm{p}2}$分别是介质1和介质2中的相速度。

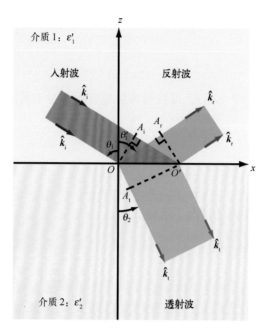

图 2.14　波在不同介质平面边界上的反射和折射

> ▶ 斯涅耳反射定律表明反射角等于入射角，斯涅耳折射定律就相速比率给出了 $\sin\theta_1$ 和 $\sin\theta_2$ 之间的关系。◀

介质的折射率 n 定义为自由空间中的相速(即光速 c)与介质中相速度的比率，因此

$$n = \frac{c}{u_p} = \sqrt{\frac{\mu_0\varepsilon_0\varepsilon'}{\mu_0\varepsilon_0}} = \sqrt{\varepsilon'} \qquad (2.96)$$

式(2.96)和式(2.95)可以改写为

$$\frac{\sin\theta_2}{\sin\theta_1} = \frac{n_1}{n_2} \qquad (2.97)$$

通常，材料密度越大，介电常数越大。空气介电常数 $\varepsilon' = 1$，折射率 $n_0 = 1$。对于非磁性材料 $n = \sqrt{\varepsilon'}$，若材料折射率大于另一材料的折射率，则认定该材料的密度较大。

垂直入射($\theta_1 = 0$)时，由式(2.97)得出 $\theta_2 = 0$，与预期值相符。斜入射时，若 $n_2 > n_1$，则 $\theta_2 < \theta_1$；若 $n_2 < n_1$，则 $\theta_2 > \theta_1$。

> ▶ 若波入射到密度更高的介质上[图 2.15(a)]，则透射波向内折射(朝 z 轴)；若波入射在密度更低的介质上[图 2.15(b)]，则透射波向外折射(偏离 z 轴)。◀

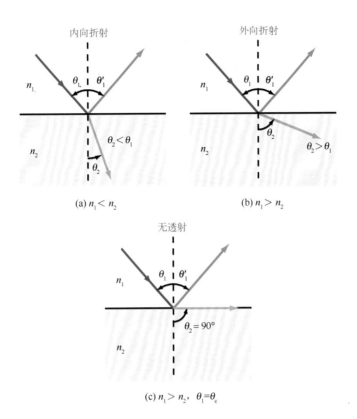

(a) $n_1 < n_2$　　　　　　　(b) $n_1 > n_2$

(c) $n_1 > n_2$,　$\theta_1 = \theta_c$

图 2.15　斯涅耳定律表明，$\theta'_1 = \theta_1$ 且 $\sin\theta_2 = (n_1/n_2)\sin\theta_1$。若 $n_1 < n_2$，则向内折射（a）；若 $n_1 > n_2$，则向外折射（b）；若 $n_1 > n_2$ 且 θ_1 等于或大于临界角 $\theta_c = \arcsin(n_2/n_1)$，则垂直折射（c）

当 $\theta = \pi/2$ 时，有一个非常有趣的例子，如图 2.15（c）所示。在这种情况下，折射波沿平面传播，没有能量透射到介质 2 中。与 $\theta_2 = \pi/2$ 对应的入射角 θ_1 的值称为临界角 θ_c，可以从式（2.97）中得到

$$\sin\theta_c = \frac{n_2}{n_1}\sin\theta_2 \bigg|_{\theta_2 = \pi/2} = \frac{n_2}{n_1} \tag{2.98a}$$

$$= \sqrt{\frac{\varepsilon'_2}{\varepsilon'_1}} \quad （临界角） \tag{2.98b}$$

若 θ_1 大于 θ_c，则入射波完全反射，折射波成为沿两介质边界传播的不均匀平面波。这种波特性称为全内反射。

对于垂直入射而言，垂直入射平面波的电场和磁场均与边界相切，并且与波极化无关。因此，两种介质边界处的反射系数 ρ 和透射系数 τ 与入射波的极化无关。对于以相对于垂直入射的角 $\theta_1 \neq 0°$ 传播的斜入射波，则不是这种情况。接下来，入射面是指包

含入射波的垂直边界和传播方向的平面。任意极化波可以看作是两个正交极化波的叠加，其中一波的电场平行于入射面（水平极化），另一波的电场垂直于入射面（垂直极化）。图 2.16 展示了这两种极化结构，其中入射面与 x–z 平面一致。

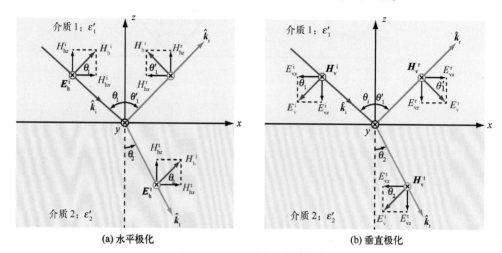

(a) 水平极化　　　　　　　　　　　　　　　**(b) 垂直极化**

图 2.16　入射面是包含波传播方向 $\hat{k}_i$ 及垂直于边界表面的平面，图中，入射面包含 $\hat{k}_i$ 和 $\hat{z}$，与纸平面重合。(a)若波的电场矢量垂直于入射面，则称该波为垂直极化；(b)若波的电场矢量位于入射面内，则称该波为水平极化

> ▶ 在遥感中，电场 E 垂直于入射面的极化称为水平极化，因为电场 E 平行于地球表面；电场 E 平行于入射面的极化称为垂直极化，因为这种情况下磁场平行于地球表面。◀

对于任意极化波的一般情况，通常将入射波（E^i，H^i）分解为一个水平极化分量（E_h^i，H_h^i）和一个垂直极化分量（E_v^i，H_v^i）。根据两个入射分量确定反射波（E_h^r，H_h^r）和（E_v^r，H_v^r），将这两个反射波相加，得到相对于原入射波的总反射波（E^r，H^r）。可以用相似的方法确定总发射波（E^t，H^t）。

2.7.1　水平极化——无损介质

在图 2.13 所示的正常入射中，入射波的 E^i，H^i 和 $\hat{k}_i$ 分别指向 $\hat{y}$、$\hat{x}$ 和 $-\hat{z}$ 方向。图 2.16(a)所示的水平极化入射波，E_h^i 沿 $\hat{y}$ 方向，但 H_h^i 和 $\hat{k}_i$ 指向新方向。因此，入射平面波的电场和磁场通过以下方式给出

$$E_h^i = \hat{y} E_{h0}^i e^{-jk_1(x\sin\theta_1 - z\cos\theta_1)}$$

$$\boldsymbol{H}_h^i = (\hat{\boldsymbol{x}} \cos \theta_1 + \hat{\boldsymbol{z}} \sin \theta_1) \frac{E_{h0}^i}{\eta_1} e^{-j k_1 (x \sin \theta_1 - z \cos \theta_1)}$$

反射波和透射波电场和磁场也是类似的表达式(表 2.4)。边界条件要求介质 1 中总电场的切向分量(即 $\boldsymbol{E}_h^i$ 和 $\boldsymbol{E}_h^r$ 之和)等于 $\boldsymbol{E}^t$ 在边界($z=0$)的切向分量。这种情况下,所有 3 个电场均沿 $\hat{\boldsymbol{y}}$ 方向,因此均与 x–y 边界相切。类似的边界条件应用于磁场的 $\hat{\boldsymbol{x}}$ 分量。利用这些边界条件,可以得到水平极化反射系数和透射系数的下述表达式:

$$\rho_h = \frac{E_{h0}^r}{E_{h0}^i} = \frac{\eta_2 \cos \theta_1 - \eta_1 \cos \theta_2}{\eta_2 \cos \theta_1 + \eta_1 \cos \theta_2} \tag{2.99a}$$

$$\tau_h = \frac{E_{h0}^t}{E_{h0}^i} = \frac{2\eta_2 \cos \theta_1}{\eta_2 \cos \theta_1 + \eta_1 \cos \theta_2} \tag{2.99b}$$

这两个系数称为菲涅耳反射系数和水平极化的透射系数,二者关系为

$$\tau_h = 1 + \rho_h \tag{2.100}$$

若介质 2 为理想导体($\eta_2 = 0$),式(2.99a)和式(2.99b)可以分别简化为 $\rho_h = -1$ 和 $\tau_h = 0$,这表明入射波完全被导电介质反射。

基于式(2.95),ρ_h 的表达式可以写作

$$\rho_h = \frac{\cos \theta_1 - \sqrt{(\varepsilon_2'/\varepsilon_1') - \sin^2 \theta_1}}{\cos \theta_1 + \sqrt{(\varepsilon_2'/\varepsilon_1') - \sin^2 \theta_1}} \tag{2.101}$$

由于 $(\varepsilon_2/\varepsilon_1) = (n_2/n_1)^2$,该表达式也可以写为折射率 n_1 和 n_2 的形式。

2.7.2 垂直极化

由于电磁场具有二重性,通过将水平极化表达式中的 $\boldsymbol{E}$ 换为 $\boldsymbol{H}$,将 $\boldsymbol{H}$ 换为 $-\boldsymbol{E}$,可以得到垂直极化表达式。表 2.4 列出了相关垂直极化表达式。反射系数和透射系数需要特别注意。

$$\rho_v = \frac{E_{v0}^r}{E_{v0}^i} = \frac{\eta_2 \cos \theta_2 - \eta_1 \cos \theta_1}{\eta_2 \cos \theta_2 + \eta_1 \cos \theta_1}$$

$$= \frac{\left(\dfrac{\varepsilon_2'}{\varepsilon_1'} - \sin^2 \theta_1\right)^{1/2} - \left(\dfrac{\varepsilon_2'}{\varepsilon_1'}\right) \cos \theta_1}{\left(\dfrac{\varepsilon_2'}{\varepsilon_1'} - \sin^2 \theta_1\right)^{1/2} + \left(\dfrac{\varepsilon_2'}{\varepsilon_1'}\right) \cos \theta_1} \tag{2.102a}$$

和

$$\tau_v = \frac{E_{v0}^t}{E_{v0}^i} = (1 + \rho_v) \frac{\cos \theta_1}{\cos \theta_2} \tag{2.102b}$$

表 2.4　垂直入射条件下，有损介质和无损介质中的电磁场表达式[†]

水平极化	垂直极化
$E_h^i = \hat{y} E_{h0}^i e^{-jk_1(x\sin\theta_1 - z\cos\theta_1)}$	$E_v^i = (-\hat{x}\cos\theta_1 - \hat{z}\sin\theta_1) E_{v0}^i e^{-jk_1(x\sin\theta_1 - z\cos\theta_1)}$
$H_h^i = (\hat{x}\cos\theta_1 + \hat{z}\sin\theta_1)\dfrac{E_{h0}^i}{\eta_1} e^{-jk_1(x\sin\theta_1 - z\cos\theta_1)}$	$H_v^i = \hat{y}\dfrac{E_{v0}^i}{\eta_1} e^{-jk_1(x\sin\theta_1 - z\cos\theta_1)}$
$E_h^r = \hat{y}\rho_h E_{h0}^i e^{-jk_1(x\sin\theta_1 + z\cos\theta_1)}$	$E_v^r = (\hat{x}\cos\theta_1 - \hat{z}\sin\theta_1)\rho_v E_{v0}^i e^{-jk_1(x\sin\theta_1 + z\cos\theta_1)}$
$H_h^r = (-\hat{x}\cos\theta_1 + \hat{z}\sin\theta_1)\rho_h\dfrac{E_{h0}^i}{\eta_1} e^{-jk_1(x\sin\theta_1 + z\cos\theta_1)}$	$H_v^r = \hat{y}\rho_v\dfrac{E_{v0}^i}{\eta_1} e^{-jk_1(x\sin\theta_1 + z\cos\theta_1)}$
$E_h^t = \hat{y}\tau_h E_{h0}^i e^{-jk_2(x\sin\theta_2 - z\cos\theta_2)}$	$E_v^t = (-\hat{x}\cos\theta_2 - \hat{z}\sin\theta_2)\tau_v E_{v0}^i e^{-jk_2(x\sin\theta_2 - z\cos\theta_2)}$
$H_h^t = (\hat{x}\cos\theta_2 + \hat{z}\sin\theta_2)\tau_h\dfrac{E_{h0}^i}{\eta_2} e^{-jk_2(x\sin\theta_2 - z\cos\theta_2)}$	$H_v^t = \hat{y}\tau_v\dfrac{E_{v0}^i}{\eta_1} e^{-jk_2(x\sin\theta_2 - z\cos\theta_2)}$
$\rho_h = \dfrac{\eta_2\cos\theta_1 - \eta_1\cos\theta_2}{\eta_2\cos\theta_1 + \eta_1\cos\theta_2} = \dfrac{\cos\theta_1 - \sqrt{(\varepsilon_2'/\varepsilon_1') - \sin^2\theta_1}}{\cos\theta_1 + \sqrt{(\varepsilon_2'/\varepsilon_1') - \sin^2\theta_1}}$	$\rho_v = \dfrac{\eta_2\cos\theta_2 - \eta_1\cos\theta_1}{\eta_2\cos\theta_2 + \eta_1\cos\theta_1} = \dfrac{\left[\dfrac{\varepsilon_2'}{\varepsilon_1'} - \sin^2\theta_1\right]^{1/2} - \left(\dfrac{\varepsilon_2'}{\varepsilon_1'}\right)\cos\theta_1}{\left[\dfrac{\varepsilon_2'}{\varepsilon_1'} - \sin^2\theta_1\right]^{1/2} + \left(\dfrac{\varepsilon_2'}{\varepsilon_1'}\right)\cos\theta_1}$
$\tau_h = 1 + \rho_h$	$\tau_v = (1 + \rho_v)\dfrac{\cos\theta_1}{\cos\theta_2}$

$$k_1 = \frac{2\pi}{\lambda_0}\sqrt{\varepsilon_1}, \qquad \eta_1 = \frac{\eta_0}{\sqrt{\varepsilon_1}}, \qquad \eta_2 = \frac{\eta_0}{\sqrt{\varepsilon_2}},$$

$$k_2 = \frac{2\pi}{\lambda}\sqrt{\varepsilon_2}, \qquad k_2\sin\theta_2 = k_1\sin\theta_1,$$

$$\cos\theta_2 = \left[1 - \left(\frac{k_1}{k_2}\sin\theta_1\right)^2\right]^{1/2}$$

注：(1) 无损介质：$\varepsilon = \varepsilon'$；(2) 有损介质：$\varepsilon = \varepsilon' - j\varepsilon''$，$jk$ 应替换为 $\gamma = j(2\pi\sqrt{\varepsilon' - j\varepsilon''})/\lambda_0$。

为了说明 ρ_h 和 ρ_v 振幅随入射角的变化，图 2.17 显示了波在空气中入射到 3 种不同介质表面：干燥土壤（$\varepsilon_2' = 3$）、潮湿土壤（$\varepsilon_2' = 25$）以及水（$\varepsilon_2' = 81$）。对于每个平面，(a) 垂直入射（$\theta_1 = 0°$）时，$\rho_h = \rho_v$，符合期望值；(b) 掠入射（$\theta_1 = 90°$）时，$|\rho_h| = |\rho_v|$；(c) 以布儒斯特角入射时，ρ_v 变为零。对非磁性材料而言，布儒斯特角仅存在于垂直极化的情况下，且其值取决于 $\varepsilon_2'/\varepsilon_1'$ 的比值。

▶ 以布儒斯特角入射时，入射波的垂直极化分量完全透射至介质 2 中。◀

根据式 (2.102a)，当如下表达式成立时，$\rho_v = 0$，

$$\eta_1\cos\theta_1 = \eta_2\cos\theta_2 \qquad (2.103)$$

将式 (2.103) 和非磁性介质的斯涅耳定律相结合，即 $\sin\theta_2 = (\eta_2/\eta_1)\sin\theta_1$，用 θ_B 表示 θ_1，得到

$$\theta_B = \arcsin\sqrt{\frac{1}{1 + (\varepsilon_1'/\varepsilon_2')}} = \arctan\sqrt{\frac{\varepsilon_2'}{\varepsilon_1'}} \qquad (2.104)$$

---

† 计算机代码 2.3。

布儒斯特角也称为极化角，原因在于，若包含水平极化和垂直极化分量的波以布儒斯特角 θ_B 入射到非磁性表面，则垂直极化分量完全透射至介质 2，只有水平极化分量被表面反射。

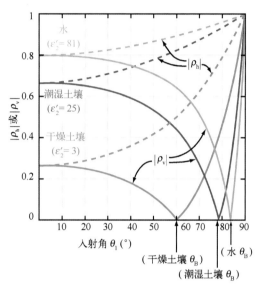

图 2.17　干燥土壤表面、潮湿土壤表面和水表面，$|\rho_h|$ 和 $|\rho_v|$ 随入射角的变化，
对于每一种表面，以布儒斯特角入射时，$|\rho_v| = 0$

2.8　反射率和透射率

反射系数和透射系数分别为反射电场振幅和透射电场振幅与入射电场振幅的比率。我们从水平极化功率比率开始讨论。

图 2.18 展示了一束圆形波束的电磁能入射至两种相邻无损介质的边界上。波束照射的光斑面积为 A，入射波束、反射波束和透射波束的电场大小分别为 E_{h0}^i、E_{h0}^r 和 E_{h0}^t。入射波束、反射波束和透射波束功率密度的平均大小为

$$S_h^i = \frac{\left|E_{h0}^i\right|^2}{2\eta_1}, \quad S_h^r = \frac{\left|E_{h0}^r\right|^2}{2\eta_1}, \quad S_h^t = \frac{\left|E_{h0}^t\right|^2}{2\eta_2}$$

式中，η_1 和 η_2 分别是介质 1 和介质 2 的本征阻抗。入射波束、反射波束和透射波束的横截面积为

$$A_i = A\cos\theta_1, \quad A_r = A\cos\theta_1', \quad A_t = A\cos\theta_2$$

波束携带的相应平均功率为

$$P_h^i = S_h^i A_i = \frac{\left|E_{h0}^i\right|^2}{2\eta_1}A\cos\theta_1 \tag{2.105a}$$

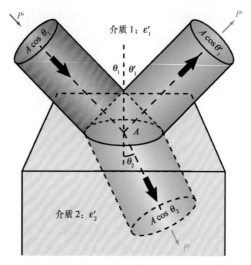

图 2.18 圆形入射波束照射界面大小为 A 的光斑对应的反射和透射

$$P_h^r = \mathcal{S}_h^r A_r = \frac{|E_{h0}^r|^2}{2\eta_1} A \cos\theta_1' \qquad (2.105b)$$

$$P_h^t = \mathcal{S}_h^t A_t = \frac{|E_{h0}^t|^2}{2\eta_2} A \cos\theta_2 \qquad (2.105c)$$

▶ 反射率 Γ(光学中也称为反射比)是指反射功率与入射功率的比率。◀

水平极化反射率为

$$\Gamma^h = \frac{P_h^r}{P_h^i} = \frac{|E_{h0}^r|^2 \cos\theta_1'}{|E_{h0}^i|^2 \cos\theta_1} = \left|\frac{E_{h0}^r}{E_{h0}^i}\right|^2 \qquad (2.106)$$

根据斯涅耳反射定律,$\theta_1' = \theta$。反射波电场振幅和入射波电场振幅的比率 $|E_{h0}^r| / |E_{h0}^i|$ 等于反射系数 ρ_h,因此

$$\Gamma^h = |\rho_h|^2 \qquad (2.107)$$

类似地,对于垂直极化:

$$\Gamma^v = \frac{P_v^r}{P_v^i} = |\rho_v|^2 \qquad (2.108)$$

▶ 透射率 $\mathbb{T}$(或是光学中的透射比)是指透射功率与入射功率的比率。◀

即

$$\mathbb{T}^h = \frac{P_h^t}{P_h^i} = \frac{|E_{h0}^r|^2}{|E_{h0}^i|^2} \frac{\eta_1}{\eta_2} \frac{A \cos\theta_2}{A \cos\theta_1} = |\tau_h|^2 \left(\frac{\eta_1 \cos\theta_2}{\eta_2 \cos\theta_1}\right) \qquad (2.109a)$$

$$\mathbb{T}^{\mathrm{v}} = \frac{P_{\mathrm{v}}^{\mathrm{t}}}{P_{\mathrm{v}}^{\mathrm{i}}} = |\tau_{\mathrm{v}}|^2 \left(\frac{\eta_1 \cos \theta_2}{\eta_2 \cos \theta_1}\right) \tag{2.109b}$$

> ▶ 入射波、反射波和透射波遵循能量守恒定律。◀

事实上，在很多情况下，透射电场大于入射电场。然而，能量守恒要求入射功率等于反射功率与透射功率之和。也就是说，对于水平极化而言

$$P_{\mathrm{h}}^{\mathrm{i}} = P_{\mathrm{h}}^{\mathrm{r}} + P_{\mathrm{h}}^{\mathrm{t}} \tag{2.110}$$

从而得到

$$\Gamma^{\mathrm{h}} + \mathbb{T}^{\mathrm{h}} = 1 \tag{2.111a}$$

$$\Gamma^{\mathrm{v}} + \mathbb{T}^{\mathrm{v}} = 1 \tag{2.111b}$$

表 2.5 汇总了垂直入射和斜入射的 ρ、τ、Γ 和 $\mathbb{T}$ 的通用表达式。

表 2.5　波从本征阻抗为 η_1 的无损介质入射至本征阻抗为 η_2 的无损介质时，

ρ、τ、Γ 和 $\mathbb{T}$ 的表达式。角 θ_1 和 θ_2 分别为入射角和透射角[†]

特征	垂直入射 $\theta_1 = \theta_2 = 0$	水平极化	垂直极化
反射系数	$\rho = \dfrac{\eta_2 - \eta_1}{\eta_2 + \eta_1}$	$\rho_{\mathrm{h}} = \dfrac{\eta_2 \cos \theta_1 - \eta_1 \cos \theta_2}{\eta_2 \cos \theta_1 + \eta_1 \cos \theta_2}$	$\rho_{\mathrm{v}} = \dfrac{\eta_2 \cos \theta_2 - \eta_1 \cos \theta_1}{\eta_2 \cos \theta_2 + \eta_1 \cos \theta_1}$
透射系数	$\tau = \dfrac{2\eta_2}{\eta_2 + \eta_1}$	$\tau_{\mathrm{h}} = \dfrac{2\eta_2 \cos \theta_1}{\eta_2 \cos \theta_1 + \eta_1 \cos \theta_2}$	$\tau_{\mathrm{v}} = \dfrac{2\eta_2 \cos \theta_1}{\eta_2 \cos \theta_2 + \eta_1 \cos \theta_1}$
反射系数与透射系数的关系	$\tau = 1 + \rho$	$\tau_{\mathrm{h}} = 1 + \rho_{\mathrm{h}}$	$\tau_{\mathrm{v}} = (1 + \rho_{\mathrm{v}}) \dfrac{\cos \theta_1}{\cos \theta_2}$
反射率	$\Gamma = |\rho|^2$	$\Gamma^{\mathrm{h}} = |\rho_{\mathrm{h}}|^2$	$\Gamma^{\mathrm{v}} = |\rho_{\mathrm{v}}|^2$
透射率	$\mathbb{T} = |\tau|^2 \left(\dfrac{\eta_1}{\eta_2}\right)$	$\mathbb{T}^{\mathrm{h}} = |\tau_{\mathrm{h}}|^2 \dfrac{\eta_1 \cos \theta_2}{\eta_2 \cos \theta_1}$	$\mathbb{T}^{\mathrm{v}} = |\tau_{\mathrm{v}}|^2 \dfrac{\eta_1 \cos \theta_2}{\eta_2 \cos \theta_1}$
反射率与透射率的关系	$\mathbb{T} = 1 - \Gamma$	$\mathbb{T}^{\mathrm{h}} = 1 - \Gamma^{\mathrm{h}}$	$\mathbb{T}^{\mathrm{v}} = 1 - \Gamma^{\mathrm{v}}$

注：$\sin \theta_2 = \sqrt{\varepsilon_1' / \varepsilon_2'} \, \sin \theta_1$；$\eta_1 = \eta_0 / \sqrt{\varepsilon_1'}$；$\eta_2 = \eta_0 / \sqrt{\varepsilon_2'}$。

2.9　有损介质上的斜入射

考虑从介质 1 中入射到介质 1 和介质 2 之间的平面边界的平面电磁波，其中介质 1 为无损介质，介质 2 为有损介质。在微波频段，水是高度损耗介质(4.2 节)，因此湖泊和海洋是有损介质的理想例子。介质 1 由结构参数 ε_1' 和 μ_0 表征，介质 2 由 $\varepsilon_2 = \varepsilon_2' - j\varepsilon_2''$ 和 μ_0 表征。因此，

$$k_1 = \frac{2\pi}{\lambda_0} \sqrt{\varepsilon_1'}, \quad \eta_1 = \frac{\eta_0}{\sqrt{\varepsilon_1'}} \quad (\text{介质 1}) \tag{2.112a}$$

[†] 计算机代码 2.3。

$$\gamma_2 = \alpha_2 + j\beta_2, \quad \eta_{c2} = \frac{\eta_0}{\sqrt{\varepsilon_2}} \quad (\text{介质 } 2) \tag{2.112b}$$

表 2.1 给出了式中 α_2 和 β_2 的表达式。

形式上，我们只需要做的是将表 2.4 中的表达式（两种介质均为无损介质）中的 η_2 换成 η_{c2}，将 jk_2 替换为 γ_2。

表 2.6 列出了新的表达式。介质 1 中入射场和反射场的表达式保持不变，但是有损介质 2 中透射场的表达式现在受 $\gamma_2 \sin\theta_2$ 和 $\gamma_2 \cos\theta_2$ 影响。斯涅耳定律（对于有损介质和无损介质）要求相位因子的切向分量（当前个例中的 x 分量）在边界匹配，即

$$\gamma_2 \sin\theta_2 = \gamma_1 \sin\theta_1 = jk_1 \sin\theta_1 \tag{2.113}$$

式中，由于介质 1 是无损介质，因此可以将 γ_1 替换为 jk_1。就 θ_1 而言，我们依然需要一个 $\cos\theta_2$ 的表达式和两种介质的结构参数。为此，利用式（2.113），得到

$$\cos\theta_2 = \left[1 - \sin^2\theta_2\right]^{1/2} = \left[1 - \left(\frac{jk_1}{\gamma_2}\sin\theta_1\right)^2\right]^{1/2} = \left[1 - \left(\frac{jk_1}{\alpha_2 + j\beta_2}\sin\theta_1\right)^2\right]^{1/2}$$

$$\tag{2.114}$$

表 2.6 从无损介质斜入射至有损介质[†]

水平极化	垂直极化
$\boldsymbol{E}_h^i = \hat{\boldsymbol{y}} E_{h0}^i e^{-jk_1(x\sin\theta_1 - z\cos\theta_1)}$	$\boldsymbol{E}_v^i = (-\hat{\boldsymbol{x}}\cos\theta_1 - \hat{\boldsymbol{z}}\sin\theta_1) E_{v0}^i e^{-jk_1(x\sin\theta_1 - z\cos\theta_1)}$
$\boldsymbol{H}_h^i = (\hat{\boldsymbol{x}}\cos\theta_1 + \hat{\boldsymbol{z}}\sin\theta_1)\dfrac{E_{h0}^i}{\eta_1} e^{-jk_1(x\sin\theta_1 - z\cos\theta_1)}$	$\boldsymbol{H}_v^i = \hat{\boldsymbol{y}}\dfrac{E_{v0}^i}{\eta_1} e^{-jk_1(x\sin\theta_1 - z\cos\theta_1)}$
$\boldsymbol{E}_h^r = \hat{\boldsymbol{y}}\rho_h E_{h0}^i e^{-jk_1(x\sin\theta_1 + z\cos\theta_1)}$	$\boldsymbol{E}_v^r = (\hat{\boldsymbol{x}}\cos\theta_1 - \hat{\boldsymbol{z}}\sin\theta_1)\rho_v E_{v0}^i e^{-jk_1(x\sin\theta_1 + z\cos\theta_1)}$
$\boldsymbol{H}_h^r = (-\hat{\boldsymbol{x}}\cos\theta_1 + \hat{\boldsymbol{z}}\sin\theta_1)\rho_h \dfrac{E_{h0}^i}{\eta_1} e^{-jk_1(x\sin\theta_1 + z\cos\theta_1)}$	$\boldsymbol{H}_v^r = \hat{\boldsymbol{y}}\rho_v \dfrac{E_{v0}^i}{\eta_1} e^{-jk_1(x\sin\theta_1 + z\cos\theta_1)}$
$\boldsymbol{E}_h^t = \hat{\boldsymbol{y}}\tau_h E_{h0}^i e^{-\gamma_2(x\sin\theta_2 - z\cos\theta_2)}$	$\boldsymbol{E}_v^t = (-\hat{\boldsymbol{x}}\cos\theta_2 - \hat{\boldsymbol{z}}\sin\theta_2)\tau_v E_{v0}^i e^{-\gamma_2(x\sin\theta_2 - z\cos\theta_2)}$
$\boldsymbol{H}_h^t = (\hat{\boldsymbol{x}}\cos\theta_2 + \hat{\boldsymbol{z}}\sin\theta_2)\tau_h \dfrac{E_{h0}^i}{\eta_2} e^{-\gamma_2(x\sin\theta_2 - z\cos\theta_2)}$	$\boldsymbol{H}_v^t = \hat{\boldsymbol{y}}\tau_v \dfrac{E_{v0}^i}{\eta_1} e^{-\gamma_2(x\sin\theta_2 - z\cos\theta_2)}$
$\rho_h = \dfrac{\eta_2\cos\theta_1 - \eta_1\cos\theta_2}{\eta_2\cos\theta_1 + \eta_1\cos\theta_2}$	$\rho_v = \dfrac{\eta_2\cos\theta_2 - \eta_1\cos\theta_1}{\eta_2\cos\theta_2 + \eta_1\cos\theta_1}$
$\tau_h = 1 + \rho_h$	$\tau_v = (1 + \rho_v)\dfrac{\cos\theta_1}{\cos\theta_2}$

注：

$$k_1 = \frac{2\pi}{\lambda_0}\sqrt{\varepsilon_1'}, \qquad\qquad \eta_1 = \frac{\eta_0}{\sqrt{\varepsilon_1'}}, \qquad\qquad \eta_2 = \frac{\eta_0}{\sqrt{\varepsilon_2}},$$

$$\gamma_2 = \alpha_2 + j\beta_2 = j\frac{2\pi}{\lambda_0}\sqrt{\varepsilon_2}, \qquad \gamma_2\sin\theta_2 = k_1\sin\theta_1, \qquad \varepsilon_2 = \varepsilon_2' - j\varepsilon_2'',$$

$$\cos\theta_2 = \left[1 - \left(\frac{jk_1}{\gamma_2}\sin\theta_1\right)^2\right]^{1/2} = \left[1 - \left(\frac{\varepsilon_1'}{\varepsilon_2' - j\varepsilon_2''}\right)\sin^2\theta_1\right]^{1/2}$$

---

† 计算机代码 2.3。

▶ 很显然，$\cos\theta_2$ 是一个复数，这表明 θ_2 不再是一个传统意义上的真角。◀

　　然而，为了计算 ρ、τ 以及透射介质中的电场和磁场，只需要式(2.114)所列出的表达式。图 2.19 展示了从空气中入射到 $\varepsilon_2 = \varepsilon_2' - j\varepsilon_2''$ 的介质上时，$|\rho_v|$ 和 $|\rho_h|$ 随入射角的变化，图中对比了 3 种表面，对于这 3 种表面，$\varepsilon_2' = 50$，但损耗因子 ε_2'' 的值不同。

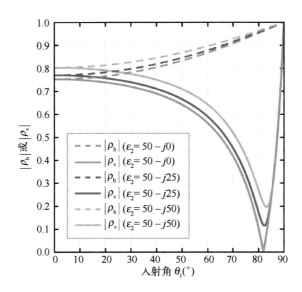

图 2.19　从空气中入射到 $\varepsilon_2 = \varepsilon_2' - j\varepsilon_2''$ 的介质表面时，

反射系数 $|\rho_h|$ 和 $|\rho_v|$ 随雷达入射角的变化曲线

　　如式(2.114)所述，θ_2 是一个复数，正弦和余弦函数提供了两介质交界处所需的相位匹配。透射真角 χ_2 通过下式给出(Stratton，1941)：

$$\chi_2 = \arctan\left[\frac{\sqrt{2}\,k_1\sin\theta_1}{\left[(p^2+q^2)^{1/2}+q\right]^{1/2}}\right]$$

式中，

$$p = 2\alpha_2\beta_2$$

$$q = \beta_2^2 - \alpha_2^2 - k_1^2\sin^2\theta_1$$

若介质 2 无损($\alpha_2 = 0$)，则 χ_2 的表达式简化为 $\chi_2 = \theta_2$。

2.10 两层复合介质上的斜入射

前面一节中所提到的公式，使得机载或星载微波传感器向下观测海洋表面时，可以计算反射和透射。对于天底点视向($\theta_1 = 0°$)高度计，接收器测量的反射脉冲与表面的反射系数ρ成比例。侧视雷达测量表面的后向散射系数(σ^0)，σ^0与表面的ρ_v、ρ_h有关。辐射计测量表面辐射率，对于垂直极化，辐射率与($1-|\rho_v|^2$)有关；对于水平极化，辐射率与($1-|\rho_h|^2$)有关。因此，对于所有这些传感器而言，模拟无损介质、低耗介质和有损介质的反射系数非常重要。

当湖泊或海洋表面被一层均匀的冰或油(油轮泄漏)所覆盖时，这是一个有意思的场景。土壤表面被一层雪覆盖时，也是相似的情形。在微波频段，油和湖面冰层均为低耗介质。海面冰层是否为低耗介质取决于其自身类型以及传感器工作时的微波频率。干雪为低耗介质，湿雪为有损介质。为了计算这种双层复合介质的反射率，我们将此问题看作一个3层结构：

介质1：空气；

介质2：厚度为d的均匀中间层(冰、油或雪)；

介质3：水(有损介质)。

然而，在建立合适的ρ_v、ρ_h数学模型之前，应当仔细检查多层反射过程的物理机制。

图2.20描绘了均匀平面波以角θ_1入射至介质1。除了介质1和介质2边界处的反射，部分入射波束穿过边界，向下传播至介质2和介质3之间的第二边界，在第二边界上，部分入射波束反射至上层边界。介质2中向上传播的波束部分被上层边界反射，部分透射至上层介质。这种多次反射过程持续发生，每次反射波束的能量均比之前的反射波束能量小。

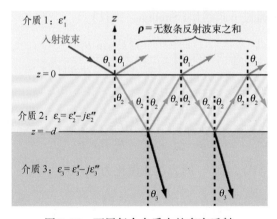

图2.20 两层复合介质中的多次反射

在平稳状态条件下，介质 1 的反射系数等于介质 1 中向上波束的所有电场之和除以入射波的电场振幅。

2.10.1　输入参数

(a)结构参数(图 2.20)

介质 1：ε_1'、μ_0 和 $\sigma_1 = 0$

$$\alpha_1 = 0, \quad \gamma_1 = jk_1 = j\frac{2\pi}{\lambda_0}\sqrt{\varepsilon_1'} \tag{2.115a}$$

$$\eta_1 = \frac{\eta_0}{\sqrt{\varepsilon_1'}} \tag{2.115b}$$

介质 2：$\varepsilon_2 = \varepsilon_2' - j\varepsilon_2''$ 和 μ_0

$$\gamma_2 = \alpha_2 + j\beta_2 \quad （见表 2.1） \tag{2.116a}$$

$$\eta_2 = \frac{\eta_0}{\sqrt{\varepsilon_2}} \tag{2.116b}$$

若介质 2 是低耗(即 $\varepsilon_2''/\varepsilon_2' \ll 1$)，则

$$\alpha_2 \approx \frac{\pi}{\lambda_0}\frac{\varepsilon_2''}{\sqrt{\varepsilon_2'}}, \quad \beta_2 \approx \frac{2\pi}{\lambda_0}\sqrt{\varepsilon_2'} \tag{2.116c}$$

介质 3：$\varepsilon_3 = \varepsilon_3' - j\varepsilon_3''$ 和 μ_0

$$\gamma_3 = \alpha_3 + j\beta_3 \quad （见表 2.1） \tag{2.117}$$

$$\eta_3 = \frac{\eta_0}{\sqrt{\varepsilon_3}} \tag{2.118}$$

(b)斯涅耳定律相位匹配条件

$$\gamma_1 \sin\theta_1 = \gamma_2 \sin\theta_2 = \gamma_3 \sin\theta_3 \tag{2.119a}$$

$$\cos\theta_2 = \left[1 - \left(\frac{\gamma_1}{\gamma_2}\sin\theta_1\right)^2\right]^{1/2} \tag{2.119b}$$

$$\approx \left[1 - \left(\frac{\beta_1}{\beta_2}\sin\theta_1\right)^2\right]^{1/2} \tag{2.119c}$$

（若介质 2 是低耗）

$$\cos\theta_3 = \left[1 - \left(\frac{\gamma_1}{\gamma_3}\sin\theta_1\right)^2\right]^{1/2} \tag{2.120}$$

2.10.2　传播矩阵法

若分层介质包含 N 层，且已知这些层的结构参数，通过确定每一层的磁场和电场，

并将边界条件应用到所有的$(N-1)$层中，便可计算多层介质的反射和透射。每次应用边界条件，便是将与边界上方的电场和磁场有关的矩阵转借给与下方电场和磁场有关的矩阵。$(N-1)$个矩阵连续相乘既可以计算N层结构中介质1的反射系数，也可以计算介质N中的透射系数（Tsang et al.，1985，25~31页；Balanis，1989，229~236页）。将该矩阵法应用于图2.21所示的3层结构，首先从水平极化开始。

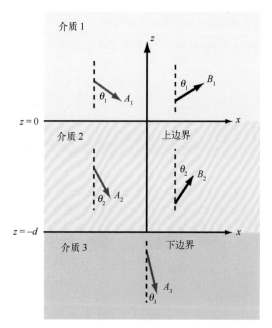

图2.21　介质1、介质2、介质3中向上和向下传播的波的电场振幅

表2.6中给出了介质1中水平极化入射波（图2.21）的电场通式：

$$E_1^- = \hat{y} A_1 e^{-jk_1(x\sin\theta_1 - z\cos\theta_1)} \tag{2.121}$$

式中，A_1是指E_1^-在$x=0$且$z=0$处的振幅；E_1^-的下标1表示E_1^-在介质1中，上标$(-)$表示向下传播的波。相似地，介质1中向上传播波的电场为

$$E_1^+ = \hat{y} B_1 e^{-jk_1(x\sin\theta_1 + z\cos\theta_1)} \tag{2.122}$$

式中，B_1为介质1中所有多次反射分量电场之和的振幅；E_1^+的上标$(+)$表示向上传播的波。介质1中总电场为

$$E_1 = E_1^- + E_1^+$$
$$= \hat{y}(A_1 e^{jk_1 z\cos\theta_1} + B_1 e^{-jk_1 z\cos\theta_1})e^{-jk_1 x\sin\theta_1} \tag{2.123}$$

应用式（2.34a），可以得到相应的磁场H_1^-、H_1^+及二者之和

$$H_1 = \hat{x} H_{1x} + \hat{z} H_{1z} \tag{2.124}$$

且

$$H_{1x} = \frac{\cos\,\theta_1}{\eta_1}(A_1 e^{jk_1 z \cos\,\theta_1} - B_1 e^{-jk_1 z \cos\,\theta_1})\,e^{-jk_1 x \sin\,\theta_1} \qquad (2.125a)$$

$$H_{1z} = \frac{\sin\,\theta_1}{\eta_1}(A_1 e^{jk_1 z \cos\,\theta_1} + B_1 e^{-jk_1 z \cos\,\theta_1})\,e^{-jk_1 x \sin\,\theta_1} \qquad (2.125b)$$

将该公式扩展到介质 2，包括分别将 A_1 和 B_1 替换为 A_2 和 B_2、将 jk_1 替换为 γ_2、将 η_1 替换为 η_{c2}，可以得到

$$\begin{aligned} \boldsymbol{E}_2 &= \boldsymbol{E}_2^- + \boldsymbol{E}_2^+ \\ &= \hat{\boldsymbol{y}}(A_2 e^{\gamma_2 z \cos\,\theta_2} + B_2 e^{-\gamma_2 x \sin\,\theta_2})\,e^{-\gamma_2 x \sin\,\theta_2} \quad (2.126) \end{aligned}$$

$$\boldsymbol{H}_2 = \hat{\boldsymbol{x}} H_{2x} + \hat{\boldsymbol{z}} H_{2z} \qquad (2.127)$$

且

$$H_{2x} = \frac{\cos\,\theta_2}{\eta_{c2}}(A_2 e^{\gamma_2 z \cos\,\theta_2} - B_2 e^{-\gamma_2 z \cos\,\theta_2})\,e^{-\gamma_2 x \sin\,\theta_2} \qquad (2.128a)$$

$$H_{2z} = \frac{\sin\,\theta_2}{\eta_{c2}}(A_2 e^{\gamma_2 z \cos\,\theta_2} + B_2 e^{-\gamma_2 z \cos\,\theta_2})\,e^{-\gamma_2 x \sin\,\theta_2} \qquad (2.128b)$$

介质 3 仅包括向下传播的波，因此

$$\boldsymbol{E}_3 = \hat{\boldsymbol{y}}(A_3 e^{\gamma_3 z \cos\,\theta_3})\,e^{-\gamma_3 x \sin\,\theta_3} \qquad (2.129)$$

$$\boldsymbol{H}_3 = \hat{\boldsymbol{x}} H_{3x} + \hat{\boldsymbol{z}} H_{3z} \qquad (2.130)$$

且

$$H_{3x} = \left(\frac{\cos\,\theta_3}{\eta_{c3}}A_3 e^{\gamma_3 z \cos\,\theta_3}\right) e^{-\gamma_3 x \sin\,\theta_3} \qquad (2.131a)$$

$$H_{3z} = \left(\frac{\sin\,\theta_3}{\eta_{c3}}A_3 e^{\gamma_3 z \cos\,\theta_3}\right) e^{-\gamma_3 x \sin\,\theta_3} \qquad (2.131b)$$

鉴于式(2.119a)，由于介质 1 无损，因此此例中 $\gamma_1 = jk_1$，进而

$$\underbrace{e^{-jk_1 x \sin\,\theta_1}}_{\text{介质 1}} = \underbrace{e^{-\gamma_2 x \sin\,\theta_2}}_{\text{介质 2}} = \underbrace{e^{-\gamma_3 x \sin\,\theta_3}}_{\text{介质 3}} \qquad (2.132)$$

因此，式(2.123)中所有表达式中相位的 x 分量与式(2.131)中所对应的形式完全相同(从而以另一种方式阐明了斯涅耳定律)。

在上边界处($z=0$)，$\boldsymbol{E}$ 和 $\boldsymbol{H}$ 的切向分量必须是连续的，因此

$$\boldsymbol{E}_1\big|_{z=0} = \boldsymbol{E}_2\big|_{z=0}$$

令式(2.123)与式(2.126)相等，并设 $z=0$，从而得到

$$A_1 + B_1 = A_2 + B_2 \qquad (2.133)$$

对于磁场而言，将 $z=0$ 时的连续性应用于 x 分量，即

$$H_{1x}\big|_{z=0} = H_{2x}\big|_{z=0}$$

从而得到

$$\frac{\cos\theta_1}{\eta_1}(A_1 - B_1) = \frac{\cos\theta_2}{\eta_2}(A_2 - B_2) \qquad (2.134)$$

相似地，在下边界($z=-d$)处

$$\boldsymbol{E}_2\big|_{z=-d} = \boldsymbol{E}_3\big|_{z=-d} \ \text{和} \ H_{2x}\big|_{z=-d} = H_{3x}\big|_{z=-d}$$

从而得到

$$(A_2 \mathrm{e}^{-\gamma_2 d\cos\theta_2} + B_2 \mathrm{e}^{\gamma_2 d\cos\theta_2}) = A_3 \mathrm{e}^{-\gamma_3 d\cos\theta_3} \qquad (2.135)$$

$$\frac{\cos\theta_2}{\eta_2}(A_2 \mathrm{e}^{-\gamma_2 d\cos\theta_2} - B_2 \mathrm{e}^{\gamma_2 d\cos\theta_2}) = \frac{A_3\cos\theta_3}{\eta_3}\mathrm{e}^{-\gamma_3 d\cos\theta_3} \qquad (2.136)$$

双层结构(介质 2 和介质 3)的有效反射系数如下：

$$\rho = \frac{B_1}{A_1} \qquad (2.137)$$

通过与式(2.136)联立求解式(2.133)，可以得到

$$\rho = \frac{\rho_{12} + \rho_{23}\mathrm{e}^{-2\gamma_2 d\cos\theta_2}}{1 + \rho_{12}\rho_{23}\mathrm{e}^{-2\gamma_2 d\cos\theta_2}} \qquad \text{（水平极化或垂直极化）}^{\dagger} \qquad (2.138)$$

式中，ρ_{12} 是从半无限介质 1 入射至半无限介质 2 时上边界的反射系数（例如，假设它是唯一边界）；同样，ρ_{23} 是从介质 2 入射至介质 3 时下边界的反射系数。对于水平极化，ρ_{12} 和 ρ_{23} 的表达式如下：

$$\left.\begin{aligned} \rho_{12} &= \frac{\eta_2\cos\theta_1 - \eta_1\cos\theta_2}{\eta_2\cos\theta_1 + \eta_1\cos\theta_2} \\[2mm] \rho_{23} &= \frac{\eta_3\cos\theta_2 - \eta_2\cos\theta_3}{\eta_3\cos\theta_2 + \eta_2\cos\theta_3} \end{aligned}\right\} \quad \text{（水平极化）} \qquad (2.139)$$

对于垂直极化

$$\left.\begin{aligned} \rho_{12} &= \frac{\eta_2\cos\theta_2 - \eta_1\cos\theta_1}{\eta_2\cos\theta_2 + \eta_1\cos\theta_1} \\[2mm] \rho_{23} &= \frac{\eta_3\cos\theta_3 - \eta_2\cos\theta_2}{\eta_3\cos\theta_3 + \eta_2\cos\theta_2} \end{aligned}\right\} \quad \text{（垂直极化）} \qquad (2.140)$$

图 2.22 展示了两个例子：（a）垂直入射时反射系数模 $|\rho|$ 是厚度 d 的函数，其中 d 是海洋表面冰层的厚度；（b）$|\rho_v|$ 和 $|\rho_h|$ 是海面冰层入射角 θ_1 的函数，其中冰层厚度 $d=20$ cm。图 2.22(a)中，冰层厚度 d 与反射系数模 $|\rho|$ 的函数振荡曲线具有最大值和

---

† 计算机代码 2.4。

最小值，分别对应于冰层中多次反射的相长干涉和相消干涉。

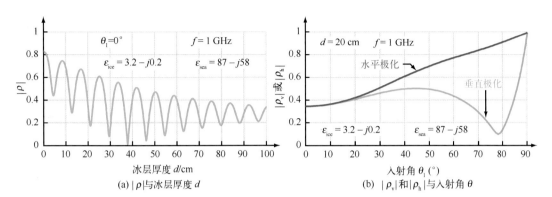

(a) |ρ|与冰层厚度 d　　　(b) |ρ_v|和|ρ_h|与入射角 θ

图 2.22　(a)对于垂直入射，反射系数模 $|\rho|$ 是冰层厚度 d 的函数；(b)对于海洋表面覆盖厚度为 20 cm 的冰层，水平极化和垂直极化反射系数模 $|\rho_h|$ 和 $|\rho_v|$ 是入射角 θ_1 的函数

2.10.3　多次反射法

将边界条件应用于图 2.21 中层的上下边界，可以得到如式(2.138)所示的 ρ 的表达式。通过追踪两个边界处出现的所有多次反射和透射，可以再次得到式(2.138)，从而获取额外的重要信息。由于抑制了相位因子的 x 分量，进而演示了水平极化过程。如前所述，在所有 3 种介质中，所有的电场和磁场均相同。

图 2.23 描绘了各种反射和透射以及波以入射角 θ_1 从介质 1 中入射至介质 2 过程中所经历的传播机制。

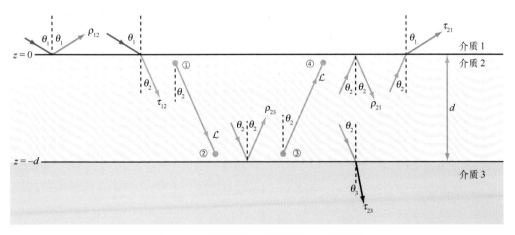

图 2.23　反射机制、透射机制及传播机制

ρ_{12} 为在介质 1 中以角 θ_1 入射，介质 1 和介质 2 边界处的反射系数。

ρ_{21} 为在介质 2 中以角θ_2 入射，介质 1 和介质 2 边界处的反射系数。注意：$\rho_{21} = -\rho_{12}$。

τ_{12} 为当入射角为 θ_2 时，介质 1 至介质 2 的透射系数。注意：对于水平极化，$\tau_{12} = 1 + \rho_{12}$；对于垂直极化，$\tau_{12} = (1 + \rho_{12}) \cos\theta_1 / \cos\theta_2$。

τ_{21} 为当入射角为 θ_2 时，介质 2 至介质 1 的透射系数。注意：对于水平极化，$\tau_{21} = 1 + \rho_{21}$；对于垂直极化，$\tau_{21} = (1 + \rho_{21}) \cos\theta_2 / \cos\theta_1$。

$\mathcal{L} = e^{-\gamma_2 d \cos\theta_2}$ 为介质 2 中上边界与下边界之间（或者下边界与上边界之间）沿角 θ_2 的传播系数。

ρ_{23} 为在介质 2 中以角θ_2 入射，介质 2 和介质 3 边界处的反射系数。

对于 $E_0^i = 1\ \text{V/m}$ 的入射场，图 2.24 中第一次反射为 ρ_{12}，第二次反射为 $\tau_{21}\rho_{23}\mathcal{L}^2\tau_{12}$，以此类推。将介质 1 中所有向上传播的波相叠加，得到

$$\rho = \rho_{12} + \tau_{21}\rho_{23}\mathcal{L}^2\tau_{12} + \tau_{21}\rho_{23}^2\rho_{21}\mathcal{L}^4\tau_{12} + \cdots$$
$$= \rho_{12} + \tau_{21}\tau_{12}\rho_{23}\mathcal{L}^2(1 + x + x^2 + \cdots) \tag{2.141}$$

式中，$x = \rho_{21}\rho_{23}\mathcal{L}^2$。我们注意到，$\rho_{21}$、$\rho_{23}$ 和 $\mathcal{L}^2$ 均小于 1，因此，$x<1$。如果进行替换，

$$\tau_{21} = 1 + \rho_{21} = 1 - \rho_{12}$$
$$\tau_{12} = 1 + \rho_{12}$$

且

$$\frac{1}{1-x} = 1 + x + x^2 + \cdots$$

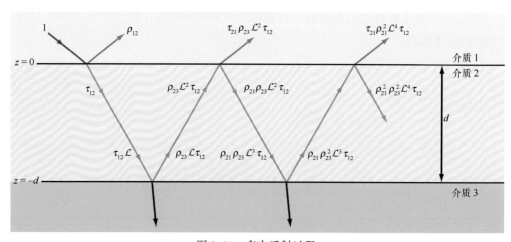

图 2.24　多次反射过程

式(2.141)变为

$$\rho = \rho_{12} + \frac{(1-\rho_{12})(1+\rho_{12})\rho_{23}\mathcal{L}^2}{1 - \rho_{21}\rho_{23}\mathcal{L}^2} \tag{2.142}$$

替换 $\rho_{21} = -\rho_{12}$ 和 $\mathcal{L}^2 = e^{-2\gamma_2 d \cos\theta_2}$，同时简化表达式，得到

$$\rho = \frac{\rho_{12} + \rho_{23}e^{-2\gamma_2 d \cos\theta_2}}{1 + \rho_{12}\rho_{23}e^{-2\gamma_2 d \cos\theta_2}} \quad^\dagger \qquad (2.143)$$

这与前面小节通过式(2.138)得到的结果相同。两层复合介质的反射率为 $\Gamma = |\rho|^2$。

习　题

2.1　电磁波在非磁性介质中传播，若该波的磁场为

$$\boldsymbol{H} = \hat{\boldsymbol{x}}6\cos(10^9 t - 20y) \qquad (\text{mA/m})$$

求：(a)传播方向；(b)相速度；(c)波长；(d)该介质的相对介电常数；(e)电场相量。

2.2　电磁波在非磁性介质中传播，若该波的磁场为

$$\boldsymbol{H} = \hat{\boldsymbol{z}}60\cos(10^7 t + 0.1x - 60°) \qquad (\text{mA/m})$$

求：(a)传播方向；(b)相速度；(c)波长；(d)该介质的相对介电常数；(e)电场相量。

2.3　频率为 10 GHz 的平面波在无损非磁性介质中沿+x 方向传播，相对介电常数 $\varepsilon' = 4$，其电场沿 z 方向极化，电场峰值为 12 V/m，$t = 0$ 且 $x = 0.5$ cm 时，电场强度为 8 V/m，请给出该平面波的电场和磁场通用表达式。

2.4　频率为 30 GHz 的平面波在无损非磁性介质中沿+z 方向传播，相对介电常数 $\varepsilon' = 16$，其电场沿 z 方向极化，电场峰值为 10 V/m，$t = 0$ 且 $z = 2$ cm 时，电场强度为 6 V/m，请给出该平面波的电场和磁场通用表达式。

2.5　平面电磁波在非磁性介质中传播时，电场为

$$\boldsymbol{E} = \hat{\boldsymbol{x}}6\cos(2\times10^7 t - 0.4y) + \hat{\boldsymbol{z}}3\sin(2\times10^7 t - 0.4y) \qquad (\text{V/m})$$

求：(a)λ；(b)ε'；(c)$\boldsymbol{H}$。

2.6　平面电磁波在非磁性介质中传播时，电场为

$$\boldsymbol{E} = \hat{\boldsymbol{y}}12\sin(2\times10^7 t - 0.1x) + \hat{\boldsymbol{z}}4\cos(2\times10^7 t - 0.1x) \qquad (\text{V/m})$$

求：(a)λ；(b)ε'；(c)$\boldsymbol{H}$。

2.7　平面波在 $\varepsilon' = 9$ 的非磁性介质中传播时，电场为

$$\boldsymbol{E} = \hat{\boldsymbol{x}}100\cos(1.2\pi\times10^{10} t + kz) \qquad (\text{V/m})$$

求：f，u_p，λ，k，η，以及 $\boldsymbol{H}$。

2.8　模数为 2 V/m 的左旋圆极化波在自由空间中沿-z 方向传播，若波长为6 cm，

---

†　计算机代码2.4。

请写出该波电场矢量的表达式。

2.9 若波的电场为

$$\boldsymbol{E}(z,\ t) = \hat{\boldsymbol{x}}\, a_x \cos\,(\omega t - kz) + \hat{\boldsymbol{y}}\, a_y \cos\,(\omega t - kz + \delta)$$

在以下 4 种状况时，求极化态、极化角(ψ, χ)并绘制 $\boldsymbol{E}(0,\ t)$ 的草图。

(a) $a_x = 3$ V/m，$a_y = 4$ V/m，且 $\delta = 0°$；

(b) $a_x = 3$ V/m，$a_y = 4$ V/m，且 $\delta = 180°$；

(c) $a_x = 3$ V/m，$a_y = 3$ V/m，且 $\delta = 45°$；

(d) $a_x = 3$ V/m，$a_y = 4$ V/m，且 $\delta = -135°$。

2.10 均匀平面波在自由空间传播时，电场为

$$\boldsymbol{E} = (\hat{\boldsymbol{x}} + j\hat{\boldsymbol{y}}) 60 \mathrm{e}^{-j\pi z/6} \qquad (\mathrm{V/m})$$

求：在 $z = 0$ 平面中，$t = 0$ ns，5 ns 以及 10 ns 时，电场强度的模和方向。

2.11 电场为 $\boldsymbol{E} = \hat{\boldsymbol{x}}\, a_x \mathrm{e}^{-jkz}$ 的线性极化平面波可以表述为大小分别为 a_R 和 a_L 的右旋圆极化波和左旋圆极化波之和，请用 a_x 表示 a_R 和 a_L，并证明这种表述。

2.12 椭圆极化波的电场为

$$\boldsymbol{E}(z,\ t) = -\hat{\boldsymbol{x}}20 \sin\,(\omega t - kz - 60°) + \hat{\boldsymbol{y}}30 \cos\,(\omega t - kz) \qquad (\mathrm{V/m})$$

求：(a) 极化角(ψ, χ)；(b) 旋转方向。

2.13 请分别比较下面两组平面波的极化态：

(a) 波 1：$\boldsymbol{E}_1 = \hat{\boldsymbol{x}}4 \cos\,(\omega t - kz) + \hat{\boldsymbol{y}}4 \sin\,(\omega t - kz)$

波 2：$\boldsymbol{E}_2 = \hat{\boldsymbol{x}}4 \cos\,(\omega t + kz) + \hat{\boldsymbol{y}}4 \sin\,(\omega t + kz)$；

(b) 波 1：$\boldsymbol{E}_1 = \hat{\boldsymbol{x}}4 \cos\,(\omega t - kz) - \hat{\boldsymbol{y}}4 \sin\,(\omega t - kz)$

波 2：$\boldsymbol{E}_2 = \hat{\boldsymbol{x}}4 \cos\,(\omega t + kz) - \hat{\boldsymbol{y}}4 \sin\,(\omega t + kz)$。

2.14 平面波电场为

$$\boldsymbol{E}(z,\ t) = \hat{\boldsymbol{x}} \sin\,(\omega t + kz) + \hat{\boldsymbol{y}}2 \cos\,(\omega t + kz)$$

请绘制 $\boldsymbol{E}(0,\ t)$ 的轨迹，并根据轨迹图求极化态。

2.15 针对下述参数组合，如果该材料为低耗介质，求该介质是准导体还是良导体，并计算 α, β, λ, u_p 和 η_c。

(a) 玻璃：$\mu = \mu_0$，且频率为 10 GHz 时，$\varepsilon' = 5$，$\sigma = 10^{-12}$ S/m；

(b) 动物组织：$\mu = \mu_0$，且频率为 100 MHz 时，$\varepsilon' = 12$，$\sigma = 0.3$ S/m；

(c) 木材：$\mu = \mu_0$，且频率为 1 kHz 时，$\varepsilon' = 3$，$\sigma = 10^{-4}$ S/m。

2.16 干燥土壤的特征是 $\varepsilon' = 2.5$，$\mu = \mu_0$，且 $\sigma = 10^{-4}$ S/m，在以下频率下，如果该干燥土壤为低耗介质，求它是准导体还是良导体，并计算 α, β, λ, u_p 和 η。

(a) 60 Hz；(b) 1 kHz；(c) 1 MHz；(d) 1 GHz。

2.17 对于 $\varepsilon'=9$，$\mu=\mu_0$，且 $\sigma=0.1$ S/m 的介质，求频率为(a)1 MHz、(b)1 GHz 以及(c)10 GHz 时，磁场引导电场的相位角。

2.18 海水的结构参数为 $\mu=\mu_0$，$\varepsilon'=80$，且 $\sigma=4$ S/m，请绘制频率在 1 kHz 至 10 GHz(使用对数–对数标尺)区间变化时海水的趋肤深度和频率图。

2.19 潮湿土壤的特征为 $\mu=\mu_0$，$\varepsilon'=9$，且 $\sigma=5\times10^{-4}$ S/m，忽略空气–土壤边界反射，假如潮湿土壤介质表面的入射波振幅为 10 V/m，若频率 f 分别为(a)1 MHz、(b)1 GHz 以及(c)10 GHz 时，入射波振幅会分别在哪个深度下降为 1 mV/m。

2.20 基于频率为 1 MHz 测量的波衰减和反射，确定某介质的本征阻抗为 28.1 $\angle 45°(\Omega)$，趋肤深度为 2 m，求：(a)该介质的电导率；(b)该介质中的波长；(c)相速度。

2.21 在非磁性介质中传播的平面波电场为
$$E = \hat{z}25e^{-30x}\cos(2\pi\times10^9 t - 40x) \quad (V/m)$$
请写出相应的 $H(t)$ 和 $S(t)$ 表达式。

2.22 在非磁性介质中传播的平面波电场为
$$E = \hat{x}10e^{-15z}\cos(4\pi\times10^9 t - 80z) + \hat{y}20e^{-15z}\cos(4\pi\times10^9 t - 80z + 30°) \quad (V/m)$$
求该波的平均功率密度。

2.23 在非磁性介质中传播的波 $\varepsilon'=9$，且电场为
$$E = [\hat{y}3\cos(\pi\times10^7 t + kx) - \hat{z}2\cos(\pi\times10^7 t + kx)]e^{-0.2x} \quad (V/m)$$
求该波的传播方向及其平均功率密度。

2.24 沿水面向下传播的均匀平面波的电场相量为
$$E = \hat{x}5e^{-0.2z}e^{-j0.2z} \quad (V/m)$$
其中，$\hat{z}$ 方向向下，$z=0$ 处为水面，若 $\sigma=4$ S/m，求：(a)平均功率密度表达式；(b)功率密度减少 40 dB 时的深度。

2.25 在无损非磁性介质中传播，且 $\varepsilon'=4$ 的椭圆极化平面波的振幅为 $H_{y0}=3$ mA/m 和 $H_{z0}=4$ mA/m。假如在 y–z 平面上的孔径面积为 20 m²，求从该孔径中流过的平均功率密度。

2.26 在微波频率下，人体能接触的安全功率密度为 1 mW/cm²。雷达发射电磁波的电场强度 E 随距离衰减的公式为 $E(R)=3\,000/R(V/m)$，其中 R 表示距离且单位为 m。求不安全区域的半径。

2.27 图题 2.27 展示了一个虚拟矩形箱体，在该介质中传播的电磁波的电场和磁场分别为
$$E = \hat{x}100e^{-20y}\cos(2\pi\times10^9 t - 40y) \quad (V/m)$$
$$H = -\hat{z}0.64e^{-20y}\cos(2\pi\times10^9 t - 40y - 36.85°) \quad (A/m)$$

该箱体大小为 $a=1$ cm，$b=2$ cm，$c=0.5$ cm，求：

　　（a）进入该箱体的净时间–平均功率；

　　（b）从该箱体中出去的时间–平均功率；

　　（c）该箱体吸收的时间–平均功率。

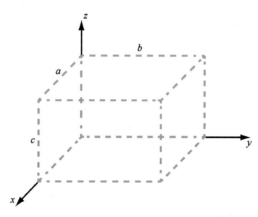

图题 2.27　题 2.27 中虚拟矩形箱体

　　2.28　一个科学家团队正在设计一个雷达，用来探测南极大陆的冰层厚度。为了测量由于冰层–岩石边界的反射引起的雷达回波，冰盖厚度不能超过 3 个趋肤深度。若冰层的 $\varepsilon'=3$ 和 $\varepsilon''=10^{-2}$，该地区的最大可探测冰层厚度为 1.2 km，求该雷达可用的频率范围为多少？

　　2.29　平面波在 $\varepsilon_1'=2.25$ 的介质 1 中传播，垂直入射到 $\varepsilon_2'=4$ 的介质 2 上，两种介质均由非磁性不导电材料构成，若入射平面波的电场为

$$\boldsymbol{E}^{\mathrm{i}}=\hat{\boldsymbol{y}}8\cos\left(6\pi\times10^9t-30\pi x\right)\quad(\mathrm{V/m})$$

（a）分别写出在这两种介质中，该波的电场和磁场的时域表达式；

（b）分别计算入射波、反射波和透射波的平均功率密度。

　　2.30　平面波在 $\varepsilon_1'=9$ 的介质中传播，垂直入射到 $\varepsilon_2'=4$ 的另一介质上，两种介质均由非磁性不导电材料构成，若入射平面波的磁场为

$$\boldsymbol{H}^{\mathrm{i}}=\hat{\boldsymbol{z}}2\cos\left(2\pi\times10^9t-ky\right)\quad(\mathrm{A/m})$$

（a）分别写出在这两种介质中，该波的电场和磁场的时域表达式；

（b）分别计算入射波、反射波和透射波的平均功率密度。

　　2.31　频率为 200 MHz 的左旋圆极化平面波的电场模为 5 V/m，在空气中垂直入射到 $\varepsilon'=4$ 的电介质上，并占据 $z\geqslant0$ 的区域。

　　（a）假设 $z=0$ 和 $t=0$ 时，电场为正向最大值，请写出入射波的电场相量表达式；

　　（b）计算反射系数和透射系数；

(c)写出反射波、透射波和 $z \leqslant 0$ 区域总场的电场相量表达式；

(d)求被边界反射的入射平均功率以及透射到第二介质中的入射平均功率的比值。

2.32　图题 2.32 所示的 3 个区域包含理想电介质，介质 1 中的波垂直入射到 $z = -d$ 处的边界上，求 ε_2' 和 d 怎样组合才不会产生反射？可以依据 ε_1'、ε_3' 和波的振荡频率 f 给出答案。

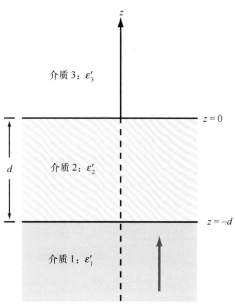

图题 2.32　题 2.32 中的电介质层

2.33　空气中的平面波

$$E^{\mathrm{i}} = \hat{\boldsymbol{y}} 20 \mathrm{e}^{-j(3x+4z)} \qquad (\mathrm{V/m})$$

入射到 $\varepsilon' = 4$ 的电介质材料表面上，占据了 $z \geqslant 0$ 的一半区域，求：

(a)入射波的极化；

(b)入射角；

(c)反射电场和反射磁场的时域表达式；

(d)透射电场和透射磁场的时域表达式；

(e)该波在电介质中的平均功率密度。

2.34　空气中的平面波

$$H^{\mathrm{i}} = \hat{\boldsymbol{y}} 2 \times 10^{-2} \mathrm{e}^{-j(8x+6z)} \qquad (\mathrm{A/m})$$

入射到 $\varepsilon' = 9$ 的电介质材料平面边界($z \geqslant 0$)上，问题同 2.33 题。

2.35　空气中的平面波

$$E^{\mathrm{i}} = (\hat{\boldsymbol{x}} 9 - \hat{\boldsymbol{y}} 4 - \hat{\boldsymbol{z}} 6) \mathrm{e}^{-j(2x+3z)} \qquad (\mathrm{V/m})$$

入射到 $\varepsilon' = 2.25$ 的电介质材料平面上，占据了 $z \geqslant 0$ 一半区域，求：

（a）入射角 θ_1；

（b）该波的频率；

（c）反射波的电场强度 E^r；

（d）透射到电介质中的透射波的电场强度 E^t；

（e）电介质中波的平均功率密度。

2.36　空气中的水平极化平面波以布儒斯特角入射到 $\varepsilon'=9$ 的介质上，求折射角？

2.37　空气中的垂直极化波入射到玻璃-空气平面边界上，且入射角为30°，波频率为 600 THz（1 THz $=10^{12}$ Hz），对应于绿光，玻璃的折射率为 1.6。若入射波的电场振幅大小为 50 V/m，求：

（a）反射系数和透射系数；

（b）玻璃介质中 E 和 H 的瞬时表达式。

2.38　空气中的水平极化波的电场大小为 10 V/m，入射至 $\mu=\mu_0$ 且 $\varepsilon'=2.6$ 的聚苯乙烯上，若空气-聚苯乙烯边界处的入射角为50°，求：

（a）反射率和透射率；

（b）若入射波束照射在边界上的光斑面积为 1 m^2，求入射波、反射波和透射波的功率。

2.39　频率为 50 MHz 的右旋圆极化平面波电场振幅大小为 30 V/m，从空气中垂直入射至 $\varepsilon'=9$ 的电介质上，并占据 $z\geq 0$ 的区域。

（a）若 $z=0$ 且 $t=0$ 时，倾斜角为零，写出入射波电场相量的表达式；

（b）计算反射系数和透射系数；

（c）写出反射波、透射波和 $z\leq 0$ 区域总场的电场相量表达式；

（d）求被边界反射的入射平均功率以及透射到第二介质中的入射平均功率的百分比。

2.40　厚度为 d 的水平砂层覆盖在半无限的潮湿土壤介质上。若 $\varepsilon_{sand}=(3-j0.1)$，$\varepsilon_{soil}=(20-j5)$，计算频率为 2 GHz 的电磁波垂直入射至厚度为 d 的水平砂层时的反射系数大小并绘图。反射系数的大小是厚度 d 的函数，厚度 d 在 0~1 m 区间变化。

2.41　对于与题 2.40 相同的砂层覆盖土壤结构，计算频率为 2 GHz，$d=20$ cm，入射角范围为 0°~90°时，水平极化反射系数的大小并绘图。

2.42　频率为 20 GHz、温度为 20℃的海水介电常数为 $\varepsilon_{water}=(36-j30)$，原油的介电常数为 $\varepsilon_{oil}=(2.1-j0.1)$，油层厚度为 d 并覆盖在水面上，计算电磁波垂直入射至被油层覆盖的海面的反射系数。反射系数的大小是油层厚度的函数，油层厚度范围为 0~30 mm，增量为 0.1 mm。

2.43　水平极化且入射角为50°，其余条件及问题同题 2.42。

2.44　给出 2.10.2 节中，3 种介质结构的透射系数 $\tau=A_3/A_1$ 的表达式。

第 ③ 章
遥感天线

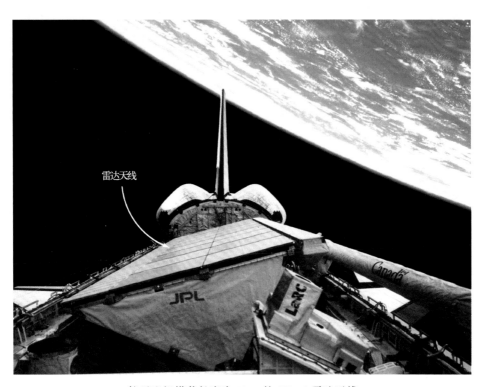

航天飞机搭载长度为 12 m 的 SIR-C 雷达天线

　　微波遥感系统中的天线是整个系统中最重要的部件之一。天线确定了波束照射的地面面积，并通过辐射方向图、增益、辐射效率及极化纯度等特征影响传感器测量的数据质量。本书假定读者基本了解天线发射和接收电磁波的原理。因此，本章第一部分将对天线进行综述，接着着重介绍主被动微波遥感系统中常用的天线类型。

> ▶ 天线是一种变换器，它把传输线上传播的导行波转化为在无界媒介中(常为自由空间)传播的电磁波，或者进行相反的变换。◀

　　图 3.1 展示了喇叭天线发射电磁波的过程，其中喇叭充当波导和自由空间的过渡段。天线形状各异，大小不同(图 3.2)。天线的辐射特性和阻抗特性取决于其形状、大小及材料性能，其尺寸通常以发射波或接收波的波长 λ 为度量单位。工作波长为 $\lambda = 2$ m 且长度为 1 m 的偶极子天线与工作波长为 $\lambda = 2$ cm 且长度为 1 cm 的天线呈现相同的特性。因此，本章主要采用波长单位表示天线尺寸。

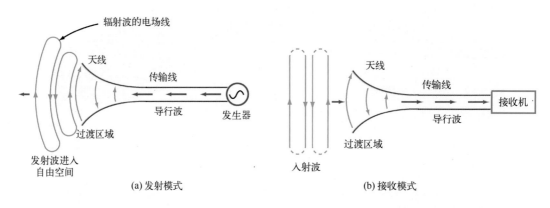

图 3.1　天线用于发射和接收电磁波，是导行电磁波和自由空间波之间的转换器

互易性

　　用以描述天线辐射能量相对分布的方向函数，称为天线辐射方向图，简称天线方向图。全向天线是一种假想天线，它朝每个方向均匀发射电磁波，通常用作参考辐射器，以描述真实天线的辐射特性。

> ▶ 多数天线都是互易装置，在发射和接收过程中呈现相同的辐射方向图。◀

　　所谓互易性，即在发射模式中，如果天线在 A 方向上的发射能量是在 B 方向上发射能量的 100 倍，那么在接收模式中，天线在 A 方向上的电磁辐射敏感度是在 B 方向上电磁辐射敏感度的 100 倍。图 3.2 所示的各种类型的天线均遵循互易定理，但并不是所有天线都是互易装置。如 3.12 节所述，互易性可能不适用于一些由非线性半导体材料或铁氧体材料构成的固态天线。

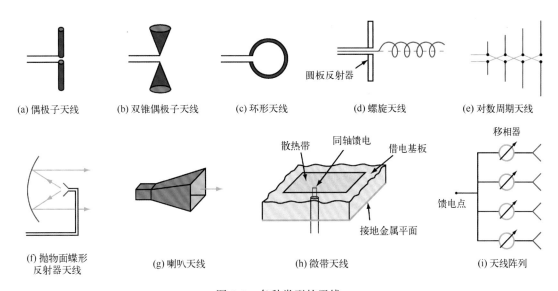

(a) 偶极子天线　　(b) 双锥偶极子天线　　(c) 环形天线　　(d) 螺旋天线　　(e) 对数周期天线

(f) 抛物面蝶形反射器天线　　(g) 喇叭天线　　(h) 微带天线　　(i) 天线阵列

图 3.2　各种类型的天线

互易性简化了问题分析过程，例如人们可以在发射模式下计算天线的辐射方向图，即使该天线是用作接收机。本章 3.1 节至 3.11 节均假定天线具有互易性。

> ▶ 作为一种互易装置，接收天线从入射波中提取那些电场与天线极化状态相匹配的波分量。◀

另一个重要的互易特性是天线阻抗，它与能量从发射机传输至发射天线或能量从接收天线传输至接收机负载有关。本章假定天线与连接终端的传输线完全匹配，从而避免反射及其相关的问题。

辐射源

辐射源分为两类：传导电流和孔径场。偶极子天线和环形天线[图 3.2(a) 和 (c)]属于电流源型天线，即时变电流在导线中流动，产生辐射电磁场。喇叭天线[图 3.2 (g)]属于孔径场型天线，穿过喇叭天线孔径的电场和磁场是辐射场源。

实际上，孔径场由喇叭壁表面的时变电流产生，因此所有辐射都与时变电流有关。

选择电流或孔径场作为辐射源仅仅是基于天线结构为了方便计算的考虑。我们将简单分析一下这两种辐射源的辐射过程。

远场区域

点源发射球面波，波阵面以相速度 u_p 向外扩散，介质为自由空间时，速率为光速 c。如果发射天线与接收天线之间的距离 R 足够大，那么穿过接收孔径的波阵面可看作平面（图 3.3），从而认为该接收孔径位于发射点源的远场区域内（或远区区域）。在众多应用中，观察点的位置实际上处于天线远场区域，所以该远场区域尤为重要。借助远场平面波近似，可以使用一些数学近似简化辐射场计算，同时也为构建合适的天线结构提供了实用的技术，从而形成期望的远场天线方向图。

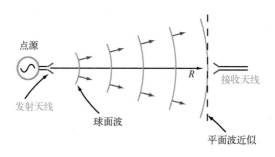

图 3.3　远场平面波近似

按照惯例，天线远场距离定义为 R，即该处天线发射球面波的相位与近似平面波相位之间的最大误差为 $\pi/8$。对于最长线性尺寸为 d 的天线，其远场距离为

$$R \geqslant 2d^2/\lambda \qquad （远场距离） \tag{3.1}$$

式中，λ 为天线发射电磁波的波长。

天线阵列

我们将一起工作的多个天线称为天线阵列［图 3.2(i)］。阵列作为一个整体，如同单个天线。通过控制每个天线电信号的振幅和相位，可以形成阵列辐射方向图，并且电子控制波束方向，这将在 3.8 节至 3.10 节进行详述。

3.1　赫兹偶极子天线

将线性天线看作是由许多个足够短的导电元组成，每个导电元的电流均匀分布。

考虑适当的振幅和相位，对这些不同天线元的场进行积分，便可得到整体天线的场。长度 l 远小于波长 λ 的短线性天线称为赫兹偶极子天线。

图 3.4 中，沿 z 轴方向的导线载有正弦时变电流，可以表示为

$$i(t) = I_0 \cos \omega t = \text{Re}\left[I_0 \mathrm{e}^{j\omega t} \right] \quad (\text{A}) \tag{3.2}$$

式中，I_0 为电流振幅；ω 为角频率。根据式(3.2)，得出相量电流 $I = I_0$。即使偶极子天线两端的电流趋向于零，我们仍把整个偶极子天线上的电流看作常量。

为了表征距离天线 R 处的辐射能量的方向性，天线方向图坐标图通常采用球面坐标系(图 3.5)。其变量 R、θ 和 ϕ 分别为距离、天顶角和方位角。在波数为 k 的介质中，赫兹偶极子天线发射波的远区电场和磁场表达式如下：

$$\boldsymbol{E} = \hat{\boldsymbol{\theta}} \frac{jI_0 lk\eta_0}{4\pi} \left(\frac{\mathrm{e}^{-jkR}}{R} \right) \sin \theta \quad (\text{V/m}) \tag{3.3}$$

$$\boldsymbol{H} = \hat{\boldsymbol{\phi}} \frac{E_\theta}{\eta_0} \quad (\text{A/m}) \tag{3.4}$$

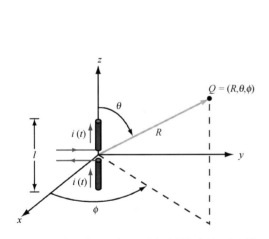

图 3.4　位于球面坐标系原点处的短偶极子天线

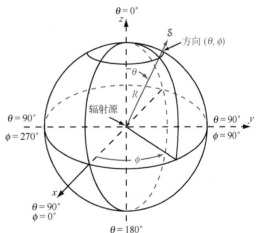

图 3.5　球面坐标系

观察点 Q 处(图 3.4)的波近似为均匀平面波，其电场和磁场同相，通过介质固有阻抗 η_0 相互联系；而且电场和磁场方向相互垂直，同时分别与波传播方向 $\hat{\boldsymbol{R}}$ 正交。电场和磁场与 $\sin \theta$ 成正比，与方位角 ϕ 无关，这与对称性相一致。

已知电场强度 $\boldsymbol{E}$ 和磁场强度 $\boldsymbol{H}$，根据式(2.71)，可以得到辐射波的时间平均功率密度，即

$$\boldsymbol{S} = \frac{1}{2} \text{Re}(\boldsymbol{E} \times \boldsymbol{H}^*) \quad (\text{W/m}^2) \tag{3.5}$$

对于短偶极子天线，根据式(3.3)和式(3.4)，得出

$$\mathcal{S} = \hat{R}\mathcal{S}(R, \theta) \tag{3.6}$$

$$\mathcal{S}(R, \theta) = \left(\frac{\eta_0 k^2 I_0^2 l^2}{32\pi^2 R^2}\right)\sin^2\theta = \mathcal{S}_0 \sin^2\theta \qquad (\text{W/m}^2) \tag{3.7}$$

天线方向图用归一化辐射强度 $F(\theta, \phi)$ 表示，定义为给定距离 R 处的功率密度 $\mathcal{S}(R, \theta, \phi)$ 与相同距离功率密度最大值 $\mathcal{S}_{\max}$ 之比：

$$F(\theta, \phi) = \frac{\mathcal{S}(R, \theta, \phi)}{\mathcal{S}_{\max}} \qquad (\text{无量纲}) \tag{3.8}$$

对于赫兹偶极子天线，式(3.7)中的 $\sin^2\theta$ 依赖关系表明：方位面即侧向方向上 $(\theta = \pi/2)$ 的辐射最大，其最大值为

$$\mathcal{S}_{\max} = \mathcal{S}_0 = \frac{\eta_0 k^2 I_0^2 l^2}{32 \pi^2 R^2} = \frac{15\pi I_0^2}{R^2}\left(\frac{l}{\lambda}\right)^2 \qquad (\text{W/m}^2) \tag{3.9}$$

式中，$k = 2\pi/\lambda$ 且 $\eta_0 \approx 120\pi$。可见，$\mathcal{S}_{\max}$ 直接正比于 I_0^2 和 l^2（l 以波长为度量单位），并随距离 $1/R^2$ 的增加而减小。

根据式(3.8)给出的归一化辐射强度定义，得出

$$F(\theta, \phi) = F(\theta) = \sin^2\theta \tag{3.10}$$

图 3.6 所示为俯仰平面(θ 平面)和方位平面(ϕ 平面)的 $F(\theta)$ 图。

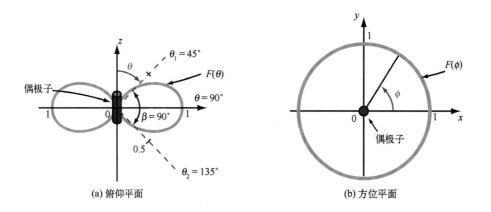

(a) 俯仰平面　　　　(b) 方位平面

图 3.6　短偶极天线辐射方向图

▶ 短偶极子天线在其轴向无辐射功率，最大辐射($F = 1$)位于侧向方向($\theta = 90°$)。由于 $F(\theta)$ 与 ϕ 无关，因此其方向图在 θ-ϕ 空间内呈环状。◀

3.2 天线辐射特性

> ▶ 天线方向图描述了距离天线一定位置处天线远场的方向特性。根据互易性，接收天线的方向图与发射天线的方向图相同。◀

通常，天线方向图是三维坐标图，展示了辐射场的强度或者功率密度随方向变化的函数，其中方向用天顶角 θ 和方位角 ϕ 描述。

假定发射天线位于观测球体的原点处(图 3.7)。天线辐射至面元 dA 的功率为

$$dP_{rad} = \mathcal{S} \cdot dA = \mathcal{S} \cdot \hat{R} dA = \mathcal{S}\, dA \qquad (W) \qquad (3.11)$$

式中，$\mathcal{S}$ 为时间平均功率密度 $\mathbf{S}$ 的径向分量。天线远场区，$\mathbf{S}$ 始终在径向方向上。在球面坐标系中：

$$dA = R^2 \sin\theta\, d\theta\, d\phi \qquad (3.12)$$

立体角 $d\Omega$ 与面积 dA 有关，定义为 dA 与 R^2 的比值，即

$$d\Omega = \frac{dA}{R^2} = \sin\theta\, d\theta\, d\phi \qquad (sr) \qquad (3.13)$$

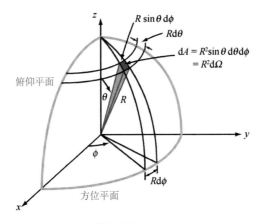

图 3.7 立体角定义 $d\Omega = \sin\theta\, d\theta\, d\phi$

要注意的是，平面角的度量单位是弧度，整圆的角度为 $2\pi(rad)$；立体角的度量单位是球面度或立体弧度(sr)，球面的角度为 $\Omega = (4\pi R^2)/R^2 = 4\pi(sr)$。所以，半球的立体角为 $2\pi(sr)$。

根据关系式 $dA = R^2 d\Omega$，dP_{rad} 可重写为

$$dP_{rad} = R^2 \mathcal{S}(R, \theta, \phi) d\Omega \qquad (3.14)$$

在固定距离 R 处，天线通过球面辐射的总功率由式(3.14)的积分得出

$$P_{rad} = R^2 \int_{\phi=0}^{2\pi} \int_{\theta=0}^{\pi} \mathcal{S}(R, \theta, \phi) \sin\theta \, d\theta \, d\phi$$

$$= R^2 \mathcal{S}_{max} \int_{\phi=0}^{2\pi} \int_{\theta=0}^{\pi} F(\theta, \phi) \sin\theta \, d\theta \, d\phi$$

$$= R^2 \mathcal{S}_{max} \iint_{4\pi} F(\theta, \phi) \, d\Omega \quad (\text{W}) \tag{3.15}$$

式中，$F(\theta, \phi)$ 表示式(3.8)定义的归一化辐射强度；积分符号中的 4π 为 θ 和 ϕ 取值范围的缩写；P_{rad} 称为总辐射功率。

3.2.1 天线方向图

在图 3.7 所示的球面坐标系中，天顶角 θ 与方位角 ϕ 的特定组合表示某一具体的方向。$F(\theta, \phi)$ 是 θ 和 ϕ 的函数，构成三维方向图，如图 3.8 所示。

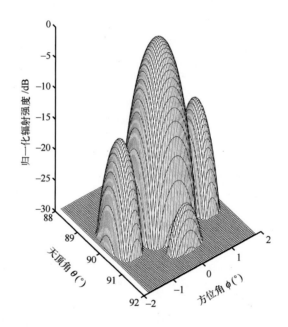

图 3.8　窄波束天线的三维方向图

▶ 归一化辐射强度 $F(\theta, \phi)$ 描述了天线辐射功率的方向图。◀

通常情况下，人们对球面坐标系特定平面内 $F(\theta, \phi)$ 的变化情况(使用二维坐标图)感兴趣。常用的两个平面是俯仰正面和方位平面。俯仰平面又称 θ 面，对应特定的 ϕ 值。例如，$\phi = 0°$ 代表 x-z 平面，$\phi = 90°$ 代表 y-z 平面，二者都是俯仰平面(图 3.7)。

在 x-z 平面或 y-z 平面中，$F(\theta, \phi)$ 随 θ 的变化构成俯仰平面的二维方向图。但这并不说明，所有俯仰平面方向图一定是相同的。

方位平面也称 ϕ 平面，是指 $\theta = 90°$，即 x-y 平面。我们通常将俯仰平面和方位平面称为球面坐标系的主平面。

有些天线具有高定向方向图，即窄波束。为了方便，通常以分贝标度绘制天线方向图，用分贝表示 F

$$F[\text{dB}] = 10 \log F$$

例如，图 3.9(a) 的方向图是在极坐标中采用分贝标度绘制的，强度沿着径向变化，这种表示形式有助于直观地了解辐射波瓣的方向分布。

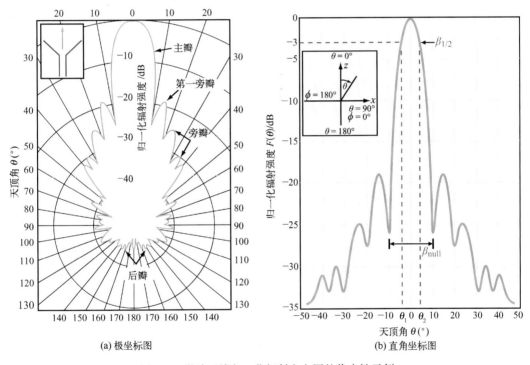

(a) 极坐标图　　　　　　　　　(b) 直角坐标图

图 3.9　微波天线归一化辐射方向图的代表性示例

另一种检验窄波束天线方向图的常用形式是图 3.9(b) 所示的直角坐标图，通过改变横坐标的范围就可以展宽方向图。这些坐标图只能表示所观察球空间的一个平面，即 $\phi = 0°$ 平面。在 ϕ 平面内，如果方向图不对称，则需要另外的图来描述函数 $F(\theta, \phi)$ 关于天顶角 θ 和方位角 ϕ 的变化。

严格地讲，极角 θ 总是正值，其范围是 $0°$（z 方向）到 $180°$（$-z$ 方向）。然而，图 3.9(b) 所示的 θ 坐标轴有正值和负值。二者并不矛盾，只是天线方向图的绘制形式不同。坐标图右半侧表示 $F(\text{dB})$ 随 θ 变化时，θ 在 x-z 平面内沿顺时针方向增大［图

3.9(b)],与$\phi=0°$平面相对应。坐标图左半侧表示$F(\mathrm{dB})$随θ变化时,θ在$\phi=180°$平面内沿逆时针方向增大。因此,θ负值只表示x-z平面内坐标图左半侧的方向(θ,ϕ)。

图3.9(a)所示的方向图说明多数能量是通过被称为主瓣的狭窄扇区辐射出去的,所以天线方向性很强。除了主瓣,方向图还包含几个旁瓣和后瓣。在大多数应用中,这些额外波瓣都是不需要的,因为它们代表发射天线浪费的能量,并且可能会干扰接收方向天线接收的信号。

3.2.2 波束尺寸

对于单一主瓣天线,波束立体角Ω_p表示天线方向图(图3.10)主瓣的等效宽度,定义为归一化辐射强度$F(\theta,\phi)$沿着球面的积分,即

$$\Omega_\mathrm{p} = \iint_{4\pi} F(\theta,\phi)\,\mathrm{d}\Omega \qquad (\mathrm{sr}) \tag{3.16}$$

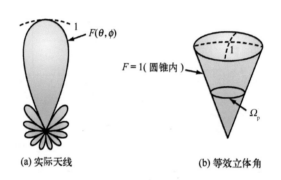

$F(\theta,\phi)$

$F=1(圆锥内)$

Ω_p

(a) 实际天线　　　　(b) 等效立体角

图3.10　波束立体角Ω_p定义了一个等效圆锥,实际天线的所有辐射集中在该圆锥内,且强度均匀,大小等于实际方向图的最大值

▶ 对于全向天线,各个方向上$F(\theta,\phi)=1$,$\Omega_\mathrm{p}=4\pi(\mathrm{sr})$。◀

波束立体角描述三维辐射方向图的方向特性。给定平面内主瓣的宽度则用波束宽度表示。半功率波束宽度,简称波束宽度β,是指主瓣轴线两侧两个半功率点(该处$F(\theta,\phi)$的大小等于其峰值(或分贝标度$-3\,\mathrm{dB}$的一半)的矢径之间的夹角。例如,对于图3.9(b)所示的方向图,β表示为

$$\beta = \theta_2 - \theta_1 \tag{3.17}$$

式中,θ_1和θ_2为半功率角度,即$F(\theta,0)=0.5$(θ_2表示较大值,θ_1表示较小值,如图3.9所示)。如果方向图对称,且$\theta=0°$时,函数$F(\theta,\phi)$的值最大,则$\beta=2\theta_2$。对于图3.6(a)所示的短偶极子天线方向图,$\theta=90°$时,$F(\theta)$达到最大值,其中$\theta_2=135°$,

$\theta_1 = 45°$，因此，$\beta = 135° - 45° = 90°$。波束宽度 β 也称 3 dB 波束宽度。除了半功率波束宽度，一些特定的应用可能会使用其他的波束尺寸，例如零波束宽度 β_{null}，表示峰值两侧第一零点间的角度宽度 [图 3.9(b)]。

3.2.3　天线方向性

天线方向性系数 D 定义为归一化辐射强度的最大值 F_{max}（根据定义等于 1）与 $F(\theta, \phi)$ 在各个方向（4π 空间）上的平均值之比，即

$$D = \frac{F_{max}}{F_{av}} = \frac{1}{\frac{1}{4\pi} \iint_{4\pi} F(\theta, \phi) \, d\Omega} = \frac{4\pi}{\Omega_p} \qquad （无量纲） \qquad (3.18)$$

此处，Ω_p 为式（3.16）定义的波束立体角。因此，天线方向图的 Ω_p 值越小，方向性系数越大。对于全向天线，$\Omega_p = 4\pi$，因此方向性系数 $D_{iso} = 1$。

将式（3.15）代入式（3.18），D 可表示为

$$D = \frac{4\pi R^2 S_{max}}{P_{rad}} = \frac{S_{max}}{S_{av}} \qquad (3.19)$$

式中，$S_{av} = P_{rad}/(4\pi R^2)$ 是辐射功率密度平均值，大小等于天线总辐射功率 P_{rad} 与半径为 R 的球体表面面积之比。

> ▶ 由于 $S_{av} = S_{iso}$，其中 S_{iso} 为全向天线辐射的功率密度；D 为天线辐射的最大功率密度与全向天线辐射的功率密度之比，二者均在同一距离 R 处测量并且发射功率相等。◀

通常情况下，D 用分贝表示 *，即 $D[dB] = 10 \log D$。

图 3.11 所示的天线其单一主瓣指向 z 轴，Ω_p 近似等于半功率波束宽度 β_{xz} 和 β_{yz} 之积（以弧度为单位），即

$$\Omega_p \approx \beta_{xz} \beta_{yz} \qquad (3.20)$$

因此，有

$$D = \frac{4\pi}{\Omega_p} \approx \frac{4\pi}{\beta_{xz} \beta_{yz}} \qquad (3.21)$$

虽然只是近似计算，但是这个关系式提供了一种通过测量两个正交平面内的波束宽度估计天线方向性系数的有效方法，这两个正交平面的交点位于主瓣坐标轴。

对于赫兹偶极子天线，把 $F(\theta) = \sin^2 \theta$ [式（3.10）] 应用到式（3.18），得到

---

* 注意：虽然我们常用分贝表示无量纲量，但是使用本章节的所有关系式前，要先把分贝值转换成自然值。

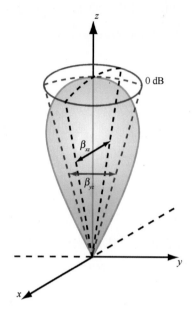

图 3.11　单向辐射方向图的立体角近似等于两个主平面的
半功率波束宽度值之积，即 $\Omega_{\mathrm{p}} \approx \beta_{xz}\beta_{yz}$

$$D = \frac{4\pi}{\displaystyle\iint_{4\pi} F(\theta,\ \phi)\ \sin\theta\ \mathrm{d}\theta\ \mathrm{d}\phi}$$

$$= \frac{4\pi}{\displaystyle\int_{\phi=0}^{2\pi} \int_{\theta=0}^{\pi} \sin^3\theta\ \mathrm{d}\theta\ \mathrm{d}\phi} = \frac{4\pi}{8\pi/3} = 1.5$$

或等效为 1.76 dB。

3.2.4　天线增益

馈电到天线的总功率 P_{t}（发射器功率），其中一部分（P_{rad}）辐射至空间，剩余部分（P_{loss}）在天线结构中以热量的形式耗散。辐射效率 ξ 定义为 P_{rad} 与 P_{t} 之比

$$\xi = \frac{P_{\mathrm{rad}}}{P_{\mathrm{t}}} \qquad （无量纲） \tag{3.22}$$

天线最大增益定义为

$$G = \frac{4\pi R^2 S_{\max}}{P_{\mathrm{t}}} \tag{3.23}$$

它与天线馈电输入的功率 P_{t} 有关，与辐射功率 P_{rad} 无关，在形式上与式（3.19）中的方向性系数 D 表达式相似。鉴于式（3.22），易得

$$G = \xi D \qquad （无量纲） \tag{3.24}$$

▶ 天线材料的电阻损耗对天线增益有影响，而对方向性系数没有影响。对于无损天线，则有 $\xi = 1$，$G = D$。◀

3.2.5　辐射效率

传输线两端分别连接馈电功率为 P_t 的发射器和天线，这时天线可以看作输入阻抗为 $\mathbf{Z}$ 的负载体。若传输线无损且天线匹配，那么所有发射功率 P_t 都将传输至天线。通常，输入阻抗 $\mathbf{Z}$ 包含电阻分量 R 和电抗分量 X，即

$$\mathbf{Z} = R + jX \tag{3.25}$$

电阻分量定义为一个等效电阻 R，当通过该电阻的交流电流的振幅为 I_0 时，它消耗的平均能量为 P_t，即

$$P_t = \frac{1}{2} I_0^2 R \tag{3.26}$$

由于 $P_t = P_{rad} + P_{loss}$，因此可将 R 定义为辐射电阻 R_{rad} 与损耗电阻 R_{loss} 之和，即

$$R = R_{rad} + R_{loss} \tag{3.27}$$

且

$$P_{rad} = \frac{1}{2} I_0^2 R_{rad} \tag{3.28a}$$

$$P_{loss} = \frac{1}{2} I_0^2 R_{loss} \tag{3.28b}$$

式中，I_0 为激发天线的正弦电流振幅。如前定义，辐射效率是 P_{rad} 与 P_t 之比，或

$$\xi = \frac{P_{rad}}{P_t} = \frac{P_{rad}}{P_{rad} + P_{loss}} = \frac{R_{rad}}{R_{rad} + R_{loss}} \tag{3.29}$$

通过计算远场功率密度在整个球面积分得到 P_{rad}，进而结合式(3.28a)可得辐射电阻 R_{rad}。

3.2.6　接收天线有效面积

到目前为止，天线被视为能量的定向辐射器。现在，我们检验其逆向过程，即接收天线从入射波提取能量后传送到负载的过程。天线从功率密度为 $S_i(\mathrm{W/m^2})$ 的入射波中获取能量，并且转化成截取功率 $P_{int}(\mathrm{W})$ 并传输至匹配负载的能力，用有效面积 A_e 表示(图 3.12)，即

$$A_e = \frac{P_{int}}{S_i} \qquad (\mathrm{m^2}) \tag{3.30}$$

有效面积 A_e 也常被称作有效孔径和接收截面。

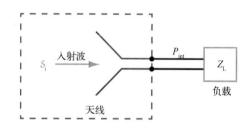

图 3.12　用等效电路代表接收天线

Ulaby 等（2010）指出，所有天线的方向性系数 D、波束立体角 Ω_p 以及有效面积 A_e 三者间存在以下关系：

$$\Omega_p = \frac{\lambda^2}{A_e} \tag{3.31a}$$

$$D = \frac{4\pi}{\Omega_p} = \frac{4\pi}{\lambda^2}A_e \tag{3.31b}$$

这表明波束较窄的高定向天线的有效面积（以 λ^2 为测量单位）较大。相反，波束较宽的天线的有效面积较小。有效面积的概念可能与天线物理孔径 A_p 有实际关联性，不过这取决于天线是否具有明确的物理孔径。例如，偶极子天线和其他导线天线的方向性系数 D 与天线直径无关，所以理论上可以假定导线直径无限小，从而将天线截面面积缩小至零而不影响 D 和 A_e。

如果天线具有明确的物理孔径 A_p（如喇叭天线和抛物面天线），可以根据孔径效率 η_a 将 A_e 和 A_p 联系在一起，即

$$A_e = \eta_a A_p \tag{3.32}$$

3.3　弗里斯传输公式

图 3.13 所示的一组天线是自由空间通信线路的一部分，两个天线之间的间距 R 足够大，二者位于彼此的远场区。发射天线和接收天线的有效面积分别为 A_t 和 A_r，辐射效率分别为 ξ_t 和 ξ_r。我们的目标是找到发射功率 P_t 和接收功率 P_{rec} 之间的关系。同样地，我们假设发射天线和接收天线与它们各自的传输线均是阻抗匹配的。首先，我们考虑这一组天线最大辐射方向分别指向对方的情况。

首先，将发射天线看作无损全向辐射器。距离全向发射天线 R 处，入射到接收天线的功率密度等于发射天线功率 P_t 与半径为 R 的球体表面面积之比：

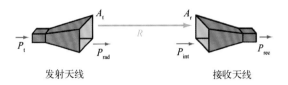

图 3.13　发射天线—接收天线结构

$$S_{\text{iso}} = \frac{P_t}{4\pi R^2} \tag{3.33}$$

实际发射天线既不是无损的，也不是全向的。因此，实际天线的接收功率密度 S_r 为

$$S_r = G_t S_{\text{iso}} = \xi_t D_t S_{\text{iso}} = \frac{\xi_t D_t P_t}{4\pi R^2} \tag{3.34}$$

根据增益表达式 $G_t = \xi_t D_t$，ξ_t 表明馈电到天线的功率 P_t 只有一部分辐射到空间，而且 D_t 则表示发射天线的方向性（在接收天线方向上）。此外，根据式（3.31b），方向性系数 D_t 与 A_t 有关，即 $D_t = 4\pi A_t/\lambda^2$。因此，式（3.34）变为

$$S_r = \frac{\xi_t A_t P_t}{\lambda^2 R^2} \tag{3.35}$$

在接收天线端，天线截取功率等于入射功率密度 S_r 和有效面积 A_r 的乘积，即

$$P_{\text{int}} = S_r A_r = \frac{\xi_t A_t A_r P_t}{\lambda^2 R^2} \tag{3.36}$$

传送到接收天线的功率 P_{rec} 大小等于接收天线截取功率 P_{int} 与辐射效率 ξ_r 之积，即 $P_{\text{rec}} = \xi_r P_{\text{int}}$，得出

$$\frac{P_{\text{rec}}}{P_t} = \frac{\xi_t \xi_r A_t A_r}{\lambda^2 R^2} = G_t G_r \left(\frac{\lambda}{4\pi R}\right)^2 \tag{3.37}$$

▶ 这个关系式称为弗里斯传输公式，P_{rec}/P_t 为功率转移率。 ◀

如果这两个天线没有相互指向最大功率传输方向，则式（3.37）采用一般形式：

$$\frac{P_{\text{rec}}}{P_t} = \left(\frac{\lambda}{4\pi R}\right)^2 G_t(\theta_t, \phi_t) G_r(\theta_r, \phi_r) \tag{3.38}$$

式中，$G_t(\theta_t, \phi_t)$ 为发射天线在对应于接收天线的方向（见发射天线方向图）即角度 (θ_t, ϕ_t) 处的增益，接收天线增益 $G_r(\theta_r, \phi_r)$ 的定义亦然。

对于一对无损全向天线，$G_t = G_r = 1$，

$$\frac{P_{\text{rec}}}{P_{\text{t}}} = \left(\frac{\lambda}{4\pi R}\right)^2 = \frac{1}{L_{\text{FS}}} \qquad \text{(无损全向天线)}$$

式中，$L_{\text{FS}} = (4\pi R/\lambda)^2$ 称为自由空间传播损耗。式(3.38)可表示成 L_{FS} 的函数：

$$\frac{P_{\text{rec}}}{P_{\text{t}}} = \frac{1}{L_{\text{FS}}} G_{\text{t}}(\theta_{\text{t}}, \phi_{\text{t}}) G_{\text{r}}(\theta_{\text{r}}, \phi_{\text{r}}) \tag{3.39}$$

弗里斯传输公式也可用来计算镜面反射的功率。图3.14(a)中，发射机和接收机指向反射面的镜面方向($\theta_{\text{i}} = \theta_{\text{r}}$)，并且发射机和接收机天线具有相同的极化状态。根据镜像原理，图3.14(a)的几何结构示意图与图3.14(b)等效。后者发射天线与接收天线之间的距离为($R_1 + R_2$)。此外，表面反射会改变功率密度，其影响因子 $\Gamma^p(\theta)$ 是 p-极化波的菲涅耳反射率(p 表示垂直极化或水平极化)。将这些修正项并入式(3.37)，得到

$$\frac{P_{\text{rec}}}{P_{\text{t}}} = G_{\text{t}} G_{\text{r}} \left[\frac{\lambda}{4\pi(R_1 + R_2)}\right]^2 \Gamma^p(\theta) \qquad \text{(p 为水平极化或垂直极化)} \tag{3.40}$$

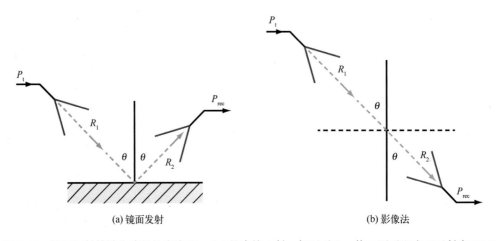

(a) 镜面发射　　　　　　　　　　　　(b) 影像法

图3.14　镜面反射等效为路径长度为($R_1 + R_2$)的直接入射，但要引入一修正因子即表面反射率 $\Gamma^p(\theta)$

3.4　大孔径天线辐射

线形天线的辐射源由一组微小电流元组成，这些电流元构成导线的电流分布。空间内某一位置的总辐射场等于各个电流元辐射场之和。类似方法也适用于孔径天线，只是此时辐射源是横跨孔径的电场。以图3.15(a)所示的喇叭天线为例，它通过同轴传输线与辐射源相连。传输线的外导体连接喇叭金属体，内导体凸出，透过一个小孔，部分连接至喇叭喉端，从而实现同轴电缆至波导的传输。凸出导体作为单极子天线，产生电磁波并沿着短波导部分辐射能量，进而朝喇叭孔径外部传播。孔径处电磁波的

电场随着 x_a 和 y_a(喇叭孔径表面的位置坐标)的变化而变化，称作电场孔径分布或照射，即 $E_a(x_a, y_a)$。在喇叭内部，喇叭几何结构引导波的传播，但当电磁波从导波转化为无边界波时，波阵面的每个点都是球面二次小波的起源。因此孔径可以当成一系列全向辐射器的组合。在远点 Q 处，接收机观测的电磁波是由所有来自这些辐射器的电磁波组合而成的。

喇叭天线的辐射过程同样适用于任何入射至孔径上的电磁波。例如，图 3.15(b)所示的抛物面反射器，可以用反射器前的虚拟平面孔径的电场分布来描述。

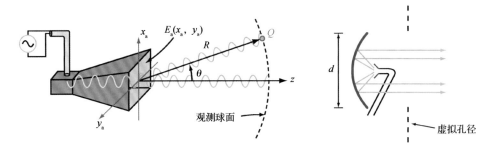

(a) 孔径电场分布为 $E_a(x_a, y_a)$ 的喇叭天线　　　　(b) 小型喇叭天线照射抛物面反射器产生辐射

图 3.15　孔径电场分布为 $E_a(x_a, y_a)$ 的喇叭天线和

小型喇叭天线照射抛物面反射器产生辐射示意图

可使用两种数学公式计算孔径发射波的电磁场，第一个是基尔霍夫定律标量公式，第二个是麦克斯韦方程组矢量公式。本节仅介绍标量衍射技术，因为它比较简单，而且适用于大量实际应用。

> ▶ 标量公式有效性的关键条件是，天线孔径在主要方向上的尺寸至少是波长的数倍。◀

这类天线的一个特点是方向性强、波束窄，因此常用于微波遥感系统。这类系统的常用频率范围是 $1 \sim 300$ GHz。由于波长介于 1 mm 至 30 cm 之间，因此构建并使用孔径尺寸长达多个波长的天线(在这个频率范围内)切实可行。

图 3.16 所示的 x_a-y_a 平面代表孔径平面 A，其电场分布为 $E_a(x_a, y_a)$。虽然接下来要讨论的公式适用于所有二维孔径分布，包括圆形孔径和椭圆孔径，但是为了方便起见，这里讨论开放的平面矩形孔径，它沿 x_a 和 y_a 轴的尺寸分别为 l_x 和 l_y。图 3.16 中，距离孔径平面 A 的 z 位置有一个坐标为 (x, y) 的观测平面 O。这两个平面相互平行，间距为 z。此外，间距 z 足够大，因此观测面内的任意点 Q 都位于孔径的远场区。为了满足远场条件，需要将距离设置为

$$R \geqslant 2d^2/\lambda \qquad （远场距离） \tag{3.41}$$

根据式(3.1)，d 表示发射孔径的最大线性尺寸。

观察点 Q 的位置由孔径中心到 Q 点的距离 R 和角度 θ 与 ϕ(图 3.16)表示，后者定义了观察点相对于孔径坐标系的方向。z 轴与天线孔径所在的平面垂直。此外，θ 通常称为俯仰角。

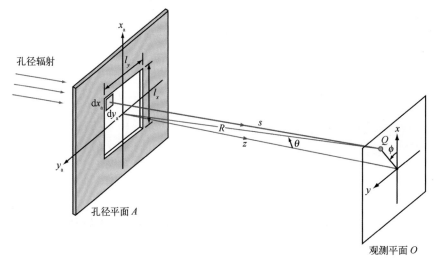

图 3.16　$z=0$ 处 x_a-y_a 平面的孔径辐射

Q 点入射波的电场相量表示为 $E(R, \theta, \phi)$。根据基尔霍夫标量衍射理论，辐射场 $E(R, \theta, \phi)$ 与孔径照射 $E_a(x_a, y_a)$ 之间的关系为

$$E(R, \theta, \phi) = \frac{j}{\lambda}\left(\frac{\mathrm{e}^{-jkR}}{R}\right)h(\theta, \phi) \tag{3.42}$$

式中，

$$h(\theta, \phi) = \iint_{-\infty}^{\infty} E_a(x_a, y_a) \cdot \exp[jk\sin\theta(x_a\cos\phi + y_a\sin\phi)]\mathrm{d}x_a\mathrm{d}y_a \tag{3.43}$$

其中，$k = 2\pi/\lambda$ 表示波数；$h(\theta, \phi)$ 称作 $E(R, \theta, \phi)$ 的波形因数，虽然波形因数写成从负无穷到正无穷的积分形式，但孔径外的照射 $E_a(x_a, y_a)$ 恒等于零；球面传播因子 (e^{-jkR}/R) 解释了孔径中心与观察点之间的波传播。因此，$h(\theta, \phi)$ 表示孔径范围内激发场 $E_a(x_a, y_a)$ 的积分，并考虑了 R 和 s 的距离近似偏差[如式(3.43)中的指数函数]，其中 s 是观察点到孔径平面内任意点(x_a, y_a)的距离。

> ▶ 基尔霍夫标量公式中，辐射场 $E(R, \theta, \phi)$ 的极化方向与孔径场 $E_a(x_a, y_a)$ 的极化方向一致。◀

辐射波的功率密度由下式给出：

$$S(R, \theta, \phi) = \frac{|E(R, \theta, \phi)|^2}{2\eta_0} = \frac{|h(\theta, \phi)|^2}{2\eta_0\lambda^2 R^2} \tag{3.44}$$

3.5　场分布均匀的矩形孔径

通常情况下，$E_a(x_a, y_a)$表示为复数，包含孔径的振幅分布和相位分布。下面几个章节将介绍到，振幅分布和相位分布决定了天线方向图的形状和方向。

为了阐述标量衍射技术，假定矩形孔径的高为l_x，宽为l_y，且高和宽至少是波长的数倍。孔径由均匀分布场（即常量）激发，由下式给出：

$$E_a(x_a, y_a) = \begin{cases} E_0 & (-l_x/2 \leqslant x_a \leqslant l_x/2 \text{ 且 } -l_y/2 \leqslant y_a \leqslant l_y/2) \\ 0 & (其他) \end{cases} \tag{3.45}$$

将式(3.45)代入式(3.43)，得出

$$h(\theta, \phi) = \int_{y_a = -l_y/2}^{l_y/2} \int_{x_a = -l_x/2}^{l_x/2} E_0\exp[jk\sin\theta\cos\phi\, x_a] \cdot \exp[jk\sin\theta\sin\phi\, x_a]\mathrm{d}x_a\mathrm{d}y_a$$

$$\tag{3.46}$$

为了便于积分，我们引入中间变量u和v，即

$$u = k\sin\theta\cos\phi = \frac{2\pi}{\lambda}\sin\theta\cos\phi \tag{3.47a}$$

$$v = k\sin\theta\sin\phi = \frac{2\pi}{\lambda}\sin\theta\sin\phi \tag{3.47b}$$

将式(3.47)代入式(3.46)，得出

$$h(\theta, \phi) = E_0\int_{-l_x/2}^{l_x/2} \mathrm{e}^{jux_a}\mathrm{d}x_a \int_{-l_y/2}^{l_y/2} \mathrm{e}^{jvy_a}\mathrm{d}y_a \tag{3.48}$$

先对式(3.48)积分，然后用式(3.47)的表达式替换u和v，最后将$h(\theta, \phi)$表达式代入式(3.42)，得出

$$E(R, \theta, \phi) = \frac{jE_0 A_p}{\lambda}\left(\frac{\mathrm{e}^{-jkR}}{R}\right)\mathrm{sinc}\left(\frac{\pi l_x}{\lambda}\sin\theta\cos\phi\right) \cdot \mathrm{sinc}\left(\frac{\pi l_y}{\lambda}\sin\theta\sin\phi\right) \tag{3.49}$$

式中，$A_p = l_x l_y$，变量t的抽样函数定义为[†]

$$\mathrm{sinc}\, t = \frac{\sin t}{t} \tag{3.50}$$

　　[†]　这是 sinc 函数的两种常见定义之一，另一个是 sinc $t = \sin(\pi t)/(\pi t)$。在本章中，我们只使用式(3.50)给出的定义。

3.5.1　$x\text{-}y$ 平面内的天线方向图

本节通过检查天线在固定距离 $\boldsymbol{R}$ 处 $x\text{-}z$ 平面的俯仰方向图来说明式(3.49)得到的结果。设式(3.49)中 $\phi=0°$，并根据式(3.44)，得出

$$\mathcal{S}(R,\ \theta)=\mathcal{S}_0\,\text{sinc}^2(\pi\, l_x\sin\theta/\lambda)\qquad(x-z\text{ 平面})\qquad(3.51)$$

式中，$\mathcal{S}_0=E_0^2A_\text{p}^2/(2\eta_0\lambda^2R^2)$。

> ▶　当变量 t 为 0 时，抽样函数的值最大，即 $\text{sinc}(0)=1$。 ◀

这种情况出现在 $\theta=0°$ 时。因此，在固定距离 R 处，$\mathcal{S}_\text{max}=\mathcal{S}(\theta=0°)=\mathcal{S}_0$，归一化辐射强度：

$$F(\theta)=\frac{\mathcal{S}(R,\ \theta)}{\mathcal{S}_\text{max}}=\text{sinc}^2\!\left(\frac{\pi\, l_x}{\lambda}\sin\theta\right)=\text{sinc}^2(\pi\gamma)\quad(x-z\text{ 平面})\qquad(3.52)$$

图 3.17 显示 $F(\theta)$ 是变量 $\gamma=(l_x/\lambda)$ 的函数(分贝标度)。γ 为非零整数时，方向图等于零。

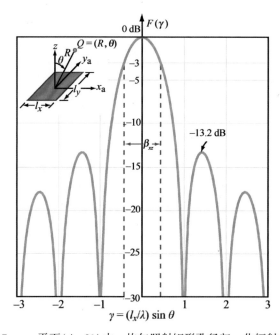

图 3.17　$x\text{-}z$ 平面($\phi=0°$)内，均匀照射矩形孔径归一化辐射方向图

3.5.2　波束宽度

归一化辐射强度 $F(\theta)$ 在 $x\text{-}z$ 平面内呈对称形状，在视轴方向(即 $\theta=0°$时)达到最

大值。其半功率波束宽度 $\beta_{xz} = \theta_2 - \theta_1$，其中 θ_1 和 θ_2 是函数 $F(\theta, 0) = 0.5$（相当于分贝标度 -3 dB）时的 θ 值，如图 3.17 所示。由于方向图关于 $\theta = 0°$，$\theta_1 = -\theta_2$ 且 $\beta_{xz} = 2\theta_2$。通过求解如下公式可以得到角度值 θ_2：

$$F(\theta_2) = \mathrm{sinc}^2\left(\frac{\pi l_x}{\lambda} \sin\theta_2\right) = 0.5 \tag{3.53}$$

求解式（3.53）可以得到如下结果：

$$\frac{\pi l_x}{\lambda} \sin\theta_2 = 1.39 \tag{3.54}$$

或

$$\sin\theta_2 = 0.44\frac{\lambda}{l_x} \tag{3.55}$$

标量衍射理论有效的基本条件是：孔径尺寸要远大于波长 λ，即 $\lambda/l_x \ll 1$。因此，θ_2 角度较小，近似关系式 $\sin\theta_2 \approx \theta_2$ 成立，矩形孔径的半功率波束宽度为

$$\beta_{xz} = 2\theta_2 \approx 2\sin\theta_2 = 0.88\frac{\lambda}{l_x} \quad (\text{rad}) \tag{3.56a}$$

类似地，y-z 平面（$\phi = \pi/2$）的波束宽度为

$$\beta_{yz} = 0.88\frac{\lambda}{l_y} \quad (\text{rad}) \tag{3.56b}$$

> ▶ 均匀孔径分布（$E_a = E_0$）给出了远场方向图最窄的波束宽度。 ◀

第一旁瓣比峰值小 13.2 dB（图 3.17），是峰值的 4.8%。如果某种应用需要更小的旁瓣电平以避免天线方向图主波束外各个方向上的信号干扰，则需要对孔径分布进行赋形（3.7 节和 3.8 节），其中之一就是对孔径上的电场强度进行加权，使得中心位置的值最大，越往外值越小。

> ▶ 赋形分布的天线方向图旁瓣较低，但是主瓣展宽。 ◀

正如后面 3.7 节所讨论的，赋形越陡峭，旁瓣越低，主瓣越宽。

通常，x-z 平面内的波束宽度为

$$\beta_{xz} = k_x\frac{\lambda}{l_x} \tag{3.57}$$

式中，k_x 为常量，与赋形的陡度有关。如果场是均匀分布无赋形的，则 $k_x = 0.88$；如果场分布的赋形较陡，则 $k_x \approx 2$。k_x 的典型值是 $k_x \approx 1$。

为了阐明天线尺寸与其波束形状之间的关系，图 3.18 中展示了圆形反射器与筒形

反射器的辐射方向图。圆形反射器的方向图呈圆对称。筒形反射器在方位平面内方向图的波束较窄，对应长尺寸；在俯仰平面内的波束较宽，对应窄尺寸。圆对称天线方向图的波束宽度 β 与直径 d 有关，即 $\beta \approx \lambda/d$。

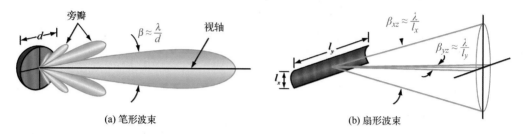

(a) 笔形波束   (b) 扇形波束

图 3.18 (a)圆形反射器的辐射方向图和(b)筒形反射器的辐射方向图(未标示旁瓣)

3.5.3 方向性和有效面积

在 3.2.3 节中，我们推导出了天线方向性系数 D 的近似表达式［式（3.21）］，即单一主瓣的天线的方向性系数是半功率波束宽度为β_{xz}和β_{yz}的函数：

$$D \approx \frac{4\pi}{\beta_{xz}\beta_{yz}} \tag{3.58}$$

根据近似关系式$\beta_{xz} \approx \lambda/l_x$ 和$\beta_{yz} \approx \lambda/l_y$，得出

$$D \approx \frac{4\pi \, l_x \, l_y}{\lambda^2} = \frac{4\pi A_p}{\lambda^2} \tag{3.59}$$

准确地说，任意天线的方向性系数与有效面积 A_e 的关系由式(3.31b)给出，即

$$D = \frac{4\pi A_e}{\lambda^2} \tag{3.60}$$

▶ 作为一阶近似，孔径天线的有效面积等于其物理孔径，即 $A_e \approx A_p$。◀

为了准确计算方向性系数 D，需要执行以下步骤。

步骤 1：已知孔径分布为 $E_a(x_a, y_a)$，根据式(3.42)和式(3.43)确定辐射场 $E(R, \theta, \phi)$；

步骤 2：计算功率密度 $S(R, \theta, \phi) = |E|^2/2\eta_0$，并确定 S 取最大值时(固定距离 R 处)对应的方向，最大值为 S_{max}；

步骤 3：求归一化辐射强度：

$$F(\theta, \phi) = \frac{S(R, \theta, \phi)}{S_{max}} \bigg|_{@ \text{ same } R}$$

步骤4：根据式(3.18)，计算方向系数 D；

步骤5：根据式(3.31b)，计算有效面积 A_e；

步骤6：计算孔径效率 $\xi_a = A_e/A_p$，其中 A_p 为天线的物理孔径。

3.6 场照射均匀的圆形孔径

对于圆对称孔径照射的情况，用极坐标 r_a 和 ϕ_a 表示 x_a 和 y_a [图3.19(a)]，更容易得到其远场方向图：

$$x_a = r_a \cos \phi_a \tag{3.61a}$$

$$y_a = r_a \sin \phi_a \tag{3.61b}$$

将上述各式代入式(3.43)，并用极坐标下等效的面积元 $r_a \mathrm{d}r_a \mathrm{d}\phi_a$ 替换直角坐标系下的面积元 $\mathrm{d}x_a \mathrm{d}y_a$，则波形因数 $h(\theta, \phi)$ 变为

$$\begin{aligned} h(\theta, \phi) = \int_0^{2\pi} \int_0^\infty E_a(r_a) \times \\ \exp[jkr_a \sin \theta (\cos \phi \cos \phi_a + \sin \phi \sin \phi_a)] r_a \mathrm{d}r_a \mathrm{d}\phi_a \end{aligned} \tag{3.62}$$

或

$$h(\theta, \phi) = \int_0^{2\pi} \int_0^\infty E_a(r_a) \times \exp[jkr_a \sin \theta \cos (\phi - \phi_a)] r_a \mathrm{d}r_a \mathrm{d}\phi_a \tag{3.63}$$

根据贝塞尔函数恒等式：

$$J_0(x) = \frac{1}{2\pi} \int_0^{2\pi} \exp[jx \cos (\phi - \phi_a)] \mathrm{d}\phi_a$$

式中，J_0 为第一类零阶贝塞尔函数，因此式(3.63)可以简化为

$$h(\theta, \phi) = h(\theta) = 2\pi \int_0^\infty E_a(r_a) J_0(kr_a \sin \theta) r_a \mathrm{d}r_a \tag{3.64}$$

由于天线是圆对称的，上述等式不再具有角度（ϕ 和 ϕ_a）依赖性。计算等式(3.64)关于角度 θ 的函数，可以得出图3.19(b)所示的辐射方向图，该方向图是变量 $\nu = (2\pi a/\lambda)$ 的函数。第一零点间的主瓣波束宽度为

$$\beta_{\text{null}} = 2[\arcsin(0.61\lambda/a)] \approx 1.22\lambda/a = 2.44\lambda/d \tag{3.65}$$

式中，孔径直径 $d = 2a$。

类似地，设 $F(\nu) = 0.5$，则 $\nu = 1.57$，半功率波束宽度

$$\beta_{1/2} = 2[\arcsin(0.25\lambda/a)] \approx 0.5\lambda/a = \lambda/d \tag{3.66}$$

根据上述计算矩形孔径方向性系数的步骤，可以求出圆形孔径的方向性系数

$$D = \frac{4\pi A_p}{\lambda^2} \tag{3.67}$$

和它关于 $\beta_{1/2}$ 的函数形式

$$D = 0.78\frac{4\pi}{\beta_{1/2}^2} \tag{3.68}$$

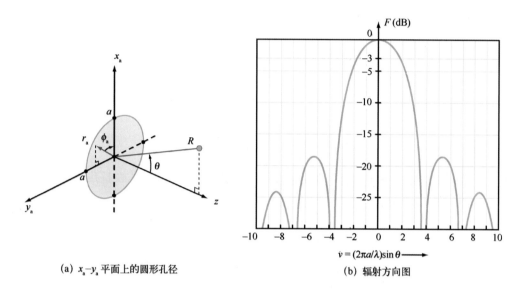

(a) x_a-y_a 平面上的圆形孔径　　(b) 辐射方向图

图 3.19　圆形孔径及其辐射方向图

3.7　非均匀振幅照射

通过控制照射振幅的形状，天线设计人员可以优化某些主要特征，如天线方向性、旁瓣电平或辐射方向图中零点位置等。由于这些特征是相互关联的，所以要根据实际应用来确定优化过程。

本节采用几种常见的分布来阐述振幅照射对矩形孔径远场方向图的影响。为了简便起见，我们的讨论局限于 x-z 平面（$\phi=0°$）、均匀相位照射以及 y_a 方向的照射振幅是均匀的情况。也就是说，$E_a(x_a, y_a)$ 可分离成两个一维分布的乘积，即

$$E_a(x_a, y_a) = E_1(x_a)E_2(y_a) \tag{3.69}$$

并设 $E_2(y_a)=1$。

引入新变量

$$x_1 = \frac{2}{l_x}x_a \tag{3.70a}$$

$$u_1 = \frac{\pi l_x}{\lambda}\sin\theta \tag{3.70b}$$

式(3.43)中的波形因数 $h(\theta, \phi)$ 变为

$$h(\theta) = \frac{l_x\, l_y}{2} \int_{x_1=-1}^{1} E_1(x_1)\, \mathrm{e}^{ju_1x_1}\, \mathrm{d}x_1 \qquad (当\ \phi = 0°) \qquad (3.71)$$

天线辐射性能通常用归一化辐射强度 $F(\theta)$ 表示，与 $|h(\theta)|^2$ 成正比。

表 3.1 总结了几种不同的振幅照射 $E_1(x_1)$ 对应的 $|h(u_1)|^2$ 的 3 个重要特性，这些特征分别为：相对于均匀照射的方向性系数 D、低于最大强度的旁瓣电平(dB)以及半功率波束宽度 $\beta_{1/2}$。这些及其他照射对应的 $h(u_1)$ 完整表达式可见参考文献(Silver，1949；Hansen，1964)。

表 3.1　尺寸为 $l_x \times l_y$ 的矩形孔径，沿 x_1 方向不同类型的振幅分布产生的辐射方向图示例

振幅分布[a]		相对方向[b]	旁瓣电平/dB[c]	半功率(−3 dB)波束宽度/rad[d]
余弦：$E_1(x_1) = \cos^n(\pi x_1/2)$				
$n = 0$[e]		1.00	13.2	$0.88\lambda/\lambda_x$
$n = 1$		0.81	23	$1.20\lambda/\lambda_x$
2		0.67	32	$1.45\lambda/\lambda_x$
3		0.58	40	$1.66\lambda/\lambda_x$
4		0.52	48	$1.94\lambda/\lambda_x$
抛物线：$E_1(x_1) = 1-(1-\Delta)x_1^2$				
$\Delta = 1.0$[e]		1.00	13.2	$0.88\lambda/\lambda_x$
0.8		0.99	15.8	$0.92\lambda/\lambda_x$
0.5		0.97	17.1	$0.97\lambda/\lambda_x$
0		0.83	20.6	$1.15\lambda/\lambda_x$
三角形：$E_1(x_1) = 1-|x_1|$				
		0.75	26.4	$1.28\lambda/\lambda_x$

注：a：变量 $x_1 = (2/l_x)x_a$，且 $|x_1| \leqslant 1$；b：相对于一个均匀的孔径分布；c：低于最大强度；d：在 $x\text{-}z$ 平面；e：与均匀分布情况相同。

对于表 3.1 中的第一类照射，$E_1(x_1) = \cos^n(\pi x_1/2)$，$n>1$ 时照射从孔径中心处 $(x_1=0)$ 幅值为 1.0 减小到边缘处 $(x_1=\pm1)$ 幅值为 0。当 n 增大时，照射随距离递减的

速度加快，导致旁瓣电平变小，但是方向性系数变小，波束宽度变大。对于表 3.1 中第二类照射以及表 3.2 中给出的圆形孔径照射都是如此。

表 3.2　直径为 d 的圆形孔径，振幅分布函数 $E(r_1) = (1 - r_1^2)^n$ 产生的辐射方向图

n	相对方向[a]	旁瓣电平/dB[b]	半功率(-3 dB)波束宽度/rad
0	1.00	17.6	$1.02\lambda/d$
1	0.75	24.6	$1.27\lambda/d$
2	0.55	30.6	$1.47\lambda/d$
3	0.45	36.1	$1.65\lambda/d$

注：变量 $r_1 = (2/d)r_a$ 且 $0 \leq r_1 \leq 1$；a：相对于一个均匀分布的孔径；b：低于最大强度。

要注意的是，对于表 3.1 所列的几类振幅分布，只是沿 x_a 方向进行赋形。如果沿 y_a 方向的照射也进行赋形，则在 y-z 平面中，辐射方向图具有相似的第一阶旁瓣电平及半功率波束宽度($\beta_{1/2}$ 与 l_y 成反比)，那么相对方向性系数变为表 3.1 中方向性系数的平方。例如，如果 $E_a(x_a, y_a)$ 沿着 x_a 和 y_a 方向余弦赋形，且 $n=1$，则相对方向性系数变为 $(0.81)^2 = 0.66$。此外，有效孔径近似等于

$$A_e \approx \frac{\lambda^2}{\beta_{xz}\beta_{yz}} = \frac{\lambda^2}{(1.2\lambda/\lambda_x)(1.2\lambda/\lambda_y)} \approx 0.69 l_x l_y = 0.69 A_P$$

3.8　波束效率

考虑 x_a-y_a 平面内的矩形孔径，其尺寸为 $l_x = l_y = l$。l 至少长达几个波长，因此，辐射方向图方向性强，主瓣窄。图 3.20 显示了两种孔径照射，即均匀照射和余弦分布照射(其中 $n=1$，见表 3.1)在 x-z 平面内的辐射方向图。每种情况下，孔径轴 x_a 和 y_a 具有相同的照射。因此，平面 x-z 和平面 y-z 内的辐射方向图相同。

均匀照射的辐射方向图用如图 3.20 中的 $F_u(\gamma)$ 表示，与图 3.17 中的辐射方向图完全相同，其半功率波束宽度为 $\beta_u = \beta_{xz} = \beta_{yz} = 0.88\lambda/l$。若 $l = 10\lambda$，$\beta_u = 0.088$ rad $\approx 5°$；第一旁瓣电平比 $F_u(\gamma)$ 的最大值小 13.2 dB，即仅为 $F_u(\gamma)$ 的 4.8%。也就是说，第一旁瓣的相应方向上，天线的辐射功率小于主波束辐射功率的 5%。这一结论适用于除微波辐射计外的很多应用。

图 3.20 中所示的辐射方向图 $F_c(\gamma)$ 对应于 $n=1$、x_a 和 y_a 方向均为余弦分布照射的情况。其半功率波束宽度 $\beta_c = 1.2\lambda/l$，是均匀照射孔径波束宽度的 1.36 倍；第一旁瓣比峰值小 23 dB(仅为峰值的 0.5%)，是均匀照射孔径第一旁瓣的 1/10。降低旁瓣相当于将方向图"挤压"至主瓣，使其更宽。

对于辐射方向图为 $F(\theta, \phi)$ 的天线，波束效率 η_b 定义为

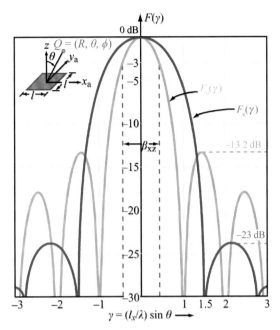

图 3.20　均匀照射孔径天线方向图 $F_u(\gamma)$（蓝色曲线）和
余弦分布照射孔径天线方向图 $F_c(\gamma)$（红色曲线）比较

$$\eta_b = \frac{\text{半功率角为 } \theta_1 \text{ 的圆锥体内辐射的功率}}{\text{半径为 } r \text{ 的圆上辐射的总功率}}$$

$$= \frac{\int_0^{2\pi} \int_0^{\theta_1} F(\theta, \phi) \sin \theta \, d\theta \, d\phi}{\int_0^{2\pi} \int_0^{\pi} F(\theta, \phi) \sin \theta \, d\theta \, d\phi} = \frac{\Omega_m}{\Omega_p} \tag{3.72}$$

式中，Ω_m 和 Ω_p 分别为主瓣立体角和波束立体角；定义角 θ_1，使其内的圆锥体与天线方向图的主瓣近似。通常，θ_1 定义为波束轴线与第一个最小值之间的角度。

图 3.20 中所示的天线方向图 $F_u(\gamma)$ 对应于 $\gamma_1 = 1$ 且 $\sin \theta \approx \theta$，可得

$$\theta_{1u} = \frac{\lambda}{l} \qquad (\text{均匀照射}) \tag{3.73a}$$

赋形照射的辐射方向图的第一零值在 $\gamma_1 = 1.5$，因此

$$\theta_{1c} = 1.5 \frac{\lambda}{l} \qquad (n = 1 \text{ 的余弦照射}) \tag{3.73b}$$

举个例子，假设均匀照射的矩形天线长度为 $l = 10\lambda$。$\theta = 0.1 \text{ rad}$ 时，计算式(3.72)：

$$F(\theta, \phi) = \text{sinc}^2\left(\frac{\pi l_x}{\lambda} \sin \theta \cos \phi\right) \text{sinc}^2\left(\frac{\pi l_y}{\lambda} \sin \theta \sin \phi\right)$$

$$= \text{sinc}^2(10\pi \sin \theta \cos \phi) \text{sinc}^2(10\pi \sin \theta \sin \phi) \tag{3.74}$$

得出 $\eta_b \approx 0.8$ 或者 80%。这意味着，天线辐射总功率的 80% 在主瓣方向上，剩余的 20% 消耗在其他方向上。相反地，如果天线以接收模式工作且各个方向上的入射功率均相等，则总功率的 20% 来源于主瓣之外的各个方向。

使用同样方法计算 $n=1$ 时的余弦照射，波束效率 $\eta_b \approx 93\%$；当 $n=2$ 时，$\eta_b \approx 98\%$。

> ► 使用陡峭的赋形照射可以把波束效率提高至接近 100%，其代价是主瓣变宽、方向性系数变小。◄

尽管如此，高波束效率对微波辐射计的精确测量仍至关重要，相关内容将在第 6 章中讨论。

3.9 天线阵列

> ► 两个或多个天线构成的组合称为天线阵列。◄

尽管阵列不一定都由类似的辐射元件组成，但实际上多数阵列都使用相同的元件，如偶极子天线、缝隙天线、喇叭天线或抛物面反射天线。阵列的天线元件可以按照不同的结构排列。常见的一维线性结构中，元件沿着直线排列；二维点阵结构中，元件在平面内按网格排列。通过控制阵列元件激发源的相对振幅，可以合成所需形状的阵列远场辐射方向图。

> ► 通过电子控制固态移相器可以控制天线阵列元件的相对相位，进而电子调整天线阵列的波束方向。◄

由于具有较好的灵活性，天线阵列得到大量应用，如电子扫描和多波束生成。

本节及以下两节主要介绍阵列理论的基本原理和设计技术，这些原理和技术用于形成天线方向图和控制主瓣。这里仅讨论一维线性阵列且相邻元件的间距相同的情况。

图 3.21 中 N 个相同辐射器沿着 z 轴排列，形成一个线性阵列。这些辐射器通过分支网络接收同一个振荡器的馈电。每个分支均嵌入一个衰减器（或放大器）和一个移相器，以控制馈电到该分支上天线元的信号振幅和相位。

任一辐射元的远场区，其电场强度 $E_e(R, \theta, \phi)$ 可以用两个函数的乘积表示，分别是球面传播因子 e^{-jkR}/R 和 $f_e(\theta, \phi)$，前者是距离 R 的函数，后者描述了天线元电场的方向特性。因此，单一元件的辐射场为

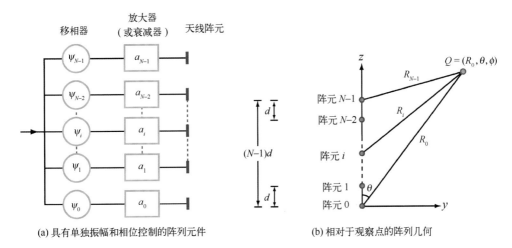

(a) 具有单独振幅和相位控制的阵列元件　　　(b) 相对于观察点的阵列几何

图 3.21　线性阵列结构及几何图形

$$E_{e}(R,\ \theta,\ \phi)=\frac{e^{-jkR}}{R}f_{e}(\theta,\ \phi)\tag{3.75}$$

其对应的功率密度为

$$S_{e}(R,\ \theta,\ \phi)=\frac{1}{2\eta_{0}}\mid E_{e}(R,\ \theta,\ \phi)\mid^{2}=\frac{1}{2\eta_{0}R^{2}}\mid f_{e}(\theta,\ \phi)\mid^{2}\tag{3.76}$$

对于图 3.21(b)所示的天线阵列，天线元 i 在距离为 R_i 处的观察点 Q 位置的远场区是

$$E_{i}(R_{i},\ \theta,\ \phi)=A_{i}\frac{e^{-jkR_{i}}}{R_{i}}f_{e}(\theta,\ \phi)\tag{3.77}$$

式中，$A_i=a_i e^{j\psi_i}$ 为复合馈电系数，其中 a_i 和 ψ_i 分别与电场 E_i 相对应的激励源的振幅和相位。复合馈电系数是相对于参考激励源来定义的。实际上，通常选择一个天线元件的激励源作为参考。需要注意的是，对于阵列中的不同元件来说，R_i 和 A_i 可能不同，但是由于天线元件相同，所以 $f_e(\theta,\ \phi)$ 都是一致的，因此它们具有相同的方向图。

观察点 $Q(R_0,\ \theta,\ \phi)$ 处的总场为 N 个元件的场之和，即

$$E(R_{0},\ \theta,\ \phi)=\sum_{i=0}^{N-1}E_{i}(R_{i},\ \theta,\ \phi)=\left(\sum_{i=0}^{N-1}A_{i}\frac{e^{-jkR_{i}}}{R_{i}}\right)f_{e}(\theta,\ \phi)\tag{3.78}$$

式中，R_0 表示 Q 点到坐标系原点(第 0 个元件)的距离。假设阵列长度 $l=(N-1)d$，其中 d 表示元件间的间距，为了满足式(3.41)给出的远场条件，距离 R_0 应当足够大，并满足：

$$R_{0}\geqslant\frac{2l^{2}}{\lambda}=\frac{2(N-1)^{2}d^{2}}{\lambda}\tag{3.79}$$

只考虑辐射场的振幅时，满足这个条件可以忽略 Q 点至各个元件的距离差异。因

此，对所有 i，式(3.78)中的分母可以设置为 $R_i = R_0$。对于传播因子的相位，可以使用平行光束近似值，即

$$R_i \approx R_0 - z_i \cos\theta = R_0 - id\cos\theta \tag{3.80}$$

式中，$z_i = id$ 为第 i 个元件与第 0 个元件之间的距离(图3.22)。根据上述近似条件，式(3.78)写作

$$E(R_0,\ \theta,\ \phi) = f_e(\theta,\ \phi)\left(\frac{\mathrm{e}^{-jkR_0}}{R_0}\right)\left[\sum_{i=0}^{N-1} A_i \mathrm{e}^{jikd\cos\theta}\right] \tag{3.81}$$

对应的阵列天线功率密度为

$$\mathcal{S}(R_0,\ \theta,\ \phi) = \frac{1}{2\eta_0}\left|E(R_0,\ \theta,\ \phi)\right|^2 = \frac{1}{2\eta_0 R_0^2}\left|f_e(\theta,\ \phi)\right|^2\left|\sum_{i=0}^{N-1} A_i \mathrm{e}^{jikd\cos\theta}\right|^2$$

把式(3.76)代入上式可得

$$\mathcal{S}(R_0,\ \theta,\ \phi) = \mathcal{S}_e(R_0,\ \theta,\ \phi)\left|\sum_{i=0}^{N-1} A_i \mathrm{e}^{jikd\cos\theta}\right|^2 \tag{3.82}$$

这个表达式是两个因数的乘积，第一个因数 $\mathcal{S}_e(R_0,\ \theta,\ \phi)$ 表示单个元件辐射能量的功率密度；第二个因数称作阵列因子，是各个元件的位置及其馈电系数的函数，与所用辐射器的具体类型无关。

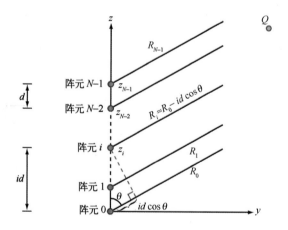

图 3.22 阵列元件与远场观察点之间的光束近似平行，因此距离 $R_i \approx R_0 - id\cos\theta$

▶ 若阵列元件是全向辐射器，则阵列因子表示 N 个元件的远场辐射强度。◀

阵列因子记作

$$F_a(\theta) = \left|\sum_{i=0}^{N-1} A_i \mathrm{e}^{jkd\cos\theta}\right|^2 \tag{3.83}$$

则天线阵列的功率密度可写成

$$S(R_0, \theta, \phi) = S_e(R_0, \theta, \phi) F_a(\theta) \tag{3.84}$$

这个等式是方向图乘法定理的表达形式。由此，可以先用全向辐射器代替阵列元件，计算远场功率方向图，得出阵列因子 $F_a(\theta)$；再将 $F_a(\theta)$ 乘以单个天线的功率密度 $S_e(R_0, \theta, \phi)$（所有元件的功率密度相同），求出天线阵列的远场功率密度。

通常，馈电系数 A_i 表示复振幅，由振幅因子 a_i 和相位因子 ψ_i 构成，即

$$A_i = a_i e^{j\psi_i} \tag{3.85}$$

将式（3.85）代入式（3.83），得到

$$F_a(\theta) = \left| \sum_{i=0}^{N-1} a_i e^{j\psi_i} e^{jikd\cos\theta} \right|^{2\dagger} \tag{3.86}$$

阵列因子由两个输入函数决定，分别是阵列振幅分布（a_i 序列）和相位分布（ψ_i 序列）。振幅分布用来控制阵列辐射方向图的形状，而相位分布则用来控制阵列辐射方向图的方向。

3.10　均匀相位分布的 N 元阵列

我们现在假定 N 元阵列相邻元件的间距 d 相等且激励源的相位相同，即当 $i = 1$，2，$\cdots$，$(N-1)$ 时，$\psi_i = \psi_0$。这种元件同相的阵列有时被称作边射天线阵列，因为其阵列因子的辐射方向图的主波束始终位于阵列轴线的边射方向。根据式（3.86），得出该阵列因子：

$$F_a(\theta) = \left| e^{j\psi_0} \sum_{i=0}^{N-1} a_i e^{jikd\cos\theta} \right|^2$$

$$= \left| e^{j\psi_0} \right|^2 \left| \sum_{i=0}^{N-1} a_i e^{jikd\cos\theta} \right|^2 = \left| \sum_{i=0}^{N-1} a_i e^{jikd\cos\theta} \right|^2 \tag{3.87}$$

阵列相邻元件辐射场的相位差为

$$\gamma = kd\cos\theta = \frac{2\pi d}{\lambda}\cos\theta \tag{3.88}$$

用相位差 γ 表示，式（3.87）简写为

$$F_a(\gamma) = \left| \sum_{i=0}^{N-1} a_i e^{ji\gamma} \right|^2 \quad （均匀相位） \tag{3.89}$$

3.10.1　均匀振幅分布

对于 $a_i = 1$（$i = 0$，1，$\cdots$，$N-1$）的均匀振幅分布，式（3.89）变成

---

† 计算机代码 3.1。

$$F_a(\gamma) = \left| 1 + e^{j\gamma} + e^{j2\gamma} + \cdots + e^{j(N-1)\gamma} \right|^2 \tag{3.90}$$

这个几何级数可以简写成(Ulaby et al., 2010):

$$F_a(\gamma) = |f_a(\gamma)|^2 \tag{3.91}$$

其中,

$$f_a(\gamma) = e^{j(N-1)\gamma/2} \frac{\sin\left(\dfrac{N\gamma}{2}\right)}{\sin\left(\dfrac{\gamma}{2}\right)} \tag{3.92}$$

将 $f_a(\gamma)$ 乘以它的复共轭,得到阵列因子如下:

$$F_a(\gamma) = \frac{\sin^2\left(\dfrac{N\gamma}{2}\right)}{\sin^2\left(\dfrac{\gamma}{2}\right)} \quad (\text{均匀振幅和均匀相位}) \tag{3.93}$$

根据式(3.90)可知,当所有项等于 1,即 $\gamma = 0$(或 $\theta = \pi/2$)时,$F_a(\gamma)$ 达到最大值,记作 $F_a(0) = N^2$。因此,归一化阵列因子为

$$F_{an}(\gamma) = \frac{F_a(\gamma)}{F_{a,\max}} = \frac{\sin^2\left(\dfrac{N\gamma}{2}\right)}{N^2 \sin^2\left(\dfrac{\gamma}{2}\right)} = \frac{\sin^2\left(\dfrac{N\pi d}{\lambda}\cos\theta\right)}{N^2 \sin^2\left(\dfrac{\pi d}{\lambda}\cos\theta\right)} \tag{3.94}$$

图 3.23(a)所示为函数 $F_{an}(\theta)$ 的极坐标图,其中 $N = 7$,$d = \lambda/2$。需要提醒读者的是,这仅仅是阵列因子的辐射方向图。根据前面提到的方向图乘法定理,天线阵列方向图等于阵列因子与单一元件方向图的乘积。

3.10.2 栅瓣

尽管式(3.94)中的 γ 名义上可以是任意值,但只有在 $0 \leqslant \theta \leqslant \pi$ 区间才适用于实际天线的情况,这个区间称作天线阵列的可见区域。图 3.23(a)所示是 $d = \lambda/2$ 的均匀阵列的阵列方向图,由单一图样构成。若元件间的间距增大至 $d = 3\lambda/2$,则图样重复 3 次,如图 3.23(b)所示。方向图中重复出现的图样称为栅瓣,是由式(3.94)分母中的正弦函数所固有的周期特性产生的。沿 γ 轴栅瓣的间距为 2π。为了避免产生栅瓣,必须满足

$$|\gamma| = \left| \left(\frac{2\pi d}{\lambda}\right)\cos\theta \right| \leqslant 2\pi$$

在可见区域内($0 \leqslant \theta \leqslant \pi$),若 $d \leqslant \lambda$,则上述不等式成立。若 $d = \lambda$,则存在两个栅瓣,分别位于主瓣两侧,且栅瓣的最大值出现在阵列轴线的两个方向上。由于阵列天线的辐射方向图为阵列因子与单一元件辐射方向图的乘积,所以如果元件方向图在栅瓣方向上的值较小(相对于它的最大值来说),那么栅瓣可能不会产生影响。若将天线

波束调至边射以外的方向，则需要在相邻阵列元件之间引入相位延迟(见 3.11 节)，此时要避免产生栅瓣须满足 $d \leqslant \lambda/2$。这个条件与通信理论中的奈奎斯特采样定理类似 (Ulaby et al.，2013)。

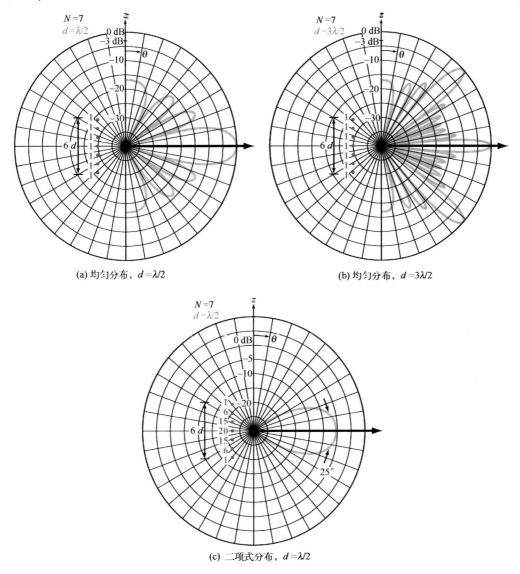

(a) 均匀分布，$d = \lambda/2$

(b) 均匀分布，$d = 3\lambda/2$

(c) 二项式分布，$d = \lambda/2$

图 3.23　七元阵列的归一化阵列方向图

3.10.3　二项式分布

某些应用需要阵列因子的方向性较弱且旁瓣电平较低(与均匀阵列相比)，为了降低旁瓣电平，这里提出了几种非均匀振幅分布，其中一种是二项式分布。之所以命名为二项式分布，是因为阵列元件振幅 a_i' 与二项式系数成正比:

$$a_i = \frac{(N-1)!}{i!\ (N-i-1)!}$$

式中，$i = 0$，1，$\cdots$，$N-1$。例如，七元二项式阵列的相对振幅为：$a_0 = a_6 = 1$，$a_1 = a_5 = 6$，$a_2 = a_4 = 15$，$a_3 = 20$。根据这些系数，式(3.89)定义的阵列因子变为

$$F_a(\gamma) = \left| 1 + 6e^{j\gamma} + 15e^{j2\gamma} + 20e^{j3\gamma} + 15e^{j4\gamma} + 6e^{j5\gamma} + e^{j6\gamma} \right|^2 \qquad (3.95)$$

通过提取 $e^{j3\gamma}$，可以将阵列参考相位从边缘转移至中心处，阵列因子表示成 γ 的余弦函数，即

$$F_a(\gamma) = \left| e^{j3\gamma}(e^{-j3\gamma} + 6e^{-2j\gamma} + 15e^{-j\gamma} + 20 + 15e^{j\gamma} + 6e^{j2\gamma} + e^{j3\gamma}) \right|^2$$
$$= (20 + 30\cos\gamma + 12\cos 2\gamma + 2\cos 3\gamma)^2$$

方向图最大值出现在 $\gamma = 0$ 处，对应的峰值为 $F_a(0) = (64)^2 = 4\ 096$。$d = \lambda/2$ 时，归一化阵列因子 $F_{an}(\gamma) = F_a(\gamma)/F_a(0)$，如图 3.23(c)所示。二项式阵列中没有副瓣，但其半功率波束宽度比均匀阵列大得多。

3.11　阵列电子扫描

上一节讨论的是均匀相位阵列，即馈电系数的相位 ψ_0 至 ψ_{N-1} 均相等。本节分析如何使用相邻元件间的相位延迟电子控制阵列天线波束方向，即从边射方向 $\theta = 90°$ 调至预设的角度 θ_0。由于不需要机械控制就能改变天线的波束方向，电子控制可以实现波束快速扫描。

> ▶ 电子转向通过在阵列中运用线性相位分布来实现，即 $\psi_0 = 0$，$\psi_1 = -\delta$，$\psi_2 = -2\delta$，依此类推。◀

如图 3.24 所示，第 i 个元件的相位与第 0 个元件的相位有关，即

$$\psi_i = -i\delta \qquad (3.96)$$

式中，δ 为相邻元件间的相位延迟增量。将式(3.96)代入式(3.86)，得到

$$F_a(\theta) = \left| \sum_{i=0}^{N-1} a_i e^{-ji\delta} e^{jikd\cos\theta} \right|^2$$
$$= \left| \sum_{i=0}^{N-1} a_i e^{ji(kd\cos\theta - \delta)} \right|^2$$
$$= \left| \sum_{i=0}^{N-1} a_i e^{ji\gamma'} \right|^2 = F_a(\gamma')^{\dagger} \qquad (3.97)$$

这里引入一个新变量：

---

† 计算机代码 3.2。

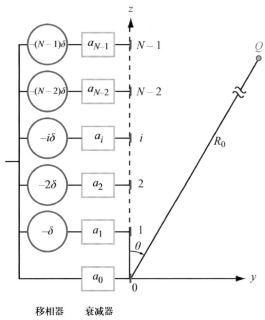

图 3.24 线性相位的应用

$$\gamma' = kd \cos \theta - \delta \tag{3.98}$$

为了更清楚地阐释，我们将相移 δ 定义为角度 θ_0（也称扫描角）的函数，即

$$\delta = kd \cos \theta_0 \tag{3.99}$$

由此，γ' 变成

$$\gamma' = kd(\cos \theta - \cos \theta_0) \tag{3.100}$$

式（3.97）中的阵列因子与之前得到的均匀相位阵列因子［见式（3.89）］具有同样的函数形式，只不过将 γ 替换为 γ'，所以：

> ▶ 对于任意振幅分布的阵列，当激励源呈线性相位分布时，均可通过均匀相位分布的阵列因子 $F_a(\gamma)$ 得到其阵列因子表达式 $F_a(\gamma')$，只要将 γ 替换为 γ' 即可。◀

如果振幅分布关于阵列中心对称，当辐角 $\gamma' = 0$ 时，阵列因子 $F_a(\gamma')$ 的值最大。若相位均匀分布（$\delta = 0$），则最大值对应的方向为 $\theta = 90°$，所以均匀相位阵列又称边射阵列。根据式（3.100），在线性相位阵列中，当 $\theta = \theta_0$ 时，$\gamma' = 0$。因此，在阵列上应用线性相位可以沿着 $\cos \theta$ 轴将阵列方向图偏移 $\cos \theta_0$，同时最大辐射方向从边射方向（$\theta = 90°$）转移到另一方向（$\theta = \theta_0$）。若要控制波束指向端射方向（$\theta = 0°$），相移增量 δ 须等于 kd（rad）。

举个例子，假定 N 元阵列的激励源为均匀振幅分布，其归一化阵列因子为式（3.94），将 γ 替换成 γ'，得出

$$F_{an}(\gamma') = \frac{\sin^2(N\gamma'/2)}{N^2 \sin^2(\gamma'/2)} \qquad (3.101)$$

对于 $N = 10$、$d = \lambda/2$ 的阵列，$\theta_0 = 0°$、$45°$ 和 $90°$ 时的主瓣 $F_{an}(\theta)$ 方向图如图 3.25 所示。需要注意的是，随着阵列波束从边射转移到端射，半功率波束宽度也会随之增加。

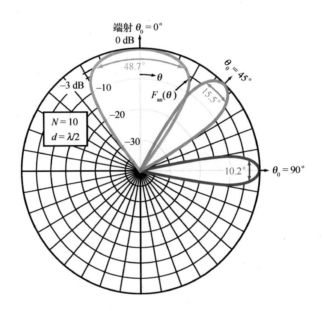

图 3.25　十元阵列的归一化阵列方向图(相邻元件的间距为 $\lambda/2$)。所有元件的激励振幅相等。
通过在阵列上采用线性相位，主波束的方向可以从边射方向($\theta_0 = 90°$)转移到任一扫描角 θ_0。
同相激励对应 $\theta_0 = 90°$

3.12　天线类型

天线具有各种各样的几何结构和馈电装置，人们通常根据天线的辐射方向图、增益、极化、阻抗及带宽来选择具体的天线种类。在很多应用中，天线的几何结构也很重要。例如，机载侧视雷达的天线在飞行方向上的尺寸长(在沿轨方向上能够产生窄波束)，而在高度方向上的尺寸短(使观测地面的范围较宽)。虽然波导缝隙阵列天线和使用偶极子阵列馈电的圆柱形反射天线都可以提供上述所需的照射方向图，但是波导缝隙天线或微带天线阵列(见 3.12.3 节)更符合空气动力学。

关于微波遥感使用的各种类型的天线，需要单独用长篇幅来详细介绍。因此，我们选取两种基本类型的天线(电磁喇叭天线和缝隙天线)为例，阐述如何用前面章节介绍的技术来确定这两类天线的辐射特性。关于这些天线及其他类型天线(包括反射器、对数周期天线、透镜天线等)的详细介绍,可以参考本书最后所列的参考书和手册。

3.12.1　喇叭天线

电磁喇叭天线广泛用于微波通信和遥感系统。小型喇叭天线增益适中,通常用作基本天线来照射(馈电)大型孔径,如反射型天线,而增益高的大型喇叭天线则直接用于一些应用中。

喇叭天线提供了一个波导与自由空间之间渐进转变的空间。如果波导尺寸只能支持主要的传播模式,逐渐张开成喇叭状的波导终端可以避免高阶模式产生激励源。因此,喇叭天线可以同时实现单一模式传播(尺寸过大的开放波导实现这种传播比较困难)和大的辐射孔径(相对于单一模式波导)。此外,喇叭天线的带宽比偶极子天线和缝隙天线的带宽大。

喇叭天线具有多种结构形状,图 3.26 展示了几种最常用的形状。喇叭天线的尺寸和形状共同决定了方向性、阻抗、辐射方向图的形状以及极化特性。图 3.26(a)所示为锥形喇叭天线,由于它在天线测量中通常用作已知增益的参考天线,因此人们常称之为标准增益喇叭天线。只能在一个平面内展开的锥形喇叭天线称作扇形喇叭天线,如果波导在电场方向上张开并增大孔径尺寸,那么这种天线称为 E 平面扇形喇叭天线[图 3.26(b)];如果波导在磁场方向上张开,则称为 H 平面扇形喇叭天线[图 3.26(c)];在非张开方向上,扇形喇叭天线的尺寸通常与波导终端的尺寸一致。另外一种结构是圆锥形喇叭天线[图 3.26(d)],由于它具有轴对称性,可以产生轴对称辐射方向图。喇叭天线也用来与反射器天线一起组合构成不同配置的天线,如图 3.27 所示。

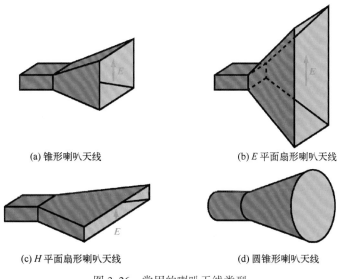

(a) 锥形喇叭天线　　(b) E 平面扇形喇叭天线

(c) H 平面扇形喇叭天线　　(d) 圆锥形喇叭天线

图 3.26　常用的喇叭天线类型

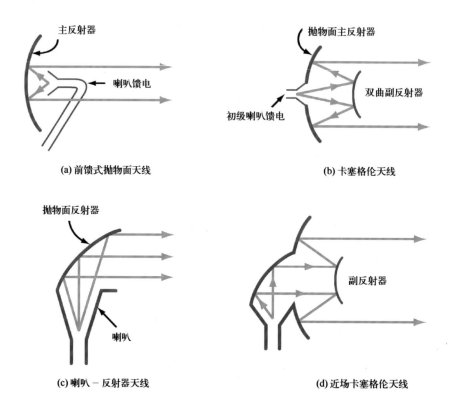

图 3.27   喇叭–反射器天线类型

矩形喇叭天线

Barrow 等(1939)以及 Chu(1940)推导了开口波导和矩形喇叭孔径的辐射表达式,后由 Risser(Silver,1949)给出具体公式。他们根据麦克斯韦方程式在球坐标系下求出孔径的电磁场,然后运用矢量衍射理论计算出远区的辐射场。在柱坐标系下,可使用类似的方法进行计算,具体可参考 Compton 等(1969a)的文献。由于产生的表达式非常复杂,本章不做具体介绍。本节以下部分将讨论天线方向性系数随喇叭天线尺寸变化情况。

图 3.28 展示了 E 平面扇形喇叭天线的几何结构。θ_e 称为喇叭张角,l_e 称为斜长。类似的几何结构也适用于 H 平面扇形喇叭天线,如图 3.29 所示。

Schelkunoff(1943)基于简化的标量理论计算方法,计算了 TE_{10} 模式对应的矩形喇叭天线的方向性系数 D,包括锥形喇叭天线、E 平面扇形喇叭天线和 H 平面扇形喇叭天线。虽然 Schelkunoff 的计算公式使用了理论近似,但得到的结果非常精确(Jakes,1951)。

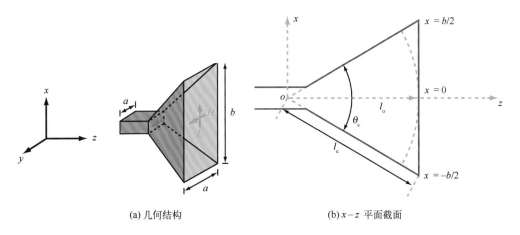

(a) 几何结构　　　　　　　(b) $x-z$ 平面截面

图 3.28　E 平面扇形喇叭天线的几何结构和坐标系

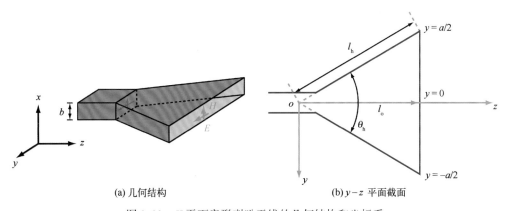

(a) 几何结构　　　　　　　(b) $y-z$ 平面截面

图 3.29　H 平面扇形喇叭天线的几何结构和坐标系

E 平面扇形喇叭天线

Schelkunoff 计算的 E 平面扇形喇叭天线方向性系数的表达式为

$$D_e = \frac{64al_e}{\pi \lambda b}[\,C^2(\tau) + S^2(\tau)\,] \tag{3.102}$$

式中，a，b，l_e 的定义见图 3.28；C 和 S 为菲涅耳积分，即

$$C(\tau) = \int_0^\tau \cos\left(\frac{\pi t^2}{2}\right)\mathrm{d}t \tag{3.103a}$$

$$S(\tau) = \int_0^\tau \sin\left(\frac{\pi t^2}{2}\right)\mathrm{d}t \tag{3.103b}$$

其中，

$$\tau = \frac{b}{\sqrt{2\lambda \, l_e}}$$

(3.103c)

图 3.30 展示了不同的斜长 l_e 条件下 D_e 随 b/λ 的变化曲线。需要注意的是，对于给定的斜长，方向性系数随着孔径高度 b 的增加而增大，直到达到最大值；当孔径高度超过最优高度值之后，方向性系数随孔径高度的增加而减小。这种现象源于孔径的非均匀相位分布。

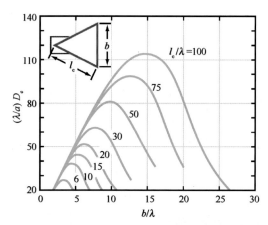

图 3.30 孔径高度为 b、宽度为 a 的 E 平面扇形喇叭天线的方向性系数

[基于 Schelkunoff 等（1952）中的图 16.4]

对于给定的斜长 l_e，如果孔径高度为 b 使天线方向性系数 D_e 最大，则称作最优 E 平面扇形喇叭天线，此时 $l_e - l_0 = \frac{\lambda}{4}$（Jakes，1961）。在这种条件下，$b$ 和 l_e 的关系如下：

$$b \approx \sqrt{2 \, l_e \lambda}$$

(3.104)

在 E 平面内（图 3.28 所示的 x-z 平面），最优 E 平面扇形喇叭天线的半功率波束宽度 $\beta_{1/2} \approx \lambda/b$ (rad) 且第一零点宽度 $\beta_{null} \approx 2\lambda/b$。

H 平面扇形喇叭天线

Schelkunoff(1943)给出的 H 平面扇形喇叭天线方向性系数 D_h 的表达式为

$$D_h = \frac{4\pi b S_h}{\lambda a} \{ [C(u) - C(v)]^2 + [S(u) - S(v)]^2 \}$$

(3.105)

式中，

$$u = \frac{1}{\sqrt{2}} \left(\frac{\sqrt{\lambda \, l_h}}{a} + \frac{a}{\sqrt{\lambda \, l_h}} \right)$$

(3.106a)

$$v = \frac{1}{\sqrt{2}} \left(\frac{a}{\sqrt{\lambda\, l_\text{h}}} - \frac{\sqrt{\lambda\, l_\text{h}}}{a} \right) \tag{3.106b}$$

图 3.31 展示了不同的斜长 l_h 条件下 D_h 随 a/λ 的变化曲线。该曲线与图 3.30 中的 E 平面扇形喇叭天线曲线类似。当 $l_\text{h} - l_0 = 3\lambda/8$ 时，图 3.29 中的 H 平面扇形喇叭天线最优，相应的近似关系式（Jakes，1961）：

$$a \approx \sqrt{3\, l_\text{h}\lambda} \tag{3.107}$$

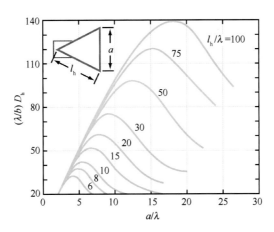

图 3.31　宽度为 a、高度为 b 的 H 平面扇形喇叭天线的方向性系数
［基于 Schelkunoff 等（1952）中的图 16.3］

锥形喇叭天线

E 平面扇形喇叭天线和 H 平面扇形喇叭天线在张开方向上波束较窄，且在非张开方向上波束较宽，这种波束有时称为扇形波束。如果应用需要两个方向同时具有较窄的波束，则喇叭天线要沿着双轴张开，从而形成锥形喇叭天线。因此，锥形喇叭天线可以看作是 E 平面扇形喇叭天线和 H 平面扇形喇叭天线的叠加。

锥形喇叭天线的方向性系数 D_p（Schelkunoff，1943）可以用 D_e 和 D_h，即

$$D_\text{p} = \frac{\pi\lambda^2}{32ab} D_\text{e} D_\text{h} \tag{3.108}$$

式（3.102）和式（3.105）分别给出了 D_e 和 D_h 的表达式，也就是说，D_p 是系数（$\pi/32$）与图 3.30 和图 3.31 给出的归一化方向性系数（λ/a）D_e 及（λ/b）D_h 的乘积。

圆锥形喇叭天线

圆锥形喇叭天线［图 3.26(d)］通常与激励 TE_{11} 模式的圆形波导相连接。圆锥形喇

叭天线的性能与锥形喇叭天线的性能相似。对于给定的长度，圆锥形喇叭天线的方向性系数随着孔径直径 d 的增加而增大，直到达到某个最优值。图 3.32 演示了这一过程，包括由 Gray 和 Schelkunoff 理论推导、King（1950）给出的曲线。要注意的是，这里给出的曲线是相对于不同的轴长 l_0，而图 3.30 和图 3.31 所示的曲线则是相对于斜长 l_c。实验测量中，在较大的 l_0 和 d 范围取值，发现测量结果与计算值吻合较好。图 3.32 中的虚线表示这种喇叭天线的最优尺寸，对应的直径为（Jakes，1961）：

$$d \approx \sqrt{3 l_c \lambda} \qquad (3.109)$$

这与 H 平面扇形喇叭天线的判据一致。这种条件下，方向性系数（以 dB 为单位）为

$$D_c[\text{dB}] = 20 \log\left(\frac{\pi d}{\lambda}\right) - 2.82 \qquad (\text{dB}) \qquad (\text{最优喇叭天线}) \qquad (3.110)$$

有效面积是其物理孔径面积的 52%：$A_e = 0.52 A_p$，$A_p = \pi d^2/4$。

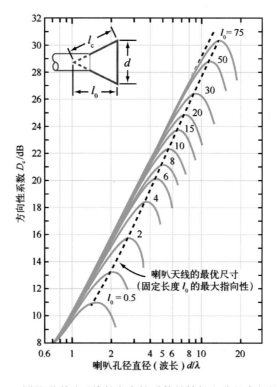

图 3.32　圆锥形喇叭天线的方向性系数是轴长和孔径直径的函数

透镜校正喇叭天线

根据式（3.109）和式（3.110），最优喇叭天线的方向性系数为 26 dB，斜长 $l_c \approx 26\lambda$，孔径直径 $d \approx 8.8\lambda$。例如，如果 $\lambda = 3$ cm（$f = 10$ GHz），上述参数对应长度为 78 cm、孔

径直径为 26.4 cm 的喇叭天线。很多应用不希望使用这种大尺寸天线。如果斜长 l_e 限定于某个特定值，那么孔径直径 d 和方向性系数 D_e 也是如此。由于孔径存在二次相位误差(平方相差)，扩大张角使孔径增大并超过最优值会导致方向性系数(而不是增益)减小。对于给定长度的喇叭天线，最大张角的限制导致了透镜校正喇叭天线的发展。

在喇叭天线孔径上安装透镜(图 3.33)，以纠正孔径上的相位分布，可以消除对最大张角的限制，从而借助大型孔径增强方向性。这种技术已成功应用于矩形喇叭天线和锥形喇叭天线。如果没有透镜，顶点 o 与孔径上的点 $x=x_1$ 之间的相移(图 3.33)要比顶点 o 到点 $x=0$(圆锥轴)的相移大，因为前者需要更长的传播时间。合理设计透镜形状及折射率，可以实现顶点 o 至 x_1 的相移(x_1 取任意值)等于点 o 到 $x=0$ 的相移。实际上，圆锥轴方向上的波传播比向 x_1 处的波传播需要穿过更厚的透镜(电磁波在透镜内的传播速度小于在空气中的传播速度)，因此不同方向上的波可以同时到达孔径上。

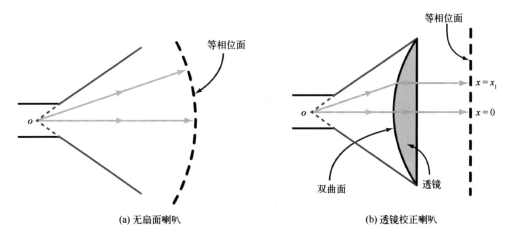

图 3.33 折射率适当的双曲透镜折射可以将波相阵面转换成平面，即相位在孔径上均匀分布

由于透镜的折射率与空气的折射率不一样，只有部分入射能量能够穿过透镜，剩余能量则被反射。透镜表面与锥面之间的多次反射会导致孔径处振幅和相位出现变化，为了减少这些反射，科学家发明了几种技术(Compton et al., 1969a)。例如，可以将厚度和折射率适当的介电层覆盖在透镜面上，或者在透镜表面切割一些厚度和深度适宜的缝隙，从而实现透镜波阻抗与自由空间波阻抗的匹配(Collin, 1959)。

3.12.2 缝隙天线

本节介绍矩形缝隙天线的远场辐射特性，然后简单讨论波导缝隙阵列。

图 3.34 展示了在矩形波导壁上切割缝隙的例子。如果缝隙切断了横向表面电流，那么它会把能量从波导耦合到自由空间。图 3.35 展示了矩形波导内壁的电流分布，该

波导传播模式为 TE_{10}。可见，图 3.34 所示的缝隙中只有 c 和 f 是非辐射缝隙（缝隙轴线平行于电流的方向）。缝隙耦合的能量大小是波导尺寸、缝隙的尺寸和方向与位置以及缝隙阻断的电流密度的函数。

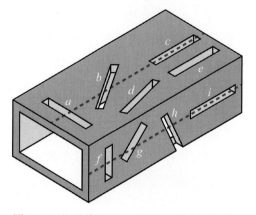 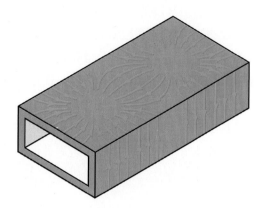

图 3.34　矩形波导壁上不同类型的切割缝隙。　　　图 3.35　受 TE_{10} 模式激励的矩形波导内壁
缝隙 c 和 f 并不辐射，因为它们阻断了表面　　　　　　　表面上的电流分布
电场的流动

为了演示计算缝隙天线远区场的方法，这里讨论一个简单的例子，即半波矩形缝隙受到与缝隙轴线正交的孔径电场的激励，如图 3.36 所示。更复杂的结构超出了本书的范围，不在此讨论，感兴趣的读者可参考 Compton 等（1969b）的文献。

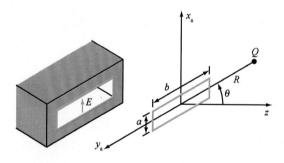

图 3.36　切向电场分布在 $\hat{x}_a$ 方向的矩形缝隙

半波缝隙天线

参照图 3.36 所示的坐标系，除了在缝隙区域内，孔径平面的切向电场均为零。若 $b=\lambda/2$ 且 $a\ll\lambda$，则缝隙天线与以 z 轴为中心的单一波束的半波偶极子天线类似。

波导缝隙天线

这里，我们把线性天线阵列理论和用来实现赋形波束与电子扫描的技术拓展到在矩形波导壁的一面上开缝的缝隙辐射阵列。

波导缝隙阵列的几何结构要使缝隙之间的相互耦合最小。相互耦合会影响缝隙天线的辐射特性并改变输入阻抗，造成向馈电结构反射，进而改变阵列元件间的振幅和相位分布。在波导宽面纵向开隙的缝隙阵列（图 3.37）可以忽略相邻缝隙间的相互耦合作用（Ehrlich et al.，1954）。下面的讨论内容仅局限于这种结构类型，同时假设矩形波导受 TE_{10} 模式激励。

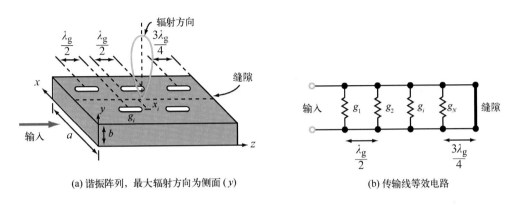

(a) 谐振阵列，最大辐射方向为侧面（y）　　　　　(b) 传输线等效电路

图 3.37　谐振缝隙阵列

纵向缝隙阵列通常分为两类：谐振阵列和非谐振阵列。下面简要介绍这两类阵列。

谐振阵列

谐振阵列 ［图 3.37（a）］ 是一种同相阵列，波导宽面工作在单一频率时采用这种配置。缝隙阵列受同相激励，要求它们之间的间距为一个波导波长 λ_g。为了避免在阵列可见区域内产生栅瓣，元件间的间距必须小于一个自由空间波长 λ。由于在空气式波导中 $\lambda_g > \lambda$，同相激励（要求间距为 λ_g）会产生栅瓣。解决这个问题的办法是把缝隙排列在波导纵轴的两侧，相邻元件的间距为 $\lambda_g/2$，如图 3.37（a）所示。$\lambda_g/2$ 间距使相邻元件间的相位差为 π。由于表面电流的 x 分量在纵轴两侧的流动方向相反，会在相邻缝隙之间引入额外的激励相位差 π。因此，缝隙阵列被同相激励，此时若波导尺寸满足 $\lambda_g/2 < \lambda$ 就不会产生栅瓣现象。

图 3.37（b）展示了与缝隙阵列等效的传输线。第 i 个缝隙表示成并联电阻 g_i，大小由下式（Compton et al.，1969b）给出：

$$g_i = K \sin^2 \left(\frac{\pi x_i}{a} \right) \tag{3.111}$$

式中，K 为常量；x_i 为缝隙沿着纵轴的位移，如图 3.37（a）所示；常量 K 与波导尺寸 a 和 b 及波长 λ 和 λ_g 有关。传输线的电压一定时，给定缝隙的辐射功率与电阻 g_i 成正比，

也就是与位移 x_i 成正比。因此，设置阵列中缝隙的位移，可以得到所需的元件馈电系数(振幅)分布。由于振幅分布通常定义为激励场(或电流)的函数，而不是能量的函数，所以要合理设置缝隙的位移，使相对振幅与 $\sqrt{g_i}$ 或 $\sin(\pi x_i/a)$ 成正比。最后，波导终端与最后一个缝隙的距离设置为 $3\lambda_g/4$，这种终端等效为在最后一个缝隙处形成开路，从而不影响它的电导。为了满足这个条件并维持缝隙阵列的激励源是同相的，阵列要设计成工作在单一频率上，这种阵列称为谐振阵列。因此，谐振缝隙阵列的带宽小，典型值约为 $\pm 50\%/N$，其中 N 是缝隙的数量。

非谐振阵列

与固定频率的边射谐振阵列不同，非谐振阵列通常被设计用来工作在大的带宽范围内，从而能够通过改变输入信号的频率电子操控天线阵列的主瓣方向。为了避免产生反射，图 3.38 所示的阵列在末端搭载匹配负载。由于部分输入能量被匹配负载吸收，所以非谐振阵列比谐振阵列效率低。另一方面，借助匹配负载，非谐振阵列的工作频率范围比谐振阵列更大。

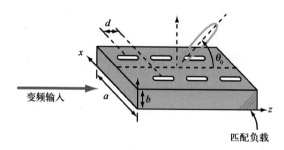

图 3.38　使用非谐振缝隙阵列天线，可以通过改变输入信号的频率来控制主波束方向

由于相邻缝隙的间距 d 是常量，所以阵列上的相移是渐进变化的。如果输入信号的波长满足 $d=\lambda_g/2$，那么元件被同相激励，产生的波束位于边射方向(如图 3.38 中，$\theta_0=\pi/2$)。然而，通常情况下，波束角 θ_0 由下式确定：

$$\cos \theta_0 = \frac{\lambda}{\lambda_g} - \frac{\lambda}{2d} \qquad (3.112)$$

对于无载波导中的 TE_{10} 模式：

$$\frac{\lambda}{\lambda_g} = \sqrt{1 - \left(\frac{\lambda}{2a}\right)^2} \qquad (3.113)$$

因此，非谐振缝隙阵列适合用作频率扫描。通过改变输入信号的频率，阵列主瓣可在 y–z 平面内扫描。更多关于缝隙阵列天线设计的知识可以参考 Compton (1969b)、Balanis(2008)及 Croswell(2007)。

3.12.3　微带天线

微带天线由金属贴片、接地导电平面和一层薄的几乎无损的均匀介质基片构成，后者把前两者分隔开来。图 3.39 所示的是同轴传输线馈电的微带天线的横断面图，同轴线的中心导体与贴片相连，外导体与接地导电平面相连。此外，微带天线还可以接收其他类型传输线的馈电，如图 3.40 所示的微带天线。借助印刷电路技术，微带天线的制造成本低，所以主导了移动手机市场并广泛用于许多微波应用。微带天线也有缺点，如额定功率低、带宽小($\approx 1\% \sim 5\%$)等。

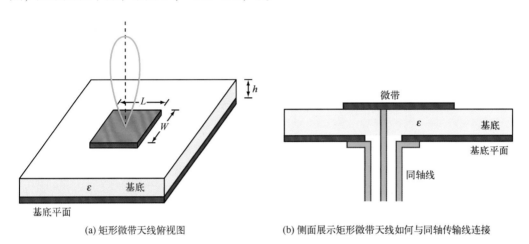

(a) 矩形微带天线俯视图　　　　(b) 侧面展示矩形微带天线如何与同轴传输线连接

图 3.39　矩形微带天线俯视图及与同轴传输线连接侧视图

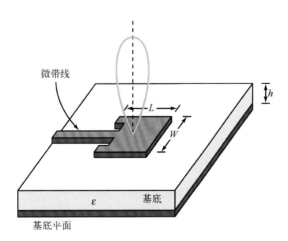

图 3.40　微带传输线馈电的微带天线

微带天线贴片的形状通常是矩形或圆形。矩形贴片长度 L 的范围通常为 $\lambda_0/3 < L < \lambda_0/2$，其中 λ_0 为自由空间波长。宽度 W 的取值范围相对大一些，通常为 $0.25\lambda_0 \leqslant W \leqslant$

$0.75\lambda_0$。介质基片的高度 h 影响着天线的波束宽度和辐射效率，范围通常为 $0.003\lambda_0 \leqslant h \leqslant 0.05\lambda_0$。下面将介绍这些范围的取值原因。

微带贴片天线的辐射方向图是较宽的单一波瓣，这与半波偶极子天线相似。图 3.41 所示的是常见微带贴片天线的辐射方向图。如果微带贴片构成一维阵列，如图 3.42 所示，那么整个方向图在由阵列轴线和天线表面法线组成的平面内变得更窄；如果微带贴片构成二维阵列，则波束变窄形成圆锥形（笔形）波束。为了避免产生栅瓣，相邻贴片的间距要小于 $\lambda_0/2$。此外，图 3.42 所示的馈电网络使用 1/4 波长变换器，实现单个天线元件的阻抗与普通 50 Ω 微带传输线的匹配。

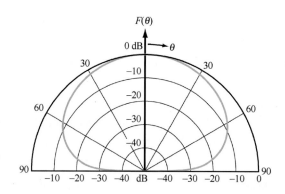

图 3.41　基底平面无限大的矩形微带天线的远场方向图（Jackson，2007）

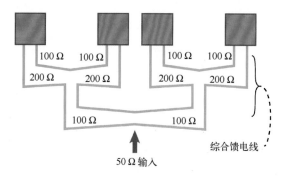

图 3.42　通过渐变线使 100 Ω 的贴片与 50 Ω 的传输线匹配相连（Munson，1974）

借助电磁仿真模型（Jackson et al.，2007；Balanis，2008），可以选择合适的天线和基底尺寸，使天线的输入阻抗 Z_i 在特定的频率处与馈电传输线较好地匹配。图 3.43 所示的例子中，$f = 1.575$ GHz 时，$Z_i = (50 + j0)\ \Omega$，从而实现与 50 Ω 传输线的理想匹配，但是 Z_i 随着频率快速变化。频率稍微偏移 1.575 GHz 就会引起 Z_i 实部和虚部发生明显变化。工作相对带宽定义为

$$BW = \frac{f_2 - f_1}{f_r} \qquad (3.114)$$

式中，f_r 为谐振频率(此例为 1.575 GHz)；f_1 小于 f_r，f_2 大于 f_r，分别为天线与传输线之间阻抗不匹配且驻波比达到某一特定值(典型值 $S = 2$)时的频率。图 3.44(a) 显示的是相对带宽随 h/λ_0 变化的函数，其中 h 为介质基底的高度。带宽随 h/λ_0 的增加而增大。然而，当 $h/\lambda_0 > 0.015$ 时，辐射效率 ξ 出现随 h/λ_0 的增加而降低的趋势 [图 3.44 (b)]。因此，为了满足特定应用需求，设计人员要针对天线尺寸和基底高度以及电容率权衡分析。

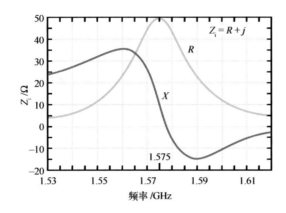

图 3.43　微带天线的输入阻抗 Z_i，长度 $L = 6.255$ cm，宽度 $W = 9.383$ cm，
高度 $h = 0.1524$ cm，$\varepsilon_r = 2.2$(Jackson，2007)

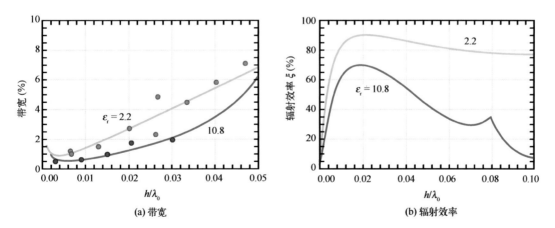

(a) 带宽　　　　　　　　　　　　　　　(b) 辐射效率

图 3.44　中等介电常数和高介电常数基底对应的带宽和辐射效率随归一化基底厚度变化的曲线图
(Jackson，2007)

3.13 有源天线

之前提到过，除了一种极为重要的天线，即有源元件构成的天线外，多数天线都遵循互易原则。包含有源电子元件的天线称作有源天线。由此而论，不能把有源天线与 Yagi-Uda 偶极子阵列天线中的"有源"元件(Yagi，1928)混淆。在一个 Yagi-Uda 阵列中，有些元件不与天线馈电相连，而是作为寄生元件用来增强天线的方向性，这种无源元件根据它们在阵列中的位置被称作"导向器"或"反射器"，而连接到馈电装置的天线元件通常被称作有源元件(Pozar，1997)。老式的电视天线就是一种典型的 Yagi-Uda 天线。本书中，我们把包含有源电子元件的天线定义为有源天线。

有源天线通常是阵列天线，其中发射放大器和接收放大器分布在整个阵列。图 3.45 描绘了传统相控阵列天线与有源天线阵列之间的差异。在传统相控阵列中，天线元件通过共同的(分支)馈电和发射/接收(T/R)开关连接至移相器。T/R 开关在高功率发射放大器(HPA)和低噪声接收放大器(LNA)之间切换，二者分别与上变频器和下变频器相连(第 13 章和第 14 章将讨论上变频器和下变频器)。

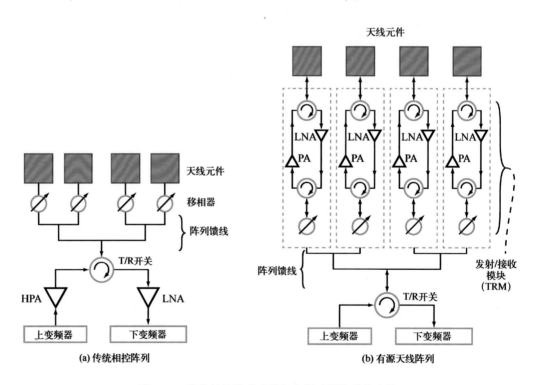

图 3.45　传统相控阵列天线与有源天线阵列的比较

在图 3.45(b)所示的有源天线阵列中，每个阵列元件都与专用的发射/接收模块（TRM）相连。发射/接收模块通过阵列馈电线连接至发射/接收开关，发射/接收开关与上变频器和下变频器相连。传统相控阵列天线与有源天线阵列使用同样的上变频器和下变频器设计方法。图 3.46 展示了典型的发射/接收模块设计结构示意图，尽管有些发射/接收模块并不包含所有的元件，例如，仅用于接收的有源天线明显不包含发射放大器，但每个发射/接收模块均包含接收放大器、功率放大器（PA）以及 T/R 开关或环行器。有些应用使用定标反馈电路将一些传输信号耦合到接收放大器（详见第 13 章）。发射/接收模块可能含有移相器和可变增益放大器，实现动态波束转向和波束成形。发射/接收模块可以调节电子设备的功率，通过逻辑控制设置可变增益放大器的增益和移相器的相位，并控制 T/R 开关和定标电路。

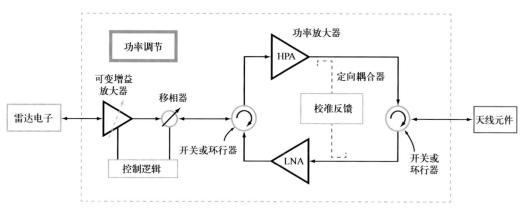

图 3.46　有源天线发射/接收模块设计结构

3.13.1　有源天线优点

有源天线远比传统无源天线复杂，为什么还要选用有源天线呢？下面我们将探讨有源天线与无源天线的优缺点。

传统的天线需要一个大的高功率发射放大器产生辐射能量，因此馈电结构和移相器要能够处理高功率电平。此外，高功率发射放大器自身会产生热量。相反地，在有源天线阵列中，多个小型放大器用来实现信号放大功能，并且馈电和相移工作在较小信号电平下，这些都能降低元件成本，减小元件体积，更快实现相位切换，从而增强元件的可靠性。天线元件和放大器之间的信号传播路径越短造成的信号损失就越小，从而提高信噪比。大批量生产同样的发射/接收模块可以降低成本，节省的费用可以用来减小发射/接收模块的体积和质量，提高能量效率。

分布式放大器所需的散热装置可以简化以减轻质量，这是星载雷达系统非常关注的一面。有源天线的代价是，发射/接收模块要有匹配的相位和增益，或含有定标和调整电路，确保达到预期的天线性能。由于放大器增益和相移性能随温度的变化而变化，因此自动定标和校准对星载雷达系统尤其重要。

有源天线系统通常具有较高的容错性，即放大器失灵对有源天线的影响较小。然而，相对于传统无源天线，有源天线系统具有更多的电子元件，单个电子元件失灵的可能性更大，所以两者需要权衡。有源天线的质量往往比无源天线大，因此对天线系统的支撑结构要求较高。最后，有源天线的另一个缺点是，发射/接收模块没有足够的空间(天线和低噪声接收放大器之间)用来放置高性能前端滤波器，以降低干扰信号的影响，所以前端滤波器性能可能被削弱，从而降低了抗干扰性能。

尽管有源天线的成本和复杂度更高，但其性能也得到了提高，因此被广泛用于星载合成孔径雷达系统，例如 Envisat 卫星上搭载的 ASAR(Desnos et al.，2000)，RADA-RSAT-2 (Riendeau et al.，2007)，以及 TerraSAR-X(Buckreuss et al.，2008)。随着科技的发展，发射/接收模块的性能不断提升，其体积和成本也逐渐减小，因此有源天线的应用也将更加广泛。

3.13.2　有源天线的数字波束形成

对馈电过程中相移接收信号模拟求和，有源相控阵天线可看成单一波束的天线，如图 3.47(a)所示。求和后，信号经过放大、滤波、下变频，再通过模-数(A/D)转换器数字化，最后进行数字信号处理。这个过程只需一个低噪声接收放大器、下变频器和模-数转换器。图 3.47(b)展示了另一种实现方式，即数字波束形成结构。

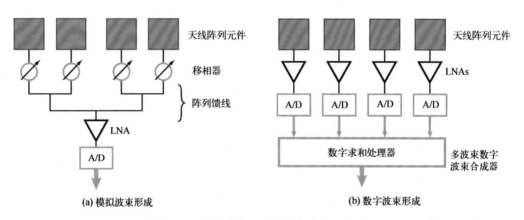

图 3.47　模拟波束形成与数字波束形成对比

在数字波束形成器中，天线阵列每个元件都有特定的接收器，包括低噪声接收放大器、滤波器、下变频器和模-数转换器。各个模-数转换器的数字数据流通过数字求和处理器完成求和过程。任何所需的相移或时间延迟均包含在数字求和输出的结果中，这样产生的信号与模拟波束形成器的信号完全相同。然而，使用数字求和处理器可以实现多次求和，每次求和过程所涉及的相位分布都不同。这种操作可同时产生多个波束，每个波束方向可单独控制。这种以系统复杂度、成本和数据率为代价的设计能提供较宽的覆盖范围。相对于传统模拟波束形成，数字波束形成可以更精确、快速地控制波束方向和形状。与其他具有短天线元件–低噪声接收放大器路径的有源天线类似，数字波束形成具有提供相同的信噪比的优势。去除模拟移相器和馈电结构可以减轻天线质量并且简化阵列定标。最后，由于在低噪声接收放大器的信号电平较小，数字波束形成可以扩大信号的动态范围。这是因为孔径相干求和使相干信号增强的过程发生在数字处理器中，所以可以数字控制信号的动态范围。

数字波束形成也可以用在发射端，只要把模–数转换器替换成数–模（D/A）转换器、下变频器替换成上变频器、低噪声接收放大器替换成高功率发射放大器即可。这样可以形成单一发射波束并且迅速控制其方向。使用多个正交信号，可以同时生成多个发射波束，但需要对接收信号进行专门的数字化处理（Li et al., 2009）。

习　题

3.1　天线归一化辐射强度为

$$F(\theta, \phi) = \begin{cases} 1 & (0° \leqslant \theta \leqslant 60° \text{ 且 } 0 \leqslant \phi \leqslant 2\pi) \\ 0 & (\text{其他}) \end{cases}$$

求以下内容：

（a）最大辐射方向；

（b）方向性；

（c）波束立体角；

（d）x–z 平面内半功率波束宽度。

建议：在计算与天线有关的物理量之前草绘方向图。

3.2　如 3.1 题，这里天线的归一化辐射强度为

$$F(\theta, \phi) = \begin{cases} \sin^2\theta \cos^2\phi & (0 \leqslant \theta \leqslant 2\pi \text{ 且 } -\pi/2 \leqslant \phi \leqslant \pi/2) \\ 0 & (\text{其他}) \end{cases}$$

3.3　天线方向图的立体角为 1.5（sr）时，辐射功率为 60 W，请计算距离天线 1 km 处的最大辐射功率密度。

3.4　天线的辐射效率为 90%，方向系数为 7.0 dB，以 dB 为单位，它的增益是多少？

3.5　圆形抛物面反射天线的辐射方向图由一个半功率波束宽度为 3° 的圆形主瓣

和几个旁瓣组成。忽略旁瓣，求天线的方向性系数(以 dB 为单位)。

3.6　某天线的归一化辐射强度为

$$F(\theta) = \exp(-20\theta^2) \qquad (0 \leqslant \theta \leqslant \pi)$$

式中，θ 的单位是 rad。求：

（a）半功率波束宽度；

（b）方向图立体角；

（c）天线方向性系数。

3.7　频率为 3 GHz 的视线微波通信系统由两个直径均为 1 m 的无损抛物面天线组成，为了更好地接收信号，接收天线的接收功率不小于 10 nW。假设天线间距为 40 km，则发射功率应为多少？

3.8　如图题 3.8 所示的通信系统，所有元件恰好匹配。当 $P_t = 10$ W 且 $f = 6$ GHz 时，

（a）接收天线的功率密度为多少(假设天线排列在同一轴线上)？

（b）接收功率为多少？

（c）如接收机噪声功率为 $P_n = KT_{sys}B$，其中 K 是玻尔兹曼常数(1.38×10^{-23} J/K)，系统温度 $T_{sys} = 1\,000$ K，带宽 $B = 20$ MHz，则信噪比是多少(以 dB 为单位)？

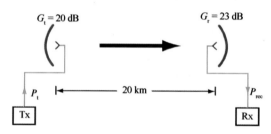

图题 3.8　题 3.8 中的通信系统

3.9　均匀照射孔径的长度 $l_x = 20\lambda$，求 x-z 平面内第一零点间的波束宽度。

3.10　10 dB 波束宽度是指 $F(\theta)$ 比峰值小 10 dB 的两点之间的波束张角，求均匀照射孔径在 x-z 平面内的 10 dB 波束宽度，假设孔径长度 $l_x = 10\lambda$。

3.11　x-y 平面内，均匀照射的矩形孔径高度为 2 m(沿 x 轴)，宽度为 1 m(沿 y 轴)。若 $f = 10$ GHz，求：

（a）俯仰平面(x-z 平面)和方位平面(y-z 平面)内辐射方向图的波束宽度；

（b）天线方向性系数 D(以 dB 为单位)。

3.12　圆形孔径天线的波束为圆形，频率 20 GHz 对应的波束宽度为 3°。

（a）天线的方向性系数是多少？（以 dB 为单位）

（b）天线面积增大 1 倍，新的方向性系数和波束宽度分别是多少？

（c）孔径不变，频率增大至 40 GHz 时，方向性系数和波束宽度分别为多少？

3.13 汽车保险杠上的移动防撞雷达采用矩形孔径天线，频率为 94 GHz。若天线长度为 15 cm，高度为 5 cm，求：

（a）俯仰向波束宽度和方位向波束宽度；

（b）距离雷达 300 m 处波束的水平范围。

3.14 射电望远镜的敏感接收机与直径为 100 m 的抛物面天线相连，用于测量天体在 20 GHz 频率的辐射能量。如果天线波束指向月球，且地球和月球之间的平面角为 0.5°，则月球横截面占波束的比例是多少？

3.15 矩形孔径的尺寸为 a 和 b，推导其远场归一化辐射方向图的表达式，照射电场的表达式见（a）和（b）：

（a）

$$E_a(x_a, y_a) = \begin{cases} E_0 \cos\left(\dfrac{\pi x_a}{a}\right) & \left(|x_a| \leq \dfrac{a}{2} \text{ 且 } |y_a| \leq \dfrac{b}{2}\right) \\ 0 & (\text{其他}) \end{cases}$$

（b）

$$E_a(x_a, y_a) = \begin{cases} \dfrac{E_0}{2}\left[1 + \cos\left(\dfrac{\pi x_a}{a}\right)\right] & \left(|x_a| \leq \dfrac{a}{2} \text{ 且 } |y_a| \leq \dfrac{b}{2}\right) \\ 0 & (\text{其他}) \end{cases}$$

（c）绘制均匀照射孔径和上述两种情况在 x-z 平面内的辐射方向图，并比较它们的半功率波束宽度和旁瓣电平。

3.16 计算下列高斯照射矩形孔径的远场辐射方向图。

$$E(x_a, y_a) = \begin{cases} \dfrac{1}{\sqrt{2\pi\sigma^2}}\exp\left(\dfrac{-\pi^2 x_1^2}{2\sigma^2}\right) & (|x_1| \leq 1 \text{ 且 } |y_1| \leq 1) \\ 0 & (\text{其他}) \end{cases}$$

式中，$x_1 = 2x_a/a$ 且 $y_1 = 2y_a/b$。

3.17 矩形孔径的照射函数为

$$E_a(x_a, y_a) = \begin{cases} E_0 f(x_1) & (|x_1| \leq 1 \text{ 且 } |y_1| \leq 1) \\ 0 & (\text{其他}) \end{cases}$$

式中，$f(x_1)$ 如下，x_1 和 y_1 的定义式见题 3.16。

（a）把 $f(x_1)$ 表达成两个矩形函数的卷积，即 $f(x_1) = f_1(x_1) * f_2(x_1)$。

（b）根据傅里叶变换的卷积性质，求孔径归一化辐射方向图。

3.18 二元天线阵列由两个在 z 轴上的间距为 d 的全向天线组成。坐标系定义如下：z 轴朝东，x 轴朝天顶方向。$z=0$ 和 $z=d$ 处天线激励源的振幅分别为 a_0 和 a_1；$z=d$ 处天线的激励源相对于另一天线的相位差为 δ。根据以下参数，求出阵列因子并绘制出

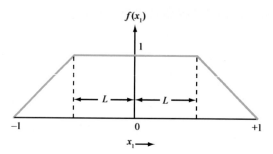

图题 3.17　题 3.17 图例

x-z 平面内的方向图：

(a) $a_0 = a_1 = 1$，$\delta = \pi/4$，且 $d = \lambda/2$；

(b) $a_0 = 1$，$a_1 = 2$，$\delta = 0$，且 $d = \lambda$；

(c) $a_0 = a_1 = 1$，$\delta = -\pi/2$，且 $d = \lambda/2$；

(d) $a_0 = 1$，$a_1 = 2$，$\delta = \pi/4$，且 $d = \lambda/2$；

(e) $a_0 = 1$，$a_1 = 2$，$\delta = \pi/2$，且 $d = \lambda/4$。

3.19　计算均匀相位和均匀振幅分布的五元线性阵列的归一化阵列因子，确定半功率波束宽度并绘制图形。元件间的间距为 $3\lambda/4$。

3.20　五元等间距($d = \lambda/2$)线性阵列使用均匀相位和二项式振幅(如下式所示)分布激励源：

$$a_i = \frac{(N-1)!}{i!\ (N-i-1)} \qquad [\,i = 0,\ 1,\ \cdots,\ (N-1)\,]$$

式中，N 为元件个数。请推导阵列因子表达式。

3.21　三元各向同性线性阵列沿着 z 轴分布，元件间的间距为 $\lambda/4$(图题 3.21)。中心元件的激励振幅分别是上、下元件激励振幅的两倍。相对于中心元件，下面元件的相位为 $-\pi/2$，上面元件的相位为 $\pi/2$。求阵列因子并在俯仰平面内绘制图形。

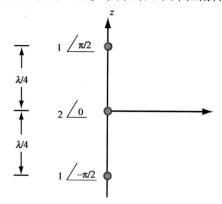

图题 3.21　题 3.21 中的三元件阵列

3.22 间距为 $\lambda/2$ 的八元线性阵列的激励源为均匀振幅分布。如果要将主波束方向控制在边射方向下方 60°，相邻元件间的相位延迟增量应该是多少？请给出阵列因子并绘制方向图。

3.23 沿着 z 轴安放的线性阵列由 12 个等间距元件组成，元件间距 $d=\lambda/2$。设置合适的相位延迟增量 δ，这样可以把主波束控制在边射方向上方 30°处。推导控制天线的阵列因子并绘制方向图，同时根据方向图计算波束宽度。

3.24 设计一个波长为 3 cm 的最优锥形喇叭天线，假设轴长 l_x 不超过 30 cm，求出最大方向性系数 D_p。

3.25 矩形孔径天线的尺寸远大于 λ，在其两个方向上的照射均为 $n=1$ 的余弦振幅分布，因此它的辐射方向图在方位方向近似对称。使用 x–z 平面内的方向图计算天线的波束效率。

3.26 矩形孔径天线的尺寸远大于 λ，在其两个方向上的照射均为 $n=2$ 的余弦振幅分布，因此它的辐射方向图在方位方向近似对称。使用 x–z 平面内的方向图计算天线的波束效率。

3.27 矩形孔径天线的尺寸远大于 λ，在其两个方向上的照射均为三角振幅分布，因此它的辐射方向在方位方向近似对称，使用 x–z 平面内的方向图计算天线的波束效率。

3.28 设计人员为一个频率为 5.4 GHz 的合成孔径雷达选择有源天线或传统相控阵列天线。为了实现所需的波束方向图，孔径尺寸要满足 15 m × 1.4 m。如果使用元件间距为 $\lambda/2$ 的二维微带天线阵列，并假设每个元件配备一个发射/接收模块且发射/接收模块的发射功率为 1 W，那么传统阵列高功率发射放大器的输出功率至少要达到多少才能实现与上述有源天线相同的峰值发射功率？如果发射/接收模块的传输效率为 50%，高功率发射放大器的效率为 75%、馈电损耗为 3 dB，那么两种天线的峰值功率分别需要达到多少？

3.29 十六元线性阵列的间距为 $d=\lambda/2$，如果单个发射/接收模块失灵，会对天线方向图产生什么样的影响？假设有一个末端元件失灵，波束被控制在边射方向，画出失灵前后天线方向图的差异。

3.30 假设一个平面波信号以 30°入射角照射至八元件线性相控阵列（$d=\lambda/2$）。当（a）波束被控制在边射方向；（b）调整 30°从而朝向信号源处时，分别计算天线馈电端的输出信号电平，分析相控阵列天线的动态范围有什么特点。

第 ④ 章
地球表面天然材料的微波介电属性

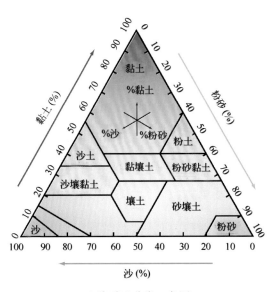

土壤质地分类三角图

4.1 纯水的德拜介电模型($f \leqslant 50$ GHz)

4.2 盐水的双德拜介电模型($f \leqslant 1\,000$ GHz)

4.3 纯冰的介电常数

4.4 非均质材料的混合介电模型

4.5 海冰

4.6 雪的介电常数

4.7 干岩石的介电常数

4.8 土壤的介电常数

4.9 植被的介电常数

本章是一个原始资料集，包括能够描述地球表面天然材料微波介电性能的典型模型和测量数据。这些天然材料通常可以划分为以下几种介电类型：①均匀物质；②电解质溶液；③非均质混合物。只有纯水和纯冰属于①类，而由盐离子或糖溶解在水中产生的电解质溶液，其微波介电属性与纯水截然不同。4.2 节将讨论纯水和盐水的介电属性，4.3 节将介绍纯冰的介电属性。

非均质混合物包括海冰（冰晶、气泡与液态卤水的混合物）、雪（空气与冰晶的混合物，有时还混有液态水）、干土壤（土壤颗粒与空气的混合物）、湿土壤、植被以及其他材料等。对于由固有相对介电常数为 ε_h 的基质和固有相对介电常数为 ε_i 的同质随机分布的椭圆粒子构成的混合介质，其相对介电常数 ε_m 由两个分量构成：

$$\varepsilon_m(x, y, z; \hat{\boldsymbol{p}}) = \varepsilon_m(\hat{\boldsymbol{p}}) + \varepsilon_f(x, y, z; \hat{\boldsymbol{p}}) \tag{4.1}$$

式中，$\varepsilon_m(\hat{\boldsymbol{p}}) = \langle \varepsilon_m(x, y, z; \hat{\boldsymbol{p}}) \rangle$ 为介质介电常数的有效值或平均值；ε_f 为波动分量。因此，$\varepsilon_m(\hat{\boldsymbol{p}})$ 在介质内与位置无关，但有可能是极化单位矢量 $\hat{\boldsymbol{p}}$ 的函数。如果椭圆粒子有明确的方向，则 $\hat{\boldsymbol{p}}$ 表示入射波的电场方向相对于椭圆粒子的几何方向；如果椭圆粒子的方向随机，则 ε_m 与入射场的方向无关。在介质内的任意一点 (x, y, z)，波动分量 ε_f 表示偏离 $\varepsilon_m(\hat{\boldsymbol{p}})$ 平均值的部分，其均值 $\langle \varepsilon_f \rangle = 0$。

介质的传播常数 γ 取决于平均介电常数 $\varepsilon_m(\hat{\boldsymbol{p}})$，波动分量 ε_f 或其统计空间分布的重要性与介质内的体散射有关。体散射将在第 11 章介绍，因此不在本章赘述。相反，本章将聚焦于如何将混合介质的平均介电常数 ε_m 与介质中各组分的介电属性和体积比建立关联。4.4 节简要概述了混合介电模型，随后的小节将介绍测量介电常数的实验和适用于多种非均质混合物（如海冰、雪、岩石、粉末、土壤和植被）的模型。本章未涉及微波介电常数的测量技术，感兴趣的读者可参考 Bussey（1967）、Nicolson 等（1970）、Weir（1974）、Jones（1976）、Campbell（1978）、Stuchly 等（1980）、Hallikainen 等（1986）及 El-Rayes 等（1987）的相关文献。

本章各节中，符号 ε 表示介质的平均相对介电常数。它的第一个下标表示介质的名称（除了自由空间的介电常数 ε_0 之外）。通常，ε 是复数，由实部 ε' 和虚部 ε'' 组成，

$$\varepsilon = \varepsilon' - j\varepsilon'' \tag{4.2}$$

式中，ε' 为介质的相对介电常数；ε'' 为介电损耗因子。

介电常数 ε 与复折射指数 n 的关系如下：

$$\varepsilon = n^2 \tag{4.3}$$

式中，n 被定义为

$$n = n' - jn'' \tag{4.4}$$

则有

$$\varepsilon' = (n')^2 - (n'')^2, \quad \varepsilon'' = 2n'n'' \tag{4.5}$$

反之则有

$$n' = \mathrm{Re}\{\sqrt{\varepsilon}\}, \quad n'' = -\mathrm{Im}\{\sqrt{\varepsilon}\} \tag{4.6}$$

对于有损介质中沿 z 方向传播的平面波，在距离为 z 处的电场强度为

$$E(z) = E_0 \exp(-\gamma z) \tag{4.7}$$

式中，E_0 是 $z=0$ 处的电场强度，且

$$\gamma = \alpha + j\beta \tag{4.8}$$

其中，γ、α、β 是介质的传播、吸收和相位常数，这些常数与 n 和 ε 有关：

$$\alpha = k_0 n'' = -k_0 \mathrm{Im}\{\sqrt{\varepsilon}\} \quad (\mathrm{Np/m}) \tag{4.9a}$$

$$\beta = k_0 n' = k_0 \mathrm{Re}\{\sqrt{\varepsilon}\} \quad (\mathrm{rad/m}) \tag{4.9b}$$

式中，$k_0 = 2\pi/\lambda_0$ 为自由空间的波数，其中 λ_0 为自由空间的波长（m）。

忽略介质的散射损耗，z 点处的功率密度 $S(z)$ 为

$$S(z) = S_0 \exp(-\kappa_a z) \tag{4.10}$$

式中，κ_a 为能量吸收系数，与 α 有关

$$\kappa_a = 2\alpha \tag{4.11}$$

穿透深度 δ_p 为遥感领域感兴趣的物理量，对于无散射介质，

$$\delta_p = 1/\kappa_a \quad (\mathrm{m}) \tag{4.12a}$$

而且如果 $\varepsilon''/\varepsilon' \ll 1$，

$$\delta_p \approx \frac{\sqrt{\varepsilon'}}{k_0 \varepsilon''} \tag{4.12b}$$

注意，δ_p 与趋肤深度 δ_s 有关，且 $\delta_p = \delta_s/2$。

4.1　纯水的德拜介电模型（$f \leqslant 50\ \mathrm{GHz}$）

对于无溶解盐的纯水（蒸馏水），有两种介电模型：一个适用于频率 $f \leqslant 50\ \mathrm{GHz}$ 的相对简单模型；一个适用于频率高达 $1\ 000\ \mathrm{GHz}$ 的精细化模型。后者是盐水模型的一个特例，将在 4.2 节讨论。

直到 20 世纪 90 年代中期，学术界普遍认为，水的介电常数遵循极化分子的单弛豫德拜模型（Hasted，1973），即

$$\varepsilon_{\mathrm{w}} = \varepsilon_{\mathrm{w}\infty} + \frac{\varepsilon_{\mathrm{w}0} - \varepsilon_{\mathrm{w}\infty}}{1 + j2\pi f \tau_{\mathrm{w}}} \qquad (4.13)$$

式中，$\varepsilon_{\mathrm{w}0}$ 为无量纲静态介电常数 $(f=0)$；$\varepsilon_{\mathrm{w}\infty}$ 为无量纲高频介电常数 $(f \to \infty)$；τ_{w} 为弛豫时间常数 (s)；f 为频率 (Hz)。将 $\varepsilon_{\mathrm{w}} = \varepsilon_{\mathrm{w}}' - j\varepsilon_{\mathrm{w}}''$ 代入式 (4.13)，则有

$$\varepsilon_{\mathrm{w}}' = \varepsilon_{\mathrm{w}\infty} + \frac{\varepsilon_{\mathrm{w}0} - \varepsilon_{\mathrm{w}\infty}}{1 + (2\pi f \tau_{\mathrm{w}})^2} \qquad (4.14\mathrm{a})$$

$$\varepsilon_{\mathrm{w}}'' = \frac{2\pi f \tau_{\mathrm{w}}(\varepsilon_{\mathrm{w}0} - \varepsilon_{\mathrm{w}\infty})}{1 + (2\pi f \tau_{\mathrm{w}})^2} \qquad (4.14\mathrm{b})$$

$\varepsilon_{\mathrm{w}}'$ 和 $\varepsilon_{\mathrm{w}}''$ 不仅与频率有关，也与温度有关，这是因为 $\varepsilon_{\mathrm{w}0}$、$\tau_{\mathrm{w}}$ 和（或许）$\varepsilon_{\mathrm{w}\infty}$ 都是水温 T 的函数。

高频介电常数 $\varepsilon_{\mathrm{w}\infty}$ 的大小由 Lane 等（1952）确定：

$$\varepsilon_{\mathrm{w}\infty} = 4.9 \qquad (4.15)$$

而相反的观点则认为，$\varepsilon_{\mathrm{w}\infty}$ 应该为温度的函数而非常数，但是由于温度的影响十分微弱，考虑计算效率，仍将 $\varepsilon_{\mathrm{w}\infty}$ 视为常数 4.9。

纯水的弛豫时间可由下式确定：

$$2\pi \tau_{\mathrm{w}}(T) = 1.110\,9 \times 10^{-10} - 3.824 \times 10^{-12}T + 6.938 \times 10^{-14}T^2 - 5.096 \times 10^{-16}T^3$$

$$(4.16)$$

式中，T 的单位为 ℃。该式由 Stogryn（1971）通过对实验数据的多项式拟合得到。弛豫频率 f_0 是文献中使用的一个相关术语，

$$f_0 = (2\pi \tau_{\mathrm{w}})^{-1} \qquad (4.17)$$

纯水的弛豫频率处于微波波段，在 0℃ 时，$f_0 \approx 8.9\ \mathrm{GHz}$；在 20℃ 时，$f_0 \approx 16.7\ \mathrm{GHz}$。从式（4.14）可以看出，$\varepsilon_{\mathrm{w}}''$ 在 $f = f_0$ 时达到最大值。

基于 1.43 GHz 和 2.65 GHz 介电测量，Klein 等（1977）通过回归拟合方法得到了 $\varepsilon_{\mathrm{w}0}(T)$ 的表达式：

$$\varepsilon_{\mathrm{w}0}(T) = 88.045 - 0.414\,7T + 6.295 \times 10^{-4}T^2 + 1.075 \times 10^{-5}T^3 \qquad (4.18)$$

纯水的德拜介电模型（或 $\mathrm{SD^2M}$）由式（4.14）至式（4.18）一系列表达式给出。

图 4.1 给出了在 0℃ 和 20℃ 时纯水的介电常数 $\varepsilon_{\mathrm{w}}'$ 和介电损耗因子 $\varepsilon_{\mathrm{w}}''$ 随频率的变化关系，频率覆盖范围为 0~50 GHz。图中频谱的曲线形状大致相同，但在不同温度下，大小等级不同，弛豫频率（即 $\varepsilon_{\mathrm{w}}''$ 取得最大值时所对应的频率）在 0℃ 时为 8.9 GHz，在 20℃ 时为 16.7 GHz。

当频率低于 50 GHz，温度范围为 $0 \leqslant T \leqslant 30$℃ 时，$\mathrm{SD^2M}$ 的计算结果与实验测量值高度吻合，误差小于 5%；当频率低于 10 GHz 时，误差在 1% 以内。

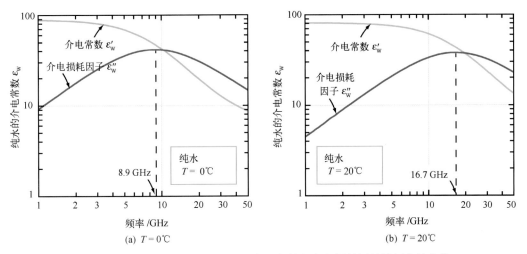

图 4.1 在 0℃ 和 20℃ 时，纯水的介电常数和介电损耗因子随频率的变化

4.2 盐水的双德拜介电模型($f \leqslant 1\,000\,\text{GHz}$)

文献综述表明目前计算水的介电常数最准确的模型是基于 William Ellison 发展并被 Mätzler（2006，431–455 页）引用的双德拜介电模型（D3M）[†]。海水的 D3M（将水中盐度设置为 0 可以得到纯水模型）的表达式为

$$\varepsilon_w' = \varepsilon_{w\infty} + \frac{\varepsilon_{w0} - \varepsilon_{w1}}{1 + (2\pi f \tau_{w1})^2} + \frac{\varepsilon_{w0} - \varepsilon_{w\infty}}{1 + (2\pi f \tau_{w2})^2} \tag{4.19a}$$

$$\varepsilon_w'' = \frac{2\pi f \tau_{w1}(\varepsilon_{w0} - \varepsilon_{w1})}{1 + (2\pi f \tau_{w1})^2} + \frac{2\pi f \tau_{w2}(\varepsilon_{w0} - \varepsilon_{w\infty})}{1 + (2\pi f \tau_{w2})^2} + \frac{\sigma_i}{2\pi \varepsilon_0 f} \tag{4.19b}$$

式中，ε_0 为自由空间的介电常数。式(4.19a)包含两个弛豫项，分别是弛豫时间常数 τ_{w1} 和 τ_{w2}。对 ε_w'' 亦如此，ε_w'' 的谱值在以下两个弛豫频率处达到最大值：

$$f_{01} = \frac{1}{2\pi \tau_{w1}}, \quad f_{02} = \frac{1}{2\pi \tau_{w2}} \tag{4.20}$$

当 $T = 0$℃时，$f_{01} = 8.9\,\text{GHz}$，$f_{02} = 201.8\,\text{GHz}$。当溶液中有溶解盐时，$\varepsilon_w''$ 的表达式也包含一项正比于水溶液的离子导电率 σ_i。纯水的离子导电率为 0。

如 4.1 节所述，水的介电常数具有处于微波范围的弛豫频率（在 0℃ 时，$f_0 = 8.9\,\text{GHz}$）。在 20 世纪 50 年代，科学家首次提出了增加第二弛豫频率的建议，但是直到 90 年代中期，科学家进行了一些新的实验测量（Barthel et al., 1990；Kindt et al., 1996；Stogryn

---

† 计算机代码 4.1(纯水)；计算机代码 4.2(盐水)。

et al., 1996；Rønne et al., 1997），这个提议才被认真采用。通过建立双德拜模型并使用所有可利用的、可靠的纯水和盐水的介电数据，Ellison（Mätzler，2006，431-455 页）得到了式(4.19)中所有参数的经验函数。该函数的适用条件和范围如下：

$$0 \leqslant T \leqslant 30℃$$

$$0 \leqslant S \leqslant 40‰ \text{ 或 } 40 \text{ psu}$$

$$0 \leqslant f \leqslant 1\,000 \text{ GHz}$$

式中，S 为盐度，定义为 1 kg 溶液中所含有的盐溶剂的质量（单位为 g）。因此，S 的量级为 1/1 000，是基于质量的比值。盐度单位为 psu，又称为实用盐度单位，1 psu = 1(‰)。纯水的盐度为 0。

含参函数为

$$\varepsilon_{w0} = 87.853\,06 \cdot \exp\{-0.004\,569\,92T - a_1 S - a_2 S^2 - a_2 ST\} \qquad (4.21a)$$

$$\varepsilon_{w1} = a_4 \exp\{-a_5 T - a_6 S - a_7 ST\} \qquad (4.21b)$$

$$\tau_{w1} = (a_8 + a_9 S) \exp\left(\frac{a_{10}}{T + a_{11}}\right) \quad (\text{ns}) \qquad (4.21c)$$

$$\tau_{w2} = (a_{12} + a_{13} S) \exp\left(\frac{a_{14}}{T + a_{15}}\right) \quad (\text{ns}) \qquad (4.21d)$$

$$\varepsilon_{w\infty} = a_{16} + a_{17} T + a_{18} S \qquad (4.21e)$$

$$\sigma_i = \sigma(T, 35) \cdot P(S) \cdot Q(T, S) \qquad (4.21f)$$

式中，

$$\sigma(T, 35) = 2.903\,602 + 8.607 \times 10^{-2} T + 4.738\,817 \times 10^{-4} T^2 -$$
$$2.991 \times 10^{-6} T^3 + 4.304\,1 \times 10^{-9} T^4 \qquad (4.21g)$$

$$P(S) = S \frac{37.510\,9 + 5.452\,16S + 0.014\,409 S^2}{1\,004.75 + 182.283 S + S^2} \qquad (4.21h)$$

$$Q(T, S) = 1 + \frac{\alpha_0 (T - 15)}{T + \alpha_1} \qquad (4.21i)$$

$$\alpha_0 = \frac{6.943\,1 + 3.284\,1S - 0.099\,486 S^2}{84.85 + 69.024 S + S^2} \qquad (4.21j)$$

$$\alpha_1 = 49.843 - 0.227\,6S + 0.001\,98 S^2 \qquad (4.21k)$$

表 4.1 列出了 a_1 至 a_{18} 的系数。根据 Ellison（Mätzler，2006，454 页），该半经验模型表示纯水的介电常数在 0~20 GHz 频率范围内时，其偏差小于 1%；在 30~100 GHz 频率范围内时，其偏差小于 3%；在 100~1 000 GHz 频率范围内时，其偏差小于 5%。此外，对于海水，当频率在 3~105 GHz 时，该模型偏差小于 3%（与实验数据相比）。由于没有频率大于 105 GHz 的海水介电常数的实验测量数据，因此不可能确定该模型在频率

大于 105 GHz 时的准确度。

表 4.1　双德拜介电模型下，式(4.21)各系数的值(Mätzler，2006)

$a_1 = 0.466\ 069\ 17\text{E}{-}02$	$a_{10} = 0.583\ 668\ 88\text{E}{+}03$
$a_2 = -0.260\ 878\ 76\text{E}{-}04$	$a_{11} = 0.126\ 849\ 92\text{E}{+}03$
$a_3 = -0.639\ 267\ 82\text{E}{-}05$	$a_{12} = 0.692\ 279\ 72\text{E}{-}04$
$a_4 = 0.630\ 000\ 75\text{E}{+}01$	$a_{13} = 0.389\ 576\ 81\text{E}{-}06$
$a_5 = 0.262\ 420\ 21\text{E}{-}02$	$a_{14} = 0.307\ 423\ 30\text{E}{+}03$
$a_6 = -0.429\ 841\ 55\text{E}{-}02$	$a_{15} = 0.126\ 349\ 92\text{E}{+}03$
$a_7 = 0.344\ 146\ 91\text{E}{-}04$	$a_{16} = 0.372\ 450\ 44\text{E}{+}01$
$a_8 = 0.176\ 674\ 20\text{E}{-}03$	$a_{17} = 0.926\ 097\ 81\text{E}{-}02$
$a_9 = -0.204\ 915\ 60\text{E}{-}06$	$a_{18} = -0.260\ 937\ 54\text{E}{-}01$

图 4.2(a)和图 4.2(b)描绘了温度为 20℃时，由式(4.19)和式(4.21)中 D3M 表达式计算的纯水和海水的介电常数 ε'_w 与介电损耗因子 ε''_w 随频率的变化关系。海水的平均盐度为 $S = 32.54$ psu。从图 4.2 中可以清晰地看出，在频率 $f_{01} = 16.7$ GHz 处，弛豫现象十分明显，但当频率为 $f_{02} = 281.4$ GHz 时，几乎无法清楚地观测到该现象。此外，在频率为 $1 \sim 1\ 000$ GHz 的整个频谱范围内，纯水的介电 ε'_w 和海水的介电 ε'_{sw} 近似相等，以至于当频率大于弛豫频率 f_{01} 时，纯水的介电损耗因子 ε''_w 和海水的介电损耗因子 ε''_{sw} 也近似相等。然而，当频率小于 f_{01} 时，海水的 ε''_{sw} 要远大于纯水的 ε''_w。

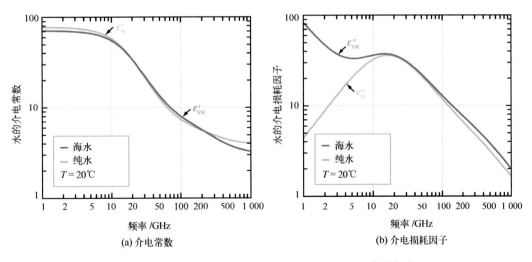

(a) 介电常数　　　　　　　　　　(b) 介电损耗因子

图 4.2　在 20℃时，纯水(ε_w)和海水(ε_{sw})的介电常数与介电损耗因子随频率的变化，海水盐度为 32.54 psu

为了完整起见，读者可以参考 Meissner 等（2004）建立的另一个同样可靠的模型。该模型使用与式（4.19）相同的双德拜模型公式，并且使用的实验数据与 Ellison（Mätzler，2006）基本相同，但含参的函数形式与 Ellison 有所差异。

4.3   纯冰的介电常数

液态水的弛豫频率位于微波频段。与液态水不同，纯冰的弛豫频率 f_{i0} 位于千赫兹频段。因此，在微波频段（频率 f 的量级为 10^9 Hz）有

$$2\pi f \tau_i = \frac{f}{f_{i0}} \gg 1$$

因而对于纯冰，式（4.14）中的德拜模型的表达式可以简化为

$$\varepsilon_i' \approx \varepsilon_{i\infty} \tag{4.22a}$$

$$\varepsilon_i'' \approx \frac{\varepsilon_{i0} - \varepsilon_{i\infty}}{2\pi f \tau_i} = \frac{\alpha_0}{f} \tag{4.22b}$$

其中，$\alpha_0 = (\varepsilon_{i0} - \varepsilon_{i\infty})/2\pi \tau_i$。根据 Mätzler 等（1987），当频率介于 10 MHz 至 300 GHz 时，ε_i' 与频率无关，与温度有弱相关性：

$$\varepsilon_i' = 3.188\,4 + 9.1 \times 10^{-4}T \qquad (-40\text{℃} \leqslant T \leqslant 0\text{℃}) \tag{4.23}$$

式中，T 为温度（℃）。在实际应用中，我们可以忽略温度的影响，在整个微波频谱范围内使用 $\varepsilon_i' \approx 3.2$。

在式（4.22b）中，ε_i'' 与 $1/f$ 成正比，系数 α_0 主要取决于温度 T 的变化。然而，纯冰的红外吸收谱包含一个随频率变化的非共振项。基于此，Hufford（1991）提出模型[†]：

$$\varepsilon_i'' = \frac{\alpha_0}{f} + \beta_0 f \tag{4.24}$$

式中，α_0 和 f 的单位是 GHz；β_0 的单位是 GHz^{-1}。Mätzler（2006，456-460 页）详细介绍了系数 α_0 和 β_0，其半经验表达式如下：

$$\alpha_0 = (0.005\,04 + 0.006\,2\theta) \times \exp(-22.1\theta) \quad (\text{GHz}) \tag{4.25a}$$

$$\beta_0 = \frac{B_1}{T_K} \frac{\exp(b/T_K)}{[\exp(b/T_K) - 1]^2} + B_2 f^2 +$$

$$\exp[-9.963 + 0.037\,2(T_K - 273.16)] \quad (\text{GHz}^{-1}) \tag{4.25b}$$

$$\theta = \frac{300}{T_K} - 1, \quad T_K \text{ 单位为 K} \tag{4.25c}$$

[†] 计算机代码 4.3。

$$B_1 = 0.020\,7\ \text{K/GHz},\ b = 335\ \text{K}$$
$$B_2 = 1.16 \times 10^{-11}\ \text{GHz}^{-3}$$

图 4.3 分别描述了当温度为 272 K
（-1℃）和 253 K（-20℃）时，纯冰的介电
损耗因子 ε_i'' 随频率的变化关系。该图也
标示了不同研究机构发表的文章中所提
及的数据。模拟和测量的 ε_i'' 都在 1 GHz
附近达到最小值。由于 ε_i'' 是一个小量级
物理量，因而较难精确测量，进而导致
观测的 ε_i'' 值有一定的差异。

淡水冰通常包含一些像溶解盐这样
的离子夹杂物，这会使得淡水冰的 ε_i'' 比
纯冰的 ε_i'' 大很多。Wegmüller（1986）指
出，当盐度 $S = 13$ psu 时，非纯冰的 ε_i'' 的
比纯冰的 ε_i'' 大 2～8 倍。ε_i'' 增量与温度
T、频率 f 和盐度 S 有关，如图 4.4 所示。

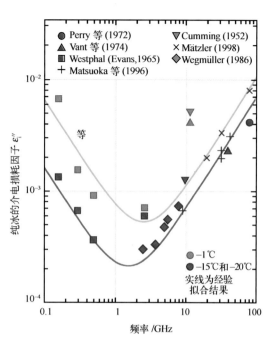

图 4.3　纯冰的介电损耗因子 ε_i'' 随频率的变化

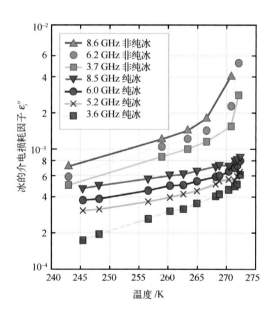

图 4.4　纯冰和淡水冰（盐度 $S = 13$ psu）的介电损耗因子 ε_i'' 随温度的变化（Wegmüller，1986）

4.4 非均质材料的混合介电模型

由两个或两个以上物质组成的非均质(混合)材料的等效介电常数与许多因素有关，例如组分物质的介电常数、体积比、空间分布以及相对于入射电场矢量的方位角。通常将体积比最高的物质称为基质材料或连续介质，其他物质称为杂质。

为了将上述影响因素与混合材料的平均介电常数建立关联，需要建立平均电场(将混合材料视为一个整体)与杂质电场之间的联系。如果杂质在基质材料中呈随机分布，则不可能准确求解杂质电场，因为杂质之间的相互作用(穿过其极化场)取决于其相对位置。Tinga 等(1973)简略回顾了各种为解决相互作用问题而提出的近似方法，Sihvola (1999)为求解非均匀介质的等效介电常数，提出了一个全面的解决方法——电磁混合公式。这些近似包括：①忽略杂质间的短程相互作用，确保低浓度杂质中混合介电模型的有效性；②引入瞬时环境中杂质粒子的有效介电常数 ε^*，试图解释杂质间的短程相互作用(de Loor，1956，1968)；③采用合适的边界条件(Tinga et al.，1973)求解麦克斯韦方程，解释杂质间的一阶相互作用。同时，假设所有情况下，杂质的尺寸远小于混合介质中传播的辐射波长，因此可以忽略介质中的体散射。

4.4.1 任意方向的椭球夹杂物

仅包含一种类型夹杂物的基质材料称为两相混合。考虑到夹杂物是具有相同形状和大小的椭球粒子，且夹杂物在基质材料中呈随机分布，并与入射波电场方向成任意角度。每个椭球粒子沿主轴的大小分别为 $2a$、$2b$、$2c$(图 4.5)，且基质材料和夹杂物分别具有各向同性的介电常数 ε_h 和 ε_i。夹杂物的浓度由体积比 ν_i 定义：

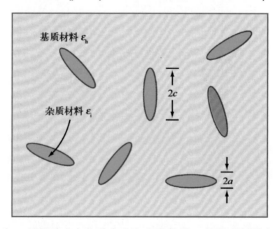

图 4.5 介电常数为 ε_i 的椭球夹杂物分布在介电常数为 ε_h 的基质材料中，其中椭球夹杂物在任意方向上的形状大小完全相同，椭球粒子的半长轴分别为 a、b、c

$$\nu_i = \frac{4}{3}\pi abcN \qquad (0 \leqslant \nu_i \leqslant 1) \tag{4.26}$$

式中，N 为每立方米椭球粒子的数量。基质材料的体积比为 $\nu_h = 1 - \nu_i$。

4.4.2　Polder-van Santen/de Loor 公式

基于 Polder 和 van Santen(1946)关于固体混合物介电属性的早期工作，de Loor (1968)建立了包含任意方向椭球粒子的两相混合物的等效介电常数公式：

$$\varepsilon_m = \varepsilon_h + \frac{\nu_i}{3}(\varepsilon_i - \varepsilon_h) \sum_{u=a,\,b,\,c} \left[\frac{1}{1 + A_u\left(\dfrac{\varepsilon_i}{\varepsilon^*} - 1\right)} \right] \tag{4.27}$$

式中，ε^* 为区域瞬时环境场中夹杂物粒子的有效介电常数。对于小体积比夹杂物($\nu_i \leqslant 0.1$)，de Loor 认为可以忽略夹杂物间的短程相互作用，此时可以令 ε^* 等于基质材料的介电常数 ε_h。对于大体积比夹杂物，需要考虑粒子间的相互作用，至少需要考虑粒子被混合材料包围，在这种情况下，de Loor 定义 $\varepsilon^* = \varepsilon_m$。

式(4.27)求和项中的 A_u 是椭球粒子沿 u 轴($u = a$, b, c)的去极化因子(Landau et al., 1975)：

$$A_u = \frac{abc}{2}\int_0^\infty \frac{\mathrm{d}s}{(s + u^2)\left[(s + a^2)(s + b^2)(s + c^2)\right]^{1/2}} \\ (u = a,\ b,\ c) \tag{4.28}$$

3 个去极化因子之和为

$$A_a + A_b + A_c = 1 \tag{4.29}$$

对于一些特殊结构的椭球粒子，式(4.28)中的积分可以简化为解析解。

(a)长椭球 A_u：对于 $a = b$(关于 c 轴对称)且 $c > a$ 的长椭球，式(4.28)可以改写为 (Kerker, 1969)：

$$A_c = \frac{1 - e^2}{2e^3}\left[\ln\left(\frac{1 + e}{1 - e}\right) - 2e\right] \tag{4.30a}$$

$$A_a = A_b = \frac{1 - A_c}{2} \tag{4.30b}$$

式中，e 为椭球离心率，

$$e = \left[1 - \left(\frac{a}{c}\right)^2\right] \qquad (c > a) \tag{4.31}$$

(b)球体 A_u：对于 $a = b = c$ 的球体，

$$A_a = A_b = A_c = \frac{1}{3} \tag{4.32}$$

（c）扁椭球 A_u：对于 $a=b$ 且 $c<a$ 的扁椭球，式（4.28）的解析解为

$$A_c = \frac{1}{e^2}\left[1 - \frac{(1-e^2)^{1/2}}{e}\arcsin e\right] \tag{4.33a}$$

$$A_a = A_b = \frac{1-A_c}{2} \tag{4.33b}$$

式中，e 为扁椭球的离心率，

$$e = \left[1 - \left(\frac{c}{a}\right)^2\right]^{1/2} \qquad (c<a) \tag{4.34}$$

接下来，我们将基于式（4.27）探讨特殊形状夹杂物的介电常数。

（1）圆碟状夹杂物 ε_m：对于 $a=b$，且 $c\ll a$ 的薄圆碟状椭球[图 4.6(a)]：

$$A_a = A_b = 0, \quad A_c = 1 \tag{4.35a}$$

式（4.27）可简化为

$$\varepsilon_m = \varepsilon_h + \frac{\nu_i}{3}(\varepsilon_i - \varepsilon_h)\left(2 + \frac{\varepsilon^*}{\varepsilon_i}\right) \tag{4.35b}$$

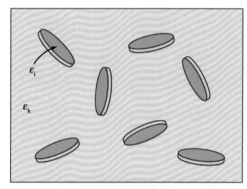

(a) 圆碟状夹杂物

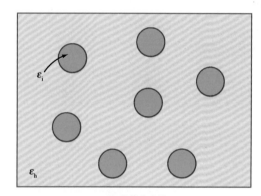

(b) 球状夹杂物

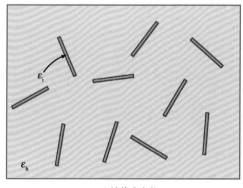

(c) 针状夹杂物

图 4.6 特殊结构椭球粒子的随机分布

（2）球状夹杂物 ε_{m}：对于 $a=b=c$ 的球体[图 4.6(b)]：

$$A_a = A_b = A_c \tag{4.36a}$$

且

$$\varepsilon_{\mathrm{m}} = \varepsilon_{\mathrm{h}} + 3\nu_{\mathrm{i}}\varepsilon^* \, \frac{\varepsilon_{\mathrm{i}} - \varepsilon_{\mathrm{h}}}{\varepsilon_{\mathrm{i}} + 2\varepsilon^*} \tag{4.36b}$$

（3）针状夹杂物 ε_{m}：对于 $a=b$ 且 $c \gg a$ 长而窄的针状椭球[图 4.6(c)]：

$$A_a = A_b = 0.5, \quad A_c = 0 \tag{4.37a}$$

且

$$\varepsilon_{\mathrm{m}} = \varepsilon_{\mathrm{h}} + \nu_{\mathrm{i}} \, \frac{(\varepsilon_{\mathrm{i}} - \varepsilon_{\mathrm{h}})(5\varepsilon^* + \varepsilon_{\mathrm{i}})}{3(\varepsilon_{\mathrm{i}} + \varepsilon^*)} \tag{4.37b}$$

> ▶ 在所有例子中，
>
> 　　当 $\nu_{\mathrm{i}} \to 0$ 时，$\varepsilon_{\mathrm{m}} \to \varepsilon_{\mathrm{h}}$；
>
> 　　当 $\nu_{\mathrm{i}} \to 1$ 时，若 $\varepsilon^* = \varepsilon_{\mathrm{m}}$，$\varepsilon_{\mathrm{m}} \to \varepsilon_{\mathrm{i}}$；
>
> 　　当 $0 < \nu_{\mathrm{i}} < 1$ 时，若令 $\varepsilon^* = \varepsilon_{\mathrm{h}}$，$\varepsilon_{\mathrm{m}}$ 的计算结果会偏小（相对于实验数据），若令 $\varepsilon^* = \varepsilon_{\mathrm{m}}$，$\varepsilon_{\mathrm{m}}$ 的计算结果会偏大。◀

4.4.3　Tinga-Voss-Blossey（TVB）公式

Tinga 等(1973)建立的介电常数公式适用于随机分布的共焦椭球体，该椭球体由介电常数为 ε_{i} 的内部椭球体和介电常数为 ε_{h} 的外部椭球壳组成。在 Tinga 等(1973)的推导过程中，两相混合物呈现两个共焦椭球体的几何形状，其中内部椭球体代表夹杂物介电材料，一个"虚构"外部椭球壳代表基质材料(图 4.7)。该虚构椭球壳满足的条件为包围内部椭球的球壳体积等于混合物中基质材料的总体积除以椭球的总数。内部椭球体的半长轴为 a_2、b_2 和 c_2，且体积为 $V_2 = (4/3)\pi a_2 b_2 c_2$；类似地，外部椭球壳的半长轴为 a_1、b_1 和 c_1，且体积为 $V_1 = (4/3)\pi a_1 b_1 c_1$。基于二者的共焦几何特征，因此

$$a_1^2 - a_2^2 = b_1^2 - b_2^2 = c_1^2 - c_2^2 = k^2 \tag{4.38}$$

式中，当夹杂物的体积比 ν_{i} 满足如下关系时，

$$\nu_{\mathrm{i}} = \frac{V_2}{V_1} \tag{4.39}$$

k^2 为常数。

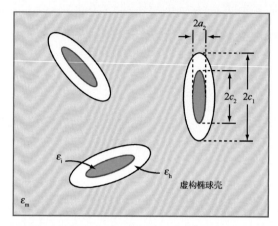

图 4.7　两相共焦椭球体的 TVB 模型(Tinga et al., 1973)，椭球体中的夹杂物
被基质材料外壳包围，壳体的厚度由基质材料的体积比决定

对于随机分布的夹杂物，两相混合物的等效介电常数为[†]

$$\varepsilon_{m} = \varepsilon_{h} + \frac{\nu_{i}}{3}(\varepsilon_{i} - \varepsilon_{h}) \cdot \sum_{u=a,\ b,\ c} \frac{1}{1 + (A_{u2} - A_{u1}\nu_{i})\left(\frac{\varepsilon_{i}}{\varepsilon_{h}} - 1\right)} \qquad (4.40)$$

式中，A_{u1} 和 A_{u2} 分别是外部椭球壳和内部椭球体的去极化因子，

$$A_{uj} = \frac{a_{j}\, b_{j} c_{j}}{2} \int_{0}^{\infty} \frac{\mathrm{d}s}{(s + u_{j}^{2})\left[(s + a_{j}^{2})(s + b_{j}^{2})(s + c_{j}^{2})\right]^{1/2}}$$
$$(u_{j} = a_{j},\ b_{j},\ 或\ c_{j};\ \ j = 1\ 或\ 2) \qquad (4.41)$$

(1)圆碟状夹杂物 ε_{m}：对于 $a_{1} = b_{1}$，$a_{2} = b_{2}$，$c_{1} \ll a_{1}$ 且 $c_{2} \ll a_{2}$ 的薄圆碟状椭球体，

$$A_{a1} = A_{a2} = A_{b1} = A_{b2} = 0$$
$$A_{c1} = A_{c2} = 1$$

且

$$\varepsilon_{m} = \varepsilon_{h} + \frac{\nu_{i}}{3}(\varepsilon_{i} - \varepsilon_{h})\left[\frac{2\varepsilon_{i}(1 - \nu_{i}) + \varepsilon_{h}(1 + 2\nu_{i})}{\nu_{i}\varepsilon_{h} + (1 - \nu_{i})\varepsilon_{i}}\right] \qquad (4.42)$$

(2)球状夹杂物 ε_{m}：对于球体，

$$A_{a1} = A_{a2} = A_{b1} = A_{b2} = A_{c1} = A_{c2} = \frac{1}{3}$$

且

---

†　计算机代码 4.4。

$$\varepsilon_{\mathrm{m}} = \varepsilon_{\mathrm{h}} + \frac{3\nu_{\mathrm{i}}\varepsilon_{\mathrm{h}}(\varepsilon_{\mathrm{i}} - \varepsilon_{\mathrm{h}})}{(2\varepsilon_{\mathrm{h}} + \varepsilon_{\mathrm{i}}) - \nu_{\mathrm{i}}(\varepsilon_{\mathrm{i}} - \varepsilon_{\mathrm{h}})} \qquad (4.43)$$

（3）针状夹杂物 ε_{m}：对于长而窄的针状椭球体，

$$A_{a1} = A_{a2} = A_{b1} = A_{b2} = 0.5, \ A_{c1} = A_{c2} = 0$$

且

$$\varepsilon_{\mathrm{m}} = \varepsilon_{\mathrm{h}} + \frac{\nu_{\mathrm{i}}}{3}(\varepsilon_{\mathrm{i}} - \varepsilon_{\mathrm{h}})\left[\frac{\varepsilon_{\mathrm{h}}(5 + \nu_{\mathrm{i}}) + (1 - \nu_{\mathrm{i}})\varepsilon_{\mathrm{i}}}{\varepsilon_{\mathrm{h}}(1 + \nu_{\mathrm{i}}) + \varepsilon_{\mathrm{i}}(1 - \nu_{\mathrm{i}})}\right] \qquad (4.44)$$

> ▶ 在所有例子中，
>
> 　当 $\nu_{\mathrm{i}} \to 0$ 时，$\varepsilon_{\mathrm{m}} \to \varepsilon_{\mathrm{h}}$；
>
> 　当 $\nu_{\mathrm{i}} \to 1$ 时，$\varepsilon_{\mathrm{m}} \to \varepsilon_{\mathrm{i}}$；
>
> 　TVB 模型的特点在于未知量 ε_{m} 仅在式（4.42）至式（4.44）表达式的一边
>
> 出现。◀

　　图 4.8 分别描述了混合物的介电常数 $\varepsilon_{\mathrm{m}}'$ 和介电损耗因子 $\varepsilon_{\mathrm{m}}''$ 与球状夹杂物的体积比 ν_{i} 之间的关系。图中包含了两个 de Loor 公式 $\varepsilon^* = \varepsilon_{\mathrm{h}}$ 和 $\varepsilon^* = \varepsilon_{\mathrm{m}}$ 以及基于式（4.43）的 TVB 模型公式。定义图中的基质材料 $\varepsilon_{\mathrm{h}} = 1 - j0$（空气），夹杂物的 $\varepsilon_{\mathrm{i}} = 10 - j1$。$\varepsilon_{\mathrm{m}}'$ 的 TVB 模型曲线介于两个 de Loor 公式曲线图之间，与实验数据更加吻合。这对 $\varepsilon_{\mathrm{m}}''$ 也同样适用。

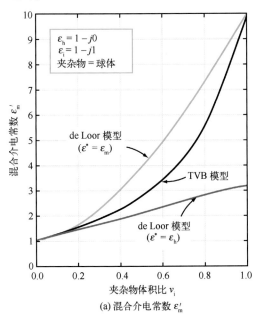

(a) 混合介电常数 $\varepsilon_{\mathrm{m}}'$

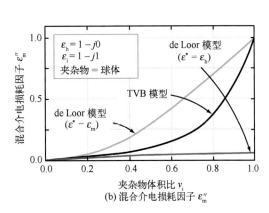

(b) 混合介电损耗因子 $\varepsilon_{\mathrm{m}}''$

图 4.8　球状夹杂物的三种混合介电公式比较

4.4.4 其他混合介电公式

文献中包含了许多描述混合材料介电性能的模型和公式。Tinga 等（1973）以及 Van Beek（1967）和 Sihvola（1999）的著作中都有全面的综述。绝大部分公式是前面几个小节中公式的特殊情况。另外，我们也发现一个公式在接下来的小节中非常重要：

$$\varepsilon_m^\alpha = \varepsilon_h^\alpha + \nu_i(\varepsilon_i^\alpha - \varepsilon_h^\alpha) \tag{4.45}$$

式中，α 为常数。当 $\alpha=1$ 时，上式可转化为线性模型公式；当 $\alpha=1/2$ 时，上式可转化为折射模型公式（折射率公式为 $\varepsilon^{1/2}=n$）；而当 $\alpha=1/3$ 时，该公式为立方模型公式。

4.5 海冰

海冰是一种在结构和电磁上都比淡水冰复杂得多的介质。海冰是由液态卤水和散布在冰介质中的气泡组成的非均质混合物。含盐和水的卤水夹杂物与冰相比具有较大的复介电常数，对混合物的复介电常数有较大的影响。

冰层的生长速率决定了卤水夹杂物的形状和浓度。根据海冰的发展时期通常将海冰分为三类：①初生冰，冰层厚度小于 30 cm；②一年冰，冰层厚度为 30 cm 至 2 m；③多年冰，冰层厚度超过 2 m（Vant et al.，1978）。前两类冰由于在结构上类似，通常被视为一个类别。多年冰与其他种类海冰的主要区别之一在于它们的卤水浓度。从一年冰的典型盐度剖面中可以看到，它的盐度分布从表层附近的 5~16 psu 降低到冰体中的 4~5 psu，之后在冰-水界面附近迅速增加到约 30 psu。多年冰的表层盐度通常小于 1 psu，冰体盐度小于 2~3 psu。以上均来自北冰洋海冰的代表性数据，其中，液态水的盐度为 32 psu。在靠近陆地的海域，海水的盐度会更低。例如，芬兰（Finland）湾的海水盐度为 6 psu，而在博特尼亚（Bothnia）湾，海水盐度仅为 2 psu（Hallikainen，1980）。因此，这些地区的海冰盐度相应地低于北极地区的海冰盐度。

一般来说，海冰的复介电常数 ε_{si} 是以下几个参数的函数：①纯冰的复介电常数 ε_i；②盐泡或夹杂物的复介电常数 ε_b；③卤水的体积比 ν_b；④盐泡或夹杂物的形状及其相对于冰介质电场的方向。间接地，ε_{si} 也是海冰温度 T（通过参数①-③）和海冰盐度 S_i（通过 ν_b）的函数。ε_{si} 的表达式和图表参见 4.3 节，本节接下来讨论其他参数。

4.5.1 卤水的介电常数

由于液态卤水与盐水相同，因此可以利用 4.2 节中定义 ε_w 的基本公式来计算卤水的复介电常数 ε_b，但需对其中两项进行订正。

（1）液态卤水的盐度受其温度的影响。在海冰中，液态卤水以气泡和夹杂物的形式存在，因此当温度下降时会冻结更多的水，从而增加了卤水的盐度。卤水盐度 S_b（单位为 psu）与温度 T（单位为℃）的经验表达式如下（Assur，1960；Poe et al.，1972）：

$$\begin{cases} S_b = 1.725 - 18.756T - 0.396\,4T^2 & (-8.2℃ \leqslant T \leqslant -2℃) \\ S_b = 57.041 - 9.929T - 0.162\,04T^2 - 0.002\,396T^3 & (-22.9℃ \leqslant T < -8.2℃) \\ S_b = 242.94 + 1.529\,9T + 0.042\,9T^2 & (-36.8℃ \leqslant T < -22.9℃) \\ S_b = 508.18 + 14.535T + 0.201\,8T^2 & (-43.2℃ \leqslant T < -36.8℃) \end{cases}$$

（4.46）

图 4.9 描绘了卤水盐度 S_b 随温度 T 的变化关系。

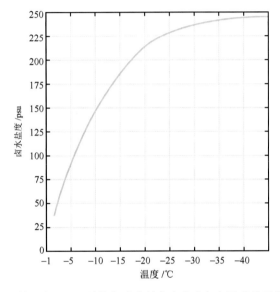

图 4.9　利用式（4.46）计算海冰中的卤水盐度与负温度的函数关系

S_b 与 T 二者之间的关联意味着卤水的介电常数 ε_b 仅由电磁频率 f 和温度 T 决定。

（2）虽然 4.2 节中给出的一些数值表达式是在考虑海水的情况下制定的，然而当盐度超过 35 psu 时，这些公式并不完全适用。考虑到这种情况，我们选用 Stogryn（1971）建立的氯化钠溶液作为替代公式，因为该公式的适用范围为 $0 \leqslant S \leqslant 157$ psu。尽管除氯化钠之外，海冰卤水中还包含了其他盐类，但氯化钠是主要成分，因此假设纯氯化钠溶液的公式完全适用。基于 Stogryn（1971）的公式，ε_b' 和 ε_b'' 的表达式如下：

$$\varepsilon_b' = \varepsilon_{w\infty} + \frac{\varepsilon_{b0} - \varepsilon_{w\infty}}{1 + (2\pi f \tau_b)^2}$$

（4.47a）

$$\varepsilon_b'' = (2\pi f \tau_b)\frac{(\varepsilon_{b0} - \varepsilon_{w\infty})}{1 + (2\pi f \tau_b)^2} + \frac{\sigma_b}{2\pi f \varepsilon_0}$$

（4.47b）

式中，$\varepsilon_{w\infty} = 4.9$；

$$\varepsilon_{b0}(T, N_b) = \varepsilon_{b0}(T, 0) a_1(N_b) \tag{4.48a}$$

$$\tau_b(T, N_b) = \tau_b(T, 0) b_1(T, N_b) \tag{4.48b}$$

$$\sigma_b(T, N_b) = \sigma_b(25, N_b) c_1(\Delta, N_b) \tag{4.48c}$$

以上函数由下面的公式给出：

根据式(4.18)定义，$\varepsilon_{b0}(T, 0) = \varepsilon_{w0}(T)$；

$$a_1(N_b) = 1.0 - 0.255 N_b + 5.15 \times 10^{-2} N_b^2 - 6.89 \times 10^{-3} N_b^3 \tag{4.49a}$$

根据式(4.16)定义，$2\pi\tau_b(T, 0) = 2\pi\tau_w(T)$；

$$b_1(T, N_b) = 1.0 + 0.146 \times 10^{-2} T N_b - 4.89 \times 10^{-2} N_b -$$
$$2.97 \times 10^{-2} N_b^2 + 5.64 \times 10^{-3} N_b^3 \tag{4.49b}$$

$$\sigma_b(25, N_b) = N_b(10.39 - 2.378 N_b + 0.683 N_b^2 - 0.135 N_b^3 + 1.01 \times 10^{-2} N_b^4) \tag{4.49c}$$

$$c_1(\Delta, N_b) = 1.0 - 1.96 \times 10^{-2}\Delta + 8.08 \times 10^{-5} \Delta^2 - N_b\Delta[3.02 \times 10^{-5} +$$
$$3.92 \times 10^{-5}\Delta + N_b(1.72 \times 10^{-5} - 6.58 \times 10^{-6}\Delta)] \tag{4.49d}$$

$$N_b = S_b[1.707 \times 10^{-2} + 1.205 \times 10^{-5} S_b + 4.058 \times 10^{-9} S_b^2] \tag{4.49e}$$

其中，式(4.49)中，N_b为卤水溶液的当量浓度，$\Delta = (25 - T)$，单位为℃。

图4.10展示了$T=-5$℃时ε_b'和ε_b''的频率依赖性。与上一节的淡水冰相比，ε_b'比ε_i'大1个数量级以上，ε_b''比ε_i''大3个数量级以上。因此，海冰中的盐泡和夹杂物能够对混合物的介电属性产生强烈的影响，即使卤水体积比ν_b非常小也是如此。

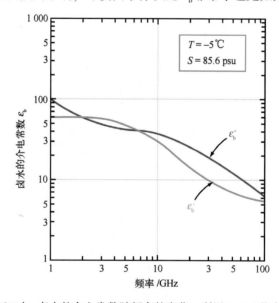

图4.10　$T=-5$℃时，卤水的介电常数随频率的变化，利用4.5.1节中的公式计算得出

4.5.2　卤水的体积比

海水中卤水的体积比公式如下：

$$\nu_b = \frac{S_i}{S_b} \frac{\rho_i}{\rho_b} \tag{4.50}$$

式中，S_i 和 S_b 分别为海冰混合物和卤水组分的盐度；ρ_i 为纯冰的密度；ρ_b 为卤水的密度。由上一小节已经得出 S_b 仅是温度 T 的函数，与之类似，卤水密度 ρ_b 也与温度有关，尽管它对 T 的敏感性比 S_b 弱得多。利用 Assur(1960) 的实验数据，Frankenstein 等 (1967) 最终得出了以下经验表达式：

$$\nu_b = 10^{-3} S_i \left(-\frac{49.185}{T} + 0.532 \right) \qquad (-0.5℃ \geqslant T \geqslant -22.9℃) \tag{4.51}$$

其中，S_i 为海冰的盐度。图 4.11 所示是在上述温度范围内 ν_b/S_i 的曲线图。

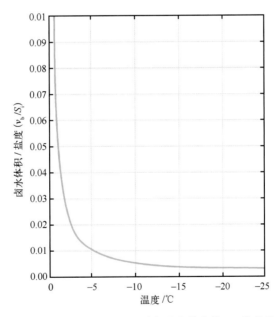

图 4.11　基于式(4.51)，ν_b/S_i 随负温度的变化(S_i 单位为 psu)

4.5.3　海冰的介电属性

由于海冰结构的复杂性和不均匀性，在温度 T、卤水体积比 ν_b 和电磁频率 f 等多种控制参数的影响下，很难准确测量其介电常数。这些都在结构参数之外，尤其是卤水夹杂物的形状和方向。根据 Hallikainen(1992)，测量是在 0.1~40 GHz 频率下进行的，但大多数频率条件低于 10 GHz。部分冰样在实验室条件下进行了模拟，而另一些则是从白令海(Bering Sea)和波弗特海(Beaufort Sea)的天然海冰中提取的。考虑到所有这些因素，海冰的介电常数尚无可靠的模型，因此，本节只是提供所报告的实验数据的选定样本以便为读者概括海冰的介电属性，尽管样本不完整。

随温度 T 的变化

> ▶ 根据测量数据，海冰介电常数的实部 ε'_{si} 随着海冰参数变化；但是，在 1~40 GHz 范围内，它的取值范围为 $2.5 \leqslant \varepsilon'_{si} \leqslant 8$。◀

3 类海冰的介电属性 ε_{si} 与温度的对应关系如图 4.12 和图 4.13 所示(Vant et al.，1974)：①冰针，通常出现在一年冰的表层，其盐泡特征为球形；②柱状冰，出现在一年冰的表层冰花之下，其盐泡特征为长梭形；③多年冰。图 4.14 将 1992 年各研究人员报告的介电数据分为以下频段：① 0.9~1 GHz；② 4~4.75 GHz；③ 9.5~16 GHz。

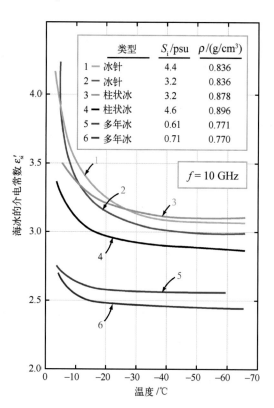

图 4.12　10 GHz 下 3 类海冰的介电常数随温度的变化(Vant et al.，1974)

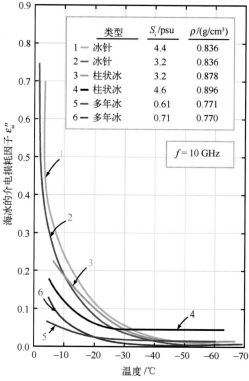

图 4.13　10 GHz 下 3 类海冰的介电损耗因子随温度的变化(Vant et al.，1974)

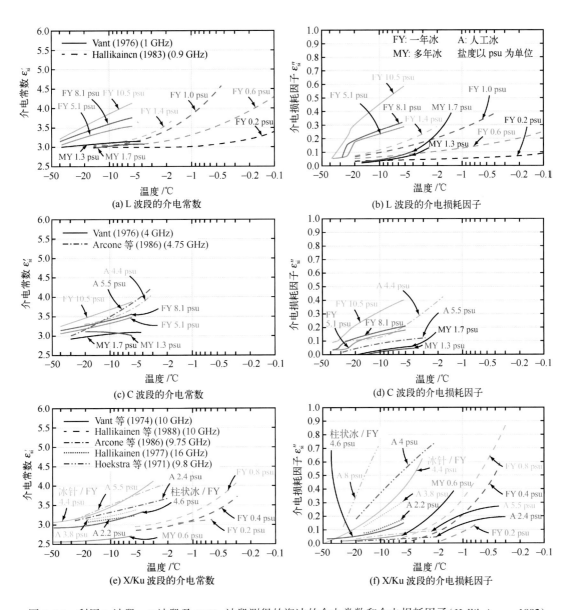

图 4.14　利用 L 波段、C 波段及 X/Ku 波段测得的海冰的介电常数和介电损耗因子（Hallikainen，1992）

随卤水体积比 ν_b 的变化

在海冰介电属性的实验室模拟研究中，Arcone 等（1986）分别研究了当盐度在 5~100 psu 的范围内，ε'_{si} 和 ε''_{si} 与卤水体积比 ν_b 之间的函数关系。冰是由盐度范围在 23~25 psu 内的水形成的，这也是一年冰的特征。当频率为 4.75 GHz 时，测量的结果如图 4.15 所示。我们观察到，当 ν_b 从 0 增加到 100 psu 时，ε'_{si} 增加了约 30%，而 ε''_{si} 增加了两个数量级以上，二者相比，ε'_{si} 的增幅可以忽略不计(4.75 GHz 下纯冰的 ε''_{si} 数量级为 3×10^{-4}，而 $\nu_b = 100$ psu 下的 $\varepsilon''_{si} \approx 0.5$)。

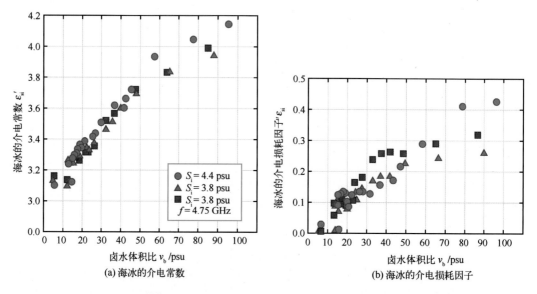

图 4.15　实验室模拟在 4.75 GHz 频率下测得的海冰的介电常数和介电损耗因子及其随卤水体积比的变化(Arcone et al., 1986)

纯冰和海冰传播特性的差异可以通过比较二者的衰减常数证明。在 10 GHz 时，纯冰(淡水冰)的衰减常数 α_i 约为 1 dB/m。而当温度和盐度发生变化时，海冰的衰减常数可以超过 200 dB/m(Finkelstein et al., 1970；Glushnev et al., 1976)。图 4.16 描述了当 $T = -10°C$ 时，纯冰、一年冰和多年冰的穿透深度 δ_p 随频率的变化，该图可以进一步验证上述理论。基于式(4.12)绘制曲线方式如下。

(1)对于纯冰，当 $T = -10°C$ 时，$\varepsilon'_i = 3.18$ 且与频率无关；图 4.3 给出了 $T = -1°C$ 和 $T = -20°C$ 下的 ε''_i。假设 ε''_i 与温度为近似线性相关，则可以通过对两条曲线进行插值来获得 $T = -10°C$ 时的 ε''_i。

(2)当 $T = -10°C$ 时，一年冰的介电常数 $\varepsilon_{si} = 3.3 - j0.25$。实部的取值基于图 4.12，该图显示了当 $T = -10°C$ 时，一年冰的实部 ε'_{si} 在 3.1~3.5 范围变化。根据图4.13，一年冰的相对介电常数的虚部在 0.1~0.25 范围变化(此时频率为 10 GHz，$T = -10°C$)。图 4.16 中的底部曲线为一年冰的高损耗示例。因此，选择 $\varepsilon''_{si} = 0.25$ 作为虚部的代表值。此外，由于在 1~20 GHz 区域内并未观察到"天然"海冰的介电常数与频率之间有一致的依赖关系，因此，假设用上文提到的 10 GHz 下的 ε_{si} 值代表 1~20 GHz 频率范围内的 ε_{si}。图 4.16 中定义阴影区域上边界的曲线表示为"一年海冰"，对应的介电常数 $\varepsilon_{si} = 3 - j0.07$，这也是划分一年冰和多年冰的临界条件。

（3）图 4.16 中与"多年海冰"相对应的阴影区域分别以 $\varepsilon_{si} = 3 - j0.07$ 和 $\varepsilon_{si} = 3 - j0.03$ 计算的曲线为界，虚部的取值基于图 4.13。

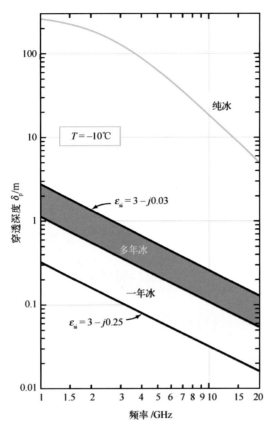

图 4.16　纯冰、一年冰和多年冰的穿透深度随频率的变化

本节的 ε_{si} 曲线图清楚地表明，在 -10℃ 到 0℃ 的温度范围内，随着负温度的升高，ε'_{si} 和 ε''_{si} 均迅速下降，负温度越高，下降速率越低。此外，实部的归一化温度敏感度 $|\partial\varepsilon'_{si}/\partial T|/\varepsilon'_{si}$ 比虚部的归一化温度敏感度 $|\partial\varepsilon''_{si}/\partial T|/\varepsilon''_{si}$ 小许多，这意味着穿透深度 $\delta_p \approx \sqrt{\varepsilon'_{si}}\,(k_0\varepsilon''_{si})^{-1}$，随着负温度的升高而增加。因此，如果将图 4.16 中 $T = -10℃$ 下的一年冰和多年冰的曲线用作参考，则在接近 0℃ 的温度下，δ_p 的相应值小 2~3 倍，在 -30℃ 时的值大 3~10 倍。

4.6　雪的介电常数

我们将雪的介电属性分为两小节讨论，第一小节讨论干雪的介电常数，干雪是冰和空气的混合物，不含游离（液态）水。第二小节讨论湿雪的介电常数，湿雪含有游离水。

4.6.1　干雪

干雪的介电常数 $\varepsilon_{ds} = \varepsilon'_{ds} - j\varepsilon''_{ds}$，取决于 3 个物理量：①空气的介电常数，$\varepsilon_{air} = 1 - j0$；②冰的介电常数，$\varepsilon_i = \varepsilon'_i - j\varepsilon''_i$；③冰的体积比 ν_i。雪中冰的体积比与雪的密度 ρ_s（g/cm³）的关系为

$$\nu_i = \frac{\rho_s}{0.916\ 7} \tag{4.52}$$

式中的 0.916 7 g/cm³ 为纯冰的密度。

干雪的介电常数

正如 4.3 节中对式(4.23)的相关论述，冰的介电常数 ε'_i 与整个微波波段的频率无关，并且对温度的敏感性也很小，可忽略不计。因此，我们对其赋值：

$$\varepsilon'_i = 3.17$$

相当于 $T = -20℃$ 时的式(4.23)。如果我们在式(4.43)的 TVB 球状夹杂物模型中取 $\varepsilon_h = 1$（对于空气），我们得到混合物的介电常数的表达式如下，同时也是干雪的介电常数表达式：

$$\varepsilon_{ds} = 1 + \frac{3\nu_i(\varepsilon_i - 1)}{(2 + \varepsilon_i) - \nu_i(\varepsilon_i - 1)} \tag{4.53}$$

式中，$\varepsilon_i = \varepsilon'_i - j\varepsilon''_i$ 为冰的介电常数。我们的目的是为 ε'_{ds} 导出一个简单但相对精确的表达式。由于 $\varepsilon''_i \ll \varepsilon'_i$，所以忽略 ε''_i，令式(4.53)中的 $\varepsilon_i = 3.17$，结果得到

$$\varepsilon'_{ds} \approx \frac{1 + 0.84\nu_i}{1 - 0.42\nu_i} \tag{4.54}$$

当 $\nu_i = 0$（纯净空气）时，$\varepsilon'_{ds} = 1$；当 $\nu_i = 1$（纯冰）时，$\varepsilon'_{ds} = 3.17$，从而确认公式匹配了 ν_i 的两个正确极值。图 4.17 展示了当频率在 0.8~37 GHz 的宽频范围内，利用式(4.54)得出的计算结果与实验测量的 ε'_{ds} 的拟合图。显然，利用式(4.54)表示的 TVB 模型很好地拟合了实验数据。

以下经验表达式（Mätzler，2006）也提供了与实验数据同样良好的拟合[†]。

$$\varepsilon'_{ds} = \begin{cases} 1 + 1.466\ 7\nu_i + 1.435\nu_i^2 & (0 \leqslant \nu_i \leqslant 0.45) \\ (1 + 0.475\ 9\nu_i)^3 & (\nu_i > 0.45) \end{cases} \tag{4.55}$$

干雪的介电损耗因子

上文提过，干雪的介电常数 ε'_{ds} 与温度和微波波段的频率无关。相反，干雪的介

---

† 计算机代码 4.5。

电损耗因子 ε''_{ds} 对这两个参数则有很大的依赖性。图 4.18 的曲线族描述了当频率为 9.375 GHz 时，以干雪密度 ρ_s 为参数，$\varepsilon''_{ds}/\varepsilon'_{ds}$ 随负温度的变化。根据从 0.8 ~ 12.6 GHz 的测量，损耗角正切 $\varepsilon''_{ds}/\varepsilon'_{ds}$ 随频率的变化如图 4.19 所示。曲线族的最小值位于 1 ~ 2 GHz 频率范围内，这与图 4.3 中冰的 ε''_i 最小值类似。由于干雪是冰和空气的混合物，因此 ε''_{ds} 应模拟 ε''_i 的温度和频率条件。为了获得 $\varepsilon''_{ds}/\varepsilon''_i$ 的模型表达式，我们做出以下假设：

（1）在式（4.53）给出的 TVB 模型表达式中，我们设 $\varepsilon_{ds}=\varepsilon'_{ds}-j\varepsilon''_{ds}$，$\varepsilon_i=\varepsilon'_i-j\varepsilon''_i$。

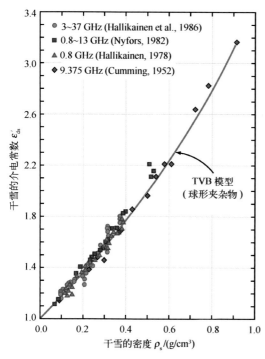

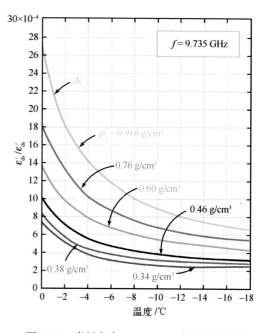

图 4.17　在 0.8 ~ 37 GHz 频率范围内，干雪的介电常数随密度的变化

图 4.18　当频率为 9.375 GHz 时，干雪的损耗角正切随负温度的变化（Cumming，1952）

（2）我们将公式右侧第二项的分子和分母乘以其分母的共轭复数，得到形如 $\varepsilon'_{ds}-j\varepsilon''_{ds}=a-jb$ 的表达式。

（3）然后，我们令 ε'_{ds} 等于 b，并在适当的时候忽略小数量项，并进行简化，最终得到（Hallikainen et al.，1986）：

$$\varepsilon''_{ds}=\frac{9v_i\varepsilon''_i}{[(2+v_i)+\varepsilon'_i(1-v_i)]^2} \tag{4.56}$$

设 $\varepsilon'_i=3.17$，上式可简化为

$$\varepsilon''_{ds}=\frac{0.34v_i\varepsilon''_i}{(1-0.42v_i)^2} \tag{4.57}$$

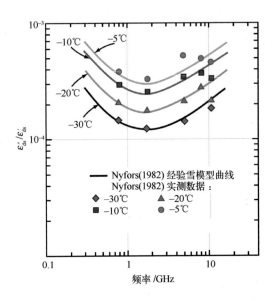

图 4.19　以温度为参数，干雪的损耗角
正切随频率的变化。雪的密度为
0.45 g/cm³(Nyfors，1982)

图 4.20 展示了 $\varepsilon_{ds}'' / \varepsilon_i''$ 与 ρ_s 的函数关系以及从图 4.18 中提取的 T 分别为 0℃和-18℃时的两条曲线。TVB 模型下的理论曲线应介于 0℃和-18℃时的数据曲线之间。根据式(4.57)，$\varepsilon_{ds}'' / \varepsilon_i''$ 与温度无关，即意味着 0℃和-18℃的曲线应相同。事实上，它们并不是由于测量不准确造成的。

为了确定式(4.57)中的 ε_{ds}''，我们首先需要准确地知道冰的 ε_i'' 为何值时，冰可以转化为雪。如图4.4所述，ε_i'' 可随冰中夹杂物的含量而产生显著变化；盐度低至 1 psu 足以使 ε_i'' 增大到原来的两倍。为了使模型公式(4.57)绘制的图 4.18 和图4.19 中的数据一致，需要多次使用图 4.3 中纯冰的 ε_i''。

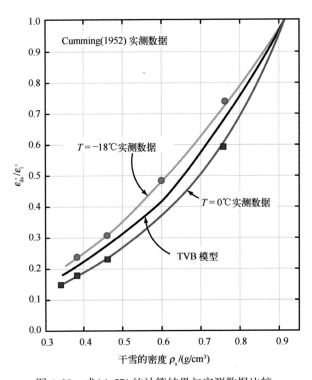

图 4.20　式(4.57)的计算结果与实测数据比较

4.6.2　湿雪

当温度接近 0℃时，雪中的水能够以液态的形式存在。由于液态水的介电常数比空气和冰的介电常数大，液态水对雪的混合物的介电常数有很大的影响。雪的液态水含量（或雪的湿度）m_v 是雪的混合物中液态水的体积比，通常用百分比表示，有时也用液态水质量的百分比 w_w 表示。这两个物理量可以通过近似表达式 $m_v = w_w \rho_{ws}$ 联系起来，其中，ρ_{ws} 是湿雪的密度，近似等于干雪的密度 ρ_s，这是由于水的密度（1 g/cm^3）和纯冰（0.916 7 g/cm^3）的密度非常相近。

Hallikainen 等（1983，1984，1986）利用自由空间传输技术对自然雪的介电属性进行了大量的研究。他们在 4~18 GHz 之间 9 个频率下，测量了 110 个湿雪雪样的介电常数和介电损耗因子，其中对 62 个雪样又在 3 GHz 和 37 GHz 下进行了测量。因此，尽管测量结果的范围为 3~37 GHz，但在 4~18 GHz 内的测量值对结果影响更大。样本的 m_v 范围为 1%~12%。测量装置采用一对用于传输和接收的喇叭天线，波沿垂直方向传播。通过在积雪场地附近操作该设备并移除场地上的雪板以确保尽可能不破坏雪的几何结构。在两个天线之间放置直径约 50 cm、厚度为数厘米的泡沫塑料薄板，测量其传输系数的振幅和相位（以此确定 ε'_{ws} 和 ε''_{ws}）。

除了测量湿雪的复介电常数（$m_v > 1\%$），Hallikainen 等（1986）测得了当雪的密度范围为 0.09~0.38 g/cm^3 时干雪的介电常数。对数据进行线性拟合如下：

$$\varepsilon'_{ds} = 1.0 + 1.832 \rho_s \tag{4.58}$$

式中，线性相关系数为 0.96，均方根误差为 0.04。

当分析湿雪的介电常数测量数据时，Hallikainen 等发现若转为计算增量介电常数 $\Delta\varepsilon'_{ws}$，可以（近似地）消除雪的密度对 ε'_{ws} 的影响时，此时分析会变得更简单：

$$\Delta\varepsilon'_{ws} = \varepsilon'_{ws} - 1.0 - 1.832 \rho_s \tag{4.59}$$

而介电损耗因子 ε''_{ws} 并不适用这种方法，因为它几乎完全是由液态水引入的增量。

图 4.21 为 $\Delta\varepsilon'_{ws}$ 和 ε''_{ws} 随 m_v 变化的典型示例。数据点基于 ε'_{ws} 和 ε''_{ws} 的测量值，实曲线采用经验修正的类德拜模型计算，模型方程如下[†]：

$$\varepsilon'_{ws} = A + \frac{Bm_v^x}{1 + (f/f_0)^2} \tag{4.60a}$$

$$\varepsilon''_{ws} = \frac{C(f/f_0) m_v^x}{1 + (f/f_0)^2} \tag{4.60b}$$

式中，f_0 为湿雪的有效弛豫频率。利用 955 个测量值（ε'_{ws}）和 1 个定值（ε''_{ws}）对上述表达

---

†　计算机代码 4.6。

式进行拟合，并以此确定常数 A、B、C、f_0 和 x 的值。在 $3\ \mathrm{GHz} \leqslant f \leqslant 37\ \mathrm{GHz}$，$0.09\ \mathrm{g/cm^3} \leqslant \rho_s \leqslant 0.38\ \mathrm{g/cm^3}$，$1\% \leqslant m_v \leqslant 12\%$ 条件下，各常数值的结果为

$$A = A_1(1.0 + 1.83\rho_s + 0.02m_v^{1.015}) + B_1 \tag{4.61a}$$

$$B = 0.073A_1 \tag{4.61b}$$

$$C = 0.073A_2 \tag{4.61c}$$

$$x = 1.31 \tag{4.61d}$$

$$f_0 = 9.07\ \mathrm{GHz} \tag{4.61e}$$

$$A_1 = 0.78 + 0.03f - 0.58 \times 10^{-3}f^2 \tag{4.61f}$$

$$A_2 = 0.97 - 0.39f \times 10^{-2} + 0.39 \times 10^{-3}f^2 \tag{4.61g}$$

$$B_1 = 0.31 - 0.05f + 0.87 \times 10^{-3}f^2 \tag{4.61h}$$

式中，f 的单位是 GHz。当频率大于 15 GHz 时，介电常数通常表现出更高的频率依赖性；低于 15 GHz 时，我们可以令 $A_1 = A_2 = 1.0$，$B_1 = 0$。

湿雪弛豫频率 f_0 的值略高于水在 0℃ 时的弛豫频率 $f_0 = 8.9\ \mathrm{GHz}$，这与前文中关于含水的非均质混合物的研究结果一致。无论是理论研究或是实验结果，de Loor(1968)都证明了此类混合物的弛豫频率总是等于或大于弛豫分量的弛豫频率。

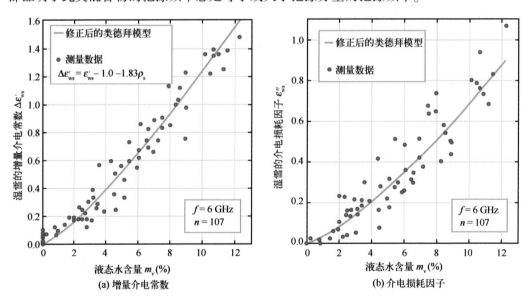

图 4.21　6 GHz 时湿雪的增量介电常数(实部)及介电损耗因子(虚部)随液态水含量的变化

(Hallikainen et al., 1986)

当 $f = 6\ \mathrm{GHz}$ 时，利用式(4.60)计算得出的曲线如图 4.21 所示，对 $\Delta\varepsilon_{ws}''$ 和 ε_{ws}'' 的数据都实现了较好的拟合。对于整个数据集，Hallikainen 等(1986)对雪的介电常数测量值和计算值之间的线性相关系数进行了评估，发现 $\Delta\varepsilon_{ws}'$ 的线性相关系数为 0.99，$\Delta\varepsilon_{ws}''$

的线性相关系数为 0.98。

图 4.22 至图 4.24 展示了在 3～37 GHz 范围内液态水含量对湿雪的介电属性的影响。结果表明，干雪的密度 $\rho_{ds} = 0.25$ g/cm³，也是本研究期间的平均观测值。如图 4.23 所示，利用修正的类德拜方程式（4.60）和式（4.61）计算的 ε'_{ws} 和 ε''_{ws} 值。ε''_{ws} 在 9.0 GHz 时达到最大值，与 0℃ 时水的弛豫频率相等。在 3～6 GHz 时，由于水的 ε''_w 大幅增加，导致在该频率范围内的 ε''_{ws} 也迅速增加。在 15 GHz 以内，随着频率的增加，湿雪的吸收系数呈线性增加趋势；在 18～37 GHz 时，平均斜率较小。

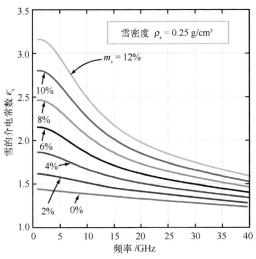

图 4.22　以雪的湿度为参数，湿雪的介电常数随频率的变化。该图基于式（4.60）修正后的类德拜模型

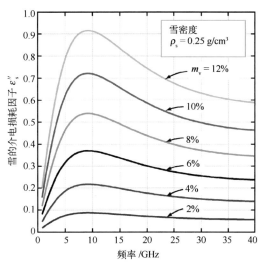

图 4.23　以雪的湿度为参数，湿雪的介电损耗因子随频率的变化。该图基于式（4.60）修正后的类德拜模型

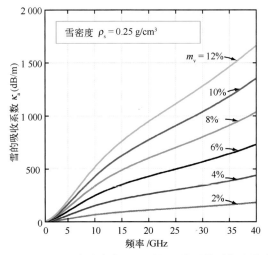

图 4.24　以雪的湿度为参数，湿雪的吸收系数随频率的变化。该图基于式（4.60）修正后的类德拜模型

4.7　干岩石的介电常数

Campbell 等(1969)对固体岩石和粉末岩石的介电属性进行了大量的研究，他们在 450 MHz 和 35 GHz 下测量了 36 种固体和粉末形式的岩石。20 年后，Ulaby 等(1990a) 采用了多种测量方法，研究了在 0.5~18 GHz 范围内的 80 个岩石样品的介电属性。以下是这两次研究结果的总结。

4.7.1　粉末状岩石

岩石的体积密度 ρ_b，单位为 g/cm^3，其变化范围为 1~3.4 g/cm^3。其中，粉末状岩石的体积密度为 1 g/cm^3，某些高密度岩石，如橄榄岩，它们的体积密度可达 3.4 g/cm^3。Campbell 等(1969)公布的数据集包含了对 25 种不同类型的粉末状岩石的介电属性测量，所有此类岩石的密度均为 1 g/cm^3。

> ▶ 结果表明，粉末状岩石的相对介电常数 ε'_p 在 1.9~2.1 的小区间范围内变化，平均值在 2.0 左右。因此，当归一化到相同密度时，无论是何种岩石密度，所有岩石的介电常数都大致相同。◀

4.7.2　固体岩石

根据图 4.25 的数据，在 36 种固体岩石中，ε'_{sr} 的变化范围在 2.5~9.6 之间，并且在 450 MHz 时测得的值与 35 GHz 时测得的值没有显著差异，这说明 ε'_{sr} 在微波波段内不受频率的影响。图 4.26 可证实这一结论，图中展示了 Ulaby 等(1990a)研究的 80 种岩石类型的 4 个典型示例，从介电常数测量值与温度的函数关系图像上看，ε'_{sr} 也与温度无关。

ε'_{sr} 随体积密度 ρ_b 的变化如图 4.27 所示。该图包括测量数据以及下式给出的经验拟合：

$$\varepsilon'_{sr} = (\varepsilon'_p)^{\rho_b} = 2^{\rho_b} \tag{4.62}$$

式中，$\varepsilon'_p = 2$ 为粉末状岩石的平均介电常数。不同类型岩石的矿物学差异导致 ρ_b 曲线不够平滑。

与 ε'_{sr} 的变化和频率不相关性不同，在 Ulaby 等(1990a)测试的所有岩石中，岩石的介电损耗因子 ε''_{sr} 都表现出一定的频率相关性，典型示例如图 4.28 所示，ε''_{sr} 随频率的变化至少有部分原因是岩石样本中束缚水导致的频散。

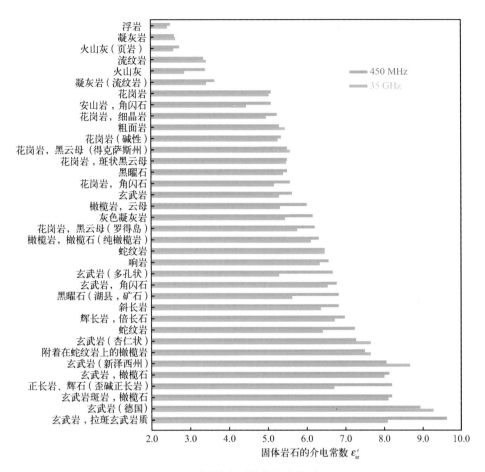

图 4.25　450 MHz 和 35 GHz 下固体岩石的介电常数对比（Campbell et al.，1969）

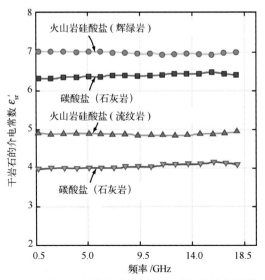

图 4.26　4 种岩石的介电常数测量值随频率的变化情况

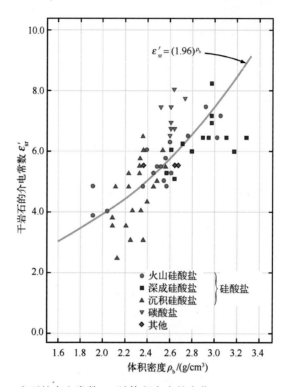

图 4.27　岩石的介电常数 ε_{sr}' 随体积密度的变化(Ulaby et al.，1990a)

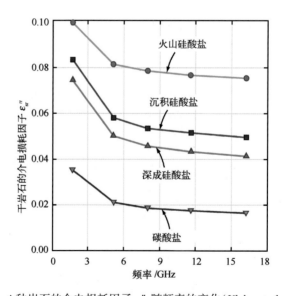

图 4.28　4 种岩石的介电损耗因子 ε_{sr}'' 随频率的变化(Ulaby et al.，1990a)

通过对 ε_{sr}'' 实测数据的分析，得出以下结论：

（a）ε_{sr}'' 与体积密度 ρ_b 之间无明显相关性；

（b）在 1.6 GHz 时，80 种岩石的介电常数 ε_{sr}' 变化范围为 0.002～0.24，而在 16 GHz 时的对应变化范围为 0.002～0.18。Vaccaneo 等（2004）公布了 L 波段的相似数值范围；

（c）大多数岩石的介电损耗因子 ε_{sr}'' 与频率的变化关系满足

$$\varepsilon_{sr}'' = a + \frac{b}{f} \qquad (4.63)$$

式中，a 和 b 为由岩石类型确定的具体常数；f 为频率。系数 a 和 b 与体积密度 ρ_b 之间没有明显的相关性。

总之，对于单个岩石类型，其介电损耗因子 ε_{sr}'' 的变化趋势与图 4.28 类似，但 ε_{sr}'' 的大小似乎与体积密度无关。

4.8　土壤的介电常数

4.8.1　干土壤

在没有液态水的情况下，土壤的微波介电常数 ε_{soil}，与温度和频率均无关。其中，$2 \leqslant \varepsilon_{soil}' \leqslant 4$，$\varepsilon_{soil}'' < 0.05$。根据对几类不同土壤的实验测量，Dobson 等（1985）建立的 ε_{soil}' 模型公式为

$$\varepsilon_{soil}' = (1 + 0.44\,\rho_b)^2 \qquad （干土壤） \qquad (4.64)$$

式中，ρ_b 为土壤的体积密度。

4.8.2　湿土壤

湿土壤介质是土壤颗粒、气泡和液态水的混合物。土壤中的水通常分为束缚水和游离水两类。束缚水是指土壤颗粒周围的前几个分子层中所含的水分子，并由于基质吸力和渗透力的影响，水分子被土壤颗粒紧紧吸引。由于作用在水分子上的基质吸力随着与土壤颗粒距离的增大而迅速减小，距土壤颗粒数个分子层之外的水分子能够相对容易地在土壤介质中移动，因此被称为"游离水"。

将水划分为束缚水和游离水，只是对土壤介质中水分子实际分布的一种近似描述，束缚水和游离水之间的分界点基于某种任意标准。与土壤颗粒相邻的分子层的含水量与单位体积土壤颗粒的总表面积成正比。反过来，颗粒的总表面积又是土壤颗粒尺寸和矿物特性的函数。大多数情况下，我们根据土壤的粒径分布确定其结构类别。

　　根据粒径大小，土壤颗粒可分为沙、粉砂或黏土(图4.29)。因为土壤中的颗粒大小不一，所以按具体类别(沙、粉砂和黏土)在土壤中所占的质量百分比对土壤进行分类比较方便。三类颗粒的质量百分比相对大小决定了土壤的结构类别(图4.30显示了美国农业部的三轴分类系统)。土壤类型指的是图4.30中土壤结构类别的一个分支。

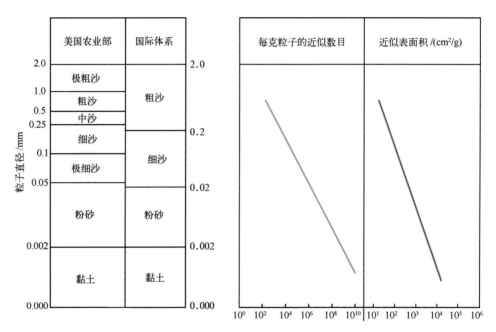

图4.29　密度为2.65 g/cm³的球形颗粒的颗粒大小分类、颗粒数量和外部表面积

(Birkeland，1974年修订)

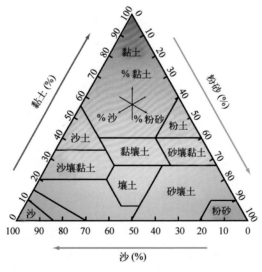

图4.30　土壤质地分类三角图

通常用来描述土壤样品含水量的两个术语是体含水量 m_v 和重量含水量 m_g：

$$m_v = \frac{V_w}{V_t} = \frac{V_w}{V_{dry}} = \frac{W_w \rho_b}{W_{dry} \rho_w} = \frac{W_w \rho_b}{W_{dry}} \quad (\text{cm}^3/\text{cm}^3 \text{ 或者 g/cm}^3) \quad (4.65a)$$

$$m_g = \frac{W_w}{W_{dry}} \times 100 = 100 \frac{m_v}{\rho_b} \quad (\%) \quad (4.65b)$$

式中，W_w 和 W_{dry} 分别是样本中的水和干土壤样本的重量；V_w 是水的体积；V_t 是样本的总体积，其中包括空气、土壤和水的体积，假设样本总体积等于干土壤样本的体积（即假设当水添加到样本中时，刚好充满气泡并不额外增加总体积）；ρ_b 为干土壤样本的体积密度；$\rho_w = 1$ g/cm^3 为水的密度。尽管 m_v 是一个分数，没有单位，但它通常以 cm^3/cm^3 或者 g/cm^3 表示。

通常，土壤介质是由空气、块状土壤、束缚水和游离水组成的四组分电介质混合物。由于相同强度的作用力，束缚水的水分子和入射电磁波的相互作用方式与冰和入射电磁波的作用方式基本相同，并表现出与游离水截然不同的介电频散谱。束缚水和游离水的复合介电常数是电磁频率 f、物理温度 T 和盐度 S 的函数。同理，土壤混合物的介电常数是以下变量的函数：①f，T，S；②总的体含水量 m_v；③束缚水和游离水的相对分数，与粒径分布（或土壤质地）有关；④土壤的体积密度 ρ_b；⑤土壤颗粒的形状；⑥液态水夹杂物的形状。我们尽量用一个相对简单的模型来描述土壤的介电常数 ε_{soil}，该模型可以解释以上这一长串变量中的大部分变量如何影响 ε_{soil}。

研究人员为了定性湿土壤的介电属性已经进行了大量研究，尤其是 Wang 等（1980）、Dobson 等（1985）、Hallikainen 等（1985）、Roth 等（1990）及 Peplinski 等（1995）的报告。测量的介电数据通常绘制为 m_v 或 m_g 的函数，有时两者都包括。

从混合介电模型的角度来看，由于土–水混合物的介电常数是混合物中水的体积比的函数，因此首选体积测量。图 4.31 显示了这一倾向，其中 ε'_{soil} 和 ε''_{soil} 相对于 m_g 的回归曲线 [图 4.31（a）] 明显比相对于 m_v 的回归曲线 [图 4.31（b）] 有更大的离散度。此外，对两个土壤样本进行的测量结果显示，两个样本的 m_g 大致相同，但体积密度明显不同，这也导致了 ε_{soil} 的值明显不同。然而，具有相同 m_v 但体积密度不同的两个样本的介电常数大致相同。

图 4.32 的曲线描述了 5 种类型的土壤在 5 GHz 下的 ε_{soil} 测量值随 m_v 的变化。在 1.4~18 GHz 频率下的测量也得到了类似的响应。每种土壤的指示含水量范围在 $m_v = 0$ 和该土壤所能容纳的最高含水量之间，且不产生排水。

图 4.33 所示为 Hallikainen 等（1985）测量的一种土壤类型中频率的作用。图中表明，当频率从 1.4 GHz 增大到 18 GHz 时，土壤的介电常数 ε'_{soil} 随频率增大而减小，而介电损耗因子 ε''_{soil} 随着频率增大而增大。ε_{soil} 的频率响应特征与水的频率响应特征类似

（4.1节）。图 4.34 为不同 m_v 的壤土 ε'_{soil} 和 ε''_{soil} 的频谱图，更清楚地显示了 ε_{soil} 对频率的依赖性。

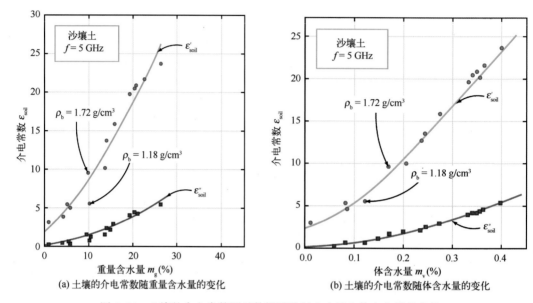

图 4.31　土壤的介电常数测量数据随重量含水量和体含水量的变化

（Hallikainen et al.，1985）

图 4.32　5 GHz 下 5 种类型土壤的介电常数 ε_{soil} 随体含水量 m_v 的变化

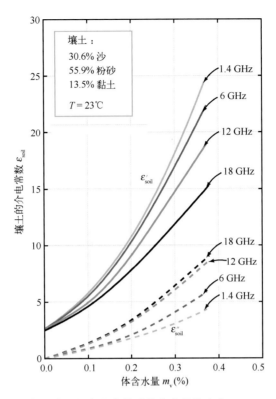

图 4.33　4 种微波频率下壤土的介电常数随体含水量的变化（Hallikainen et al.，1985）

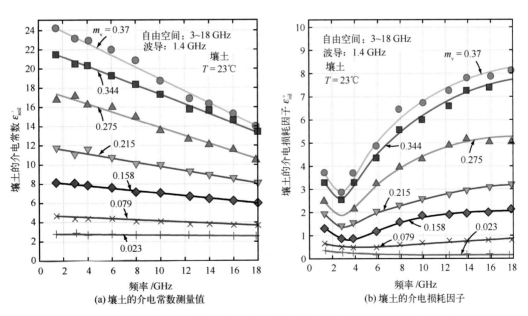

图 4.34　以体含水量为参数，壤土的介电常数和介电损耗因子随频率的变化

（Hallikainen et al.，1985）

Hoekstra 等(1974)和 Hallikainen 等(1984b)分别研究了在 10 GHz 下以及在 3 ~ 37 GHz 的宽频范围内 $\varepsilon_{\text{soil}}$ 对温度的依赖性。在 0℃以下，$\varepsilon'_{\text{soil}}$ 和 $\varepsilon''_{\text{soil}}$ 与温度呈弱相关性，但当 T 大于水的冻结温度时，$\varepsilon'_{\text{soil}}$ 和 $\varepsilon''_{\text{soil}}$ 都发生了显著的变化，如图 4.35 所示。

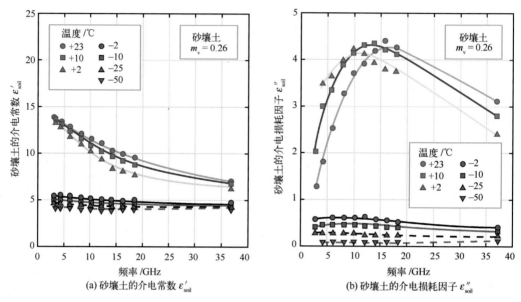

图 4.35　以温度为参数，砂壤土的介电常数和介电损耗因子随频率的变化

(Hallikainen et al.，1984b)

为了模拟土壤在微波频率下的介电属性，Dobson 等(1985)使用了由固体土壤材料、空气、束缚水和游离水组成的四组分模型，利用式(4.45)的类折射模型以及固体土壤材料密度的典型值，建立了 $\varepsilon_{\text{soil}}$ 的半经验模型如下[†]：

$$\varepsilon'_{\text{soil}} = \left[1 + 0.66\rho_{\text{b}} + m_{\text{v}}^{\beta_1}(\varepsilon'_{\text{w}})^{\alpha} - m_{\text{v}} \right]^{1/\alpha} \tag{4.66a}$$

$$\varepsilon''_{\text{soil}} = m_{\text{v}}^{\beta_2}\varepsilon''_{\text{w}} \tag{4.66b}$$

式中，ρ_{b} 为土壤的体积密度，单位为 g/cm³(如果 ρ_{b} 为未知量，推荐使用特征值 1.7 g/cm³)；m_{v} 为体含水量，单位为 g/cm³；ε_{w} 为水的介电常数。在该模型中，ε_{w} 由 4.1 节的德拜模型给出，并为 ε''_{w} 增加了一个电导项：

$$\varepsilon'_{\text{w}} = \varepsilon_{\text{w}\infty} + \frac{\varepsilon_{\text{w}0} - \varepsilon_{\text{w}\infty}}{1 + (2\pi f \tau_{\text{w}})^2} \tag{4.67a}$$

$$\varepsilon''_{\text{w}} = \frac{2\pi f \tau_{\text{w}}(\varepsilon_{\text{w}0} - \varepsilon_{\text{w}\infty})}{1 + (2\pi f \tau_{\text{w}})^2} + \left(\frac{2.65 - \rho_{\text{b}}}{2.65 m_{\text{v}}}\right)\frac{\sigma}{2\pi\varepsilon_0 f} \tag{4.67b}$$

---

† 计算机代码 4.6。

ε_{w0}、$\varepsilon_{w\infty}$ 和 τ_w 的表达式已在 4.1 节中给出，且 $\varepsilon_0 = 8.854 \times 10^{-12}\,\mathrm{F/m}$。指数 α、β_1 和 β_2 以及有效电导率 σ 与土壤的性质有关，它们的经验公式是

$$\alpha = 0.65 \tag{4.68a}$$

$$\beta_1 = 1.27 - 0.519S - 0.152C \tag{4.68b}$$

$$\beta_2 = 2.06 - 0.928S - 0.255C \tag{4.68c}$$

$$\sigma = -1.645 + 1.939\rho_b - 2.256S + 1.594C \tag{4.68d}$$

式中，S 和 C 分别为沙土和黏土的质量分数（即 $0 \leqslant S \leqslant 1$，此范围亦适用于 C）。

本文介绍了基于 5 种土壤类型、1.4~18 GHz 间的多个频率和多种不同的湿度条件下，809 个 $\varepsilon'_{\mathrm{soil}}$ 和 $\varepsilon''_{\mathrm{soil}}$ 的测量值与模型计算值之间的多重相关系数。结果表明，$\varepsilon'_{\mathrm{soil}}$ 的相关系数为 0.98，$\varepsilon''_{\mathrm{soil}}$ 的相关系数为 0.99。

当使用式(4.66)给出的模型时，我们也可以使用 4.1 节给出的游离水 ε_w 的细节表达式，或者 $T = 23\,°\mathrm{C}$，$\rho_b = 1.7\,\mathrm{g/cm^3}$ 时的简化公式：

$$\varepsilon'_w = 4.9 + \frac{74.1}{1 + (f/f_0)^2} \tag{4.69a}$$

$$\varepsilon''_w = \frac{74.1(f/f_0)}{1 + (f/f_0)^2} + 6.46\,\frac{\sigma}{f} \tag{4.69b}$$

式中，f 和 f_0 单位为 GHz，$f_0 = 18.64$ GHz（23 °C 时水的弛豫频率）。

Dobson 等(1985)的报告中所提出的模型能在 1.4~18 GHz 范围内拟合绝大多数介电数据，除了在 1.4 GHz 时，拟合效果没那么好。

4.8.3　0.3~1.5 GHz 波段的 $\varepsilon_{\mathrm{soil}}$

Peplinski 等(1995)对几种土壤类型进行了研究，并特别关注 0.3~1.3 GHz 范围内的介电性能。其结果的一个例子如图 4.36 所示，将式(4.67)和式(4.68)给出的修正模型与测量数据进行比较。修正涉及电导率 σ 的表达式。为此他们没有使用式(4.68d)，而是提出了以下经验表达式：

$$\sigma = 0.0467 + 0.22\rho_b - 0.411S + 0.661C \quad (0.3 \sim 1.3\ \mathrm{GHz}) \tag{4.70}$$

4.9　植被的介电常数

从波传播的角度来看，植被冠层是一种混合介质，由分布在基质材料（空气）中的离散介电夹杂物（如叶、茎和果实）组成。在大部分植被冠层中，夹杂物的大小或者与微波波长相等，或者大于微波波长。这意味着植被冠层是一种非均匀的各向异性介质。波在这样的介质里传播会引起波的吸收和散射。

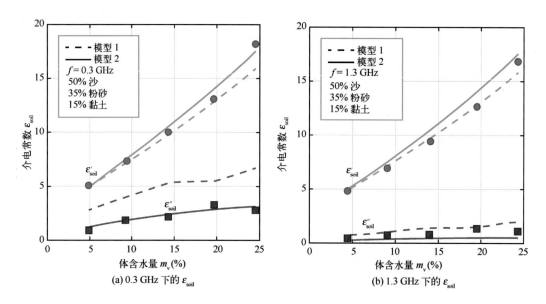

图 4.36　0.3 GHz 和 1.3 GHz 下，分别基于式(4.67)至式(4.69)的模型 1 和修正式(4.70)的
模型 2 所计算得到的 ε' 和 ε'' 对比图(Peplinski et al.，1995)

植被冠层的散射、发射模型通常是根据冠层的容积吸收率和散射系数建立的，即 κ_a 和 κ_s。一般地，这两个物理量都受介电常数、体积比和几何结构(即冠层内各种夹杂物的形状以及相对于电磁波电场的方向)的影响。

4.9.1　冠层结构的介电常数

以下是在宽频范围内，对几种谷物进行的介电测量。在冬小麦的介电常数测量中，我们将频率范围从音频波段的 250 Hz 一直增大到微波波段的 12.2 GHz(Nelson et al.，1976)。图 4.37 所示是 ε_v 在 1.0 GHz 和 12.2 GHz 下随湿度的变化。我们对平均体积密度为 0.76 g/cm³、颗粒密度为 1.41 g/cm³ 的麦穗进行了测量。上述测量以及其他谷物和种子的类似测量(Nelson，1973，1976，1978，1979；Kraszewski，1978)都有一个共同的局限性：它们的含水量很少超过湿重的 25%。因为在大多数情况下，谷物的介电测量是为了支持粮食工业湿度计的开发和定标。基于这样的目的，大家关注的含水量范围通常低于 25%，也低于谷物最终收割时的典型含水量。从遥感的角度来看，感兴趣的含水量范围为湿重的 40%~90%。尽管现有谷物和种子的介电数据可能无法直接适用于遥感问题，但它们仍然可以补充较高的含水量数据。

植被(例如叶或茎)的含水量是以湿重法(m_g)或体积法(m_v)测量的。这两个物理量的表达式为

$$m_{\mathrm{g}} = \frac{m_{\mathrm{v}}}{m_{\mathrm{v}} + (1 - m_{\mathrm{v}})\rho_{\mathrm{s}}} \qquad (4.71\mathrm{a})$$

$$m_{\mathrm{v}} = \frac{\rho_{\mathrm{s}} m_{\mathrm{g}}}{1 - m_{\mathrm{g}}(1 - \rho_{\mathrm{s}})} \qquad (4.71\mathrm{b})$$

式中，ρ_{s} 为固体材料的干密度，树叶的标准 ρ_{s} 为 0.3 g/cm³；m_{g} 的变化范围为 0~0.9；m_{v} 的相应范围为 0~0.7($\rho_{\mathrm{s}} \approx 0.3$)。

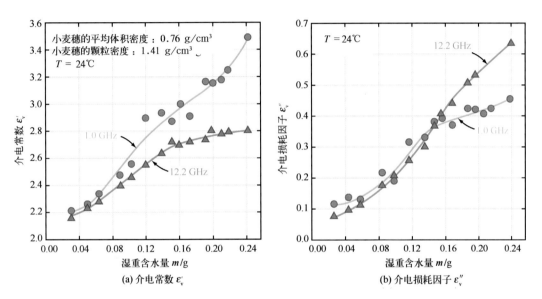

图 4.37　红色冬小麦穗的介电常数测量值随湿重含水量的变化(Nelson et al.，1976)

利用波导传输技术，Ulabye 等(1984)测量了 1.1~8.4 GHz 范围内玉米和小麦的叶和茎秆的介电属性。图 4.38 显示了 3 种微波频率下玉米叶的例子。前文提及，影响 $\varepsilon_{\mathrm{v}}'$ 和 $\varepsilon_{\mathrm{v}}''$ 的一个重要参数是从植被材料中提取的流体样本盐度。图 4.38 显示了 $S = 11$ psu 时玉米叶的介电数据。

在后续研究中，El-Rayes 等(1987)、Ulaby 等(1987)在 0.2~20 GHz 内对不同类型的植被材料进行了介电测量。图 4.39 显示了不同湿度水平下的 $\varepsilon_{\mathrm{v}}'$ 和 $\varepsilon_{\mathrm{v}}''$ 随频率的变化，图中数据将用于 4.9.2 节介绍的介电模型。玉米茎秆和其他类型植被的测量数据对含水量的依赖性也与玉米叶非常相似。

采用压力技术提取了部分植被材料中的液体样品，用于测量液体的介电常数。图 4.40 显示了新切玉米茎秆中所含液体的测量频谱并计算了盐度为 7 psu 的盐水的介电常数，即提取液的测量盐度。计算结果和测量频谱非常一致。

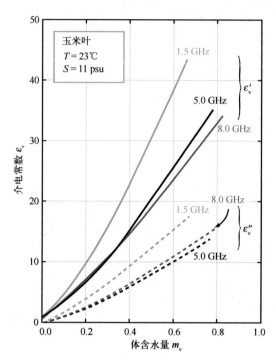

图 4.38　在 1.5 GHz、5.0 GHz 和 8.0 GHz 下，玉米叶的介电常数随体含水量的变化

（Ulaby et al., 1984）

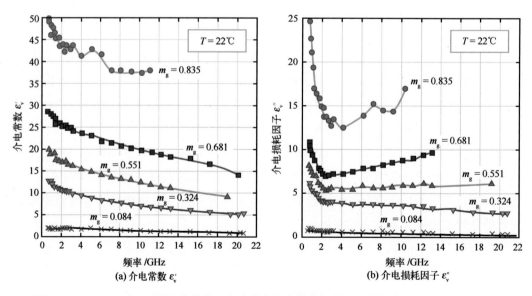

(a) 介电常数 ε_v'　　　　　(b) 介电损耗因子 ε_v''

图 4.39　$T=22℃$ 时，不同含水量的玉米叶的介电常数随频率的变化（El-Rayes et al., 1987）

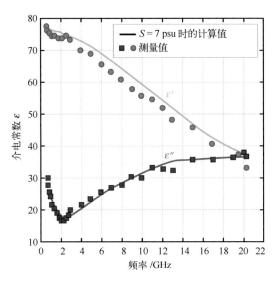

图 4.40　从玉米茎秆中提取的液体介电常数的测量值和计算值(El-Rayes et al., 1987)

当温度从 22℃ 的室温缓慢降低到 -32℃ 时,通过测量介电常数可以检验温度的作用。如果盐度为 5 psu,此时植被中液体的冻结温度约在 -0.3℃。因此,当温度在 -1~0℃ 之间时,玉米叶中的水分将会冻结。然而图 4.41 所展示的结果却恰好相反,玉米叶中的液体处于过冷状态,温度下降到 -6℃ 后瞬间冻结。

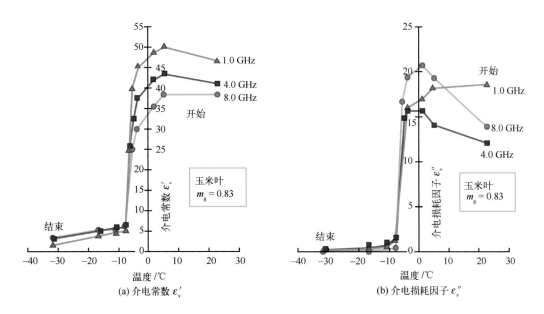

图 4.41　当温度从 22℃ 下降到 -32℃ 时,玉米叶的介电属性 ε_r 随温度的变化

(El-Rayes et al., 1987)

4.9.2 介电模型

在大多数含水固体材料的介电模型中(4.4 节)，混合物是一种非均匀介质，由分散在基质材料中的离散水分子组成。为了使模型与实验数据相匹配，往往会将水分子赋予一个形状(如球状或圆柱状)。而对于植被来说，这种模型是不符合实际情况的，因为叶子内部的水在空间上更接近于连续状态，而不是离散的。因此，Ulaby 等(1987)提出了一种植物介电常数的线性模型，其形式为三组加性混合模型[†]：

$$\varepsilon_v = \varepsilon_r + \nu_{fw}\varepsilon_w + \nu_{bw}\varepsilon_b \tag{4.72}$$

式中，ε_r 为由经验确定的无耗散残差分量；ε_w 和 ε_b 分别为游离水和束缚水的复合介电常数；ν_{fw} 和 ν_{bw} 为它们的体积比。ε_v 的实部和虚部分别为

$$\varepsilon'_v = \varepsilon_r + \nu_{fw}\varepsilon'_w + \nu_{bw}\varepsilon'_b \tag{4.73a}$$

$$\varepsilon''_v = \nu_{fw}\varepsilon''_w + \nu_{bw}\varepsilon''_b \tag{4.73b}$$

游离水

对于游离水组分，式(4.14a)和式(4.14b)已经给出了 ε'_w 和 ε''_w 的充分表达式。但由于植被中的游离水含有低浓度的盐和糖(盐度很少超过 15 psu)，因此，ε''_w 的表达式需要添加一个电导项，即

$$\varepsilon'_w = \varepsilon_{w\infty} + \frac{\varepsilon_{w0} - \varepsilon_{w\infty}}{1 + (f/f_0)^2} \tag{4.74a}$$

$$= \frac{(f/f_0)(\varepsilon_{w0} - \varepsilon_{w\infty})}{1 + (f/f_0)^2} + \frac{\sigma_i}{2\pi\varepsilon_0 f} \tag{4.74b}$$

式中，f_0 为游离水的弛豫频率；σ_i 为离子导电率，是盐度 S 和温度 T 的函数，其函数形式由式(4.21f)给出。$T = 22°C$ 时水的弛豫频率为 18 GHz，ε'_w 和 ε''_w 的表达式如下：

$$\varepsilon'_w = 4.9 + \frac{74.4}{1 + (f/18)^2} \tag{4.75a}$$

$$\varepsilon''_w = \frac{74.4(f/18)}{1 + (f/18)^2} + \frac{18\sigma_i}{f} \tag{4.75b}$$

式中，f 的单位为 GHz，且

$$\sigma_i \approx 0.17S - 0.0013S^2 \quad (S/m) \tag{4.75c}$$

---

† 计算机代码 4.8。

束缚水

如果对一个水分子突然施加电场，它因为受到某种力的作用而表现为抑制状态，则认为它处于"束缚"状态。当处于束缚态时，水分子的弛豫时间τ大于自由态时的弛豫时间，但仅根据τ增量很难定量分析水分子的受力情况。为了建立植被混合物中束缚水组分介电常数的模型，Ulaby 等(1987)对蔗糖水混合物进行了介电测量。选择蔗糖是因为它是植物中有机物质的一个典型示例，蔗糖与水分子的结合排列也是已知的，因此可以计算束缚水的浓度。将蔗糖水溶液在室温(22℃)下从 0.2~20 GHz 的介电测量值拟合为 Cole-Cole 频散方程形式：

$$\varepsilon_{b}' - j\varepsilon_{b}'' = 2.9 + \frac{55}{1 + (jf/0.18)^{0.5}} \tag{4.76}$$

系数 0.18 为束缚水的弛豫频率，单位为 GHz，比游离水的弛豫频率小两个数量级。在 Cole-Cole 方程中，(f/f_0)的指数可能小于 1。如图 4.42 所示，图中指数为 0.5 时可为测量数据提供最佳拟合。对式(4.76)进行有理化：

$$\varepsilon_{b}' = 2.9 + \frac{55(1 + \sqrt{f/0.36})}{(1 + \sqrt{f/0.36})^{2} + (f/0.36)} \tag{4.77a}$$

$$\varepsilon_{b}'' = + \frac{55\sqrt{f/0.36}}{(1 + \sqrt{f/0.36})^{2} + (f/0.36)} \tag{4.77b}$$

式中，f的单位为 GHz。

经验拟合

通过将测量的介电数据拟合到介电模型中，式(4.73)中的剩余物理量可以设为以下形式：

$$\varepsilon_{r} = 1.7 - 0.74m_{g} + 6.16m_{g}^{2} \tag{4.78a}$$

$$\nu_{fw} = m_{g}(0.55m_{g} - 0.076) \tag{4.78b}$$

$$\nu_{bw} = \frac{4.64m_{g}^{2}}{1 + 7.36m_{g}^{2}} \tag{4.78c}$$

残差介电常数ε_r的变化范围为 1.7(干植被)至 4.5($m_g = 0.7$)。因为它代表了大量的植被材料，考虑但不仅仅考虑m_g对ε_r的影响才可以得到更好的拟合。图 4.43 是玉米叶介电常数的示例，图 4.44 描绘了ε_v随m_g的变化。尽管该模型是在对玉米叶片进行介电测量的基础上发展起来的，但它似乎也能很好地适用于其他类型的植被。图 4.45 是橡胶叶的例子(Chuah et al.，1995)。

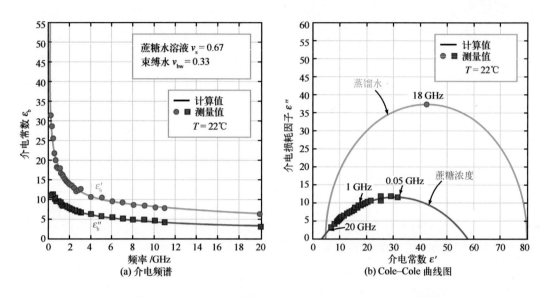

图 4.42　蔗糖水溶液的介电频谱测量值和基于式(4.76)的理论计算值以及
蒸馏水和蔗糖溶液的 Cole-Cole 曲线图

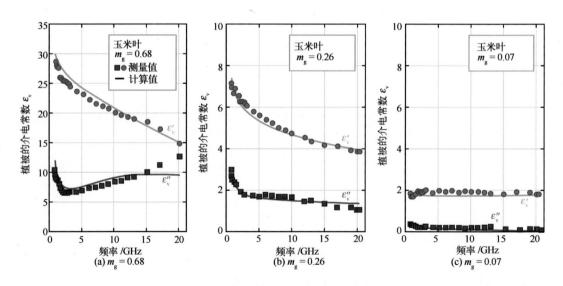

图 4.43　利用植被模型模拟的介电常数与测量数据的对比

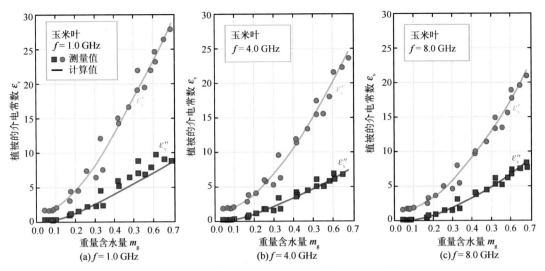

图 4.44　利用植被模型模拟的介电常数随重量含水量的变化

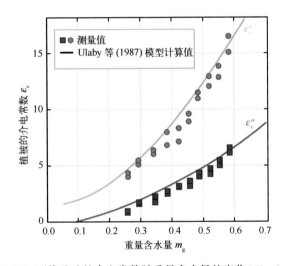

图 4.45　10.0 GHz 下橡胶叶的介电常数随重量含水量的变化(Chuah et al., 1995)

习　题

4.1　已知当温度为 10℃时，纯水的介电损耗因子在 1~30 GHz 内有最大值，试利用计算机代码 4.1 求出此时的微波频率。

4.2　已知 $T=20℃$，$f=30$ GHz，当盐度从 0 psu 增加到 40 psu 时，试利用计算机代码 4.2 绘出盐水的相对介电常数和介电损耗因子随盐度变化的曲线图。

4.3　已知 $f=1$ GHz，当温度从 $-30℃$上升至 $-1℃$时，试利用计算机代码 4.3 绘出纯冰的介电损耗因子随温度变化的曲线图。

4.4 已知 $T = 20℃$，当频率低于多少时，纯冰的穿透深度可超过：(a) 1 m；(b) 10 m；(c) 100 m。

4.5 已知空气背景中存在任意方向的冰夹杂物，其介电常数 $\varepsilon_i = 3.2 - j0.02$。试分别计算并绘制混合物的等效 TVB 介电常数和介电损耗因子与夹杂物体积比的函数图像，假设夹杂物为：(a) 圆碟状夹杂物；(b) 球状夹杂物；(c) 针状夹杂物。

提示：利用计算机代码 4.4。

4.6 已知空气背景中存在一个任意方向的椭球形混合介质。椭球大小为 $2a_1 = 2b_1 = 0.12$ mm，$2c_1 = 1.76$ mm，椭球材料的介电常数为 $\varepsilon_i = 3.2 - j0.02$。试利用 TVB 模型建立混合物介电常数的表达式，并绘出其与夹杂物体积比的函数图像。

4.7 当 $\alpha = 1/2$ 时，利用式(4.45)中的折射模型计算由冰组成的混合物在空气背景中介电常数的实部和虚部，$\varepsilon_i = 3.2 - j0.02$，并绘出其与夹杂物体积比的函数图像。

4.8 根据图 4.4 中的数据，我们估算当 $T = -1℃$，$f = 30$ GHz 时，近似纯冰的介电损耗因子 $\varepsilon_i'' \approx 4 \times 10^{-3}$。利用该值计算干雪的介电损耗因子，然后计算：

(a) ε_{ds}'' 与冰体积比 ν_i 的函数关系；

(b) 穿透深度与 ν_i 的函数关系。

4.9 利用计算机代码 4.6 计算并绘制湿雪的穿透深度与雪的湿度(0%~12%)的函数关系。雪的密度为 0.4 g/cm^3，频率为 10 GHz。

4.10 利用计算机代码 4.7 计算并绘制当频率为 1.4 GHz 时，湿土的穿透深度与土壤体含水量(3%~30%)的函数图像。假设 $T = 20℃$，沙率 $S = 30\%$，黏土率 $C = 50\%$。

4.11 利用计算机代码 4.8 绘制重量含水量为 0.5 的植被 Cole-Cole 曲线图［类似于图 4.42(b)］。假设植被流体的盐度为 7 psu。

第 **5** 章
雷 达 散 射

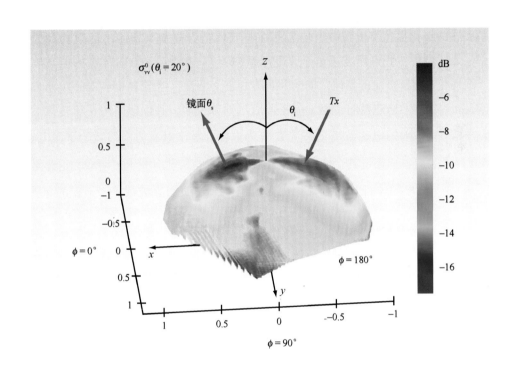

双站散射

本章主要介绍点目标和分布式目标对电磁波的散射、波极化的作用以及极化雷达获得目标全极化响应的机理，并对相关术语进行解释。在雷达术语中，天线波束所"看到"的任何物体都称为"目标"。若是独立目标(如汽车或飞机)，则称为点目标；若是地形之类的目标，则称为分布式目标。

5.1　球坐标系中的波极化

平面波的极化描述了电磁波电场矢端在与其传播方向相垂直的平面上移动的形成轨迹。在2.3节中，我们研究了笛卡儿坐标系(x，y，z)中沿z方向传播的电磁波的线极化、圆极化和椭圆极化的特性。根据平面波的正交特性，电场 E 存在于x-y平面。当在地球表面对雷达散射建模时，以x-y平面表示地球表面，并以球面角 θ 和 ϕ 表示入射到表面或从表面散射的电磁波极化矢量 E 较为方便。对于沿$\hat{k}$方向传播的平面电磁波，如图5.1所示，其电场相量 E 由水平极化分量$\hat{h}E_h$和垂直极化分量$\hat{v}E_v$组成，这样坐标系$(\hat{k}，\hat{v}，\hat{h})$就与标准的球面坐标系$(\hat{R}，\hat{\theta}，\hat{\phi})$相一致。因此，在波数 $k=2\pi/\lambda$ 的介质中：

$$E = (\hat{v}E_v + \hat{h}E_h)\,\mathrm{e}^{-jkk\hat{R}} \tag{5.1}$$

式中，

$$\hat{k} = \hat{x}\sin\theta\cos\phi + \hat{y}\sin\theta\sin\phi + \hat{z}\cos\theta \tag{5.2a}$$

$$\hat{h} = \frac{\hat{z}\times\hat{k}}{|\hat{z}\times\hat{k}|} = -\hat{x}\sin\phi + \hat{y}\cos\phi \tag{5.2b}$$

$$\hat{v} = \hat{h}\times\hat{k} = \hat{x}\cos\theta\cos\phi + \hat{y}\cos\theta\sin\phi - \hat{z}\sin\theta \tag{5.2c}$$

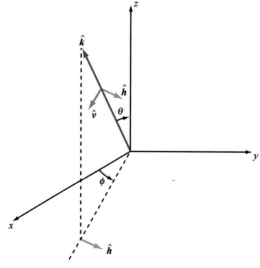

图5.1　沿$\hat{k}$方向行进的波的球面坐标系

在接下来的章节中，我们会使用如下的矩阵表示 $\boldsymbol{E}$：

$$\boldsymbol{E} = \begin{bmatrix} E_{\mathrm{v}} \\ E_{\mathrm{h}} \end{bmatrix} \tag{5.3}$$

这可以理解为 E_{v} 和 E_{h} 分别是沿 $\hat{\boldsymbol{v}}$ 和 $\hat{\boldsymbol{h}}$ 方向的 $\boldsymbol{E}$ 的复振幅，并且与这两个分量相关联的是传播相位因子 $\mathrm{e}^{-jk\hat{k}\hat{R}}$。

在 2.3 节中，对于沿 z 方向传播的电磁波，其波极化由电场复振幅 E_x 和 E_y 的大小及相位确定。笛卡儿坐标系到球面坐标系的转换需要将 2.3 节中所有表达式的下标从 $(x,\ y)$ 换成 $(\mathrm{v},\ \mathrm{h})$，具体为

$$E_{\mathrm{v}} = a_{\mathrm{v}} \tag{5.4a}$$

$$E_{\mathrm{h}} = a_{\mathrm{h}} \mathrm{e}^{j\delta} \tag{5.4b}$$

式中，$a_{\mathrm{v}} = |E_{\mathrm{v}}|$，$a_{\mathrm{h}} = |E_{\mathrm{h}}|$，且为方便起见，我们假定 E_{v} 的相位为零。因此，δ 是 $\boldsymbol{E}$ 的 h 和 v 分量之间的相位差。

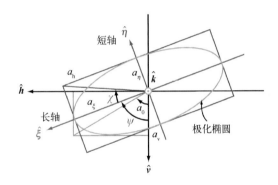

图 5.2　沿 $\hat{\boldsymbol{k}}$ 方向行进的波在 v–h 平面的极化椭圆

如果 a_{v}、a_{h} 和 δ 都是非零值，$\boldsymbol{E}$ 的矢端轨迹随时间变化形成一椭圆，该椭圆的旋转角 ψ 和椭圆角 χ（图 5.2）由下式求得

$$\tan 2\psi = (\tan 2\alpha_0) \cos \delta = \frac{2a_{\mathrm{v}} a_{\mathrm{h}}}{a_{\mathrm{v}}^2 - a_{\mathrm{h}}^2} \cos \delta \qquad (-\pi/2 \leqslant \psi \leqslant \pi/2) \tag{5.5a}$$

$$\sin 2\chi = (\sin 2\alpha_0) \sin \delta = \frac{2a_{\mathrm{h}} a_{\mathrm{v}}}{a_{\mathrm{h}}^2 + a_{\mathrm{v}}^2} \sin \delta \qquad (-\pi/4 \leqslant \chi \leqslant \pi/4) \tag{5.5b}$$

式中，α_0 为由下式定义的辅助角：

$$\tan \alpha_0 = \frac{a_{\mathrm{h}}}{a_{\mathrm{v}}} \tag{5.6}$$

$\delta = 0$ 或 π 时，椭圆演变成一条线，波极化变成线极化；$\delta = \pm \pi/2$ 且 $a_{\mathrm{v}} = a_{\mathrm{h}}$ 时，波极化变

为圆极化(参见2.3节)。

5.2 散射坐标系

当电场为 E^i 的平面波照射到一物体上，物体(图5.3)会吸收其俘获的部分能量并将剩余能量沿各个方向散射。如果该物体是理想导体，那么它只散射能量而不吸收能量。散射电磁波的电场矢量记作 E^s，其大小和方向(极化)与入射波电场 E^i、物体的形状、物体相对于入射波和散射波的指向以及该物体的电学特性(介电常数 ε' 和电导率 σ)有关。

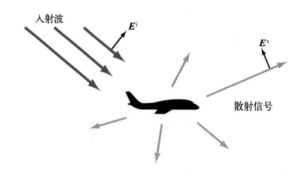

图5.3 电磁波束入射到目标上并沿许多方向散射的示意图

雷达是一种使用发射天线观测物体，然后俘获并测量部分散射能量的仪器，最简单的示意图如图5.4所示。图5.4(a)中发射机和接收机位于不同位置，称为双站雷达配置。大多数雷达则是如图5.4(b)所示的单站雷达，即发射机和接收机位于相同位置，而且往往使用同一副天线。单站配置也称为后向散射配置，因为接收机测量的是散射回雷达的能量。

散射计算主要在两类坐标系中进行，即前向散射基准(FSA)坐标系和后向散射基准(BSA)坐标系。在这两种情况下，入射波和散射波的电场分别在以发射天线和接收天线为中心的局地坐标系中表示。所有坐标系都是根据以散射物为中心的全局坐标系确定的，如图5.5所示。

这两种坐标系在参考文献中均有使用：在处理粒子和不均匀介质的双站散射问题时，首选FSA坐标系；而在计算给定目标或媒质的雷达后向散射时，首选BSA坐标系。由于本书同时采用这两种坐标系，我们将在以下小节分别对其进行介绍，并阐述两者之间的联系。

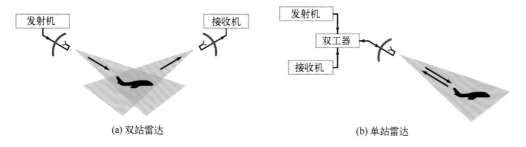

(a) 双站雷达　　　　　　　　　　　　(b) 单站雷达

图 5.4 单站雷达的双工器使发射机和接收机共享同一副天线

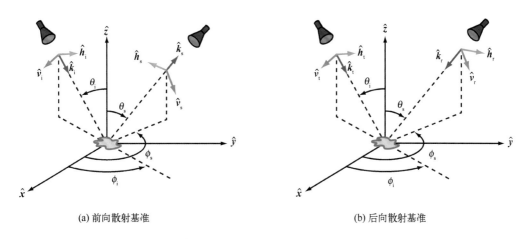

(a) 前向散射基准　　　　　　　　　　　　(b) 后向散射基准

图 5.5 前向散射基准坐标系和后向散射基准坐标系及散射几何

5.2.1 前向散射基准坐标系

前向散射基准坐标系是一种"波指向型"定义的坐标系，该坐标系下垂直和水平单位矢量 $\hat{v}$ 和 $\hat{h}$ 的方向总是根据电磁波的传播方向 $\hat{k}$ 来确定。坐标系($\hat{k}$, $\hat{v}$, $\hat{h}$)与标准球面坐标系($\hat{R}$, θ, ϕ)保持一致，如 5.1 节所述。因此，对于以 $\hat{k}_i$ 方向入射并在 $\hat{k}_s$ 方向上散射的波，如图 5.5(a)所示，单位矢量写成

$$\hat{k}_i = \hat{x} \cos \phi_i \sin \theta_i + \hat{y} \sin \phi_i \sin \theta_i - \hat{z} \cos \theta_i \tag{5.7a}$$

$$\hat{h}_i = \frac{\hat{z} \times \hat{k}_i}{|\hat{z} \times \hat{k}_i|} = -\hat{x} \sin \phi_i + \hat{y} \cos \phi_i \tag{5.7b}$$

$$\hat{v}_i = \hat{h}_i \times \hat{k}_i = -\hat{x} \cos \phi_i \cos \theta_i - \hat{y} \sin \phi_i \cos \theta_i - \hat{z} \sin \theta_i \tag{5.7c}$$

$$\hat{k}_s = \hat{x} \cos \phi_s \sin \theta_s + \hat{y} \sin \phi_s \sin \theta_s + \hat{z} \cos \theta_s \tag{5.7d}$$

$$\hat{\boldsymbol{h}}_s = \frac{\hat{\boldsymbol{z}} \times \hat{\boldsymbol{k}}_s}{|\hat{\boldsymbol{z}} \times \hat{\boldsymbol{k}}_s|} = -\hat{\boldsymbol{x}} \sin \phi_s + \hat{\boldsymbol{y}} \cos \phi_s \tag{5.7e}$$

$$\hat{\boldsymbol{v}}_s = \hat{\boldsymbol{h}}_s \times \hat{\boldsymbol{k}}_s = \hat{\boldsymbol{x}} \cos \phi_s \cos \theta_s + \hat{\boldsymbol{y}} \sin \phi_s \cos \theta_s - \hat{\boldsymbol{z}} \sin \theta_s$$

$$\tag{5.7f}$$

> ▶ 在前向散射基准坐标系中，前向散射方向对应 $\theta_s = \pi - \theta_i$ 和 $\phi_s = \phi_i$，后向散射方向则对应 $\theta_s = \theta_i$ 和 $\phi_s = \phi_i + \pi$。 ◀

对于前向散射，我们已知，$\hat{\boldsymbol{k}}_s = \hat{\boldsymbol{k}}_i$，$\hat{\boldsymbol{v}}_s = \hat{\boldsymbol{v}}_i$，$\hat{\boldsymbol{h}}_s = \hat{\boldsymbol{h}}_i$。而对于后向散射，关系式则为 $\hat{\boldsymbol{k}}_s = -\hat{\boldsymbol{k}}_i$，$\hat{\boldsymbol{v}}_s = \hat{\boldsymbol{v}}_i$，$\hat{\boldsymbol{h}}_s = -\hat{\boldsymbol{h}}_i$。正如我们所预期的，传播方向 $\hat{\boldsymbol{k}}_s$ 与 $\hat{\boldsymbol{k}}_i$ 相反，但是两个极化矢量只有一个在后向散射时反向。

5.2.2　后向散射基准坐标系

与前向散射基准坐标系不同，在后向散射基准坐标系中，极化单位矢量根据雷达天线进行确定。这与天线极化的标准定义相一致，即与天线辐射电磁波的极化(当天线用作接收天线时也是如此)一致。因此，对于后向散射基准坐标系下的后向散射，散射波的垂直单位极化矢量和水平单位极化矢量与入射波相对应的部分相同。局地坐标系的单位矢量为[图 5.5(b)]：

$$\hat{\boldsymbol{k}}_t = \hat{\boldsymbol{k}}_i = \hat{\boldsymbol{x}} \cos \phi_i \sin \theta_i + \hat{\boldsymbol{y}} \sin \phi_i \sin \theta_i - \hat{\boldsymbol{z}} \cos \theta_i \tag{5.8a}$$

$$\hat{\boldsymbol{h}}_t = \hat{\boldsymbol{h}}_i = -\hat{\boldsymbol{x}} \sin \phi_i + \hat{\boldsymbol{y}} \cos \phi_i \tag{5.8b}$$

$$\hat{\boldsymbol{v}}_t = \hat{\boldsymbol{v}}_i = -\hat{\boldsymbol{x}} \cos \phi_i \cos \theta_i - \hat{\boldsymbol{y}} \sin \phi_i \cos \theta_i - \hat{\boldsymbol{z}} \sin \theta_i \tag{5.8c}$$

$$\hat{\boldsymbol{k}}_r = -\hat{\boldsymbol{k}}_s = -\left[\hat{\boldsymbol{x}} \cos \phi_s \sin \theta_s + \hat{\boldsymbol{y}} \sin \phi_s \sin \theta_s + \hat{\boldsymbol{z}} \cos \theta_s \right] \tag{5.8d}$$

$$\hat{\boldsymbol{h}}_r = -\hat{\boldsymbol{h}}_s = \hat{\boldsymbol{x}} \sin \phi_s - \hat{\boldsymbol{y}} \cos \phi_s \tag{5.8e}$$

$$\hat{\boldsymbol{v}}_r = \hat{\boldsymbol{v}}_s = \hat{\boldsymbol{x}} \cos \phi_s \cos \theta_s + \hat{\boldsymbol{y}} \sin \phi_s \cos \theta_s - \hat{\boldsymbol{z}} \sin \theta_s \tag{5.8f}$$

式中，下标 t 和下标 r 分别为发射(或入射)和接收天线的指向。由于两个坐标系($\hat{\boldsymbol{k}}_t$, $\hat{\boldsymbol{v}}_t$, $\hat{\boldsymbol{h}}_t$)和($\hat{\boldsymbol{k}}_r$, $\hat{\boldsymbol{v}}_r$, $\hat{\boldsymbol{h}}_r$)在收发天线处于相同位置时是一致的，后向散射基准坐标系常被用在极化雷达领域中(van Zyl et al., 1987a, 1987b; Zebker et al., 1987)。

为了便于区分上述两种坐标系，我们在前向散射基准坐标系中使用下标 i 和下标 s(表示入射和散射)，在后向散射基准坐标系中使用下标 t 和下标 r(表示发射和接收)。然而，我们须牢记，i 坐标系和 t 坐标系实际上是同一坐标系。为了区分给定的符号是在何种坐标系下定义的物理量，我们采用如下规则：如果物理量的符号上方有(没有)

波浪号(~)，则是在前向散射基准(后向散射基准)坐标系下对该物理量进行定义。

> ► 例如，下一节将介绍的散射矩阵$\widetilde{\boldsymbol{S}}$是在前向散射基准坐标系下定义的，而$\boldsymbol{S}$则是在后向散射基准坐标系下定义的。 ◄

5.3　散射矩阵

5.3.1　前向散射基准坐标系

考虑入射电场为$\boldsymbol{E}^{\mathrm{i}}=\hat{\boldsymbol{v}}_{\mathrm{i}}E_{\mathrm{v}}^{\mathrm{i}}$的平面波对一小散射物进行观测的情况(图 5.6)，其中$\boldsymbol{E}^{\mathrm{i}}$为垂直极化，$E_{\mathrm{v}}^{\mathrm{i}}$表示在散射物位置处的电场强度。它在远离散射物的区域(距物体R_{r}处)产生的散射波是外行的球面波。当接收天线的孔径相对较小时，这种散射波可近似为平面波。一般而言，散射波的电场$\boldsymbol{E}^{\mathrm{s}}$可分解为沿$\hat{\boldsymbol{v}}_{\mathrm{s}}$和$\hat{\boldsymbol{h}}_{\mathrm{s}}$方向的分量。如果接收天线是垂直极化的，那么它仅获取散射波的垂直极化分量$E_{\mathrm{v}}^{\mathrm{s}}$，后者与$E_{\mathrm{v}}^{\mathrm{i}}$相关的关系写成

$$E_{\mathrm{v}}^{\mathrm{s}}=\left(\frac{\mathrm{e}^{-jkR_{\mathrm{r}}}}{R_{\mathrm{r}}}\right)\widetilde{S}_{\mathrm{vv}}E_{\mathrm{v}}^{\mathrm{i}}\qquad(\text{vv 极化}) \tag{5.9}$$

式中，$(\mathrm{e}^{-jkR_{\mathrm{r}}}/R_{\mathrm{r}})$为球面传输因子；$\widetilde{S}_{\mathrm{vv}}$为前向散射基准坐标系中散射物体的 vv 极化散射振幅。

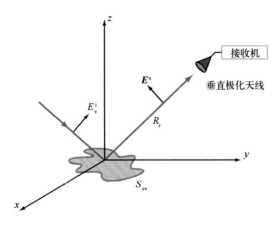

图 5.6　在散射物位置定义的垂直极化入射波$E_{\mathrm{v}}^{\mathrm{i}}$，在距物体$R_{\mathrm{r}}$处生成的散射波$\boldsymbol{E}^{\mathrm{s}}$。垂直极化接收天线的测量值为$E_{\mathrm{v}}^{\mathrm{s}}=(\mathrm{e}^{-jkR_{\mathrm{r}}}/R_{\mathrm{r}})\widetilde{S}_{\mathrm{vv}}E_{\mathrm{v}}^{\mathrm{i}}$

> ► 散射振幅在前向散射基准坐标系下写成 $\widetilde{S}$，在后向散射基准坐标系下写成 S。 ◄

同样地，如果接收天线是水平极化的，那么它将获取 E^s 的水平极化分量，即

$$E_h^s = \left(\frac{e^{-jkR_r}}{R_r}\right)\widetilde{S}_{hv}E_v^i \qquad \text{(hv 极化)} \tag{5.10}$$

> ► 需要注意的是，散射振幅 $\widetilde{S}_{pq}$（其中，p 和 q 可以是 v 或 h）的第一个下标表示接收天线俘获的散射波的极化分量，第二个下标表示入射波的极化。 ◄

一般情况下，入射波可能同时具有 $\hat{h}$ 和 $\hat{v}$ 极化分量，散射波也是如此，即

$$\boldsymbol{E}^i = \hat{\boldsymbol{v}}_i E_v^i + \hat{\boldsymbol{h}}_i E_h^i \tag{5.11a}$$

$$\boldsymbol{E}^s = \hat{\boldsymbol{v}}_s E_v^s + \hat{\boldsymbol{h}}_s E_h^s \tag{5.11b}$$

两者之间的关系为

$$\begin{bmatrix} E_v^s \\ E_h^s \end{bmatrix} = \left(\frac{e^{-jkR_r}}{R_r}\right)\begin{bmatrix} \widetilde{S}_{vv} & \widetilde{S}_{vh} \\ \widetilde{S}_{hv} & \widetilde{S}_{hh} \end{bmatrix}\begin{bmatrix} E_v^i \\ E_h^i \end{bmatrix} \tag{5.12}$$

4 个散射振幅描述了物体的散射特性，对应着入射场和散射场垂直和水平极化 4 种潜在的组合方式。每个参量可以是实数或复数，不仅是目标形状、尺寸、方向、介电常数和导电性的函数，也是入射角 (θ_i, ϕ_i) 和散射角 (θ_s, ϕ_s) 的函数。

式(5.12)可简写成

$$\boldsymbol{E}^s = \left(\frac{e^{-jkR_r}}{R_r}\right)\widetilde{S}\boldsymbol{E}^i \tag{5.13}$$

式中，$\widetilde{S}$ 为前向散射基准坐标系下目标的散射矩阵：

$$\widetilde{S} = \begin{bmatrix} \widetilde{S}_{vv} & \widetilde{S}_{vh} \\ \widetilde{S}_{hv} & \widetilde{S}_{hh} \end{bmatrix} \qquad \text{（前向散射基准坐标系）} \tag{5.14}$$

如前所述，$\widetilde{S}$ 的每个分量都是入射角和散射角的函数。也就是说，对于任何极化组合 pq，

$$\widetilde{S}_{pq} = \widetilde{S}_{pq}(\theta_i, \phi_i; \theta_s, \phi_s; \theta_j, \phi_j)$$

$$= \lim_{R_r \to \infty} \left[R_r \mathrm{e}^{-jkR_r} \left(\frac{E_p^s}{E_q^i} \right) \right] \qquad (p,\ q = \mathrm{v}\ 或\ \mathrm{h}) \qquad (5.15)$$

式中，$(\theta_j,\ \phi_j)$ 为物体的方向角；极限符号为 R_r 在散射物的远区。

5.3.2　后向散射基准坐标系

在后向散射基准坐标系下，发射场和接收场写成以下形式：

$$\boldsymbol{E}^t = \hat{\boldsymbol{v}}_t E_v^t + \hat{\boldsymbol{h}}_t E_h^t \qquad (5.16\mathrm{a})$$

$$\boldsymbol{E}^r = \hat{\boldsymbol{v}}_r E_v^r + \hat{\boldsymbol{h}}_r E_h^r \qquad (5.16\mathrm{b})$$

式中，单位矢量由式 (5.8) 给定。通过对比前向散射基准和后向散射基准局地坐标系的表达式，可以看出

$$\boldsymbol{E}^i = \boldsymbol{E}^t \qquad (5.17)$$

$$\boldsymbol{E}^s = \begin{pmatrix} 1 & 0 \\ 0 & -1 \end{pmatrix} \boldsymbol{E}^r \qquad (5.18)$$

因此，$\boldsymbol{E}^t$ 和 $\boldsymbol{E}^r$ 的场之间的关系为

$$\boldsymbol{E}^r = \left(\frac{\mathrm{e}^{-jkR_r}}{R_r} \right) \boldsymbol{S} \boldsymbol{E}^t \qquad (5.19)$$

式中，

$$\boldsymbol{S} = \begin{pmatrix} S_{vv} & S_{vh} \\ S_{hv} & S_{hh} \end{pmatrix} \qquad （后向散射基准坐标系） \qquad (5.20)$$

为在后向散射基准坐标系中定义散射体的散射矩阵。结合式 (5.17) 和式 (5.18) 可以得到如下关系式：

$$\widetilde{\boldsymbol{S}} = \begin{pmatrix} 1 & 0 \\ 0 & -1 \end{pmatrix} \boldsymbol{S} \qquad (5.21)$$

表示

$$\widetilde{S}_{vv} = S_{vv}, \qquad \widetilde{S}_{hh} = -S_{hh}$$

$$\widetilde{S}_{vh} = S_{vh}, \qquad \widetilde{S}_{hv} = -S_{hv}$$

一般来说，$\widetilde{S}_{hv}$ 和 $\widetilde{S}_{vh}$ 之间的关系并不简单，但是在后向散射方向 $(\hat{\boldsymbol{k}}_s = -\hat{\boldsymbol{k}}_i)$ 上，根据电磁散射的互易性定理 (Tsang et al., 1985) 可得

$$\widetilde{S}_{vh} = -\widetilde{S}_{hv} \qquad （后向散射） \qquad (5.22\mathrm{a})$$

$$S_{vh} = S_{hv} \qquad （后向散射） \qquad (5.22\mathrm{b})$$

5.3.3 斯托克斯参数和穆勒矩阵

式 (5.12) 给出了散射矩阵为 $\widetilde{\boldsymbol{S}}$ 的物体其散射波电场 $\boldsymbol{E}^{\mathrm{s}}$ 的垂直和水平极化分量与照射该物体的入射波电场 $\boldsymbol{E}^{\mathrm{i}}$ 的极化分量之间的关系。通常来说,人们更感兴趣的物理量是入射波和散射波的确切强度。为此,我们引入入射波的强度矢量,即

$$\boldsymbol{I}^{\mathrm{i}} = \begin{bmatrix} I_{\mathrm{v}}^{\mathrm{i}} \\ I_{\mathrm{h}}^{\mathrm{i}} \\ U^{\mathrm{i}} \\ V^{\mathrm{i}} \end{bmatrix} = \begin{bmatrix} |E_{\mathrm{v}}^{\mathrm{i}}|^2 \\ |E_{\mathrm{h}}^{\mathrm{i}}|^2 \\ 2\,\mathrm{Re}(E_{\mathrm{v}}^{\mathrm{i}} E_{\mathrm{h}}^{\mathrm{i}*}) \\ 2\,\mathrm{Im}(E_{\mathrm{v}}^{\mathrm{i}} E_{\mathrm{h}}^{\mathrm{i}*}) \end{bmatrix} \Big/ \eta \tag{5.23a}$$

式中,η 为介质的本征阻抗;$\boldsymbol{I}_{\mathrm{i}}$ 的元素称为斯托克斯参数,其中 $I_{\mathrm{v}}^{\mathrm{i}}$ 和 $I_{\mathrm{h}}^{\mathrm{i}}$ 为 $\boldsymbol{I}^{\mathrm{i}}$ 的垂直和水平极化分量的强度,最后两项 U^{i} 和 V^{i} 共同阐明 $E_{\mathrm{v}}^{\mathrm{i}}$ 和 $E_{\mathrm{h}}^{\mathrm{i}}$ 之间的相位差。

类似地,用上标 s 替代上标 i 可得散射波的强度矢量:

$$\boldsymbol{I}^{\mathrm{s}} = \begin{bmatrix} I_{\mathrm{v}}^{\mathrm{s}} \\ I_{\mathrm{h}}^{\mathrm{s}} \\ U^{\mathrm{s}} \\ V^{\mathrm{s}} \end{bmatrix} = \begin{bmatrix} |E_{\mathrm{v}}^{\mathrm{s}}|^2 \\ |E_{\mathrm{h}}^{\mathrm{s}}|^2 \\ 2\,\mathrm{Re}(E_{\mathrm{v}}^{\mathrm{s}} E_{\mathrm{h}}^{\mathrm{s}*}) \\ 2\,\mathrm{Im}(E_{\mathrm{v}}^{\mathrm{s}} E_{\mathrm{h}}^{\mathrm{s}*}) \end{bmatrix} \Big/ \eta \tag{5.23b}$$

通过使用式 (5.12) 来求解式 (5.23b) 中的 4 个参量,然后将它们的表达式与式 (5.23a) 定义的入射波的 4 个强度参量相联系,可以得到下述关系式:

$$\boldsymbol{I}^{\mathrm{s}} = \frac{1}{R_{\mathrm{r}}^2} \widetilde{\boldsymbol{M}} \boldsymbol{I}^{\mathrm{i}} \qquad (\text{前向散射基准坐标系}) \tag{5.24a}$$

式中,R_{r} 为散射物体与测量 $\boldsymbol{I}^{\mathrm{s}}$ 的位置之间的距离;$\widetilde{\boldsymbol{M}}$ 为 4×4 的矩阵,表示该散射物体在前向散射基准坐标系下的修正穆勒矩阵:

$$\widetilde{\boldsymbol{M}} = \begin{bmatrix} |\widetilde{S}_{\mathrm{vv}}|^2 & |\widetilde{S}_{\mathrm{vh}}|^2 & \mathrm{Re}(\widetilde{S}_{\mathrm{vv}}\widetilde{S}_{\mathrm{vh}}^*) & -\mathrm{Im}(\widetilde{S}_{\mathrm{vv}}\widetilde{S}_{\mathrm{vh}}^*) \\ |\widetilde{S}_{\mathrm{hv}}|^2 & |\widetilde{S}_{\mathrm{hh}}|^2 & \mathrm{Re}(\widetilde{S}_{\mathrm{hv}}\widetilde{S}_{\mathrm{hh}}^*) & -\mathrm{Im}(\widetilde{S}_{\mathrm{hv}}\widetilde{S}_{\mathrm{hh}}^*) \\ 2\mathrm{Re}(\widetilde{S}_{\mathrm{vv}}\widetilde{S}_{\mathrm{hv}}^*) & 2\mathrm{Re}(\widetilde{S}_{\mathrm{vh}}\widetilde{S}_{\mathrm{hh}}^*) & \mathrm{Re}(\widetilde{S}_{\mathrm{vv}}\widetilde{S}_{\mathrm{hh}}^* + \widetilde{S}_{\mathrm{vh}}\widetilde{S}_{\mathrm{hv}}^*) & -\mathrm{Im}(\widetilde{S}_{\mathrm{vv}}\widetilde{S}_{\mathrm{hh}}^* - \widetilde{S}_{\mathrm{vh}}\widetilde{S}_{\mathrm{hv}}^*) \\ 2\mathrm{Im}(\widetilde{S}_{\mathrm{vv}}\widetilde{S}_{\mathrm{hv}}^*) & 2\mathrm{Im}(\widetilde{S}_{\mathrm{vh}}\widetilde{S}_{\mathrm{hh}}^*) & \mathrm{Im}(\widetilde{S}_{\mathrm{vv}}\widetilde{S}_{\mathrm{hh}}^* + \widetilde{S}_{\mathrm{vh}}\widetilde{S}_{\mathrm{hv}}^*) & \mathrm{Re}(\widetilde{S}_{\mathrm{vv}}\widetilde{S}_{\mathrm{hh}}^* - \widetilde{S}_{\mathrm{vh}}\widetilde{S}_{\mathrm{hv}}^*) \end{bmatrix} \tag{5.24b}$$

该散射物体的散射振幅对应式 (5.15) 列出的 6 个角度的特定组合。

式 (5.24) 所列关系式的意义在于，有可能构造一个不必直接测量任意散射振幅的相位角便可测出矩阵 $\widetilde{\boldsymbol{M}}$ 所有参量的接收机。斯托克斯矢量-穆勒矩阵表达式是第 6 章、第 8 章、第 9 章和第 12 章中使用的辐射传输模型的核心内容，用于计算表面和体的极化散射及辐射。

最后需要注意的是，在后向散射基准坐标系下，式 (5.24) 可写成下述表达式：

$$\boldsymbol{I}^{\mathrm{r}} = \frac{1}{R_{\mathrm{r}}^2} \boldsymbol{M} \boldsymbol{I}^{\mathrm{t}} \qquad (\text{后向散射基准坐标系}) \qquad (5.25\mathrm{a})$$

其中，$\boldsymbol{I}^{\mathrm{t}} = \boldsymbol{I}^{\mathrm{i}}$，

$$\boldsymbol{I}^{\mathrm{r}} = \begin{bmatrix} I_{\mathrm{v}}^{\mathrm{r}} \\ I_{\mathrm{h}}^{\mathrm{r}} \\ U^{\mathrm{r}} \\ V^{\mathrm{r}} \end{bmatrix} = \begin{bmatrix} |E_{\mathrm{v}}^{\mathrm{r}}|^2 \\ |E_{\mathrm{h}}^{\mathrm{r}}|^2 \\ 2\,\mathrm{Re}(E_{\mathrm{v}}^{\mathrm{r}} E_{\mathrm{h}}^{\mathrm{r}*}) \\ 2\,\mathrm{Im}(E_{\mathrm{v}}^{\mathrm{r}} E_{\mathrm{h}}^{\mathrm{r}*}) \end{bmatrix} \Big/ \eta \qquad (5.25\mathrm{b})$$

且

$$\boldsymbol{M} = \begin{bmatrix} |S_{\mathrm{vv}}|^2 & |S_{\mathrm{vh}}|^2 & \mathrm{Re}(S_{\mathrm{vv}} S_{\mathrm{vh}}^*) & -\mathrm{Im}(S_{\mathrm{vv}} S_{\mathrm{vh}}^*) \\ |S_{\mathrm{hv}}|^2 & |S_{\mathrm{hh}}|^2 & \mathrm{Re}(S_{\mathrm{hv}} S_{\mathrm{hh}}^*) & -\mathrm{Im}(S_{\mathrm{hv}} S_{\mathrm{hh}}^*) \\ 2\,\mathrm{Re}(S_{\mathrm{vv}} S_{\mathrm{hv}}^*) & 2\,\mathrm{Re}(S_{\mathrm{vh}} S_{\mathrm{hh}}^*) & \mathrm{Re}(S_{\mathrm{vv}} S_{\mathrm{hh}}^* + S_{\mathrm{vh}} S_{\mathrm{hv}}^*) & -\mathrm{Im}(S_{\mathrm{vv}} S_{\mathrm{hh}}^* - S_{\mathrm{vh}} S_{\mathrm{hv}}^*) \\ 2\,\mathrm{Im}(S_{\mathrm{vv}} S_{\mathrm{hv}}^*) & 2\,\mathrm{Im}(S_{\mathrm{vh}} S_{\mathrm{hh}}^*) & \mathrm{Im}(S_{\mathrm{vv}} S_{\mathrm{hh}}^* + S_{\mathrm{vh}} S_{\mathrm{hv}}^*) & \mathrm{Re}(S_{\mathrm{vv}} S_{\mathrm{hh}}^* - S_{\mathrm{vh}} S_{\mathrm{hv}}^*) \end{bmatrix}$$

$$(5.25\mathrm{c})$$

尽管 $\boldsymbol{I}^{\mathrm{r}}$ 和 $\boldsymbol{M}$ 的形式分别与 $\boldsymbol{I}^{\mathrm{s}}$ 和 $\widetilde{\boldsymbol{M}}$ 相同，但 $\boldsymbol{I}^{\mathrm{r}} \neq \boldsymbol{I}^{\mathrm{s}}$，$\widetilde{\boldsymbol{M}} \neq \boldsymbol{M}$。例如在 $\boldsymbol{I}^{\mathrm{r}}$ 中，$E_{\mathrm{h}}^{\mathrm{r}}$ 沿 $\hat{\boldsymbol{h}}_{\mathrm{r}}$ 方向，而在 $\boldsymbol{I}^{\mathrm{s}}$ 中，$E_{\mathrm{h}}^{\mathrm{s}}$ 沿 $\hat{\boldsymbol{h}}_{\mathrm{s}}$ 方向，但是 $\hat{\boldsymbol{h}}_{\mathrm{s}} = -\hat{\boldsymbol{h}}_{\mathrm{r}}$。

5.4 雷达方程

图 5.7 给出了一幅双站雷达系统示意图，观测目标距发射机和接收机的距离分别是 R_{t} 和 R_{r}。雷达发射机向 q 极化发射天线中输入功率 P_q^{t}，p 极化接收天线将功率 P_p^{r} 传输至接收机中。

> ▶ pq 极化雷达 (p 表示接收天线的极化，q 表示发射天线的极化) 在 $p = q = \mathrm{h}$ 时测量目标的 hh 散射，而在 $p = \mathrm{h}$ 且 $q = \mathrm{v}$ 时测量目标的 hv 散射，依此类推。◀

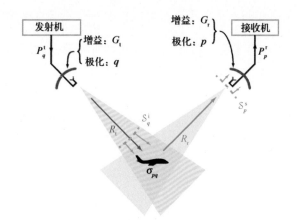

图 5.7　入射波功率密度 $\mathcal{S}_q^{\mathrm{i}}$ 在目标位置处定义，散射波的功率密度 $\mathcal{S}_p^{\mathrm{s}}$ 则在接收天线位置处定义

在目标位置，照射到该目标的功率密度是

$$\mathcal{S}_q^{\mathrm{i}} = \frac{P_q^{\mathrm{t}}}{4\pi R_{\mathrm{t}}^2} G_{\mathrm{t}} \qquad (\mathrm{W/m^2}) \tag{5.26}$$

式中，$(P_q^{\mathrm{t}}/4\pi R_{\mathrm{t}}^2)$ 为天线各向同性时辐射的功率密度；G_{t} 为发射天线在目标方向上的增益。目标俘获的功率沿着许多方向进行散射（再辐射），但是我们的研究对象只是朝着接收天线方向辐射的功率以及该功率中极化态为 p 的分量（因为这是 p 极化接收天线唯一能够获取的分量）。目标再辐射的 p 极化功率，即 P_p^{rer}，与入射到目标的功率密度 $\mathcal{S}_q^{\mathrm{i}}$ 的关系如下：

$$P_p^{\mathrm{rer}} = \sigma_{pq} \mathcal{S}_q^{\mathrm{i}} \tag{5.27a}$$

式中，σ_{pq} 为给定入射方向和散射方向下目标 pq 极化的雷达散射截面（RCS）。结合式 (5.26) 和式 (5.27a)，可得到下式：

$$P_p^{\mathrm{rer}} = \frac{P_q^{\mathrm{t}} G_{\mathrm{t}}}{4\pi R_{\mathrm{t}}^2} \sigma_{pq} \qquad (\mathrm{W}) \tag{5.27b}$$

再辐射的功率分布在以目标为中心的整个球面，其中入射到接收天线的功率密度记作 $\mathcal{S}_p^{\mathrm{s}}$。在距离目标 R_{r} 处：

$$\mathcal{S}_p^{\mathrm{s}} = \frac{P^{\mathrm{rer}}}{4\pi R_{\mathrm{r}}^2} = \frac{P_q^{\mathrm{t}} G_{\mathrm{t}}}{(4\pi R_{\mathrm{t}} R_{\mathrm{r}})^2} \sigma_{pq} \qquad (\mathrm{W/m^2}) \tag{5.28a}$$

假设接收天线的有效面积为 A_{r}、辐射效率为 ξ_{r}，接收机俘获的功率 P_p^{r} 由下式求得

$$P_p^{\mathrm{r}} = \xi_{\mathrm{r}} A_{\mathrm{r}} \mathcal{S}_q^{\mathrm{s}} = \frac{P_q^{\mathrm{t}} G_{\mathrm{t}} \xi_{\mathrm{r}} A_{\mathrm{r}}}{(4\pi R_{\mathrm{t}} R_{\mathrm{r}})^2} \sigma_{pq} \tag{5.28b}$$

通过联立 $A_{\mathrm{r}} = (\lambda^2/4\pi) D_{\mathrm{r}}$ 和 $G_{\mathrm{r}} = \xi_{\mathrm{r}} D_{\mathrm{r}}$［式 (3.24) 和式 (3.31b)］，可以求得如下双站雷达方程：

$$\frac{P^{\rm r}_p}{P^{\rm t}_q} = \frac{G_{\rm t}G_{\rm r}\lambda^2}{(4\pi)^3 R_{\rm t}^2 R_{\rm r}^2} \sigma_{pq} \qquad \text{(点目标双站雷达方程)} \tag{5.29a}$$

当接收天线和发射天线处于相同位置时，$R_{\rm t}=R_{\rm r}=R$，式(5.29a)可简化为

$$\frac{P^{\rm r}_p}{P^{\rm t}_q} = \frac{G^2\lambda^2}{(4\pi)^3 R^4} \sigma_{pq} \qquad \text{(点目标单站雷达方程)} \tag{5.29b}$$

式中，$G=G_{\rm t}=G_{\rm r}$。需要注意的是，雷达方程中的距离因子 $1/R^4$ 是两个单程传播过程乘积的结果。

式(5.29)适用于目标相对于雷达的立体角远小于雷达波束立体角的情况[图5.4(b)]。满足上述条件时，即使目标具有复杂的几何形状和不均匀的散射特性，我们也将其称为点目标。目标的后向散射强度由其雷达散射截面 σ_{pq}（以面积为单位）确定。取式(5.28a)与式(5.26)的比值，可得如下结果：

$$\sigma_{pq} = \lim_{R_{\rm r}\to\infty}\left(4\pi R_{\rm r}^2 \frac{S^{\rm s}_p}{S^{\rm i}_q}\right) \tag{5.30}$$

式中，极限符号用来强调散射功率密度 $S^{\rm s}_p$ 是在距离目标 $R_{\rm r}$ 处的远场区域测量的；功率密度 $S^{\rm s}_p$ 和 $S^{\rm i}_q$ 通过式 $S^{\rm s}_p=|E^{\rm s}_p|^2/2\eta_0$ 以及 $S^{\rm i}_q=|E^{\rm s}_q|^2/2\eta_0$ 与各自电磁波的电场相联系，其中 η_0 是空气的本征阻抗。根据式(5.15)，σ_{pq} 与散射振幅 S_{pq} 的关系为

$$\sigma_{pq} = 4\pi\,|\widetilde{S}_{pq}|^2 \tag{5.31}$$

5.11 节将介绍计算球体和圆柱体等简单点目标的散射振幅 $\widetilde{S}_{pq}$ 和雷达散射截面 σ_{pq} 的模型。对于复杂的目标（如船舶和飞机），则需要运用高度复杂的计算机模拟技术计算 σ_{pq}，这不在本书的探讨范围之内。

5.5 分布式目标散射

式(5.29b)给出了适用于点目标的单站雷达方程。可通过对照射区域 A 内的后向散射功率进行积分，将其扩展应用至如图5.8所示的分布式目标，即

$$P^{\rm r}_p(\theta) = \iint_A \frac{P^{\rm t}_q G^2(\theta_{\rm a},\,\phi_{\rm a})\lambda^2}{(4\pi)^3 R_{\rm a}^4}\cdot\sigma^0_{pq}\,{\rm d}A \tag{5.32}$$

式中，θ 为天线视轴与法线之间的夹角；$(\theta_{\rm a},\,\phi_{\rm a})$ 为区域 A 内某点相对于视轴的观测方位角；$R_{\rm a}$ 为该点与雷达之间的距离；极化标识符 p 和 q 用以表示 q 极化发射功率、p 极化接收功率以及 pq 极化归一化后向散射截面 σ^0_{pq} 之间的联系；σ^0_{pq} 为面积为 A 的分布式目标的后向散射截面 σ_{pq} 相对于 A 的归一化值：

$$\sigma^0_{pq} = \sigma_{pq}/A \tag{5.33a}$$

通常，σ^0 称为后向散射系数或雷达反射率。

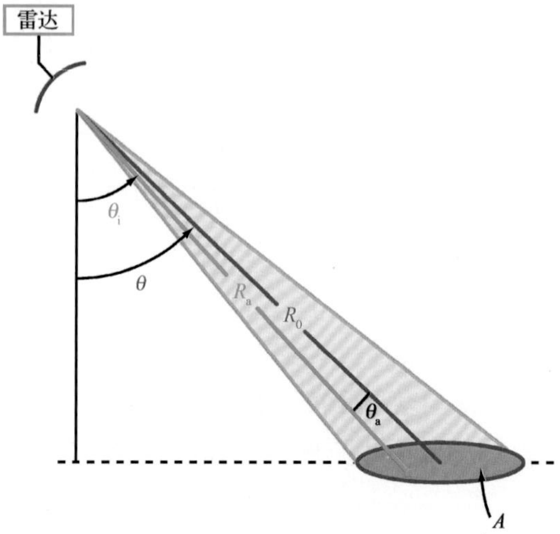

图 5.8 分布式目标的照射几何示意图

看似性质均一的分布式目标(如裸露的土壤表面)，其后向散射功率在不同的照射区域可能呈现出很大的变化，这将在 5.6 节中讨论。5.6 节至 5.9 节将对引起这些变化的原因以及减少这些变化的常用方法进行讨论。本节对式(5.33a)中给出的 σ_{pq}^0 的定义进行修正，使其更准确，更正式为

$$\sigma_{pq}^0 = \frac{1}{A}\langle \sigma_{pq} \rangle \tag{5.33b}$$

式中，$\langle \rangle$ 为分布式目标各个独立照射区域对应的 σ_{pq} 测量值的集合平均。

> ▶ 根据定义，σ_{pq}^0 是分布式目标后向散射截面对天线波束照射面积进行归一化后的平均值。◀

同样地，集合平均算符要应用式(5.32)的左侧，即

$$\langle P_p^r(\theta) \rangle = \iint_A \frac{P_q^t G^2(\theta_a,\ \phi_a)\lambda^2}{(4\pi)^3 R_a^4} \cdot \sigma_{pq}^0 \mathrm{d}A \tag{5.34}$$

5.5.1 窄波束散射计

如果分布式目标在天线波束照射区域内具有均匀的散射特性，且波束足够窄[即本地入射角 θ_i 处的 $\sigma^0(\theta_i)$ 在波束范围内近似为常数]，那么式(5.34)可简化为

$$\langle P_p^r(\theta) \rangle = \frac{P_q^t \lambda^2}{(4\pi)^3} \sigma_{pq}^0(\theta) \iint_{A_i} \frac{G^2(\theta_a,\ \phi_a)\mathrm{d}A}{R_a^4} = \frac{P_q^t \lambda^2}{(4\pi)^3} \sigma_{pq}^0(\theta)I \tag{5.35}$$

式中，

$$I = \iint_A \frac{G^2(\theta_a, \ \phi_a)\,\mathrm{d}A}{R_a^4} \tag{5.36}$$

称为照度积分。通常，进一步假设天线波束范围内 $R_a \approx R_0$，这样 R_a 可以提到积分之外，天线方向图也可用增益 G_0 和有效宽度 β 替代，由此可得

$$I \approx \frac{G_0^2}{R_0^4} A$$

以及

$$\langle P_p^r(\theta) \rangle \approx \left[\frac{P_q^t \lambda^2 G_0^2 A}{(4\pi)^3 R_0^4} \right] \cdot \sigma_{pq}^0(\theta) \quad \text{（窄波束散射计）} \tag{5.37}$$

式中，A 为天线等效波束的照射面积。需要注意的是，式(5.36)中的积分涉及 G^2 而不仅仅是 G，所以 β 是双程天线方向图 G^2 对应的有效波束宽度。对于对称的高斯方向图 $G(\theta_a)$，有效波束宽度近似等于其半功率(3 dB)波束宽度 $\beta_{1/2}$。$G^2(\theta_a)$ 的半功率波束宽度 $\beta = \beta_{1/2}/\sqrt{2}$。

5.5.2 成像雷达

式(5.37)对应的近似假设同样适用于成像雷达，因为成像雷达照射的地面单元的尺寸与雷达和地面单元之间的距离 R 相比非常小。图 5.9 和图 5.10 显示了侧视模式下真实孔径雷达与合成孔径雷达的成像几何。真实孔径雷达(第 14 章)使用的天线横向宽、纵向窄，典型的横向波束宽度 β_h 为 1°或更小，其方位分辨率为

$$r_a = \beta_h R \approx \frac{\lambda R}{l} \tag{5.38}$$

式中，R 为斜距；l 为天线长度。距离分辨率或交轨方向的分辨率则由长度为 τ 的窄脉冲确定。航空器飞过观测区域时，通过依次记录各个脉冲的回波信号产生图像。地面距离分辨率与 R 无关，通过下式求得

$$r_r = \frac{c\tau}{2\sin\theta} \tag{5.39}$$

把 $A = r_a r_r$ 代入式(5.37)，可得以下形式的真实孔径雷达的雷达方程：

$$\langle P_p^r(\theta) \rangle = \left[\frac{P_q^t \lambda^3 G^2(\theta) c\tau}{2l(4\pi)^3 R^3 \sin\theta} \right] \cdot \sigma_{pq}^0(\theta) \quad \text{（真实孔径雷达）} \tag{5.40}$$

式中，$G(\theta)$ 为方向 θ 上的天线增益。

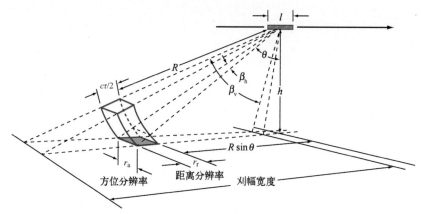

图 5.9　真实孔径雷达的观测几何和分辨单元

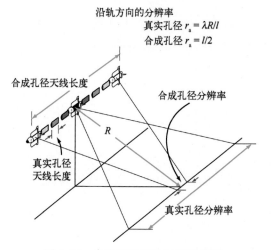

图 5.10　合成孔径雷达工作示意图

合成孔径雷达通常使用沿轨迹(方位向)方向较短的天线，但是通过对依次记录的脉冲回波进行相干处理，可以把天线的方位波束"聚焦"为与很长的合成孔径天线(第 14 章)相对应的窄波束。理论上，沿轨方向地面分辨单元的尺寸与 R 无关，且小到

$$r_a = \frac{l}{2} \tag{5.41}$$

式中，l 为天线沿轨方向的长度。满足该条件的合成孔径雷达称为全聚焦合成孔径雷达。交轨方向上的分辨率与真实孔径雷达一样，由式(5.39)确定。对于全聚焦合成孔径雷达，雷达方程变成

$$\langle P_p^r(\theta) \rangle = \left[\frac{P_q^t \lambda^2 G^2(\theta) lc\tau}{4(4\pi)^3 R^4 \sin\theta} \right] \cdot \sigma_{pq}^0(\theta) \quad (\text{合成孔径雷达}) \tag{5.42}$$

总之，雷达波束范围内小面元的后向散射功率与照射表面的后向散射系数 σ^0 成正比，而与雷达的系统类型无关。因此，窄波束散射计、真实孔径雷达以及合成孔径雷

达的雷达方程都可以简写成下面的形式：

$$\langle P_p^r(\theta)\rangle = K_{pq}\sigma_{pq}^0(\theta) \qquad (发射\ q\ 极化\ /\ 接收\ p\ 极化) \tag{5.43}$$

式中，K_{pq} 为式(5.37)、式(5.40)或式(5.42)方括号中的系统常量。

> ▶ 在雷达遥感中，差异散射系数 σ_{pq}^0 是雷达传感器与实际应用之间的关键环节。◀

通过雷达定标确定 K_{pq}，测量的功率可用于确定反射率 σ_{pq}^0。然后，根据 σ_{pq}^0 与地面生物物理或地球物理特性相联系的模型，人们可以对这些生物物理或地球物理特性进行估计。通常，这种地面特性估计需要多个不同极化和微波频率的 σ_{pq}^0 组合。

5.5.3　分布式目标的特定强度

5.3.3 节中式(5.23a)和式(5.23b)分别表示入射到点目标的电磁波的强度矢量 $\boldsymbol{I}^i$ 和散射波的强度矢量 $\boldsymbol{I}^s$。尽管 $\boldsymbol{I}^i$ 描述的是平面波，$\boldsymbol{I}^s$ 描述的是球面波，但它们的表达形式相同。这是因为这里把目标当作一个点目标。

平面波入射到分布式目标引起的散射波是球面波，其散射系数定义为单位面积的平均散射截面。因此，入射波的强度矢量仍可以用式(5.23a)表达，但是散射波的强度矢量需要根据净电场 $\boldsymbol{E}^s$ 来确定，$\boldsymbol{E}^s$ 表示从照射面积 A 散射(立体角为 $\mathrm{d}\Omega_s$)的所有电场的矢量和。根据定义，$\mathrm{d}\Omega_s$ 表示为

$$\mathrm{d}\Omega_s = \frac{A\cos\theta_s}{R_r^2} \tag{5.44}$$

式中，R_r 为目标表面到接收机的距离；θ_s 为表面法线与散射方向之间的夹角[图 5.5(a)]。因此，$\boldsymbol{I}^i$ 和 $\boldsymbol{I}^s$ 分别写成

$$\boldsymbol{I}^i = \begin{bmatrix} I_v^i \\ I_h^i \\ U^i \\ V^i \end{bmatrix} = \begin{bmatrix} |E_v^i|^2 \\ |E_h^i|^2 \\ 2\,\mathrm{Re}(E_v^i E_h^{i*}) \\ 2\,\mathrm{Im}(E_v^i E_h^{i*}) \end{bmatrix} \Big/ \eta \tag{5.45a}$$

$$\boldsymbol{I}^s \mathrm{d}\Omega_s = \begin{bmatrix} I_v^s \\ I_h^s \\ U^s \\ V^s \end{bmatrix} \mathrm{d}\Omega_s = \begin{bmatrix} |E_v^s|^2 \\ |E_h^s|^2 \\ 2\,\mathrm{Re}(E_v^s E_h^{s*}) \\ 2\,\mathrm{Im}(E_v^s E_h^{s*}) \end{bmatrix} \Big/ \eta \tag{5.45b}$$

需要注意 $\boldsymbol{I}^i$ 和 $\boldsymbol{I}^s$ 的斯托克斯参数之间的区别：对于垂直极化斯托克斯参数，

$$I_v^i = \frac{|E_v^i|^2}{\eta} \qquad (5.46a)$$

而

$$I_v^s d\Omega_s = \frac{|E_v^s|^2}{\eta} \qquad (5.46b)$$

对于发射和接收天线都是垂直极化的情况，散射系数写成

$$\sigma_{vv}^0 = \frac{4\pi R_r^2}{A} \frac{\langle |E_v^s|^2 \rangle}{|E_v^i|^2} = \frac{4\pi R_r^2}{A} \frac{\langle I_v^s \rangle d\Omega_s}{I_v^i}$$

$$= \frac{4\pi R_r^2}{A} \frac{\langle I_v^s \rangle}{I_v^i} \cdot \frac{A \cos\theta_s}{R_r^2} = 4\pi \cos\theta_s \frac{\langle I_v^s \rangle}{I_v^i} \qquad (5.47)$$

I^s 的修正定义不改变 σ_{vv}^0 和散射振幅 S_{vv} 之间的关系。根据式(5.12)，

$$E_v^s = \frac{e^{-ikR_r}}{R_r} S_{vv} E_v^i \qquad (5.48)$$

可以求得

$$\sigma_{vv}^0 = \frac{4\pi R_r^2}{A} \frac{\langle |E_v^s|^2 \rangle}{|E_v^i|^2} = \frac{4\pi}{A} \langle |S_{vv}|^2 \rangle \qquad (5.49)$$

如果是极化雷达，例如能够测量散射矩阵 $\widetilde{S}$，不仅可以确定 hh、hv、vv 和 vh 极化的 σ_{pq}^0，通过极化合成(5.10 节)，还有可能合成发射和接收极化任意组合相对应的图像(包括圆极化和椭圆极化)。

5.6 雷达散射截面统计

如前所述，目标的散射振幅 S_{pq} 不仅与电磁波的入射方向和散射方向有关，还与目标的形状和方向有关。S_{pq} 或 σ_{pq} 对目标方向的敏感程度首先取决于目标的形状。例如，球体的雷达散射截面与方向无关，但大多数目标并非如此。图 5.11 所示说明了现实目标的雷达散射截面与方向的关系，展示了 B-26 飞机不同方位角上的后向散射截面 σ。图中数据的获取方法是：将飞机停在一转台上，当转台绕轴旋转时用 3 GHz 雷达测量其后向散射信号。该散射图谱的显著特征是 σ 对于方位角的高敏感度，即使是零点几度的方位角变化也能导致 σ 发生一个数量级(10 dB)的变化，而 1° 的方位角变化可导致 σ 发生两个数量级(20 dB)的变化。σ 的整体动态范围超过 30 dB(1 000∶1)！

飞机由多个散射元组成，每个散射元有各自的散射图谱，反映其特定的形状和方向。特定方向上总的后向散射是各个散射元后向散射电磁波的相干叠加，其中散射波相量包含往返每个散射元的传播相位延迟。图 5.11 所示的峰值对应后向散射相量的相

长干涉，空值则对应相量的相消干涉。

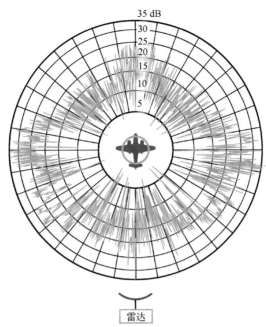

图 5.11　波长为 10 cm 的电磁波测量的 B-26 飞机的后向散射方位图谱

（Ridenour，1947，麦格劳·希尔图书公司提供）

　　虽然飞机与分布式地面目标的几何形状明显不同，但两者散射过程的基本原理是一致的。飞机的散射图谱是确定的，因为其几何形状是明确的；而分布式目标的散射图谱是随机的（图 5.12），因为其散射元是随机分布的。两者的散射图谱都有很大的波动。图 5.12(b) 为装载在卡车后部的 35 GHz 散射计随着卡车移动测量的沥青路面的后向散射图谱。散射计的天线波束沿着车尾方向向下，入射角（相对于垂直入射方向）为40°[图 5.12(a)]。天线安装在伸缩臂的上方，比沥青路面高 10.3 m。采样率的设计原则是确保雷达波束在路面上的相邻足迹完全相互独立（无重叠）。图 5.12(b) 纵轴表示接收功率与 1 000 个测量的平均值的比值，单位是 dB。测量值分布在50.2 dB 或者 $10^5:1$ 的范围内。

> ▶ 图 5.12 所示的结果表明，对地观测雷达测量的后向散射信号存在点到点的波动，"即使地面看起来是相同的"。例如，貌似均匀的裸土地貌的图像其相邻像素点也存在很大的强度变化，通常称为图像斑点噪声（图 5.13）。为了从雷达图像中提取信息，有必要了解图像斑点噪声的统计信息以及如何减少图像斑点噪声。◀

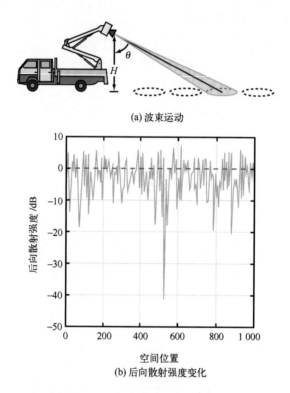

图 5.12   图(a)示意如何获取(b)中沥青路面的后向散射测量值。入射角为 40°，
频率为 35 GHz，平台高度为 10.4 m，极化方式为 vv(Ulaby et al.，1988a)

图 5.13   图像斑点噪声是指图像相邻像素之间的色调变化。这里显示
一农业区 1 m × 1 m 的 Ku 波段 SAR 图像(桑迪亚国家实验室)

5.7 瑞利衰落模型

"雷达杂波"是第二次世界大战期间产生的术语,用于表示来自降雨、陆地和水域等扩展目标的雷达干扰回波。在使用俯视雷达检测或跟踪硬目标(如桥梁或车辆)时,地面背景是干扰源,因为从地面后向散射的能量会对所需信号的保真度造成干扰。在20 世纪 50 年代和 60 年代,雷达地面杂波包含了地球表面的各种散射(Barton,1975)。这涉及电磁波与面目标和体目标相互作用的理论模型、各种地形单位面积后向散射截面的实验测量以及与散射过程相关的统计学内容。这一领域的研究曾经主要是为了给军事应用提供支持。20 世纪 50 年代,高分辨率成像雷达的出现促进了雷达遥感的发展,进而发展成为一门重要的学科,广泛应用于民用、军事和环境。在许多这样的应用中,过去认为是干扰源的地面散射雷达信号本身就是信息载体,因为所需信息可以根据粗糙表面和非均匀介质的电磁散射知识推导出来。由于雷达散射的实际应用范围越来越广泛,现在的文献通常使用"分布式目标的雷达散射"这一标准术语来取代之前阐述的"雷达杂波"。

对于检测和跟踪应用,地面散射可看成一统计量,因为这些应用的目的是明确地面背景雷达回波的干扰对虚警概率(与检测目标相关)的影响。因此,"雷达杂波"这一术语已经演变成更特定的术语"雷达杂波统计",并且在现有的文献中用于表示与均值为 σ^0 的统计散射过程的概率密度函数(pdf)。后面的章节表明,地面的 σ^0 是以下两组参数的函数:①传感器参数,即波长(或频率)、入射角(这里是相对于垂直入射方向定义的)以及发射天线和接收天线的极化配置;②地形参数,包括介电特性和几何特征。因此,上述概率密度函数通常与传感器和地面类型有关。实际上,该概率密度函数也与地形条件有关,例如,森林的介电特性和几何形状随时间的变化而变化。

随机变量

对于任意概率密度函数为 $p(x)$、取值范围为 $[x_1, x_2]$ 的随机变量 x,x 的均值写成

$$\bar{x} = \langle x \rangle = \int_{x_1}^{x_2} x p(x) \, \mathrm{d}x$$

x 的二阶矩写成

$$\overline{x^2} = \langle x^2 \rangle = \int_{x_1}^{x_2} x^2 p(x) \, \mathrm{d}x$$

---

x 的方差写成

$$s_x^2 = \langle x^2 \rangle - \langle x \rangle^2 \qquad (s_x \text{ 表示 } x \text{ 的标准差})$$

x 的归一化方差写成

$$\beta_x = \left(\frac{s_x}{\bar{x}} \right)^2$$

$x \leqslant x'$ 时的累积分布写成

$$P(x \leqslant x') = \int_{x_1}^{x'} p(x) \, dx$$

分布式目标通常由大量随机分布的散射元组成。当分布式目标被相干电磁波照射时，后向散射信号的大小等于入射波照射的所有散射元回波的相量和。后向散射信号是随机变量，因为地形表面的介电特性和几何特征都是随机变量。

▶ 具有相同统计特性的两块地面可产生大小不同的后向散射信号，因为这两块地面有着不同的散射元分布。后向散射信号强度的变化特性称为信号衰落或信号闪烁。◀

为了表征电磁特性均一的地形表面的波动统计，常用的方法是将表面建模成独立随机分布的散射元集合，且所有散射元的散射强度相当。这种模型下，后向散射信号的振幅呈瑞利分布。如果回波由一个或几个强散射元的后向散射主导，其衰落过程可用莱斯分布（Raemer，1997）表征。一些实验观测结果符合瑞利分布（Bush et al.，1975；Ulaby et al.，1986b；Weinstock，1965），而另一些，尤其是对复杂地形类别进行测量的那些实验观测结果则符合对数正态分布、韦布尔分布（Kashihara et al.，1984；Schleher，1976；Valenzuela et al.，1972）或其他更复杂的分布（Jao，1984）。本节只讨论瑞利杂波模型。

5.7.1 基础假设

用于区域拓展（分布式）目标雷达散射的瑞利杂波模型与随机噪声模型基本相同，两者的数学假设一致。后面章节中将对这些假设进行概括。

图 5.14 示意雷达波束照射在面积为 A 的扩展面目标上。照射区域包含 N_s 个点散射元，按照序号 $i = 1$，2，$\cdots$，N_s 进行标记。为了简单起见，现在只讨论后向散射的情况。第 i 个散射元在接收天线端的后向散射电场表示为

$$E_i(t) = K_i E_{i0} \cos\left(\omega t - 2kR_i + \theta_i \right) \tag{5.50}$$

式中，E_{i0} 为散射强度；θ_i 为第 i 个散射元的散射相位；R_i 为天线到散射元的距离；k 为波数，$k = 2\pi/\lambda$；K_i 为包含若干雷达系统参数（包括往返散射元的传播损耗和散射元方向上的天线增益）的常数。式(5.50)对应的相量域表达式是

$$\boldsymbol{E}_i = K_i E_{i0} e^{j\phi_i} \tag{5.51}$$

式中，$\boldsymbol{E}_i$ 的相位角 ϕ_i 为

$$\phi_i = \theta_i - 2kR_i \tag{5.52}$$

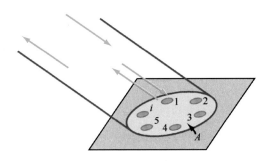

图 5.14　照射区域 A 包含 N_s 个随机分布的散射元

假设 1：散射元是统计独立的。这样，总的瞬时场写成区域 A 内 N_s 个散射体的贡献之和，即

$$\boldsymbol{E} = \sum_{i=1}^{N_s} K_i E_{i0} e^{j\phi_i} \tag{5.53}$$

这意味着相邻散射元之间的相互影响可以忽略不计。

假设 2：目标的最大距离范围 $\Delta R = |R_i - R_j|_{\max}$ 远小于天线到目标区域 A 的平均距离，天线增益在区域 A 对应的范围内是均匀的。这样，对于所有 i，$K_i = K$。为方便起见，可设 $K = 1$，因此，

$$\boldsymbol{E} = \sum_{i=1}^{N_s} E_{i0} e^{j\phi_i} \tag{5.54}$$

总电场 $\boldsymbol{E}$ 是 N_s 个相量的矢量和。如果我们用图来表示这些相量(图 5.15)，第一个从原点开始，接下来的每个都以前一个的顶端为起点，最后得到的是从原点到最后一个相量顶端的矢量。该矢量的长度(称为电压包络)和相位角分别表示为 E_e 和 ϕ。因此，

$$\boldsymbol{E} = E_e e^{j\phi} = \sum_{i=1}^{N_s} E_{i0} e^{j\phi_i} \tag{5.55}$$

相量 $E_e e^{j\phi}$ 在笛卡儿坐标系下的分量 E_x 和 E_y (图 5.15)分别写成

$$E_x = E_e \cos \phi = \sum_{i=1}^{N_s} E_{i0} \cos \phi_i \tag{5.56a}$$

$$E_y = E_e \sin \phi = \sum_{i=1}^{N_s} E_{i0} \sin \phi_i \tag{5.56b}$$

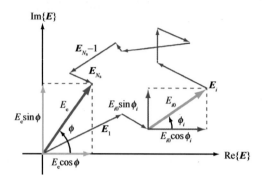

图 5.15　矢量 $\boldsymbol{E} = E_e e^{j\phi}$ 是 N_s 个相量和

假设 3：N_s 是一个很大的数，因此根据中心极限定理，可将 E_x 和 E_y 看作正态分布的随机变量，其均值为

$$\overline{E}_x = \langle E_x \rangle = \sum_{i=1}^{N_s} \langle E_{i0} \cos \phi_i \rangle \tag{5.57a}$$

$$\overline{E}_y = \langle E_y \rangle = \sum_{i=1}^{N_s} \langle E_{i0} \sin \phi_i \rangle \tag{5.57b}$$

通过计算机仿真，可以证明满足中心极限定理的 N_s 的数值不需要非常大。在实践中，N_s 取值可以小至 10（近似足够）。

假设 4：散射振幅 E_{i0} 和相位 ϕ_i 是相互独立的随机变量。当 E_{i0} 与距离 R_i 无关［则由式（5.52）可知 E_{i0} 与相位 ϕ_i 无关］时这个条件很容易满足。实际上，如果散射元在区域范围内随机分布就会出现这种情况，因为 ϕ_i 依赖于距离 R_i［通过式（5.52）］，而 E_{i0} 则不是。

假设 5：相位 ϕ_i 均匀分布在［0，2π］范围内。这一条件不仅要求散射元随机分布在区域范围内，还要求目标的最大距离范围 ΔR 是波长的若干倍以上。

假设 6：单一散射元不能产生与其他所有散射元贡献的合成场相当的电场。换句话说，电场 $\boldsymbol{E}$ 不是由一个（或数个）非常强的散射元所主导的。如果这一条件不满足，就不宜使用瑞利噪声统计特性，而应该采用专门针对背景噪声中存在一个或数个强信号的莱斯统计（Raemer，1997）。

基于假设 3 至假设 6，式（5.57a）变为

$$\overline{E}_x = \sum_{i=1}^{N_s} \langle E_{i0} \rangle \langle \cos \phi_i \rangle = \sum_{i=1}^{N_s} \langle E_{i0} \rangle \left[\frac{1}{2\pi} \int_0^{2\pi} \cos \phi_i \mathrm{d}\phi_i \right] = 0 \tag{5.58}$$

因为 $\cos \phi_i$ 的平均值为零，同样地，$\overline{E}_y = 0$。此外，$E_x E_y$ 的平均值为

$$\langle E_x E_y \rangle = \sum_{i=1}^{N_s} \sum_{i=1}^{N_s} \langle E_{i0}^2 \rangle \left[\frac{1}{2\pi} \int_0^{2\pi} \cos \phi_i \sin \phi_i \mathrm{d}\phi_i \right] = 0 \tag{5.59}$$

这意味着 E_x 和 E_y 是不相关的。对于正态分布的随机变量，这也意味着两者是统计独立性的。因此，它们的联合概率密度函数等于各自概率密度函数的乘积，并且由于 E_x 和 E_y 均值为零，其联合概率密度函数变成

$$p(E_x, E_y) = \frac{1}{\sqrt{2\pi} s} e^{-E_x^2/2s^2} \frac{1}{\sqrt{2\pi} s} e^{-E_y^2/2s^2} = \frac{1}{2\pi s^2} e^{-(E_x^2+E_y^2)/2s^2}$$

（高斯概率密度函数）　（5.60）

式中，s 为 E_x 和 E_y 的标准差。研究的重点是 E_e，即总电场的包络，所以需要通过下面的转换关系式把式(5.60)的概率密度函数变成采用极坐标系变量 E_e 和 ϕ 的表达形式：

$$p(E_x, E_y)\mathrm{d}E_x\mathrm{d}E_y = p(E_e, \phi)\mathrm{d}E_e\mathrm{d}\phi \tag{5.61}$$

需要注意的是

$$E_e^2 = E_x^2 + E_y^2 \tag{5.62}$$

并且 (E_e, ϕ) 空间中的面积元与 (E_x, E_y) 空间中的面积元相等，即

$$E_e\mathrm{d}E_e\mathrm{d}\phi = \mathrm{d}E_x\mathrm{d}E_y \tag{5.63}$$

可以求得概率密度函数：

$$p(E_e, \phi) = \frac{E_e}{2\pi s^2} e^{-E_e^2/2s^2} \qquad (0 \leqslant E_e \leqslant \infty \text{ 且 } 0 \leqslant \phi \leqslant 2\pi) \tag{5.64}$$

相位角 ϕ 均匀分布在区间 $[0, 2\pi]$ 内。因此，E_e 独立的概率密度函数是

$$p(E_e) = \int_0^{2\pi} p(E_e, \phi)\mathrm{d}\phi_i = \frac{E_e}{s^2} e^{-E_e^2/2s^2} \qquad (0 \leqslant E_e \leqslant \infty) \qquad \text{（瑞利概率密度函数）}$$

(5.65)

式(5.65)给出的概率密度函数称为瑞利分布。

E_e 的平均值是

$$\overline{E}_e = \int_0^\infty E_e p(E_e)\mathrm{d}E_e = \int_0^\infty \frac{E_e}{s^2} e^{-E_e^2/2s^2}\mathrm{d}E_e = \sqrt{\frac{\pi}{2}} s \tag{5.66}$$

变量 E_e 表示接收机进行检测之前接收天线端积分电场的强度。大多数接收机使用线性检波或平方律检波把输入信号转变为输出电压。下面小节表明，线性接收机的输出电压也用瑞利概率密度函数表征，但是平方律接收机的输出电压则用指数概率密度函数表征。总之，两者都属于瑞利杂波模型，因为其概率密度函数 [即 $p(E_e)$] 符合瑞利分布。

▶ 瑞利衰落和瑞利杂波指的是与式(5.65)相关的模型和假设，不能将其与检测电压的概率密度函数的形式相混淆。◀

雷达接收机的输入信号 E_e（来自地面给定像素的后向散射）经过检测和图像处理两

次基本转换，得到最终的输出产品，即雷达图像。大多数雷达接收机使用以下两种检波器。

（a）线性检波：处理的图像色调（数字值）与 E_e 成正比，这种情况下，图像称为电压图像或振幅图像，图像色调用符号 V 表示。

（b）平方律检波：图像色调与 $|E_e|^2$ 成正比，即等效于功率，这种情况下，图像称为强度图像，其色调用符号 I 表示。

下面两小节分别讨论这两个检波方式。

5.7.2　线性检波

如果雷达接收机使用线性检波器，其输出电压 V 与 E_e 成正比，即

$$V = K_1 E_e = K_1 \overline{E}_e \frac{E_e}{\overline{E}_e} = K_1 \overline{E}_e f \tag{5.67}$$

式中，K_1 为系统常数；f 为下式给出的电压归一化衰落随机变量，即

$$f = \frac{E_e}{\overline{E}_e} \tag{5.68}$$

f 的平均值为

$$\overline{f} = \frac{\overline{E}_e}{\overline{E}_e} = 1 \tag{5.69}$$

电场均值 $\overline{E}_e$ 与分布式目标单位面积的后向散射截面的平均值 σ^0 之间的关系写成

$$\overline{E}_e = K_2 (\sigma^0)^{1/2} \tag{5.70}$$

式中，K_2 为另一个系统常数。式（5.67）代入式（5.70）可得

$$V = K_1 K_2 (\sigma^0)^{1/2} f \tag{5.71}$$

由式（5.69），雷达线性检波的平均电压值为

$$\overline{V} = K_1 K_2 (\sigma^0)^{1/2} \overline{f} = K_1 K_2 (\sigma^0)^{1/2} \tag{5.72}$$

这里通过对分布式目标的多个独立观测值求和来进行平均处理。对于成像雷达，可以通过对多个像素相应的电压求和来实现。常数 $K_1 K_2$ 的值可以通过定标来确定，从而把 $\overline{V}$ 与 σ^0 直接联系起来。

> ▶ 由于输出电压 V 是其平均值 $\overline{V} = K_1 K_2 (\sigma^0)^{1/2}$ 和随机变量 f 的乘积，所以该过程有时称为乘法噪声模型。◀

根据式（5.71）和式（5.72），可以得到

$$f = \frac{V}{\overline{V}} \tag{5.73}$$

σ^0 和 f 为两个重要的参量；σ^0 为分布式目标的平均后向散射"强度"，f 说明不同观测(或图像像素)之间的波动。

衰落随机变量 f 通过式(5.68)与 E_e 线性相关。由式(5.65)中 $p(E_e)$ 的表达式，结合下述面积关系式：

$$p(f)\,\mathrm{d}f = p(E_e)\,\mathrm{d}E_e \tag{5.74}$$

可以得到概率密度函数：

$$p(f) = \frac{\pi f}{2}\exp\left(-\frac{\pi}{4}f^2\right) \quad (f \geqslant 0) \quad (\text{瑞利概率密度函数}) \tag{5.75}$$

f 和 f^2 的均值为

$$\overline{f} = 1 \tag{5.76a}$$

$$\overline{f^2} = \frac{4}{\pi} \tag{5.76b}$$

相应的标准差 s_f 为

$$s_f = \left[\overline{f^2} - \overline{f}^2\right]^{1/2} = \left(\frac{4}{\pi} - 1\right)^{1/2} = 0.523 \tag{5.76c}$$

相关的累积分布 $P(f \leqslant f')$ 如下，其中 f' 是选定的感兴趣的阈值：

$$P(f \leqslant f') = \int_0^{f'} p(f)\,\mathrm{d}f = 1 - \exp\left(-\frac{\pi}{4}f'^2\right) \quad (f' \geqslant 0) \tag{5.76d}$$

根据式(5.73)和面积关系 $p(V)\,\mathrm{d}V = p(f)\,\mathrm{d}f$，容易得到线性检波电压的概率密度函数 $p(V)$：

$$p(V) = \frac{\pi V}{2\,\overline{V}^2}\exp\left[-\frac{\pi}{4\,\overline{V}^2}V^2\right] \quad (V \geqslant 0) \tag{5.77a}$$

平均值 $\overline{V}$ 与反射率 σ^0 的关系由式(5.72)给出，标准差与平均值的比值为

$$\frac{s_V}{\overline{V}} = 0.523 \tag{5.77b}$$

5.7.3 平方律检波

平方律检波器的输出电压与输入信号的功率(而非电场强度 E_e)成正比，输出 I(强度)写成带比例常数的形式：

$$I = K_3 E_e^2 = K_3\,\overline{E_e^2}\,\frac{E_e^2}{\overline{E_e^2}} = K_3 K_4 \sigma^0 F \tag{5.78}$$

式中，

$$F = \frac{E_e^2}{\overline{E_e^2}} = \frac{I}{\overline{I}} \tag{5.79}$$

是功率归一化衰落随机变量。忽略常数 $K_3 K_4$ 并使用积分面积关系 $p(E_e)\mathrm{d}E_e = p(I)\mathrm{d}I = p(F)\mathrm{d}F$，可以求得指数概率密度函数：

$$p(I) = \frac{1}{\overline{I}}\mathrm{e}^{-I/\overline{I}}, \quad p(F) = \mathrm{e}^{-F} \qquad (\text{指数概率密度函数}) \tag{5.80a}$$

式中，

$$\overline{I} = \sigma^0, \quad \overline{F} = 1 \tag{5.80b}$$

$$\frac{s_I}{\overline{I}} = 1, \quad s_F = 1 \tag{5.80c}$$

且

$$P(I \leqslant I') = 1 - \mathrm{e}^{-I'/\overline{I}}, \quad P(F \leqslant F') = 1 - \mathrm{e}^{-F'} \tag{5.80d}$$

需要注意的是，对于指数分布，标准差与平均值的比值为 $s_I/\overline{I} = s_F/\overline{F} = 1$。

5.7.4 解释说明

图 5.16 对这些统计特性进行了说明。图 5.16(a) 分别展示了瑞利分布 $p(f)$ 和指数分布 $p(F)$ 的曲线，而图 5.16(b) 则显示对应的累积分布。可以看出，这些分布的衰落范围非常大。也就是说，如果从瑞利分布或指数分布的集合中选取单个样本信号，选

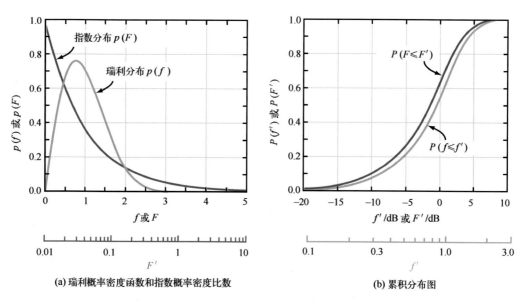

(a) 瑞利概率密度函数和指数概率密度比数　　　(b) 累积分布图

图 5.16　f 和 F 的概率密度函数及累积分布图

到的信号值接近平均值的可能性非常小。举个例子，根据图 5.16(b)，瑞利分布的随机数有 5% 概率大于 1.95(相对于平均值)，有 95% 的概率大于 0.25。用分贝表示，这两个阈值分别对应 +5.8 dB 和 -11.9 dB。随机选择一个样本，该样本与平均值的相对值有 90% 的概率在 -11.9 dB 到 5.8 dB 的范围内(分别对应 95% 和 5% 的概率)。可以认为这个区间范围是测量值的 90% 的置信区间。需要注意的是，这个间隔(17.7 dB)事实上非常大！

平方律检波的情况与上述分析大体一致：指数概率密度函数累积分布的 5% 和 95% 的阈值分别为 +4.8 dB 和 -12.9 dB，区间间隔也是 17.7 dB。图 5.12 中落在 -12.9 dB 至 +4.8 dB 范围内的数据量占总数的 90.8%，这与上述指数分布预测的 90% 这一数值非常相近。此外，图 5.17 所示的测量的 F 的概率密度函数也与指数分布非常吻合。

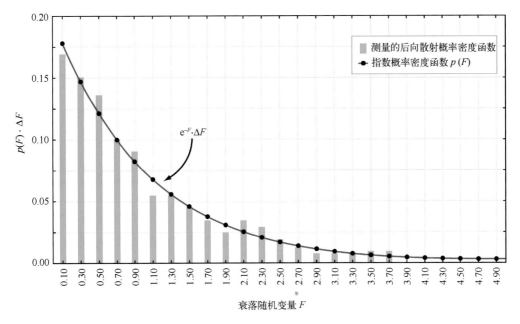

图 5.17　测量的沥青后向散射概率密度函数 [与图 5.12(b) 中的数据相对应] 与基于瑞利衰落模型的指数概率密度函数非常吻合

5.8　多个独立样本

为了减少雷达测量的地面后向散射的不确定性，通常需要对多个独立样本进行平均。样本的独立性要求不同观测之间散射元的统计分布不同。如果雷达发射多个脉冲并在相同位置上记录相同目标(有相同的散射元)的后向散射信号，那么这些后向散射信号就不是独立的。事实上，所有脉冲的后向散射信号都是相同的。接收机产生的噪声在时间上是随机的，因此对多个脉冲返回值进行平均可以提高信噪比，但是返回值并非统计独立的。

空间平均是一种增加雷达后向散射估计独立样本数 N 的简单办法，相当于牺牲空间分辨率以提高辐射分辨率。用 N 个像素平均值来替换原来 N 个像素的值而生成的图像称之为 N 视图像。

5.8.1 N 视振幅图像

N 个随机选取的符合瑞利分布的电压 V 的平均值，即 V_N 具有如下特点：

$$
\begin{aligned}
V_N &= \frac{1}{N}\sum_{i=1}^{N} V_i = K_1 K_2 (\sigma^0)^{1/2} \left[\frac{1}{N}\sum_{i=1}^{N} f_i \right] \\
&= K_1 K_2 (\sigma^0)^{1/2} f_N
\end{aligned} \tag{5.81}
$$

式中，

$$
f_N = \frac{1}{N}\sum_{i=1}^{N} f_i \tag{5.82}
$$

上式定义为与 N 个独立样本平均值相对应的衰落随机变量，其性质如下：

$$
\overline{f_N} = 1 \tag{5.83a}
$$

$$
s_{f_N} = \frac{0.523}{\sqrt{N}} \tag{5.83b}
$$

并且，其概率密度函数可以通过对式(5.75)中给出的瑞利概率密度函数进行 N 次连续卷积求得。图5.18(a)展示了 N 取不同值时的 $p(f_N)$ 图。正如预料的那样，N 值越大，分布变得更尖、更窄(标准偏差随着 $N^{-1/2}$ 减小)并最终接近高斯概率密度函数。

5.8.2 N 视强度图像

如果接收机使用平方律检波，则 N 个独立样本的平均接收功率为

$$
I_N = K_3 K_4 \sigma^0 F_N \tag{5.84}
$$

式中，

$$
F_N = \frac{I_N}{\overline{I_N}} = \frac{1}{N}\sum_{i=1}^{N} F_i
$$

因为平均过程是线性的，所以 $\overline{I} = \overline{I_N}$。$F_N$ 的统计特性有

$$
\overline{F_N} = 1, \quad \overline{F_N^2} = 1 + \frac{1}{N} \tag{5.85a}
$$

$$
s_{F_N} = \left[\overline{F_N^2} - \overline{F_N}^2 \right]^{1/2} = \frac{1}{\sqrt{N}} \tag{5.85b}
$$

其概率密度函数是自由度为 $2N$ 的 χ^2 分布，即

$$p(F_N) = \frac{F_N^{N-1}\, N^N \mathrm{e}^{-NF_N}}{(N-1)!} \qquad (F_N \geqslant 0) \tag{5.86}$$

I_N 对应的概率密度函数为

$$p(I_N) = \frac{p(F_N)}{\bar{I}_N} \tag{5.87}$$

图 5.18(b) 展示了 N 取不同值时的 $p(F_N)$ 图。图 5.19 说明了 5% 和 95% 的概率所对应的阈值 F_N' 随 N 变化的情况。5% 对应的 F_N' 曲线表示随机数大于 F_N' 的概率为 5%，即 $P(F_N \geqslant F_N') = 0.05$。95% 对应的曲线亦然。

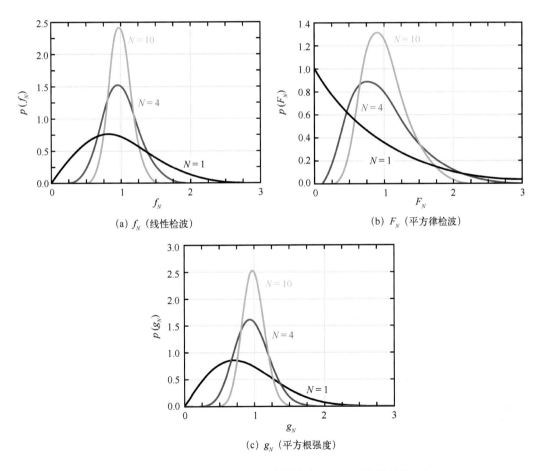

(a) f_N（线性检波）

(b) F_N（平方律检波）

(c) g_N（平方根强度）

图 5.18　$N=1$，4 和 10 时，f_N（线性检波）、F_N（平方律检波）和
g_N（平方根强度）的概率密度函数

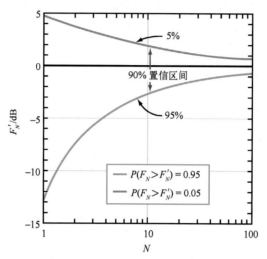

图 5.19 5%和95%累积概率分布所对应的阈值随 N 的变化曲线，
两条曲线之间的垂向间隔表示雷达后向散射测量值90%的置信区间

5.8.3 N 视平方根强度图像

在一些雷达系统中，平方律检波之后进行以下处理：（a）对 N 个图像像素进行平均；（b）求其平方根以缩小动态范围。所得图像的色调（数字化的值）T 与 I 的关系为

$$T_N = \left[\frac{1}{N}\sum_{i=1}^{N} I_i\right]^{1/2} = \left[I_N\right]^{1/2}$$

$$= \left[\bar{I}_N \frac{I_N}{\bar{I}_N}\right]^{1/2} = \bar{I}_N^{1/2} F_N^{1/2} = \bar{T}_N g_N \qquad (5.88)$$

式中，g_N 为 N 视平方根强度图的衰落随机变量：

$$g_N = F_N^{1/2} \qquad (5.89)$$

F_N 的概率密度函数见式（5.86），所以可根据下式计算 g_N 的概率密度函数：

$$p(g_N)\mathrm{d}g_N = p(F_N)\mathrm{d}F_N$$

得到

$$p(g_N) = \frac{2\,g_N^{2N-1} N^N \mathrm{e}^{-Ng_N^2}}{(N-1)!} \qquad (g_N \geqslant 0) \qquad (5.90)$$

g_N 的平均值和方差由下式求得：

$$\bar{g}_N = \frac{\Gamma\!\left(N+\dfrac{1}{2}\right)}{N^{1/2}\Gamma(N)} \qquad (5.91a)$$

$$s_{g_N}^2 = 1 - \overline{g}_N^2 \tag{5.91b}$$

式中，$\Gamma(\ )$ 是伽马函数，

$$\Gamma(z) = \int_0^\infty t^{z-1} \mathrm{e}^{-t} \mathrm{d}t \tag{5.92}$$

当 $N \to \infty$，$\overline{g}_N \to 1$。

如果随机变量 x 的平均值为 $\overline{x}$、标准差为 s_x，另一随机变量 y 与 x 的关系为一平滑函数 $y = h(x)$，那么随机变量 y 的平均值 $\overline{y}$ 和标准差 s_y 与 $\overline{x}$ 和 s_x 的关系可以通过下列近似关系式表示（Papoulis，1965，151–152 页）：

$$\overline{y} \approx y(x) + y''(x) \frac{s_x^2}{2} \tag{5.93a}$$

$$s_y^2 \approx [y'(x)]^2 s_x^2 \tag{5.93b}$$

式中，$y' = \mathrm{d}y/\mathrm{d}x$，并且所有量都是在 $x = \overline{x}$ 时求得。$F_N = \overline{F}_N = 1$ 时，将这些表达式代入 $g_N = F_N^{1/2}$，可得

$$\overline{g}_N \approx 1 - \frac{1}{8N} \tag{5.94a}$$

$$s_{g_N} \approx \frac{1}{2\sqrt{N}} \tag{5.94b}$$

$N \geqslant 4$ 时，$\overline{g}_N$ 和 s_{g_N} 的精确值和近似值之间的相对误差小于 1%。图 5.18（c）展示了 $N = 1$，4 和 10 时 $p(g_N)$ 关于 g_N 的函数曲线。平方根强度图的曲线与振幅图像[图 5.18（a）]非常类似。这种相似性在图 5.20 中也显而易见，该图描绘了 3 类图像的标准差与平均值的比值（归一化衰落标准差）随 N 变化的情况。视数 N 从 1 增至 4，所有图像的质量都得到显著的改善；随着 N 取值进一步增加，图像改善的程度趋于缓和。

5.8.4　空间分辨率与辐射分辨率

图 5.21（a）是合成的单视（$N = 1$）雷达振幅图像，每个像素的地面分辨率为 1 m × 1 m。该图地表包括 3 块方形土地，分别覆盖着树木、草地以及裸土。每块地的像素都是 16 × 16 = 256。

图 5.21（b）是对每 4 个的相邻像素进行平均之后的图像，其中仅包含 8 × 8 = 64 个像素，每个像素表示来自 2 m × 2 m 单元的后向散射，相应的视数为 $N = 4$。同理，图 5.21（c）是平均处理之后的 16 视图像。

> ▶ 从根本上说，增加 N 相当于牺牲空间分辨率以提高辐射分辨率。◀

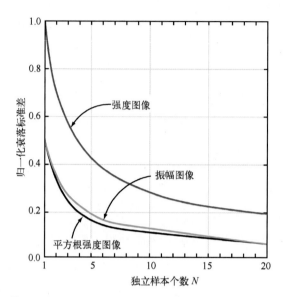

图 5.20 $s_{f_N}/\overline{f}_N$（振幅图像）、$s_{F_N}/\overline{F}_N$（强度图像）和 $s_{g_N}/\overline{g}_N$（平方根强度图像）

随视数（独立样本）N 变化的曲线图

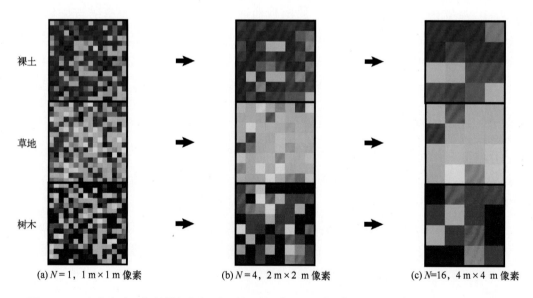

(a) $N=1$, 1 m×1 m 像素　　　　(b) $N=4$, 2 m×2 m 像素　　　　(c) $N=16$, 4 m×4 m 像素

图 5.21　3 个分布式目标的模拟振幅图：林地的 $\sigma_t^0 = 36$ m²/m²，草地的 $\sigma_g^0 = 16$ m²/m²，裸土的 $\sigma_s^0 = 4$ m²/m²。多个像素平均降低了空间分辨率，但提高了辐射分辨率（像素之间的变化变小）

这一陈述适用的情况是：对检测后离散分辨率单元的测量值进行平均处理，且平均过程是检测过程的组成部分。在生成 SAR 图像时，可能需要在图像形成过程中采取这些步骤以减少图像的斑点噪声。也就是，将 SAR 的总带宽划分成 N 个独立分段分别处理，然后对这些独立观测进行平均以减少最终图像的衰落或斑点图样。这个过程称为混合积分或多视处理，生成 $N \geqslant 1$ 的图像。然而，N 数量的增加是以牺牲空间分辨率为代价的，因为 SAR 图像的距离分辨率与带宽成反比。

为便于说明，假设图 5.21 是 $K_1 K_2 = 1$［式（5.72）］的振幅假想图，且林地、草地和裸土的平均后向散射值分别为 36 m^2/m^2，16 m^2/m^2，4 m^2/m^2。对于振幅图，其归一化标准差由下式计算：

$$\frac{s}{\sqrt{\sigma^0}} = \frac{0.523}{\sqrt{N}}$$

其中，分母表示振幅图像的均值 $\overline{V} = \sqrt{\sigma^0}$。因此，$N = 1$ 时林地图像的 ± 1 标准差（相对于平均值）对应的数值区间为

$$\overline{V}_t - s_t = (1 - 0.523)\sqrt{\sigma_t^0} = 0.477 \times \sqrt{36} \approx 2.9 \ m^2/m^2$$

至

$$\overline{V}_t + s_t = (1 + 0.523)\sqrt{\sigma_t^0} = 1.523 \times \sqrt{36} \approx 9.1 \ m^2/m^2$$

图 5.22(a)给出了上述林地的数值区间以及相应的草地和裸土所对应的区间。由于这 3 个区间有较大的重叠，在不知道这些像素对应哪种土地的前提下，随机挑选一个像素并根据其振幅进行正确分类(树木、草地或裸土)，准确性就很低。

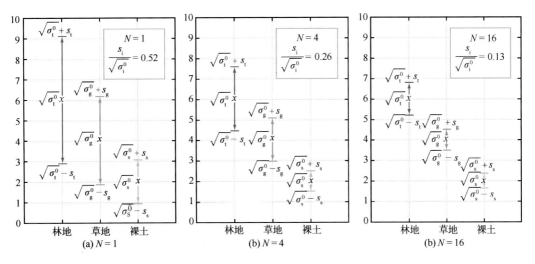

图 5.22　随着独立样本数 N 从 1 增至 16，均值附近的置信区减小为原来的 $1/\sqrt{N}$

图 5.22(b)表示 $N=4$ 的图像对应的数值区间，这 3 个垂直范围之间的重叠部分较少，因此可以增加正确分类的可能性。而对于 16 视数的图像，3 个区间之间没有重叠，因此分类的准确度要高得多。需要注意的是，即使视数 $N=16$，一些像素还是可能被错误分类，因为上述区间是基于 ±1 标准差定义的，它包含了概率密度函数的大部分但不是全部。

图 5.23(d)是一幅 $N=1$ 的全聚焦合成孔径雷达图像，地面分辨率约 1.5 m × 2.1 m。根据该图的原始数据生成的其他 3 幅图像[图 5.23(a)至(c)]都具有 6 m × 6 m 的地面分辨率。图 5.23(a)是在方位向和距离向对原始数据进行二次采样得到的。这种处理没有进行后续求平均，N 仍然等于 1。图 5.23(b)和图 5.23(c)则是通过部分平均和最大程度的平均(或多视处理)处理得到的，空间分辨率同样保持在 6 m × 6 m。

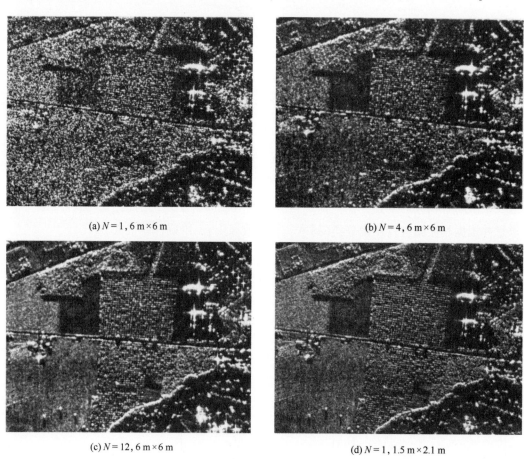

(a) $N=1, 6\,m \times 6\,m$　　(b) $N=4, 6\,m \times 6\,m$

(c) $N=12, 6\,m \times 6\,m$　　(d) $N=1, 1.5\,m \times 2.1\,m$

图 5.23　这 4 幅图显示了图像斑点噪声、视数 N、空间分辨率以及可解译性之间的关系

图 5.23(a)至(c)清楚地显示了图像斑点噪声与 N 的大小之间的关系。尽管这 3 个图像的空间分辨率是相同的，但图 5.23(c)有一些清晰可辨的特征而在图 5.23(a)中却

完全辨认不出来。对比 $N=12$ 的 6 m×6 m 图像[图 5.23(c)]与 $N=1$ 的 1.5 m×2.1 m 图像[图 5.23(d)]，我们可以得出相似的结论。

> ▶ 从可解译性的角度来看，尽管高分辨率图像的分辨单元面积是另一图像面积的 1/12，但是这两个图像的分辨能力是相当的。因此，图像的分辨质量由以下两个因素决定：图像像素表示的地面单元的空间分辨率以及地面单元后向散射的功率测量中的独立样本(视数)数 N。◀

5.8.5 瑞利衰落模型的适用性

瑞利衰落模型能否用来描述地表目标雷达后向散射的统计特征呢? 答案是肯定的。实验表明，如果瑞利衰落模型的各种前提假设都得到满足，瑞利模型是适用的(Bush et al., 1975；Ulaby et al., 1986b；Ulaby et al., 1988a)。满足瑞利假设的地表目标包括裸露的地面、农田、茂密的森林冠层和积雪覆盖的地面。在所有情况下，目标必须具有固定的统计特征，这要求其"局部平均"的电磁特性在目标范围内是均一的。

瑞利衰落不适用于高分辨率雷达观测稀疏林地的情况，因为雷达分辨率尺度下树木密度的空间变化很大，不符合平稳性假设。因此，决定瑞利统计特征对地表目标后向散射的适用性的一个重要参数是雷达分辨单元尺寸相对于所研究地表目标散射的空间频谱的大小。

> ▶ 城市场景是瑞利统计特征可能不适用的另一类目标或条件。◀

如果后向散射是由分辨单元内一个或数个强散射体(例如具有相交的平面的建筑物或角反射器)的回波所主导，则瑞利杂波模型就不再适用。

图 5.24 使用直方图阐明了上述论断。该图分别对应 4 视 Seasat SAR 数据生成的水域、森林和城市场景的平方根强度图像。连续曲线表示下式给出的概率密度函数 $p(T_4)$:

$$p(T_4) = \frac{1}{\bar{I}^{1/2}} p(g_4)$$

式中，$p(g_4)$ 为由式(5.90)给出的散斑随机变量的概率密度函数。可以看出，水域的直方图与基于瑞利衰落的理论概率密度函数相当接近，林地类的直方图与理论概率密度函数有一些偏离，而城市场景的直方图与理论概率密度函数有着明显的不同。这些差异归因于图像的纹理波动，这在理论模型中并未加以考虑。

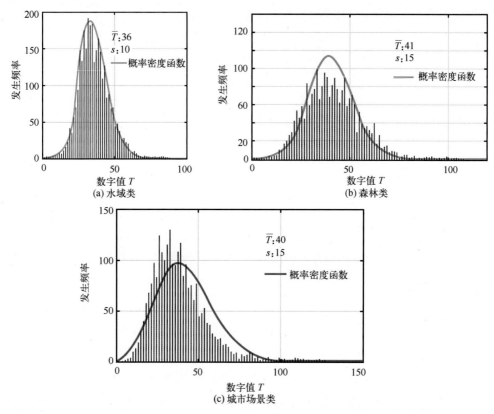

图 5.24　3 类分布式目标的 Seasat SAR 平方根强度图像的色调 T(数字值)直方图。水域类与式 (5.90)给出的理论概率密度函数十分吻合；森林类由于图像纹理波动而偏离较明显；城市场景类则 与理论值偏离最大。城市场景里经常出现明亮的主导性散射体，这不符合瑞利模型的第 6 条假设

5.9　图像纹理和去斑滤波

5.9.1　图像纹理

　　遵循瑞利衰落统计特征的分布式目标的雷达图像是无纹理的。这种图像具有常见 散斑的逐像素点色调变化特征，除此之外并没有其他空间图样。

> ▶ 图像纹理是指由分布式目标的物理和/或电磁性质的空间变化特性所引起 的图像色调内在的空间变化特性(不仅仅是由斑点噪声引起的)。◀

　　图 5.25 展示了农田(玉米地)和林地的雷达图像。玉米地的雷达图像像素包括多行 玉米，该图基本上没有明显纹理；林地的雷达图像则具有很强的纹理，是典型的稀疏

林地的特征(在某些区域可能有密集冠层，在其他某些区域可能是空地)。

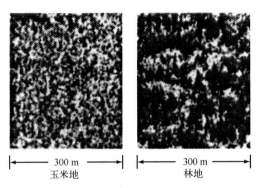

300 m
玉米地　　　　　　　　300 m
林地

图 5.25　由于瑞利衰落(斑点噪声)，玉米地雷达图像中的像素变化几乎完全一致，
而林地图像则显示与树木密度变化相关的空间图样(除了斑点噪声)

图像纹理是一种有用的特性，可用于雷达图像的计算机分类，特别是对平均色调(反射率)相当的不同类的分布式目标进行区分。常用的图像纹理特性包括：

(a)纹理自相关函数，这是给定像素及其相邻像素之间的相似度的度量；

(b)纹理标准差，表示斑点噪声及其他因素引起的图像像素间的变化程度；

(c)纹理图样的指向或周期变化特性(如若存在)。

有关雷达图像纹理的众多参考文献(Collins et al.，1998；Glaister et al.，2013；Collins et al.，2009；De Grandi et al.，2007)中，我们强烈推荐 Oliver 等(2004)的权威作品，这本书不仅详细讨论了图像纹理，还全面综述了雷达图像去斑的各种滤波器。

5.9.2　去斑滤波器

> ▶ 理想的去斑滤波器能够在去除雷达图像散斑的同时保留图像的纹理，并且不会影响其空间分辨率。虽然这样的滤波器并不存在，但是现有的一些滤波器已经可以生成远远优于原始散斑图像的结果。◀

在 Oliver 等(2004)的著作《SAR 图像理解》(*Understanding Synthetic Aperture Radar Images*)中，他们将去斑滤波器描述为"雷达散射截面重建滤波器"，表明去斑滤波器应该生成一个没有散斑图案的 σ^0 图像(成像场景单位面积的雷达截面)。

图 5.26(a)显示了空间分辨率为 3 m×3 m 的 2 视机载合成孔径雷达图像。鉴于 N 仅为 2，图像呈现出常规的散斑特征。其他 6 幅图像是使用不同的图像处理算法进行滤波后的图像，分别包括：

（a）多视数滤波［图 5.26（b）］：N 视图像给定像素的图像强度 I 赋值为 μ_I，其中 μ_I 是以给定像素为中心的 $M \times M$ 视窗内 M^2 个像素的平均强度。图 5.26（b）是通过在 11×11 视窗上应用多视数平均生成的。这种简单的滤波器在平均过程中去除了散斑，但也使图像变得模糊。虽然图像的像素数量没有改变，实际上平均处理降低了图像的空间分辨率。在实践中，这种滤波器的实用性很有限。

(a) DRRA X 波段机载 SAR 乡村场景图像：3 m × 3 m 分辨率，2 视图像（未滤波图像）

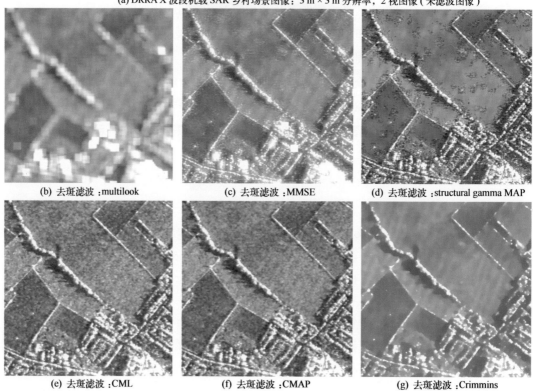

(b) 去斑滤波：multilook

(c) 去斑滤波：MMSE

(d) 去斑滤波：structural gamma MAP

(e) 去斑滤波：CML

(f) 去斑滤波：CMAP

(g) 去斑滤波：Crimmins

图 5.26　3 m × 3 m 分辨率的 2 视图像（a）在 6 种不同去斑滤波器（b）至（g）作用下的示意图（由 Oliver 等提供）

（b）最小均方差（MMSE）滤波［图 5.26（c）］：给定像素的图像强度 I 赋值为强度 I'（包含 $M \times M$ 视窗内像素的局地统计信息），而不是 μ_I（$M \times M$ 视窗内像素的平均强度）。强度 I' 与 I、μ_I 的关系如下：

$$I' = \mu_I + \alpha(I - \mu_I) \tag{5.95}$$

式中，α 为衡量 $M \times M$ 视窗内像素均匀度的参数（Oliver et al.，2004）。如果视窗内是 σ 为常数的均匀地表目标，α 设置为 0，这时 $I' = \mu_I$。另一极端情况下，如果视窗内包括多类目标且这些目标的 σ 值明显不同，那么 α 设置为 1，这时 $I' = I$，表明图像像素的强度保持不变。为了恰当地估计每个像素的 α 值，可以将最小均方根误差准则应用于式（5.84）给出的乘法强度模型，即

$$I = \sigma F \tag{5.96}$$

式中，I 为 N 视图像的像素强度；σ 为真实反射率；F 为 N 视强度图像的衰落随机变量（为了简单起见，系统常数设置为 1，下标 N 也忽略不用）。

如果视窗内是 σ 为常数的均匀目标，则 I 的归一化方差 β_I 等于 F 的归一化方差 β_F：

$$\beta_I = \left(\frac{s_I}{\mu_I} \right)^2 = \left(\frac{s_F}{\mu_F} \right)^2 = \frac{1}{N} \qquad （均匀分布的 \sigma） \tag{5.97}$$

上式最后一步由式（5.85）得到。平均强度 μ_I 和标准差 s_I 是基于待研究像素为中心的视窗内 M^2 个像素强度值求得。

然而，如果视窗内包含多类目标，σ 就不是均匀分布的，这意味着应该将其视为均值为 μ_σ 和标准差为 s_σ 的随机变量。统计上，σ 和 F_N 是独立的随机变量，因此，

$$\mu_I = \mu_\sigma \mu_F \tag{5.98a}$$

$$\mu_{I^2} = \mu_{\sigma^2} \mu_{F^2} \tag{5.98b}$$

I 的归一化方差写成

$$\beta_I = \left(\frac{s_I}{\mu_I} \right)^2 = \frac{\mu_{I^2} - \mu_I^2}{\mu_I^2} = \frac{\mu_{\sigma^2} \mu_{F^2} - \mu_\sigma^2 \mu_F^2}{\mu_\sigma^2 \mu_F^2} \tag{5.99}$$

考虑到矩量 $\mu_F = 1$ 且 $\mu_{F^2} = 1 + 1/N$，式（5.99）变成

$$\beta_I = \left(\frac{\mu_{\sigma^2}}{\mu_\sigma^2} \right) \left(1 + \frac{1}{N} \right) - 1 \tag{5.100}$$

σ 的归一化方差为

$$\beta_\sigma = \left(\frac{s_\sigma}{\mu_\sigma} \right)^2 = \frac{\mu_{\sigma^2} - \mu_\sigma^2}{\mu_\sigma^2} = \left(\frac{\mu_{\sigma^2}}{\mu_\sigma^2} \right) - 1 \tag{5.101}$$

参数 α 定义为反射率方差 β_σ 与强度方差 β_I 的比值，即

$$\alpha = \frac{\beta_\sigma}{\beta_I} = \frac{\beta_I - 1/N}{\beta_I \left(1 + \dfrac{1}{N}\right)} \qquad (任意\ \sigma) \tag{5.102}$$

式(5.102)可以通过联立式(5.100)和式(5.101)消除比率$(\mu_{\sigma^2}/\mu_\sigma^2)$求得。强度方差$\beta_I$通过$M^2$个强度值计算。对于无纹理的分布式目标的图像视窗$(\sigma = 常数)$，$\alpha \approx 0$，$\beta_I$应接近$1/N$。相反地，对于有纹理的视窗，$\beta_I > 1/N$。

图5.26(c)是将MMSE滤波器应用于图5.26(a)所示的原始图像所得到的图像。这种滤波成功地消除了散斑，同时又保留了图像特征(如道路和边界)。

(c)至(e)贝叶斯滤波器[图5.26(d)至图5.26(f)]：用于生成图5.26(d)至图5.26(f)所示的去斑图像的滤波器都是基于贝叶斯统计。这些滤波器使用了条件概率和反射率σ的假设概率密度函数模型。读者可以参阅Oliver等(2004)的著作及其列表中的参考文献以获得更多的细节。

5.10　相干散射和非相干散射

5.10.1　表面粗糙度

考虑图5.27(a)所示的地面，假设表面高度$z(x, y)$随着x和y随机变化且各向同性，这表示地面任意直线上的$z(x, y)$都具有相同的统计特性。图5.27(b)给出了这种随机表面的一维剖面高度分布示意图，标记为$z(x)$。通过把剖面数字化并将其数值设置成相对于平均表面高度"高度组"$(\langle z \rangle = 0)$，可以获得图5.27(c)所示的高度概率密度函数$p(z)$，测得的概率密度函数近似于高斯分布，这对于大多数随机表面是适用的，即

$$p(z) = \frac{1}{\sqrt{2\pi s^2}} e^{-z^2/2s^2} \tag{5.103}$$

式中，s^2为表面高度的方差(并且由于$\langle z \rangle = 0$，s是标准差)。

给定$p(z)$，我们可以计算出随机表面的几个统计特性，包括：

(a)高度标准差：

$$s = \langle z^2 \rangle^{1/2} = \left[\int_{-\infty}^{\infty} z^2 p(z)\, \mathrm{d}z\right]^{1/2} \tag{5.104}$$

这也称为均方根高度。

(b)表面相关函数：

$$\rho(\xi) = \frac{\langle z(x, y) z(x', y') \rangle}{s^2} \tag{5.105}$$

式中，$u = x - x'$；$\nu = y - y'$；$\xi = \sqrt{u^2 + \nu^2}$，是表面上两点(x, y)和(x', y')之间的水平距离。相关函数$\rho(\xi)$是表面点(x, y)和点(x', y')之间相关程度的度量。

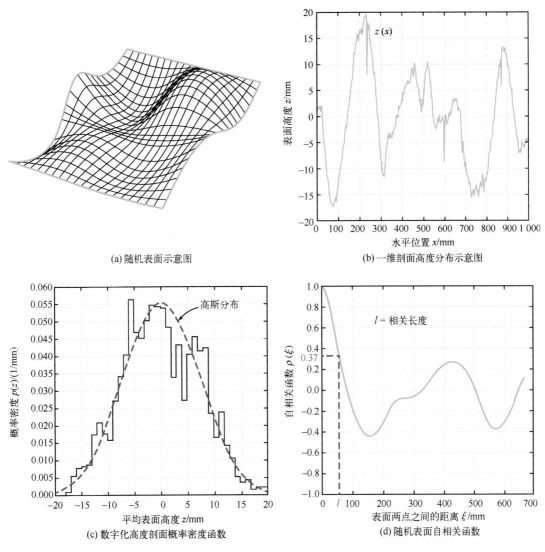

(a) 随机表面示意图

(b) 一维剖面高度分布示意图

(c) 数字化高度剖面概率密度函数

(d) 随机表面自相关函数

图 5.27　随机各向同性的表面 $z(x, y)$ 统计特性

随机表面的相关函数如图 5.27(d)所示。正如预期的那样，相关函数随ξ增大而减小，因此如果两点之间的距离大于一定距离即相关长度l，那么可以认为这两点的高度在统计上是不相关的。相关长度l定义为符合下式的距离间隔$\xi = l$，其中：

$$\rho(\xi) = \mathrm{e}^{-1} \qquad (\xi = l) \qquad (5.106)$$

对于图 5.27(d)所示的相关函数，$l = 52.5\ \mathrm{mm}$。由于$z(x, y)$的测量精度受到用于描绘表面高度工具(如激光剖面仪)的限制，相关函数$\rho(\xi)$在$\xi > 100\ \mathrm{mm}$时表现出类似噪声的振荡。负的 $\rho(\xi)$ 是测量引起的伪值。

本书第 10 章将会提到的随机粗糙表面的电磁散射模型需要使用相关函数 $\rho(\xi)$ 的假设函数形式，两种最常见的形式是指数相关函数 $\rho_e(\xi)$ 和高斯相关函数 $\rho_G(\xi)$，分别如下：

$$\rho_e(\xi) = e^{-|\xi|/l} \qquad \text{(指数)} \qquad (5.107a)$$

$$\rho_G(\xi) = e^{-\xi^2/l^2} \qquad \text{(高斯)} \qquad (5.107b)$$

式中，l 为表面相关长度。图 5.28 描绘了这两个函数关于归一化距离间隔 ξ/l 的曲线图。随机土壤表面的 $\rho(\xi)$ 实验测量值更符合指数相关函数（Nashashibi et al.，2007）。

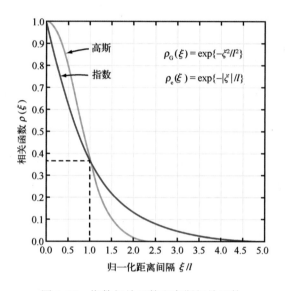

图 5.28　指数相关函数和高斯相关函数

5.10.2　双站雷达散射

电磁学里，表面粗糙度是相对于电磁波波长 λ 的度量。对于均方根高度为 s 的表面，其电磁粗糙度 ks 为

$$ks = \frac{2\pi}{\lambda}s \qquad \text{(电磁粗糙度)} \qquad (5.108)$$

一般情况下，双站雷达散射涉及 4 个角度：入射角 θ_i 和散射角 θ_s，以及方位角 ϕ_i 和 ϕ_s（图 5.29）。但是对于随机各向同性的表面，x 和 y 轴是任意的，因此只要一个方位角就足够了，即 $\phi = \phi_s - \phi_i$。根据 θ_i、θ_s 和 ϕ，定义以下术语：

（a）镜面方向：$\theta_i = \theta_s$ 且 $\phi = 0°$；

(b) 入射面：$\phi = 0°$；

(c) 入射面外：$\phi \neq 0°$；

(d) 后向散射方向：$\theta_i = \theta_s$ 且 $\phi = 180°$。

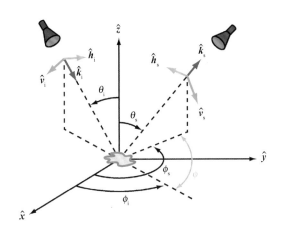

图 5.29 双站雷达散射坐标系

对于均方根高度 $s = 0$ 的绝对光滑表面，p 极化(其中 $p = \text{h}$ 或 v)的入射电磁波沿着镜面方向反射，反射功率 P_p^r 与入射功率 P_p^i 的关系由式(2.108)给出：

$$P_p^r = \Gamma^p P_p^i \qquad (p = \text{h 或 v}) \qquad \text{(镜面表面)} \qquad (5.109\text{a})$$

式中，Γ^p 为绝对光滑表面的 p 极化菲涅耳反射率。图 5.30 描绘了电磁粗糙度不同的 3 种表面的散射图样。绝对光滑表面的图样基本上呈 δ 函数，如图 5.30(a)所示。沿着镜面方向散射图样的分量称为相干分量，因为散射波具有均匀的相位波前。绝对光滑表面的散射图样仅包含一个相干分量。

如果表面略微粗糙(ks 大约为 0.1)，散射图样仍由沿着镜面方向的相干分量主导，如图 5.30(b)所示，但也包含沿所有其他方向的非相干分量。这种情况下，沿着镜面方向的反射功率与入射功率的关系为

$$P_p^r = \Gamma_{\text{coh}}^p P_p^i \qquad \text{(非镜面表面)} \qquad (5.109\text{b})$$

式中，Γ_{coh}^p 为相干反射率。Γ_{coh}^p 和 Γ^p 的关系稍后介绍。

此外，非相干分量不仅包含与入射波极化方式相同的电磁波，还包含正交极化的电磁波。也就是说，如果入射波是 h 极化的，非相干散射分量由 h 极化(同极化)和 v 极化(交叉极化)分量共同组成。如果表面粗糙度增加到 $ks > 2$，那么相干散射分量可忽略不计，而非相干分量在包括镜面方向在内的所有方向上占主导地位〔图 5.30(c)〕。

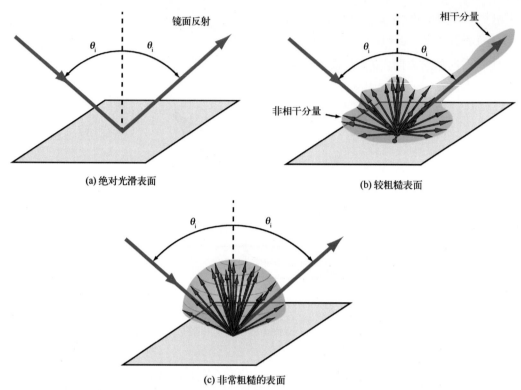

图 5.30　双站雷达散射图样由沿镜面方向的相干分量和沿着所有方向的非相干分量组成。对于绝对光滑表面，只存在相干分量；另一种极端情况下，即非常粗糙的表面散射，相干分量与非相干分量相比可忽略不计

5.10.3　镜面反射率

De Roo 等(1994)使用 X 波段双站雷达设备测量了几种不同粗糙度砂面的双站散射图样。其中，最光滑表面的电磁粗糙度 $ks < 0.2$，最粗糙随机表面的电磁粗糙度 $ks = 1.94$，后者比前者的电磁粗糙度约大一个数量级。图 5.31(a)显示了最光滑表面的镜面反射率测量值 $\varGamma^{\mathrm{v}}$ 和 $\varGamma^{\mathrm{h}}$ 随入射角 θ_{i} 变化的函数曲线。该图还展示了基于式(2.101)和式(2.102a)给出的镜面表面的菲涅耳反射系数公式以及 $\varGamma^{\mathrm{v}} = |\rho_{\mathrm{v}}|^2$ 和 $\varGamma^{\mathrm{h}} = |\rho_{\mathrm{h}}|^2$ 关系式计算得到的曲线。计算中砂粒的介电常数 $\varepsilon = 3$。可以看出，测量的数据与理论计算的曲线非常接近，表明如果表面的电磁粗糙度 $ks < 0.2$，则可认为该表面是绝对光滑的。

图 5.31 其他 3 幅图像对应更粗糙的表面。基于下面式子计算的曲线与测量的反射率十分一致：

$$\varGamma_{\mathrm{coh}}^{p} = \varGamma^{p} \mathrm{e}^{-4\psi^2} \qquad (p = \mathrm{v} \text{ 或 } \mathrm{h}) \tag{5.110}$$

式中，

$$\psi = ks \cos \theta_i = \frac{2\pi}{\lambda} s \cos \theta_i; \qquad (5.111)$$

Γ^p 是表 2.5 中表达式给出的 p 极化的菲涅耳反射率。为了理解 Γ_{coh}^p 对 ks 的敏感性，下面对两种粗糙度的情况进行讨论，均设定 $\theta_i = 45°$，即

（a）相对光滑的表面，$ks = 0.2$：

$$\Gamma_{coh}^p = 0.92\Gamma^p$$

（b）非常粗糙的表面，$ks = 2$：

$$\Gamma_{coh}^p = 3.35 \times 10^{-4}\Gamma^p$$

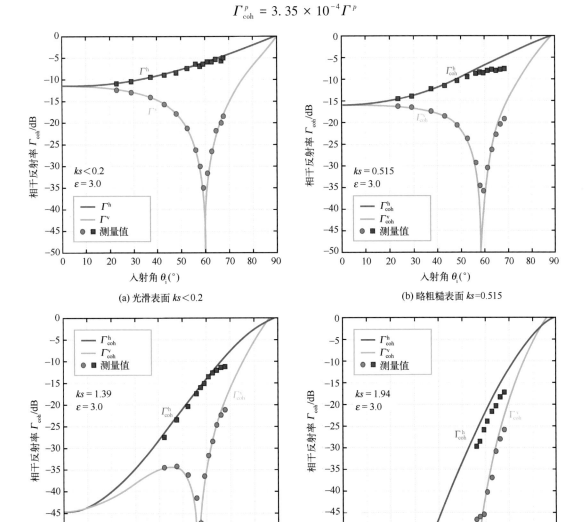

图 5.31　4 种电磁粗糙度不同的表面对应的 h 和 v 极化反射率的测量值和计算值(De Roo et al.，1994)

▶ 电磁粗糙度从 0.2 增至 2 会使反射率降低 3 个数量级以上。 ◀

$\Gamma_{coh}^{p}/\Gamma^{p}$ 随 $\psi=ks\cos\theta_{i}$ 变化的曲线如图 5.32(a)所示。图 5.32(b)则展示不同电磁粗糙度参数 ks 条件下 Γ_{coh}^{v} 随入射角变化的曲线。需要注意的是，纵轴坐标单位是 dB，所以相应参量随着粗糙度的增加而减小的程度非常明显，特别是在布儒斯特角以下的角度其减小的程度更甚。

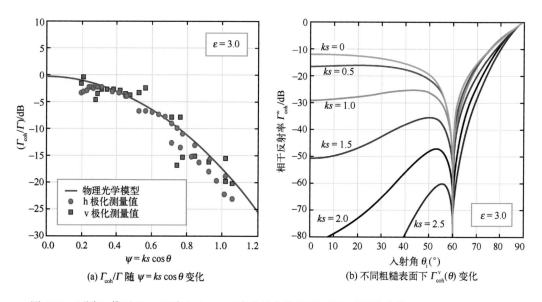

(a) Γ_{coh}/Γ 随 $\psi=ks\cos\theta$ 变化　　　　(b) 不同粗糙表面下 $\Gamma_{coh}^{v}(\theta)$ 变化

图 5.32　不同 ks 值下 Γ_{coh}/Γ 随 $\psi=ks\cos\theta$ 变化的曲线和 Γ_{coh}^{v} 随 θ_{i} 变化的曲线(De Roo et al.，1994)

式(5.110)给出的表达式称为粗糙表面反射的零阶物理光学解(De Roo et al.，1994)。虽然该模型与实验结果非常一致，但并不能预测布儒斯特角位置上的敏感变化(Saillard et al.，1990；Greffet，1992)。De Roo 等(1994)证明，布儒斯特角的位置可以通过二阶物理光学模型进行精确预测，这也可以由 10.3 节中的 I²EM 模型进行预测。

5.10.4　双站散射系数

前面的小节介绍了连续二维表面的相干反射率 Γ_{coh} 与表面粗糙度的关系。本节将继续讨论表面双站散射系数 σ^{0} 的情况。这两个量虽然相关，但却不同。

q 极化相干反射率 $\Gamma_{coh}^{q}(\theta_{i})$ 是在连续的二维无限表面定义的理想量；其定义取决于平面波入射和平面波散射。对于面积为 A 的表面，$\Gamma_{coh}^{q}(\theta_{i})$ 可以根据式(5.109a)求得

$$\Gamma_{\mathrm{coh}}^q(\theta_{\mathrm{i}}) = \frac{P_q^{\mathrm{r}}}{P_q^{\mathrm{i}}} = \frac{S_q^{\mathrm{r}} A \cos \theta_{\mathrm{i}}}{S_q^{\mathrm{i}} A \cos \theta_{\mathrm{i}}} = \frac{S_q^{\mathrm{r}}}{S_q^{\mathrm{i}}} \qquad (q = \mathrm{v} \ \text{或} \ \mathrm{h}) \tag{5.112}$$

式中，S_q^{i} 和 S_q^{r} 为入射和反射平面波的 q 极化分量的功率密度。相反地，双站散射截面 σ_{pq} 由式（5.27a）定义：

$$\sigma_{pq} = \frac{P_p^{\mathrm{rer}}}{S_q^{\mathrm{i}}} \tag{5.113}$$

式中，P_p^{rer} 为由目标再辐射的 p 极化分量的功率。对于面积为 A 的分布表面，其散射系数为 $\sigma^0 = \sigma/A$。同时，再辐射的功率呈球状扩展，距离表面 R_{r} 处散射波的功率密度为 $S_q^{\mathrm{s}} = P^{\mathrm{rer}}/4\pi R_{\mathrm{r}}^2$。因此

$$\sigma_{pq}^0 = \frac{1}{A} \frac{P_p^{\mathrm{rer}}}{S_q^{\mathrm{i}}} = \left(\frac{4\pi R_{\mathrm{r}}^2}{A} \right) \frac{S_p^{\mathrm{s}}}{S_q^{\mathrm{i}}} \tag{5.114}$$

相干分量

通常而言，总的同极化双站散射系数 σ_{pp}^0 由相干分量 $\sigma_{pp\mathrm{coh}}^0$ 和非相干分量 $\sigma_{pp\mathrm{inc}}^0$ 组成，即

$$\sigma_{pp}^0(\theta_{\mathrm{i}}, \phi_{\mathrm{i}}; \theta_{\mathrm{s}}, \phi_{\mathrm{s}}) = \sigma_{pp\mathrm{coh}}^0(\theta_{\mathrm{i}}) + \sigma_{pp\mathrm{inc}}^0(\theta_{\mathrm{i}}, \phi_{\mathrm{i}}; \theta_{\mathrm{s}}, \phi_{\mathrm{s}}) \qquad (p = \mathrm{h} \ \text{或} \ \mathrm{v})$$

$$\tag{5.115}$$

式中，$(\theta_{\mathrm{i}}, \phi_{\mathrm{i}})$ 和 $(\theta_{\mathrm{s}}, \phi_{\mathrm{s}})$ 是入射角和散射角，如图 5.29 所示。

▶ 交叉极化分量不具有相干分量。◀

相干分量仅存在于镜面方向附近很窄的角度范围内，由下式计算：

$$\sigma_{pp\mathrm{coh}}^0(\theta_{\mathrm{i}}) = 4\pi \cos \theta_{\mathrm{i}} \, \Gamma^p(\theta_{\mathrm{i}}) \mathrm{e}^{-4\psi^2} \cdot \delta(\cos \theta_{\mathrm{i}} - \cos \theta_{\mathrm{s}}) \delta(\phi_{\mathrm{i}} - \phi_{\mathrm{s}}) \tag{5.116}$$

式中，ψ 为式（5.111）定义的粗糙度参数；δ 函数表明只有当 $\theta_{\mathrm{i}} = \theta_{\mathrm{s}}$，$\phi_{\mathrm{i}} = \phi_{\mathrm{s}}$ 时，σ_{pp}^0 是非零的；系数 $4\pi \cos \theta_{\mathrm{i}}$ 与 σ^0 的定义相关。可以用表面绝对光滑的特例来证明式（5.116）的有效性。因为 $s = 0$，$\psi = 0$，非相干分量为零，此时 σ_{pp}^0 简化为 $\sigma_{pp\mathrm{coh}}^0$：

$$\sigma_{pp}^0(\theta_{\mathrm{i}}) = \sigma_{pp\mathrm{coh}}^0(\theta_{\mathrm{i}}) = 4\pi \cos \theta_{\mathrm{i}} \Gamma^p(\theta_{\mathrm{i}}) \cdot \delta(\cos \theta_{\mathrm{i}} - \cos \theta_{\mathrm{s}}) \delta(\phi_{\mathrm{i}} - \phi_{\mathrm{s}}) \tag{5.117}$$

距离平坦表面 R_{r} 处，总的 p 极化散射（反射）功率与散射功率密度 S_p^{s} 之间的关系为

$$P_p^{\mathrm{s}} = \iint\limits_{\text{上半球}} S_p^{\mathrm{s}} R_{\mathrm{r}}^2 \mathrm{d}\Omega \tag{5.118}$$

根据式（5.114）（$p = q$），并把式（5.117）代入式（5.118）可得

$$P_p^s = \iint \frac{\mathcal{S}_p^i A}{4\pi R_r^2} \sigma_{pp}^0 R_r^2 \mathrm{d}\Omega_s$$

$$= \iint \frac{\mathcal{S}_p^i A}{4\pi}(4\pi \cos\theta_i)\Gamma^p(\theta_i) \cdot \delta(\cos\theta_i - \cos\theta_s)\delta(\phi_i - \phi_s)\mathrm{d}\Omega_s$$

$$= P_p^i \Gamma^p(\theta)_i \tag{5.119}$$

这里 $P_p^i = \mathcal{S}_p^i A \cos\theta_i$ 表示入射在表面上的 p 极化功率。式(5.119)的结果与式(5.109a)的相同,后者将菲涅耳反射率 Γ^p 定义为从绝对光滑表面反射的功率与入射功率的比值。

非相干分量

> ▶ 增加表面的粗糙度会使能量从相干分量转移到非相干分量,并增强去极化程度。◀

电磁波能量在上半球的再分布取决于表面的几何、电介质和统计特性,这部分将在第 10 章详细讨论。

图 5.33 是砂粒表面(其均方根高度 $s<0.1$ cm)散射系数 σ_{hh}^0 的三维双站散射图样。测量使用的是 35 GHz 的双站雷达,因此相应的电磁粗糙度为 $ks = (2\pi s/\lambda) = 0.73$,使得测量表面在电磁学意义上略微粗糙。雷达波束入射角为 $60°$,发射天线和接收天线均为水平极化。可以看出,散射系数在 $\theta_s = \theta_i = 60°$ 和 $\phi = 0°$ 的方向(镜面方向)呈现峰值。该峰值是相干双站散射分量 σ_{hhcoh}^0。图 5.34 展示了 $ks = 3.28$ 的粗糙表面的 vv 极化散射系数 σ_{vv}^0 和去极化率(定义如下)三维图案。后者定义如下:

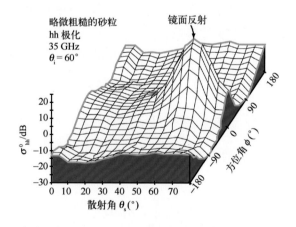

图 5.33 35 GHz 双站雷达在 $ks = 0.73$ 的砂粒表面测量的三维散射图样(Ulaby et al.,1988d)

$$\chi = \frac{\sigma_{hv}^0 + \sigma_{vh}^0}{\sigma_{hh}^0 + \sigma_{vv}^0} \quad\quad (5.120)$$

需要注意，最大去极化发生在 $\phi = 90°$ 的平面，该平面与入射面正交。

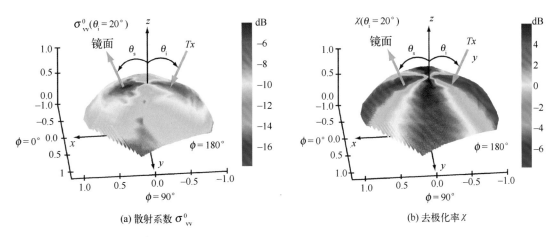

(a) 散射系数 σ_{vv}^0　　　　　　　　　　　(b) 去极化率 χ

图 5.34　粗糙表面下利用双站散射模型测量 σ_{vv}^0 和 χ（Nashashibi et al.，2007）

5.10.5　光滑表面的后向散射响应

在后向散射方向上，入射角 θ_i 处总的同极化后向散射系数包括相干分量 $\sigma_{pp_{coh}}^0(\theta_i)$ 和非相干分量 $\sigma_{pp_{inc}}^0(\theta_i)$。前者仅在垂直入射或接近垂直入射时有重要作用，而后者在所有入射角条件下都很重要：

$$\sigma_{pp}^0(\theta_i) = \sigma_{pp_{coh}}^0(\theta_i) + \sigma_{pp_{inc}}^0(\theta_i) \quad\quad (5.121)$$

指向角（相对于垂直入射的方向）为 θ_i 的 p 极化天线，其相干后向散射系数由式 (5.116) 计算，这里把相干分量视为纯 δ 函数。实际上，$\sigma_{pp_{coh}}^0$ 在镜面方向的波束宽度是有限的，因此我们可以使用近似表达式（Ulaby et al.，1983）：

$$\sigma_{pp_{coh}}^0 = \frac{\Gamma^p(\theta_i)}{\beta_c^2} \exp(-4k^2 s^2) \exp\left(\frac{-\theta_i^2}{\beta_c^2}\right) \quad\quad (5.122)$$

式中，$\Gamma^p(\theta_i)$ 为 p 极化菲涅耳反射率；$k = 2\pi/\lambda$；s 为表面均方根高度；β_c 为 $\sigma_{pp_{coh}}^0$ 对应的有效波束宽度；θ_i 和 β_c 均以弧度表示。在推导式 (5.122) 时，假设目标与天线之间的距离满足天线的远场准则，并且 θ_i 足够小，从而可以进行 $\sin \theta_i \approx \theta_i$ 和 $\cos \theta_i \approx 1$ 的近似处理。$\exp(-4k^2 s^2)$ 因子说明了由表面粗糙度引起的菲涅耳反射率的降低，这与式 (5.110) 和式 (5.111) 相一致。

对于 $s = 0$ 的镜面，由式 (5.122) 可以计算出在垂直入射时从镜面表面接收的功率，这与将图像法应用于式 (3.39) 的弗里斯传输公式计算所得的结果相同。在图像法中，发射天线"看到"的是"倒影"的图像，因此可以将其建模为距离间隔为 $2h$、具有相同增益 G_0 的两个通信天线，其中 h 是天线在表面上方的高度。图像法的接收功率经过天底点表面反射率 Γ_0 修正后，写成

$$P^r = \frac{P^t G_0^2 \lambda^2 \Gamma_0}{(4\pi)^2 (2h)^2} \quad （弗里斯传输公式） \tag{5.123}$$

对于仅具有相干散射系数 $\sigma^0_{pp_{coh}}$ 的分布式目标，式(5.32)给出的雷达方程变成

$$P^r = \frac{P^t \lambda^2}{(4\pi)^3} \iint \frac{G^2(\theta_i, \phi_i)}{R^4} \sigma^0_{pp_{coh}} \, \mathrm{d}A \tag{5.124}$$

对于 $s=0$ 的镜面，$\sigma^0_{pp_{coh}}(\theta_i)$ 可以根据下式求得

$$\sigma^0_{pp_{coh}}(\theta_i) = \frac{\Gamma^p(\theta_i)}{\beta_c^2} \exp\left(\frac{-\theta_i^2}{\beta_c^2}\right) \tag{5.125}$$

β_c 的大小为 1° 或更小。因此，θ_i 超过几度时它对式(5.124)的积分贡献便可忽略不计，此时 $\mathrm{d}A/R^4$ 的值可近似为

$$\frac{\mathrm{d}A}{R^4} = \frac{(R\mathrm{d}\theta_i)(R\sin\theta_i\,\mathrm{d}\phi_i)}{R^4} \approx \frac{\theta_i\mathrm{d}\theta_i\mathrm{d}\phi_i}{h^2} \tag{5.126}$$

式中，设置 $R\approx h$，$\sin\theta_i\approx\theta_i$。在式(5.124)积分的有效区域内 $G(\theta_i, \phi_i)\approx G_0$；把式(5.125)和式(5.126)代入式(5.124)中，可得

$$P^r = \frac{P^t G_0^2 \lambda^2}{(4\pi)^3 h^2} \int_{\phi_i=0}^{2\pi}\int_{\theta_i=0}^{\pi/2} \Gamma^p(\theta_i) \frac{e^{-\theta_i^2/\beta_c^2}}{\beta_c^2} \theta_i\mathrm{d}\theta_i\mathrm{d}\phi_i \tag{5.127}$$

由于 β_c 的数量级为 1°，$\Gamma^p(\theta_i)\approx\Gamma^p(0)=\Gamma_0$，上述高斯函数的积分结果为

$$P^r = \frac{P^t G_0^2 \lambda^2}{(4\pi)^2 (2h)^2}\Gamma_0 \tag{5.128}$$

这与式(5.123)相同。

式(5.122)给出的 $\sigma^0_{pp_{coh}}$ 的模型为后向散射系数的相干分量提供了合理的数学表达式，图5.35给出了 $\sigma^0_{pp_{coh}}(\theta_i)$、$\sigma^0_{pp_{inc}}(\theta_i)$ 及两者总和的曲线。通过反卷积处理，可以根据 $\sigma^0_{pp}(\theta_i)$ 测量值和雷达天线方向图 $G(\theta_i, \phi_i)$ 获得 $\sigma^0_{pp_{coh}}(\theta_i)$ 随入射角变化的曲线图，其有效波束宽度 $\beta_c = 0.51°$。观测表面的粗糙度为 $ks=0.3$，O 为相对光滑的表面。需要注意的是，在天底点方向 $\sigma^0_{pp_{coh}}$ 比非相干分量 $\sigma^0_{pp_{inc}}$ 约高 6 dB，但入射角偏离天底点方向几度时，$\sigma^0_{pp_{coh}}$ 便可忽略不计。由于大多数成像雷达的入射角远离天底点方向，相干分量通常是无关紧要的。唯一需要注意的情况是，天底点的回波进入天线旁瓣会干扰天线主波束所要测量的观测场景的信号。

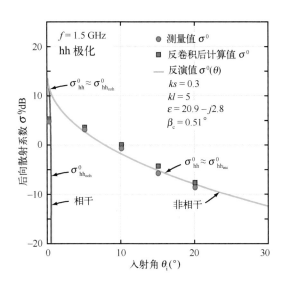

图 5.35　1.5 GHz 雷达在 $ks=0.3$ 的表面测量的后向散射系数随入射角的变化(散点)和
反卷积处理反演的后向散射随入射角的变化(Ulaby et al., 1983)

5.11　极化合成

5.3 节定义了后向散射基准坐标系下目标的散射矩阵:

$$S = \begin{bmatrix} S_{vv} & S_{vh} \\ S_{hv} & S_{hh} \end{bmatrix} \qquad (5.129)$$

并解释了如何使用敏捷型极化雷达对 S 的 4 个分量进行测量。例如,分量 S_{hv} 是发射使用 v 极化天线、接收使用 h 极化天线的测量结果。极化雷达典型的实现方法是发射一种极化波,同时接收两种正交极化的回波。随后发射第二种极化波,并再次接收两种极化的回波,如图 5.36 所示。

散射矩阵各分量的测量对于进一步的定量分析以及与模型之间的比较具有重要的意义,但在此之前,必须对测量值进行定标,以便将最终结果转换成归一化雷达截面。除了振幅,极化雷达测量也需要定标通道之间的相对相位。13.14 节将具体介绍极化雷达的定标。

对于散射矩阵为 S 的目标,其 pq 极化的雷达截面由下式给出:

$$\sigma_{pq} = 4\pi \, |S_{pq}|^2 \qquad (p, q = \text{h 或 v}) \qquad (\text{点目标}) \qquad (5.130)$$

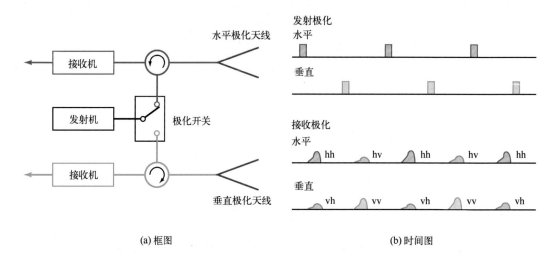

(a) 框图　　　　　　　　　　　　　　　　　　(b) 时间图

图 5.36　极化雷达标定。极化雷达通过水平极化天线和垂直极化天线交替发射信号并同时接收这两种极化的回波。测量散射矩阵中的所有分量需要两个脉冲信号（van Zyl et al., 2011）

> ▶ 散射矩阵的表达式不仅适用于点目标，还适用于分布式目标。使用敏捷型极化成像雷达可以产生 4 种图像，每种分别与散射矩阵的 4 个分量之一相对应。◀

由于 S_{pq} 是复变量，4 种图像的每个像素都由振幅和相应的相位角表示。给定地面分辨单元的雷达散射截面与 S_{pq} 的关系由式（5.130）给出。如果分布式目标由大量分辨单元 N_c 组成，其反射率 σ_{pq}^0 根据下式求得

$$\sigma_{pq}^0 = \frac{4\pi}{AN_c}\sum_{i=1}^{N_c}|S_{pq}^i|^2 = \frac{4\pi}{A}\langle|S_{pq}|^2\rangle \qquad (p,\ q = \text{h 或 v}) \qquad （分布式目标）$$

$$(5.131)$$

式中，S_{pq}^i 为第 i 个像素的 pq 极化散射振幅；A 为相应分辨单元的面积。式（5.22b）表明 $S_{vh} = S_{hv}$，那么 $\sigma_{vh}^0 = \sigma_{hv}^0$，这表示极化成像雷达只能产生 3 种不同的复图像，而不是 4 种。

现在，我们停下来提出并回答以下问题：

问题 1：地表的 hh、vv 和 hv 图像是否包含相同的地形信息？

答案 1：我们将在后面的章节中提到，地形表面或体（如植被）的后向散射取决于两组参数，即地形表面或体的物理（介电参数）性质和传感器参数，后者包括波长、入射角和发射/接收极化模式。因此，在 hh 极化图像中看起来几乎难以区分的两类地形可能在 hv 极化图像中会显示出明显不同的色调。简而言之，答案是否定的，不同的极

化模式携带不同的信息，多种极化的图像组合在许多应用中具有明显的优势。

问题 2：极化雷达测量的是 S_{pq} 复图像。如果该图转换为 σ_{pq}^0 图像，S_{pq} 相位会发生怎样的变化？S_{pq} 相位是否携带了有用的信息？

答案 2：将 S_{vv} 图像转换为 σ_{vv}^0 图像时，仅需使用 S_{vv} 的振幅，而不需要其相位。S_{vv} 的绝对相位并不重要，但 S_{vv} 相对于 S_{hh} 和 S_{hv} 的相位非常重要。相对相位，特别是同极化相对相位 ϕ_c 载有关于目标的信息。

问题 3：什么是极化合成？

答案 3：给定点或分布式目标的矩阵 **S**，可以产生线极化、圆极化和椭圆极化任意组合的雷达响应。如果某一应用需要使用 v 极化发射天线以及右旋圆极化接收天线来测量目标的雷达散射截面(或地形的反射率)，可以根据极化合成直接从散射矩阵 **S** 分析这种测量的雷达散射截面，而不必实际构建具有特定发射/接收天线极化配置的雷达。

5.11.1　雷达散射截面极化响应

使用式(5.3)的矩阵符号，行进电磁波的电场可以写成

$$\boldsymbol{E} = \begin{bmatrix} E_v \\ E_h \end{bmatrix} = \begin{bmatrix} a_v \\ a_h e^{j\delta} \end{bmatrix} \tag{5.132}$$

由于电磁波的极化状态取决于 E_h 相对于 E_v 的相位，而不是两者相位的绝对值，所以设定 $\delta_v = 0$，并将 δ 定义为 E_h 与 E_v 之间的相位差。此外，这些值的大小定义为 $a_h \geqslant 0$ 和 $a_v \geqslant 0$，它们的比值与辅助角 α 的关系为

$$\tan \alpha = \frac{a_h}{a_v} \tag{5.133}$$

根据式(5.5)，每组角度值 (α, δ) 都定义了一极化椭圆，其极化角 (ψ, χ) 可以根据下式求得

$$\tan 2\psi = \tan 2\alpha \cos \delta \qquad (-\pi/2 \leqslant \psi \leqslant \pi/2) \tag{5.134a}$$

$$\sin 2\chi = \sin 2\alpha \cos \delta \qquad (-\pi/4 \leqslant \chi \leqslant \pi/4) \tag{5.134b}$$

并且限定 $\cos \delta > 0$ 时，$\psi > 0$；$\cos \delta < 0$ 时，则 $\psi < 0$。

相反地，角度 (α, δ) 通过下式从 (ψ, χ) 推导得到

$$\cos 2\alpha = (\cos 2\chi)(\cos 2\psi) \tag{5.135a}$$

$$\tan \delta = \frac{\tan 2\chi}{\sin 2\psi} \tag{5.135b}$$

发射天线辐射由角度 (α_t, δ_t) 或极化角 (ψ_t, χ_t) 定义极化状态的电磁波，其天线极化矢量 $\boldsymbol{p}^t$ 写成

$$p^{\mathrm{t}} = \frac{E_{\mathrm{t}}}{|E_{\mathrm{t}}|} = \frac{1}{\sqrt{a_{v_{\mathrm{t}}}^2 + a_{h_{\mathrm{t}}}^2}} \begin{bmatrix} a_{v_{\mathrm{t}}} \\ a_{h_{\mathrm{t}}} e^{j\delta_{\mathrm{t}}} \end{bmatrix} = \begin{bmatrix} \cos\alpha_{\mathrm{t}} \\ \sin\alpha_{\mathrm{t}} e^{j\delta_{\mathrm{t}}} \end{bmatrix} \tag{5.136}$$

同样地，在后向散射基准坐标系下，接收天线接收由角度$(\alpha_{\mathrm{r}}, \delta_{\mathrm{r}})$或极化角$(\psi_{\mathrm{r}}, \chi_{\mathrm{r}})$定义极化状态的电磁波，其天线极化矢量为

$$p^{\mathrm{r}} = \begin{bmatrix} \cos\alpha_{\mathrm{r}} \\ \sin\alpha_{\mathrm{r}} e^{j\delta_{\mathrm{r}}} \end{bmatrix} \tag{5.137}$$

使用发射和接收天线极化矢量为p^{t}和p^{r}（在后向散射基准坐标系中定义）的雷达来观测散射矩阵为S的目标，雷达测量的截面σ_{rt}由下式（Kennaugh，1951）给出：

$$\sigma_{\mathrm{rt}}(\psi_r, \chi_r; \psi_t, \chi_t) = 4\pi |p^{\mathrm{r}} \cdot Sp^{\mathrm{t}}|^2 \quad \text{（点目标）} \tag{5.138}$$

这个公式称为极化合成方程。可以利用该公式计算任意极化组合的发射/接收天线对应的点目标的雷达散射截面σ或分辨单元面积为A的分布式目标的σ/A。例如，半径$a \gg \lambda$的金属球体在后向散射基准坐标系下的散射矩阵可以写成

$$S = \frac{a}{2} \begin{pmatrix} 1 & 0 \\ 0 & 1 \end{pmatrix} \quad \text{（金属球）} \tag{5.139}$$

考虑球体的对称性，散射矩阵的交叉极化分量$S_{\mathrm{hv}} = S_{\mathrm{vh}} = 0$，并且 hh 和 vv 极化具有相同的散射振幅。式(5.138)可用来合成无数种发射/接收极化组合，其中有两组需要特别关注，分别为：

（a）同极化响应：包含$(\psi_{\mathrm{t}}, \chi_{\mathrm{t}})$的全部范围，所以天线极化总是相同的：$p^{\mathrm{t}} = p^{\mathrm{r}}$，$\psi_{\mathrm{t}} = \psi_{\mathrm{r}}$，$\chi_{\mathrm{t}} = \chi_{\mathrm{r}}$。$\sigma$关于$\psi_{\mathrm{t}}$和$\chi_{\mathrm{t}}$的归一化曲线称为同极化响应。金属球体的同极化响应如图5.37(a)所示。

（b）交叉极化响应：接收天线的极化总是与发射天线的极化正交。如果发射天线为 v 极化$(p^{\mathrm{t}} = \hat{v})$，接收天线就为 h 极化$(p^{\mathrm{r}} = \hat{h})$；如果$p^{\mathrm{t}}$表示右旋圆极化状态，那么$p^{\mathrm{r}}$就表示左旋圆极化状态，以此类推。金属球体的交叉极化响应也如图5.37(a)所示。

图5.37中的(b)至(f)显示了以下点目标的同极化和交叉极化响应。

（1）与雷达最大回波方向对齐的金属二面角反射器，其散射矩阵由 Jasik(1961)给出：

$$S = \frac{k_0 ab}{\pi} \begin{pmatrix} -1 & 0 \\ 0 & 1 \end{pmatrix} \tag{5.140}$$

式中，$k_0 = 2\pi/\lambda$为真空中的波数。

（2）与雷达最大回波方向对齐的金属三面角反射器（雷达波束指向三面体的涡），其散射矩阵由下式（Ruck et al.，1970）给出：

$$S = \frac{k_0 l^2}{\sqrt{2}\pi} \begin{pmatrix} 1 & 0 \\ 0 & 1 \end{pmatrix} \tag{5.141}$$

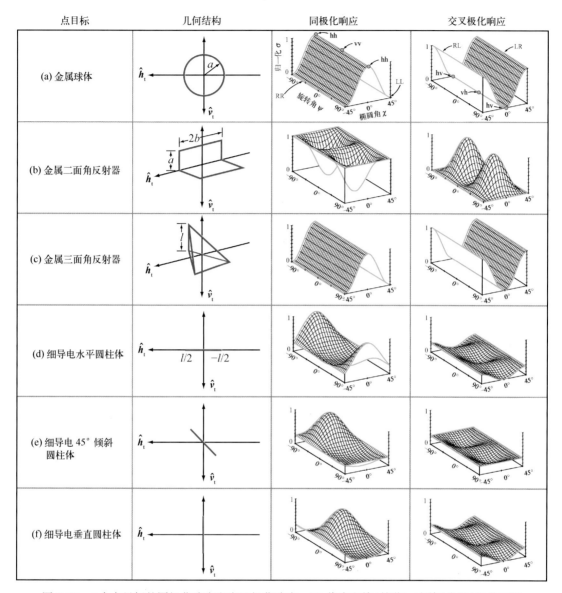

图 5.37　6 个点目标的同极化响应和交叉极化响应，LR 代表左旋(接收)/右旋(发送)极化配置

　　由于三面角反射器 S 的形式与球体的形式相同，两者点目标的极化响应看起来也是相同的。

　　(3)长度为 $l(l \ll \lambda)$ 和半径为 $a(a \ll \lambda)$ 的细导电圆柱体，相对于发射天线的单位矢量 $\hat{\boldsymbol{h}}_t$ 的角度为 μ(顺时针方向)，其散射矩阵由 Ruck 等 (1970)给出，即

$$S = \frac{k_0^2\, l^3}{3\left[\ln(4l/a)\ -\ 1\right]}\begin{pmatrix} \sin^2\mu & -\sin\mu\cos\mu \\ -\sin\mu\cos\mu & \cos^2\mu \end{pmatrix} \tag{5.142}$$

图 5.37(d)、(e)和(f)给出的响应分别对应 $\mu = 0$(水平线)、$\mu = 45°$ 和 $\mu = 90°$(垂直导线)。

5.11.2　分布式目标

极化合成也可用于雷达图像。地表成像极化雷达产生 S_{vv}、S_{hh} 和 S_{hv}(或 S_{vh},由于 $S_{hv} = S_{vh}$)的复图像。对于 N_c 个单元(每个单元面积为 A)的分布式目标而言,其极化合成公式由下式给出:

$$\sigma_{rt}^0(\psi_r, X_r; \psi_t, X_t) = \frac{4\pi}{A N_c} \sum_{i=1}^{N_c} |\boldsymbol{p}^r \cdot \boldsymbol{S}_i \boldsymbol{p}^t|^2$$

$$= \frac{4\pi}{A} \langle |\boldsymbol{P}^r \cdot \boldsymbol{S}\boldsymbol{p}^t|^2 \rangle^\dagger \qquad \text{(分布式目标)} \qquad (5.143)$$

式中,$\boldsymbol{S}_i$ 为第 i 个单元的散射矩阵。当然,N_c 应该是一个很大的数,以便得到 σ_{rt}^0 真值的准确估计。

5.11.3　穆勒矩阵法

式(5.143)指出测量的后向散射需要进行 N_c 次合成,然后对总和进行平均以获得 σ^0。一种更有效的方法是使用表征目标极化散射的修正的穆勒矩阵来替代散射矩阵 $\boldsymbol{S}$。为了阐述这一过程,这里首先重新引入式(5.23a)给出的修正的斯托克斯矢量,接着再根据式(5.5)和式(5.6)给出的极化角对相应的分量进行定义。对于发射波的斯托克斯矢量,这一过程可以求得(Ulaby 和 van Zyl 的第 1 章,见 Ulaby et al., 1990):

$$\boldsymbol{I}^t(\psi, X) = \begin{bmatrix} |E_v^t|^2 \\ |E_h^t|^2 \\ 2\,\mathrm{Re}(E_v^t E_h^{t*}) \\ 2\,\mathrm{Im}(E_v^t E_h^{t*}) \end{bmatrix} \bigg/ \eta = \begin{bmatrix} a_v^{t\,2} \\ a_h^{t\,2} \\ 2\,a_v^t a_h^t \cos \delta_t \\ 2\,a_v^t a_h^t \sin \delta_t \end{bmatrix} \bigg/ \eta$$

$$= \begin{bmatrix} \dfrac{1}{2}(1 + \cos 2\psi_t \cos 2X_t) \\ \dfrac{1}{2}(1 - \cos 2\psi_t \cos 2X_t) \\ \sin 2\psi_t \cos 2X_t \\ \sin 2X_t \end{bmatrix} I_0^t \qquad (5.144)$$

式中,总强度 $I_0^t = (a_v^{t2} + a_h^{t2})/\eta$。矢量 $\boldsymbol{I}^t$ 的 4 个分量按照式(5.132)中定义 $\boldsymbol{E}$ 的相同量进

---

†　计算机代码 5.1。

行定义，即写成 a_v、a_h 和 δ 的函数。

> ▶ 虽然 E 的组成元素是电场分量，其中一个可能是实数或虚数，但 I^t 的分量代表功率，全部都是实数。◀

同样地，接收波的修正斯托克斯矢量与极化角 (ψ_r, χ_r) 的关系为

$$I^r = \begin{bmatrix} \dfrac{1}{2}(1 + \cos 2\psi_r \cos 2\chi_r) \\[2mm] \dfrac{1}{2}(1 - \cos 2\psi_r \cos 2\chi_r) \\[2mm] \sin 2\psi_r \cos 2\chi_r \\[2mm] \sin 2\chi_r \end{bmatrix} I_0^r \tag{5.145}$$

发射波和接收波的修正斯托克斯矢量之间的关系由式（5.25a）给出：

$$I^r = \frac{1}{R_r^2} M I^t \tag{5.146}$$

式中，R_r 为目标与雷达天线之间的距离；M 为在后向散射基准坐标系下定义的目标的修正穆勒矩阵。根据式（5.25c）：

$$M = \begin{bmatrix} |S_{vv}|^2 & |S_{vh}|^2 & \mathrm{Re}(S_{vv}S_{vh}^*) & -\mathrm{Im}(S_{vv}S_{vh}^*) \\ |S_{hv}|^2 & |S_{hh}|^2 & \mathrm{Re}(S_{hv}S_{hh}^*) & -\mathrm{Im}(S_{hv}S_{hh}^*) \\ 2\mathrm{Re}(S_{vv}S_{hv}^*) & 2\mathrm{Re}(S_{vh}S_{hh}^*) & \mathrm{Re}(S_{vv}S_{hh}^* + S_{vh}S_{hv}^*) & -\mathrm{Im}(S_{vv}S_{hh}^* - S_{vh}S_{hv}^*) \\ 2\mathrm{Im}(S_{vv}S_{hv}^*) & 2\mathrm{Im}(S_{vh}S_{hh}^*) & \mathrm{Im}(S_{vv}S_{hh}^* + S_{vh}S_{hv}^*) & \mathrm{Re}(S_{vv}S_{hh}^* - S_{vh}S_{hv}^*) \end{bmatrix} \tag{5.147}$$

M 的 16 个分量是与 S 分量的各种组合相关的实数。

对于点目标，可以使用以下极化合成方程（Kennaugh，1951；van Zyl et al.，1987a）：

$$\sigma_{rt}(\psi_r, \chi_r; \psi_t, \chi_t) = 4\pi I_n^r \cdot QMI_n^t \quad \text{（点目标）} \tag{5.148}$$

式中，$I_n^r = I^r/I_0^r$，$I_n^t = I^t/I_0^t$，且

$$Q = \begin{bmatrix} 1 & 0 & 0 & 0 \\ 0 & 1 & 0 & 0 \\ 0 & 0 & 1/2 & 0 \\ 0 & 0 & 0 & -1/2 \end{bmatrix} \tag{5.149}$$

若分布式目标有 N_c 个 M 矩阵的测量值，可以根据下式对任意发射和接收天线极化组合的反射率 σ^0 进行合成[†]，即

---

† 计算机代码 5.1。

$$\sigma_{rt}^0(\psi_r, \chi_r; \psi_t, \chi_t) = \frac{4\pi}{A} \boldsymbol{I}_n^r \cdot \boldsymbol{Q} \langle \boldsymbol{M} \rangle \boldsymbol{I}_n^t \qquad (\text{分布式目标}) \qquad (5.150)$$

式中，

$$\langle \boldsymbol{M} \rangle = \frac{1}{N_c} \sum_{i=1}^N \boldsymbol{M}_i \qquad (5.151)$$

因为在应用式（5.150）之前要对 N 个 $\boldsymbol{M}$ 矩阵进行平均，这种方法被证实比5.11.2 节中提到的直接合成法具有更好的计算效率。

图 5.38 显示了加利福尼亚州圣弗朗西斯科湾地区的一些合成图像。这些数据由NASA/JPL L 波段的 AIRSAR 系统获得。雷达的视线方向均是从左到右。金门大桥对应图像中上部的线状特征。金门大桥公园对应距离图像底部约 1/3 的大矩形。请注意图中（左上角）城市地区的相对回波信号具有明显的像素变化，这与建筑物和街道相对于雷达视向的方向有关（Zebker et al.，1987）。街道方向与雷达视向接近正交时，主要的散射贡献来自由街道作为水平面、建筑物的正面作为垂直面形成的二面角反射器的散射。双次反射往往会产生强信号，如城市区域的明亮部分。还要注意的是，城市地区和植被区域（如金门公园）之间的对比度在使用 45°线性极化发射、135°线性极化接收时达到最大化，如中间排右图所示。这种收发极化配置通常使下述两种区域之间的对比度最大化：双次反射散射的区域和那些表现出奇数次反射或漫散射［参见 Ulaby 等（1990）著作第 7 章更详细的讨论］的区域。

第二个类似的例子如图 5.39 所示。该图是包含佛罗里达部分海岸线的合成图像，由 NASA/JPL L 波段的 UAVSAR 系统获得。大面积的水域是查克托哈奇湾的一部分，海湾左边的城市区域是瓦尔帕莱索和尼斯维尔市。图像右上角的亮线是横跨查克托哈奇湾的中湾大桥路。这组图像表明，除了植被下有死水的情况，自然植被雷达后向散射随极化的变化程度小于城市地区雷达后向散射的变化。因为在长波波段，雷达后向散射主要来自水面和树干导致的雷达信号双次反射散射，如左上方 hh 图像的左上角明亮区域。需要注意的是，hh 图像中死水区域的植被和周围植被之间的对比度比 vv 图像（上排中心图像）的更强。介质表面的 hh 双次反射比 vv 双次反射更强，因为水平极化的菲涅耳反射系数比垂直极化的大。近似各向同性的自然植被其 hh 和 vv 散射之间差异非常小。事实上，如果植被是均匀随机指向的，hh 和 vv 散射相等。hv 图像（右上图）中死水区域的植被和周边植被之间的对比度并不明显，表明交叉极化的回波主要由植被冠层随机指向的部分引起。但是请注意，对比第一排图像，植被区和非植被区之间的对比度在 hv 图像中是最好的。这与预期的一致，因为交叉极化回波主要是由植被冠层随机指向的部分引起的。此外，hv 图像植被左边区域(左上角)具有明显的差异，这块地先前被清理过并经历了再生长，在图像中清晰可见。与前面的圣弗朗西斯科地区图一样，使用 45°/135°线性交叉极化观测时，死水区域的植被和周围植被之间的对比度最佳，如右列中图所示。最后，相同圆极化图像结合了 hv 图像和 45°/135°线性交叉极化图像的特征，在植被和非植被区域之间显示出合理的对比度，在死水区域的植被和周围植被之间也有明显的对比度。

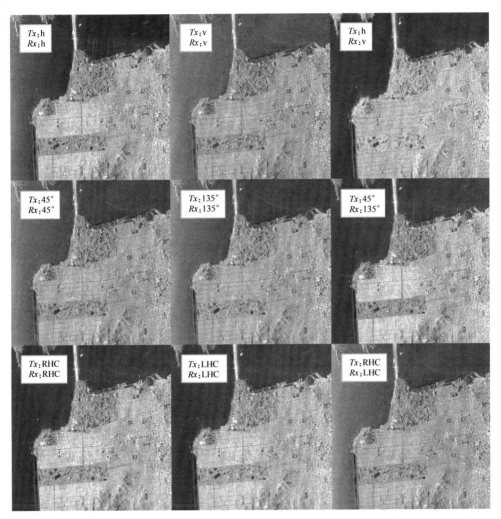

图 5.38　NASA/JPL L 波段 AIRSAR 系统在圣弗朗西斯科获得的全极化图像合成的系列图像。这 9 幅图像包括同极化(发射和接收极化相同)和交叉极化(发射和接收极化是正交的)的各种组合。注意圣弗朗西斯科市、海面和金门大桥公园(距离图像底部约 1/3 处的大矩形区域)之间的亮度相对变化。雷达视向从左向右

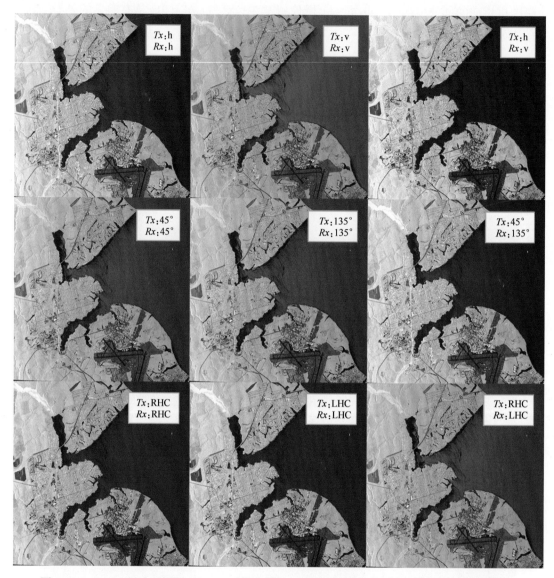

图 5.39　NASA /JPL L 波段 UAVSAR 系统在佛罗里达海岸获得的全极化图像合成的系列图像。雷达视向从左向右。大面积水域是查克托哈奇湾的一部分。有关该区域的其他说明请参阅正文

5.12　极化散射统计

　　本节考虑全极化雷达对无纹理的分布式目标(如随机土壤表面)进行成像的情况。目标范围内包含 N_c 个大量的独立分辨单元。每个单元由单视散射矩阵 $\boldsymbol{S}$ 表示，从而可以应用式(5.131)生成 hh、vv 和 hv 极化图像。如前所述，在后向散射模式中 $S_{hv} = S_{vh}$。

如果雷达使用线性检波，hh 极化振幅图像的色调与 $|S_{hh}|$ 成比例，且 $|S_{hh}|$ 的概率密度函数（对于 N_c 个图像像素）由式（5.75）的瑞利分布给出，其中 $f = |S_{hh}| / \langle |S_{hh}| \rangle$。相同的统计特性适用于 vv 极化和 hv 极化图像。同样地，平方律检波生成的 hh 图像，其色调与 $|S_{hh}|^2$ 成比例，并且其概率密度函数是由式（5.80a）的指数函数给出，其中 $F = |S_{hh}|^2 / \langle |S_{hh}|^2 \rangle$。本节旨在探讨 S 的相位统计特征。

在后向散射模式中，图像像素的散射矩阵为

$$S = \begin{pmatrix} S_{vv} & S_{vh} \\ S_{hv} & S_{hh} \end{pmatrix} \tag{5.152}$$

式中，

$$S_{vv} = |S_{vv}| e^{j\phi_{vv}} = X_{vv} + jY_{vv} \tag{5.153a}$$

$$S_{hh} = |S_{hh}| e^{j\phi_{hh}} = X_{hh} + jY_{hh} \tag{5.153b}$$

$$S_{hv} = |S_{hv}| e^{j\phi_{hv}} = X_{hv} + jY_{hv} \tag{5.153c}$$

S 共由 6 个实数组成，即 3 个幅值（$|S_{vv}|$、$|S_{hh}|$、$|S_{hv}|$）和 3 个相位角（ϕ_{vv}、ϕ_{hh}、ϕ_{hv}），或等效地由散射振幅的 3 个实部（X_{vv}、X_{hh}、X_{hv}）和 3 个虚部（Y_{vv}、Y_{hh}、Y_{hv}）组成。5.7.1 节指出，无纹理分布式目标的后向散射电场的实部和虚部是式（5.56）确定的 E_x 和 E_y，两者均呈高斯分布。把定标常数考虑在内，式子 $E_x = X_{vv}$ 和 $E_y = Y_{vv}$（对于 vv 极化）成立，因此 X_{vv} 和 Y_{vv} 也呈高斯分布。图 5.40 是 4.75 GHz 沿轨扫描极化散射计获得的 1 000 个雷达测量值对应的 X_{vv} 和 Y_{vv} 的概率密度函数。观测目标是随机土壤表面。这两个概率密度函数实际上是零均值高斯分布的，标准差相同（在测量误差范围内）。hh 和 hv 极化数据具有类似的结果。

相位角 ϕ_{vv}、ϕ_{hh}、ϕ_{hv} 各自均匀分布在 $[-\pi, \pi]$ 上，因此它们不包含关于分布式目标的几何和介电特性信息。但是，它们之间的差异

$$\phi_c = \phi_{hh} - \phi_{vv} \qquad （同极化相位） \tag{5.154a}$$

和

$$\phi_x = \phi_{hv} - \phi_{vv} \qquad （交叉极化相位） \tag{5.154b}$$

可能是均匀分布也可能是非均匀分布，并且可能与目标的属性相关。对于大多数分布式目标，S_{vv} 和 S_{hh} 是由一阶散射（没有多次折射的直接后向散射）主导的，而 S_{hv} 和 S_{vh} 则是由二阶或更高阶散射（由两个或两个以上散射体引起的两次或多次反射）主导。因此，S_{hv} 和 S_{vv} 是不相关的随机变量，相位差 ϕ_x 确实是均匀分布的，如图 5.41(a) 所示。即

$$\langle S_{hv} S_{hh}^* \rangle = \langle S_{hv} S_{vv}^* \rangle = 0 \tag{5.154c}$$

和

$$p(\phi_x) = \frac{1}{2\pi} \qquad (-\pi \leq \phi \leq \pi) \tag{5.154d}$$

255

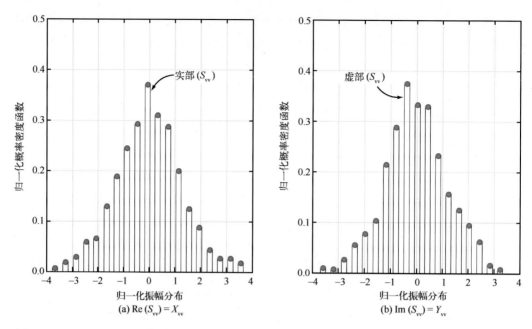

图 5.40   4.75 GHz 雷达散射计观测到的土壤表面 S_{vv} 的实部和虚部测量值直方图(Sarabandi,1992)

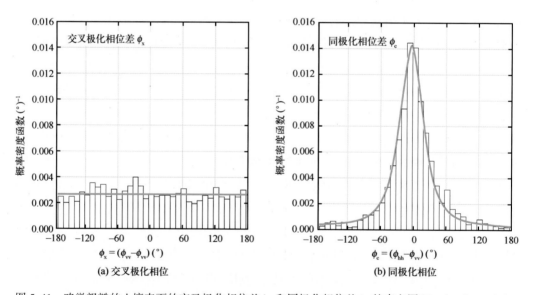

图 5.41   略微粗糙的土壤表面的交叉极化相位差ϕ_x 和同极化相位差ϕ_c 的直方图(Sarabandi,1992)

相反地,同极化相位差 ϕ_c 的概率密度函数 $p(\phi_c)$ 近似为高斯分布,如图 5.41(b)所示。此外,正如稍后章节所示,ϕ_c 的平均值和方差与分布式目标的平均穆勒矩阵$\langle M \rangle$的分量直接相关。

基于同极化和交叉极化散射振幅在统计上是非相关的这一假设,可以推导出式

(5.147)给定的穆勒矩阵中，16 个分量中有 8 个分量的平均值为零，即

$$\langle \boldsymbol{M} \rangle = \begin{bmatrix} M_{11} & M_{12} & 0 & 0 \\ M_{21} & M_{22} & 0 & 0 \\ 0 & 0 & M_{33} & M_{34} \\ 0 & 0 & M_{43} & M_{44} \end{bmatrix} \tag{5.155}$$

式中，

$$M_{11} = \langle |S_{vv}|^2 \rangle, \quad M_{22} = \langle |S_{hh}|^2 \rangle \tag{5.156a}$$

$$M_{12} = M_{21} = \langle |S_{hv}|^2 \rangle \tag{5.156b}$$

$$M_{33} = \langle |S_{vv}||S_{hh}| \cos \phi_c \rangle + M_{12} \tag{5.156c}$$

$$M_{43} = -M_{34} = \langle |S_{vv}||S_{hh}| \sin \phi_c \rangle \tag{5.156d}$$

$$M_{44} = \langle |S_{vv}||S_{hh}| \cos \phi_c \rangle - M_{12} \tag{5.156e}$$

根据瑞利衰落统计，同极化相位差 ϕ_c 的概率密度函数可以根据下式（Sarabandi，1992；Ulaby et al.，1992）求得

$$p(\phi_c) = \frac{a}{2\pi b} \left\{ 1 + c \left[\frac{\pi}{2} + \arctan c \right] \right\} \tag{5.157}$$

式中，

$$a = 1 - \beta^2 \tag{5.158a}$$

$$b = 1 - \beta^2 \cos^2(\phi_c - \phi_0) \tag{5.158b}$$

$$c = \frac{\beta}{\sqrt{b}} \cos(\phi_c - \phi_0) \tag{5.158c}$$

$$\beta = \frac{1}{2} \left[\frac{(M_{33} + M_{44})^2 + (M_{34} - M_{43})^2}{M_{11} M_{22}} \right]^{1/2} \quad (0 \leqslant \beta \leqslant 1) \tag{5.158d}$$

$$\phi_0 = \arctan \left(\frac{M_{34} - M_{43}}{M_{33} + M_{44}} \right) \quad (-\pi \leqslant \phi_0 \leqslant \pi) \tag{5.158e}$$

参数 ϕ_0 是 $p(\phi_c)$ 最大化的 ϕ_c 值，因此称为最大似然同极化相位差；参数 β 称为同极化相关度，它确定了概率密度函数的宽度。图 5.42 显示了不同 ϕ_0 和 β 组合的 $p(\phi_c)$ 图，图5.43 对比了 1.2 GHz 极化合成孔径雷达对草地成像(1990 年 4 月)实际测量值的直方图和基于式(5.157)计算的概率密度函数。

一般而言，裸露土壤表面或草地的概率密度函数 $p(\phi_c)$ 的平均值 $\langle \phi_0 \rangle \approx 0$；由茎、秆竖直的植被组成的植被冠层，其 $\langle \phi_0 \rangle$ 可能会大得多，尤其是在大入射角成像时。图 5.44 所示的是两块成熟玉米地的 $p(\phi_c)$ 图，它们均是通过 1.2 GHz 极化合成孔径雷达观测到的，一个入射角为 19°，另一个入射角为 50°。两者的概率密度函数具有明显不同的峰值、宽度和平均值。

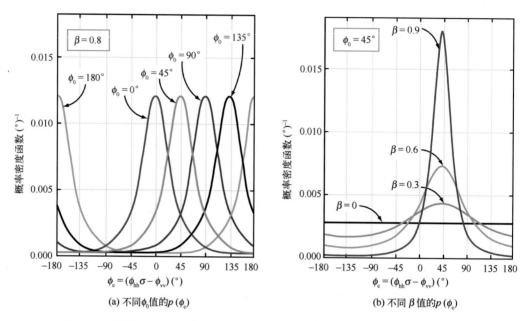

图 5.42　不同 ϕ_0 和 β 组合对应的同极化相位差 ϕ_c 的概率密度函数 $p(\phi_c)$ 曲线

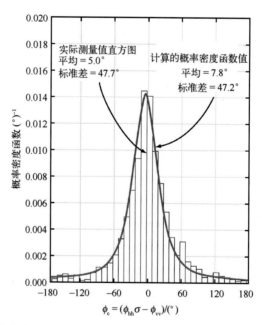

图 5.43　1.2 GHz 合成孔径雷达图像提取的 ϕ_c 实际测量值直方图与基于式(5.157)计算的
概率密度函数 $p(\phi_c)$（红色曲线）对比

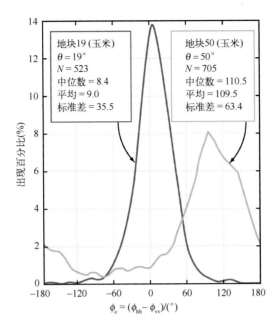

图 5.44　1.2 GHz 合成孔径雷达图像中两块不同玉米地的 ϕ_c 直方图

总之，很多证据表明同极化相位差 ϕ_c 含有分布式目标的物理和介电特性信息，但迄今为止如何将这些信息用于具体的应用尚缺乏进展。

5.13　极化分析工具

尽管雷达极化的基本原理在 1980 年之前就已经很好地建立起来（Kennaugh，1951；Huynen，1970；Boerner，1981；Kostinski et al.，1986），但是直到 1985 年成像模式下的极化雷达这一概念才得以实现。在那一年，喷气推进实验室成功地设计、构建第一台搭载在航空器上的极化合成孔径雷达，并展示了其相应的性能（van Zyl，1985）。此后，雷达极化领域有了极大发展：一些极化合成孔径雷达系统已经发射至太空，关于这一主题的文章及著作不计其数（Ulaby et al.，1990；Mott，2007；Lee et al.，2009；van Zyl et al.，2011）；各种技术和分析工具被开发出来用于加强对目标的探测（Ioannidis et al.，1979；Swartz et al.，1988）或用于从极化雷达观测数据中提取关于成像场景的信息。本节将重点介绍部分分析工具，并辅以具体的案例进行说明。

5.13.1 散射协方差矩阵

给定场景的极化雷达图像中每个像素都由式(5.152)给出的一个散射矩阵表示，即

$$S = \begin{pmatrix} S_{vv} & S_{vh} \\ S_{hv} & S_{hh} \end{pmatrix} \tag{5.159}$$

5.11 节论证了合成任意指定的发射和接收极化组合的图像是可行的。极化合成能力可以生成更好区分某些地形类型或更好体现某些地形特征(如边界)的图像。然而，鉴于极化组合的数量是无限的，确定给定应用和给定成像场景的最佳极化组合是一个费力的搜索过程。幸运的是，人们可以通过数学方法求解最佳的极化组合，从而使来自某种类型目标的后向散射最大化，或者使两种类型目标之间的对比度最大化。更多细节可参阅 van Zyl 等(2011)的著作。

本节探讨某些已经证实能够提供关于极化成像地形有用信息的极化属性。具体包括：

(a)目标熵(Cloude，1992a；Cloude et al.，1995)，描述了目标(例如裸露地表、森林或城市)不同像素之间的极化回波所表现的随机程度；

(b)极化基座(Durden et al.，1990)，是对目标去极化程度的度量；

(c)Kim 等(2001)引入的雷达植被指数(RVI)，这一参数用于表征散射圆柱体(如植被冠层中的枝、针叶)相对于波长 λ 的大小。

这些或其他极化属性的计算涉及多个步骤，但首先均要计算平均协方差矩阵$\langle C \rangle$。对于由 N_c 个像素组成的分布式场景(散射矩阵为 S_i，$i = 1$，2，$\cdots$，N_c)，散射系数可以根据式(5.143)求得：

$$\sigma_{rt}^0(\psi_r, \chi_r; \psi_t, \chi_t) = \frac{4\pi}{AN_c} \sum_{i=1}^{N_c} |p^r \cdot S_i p^t|^2$$

$$= \frac{4\pi}{A} \langle |P^r \cdot S p^t|^2 \rangle \tag{5.160}$$

式中，p^t 和 p^r 是由式(5.136)和式(5.137)定义的天线极化矢量，即

$$p^t = \begin{bmatrix} p_v^t \\ p_h^t \end{bmatrix} = \begin{bmatrix} \cos \alpha_t \\ \sin \alpha_t \, e^{j\delta_t} \end{bmatrix} \tag{5.161a}$$

$$p^r = \begin{bmatrix} p_v^r \\ p_h^r \end{bmatrix} = \begin{bmatrix} \cos \alpha_r \\ \sin \alpha_t \, e^{j\delta_r} \end{bmatrix} \tag{5.161b}$$

如 5.11.1 节所述，发射和接收天线的极化状态由 α_t、α_r、δ_t 和 δ_r 的值确定。这 4 个参数反过来又可以确定极化角 ψ_r、χ_r、ψ_t 和 χ_t。

双站模式的协方差矩阵

通过展开式（5.160）中振幅项的表达式，可以发现

$$\boldsymbol{p}^{\mathrm{r}} \cdot \boldsymbol{S}_i \boldsymbol{p}^{\mathrm{t}} = \begin{bmatrix} p_{\mathrm{v}}^{\mathrm{r}} p_{\mathrm{v}}^{\mathrm{t}} \\ p_{\mathrm{v}}^{\mathrm{r}} p_{\mathrm{h}}^{\mathrm{t}} \\ p_{\mathrm{h}}^{\mathrm{r}} p_{\mathrm{v}}^{\mathrm{t}} \\ p_{\mathrm{h}}^{\mathrm{r}} p_{\mathrm{h}}^{\mathrm{t}} \end{bmatrix} \cdot \begin{bmatrix} S_{\mathrm{vv}} \\ S_{\mathrm{vh}} \\ S_{\mathrm{hv}} \\ S_{\mathrm{hh}} \end{bmatrix} = \boldsymbol{A} \cdot \boldsymbol{T} \tag{5.162}$$

式中，

$$\boldsymbol{A} = \begin{bmatrix} p_{\mathrm{v}}^{\mathrm{r}} p_{\mathrm{v}}^{\mathrm{t}} \\ p_{\mathrm{v}}^{\mathrm{r}} p_{\mathrm{h}}^{\mathrm{t}} \\ p_{\mathrm{h}}^{\mathrm{r}} p_{\mathrm{v}}^{\mathrm{t}} \\ p_{\mathrm{h}}^{\mathrm{r}} p_{\mathrm{h}}^{\mathrm{t}} \end{bmatrix} \tag{5.163a}$$

以及

$$\boldsymbol{T} = \begin{bmatrix} S_{\mathrm{vv}} \\ S_{\mathrm{vh}} \\ S_{\mathrm{hv}} \\ S_{\mathrm{hh}} \end{bmatrix} \tag{5.163b}$$

进一步可得

$$|\boldsymbol{p}^{\mathrm{r}} \cdot \boldsymbol{S}_i \boldsymbol{p}^{\mathrm{t}}|^2 = (\boldsymbol{A} \cdot \boldsymbol{T})(\boldsymbol{T} \cdot \boldsymbol{A}) = \boldsymbol{A} \cdot \boldsymbol{T}\boldsymbol{T}^{\dagger}\boldsymbol{A}^* = \boldsymbol{A} \cdot \boldsymbol{C}\boldsymbol{A}^* \tag{5.164}$$

式中，符号 † 表示转置复共轭，矩阵

$$\boldsymbol{C} = \boldsymbol{T}\boldsymbol{T}^{\dagger} = \begin{bmatrix} S_{\mathrm{vv}} S_{\mathrm{vv}}^* & S_{\mathrm{vv}} S_{\mathrm{vh}}^* & S_{\mathrm{vv}} S_{\mathrm{hv}}^* & S_{\mathrm{vv}} S_{\mathrm{hh}}^* \\ S_{\mathrm{vh}} S_{\mathrm{vv}}^* & S_{\mathrm{vh}} S_{\mathrm{vh}}^* & S_{\mathrm{vh}} S_{\mathrm{hv}}^* & S_{\mathrm{vh}} S_{\mathrm{hh}}^* \\ S_{\mathrm{hv}} S_{\mathrm{vv}}^* & S_{\mathrm{hv}} S_{\mathrm{vh}}^* & S_{\mathrm{hv}} S_{\mathrm{hv}}^* & S_{\mathrm{hv}} S_{\mathrm{hh}}^* \\ S_{\mathrm{hh}} S_{\mathrm{vv}}^* & S_{\mathrm{hh}} S_{\mathrm{vh}}^* & S_{\mathrm{hh}} S_{\mathrm{hv}}^* & S_{\mathrm{hh}} S_{\mathrm{hh}}^* \end{bmatrix} \tag{5.165}$$

称为散射物体或散射表面的协方差矩阵。

后向散射模式的协方差矩阵

在一般的双站散射情况下，S_{vh} 可能与 S_{hv} 不同；但在单站后向散射情况下，根据互易定理 $S_{\mathrm{vh}} = S_{\mathrm{hv}}$［见式（5.22b）］，因此，矢量 $\boldsymbol{A}$ 和 $\boldsymbol{T}$ 的维数可以减少到 3×1，矩阵 $\boldsymbol{C}$ 的维数可以减少到 3×3。具体表达式如下：

$$
\boldsymbol{A} = \begin{bmatrix} p_v^r \, p_v^t \\ \dfrac{1}{\sqrt{2}} (p_v^r \, p_h^t + p_h^r \, p_v^t) \\ p_h^r \, p_h^t \end{bmatrix} \tag{5.166a}
$$

$$
\boldsymbol{T} = \begin{bmatrix} S_{vv} \\ \sqrt{2} \, S_{vh} \\ S_{hh} \end{bmatrix} \tag{5.166b}
$$

以及

$$
\boldsymbol{C} = \begin{bmatrix} S_{vv} \, S_{vv}^* & \sqrt{2} \, S_{vv} \, S_{vh}^* & S_{vv} \, S_{hh}^* \\ \sqrt{2} \, S_{vh} \, S_{vv}^* & 2 \, S_{vh} \, S_{vh}^* & \sqrt{2} \, S_{vh} \, S_{hh}^* \\ S_{hh} \, S_{vv}^* & \sqrt{2} \, S_{hh} \, S_{vh}^* & S_{hh} \, S_{hh}^* \end{bmatrix} \tag{5.166c}
$$

根据式(5.160)和式(5.164)，后向散射系数可以用平均散射体协方差矩阵$\langle \boldsymbol{C} \rangle$表示，即

$$
\sigma_{rt}^0(\psi_r, \chi_r; \psi_t, \chi_t) = \frac{4\pi}{AN_c} \sum_{i=1}^{N_c} \boldsymbol{A} \cdot \boldsymbol{C}_i \boldsymbol{A}^* = \frac{4\pi}{AN_c} \boldsymbol{A} \cdot \Big(\sum_{i=1}^{N_c} \boldsymbol{C}_i \Big) \boldsymbol{A}^* = \frac{4\pi}{A} \boldsymbol{A} \cdot \langle \boldsymbol{C} \rangle \boldsymbol{A}
$$

$$
\tag{5.167}
$$

给定一幅具有 N_c 个像素的极化雷达图像(准均匀分布式目标，例如森林冠层)，把像素 i 的测量散射矩阵 $\boldsymbol{S}_i$ 代入式(5.166c)可计算相应的协方差矩阵 $\boldsymbol{C}_i$。在对所有 $\boldsymbol{C}_i$ 矩阵进行平均后，即可得到$\langle \boldsymbol{C} \rangle$。如果 N_c 足够大，则$\langle \boldsymbol{C} \rangle$的非对角线项变得非常小，并且可以将其设置为零。这是因为对于分布式目标，$\boldsymbol{S}$ 的同极化和交叉极化分量是非相干的，如5.12节所述。因此

$$
\langle \boldsymbol{C} \rangle = \begin{bmatrix} \langle S_{vv} \, S_{vv}^* \rangle & 0 & \langle S_{vv} \, S_{hh}^* \rangle \\ 0 & 2 \langle S_{vh} \, S_{vh}^* \rangle & 0 \\ \langle S_{hh} \, S_{vv}^* \rangle & 0 & \langle S_{hh} \, S_{hh}^* \rangle \end{bmatrix} \tag{5.168}
$$

称之为具有反射对称性的分布式目标的协方差矩阵。

式(5.168)给出的协方差矩阵是半正定的埃尔米特(自共轭)矩阵，表明它的特征值都是非负值。这是由构建协方差矩阵的方式决定的。

> ► 埃尔米特矩阵的所有特征值都是实数，它的特征向量构成正交集合。◄

Cloude(1992b)首次使用协方差矩阵特征向量的正交性(在雷达极化中)把协方差矩阵分解成特征值和特征向量的表达式，即$\langle \boldsymbol{C} \rangle$写成

$$\langle \boldsymbol{C} \rangle = \sum_{j=1}^{3} \lambda_j \, \hat{\boldsymbol{e}}_j \, \hat{\boldsymbol{e}}_j^{\dagger} \tag{5.169}$$

式中，λ_1 到 λ_3 为特征值；$\hat{\boldsymbol{e}}_1$ 到 $\hat{\boldsymbol{e}}_3$ 为特征向量。

5.13.2　特征向量分解

式 (5.169) 中的分解表达式具有唯一性。也就是说，由于协方差矩阵的特征向量是正交的，它们组成了可以表示散射的自然基。请注意，在该分解式中，特征向量含有散射机制的信息，而特征值则包含一种散射机制相对于其他散射机制的强度信息。求解矩阵方程 $\langle \boldsymbol{C} \rangle - \lambda \boldsymbol{I} = 0$（$\boldsymbol{I}$ 是单位矩阵）的行列式可得

$$\lambda_1 = \frac{1}{2} \left\{ \langle S_{hh} S_{hh}^* \rangle + \langle S_{vv} S_{vv}^* \rangle + \sqrt{(\langle S_{hh} S_{hh}^* \rangle - \langle S_{vv} S_{vv}^* \rangle)^2 + 4 \, |\langle S_{hh} S_{vv}^* \rangle|^2} \right\} \tag{5.170a}$$

$$\lambda_2 = \frac{1}{2} \left\{ \langle S_{hh} S_{hh}^* \rangle + \langle S_{vv} S_{vv}^* \rangle - \sqrt{(\langle S_{hh} S_{hh}^* \rangle - \langle S_{vv} S_{vv}^* \rangle)^2 + 4 \, |\langle S_{hh} S_{vv}^* \rangle|^2} \right\} \tag{5.170b}$$

$$\lambda_3 = 2 \langle S_{hv} S_{vh}^* \rangle \tag{5.170c}$$

这些都是实数，与埃尔米特矩阵预期的结果一致。

对应的三个特征向量是

$$\hat{\boldsymbol{e}}_1 = \frac{1}{\sqrt{\left[\langle S_{vv} S_{vv}^* \rangle - \langle S_{hh} S_{hh}^* \rangle + \sqrt{\Delta} \right]^2 + 4 \, |\langle S_{hh} S_{vv}^* \rangle|^2}} \cdot \begin{pmatrix} 2 \langle S_{hh} S_{vv}^* \rangle \\ 0 \\ \langle S_{vv} S_{vv}^* \rangle - \langle S_{hh} S_{hh}^* \rangle + \sqrt{\Delta} \end{pmatrix} \tag{5.171a}$$

$$\hat{\boldsymbol{e}}_2 = \frac{1}{\sqrt{\left[\langle S_{vv} S_{vv}^* \rangle - \langle S_{hh} S_{hh}^* \rangle - \sqrt{\Delta} \right]^2 + 4 \, |\langle S_{hh} S_{vv}^* \rangle|^2}} \cdot \begin{pmatrix} 2 \langle S_{hh} S_{vv}^* \rangle \\ 0 \\ \langle S_{vv} S_{vv}^* \rangle - \langle S_{hh} S_{hh}^* \rangle - \sqrt{\Delta} \end{pmatrix} \tag{5.171b}$$

$$\hat{\boldsymbol{e}}_3 = \begin{pmatrix} 0 \\ 1 \\ 0 \end{pmatrix} \tag{5.171c}$$

这里使用了以下简写符号

$$\Delta = (\langle S_{vv} S_{vv}^* \rangle - \langle S_{hh} S_{hh}^* \rangle)^2 + 4 \, |\langle S_{hh} S_{vv}^* \rangle|^2 \tag{5.172}$$

该情况下，有几个关于特征值和特征向量的性质值得一提。首先，特征值 λ_3 及其对应的特征向量 $\hat{\boldsymbol{e}}_3$ 仅取决于交叉极化回波，其他两个则完全由同极化回波构成。这说明第三特征向量及其对应的特征值表示漫散射的量。其次，前两个特征向量表明这两

个特征向量的同极化相位相差 180°。此外，它们的同极化振幅比互为倒数。从式 (5.171)很容易得到如下等式(van Zyl et al.，2011)：

$$\frac{2\langle S_{hh} S_{vv}^* \rangle}{\langle S_{vv} S_{vv}^* \rangle - \langle S_{hh} S_{hh}^* \rangle + \sqrt{\Delta}} = \frac{\langle S_{vv} S_{vv}^* \rangle - \langle S_{hh} S_{hh}^* \rangle - \sqrt{\Delta}}{2\langle S_{hh} S_{vv}^* \rangle^*} \tag{5.173}$$

这意味着前两个特征向量表示奇数和偶数次反射对应散射矩阵。然而，在不明确特征向量的情况下，哪个特征值与哪个散射机制相对应并不明显。同时也要指出，这些特征向量不一定代表单纯的单次反射或双次反射。两个特征向量之间的相位关系表示如果一个特征向量与单次(奇数)反射更相似，即其相位更接近零而不是 180°，则另一个特征值与双(偶数)次反射相关。

5.13.3　有用的极化参数

目标熵

估计分布式目标各分辨单元散射的电磁波的极化状态所呈现的随机性有多种方法。例如，Cloude(1992b)定义了目标熵，即

$$H_T = -\sum_{i=1}^{3} P_i \log_3 P_i \tag{5.174}$$

式中，

$$P_i = \frac{\lambda_i}{\lambda_1 + \lambda_2 + \lambda_3} \tag{5.175}$$

如 Cloude 所指出的，目标熵 H_T 是对目标混乱程度的度量。对于具有相同特征值的高度随机目标，$H_T = 1$；而对于简单或单个非随机目标，$H_T = 0$。

极化基座

图 5.45 显示了 1 个点目标(球体)和 3 个分布式目标(海面、城市区域和城市公园)的同极化响应。点目标的同极化响应是通过应用式(5.138)给出的极化合成方程计算所有可能的极化(从而使得发射和接收极化总是相同的)的响应来实现的。类似的过程用于计算 3 个不同的分布式目标的同极化响应，只是要先对分布式目标的所有像素都重复该过程，然后再根据式(5.143)进行平均计算。需要注意的是，点目标的最小响应为零。这一情况发生在接收/发射极化组合为 RR 或 LL 时，其中 R 和 L 分别表示右旋圆极化和左旋圆极化。图 5.45(a)所示的同极化响应没有"基座"，而分布式目标的同极化响应则有。海面的极化基座小，城市和城市公园的极化基座较大。产生明显多重散射的分布式目标具有显著的基座高度。

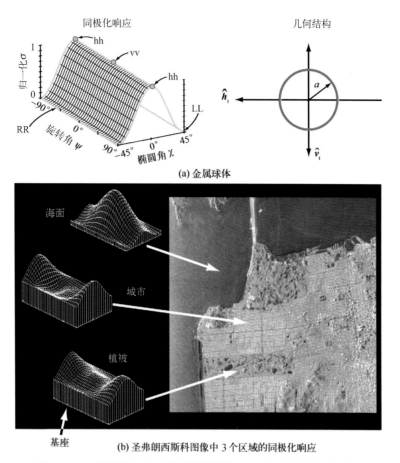

图 5.45　金属球体和圣弗朗西斯科图像中 3 个区域的同极化响应

Durden 等（1990）证明测量基座高度相当于测量最小特征值与最大特征值的比值，即

$$P_{\mathrm{H}} = \frac{\min(\lambda_1, \ \lambda_2, \ \lambda_3)}{\max(\lambda_1, \ \lambda_2, \ \lambda_3)} \tag{5.176}$$

雷达植被指数

Kim 等（2001）引入了度量诸如植被冠层等体散射介质的参数，并将其命名为雷达植被指数（RVI）。RVI 定义为

$$\mathrm{RVI} = \frac{4 \min(\lambda_1, \ \lambda_2, \ \lambda_3)}{\lambda_1 + \lambda_2 + \lambda_3} \tag{5.177}$$

通过将植被冠层建模为长度为 l、直径为 d 的随机指向圆柱体的集合，Kim 等（2001）评估了 RVI 随 d/λ 变化的函数关系，其中 λ 为电磁波波长。结果表明，当 $d/\lambda \ll 1$ 时，RVI 接近 1；当 d 接近 l 时（即圆柱体变成圆盘时），RVI 接近 0。因此，

RVI 可以提供冠层结构(针叶及细小枝干)的信息，这些信息或许在区分不同类型的冠层时有用。

5.13.4 图像示例

上小节中引入的 3 个极化参数是对分布式目标极化随机性的不同度量。图 5.46 通过之前介绍的圣弗朗西斯科图像阐明了这 3 个极化随机性参数之间的相似性。根据图 5.45 所示的极化响应，可以预计海面的随机性较小，而金门大桥公园的植被覆盖区域的随机性则大得多。如前所述，极化响应的基座高度是对极化随机性的度量。除了尺度差异，图 5.46 所示的 3 幅图像描述了成像场景相类似的信息。与其他两幅图像相比，熵图像的颜色变化较小，而基座高度图像的动态范围最大。某种程度上来说，可以选择这 3 个参数中的任意一个进行地形类型识别。

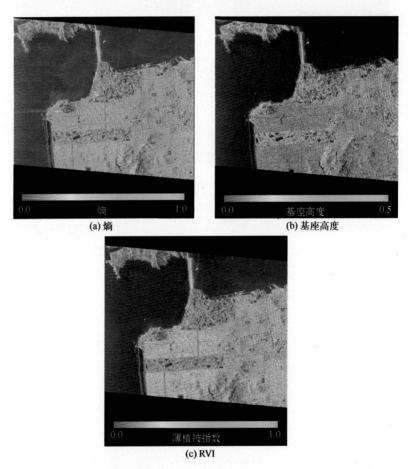

图 5.46　圣弗朗西斯科的雷达图像显示了散射随机性的 3 个度量：熵，范围从 0(黑色)到 1(白色)；基座高度，范围从 0(黑色)到 0.5(白色)；雷达植被指数，范围从 0(黑色)到 1(白色)

下面研究 3 幅不同频率雷达获取的图像所对应的雷达植被指数，这些图像是 NASA/JPL AIRSAR 系统在 1991 年夏天于德国黑森林地区观测的图像。图 5.47 展示了 L 波段的雷达图像，该图左侧明亮区域是维京根镇(Vilingen)，右侧较为明亮区域则是由云杉、(挪威云杉)松树(樟子松)和冷杉(欧洲冷杉)构成的混合林。干重生物量的上限可达 50 kg/m² 。左上角较暗区域主要是具有不同生物量的农田，取决于作物的种类和植物的成熟度。

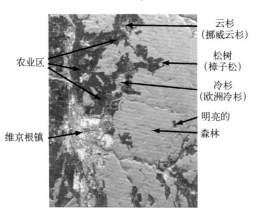

图 5.47   采用 NASA/JPL AIRSAR 系统在 1991 年夏天于德国黑森林
部分地区获得的 L 波段全功率图像。雷达从顶部进行照射

图 5.48 比较了 AIRSAR 系统在 3 种频率(C 波段、L 波段和 P 波段)下的雷达植被指数。C 波段图像在农业区的雷达植被指数值明显高于其他两个波段，因为较短的波

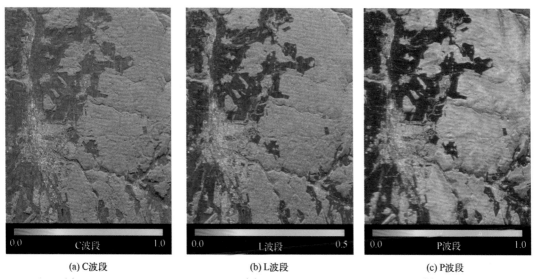

(a) C波段   (b) L波段   (c) P波段

图 5.48   图 5.47 所示地区对应的 3 种不同频率的雷达植被指数图像。雷达植被指数范围
从 0(黑色)到 1(白色)。请注意，林区的 L 波段雷达植被指数高于 C 波段雷达植被指数，
而农业区的 C 波段雷达植被指数高于其他波段的雷达植被指数

长对这些田地里较小的生物量更为敏感。雷达植被指数值较高的地方往往是观测时覆盖了更多植被的区域。C 波段图像在林区具有大的雷达植被指数值，但在一定程度上小于某些农业地区的值。L 波段图像在农业区的雷达植被指数值小于 C 波段图像对应的值。这恰好与下述观点一致：与 C 波段（波长较短）信号相比，L 波段信号与相对矮小的植被间的相互作用较小。在 L 波段，农业区的回波可能仍然是由底层地面散射所主导。另一方面，林区在 L 波段中显示的雷达植被指数值大于 C 波段图像对应的值。

5.13.5　Freeman–Durden 分解

11.13.3 节将会讨论到，森林冠层后向散射的雷达能量包括以下几个方面：（a）底层地面的直接散射（如图 5.49 射线 1 所示）；（b）冠层的直接和间接散射（如图 5.49 射线 2、3a、3b 和 4 所示）；（c）地面和树干共同引起的散射（如图 5.49 射线 5a 和 5b 所示）。地面-树干散射机制是二面角反射的一个例子，这与地面和建筑物垂直墙之间拐角处的反射机制一致。相应地，Freeman 等（1998）提出把式（5.168）的协方差矩阵分解成 3 个分量，即

$$\langle \boldsymbol{C} \rangle = f_s \langle \boldsymbol{C}_s \rangle + f_d \langle \boldsymbol{C}_d \rangle + f_v \langle \boldsymbol{C}_v \rangle \tag{5.178}$$

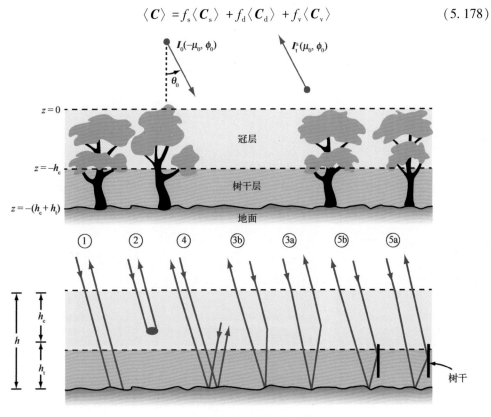

图 5.49　森林冠层的散射机制

式中，f_s、f_d 和 f_v 分别为相对表面、二面体和体散射的贡献；$\langle C_s \rangle$、$\langle C_d \rangle$ 和 $\langle C_v \rangle$ 是相应的协方差矩阵。通过对冠层体散射的尺寸和方向分布进行一定程度的假设，可以将测量的协方差矩阵分解成上述 3 个分量，并且计算 $\langle C \rangle$ 所对应的每组图像像素的 f_s、f_d 和 f_v。图 5.50 显示出黑森林地区的分解结果。相对表面、二面体和体散射贡献(f_s、f_d 和 f_v)分别显示为蓝色、红色和绿色。图 5.50 表明在植被区域，体散射(以绿色的 f_v 表示)占主导地位，特别是对冠层穿透力最小的 C 波段。二面角反射机制(以红色的 f_d 表示)在城市地区占主导地位，这对 3 种频率都是适用的。P 波段对植被的穿透力最强，该图大片黄色区域是红色和蓝色混合的结果，表示表面散射(蓝色)和地面-树干反射(红色)引起的散射均具有显著的贡献。

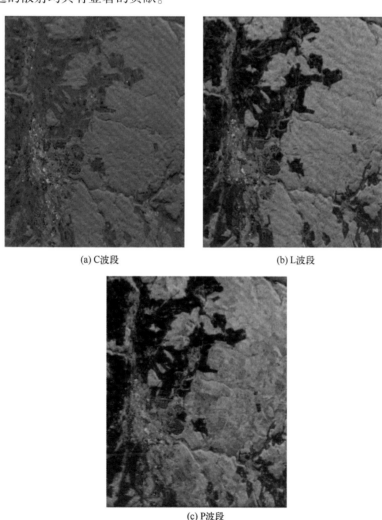

(a) C波段　　　(b) L波段

(c) P波段

图 5.50　C 波段、L 波段和 P 波段的黑森林图像的 Freeman-Durden 分解结果，表面、二面角和体散射分量分别显示为蓝色、红色和绿色

习 题

5.1 式(5.140)给出了后向散射基准坐标系下二面角反射体的散射矩阵。请计算前向散射基准坐标系下相对应的修正穆勒矩阵。

5.2 试将前向散射基准坐标系中的修正穆勒矩阵与后向散射基准坐标系中的修正穆勒矩阵关联起来。

5.3 式(5.142)给出细导电圆柱体的散射矩阵。请计算 $45°$ 定向的圆柱体 $pq = \text{vv}$、vh、hv 和 hh 时的 σ_{pq}。圆柱体长 3 cm,半径为 0.1 cm,频率为 1 GHz。

5.4 现用线性检波雷达测量大片裸地的后向散射,基于大量测量值确定的电场振幅的平均值为 0.2 V/m,求单次观测最可能出现的电场振幅。

5.5 对于单次雷达观测,计算下述两种检波方式下 75% 衰落范围的下限和上限 (dB):(a)线性检波;(b)平方律检波。

5.6 与题 5.5 一致,试计算 3 个独立样本进行平均时对应的上下限。

5.7 需要多少个独立样本可以将平方律检波 90% 的置信区间降低到 ± 0.3 dB 以内?

5.8 请计算通过以下方式生成的 $N = 2$ 图像的归一化衰落标准差:(a)振幅检波;(b)强度检波;(c)平方根强度检波。

5.9 采用移动速度为 200 m/s 的机载侧视雷达测量分布式目标的后向散射,该雷达的天线长度为 2 m,波长为 1 cm,检波模式为平方律检波,目标距离为 10 km。

(a)请在平均处理 4、10、100 和 1 000 个样品后,求 90% 的衰落范围。

(b)当雷达波束扫描过每个宽度为 r_a 的分辨单元时,后向散射测量的固有独立样本数为 $N_a = 2\beta h^2 R / \lambda$ [根据第 14 章的式(14.123)求得]。求雷达必须行进的距离,以便实现总数 $N = 4$、10、100 和 1 000 的采样。

5.10 $N = 16$ 时,图 5.22(c)所示的垂直范围没有重叠,那么是否可以将树木、草地和土壤的像素完全分辨开?请解释。

5.11 均方根高度和相关长度传达了随机表面的哪些信息?请结合光滑表面和粗糙表面的例子进行说明。

5.12 一平面波以 $30°$ 入射角照射在均方根高度为 1 cm 的随机表面上。请计算以下频率对应的相干反射率与镜面反射率的比值:(a)$f = 0.5$ GHz;(b)$f = 2$ GHz;(c)$f = 10$ GHz。

5.13 请计算指向角为 $30°$ 的细金属圆柱的 hv 极化雷达散射截面,假设其长度为 1 cm,半径为 0.1 cm,频率为 3 GHz。

5.14 请选择一幅极化合成孔径雷达图像,然后应用计算机代码 5.1 生成以下接收/发射极化组合的图像：（a）RHC/RHC；（b）RHC/LHC；（c）45°线性/LHC。

5.15 由极化散射计测量的土壤表面的平均穆勒矩阵为

$$\langle \boldsymbol{M} \rangle = \begin{bmatrix} 1.0 & 0.03 & 0 & 0 \\ 0.03 & 0.77 & 0 & 0 \\ 0 & 0 & 0.77 & -0.11 \\ 0 & 0 & 0.11 & 0.77 \end{bmatrix}$$

请计算并绘制同极化相位的概率密度函数。

5.16 在后向散射基准坐标系下极化雷达测量的草地表面的平均协方差矩阵为

$$\langle \boldsymbol{C} \rangle = \begin{bmatrix} 1.0 & 0 & 0.7 \\ 0 & 0.06 & 0 \\ 0.7 & 0 & 0.9 \end{bmatrix}$$

请计算：（a）目标熵；（b）基座高度；（c）雷达植被指数。

第 ❻ 章
微波辐射测量和辐射传输

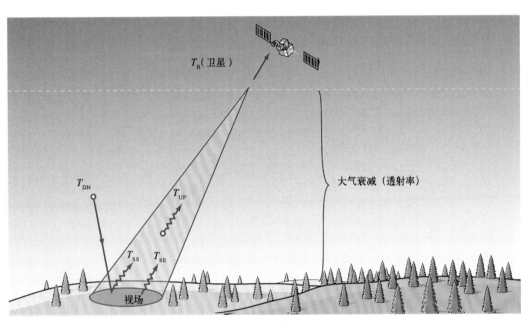

微波辐射

地球接收到的电磁辐射大部分来自太阳。一部分入射辐射被地球大气吸收、散射，余下的部分传输到地表，这部分能量一部分被地表散射，剩余的则被地表所吸收。根据热力学定律，被物体介质所吸收的能量被转换成热能，使得该物体的温度上升。而热辐射使得地球表面和大气发出的辐射与吸收的太阳辐射达到平衡。这些传输过程是辐射传输理论的核心。

辐射测量学属于电磁辐射测量相关的科学与技术领域。本章首先介绍了辐射测量的相关量，然后着重讨论微波波段的辐射测量步骤。在此过程中，讨论了如下主题：黑体辐射、辐射传输以及陆面辐射和散射。

如第 5 章讨论，20 世纪 80 年代中期引入的雷达极化概念让新型遥感手段得以发展，优化了反演一些地球物理参数的算法。雷达极化技术的发展得益于天线的发展和测量技术的提高。这些技术的提高也促进了极化辐射技术的发展，双极化辐射计天线不仅可以测量视场中极化电场发射辐射的大小，而且能够测量二者的相位差。在本章以及接下来的章节中，相位差包含了视场的地球物理参数信息。这一点在测量海面风矢量时有着尤为重要的作用。本章的第二部分介绍了极化辐射测量，第 7 章中的第二部分也介绍了辐射接收机。

6.1 辐射量

辐射测量学是指不相干的电磁辐射能量的测量方法。各种媒介材料(气体、液体、固体和等离子体)均发射电磁辐射。在本节，我们给出辐射量的定义，并且建立入射到天线上的功率的方向分布与其输出端测量功率之间的关系。一般与表示光学和红外辐射不同，辐射量的命名方法、符号和单位是从微波工程的角度来描述的。表 6.1 为一些与其对应的光学参量的一个列表。

表 6.1 基本辐射量的标准单位名称、符号和定义公式

微波术语	光学术语	符号	定义公式	单位名称	单位符号
能量	辐射能	ε		焦[耳]	J
功率	辐射通量	P	$P = \partial \varepsilon / \partial t$	瓦[特]	W
功率(通量)密度	辐射通量	S	$S = \partial P / \partial A$	瓦特每平方米	W/m^2
亮度强度	辐射	I	$I = \partial^2 P / \partial \Omega \partial A$	瓦特每立体角平方米	$W/(sr \cdot m^2)$
辐射率	辐射率	e	$e = I/I_{blackbody}$	无单位	
反射率	反射率	Γ	$\Gamma = P^r/P^i$	无单位	
吸收率	吸收率	a	$a = P^a/P^i$	无单位	
透射率	透射率	$\mathbb{T}$	$\mathbb{T} = P^t/P^i$	无单位	

上标：i 为入射；r 为反射；a 为吸收；t 为透射。

6.2　热辐射

6.2.1　辐射量子理论

在一定的绝对温度下所有物质均会辐射电磁能。原子气体以不连续频率或波长辐射电磁波，因此原子气体具有谱线。根据量子理论，原子气体的辐射谱中的每个谱线相当于一个电子从一个原子能级跃迁至另一个更低能级的过程。当原子能级从能级 ε_1 跃迁至 ε_2，辐射(光子)的频率由玻尔等式给定：

$$f = \frac{\varepsilon_1 - \varepsilon_2}{h} \tag{6.1}$$

式中，h 为普朗克常数。量子理论给定了原子的量子能级并允许在两个能级之间的转变，因此可以确定某原子气体的谱线。

入射到原子上的能量能够被原子所吸收，从而提供能量使得光子从低能级跃迁至更高的能级，入射波的频率满足玻尔条件。因此，气体的吸收谱和辐射谱完全相同。该定律也应用于其他更复杂的结构，包括分子气体、液体和固体。

原子自发的辐射是由于与其他粒子或原子相碰撞的结果。碰撞发生(从而发出辐射)的概率取决于原子的密度和随机运动的动能。因为某物质的动能(或热能)是根据其绝对温度来定义的，所以物质辐射的能量强度随着温度的上升而增大。

与由两个或多个原子组成的分子相关联的是一组描述原子相对运动的振动和旋转模式。这些模式定义了一系列相应的可允许的能级。由于振动、旋转和电子跃迁的贡献，分子谱线也由离散线组成，但谱线的数目远远大于原子的谱线数。在谱线的可见光区域，一些谱线之间的距离非常接近以至于很难分辨每个单独的谱线，特别是一些包含大量原子的分子。分子的平动引入的多普勒频移使得谱线更加模糊。

当我们从气体到液体和固体时，粒子之间的相互作用使得辐射(吸收)谱变得更加复杂。

> ▶ 液体或固体可以被看作一个巨大的分子，相应地，其自由度增大，引起了大量空间相近的谱线，并近乎连续，因此所有频率均发出辐射。◀

上述原子和分子辐射机制的基石是普朗克 1901 年推导黑体辐射定律时引入的普朗克量子理论。在普朗克的工作之前，由于对经典理论的依赖，19 世纪的物理学家们对于固体辐射谱描述的尝试均以失败告终。普朗克量子论的关键在于他假设发射辐射能的不连续性，正是这个假设标志着量子理论的起源。

本章的剩余部分将继续讨论固体(和液体)的辐射。大气气体辐射的微波谱线将在第8章讨论。

6.2.2　普朗克黑体辐射定律

黑体辐射的概念对于理解真实材料如何发射热能至关重要，因为黑体的辐射谱可以作为任何材料的辐射率的参考。

> ▶ 通常而言，入射到某一固体(或液体)表面的辐射，一部分被吸收，余下部分则被反射。黑体是一个理想的物体，它能够吸收外来的全部电磁辐射，并且不会有任何的反射。◀

黑体的量子力学模型可以描述为由大量的量子能级组成与之相应的众多的所容许的能级跃迁，因此任何光子，无论其所具有的能量和所处频率如何，当入射到黑体上时都能够被吸收。

> ▶ 任意处于热辐射平衡的物体发射的能量与它从环境中吸收的能量相等。因此，黑体既是完全的吸收体，又是完全的辐射体。◀

实际上，对黑体的一个很好的近似是一个具有小开口的中空体。通过小口进入该物体的辐射要么被吸收，要么在其内部表面经过多次反射，以便这些能量能够通过小口出去之前已经基本被物体吸收。如果该物体保持温度为 T，内部表面以相同的速率发射和吸收光子，则通过小口漏出的能量和黑体处于热平衡时的辐射能相类似。在微波波段，较为理想的近似黑体是一种被用于微波暗室建造的高吸收性材料。

根据普朗克辐射定律，黑体平均地向各个方向发射辐射，其谱亮度强度(也称谱特定强度)用下式表示：

$$I_f = \frac{2hf^3}{c^2}\left(\frac{1}{e^{hf/kT} - 1}\right) \qquad (普朗克定律) \tag{6.2}$$

式中，I_f 的单位是 $W/(m^2 \cdot sr \cdot Hz)$；$h$ 为普朗克常数，$h = 6.63 \times 10^{-34}(J \cdot s)$；$f$ 为频率，单位为 Hz；k 为玻尔兹曼常数，$k = 1.38 \times 10^{-23}(J/K)$；$T$ 为黑体的绝对温度，单位为 K；c 为真空光速，$c = 3 \times 10^8 (m/s)$。式(6.2)中包括两个正交极化的辐射强度，仅包含两个变量 f 和 T。图 6.1 给出了 I_f 随频率变化的曲线(T 为参数)。横纵坐标均为对数坐标，这样包含的数值范围更广。曲线有以下两点特性：

（a）温度越高，曲线整体越向上抬高；

（b）I_f 取得最大值的频率随温度 T 增加而增大。

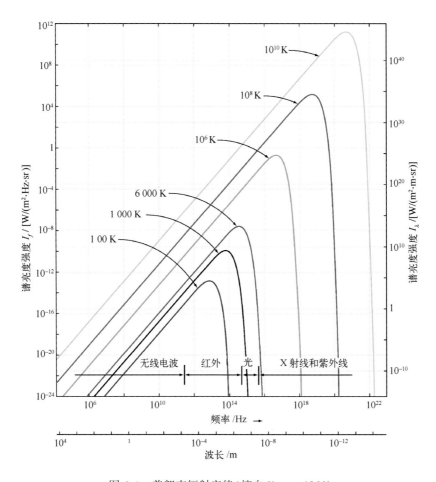

图 6.1　普朗克辐射定律（摘自 Kraus，1966）

在以 f 为中心的窄频率区间 df 上，亮度强度表示如下：

$$\mathrm{d}I = I_f \, \mathrm{d}f \tag{6.3}$$

在有些情况下，谱亮度强度表示为 I_λ 而不是 I_f，其中 I_λ 为单位面积、单位立体角、单位波长的辐射能。在波长区间为 dλ，相应的频率区间为 df 时，曲线所包围的区域具有相等的亮度强度。因此，

$$\mathrm{d}I = I_\lambda \mathrm{d}\lambda \tag{6.4}$$

令式（6.3）和式（6.4）相等，且注意到：

$$\mathrm{d}f = -\frac{c}{\lambda^2}\mathrm{d}\lambda \tag{6.5}$$

则 I_λ 表示为

$$I_\lambda = \frac{2hc^2}{\lambda^5}\left(\frac{1}{e^{hc/\lambda kT}-1}\right) \tag{6.6}$$

式(6.5)中的负号被忽略，是由于其仅仅反映了 f 和 λ 在相反方向上增加的事实，但对于 df 和 $d\lambda$ 大小没有影响。图 6.1 中也给出了 I_λ 曲线（右边纵轴）。

为了更全面地了解黑体的谱辐射强度 I_f，考虑图 6.2 中表示的情况。根据定义，I_f 是表面积为 $1\ m^2$ 的黑体在立体角为 $1\ Sr$、带宽为 $1\ Hz$ 时发射的辐射功率（单位为 W）。在图 6.2 中，黑体辐射源的面积为 A_s，我们的目标是探测通过距离黑体 R 的接收孔径面积为 A_r 的天线接收到的谱功率 P_f。谱功率为 $1\ Hz$ 带宽中包含的功率，因此其单位为 W/Hz。

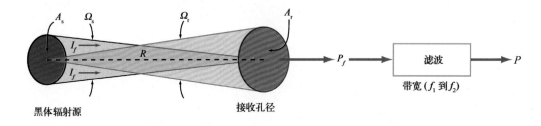

图 6.2 从一个黑体辐射源接收功率的几何结构图

接收孔径 A_r 的空间立体角为 Ω_r，因此

$$P_f = I_f A_s \Omega_r \quad (W/Hz) \tag{6.7}$$

从接收孔径的角度而言，辐射源 A_s 的空间立体角为 Ω_s：

$$\Omega_s = \frac{A_s}{R^2} \tag{6.8}$$

式中，R 为接收孔径与辐射源的距离。类似地，

$$\Omega_r = \frac{A_r}{R^2} \tag{6.9}$$

结合式(6.8)和式(6.9)将式(6.7)改写成

$$P_f = I_f A_r \Omega_s \tag{6.10}$$

在这个新的表达式中，P_f 与接收孔径的面积和辐射源立体角的乘积成正比。从频率 f_1 到 f_2 带宽内的接收机（滤波器）所俘获的总功率（图 6.2）为

$$P = \int_{f_1}^{f_2} P_f df = A_r \Omega_s \int_{f_1}^{f_2} I_f df \tag{6.11}$$

6.2.3 瑞利–金斯定律

图 6.3 给出了黑体在温度 $T = 300\ K$ 时的普朗克定律曲线，图中的虚线是在频率 f

远小于 f_{max}（即 I_f 取最大值时对应的频率）时的普朗克定律的近似曲线。这种低频率时的近似被称为瑞利–金斯定律。

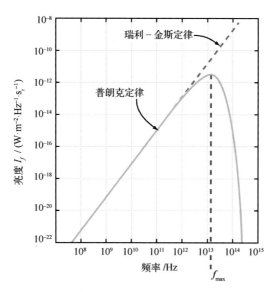

图 6.3　在 300 K 情况下, 普朗克定律与其低频近似(瑞利–金斯定律)比较

当 $x \ll 1$ 时, 有

$$e^x - 1 = \left(1 + x + \frac{x^2}{2!} + \cdots\right) - 1 \approx x \quad (x \ll 1) \tag{6.12}$$

因此, 当 $hf/kT \ll 1$ 时, 式(6.2)可以简化为

$$I_f \approx \frac{2kT}{\lambda^2} \qquad (瑞利 - 金斯定律) \tag{6.13}$$

▶ 瑞利–金斯近似在微波波段十分有用: 它在数学上比普朗克定律更简化, 但又与普朗克精确表达式的偏差小于 1%, 如果

$$\lambda T > 0.77 \ \mathrm{m \cdot K} \tag{6.14a}$$

或同样的

$$f/T < 3.99 \times 10^8 \ \mathrm{Hz/K} \tag{6.14b}$$

◀

对于黑体在室温 300 K 下, 上述不等式在 $\lambda > 2.57$ mm 或 $f < 117$ GHz 时成立, 而这一范围包括了所有有用的微波波段。在 300 GHz 时, 偏差百分率大约为 3%。但是, 我们星系的宇宙空间背景辐射温度大约为 2.7 K, 此时在微波波段便不能满足瑞利–金斯近似。当辐射计或无线电望远镜朝向宇宙时, 称其观测冷空。

6.3 功率-温度相关性

如图6.4所示，假想一个无损耗接收天线其有效孔径为A_r，被一个谱辐射强度为I_f的黑体包围，该天线的辐射方向图为$F(\theta, \phi)$。为了解释天线的方向性，我们将式(6.10)修改为微分形式，该微分形式表示相对于天线的瞄准方向，通过微分立体角$\mathrm{d}\Omega$沿方向(θ, ϕ)接收的微分谱功率$\mathrm{d}P_f$，可得

$$\mathrm{d}P_f = I_f A_r F(\theta, \phi)\mathrm{d}\Omega \tag{6.15}$$

频率范围为$f_1 \sim f_2$，天线在所有方向上所接收到的总功率为

$$P = A_r \int_{f_1}^{f_2} \iint_{4\pi} I_f F(\theta, \phi)\mathrm{d}\Omega\,\mathrm{d}f \tag{6.16}$$

式中的积分是在整个立体角4π上的积分，即$\theta = 0 \sim \pi$，$\phi = 0 \sim 2\pi$。黑体发射的辐射是非极化的。一般来说，对于地球上的大气和其他许多介质来说，同样是如此。一般情况下，一半的能量沿着指定的极化方向极化，而另一半则在与之垂直的方向极化。如果选择一个垂直或者水平的一对正交极化方向，并且观察黑体在极化方向的辐射能随时间的变化，将其在水平和垂直方向上分解，发现一半的能量是水平极化，而另一半则为垂直极化。在选择右旋圆极化、左旋圆极化的正交对或是任意两个正交的椭圆极化对时，得到的结果一致。

在任意时刻，一个典型的天线可以沿某个极化方向接收电磁能量。因此，不管其极化状态(是时间的函数)如何，一般来说，天线仅能探测到入射到接收孔径的能量的一半，因此

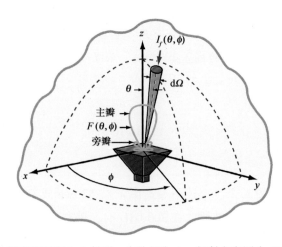

图6.4 黑体谱亮度强度I_f入射到一个孔径为A_r、辐射方向图为$F(\theta, \phi)$的天线

$$P = \frac{1}{2} A_r \int_{f_1}^{f_2} \iint_{4\pi} I_f F(\theta, \phi) \, \mathrm{d}\Omega \, \mathrm{d}f \quad (\text{极化天线}) \tag{6.17}$$

在微波范围内，由式(6.13)给出的瑞利-金斯定律，式(6.17)改写为

$$P_{bb} = \frac{1}{2} A_r \int_{f_1}^{f_2} \iint_{4\pi} \frac{2kT}{\lambda^2} F(\theta, \phi) \, \mathrm{d}\Omega \, \mathrm{d}f \tag{6.18}$$

式中，下标 bb 表示黑体。若探测到的能量被限制在窄频带宽度 $B = (f_2 - f_1)$，则 I_f 近似为常数/B(亦即 $B \ll f$)，那么式(6.18)简化为

$$P_{bb} = kTB \frac{A_r}{\lambda^2} \iint_{4\pi} F(\theta, \phi) \, \mathrm{d}\Omega \tag{6.19}$$

式(6.19)中的积分可以由式(3.16)表示成立体角 Ω_p:

$$\iint_{4\pi} F(\theta, \phi) \, \mathrm{d}\Omega = \Omega_p \tag{6.20}$$

Ω_p 与有效孔径 A_r 有关，根据式(3.31a)

$$\Omega_p = \frac{\lambda^2}{A_r} \tag{6.21}$$

根据以上关系式，式(6.19)改写为

$$P_{bb} = kTB \tag{6.22}$$

该表达式为微波遥感中一个基础并且重要的公式，功率与温度的线性关系使得二者可以相互替代。

Nyquist(1928)对于一个在温度 T 下的电阻器给出了与式(6.22)相类似的结果，如图 6.5(b)所示。他证明在接收终端的有效噪声功率 P_n 为

$$P_n = kTB \tag{6.23}$$

频宽为 B 的理想接收器，其天线和输入终端等效于电阻 R_{rad}，称之为天线辐射电阻(见 3.2.5 节)。在图 6.5 的两种情形中，接收器与"电阻"相连，但在真实的电阻[图 6.5(b)]情况下，终端的有效噪声功率取决于电阻的物理温度。而对于天线，其输出终端的功率取决于黑体的温度[图 6.5(a)]，不管外壳与天线距离的远近与否，天线材料的物理温度对其输出功率没有影响(只要天线是无损耗的)。

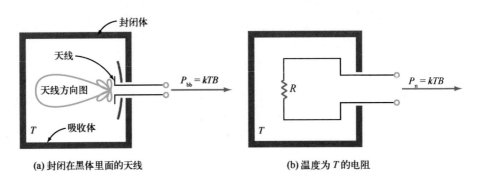

(a) 封闭在黑体里面的天线　　　　　　**(b) 温度为 T 的电阻**

图 6.5　放置在温度为 T 的黑体外壳内的天线的输出功率
等于在相同温度下保持的电阻器所传递的功率

6.4　天然材料的辐射

6.4.1　亮温

黑体是一个理想的物体，当理想的黑体在温度 T 处于热平衡时，它辐射的能量与其他相同温度的物体所辐射的能量至少一样多。黑体同时也是完全的吸收体。实际的材料，有时称为灰体，比黑体放出的能量少，并且不能完全吸收所有入射其上的能量。在微波波段，在温度 T 时，黑体的单极化辐射强度 I_{bb} 为

$$I_{bb} = I_f B = \frac{kT}{\lambda^2}B \tag{6.24}$$

上式是将式(6.13)乘以 1/2 得到的。

如图 6.6 所示，假想一个半无限的物体，若其亮度强度 $I(\theta, \phi)$ 与方向有关，物理温度为 T，黑体等效辐射温度[①]定义为具有相同的亮度强度 $I(\theta, \phi)$ 时所具有的温度，见式(6.24)。此温度被称为该材料的亮温 $T_B(\theta, \phi)$，它与亮度强度的关系为

$$I(\theta, \phi) = \frac{k}{\lambda^2}T_B(\theta, \phi) B \tag{6.25}$$

该材料的亮度强度 $I(\theta, \phi)$ 与黑体在相同温度下的亮度强度的比值定义为辐射率 $e(\theta, \phi)$

$$e(\theta, \phi) = \frac{I(\theta, \phi)}{I_{bb}} = \frac{T_B(\theta, \phi)}{T} \tag{6.26}$$

[①] 为了避免混淆，辐射温度一般带有上下标，而物理温度则没有上下标。

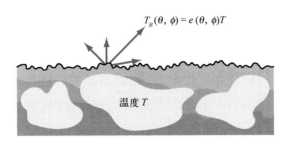

图 6.6　半无限等温介质的亮温

> ▶ 因为 $I(\theta, \phi) \leqslant I_{bb}$，所以辐射率的范围是 $0 \leqslant e(\theta, \phi) \leqslant 1$。因此，实际物体的亮温 $T_B(\theta, \phi)$ 总小于或等于其物理温度 T。当 $e < 1$ 时，称该材料的亮温比其物理温度"冷"。◀

辐射率的定义中隐含的是材料均质和温度均匀的假设，例外情况将在之后的小节中讨论。

> ▶ 由于材料的亮温 $T_B(\theta, \phi)$ 与其辐射能 [由 $I(\theta, \phi)$ 表示] 是一对一的关系，故 $T_B(\theta, \phi)$ 用来代替 $I(\theta, \phi)$。亦即，当使用"$T_B(\theta, \phi)$ 在材料和接收天线中传输"的表述时，实际上指代 $I(\theta, \phi)$ 的传输。◀

6.4.2　亮温分布

在前面的小节中定义了物体的亮温 T_B，是指当物体与黑体具有相同的辐射强度时，黑体所具有的等效黑体温度。实际上，当使用辐射计测量某一个特定物体的辐射时，例如地表，无论是辐射计还是地表都不能从其他辐射源中孤立出来，例如大气。

让我们来考虑图 6.7(a) 所示情况，任意方向射入天线的辐射都可能来自许多不同的辐射源，具体来说，有：

(a) 来自地表发射的辐射，用地表辐射亮温 $T_{SE}(\theta, \phi)$ 表示；

(b) 来自大气上行辐射，用亮温 $T_{UP}(\theta, \phi)$ 表示；

(c) 大气下行辐射 [$T_{DN}(\theta, \phi)$] 被地表散射 (反射) 到达大线的那部分辐射，如图 6.7，T_{DN} 被地表散射的部分表示为 $T_{SS}(\theta, \phi)$，其中下标 SS 表示地表散射。

大气不但是辐射源，而且还衰减穿过大气的电磁能量。因此，从地面到大气的传输过程中，$T_{SE}(\theta, \phi)$ 和 $T_{SS}(\theta, \phi)$ 均被大气衰减。我们通过将 $(T_{SE} + T_{SS})$ 乘以大气透射率 $Y_a(\theta, \phi)$ 来解释衰减。因此，净亮温 T_B 表示到达天线的入射能量：

$$T_B = T_{UP} + Y_a(T_{SE} + T_{SS}) \tag{6.27}$$

计算 T_{SE}、T_{DN}、T_{UP}、T_{SS} 和 Y_a 的模型将会在下面的章节中给出。我们本节主要是建立框架图[图 6.7(b)]和相关术语,以便将天线的输出功率与通过天线的辐射方向图 $F(\theta, \phi)$ 所观测到的场景中存在的各种辐射源联系起来。为达到这一目的,引入两个新术语,亮温分布 $T_B(\theta, \phi)$ 和(无损)天线温度 T_A'。后者将在下一节中讨论,它表示无损天线(辐射效率为 1)传递给辐射计的功率。6.5 节中将讨论天线损失效应。

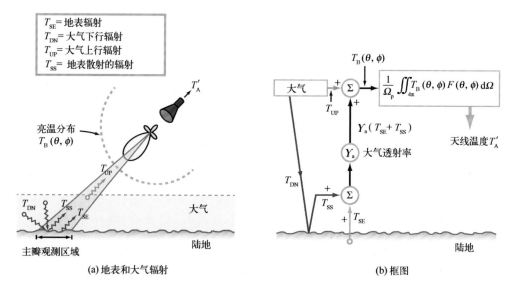

图 6.7　(无损)天线温度 T_A'、入射到天线上的亮温 $T_B(\theta, \phi)$ 与地表辐射亮温 T_{SE} 之间的关系

如图 6.7(a)所示,亮温分布 $T_B(\theta, \phi)$ 代表入射到天线的能量辐射强度 $I_i(\theta, \phi)$,它包含了视场中考虑散射与大气衰减效应的所有辐射源的辐射能。如果图 6.7 中的大气是无损的,则有

$$Y_a = 1, \qquad T_{UP} = T_{DN} = T_{SS} = 0$$

且 $T_B = T_{SE}$(无损大气)。

6.4.3　天线温度

由式(6.18),被黑体包围的无损天线输出终端的功率为

$$P_{bb} = \frac{1}{2} A_r B \iint_{4\pi} \frac{2kT}{\lambda^2} F(\theta, \phi) d\Omega \tag{6.28}$$

这个表达式适用于 $B \ll f$ 情况下的窄带接收机。对于被非黑体包围的天线,亮温分布为 $T_B(\theta, \phi)$,有相似的表达式如下:

$$P = \frac{1}{2} A_r B \iint_{4\pi} \frac{2k}{\lambda^2} T_B(\theta, \phi) F(\theta, \phi) d\Omega \tag{6.29a}$$

将式(6.21)带入式(6.29a)中，可得

$$P = \frac{kB}{\Omega_p} \iint_{4\pi} T_B(\theta, \phi) F(\theta, \phi) \mathrm{d}\Omega = kB \frac{\iint_{4\pi} T_B(\theta, \phi) F(\theta, \phi) \mathrm{d}\Omega}{\iint_{4\pi} F(\theta, \phi) \mathrm{d}\Omega} \qquad (6.29b)$$

式中，最后一步将根据式(6.20)中的定义替换立体角Ω_p。

如图 6.8 所示，微波辐射计的接收机通过测量输出电压 V_{out} 来确定传输函数。该输出电压 V_{out} 是放置在接收机输入端(代替天线)的匹配电阻器的物理温度 T 的函数。这一过程基于表达式(6.23)中的关系，电阻的噪声功率 P_n 与其物理温度成比例。由此可推论，对应于天线提供给接收机的功率 P[由于观测到具有亮温分布 $T_B(\theta, \phi)$ 的场景]，即等效无损天线温度T'_A的电阻定义为处于该温度下的电阻的噪声功率等于 P。因此，

$$P = k T'_A B \qquad (6.30)$$

联立式(6.29)和式(6.30)，可得

$$T'_A = \frac{\iint_{4\pi} T_B(\theta, \phi) F(\theta, \phi) \mathrm{d}\Omega}{\iint_{4\pi} F(\theta, \phi) \mathrm{d}\Omega} \qquad (\text{无损天线}) \qquad (6.31)$$

▶ 无损天线温度T'_A等于加权亮温分布 $T_B(\theta, \phi)$ 的积分值，天线辐射方向图 $F(\theta, \phi)$ 为权重函数，积分包括所有的方向(4π 立体角)。◀

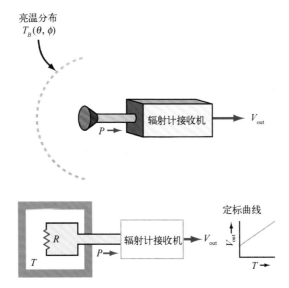

图 6.8　天线接收的功率相当于由匹配电阻传递的噪声功率

对于温度为 T 的黑体外壳，任意方向 (θ, ϕ) 的亮温 $T_B(\theta, \phi) = T$，在这种情况下，式 (6.31) 简化为 $T_A' = T$。

6.5 天线效率

6.5.1 波束效率

微波辐射计一般利用单天线或者阵列天线对目标物进行观测或者成像。在以上两种情况中，理想的天线方向图 $F(\theta, \phi)$ 适用于无旁瓣窄笔形波束。在实际情况中，大部分天线均有旁瓣和后瓣，所以除了接收主波束中的热辐射之外，天线还接收方向图中余下部分的能量贡献，如图 6.9 所示。为了计算这部分不希望的贡献，将式 (6.31) 中的积分部分分成两部分，其中一部分代表了主瓣贡献，其余部分代表了非主瓣方向的贡献。

$$T_A' = \frac{\iint_{主瓣} T_B(\theta, \phi) F(\theta, \phi) \, d\Omega}{\iint_{4\pi} F(\theta, \phi) \, d\Omega} + \frac{\iint_{4\pi-主瓣} T_B(\theta, \phi) F(\theta, \phi) \, d\Omega}{\iint_{4\pi} F(\theta, \phi) \, d\Omega} \quad (6.32)$$

第一部分中分子的积分范围是主瓣（至第一个最小值），相反地，第二部分中的积分范围是除了主瓣之外的所有 4π 立体角。

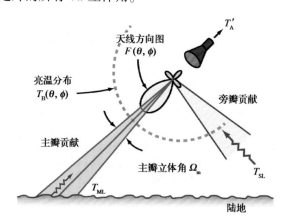

图 6.9　T_{ML} 和 T_{SL} 分别表示主瓣和旁瓣对天线温度 T_A' 的贡献

然后，引入平均主瓣亮温 T_{ML} 以及平均旁瓣亮温 T_{SL}，定义如下

$$T_{ML} = \frac{\iint_{主瓣} T_B(\theta, \phi) F(\theta, \phi) \, d\Omega}{\iint_{主瓣} F(\theta, \phi) \, d\Omega} \quad (6.33)$$

以及

$$T_{SL} = \frac{\iint_{4\pi-\text{主瓣}} T_B(\theta,\ \phi) F(\theta,\ \phi) d\Omega}{\iint_{4\pi-\text{主瓣}} F(\theta,\ \phi) d\Omega} \qquad (6.34)$$

在式(6.33)中，分子和分母的积分范围相同，即主瓣方向。式(6.34)中对于 T_{SL} 的定义类似，但积分范围为除去主瓣方向外所有 4π 立体角。

天线方向图的立体角 Ω_p 以及主瓣立体角 Ω_m 定义如下：

$$\Omega_p = \iint_{4\pi} F(\theta,\ \phi) d\Omega \qquad (6.35a)$$

以及

$$\Omega_m = \iint_{\text{主瓣}} F(\theta,\ \phi) d\Omega \qquad (6.35b)$$

二者的比值定义为波束效率 η_b：

$$\eta_b = \frac{\Omega_m}{\Omega_p} \qquad (6.36)$$

考虑到式(6.33)和式(6.36)，式(6.32)可以被改写为

$$T_A' = \eta_b T_{ML} + (1 - \eta_b) T_{SL} \qquad (6.37)$$

对于理想天线仅仅有主瓣而无旁瓣的情况，$\eta_b = 1$，式(6.37)简化为 $T_A' = T_{ML}$。

6.5.2　辐射效率

无损天线温度 T_A' 表示无损接收天线在其输出端的功率。然而实际中，天线是有损耗的。正如之前在 3.2.5 节中讨论的，一部分被天线接收的能量被天线材料所吸收并转化为热量。当天线处于发射模式时，辐射效率 ξ 为天线发射的总辐射功率与发射源所提供的总功率的比值。本质上，ξ 是功率发射系数。类似地，当天线作为接收机时，ξ 是天线传递给接收机的功率和天线所截获的总能量的比值。

为计算天线的欧姆损失效应，定义天线温度 T_A，该温度具有普遍性，不论天线是否无损。如 7.2.4 节中即将讨论的，某有损吸收电磁能量的设备也是辐射电磁能量的辐射体。因此，若天线满足 $\xi<1$，传递给接收机的功率变小，同时也对其噪声功率有贡献。天线的辐射效率为 ξ，则其吸收系数为 $1-\xi$。在热力学平衡状态下，天线的辐射率等于其吸收系数，且天线向接收机发射的辐射功率等于其噪声温度 T_N：

$$T_N = (1 - \xi) T_0 \qquad (6.38)$$

式中，T_0 为天线的物理温度。

T_A（适用于任意天线）和 T_A'（适用于无损天线）的关系为

$$T_A = \xi T_A' + T_N = \xi T_A' + (1 - \xi) T_0 \qquad (6.39)$$

将式(6.37)代入式(6.39)得到

$$T_A = \xi \eta_b T_{ML} + \xi(1 - \eta_b) T_{SL} + (1 - \xi) T_0 \qquad (6.40)$$

对于辐射系数 $\xi = 1$ 的理想天线，且主波束效率为 $\eta_b = 1$，式(6.40)简化为 $T_A = T_{ML}$。

▶ 辐射计的设计目标就是要选择一种天线，其辐射和主波束效率尽可能接近于 1。◀

6.5.3 辐射测量不确定性

天线传递给辐射计接收机的功率为

$$P = kT_A B \qquad (6.41)$$

式中，T_A 为由式(6.40)计算出的天线温度。正如第 7 章将要讨论的，接收机输出的电压 V_{out} 能被标定以读取温度。因此，T_A 为可测量，而主波束描述的分辨单元内的平均亮温 T_{ML}，可以由 T_A 的值计算得到。将式(6.40)改写成如下求解 T_{ML} 的形式：

$$T_{ML} = \left(\frac{1}{\xi \eta_b}\right) T_A - \left(\frac{1 - \eta_b}{\eta_b}\right) T_{SL} - \left(\frac{1 - \xi}{\xi \eta_b}\right) T_0 \qquad (6.42)$$

上式是一个线性等式，简化形式如下：

$$T_{ML} = aT_A + b \qquad (6.43)$$

式中，a 为比例因子，

$$a = \frac{1}{\xi \eta_b} \qquad (6.44a)$$

b 为偏差项，

$$b = -\left(\frac{1 - \eta_b}{\eta_b}\right) T_{SL} - \left(\frac{1 - \xi}{\xi \eta_b}\right) T_0 \qquad (6.44b)$$

若 ξ、η_b、T_{SL} 和 T_0 是已知量，T_{ML} 可根据测量的 T_A 简单计算得出。天线参数 ξ 和 η_b 的计算参照 7.11 节中介绍的测量技术得到，T_0 可由贴放在天线表面上的热敏电阻传感器测得，仅剩的未知量为旁瓣温度 T_{SL}。遗憾的是，T_{SL} 的值不能直接得到。考虑式(6.34)，式中 T_{SL} 表示视场中所发射的辐射在除了主瓣波束之外的所有方向上天线方向图的积分结果。显然视在温度(亮温)的取值范围很广，取决于旁瓣波束指向大气、水还是陆地。对于指向地球的天基或空基辐射计，当辐射计沿着它的轨迹飞行时，视场是不断变化(除了经过海洋时)的，这意味着旁瓣系数 $(1 - \eta_b) T_{SL}/\eta_b$[式(6.42)右端的第二部分]是一个随时间变化的未知偏差值。为了评定这一偏差的影响，给出图 6.10，展示了在不同的波束效率 η_b 下旁瓣系数随 T_{SL} 的变化情况。在典型的陆地和海洋视场中，T_{SL} 的范围一般为 $100 \sim 300$ K。若辐射计使用标准通信天线 $\eta_b = 0.8$，旁瓣系数的取值范围为 $25 \sim 75$ K（相应的，T_{SL} 的取值范围是 $100 \sim 300$ K）。大多数应用需要辐射计的精度为 1 K 的量级，故 50 K 的不确定性是不可接受的。为了降低不确定性以使辐射计符合要求，在设计辐射计时，通过 η_b 增大使其尽可能接近于 1，从而控制其旁瓣效应在一个极低的水平。现有方法是通过控制天线接收孔径电场的振幅分布来达到这一目的。显然，增大 η_b 将导致辐射计的主瓣波束增大，同时降低了天线波束角分辨率和相应的空间分辨率（在给定范围 R）。在辐射计系统设计中，上述过程是基本的约束关系。

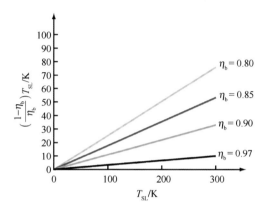

图 6.10　不同的波束效率 η_b，旁瓣因子作为入射旁瓣亮温 T_{SL} 的函数的变化情况

天线的波束效率可高达 0.99。如果这样设计，旁瓣因素所引起的变化将会大大减少。在前面的例子中，相较于 $\eta_b = 0.8$ 的情况，旁瓣系数的范围由 $25 \sim 75$ K 降低至 $1 \sim 3$ K 的狭窄范围内，最大绝对误差变为 ± 1 K。

> ▶ 天线主瓣波束观测到视场中亮温 T_{ML} 的辐射测量精度受天线辐射效率 ξ 和波束效率 η_b 的影响非常大，并取决于 η_b 有多接近于 1。◀

6.6　辐射传输理论

在建立辐射计所测得的天线温度与入射辐射强度的联系后，现在开始研究被天线观测到的介质发射的辐射能的本质。

如图 6.11 所示的以下 4 种情况：

（a）仰视微波辐射计观测大气下行辐射；

（b）与情况（a）相反，即俯视辐射计观测穿过大气层的光滑地表发射的辐射；

（c）与情况（b）类似，但地表是电磁粗糙的，从而改变了地表辐射的性质；

(d)与情况(b)类似，不同之处是土壤表面被一层积雪覆盖。

以上是一个俯视或仰视辐射计能够遇到的微波遥感的一小部分情况。本节和本章以后小节的目标是建立一套表达式，能够将入射到辐射计天线接收孔径的亮温 T_B(表示亮度强度 I)与视场中的物理和电磁特性联系起来，包括考虑地面和辐射计天线之间的大气。这些表达式足以概括并灵活适用于图 6.11 中的每一种情况以及其中的各个变量。通过求解不同情况下的辐射传输方程，可以得到这些变量。

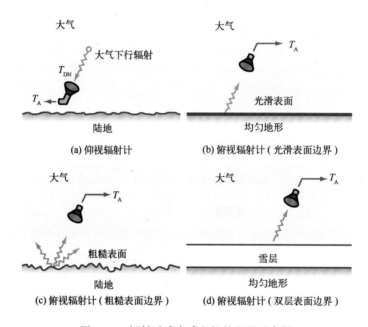

图 6.11　辐射遥感中感兴趣的配置示意图

电磁辐射与物质的相互作用包括以下两种方式：衰减和辐射。当辐射穿过介质，由于介质的吸收和(或)散射作用其强度降低的过程称为衰减。而由于介质的存在，增加了原波束能量的过程称为辐射。通常情况下，相互作用方式中这两种过程是同时存在的。

6.6.1　辐射传输方程

如图 6.12 所示，电磁能量的传播方向是 $\hat{R}$。假想一个微小的圆柱体，其底面积为 dA，长(厚度)为 dR。圆柱体位于球坐标系中，中心线位于矢量 R 上。圆柱体内部和外部环境可能是气体、液体或固体。入射波从圆柱的底面射入，辐射强度为 $I(R, \hat{R})$，其中，R 表示圆柱的位置，$\hat{R}$ 表示入射波的方向。圆柱的顶面出射的、方向仍然是 $\hat{R}$ 的亮度强度为 $I(R+dR, \hat{R})$，辐射强度为单位面积 dA 上、在立体角 $d\Omega$ 内、时间间隔为 1 s、在频率范围为带宽 B、中心频率为 f 的辐射能($B \ll f$)。在厚度 $\mathrm{d}R$ 的圆柱体中传播所损失的能量 [从 $I(\boldsymbol{R}, \hat{\boldsymbol{R}})$ 中减少的那部分能量] 为

$$\mathrm{d}I_{\mathrm{extinction}}(\boldsymbol{R}, \hat{\boldsymbol{R}}) = \kappa_e I(\boldsymbol{R}, \hat{\boldsymbol{R}})\mathrm{d}R \qquad (6.45)$$

式中，κ_e 为假想圆柱体中介质的消光系数，单位为 Np/m。消光系数同时也被称作功率衰减系数。减少的能量可能是由于介质材料的吸收、粒子的散射或者二者都有。散射所导致的能量减少是由于散射改变了部分入射能量的传播方向，使 $I(\boldsymbol{R}, \hat{\boldsymbol{R}})$ 偏离入射方向 $\hat{\boldsymbol{R}}$。吸收和散射均为线性过程。因此，消光系数 κ_e 可以被表示成吸收系数 κ_a 和散射系数 κ_s 的和：

$$\kappa_e = \kappa_a + \kappa_s \qquad (\mathrm{Np/m}) \qquad (6.46)$$

除了对入射亮度的衰减作用，圆柱中的介质同时自身产生辐射，增大方向 $\hat{\boldsymbol{R}}$ 上的辐射能。发射的亮度强度为

$$\mathrm{d}I_{\mathrm{emission}}(\boldsymbol{R}, \hat{\boldsymbol{R}}) = \left[\kappa_a J_a(\boldsymbol{R}, \hat{\boldsymbol{R}}) + \kappa_s J_s(\boldsymbol{R}, \hat{\boldsymbol{R}}) \right]\mathrm{d}R \qquad (6.47)$$

式中，J_a 和 J_s 为源函数，包括了 $\hat{\boldsymbol{R}}$ 方向的热辐射和散射。源函数 J_a 为吸收源函数，因为局部热力平衡的条件下，热辐射和吸收相等(基尔霍夫定律)。否则，介质的温度将会变化。当辐射计用于测量观测场景发射的辐射时，积分时间很短，通常数量级为数毫秒至数秒。在如此短的时间内，视场的物理温度基本是常数，因此满足热力学平衡。

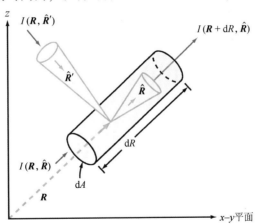

图 6.12　通过无限小圆柱体的辐射传输

如图 6.12 所示，散射源函数 $J_s(\boldsymbol{R}, \hat{\boldsymbol{R}})$ 包括了从任意方向入射，在 $\hat{\boldsymbol{R}}$ 方向发射的辐射：

$$J_s(\boldsymbol{R}, \hat{\boldsymbol{R}}) = \frac{1}{\kappa_s} \iint_{4\pi} \psi(\boldsymbol{R}, \hat{\boldsymbol{R}}') I(\boldsymbol{R}, \hat{\boldsymbol{R}}')\mathrm{d}\Omega' \qquad (6.48)$$

式中，$I(\boldsymbol{R}, \hat{\boldsymbol{R}}')$ 为 $\hat{\boldsymbol{R}}'$ 方向的入射辐射强度，代表折回 $\hat{\boldsymbol{R}}$ 方向的部分，从而增加在该方

向上入射到圆柱体上的辐射。对于每个方向组合 $(\boldsymbol{R}, \hat{\boldsymbol{R}}')$，折回的部分由散射相函数 $\psi(\boldsymbol{R}, \hat{\boldsymbol{R}}')$ 决定，与圆柱体中粒子的大小（与 λ 有关）、形状、方向、空间分布以及组成特性有关。11.5.5 节中将要讨论的，当 $\psi = \kappa_{\mathrm{s}}/4\pi$ 时，粒子各向同性地散射入射到其上的能量。

通常 κ_{a} 和 κ_{s} 表达为

$$\kappa_{\mathrm{a}} = (1 - a)\kappa_{\mathrm{e}}, \qquad \kappa_{\mathrm{s}} = a\kappa_{\mathrm{e}} \tag{6.49}$$

式中，a 为单次散射反照率：

$$a = \frac{\kappa_{\mathrm{s}}}{\kappa_{\mathrm{e}}} \tag{6.50}$$

利用以上定义，式（6.47）变为

$$\mathrm{d}I_{\mathrm{emission}}(\boldsymbol{R}, \hat{\boldsymbol{R}}) = \kappa_{\mathrm{e}}\left[(1 - a)J_{\mathrm{a}}(\boldsymbol{R}, \hat{\boldsymbol{R}}) + aJ_{\mathrm{s}}(\boldsymbol{R}, \hat{\boldsymbol{R}})\right]\mathrm{d}R = \kappa_{\mathrm{e}}J(\boldsymbol{R}, \hat{\boldsymbol{R}})\mathrm{d}R \tag{6.51}$$

将源函数合并为总源函数 $J(\boldsymbol{R}, \hat{\boldsymbol{R}})$

$$J(\boldsymbol{R}, \hat{\boldsymbol{R}}) = (1 - a)J_{\mathrm{a}}(\boldsymbol{R}, \hat{\boldsymbol{R}}) + aJ_{\mathrm{s}}(\boldsymbol{R}, \hat{\boldsymbol{R}}) \tag{6.52}$$

在厚度 $\mathrm{d}R$ 中传播后，其辐射强度改变量 $\mathrm{d}I$ 为

$$\mathrm{d}I(\boldsymbol{R}, \hat{\boldsymbol{R}}) = I_{\mathrm{emission}}(\boldsymbol{R}, \hat{\boldsymbol{R}}) - I_{\mathrm{extinction}}(\boldsymbol{R}, \hat{\boldsymbol{R}}) = \kappa_{\mathrm{e}}J(\boldsymbol{R}, \hat{\boldsymbol{R}})\mathrm{d}R - \kappa_{\mathrm{e}}I(\boldsymbol{R}, \hat{\boldsymbol{R}})\mathrm{d}R$$
$$= \kappa_{\mathrm{e}}\mathrm{d}R[J(\boldsymbol{R}, \hat{\boldsymbol{R}}) - I(\boldsymbol{R}, \hat{\boldsymbol{R}})] \tag{6.53}$$

无量纲数 $\kappa_{\mathrm{e}}\mathrm{d}R$ 简写为

$$\mathrm{d}\tau = \kappa_{\mathrm{e}}\mathrm{d}R \tag{6.54}$$

式中，$\mathrm{d}\tau$ 为光学厚度增量。由于它应用于整个电磁谱，更恰当的名称为电磁厚度。然而由于历史原因，即使讨论其他谱部分的辐射传输，仍然延续光学厚度这一名称。

利用式（6.54）和式（6.53），得到辐射传输方程：

$$\frac{\mathrm{d}I}{\mathrm{d}\tau} + I = J \qquad \text{（辐射传输方程）} \tag{6.55}$$

式中，I 和 J 在 $\boldsymbol{R}$ 处 $\hat{\boldsymbol{R}}$ 方向传播。

6.6.2 亮温方程

依据式（6.25），将辐射强度 I 转化为亮温 T_{B}：

$$I(\boldsymbol{R}, \hat{\boldsymbol{R}}) = \frac{k}{\lambda^2}T_{\mathrm{B}}(\boldsymbol{R}, \hat{\boldsymbol{R}})B \tag{6.56}$$

如前所述，基尔霍夫定律表明，在局地热力学平衡条件下，热辐射能等于吸收的能量，这使得吸收源函数 J_{a} 是各向同性的，且由普朗克定律的瑞利–金斯近似给出，即

$$J_a(\boldsymbol{R}) = \frac{k}{\lambda^2} T(\boldsymbol{R}) B \qquad (6.57)$$

式中，$T(\boldsymbol{R})$ 为介质位于 R 处的动力学(物理)温度。由于 $J_a(\boldsymbol{R})$ 为各向同性的，因而不取决于 $\hat{\boldsymbol{R}}$。一个微小物体的热辐射在各个方向上是相同的。

类似地，散射源函数 J_s 可以由体积散射辐射温度 $T_{VS}(\boldsymbol{R}, \hat{\boldsymbol{R}})$ 定义：

$$J_s(\boldsymbol{R}, \hat{\boldsymbol{R}}) = \frac{k}{\lambda^2} T_{VS}(\boldsymbol{R}, \hat{\boldsymbol{R}}) B \qquad (6.58)$$

将式(6.48)中的 $I(\boldsymbol{R}, \hat{\boldsymbol{R}})$ 和 $J_s(\boldsymbol{R}, \hat{\boldsymbol{R}})$ 用 $T_B(\boldsymbol{R}, \hat{\boldsymbol{R}})$ 和 $T_{VS}(\boldsymbol{R}, \hat{\boldsymbol{R}})$ 替换：

$$T_{VS}(\boldsymbol{R}, \hat{\boldsymbol{R}}) = \frac{1}{\kappa_s} \iint_{4\pi} \psi(\boldsymbol{R}, \hat{\boldsymbol{R}}') T_B(\boldsymbol{R}, \hat{\boldsymbol{R}}') \mathrm{d}\Omega \qquad (6.59)$$

将式(6.56)至式(6.58)代入式(6.52)和式(6.55)得

$$\frac{\mathrm{d}T_B}{\mathrm{d}\tau} + T_B = (1-a)T + aT_{VS} \qquad \text{(亮温辐射传输方程)} \qquad (6.60)$$

与亮温相关的量(T_B、T 和 T_{VS})在 R 处定义，$\hat{\boldsymbol{R}}$ 方向传播。

6.6.3　分层介质的亮温

如图 6.13 所示，在分层介质中的辐射传输特性仅与 z 有关，即 a、T、T_{VS} 和 τ 不随 x 和 y(或 θ 和 ϕ)变化。图中微波辐射计位于低层介质上方 H 处。上半球可能是地球大气，下半球可能为地面或水。入射辐射和垂直轴的夹角为 θ。

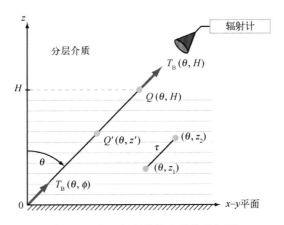

图 6.13　亮温辐射传输方程的几何图

现在的目标是求解式(6.60)中的入射至辐射计天线的亮温 $T_B(\theta, H)$ 的表达式(在以下讨论中假设方位角 ϕ 为常数)。

对于图 6.13 中的分层介质，式 (6.54) 变为

$$d\tau = \kappa_e dR = \kappa_e \sec\theta dz \tag{6.61}$$

图 6.13 中，在 θ 方向点 (θ, z_1) 和点 (θ, z_2) 之间的光学厚度 $\tau(z_1, z_2)$ 为 $d\tau$ 在 z_1 和 z_2 间积分

$$\tau(z_1, z_2) = \sec\theta \int_{z_1}^{z_2} \kappa_e dz$$

对于特殊路径，从 $z=0$ 到任意点 $Q'(\theta, z')$，光学厚度为

$$\tau(0, z') = \sec\theta \int_0^{z'} \kappa_e dz$$

式 (6.60) 给出的微分形式适用于空间中的任意点。在点 (θ, z') 处，两边同乘 $e^{\tau(0, z')}$ 得到

$$\frac{dT_B(\theta, z')}{d\tau} e^{\tau(0, z')} + T_B(\theta, z') e^{\tau(0, z')} = \left[(1-a)T(z') + aT_{VS}(\theta, z')\right] e^{\tau(0, z')}$$

$$\tag{6.62}$$

式中，$d\tau = \kappa_e \sec\theta\, dz'$。等式左边两项的和为

$$\frac{dT_B(\theta, z')}{d\tau} e^{\tau(0, z')} + T_B(\theta, z') e^{\tau(0, z')} = \frac{d}{d\tau}\left[T_B(\theta, z') e^{\tau(0, z')}\right] \tag{6.63}$$

于是

$$\frac{d}{d\tau}\left[T_B(\theta, z') e^{\tau(0, z')}\right] = \left[(1-a)T(z') + aT_{VS}(\theta, z')\right] e^{\tau(0, z')} \tag{6.64}$$

等式左右均从 $\tau(0, 0)$ 到 $\tau(0, z)$ 积分：

$$\int_0^{\tau(0, z)} \frac{d}{d\tau}\left[T_B(\theta, z') e^{\tau(0, z')}\right] d\tau = \int_0^{\tau(0, z)} \left[(1-a)T(z') + aT_{VS}(\theta, z')\right] e^{\tau(0, z')} d\tau$$

$$\tag{6.65}$$

解得

$$T_B(\theta, z') e^{\tau(0, z')} \bigg|_{z'=0}^{z'=z} = \int_0^{z'=z} \left[(1-a)T(z') + aT_{VS}(\theta, z')\right] e^{\tau(0, z')} \kappa_e \sec\theta\, dz'$$

或

$$T_B(\theta, z) = T_B(\theta, 0) e^{-\tau(0, z)} + \int_0^z \left[(1-a)T(z') + aT_{VS}(\theta, z')\right] e^{-\tau(z', z)} \kappa_e \sec\theta\, dz'$$

$$\tag{6.66}$$

在最后一步中，将等式两边同除以 $e^{\tau(0, z)}$，并利用等式 $\tau(0, z') - \tau(0, z) = -\tau(z', z)$，那么

$$e^{\tau(0, z')} \cdot e^{-\tau(0, z)} = \exp\left[\int_0^{z'} \kappa_e \sec\theta\, dz\right] \cdot \exp\left[-\int_0^z \kappa_e \sec\theta\, dz\right]$$

$$= \exp\left[- \int_{z'}^{0} \kappa_e \sec\theta \, \mathrm{d}z - \int_{0}^{z} \kappa_e \sec\theta \, \mathrm{d}z \right]$$

$$= \exp\left[- \int_{z'}^{z} \kappa_e \sec\theta \, \mathrm{d}z \right] = e^{-\tau(z', z)} \qquad (6.67)$$

在高度 $z=H$ 处，式 (6.66) 变为

$$T_B(\theta, H) = T_B(\theta, 0) e^{-\tau(0, H)} + T_{UP}(\theta, H) \qquad (6.68)$$

式中，$T_{UP}(\theta, H)$ 为上半球的上行辐射贡献，

$$T_{UP}(\theta, H) = \sec\theta \int_{0}^{H} \left[(1-a)T(z') + aT_{VS}(\theta, z') \right] \cdot e^{-\tau(z', H)} \kappa_e \mathrm{d}z' \qquad (6.69)$$

考虑对 $T_B(\theta, H)$ 贡献的每一项的物理意义：

(a) 亮温 $T_B(\theta, 0)$ 表示地面 (x-y 平面) 在 θ 方向上传输的能量，包括下半球发射的能量和向下传输的能量被反射 (散射) 后以 θ 方向传输的能量。在以后的章节中将给出 $T_B(\theta, 0)$ 的模型。

由于 $T_B(\theta, 0)$ 从地表 $Q(\theta, 0)$ 传输到辐射计 $Q(\theta, H)$ 处，在这一过程中将会被沿路径传输方向的散射和吸收过程衰减。$z=0$ 到在 $z=H$ 层在 θ 方向的单向大气传输为

$$Y = e^{-\tau_0(0, H)\sec\theta} = \exp\left[- \int_{0}^{H} \kappa_e \sec\theta \, \mathrm{d}z \right] \qquad (6.70)$$

式中，τ_0 为 τ 在 $\theta = 0$ 处的值。

(b) 从地表到 $Q(\theta, H)$ 处包括两个辐射源，一个是由于热辐射，另一个则是由于散射。在 z' 处的微分厚度 $\sec\theta \, \mathrm{d}z'$ 具有微分亮温：

$$(1-a)\kappa_e T(z') \sec\theta \, \mathrm{d}z' = \kappa_a T(z') \sec\theta \, \mathrm{d}z' \qquad (6.71)$$

其中利用了式 (6.49) 中给出的关系，即 $\kappa_a = (1-a)\kappa_e$。发射辐射以传播系数 $e^{-\tau(z', H)}$ 的量级减少，考虑了辐射计在 $Q(\theta, z')$ 处和在 $Q(\theta, H)$ 处的衰减。

式 (6.69) 中括号的第二项表示了微分厚度以 θ 方向朝辐射计散射的能量，由下式给出：

$$a\kappa_e T_{VS}(z') \sec\theta \, \mathrm{d}z' = \kappa_s T_{VS}(z') \sec\theta \, \mathrm{d}z' \qquad (6.72)$$

该贡献项也在 $Q(\theta, z')$ 处和 $Q(\theta, H)$ 处以相同的传播系数衰减。

> ▶ 一般地，消光系数 κ_e 包括了吸收系数 κ_a 和散射系数 κ_s。如果没有吸收，该过程被称为完全散射，而如果仅有吸收作用，则称为完全吸收。◀

Chandrasekhar (1960) 在其《辐射传输》*Radiative Transfer* 一书中，给出了在多种情况下大气的辐射传输方程，特别强调了在完全散射介质中的研究困难。然而大气与地面的微波相互作用很少发生在完全散射介质中。当散射和吸收同时存在时，$T_B(\theta, H)$ 的解由式 (6.68) 和式 (6.69) 给出，积分中需要已知辐射计的散射辐射温度 $T_{VS}(\theta, z')$，

而它取决于 T_B 在立体角 4π 的积分,见式(6.59)。因此,介质中每一点的解都取决于其他点之间的相互作用,这使得公式变得极为复杂。当单次散射反照率 $a \ll 1$ 时,这一复杂问题将被极大地简化,这部分内容将在后续章节讨论。

6.6.4 无散射介质的亮温

在无散射介质中,$\kappa_s = 0$ 且 $a = 0$,所以式(6.68)简化为

$$T_B(\theta, H) = T_B(\theta, 0)\, e^{-\tau(0, H)} + \int_0^H \kappa_a(z') T(z') \sec\theta\, e^{-\tau(z', H)} \mathrm{d}z' \qquad (6.73)$$

式中,

$$\tau(z_1, z_2) = \int_{z_1}^{z_2} \kappa_a \sec\theta\, \mathrm{d}z' \qquad (6.74)$$

在晴空天气条件下,地球大气在微波波段不发生散射。当有云或者雨时,水滴的散射作用是否能被忽略取决于雨滴的密度和谱分布。一般地,散射效应在频率低于 10 GHz 的条件下可以被忽略。第 8 章将对大气的吸收和散射进行详细讨论。

介质材料的吸收效应由介质的平均电导率决定,然而如第 2 章所讨论的,散射取决于空间不均匀性的程度或介电特性的各向异性,具有波长单位。

介质中粒子的散射称为体散射,注意不要与发生在两个不同介质之间界面上(如土壤和大气)的表面散射混淆。为了阐明体散射的机制,考虑干雪的例子。典型的雪中冰粒的直径一般为 0.1~5 mm。如果电磁波波长远大于冰粒的尺寸量级和粒子之间的距离,此时介质是电磁均质的,即没有明显的散射。但如果电磁波波长和冰粒的尺寸量级相当,空间不均匀(由于冰粒和背景空气的相对电容率的比值为 3.2:1.0)将会发生体散射。因此,在 1 GHz(在空气中 $\lambda = 30$ cm,在雪中为 $30/\sqrt{3.2} \approx 16.8$ cm)时,雪仅吸收电磁波。而在 30 GHz(雪中 $\lambda = 5.59$ mm)时,要同时考虑散射和吸收。另一个典型的介电非均匀地表是植被,成排的作物表现为介电各向异性。

在下面的小节中,将会讨论辐射传输方程在无散射介质的平面边界的解。不规则边界的散射和非均匀介质的体散射将会在后续章节中讨论。

6.6.5 大气上行亮温和下行亮温

式(6.73)中的第二项表示了无散射时大气上行亮温[图 6.14(a)],即

$$T_{\mathrm{UP}}(\theta, H) = \sec\theta \int_0^H \kappa_a(z') T(z')\, e^{-\tau(z', H)} \mathrm{d}z' \qquad (6.75)$$

如果俯视辐射计所处的高度 H 比大气上界高得多,则可以将其替换为 ∞,此时真空中 $\kappa_a(z') = 0$。在第 8 章中将会有 $\kappa_a(z')$ 和 $T(z')$ 的模型。

一个地基仰视辐射计[图 6.14(b)]观测到的大气下行亮温 $T_{DN}(\theta)$ 为

$$T_{DN}(\theta) = \sec\theta \int_0^\infty \kappa_a(z')\, T(z')\, e^{-\tau(0,\,z')}\, dz' \qquad (6.76)$$

其中，大气被视为半无限高。

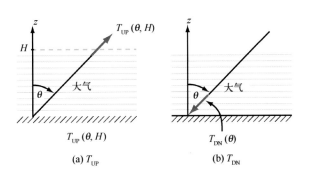

图 6.14　平行分层大气的上行辐射和下行辐射贡献

上面公式的物理意义是很简单的。在高度层 z' 处、垂直厚度为 dz'（倾斜厚度为 $\sec\theta\, dz'$）发射的能量正比于 $\sec\theta\, \kappa_a(z')\, T(z')\, dz'$，当向下传播到地表后，由于中间层的吸收作用，以 $\exp[-\tau(0,z')]$ 系数减小。因此，两个温度和吸收系数相近的相邻层，与地面相近的那一层对 $T_{DN}(\theta)$ 的贡献更大。

基于式(6.75)和式(6.76)，分层大气的 $T_{UP}(\theta, H)$ 和 $T_{DN}(\theta)$ 由 $T(z)$ 和 $\kappa_a(z)$ 的垂直廓线决定。当 $\kappa_a(z)=0$（无损大气）时，由基尔霍夫定律可知 $T_{UP}=T_{DN}=0$。另一方面，如果 κ_a 很大，T_{UP} 和 T_{DN} 会存在上限吗？当介质的吸收作用更明显时，它便更接近于完美黑体，在这种情况下亮温和物理温度相等。对于具有不均匀温度层的介质，亮温的值取决于温度和吸收系数的垂直廓线，但不会超出这一层的物理温度最大值。

对于特殊的平面情形，$T(z)=T_0$、$\kappa_a(z)=\kappa_{a0}$ 的均匀大气（或云）在 $z=0$ 到 $z=H$ 范围中，其中 T_0 和 κ_{a0} 为常数，$T_{DN}(\theta, H)$ 的表达式变为

$$T_{DN}(\theta,\ H) = \sec\theta \int_0^H \kappa_{a0} T_0 e^{-\kappa_{a0} z' \sec\theta}\, dz' = T_0\big[1 - e^{-\tau_0(0,\,H)\sec\theta}\big] \qquad (6.77)$$

式中，$\tau_0(0, H)$ 为大气层顶点的光学厚度。同理，$T_{UP}(\theta, H)$ 也有相同的表达式。云的光学厚度 $\tau(0, H)$ 非常大，所以式(6.77)中括号里的第二项相比之下可以忽略，表达式简化为

$$T_{DN} = T_0$$

第 8 章中将会讨论 κ_a 在大气气体、云和雨的条件下随微波频率的变化。同时也会计算 T_{DN} 和其他相关参数。

6.7 地表亮温

如图 6.15 所示，假设空气中有一个与 z 轴的夹角为 θ 的俯视辐射计。在第一种情况中，下边界是一个镜面反射，下半球被均匀的有损介质所覆盖（例如陆地或水）；在第二种情况中，下边界同样是镜面反射，但低层介质具有不均匀的温度廓线 $T(z)$；在最后一种情况中，低层介质是均匀的，但下边界是粗糙表面。本节的目标是根据以上三种情况分别建立辐射计观测亮温 $T_B(\theta_1, 0)$ 的表达式。

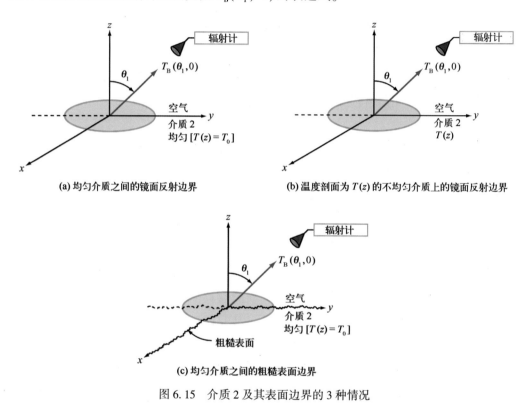

(a) 均匀介质之间的镜面反射边界 (b) 温度剖面为 $T(z)$ 的不均匀介质上的镜面反射边界

(c) 均匀介质之间的粗糙表面边界

图 6.15　介质 2 及其表面边界的 3 种情况

6.7.1　镜面边界的亮温

根据单位面积、单位立体角辐射能 I 的表达式，在图 6.16 中，入射在面积 A、θ_2 角的水平极化功率 P_2^h 为

$$P_2^h(\theta_2) = I_2^h(\theta_2) A \cos \theta_2 \mathrm{d}\Omega_2 \tag{6.78}$$

先考虑水平极化的情况，之后将会把结果推广到垂直极化的情况。根据斯涅耳定律，电磁波以角度 θ_2 从介质 2 中入射后，部分以角度 θ_1 射入介质 1，满足

$$\sqrt{\varepsilon_1}\ \sin\ \theta_1 = \sqrt{\varepsilon_2}\ \sin\ \theta_2 \qquad (\text{斯涅耳定律}) \qquad (6.79)$$

式中，ε_1 和 ε_2 分别为介质 1 和介质 2 的相对介电常数(可能是复数)，且两个介质都假设为无磁性的。以能量 $I_1^h(\theta_1)$ 传输到介质 1 中的功率为

$$P_1^h(\theta_1) = I_1^h(\theta_1) A\ \cos\ \theta_1\ \mathrm{d}\Omega_1 \qquad (6.80)$$

对式(6.79)取微分得

$$\sqrt{\varepsilon_1}\ \cos\ \theta_1\ \mathrm{d}\theta_1 = \sqrt{\varepsilon_2}\ \cos\ \theta_2\ \mathrm{d}\theta_2 \qquad (6.81)$$

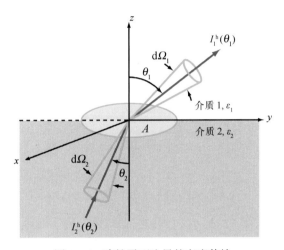

图 6.16　跨越平面边界的亮度传输

在边界发生的折射使得传输的角度由 θ_2 变为 θ_1，但对于方位角 ϕ 无影响，即 $\phi_1 = \phi_2$ 且 $\mathrm{d}\phi_1 = \mathrm{d}\phi_2$。式(6.81)的左边乘以 $\mathrm{d}\phi_1$，右边乘以 $\mathrm{d}\phi_2$，然后将结果与式(6.79)相乘得到

$$\varepsilon_1\ \cos\ \theta_1\ \mathrm{d}\Omega_1 = \varepsilon_2\ \cos\ \theta_2\ \mathrm{d}\Omega_2 \qquad (6.82)$$

把式(6.80)和式(6.78)相除并联立式(6.82)：

$$\frac{P_1^h(\theta_1)}{P_2^h(\theta_2)} = \frac{I_1^h(\theta_1) A\ \cos\ \theta_1\ \mathrm{d}\Omega_1}{I_2^h(\theta_2) A\ \cos\ \theta_2\ \mathrm{d}\Omega_2} = \frac{I_1^h(\theta_1)\ \cos\ \theta_2\ \mathrm{d}\Omega_2}{I_2^h(\theta_2)\ \cos\ \theta_2\ \mathrm{d}\Omega_2} \cdot \frac{\varepsilon_2}{\varepsilon_1} = \frac{I_1^h(\theta_1)}{I_2^h(\theta_2)} \cdot \frac{\varepsilon_2}{\varepsilon_1} \qquad (6.83)$$

根据 2.8 节，式(6.83)左边的功率比值等于以 θ_2 从介质 2 以 θ_1 入射介质 1 的透射率 $\mathbb{T}_{21}^h$，

$$\frac{P_1^h(\theta_1)}{P_2^h(\theta_2)} = \mathbb{T}_{21}^h \qquad (6.84)$$

此外，

$$I_1^h(\theta_1) = \frac{kB}{\lambda_1^2} T_{B_1}^h(\theta_1) = \frac{kB}{\lambda_0^2} \varepsilon_1 T_{B_1}^h(\theta_1) \qquad (6.85a)$$

且

$$I_2^h(\theta_2) = \frac{kB}{\lambda_2^2} T_{B_2}^h(\theta_1) = \frac{kB}{\lambda_0^2} \varepsilon_2 T_{B_2}^h(\theta_2) \tag{6.85b}$$

式中，B 为接收带宽；$T_{B_1}^h(\theta_1)$ 和 $T_{B_2}^h(\theta_2)$ 分别为 $I_1^h(\theta_1)$ 和 $I_2^h(\theta_2)$ 对应的亮温；$\lambda_1 = \lambda_0/\sqrt{\varepsilon_1}$ 和 $\lambda_2 = \lambda_0/\sqrt{\varepsilon_2}$ 分别为在介质 1 和介质 2 的波长；λ_0 为真空中的波长。联立式（6.84）、式（6.85）和式（6.83）：

$$T_{B_1}^h(\theta_1) = \mathbb{T}_{21}^h T_{B_2}^h(\theta_2) = [1 - \Gamma_{21}^h(\theta_2)] T_{B_2}^h(\theta_2) = [1 - \Gamma_{12}^h(\theta_1)] T_{B_2}^h(\theta_2) \tag{6.86}$$

式中，利用了 $\mathbb{T}_{21}^h(\theta_2) = 1 - \Gamma_{21}^h(\theta_2)$ 和 $\Gamma_{12}^h(\theta_1) = \Gamma_{21}^h(\theta_2)$。注意到，$\Gamma_{21}^h(\theta_2)$ 为介质 2 中以 θ_2 入射的菲涅耳反射率，而 $\Gamma_{12}^h(\theta_1)$ 为介质 1 中以 θ_1 入射的菲涅耳反射率。

对于垂直极化，类似地可以得到

$$T_{B_1}^v(\theta_1) = [1 - \Gamma_{12}^v(\theta_1)] T_{B_2}^v(\theta_2) \tag{6.87}$$

根据 2.8 节，在介质 1 中入射角为 θ_1 的反射率为

$$\Gamma_{12}^h(\theta_1) = \left| \frac{\sqrt{\varepsilon_1}\,\cos\theta_1 - \sqrt{\varepsilon_2}\,\cos\theta_2}{\sqrt{\varepsilon_1}\,\cos\theta_1 + \sqrt{\varepsilon_2}\,\cos\theta_2} \right|^2 \tag{6.88a}$$

$$\Gamma_{12}^v(\theta_1) = \left| \frac{\sqrt{\varepsilon_1}\,\cos\theta_2 - \sqrt{\varepsilon_2}\,\cos\theta_1}{\sqrt{\varepsilon_1}\,\cos\theta_2 + \sqrt{\varepsilon_2}\,\cos\theta_1} \right|^2 \tag{6.88b}$$

式中，如式（2.8）中定义的，ε_1 和 ε_2 分别为介质 1 和介质 2 的相对介电常数。在之前的讨论中，介质 1 为空气，所以 $\varepsilon_1 = 1$。θ_2 和 θ_1 的关系由斯涅耳定律式（6.79）给出。

6.7.2 镜面表面的辐射

在之前的章节中，根据斯涅耳定律，我们通过边界透射率建立了在上层介质中观测到的上行亮温与从低层介质中入射到边界上的上行亮温的直接关系。下面，如图 6.17，将应用式（6.75）确定 $T_{B_2}^h(\theta_2)$，但是要把积分范围从 $(0, H)$ 改变为 $(-\infty, 0)$，得到

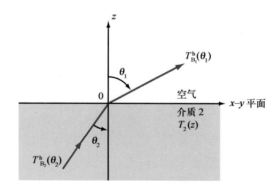

图 6.17 介质 2 是一个具有温度–深度剖面 $T_2(z)$ 的介质

$$T_{B_2}^{h}(\theta_2) = \sec\theta_2 \int_{-\infty}^{0} \kappa_a(z') T_2(z') e^{-\tau(z',\,0)} dz' \tag{6.89}$$

式中，$T_2(z')$ 为介质 2 的物理温度廓线；$\kappa_a(z')$ 为其吸收系数。在积分号下的指数式为

$$e^{-\tau(z',\,0)} = \exp\left[-\int_{z'}^{0} \kappa_a \sec\theta_2 \, dz' \right] \tag{6.90}$$

对于小积分范围 z' 到 0，κ_a 为常数：

$$e^{-\tau(z',\,0)} = e^{\kappa_a z' \sec\theta_2} = e^{-\kappa_a |z'| \sec\theta_2} \tag{6.91}$$

式中，z' 为负数（下半球）；指数式为 $-\kappa_a$ 和斜厚度 $z' \sec\theta_2$ 的乘积。根据第 2 章，我们知道电磁波在有损介质中当传播的斜厚度为 $|z'|\sec\theta_2$ 时，电场大小以 $e^{-\alpha|z'|\sec\theta_2}$ 衰减，功率以 $e^{-2\alpha|z'|\sec\theta_2}$ 衰减，其中 α 为介质的衰减常数。在 2.4 节中给出了无损介质和有损介质的 α 的表达式，讨论的结果是

$$\kappa_a = 2\alpha \tag{6.92}$$

若 $T_2(z')$ 和介质 2 的参数已知，式(6.89)可以通过数值方法求解。因为式中的量都没有极化特性，在介质 2 中有

$$T_{B_2}^{h}(\theta_2) = T_{B_2}^{v}(\theta_2) \tag{6.93}$$

▶ 鉴于边界下方介质 2 的辐射是随机极化的，穿过边界的传输过程决定了每种极化方式所占的比例。◀

对于具有均一温度剖面的均匀介质，$T_2(z') = T_0$，式(6.89)简化为

$$T_{B_2}^{h}(\theta_2) = T_{B_2}^{v}(\theta_2) = T_0 \tag{6.94}$$

式中，位于上层介质的俯视辐射计所观测到的亮温变为

$$T_{B_1}^{p}(\theta_1) = [1 - \Gamma_{12}^{p}(\theta_1)] T_0 \qquad (p \text{ 为水平或垂直极化}) \tag{6.95}$$

式中，T_0 为地表的物理温度。在实际情况中，无论是陆地还是水介质都没有均匀的温度分布，所以 T_0 代表的最上层表面的物理温度对于 $T_{B_2}(\theta_2)$ 的贡献占了大部分。

介质 2 的镜面辐射率为

$$e^{p}(\theta_1) = \frac{T_{B_1}^{p}(\theta_1)}{T_0} = 1 - \Gamma_{12}^{p}(\theta_1)^{\dagger} \qquad (p \text{ 为水平或垂直极化}) \tag{6.96}$$

图 6.18 表示了 3 种情况下 $e^{h}(\theta_1)$ 和 $e^{v}(\theta_1)$ 随入射角的变化情况。

---

† 计算机代码 6.1。

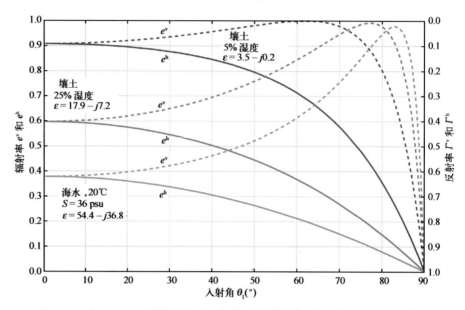

图 6.18　在 10 GHz 水平极化和垂直极化下计算的镜面表面的反射率和辐射率

6.7.3　粗糙表面的辐射

p 极化平面波射向一个均一介质的光滑表面上时发生如图 6.19(a) 的镜面反射。反射功率和入射功率以及镜面反射率的关系见式 (6.88)。考虑如图 6.19(b) 所示的表面，叠加在光滑表面上的是很低高度的不规则面。若这部分高度是大于或等于波长 λ，入射波将在表面向各个方向发生散射。部分散射方向为镜面方向，且与平面表面反射保持相位相干性，而其余部分为漫散射，是相位不相干的。部分漫散射和入射波的极化方式一样，而其余部分和原极化方式正交。类似地，如图 6.19(c) 所示，从下方介质入射到表面的自辐射功率将以不同方向传输穿过边界。因此，介质 (俯视) 的辐射亮温 $T_B^p(\theta_1)$ (如从上面看到的) 是以许多不同方向 [图 6.19(d)] 和两种极化方式从表面下方入射的辐射贡献组成。

基尔霍夫辐射定律指出，在热力学平衡条件下，两相邻介质的净能量交换为零，那么沿 (θ, ϕ) 方向角介质 2 (进入介质 1) 的 p 极化辐射率 $e^p(\theta, \phi)$ 与从同一方向入射介质 2 (来源于介质 1) 的 p 极化吸收率 $a^p(\theta, \phi)$ 相等：

$$e^p(\theta, \phi) = a^p(\theta, \phi) \qquad (6.97)$$

同样可以推论得到上式对于介质 1 到介质 2 的辐射关系。

对于介质 2 上入射到介质 1 的波，被介质 2 所吸收的功率等于入射功率减去被表面边界散射的功率。如图 6.20 所示，考虑电场为 E_h^i 的水平极化波以 (θ_i, ϕ_i) 角入射到面积为 A 的表面上的情况。一般而言，目标面积将入射波向上半球的每个方向 (θ_s, ϕ_s)

散射，功率有一部分为水平极化，另一部分为垂直极化。入射波的辐射功率密度为

$$S_h^i = \frac{1}{2\eta_1}\mid E_h^i \mid^2 \tag{6.98}$$

式中，η_1 为介质 1 的本征阻抗。相应的被面积 A 所俘获的入射功率为

$$P_h^i = S_h^i A \cos\theta = \frac{1}{2\eta_1}\mid E_h^i \mid^2 A \cos\theta_i \tag{6.99}$$

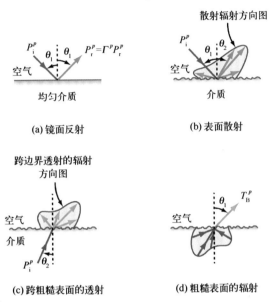

(a) 镜面反射　　　　(b) 表面散射

(c) 跨粗糙表面的透射　　　(d) 粗糙表面的辐射

图 6.19　镜面表面和粗糙表面的散射及辐射

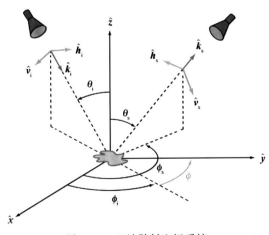

图 6.20　双站散射坐标系统

在 (θ_s, ϕ_s) 方向散射的波的电场由垂直极化部分 E_v^s 和水平极化部分 E_h^s 组成。相应的波的功率密度为

$$\mathcal{S}^{s} = \mathcal{S}_{h}^{s} + \mathcal{S}_{v}^{s} = \frac{1}{2\eta_{1}} \left[\mid E_{h}^{s} \mid^{2} + \mid E_{v}^{s} \mid^{2} \right] \qquad (6.100)$$

在 5.3.1 节中，来自散射表面距离为 R_{r} 的 E_{h}^{s} 和 E_{v}^{s} 与入射电场 E_{h}^{i} 的关系为

$$E_{h}^{s} = \left(\frac{e^{-jkR_{r}}}{R_{r}} \right) \widetilde{S}_{hh} E_{h}^{i} \qquad (6.101a)$$

$$E_{v}^{s} = \left(\frac{e^{-jkR_{r}}}{R_{r}} \right) \widetilde{S}_{vh} E_{h}^{i} \qquad (6.101b)$$

式中，$\widetilde{S}_{hh}$ 和 $\widetilde{S}_{vh}$ 为前向散射基准坐标表面的 hh 和 vh 散射振幅。将式(6.101)代入式(6.100)，可得

$$\mathcal{S}^{s} = \frac{1}{2\eta_{1}R_{r}} \left[\mid \widetilde{S}_{hh} \mid^{2} + \mid \widetilde{S}_{vh} \mid^{2} \right] \mid E_{h}^{i} \mid^{2} = \frac{A}{8\pi\eta_{1}R_{r}^{2}} \left[\sigma_{hh}^{0} + \sigma_{vh}^{0} \right] \mid E_{h}^{i} \mid^{2} \qquad (6.102)$$

式中，基于 $\sigma_{pq} = 4\pi \mid \widetilde{S}_{pq} \mid^{2}$ 和 $\sigma_{pq}^{0} = \sigma_{pq}/A$。在距离 R_{r} 范围内，被表面散射至上半球的总功率为

$$\begin{aligned} P^{s} &= \iint_{\text{上半球}} \mathcal{S}^{s} R_{r}^{2} d\Omega_{s} = \frac{A}{8\pi\eta_{1}R_{r}^{2}} \int_{\phi_{s}=0}^{2\pi} \int_{\theta_{s}=0}^{\pi/2} (\sigma_{hh}^{0} + \sigma_{vh}^{0}) \mid E_{h}^{i} \mid^{2} R_{r}^{2} d\Omega_{s} \\ &= \frac{P_{i}}{4\pi \cos\theta_{i}} \int_{\phi_{s}=0}^{2\pi} \int_{\theta_{s}=0}^{\pi/2} \left[\sigma_{hh}^{0}(\theta_{i}, \phi_{i}; \theta_{s}, \phi_{s}) + \sigma_{vh}^{0}(\theta_{i}, \phi_{i}; \theta_{s}, \phi_{s}) \right] \sin\theta_{s} d\theta_{s} d\phi_{s} \end{aligned}$$

$$(6.103)$$

式中，基于 $d\Omega_{s} = \sin\theta_{s} d\theta_{s} d\phi_{s}$ 和式(6.99)给出的 P_{i} 的表达式。表面的水平极化辐射率和水平极化吸收率相等，那么也就等于 1 减去被表面散射的功率比例，即

$$\begin{aligned} e^{h}(\theta_{i}, \phi_{i}) = 1 &- \frac{1}{4\pi \cos\theta_{i}} \\ &\times \int_{\phi_{s}=0}^{2\pi} \int_{\theta_{s}=0}^{\pi/2} \left[\sigma_{hh}^{0}(\theta_{i}, \phi_{i}; \theta_{s}, \phi_{s}) + \sigma_{vh}^{0}(\theta_{i}, \phi_{i}; \theta_{s}, \phi_{s}) \right] \cdot \sin\theta_{s} d\theta_{s} d\phi_{s} \end{aligned}$$

$$(6.104)$$

如 5.10.5 节中所讨论的，同极化双站散射系数由仅存在与镜面方向的相干部分和任意方向均存在的非相干部分组成。利用式(5.115)和式(5.116)替换式(6.104)中的 σ_{hh}^{0}，得到

$$\begin{aligned} e^{h}(\theta_{i}, \phi_{i}) = 1 &- \Gamma^{h}(\theta_{i}) e^{-4\psi^{2}} - \frac{1}{4\pi \cos\theta_{i}} \\ &\times \int_{\phi_{s}=0}^{2\pi} \int_{\theta_{s}=0}^{\pi/2} \left[\sigma_{hh_{inc}}^{0}(\theta_{i}, \phi_{i}; \theta_{s}, \phi_{s}) + \sigma_{vh}^{0}(\theta_{i}, \phi_{i}; \theta_{s}, \phi_{s}) \right] d\Omega_{s} \end{aligned}$$

$$(6.105)$$

式中，$\psi = ks \cos\theta_{i}$，s 为表面均方根高度；$\Gamma^{h}(\theta_{i})$ 为表面的水平极化镜面反射率，其中隐含在式(6.105)中积分号里的双站散射系数仅包括被表面散射的非相干部分。垂直极

化辐射率$e^v(\theta_i, \phi_i)$可由式(6.104)和式(6.105)中的 h 和 v 交换得到。

式(6.105)给出了辐射计观测的辐射率和雷达观测的双站散射系数之间的关系。其中，对于特殊表面的情况，需要建立表面的双站散射系数与其介电特性、粗糙度的关系，这部分内容将在第 10 章讨论。

式(6.105)可以将 p 极化表面散射亮温 $T_{SS}^p(\theta, \phi)$ 与非极化的、来自任意方向 (θ_s, ϕ_s) 的大气下行亮温 $T_{DN}(\theta_s, \phi_s)$ 联系起来：

$$T_{SS}^p(\theta_i, \phi_i) = \Gamma^p(\theta_i) T_{DN}(\theta_i) e^{-4\psi^2} + \frac{1}{4\pi\cos\theta_i}$$

$$\times \int_{\theta_s=0}^{\pi/2} \int_{\phi_s=0}^{2\pi} \left[\sigma_{pp}^0(\theta_i,\phi_i; \theta_s,\phi_s) + \sigma_{pq}^0(\theta_i,\phi_i; \theta_s,\phi_s) \right] \cdot T_{DN}(\theta_s,\phi_s) \mathrm{d}\Omega_s$$

$$(p, q\ 为水平极化或垂直极化) \tag{6.106}$$

6.7.4　极端表面条件

镜面表面

被完全平坦的表面散射的能量仅由镜面反射的相干分量构成。因此，不相干的部分$\sigma_{pp\mathrm{inc}}^0$为零，均方根高度 s 也为零。因此，式(6.105)和式(6.106)被简化为

$$e^h(\theta_i, \phi_i) = 1 - \Gamma^h(\theta_i) \qquad (镜面表面) \tag{6.107a}$$

且

$$T_{SS}^h(\theta_i, \phi_i) = \Gamma^h(\theta_i) T_{DN}(\theta_i) \tag{6.107b}$$

类似的表达式也可以应用于垂直极化。自然地，式(6.107a)再次证实了式(6.96)。

朗伯面

完全粗糙的表面又称为朗伯面，均一地(每单位投影面积)向所有方向散射能量。相干部分为零，$(\sigma_{hh\mathrm{inc}}^0 + \sigma_{vh}^0)$ 的角度变化仅取决于乘积 $\cos\theta_i \cos\theta_s$：

$$\sigma_{hh}^0(\theta_i, \phi_i; \theta_s, \phi_s) + \sigma_{vh}^0(\theta_i, \phi_i; \theta_s, \phi_s) = \sigma_0^0 \cos\theta_i \cos\theta_s \tag{6.108}$$

式中，σ_0^0 为常数，与散射表面的介电特性有关。相应的辐射率为

$$e^h(\theta_i, \phi_i) = 1 - \frac{1}{4\pi\cos\theta_i} \times \int_0^{2\pi} \int_0^{\pi/2} \sigma_0^0 \cos\theta_i \cos\theta_s \sin\theta_s \mathrm{d}\theta_s \mathrm{d}\phi_s$$

于是

$$e^h(\theta_i, \phi_i) = 1 - \frac{\sigma_0^0}{4} \qquad (朗伯面) \tag{6.109}$$

上式与极化方式和角度无关。图 6.21 比较了镜面和朗伯面的辐射率情况。大部分实际表面介于这两种极端表面之间。

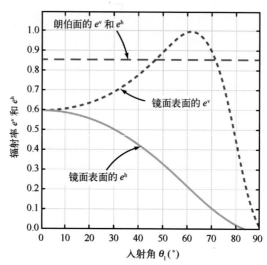

图 6.21　镜面表面与完全粗糙表面(朗伯面)的极化辐射率比较

6.7.5　两层复合介质的辐射率

如图 6.22 中的两层复合介质，俯视辐射计与垂直轴的夹角为 θ_1。介质 1 为空气，介电常数为 ε_0，介质 2 和介质 3 的有损介电常数为 ε_{c_2} 和 ε_{c_3}，$z=0$ 和 $z=-d$ 的两个界面均为平面，且所有的介质的物理温度都为 T_0。因为所有介质都有相同的物理温度，所以可以使用辐射率这一概念，两层复合介质的亮温可以表示为

$$T_B^p(\theta_1) = e^p(\theta_1) T_0 \qquad (p \text{ 为水平极化或垂直极化}) \tag{6.110}$$

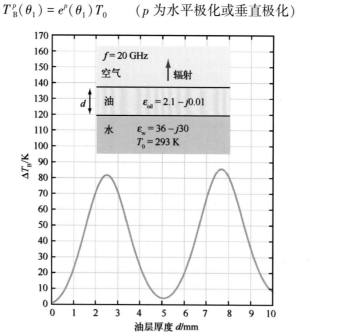

图 6.22　20 GHz 时天底点($\theta_1 = 0°$)亮温随油层厚度增加而变化的情况

鉴于三个介质都处于热力平衡状态(同一物理温度)，根据基尔霍夫辐射定律，它们之间交换的净辐射能量为零。在介质 1 中，向下发射的 p 极化能量(以 θ 角)一部分被镜面反射，余下的部分则穿过界面 $z = 0$ 到两层介质中。反射部分正比于 p 极化反射率 $\Gamma^p(\theta_1)$，余下部分正比于 $\mathbb{T}^p(\theta_1) = 1 - \Gamma^p(\theta_1)$。基尔霍夫辐射定律要求两层介质中，辐射到介质 1 的能量值等于从介质 1 接收的能量。因此，两层复合介质的辐射率为[†]

$$e^p(\theta_1) = 1 - \Gamma^p(\theta_1) = 1 - |\rho^p(\theta_1)|^2 = 1 - \left| \frac{\rho_{12} + \rho_{23} e^{-2\gamma_2 d \cos\theta_2}}{1 + \rho_{12}\rho_{23} e^{-2\gamma_2 d \cos\theta_2}} \right|^2 \tag{6.111}$$

式中，$\rho^p(\theta_1)$ 为两层复合介质的反射系数，由式(2.138)给出，ρ_{12} 和 ρ_{23} 分别由式(2.139)和式(2.140)给出，既适用于水平极化又适用于垂直极化。另外相关的表达式在 2.10.1 节中给出。

为表明式(6.111)的实用性，考虑一个厚度为 d 的油层覆盖在海洋表面。20 GHz 天底点视向(俯视且 $\theta_1 = 0°$)辐射计用于测量油层(油船倾倒)的范围和厚度。在 20 GHz、物理温度 $T_0 = 293$ K($20℃$)时，海洋的介电常数为 $\varepsilon_w = (36 - j30)\varepsilon_0$，油的介电常数为 $\varepsilon_{oil} = (2.1 - j0.01)\varepsilon_0$。图 6.22 给出了亮温随油层厚度的变化：

$$\Delta T_B = (e_{oil} - e_w) T_0 \tag{6.112}$$

式中，e_{oil} 为 $\theta_1 = 0°$ 时两层复合介质的辐射率，由式(6.111)计算得到；e_w 为没有油层覆盖时海洋表面的辐射率。当 d 从 0 增加到 2.5 mm，ΔT_B 大约增加了 80 K；当 d 继续增加到 5 mm，ΔT_B 减小了相同的值。图像曲线的斜率很陡说明 ΔT_B 对于厚度 d 很敏感，但整条曲线表现出模糊的问题(不同的厚度出现相同的 ΔT_B)。但这一模糊问题可以通过使用双频辐射计来解决，这将在 18.5 节中讨论。

热辐射基本是相位不相干的，意味着两个电磁波的相位在给定时刻、相邻的微分体积处是没有特定联系的。两个相位角的差别在 $0 \sim 2\pi$ 之间均匀随机分布(即所有的值被取到的概率是相等的)。然而两层(或更多层)的辐射部分可能出现相位相干信号。例如图 6.22 中 ΔT_B 随着 d 呈周期变化，这是油层中的多次散射的相加和相消干涉作用的结果。此外，相位相干是推导出式(6.111)的不可缺少的条件，且式(6.111)被用于计算图 6.22 所示的曲线。对于这种矛盾的一种可能的解释是在水层的辐射确实是不相干的，但一旦它传输进入油层，在油的上下两层介质中发生数次的反射，导致一些特殊相位产生了相互关系。本质上，中层介质迫使下层的非相干辐射变为相干。类似地，在中层介质中的每个微小体积内的辐射均是相干的，这是在这一层中发生的多次散射所造成的。

---

† 计算机代码 6.2。

6.8　俯视卫星辐射计

图 6.23 中给出了一个在大气之上环绕地球的辐射计，其天线指向地面的一块面积为 A 的小区域。应用合适的定标和校正算法，被辐射计测得的天线温度 T_A 可以被转化为高精度的 T_B^p（卫星）估测值，p 极化亮温代表了入射到卫星辐射计天线的能量。亮温 T_B^p（卫星）与地面小区域发射的亮温 T_{SE}^p 的关系为

$$T_B^p(\text{卫星}) = Y_a(T_{SE}^p + T_{SS}^p) + T_{UP} \tag{6.113}$$

式中，Y_a 为式(6.70)定义的大气的单向透射率；T_{SS}^p 为由式(6.106)定义的大气下行辐射亮温 T_{DN} 的 p 极化向上反射表面散射的部分；T_{UP} 为大气上行辐射亮温。为了精确估计 T_{SE}^p（从而建立它与地面小区域的生物物理特性的关系），很有必要计算出 Y_a、T_{SS}^p 和 T_{UP}。一般求解过程基于对大气情况和地表覆盖类型情况的了解。在第 8 章和第 9 章中，选择特定的辐射计工作波段以获取大气温度、压力和水汽密度随高度变化的曲线，当有云存在时，对其属性也可以进行测量。对上述大气参数的了解被用于计算 Y_a、T_{SS}^p 和 T_{UP} 的模型中。在频率 1~10 GHz 时，$Y_a \approx 1$，且 T_{SS}^p 和 T_{UP} 都很小，所以将 T_B^p（卫星）转化为 T_{SE}^p 是很简单的过程。

由式(6.113)给出的表达式也能应用于机载俯视辐射计，但在这种情况下，Y_a 和 T_{UP} 仅仅与地面到机载辐射计之间的大气层有关。

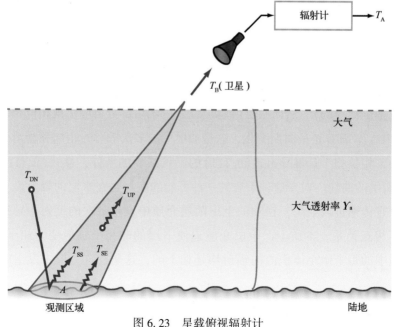

图 6.23　星载俯视辐射计

6.9　极化辐射计

辐射计的两个极化部分一般可分别用于测量热辐射源信息。例如，在合适的频率同时测量海面的水平极化和垂直极化亮温可以被用于测量物理温度和由风引起的表面粗糙度。p 极化亮温为

$$T_B^p = K\langle |E_p|^2 \rangle \tag{6.114}$$

式中，E_p 为向辐射计天线入射的 p 极化电场；$K = \lambda_0^2/(k\eta_0 B)$ 为一个比例因子，将单位 $(V/m)^2$ 转化为 K；λ_0 为波长；B 为辐射计的带宽；k 为玻尔兹曼常数；η_0 为真空本征阻抗。

传统的双线性极化辐射计测量亮温的垂直极化（$p=v$）和水平极化（$p=h$）部分。全极化辐射计可以测量 T_B^v 和 T_B^h 以及亮温的第三和第四斯托克斯常数（T_B^3 和 T_B^4），为了不与垂直极化混淆，不再使用在 5.3.3 节中的标号 U 和 V。相干和非相干检测都可以用于第三和第四斯托克斯常数的测量。相干检测意味着直接表现为电场的垂直极化和水平极化之间的交叉相关，$\langle E_v E_h^* \rangle$ 描述了这一过程，其中星号表示复共轭。

$\langle E_v E_v^* \rangle$ 和 $\langle E_h E_h^* \rangle$ 为实数值，$\langle E_v E_h^* \rangle$ 一般为复数值。因此，引入亮温部分 T_B^3 和 T_B^4，定义如下：

$$T_B^3 = 2K\,\mathrm{Re}\langle E_v E_h^* \rangle \tag{6.115a}$$

$$T_B^4 = 2K\,\mathrm{Im}\langle E_v E_h^* \rangle \tag{6.115b}$$

这两个部分加上传统部分，可以得到极化亮温矢量

$$\boldsymbol{T}_B = \begin{bmatrix} T_B^v \\ T_B^h \\ T_B^3 \\ T_B^4 \end{bmatrix} = K \begin{bmatrix} \langle E_v E_v^* \rangle \\ \langle E_h E_h^* \rangle \\ 2\,\mathrm{Re}\langle E_v E_h^* \rangle \\ 2\,\mathrm{Im}\langle E_v E_h^* \rangle \end{bmatrix} \tag{6.116}$$

对于 T_B^3 和 T_B^4 非相干检测取决于以下各类亮温不同极化分量的关系：

$$T_B^3 = T_B^P - T_B^M \tag{6.117a}$$

$$T_B^4 = T_B^L - T_B^R \tag{6.117b}$$

式中，T_B^P、T_B^M、T_B^L 和 T_B^R 对应在 $p=$P（+45°线性极化）、M（−45°线性极化），L（左旋圆极化）和 R（右旋圆极化）亮温部分。在 7.14 节中将讨论相干和非相干检测的硬件实现方法。

6.10　斯托克斯参数和周期结构

传统水平和垂直极化微波辐射计测量海面风速仅仅利用了线性极化亮温，Wilheit 等（1980）、Goodberlet 等（1989）已经对此给出了一套完备的技术。在早前的研究中指出，海表面微波辐射的方位各向异性由风向所引起（Bespalova et al.，1982；Etkin et al.，1911；Wentz，1992）。研究结果表示，微波辐射亮温对于风向和风速都是敏感的。然而，传统的垂直和水平极化观测结果无法准确地给出一个确定的风向，这是由于方位模糊导致。因此，风速反演结果存在方向引起的误差。确定风向的额外信息需要辐射的第三和第四斯托克斯参数（例如 Yueh et al.，1995；Gasiewski et al.，1996；Skou et al.，1998）。表面的周期性和各向异性以及辐射率将引起与表面热辐射有关的不相干的垂直极化和水平极化电场之间的偏相关。分析表面散射模型能预测一些观测到的由于风引起的粗糙海表面极化辐射特征的变化情况（Yueh，1997；Zhang et al.，2001；Johnson et al.，2002）。然而，这些模型仍然只是近似模型，其中的不确定性是他们对于海表面粗糙度谱以及泡沫和白冠的非各向同性分布的处理导致的。因此，基于极化辐射计观测大范围的海面风向和风速的经验地球物理模型，结合近表面风矢量现场观测，经常被用于业务化风矢量反演算法的前向模型。这一方法首次被应用于全极化微波辐射计 WindSat（Gaiser et al.，2004），这将在第 18 章详细论述。

对部分来自北极和南极的冰盖的极化热辐射也有相关观测。Li 等（2008）研究指出，T_B^3 和 T_B^4 与时间和方位角有很强的依赖关系，表明了雪脊（类似于波脊）季节性增长和衰减与干雪地区和湿雪融化地区的联系。地下雪粒大小的周期性变化表明了地下冰层具有独特的、周期性的空间分布特征。正是这种地下分布特征引起了线性极化辐射的各部分之间的相互作用，足以产生不为零的 T_B^3 和 T_B^4。

习　题

6.1　假想一个温度为 300 K 的黑体被 10 GHz 的辐射计观测到，利用普朗克定律和瑞利–金斯近似计算的谱亮度强度的偏差是多少？

6.2　在地球上，对着太阳的平面角为 0.5°，波长为 1 cm 的指向太阳的天线观测到的温度为 1 174 K。天线有效面积为 0.4 m²，物理温度为 300 K，波束效率为 1.0，辐射效率为 0.8。

（a）若雷达天线无损，观测到的天线温度为多少？

（b）考虑对着太阳的相对立体角和天线立体角，求太阳的亮温。

6.3　某辐射计被用于观测亮温范围为 100～300 K 的地面，天线辐射效率为 0.9，

物理温度为 T_0，是已知量。旁瓣亮温未知，但范围是 100～200 K。相应的未知量 T_{SL}，当地面亮温的误差百分率为：(a)3%；(b)1%时，最小波束效率为多少？

6.4　水云的吸收系数有如下近似表达式

$$\kappa_a \approx 2.4 \times 10^{-4} f^2 m_v \qquad (\text{Np/km})$$

式中，f 的单位为 GHz；m_v 为水含量，单位为 g/m^3。仰视指向天顶的辐射计观测到了一块厚度 2 km 的云，它具有均匀的物理温度(275 K)，水含量为 15 g/m^3，计算并绘制云的亮温在频率 1～30 GHz 范围内的变化情况(将云视为无散射介质)。

6.5　重复问题 6.4，其中辐射计换成位于云层上天底点视角的俯视辐射计，同时，云层下方被海洋所覆盖，其向上发射的辐射亮温为 150 K。

6.6　重复问题 6.5，其中 $\theta = 60°$，海洋的辐射亮温不变。

6.7　水云的垂直厚度为 2 km，温度廓线满足如下表达式：

$$T(z) = 300(1 - 4 \times 10^{-2} z) \qquad (\text{K})$$

式中，z 为从云底向上的高度。计算当 $\theta = 60°$ 时 T_{UP} 和 T_{DN} 的值，其中，(a)$\kappa_a = 10^{-4}$ Np/km；(b)$\kappa_a = 10^{-2}$ Np/km；(c)$\kappa_a = 1$ Np/km。

计算的 T_{UP} 和 T_{DN} 相等吗？如果不等，为什么？

6.8　在 Skylab 上搭载的传感器之一是一个天底点视向、波长为 21 cm 的辐射计，辐射计天线近似满足高斯辐射方向图

$$F(\theta) = \exp\left[-2.77 \left(\frac{\theta}{\beta} \right)^2 \right]$$

式中，半功率波束宽度 β 为 15°。Skylab 的其中一条天底点轨迹垂直于南卡罗来纳海岸，如图题 6.8 所示。假设陆地亮温 T_B 为 250 K，大西洋的亮温为 90 K，画出观测的天线亮温随时间变化的函数曲线，时间变化范围为 27.5～29.5 min。

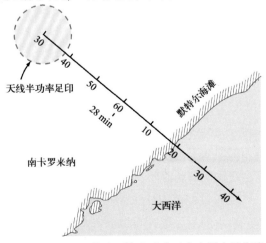

图题 6.8　Skylab 的地面轨迹垂直于南卡罗来纳海岸

可以假设①天线是无损的；②大气是无损的；③忽略旁瓣效应；④波束扫向陆地和洋面之间时，T_B 与入射角无关。Skylab 轨道位于海平面以上 435 km 处，对地速度为 7.65 km/s。提示：假设辐射方式是主瓣角度为 30°宽且无旁瓣，并且，当入射角很小时，利用近似关系 $\sin\theta\approx\theta$ 以及 $\cos\theta\approx1$。

6.9 计算并绘制出海表面 1.4 GHz 时水平极化和垂直极化的镜面辐射率随入射角的变化。假设 $T_0=300$ K，$S=32$ psu。建议：使用计算机代码 4.2 和计算机代码 6.1。

6.10 在频率为 1~30 GHz 时，计算并绘制出海表面水平极化和垂直极化的天底点辐射率随频率的变化。假设 $T_0=300$ K，$S=32$ psu。建议：使用计算机代码 4.2 和计算机代码 6.1。

6.11 计算 10 GHz 水平极化下两层复合介质的辐射率随入射角的变化，其中两层复合介质为水和覆盖其上的冰层，水的介电常数 $\varepsilon_w=55-j30$，冰层厚度 $d=1$ cm，冰的介电常数 $\varepsilon_{ice}=3.2-j0.1$。假设两层介质的温度相同。

6.12 计算 10 GHz 下两层复合介质的辐射率，其中两层复合介质为水和覆盖其上的冰层，水的介电常数 $\varepsilon_w=55-j30$，冰层厚度为 d，冰的介电常数 $\varepsilon_{ice}=3.2-j0.1$，并绘制辐射率随冰层厚度 d 的变化情况，d 的变化范围为 0~2 cm。

6.13 通用的海表面极化热辐射随方位角变化的模型为

$$T_B^v=a_0+a_1\cos\theta+a_2\cos2\theta \tag{6.118a}$$

$$T_B^h=b_0+b_1\cos\theta+b_2\cos2\theta \tag{6.118b}$$

$$T_B^3=c_1\sin\theta+c_2\sin2\theta \tag{6.118c}$$

$$T_B^4=d_2\sin2\theta \tag{6.118d}$$

式中，θ 为辐射计天线的指向与风向的夹角。

当频率为 19.35 GHz、入射角为 50°、风速为 12 m/s 时，模型的参数如下：$a_0=172$ K，$a_1=1.5$ K，$a_2=0.95$ K，$b_0=113$ K，$b_1=0.5$ K，$b_2=-1.0$ K，$c_1=-1.25$ K，$c_2=-1.7$ K，$d_2=0.5$ K。

(a)如果仅通过测量 T_B^v 和 T_B^h，对于任意的 θ，能够反演出唯一的风向解吗？

(b)现在假设已经测得了全极化辐射计的 4 个斯托克斯参数：T_B^v，T_B^h，T_B^3 和 T_B^4。如果测量结果是绝对正确的，即如果该结果是由先前的式(6.118)给出的模型计算得到，所以定标方法是理想的且不存在任何噪声，那么对于任意的风向 θ 都将有一套相匹配的结果。然而，完全正确的测量是不可能的。找出至少间隔30°，且测量之间差异最小的一对相对风向。可以通过数值方法求解。定义差值为 4 个斯托克斯参数在两个角度之间的均方根差值，最小的均方根差为多少？实际上，应当使得结果的 ΔT 远小于这个值。

　　（c）实际上，通常在单方位角的前提下测量结果，且由于噪声的存在，可以接受一定程度的不确定性。假设风向反演算法模型包含了由式（6.118）给出的对 T_B 和 θ 敏感的模型。现在的目标是确定风向随亮温小扰动的敏感程度。当 T_B 的 4 个极化量存在标准差为 ΔT 的高斯噪声扰动时，推导一个描述反演值 θ 的标准差的近似表达式。当 $\Delta T = 0.3$ K，绘制出反演值的标准差。当 θ 等于多少时反演值分别对噪声扰动最敏感和最不敏感？

第 7 章
微波辐射系统

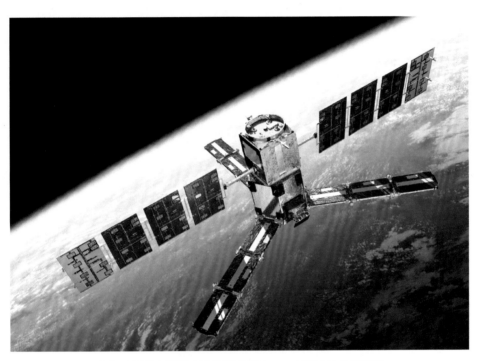

在轨运行的土壤湿度和海洋盐度(SMOS)卫星的天线阵列

辐射计是一种测量物质媒介热电磁辐射的高灵敏度接收机。第 6 章运用辐射传输理论，将天线观测场景的电磁特性与天线传输到接收机的功率 P_A 联系起来，即 $P_A = kT_AB$。式中，k 为玻尔兹曼常数，$B = \Delta f$ 表示接收机的带宽，天线温度 T_A 包括入射到天线的辐射的强度(由天线方向图加权得出)以及天线结构自身辐射的能量。辐射计的功能是测量 T_A，即波动的类噪声信号的平均值。严格来讲，辐射计只能提供 T_A 的估算值。这包含两层意思：首先，辐射计传输方程将 T_A 与输出电压 V_{out} 联系起来；其次，可以估计 T_A 的精度。T_A 的测量精确度称作辐射灵敏度或辐射分辨率 ΔT。本章将探讨几种不同类型的辐射计的工作和性能特点以及几个相关的主题，包括定标技术、成像、极化系统和数字辐射计。

7.1　等效噪声温度

导体中的电子始终处于随机运动状态，其平均动能与导体温度 T 成正比。电子的随机运动使电流发生波动，进而产生电压变动。使用带宽为 B 的理想型矩形滤波器来测量电压为 $v(t)$、电阻为 R 的导体，其输出与图 7.1 类似。发射非相干能量的辐射源称作噪声源。因此，电压 $v(t)$ 称作电阻器的噪声电压；由于它与导体的温度有关，所以又称作热噪声。

▶ 尽管 $v(t)$ 的算术平均值为零，但其均方根值 v_{rms} 不等于零。◀

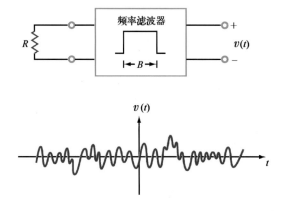

图 7.1　电阻器随机波动的噪声电压

1928 年，奈奎斯特(Nyquist)证明单位增益矩形滤波器输出的均方根值为

$$V_{rms}^2 = < v^2(t)\ > = 4RkTB \tag{7.1}$$

式中，k 为玻尔兹曼常数；T 为电阻器的物理温度；B 为滤波器带宽。

温度为 T 的噪声电阻器产生的平均噪声功率可以用一个等效电路来确定。如图 7.2 所示，等效电路由一个电压发生器 V_{rms} 和一个阻抗为 $\mathbf{Z} = R + jX$ 的电阻串联组成，其中 R 表示无噪声电阻，X 表示电抗。电抗 X 是电阻器自感和电阻器两端可能存在的电容共同作用的结果。负载 $\mathbf{Z}_L = R_L + jX_L$ 与等效电压发生器的阻抗匹配时（即 $\mathbf{Z}_L = \mathbf{Z}^* = R - jX$，或 $R = R_L$，$X = -X_L$），后者传输到负载 $\mathbf{Z}_L$ 的功率最大。匹配条件下，电阻 R_L 消耗的平均噪声功率为

$$P_n = I_{rms}^2 R = \left(\frac{V_{rms}}{2R} \right)^2 R = \frac{V_{rms}^2}{4R} = kTB \tag{7.2}$$

式（7.2）表述的功率–温度相关性在形式上等同于温度恒定（T）的腔体内无损天线的传输功率。这种相似性可扩展至任何天线，不论是无损天线还是有损天线，且不局限于温度恒定的腔体（图 7.3）。式（6.41）说明了天线平均传输功率和天线温度 T_A 的关系为 $P_A = kT_A B$（表示入射到天线的能量），由此得出物理温度为 T_A 的电阻器等效于天线温度为 T_A 的天线，两者传输到匹配负载的平均功率相等。天线与电阻器之间的等效性为微波辐射计定标提供了一种便捷的手段（见 7.11 节）。

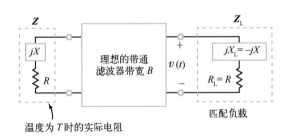

(a) 与匹配负载连接的有噪电阻

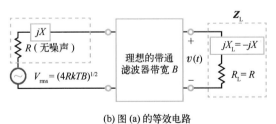

(b) 图 (a) 的等效电路

图 7.2　与匹配负载相连的噪声电阻器及其等效电路。传输至电阻 R_L 的平均功率为 $P_n = kTB$

尽管热噪声的产生是所有物体的一种普遍特性，但它并不是电子电路和电子设备唯一的随机噪声源，其他类型的噪声有量子噪声、散粒噪声和闪烁噪声。量子噪声与原子和分子的离散的能级有关，除非电磁频率极高或温度极低，否则与热噪声相比，

量子噪声微不足道。当瑞利−金斯近似条件成立时，量子噪声可忽略不计(见 6.2.3 节)。散粒噪声是由于电子设备(如二极管和晶体管)中电流的离散性引起的；闪烁噪声是由于阴极材料和半导体的表面不规则引起的。

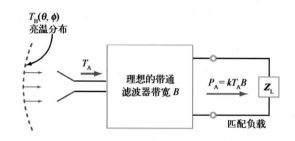

图 7.3　辐射计天线温度为 T_A 的天线传输到匹配负载的平均功率为 $P_A = kT_A B$

从式(7.2)看出，单位带宽的(时间)平均热噪声功率只与电阻器的物理温度有关，而与工作频率和电阻 R 无关。热噪声的这种特性可以扩展用来定义任意噪声源的等效输出噪声温度 T_E^o，从而忽略噪声产生的机制。若 P_n^o 表示非热噪声源在频带宽度 B 上输出的噪声功率，则等效输出噪声温度定义为

$$P_n^o = kT_E^o B \tag{7.3}$$

7.2　噪声特征

7.2.1　噪声图

线性双端口装置(或系统)的噪声系数 F 表示设备噪声引起的输入端口和输出端口之间信噪比的衰减程度。对于图 7.4(a)所示的装置：

$$F = \frac{P_s^i / P_n^i}{P_s^o / P_n^o} \tag{7.4}$$

式中，P_s^i 为输入信号功率；P_n^i 为输入噪声功率；类似地，P_s^o 和 P_n^o 分别为输出信号功率和输出噪声功率。噪声系数 F 是参照特定输入噪声功率定义的，即输入端口温度为 $T_0 = 290$ K(约等于室内温度)的匹配电阻器的输出功率，即

$$P_n^i = kT_0 B \tag{7.5}$$

如果在频带宽度 B 范围内装置的平均功率增益为 G，那么

$$P_s^o = GP_s^i \tag{7.6a}$$

$$P_n^o = GP_n^i + \Delta P_n^o \tag{7.6b}$$

式中，ΔP_n^o 表示装置自身产生的噪声功率。由此得出

$$F = \frac{P_s^i}{P_s^o} \cdot \frac{P_n^o}{P_n^i} = \frac{1}{G} \cdot \frac{GkT_0B + \Delta P_n^o}{kT_0B} = 1 + \frac{\Delta P_n^o}{GkT_0B} \tag{7.7}$$

> ▶ 任一系统的噪声系数始终大于等于 1，对于理想无噪声的系统，$\Delta P_n^o = 0$ 且 $F = 1$。◀

噪声系数 F 有时用分贝表示：

$$F[\text{dB}] = 10\ \log F \tag{7.8}$$

根据式 (7.7) 可得

$$\Delta P_n^o = (F - 1)GkT_0B \tag{7.9}$$

总输出噪声功率为

$$P_n^o = GP_n^i + \Delta P_n^o = GkT_0B + (F - 1)GkT_0B = FGkT_0B \tag{7.10}$$

装置自身在输出端处产生的噪声功率为 ΔP_n^o，因此它可以等效为这样一个无噪声装置：输入端口处有一输出功率等于 $\Delta P_n^o/G$ 的输入噪声源。这样经过增益 G 放大后产生的噪声功率为 ΔP_n^o。除此之外，输入噪声功率 $P_n^i = kT_0B$ 也经过增益 G 的放大。图 7.4(b) 展示了一等效电路，它由具有相同增益和带宽的无噪声装置和虚拟噪声源组成，后者表征装置自身产生的噪声，即

$$\Delta P_n^i = \Delta P_n^o/G = (F - 1)kT_0B \tag{7.11}$$

(a) 有噪装置

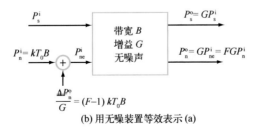

(b) 用无噪装置等效表示 (a)

图 7.4　有噪装置可以等效为某种无噪装置，只要后者输入端口的噪声随装置的
噪声系数增加而增大即可

▶ 将装置或系统替换为无噪声等效装置，并在输入端增加虚拟噪声源以表征装置或系统自身生成的噪声，这一过程被称为输入端噪声转介。◀

这种转介过程便于人们根据独立子系统的噪声系数来描述串联系统的整体性能(见7.3节)。

7.2.2 等效输入噪声温度

线性双端口装置(或系统)内部产生的噪声功率 ΔP_n^o 应与装置输入端的信号和噪声非相干。但是根据式(7.9)，ΔP_n^o 是一个关于输入噪声温度 T_0 的函数。这种与 T_0 之间的伪相关性是由噪声系数 F 的定义引起的，后者规定输入噪声功率 $P_n^i = kT_0B$。由于多数射频通信系统通常在290 K左右的室内温度下运行，所以选定 $T_0 = 290$ K来规范定义噪声系数，以免产生混淆。

等效输入噪声温度 T_E^i 是另一种刻画装置和系统噪声性能的方法。实际上，它是微波辐射计更倾向使用的一种方法，因为通常需要把辐射计接收机冷却至室内温度以下，以降低自身噪声的影响。由于 T_E^i 只与装置的参数有关，而与 P_n^o 无关，这种方法很受欢迎。

图7.5(a)中，有噪装置在输入端与温度维持在0 K的虚拟电阻器 R 相连，在输出端与匹配负载阻抗 $\mathbf{Z}_L$ 相连。虚拟电阻器在绝对零度下不产生辐射，所以传递到匹配负载的输出噪声都是装置自身生成的噪声，即 ΔP_n^o。图7.5(b)将装置替换为等效无噪声装置，电阻器温度设为 T_E^i，从而增益为 G 的等效无噪声装置产生与图7.5(a)相同的噪声输出功率 ΔP_n^o，即

$$\Delta P_n^o = GkT_E^i B \tag{7.12}$$

▶ 从这里开始，忽略 T_E^i 的上标把符号 T_E^i 简化为 T_E；$T_E = T_E^i$ 表示装置输入端的噪声温度。◀

如果装置输入端的实际噪声功率 P_n^i 用等效噪声温度 T_I 表示，即 $T_I = P_n^i/kB$，那么等效无噪声装置[图7.5(c)]总的输入噪声温度为 $(T_I + T_E)$，输出端对应的噪声功率为

$$P_n^o = Gk(T_I + T_E)B \tag{7.13}$$

联立式(7.9)和式(7.12)，可得噪声温度 T_E 与噪声系数 F 的关系式：

$$T_E = (F - 1)T_0 \tag{7.14}$$

虽然 T_E 看似与 T_0 有关，但根据式(7.9)[$\Delta P_n^o = (F-1)GkT_0B$]，可知 T_E 实际上与 T_0 无关。虽然 F 和 T_E 两个量表示装置或系统的同一特性，但 F 更多地用于描述传统

接收机的噪声性能，而 T_E 更适用于低噪声装置和系统，特别是在冷却温度下运行的情况。

(a) 输入端与温度维持在 0 K 的虚拟电阻器相连接的有噪装置

(b) 输入端与温度维持在 T_E 的电阻器相连接的等效无噪装置

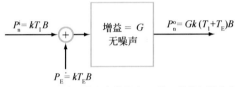

(c) 设备产生的噪声等效为 (b) 输入端的加性噪声 P_E

图 7.5　等效输入噪声温度 T_E 的定义和表示方法

7.2.3　串联系统的噪声温度

本节将独立装置噪声温度的概念扩展至由 N 个子系统串联构成的完整系统中。首先考虑两个子系统串联的情况，子系统的带宽相同，但噪声温度和功率增益不同，如图 7.6(a) 所示。根据等效输入噪声温度的定义，每个子系统都可以替换成输入端带有噪声源的无噪声等效子系统，如图 7.6(b) 所示。子系统 1 的噪声温度为 T_{E_1}（特指输入端），则噪声发生器的功率为

$$P_{E_1} = kT_{E_1}B \tag{7.15a}$$

同理，对于子系统 2：

$$P_{E_2} = kT_{E_2}B \tag{7.15b}$$

图 7.6(b) 两个子系统串联的输出端的总噪声功率为

$$P_n^o = G_1 G_2 P_n^i + G_1 G_2 P_{E_1} + G_2 P_{E_2} = k G_1 G_2 \left(T_I + T_{E_1} + \frac{T_{E_2}}{G_1} \right) B \tag{7.16}$$

式中，T_I 为系统输入端的（实际）噪声温度。

其次，把两个串联的无噪声子系统替换成增益为 G_1G_2、输入噪声温度为 T_E 等效单一的无噪声系统，串联子系统和等效单一系统的 P_n^o 相同。比较图 7.6(b) 和 (c) 的 P_n^o 表达式，得到

$$T_E = T_{E_1} + \frac{T_{E_2}}{G_1} \tag{7.17}$$

进一步扩展可得，由 N 个子系统串联构成的系统的噪声温度为

$$T_E = T_{E_1} + \frac{T_{E_2}}{G_1} + \frac{T_{E_2}}{G_1 G_2} + \cdots + \frac{T_{E_N}}{G_1 G_2 \cdots G_{N-1}} \tag{7.18}$$

式中，T_{E_1} 为第一个子系统(位于整个系统的输入端)的输入噪声温度；T_{E_2} 为第二个子系统的输入噪声温度；依此类推，T_{E_N} 为最后一个子系统的输入噪声温度。

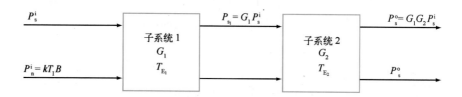

(a) 两个有噪声子系统串联

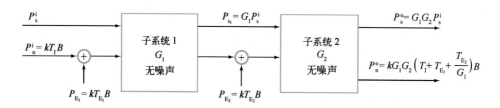

(b) 与 (a) 等效的无噪声子系统

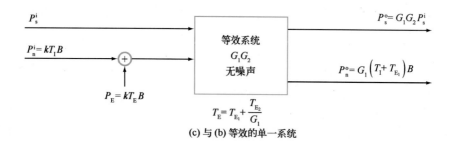

(c) 与 (b) 等效的单一系统

图 7.6　串联双子系统的有效输入噪声温度

7.2.4　有损双端口装置的噪声温度

辐射效率 $\xi<1$ 的天线可以看作有损双端口装置，它包含一个输入端口和一个输出端口。实际上，由于天线吸收部分传输的能量，所以天线是有损的，即辐射效率小于 1。连接天线与射频放大器的传输线也是有损双端口装置。从辐射传输的角度看，地球大气层也是有损装置。依据热力学平衡定律，如果有损装置吸收（其他辐射源辐射的）电磁能量，它也要辐射等量的能量。

图 7.7 所示的双端口装置，其环境（物理）温度为 T_p，两端均与温度维持在 T_p 的匹配负载相连。因此，整个系统的温度为 T_p。该装置的损耗因数为 L，定义为功率增益的倒数：

$$L = \frac{1}{G} = \frac{P^\mathrm{i}}{P^\mathrm{o}} \tag{7.19}$$

式中，P^i 和 P^o 分别是输入功率和输出功率。对于互易双端口装置，能量的传输方向可以是从任意端口到另一端口，因此式（7.19）给出的定义适用于任意用作输入的端口（另一端则用作输出）。

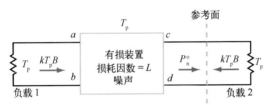

图 7.7　在损耗因数为 L 和物理温度为 T_p 的有损装置中产生的噪声

由于整个系统处于热力学平衡状态（所有元件的物理温度均为 T_p），流入负载 2（图 7.7 中从左穿过参考面）的噪声功率流应等同于从负载 2 流出（从右穿过参考面）的功率流。前者写作 P_n^o，后者等于 $kT_\mathrm{p}B$，因此

$$P_\mathrm{n}^\mathrm{o} = kT_\mathrm{p}B \tag{7.20}$$

端口 $(c,\ d)$ 处的噪声功率 P_n^o 由负载 1 产生的噪声功率 $kT_\mathrm{p}B$ 和装置内部产生的噪声功率 $\Delta P_\mathrm{n}^\mathrm{o}$ 组成，其中负载 1 产生的噪声功率穿过装置时衰减为原来的 $1/L$，即

$$P_\mathrm{n}^\mathrm{o} = \frac{1}{L}kT_\mathrm{p}B + \Delta P_\mathrm{n}^\mathrm{o} \tag{7.21}$$

将式（7.20）和式（7.21）联立，得到

$$\Delta P_\mathrm{n}^\mathrm{o} = \left(1 - \frac{1}{L}\right)kT_\mathrm{p}B \tag{7.22}$$

这是装置在输出端产生的噪声功率，与噪声温度 T_E^o（指同一输出端）成正比，即

$$T_\mathrm{E}^\mathrm{o} = \frac{\Delta P_\mathrm{n}^\mathrm{o}}{kB} = \left(1 - \frac{1}{L}\right)T_\mathrm{p} \tag{7.23}$$

可以定义输入端的等效噪声温度为 $T_E = T_E^i$，即

$$T_E = T_E^i = LT_E^o = (L-1)T_p \tag{7.24}$$

对于天线而言，其辐射效率 ξ 表示辐射到空间的功率和发射机输出的功率之比，或者表示传输到接收机的功率和天线孔径接收的功率之比。这两种情况下，ξ 均表示输出功率和输入功率之比，它是式(7.19)定义的损耗因数 L 的倒数，即

$$\xi = \frac{1}{L} \qquad （天线） \tag{7.25}$$

另外，自发辐射产生的噪声功率为

$$\Delta P_n^o = \left(1 - \frac{1}{L}\right)kT_pB = (1-\xi)kT_pB \tag{7.26}$$

天线将噪声功率 ΔP_n^o 同时辐射到自由空间和接收机中。

为了厘清 T_E^o 与 L 的关系，图 7.8 中展示了 T_E^o 关于 L 的函数关系图，其中 L 用分贝表示。图 7.9 表示天线通过一损耗因数为 L 的传输线与低噪声接收机相连接，后者的等效输入噪声温度为 T_{REC}。传输线和接收机组合的整体噪声性能可以用天线端对应的等效输入噪声温度 T'_{REC} 表示，从而可以把传输线和接收机看作是无噪系统。对于两级系统，

$$T'_{REC} = T_{E_1} + \frac{T_{E_2}}{G_1} \tag{7.27}$$

式中，T_{E_1} 为传输线的输入噪声温度，见式(7.24)；$T_{E_2} = T_{REC}$，且 $G_1 = 1/L$。因此

$$T'_{REC} = (L-1)T_p + LT_{REC} \tag{7.28}$$

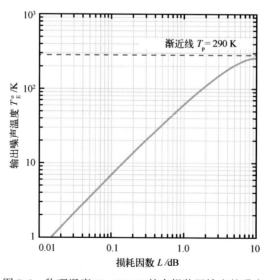

图 7.8　物理温度 $T_p = 290$ K 的有损装置输出的噪声

若低噪声接收机的 $T_{REC} = 50$ K，$T_p = 290$ K，$L = 1.12 (= 0.5$ dB$)$，那么 $T'_{REC} = 90.8$ K。所以，即使损耗因数低至 0.5 dB，也能使整个接收机系统的噪声性能降低大约 50%（相对于与天线直接相连的接收机而言）。如果是典型噪声温度 $T_{REC} = 1\,000$ K 的传统型接收机，那么传输线增加的噪声较小，即 $T'_{REC} = 1\,155$ K，噪声只增加 11.6%。

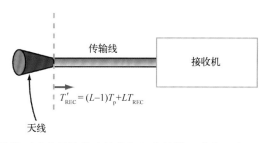

图 7.9　T'_{REC} 为等效无噪声传输线和接收机组合的输入噪声温度；T_{REC} 只表示接收机输入的噪声温度；T_p 为传输线的物理温度；L 为损耗因数

7.3　接收机和系统噪声温度

7.3.1　接收机

超外差接收机的前端通常由射频（RF）放大器和混频器相连接组成，混频器将射频放大器输出端载波频率为 f_{RF} 的信号转换成频率为 $f_{IF} = |f_{RF} - f_{LO}|$ 的中频信号，其中 f_{LO} 表示本地振荡器的频率。混频器输出端的信号馈入中频（IF）放大器，如图 7.10 所示。就噪声而言，接收机的整体性能依次取决于射频放大器、混频器和中频放大器的性能。

本地振荡器用来改变载波频率，对噪声没有影响。因此，超外差接收机可看作串联系统，并根据式（7.18）计算（输入）接收机噪声温度 T_{REC}，即

$$T_{REC} = T_{RF} + \frac{T_M}{G_{RF}} + \frac{T_{IF}}{G_{RF}G_M} + \cdots \tag{7.29}$$

式中，T_{RF} 和 G_{RF} 分别为射频放大器的噪声温度和增益，类似的定义适用于混频器和中频放大器。式（7.29）中没有具体显示中频放大器之后各级噪声的贡献，因为与前端部分的噪声贡献相比，这些噪声的影响可忽略不计，这一点下面会提到。例如，中心频率为 1.5 GHz 的典型接收机的各项参数如下：

$$T_{RF} = 200 \text{ K}, \ G_{RF} = 1\,000(30 \text{ dB}), \ T_M = 1\,200 \text{ K},$$
$$G_M = 200(23 \text{ dB}), \ T_{IF} = 100 \text{ K}, \ G_{IF} = 1\,000(30 \text{ dB})$$

将这些值代入式(7.29)，得到

$$T_{\mathrm{REC}} = 200 + \frac{1\,200}{1\,000} + \frac{100}{1\,000 \times 200} + \cdots$$

$$= 200 + 1.2 + 5 \times 10^{-4}$$

$$\approx 201.2\ \mathrm{K} \qquad (\text{有射频放大器})$$

▶ 实际运用中，接收机噪声温度等于第一级即射频放大器的噪声温度。就噪声性能而言，接收机第一级在其功率增益远大于1时是最重要的。◀

如果没有射频放大器，接收机噪声温度变成

$$T_{\mathrm{REC}} = T_{\mathrm{M}} + \frac{T_{\mathrm{IF}}}{G_{\mathrm{M}}} = 1\,200 + \frac{100}{200}$$

$$\approx 1\,200\ \mathrm{K} \qquad (\text{无射频放大器})$$

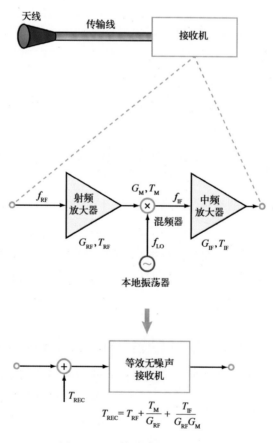

图 7.10　超外差接收机的前端

7.3.2　单系统(包含天线)

本节探讨包含天线、传输线以及接收机(图 7.11)的单系统,假设接收机的噪声温度为 T_{REC}(适用于输入端)。定义 P_{SYS} 为从天线和传输线的连接点流向接收机的总噪声功率,即连接点右侧各级所产生的噪声。也就是说,把传输线和接收机看作是无噪声的,二者组合的噪声温度 T'_{REC} 称作天线连接点处的噪声温度。P_{SYS} 还包括天线传输的功率 P_A,因此

$$P_{SYS} = P_A + P'_{REC} = k(T_A + T'_{REC})B$$
$$= kT_{SYS}B \qquad (7.30)$$

式中,T_{SYS} 定义为系统噪声温度,即

$$T_{SYS} = T_A + T'_{REC} = \xi T'_A + (1-\xi)T_0 + (L-1)T_{t1} + LT_{REC} \qquad (7.31)$$

式(7.31)中,第一项 T_A 见式(6.39);第二项 T'_{REC} 见式(7.28);T_0 和 T_{t1} 分别为天线和传输线的物理温度;L 为传输线的损耗因数。

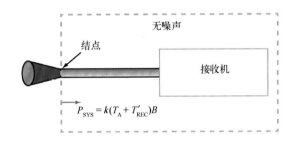

图 7.11　等效输入系统噪声功率包括接收机、传输线、天线自发辐射产生的噪声和天线探测场景产生的辐射

对于辐射计接收机,P_{SYS} 表示等效无噪声接收系统(包括传输线和接收机)输入端的"信号"。也就是说,接收机输出电压与 P_{SYS} 成正比。通过比较 P_{SYS} 产生的输出电压和物理温度已知的匹配负载(取代天线)所产生的输出电压,辐射计可用来估计探测场景的天线温度 T'_A(假设 T_0 和 ξ 是已知的)。后面的章节将进一步探讨该技术的细节和 T'_A 的估测的精确度。

对于雷达,P_{SYS} 表示从输入端传输至接收机的噪声功率,而输入信号是由雷达方程(第 5 章)得到的接收功率 P_r。输入信噪比 $S_n = P_r / P_{SYS}$,该参数用来确定特定性能指标所需要的发射机功率和天线参数。如果通过运用信号处理技术,接收机输出端的信噪比高于输入端的信噪比,那么有效输入信噪比等于 S_n 与改善因子的乘积。第 13 章将讨论雷达系统的设计与性能。

7.4 辐射计工作原理

辐射计的功能是测量天线辐射温度 T_A，即天线传输至接收机的辐射功率。该测量过程具有两个重要属性：①准确度；②精确度。准确度与处理的平均值有关，精确度则与相对于平均值的不确定度有关。

7.4.1 测量准确度

把接收机输入端的天线替换成噪声源，通过测量输出电压随噪声源噪声温度变化的函数可以建立辐射计接收机的传输函数。或者在离天线足够近的位置放置一开关，也可实现定标。具体方案见图 7.12(a)。另外，如果该辐射计与大多数辐射计系统一样采用平方律检波器，其平均输出电压和输入源的噪声温度呈线性关系。根据线性关系，通过测量两个定标温度分别对应的输出电压 V_{out}，可以确定辐射计的定标曲线，如图 7.12(b) 所示。定标(开关在位置 2 处)完成后，开关移至位置 1 处使天线与接收机相连。根据定标曲线，用户可以将测量值 V_{out} 转换成相应的 T_A 值。理想情况下，T_1 和 T_2 两个定标温度应该接近 T_A 期望区间的端点值，从而使斜率误差最小化。假设 V_1 和 V_2 定标测量值的精度足够高，那么 T_A 测量值的绝对精度取决于已知的定标温度 T_1 和 T_2 的准确度。如果将被动元器件，如匹配负载(电阻器)用作定标源，通过控制环境温度，可以把温度准确度维持在 1 K 以内。上述情况的前提条件是天线-开关-接收机路径或负载-开关-接收机路径不存在阻抗失配。阻抗失配会产生反射，从而降低 T_A 测量的准确度，这将在 7.11 节讨论。

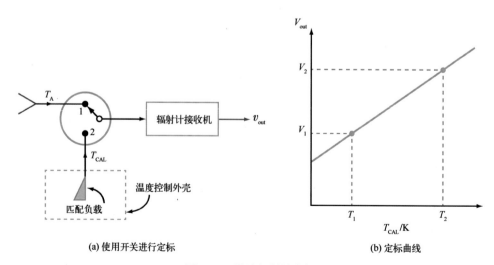

(a) 使用开关进行定标   (b) 定标曲线

图 7.12 微波辐射计定标

7.4.2　全功率辐射计

辐射计接收机的设计类型多种多样(下面章节将探讨其中的几种)，其中全功率辐射计被认为是一种标准参考型辐射计，因为它具有结构简单的特点。图 7.13(a)中，天线与超外差接收机相连，后者的预检测带宽为 B，总的预检测功率增益为 G。预检测部分包括天线与平方律检波器输入端之间的所有子系统。

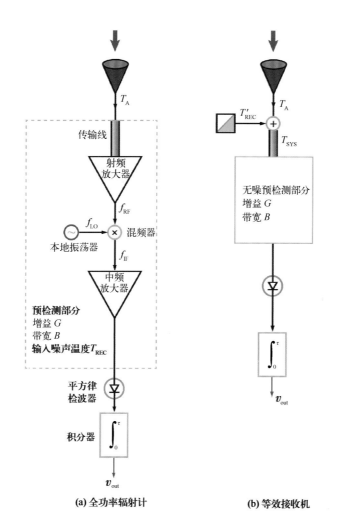

(a) 全功率辐射计　　　　**(b) 等效接收机**

图 7.13　图(b)表示(a)图中预检测部分(虚线方框)的等效无噪声电路，
接收机噪声参照天线端来定义

天线传输的是宽频带噪声功率，其带宽大于接收机带宽 B。射频放大器的功能是以射频频率 f_{RF} 为中心，放大包含在带宽($B_{RF} \geqslant B$)内的频率分量，以过滤输入信号。混频器和中频放大器将射频频带的信号从 f_{RF} 转换到 f_{IF}，并进一步放大。

> ▶ 在实际应用中，中频级的带宽小于射频级的带宽，所以预检测带宽 B 由中频级的带通特性确定。为了简单起见，图 7.13(a) 只展示了射频放大器和中频放大器，以此定义通带。实际上，为了更准确、稳定地设置通带，通常将带通滤波器与放大器串联在一起。◀

将带宽为 B 的信号从射频转换到中频的系统称作单边带接收机。

假设接收机本地振荡器的频率 $f_{LO} = 10$ GHz，且 $f_{IF} = 100$ MHz。此外，中频放大器的频率响应近似为矩形，带宽 $B = 10$ MHz（图 7.14）。混频器将本地振荡器的信号和中心频率为 f_{RF_1} 和 f_{RF_2} 的射频信号之一（或两者）混合，生成中心频率为 100 MHz 的中频信号，其中，

$$f_{RF_1} = f_{LO} - f_{IF} = (10 - 0.1)\,\text{GHz} = 9.9\,\text{GHz}$$

$$f_{RF_2} = f_{LO} + f_{IF} = (10 + 0.1)\,\text{GHz} = 10.1\,\text{GHz}$$

如果使用单边带接收机，两个射频信号只有一个可以通过射频放大器；但如果没有射频放大器，或使用通带超过两个射频频率的宽频射频放大器，则中频信号由位于 f_{RF_1} 和 f_{RF_2} 的两个信号的和组成。由于两个信号的带宽均为 B，双边带接收机的总输入功率是单边带接收机接收的两倍。尽管如此，由于双边带接收机没有低噪声射频放大器，其接收机噪声温度可能会提高很多（见 7.3.1 节）。此外，如果总的可用带宽是固定的，那么单边带接收机可以设计成使用整个可用频带，而在双边带配置中，部分频带是不可用的。

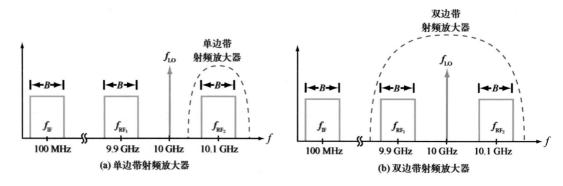

图 7.14　本地振荡器和以 f_{RF_1} 或（和）f_{RF_2} 为中心的射频频谱混合，在 f_{IF} 处产生相同带宽的信号，具体由射频放大器的频谱确定

▶ 一般来说，低噪声射频放大器在频率低于 100 GHz 时的可用性较强，在 100~300 GHz 范围内可用性一般，在更高频率范围内可用性较小。可用性大小取决于技术发展的程度和成本。◀

在图 7.13(b) 表示单边带全功率辐射计的等效框图中，输入信号为天线温度 T_A，输出电压为 v_{out}。接收机的预检测部分替换成等效无噪声接收机和输入噪声源的组合，后者的输出功率 $P'_{REC} = kT'_{REC}B$，其中 T'_{REC} 为天线端的接收机噪声温度。无噪声接收机和输入噪声源的功率之和等于总的系统噪声功率 P_{SYS}，对应的系统噪声温度为 T_{SYS}，

$$P_{SYS} = P_A + P'_{REC} = kT_{SYS}B \tag{7.32}$$

其中，

$$T_{SYS} = T_A + T'_{REC} \tag{7.33}$$

噪声由介质中粒子的随机碰撞引起原子和分子的自发电磁辐射产生。因此，接收机预检测部分的任一级上电压或功率的时间坐标图将呈现较大动态范围的随机波动(图 7.15)。虽然不能预测电压和功率的瞬时值，但可以准确地确定它们的平均值。中频放大器的输出端的平均噪声功率为

$$\overline{P}_{IF} = GkT_{SYS}B \tag{7.34}$$

式中，G 为预检测部分的功率增益；P_{IF} 上的横线 ($\overline{P}_{IF}$) 表示瞬时功率 $p_{IF}(t)$ 的时间平均值。

通常，微波辐射计的检测带宽 B 远小于中频频率 f_{IF}。因此，中频瞬时电压近似为包络函数随时间变化 $[v_e(t)]$ 的正弦信号，如图 7.15 所示，即

$$v_{IF}(t) = v_e(t) \cos[2\pi f_{IF}t + \phi(t)] \tag{7.35}$$

式中，$\phi(t)$ 为随机相位角。对于噪声，包络函数 $v_e(t)$ 和相位角函数 $\phi(t)$ 是统计独立的随机变量。所以 $v_{IF}(t)$ 的平均值为

$$\overline{V}_{IF} = \langle v_{IF}(t) \rangle = \langle v_e(t) \rangle \langle \cos[2\pi f_{IF}t + \phi(t)] \rangle = 0 \tag{7.36}$$

这是因为 $\phi(t)$ 在 $[-\pi, \pi]$ 范围内分布均匀，所以余弦函数的平均值为 0。

中频瞬时功率 $p_{IF}(t)$ 与中频瞬时电压 $v_{IF}(t)$ 的关系式如下：

$$p_{IF}(t) = v_{IF}^2(t) = v_e^2(t) \cos^2[2\pi f_{IF}t + \phi(t)]$$
$$= v_e^2(t) \left\{ \frac{1}{2} + \frac{1}{2}\cos[4\pi f_{IF}t + 2\phi(t)] \right\} \tag{7.37}$$

$p_{IF}(t)$ 的时间平均值为

$$\overline{P}_{IF}(t) = \langle p_{IF}(t) \rangle = \frac{1}{2}\langle v_e^2(t) \rangle + \frac{1}{2}\langle v_e^2(t) \rangle \langle \cos[4\pi f_{IF}t + 2\phi(t)] \rangle = \frac{1}{2}\overline{V_e^2} \tag{7.38}$$

图 7.15 框图中的平方律检波器是一个响应缓慢的电路，表明其输出电压 $v_d(t)$ 仅随中频电压而缓慢变化，即与包络函数 $v_e(t)$ 有关，而与余弦项无关，并且 $v_d(t)$ 与 $v_e^2(t)$ 成正比，因此

$$v_d(t) = v_e^2(t) \tag{7.39}$$

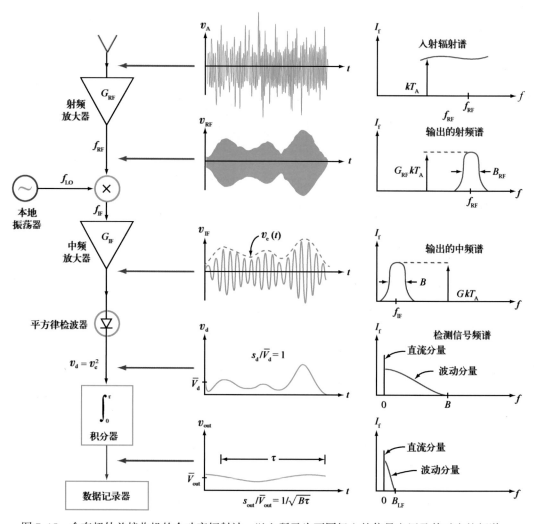

图 7.15　含有超外差接收机的全功率辐射计。以上所示为不同级上的信号电压及其对应的频谱，量 I_f 表示频谱密度，B_{LF} 表示低通滤波器(积分器)的带宽

为了简便起见，这里假设比例常数为 1。根据式(7.34)、式(7.38)和式(7.39)，检测电压的平均值为

$$\overline{V}_d = \overline{V_e^2} = 2GkT_{SYS}B \tag{7.40}$$

为了实现平均处理，辐射计采用了时间常数为 τ、电压增益为 g_1 的积分器。在模拟电路中，时域的积分器等效为频域中的低通带 RC 滤波器。其输出电压为

$$v_{\text{out}}(t) = \frac{g_1}{\tau} \int_{t-\tau}^{t} v_{\text{d}}(t') \, \mathrm{d}t' \tag{7.41}$$

下一节说明，若 $B\tau \gg 1$，则

$$v_{\text{out}}(t) \approx \overline{V}_{\text{out}} = g_1 \overline{V}_{\text{d}} = G_{\text{s}} T_{\text{SYS}} \qquad (B\tau \gg 1) \tag{7.42}$$

式中，G_{s} 为总的系统增益因子，即

$$G_{\text{s}} = 2 g_1 G k B \tag{7.43}$$

联立式 (7.33) 和式 (7.42)，得到

$$T_{\text{A}} = \frac{\overline{V}_{\text{out}}}{G_{\text{s}}} - T'_{\text{REC}} \tag{7.44}$$

上式说明了未知天线温度 T_{A} 和已测输出电压 $\overline{V}_{\text{out}}$ 之间的线性关系。7.11 节将讨论如何通过定标来确定系统常数。

大多数现代辐射计采用模-数转换器把检测信号 $v_{\text{d}}(t)$ 数字化，然后使用数字积分器完成与式 (7.41) 等效的操作。图 7.15 中 $v_{\text{d}}(t)$ 的频谱从直流（DC）延伸至带宽 B，所以为了满足香农采样定理，在模-数操作前应以至少 $2B(\text{Hz})$ 的速率对 $v_{\text{d}}(t)$ 进行采样。

7.4.3　辐射分辨率

对于真实的辐射计，式 (7.41) 中的积分时间 τ 是有限的，所以辐射计所测量的 T_{A} 值不是准确值，而是估计值。与估计值相关的参数是不确定度 ΔT。如果测量值为 236 K，测量不确定度（精确度）$\Delta T = 2$ K，则测量结果 $T_{\text{A}} = 236$ K ± 2 K。

实际上，ΔT 是可被测量系统检测的最小变化量，因此被称作系统的辐射灵敏度或辐射分辨率。

ΔT 与辐射计接收机的参数是什么关系？又该如何量化这种关系？很明显，我们已经知道，$\Delta T \to 0$ 时 $\tau \to \infty$，所以 ΔT 与积分时间 τ 有很大关系，但其他系统参数也很重要。

为了推导 ΔT 的表达式，首先分析接收机检测到的信号的统计特性。用 T_{SYS} 表示信号，它包括：①天线波束探测的大气和地表辐射的大量光子；②构成接收机的电子元器件（构成接收器）自发产生的数量不确定的电流；③天线和传输线内导体产生的类似电流。所有这些信号源都具有类似噪声的特性，表明它们都是自发产生的，持续时间极短，且相互独立。它们构成大量不相关的信号源，因此在任意时刻，中频放大器输出端的电压可以用 N_{s} 个正弦函数之和来表示。这些正弦函数的振荡频率均为中频频率

f_{IF}，但振幅和相位角不同。若第 i 个源产生的电压为

$$v_i(t) = V_i \cos(2\pi f_{\mathrm{IF}} t + \phi_i) \tag{7.45}$$

式中，V_i 为振幅；ϕ_i 为相位角。那么，中频电压是所有 N_s 个源所产生的电压之和，即

$$v_{\mathrm{IF}}(t) = \sum_{i=1}^{N_s} V_i \cos(2\pi f_{\mathrm{IF}} t + \phi_i) \tag{7.46}$$

式(7.46)中的相量域表达式为

$$\mathbf{V}_{\mathrm{IF}} = V_e \mathrm{e}^{j\phi} = \sum_{i=1}^{N_s} V_i \mathrm{e}^{j\phi_i} \tag{7.47}$$

式中，V_e 为包络电压；ϕ 为相应的相位角。N_s 个噪声源之和的统计特性与第 5 章介绍的大量随机分布散射体的瑞利衰落统计特性相同。因此，V_e 可以用式(5.65)给出的瑞利形式的概率密度函数来表示。

辐射计接收机(图 7.15)的中频电压输出馈送到平方律检波器中，输出电压

$$V_d = V_e^2 \tag{7.48}$$

根据 5.7 节所述的雷达散射的平方律检测步骤，得到 V_d 的概率密度函数如下：

$$p(V_d) = \frac{1}{\overline{V}_d} \mathrm{e}^{-V_d/\overline{V}_d} \tag{7.49}$$

相应的标准差与平均值之比为

$$\frac{s_d}{\overline{V}_d} = 1 \qquad (\text{积分前}) \tag{7.50}$$

检测的电压 $v_d(t)$ 由直流(平均)分量 $\overline{V}_d$ 和波动分量组成，如图 7.15 的波形图所示。根据式(7.40)可得，直流分量与系统温度 T_{SYS} 成正比。标准差 s_d 即波动分量的均方根值，表示 T_{SYS} 测量值($\overline{V}_d$)的统计不确定度。根据式(7.50)可得 $s_d = \overline{V}_d$，表明不确定度很大以至于辐射计(无积分器)不具备可用性。解决这一问题的简单方法是滤除检测电压的高频波动，即在某一时间 τ 间隔内求 $v_d(t)$ 的平均值。这就是图 7.15 所示积分器的功能。

积分器输出的电压 $v_{\mathrm{out}}(t)$ 也由直流分量 $\overline{V}_{\mathrm{out}}$ 和波动分量组成，但与检测电压 $v_d(t)$ 的波动分量相比，该波动分量的轮廓更平缓。在时间 τ 内对带宽为 B 的随机信号进行积分，可以把归一化方差(即方差和均值平方的比值)减小为原来的 $1/N$，其中 $N = B\tau$。也就是说，积分器输出端的 $s_{\mathrm{out}}^2/\overline{V}_{\mathrm{out}}^2$ 和输入端的 $s_d^2/\overline{V}_d^2$ 关系如下：

$$\frac{s_{\mathrm{out}}^2}{\overline{V}_{\mathrm{out}}^2} = \frac{s_d^2}{\overline{V}_d^2} \cdot \frac{1}{B\tau} \tag{7.51}$$

根据式(7.50)可得

$$\frac{s_{\text{out}}}{\overline{V}_{\text{out}}} = \frac{1}{\sqrt{B\tau}} \qquad (\text{积分后}) \qquad (7.52)$$

由于 $\overline{V}_{\text{out}} = G_s T_{\text{SYS}}$，所以式(7.52)等效为

$$\frac{\Delta T_{\text{SYS}}}{T_{\text{SYS}}} = \frac{1}{\sqrt{B\tau}} \qquad (7.53)$$

式中，ΔT_{SYS} 为 T_{SYS} 测量(估计)值的标准差。

处理中，ΔT_{SYS} 可被视为在辐射计输出端处产生可检测变化量所对应的 T_{SYS} 的最小偏差，其中可检测的变化量定义为输出电压直流电平的变化，其大小等于标准差 s_{out}。

前面介绍到 $T_{\text{SYS}} = T_A + T'_{\text{REC}}$，其中 T'_{REC}(接收机输入噪声温度)与入射到天线的辐射无关，这样式(7.53)可改写成

$$\Delta T = \Delta T_{\text{SYS}} = \frac{T_{\text{SYS}}}{\sqrt{B\tau}} = \frac{T_A + T'_{\text{REC}}}{\sqrt{B\tau}} \qquad (7.54)$$

式中，ΔT 为观测场景的辐射计天线温度 T_A 的最小(统计上)可检测变化量。

> ▶ 式(7.54)给出的表达式定义了理想全功率辐射计(即无增益波动)的辐射灵敏度(或分辨率)。◀

下一节将讨论到，增益波动是一个重要限制因素。所以为了强调无增益波动条件的重要性，用 ΔT_{IDEAL} 表示 ΔT 并改写成

$$\Delta T_{\text{IDEAL}} = \frac{T_{\text{SYS}}}{\sqrt{B\tau}} \qquad (\text{理想全功率辐射计}) \qquad (7.55)$$

本节结束前，需要注意一下如何确定具有非均匀传输函数的真实预检测部分的带宽 B。Tiuri(1964)在其射电望远镜接收机的经典论文中表明，功率传输函数为 $H(f)$ 的预检测部分的等效带宽 B 为

$$B = \frac{\left[\int_0^\infty H(f)\,\mathrm{d}f\right]^2}{\int_0^\infty H^2(f)\,\mathrm{d}f} \qquad (7.56)$$

7.5　接收机增益变化的影响

如前所述，式(7.55)给出的 ΔT 表达式只考虑了噪声波动产生的测量不确定度，并不包括接收机增益波动。为了方便，式(7.55)改写成如下形式：

$$\Delta T_N = \frac{T_{SYS}}{\sqrt{B\tau}} \qquad\qquad (7.57a)$$

式中，下标 N 表示噪声性不确定度。

全功率辐射计的输出电压与式(7.43)定义的系统增益因子 G_s 成正比。在式(7.55)的推导中假定 G_s 为常数。实际上，这在后检测部分是合理的假设，但对于预检测功率增益来说可能是不成立的。预检测部分增益变化的主要因素是射频放大器，其次是混频器和中频放大器。

由于 V_{out} 与乘积 $G_s T_{SYS}$ 线性相关，G_s 增加 ΔG_s 在输出端会被误以为是 T_{SYS} 增加了 $\Delta T_{SYS} = T_{SYS}\left(\dfrac{\Delta G_s}{G_s}\right)$。若 G_s 的变化周期长(缓慢)，例如数分钟，则可利用已知的输入噪声源对辐射计输出电压进行定标，从而消除 G_s 变化的影响。但是，当增益变化的时间间隔比连续两次定标的时间间隔小时，定标并不能消除这种短周期(快速)增益变化的影响。在统计上，系统增益变化引起的 T_{SYS} 均方根不确定度为

$$\Delta T_G = T_{SYS}\left(\frac{\Delta G_s}{\overline{G_s}}\right) \qquad\qquad (7.57b)$$

式中，$\overline{G_s}$ 为系统功率增益的平均值；ΔG_s 为波动分量的均方根值。

由于噪声不确定度 ΔT_N 及增益不确定度 ΔT_G 是由非相干机制引起的，所以它们在统计上是独立的，从而总均方根不确定度写作

$$\Delta T = \left[(\Delta T_N)^2 + (\Delta T_G)^2\right]^{\frac{1}{2}} = T_{SYS}\left[\frac{1}{B\tau} + \left(\frac{\Delta G_s}{\overline{G_s}}\right)^2\right]^{\frac{1}{2}} \qquad (全功率辐射计)$$

$$(7.58)$$

> ▶ 这一表达式定义了全功率辐射计的灵敏度，包括噪声变化和增益变化的影响。◀

为了便于理解两种测量不确定度的相对重要性，我们探讨下面的实例。全功率辐射计的中心工作频率为 30 GHz，并具有以下参数 $T'_{REC} = 600$ K，$B = 100$ MHz，$\tau = 0.01$ s，归一化的增益变化 $\Delta G_s/\overline{G_s} = 10^{-2}$。若天线温度 T_A 在 300 K 左右，则根据以上数值可得

$$\Delta T_N = 0.9 \text{ K}, \ \Delta T_G = 9 \text{ K}, \ \Delta T = 9.05 \text{ K}$$

也就是说，辐射计灵敏度本质上取决于增益变化。遥感观测的理想灵敏度常约为 1 K 或更小。为了将上述辐射计的 ΔT 减小至 1 K，乘积项 $T_{SYS}(\Delta G_s/\overline{G_s})$ 必须减小为原

来的 1/20。标准低噪声微波放大器的典型增益变化因子为 $10^{-4} \sim 10^{-2}$，因此不适用于全功率接收机。合理控制与增益变化密切相关的电源电压和环境温度，可以使增益变化降低一个数量级或者更多。这为厘米级工作波长的全功率辐射计提供了一种可接受的解决方案；但是对于毫米级波长的辐射计，很难构造高稳定度的接收机（即 $\Delta G_s / \overline{G}_s \leq 10^{-4}$）。

解决增益变化问题的一种可行方法是使用不含射频放大器的接收机。这样，接收机噪声温度 T'_{REC} 能达到 3 000 K 甚至更高；但如果没有射频放大器，$\Delta G_s / \overline{G}_s$ 的值会低至 10^{-4} 甚至 10^{-5}，因此乘积项 $T_{\text{SYS}}(\Delta G_s / \overline{G}_s)$ 可降至 0.1 K 左右。其他解决方法将在后面章节介绍。

7.6　迪克辐射计

射频放大器增益波动的影响研究揭示了以下现象：①G_s 的功率谱密度（波动谱）随着 f 以 $1/f$ 甚至更快的速率减小；②波动谱的主要部分位于小于 1 Hz 的频率范围内；③实际上，不存在频率大于 1 kHz 的波动。上一节所举的例子表明，增益变化通常是实现高辐射分辨率（即较小的 ΔT 值）的制约因素。

> ▶ 为了减小辐射计接收机增益波动的影响，Dicke(1946)引进了一种调制技术，此后被称作迪克(Dicke)辐射计。◀

图 7.16 展示了迪克辐射计的功能框图，它是带有两种附加特征的全功率辐射计：①把被称作迪克开关(Dicke switch)的装置连接到接收机输入端（最靠近天线处），用来调制接收机的输入信号；②把同步解调器，也称作同步检测器，放置在平方律检波器与积分器之间。预检测部分由射频放大器、混频器和中频放大器组成，该部分的增益为 G、带宽为 B。

调制包括周期性地把天线和恒定（参考）噪声源（图 7.16）切换至接收机的输入端，切换速率高于增益变化频谱的最大有效频谱分量。也就是说，切换速率 f_s 的设计原则是，在一个切换周期内（通常在 1~20 ms），系统增益 G_s 基本保持不变，因此接收机与天线相连的半周期和接收机与参考源相连的半周期具有相同的系统增益 G_s。对于方波调制，检测输出中与天线和参考源功率相对应的直流分量分别是

$$\overline{V}_d^{\text{Ant}} = 2GkB(T_A + T'_{\text{REC}}) \qquad (0 \leq t \leq \tau_s/2) \qquad (7.59)$$

$$\overline{V}_d^{\text{Ref}} = 2GkB(T_{\text{REF}} + T'_{\text{REC}}) \qquad (\tau_s/2 \leq t \leq \tau_s) \qquad (7.60)$$

式中，T_{REF} 为参考源噪声温度；$\tau_s(=1/f_s)$ 为切换周期；接收机噪声温度 T'_{REC} 包括输入开关的噪声贡献。

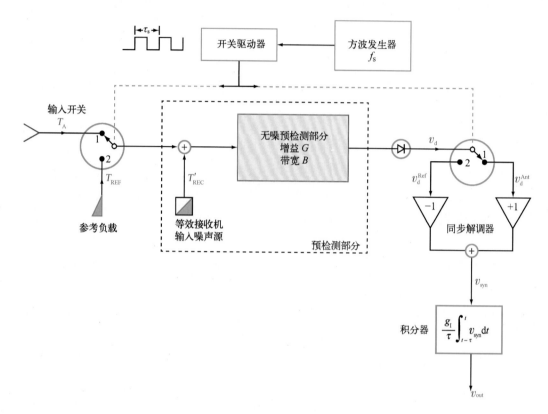

图 7.16　迪克辐射计的功能框图

叠加在直流电压上的是噪声和增益波动产生的交流分量。同步解调器（图 7.16）由一个与迪克输入开关同步运行的开关和两个并联的单位增益放大器组成，两个放大器具有相反的极性，分别用来接收 v_d^{Ant} 和 v_d^{Ref}。单位增益放大器的输出相加，然后馈入低通滤波器（积分器）。切换周期 τ_s 远小于积分时间 τ，所以在时间 τ 内，积分器对 $v_d^{Ant}(t)$ 和 $v_d^{Ref}(t)$ 的积分时间分别是 $\frac{\tau}{2}$。因此，积分器的输出值等效为

$$v_{out}(t) = \frac{g_I}{\tau}\left[\int_{t-\tau}^{t-\tau/2} v_d^{Ant}(t)\,dt - \int_{t-\tau/2}^{t} v_d^{Ref}(t)\,dt\right] \tag{7.61}$$

由于积分处理滤除了大部分的交流波动，输出电压由直流分量 $\overline{V}_{out}$ 和相对较小的波动分量（均方根值为 s_{out}）组成。因此，

$$\overline{V}_{out} = \frac{1}{2}g_I(\overline{V}_d^{Ant} - \overline{V}_d^{Ref}) = g_I GkB(T_A - T_{REF}) = \frac{1}{2}G_S(T_A - T_{REF}) \tag{7.62}$$

低通滤波器不仅滤除了 $v_{\text{out}}(t)$ 的大部分波动分量，还滤掉了频率为 f_s 的交流分量（切换速率为 f_s）及其高次谐波（由方波调制产生）。也就是说，切换速率 f_s 要远高于低通滤波器的带宽 B_{LF}。f_s 与 B_{LF} 之间的关系还可以从采样定理的角度考虑。带宽 B_{LF} 为保留在输出电压中的输入信号波动分量的频率范围，f_s 为对输入信号进行采样的频率。为满足采样定理，须有 $f_s \geqslant 2B_{\text{LF}}$。

▶ 根据式(7.62)，直流输出电压和 T_A 与 T_{REF} 之差成正比，与接收机噪声温度 T'_{REC} 无关，这是迪克辐射计的关键属性。◀

为了推导迪克辐射计辐射分辨率 ΔT 的表达式，首先将式(7.62)改写成下列形式：

$$\overline{V}_{\text{out}} = \frac{1}{2} G_{\text{S}} \left[(T_A + T'_{\text{REC}}) - (T_{\text{REF}} + T'_{\text{REC}}) \right] \tag{7.63}$$

$v_{\text{out}}(t)$ 的波动分量由以下 3 个部分组成：

（a）增益变化：根据式(7.57b)，增益不确定度为

$$\Delta T_{\text{G}} = (T_A - T_{\text{REF}}) \left(\frac{\Delta G_{\text{S}}}{\overline{G}_{\text{S}}} \right) \tag{7.64}$$

（b）$(T_A + T'_{\text{REC}})$ 对应的噪声变化：积分时间 $\tau/2$（天线观测只占用了积分时间 τ 的一半）对应的噪声不确定度为

$$\Delta T_{\text{N}}^{\text{Ant}} = \frac{T_A + T'_{\text{REC}}}{\sqrt{B\tau/2}} = \frac{\sqrt{2}(T_A + T'_{\text{REC}})}{\sqrt{B\tau}} \tag{7.65}$$

（c）$(T_{\text{REF}} + T'_{\text{REC}})$ 对应的噪声变化：

$$\Delta T_{\text{N}}^{\text{Ref}} = \frac{\sqrt{2}(T_{\text{REF}} + T'_{\text{REC}})}{\sqrt{B\tau}} \tag{7.66}$$

假设上述 3 种不确定性是统计独立的，则总的辐射分辨率为

$$\Delta T = \left[(\Delta T_{\text{G}})^2 + (\Delta T_{\text{N}}^{\text{Ant}})^2 + (\Delta T_{\text{N}}^{\text{Ref}})^2 \right]^{1/2} \tag{7.67}$$

简化后变成

$$\Delta T = \left[\frac{2(T_A + T'_{\text{REC}})^2 + 2(T_{\text{REF}} + T'_{\text{REC}})^2}{B\tau} + \left(\frac{\Delta G_{\text{S}}}{\overline{G}_{\text{S}}} \right)^2 (T_A - T_{\text{REF}})^2 \right]^{1/2}$$

（迪克不平衡辐射计）

$$\tag{7.68}$$

后文将说明式(7.68)正是迪克不平衡辐射计辐射分辨率的表达式。工作在不平衡模式下的星载迪克辐射计包括 Nimbus-5 和 Nimbus-6 的电子扫描微波辐射计（ESMR）系统，其中心频率分别是 19.35 GHz 和 37 GHz。表 7.1 总结了 Nimbus-5 ESMR 系统的参数。

表 7.1　Nimbus-5 ESMR 系统参数(Nimbus-5 用户手册；NASA，1972)

天线		辐射计	
天线类型	相控阵	中心频率	19.35 GHz
孔径尺寸	83.3 cm × 85.5 cm	预检测带宽	200 MHz
半功率波束宽度	1.4°×1.4°(天底点)	混合噪声系数	6.5 dB
波束效率	90%~92.7%	$\Delta T_{min}(\tau=47\text{ ms})$	1.5 K
波束扫描角	±50°	绝对精度	2 K
天线损耗	1.7 dB	动态范围	50~330 K
极化	水平	定标	
		(a)参考负载	338 K
		(b)环境负载	局域环境
		(c)天空喇叭天线	3 K

在进一步讨论前，我们先比较迪克不平衡辐射计和全功率辐射计的 ΔT。若 $B=100$ MHz，$\tau=1$ s，$T'_{REC}=700$ K，且 $\Delta G_S/G_S=10^{-2}$，则根据式(7.58)可得

$$\Delta T(\text{全功率辐射计})\approx\begin{cases}7\text{ K} & (T_A=0\text{ K})\\10\text{ K} & (T_A=300\text{ K})\end{cases}$$

如果选择 $T_{REF}=300$ K 作为参考噪声源，则根据式(7.68)可得

$$\Delta T(\text{迪克不平衡辐射计})\approx\begin{cases}3\text{ K} & (T_A=0\text{ K})\\0.2\text{ K} & (T_A=300\text{ K})\end{cases}$$

总之，迪克不平衡辐射计的辐射分辨率优于全功率辐射计的辐射分辨率。特别要注意 $T_A=T_{REF}$ 这一条件，当它成立时，式(7.68)中方括号内的第二项变为 0，从而消除了所有增益变化的影响。$T_A=T_{REF}$ 时，迪克辐射计被称作是平衡的，这时式(7.68)简化成

$$\Delta T=\frac{2(T_A+T'_{REC})}{\sqrt{B\tau}}=2\Delta T_{IDEAL}\quad(\text{迪克平衡辐射计})\tag{7.69}$$

ΔT 是理想型全功率辐射计(即无增益变化)理论灵敏度的两倍。系数 2 是因为只有一半的时间用来观测 T_A。下一节将介绍维持迪克辐射计处于平衡状态的技术。

有时，实际情况要求先把平方律检波器输出端的方波放大，再馈入同步解调器，这就要用到视频放大器。要保持检测信号的方波形状，视频放大器必须能够对方波信号的主要谐波分量进行同等程度的放大，这要求视频放大器的通带要从 f_S 以下延伸至至少 $5f_S$，最好高达 $10f_S$。方波仅由奇次谐波构成，第一谐波的振幅是方波振幅的 $4/\pi$ 倍，而第 n 个谐波的振幅是第一谐波振幅的 $1/n$。这一方面对视频放大器的动态范围提

出了新的要求，另一方面也容易造成噪声饱和。为了避免这个问题，一些迪克辐射计采用调谐至 f_s 的窄带通放大器(但是其带宽大于低通滤波器的带宽 B_{LF})。这时只有方波的第一谐波到达同步解调器，同步解调器的直流输出小于使用全方波时的直流输出，导致辐射灵敏度(ΔT 较大)降低($\pi\sqrt{2}/4$)至 1.11，即近似 11%(Tiuri，1946)。正弦解调简化了系统的设计与规范，代价仅仅是损失了部分辐射计灵敏度，从而使方波解调、正弦波解调的迪克辐射计成为一种热门的选择方案。此外，人们也研究了其他波形调制和解调的特点(Colvin，1961；McGillem et al.，1963)，但就辐射计灵敏度 ΔT 而言，方波调制和解调的效果最佳。

7.7　平衡技术

当下列等式成立时，迪克辐射计是平衡的：

$$\overline{V}_d^{Ant} - \overline{V}_d^{Ref} = 0 \tag{7.70}$$

式中，$\overline{V}_d^{Ant}$ 为接收机输入端与天线相连的半周期内检测电压的直流分量。类似地，$\overline{V}_d^{Ref}$ 为接收机输入端与参考噪声源相连的半周期内检测电压的直流分量。在平衡状态下，$\overline{V}_{syn}=0$，所以 $\overline{V}_{out}=0$。根据式(7.59)和式(7.60)，可通过以下两种方法实现平衡：①切换输入开关前，调整 T_{REF} 使之与 T_A 相等(反之亦然)；②分别控制 $\overline{V}_d^{Ant}$ 和 $\overline{V}_d^{Ref}$ 的预检测增益，使二者电压相等。本节介绍一些使用反馈配置以自动实现迪克辐射计平衡状态的例子。

7.7.1　参考通道控制法

图 7.17 是迪克零平衡辐射计的框图。系统采用反馈环路控制 T_{REF} 的大小，从而与天线温度 T_A 一直保持平衡(Machin et al.，1952)。具体实现方法是，把积分器输出馈入控制电路，后者将必要的电压(或电流)施加到电控可变衰减器，从而使积分器输出端维持在等于零的状态。这种情况下，由于控制电压与 T_{REF} 有关，即平衡状态下 $T_{REF}=T_A$，所以控制电压 V_C 变成了待记录的输出电压。把天线替换成定标噪声源(或使用图 7.12所示的定标开关)，测量 V_C 关于定标噪声源噪声温度 T_{CAL} 的函数，可以实现辐射计定标。一般地，定标曲线可能是非线性的，因此必须在较宽的 T_{CAL} 值范围内测量 V_C。

回到图 7.17，参考噪声温度 T_{REF} 一部分来自噪声源产生的噪声，另一部分来自衰减器的自发辐射，即

$$T_{REF} = \frac{T_N}{L} + \left(1 - \frac{1}{L}\right)T_0 \tag{7.71}$$

式中，T_N 为噪声源的噪声温度；L 为衰减器的损耗因数；T_0 为衰减器的物理温度。T_{REF} 为 L 的函数，它的两个极限值分别是：$L=1$（即无衰减）时，$T_{REF} = T_N$；L 值很大时，$T_{REF} = T_0$。从概念上讲，T_0 和 T_N 都是可以确定的，因此两者之间的范围即是 T_A 预期的变化范围。然而在实践中，如果不采用低温冷却（即下面介绍的有源"冷"源），无法通过无源噪声源确定上述的变化范围。以工作范围为 $50\ \text{K} \leqslant T_A \leqslant 300\ \text{K}$ 的辐射计系统为例，T_A 的上限很容易通过下面的方法实现：辐射计前端（包括衰减器）的环境温度维持在 $T_0 = 300\ \text{K}$，这样 L 值较大时 $T_{REC} = T_A = 300\ \text{K}$。要实现 T_A 的下限必须满足 $T_N \leqslant 50\ \text{K}$。如果使用匹配负载作为噪声源，其物理温度必须冷却至上述要求的噪声温度。此外，真实的可变衰减器的损耗因数 L 无法减小至单位量，所以为了弥补衰减器产生的噪声功率，匹配负载的温度必须小于 $50\ \text{K}$。地基辐射计系统有时会使用低温冷却技术降低接收机的噪声温度，并对辐射计系统的匹配负载进行冷却。但是，机载和星载系统通常要避免使用低温冷却，因为它需要大量的功耗将低温流体维持在理想温度上。

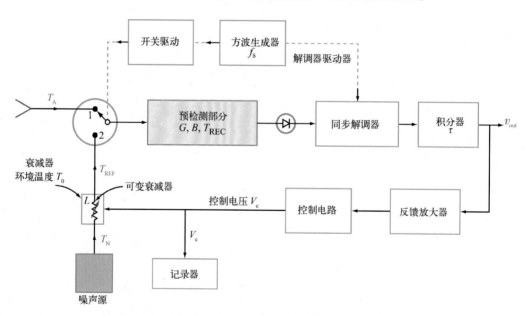

图 7.17　迪克辐射计：使用反馈来控制参考噪声温度 T_{REF}

传统上，有源噪声源被用来提供超过环境温度的噪声温度，而且也可设计用作"冷"源，即其输出噪声温度远小于环境温度（Frater et al.，1981）。

7.7.2　天线通道噪声注入法

图 7.18 所示的结构是 Goggins（1976）提出的，原理是将噪声注入天线和输入开关之间的传输线上实现零平衡。辐射计前端（包括参考负载、可变衰减器、定向耦合器以

及其他射频装置)封闭在温度为 T_0 的恒温室中, T_0 略高于 T_A 的上限值(后面将详细介绍其原因)。换句话说, 输入开关与端口 2 相连时(图 7.18), 输入噪声温度 $T_{REF} = T_0$ 是一个常数。为了平衡参考负载, 需要通过定向耦合器将足量的噪声功率注入天线端口, 这样输入开关处(图 7.19 中的端口 1)的补充输入噪声温度 $T_A^s = T_{REF}$, 即

$$T_A^s = T_{REF} = T_0 \tag{7.72}$$

注入的功率量由可变衰减器控制, 而可变衰减器本身受反馈网络控制。噪声温度 T_A^s 和天线噪声温度 T_A 的关系如下:

$$T_A^s = \left(1 - \frac{1}{F_c}\right) T_A + \frac{T_N'}{F_c} \tag{7.73}$$

式中, $F_c \geqslant 1$ 为定向耦合器的耦合系数; T_N' 为注入噪声在定向耦合器输入端的噪声温度, 写作

$$T_N' = \frac{T_N}{L} + \left(1 - \frac{1}{L}\right) T_0 \tag{7.74}$$

合并上述 3 个表达式, 得到

$$L = \frac{T_N - T_0}{(F_c - 1)(T_0 - T_A)} \tag{7.75}$$

辐射计输出指示器显示的是衰减器控制电压 V_c。若将 V_c 线性缩放使 $V_c = 1/L$, 则 V_c 和 T_A 之间的线性关系为

$$V_c = \frac{F_c - 1}{T_N - T_0}(T_0 - T_A) \tag{7.76}$$

假设辐射计的工作范围限定在 $50\text{ K} \leqslant T_A \leqslant 300\text{ K}$, 选定 $T_0 = 310\text{ K}$, 并采用 20 dB 的定向耦合器($F_c = 100$)和输出噪声温度 $T_N = 50\ 000\text{ K}$ 的雪崩噪声二极管。根据式(7.75)可得, L 的变化范围必须在 1.9(或约为 2.9 dB)至 50(或约为 17 dB)才能满足指定的温度工作范围。14.1 dB 的动态范围很容易通过 PIN 二极管衰减器来实现, 后者是一种电流驱动、线性动态范围可达到 40 dB 以上的器件。PIN 二极管的最小损耗因数(常称作插入损耗)通常在 2 dB 左右。所以, T_0、F_c 和 T_N 的选值对应的 L 值的范围与 PIN 二极管的性能相匹配。如果选定 $T_0 = T_A(\text{max}) = 300\text{ K}$ 而非 310 K, 那么 L 必须无限大才能够实现零平衡。

由于输入开关端"看到"的噪声温度始终等于 T_0, 因此根据式(7.69)($T_A = T_0$)可知灵敏度等于

$$\Delta T = \frac{2(T_0 + T_{REC}')}{\sqrt{B\tau}} \tag{7.77}$$

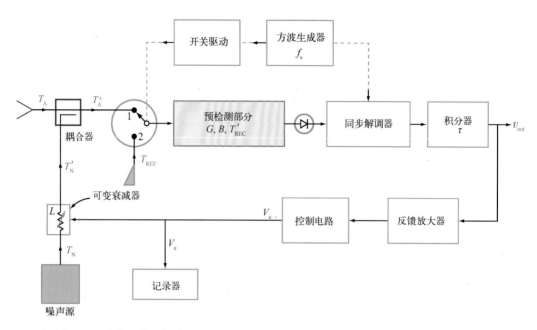

图 7.18　迪克平衡辐射计：使用反馈来控制注入噪声温度 T'_N 的大小，以满足 $T^s_A = T_{REF}$

7.7.3　脉冲噪声注入法

二极管衰减器大多稳定在 ON 和 OFF 两种极限状态。控制偏置电压的大小和极性使二极管衰减器只在一种状态下运行，这时 PIN 二极管衰减器变成了一个 ON/OFF 开关。处于 ON 位置时衰减最小，约等于 2.0 dB；处于 OFF 位置时衰减最大，通常为 60 dB。图 7.19 所示结构利用了二极管的这种特性(Hardy et al.，1974)，它基本上与图 7.18 所示结构相同，唯一的区别是其注入噪声是以窄矩形脉冲的方式生成的，而非连续生成。反馈控制电路驱动压控振荡器(VCO)，压控振荡器反过来又驱动脉冲生成器。脉冲生成器的输出端由长度为 τ_R、重复周期 $\tau_R = 1/f_R$ 的窄矩形脉冲组成，其中 f_R 表示脉冲重复频率(图 7.20)。

二极管开关处于 OFF(即无脉冲)位置时衰减最大，等效于屏蔽了噪声二极管产生的噪声，T'_N 的值用 T'_{OFF} 表示。PIN 二极管被脉冲切换至 ON 位置时衰减最小，T'_N 较大，T'_N 用 T'_{ON} 表示。因此，重复周期 τ_R 内：

$$T'_N = \begin{cases} T'_{ON} & (0 \leqslant t < \tau_P) \\ T'_{OFF} & (\tau_P \leqslant t \leqslant \tau_R) \end{cases} \tag{7.78}$$

脉冲重复频率 f_R 要远大于输入开关的方波调制频率 f_s，这样在 $\tau_s/2$ 周期内能生成多个脉冲。T'_N 的平均值为

$$\overline{T'_N} = \tau_P f_R T'_{ON} + (1 - \tau_P f_R) T'_{OFF} \tag{7.79}$$

式中，$\tau_P f_R$ 表示 1 秒之内二极管开关处于 ON 状态的总时长。

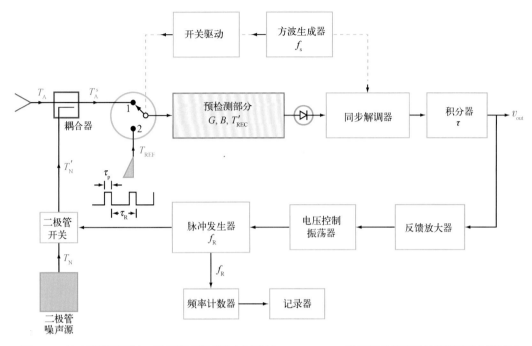

图 7.19　迪克平衡辐射计：采用脉冲噪声注入以维持 $T_A^s = T_{REF}$，T_A 输出指示器显示的是脉冲重复频率 f_R

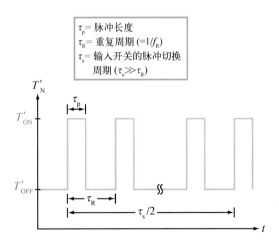

图 7.20　时序图显示了噪声温度 T_N' 的 ON 和 OFF 两种状态。噪声温度通过图 7.19 中的定向耦合器注入系统

　　若 τ_P 为常数，反馈回路可以通过控制 f_R 来提供所需的 $\overline{T_N'}$ 值（通过方向耦合器注入天线端口），从而在积分器输出端始终保持零平衡条件。辐射计输出指示器是一种频率计数器，用来测量 f_R，它与 T_A 呈线性关系：

$$f_{\mathrm{R}} = \frac{(F_c T_0 - T'_{\mathrm{OFF}}) - (F_c - 1)T_{\mathrm{A}}}{\tau_{\mathrm{p}}(T'_{\mathrm{ON}} - T'_{\mathrm{OFF}})} \tag{7.80}$$

处于 OFF 位置时，衰减器损耗因数足够高，因此能将噪声二极管的贡献减小至可忽略不计，进而 T'_{OFF} 约等于 T_0，式(7.80)简化为

$$f_{\mathrm{R}} = \frac{(F_c - 1)(T_0 - T_{\mathrm{A}})}{\tau_{\mathrm{p}}(T'_{\mathrm{ON}} - T_0)} \tag{7.81}$$

由于 T_0 已知，只要在已知定标源噪声温度的条件下测量 f_{R}，即可确定式(7.81)中 $(T_0 - T_{\mathrm{A}})$ 的乘积因子。这种类型辐射计的辐射灵敏度由式(7.77)确定。

表 7.2 列举了脉冲噪声注入迪克辐射计(2.65 GHz)的参数。这种系统被设计成测量海表温度的星载原型传感器(Hardy et al.，1974)。

表 7.2　采用脉冲噪声注入法的 2.65 GHz 海表温度星载原型传感器参数(Hardy et al.，1974)

天线		辐射计	
天线类型	多模角锥喇叭	中心频率	2.65 GHz
孔径尺寸	35.6 cm × 35.6 cm	预检测带宽	100 MHz
波束效率	98%	接收机噪声温度	60 K
波束扫描角	±50°	切换频率	50 Hz
极化	圆形	二极管过剩噪声	36 dB
		脉冲宽度	40 μs
		脉冲发生器频率范围	0~12 kHz
		1 s 积分时间 $\Delta T_{\min}$	0.15 K

7.7.4　增益调制法

上面探讨的所有实现平衡条件的方法都是将参考信道的噪声温度调整到与输入开关端的天线通道的噪声温度一致，反之亦然。另一种保持平衡的方法是调制平方律检波前中频输出电压的增益。图 7.21 所示的结构中(Orhaug et al.，1962)，调制是在输入开关的半周期内，将中频输出轮流切换至恒定衰减器和可变衰减器。开关驱动器与输入开关同步，驱动衰减器开关。反馈环路的作用是控制可变衰减器，这样参考通道对应的输出电压和天线通道对应的恒定衰减器的输出电压一致。也就是说，调整可变衰减器的损耗因数 L_{v}，以满足下列条件：

$$\frac{1}{L_0}(T_{\mathrm{A}} + T'_{\mathrm{REC}}) = \frac{1}{L_{\mathrm{v}}}(T_{\mathrm{REF}} + T'_{\mathrm{REC}}) \tag{7.82}$$

这样，输出电压的直流值为零。系统定标的实现方法是把控制电压 V_c 和替换天线的定标噪声源的噪声温度联系起来。如果 V_c 被线性缩放使其满足 $V_c = 1/L_{\mathrm{v}}$，那么 V_c 与

T_A 的线性关系为

$$V_c = \frac{1}{L_0(T_{REF} + T'_{REC})}(T_A + T'_{REC}) \qquad (7.83)$$

从概念上讲，增益调制可用于混频器之前或之后。但在实践中，控制工作在中频的器件的损耗因数（或增益）比控制微波器件要更容易些。

增益调制技术的缺点是，在定标间隔内，接收机噪声温度 T'_{REC} 的缓慢变化会导致 T_A 的绝对值存在测量误差。这是因为 V_c 依赖于 T'_{REC}。相反地，使用温度控制来平衡辐射计的技术对 T'_{REC} 的变化不敏感。此外，增益调制技术的另一个缺陷与增益调制的振幅 L_v/L_0 有关。若系数 L_v/L_0 较大，则增益调制容易产生过多的输出波动。因此，对于低噪声接收机（T'_{REC} 相对较小），增益调制法在 T'_{REC}-T_A 差值的窄小范围内才有效。

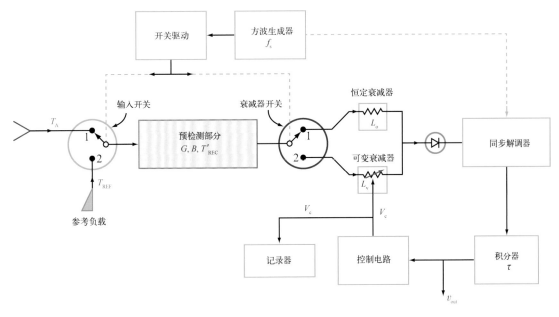

图 7.21　迪克辐射计：采用中频输出增益调制以实现零平衡（$v_{out} = 0$）

7.8　自动增益控制技术

自动增益控制（AGC）是一种用于稳定接收器系统增益的反馈技术。对于连续式 AGC，接收机的输出电压和参考电压进行持续比较，两者电压之差用来调整接收机的增益使输出电压维持在恒定电平上。由于连续式 AGC 会消除所有的波动，包括辐射计要测量的信号（T_A）所产生的变化，所以它不适用于辐射计接收机。为了消除 AGC 电压对天线温度的依赖，Seling（1964）引进了采样 AGC 技术，即 AGC 反馈电路只在迪克开关连接至恒温参考负载(迪克方波切换周期)的半周期内检测检测器的输出电压。如 Seling(1964)所论述,采样 AGC 的成功运行须满足一些与 AGC 带宽设定有关的限制条件。

与增益调制辐射计(7.7.4 节)一样,采样 AGC 技术也具有如下缺点:定标间隔内接收机噪声温度的缓慢变化对应的补偿就像增益变化一样,导致 T_A 测量存在偏差。

Hach(1966,1968)对采样 AGC 方法进行了补充,发明了双参考温度 AGC 辐射计。这种辐射计有以下几个优点:①对系统增益变化不敏感;②对接收机噪声温度变化不敏感;③能够提供连续定标。General Electric(1973)运用 Hach 的理念构建了 RADSCAT 系统的辐射计部分,该系统于 1973 年搭载在 Skylab 卫星上。

7.9　噪声注入式辐射计

噪声注入式辐射计(Oham et al.,1963;Batelaan et al.,1973)消除了增益变化的影响,但没有使用迪克开关。如图 7.22 所示,恒速方波生成器驱动噪声二极管产生方波噪声,并耦合至接收机的输入端。同时,系统以相同的速率检测(解调)平方律检测器的输出电压,电压比记作 Y。Y 的平均值为

$$\overline{Y} = \frac{\overline{V}_1}{\overline{V}_2 - \overline{V}_1} = \frac{T_A + T'_{REC}}{T''_N} \tag{7.84}$$

式中,$\overline{V}_1$ 和 $\overline{V}_2$ 分别为二极管处于 OFF 和 ON 状态的半周期内的平方律检测器输出电压的平均值;T''_N 为二极管处于 ON 状态的半周期内添加至接收机输入端的噪声。比率计后面连接一低通滤波器,用来减少噪声波动。对于单位增益低通滤波器,得出电压平均值为

$$\overline{V}_{out} = \overline{Y} = \frac{T_A + T'_{REC}}{T''_N} \tag{7.85}$$

T_A 的测量准确度与系统增益变化无关,但与接收机噪声温度 T'_{REC} 的稳定性以及额外的噪声温度 T''_N 都有直接关系。

噪声注入式辐射计的理论灵敏度由下式(Batelaan et al.,1973)给出:

$$\Delta T = \frac{2(T_A + T'_{REC})}{\sqrt{B\tau}} \left[1 + \frac{2(T_A + T'_{REC})}{T''_N} \right] \tag{7.86}$$

方括号前面的乘积项是理想型辐射计辐射灵敏度的两倍。因此,

$$\Delta T(噪声注入式辐射计) = 2\Delta T_{IDEAL} \left[1 + \frac{2T_{SYS}}{T''_N} \right] \tag{7.87}$$

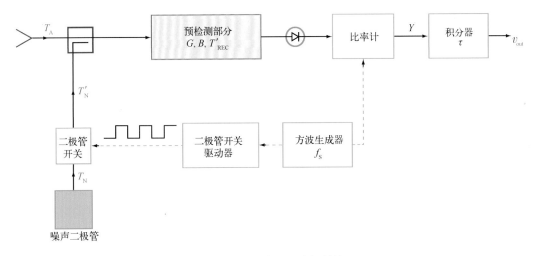

图 7.22　噪声注入式辐射计

噪声注入式辐射计的一个显著优点是没有输入开关，特别是在低噪声接收机中。

迪克开关通常给接收机噪声温度 T'_{REC} 带来 7~75 K 的增量。在星体跟踪和天文学研究中，有些目标的亮温可能只有数开尔文，这就要求使用噪声温度仅为数十开尔文的低噪声接收机，以便达到 0.01~0.1 K 的灵敏度。这种情况下，不使用输入开关是一个极大的优点。

7.10　辐射计属性概述

为了方便参考，表 7.3 总结了前面章节讨论的各种接收机的输入-输出关系和辐射灵敏度。输出指示 I_{out} 与天线辐射温度 T_A 有以下线性关系：

$$I_{out} = a(T_A + b) \tag{7.88}$$

式中，a 和 b 为常数；I_{out} 可以是 V_{out}（积分器输出电压）、V_c（控制电压）或者 f_R（脉冲重复频率）。

一般来说，辐射灵敏度 ΔT 是关于 T_A 的函数。表 7.3 列出了两个不同 T_A 值对应的 ΔT，即 $T_A = 0$ K 和 $T_A = T_{REF} = T_0$，其中 $T_0 \approx 310$ K 表示辐射计前端的环境温度。这里，两种 ΔT 均被 ΔT_{IDEAL} 归一化。根据式（7.55），ΔT_{IDEAL} 是理想型全功率辐射计的灵敏度：

$$\Delta T_{IDEAL} = \frac{T_A + T'_{REC}}{\sqrt{B\tau}} \tag{7.89}$$

表 7.3 不同类型辐射计的系统传递函数和灵敏度概述。通过 $I_{out}=a(T_A+b)$，辐射计输出指示 I_{out} 与输入端的天线辐射温度 T_A 相关，与根据式(7.55)得出的理想型全功率辐射计 ΔT_{IDEAL} 相关的辐射灵敏度 ΔT 被定义

辐射计类型	输出指示 I_{out}	a	b	$\Delta T/\Delta T_{IDEAL}(T_A=0\ K)$	$\Delta T/\Delta T_{IDEAL}(T_A=T_0)$
理想型辐射计 (图 7.15)	V_{out}	G_S	T'_{REC}	1	1
全功率辐射计 (图 7.15)	V_{out}	G_S	T'_{REC}	$\left[1+B\tau\left(\dfrac{\Delta G_S}{G_S}\right)^2\right]^{1/2}$	$\left[1+B\tau\left(\dfrac{\Delta G_S}{G_S}\right)^2\right]^{1/2}$
迪克不平衡辐射计 (图 7.16)	V_{out}	$\dfrac{G_S}{2}$	$-T_0$	$\sqrt{2}\left[\left(\dfrac{T_0+T'_{REC}}{T'_{REC}}\right)^2+1+\dfrac{B\tau}{2}\left(\dfrac{\Delta G_S}{G_S}\right)^2\left(\dfrac{T_0}{T'_{REC}}\right)^2\right]^{1/2}$	2
迪克平衡辐射计* 噪声注入法 (图 7.18)	V_c	$-\left(\dfrac{F_c-1}{T_N-T_0}\right)$	$-T_0$	$2\left(\dfrac{T_0}{T'_{REC}}+1\right)$	2
迪克平衡辐射计* 脉冲噪声注入法 (图 7.19)	f_R	$-\left[\dfrac{F_c-1}{\tau_p(T'_{ON}-T_0)}\right]$	$-T_0$	$2\left(\dfrac{T_0}{T'_{REC}}+1\right)$	2
噪声注入式辐射计* (图 7.22)	V_{out}	$\dfrac{1}{T''_N}$	T'_{REC}	$2\left(\dfrac{2T'_{REC}}{T''_N}+1\right)$	$2\left(\dfrac{T_0+2T'_{REC}}{T''_N}+1\right)$

* $T_{REF}=T_0$。

7.11　辐射计定标技术

辐射计定标分为两个步骤。首先，将接收机输出指示 I_{out}（电压、计数、偏转量等）与辐射计输入端的天线辐射温度相关联。通常是通过测量输出指示随定标源噪声温度 T_{CAL} 的函数来实现的，其中定标源（代替天线）与辐射计输入端相连。输出指示器的 I_{out} 与 T_{CAL} 建立的缩放系数用于将输出与天线辐射温度 T_A 关联起来，其中 T_A 是辐射计接收机与天线相连时测量的天线辐射温度。这一步骤应该称作接收机定标。

其次，将 T_A 与观测场景的辐射特性相关联。根据式(6.40)，T_A 由 3 个分量组成：①特定极化方式的天线波束接收的能量，这也是人们关注的参量；②来自天线主波束以外（旁瓣贡献）的能量与期望极化方式正交的极化波的能量；③天线结构本身辐射的能量。为了评估后两种分量的意义并分析它们对 T_A 的影响，人们需要准确地（高精

度)认识天线的辐射特性。IEEE(1979)定义了测量天线特性的标准测试流程,但只针对一种感兴趣的特性,即辐射效率 ξ。实际上,这种标准流程并没有提供辐射校正所需要的准确度水平。其他专门用于微波辐射应用的测量技术将在 7.11.4 节(天线定标)中介绍。

7.11.1　接收机定标

大多数辐射计接收机是线性系统,即输出指示 I_{out} 与天线温度 T_A 成正比:

$$I_{out} = a(T_A + b) \tag{7.90}$$

因此,只要测量两个已知的 T_A 值分别对应的 I_{out} 就足以确定常数 a 和 b。对于有些辐射计配置,常数 b 表示已知的恒定温度。例如,对于表 7.3 列举的 3 种迪克辐射计,$b = -T_{REC} = -T_0$;而对于噪声注入式辐射计,$b = T'_{REC}$。这种情况下,只要进行单一的定标测量即可确定常数 a。实际上,最好是使用多个输入噪声温度值进行辐射计定标,并且至少有一个点的定标噪声温度低于 100 K。

图 7.23 显示定标噪声源与辐射计输入端相连。与定标噪声温度 T_{cal}^h 和 T_{cal}^c(上标 h 和 c 分别表示热和冷)相对应的辐射计输出指示器记录的值为

$$I_{out}^h = a(T_{cal}^h + b) \tag{7.91a}$$

$$I_{out}^c = a(T_{cal}^c + b) \tag{7.91b}$$

联立上面两个式子得到

$$a = \frac{I_{out}^h - I_{out}^c}{T_{cal}^h - T_{cal}^c} \tag{7.92a}$$

$$b = \frac{I_{out}^c T_{cal}^h - I_{out}^h T_{cal}^c}{I_{out}^h - I_{out}^c} \tag{7.92b}$$

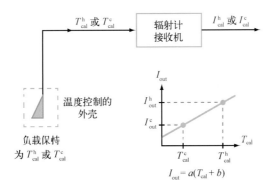

图 7.23　辐射计接收机定标

7. 11. 2　定标源

定标噪声源包括以下 4 种类型。

（a）匹配负载（电阻器）：其温度保持在已知恒定的常数。热负载通常封闭在温控箱中，而冷负载通常浸在含有沸腾制冷剂的杜瓦瓶（真空瓶）中。常用的制冷剂是液氮，它在海平面大气压下的沸点是 77. 36 K。

（b）辐射率已知的材料：如微波暗室中吸收性极强的非反射材料。这些材料可用来构成辐射率接近于 1 的物体，即其亮温约等于物理温度。低亮温值是通过把吸收材料浸入沸腾的制冷剂来实现的。定标过程包括测量天线波束所指向的材料产生的辐射。测量过程需要了解天线特性（辐射效率和波束效率），这将在第 7. 11. 5 节做进一步讨论。

（c）前面两种定标方法通常只用于测量程序之前或/和之后对辐射计进行定标。如果机载测量任务采用匹配负载法，那么就需要在飞行期间使用冷冻剂。采用迪克平衡接收机的辐射计非常稳定，只需偶尔使用外部噪声源进行定标，从而避免了低温制冷器的问题。大部分现代星载辐射计系统使用第三种冷定标源，即外太空。如果天线（或辅助天线）指向宇宙空间，那么观测到的亮温为 2. 7 K。通常，系统使用的是旋转馈源、固定反射面的天线，这样每一周旋转都包含一次深空定标测量。

（d）除了上述方法之外，第四种定标噪声源是固态电路，用来展示极低等效噪声温度对应的噪声电平，如 Frater 等（1981）所讨论的冷场效应晶体管（Cold FET）。

7. 11. 3　阻抗不匹配的影响

前面所有的讨论均假定每一个射频组件以及辐射计前端的传输线都与相应连接组件是完全匹配的。换句话说，不存在阻抗不匹配引起的反射。实际运用中，使用阻抗匹配技术可将反射降到较低水平，但是无法完全消除反射。

阻抗不匹配对辐射计测量准确度的影响分为两种情况：①接收机内部产生的不匹配；②天线（或定标源）与接收机输入端的不匹配（图 7.24）。对于无反射辐射计，输出指示值 I_{out} 与输入噪声温度 T_{IN} 呈线性关系。T_{IN} 表示传输至接收机的净功率，它来自天线（或定标源）和天线与接收机之间的传输线所提供的噪声功率。I_{out} 表达式如下：

$$I_{out} = a_1 T_{IN} + b_1 \qquad (7.93)$$

式中，a_1 和 b_1 为常数。接收机内部不匹配组件引起的反射系数会改变 a_1 和 b_1 的值。只要反射系数的大小与相位保持不变，并且该组件的噪声温度为常数，那么可以在定标过程中分析出不匹配产生的影响。但是，组件的反射系数容易受温度变化的影响，所以不仅要维持辐射计前端的环境温度不变，同时还要满足辐射计在运行模式和定标模式下的环境温度的绝对值相同。也就是说，若a_1和b_1保持不变，那么可以准确地把I_{out}和T_{IN}关联起来。

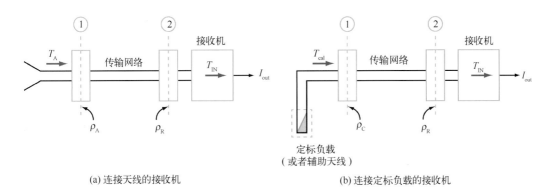

(a) 连接天线的接收机　　　　　　　　(b) 连接定标负载的接收机

图 7.24　连接至天线及校正源的辐射计接收机。ρ 是指向指定端口的电压反射系数

　　回到步骤二：将T_{IN}与天线温度T_A或定标源的噪声温度T_{cal}关联起来。若朝天线方向"看"的电压反射系数ρ_A与朝定标负载方向"看"的电压反射系数(大小和相位)ρ_C相等，那么问题就简单了。这种情况下，假设用于连接天线和辐射计的传输线也用于定标环节，那么根据T_{cal}对I_{out}进行定标得到的常数等于I_{out}和T_A关系式中的常数。但是通常情况下，$\rho_A \neq \rho_C$，也就是说I_{out}和T_{cal}之间的关系并不完全等同于I_{out}和T_A之间的关系。因此，如果没有经过校正就使用定标公式预测T_A值，可能会产生错误的估计值。若$|\rho_C| < 0.05$、$|\rho_A| < 0.05$，则误差的大小约为 1 K；若ρ_A和ρ_C的绝对值较大且相差甚远，则误差变得非常大。

　　阻抗匹配的情况下，T_{IN}与T_A的关系如下

$$T_{IN} = \frac{1}{L}T_A + \left(1 - \frac{1}{L}\right)T_0 \tag{7.94}$$

式中，L为连接天线与接收机的传输网络的损耗因数；T_0为传输网络的物理温度。Wells 等(1964)、Miller 等(1967)和 Otoshi(1968)分别研究了不匹配对接收机定标的影响。若ρ_R(朝向接收机方向)和ρ_A(朝向天线方向)不为零，T_{IN}表达式需引入新的参数项来表征传输网络端口 1 和端口 2 之间的多重反射，包括天线(T_A)传递的噪声功率和接收机(T_{REC})产生的噪声功率。图 7.25 展示了T_{IN}实际值与无反射时的理论值之间的最大不匹配误差。$T_A = 50$ K 时，即使$T_{REC} = 300$ K 且反射系数较小($|\rho_A| = |\rho_R| = 0.1$)，不匹配误差也高达 9 K。反射系数增加至 0.2，则不匹配误差增大到 34 K。

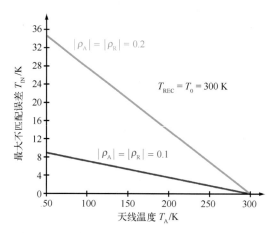

图 7.25　最大不匹配误差随天线温度变化的曲线

7.11.4　天线定标

在前面章节中，我们讨论了将辐射计输出指示值转换为天线温度 T_A 的定标方法，其中 T_A 表示天线传递的噪声功率。这一节讨论第二种转换，即 T_A 和 T_{ML} 之间的转换，其中 T_{ML} 表示天线主瓣对应的观测场景的亮温。为此，根据式(6.40)得出

$$T_A = \xi\eta_b T_{ML} + \xi(1 - \eta_b)T_{SL} + (1 - \xi)T_0 \tag{7.95}$$

式中，ξ 为天线辐射效率；η_b 为天线波束效率；T_0 为天线物理温度。注意，式(7.95)假设天线只对特定感兴趣的极化方式敏感。实际上，主瓣对正交极化信号的灵敏度也需要包含在 T_A 表达式中，并在天线定标期间对其进行校正，校正方式与消除旁瓣贡献的方式类似。亮温 T_{ML} 和 T_{SL} 分别表示主瓣贡献和旁瓣贡献，由式(6.33)和式(6.34)给出。

天线定标的目的是根据辐射计测量的 T_A 估计 T_{ML}。对于无损的(即 $\xi = 1$)、辐射方向图仅由一个主瓣($\eta_b = 1$)组成的理想天线，上述表达式简化成

$$T_A = T_{ML}$$

但在实际情况中，要确定 T_{ML} 的值需要知道 ξ、η_b 和 T_{SL} 的值。下面将讨论用于测量天线参数 ξ 和 η_b 的技术。T_{SL} 既不是常数也不是可测量的数值，它取决于从主瓣之外的方向入射到天线的辐射分布。

如 6.5.3 节所讨论，由于缺乏 T_{SL} 值，T_{ML} 的估计值存在误差，其误差大小只是一个关于 η_b 的函数。所以，为了把这种误差最小化，辐射计需要使用波束效率尽可能接近 1 的天线。如第 3 章所述，合理设计天线孔径分布的锥度可以抑制辐射方向图的旁瓣，从而实现高波束效率。但是高波束效率意味着主波束变宽，或等效于降低孔径效率。

图 7.26 展示了波束效率 η_{b} 和孔径效率 η_{a} 之间的权衡。对于辐射遥感，这相当于辐射分辨率和角分辨率(或空间分辨率)之间的权衡。

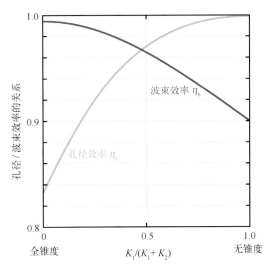

图 7.26 一维孔径的波束效率和孔径效率是关于锥度的函数(Nash，1946)。孔径分布为 $E_{\mathrm{a}}(x_{\mathrm{a}}) = K_1 + K_2(1-x_l^2)$，其中 $x_l = 2x_{\mathrm{a}}/l$，l 为孔径长度

根据第 3 章中的式(3.27)、式(3.18)和式(3.24)，天线波束效率 η_{b} 和辐射效率 ξ 分别写成

$$\eta_{\mathrm{b}} = \frac{\iint_{\text{主瓣}} F(\theta, \phi)\,\mathrm{d}\Omega}{\iint_{4\pi} F(\theta, \phi)\,\mathrm{d}\Omega} \qquad (7.96)$$

$$\xi = \frac{G}{D} = \frac{4\pi G}{\iint_{4\pi} F(\theta, \phi)\,\mathrm{d}\Omega} \qquad (7.97)$$

式中，$F(\theta, \phi)$ 为天线辐射方向图，D 和 G 分别为最大方向性系数和峰值增益。如果辐射方向图 $F(\theta, \phi)$ 在 4π 立体角上的所有方向都是已知的，则很容易计算 η_{b}。同样地，已知 G 就可以确定 ξ。在实践中，尽管 G 是一个最容易测量的天线参数，但这种方法实行起来存在准确度和成本的问题。式(7.96)和式(7.97)中的分母即使只有 1% 的误差，也可能导致 T_{SL} 估计值存在数开尔文的误差。为了获得良好的准确度，必须测量 $F(\theta, \phi)$ 完整的二维方向图，且相对于峰值的测量精确度至少要达到 -60 dB，但这个操作可能成本很高。下面将谈到另外一种更准确的 ξ 测量方法。一旦确定了 ξ，可以根据下式很方便地得到 η_{b}：

$$\eta_{\mathrm{b}} = \frac{\xi}{4\pi G}\iint_{\text{主瓣}} F(\theta, \phi)\,\mathrm{d}\Omega \qquad (7.98)$$

之前提过，G 和主瓣较小范围的 $F(\theta, \phi)$ 是容易测量的参数。有些情况下，很难准确定义主瓣的范围，因此 η_b 被引述为一定角度范围内(如主波束中心两侧半功率点之间的波束宽度)的波束效率，或引述为一定 $F(\theta, \phi)$ 值的范围内(相对于其最大值)的波束效率，如低至 −20 dB。

7.11.5 低温负载技术

图 7.27 中天线的孔径直接放置于充满微波吸收材料的箱子上。Hardy 等(1973)指出，液氮会使多孔吸收材料达到饱和。吸收材料的特征是反射系数极小(图 7.28)，近似于亮温等于物理温度的完美吸收体(或发射体)。−40 dB 的电压反射系数等效于 0.01 反射强度。

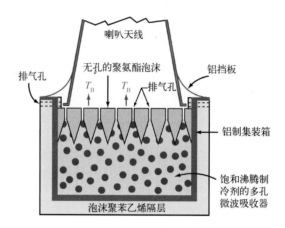

图 7.27　用于辐射计天线定标的低温负载的构造(Hardy et al., 1974)

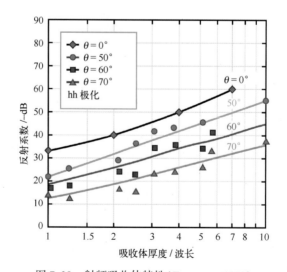

图 7.28　射频吸收体特性(Emerson, 1973)

微波辐射计的天线观测(各方向上)基本恒定的亮温分布 T_B，测量的天线温度 T_A 为

$$T_A = \xi T_B + (1 - \xi) T_0 \tag{7.99}$$

式中，ξ 和 T_0 分别为天线的辐射效率和物理温度。对 ξ 进行求解，得出

$$\xi = \frac{T_0 - T_A}{T_0 - T_B} \tag{7.100}$$

这里，$T_B = 77.36\ \mathrm{K}$，表示海平面处液氮的沸点。

低温定标技术具有以下几个优点：准确、可重复和相对低廉。Hardy 等(1974)利用低温负载技术定标 2.65 GHz 辐射计，ξ 的测量值达到 $\pm 0.1\%$ 的绝对准确度；Blume (1977)指出，重复定标的均方根值为 0.7 K，平均偏差为 0.03 K。上述低温负载技术稍微修改后也可用于定标工作频率为 86.1 GHz 的小孔径(10 cm × 10 cm)喇叭天线 (Ulich，1977)。

低温定标技术仅用于小孔径天线(每个方向约 1 m)的定标。大型天线的定标需要使用斗式技术。

7.11.6　斗式技术

图 7.29 所示的天线位于大型金属斗内，由于金属斗容积很大，因此可以合理地假设天线与斗壁之间不存在相互耦合。图中标示的尺寸是新墨西哥州立大学创建的天线定标斗的尺寸。为了避免周围地表的辐射，定标斗建立在山顶上(Carver，1975)。天线主波束指向天顶方向，辐射计测量的天线温度为

$$T_A = \xi T'_A + (1 - \xi) T_0 \tag{7.101}$$

式中，T'_A 为无损天线的天线温度，等于天空亮温的积分：

$$T'_A = \frac{\iint_{4\pi} T_{SKY}(\theta, \phi) F(\theta, \phi)\, \mathrm{d}\Omega}{\iint_{4\pi} F(\theta, \phi)\, \mathrm{d}\Omega} \tag{7.102}$$

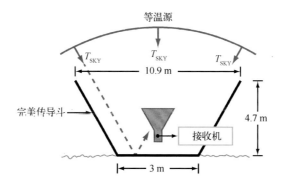

图 7.29　测量天线辐射效率的斗式方法(Carver，1975)

金属斗的表面辐射率为零(完全反射)。因此，天线接收的能量完全来自大气辐射，主要部分是天线上方的直接辐射，剩余部分由斗壁反射进入天线的旁瓣。假设天线主瓣及其前几个显著旁瓣方向对应的 $T_{SKY}(\theta, \phi)$ 近似为常数，则式(7.102)简化为

$$T'_A = T_{SKY}(\theta = 0°)$$

利用定标斗附近的气象站提供的气象参数，并结合第 8 章给出的大气辐射公式，可以计算 $T_{SKY}(\theta=0°)$ 的值。这样，计算 T'_A 值之后，再测量 T_0 和 T_A，最后根据式(7.101)确定 ξ。

7.12 成像因素

Slater(1980)指出，"依据给定的标准，光学系统的极限分辨率是该系统可以分辨明确定义的测试对象的元素，如天文学中的双星、显微镜下的光栅线以及摄影中条形目标的条纹。"光学系统的分辨能力可通过几种标准方法来测量(Slater，1980)，但微波系统还没有相应的等效方法或标准目标。

微波辐射计的空间分辨率通常由半功率波束宽度对应的瞬时视场(IFOV)确定。IFOV 定义了天线主波束在地面上的覆盖区域。对于图 7.30 所示的结构，空间分辨率 Δx 和 Δy 分别为

$$\Delta x = \beta_x h \tag{7.103a}$$

$$\Delta y = \beta_y h \tag{7.103b}$$

式中，h 为天线平台的高度；β_x 和 β_y 分别为 x 和 y 方向上的半功率波束宽度。多数微波辐射系统采用方向图呈圆对称的天线，即 $\beta_x = \beta_y = \beta$。

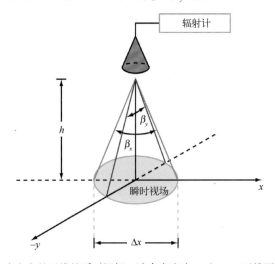

图 7.30　指向天底点方向的天线的瞬时视场，波束宽度为 β_x 和 β_y。天线平台位于地面上空 h 处

第 3 章中讨论到,

$$\beta = k\frac{\lambda}{l} \qquad (\text{rad}) \qquad (7.104)$$

式中, l 为矩形孔径的长度(和宽度)或圆形孔径的直径; k 为给定天线配置的常数。通常, k 介于 0.88(均匀照射孔径)和 2(大锥度照射)之间(参见表 3.1 和表 3.2)。为了方便计算,对于波束效率较高的天线可合理设定 k 的值为 1.5。

7.12.1　扫描配置

人们所关心的场景的辐射成像需要通过天线主波束的扫描来完成。对于移动的平台,沿交轨方向的扫描就可以形成图像。机械扫描技术和电子(波束控制)扫描技术都可用于微波辐射计。在机械扫描中,天线波束的方向通过天线系统辐射孔径的机械旋转或角运动来改变。图 7.31 展示了一些具体例子:①整个天线结构按角度扫描的简单配置;②天线固定、来回转动反射器(镜面)的配置;③由固定抛物环面反射器和旋转馈电组成的配置。

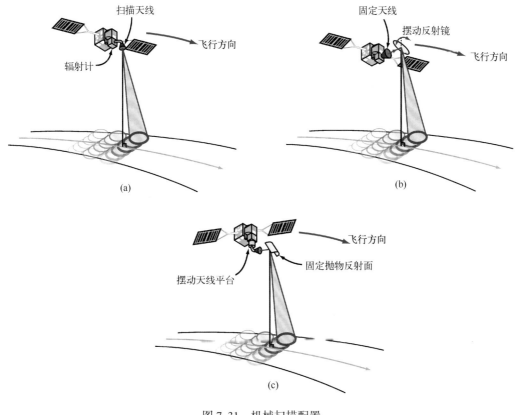

图 7.31　机械扫描配置

　　相控阵天线用来对天线波束的方向进行电子控制(参见3.11节)，扫描过程不存在机械运动。如果天线仅沿一个方向进行扫描，只要控制一维方向的相对相位即可，如图7.32所示。与机械扫描天线相比，电子扫描天线的另一个优势是扫描速率高。但是，电子波束扫描也有一些缺点：与尺寸相当的单一天线结构相比，相控阵天线更复杂，成本较高，重量和功率损耗较大。相控阵天线的高损耗是由用以控制各个馈线相位的移相器造成的。通常使用的是铁氧体移相器或PIN二极管移相器。

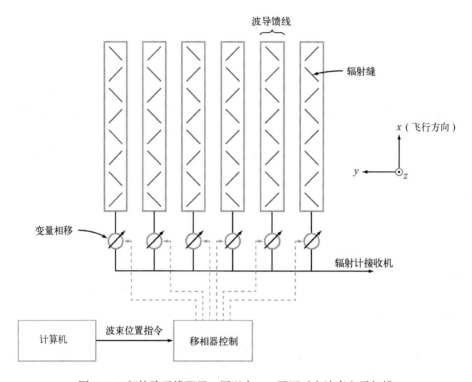

图7.32　相控阵天线配置，用以在 y-z 平面对主波束电子扫描

　　微波扫描辐射计系统在 Nimbus 系列卫星中已得到应用，其中 19.35 GHz(Nimbus-5)和 37 GHz(Nimbus-6)电子微波扫描辐射计(ESMR)采用相控阵天线，而 Nimbus-6 微波扫描光谱仪(SCAMS)和 Nimbus-7 多通道微波扫描辐射计(SMMR)则采用机械扫描天线配置。

　　图7.33列举了两种最常用的观测配置。第一种配置中[图7.33(a)]，天线波束在与运动方向近似垂直的平面内进行扫描。入射角 θ 变化范围是 0°(天底点方向)至 θ_s(扫描线边缘)。若使用圆形天线方向图，瞬时视场的形状从圆形(天底点方向)变成长轴位于 y 方向的椭圆形(扫描线边缘)。对于一些天线扫描配置，极化矢量的方向与波束在扫描线上的位置有关。

图 7.33(b)所示的观测配置的主要优点是，波束在方位向沿着辐射计平台前的锥面进行扫描，入射角几乎保持不变。例如，37 GHz 的 ESMR 就采用圆锥扫描机制，即以45°倾斜角(相对于运动方向)在±5°的方位角内(相对于前进方向)进行扫描。考虑到地球的曲率，ESMR 在地球表面的入射角范围为 49.6°~50.8°，分别对应方位角等于 0°和扫描线边缘的位置。换句话说，这种扫描装置所生成的图像其观测入射角基本保持不变。

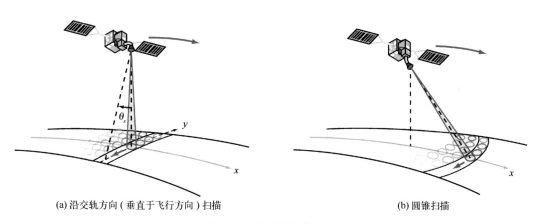

(a) 沿交轨方向 (垂直于飞行方向) 扫描　　　　　　　　　(b) 圆锥扫描

图 7.33　辐射计成像方式

7.12.2　辐射计不确定度原理

前面章节中我们指出，给定积分时间 τ，则须权衡频谱分辨率(即预检测带宽 B)和辐射分辨率 ΔT。多数辐射计系统中，ΔT 的通用表达式为

$$\Delta T = \frac{M}{\sqrt{B\tau}} \tag{7.105}$$

对于给定的系统温度和接收机配置，辐射计品质因数 M 为常数。静止辐射计(相对于场景)的持续时长 τ 没有原理性的限制。这点与移动平台不同。

这里以图 7.34 为例，说明如何将扫描系统参数与 τ 关联起来。假设平台位于地面上空 h 处，且以速度 u 沿着 x 方向移动。辐射计天线在 $+\theta_s$($+y$ 方向)和 $-\theta_s$($-y$ 方向)之间扫描，扫描方向垂直于飞行方向。平台的正向运动决定了逐行扫描的格式。沿着纵轴(正向)方向穿过天底点波束宽度所需要的时间为

$$t_1 = \frac{\Delta x}{u} = \frac{\beta h}{u} \tag{7.106}$$

忽略波束从扫描线的终端($\theta = \theta_s$)转向下一条扫描线的重置时间，并假设平台每前进一个波束宽度对应的长度就完成一次横向扫描(时间 t_1)，则扫描角速率为

$$\omega = \frac{2\,\theta_s}{t_1} \quad (\text{rad/s}) \tag{7.107}$$

进一步假设在波束扫描范围 $[-\theta_s, +\theta_s]$ 内天线波束宽度保持不变(仅当采用机械扫描或有效孔径保持不变时有效),则横向扫描一个波束宽度所需的时间为

$$\tau_d = \frac{\beta}{\omega} = \frac{t_1\beta}{2\,\theta_s} \tag{7.108}$$

τ_d 称为驻留时间,等于地面上的点被天线波束观测的时间。根据式(7.106),τ_d 可用空间分辨率 Δx 来表示:

$$\tau_d = \frac{(\Delta x)^2}{2u\,\theta_s h} \tag{7.109}$$

式中,θ_s 的单位为弧度(rad)。

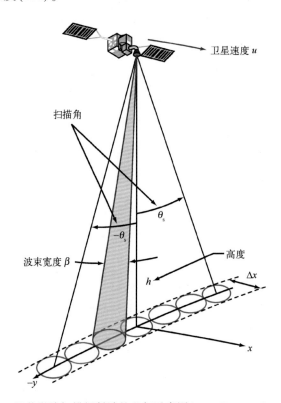

图 7.34　机载微波扫描辐射计的几何示意图(McGillem et al.,1963)

现在考察辐射计波束穿越辐射特性完全不同的两个区域之间(任一方向上)的边界的情景。若辐射计积分时间 τ 远小于 τ_d,要完成两个不同区域对应的两种电平之间的转变,辐射计输出大概需要 τ_d 秒。若 $\tau \gg \tau_d$,辐射计需要更长的时间来记录剧变边界导致的变化,也就是有效空间分辨率远大于 Δx。因此,从辐射分辨率的角度来看,τ 要尽

量大；从空间分辨率的角度看，则需满足 $\tau \ll \tau_d$。最佳的选择取决于辐射计的具体用途及其他系统参数。但通常情况下，折中的方法是设定

$$\tau = \tau_d \tag{7.110}$$

这时，将式(7.109)代入式(7.105)，得到

$$\Delta T \cdot \Delta x \cdot B^{1/2} = M\,(2u\,\theta_s h)^{1/2} \tag{7.111}$$

　　该辐射计不确定度公式表明，对于给定的辐射计配置(即 M)、飞行参数(h 和 u)和扫描角度范围($2\theta_s$)，辐射不确定度 ΔT、空间不确定度 Δx 和频谱不确定度的平方根($B^{1/2}$)三者的乘积为常数。对于其他更复杂的扫描配置可推导出类似的表达式，基本思路与上面讨论的一致。也就是说，这 3 种分辨率(不确定度)是相互关联的，因此提高其中任意一项，都有可能降低其他一项或两项(除非改变飞行参数和/或扫描配置)。

7.13　干涉孔径合成技术

　　有一种特殊的、使用波束形成的相控阵天线，是在干涉孔径合成技术的基础上实现的。

> ▶ 干涉孔径合成技术的目的是使用物理尺寸较小的分布式天线网络，合成一个较大的有效天线孔径，其波束宽度相对较窄，角分辨率较高。◀

　　这种方法在 20 世纪 50 年代最初用于射电天文学(Ryle, 1952；Ryle et al., 1960)。1974 年的诺贝尔物理学奖就是为了表彰这种新型成像仪的重要性及其在首次发现脉冲星中的作用。从此，干涉孔径合成技术发展成天文研究中一种既定的工具(Napier et al., 1983)。

　　这种射电天文技术也用于地球遥感，称为微波干涉辐射计(MIR)。MIR 最早被提议用来改善工作在较低微波频率的被动式微波成像仪的空间分辨率，从而避免使用尺寸较大、机械控制的物理孔径(Ruf et al.,1988)。早期使用机载样机做方案验证(Tanner et al., 1993；Ruf et al., 2003)。首个星载 MIR 样机，即土壤湿度和海洋盐度(SMOS)卫星上的合成孔径微波成像辐射计(MIRAS)，由欧洲空间局于 2009 年 11 月发射(Keer et al., 2010)。图 7.35 所示是该卫星在轨道上完全展开后的效果图。图中，两个太阳能帆板阵列从卫星平台沿相反的方向向外延伸，下面的 3 个天线阵列悬臂以 120° 的夹角依次排列。

　　MIR 传感器的基本构建模块是相干辐射计，用于执行空间上相互分离的两个天线所接收的电场之间的复相关运算。不同位置产生的电场之间的空间互相关性由下式给出(Cittert, 1934；Zernike, 1938)：

$$\langle \boldsymbol{E}(0,0)\boldsymbol{E}^{*}(u,v)\rangle \propto \iint_{\xi^2+\eta^2\leqslant 1} I(\xi,\eta)\mathrm{e}^{-j2\pi(u\xi+v\eta)}\mathrm{d}\xi\mathrm{d}\eta \qquad (7.112)$$

式中，(u,v)为图 7.36 中到达元件 1 和元件 2 的电磁波电场分量之间的空间距离，以波长为测量单位；坐标 $\xi = \sin\theta\cos\phi$ 和 $\eta = \sin\theta\sin\phi$，表示从电场测量平面指向波源的方向余弦；$I$ 为波源强度；积分范围是波源所在的半空间上。图 7.36 说明了测量坐标系(u,v)与波源坐标系(ξ,η)之间的关系。式(7.112)常被称作范西泰特–策尼克定理(van Cittert–Zernike theorem)。该定理强调了电场的空间互相关与产生电场的波源之间存在的傅里叶变换关系。

图 7.35　SMOS 卫星天线阵列在轨道上完全展开效果示意图

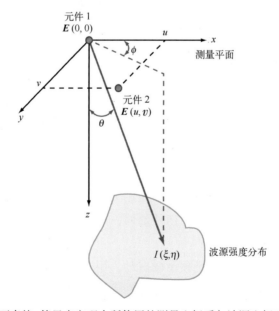

图 7.36　范西泰特–策尼克定理中所使用的测量坐标系与波源坐标系之间的关系

MIR 传感器测量的互相关性通过软件进行傅里叶逆变换, 就可以获得强度分布 $I(\xi, \eta)$ 的图像。无混叠的图像重构要求在 (u, v) 测量平面内按特定的间隔进行互相关测量。奈奎斯特采样定理表明, 合理的 (u, v) 采样取决于视场, 即所要成像的波源分布 (Ulaby et al., 2013)。如果图像重构扩展到整个半空间 (图 7.36 中 $z > 0$), 那么测量值应为 u 和 v 二分之一的整数倍。这与传统的相控阵列排列一致, 即为了避免阵列因子在整个半空间上的栅瓣, 天线阵元之间的间隔为半个波长 (参见 3.10.2 节)。如果图像重构限制在较窄的视场内, 那么可以扩大在 (u, v) 平面上的采样间隔。

▶ 通常, MIR 合成孔径的大小等于天线阵元对之间的最大距离。◀

对于扩展的微波亮温分布的对地遥感, 范西泰特-策尼克定理可以改写成两个相隔 (u, v) 的天线接收的带通信号之间互相关系数, 如 Corbella 等 (2004) 所述:

$$V(u, v) \propto \frac{1}{KBG} \iint_{\xi^2 + \eta^2 \leqslant 1} \left\{ \frac{T_B(\xi, \eta) - T_{REC}}{\sqrt{1 - \xi^2 - \eta^2}} F(\xi, \eta) \right\} \cdot R\left(\frac{u\xi + v\eta}{f_0} \right) e^{-j2\pi(u\xi + v\eta)} d\xi d\eta$$

(7.113)

式中, V 称为"可视度"函数, 表示两天线所接收信号之间的互相关性; k 为玻尔兹曼常数; B 为 (接收机) 噪声带宽; G 为功率增益; T_{REC} 为两个接收机 (假设相同) 的噪声温度; F 为两天线 (假设相同) 的功率辐射方向图; R 被称作条纹洗涤函数, 说明了波源到两个天线电磁波传播时间差异引起的热噪声信号的去相关程度; f_0 为接收机通带的中心频率。成像源的亮温分布为 $T_B(\xi, \eta)$。通常情况下, 天线之间的传播时间远小于噪声宽度的倒数, 因此条纹洗涤效应可忽略不计, 此时 $R \approx 1$。

实际上, MIR 传感器使用由小型天线元组成的阵列, 所有可能的阵元对之间的互相关提供了 (u, v) 测量平面内所需的采样。成像仪一般分为两类: 使用扇形波束天线元的一维成像仪以及使用宽波束天线元的二维成像仪。一维成像仪的天线元呈线性排列, (u, v) 测量平面与其轴线之一重叠。图像重构过程对应于"可视度"函数的一维傅里叶逆变换 (Tanner et al., 1933)。

图 7.37 举例说明一维成像仪的设计形式。入射到成像仪的热辐射信号穿过低损耗的聚酰亚胺薄膜天线罩进入天线 (框图左上角)。天线子系统由 14 个天线元构成的线性阵列组成, 每个元件均为 1 m 长的波导缝隙天线, 共振工作频率为 10.7 GHz。天线元排列在最小冗余线性阵列上, 所有可能的天线阵元对之间的距离均是半个波长的 1~68

整数倍。这种排列用来满足对可视度函数的无混叠奈奎斯特采样(Ruf, 1993)。每个天线产生的信号通过定向耦合器进入接收机,噪声二极管产生的宽带定标信号也注入定向耦合器。把单一噪声源的输出注入至14个信号通道,这样可以将受控可重复的相关度添加到14个信号的两两组合之间。

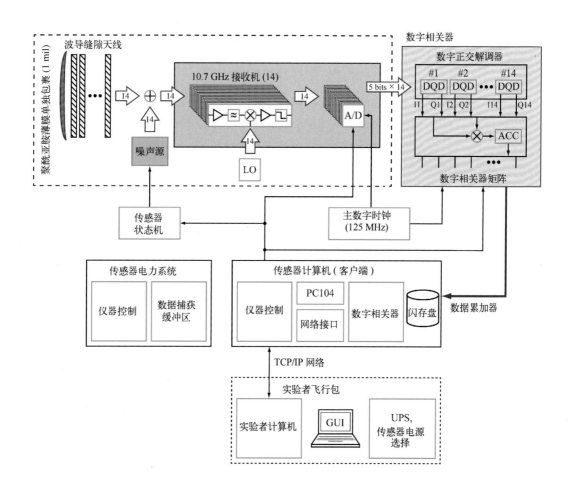

图7.37 由14个扇形波束天线组成的一维合成孔径MIR传感器的原理框图,使用软件波束控制合成一个68元的相控阵列(Ruf et al., 2003)

接着,信号传递到一组(14个)辐射计接收机中。每个接收机由以下几部分组成:带有环境黑体参考位置的前端迪克开关,放大和下变频步骤,射频和中频带清晰明确并且具有旁瓣抑制的滤波器。接收机的最后一级是模-数转换器。对未检测的中频信号进行数字化处理是为了保留14个信号之间的相对相位信息。

14个数字化信号接着传输至数字相关器子系统。数字信号处理的第一级是一组(14

个)正交解调器。它们将中频载波的正弦分量和余弦分量作为本地振荡器的输入至下变频混频器，生成基带信号的同相(I)分量和正交(Q)分量。相关器的第二级是用于处理天线阵元所有可能信号组合的乘法器矩阵，紧接着是用于积分并存储所得乘积的累加器。乘法器矩阵包括信号 I 分量和 Q 分量的所有组合。例如，阵列中第 n 个和第 m 个天线元的复可视度函数由下列式子给出：

$$V_{nm} = (\langle I_n I_m \rangle + \langle Q_n Q_m \rangle) + j(\langle I_n Q_m \rangle - \langle Q_n I_m \rangle) \tag{7.114}$$

式中，I_n 和 Q_n 为第 n 个天线元输出的基带信号的 I 分量和 Q 分量；$\langle \cdot \rangle$ 为累加器的积分结果。

7.13.1　图像重构

原则上，可以对测量的可视度函数进行傅里叶逆变换来重构亮温分布。

为此，式(7.113)可以改写成

$$V(u,\ v) = \int_0^{2\pi} \int_0^{\pi} T'_B(\theta,\ \phi) \cdot e^{-j2\pi(u\sin\theta\cos\phi + v\sin\theta\sin\phi)} \cdot \sin\theta \, \mathrm{d}\theta\mathrm{d}\phi \tag{7.115}$$

这里假设可视度函数已经合理缩放，因此可以忽略式(7.113)中除积分项以外的因素；T'_B 表示改写的亮温，它包含了式(7.113)中积分项幂指数核之外的因子。等式(7.115)的傅里叶逆变换如下：

$$T'_B(\theta,\ \phi) = \int_{-\infty}^{\infty} \int_{-\infty}^{\infty} V(u,\ v) \cdot e^{j2\pi(u\sin\theta\cos\phi + v\sin\theta\sin\phi)} \cdot \mathrm{d}u\mathrm{d}v \tag{7.116}$$

式中，隐含假设：所有可能的空间频率分量 u 和 v 处均有可视度测量结果。实际上，可视度测量是基于天线阵元对之间的离散基线。如果天线元的辐射方向图［即式(7.113)中的 $F(\xi,\ \eta)$］足以覆盖 MIR 仪器前的整个半空间，那么天线对分布在半波长的整数倍处，最大间隔由天线对之间的最大距离决定。截断和离散形式的图像重构算法如下：

$$\widehat{T'_B}(\theta,\ \phi) = \sum_{n=-N}^{N} \sum_{m=-M}^{M} V(u_n,\ v_m) e^{-j2\pi(u_n\sin\theta\cos\phi + v_m\sin\theta\sin\phi)} \tag{7.117}$$

式中，$\widehat{T'_B}$ 为改写的亮温的实际重构估值；$u_n = n/2$，$n = 0,\ \pm1,\ \pm2,\ \cdots,\ \pm N$；$v_m = m/2$，$m = 0,\ \pm1,\ \pm2,\ \cdots,\ \pm M$。将式(7.115)代入式(7.117)，并把求和算子变换到积分算子内，求和得到

$$\widehat{T'_B}(\theta,\ \phi) = \int_0^{2\pi} \int_0^{\pi} T'_B(\theta',\ \phi')\, F_a^u(\theta,\ \phi;\ \theta',\ \phi') \cdot F_a^v(\theta,\ \phi;\ \theta',\ \phi') \sin\theta' \, \mathrm{d}\theta'\mathrm{d}\phi' \tag{7.118}$$

式中，F_a^u 和 F_a^v 为天线阵列因子(参见 3.9 节)，由下式给出：

$$F_a^u(\theta, \phi; \theta', \phi') = \frac{\sin\left[\pi \dfrac{2N+1}{2}(\sin\theta\cos\phi - \sin\theta'\cos\phi')\right]}{\sin\left[\dfrac{\pi}{2}(\sin\theta\cos\phi - \sin\theta'\cos\phi')\right]}$$

$$\text{(7.119a)}$$

$$F_a^v(\theta, \phi; \theta', \phi') = \frac{\sin\left[\pi \dfrac{2M+1}{2}(\sin\theta\sin\phi - \sin\theta'\sin\phi')\right]}{\sin\left[\dfrac{\pi}{2}(\sin\theta\sin\phi - \sin\theta'\sin\phi')\right]}$$

$$\text{(7.119b)}$$

式(7.118)本质上是有关实际亮温分布的空间低通滤波器。重构图像的分辨率可定义为阵列因子在两个主平面内第一零点之间的角度距离：

$$\theta_{\text{null-to-null}} = \arcsin\left(\frac{4}{2N+1}\right) \qquad (\phi' = 0) \qquad \text{(7.120a)}$$

$$\theta_{\text{null-to-null}} = \arcsin\left(\frac{4}{2M+1}\right) \qquad \left(\phi' = \frac{\pi}{2}\right) \qquad \text{(7.120b)}$$

对于大型阵列(N, $M \gg 1$)，上述表达式可以根据近似关系 $\sin\theta \approx \theta$ 进一步简化。需要注意的是，N 和 M 表示天线阵元对之间最大的半波长数量，零点到零点的波束宽度约等于天线方向图半功率波束宽度的两倍，因此角度分辨率的表达式变为

$$\theta_{\text{half-power}} \approx \left(\frac{\lambda}{D_u}\right) \qquad (\phi' = 0) \qquad \text{(7.121a)}$$

$$\theta_{\text{half-power}} \approx \left(\frac{\lambda}{D_v}\right) \qquad \left(\phi' = \frac{\pi}{2}\right) \qquad \text{(7.121b)}$$

式中，D_u 和 D_v 为阵列 u 和 v 轴方向上天线阵元对之间的最大间距(图7.36)。

根据傅里叶逆变换重构图像是一种理想化的方法，可以阐释亮温与可视度之间的基本关系以及 MIR 仪器结构与其角分辨率之间的基本关系。但实际中，更常用的是经验的伪逆方法。这种图像重构过程可以更好地解释测量结果的非理想特性，即各个天线元辐射方向图的差异以及不同接收机对的相对相位和振幅传递函数的波动。伪逆是直接根据 MIR 天线干涉图样的测量结果来构造的。干涉图样就是点源穿过仪器视场所测得的可见度。图7.37和图7.38中仪器的干涉图样如图7.39所示，天线间距分为以下3类：①"零间距"，本质上是单一天线阵元的功率辐射方向图；②半波长间距，包含实部分量和虚部分量，描述了式(7.115)中指数项的正弦分量和余弦分量；③34倍波长间距，也是天线阵元对之间的最大距离，所以干涉图样的空间频率最高，决定了整个成像仪的角分辨率。

(a) 干涉微波辐射计仪器

(b) 干涉微波辐射计仪器安装至 NASA DC-8 航空器上

图 7.38　图 7.37 所示框图的仪器照片

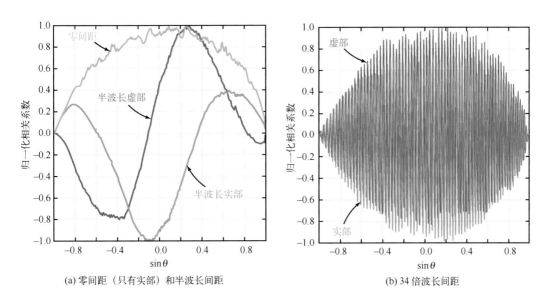

(a) 零间距（只有实部）和半波长间距　　　　　(b) 34 倍波长间距

图 7.39　图 7.38 所示的一维合成孔径 MIR 传感器"零间距"和半波长间距的实测复干涉图样

图像重构算法由所有干涉图样集合到冲击响应矩阵 $\boldsymbol{G}$ 构成，$\boldsymbol{G}$ 定义为

$$G_{ij} = V_{i=nm} \quad （点源的位置 \theta_j） \tag{7.122}$$

式中，i 为天线元所有可能存在的配对的序号；θ_j 为仪器视场内点源的角度位置；V_{nm} 为该处的实测可视度。矩阵 $\boldsymbol{G}$ 的每一行对应一对天线元，每一列对应视场中的一个位置。矩阵 $\boldsymbol{G}$ 的测量通常是在微波暗室中的受控条件下进行的。通过确定点噪声源开和关时可视度测量值之间的差异可以消除暗室壁热辐射的影响。

一旦确定了矩阵 $\boldsymbol{G}$，观测一般的亮温分布 $[T_{\mathrm{B}}(\theta)]$ 获得的可视度矢量就可以表示成

$$V = GT_B \tag{7.123}$$

式中，T_B 为亮温的角分布矢量，其元素排列与矩阵 G 的坐标 θ_j 一致。图像重构算法用式(7.123)的伪逆表示：

$$\hat{T}_B = G^\dagger (GG^\dagger)^{-1} V \tag{7.124}$$

式中，$\hat{T}_B$ 表示真实亮温分布的估值。结合式(7.123)和式(7.124)，可推导出合成的天线方向图和有效分辨率，

$$\hat{T}_B = G^\dagger (GG^\dagger)^{-1} GT_B = AT_B \tag{7.125}$$

式中，矩阵 $A = G^\dagger (GG^\dagger)^{-1} G$ 为合成天线方向图的矩阵形式。第 j 行对应图像中指向角 θ_j 的天线方向图。

上述实例描述了一维 MIR 成像仪及其图像重构。图 7.35 所示的 MIRAS 是一种二维仪器。MIRAS 的工作频率为 1.4 GHz，包含 69 个半波偶极子天线，排列在 3 个 4.5 m 长的悬臂上。其合成孔径的直径为 9 m，方向性可通过软件操控在各个偶极子方向图定义的视场内变化。MIRAS 图像重构算法是一维方法的直接扩展。矩阵 G 的行对应 69 个天线元的所有可能配对，列对应二维图像视场内所有可能的角度位置。

7.13.2　MIR 辐射灵敏度

7.4 节把全功率辐射计的辐射灵敏度 ΔT 描述为增益稳定的理想型辐射计测量的标准差。ΔT 是关于系统噪声温度、带宽和积分时间的函数。各可视度测量(用以重构 MIR 的亮温图像)的标准差也存在类似的关系，即以下 ΔV 表达式(Ruf et al.，1988)：

$$\Delta V_r = \sqrt{\frac{T_{SYS}^2 + V_r^2 - V_i^2}{2B\tau}}, \tag{7.126a}$$

$$\Delta V_i = \sqrt{\frac{T_{SYS}^2 + V_i^2 - V_r^2}{2B\tau}} \tag{7.126b}$$

式中，$V = V_r + jV_i$ 为复可视度函数；$T_{SYS} = T_A + T'_{REC}$，T_A 为 MIR 单个天线元整个视场内的平均亮温。与全功率辐射计的 ΔT 相比，式(7.126)的测量噪声具有缩减系数 $\sqrt{2}$，这是因为可视度测量是由相干辐射计产生的，而通道间的系统噪声温度很大程度上是不相关的。

对式(7.117)的图像重构算法[或式(7.124)所示的 G 矩阵方法]进行误差传递分析，可得 MIR 亮温图像中各个像素的标准差。以图像中心的像素($\theta = \phi = 0$ 处)为例，式(7.117)给出的重构算法简化为

$$\hat{T}_{\mathrm{B}}'(\theta = 0,\ \phi = 0) = \sum_{n=-N}^{N} \sum_{m=-M}^{M} V(u_n,\ v_m) \tag{7.127}$$

每个可见度测量值的标准差 $V(u_n,\ v_m)$ 由式(7.126)给出。多数情况下，较高空间频率的可视度分量远小于系统噪声温度，可以忽略不计。这种情况下，重构图像的标准差变为

$$\Delta T_{\mathrm{MIR}} = \sqrt{\frac{T_{\mathrm{SYS}}^2 (2N+1)(2M+1)}{2B\tau}} \tag{7.128}$$

大型成像系统($N,\ M \gg 1$)重构图像的灵敏度远低于单个可视度测量的灵敏度，即前者的标准差远大于后者。实际上，只要同时获得所有可视度测量，这种相对于常规真实孔径辐射计的灵敏度退化可以在很大程度上得以恢复。如果真实孔径辐射计使用窄波束在同一时间、以相同的角分辨率扫描 MIR 的视场区域，产生亮温分布图像，则各像素可用的驻留时间等于 τ 除以像素总数。由于独立像素的数量约等于可视度测量的总数，即$(2N+1)(2M+1)$，真实孔径图像中各像素的 ΔT 与 MIR 仪器的 ΔT 大致相等。

7.14　极化辐射计

6.9 节将 p 极化的亮温定义为相关的电场分量 E_p 的函数，即

$$T_{\mathrm{B}}^p = K \langle |E_p|^2 \rangle \tag{7.129}$$

式中，$K = \lambda_0^2 / k\eta_0 B$ 表示比例因子。实际上，式(7.129)中"范数的平方"运算符 $|\ \ |^2$ 是由平方律检测二极管和低通滤波器来实现的，期望运算符 $\langle \rangle$ 则采用视频积分电路来近似实现。更多现代数字辐射计中，这些操作都是借助数字信号处理模块完成的，即先把信号数字化，然后再对信号求平方并进行积分运算。

7.14.1　相干检测

6.9 节提到，采用相干检测或非相干检测辐射计可以测量亮温的第三和第四斯托克斯参数。相干检测是通过对有关电场的 v 极化分量和 h 极化分量的复互相关运算来实现的，即

$$T_{\mathrm{B}}^3 + j T_{\mathrm{B}}^4 = 2K \langle E_{\mathrm{v}} E_{\mathrm{h}}^* \rangle \tag{7.130}$$

相干检测法已经成功应用于许多极化辐射计(Gasiewski et al., 1996；Ruf et al., 2006a)，图 7.40 所示是一个具体实例。相干检测具有以下几大优点：首先，若采用数字复相关，则仪器该部分的非线性、增益纹波、振幅和相位不平衡等现象在时间上具有很好的可重复性，因此更容易定标和消除其影响。其次，相干检测仅需一个复相关通道，而非相干检测需要 4 个通道系统(如下所述)。这大大简化了天线和接收机的结

构，降低了系统的尺寸、质量、功耗、复杂度和成本。

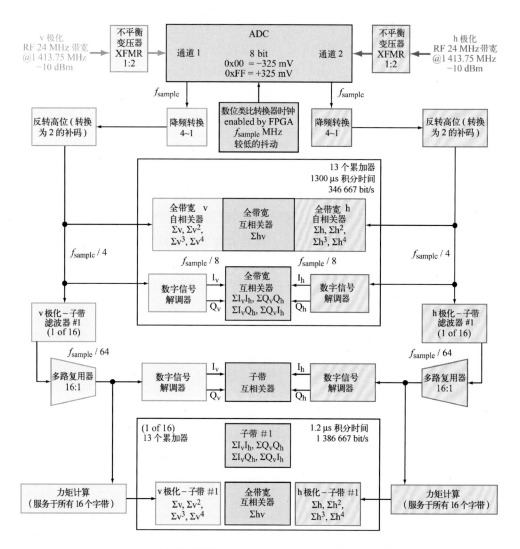

图 7.40　全极化辐射计的结构：采用相干检测和数字相关器

7.14.2　非相干检测

非相干检测依赖于亮温的各种极化分量与相关电场分量之间的关系：

$$T_B^P = \frac{T_B^v + T_B^h}{2} + K\,\mathrm{Re}\{\langle E_v E_h^* \rangle\} \tag{7.131a}$$

$$T_B^M = \frac{T_B^v + T_B^h}{2} - K\,\mathrm{Re}\{\langle E_v E_h^* \rangle\} \tag{7.131b}$$

$$T_B^L = \frac{T_B^v + T_B^h}{2} + K \operatorname{Im}\{\langle E_v E_h^* \rangle\} \qquad (7.131c)$$

$$T_B^R = \frac{T_B^v + T_B^h}{2} - K \operatorname{Im}\{\langle E_v E_h^* \rangle\}, \qquad (7.131d)$$

式中，$T_B^P(T_B^M)$ 为 +45°(-45°) 倾斜线性极化的亮温，$T_B^L(T_B^R)$ 为左旋(右旋)圆极化的亮温。结合式(7.130)和式(7.131)，得出

$$T_B^3 = T_B^P - T_B^M \qquad (7.132a)$$

和

$$T_B^4 = T_B^L - T_B^R \qquad (7.132b)$$

亮温 T_B^P、T_B^M、T_B^L 和 T_B^R 都可以直接或间接测量。直接测量方法使用常规的全功率辐射计以及相应极化方式的天线。这种仪器设计结构通常需要一个较大的天线馈电阵列以及测量 6 个独立的极化状态相对应的辐射计接收机。

全功率方法已经成功应用在 Coriolis 卫星搭载的 WindSat 上（Gaiser et al., 2004）。WindSat 测量 10.7 GHz、18.7 GHz 和 37.0 GHz 的全极化斯托克斯亮温矢量，而在 6.8 GHz 和 23.8 GHz 仅测量垂直极化分量和水平极化分量。全极化通道的第一个天线馈电正交模转换器（OMT）用以形成垂直和水平线性极化，第二个 OMT 形成 +45° 和 -45° 倾斜线性极化，第三个 OMT 形成左旋和右旋圆极化。用这种方法测量第三和第四斯托克斯亮温具有几个方面的优点。它可以使用基于标准平方律检测器的辐射计接收机，人们对这部分组件和子系统的设计以及系统定标已经理解得比较透彻。在对地观测前后，通过指向环境黑体负载和冷空反射器(约 2.7 K)的测量，可以分别标定 6 个独立极化的亮温。这种方法有助于减小 T_B^3 和 T_B^4 的定标偏差，因为根据式(7.132)，T_B^P 和 T_B^M（或 T_B^L 和 T_B^R）的共同偏差会被抵消掉。没有准确计算天线旁瓣的贡献是许多辐射计存在 T_B 偏差的一个最主要因素。WindSat 天线设计的机械和电气对称使得用于计算差分的一对通道具有共模偏差，这种共模偏差通过式(7.132)的差分运算进行消除。残留在 T_B^3 和 T_B^4 中的偏差一般小于原来 6 个极化通道中的偏差。但是，即使偏差只有零点几度也会给风向反演(第 18 章)带来困难。

在间接测量方法中，非相干检测辐射计的结构由标准 v 极化和 h 极化辐射计射频前端组成，配合使用极化组合混合网络来测量所需极化分量的亮温 T_B^P、T_B^M、T_B^L 和 T_B^R。T_B^3 和 T_B^4 的估计方法与全功率辐射计一致。这种间接(混合)方法已成功运用于机载和地基极化辐射计中（Yueh et al., 1995；Sollner et al., 1996）。图 7.41 是这种结构的一个实例。混合方法的主要优点是天线设计较为简单，仅需一组双线极化通道。

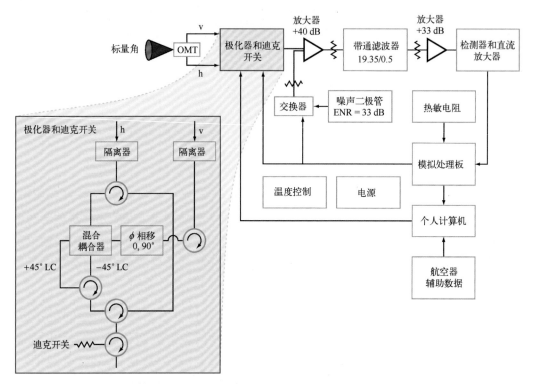

图 7.41　全极化辐射计的结构：采用非相干检测和极化形成混合法(Yueh et al. , 1995)

7. 15　极化辐射计的定标

　　传统的非相干辐射计通过对来自单一极化、单个天线的信号的平方进行积分来测量接收机中的微波噪声功率。它们通常被称为全功率辐射计，其测试和定标使用能够提供两个或更多已知亮温的目标。最常见的全功率定标目标是亮温等于黑体辐射体的物理温度(7.11.5 节)。标准定标的硬件设计是能为黑体材料提供一个已知而且稳定的热环境即可。亮温定标标准的可用性大大方便了全功率辐射计的研发、测试和标定。

　　同样地，全极化辐射计的定标也得益于合适的定标标准。事实上在这种情况下，由于硬件复杂度增加，信号电平偏相关的程度大大降低，可以认为对精确定标的需要更加急迫。全极化辐射计中，E_v 和 E_h 的相干亮度通常比 T_B^v 或 T_B^h 大约小两个数量级。合理的全极化定标标准一方面需要稳定的 E_v 和 E_h 信号，以标定 T_B^v 和 T_B^h，另一方面还要求 E_v 和 E_h 的复偏相关是已知而且稳定的，以便标定 T_B^3 和 T_B^4。没有一种简单的装置(如黑体负载)能够输出这样的信号。通常采用以下两种方法生成全极化定标信号。第一种是改进常规的黑体负载，使两个微波噪声信号能产生一系列重要的、不同程度的偏相关性（Gasiewik et al., 1993；Lahtinen et al., 2003）。这种极化负载由物理温度不同的两个常规黑体吸收体组成，它们辐射的微波噪声功率与极化栅格进行准光学结合，极化栅格与辐射计天线的极化参考轴之间的相对关系决定了负载辐射的表观极化。相对对准关系的变化提供了一系列定标参考值，进而可以用类似于全功率辐射计的定标方式来验证传感器的性能。图 7.42 是这种极化负载的原理框图。

准光学的极化负载有一些局限性。这种负载专门设计用于极化辐射计，不通用于其他类型的相关辐射计。极化负载的设计还存在两个值得注意的问题。一方面，若要维持已知且稳定的极化亮温，则机械对准要非常精确。另一方面，热设计和控制也充满挑战性，即要求两个相对较大的负载彼此紧密靠近，同时还要使它们明显不同的物理温度保持稳定。

另一种极化定标方法依赖于使用双通道任意波形发生器（AWG）和有源冷负载上变频器产生一组偏相关噪声源。这种方法已用于极化辐射计和干涉辐射计的定标（Ruf et al., 2003；Peng et al., 2008）。AWG 包含一组高分辨率数模转换器（DAC），通过共同的时钟同步触发。DAC 的数字输入以

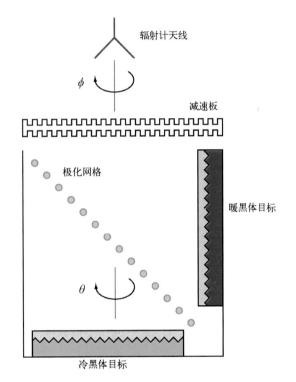

图 7.42　准光学结合的极化黑体定标目标
（Lahtinen et al., 2003）

一组查询表（LUT）的形式存储在内存中。辐射定标通常需要预先装载查询表：这种具有预期噪声功率谱和偏相关特性的类似噪声的高斯分布信号。当指针到达终点后，通常又循环折回起点。这样，输出信号类似循环平稳随机过程，其周期取决于 LUT 的长度（即 AWG 的可用内存）和时钟速率。时钟速率同时决定了输出信号的最大可能带宽。使用 AWG 可以非常方便地选择输出的模拟定标波形。例如，它可以控制噪声带宽和方差、频谱形状（即"颜色"）以及这组噪声信号偏相关（也就是复相关）的正交分量。借助这种灵活性，任意 T_B^v 或 T_B^h 值以及任意复相关（即 T_B^3 和 T_B^4 值）相对应的预检测 v 极化和 h 极化电压，都可以通过 AWG 生成与之相似的一对信号。图 7.43 是这种定标

系统的原理框图。尽管这种极化定标源非常适用于标定和刻画辐射计的电子器件，但要注意，定标过程不包含辐射计的天线部分。这种定标源通常用来代替天线耦合至辐射计。

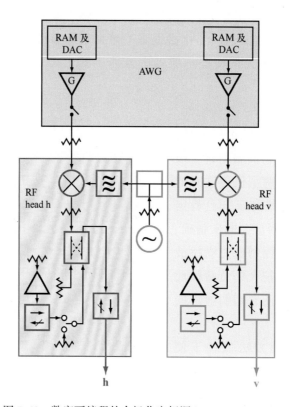

图 7.43　数字可编程的全极化定标源(Pneg et al., 2008)

7.15.1　全极化辐射计的正向模型

全极化辐射计的正向模型描述了原始数据与亮温的输入斯托克斯参数之间的关系。模型包含了各个极化通道的净串联增益、通道间的交叉耦合以及与输入斯托克斯参数无关的测量偏置(例如，内部产生的接收机噪声和检测器偏差)。辐射计定标是对正向模型进行求逆的过程。正向模型的细节随辐射计的具体设计而改变。这里讨论几种适用于相干和非相干检测辐射计的例子。

非相干检测

使用非相干检测的全极化辐射计，其正向模型如下：

$$
\begin{pmatrix} C_{\mathrm{v}} \\ C_{\mathrm{h}} \\ C_{\mathrm{P}} \\ C_{\mathrm{M}} \\ C_{\mathrm{L}} \\ C_{\mathrm{R}} \end{pmatrix} = \begin{pmatrix} G_{\mathrm{vv}} & G_{\mathrm{vh}} & G_{\mathrm{v3}} & G_{\mathrm{v4}} \\ G_{\mathrm{hv}} & G_{\mathrm{hh}} & G_{\mathrm{h3}} & G_{\mathrm{h4}} \\ G_{\mathrm{Pv}} & G_{\mathrm{Ph}} & G_{\mathrm{P3}} & G_{\mathrm{P4}} \\ G_{\mathrm{Mv}} & G_{\mathrm{Mh}} & G_{\mathrm{M3}} & G_{\mathrm{M4}} \\ G_{\mathrm{Lv}} & G_{\mathrm{Lh}} & G_{\mathrm{L3}} & G_{\mathrm{L4}} \\ G_{\mathrm{Rv}} & G_{\mathrm{Rh}} & G_{\mathrm{R3}} & G_{\mathrm{R4}} \end{pmatrix} \cdot \begin{pmatrix} T_{\mathrm{B}}^{\mathrm{v}} \\ T_{\mathrm{B}}^{\mathrm{h}} \\ T_{\mathrm{B}}^{3} \\ T_{\mathrm{B}}^{4} \end{pmatrix} + \begin{pmatrix} O_{\mathrm{v}} \\ O_{\mathrm{h}} \\ O_{\mathrm{P}} \\ O_{\mathrm{M}} \\ O_{\mathrm{L}} \\ O_{\mathrm{R}} \end{pmatrix} \qquad (7.133)
$$

式中，C_x（$x=\mathrm{v}$，h，P，M，L，R）为辐射计 6 个极化通道的原始测量"计数"；T_{B}^{y}（$y=\mathrm{v}$，h，3，4）为输入的斯托克斯参数；G_{xy} 为将输入信号与输出测量值关联起来的增益矩阵的元素；O_x 为与输入信号无关的测量偏置。

这个正向模型需要确定的是 G_{xy} 和 O_x 中的 30 个未知参数。许多部分极化辐射计仅用来测量 $T_{\mathrm{B}}^{\mathrm{v}}$、$T_{\mathrm{B}}^{\mathrm{h}}$ 和 T_{B}^{3}，忽略了左旋圆和右旋圆极化通道。因此，它们的正向模型是式 (7.133) 的简化版，即忽略了 $x=\mathrm{L}$ 和 $x=\mathrm{R}$ 对应的 C_x、O_x 和 G_{xy}。这样，待确定的未知参数个数减少至 20 个。注意，如果存在严重的极化泄漏，输入信号 T_{B}^{4} 可能会影响测量结果，所以不能将 T_{B}^{4} 从简化的正向模型中略去。

相干检测

使用相干检测的全极化辐射计，其正向模型为

$$
\begin{pmatrix} C_{\mathrm{v}} \\ C_{\mathrm{h}} \\ C_{3} \\ C_{4} \end{pmatrix} = \begin{pmatrix} G_{\mathrm{vv}} & G_{\mathrm{vh}} & G_{\mathrm{v3}} & G_{\mathrm{v4}} \\ G_{\mathrm{hv}} & G_{\mathrm{hh}} & G_{\mathrm{h3}} & G_{\mathrm{h4}} \\ G_{3\mathrm{v}} & G_{3\mathrm{h}} & G_{33} & G_{34} \\ G_{4\mathrm{v}} & G_{4\mathrm{h}} & G_{43} & G_{44} \end{pmatrix} \cdot \begin{pmatrix} T_{\mathrm{B}}^{\mathrm{v}} \\ T_{\mathrm{B}}^{\mathrm{h}} \\ T_{\mathrm{B}}^{3} \\ T_{\mathrm{B}}^{4} \end{pmatrix} + \begin{pmatrix} O_{\mathrm{v}} \\ O_{\mathrm{h}} \\ O_{3} \\ O_{4} \end{pmatrix} \qquad (7.134)
$$

这种情况下有 20 个待确定的未知参数（G_{xy} 和 O_x）。假如辐射计的相干检测没用第四斯托克斯通道，即只测量垂直和水平极化信号互相关的同相分量，那么式 (7.134) 的正向模型可以进一步简化，即忽略其中的 C_4、G_{4y} 和 O_4。这样，还有 15 个待确定的未知参数。

7.15.2 极化定标源的正向模型

图 7.43 所示的全极化定标源的正向模型需要包含有源分量和无源连接线的相关特性。其中最重要的组成部分是 DAC 和 AWG 内的放大器、射频前端的上变频混频器以及相互连接的传输线。DAC 输出信号的强度和后续阶段的增益影响定标源的输出信号电平。此外，垂直和水平极化定标信号的互相关受定标源两个通道之间相位不平衡的影响。这些非理想型特性若处理不当，会导致定标误差。为此，需要为定标源建立参

数化的正向模型，并同时确定模型参数和待测辐射计的参数。这些操作需要使用适量的定标信号。

　　AWG 生成的信号强度有两种控制方法。相对信号电平取决于 LUT 装载的值（LUT 只定义归一化的信号）。绝对信号强度取决于 AWG 设置的电压增益 G。定标源生成的信号一部分来自 AWG，另一部分来自环境中的匹配负载或有源冷负载。AWG 信号在射频前端输出的亮温表示为

$$T_{AWG,\,p} = k_p(G_p^2 T_N + O_{AWG,\,p}) \tag{7.135}$$

式中，k_p 为全局比例因子；G_p 为 AWG 通道的电压增益；T_N 为 AWG 的标称亮温；$O_{AWG,p}$ 为定标源 p 极化通道可能存在的偏置亮温。

　　总的亮温是 AWG 分量和环境负载或有源冷负载的分量之和。定标源的整体正向模型如下：

$$T_B^v = k_v(G_v^2 T_N + O_{AWG,\,v}) + T_{Y,\,v}$$

$$T_B^h = k_h(G_h^2 T_N + O_{AWG,\,h}) + T_{Y,\,h}$$

$$T_B^3 = 2 \times \sqrt{k_v(G_v^2 T_N + O_{AWG,\,v}) \cdot k_h(G_h^2 T_N + O_{AWG,\,h})} \times |\rho| \cos(\theta + \Delta)$$

$$T_B^4 = 2 \times \sqrt{k_v(G_v^2 T_N + O_{AWG,\,v}) \cdot k_h(G_h^2 T_N + O_{AWG,\,h})} \times |\rho| \sin(\theta + \Delta)$$

$$\tag{7.136}$$

式中，$T_{Y,\,p}$ 为 p 极化通道参考负载（Y = 环境或冷背景）的亮温；$|\rho|$ 和 θ 分别为两个通道互相关系数的幅度和相位；Δ 为两个通道间电路径长度不平衡导致的相关相位的偏移。Δ 取正值时，表示 h 极化通道的电路径长度大于 v 极化通道的电路径长度。正向模型的参数由仪器设计人员来控制和改变，包括 AWG 增益设置（G_v，G_h）和复相关系数（$|\rho|$，θ）。正向模型中不可控的参数包括增益不平衡（k_v，k_h）、AWG 通道偏置（$O_{AWG,v}$，$O_{AWG,h}$）以及通道间相位不平衡 Δ，这些需要在定标过程中确定。

7.15.3　通过正向模型反演进行定标

　　定标源和待测辐射计的正向模型可以合并成一个正向模型，将编入定标源的亮温与待测辐射计输出的数字计数相关联。为了同时反演辐射计的增益矩阵和偏置量以及定标源正向模型的参数，需要一组合适的测试信号。测试信号通过改变定标源的设置［式（7.136）中的 $|\rho|$、θ、G_v、G_h］和硬件开关位置（AWG 信号<开/关>、背景亮温 T_Y 源<环境负载或冷负载>）来产生。

　　表 7.4 给出了设置组合的实例，可以用来唯一确定除 Δ 外的所有未知模型参数。测试矢量 t_1、t_4、t_7、t_{10} 和 t_{13} 是 AWG 的输出信号，添加到冷场效应晶体管（Cold FET）上。这些测试矢量对应不同的 AWG 增益以及相关系数幅度和相位，相互之间线性不相

关。输入到待测辐射计的亮温是关于通道强度以及相关系数幅度和相位的函数。由于定标源不是理想型的，且 AWG 的绝对强度未知，所以还需要两个不同的、亮温已知的测试矢量来标定定标源的信号强度。这两个附加的测试矢量是表 7.4 中的 t_2 和 t_3 矢量。这组测试矢量提供了一些冗余的信息，通过过度约束系统所推导的方程组，可以提高正向模型参数反演的精度和可靠性。

表 7.4　全极化定标源测试设置

测试矢量	ρ	θ	AWG G_v	AWG G_h	背景信号	T_Y
t_1	0	0	0.17	0.17	开	冷负载
t_2	0	0	0.17	0.17	关	冷负载
t_3	0	0	0.17	0.17	关	环境负载
t_4	0	0	0.25	0.17	开	冷负载
t_5	0	0	0.25	0.17	关	冷负载
t_6	0	0	0.25	0.17	关	环境负载
t_7	0	0	0.17	0.25	开	冷负载
t_8	0	0	0.17	0.25	关	冷负载
t_9	0	0	0.17	0.25	关	环境负载
t_{10}	1	0	0.25	0.25	开	冷负载
t_{11}	1	0	0.25	0.25	关	冷负载
t_{12}	1	0	0.25	0.25	关	环境负载
t_{13}	1	45°	0.25	0.25	开	冷负载
t_{14}	1	45°	0.25	0.25	关	冷负载
t_{15}	1	45°	0.25	0.25	关	环境负载

除了通道间相位不平衡参数 Δ 之外，辐射计增益矩阵的所有元素和偏置矢量的所有元素以及所有定标源正向模型参数，都可以利用标准的过度约束、非线性、迭代最小化技术从测量结果中反演出来。相位不平衡则可以通过手动互换定标源和待测辐射计之间的连接电缆来估计。这是定标过程中唯一一个非全自动的步骤。幸运的是，实际上通道之间的相位不平衡往往非常稳定且不随时间变化，所以不需要反复定标。

定标源和待测辐射计组合的正向模型的所有未知参数可以合并到一个状态矢量 X 中，即

$$X = \{k_v,\ k_h,\ O_{AWG,\,v},\ O_{AWG,\,h},\ \Delta,\ G_{mn},\ O_m\} \tag{7.137}$$

其中，$n=$v, h, 3, 4；对于全极化非相干检测辐射计，$m=$v, h, P, M, L, R，对于全极化相干检测辐射计，$m=$v, h, 3, 4。式（7.133）、式（7.134）和式（7.136）定义了

状态矢量 $\boldsymbol{X}$ 的各个元素。同样地，定标测试获得的辐射计测量结果可以合并到一个测量矢量 $\boldsymbol{C}$ 中，即

$$\boldsymbol{C} = f(\boldsymbol{X}) \tag{7.138}$$

式中，f 为整个正向模型。测量矢量 $\boldsymbol{C}$ 的每一项对应极化辐射计 6 个通道之一在 15 个定标源设置（表 7.4）之一上的测量值。

已知测量矢量 $\boldsymbol{C}$，对式（7.138）求逆可以估算状态矢量 $\boldsymbol{X}$。具体而言，状态矢量 $\boldsymbol{X}$ 的初步估值用 $\hat{\boldsymbol{X}}$ 表示。然后数值计算 f 在 $\hat{\boldsymbol{X}}$ 处对 $\boldsymbol{X}$ 偏导数的雅可比（Jacobian）矩阵，并根据下式更新 $\hat{\boldsymbol{X}}$ 的估值：

$$\hat{\boldsymbol{X}}1 = \hat{\boldsymbol{X}} + (\boldsymbol{J}^{\mathrm{T}} \cdot \boldsymbol{J})^{-1} \cdot \boldsymbol{J}^{\mathrm{T}} \cdot [\boldsymbol{C} - f(\hat{\boldsymbol{X}})] \tag{7.139}$$

式中，T 为矩阵转置。上述过程迭代运行直到 $\hat{\boldsymbol{X}}$ 的变化减小至可接受的范围，并且 $\hat{\boldsymbol{X}}$ 的收敛值使 $\boldsymbol{C}$ 和 $f(\hat{\boldsymbol{X}})$ 的范数平方差最小化。

定标源通道间的相位不平衡 Δ 通过手动互换定标源和待测辐射计之间的连接电缆来确定。交叉互换是指定标源的 v 极化输出端口与辐射计的 h 极化输入端口相连，定标源的 h 极化输出端口则与辐射计的 v 极化输入端口相连。交叉改变了正向模型中 Δ 的符号，但不改变其大小。由于辐射计本身没有变化，所以不论是在标准位置还是交叉位置，反演的辐射计参数都是一样的。有些辐射计参数（如 G_{vv} 和 G_{hh}）对辐射计和定标源相位不平衡都不敏感。而其他参数，如式（7.133）中的 G_{P3}、G_{P4}、G_{M3}、G_{M4}，或式（7.134）中的 G_{33} 和 G_{34}，对定标源相位不平衡敏感，所以会随着 Δ 变化。进行标准和交叉测量时，假设 Δ 的值在可能的变化范围内递增，并在每个 Δ 值上用迭代法获取一个 G_{xy} 估计值（$x=$P，M，L，R，3，4；$y=$3，4）。这样，在某个 Δ 值通过标准测量和交叉互换电缆测量反演的 G_{xy}（$x=$P，M，L，R，3，4；$y=$3，4）若相同，那么它就是估计的相位不平衡。这种方法可能得到两个解，需要根据定标源的元器件的特性和解对应的初步估值选择合适的值。

7.16　数字辐射计

使用模–数转换器和高速数字信号处理（DSP）模块，数字辐射计尽可能多地取代了传统的模拟电路。

> ▶ 数字转换技术提高了接收机的长期稳定性，并且不受温度变化的影响，从而改进并简化了辐射计定标。◀

数字技术还为辐射计实现一些难度大(通常代价很高)的性能提供了可能性。例如，信号带宽可以数字化分成许多独立的子带，从而可以对信号进行高分辨率的频谱分析。另外，数字技术还简化了射频干扰的去除，因为射频干扰通常具有高度集中的频谱。除了传统模拟平方律检波二极管检测的信号振幅的二阶矩，DSP 模块还可以通过编程来检测信号振幅的其他阶矩。特别地，二阶和四阶中心矩已被证明对射频干扰检测非常灵敏(Ruf et al.，2006b)。数字方法的第三大优点是简化了全极化辐射计的设计。如果辐射计的模拟前端具有两个正交线性极化通道，那么 DSP 后端除了对每个通道进行平方律检波，还可以用来执行通道间的复相关运算。因此，可以对亮温的第三和第四斯托克斯参数进行相干检测，并且几乎不影响模拟前端的复杂性。另一方面，使用模拟电路的非相干检测法以实现相关运算，还需要对模拟前端进行重大修改。第 7.14 节介绍了这两种方法的实例。微波干涉辐射计使用大量并行的数字相关器作为标准后端处理模块(参见第 7.13 节)。

模拟信号 x 的数字化可用下列映射表示：

$$d_m(x) = a_n \qquad (x \in V_n \quad n = 1, \cdots, m) \tag{7.140}$$

式中，m 为量化等级的数量；a_n 为第 n 级的数字化值；V_n 定义了映射到 a_n 的 x 的取值范围。比如，非负模拟信号被 N 位($m = 2^N$)数字转换器数字化的简单映射为

$$a_n = \frac{n - \frac{1}{2}}{2^N}$$

且

$$V_N = (a_N \pm 2^{-N-1})/x_{max}$$

式中，x_{max} 为 x 的最大值。辐射计的信号通常是在预检测中频阶段被数字化，这个阶段是均值为零、高斯分布的电压信号，它的方差与系统噪声温度成正比，即 $s_x^2 = KT_{SYS}B$。通常采用粗略的数字化，量化等级 $m = 2$ 或 4(即一位或二位数字转换器)。这种情况下，最常见的映射写成：

$$d_2(x) = \begin{cases} -1 & (x < 0) \\ 1 & (x \geq 0) \end{cases} \tag{7.141a}$$

$$d_4(x) = \begin{cases} -a_2 & (x < -V_0) \\ -a_1 & (-V_0 \leq x < 0) \\ a_1 & (0 \leq x < V_0) \\ a_2 & (V_0 \leq x) \end{cases} \tag{7.141b}$$

式(7.141b)的一种特例是所谓的"库伯(Cooper)二位"映射($a_1 = 1$，$a_2 = 3$)，常用生成等间距的数字化值(Cooper，1970)。

数字辐射计的 DSP 模块可以估算数字化信号的某些统计数据，由此推导出模拟信号的相应统计特性。对于成对的信号，如极化辐射计的 v 极化和 h 极化通道，DSP 模块用来估算两个信号的联合统计特性。假设 x_v 和 x_h 表示数字化前的 v 极化和 h 极化的模拟信号。信号振幅的联合概率分布由下式给出：

$$p(x_v, x_h) = \frac{1}{2\pi s_v s_h \sqrt{1-r^2}} \cdot \exp\left[-\frac{\left(\frac{x_v}{s_v}\right)^2 + \left(\frac{x_h}{s_h}\right)^2 - 2r\left(\frac{x_v x_h}{s_v s_h}\right)}{2(1-r^2)}\right] \tag{7.142}$$

式中，r 为两个信号之间的偏相关；s_p^2 为 p 极化通道的方差（p = v 或 h），与系统噪声温度成正比：

$$s_p^2 = KT_{\text{SYS}}^p B = K(T_B^p + T_{\text{REC}}^p)B \tag{7.143}$$

偏相关可以直接利用 x_v 和 x_h 的统计特性来估算，即

$$r = \frac{\langle x_v x_h^* \rangle}{\sqrt{s_v^2 s_h^2}} \tag{7.144}$$

然后可以根据偏相关推导出亮温的第三和第四斯托克斯参数，即

$$T_B^3 + jT_B^4 = r\sqrt{T_{\text{SYS}}^v T_{\text{SYS}}^h} \tag{7.145}$$

其中，系统噪声温度由实测方差确定。

对于数字辐射计，所需的数字化信号的统计特性由 DSP 模块计算。数字信号的偏相关为

$$r_{\text{digital}} = \frac{\langle d(x_v) d(x_h^*) \rangle}{\sqrt{\langle d^2(x_v) \rangle \langle d^2(x_h) \rangle}} \tag{7.146}$$

根据式（7.145），在把无量纲的相关值 r 按比例换算为开尔文单位之前，需要将 r_{digital} 映射到 r。通常，这种映射是非线性的，具体取决于数字化的细节。最简单的例子是式（7.141a）所示的一位数字转换器，映射（Weinreb，1961）由下式给出：

$$r = \sin\left(\frac{\pi}{2} r_{\text{digital}}\right) \tag{7.147}$$

对于更复杂的数字转换器，一般是利用数值方法制作的查询表来确定相关系数的映射。

模拟辐射计使用平方律检波器测量预检测信号的方差，或使用模拟相关器测量两个模拟信号之间的协方差。数字辐射计通过计算多个数字采样的方差或协方差获得输出乘积。根据个数有限的数字采样来估计方差或协方差会产生标准误差，其作用与第7.4节定义的辐射不确定度一样。一位数字转换器的标准误差约等于模拟检测器的1.57 倍。对于零均值信号进行一位数字化，阈值总是设置为模拟信号的过零处。对于两位及以上的量化等级，可选用不同的量化阈值来定义量化边界，最佳的方案是将重

要统计特性估值的标准差最小化(Hagen et al.，1973；Ruf，1995)。

习　题

7.1　天线和接收机系统通过损耗因数为 1.5 dB 的传输线相连。射频放大器的噪声系数为 7 dB，增益为 20 dB；其后是混频器前置放大器，噪声系数为 8 dB，转换增益为 6 dB；最后是中频放大器，噪声系数为 6 dB，增益为 40 dB。整个接收机的环境温度保持在 290 K。

(a)求出接收机系统总的噪声系数和有效噪声温度；

(b)将射频放大器与传输线互换，并求出接收机系统总的噪声系数和有效噪声温度。

7.2　题 7.1(a)中的接收机与辐射效率为 0.9 的天线相连。若观测场景的天线温度 $T_A = 100$ K，天线物理温度为 290 K，则天线端的系统噪声温度是多少?

7.3　超外差式接收机中，本地振荡器频率为 f_{LO}，中频带宽为 B，中心频率为 f_{IF}。中频输出频谱对应图 7.14 所示的两个射频频带。若射频放大器(在混频器前)的通带只允许其中一个射频频带到达混频器的输入端，则该系统称作单边带接收机。另一方面，若混频器输入包含两个射频频带(中心频率分别是 RF_1 和 RF_2)，则中频输出包含输入信号和噪声，对应的射频总带宽为 $2B$。后者称作双边带接收，只发生在下面两种情况：①不使用射频放大器(或射频滤波器)；②射频放大器的通带范围为 $(f_{RF_1} - B/2, f_{RF_2} + B/2)$，因此可以放大整个射频频带。

若 F_{SSB} 是混频器前置放大器组件的单边带噪声系数，证明对于双边带接收机，其混频器前置放大器的双边带噪声系数为

$$F_{DSB} = \frac{F_{SSB} + 1}{2}$$

以及相应的等效噪声温度关系式为

$$T_{DSB} = \frac{T_{SSB}}{2}$$

7.4　没有增益波动的情况下，系统温度为 1 000 K 的全功率辐射计的灵敏度为 1.5 K。存在增益波动时，灵敏度为 2 K。那么归一化的增益波动是多少?

7.5　图 7.19 中的脉冲噪声注入辐射计以脉冲重复频率 f_R、时宽为 40 μs 的脉冲驱动 PIN 二极管开关。二极管噪声源的超噪比 $G(dB) = 23$ dB。也就是说，$T_N = T_0 + GT_0$，G 为自然单位。PIN 二极管开关置为 ON 时，损耗因数为 2 dB；置为 OFF 时，损耗因数为 60 dB。定向耦合器的耦合系数为 20 dB。整个辐射计封闭在温度维持在 320 K 的腔

体内。要在 50 K ≤ T_A ≤ 300 K 范围内满足平衡条件，f_R 的取值范围是多少？

7.6　1 GHz 迪克平衡辐射计的带宽为 100 MHz，运行在平均速度为 7.5 km/s、飞行高度为 600 km 的卫星上。辐射计使用直径为 10 m 的天线，接收机的 T'_{REC} = 1 000 K，T_{REC} = T_0 = 300 K。辐射计积分时间设为天线波束在地面驻留时间的 1/10。如果天线是固定的，其主波束始终指向天底点方向，则 ΔT 为多少？

7.7　假设题 7.6 中的天线在垂直于飞行方向的平面内扫描，扫描范围是天底点两侧 −20° 至 +20° 之间，则 ΔT 为多少？

7.8　图 7.34 中，机载扫描辐射计工作在成像模式，辐射分辨率为 1 K，空间分辨率为 80 m。若使用较长天线将空间分辨率提至 40 m，那么要想维持同样的辐射分辨率，航空器的速度应该为多少？

7.9　图 7.37 所示的一维 MIR 传感器使用 14 根天线合成一个 68 元的相控阵列。将天线沿着一条线排列，天线间的间隔为 1/2 波长的整数倍（工作频率为 10.7 GHz）。假设 $S = \{a_n | n = 1, \cdots, 14\}$ 表示天线的位置，单位为 1/2 波长，每个元素都是整数。将 S 衍生的差集定义如下：

$$D(S) = \{|a_n - a_m| \,|\, m = 1, \cdots, 13;\ n = m + 1, \cdots, 14\}。$$

若 $D(S)$ 中 1 ~ ($a_{14} - a_1$) 之间的整数至少出现一次，那么集合 S 表示完整的差基。求出 S 的整数，从而满足 $D(S) = \{1, \cdots, 68\}$。

7.10　对于题 7.9 中的 MIR 传感器，找出 14 元相控阵列的其他完整差基，从而使其对应差集为 $D(S)$ 的最大元素大于 68。

7.11　式 (7.113) 的条纹洗涤函数说明了噪声信号和自身延迟之间的去相关性。假设带宽 $f_c \pm B/2$ 内的噪声信号具有平坦功率谱密度，f_c 为中心频率，B 为带宽，且 $B \ll f_c$。推导出该信号与其时间延迟信号的相关表达式，并分别计算时间延迟等于 0.1/B、0.5/B 和 5/B 时的值。

7.12　证明式 (7.131a)、式 (7.131b)、式 (7.131c) 和式 (7.131d)。

7.13　证明下面亮温的极化分量之间的关系：

(a) $T_B^3 = 2T_B^P - T_B^v - T_B^h$；(b) $T_B^3 = T_B^v + T_B^h - 2T_B^M$；(c) $T_B^4 = 2T_B^L - T_B^v - T_B^h$；(d) $T_B^4 = T_B^v + T_B^h - 2T_B^R$。

7.14　使用非相干检测的全极化辐射计一般测量 T_B^P、T_B^M、T_B^L 和 T_B^R，并根据式 (7.132a) 和式 (7.132b) 求出 T_B^3 和 T_B^4。但实际中也要测量 T_B^v 和 T_B^h，所以如果不测量 T_B^M 和 T_B^R 的话，也有可能根据 T_B^v、T_B^h、T_B^P 和 T_B^L 求出 T_B^3 和 T_B^4。这会减少所需通道的数量，使辐射计尺寸变小，功耗和成本降低。你觉得为什么实际情况中不这么做？

7.15　采用基于 AWG 的极化定标源，其 LUT 的样本内存为 16 MB，时钟频率为 1.25 GHz，工作模式为循环模式，指针到达终点时，继续返回 16 MB 数表的起点。

（a）如果 LUT 存储的是独立的零均值高斯分布的随机数，那么模拟输出信号的功率频谱是什么？假设输出值经过奈奎斯特滤波，滤波器是理想的低通滤波器，截断频率为 600 GHz。

（b）为了给 AWG 的两个通道引入偏相关，可以用 LUT 存储两个独立的高斯分布随机数序列的线性组合。这两个序列的标准差均为 1，什么样的线性组合能产生一个方差为 100 K 的序列，另一个方差为 200 K 的序列，两个序列之间的协方差为 5 K？这可用来生成类似海洋的定标测试信号，即 $T_B^h = 100$ K，$T_B^v = 200$ K，$T_B^3 = 5$ K。

7.16　使用库伯二位映射将 10% 相关的模拟信号转换成数字信号，推导出二位数字相关的解析表达式，写成关于 V_0/s_x 比值的函数。其中 V_0 是式（7.141b）中的量化阈值，s_x 为两个数字化信号的标准偏差。画出数字相关和 V_0/s_x 的关系图。当图中曲线的斜率为零时，相关器对信号强度或增益波动的灵敏度最小，标出理想的工作点。

7.17　假设零均值高斯噪声信号被一位数字转换器数字化，但模拟信号的零值与数字转换器的零阈值相比略有偏移。在这种情况下，式（7.141a）给出的数字化映射可改写为

$$d_2(x) = \begin{cases} -1 & (x < a) \\ 1 & (x \geq a) \end{cases}$$

式中 $a \neq 0$。这被称作数字转换器的零点偏移。假设另一个非相干的零均值高斯噪声信号被其他的一位数字转换器数字化，且零点偏移与前面的略有不同。由于两个模拟信号统计上是非相干的，所以这两个数字化信号的数值相关系数应为零。推导出数字相关的表达式关于两个零点偏移值的函数。当两个零点偏移都为零时，推导出来的表达式也应等于零。

第 8 章
微波与大气组分的相互作用

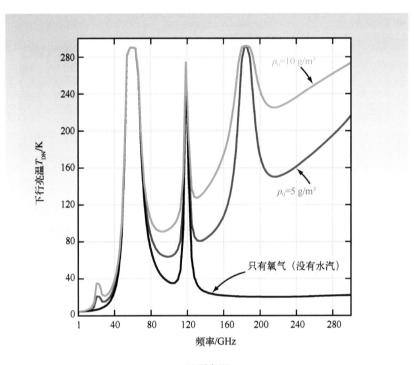

天顶亮温

地球大气的微波透射频谱反映了大气对于微波透射的大部分响应情况——从几乎完全透明到几乎完全不透明。在 1~15 GHz 的范围内，即便存在云和中等降雨，大气对微波实际上也是透明的；因此，该频率范围尤其适于从卫星平台上利用雷达观测陆地和海洋表面。另一方面，如果利用雷达和辐射计测量大气的成分，则应该选择在该大气成分上有明显散射或吸收（发射）的频率范围。大气吸收谱包括水汽（22.235 GHz 和 183.31 GHz）和氧气（50~70 GHz 和 118.75 GHz）共振频率。根据轨道卫星在吸收峰以及吸收峰附近得到的多频辐射观测结果，可以得到水汽和大气温度的高度廓线。在吸收峰之间，频谱包括许多低衰减的大气窗口（以 35 GHz 窗口最为显著），这些大气窗口也适用于地形观测。

遥感实践包含两种相互关联的活动：解决正问题和实现反问题。如图 8.1 所示，与每种问题相关的是一些输入和输出。在正问题（也称为正演模型）中，输入旨在提供所有相关大气参数和边界条件的完整特征；输出为亮温 $T_B(f, \theta)$，该亮温是靠地面仰视辐射计或星载俯视辐射计用微波频率 f、视向 θ（相对于垂直轴）运行计算得到的。输入包括温度、压强以及水汽密度的垂直廓线，以及云和雨（若存在）的性质；仰视辐射计的边界条件可能包括来自银河系的地球外下行辐射；俯视辐射计的边界条件包括上行的地面辐射。辐射传输模型可将输入和输出联系起来，该模型考虑了辐射计天线观测路径上出现的所有成分的所有吸收、发射和散射机制。该模型预测 $T_B(f, \theta)$ 真值的精度取决于输入数据、边界条件以及该模型本身的精度。本章讨论正问题（正演模型）。

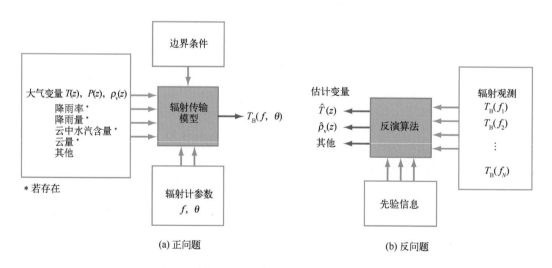

图 8.1　仰视大气遥感中正问题和反问题的要素

第 9 章讨论反问题。反问题将测量到的 $T_B(f, \theta)$ 值(通常是在不同频率 f、角度 θ 处测量)作为反演算法的输入,得出一个或多个所求大气变量的估值(作为输出)。第 9 章还会涉及临边探测,它是指沿着与大气相切的方向观测地球大气,而非俯视或仰视观测。

8.1　标准大气

大气压 $P(z)$ 和大气密度 $\rho_{air}(z)$ 随着几何高度 z 的增加大致呈指数形式减小(图 8.2);水汽密度 $\rho_v(z)$ 随高度的变化与其类似,但是有些不规律,并且强烈依赖于一天中所处的时间段、季节、地理位置和大气活动等因素。大气温度 $T(z)$ 随高度的变化呈现周期形态,将地球大气细分为若干个大气层,图 8.3 展示了 $T(z)$ 的高度廓线,该图以国际标准大气(ISA)模型为参考绘制而成。ISA 为大气参数(包括温度、气压和密度)随高度的变化提供了统一参考基准。一直到海拔 32 km,ISA 模型都与广泛使用的1976 美国标准大气模型一致。在海拔 30 km 处,大气密度仅为海平面处大气密度的1.5%,因此对于俯视或仰视微波传感器的计算而言,使用国际标准大气模型和美国标准大气模型的效果实际上是相同的。

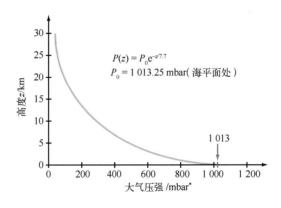

图 8.2　大气压强随高度呈指数形式减小

图 8.3 所示的高度廓线包括 4 层:对流层、平流层、中间层以及热层。相邻层之间通过边界分开,该边界定义为温度梯度 dT/dz 从非零变为零的高度。若 dT/dz 为负值,则其大小称作温度垂直梯度。在标准大气模型中,对流层的垂直梯度为 6.5 K/km。在对流层上边界即对流层顶部,dT/dz 突然变为零。根据标准大气模型,对流层顶在

---

* 　1 mbar = 1 hPa。——译者注

11 km 处，但事实上，该高度会随纬度、季节以及天气活动发生变化。一般而言，对流层顶在北极地区处于冬季时的高度为 8~10 km，热带地区为 16~18 km。

对流层上方为平流层，平流层顶部延伸到 47 km。第三层从平流层顶部到大约 80 km 之间，称为中间层。在这一层，气温降至 120 km 廓线的最低值，这一最低值出现在中间层的上边界，称为中间层顶。

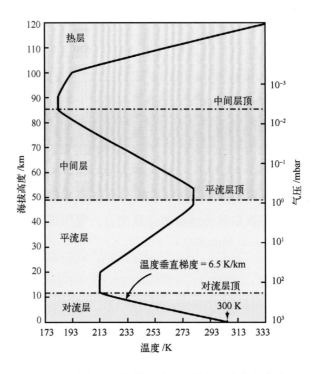

图 8.3   根据标准大气模型建立的大气温度高度廓线图

一直到中间层顶，大气组成和大气分子量均大致保持不变。中间层顶再往上，大气密度变得非常小，并且由于解离作用大气成分发生变化，使得无法直接测量空气温度。图 8.3 所示的热层温度廓线是根据测量到的其他大气参数推断出的温度值，热层没有上边界。

8.1.1   大气成分

▶ 除了水汽变化，大气的相对构成从海平面至 90 km 处基本上保持不变。◀

表 8.1 列出了海平面处清洁且不含水汽的大气成分，主要组分为氮分子和氧分子。标准大气的分子量为 28.964 4，海面干燥大气的密度为 $\rho_{air}(0) = 1.225 \text{ kg/m}^3$。

表 8.1　近海平面处清洁干燥大气的成分(Hering，1965)

气体组分	气体符号	体积含量(%)	分子量
氮气	N_2	78.084	28.013 4
氧气	O_2	20.947 6	31.998 8
氩气	Ar	0.932	39.948
二氧化碳	CO_2	0.031 4	44.009 95
氖	Ne	0.001 818	20.183
氦	He	0.000 524	4.002 6
氪	Kr	0.000 114	83.80
氙	Xe	0.000 008 7	131.30
氢气	H_2	0.000 05	2.015 94
甲烷	CH_4	0.000 2	16.043 03
一氧化二氮	N_2O	0.000 05	44.012 8
臭氧	O_3	夏季：$0 \sim 7 \times 10^{-6}$	47.998 2
		冬季：$0 \sim 2 \times 10^{-6}$	47.998 2
二氧化硫	SO_2	$0 \sim 0.000 1$	64.062 8
二氧化氮	NO_2	$0 \sim 0.000 002$	46.005 5
氨气	NH_3	0~痕量	17.030 61
一氧化碳	CO	0~痕量	28.010 55
碘	I_2	$0 \sim 0.000 001$	253.808 8

8.1.2　温度廓线

根据美国标准大气或国际标准大气标准，大气温度 $T(z)$ 为

$$T(z) = \begin{cases} T_0 - az & (0 \leq z < 11 \text{ km}) \\ T(11) & (11 \text{ km} \leq z < 20 \text{ km}) \\ T(11) + (z - 20) & (20 \text{ km} \leq z \leq 32 \text{ km}) \end{cases} \qquad (8.1)$$

式中，z 为海拔高度，单位为 km；T_0 为海平面处的大气温度；$T(11)$ 为 $z = 11$ km 处的大气温度；温度的单位均为 K；a 为大气层 11 km 以下的温度垂直梯度。对于美国标准大气模型以及国际标准大气模型而言，$T_0 = 288.15$ K 且 $a = 6.5$ K/km。

8.1.3 密度廓线

干燥大气的密度随高度呈指数形式减小：

$$\rho_{air}(z) = 1.225e^{-z/H_1} \quad (kg/m^3) \quad (0 \leqslant z \leqslant 10\ km) \tag{8.2}$$

式中，z 为海拔高度，km；$H_1 = 9.5\ km$ 为密度标高。上述表达式在大气底层 10 km 内，与由标准大气模型定义的表达式非常吻合（误差小于 3%）。但海拔更高时，便会偏离列表值。此时，以下表达式更适用于列表值（$\leqslant 30\ km$）：

$$\rho_{air}(z) = 1.225e^{-z/H_2}[1 + 0.3\sin(z/H_2)] \quad (kg/m^3) \tag{8.3}$$

式中，$H_2 = 7.3\ km$。

8.1.4 气压廓线

假设空气为一种理想气体，其状态方程式为

$$P = \rho_{air}RT/M = \rho_{air}R_aT \tag{8.4}$$

式中，P 为气压，mbar；R 为普适气体常数；T 为动力学（实际）温度，K；M 为空气的分子量。若密度 ρ_{air} 单位为 kg/m^3，则空气的气体常数为 $R_a = 2.87$。因此，利用

$$P(z) = 2.87\rho_{air}(z)T(z) \tag{8.5}$$

通过式(8.1)和式(8.3)，可以得到从海平面到海拔 30 km 之间任意高度 z 的 $P(z)$。

气压廓线还能以指数形式表示：

$$P(z) = P_0e^{-z/H_3} \quad (mbar) \tag{8.6}$$

式中，P_0 为海平面气压；H_3 为压力标高。对于标准大气而言，$P_0 = 1\ 013.25\ mbar$ 且 $H_3 = 7.7\ km$。$z \leqslant 10\ km$ 时，上述表达式给出的值与标准大气列表值相比，误差在 3% 之内。

8.1.5 水汽密度廓线

大气中的水汽含量是几种气象参数的函数，但主要取决于大气温度。在海平面，水汽密度 ρ_v 的变化范围为 $10^{-2}\ g/m^3$（寒冷干燥气候条件下）到 $30\ g/m^3$（炎热湿润气候条件下）。美国标准大气模型使用的表面平均值为中纬度地区的 $\rho_0 = 7.72\ g/m^3$。通常用递减指数函数描述 ρ_v 的高度廓线：

$$\rho_v(z) = \rho_0e^{-z/H_4} \quad (g/m^3) \tag{8.7}$$

式中，标高 H_4 通常选在 $2\sim2.5\ km$。单位截面积的垂直气柱中包含的水汽总质量为

$$M_v = \int_0^\infty \rho_v(z)\,dz = \rho_0H_4 \tag{8.8}$$

当 $\rho_0 = 7.72\ \mathrm{g/m^3}$，且 $H_4 = 2\ \mathrm{km}$ 时，$M_v = 15.44\ \mathrm{kg/m^2}$ 或 $1.54\ \mathrm{g/cm^2}$。

8.2　气体吸收与辐射

8.2.1　电磁波与单个分子的相互作用

一个孤立分子的总内能 ε 由 3 种能态构成：

$$\varepsilon = \varepsilon_e + \varepsilon_v + \varepsilon_r \tag{8.9}$$

式中，ε_e 为电子能；ε_v 为振动能；ε_r 为转动能。这些能态是量子化的，可以由一个或多个量子数确定而形成离散值。有若干可能的振动态对应于每种可能的电子态，又有若干可能的转动态对应于每种可能的振动态。转动能与原子旋转运动的平衡位置有关。

当量子从低能态（或高能态）向高能态（或低能态）跃迁时，辐射被吸收（或发射）。玻尔公式给出了被吸收（或被发射）量子的频率 f_0：

$$f_0 = \frac{\varepsilon_m - \varepsilon_1}{h} \tag{8.10}$$

式中，h 为普朗克常数；ε_m 和 ε_1 分别是高分子态和低分子态的内能。这种跃迁可能包括电子能、振动能、转动能的变化或这 3 种能态的任意组合变化。单一跃迁形成的吸收频谱称为吸收线。不同电子态之间的能量差最大，一般为 $2 \sim 10\ \mathrm{eV}^{\dagger}$；其次为电子态相同时，振动态之间的差异通常为 $0.1 \sim 2\ \mathrm{eV}$；最小能量差为电子态与振动态相同时，转动态之间的差异。单纯的转动能变化通常在 $10^{-4} \sim 5\times10^{-2}\ \mathrm{eV}$ 之间。纯转动态（ε_e 和 ε_v 相同，但 ε_r 不同）之间的跃迁会形成转动线，出现在频谱的微波与远红外部分。由于纯振动态（ε_e 相同）之间的能量变化比纯转动态之间的能量变化大好几个数量级，因此振动跃迁一定不会单独出现，而是通常伴随着很多转动跃迁。这种情况下，会产生一组线，通常称为振动-转动带。这种振动-转动带对应 $\Delta\varepsilon$ 的值为 $0.1 \sim 2\ \mathrm{eV}$，出现在可见光谱的红光部分与热红外区域之间。

电子跃迁的大能量差（与纯振动或纯转动跃迁相比）通常形成复杂的带系（在频谱的可见光和紫外部分），这些带系包括 3 种能态的同时变化。

气态分子吸收电磁能的过程通常包括入射波的电场或磁场与分子的电偶极或磁偶极或四极矩之间的相互作用。

---

† $1\ \mathrm{eV} = 1.6\times10^{-19}\ \mathrm{J}$。——译者注

▶ 地球大气的不同气体中，只有氧气和水汽这两种成分在微波频谱中存在显著的吸收带。◀

氧分子具有永久磁矩。氧分子与磁场相互作用，在 60 GHz 附近形成了一簇转动线，在 118.75 GHz 处形成了一条单独的转动线。而水汽是具有电偶极子的极性分子。水汽与入射场的电相互作用，分别在 22.235 GHz、183.31 GHz 以及亚毫米波区域的若干个频率(超过 300 GHz)处形成了转动线。

8.2.2 谱线形状

基于之前的讨论，分子的吸收(或辐射)频谱由急剧变化的频率线[图 8.4(a)]组成，这些频率线对应于该分子明显的(量子的)能量级之间的跃迁。单独存在、不受干扰并且静止的分子系统具有这种频谱特征。然而在现实中，这些分子一直处于运动状态，相互作用，相互碰撞，还会与其他实物(如粉尘粒子)相互碰撞。这些干扰导致能量级的宽度不同，从而形成宽度有限的谱线，如图 8.4(b)所示。谱线宽度的增加称为谱线展宽。在谱线展宽的不同来源中，压力展宽(由分子间的碰撞导致)对频谱中微波波段的大气吸收最为重要。

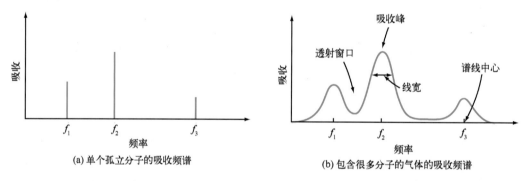

(a) 单个孤立分子的吸收频谱

(b) 包含很多分子的气体的吸收频谱

图 8.4　单个孤立分子的吸收频谱以及包含很多分子的气体的吸收频谱

8.2.3 吸收频谱

在第 2 章，通过式(2.54)，我们将有损介质的传播常数 γ 与介质的复介电常数 ε 联系起来：

$$\gamma = j\omega \sqrt{\mu_0 \varepsilon_0} \sqrt{\varepsilon} = j\frac{\omega}{c}\sqrt{\varepsilon} \tag{8.11}$$

式中，我们设 $\mu = \mu_0$(因为这里讨论的介质是大气，而大气的各组分均不具有铁磁性)，

同时还利用了 $\sqrt{\mu_0 \varepsilon_0} = 1/c$ 这一关系式。介电常数与介质的折射率之间的关系为 $\varepsilon = n^2$，由于 ε 为复数，n 也为复数。从而

$$\sqrt{\varepsilon} = n = n' - jn'' \tag{8.12}$$

由于空气的 n' 接近 1（在海平面处，$n \approx 1.000\ 3$），通常用折射率差 N 这一相关量来描述大气，其中

$$n = 1 + 10^{-6} N \tag{8.13}$$

由于 n' 在海平面为 1.000 3，到了高海拔地区减小为 1，N 则相应地从 300 减为零，因此，讨论 N 比讨论 n 更加方便。

由于 $n = n' - jn''$，我们定义 $N = N' - jN''$，并且相应的实部和虚部之间的关系为

$$n' = 1 + 10^{-6} N' \tag{8.14a}$$

$$n'' = 10^{-6} N'' \tag{8.14b}$$

n' 偏离 1.0 的原因在于大气中气体的存在使得空气密度略大于零。虚部 n'' 代表大气组分（即气体、云以及雨）的吸收。在当前小节，我们集中讨论大气中气体的吸收。

将式（8.12）代入式（8.11），可以得到

$$\gamma = \frac{j2\pi f}{3 \times 10^8}(n' - jn'') \tag{8.15}$$

将式（8.15）表示为 $\gamma - \alpha + j\beta$，可以得到衰减系数 α 和相位常数 β 的表达式：

$$\alpha = \mathrm{Re}[\gamma] = \frac{\omega}{c}n'' = 10^{-6}\frac{\omega}{c}N'' \tag{8.16a}$$

$$\beta = \mathrm{Im}[\gamma] = \frac{\omega}{c}n' = \frac{\omega}{c}(1 + 10^{-6}N') \tag{8.16b}$$

沿某一方向（以 z 方向为例）传播的电磁波功率密度为

$$S(z) = S_0 \mathrm{e}^{-2\alpha z} = S_0 \mathrm{e}^{-\kappa_a z} \tag{8.17}$$

式中，$\kappa_a = 2\alpha$ 为功率吸收系数，单位为 Np/m，通常将其乘以 4.34×10^3，使得单位变为 dB/km。该变换过程得到

$$\kappa_a(\mathrm{dB/km}) = 2\alpha(\mathrm{dB/km}) = 2 \times 4.34 \times 10^3 \times 10^{-6} \times \frac{2\pi f}{3 \times 10^8} N''$$

$$= 0.182 f N'' \quad (\mathrm{dB/km}) \tag{8.18}$$

式中，f 的单位为 GHz。接下来便是将 N'' 与大气中气体的微波线谱联系起来。

如前所述，对于仰视和俯视辐射测量而言，只有氧气和水汽这两种气体在微波频谱中有显著的吸收/发射线。由于每条谱线（从概念上讲）都会延伸到整个电磁波频谱，因此在任意微波频率 f 处，吸收系数均为所有谱线的吸收贡献之和，包括在微波频谱外的谱线。在实践中，我们排除所有对 κ_a 累计贡献小于 1%（或类似阈值）的谱线。

20 世纪 80 年代，美国国家电信和信息管理局电信科学研究所的汉斯·利贝（Hans Liebe）与合作者们汇编了一个模型与计算机代码，频率在 1~1 000 GHz 范围内时，该代码能计算地球大气折射率差 N 的实部和虚部（Liebe et al., 1985, 1993）。他们的模型结合了众多研究人员的测量数据和模型，考虑了 50.47~834.14 GHz 之间 44 条氧气谱线、22.235~1 780 GHz 之间 34 条水汽谱线的吸收以及频率高于 1 THz 的水汽谱线的剩余贡献。该模型以及相关计算机代码的正式名称为毫米波传播模型（MPM[†]）。

对晴空大气而言，MPM 计算的气体吸收系数 κ_g 是氧气吸收系数 κ_{O_2} 与水汽吸收系数 κ_{H_2O} 之和：

$$\kappa_g = \kappa_{O_2} + \kappa_{H_2O} \qquad (\text{dB/km}) \qquad (8.19a)$$

式中，

$$\kappa_{O_2} = 0.182 f N''_{O_2} = 0.182 f \sum_{i=1}^{44} S_i F_i \qquad (\text{dB/km}) \qquad (8.19b)$$

且

$$\kappa_{H_2O} = 0.182 f N''_{H_2O} = 0.182 f \left[\sum_{j=1}^{34} S_j F_j + S_c F_c \right] \qquad (\text{dB/km}) \qquad (8.19c)$$

在式（8.19b）中，对 44 条氧气谱线进行了累加，每条谱线均由中心频率 f_i、线长 S_i 和谱线的形状函数 F_i 表征。此外，34 条水汽谱线和等效线（代表超过 1 THz 的连续区域）也通过相似方式表征。线长和线宽是环境温度 T、气压 P 和水汽分压 P_{H_2O} 的函数。表 8.2 列出了 MPM 代码的输入和输出参数。

表 8.2   MPM 代码的输入/输出参数

输入参数	单位	范围
环境温度 T	℃	$-100 \sim +50$℃
气压 P	mbar	$10^{-5} \sim 1\ 013$ mbar
水汽分压 P_{H_2O}	mbar	$0 \sim P_{H_2O}(\text{max})$ *
微波频率 f	GHz	$1 \sim 1\ 000$ GHz
输出结果		
κ_{O_2}	dB/km	
κ_{H_2O}	dB/km	
$\kappa_g = \kappa_{O_2} + \kappa_{H_2O}$	dB/km	

* $P_{H_2O}(\text{max})$ 是在特定的 T 和 P 下，水汽的最大可能分压。

---

†   MPM 包含在计算机代码 8.1~8.12 中（附录 D）。

8.2.4　氧气吸收频谱

　　频率低于 350 GHz 时，氧气的吸收频谱由 37 条显著吸收谱线组成，这些谱线的频率范围为 50~69 GHz，统称为 60 GHz 氧气吸收带，在 118.75 GHz 处，还存在另外一条谱线。

　　当气压为地球大气层底部的气压时，压力展宽导致一簇谱线融合在一起，形成集中在 60 GHz 周围的连续带。在图 8.5 描绘的海平面频谱中[†]，这点非常明显。氧气吸收系数 κ_{O_2} 是电磁波在海平面完全干燥(相对湿度为零)的大气中水平传播时的吸收率。我们发现在 20 GHz 时，$\kappa_{O_2} \approx 0.01$ dB/km，这比 60 GHz 氧气吸收带中心处的吸收系数大 3 个数量级以上。因此，在遥感中，频率的选择尤为重要。若目的是测量与氧气吸收频谱密切相关的大气参数(如气温)，则待选择的辐射计频率可能包括氧气吸收带的中心频率及其两侧区域频率。用于测量海洋和陆地的微波传感器应当选用大气尽可能透明的频率。

　　氧气谱线的宽度与氧气分压成正比，而氧气分压是干燥大气气压的 0.21 倍(因为氧气占空气体积的 21%)。气压随高度的增加呈指数形式降低，因此在 60 GHz 氧气吸收带中，单个氧气谱线的宽度随着海拔的升高变窄。在海拔 20 km 处，气压近似为海平面气压的 6%。因此，海拔为 20 km 时，谱线变得更窄，氧气吸收频谱也更易分辨，如图 8.6 所示。

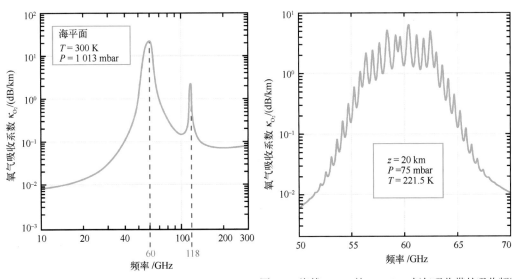

图 8.5　海平面处的氧气吸收频谱　　　图 8.6　海拔 20 km 处，60 GHz 氧气吸收带的吸收频谱

[†]　计算机代码 8.2。

8.2.5　水汽吸收频谱

在微波区域内（1~300 GHz），水汽在 22.235 GHz 和 183.31 GHz 有两条显著的转动吸收谱线。然而，频率超过 300 GHz 时，也有大量谱线在微波吸收频谱中明显可见。谱线距离最近的在 325.15 GHz 处。图 8.7 展示了 1~300 GHz 范围内，海平面处的水汽吸收系数 κ_{H_2O} 频谱[†]。

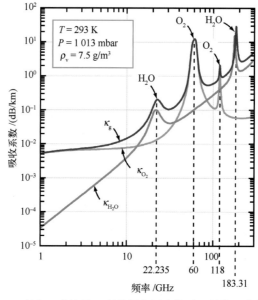

图 8.7　氧气、水汽及二者共同作用在海平面处的吸收频谱

8.2.6　气体总吸收频谱

除了氧气和水汽，大气中其他气体和污染物在微波频谱中也有吸收谱线，包括臭氧（O_3）、二氧化硫（SO_2）、二氧化氮（NO_2）、一氧化二氮（N_2O）等。但这些气体在海平面的相对浓度极低，因此相比于氧气和水汽，它们对海平面处微波气体吸收频谱的累计贡献几乎可以忽略不计。然而，到了高海拔处，这些气体的吸收贡献变大，并且能被波束指向与地球大气层相切的微波辐射计分辨和测量，这种观测模式称为临边探测，将在 9.11 节中讨论。

对于仰视和俯视微波遥感而言，气体吸收系数 κ_g 可简单视作氧气吸收系数 κ_{O_2} 和水汽吸收系数 κ_{H_2O} 之和。图8.7 展示了 κ_{O_2}、κ_{H_2O} 及二者之和的谱线；图 8.8 比较了理论模型和测量数据[††]。

[†]　计算机代码 8.1。
[††]　计算机代码 8.3。

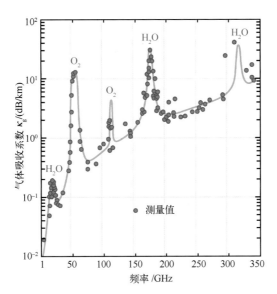

图 8.8　海平面的表面状况为 $P_0 = 1\,013$ mbar，$T_0 = 293$ K 且 $\rho_0 = 7.5$ g/m³ 时，大气中气体的

微波吸收频谱 $\kappa_g(f)$。图中的实曲线是根据理论计算的值，散点为测量值（Crane，1981）

8.3　晴空大气的不透明度

天顶角小于等于 70°（有时为 85°）时，可以将大气层看作是水平分层的，但对于星载系统而言，在天顶角达到该角度时，需要球面几何学来解释大气分层情况。由于水平分层模型非常简单，因此我们仍采用这一模型，从而高度 z_1 到 z_2 之间均匀层的斜光学厚度为

$$\tau(z_1,\ z_2) = \tau_0(z_1,\ z_2)\sec\theta \tag{8.20}$$

式中，θ 定义了电磁波相对于天顶（图 8.9）的传播方向；$\tau_0(z_1,\ z_2)$ 为天顶光学厚度，是根据吸收系数 $\kappa_a(z)$ 定义的：

$$\tau_0(z_1,\ z_2) = \int_{z_1}^{z_2} \kappa_a(z)\,\mathrm{d}z \tag{8.21}$$

τ_0 的单位为 Np 或 dB，取决于吸收系数 κ_a 是用奈培每单位长度还是分贝每单位长度表示。在晴空条件下，$\kappa_a = \kappa_g$，其中 κ_g 是式（8.19a）给出的气体吸收系数。

若 $(z_1,\ z_2) = (0,\ \infty)$，包括整个大气层，则 $\tau_0(0,\ \infty)$ 称为天顶不透明度 τ_0。

忽略臭氧和其他次要气体的较小贡献，天顶不透明度 τ_0 取决于 3 个要素的大气高度廓线，即温度、氧气分压和水汽分压的高度廓线。图 8.10 展示了表面水汽密度为 0 g/m³、5 g/m³ 以及 10 g/m³ 时，$\tau_0(0,\ \infty)$ 的微波频谱，这些密度都是假设水汽的标高为 2 km 时，根据标准大气模型计算出来的。

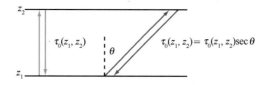

图 8.9　对于水平分层的大气而言，电磁波沿角 θ 传播时，
光学厚度 $\tau(z_1, z_2)$ 通过 $\sec\theta$ 与天顶光学厚度 $\tau_0(z_1, z_2)$ 联系起来

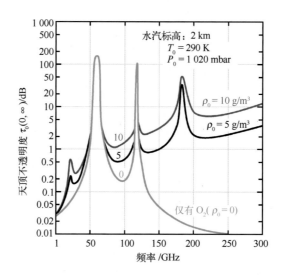

图 8.10　3 种水汽状况时的大气天顶不透明度

结果和预期一致，除了在氧气吸收共振区（集中在 60 GHz 和 118.75 GHz）附近，$\tau_0(0, \infty)$ 对水汽密度 ρ_0 非常敏感。在图 8.11 中，将计算数据和实验观察数据进行了比较。

氧气和水汽的浓度作为高度的函数呈指数形式减小，且氧气标高为 7.7 km，水汽标高为 2~2.5 km（参见 7.1 节）。因此，以不透明度 τ_0 表示的衰减的主要部分集中在底层大气最下方的数千米内。图 8.12 的 5 条曲线展现了这一点，该图描绘了天顶光学厚度 $\tau_0(0, \infty)$ 的微波频谱，这些频谱对应于 z 的离散值，即 0 km、4 km、8 km、12 km 和 16 km。比如，在 22.235 GHz 水汽谱线的峰值处，表面至 $z = 4$ km 间的衰减（两条曲线的分贝差）包含超过 85% 的天顶不透明度。图 8.13 考察了 50~70 GHz 的 $\tau(z, \infty)$。

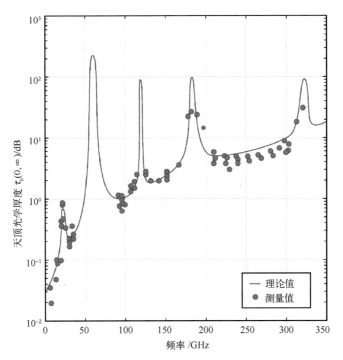

图 8.11　表面状况为 $T_0 = 293$ K，$P_0 = 1\ 013$ mbar，$\rho_0 = 7.5$ g/m³ 时，天顶光学厚度

$\tau_0(0, \infty)$ 的计算频谱和实验观测频谱的结果比较（Crane，1981）

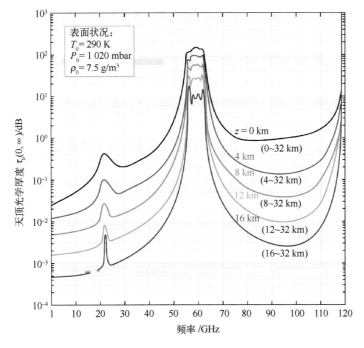

图 8.12　z 取 5 个值时，分别对应的天顶光学厚度（Smith，1982）

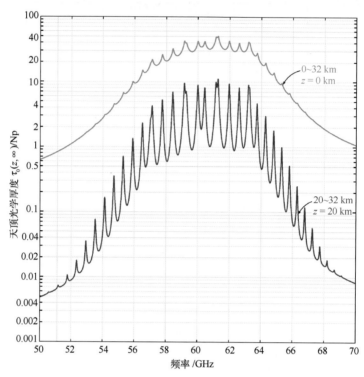

图 8.13 $z = 0$(海平面)以及海拔 20 km 处，50 ～ 70 GHz 氧气带上计算得到的
天顶光学厚度 $\tau_0(z, \infty)$。注意：τ_0 的单位为 Np$[\tau_0(\mathrm{dB}) = 4.34 \tau_0(\mathrm{Np})]$

尽管在 $\tau_0(0, \infty)$ 的频谱中分辨单独的氧气吸收线相对困难，但在 $\tau_0(20\ \mathrm{km}, \infty)$ 的频谱中，这些线非常易于分辨；因为海拔高于 20 km 时，大气密度变小，使得这些线的压力展宽变弱。

层结大气的斜透射率与天顶光学厚度有关，其关系式为

$$Y(0, \infty) = \mathrm{e}^{-\tau_0(0, \infty)\sec\theta} = [Y_0(0, \infty)]^{\sec\theta} \tag{8.22a}$$

式中，

$$Y_0(0, \infty) = \mathrm{e}^{-\tau_0(0, \infty)} \tag{8.22b}$$

为天顶透射率。

> ▶ 计算某介质的透射率或亮温时，光学厚度 τ 的单位应为 Np；dB 到 Np 的换算公式为：$\tau(\mathrm{Np}) = (1/4.34)\,\tau(\mathrm{dB})$。◀

图 8.14 展示了 3 种不同大气关于 $Y_0(0, \infty)$ 的微波频谱[†]，通过不同表面温度 T_0 和

---

† 计算机代码 8.9。

水汽的总积分含量 M_v [见式(8.8)给出的定义] 进行表征。在窗口带，干燥的极地大气的透明度远远高于潮湿的热带大气透明度。

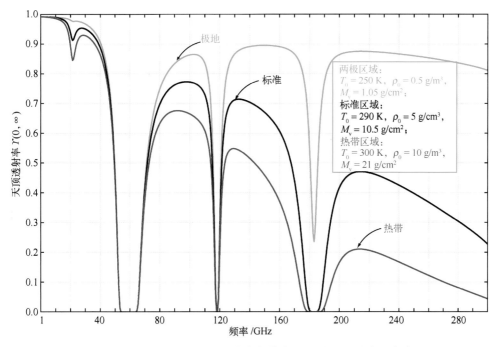

图 8.14　不同表面温度 T_0 和水汽积分含量 M_v 表征的大气透射率

8.4　晴空大气辐射

对于仰视辐射计，大气的下行辐射（宇宙背景辐射除外）记作 $T_{DN}(f, \theta)$，通过式 (6.76) 给出：

$$T_{DN}(f, \theta) = \sec \theta \int_0^\infty \kappa_a(f, z) T(z) e^{-\tau_0(0, z) \sec \theta} dz \qquad (8.23)$$

式中，$\kappa_a(f, z)$ 和 $T(z)$ 分别是高度为 z 时，大气的吸收系数和测温温度。没有云或降雨时，$\kappa_a = \kappa_g$，κ_g 为气体的吸收系数。图 8.15 展示了 $\theta = 0$（仰视辐射计朝向天顶）时的 T_{DN} 图，其中使用的大气模型和条件与图 8.10 相同。与预期一致，在氧气吸收线共振频率（即 60 GHz 与 118 GHz）及其周围的频率范围内，衰减程度很高，这导致 T_{DN} 在略低于表面温度 290 K 时"饱和"。频率为 183 GHz 和 323 GHz 时，水汽吸收线的情况与上述一致（$\rho = 0$ 时除外）。

由于辐射与吸收有关，辐射温度 T_{DN} 的频谱形状与图 8.10 所示的大气不透明度频谱相似，尤其是在 τ_0 不超过 2~3 dB 的频谱区域内。然而，在强衰减区域，即 60 GHz

氧气吸收带以及 118.75 GHz 和 183.31 GHz 吸收谱线附近，大气就像是黑体，辐射温度约等于气温廓线的加权平均值，其中加权函数解释了各层大气对 T_{DN} 的相对贡献。

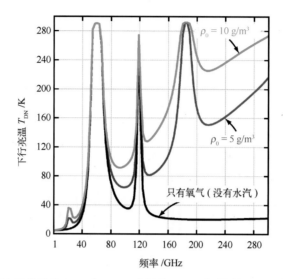

图 8.15　表面水汽分别为 0 g/m³、5 g/m³ 以及 10 g/m³（标高 2 km）时，大气的天顶
亮温 T_{DN}，这一结果是利用表面温度为 290 K 的标准大气模型计算出来的

除了 T_{DN} 代表的下行辐射，由于宇宙和星系辐射也会从顶部入射到大气层上，因此仰视辐射计也会接收相对一小部分该能量（图 8.16）。故天空的表观温度通常被称为天空辐射温度 T_{SKY}，该温度由以下成分组成：

$$T_{SKY}(\theta) = T_{EXTRA} e^{-\tau_0 \sec\theta} + T_{DN}(\theta) \tag{8.24a}$$

且

$$T_{EXTRA} = T_{COS} + T_{GAL} \tag{8.24b}$$

式中，τ_0 为总天顶大气光学厚度，T_{COS} 和 T_{GAL} 分别为宇宙亮温和星系亮温，二者之和称为地球外亮温 T_{EXTRA}。宇宙辐射贡献不受频率及天顶角 θ 影响，并且具有恒定值 T_{COS} = 2.7 K。星系贡献源自银河系的辐射，其大小取决于方向，因为星系不同部分发出的辐射并不均匀；在银河系的中心方向，T_{GAL} 的值最大，而在银极，T_{GAL} 的值最小。图 8.17 展示了星系辐射最小时，θ 为不同值时计算出的 $T_{SKY}(\theta)$（实线）[†]。

图 8.17 还展示了 $T_{GAL}(\max)$（虚线），这源于在银道面延展 3° 左右的狭窄带，并且该狭窄带向银心集中。T_{GAL} 的频率依赖性在 $f^{-2.5} \sim f^{-3}$ 之间，这取决于在星系中所处的具体位置。大约在频率超过 5 GHz 时，相比于 T_{DN}，T_{GAL} 的值可以忽略不计；但是低于 1 GHz 时，T_{GAL} 的贡献不能忽略。

---

　†　计算机代码 8.11。

T_{GAL} 值范围很广［在 $T_{GAL}(\min)$ 和 $T_{GAL}(\max)$ 之间］，这使得在频率低于 1 GHz 时，利用微波辐射计进行地球观测面临严峻挑战。此外，人造射频源(主要是广播和电视发射器)会产生干扰，合理尺寸的天线得到的空间分辨率也很低，这都会导致频率低于 1 GHz 时，辐射计进行地球观测的使用范围非常有限。

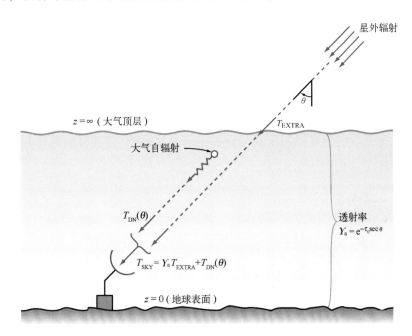

图 8.16　仰视辐射计测量的辐射温度，包括银河系的辐射贡献

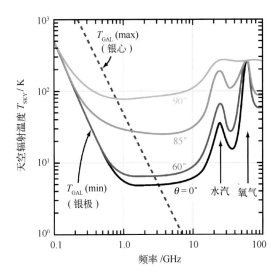

图 8.17　天空辐射温度 T_{SKY} 包括来自银河系的辐射贡献，若 $f > 5$ GHz，则该贡献可被忽略

上述讨论中，太阳等点源的贡献并不包括在内。频率在 10 GHz 以下时，"平静"太阳的亮温随着频率的增加快速降低——频率为 100 MHz 时亮温为 10^6 K，频率为 10 GHz 时，则降低至大约 10^4 K。频率超过 10 GHz 时，太阳亮温减速变慢，逐渐变为 6 000 K；当频率高于 30 GHz 时，该值大体保持不变。出现太阳黑子和耀斑时，太阳亮温可能会增加几个数量级。仰视辐射计接收的信号取决于太阳相对于天线方向图的方向以及太阳的亮温。

图 8.15 和图 8.17 所示的大气辐射图是针对下行辐射的(能被位于海平面的仰视辐射计观测到的辐射)。若忽略宇宙和星系的辐射贡献(频率高于 5 GHz 时，二者相对于大气辐射非常小)，$T_{DN}(\theta)$ 的曲线和 $T_{UP}(\theta)$ 的曲线差异范围在几度之内，其中 $T_{UP}(\theta)$ 是指能被地球大气上方的俯视辐射计观测到的上行大气辐射(地面辐射除外)。因此，这些曲线可以当作 $T_{UP}(\theta)$ 的近似曲线。

如前所述，为了方便计算，在天顶角小于等于 70° 时，可以利用水平大气层结近似 [导致式(8.23)对 $\sec\theta$ 的依赖性]。

如图 8.18 所示，$T_{SKY}(\theta)$ 的测量值与基于上述近似计算的结果十分吻合，这证明了上述近似的合理性。并且一直到 82°，这种一致性都存在。

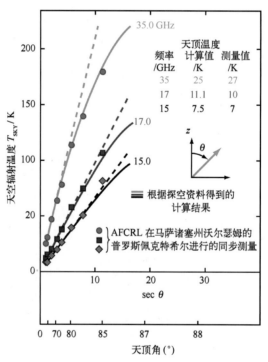

图 8.18　测量得到的天空温度和根据函数 $\sec\theta$ 计算得到的天空温度二者之间的比较，其中 θ 为天顶角(Crane，1971)

8.5　水汽凝结体的消光

到目前为止，我们讨论的都是晴空时的状况，吸收和辐射完全源自大气中的气体。电磁辐射与水汽凝结体(如云、雾、雪以及雨中的水汽凝结体)的相互作用在本质上是不同的，可能既包括吸收也包括散射。在本节以及接下来的小节中，我们首先考虑与单个粒子的电磁相互作用，然后再讨论存在大量粒子体积的案例。

> ▶ 体消光系数由体积中所包含粒子的密度、形状、大小分布和介电特性确定。◀

在将单个粒子得到的结果推广到包含很多粒子的体积中时，通常假设这些粒子在该体积中随机分布，且散射为非相干过程(认为粒子散射场的相位是随机的)，因此单个粒子的贡献可以相加。除了上述假设，接下来的讨论中还会有进一步的假设，即粒子是球形的；对于大气中的大部分水滴和冰粒而言，这种假设是合理的。虽然已经有模型(Oguchi, 1973)解释了雨滴是非球形的，但其得出的结果与假设雨滴是球形时得出的结果差异不大，这种差异通常小于其他参数(如雨滴大小的分布)造成的统计不确定性。

8.5.1　电磁波与单个球形粒子的相互作用

若 $S_i(\mathrm{W/m^2})$ 是电磁波入射到几何横截面积为 A 的悬浮颗粒物的功率密度，部分入射能量被该粒子吸收，另外一部分被该粒子散射到不同方向。那么吸收功率 P_a 和入射功率密度 S_i 的比值称为吸收截面 Q_a：

$$Q_a = \frac{P_a}{S_i} \qquad (\mathrm{m^2}) \tag{8.25a}$$

Q_a 与物理截面 A 的比值称为吸收效率因子 ξ_a。半径为 r 的球形粒子，$A = \pi r^2$，因此

$$\xi_a = \frac{Q_a}{\pi r^2} \tag{8.25b}$$

若入射平面波沿方向 z 传播，$S(\theta, \phi)$ 是在方向 (θ, ϕ) 上距离粒子 R 处散射的辐射功率密度，则该粒子散射的总功率为粒子对 $S(\theta, \phi)$ 在球面(该球以散射粒子为球心，距离 R 为半径)的积分：

$$P_s = \iint_{4\pi} S_s(\theta, \phi) R^2 \mathrm{d}\Omega \tag{8.26}$$

散射截面 Q_s 和散射效率因子 ξ_s 的定义为

$$Q_s = \frac{P_s}{S_i} \quad (m^2) \tag{8.27a}$$

$$\xi_s = \frac{Q_s}{\pi r^2} \tag{8.27b}$$

入射波衰减的总功率为 $P_a + P_s$，相应的消光（或衰减）截面 Q_e 和效率因子 ξ_e 为

$$Q_e = Q_a + Q_s \tag{8.28a}$$

$$\xi_e = \xi_a + \xi_s \tag{8.28b}$$

式(8.26)给出的散射功率是该粒子在所有方向散射的总功率。在雷达气象中，特别重要的是朝向辐射源的后向散射的功率密度。在 $\theta = \pi$ 时，$S_b = S_s$。雷达后向散射截面 σ_b 的定义基于这种联系，即 σ_b 与入射功率密度 S_i 相乘，使得结果等于等效各向同性辐射体辐射的总功率。从而距离散射体 R 处，

$$S_b = \frac{S_i \, \sigma_b}{4\pi R^2} \tag{8.29}$$

根据式(8.29)，可以得到 σ_b，表达式为

$$\sigma_b = 4\pi R^2 \frac{S_b}{S_i} \quad (m^2) \quad （后向散射截面） \tag{8.30a}$$

并且相应的后向散射效率因子 ξ_b 为

$$\xi_b = \frac{\sigma_b}{\pi r^2} \tag{8.30b}$$

8.5.2　米氏散射

Mie(1908)解决了一个任意半径的介质球对电磁波的散射和吸收问题。Ishimaru(1991)等研究人员重述了 Mie 的推导，得到的公式由两个参数确定，分别为归一化圆周 χ 和相对折射率 n：

$$\chi = k_b r = \frac{2\pi r}{\lambda_b} = \frac{2\pi r}{\lambda_0} \sqrt{\varepsilon_b'} \tag{8.31a}$$

且

$$n = \frac{n_p}{n_b} = \left(\frac{\varepsilon_p}{\varepsilon_b} \right)^{1/2} = \varepsilon^{1/2} \tag{8.31b}$$

式中，k_b 为背景介质中的波数；ε_b' 为背景介质相对介电常数的实部；λ_b 为背景介质中的波长；λ_0 为自由空间波长；n_p 和 n_b 分别为颗粒物(球形)和背景介质的复折射率；ε_p 和 ε_b 为相应的复介电常数。背景介质为空气时，$\varepsilon_b' = 1$，$n_b = 1$，且 $\lambda_b = \lambda_0$(在大气中时，结果相同)。然而针对米氏散射的其他遥感应用而言，背景不一定是空气。

Mie 求解得到了以收敛级数形式表示的球状粒子的散射效率因子和消光效率因子，分别为[†]

$$\xi_s(n, \chi) = \frac{2}{\chi^2} \sum_{l=1}^{\infty} (2l + 1)(|a_l|^2 + |b_l|^2) \tag{8.32a}$$

$$\xi_e(n, \chi) = \frac{2}{\chi^2} \sum_{l=1}^{\infty} (2l + 1) \operatorname{Re}\{a_l + b_l\} \tag{8.32b}$$

式中，a_l 和 b_l 称为米氏系数，是 n 和 χ 的函数。米氏系数的表达式包括复自变量的贝塞尔函数。

出于计算目的，Deirmendjian(1969)利用贝塞尔函数的递推公式迭代得出了以下表达式：

$$a_l = \frac{\left(\dfrac{A_l}{n} + \dfrac{l}{\chi}\right) \operatorname{Re}\{W_l\} - \operatorname{Re}\{W_{l-1}\}}{\left(\dfrac{A_l}{n} + \dfrac{l}{\chi}\right) W_l - W_{l-1}} \tag{8.33a}$$

和

$$b_l = \frac{\left(nA_l + \dfrac{l}{\chi}\right) \operatorname{Re}\{W_l\} - \operatorname{Re}\{W_{l-1}\}}{\left(nA_l + \dfrac{l}{\chi}\right) W_l - W_{l-1}} \tag{8.33b}$$

其中，

$$W_l = \left(\frac{2l - 1}{\chi}\right) W_{l-1} - W_{l-2} \tag{8.34}$$

且

$$W_0 = \sin \chi + j \cos \chi \tag{8.35a}$$
$$W_{-1} = \cos \chi - j \sin \chi \tag{8.35b}$$

并且

$$A_l = -\frac{1}{n\chi} + \left[\frac{1}{n\chi} - A_{l-1}\right]^{-1} \tag{8.36}$$

此外

$$A_0 = \cot n\chi \tag{8.37}$$

折射率 n 通常为复量：

$$n = n' - jn'' \tag{8.38}$$

且

[†]　计算机代码 8.12。

$$n' = \mathrm{Re}\{\varepsilon^{1/2}\} = \left[\frac{\varepsilon' + \sqrt{(\varepsilon')^2 + (\varepsilon'')^2}}{2} \right]^{1/2} \tag{8.39a}$$

$$n'' = -\mathrm{Im}\{\varepsilon^{1/2}\} = \frac{\varepsilon''}{2n'} \tag{8.39b}$$

上述米氏系数的计算形式不包含近似值，用于机器处理时，比包含复自变量贝塞尔函数的传统表达式简单得多。

根据 Mie 求解球状粒子散射场的结果，可以得到后向散射效率因子 ξ_b 的下述表达式：

$$\xi_b = \frac{\sigma_b}{\pi r^2} = \frac{1}{\chi^2} \left| \sum_{l=1}^{\infty} (-1)^l (2l+1)(a_l - b_l) \right|^2 \tag{8.40}$$

米氏系数 a_l 和 b_l 可以根据前述递推过程计算求得。

8.5.3　瑞利近似

若粒径远小于入射波的波长，则 $|n\chi| \ll 1$，ξ_s 和 ξ_e 的米氏表达式可简化为著名的瑞利近似（van de Hulst，1957）。具体而言，若只保留 ξ_s 和 ξ_e 展开式中的最重要项，那么米氏表达式就会变为如下形式：

$$\xi_s = \frac{8}{3} \chi^4 |K|^2 + \cdots \tag{8.41}$$

且

$$\xi_e = 4\chi \,\mathrm{Im}\{-K\} + \frac{8}{3} \chi^4 |K|^2 + \cdots \tag{8.42}$$

式中，K 为根据复折射率 n（球状粒子对背景介质的折射率）定义的复量，

$$K = \frac{n^2 - 1}{n^2 + 2} = \frac{\varepsilon - 1}{\varepsilon + 2} \tag{8.43}$$

根据式（8.41）和式（8.42），可以得到吸收效率因子 ξ_a：

$$\xi_a = \xi_e - \xi_s = 4\chi \,\mathrm{Im}\{-K\} \tag{8.44}$$

相应的散射截面和吸收截面为

$$Q_s = \frac{2\lambda^2}{3\pi} \chi^6 |K|^2 \tag{8.45a}$$

$$Q_a = \frac{\lambda^2}{\pi} \chi^3 \mathrm{Im}\{-K\} \tag{8.45b}$$

由于 Q_s 随 χ^6 变化，Q_a 随 χ^3 变化，因此在瑞利区（$\chi \ll 1$），Q_a 通常远大于 Q_s，除非粒子本身为吸收能力非常弱的物质（即 $n'' \ll n'$，导致 $\mathrm{Im}\{-K\} \ll |K|^2$）。

> ▶ 对大多数计算而言，若 $|n\chi| < 0.5$，则瑞利近似的精度可以接受。◀

后面的小节会把水滴和冰粒的瑞利散射值与通过米氏表达式得到的精确值进行比较。

在瑞利区，式 (8.40) 给出的后向散射效率因子可以简化为 (Kerr，1951)：

$$\xi_b = 4\chi^4 |K|^2 \qquad (|n\chi| < 0.5) \tag{8.46}$$

通常称之为瑞利后向散射定律。若 $|n| \gg 1$ 但有限，则 $|K| \approx 1$。ξ_b 相应的表达式为

$$\xi_b \approx 4\chi^4 \qquad (|n| \gg 1 \text{ 为一有限值且 } |n\chi| < 0.5) \tag{8.47}$$

若一球状粒子的 n 无限大，如理想导体金属球，则式 (8.46) 并不适用，因为该式是 $|n\chi| < 0.5$ 时，米氏表达式的近似结果。$|n| = \infty$ 且 $\chi \ll 1$ 时，从米氏系数 a_l 和 b_l 可直接求解得到 (Kerr，1951)：

$$\xi_b = 9\chi^4 \qquad (|n| = \infty \text{ 且 } |\chi| \ll 1) \quad (\text{导体球}) \tag{8.48}$$

8.5.4　频率响应

米氏参数 χ 定义为

$$\chi = \frac{2\pi r}{\lambda_0} = \frac{2\pi r}{u_p} f$$

式中，u_p 为电磁波的相速度；f 为电磁波的频率。若该粒子在空气中，则 $u_p = c$。对于半径 r 固定的粒子而言，增加 χ 就等同于增加 f。

因此，我们有时将消光效率因子、吸收效率因子、散射效率因子及后向散射效率因子关于 χ 的函数曲线作为它们对频率的响应。

图 8.19 展示了粒子的 $\varepsilon = 3.2(1 - j1)$ 时，ξ_e、ξ_a 和 ξ_s 的频率响应。该图根据 χ 的范围可分为 3 个区域：(a) 低频 (瑞利) 区，定义条件 (在之前章节中) 为 $|n\chi| < 0.5$；(b) 高频 (光学) 区；(c) 中间区。我们可以辨别出以下特性：

(1) 在低频区，$\xi_s \ll \xi_a$，因此 $\xi_e = \xi_s + \xi_a \approx \xi_a$；

(2) 在低频区，ξ_e 随 χ^4 的变化而变化；

(3) 在中间区，ξ_s 与 ξ_a 大小相当，并最终在高频区超过 ξ_a。

图 8.20 探讨了 $\varepsilon''/\varepsilon'$ 的作用，展示了 3 种粒子消光效率因子的曲线，这 3 种粒子的 $\varepsilon' - 3.2$，但 ε'' 的值不同。我们观察到：

(1) $\varepsilon''/\varepsilon'$ 的比值在低频区非常重要 (因为 ξ_e 取决于吸收，而吸收很大程度上依赖于 $\varepsilon''/\varepsilon'$)，但到了中间区和高频区，$\varepsilon''/\varepsilon'$ 就没那么重要了；

(2) 若 $\varepsilon''/\varepsilon'$ 的值很小，则消光效率因子在中间区展现出振荡特性。

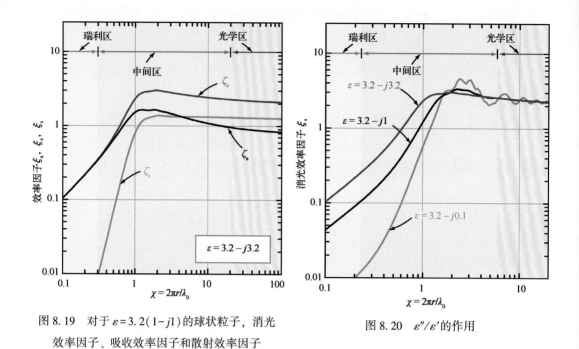

图 8.19　对于 $\varepsilon = 3.2(1-j1)$ 的球状粒子，消光
效率因子、吸收效率因子和散射效率因子
随 χ 的变化

图 8.20　$\varepsilon''/\varepsilon'$ 的作用

　　对于雷达相关的应用，我们感兴趣的量为消光截面 Q_e 和后向散射截面 σ_b。图 8.21 展示了对于 $|n| = \infty$ 的理想导体球，后向散射效率因子 $\xi_b = \sigma_b/(\pi r^2)$ 随 χ 的变化情况。上文中用于定义瑞利区上限的条件（即 $|n|\chi < 0.5$），不再适用于理想导体球。比较利用米氏表达式计算出的 ξ_b 与利用瑞利近似计算出的 ξ_b，会发现若 $\chi < 0.7$（对导体球的瑞利区而言），则瑞利近似会产生少量误差。

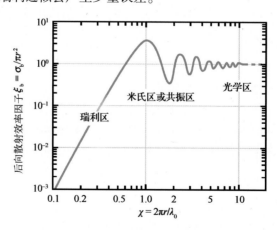

图 8.21　理想导体球的后向散射效率因子

在瑞利区，ξ_b 随 χ^4 的变化而变化；在中间区，ξ_b 呈现出振荡特性。对于折射率为 n 的任何球体，ξ_b 的光学极限为

$$\lim_{\chi \to \infty} \xi_b(\chi) = \left| \frac{n-1}{n+1} \right|^2 \tag{8.49}$$

对于 $|n| = \infty$ 的理想导体球，ξ_b 的光学极限为 1。

8.6　水汽凝结体的介电属性

如之前章节所述，球状粒子在空气中的散射和吸收特性取决于 3 个参数：(a)电磁波长 λ_0；(b)粒子的复折射率 n(或粒子的复介电常数 $\varepsilon = n^2$)；(c)粒子半径 r。本节将根据第 4 章，概述水、冰和雪的介电特性。

8.6.1　水滴

纯水(不包含盐或其他溶解物)的复介电常数是电磁波频率 f 和水温 T 的函数。图 8.22 展示了在 1~50 GHz 频率范围内，温度为 0℃ 和 20℃ 时，ε'_w 和 ε''_w 的频谱。从 0 到大约 1 GHz，温度为 0℃ 时，介电常数的频谱 $\varepsilon'_w \approx 88$(20℃ 时，$\varepsilon'_w \approx 92$)。频率超过 1 GHz 时，$\varepsilon'_w$ 过渡到较低的高频稳定区 $\varepsilon'_w \approx 4$(随着 $f \to \infty$)。该过渡会经过一个中间点，在这个中间点，介电损耗因数 ε''_w 达到最大值。对应于 ε''_w 峰值的频率称为水分子的弛豫频率 f_0。$T = 0℃$ 时，$f_0 = 8.9$ GHz，随着水温的增加，f_0 也会增加；20℃ 时，$f_0 = 16.7$ GHz。

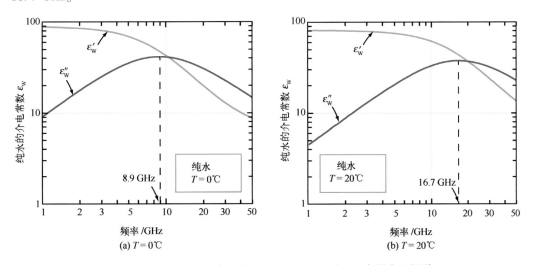

图 8.22　1~50 GHz 频率范围内，0℃ 和 20℃ 时，纯水的介电频谱

▶ 由于在 1~50 GHz 的范围内，ε'_w 和 ε''_w 的值都很大，因此在这个范围的微波频谱内，水滴呈现强散射和强吸收。◀

8.6.2 冰粒

纯冰的微波相对介电常数 ε'_i 远小于纯水的微波相对介电常数。频率为 1 GHz 时，$\varepsilon'_i \approx 3.2$，而水的 $\varepsilon'_w \approx 90$。此外，根据理论以及实验测量（参见 4.3 节），在 10 MHz 至 300 GHz 范围内，ε'_i 基本上与频率无关，对温度的依赖性也很低。因此，在实际应用中，ε'_i 为常数：

$$\varepsilon'_i \approx 3.2 \qquad (8.50)$$

纯冰的介电损耗因数 ε''_i 比 ε'_i 至少小两个数量级（$f < 100$ GHz 时），但 ε''_i 既依赖于频率也依赖于温度。根据模型计算以及相关的实验数据（图 8.23），在 1~5 GHz 范围内，ε''_i 的值最小（最小值的位置取决于温度 T）。

针对 $\varepsilon'' < \varepsilon'$ 的介质，吸收系数通过以下近似表达式给出

$$\kappa_a \approx k_0 \frac{\varepsilon''}{\sqrt{\varepsilon'}} \qquad (8.51)$$

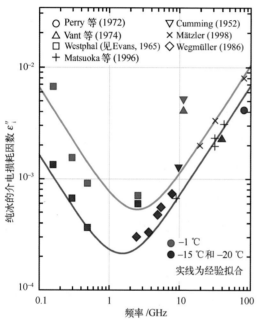

图 8.23　纯冰的介电损耗因数

因为在微波区域，冰的 $\varepsilon''_i < 0.01$，因此与水相反，冰的微波吸收能力很弱。

8.6.3 雪花

根据 Atlas(1964)关于球状物散射的综述，粒子形状对冰粒散射效率因子和吸收效率因子的影响很小。因此尽管雪花不是球状的，但只要符合瑞利散射的条件，就可以把雪花当作相同质量的球状粒子，利用瑞利表达式进行处理。

雪花是空气和冰晶的混合物。纯冰的密度为 $\rho_i = 0.9167$ g/cm³，雪花的密度 ρ_s 通常在 0.05~0.3 g/cm³ 范围内。由于 $\varepsilon'_{air} = 1$ 且 $\varepsilon'_i \approx 3.2$，若将雪花看作外包空气的等效球体，则可以得到式(4.54)给出的干雪介电常数：

$$\varepsilon'_{ds} = \frac{1 + 0.92\,\rho_s}{1 - 0.46\,\rho_s} \qquad (8.52)$$

图 8.24 展示了式(8.52)的曲线以及频率为 0.8~37 GHz 时，实验得到的测量数据（详见 4.6 节）。

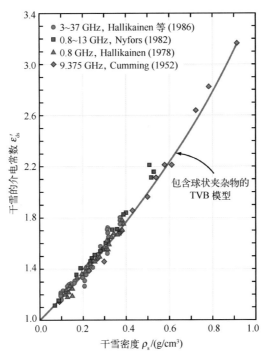

图 8.24 测量的干雪介电常数与干雪密度的关系(见 4.6 节)

通过相同的雪介质模型，可以得到下述损耗因数 ε''_{ds} 与介电常数 ε'_{ds} 的近似关系：

$$\frac{\varepsilon''_{ds}}{\varepsilon'_{ds}} = \frac{0.37\rho_s}{(1 - 0.46\rho_s)^2} \tag{8.53}$$

式中，ρ_s 为雪的密度。下雪时，ρ_s 是雪花的平均密度。

8.7 云、雾、霾的消光与后向散射

在云或雨中，通常假设散射体(粒子)在体积内随机分布，从而单个粒子散射或发射的场之间不存在相干相位关系，进而能够使用非相干散射理论，计算包含大量粒子的体积的吸收与散射。此外，粒子浓度通常足够小，从而能够忽略粒子间的阴影遮挡。这两种假设可以得到以下结论：特定体积的总散射截面等于体积内所有粒子散射截面的代数和。该结论同样适用于吸收截面与后向散射截面。

体散射系数 κ_s 是单位体积的总散射截面，单位为 (Np/m³) × m² = Np/m。包含在云团或雨团中的粒子，其大小范围通常通过粒径分布 $p(r)$ 描述，该连续函数定义了单

位体积及半径 r 的单位增量内粒子的局部浓度。因此 κ_{s} 通过如下公式给出：

$$\kappa_{\mathrm{s}} = \int_{r_1}^{r_2} p(r) \, Q_{\mathrm{s}}(r) \, \mathrm{d}r \qquad (8.54)$$

式中，$Q_{\mathrm{s}}(r)$ 是半径为 r 的球体的散射截面；r_1 和 r_2 分别为云团中液滴半径的下限和上限。

针对数值计算，有时根据散射效率因子 $\xi_{\mathrm{s}} = Q_{\mathrm{s}}/\pi r^2$ 及无量纲参数 $\chi = 2\pi r/\lambda_0$ 表示 κ_{s} 会很方便。因此，式(8.54)变为

$$\kappa_{\mathrm{s}} = \frac{\lambda_0^3}{8\pi^2} \int_0^\infty \chi^2 p(\chi) \xi_{\mathrm{s}}(\chi) \, \mathrm{d}\chi \qquad (8.55)$$

式中，积分范围包括了 χ 的所有可能值，同时 $r < r_1$ 或 $r > r_2$ 时，$p(\chi)=0$。将式(8.55)中的 ξ_{s} 分别替换为 ξ_{a}、ξ_{e}、ξ_{b}，则可以得到体吸收系数 κ_{a}、体消光系数 κ_{e}、体后向散射系数 σ_{v} 的相似表达式。体后向散射系数 σ_{v} 通常称为雷达反射率。

8.7.1 粒径分布

云命名和云模型是根据多个云参数定义的，其中最重要的几个参数为：①单位体积的液态水含量 $m_{\mathrm{v}}(\mathrm{g/m^3})$；②粒径分布 $p(r)$；③主要成分（水、冰或雨）；④云底距地面的高度。表8.3列出了6个云模型的属性列表，包括冰云、水云、雾和霾，其中有3个参数与 Deirmendjian(1969) 给出的粒径分布函数表达式有关：

$$p(r) = ar^\alpha \exp(-br^\gamma) \qquad (0 \leqslant r \leqslant \infty) \qquad (8.56)$$

$r=0$ 以及 $r=\infty$ 时，该分布函数为0。由于 $\gamma=1$ 时，粒径分布化简为伽马分布，因此 Deirmendjian 将其称为修正的伽马分布。对于给定的粒径分布，a、α、b 和 γ 是正的实常数，与云的物理性质相关。为了数学计算时更方便，指定常数 α 为整数。

表 8.3 标准云模型属性(Fraser et al., 1975)

云名称	云底/m	高顶/m	水汽的质量密度/(g/m³)	众数半径 r_{c}/μm	形状参数 α	形状参数 γ	主要成分
卷层云，中纬度	5 000	7 000	0.10	40.0	6.0	0.5	冰
低层云	500	1 000	0.25	10.0	6.0	1.0	水
雾层	0	50	0.15	20.0	7.0	2.0	水
霾，重度	0	1 500	10.3	0.05	1.0	0.5	水
淡积云	500	1 000	0.50	10.0	6.0	0.5	水
浓积云	1 600	2 000	0.80	20.0	5.0	0.3	水

通过对 $p(r)$ 关于 r 积分，可以得到单位体积内的粒子总数 N_{v}：

$$N_{\mathrm{v}} = \int_0^\infty p(r)\,\mathrm{d}r = a\int_0^\infty r^\alpha \exp(-br^\gamma)\,\mathrm{d}r = \frac{a\Gamma(x)}{\gamma\,b^x} \qquad (\mathrm{m}^{-3}) \qquad (8.57)$$

式中，

$$x = \frac{\alpha+1}{\gamma} \qquad\qquad (8.58)$$

$\Gamma(\ )$是标准伽马函数，表达式为

$$\Gamma(n) = (n-1)! \qquad (n\text{ 为正整数}) \qquad (8.59a)$$

并且

$$\Gamma(x) = \int_0^\infty \mathrm{e}^{-t} t^{x-1}\,\mathrm{d}t \qquad (x\text{ 为正的非整数}) \qquad (8.59b)$$

另外一个重要参数是粒径分布的众数半径 r_{c}，是 $p(r)$ 最大时的半径。将 $p(r)$ 对 r 微分，并且令微分结果为零，可以得到（Deirmendjian，1969）：

$$r_{\mathrm{c}}^\gamma = \frac{\alpha}{b\gamma} \qquad\qquad (8.60)$$

并且相应的粒径分布最大密度为

$$p(r_{\mathrm{c}}) = ar_{\mathrm{c}}^\alpha \exp\left(-\frac{\alpha}{\gamma}\right) \qquad\qquad (8.61)$$

云的水含量（或质量密度）$m_{\mathrm{v}}(\mathrm{g/m}^3)$ 等于水滴所占体积分数 V_{p} 与水密度（$=10^6\ \mathrm{g/m}^3$）的乘积。将 $p(r)$ 乘以 $4\pi r^3/3$，并进行积分运算，可以得到体积分数 V_{p}。因此

$$m_{\mathrm{v}} = \frac{4}{3}\times 10^6 a\pi\int_0^\infty r^{\alpha+3}\exp(-br^\gamma)\,\mathrm{d}r = \frac{4\times 10^6 a\pi}{3\gamma\,b^y}\Gamma(y) \qquad (\mathrm{g/m}^3) \qquad (8.62)$$

式中，

$$y = \frac{\alpha+4}{\gamma} \qquad\qquad (8.63)$$

根据式（8.60）和式（8.62），粒径分布 $p(r)$ 完全由 m_{v}、r_{c}、α 和 γ 确定。归一化粒径分布 $p_{\mathrm{n}}(r)$ 为 $p(r)$ 与其最大值 $p(r_{\mathrm{c}})$ 的比值：

$$p_{\mathrm{n}}(r) = \frac{p(r)}{p(r_{\mathrm{c}})} = \left(\frac{r}{r_{\mathrm{c}}}\right)^\alpha \exp\left\{-\frac{\alpha}{\gamma}\left[\left(\frac{r}{r_{\mathrm{c}}}\right)^\gamma - 1\right]\right\} \qquad (8.64)$$

图 8.25 展示了两种水云、雾和霾的 $p_{\mathrm{n}}(r)$ 与 r 的关系曲线。尽管云团中不存在半径远大于 r_{c} 的粒子，但前述粒径分布的定义涵盖了 r 在 $0\sim\infty$ 的所有值。这是基于这样一个事实：当 $r\gg r_{\mathrm{c}}$，$p_{\mathrm{n}}(r)$ 的值非常小。如果需要，该分布可以在 r 为最大值时被截断。

对于给定的粒径分布 $p(r)$，通过式（8.55）给出的表达式，可以得到体吸收系数 κ_{a}、体散射系数 κ_{s}、体消光系数 $\kappa_{\mathrm{e}}(\kappa_{\mathrm{e}}=\kappa_{\mathrm{a}}+\kappa_{\mathrm{s}})$ 以及体后向散射系数 σ_{v}，即

$$\kappa = \frac{\lambda_0^3}{8\pi^2} \int_0^\infty \chi^2 p(\chi) \xi(\chi) \, \mathrm{d}\chi \tag{8.65}$$

式中，$\chi = 2\pi r/\lambda_0$；κ 分别为 κ_s，κ_a，κ_e 或 σ_v 分别对应被积函数中的 ξ_s，ξ_a，ξ_e 或 ξ_b。一般情况下，ξ 是 8.5 节中定义的米氏效率因子。然而，若波长 λ_0 符合一定条件使得瑞利近似适用于云中水滴 r 的所有值，则可以得到更为简单的表达式，这在下文会提及。

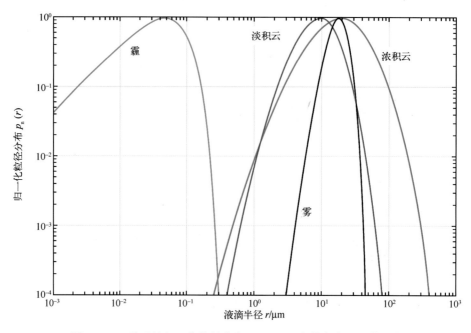

图 8.25　4 种云的归一化粒径分布 $p_n(r)$，云参数在表 8.3 中列出

8.7.2　米氏散射与瑞利近似

对于半径为 r 且复折射率为 n 的电介质球，若

$$|n|\chi \le 0.5 \qquad (\text{瑞利近似}) \tag{8.66}$$

则瑞利近似的结果与米氏计算出的吸收截面、散射截面、消光截面和后向散射截面相比，误差在 1% 以内，其中 $\chi = 2\pi r/\lambda_0$。那么，这一结论对云、雾和雨意味着什么呢？

图 8.26 至图 8.28（Fraser et al.，1975）展示了米氏消光效率因子 ξ_e 和米氏散射效率因子 ξ_s 与液滴半径在 $10\sim10\,000\,\mu\mathrm{m}$（10 mm）范围内的函数关系。这 3 张图分别对应于 3 GHz、30 GHz 以及 300 GHz，图中虚线表示瑞利消光效率因子；加粗水平线代表两种水云与降雨率为 25.4 mm/h 的雨云液滴半径的范围。

▶ 在 3 GHz，瑞利近似绝对适用于水云，大致适用于雨云；在 30 GHz，瑞利近似只适用于两种水云；到了 300 GHz，瑞利近似仅适用于淡积云。◀

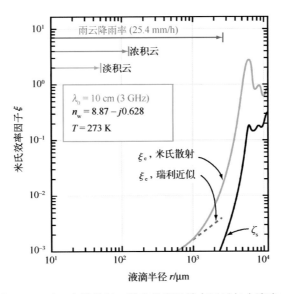

图 8.26　在 3 GHz 时，水滴散射、消光的米氏效率因子与水滴半径 r 的关系曲线（Fraser et al.，1975），水平箭头表示液滴半径的范围

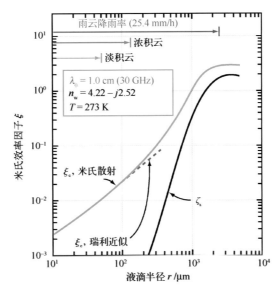

图 8.27　在 30 GHz 时，水滴散射、消光的米氏效率因子与水滴半径 r 的关系曲线（Fraser et al.，1975），水平箭头表示液滴半径范围

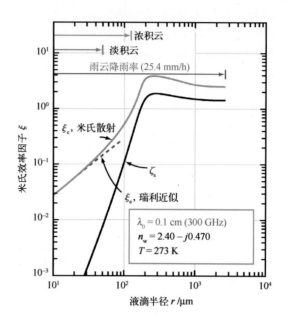

图 8.28 在 300 GHz 时，水滴散射、消光的米氏效率因子与水滴半径 r 的
关系曲线（Fraser et al.，1975），水平箭头表示液滴半径范围

8.7.3 瑞利体消光系数

如 8.5 节所述，对于单个粒子，瑞利近似适用于 $|n|\chi \leqslant 0.5$ 时的情况。

大部分水云（除了含雨云）的粒子半径不超过 0.1 mm。对应于图 8.22 所示曲线的值 $|n_w| = |\varepsilon_w^{1/2}|$，频率小于等于 50 GHz 时，瑞利近似均能适用。冰云可能包含半径为 0.2 mm 的粒子，但是冰的折射率小于水的折射率。结合这两个方面的因素，可以得到以下结论：对于冰云而言，瑞利准则适用于大约 70 GHz 内的频率。

对于水滴和冰粒而言，折射率使得在瑞利区内吸收截面 Q_a 远大于散射截面 Q_s（见 8.5.4 节）。因此，云的体消光系数 κ_e 约等于单位体积云内所有粒子的体吸收截面：

$$\kappa_e = \sum_{i=1}^{N_v} Q_a(r_i) \tag{8.67}$$

式中，N_v 为单位体积的粒子数量；r_i 为第 i 个粒子的半径。利用式（8.45b）得到 $Q_a(r_i)$，即

$$Q_a(r_i) = \frac{8\pi^2}{\lambda_0} r_i^3 \mathrm{Im}\{-K\} \tag{8.68}$$

式（8.67）变为

$$\kappa_e = \frac{8\,\pi^2}{\lambda_0} \mathrm{Im}\{-K\} \sum_{i=1}^{Nv} r_i^3 \qquad (8.69)$$

因子 K 与液滴的相对介电常数通过式(8.43)联系起来。

云的水含量为

$$m_v = 10^6 \sum_{i=1}^{Nv} \frac{4\pi}{3} r_i^3 \qquad (8.70)$$

式中，倍增因子 10^6 g/m^3 为水的密度。将式(8.69)与式(8.70)进行比较，得到[†]

$$\kappa_e = \kappa_L m_v \qquad (\mathrm{Np/m}) \qquad (8.71a)$$

式中，κ_L 为液体比消光系数(对应于 $m_v = 1$ g/m^3)，通过如下方式给出：

$$\kappa_L = \frac{6\pi}{\lambda_0} \mathrm{Im}\{-K\} \times 10^{-6} \qquad (8.71b)$$

在式(8.71b)中，λ_0 的单位是 m。若 λ_0 的单位为 cm，并且通过将 κ_e(Np/m)乘以 4.34 $\times 10^3$ 将其单位转换为 dB/km，则式(8.71a)和式(8.71b)变为

$$\kappa_e = \kappa_L m_v \qquad (\mathrm{dB/km}) \qquad (8.72)$$

并且

$$\kappa_L = 0.434 \frac{6\pi}{\lambda_0} \mathrm{Im}\{-K\} \qquad [(\mathrm{dB/km})/(\mathrm{g/m^3})] \qquad (8.73)$$

λ_0 的单位为 cm。图 8.29 展示了不同温度时，水云和冰云的 κ_L 与频率的关系曲线。我们注意到频率 f 增加时，κ_L 增速很快；温度降低时，κ_L 增速缓慢。

> ▶ 这些图还表明，冰云的 κ_L 比水云和雾的 κ_L 小一到两个数量级，造成这种差异的原因在于频率相同时，冰粒的损耗比水滴小得多。◀

8.7.4　超过 50 GHz 的云衰减

式(8.73)表明 κ_L 与 f 在 log-log 坐标上呈线性关系，如图 8.29 所示。然而，频率远高于 50 GHz 时，这一关系不再成立。

Tsang 等(1977)利用球状粒子的米氏表达式计算温度为 273 K 时，水云的散射系数、消光系数与频率的关系。

云的粒径分布由式(8.56)确定，众数半径 $r_e = 20$ μm，含水量 $m_v = 0.8$ g/m^3，粒径分布参数 $\alpha = 5$、$\gamma = 0.3$。在表 8.3 中，这些条件对应的云模型为浓积云。图 8.30 展示了 Tsang 的计算结果，表明频率低于 50 GHz 时，单次散射反照率 $a = \kappa_s / \kappa_e$ 的确可以忽

---

† 　计算机代码 8.4 和 8.5。

略不计。

然而在频率更高或是云中的粒子更大时，散射效应变得非常显著。我们应当注意，一直到频率为 100 GHz 时，κ_e 均与 f 线性相关（对数坐标）；频率更高时，由于水的介电常数对频率的依赖变弱，因此 κ_e 的倾斜变缓。

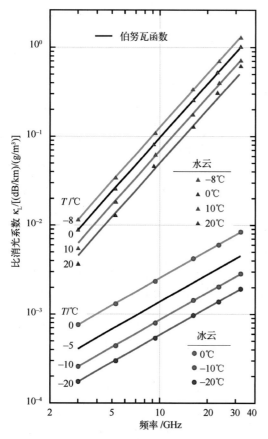

图 8.29 利用式(8.73)以及第 4 章的介电模型计算出的水云与冰云的比消光系数

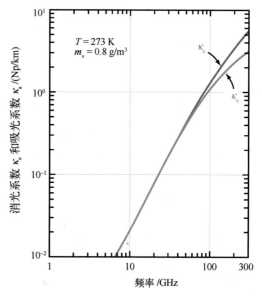

图 8.30 水含量为 0.8 g/m³ 的云，米氏消光系数与吸收系数的计算值(Tsang et al., 1977)

在结束本节之前，有必要将电磁频谱中微波区与可见光区的云衰减、雾衰减进行比较。图 8.31 展示了云的含水量 m_v 为不同值时，云消光系数 κ_e(dB/km) 与频率的关系。对应 m_v 的每个值，都在图中标注了"能见度"范围 R_v。根据定义，能见度是指在地平线上(白天)能以肉眼将黑色物体从天空背景中分辨出来的最大距离。在数学上，R_v 是指在可见光区域($\lambda = 0.4 \sim 0.7$ μm)电磁波总衰减约为 18 dB 时经过的距离，该衰减对应于略大于 1% 的透射系数。因此

$$\kappa_e R_v \approx 18 \text{ dB} \tag{8.74}$$

$R_v = 600 \text{ m}$ 时，在可见光区域，$\kappa_e \approx 30 \text{ dB/km}$；而在 30 GHz 处，该值约为 0.3 dB/km。

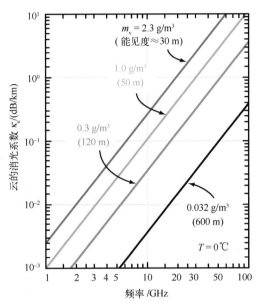

图 8.31　在 0℃，云的含水量(以及对应的能见度)不同时，
云或雾的消光系数与频率的关系(改绘自 Barton，1974)

8.7.5　体后向散射系数

在瑞利区，半径为 r 的单个球状粒子的后向散射截面如下：

$$\sigma_b = \pi r^2 \xi_b = \frac{64 \pi^5}{\lambda_0^4} r^6 |K|^2 \qquad (\text{m}^2) \tag{8.75}$$

式中，ξ_b 由式(8.46)给出。将单位体积内 N_v 个粒子的后向散射系数求和，得到云的体后向散射系数 σ_v 为

$$\sigma_v = \sum_{i=1}^{N_v} \sigma_b(r_i) = \frac{64 \pi^5}{\lambda_0^4} |K|^2 \sum_{i=1}^{N_v} r_i^6 \qquad (\text{m}^{-1}) \tag{8.76}$$

反射率因子 Z 的定义为

$$Z = \sum_{i=1}^{N_v} d_i^6 \tag{8.77}$$

式中，$d_i = 2r_i$ 为第 i 个粒子的直径。利用式(8.77)可以得到

$$\sigma_v = \frac{\pi^5}{\lambda_0^4} |K|^2 Z \tag{8.78}$$

d_i 的单位为 m，Z 的量纲为 m^6/m^3。若将 Z 从 m^6/m^3 变为 mm^6/m^3，并将 λ_0 表示为 cm （而不是 m），则式(8.78)变为

$$\sigma_v = 10^{-10} \frac{\pi^5}{\lambda_0^4} |K|^2 Z \qquad (m^{-1}) \qquad (8.79)$$

对于水云而言，Atlas(1964)通过下述表达式将反射率因子 Z_w 和水含量 m_v（g/m^3） 联系起来：

$$Z_w = 4.8 \times 10^{-2} m_v^2 \qquad (mm^6/m^3) \qquad (8.80)$$

冰云中的冰晶尺寸可以比水云中的水滴大一个数量级。因此，液态水含量 m_v 相同 时，冰云的反射率因子 Z_i 比水云大好几个数量级。Atlas（1964）推导出反射率因子 Z_i 的下述关系：

$$Z_i = 9.21 \times 10^3 m_v^4 \qquad (8.81)$$

将式(8.80)代入式(8.79)，同时将式(8.81)代入式(8.79)，可以得到在瑞利区， 水云和冰云体后向散射系数的表达式：

$$\sigma_{vw} = \frac{1.47}{\lambda_0^4} \times 10^{-9} |K_w|^2 m_v^2 \qquad (m^{-1}) \qquad (水云) \qquad (8.82a)$$

$$\sigma_{vi} = \frac{2.82}{\lambda_0^4} \times 10^{-9} |K_i|^2 m_v^2 \qquad (m^{-1}) \qquad (冰云) \qquad (8.82b)$$

需要指出的是，σ_v 量纲为 m 的倒数[（m^{-1}）]，但其在物理上指单位体积（m^3）的后 向散射截面（m^2）]。根据式(8.82)，σ_v 的量级在微波区很小。通常情况下，云的水含 量低于 1 g/m^3，很少会超过 4 g/m^3。温度为 0~20℃，并且波长在 1~10 cm 时，因数 $|K|^2$ 在 0.89~0.93 范围内变化。因此，若 $\lambda_0 = 1$ cm，并且 $m_v = 1$ g/m^3，我们可以得到 $\sigma_{vw} \approx 1.3 \times 10^{-9} m^{-1}$。

> ▶ 对于冰而言，$|K_i|^2 \approx 0.2$，大约是 $|K_w|^2$ 的 4.5 倍，但由于 Z_i（相比于 Z_w）的值大得多，因此冰云更容易被雷达检测到。◀

8.8 雨的消光与后向散射

通常情况下，雨滴的直径比云滴大两个数量级。因此，尽管对大部分云型而言， 瑞利近似一直适用到频率为 50 GHz，对淡积云甚至适用到 300 GHz；但对雨而言，在 厘米波长范围内，瑞利近似仅适用于降雨率低于 10 mm/h 时的情况，并且频率高于 30 GHz 时，瑞利近似仅适用于非常低的降雨率。因此，一般情况下，应当使用米氏散 射来计算雨的吸收和散射，即使低频微波也是如此。

8.8.1　粒径分布

关于雨的粒径分布，已经有包括 Laws 和 Parsons(1943)、Wexler (1948)、Marshall 和 Palmer(1948)以及 Best(1950)在内的数位研究者进行过研究。其中 Laws 和 Parsons、Marshall 和 Palmer 确定的雨滴粒径分布得到广泛应用。图 8.32 给出了 3 种不同降雨率时的粒径分布。

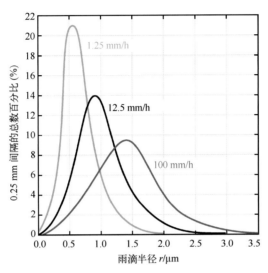

图 8.32　Laws-Parsons 粒径分布(Chu et al.，1968)

Marshall 等(1948)在降雨强度为 1~23 mm/h 时，利用在地面测量到的粒径分布，得出了粒径 d 分布的下述表达式：

$$p(d) = N_0 e^{-bd} \tag{8.83}$$

式中，$p(d)$ 为单位体积、单位粒径间隔内直径为 d(单位：m)的雨滴数量；$N_0 = 8.0 \times 10^6/m^4$；$b$ 与降雨率 R_r(mm/h)关系为

$$b = 4\ 100 R_r^{-0.21} \tag{8.84}$$

> ▶ 观测表明，即使降雨的位置、类型和降雨率均相同，雨滴的粒径分布也存在很大差异。因此，粒径分布模型应当代表降雨状况的平均水平，而不是个别情况。◀

Sekhon 等(1970)测量了降雪的粒径分布。

8.8.2　体消光系数

给定粒径分布 $p(r)$ 时(其中 r 是雨滴半径)，利用式(8.65)，可以计算出雨的体消

光系数 κ_e：

$$\kappa_e = \frac{\lambda_0^3}{8\pi^2} \int_0^\infty \chi^2 p(\chi) \xi_e(\chi) \, d\chi \tag{8.85}$$

正如之前的定义，式中，$\chi = 2\pi r/\lambda_0$；$\xi_e(\chi)$ 为由式(8.32b)给出的米氏消光系数。

图 8.33 展示了不同降雨率 R_r 时，雨的消光系数 κ_e 关于频率的函数曲线。该图利用 Laws-Parsons 粒径分布计算得出。

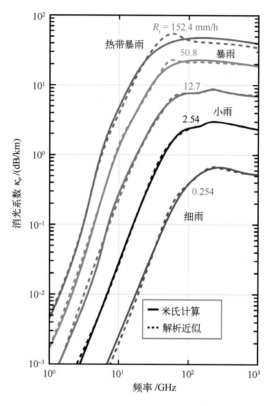

图 8.33 不同降雨率时，雨的消光系数米氏计算值与式(8.86)和
式(8.87)给出的解析近似值对比

图 8.33 还显示了基于回归分析得到的简单解析式(Olsen et al., 1978；CCIR, 1981)的函数曲线。该解析表达式为[†]

$$\kappa_e = \kappa_L R_r^b \qquad (\text{dB/km}) \tag{8.86}$$

R_r 的单位为 mm/h。下述回归方程给出了比消光系数 $\kappa_L (R_r = 1 \text{ mm/h})$

[†] 计算机代码 8.6。

$$\kappa_{\mathrm{L}}(f) = \begin{cases} 6.\,39 \times 10^{-5} f^{\,2.\,03} & (f < 2.\,9\ \mathrm{GHz}) \\ 4.\,21 \times 10^{-5} f^{\,2.\,42} & (2.\,9\ \mathrm{GHz} \leqslant f < 54\ \mathrm{GHz}) \\ 4.\,09 \times 10^{-2} f^{\,0.\,699} & (54\ \mathrm{GHz} \leqslant f < 180\ \mathrm{GHz}) \\ 3.\,38 f^{\,-0.\,151} & (f \geqslant 180\ \mathrm{GHz}) \end{cases} \qquad (8.\,87\mathrm{a})$$

以及指数 b

$$b(f) = \begin{cases} 0.\,851\,f^{\,0.\,158} & (f < 8.\,5\ \mathrm{GHz}) \\ 1.\,41\,f^{\,-0.\,077\,9} & (8.\,5\ \mathrm{GHz} \leqslant f < 25\ \mathrm{GHz}) \\ 2.\,63\,f^{\,-0.\,272} & (25\ \mathrm{GHz} \leqslant f < 164\ \mathrm{GHz}) \\ 0.\,616\,f^{\,0.\,012\,6} & (f \geqslant 164\ \mathrm{GHz}) \end{cases} \qquad (8.\,87\mathrm{b})$$

根据近似解析表达式得到的曲线与根据米氏计算得出的曲线高度一致。

对于包括 Olsen 等(1978)在内的很多研究者而言,他们求解 κ_{e} 实用表达式的动力在于地面通信以及近地空间通信的应用。这时,最主要的物理量是吸收和散射两者造成的总衰减,而这两种过程各自的相对贡献则是次要的。然而在辐射遥感中,即便总衰减相同(下一小节将会讨论散射对雨的亮温造成的影响),散射介质和非散射介质的辐射也是不同的。频率低于 10 GHz,并且降雨率每小时只有数毫米时,散射系数 κ_{s} 远小于吸收系数 κ_{a}。因此,$\kappa_{\mathrm{e}} = \kappa_{\mathrm{s}} + \kappa_{\mathrm{a}} \approx \kappa_{\mathrm{a}}$,并且单次散射反照率 $a = \kappa_{\mathrm{s}} / \kappa_{\mathrm{e}}$ 接近于零。

根据 Tsang(1977)得到的图 8.34 展示了中等降雨率(12 mm/h)时,κ_{e} 和 κ_{a} 关于频率的函数曲线。

从图中我们可以很明显地看出,频率高于 10 GHz 时,κ_{s}(两条曲线之差)不容忽视。图 8.35 展示的 3 种不同降雨率对应的单次散射反照率的频谱变化,进一步阐述了这一点。

为了便于比较,我们在图 8.36 中展示了在两种降雨率下,雨和干雪的消光系数随频率的变化情况。

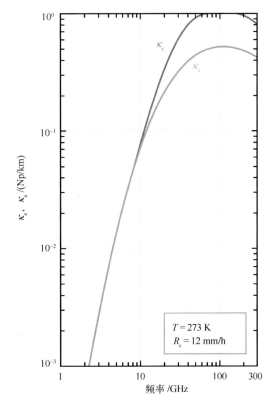

图 8.34　降雨率为 12 mm/h 时,计算得到的
米氏消光系数 κ_{e} 和吸收系数 κ_{a}

427

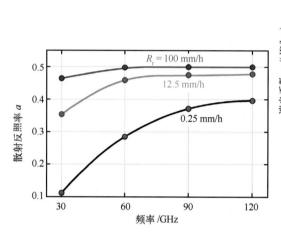

图 8.35　3 种降雨率对应的米氏散射反照率

$a = \kappa_s / \kappa_e$ 的频谱变化

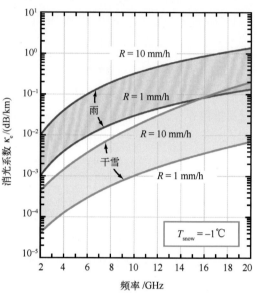

图 8.36　雨和干雪的消光系数随频率的变化

［根据 Barton(1974)的研究结果改绘］

> ▶ 降雨率相同时，雨的消光系数是干雪消光系数的 20～50 倍。这是因为水的介电损耗因数比干雪的介电损耗因数大一到两个数量级。相比之下，融雪的消光系数则比雨的消光系数大得多。由于在大气中的融雪区域会在雷达图像中显示出高反射率，这些区域称为亮带。亮带通常出现在 0℃ 等温线之下的高度。◀

8.8.3　体后向散射系数

从形式上来说，根据式(8.40)的定义，利用式(8.85)，将 κ_e 替换为 σ_v，并且将 ξ_e 替换为米氏后向散射效率因子 ξ_b，可以计算出雨的体后向散射系数。然而文献中，通常利用瑞利近似适用时得到的形式，创建 σ_v 模型。与之前探讨云时得出的表达式式(8.79)相同，瑞利体后向散射系数为

$$\sigma_v = 10^{-10} \frac{\pi^5}{\lambda_0^4} |K_w|^2 Z \qquad (\text{m}^{-1}) \qquad (8.88)$$

式中，$\lambda_0(\text{cm})$ 为波长；$|K_w|$ 为水的折射率函数，由式(8.43)给出；$Z(\text{mm}^6/\text{m}^3)$ 是由式(8.77)定义的反射率因子。对雨而言，式(8.88)适用于频率低于 10 GHz 时的情况。Z 和降雨率 R_r 两者之间的关系取决于粒径分布，Marshall-Palmer(1948)得出的关系表

达式被广泛使用：

$$Z = 200R_r^{1.6} \quad (f < 10 \text{ GHz}) \tag{8.89}$$

式中，Z 的单位为 mm^6/m^3；R_r 的单位为 mm/h。

频率高于 10 GHz 时，采用的做法是根据式(8.88)的形式经验确定一个有效(或等效)的反射率因子 Z_e，使其满足式(8.88)。

图 8.37 展示了在不同频率时，等效反射率因子 Z_e 与降雨率 R_r 的函数关系。Z_e 和 R_r 之间的关系通过如下方式确定：首先利用米氏散射和 Marshall-Palmer(1948)的粒径分布计算 0℃时的 σ_v，然后再利用下述表达式计算 Z_e：

$$Z_e = \frac{\lambda_0^4 \, \sigma_v \times 10^{10}}{\pi^4 \, |K_w|^2} \tag{8.90}$$

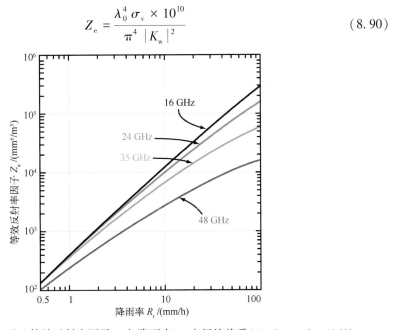

图 8.37　0℃时，雷达等效反射率因子 Z_e 与降雨率 R_r 之间的关系(Wexler et al., 1963)

8.9　气象雷达方程

对于短脉冲雷达，接收的由一组体分布的非相干散射体产生的后向散射为

$$P_r = \frac{P_t G_0^2 \lambda_0^2}{(4\pi)^3 R^4} \sigma \mathrm{e}^{-2\tau} \tag{8.91}$$

式中，P_t 为最大发射功率；G_0 为沿波束轴线的天线增益；R 为距散射体的距离；τ 为总的单次路径衰减(单位为 Np)；σ 为散射体积的雷达截面(单位为 m^2)。衰减 τ 是由于大气中的气体、云、降水(雨或雪)而造成的消光系数之和，为沿着雷达和散射体积间路径在距离 R 内的积分：

$$\tau = \int_0^R (\kappa_{\mathrm{g}} + \kappa_{\mathrm{e_c}} + \kappa_{\mathrm{e_p}}) \mathrm{d}r \quad (\mathrm{Np}) \tag{8.92}$$

降雨时，$\kappa_{\mathrm{e_p}}$ 等于 $\kappa_{\mathrm{e_r}}$；降雪时，$\kappa_{\mathrm{e_p}}$ 则等于 $\kappa_{\mathrm{e_s}}$。雷达截面 σ 等于将单位体积的后向散射截面 σ_{v} 对与接收功率 P_{t} 有关的散射体积积分获得。对于半功率波束宽度为 β_θ 和 β_ϕ 的窄波束而言，在距离 R 处的有效体积为

$$V = \pi \left(\frac{R\beta_\theta}{2} \right) \left(\frac{R\beta_\phi}{2} \right) \left(\frac{c\tau_{\mathrm{p}}}{2} \right) \tag{8.93}$$

式中，c 为光速；τ_{p} 为脉冲长度，我们假定该脉冲长度足够短，从而能在散射体积的深度范围 $c\tau_{\mathrm{p}}/2$ 内将 R 视作常数。若 σ_{v} 在 V 内近似均匀，则 $\sigma = \sigma_{\mathrm{v}}V$，并且 P_{r} 变为

$$P_{\mathrm{r}} = \left[\frac{P_{\mathrm{t}} G_0^2 \lambda_0^2 \beta_\theta \beta_\phi c \tau_{\mathrm{p}} \mathrm{e}^{-2\tau}}{32 (4\pi R)^2} \right] \sigma_{\mathrm{v}} \tag{8.94}$$

8.10 云和雨的辐射

8.4 节讨论了大气中气体的下行辐射。在中度云覆盖和中等降雨率的情况下，对于厘米波以及部分毫米波，可以将大气视为非散射介质。这种情况下，式(8.23)给出的亮温表达式可以用作

$$T_{\mathrm{DN}}(\theta) = \sec\theta \int_0^\infty \kappa_{\mathrm{a}}(z) T(z) \mathrm{e}^{-\tau_0(0,\,z)\sec\theta} \mathrm{d}z \tag{8.95}$$

式中，T_{DN} 为角 θ(相对于垂直轴)方向的大气下行辐射；$T(z)$ 为在高度 z 处大气的测量温度；$\tau_0(0,z)$ 为表面和高度 z 之间的天顶光学厚度：

$$\tau_0(0,\,z) = \int_0^z \kappa_{\mathrm{a}}(z) \mathrm{d}z \qquad (\mathrm{Np})$$

$\kappa_{\mathrm{a}}(z)$ 为在高度 z(km) 处的总吸收系数，包括大气中气体、云(若存在)、降水(若存在)的吸收贡献。$\kappa_{\mathrm{a}}(z)$ 如下：

$$\kappa_{\mathrm{a}}(z) = \kappa_{\mathrm{g}}(z) + \kappa_{\mathrm{a_c}}(z) + \kappa_{\mathrm{a_p}}(z) \qquad (\mathrm{Np/km}) \tag{8.96}$$

式中，下标 g、c 和 p 分别代表气体、云和降水。κ_{g} 的表达式通过式(8.19a)给出，单位为 dB/km；因此，在将其代入式(8.96)之前，κ_{g} 要除以 4.34，将单位转化为 Np/km。对于云而言，一直到 50 GHz，都能够利用瑞利近似计算体吸收系数 $\kappa_{\mathrm{a_c}}$ [如式(8.71)给出的那样]，其中淡积云在整个微波区都能够利用瑞利近似计算体吸收系数 $\kappa_{\mathrm{a_c}}$。

若天线的主波束不是指向太阳，在频率高于 10 GHz 时，地球外辐射源的贡献可以忽略不计，这种情况下，根据式(8.24a)的定义，天空辐射温度 $T_{\mathrm{SKY}}(\theta)$ 化简为 $T_{\mathrm{DN}}(\theta)$：

$$T_{\mathrm{SKY}}(\theta) = T_{\mathrm{DN}}(\theta)$$

Weger(1960)计算了 3 种大气状况下，不同波长时的 $T_{\mathrm{SKY}}(\theta)$，下面是他对这 3 种

大气状况的描述。

情况 1：天气晴朗，海平面的水汽含量为 $\rho_0 = 7.5\ \text{g/m}^3$，温度为 290 K。

情况 2：900~1 800 m，云均匀并且中度覆盖，云中冷凝水含量为 0.3 g/m³。将该条件叠加在情况 1 之上。

情况 3：0~900 m，中等降雨，分布均匀，4 mm/h 的低降雨率。将该条件叠加在情况 2 之上。

在 10 GHz 处[图 8.38(a)]，晴空时的 T_{SKY} 约等于数开尔文，出现云之后，无论是否降雨，T_{SKY} 仅增加了数摄氏度。在 35 GHz[图 8.38(b)]并且晴空时，T_{SKY} 在天底点等于 20 K；增加云覆盖之后，T_{SKY} 增加到 30 K；若出现雨，T_{SKY} 则增加到 77 K。最后，在 100 GHz[图 8.38(c)]并且晴空时，T_{SKY} 在天底点等于 40 K；增加云覆盖之后，T_{SKY} 增加到 100 K；若出现降雨，T_{SKY} 则增加到 180 K。这 3 个例子说明，频率对于 T_{SKY} 对大气状况的敏感性有重要影响。

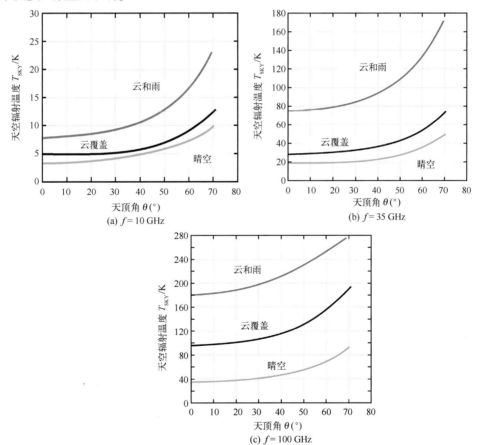

图 8.38　在 10 GHz、35 GHz、100 GHz 时，3 种大气状况下天空辐射温度 T_{SKY} 与天顶角 θ 的

函数关系曲线（Weger，1960）

8.11 误差来源及估计统计

若想使业务运行的卫星传感器产生地球环境的有价值数据产品，需经历以下 3 个主要步骤：

(a)解决正问题：正演模型；

(b)解决反问题：反演算法；

(c)将观测平台从地面扩展到卫星。

主动和被动微波传感器测量到的值分别与以下两者成比例：散射振幅 S(非极化雷达则为 $|S|^2$)以及由传感器的天线波束探测到的现场亮温 T_B。综合利用理论模型模拟和实验观测数据(通常由地面传感器或机载传感器进行观测得出)，我们可以建立 T_B 与大气体积或陆地以及海洋表面物理参数之间的关系，这些物理参数与辐射计能测量到的辐射有关。这些关系组成了正演模型，并且代表了正问题的解。类似的过程同样适用于雷达。

通过理解这一正问题的解决方案，无疑会推动发展反演算法，用于在测量到 T_B(由于采用多频率、多极化、多角度、多时刻观测，T_B 可能包含一个或多个通道)的基础上，估计或推导所求物理参数的状态。反演算法构成反问题的解。这一演变过程的第三步便是将算法的适用性拓展到卫星高度，从而使得算法能够为相似配置的星载传感器运用。

以下这些关键问题对上述 3 步过程必不可少：

(a)地面或机载传感器估算所求物理量的精度有多高？这种精度与预期应用所需的精度相比，结果如何？

(b)若平台提升到轨道高度，大气如何影响测量精度？若大气的影响导致估算的准确性和精度失真，是否有修正算法能去除失真？

(c)星载传感器的视场(空间分辨率)是否与形成估算算法时所用的地面以及机载传感器的视场差别很大？若差别很大，这种差异会对估算过程产生什么影响？

问题(b)和(c)非常重要，但是二者的答案是针对具体应用而言的，因此最好是在之后的章节中，结合对大气、海洋以及陆地应用的讨论，解决这两个问题。相比之下，问题(a)对任何推算过程都是通用的，由传感器推算的值和现场测量相同量的值进行比较。因此，接下来在本节中，我们会讨论各种测量误差来源是如何影响总体估算精度的。

8.11.1 误差来源

假设我们想要绘制某一地球物理参数 g 的空间变化，g 可能代表一个大气变量(比如平均温度、气压或特定大气体积中云的水含量），或是一个海洋参数（比如传感器视场内的平均盐度），抑或是一个地面参数（如视场内的土壤水分含量或植被生物量）。

在每种情况下，估算过程包括地球物理变量 g 的 3 种表现，即

$g_a = g$ 的实际（真正的）值。对于图 8.39(a) 中所展示的大气体积而言，g_a 是 g 在所述体积内的平均值；对于图 8.39(b) 中所示的海洋传感器而言，g_a 是整个视场内 g 的平均值。对于很多地球物理参数而言，绝对精确地测量得到 g_a 并不可行。例如，一般星载辐射计的视场约等于 300 km²；若 g 为水的盐度，在确定其实际值 g_a 时，需要从整个 300 km² 区域中去除海洋表面上层数厘米厚的海水。

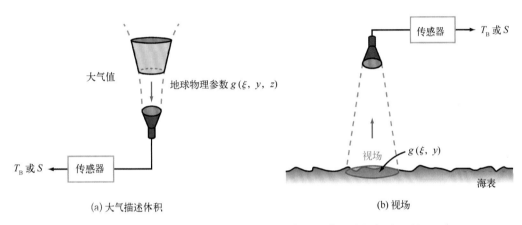

(a) 大气描述体积　　　　　　　　(b) 视场

图 8.39　传感器输出的值 T_B 或 S 与大气描述体积或视场成比例

$x = g$ 的现场测量值。在指定的大气体积或视场内，通过在 N_s 个采样位置测量 g，可以确定 x 的值。因此，$x = \left(\sum_{j=1}^{N_s} x_j \right) \Big/ N_s$，其中 x_j 是在第 j 个位置处现场测量得到的值。

y 等于传感器估算出的 g 的值。该值是由雷达或辐射计在反演算法的基础上，推算得到的值。

现场值 x_j 由探针或类似装置测量得出，如无线电探空仪（用于测量大气参数）或土壤湿度介质电路。现场测量过程至少会受到以下两种误差来源的影响：

（a）与现场调查有关的仪器或过程误差；

（b）变量 g 是在离散位置测量得出的，因此可能造成抽样误差。若已知 g 的空间变化（或很有信心能确定），通过一定的空间分辨率（g 的空间谱的最高频分量的两倍以上）对体积或视场取样，可以消除取样误差（即满足奈奎斯特采样定理）。

与现场测量过程有关的所有误差来源造成的现场误差为

$$\varepsilon_x = x - g_a \tag{8.97}$$

假设现场探针经过精确定标，并且相关的误差来源是随机的，我们可以把 ε_x 当作

零均值高斯随机变量，均值$<\varepsilon_x>=0$且现场方差为

$$s_x^2 = \langle \varepsilon_x^2 \rangle = \langle (x - g_a)^2 \rangle \tag{8.98}$$

y 同样也是这种情况。由遥感器（雷达或辐射计）推算得到的值与实际值之间的误差为

$$\varepsilon_y = y - g_a \tag{8.99}$$

并且该误差来源包括仪器误差和算法误差。若传感器经过精确定标，并且反演算法配置合理，那么 y 和g_a之间不应该存在很大的偏差。因此，我们再次假定 ε_y 为零均值随机变量，均值$\langle \varepsilon_y \rangle = 0$，算法方差为

$$s_y^2 = \langle (y - g_a)^2 \rangle \tag{8.100}$$

由于现场测量过程和遥感器推算过程在统计上并不相关，因此 x 和 y 也并不相关，从而 x 和 y 之间的方差等于二者各自的方差之和：

$$s_{yx}^2 = s_x^2 + s_y^2 \tag{8.101}$$

8.11.2　模型验证

要想验证反演算法并量化其统计性能，标准做法是在不同相关条件尽可能多、g 的预期范围尽可能广的状况下，将 x 和 y 进行比较。图 8.40 展示了一个变量在 $0 \sim 0.25$ 范围之内时，假设检验的结果。x 和 y 之间的线性回归得出具有以下形式的模型：

$$y = ax + b \tag{8.102}$$

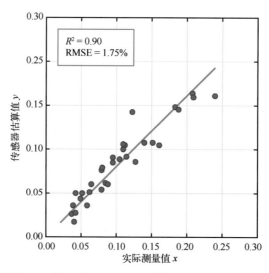

图 8.40　由遥感器算法估算出的地球物理参数值 y 和现场取样值 x 之间的线性回归

理想状况下，偏差项 b 应当为 0，且斜率 a 应当为 1；这是因为 y 和 x 是对同一个变量g_a的不同估算。大多数情况下，我们都假定相比于 y，现场值 x 更准确（绝对值）、

更精确(不确定性更小),因此若 $b \neq 0$ 并且 $a \neq 1$,则会修改算法,从而在图 8.40 中,得到一条位于 x 和 y 之间的 1:1 的线。

图中散点与这条 1:1 线的差距是由 x 和 y 中的误差组合产生的。

线性回归为衡量 x 和 y 之间的拟合优度提供了两个统计量: R^2 为决定系数(x 和 y 相关系数的平方)以及 RMSE 为均方根误差,也称为标准估计误差(SEE),是对标准偏差 s_{yx} 的估算值。均方根误差的值通常被当作衡量遥感算法测量地球物理参数 g 的精度。

8.11.3　遥感的"诅咒"

我们在式(8.101)中注意到, s_{yx}^2 包括两个组成部分: s_y^2,与遥感器及其相关反演算法有关; s_x^2,与对地球物理变量的现场取样估算有关。如果采样足够密集,使得 $s_x^2 \ll s_y^2$,那么由线性回归计算的均方根误差(几乎)完全取决于反演算法的精度 s_y。

遗憾的是,情况并不总是如此。偶尔,验证某种遥感算法的过程会陷入一种模棱两可的状态,称为地面实况!

考虑一个用于测量海洋盐度的卫星辐射计。那么如何验证其估计算法呢?辐射计天线波束在海洋表面的足印是一个直径为 20 km 的圆。我们怎样才能获得这片 314 km^2 区域的平均盐度的真实"地面实况"呢?应当取多少样本?怎样确定取样密度?此外,我们应当怎样把样本的统计误差和浮标以及船只上的海洋传感器在测量盐度时所用的统计精度结合起来?很显然,现场测量到的盐度"地面实况"值仅仅是对辐射计观测区域内真实平均盐度的估计。因此,辐射计测量盐度的估计精度受制于在验证辐射计算法时所用的"地面实况"的精度。偶尔会出现以下这种状况:遥感器提供的估算值比基于现场测量得到的值更加精确,也就是说 $s_y^2 < s_x^2$。

研究对象从海洋变为陆地之后,空间多样性这一问题变得更加重要;与海洋水平尺度上需要变化数千米相关参数才会产生变化不同,植被覆盖和地形在数米或数十米之内便会有所不同。相对于分辨率为数千米甚至数十千米的传感器而言,图像像素分辨率大约为数米或数十米的高分辨率传感器更适用于陆地。然而即便使用了具有高分辨率的传感器,也无法摆脱遥感的"地面实况"诅咒。

习　题

8.1　对于地球大气而言,单位截面的半无限垂直气柱内包含的总空气质量为

1. 034×10⁴ kg。该值与根据以下定义的密度廓线得到的值相比如何：

（a）式(8.2)；

（b）式(8.3)。

8.2 根据式(8.7)给出的水汽密度分布，大气最底层的 5 km 中包含的水汽质量占水总质量 M_v 的百分比是多少？

8.3 使用计算机代码8.2，计算标准大气模型海拔 3 km 处 30~300 GHz 范围内氧气的吸收频谱并绘图。

8.4 使用计算机代码8.2，计算标准大气模型海拔 20 km 处 50~70 GHz 范围内氧气的吸收频谱并绘图。

8.5 使用计算机代码8.1，计算在海平面处湿润气候条件下（ $T_0 = 310$ K、 $\rho_0 = 12$ g/m³、 $P_0 = 1\ 013$ mbar），水汽在 1~20 GHz 范围内的吸收频谱并绘图。

8.6 利用 $T_0 = 288.15$ K、 $P_0 = 1\ 013$ mbar 的标准大气，分别计算在下述频率时晴空大气的天顶透射率随海平面水汽密度（0~12 g/m³）的变化并绘图：

（a）1 GHz；

（b）10 GHz；

（c）22. 235 GHz；

（d）35 GHz。

8.7 给定 $\rho_0 = 3$ g/m³ 的标准大气，计算 1~150 GHz 频率范围内的天顶透射率并绘图。

8.8 利用 $T_0 = 288.15$ K、 $P_0 = 1\ 013$ mbar 的标准大气，分别计算在下述频率时天顶亮温随海平面水汽密度（0~12 g/m³）的变化并绘图：

（a）1 GHz；

（b）10 GHz；

（c）22. 235 GHz；

（d）35 GHz。

8.9 假定 $T_0 = 288.15$ K、 $P_0 = 1\ 013$ mbar，海平面水汽密度 ρ_0（0~12 g/m³）为不同值时，通过计算大气天顶透射率和大气天顶亮温在 10 GHz 处的值，得到两者之间的经验关系式。

8.10 $f = 35$ GHz，其他条件及问题同题8.9。

8.11 对于介电常数 $\varepsilon = 50 - j10$ 、半径 $r = 0.1$ mm 的球体，在 1~100 GHz 范围内，计算并比较下述米氏效率因子和瑞利效率因子：

（a）消光；

（b）散射；

（c）吸收；

（d）后向散射。

每种情况下，确定一频率 f（若存在），使得低于该频率时米氏值和瑞利值的偏差小于 1%。

8.12　半径 $r = 0.1\ \mu\mathrm{m}$、$\varepsilon_i = 3.2 - j10^{-3}$ 的冰粒，其他条件及问题同题 8.11。

8.13　根据计算机代码 4.1，纯水的介电常数仅是两个变量的函数：温度 T 和频率 f。假设 T 为常数 20℃，计算半径 $r = 0.05\ \mathrm{mm}$ 的水滴的米氏消光效率因子和瑞利消光效率因子，并绘制两种消光效率因子与频率 f（1~100 GHz）的关系曲线。

8.14　假设云的温度为 10℃，含水量为 $0.7\ \mathrm{g/m^3}$，水滴半径 $r = 0.01\ \mathrm{mm}$，请利用计算机代码 8.4 计算水云的消光系数，并绘制其在频率 f 为 1~100 GHz 范围内的函数关系曲线。

8.15　冰云含水量为 $0.7\ \mathrm{g/m^3}$，冰粒半径 $r = 0.1\ \mathrm{mm}$，假设 $\varepsilon_{\mathrm{ice}} = 3.2 - j10^{-3}$，利用计算机代码 8.4 计算冰云的消光系数，并绘制其在频率 f 为 1~100 GHz 范围内的函数关系曲线。

8.16　降雨率在 0.1~150 mm/h 范围内时，利用计算机代码 8.6 分别计算下述频率时的雨消光系数，并绘制其与降雨率的函数关系曲线：

（a）1 GHz；

（b）10 GHz；

（c）35 GHz；

（d）100 GHz；

8.17　对于海面参数 $T_0 = 300\ \mathrm{K}$、$P_0 = 1\ 013\ \mathrm{mbar}$、$\rho_0 = 5\ \mathrm{g/m^3}$ 的标准大气模型，若大气在 3~5 km 的范围内含有水云，并且含水量为 $1.2\ \mathrm{g/m^3}$，计算天顶天空温度，并绘制其在频率 f 为 1~100 GHz 范围内的函数关系曲线。

第 **9** 章
大气辐射探测

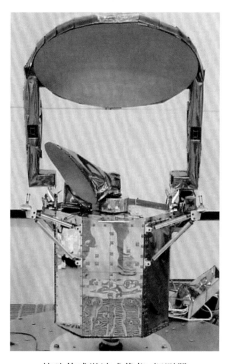

特殊传感微波成像仪/探测器

通过上一章讨论的大气吸收和散射的基本机制，可以利用微波遥感探测方式获得大气状态的重要属性。大气的水汽吸收带为 22. 235 GHz 和约 183. 31 GHz，在此频率附近能够获取湿度廓线。氧气吸收带为 50~70 GHz 和约 118. 75 GHz，在此频率附近能够得到温度廓线。毫米波段的谱线也能够得到温度(424. 76 GHz)和水汽(325. 15 GHz 和 380. 20 GHz)廓线，并且能探测水凝物特性和降水强度、类型(Gasiewski，1992)。这些观测可以利用地基传感器向上扫描天空，也可利用空基传感器在低地球轨道或地球同步卫星轨道上向下扫描得到(图 9. 1)。传感器的观测几何条件也会影响观测结果的有效性和准确性。

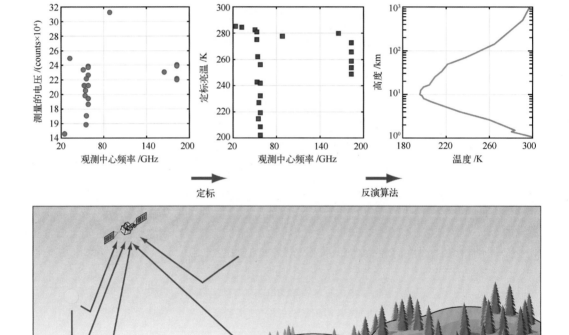

图 9. 1 航空大气遥感的典型探测场景。到达传感器的电磁辐射是由太阳、大气、物体表面、云和宇宙背景辐射造成的。这些辐射也可以被表面、大气或者云反射或散射；其中的一些相互作用在图中用箭头表示。传感器测量的光谱辐亮度与地球物理参数有关，例如大气的垂直温度廓线。需要合适的反演算法将光谱辐亮度转化为感兴趣的物理量

大气的微波和厘米波段探测技术和研究被越来越多地应用到各个领域，如大气科学、海洋科学、地理学以及生态学。追溯到 1979 年开始运行的微波探测装置(MSU)，

利用微波辐射手段探测大气，已经成为记录大气温度趋势的基准方式。MSU 之后是开始于 1998 年的高级微波探测装置(AMSU)。高级微波探测仪(ATMS)是为联合极地卫星系统(JPSS)研发的系列新型交轨扫描探测器中的第一个探测仪。ATMS 搭载在 2011 年 10 月 28 日发射的芬兰国家极地合作卫星上。专用微波成像仪/探测仪(SSMIS)于 2003 年发射，能够用圆锥扫描的方式获取从地面直到中间层的大气温度，同时也能获取近地面风速和海表温度。首个微波临边探测仪(MLS)搭载于上层大气探测卫星(UARS)，于 1991 年发射。MLS 探测平流层的一氧化氯、臭氧和水汽，上对流层的水汽和云冰，平流层的 HNO，大气重力波有关的温度扰动。NASA 建立的降雨和全天候温度湿度(PATH)观测任务旨在静止卫星轨道上安装一个微波探测器，用于恶劣天气和水文参数的高重访观测(Lambrigtsen，2010)。

9.1　大气权重函数

正如第 8 章的开始部分所述，在遥感领域，我们讨论两个相互关联的问题：正向问题和反向问题。第 8 章中着重讨论了正向问题，如图 9.2(a)所示。本章讨论反向问题：给定在多微波波段的大气辐射观测，反向问题是利用这些观测结果和其他附加信息，求解大气状态，如图 9.2(b)所示。大气状态的求解包括得出大气温度、压力和水汽随高度的廓线，并测定云中水含量和降雨率以及绘制大气气体成分浓度分布图。以上求解过程的实现需要通过基于大气权重函数的反演算法。某权重函数是相对于某特定物理量(例如温度或气压)而言的以及相对于某观测的几何方式(例如俯视、仰视或是临边探测)而言的。

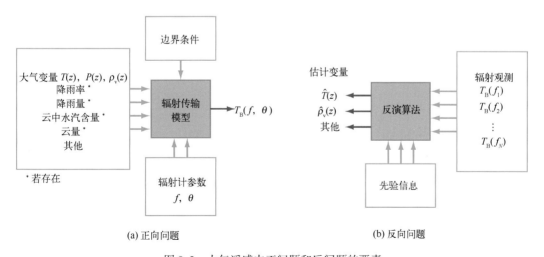

(a) 正向问题　　　(b) 反向问题

图 9.2　大气遥感中正问题和反问题的要素

9.1.1 仰视温度权重函数

在介绍权重函数的概念之前，首先考虑一个仰视辐射计观测大气辐射的情况，其观测条件满足瑞利–金斯近似(6.2.3 节)。然后，考虑俯视卫星配置的情况。

对于一个直接仰视天线波束(图9.3)，天空的亮温由式(8.24a)给出：

$$T_{SKY}(f, \theta) = T_{EXTRA} e^{-\tau_0 \sec\theta} + T_{DN}(f, \theta) \tag{9.1}$$

式中，T_{EXTRA} 为外太空的银河系和宇宙的辐射；τ_0 为天底大气光学厚度；$T_{DN}(f, \theta)$ 为大气在频率 f、天顶角 θ 下行辐射的亮温。对于 $f \geqslant 10\ \text{GHz}$，$T_{EXTRA}$ 可以取 2.7 K，或者(对于一阶计算)式(9.1)的第一项可以省略。因此，观测到的亮温主要取决于 $T_{DN}(f, \theta)$，已经由式(8.23)给出：

$$T_{DN}(f, \theta) = \sec\theta \int_0^\infty \kappa_a(f, z) T(z) e^{-\tau_0(0, z)\sec\theta} dz \tag{9.2}$$

式中，$\kappa_a(f, z)$ 和 $T(z)$ 分别为高度 z 处大气的吸收系数和测量温度。该式适用于无散射层结大气。通常地，$\kappa_a(f, z)$ 由以下几个部分组成：

$$\kappa_a(f, z) = \kappa_g(f, z) + \kappa_c(f, z) + \kappa_p(f, z) \tag{9.3}$$

式中，吸收系数下标表示气体、云和降雨(如果在高度 z 处存在云和雨)。从地面至高度 z 的天顶光学厚度 $\tau_0(0, z)$ 与 $\kappa_a(f, z)$ 的关系如下：

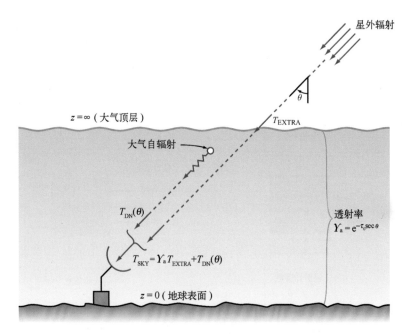

图 9.3　仰视辐射计测量的辐射温度，包括银河系的辐射贡献

$$\tau_0(0,\ z) = \int_0^z \kappa_a(f,\ z')\,\mathrm{d}z' \quad (\mathrm{Np}) \tag{9.4}$$

为了求解逆问题，假设需要反演天空中没有云和雨存在时的大气温度廓线 $T(z)$。将式(9.2)改写为

$$T_{\mathrm{DN}}(f,\ \theta) = \int_0^\infty W_{\mathrm{T}}(f,\ \theta,\ z)\,T(z)\,\mathrm{d}z \tag{9.5}$$

式中，$W_{\mathrm{T}}(f,\ \theta,\ z)$ 为温度权重函数，

$$W_{\mathrm{T}}(f,\ \theta,\ z) = \kappa_a(f,\ z)\,\mathrm{e}^{-\tau_0(0,\ z)\sec\theta}\sec\theta \tag{9.6}$$

这样就得到了包括温度权重函数 $W_{\mathrm{T}}(f,\ z)$ 和待求温度廓线 $T(z)$ 的卷积。假设 $W(f,\ z)$ 与 $T(z)$ 无关，此时式(9.5)的积分形式关于 $T(z)$ 是线性的。在实际情况中，$T_{\mathrm{DN}}(f)$ 是在离散频率 f_i 下测得的，而逆问题的目的是求解 $T(z)$ 函数使其近似满足式(9.5)。

在第 6 章中，我们将下边界 $z=0$ 和高度为 z 的上边界之间层的倾斜透射率 $Y(0,\ z)$（沿天顶角 θ 方向）与光学厚度 $\tau(0,\ z)$ 通过式(6.70)联系起来：

$$Y(0,\ z) = \mathrm{e}^{-\tau(0,\ z)} = \mathrm{e}^{-\tau_0(0,\ z)\sec\theta} \tag{9.7}$$

式中，

$$\tau(0,\ z) = \tau_0(0,\ z)\sec\theta = \int_0^z \kappa_a(z')\sec\theta\,\mathrm{d}z' \tag{9.8}$$

对于一个无穷小的 $\mathrm{d}z$，

$$\mathrm{d}\tau = \kappa_a(z)\sec\theta\,\mathrm{d}z \tag{9.9}$$

$Y(0,\ z)$ 对 z 的偏微分为

$$\begin{aligned}
\frac{\partial Y(0,\ z)}{\partial z} &= \frac{\partial Y(0,\ z)}{\partial \tau} \cdot \frac{\partial \tau}{\partial z} = \mathrm{e}^{-\tau(0,\ z)} \cdot \kappa_a(z)\sec\theta \\
&= -\kappa_a(z)\,\mathrm{e}^{-\tau_0(0,\ z)\sec\theta}\sec\theta
\end{aligned} \tag{9.10}$$

其中，利用了等式 $\tau(0,\ z) = \tau_0(0,\ z)\sec\theta$。对比式(9.10)和式(9.6)，得到

$$W_{\mathrm{T}}(f,\ \theta,\ z) = -\frac{\partial Y(0,\ z)}{\partial z} \tag{9.11}$$

因此，温度权重函数 W_{T} 为大气透射率对高度 z 的偏导数。图 9.4（a）给出了 $W_{\mathrm{T}}(f,\ \theta,\ z)$ 在 3 个离散频率 52.85 GHz、53.85 GHz 和 55.45 GHz 时的垂直廓线，其中均满足 $\theta=0°$（天顶方向）。廓线由 8.1 节介绍的标准大气模型给出并且在表面归一化处理为 1。55.45 GHz 廓线比另外两个低频率廓线随高度降低得更快，这表明，地表（例如 $z=0$ 至 $z=1$ km 处）对 $T_{\mathrm{DN}}(55.45\ \mathrm{GHz},\ 0)$ 的影响最大，对 $T_{\mathrm{DN}}(52.85\ \mathrm{GHz},\ 0)$ 的影响最小。在 55.45 GHz 时，T_{DN} 几乎全部取决于距离地表 3~4 km 的底层大气发射的辐射。相反地，在 52.85 GHz 下，权重函数在 $z=10$ km 甚至更高处依然保持显著。

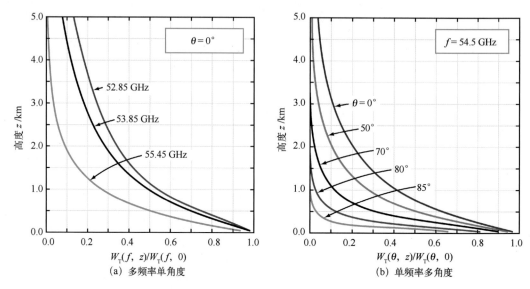

图 9.4　不同频率、不同角度地基观测的归一化温度权重函数

　　另一种求取在不同高度上的权重函数的方式是保持 f 不变、变化角度 θ。图 9.4(b) 给出了一系列频率为 54.5 GHz 的标准层结大气的温度权重函数。与之前类似，每条廓线都通过除以 $W_T(f, \theta, z)$ 在 $z=0$ 处的值做了归一化处理，即 $\kappa_a(0) \sec \theta$。Westwater 等 (1975)证明可以将不同种类和形状的权重函数[如图 9.4(a)和(b)所示]进行线性组合，得到在不同高度具有峰值的综合权重函数。

　　选择氧气吸收波段解决温度反演问题的理由是很充分的。如果 f 接近 60 GHz 或 118.75 GHz，吸收系数 $\kappa_a(z)$[从而光学厚度 $\tau(0, z)$]主要受氧气的吸收系数 $\kappa_{O_2}(z)$ 影响。因为 $\kappa_{O_2}(z)$ 强烈依赖于大气中氧气的分压 $P_{O_2}(z)$，又因为氧气在大气中的分压是均匀定常的$[P_{O_2}(z) = 0.21P(z)]$，那么，$W_T = W_T[f, \theta, P(z)]$。即，$W_T$ 通过 $P(z)$ 依赖于高度 z。然而，大气气压 $P(z)$ 随高度的变化规律是良好的。按照这种推理路线，以及氧气吸收系数与大气温度基本无关，形成了选择氧气吸收波段来反演温度 $T(z)$ 的基础。辐射计系统频率 f 的选择通常基于相应的温度权重函数 $W_T[f, \theta, P(z)]$ 的形状。

　　尽管 $P(z)$ 随高度 z 的变化可以很好地预测，但它是可变的。事实上，在某高度处，气压随空间和时间可能变化 10% 甚至更多。为此，式(9.5)和式(9.6)有时被表达成压强 P 而非高度 z 的函数。实际上，由于 P 随着高度 z 呈指数降低，将以上两式表达成关于 $\ln P$ 的方程更合适。利用静力平衡方程

$$dP = -\rho g dz \tag{9.12}$$

以及空气的状态方程

$$P = \frac{\rho RT}{M} \qquad (9.13)$$

得到

$$\frac{\mathrm{d}P}{P} = \mathrm{d}(\ln P) = -\frac{gM}{RT}\mathrm{d}z \qquad (9.14)$$

式中，P、ρ 和 T 分别为大气气压、密度和温度；M 为空气的分子量；g 为重力加速度；R 为普适气体常数。利用式(9.14)以及

$$\frac{\partial Y(P_\mathrm{s}, P)}{\partial(\ln P)} = \frac{\partial Y(0, z)}{\partial z} \cdot \frac{\partial z}{\partial(\ln P)} \qquad (9.15)$$

推得

$$T_\mathrm{DN}(f, \theta) = \int_{-\infty}^{\ln P_\mathrm{s}} W_\mathrm{T}(f, \theta, P) T(P) \mathrm{d}(\ln P) \qquad (9.16)$$

以及

$$W_\mathrm{T}(f, \theta, P) = \frac{\partial Y(P_\mathrm{s}, P)}{\partial(\ln P)} \qquad (9.17)$$

式中，$P_\mathrm{s} = P(0)$ 为地表大气压力。后面将会看到，大多数温度反演算法都将温度 T 表示为气压 P 的函数，即 $T(P)$，已知 P 和 z 的关系，就能得到 $T(z)$。另外，P 随高度的变化可以用适合特定时间和地点的模式大气表征。

9.1.2　俯视温度权重函数

对于星载俯视辐射计，上行亮温包括多种辐射来源(如图6.7列出)：

$$T_\mathrm{B}(卫星) = T_\mathrm{UP}(F, \theta) + T_\mathrm{SKY}(F, \theta)\varGamma Y(0, \infty) + T_\mathrm{SE} Y(0, \infty) \qquad (9.18)$$

式中，T_SKY 为式(9.1)给出的下行辐射；$\varGamma$ 为地表(或海表)反射率；$Y(0, \infty)$ 为大气在 θ 方向的单向透射率；T_SE 为无大气存在的表面亮温。在有大气损耗的频率中，单个最主要的贡献来源为 $T_\mathrm{UP}(f, \theta)$：

$$\begin{aligned} T_\mathrm{UP}(f, \theta) &= \sec \theta \int_0^\infty \kappa_\mathrm{a}(f, z) T(z) \mathrm{e}^{-\tau_0(z, \infty)\sec \theta}\mathrm{d}z \\ &= \int_0^\infty W_\mathrm{T}(f, \theta, z) T(z) \mathrm{d}z \end{aligned} \qquad (9.19)$$

式中，温度权重函数为

$$W_\mathrm{T}(f, \theta, z) = \kappa_\mathrm{a}(f, z) \mathrm{e}^{-\tau_0(z, \infty)\sec \theta} \sec \theta \qquad (9.20)$$

考虑到对于俯视辐射计，温度权重函数包含 $\tau_0(z, \infty)$，也就是从高度 z 至卫星高度 $z = \infty$ 大气层天顶方向的光学厚度。对比式(9.6)给出的仰视辐射计的 W_T，其中包含 $\tau_0(0, z)$，即从高度 z 至辐射计所在的地面之间的大气层。

ATMS 第 1 至第 16 通道的温度权重函数如图 9.5 所示。温度权重函数的高度分辨率与大气吸收率随高度增加的快慢程度有关。为此，与权重函数接近谱线中心的通道相比，权重函数靠近两侧的通道具有较为尖锐的峰值区。相似的，某给定通道的权重函数随着入射角的增大而略微尖锐，这是由于此时峰值在低气压处，其曲线更窄。这一效应会由于其他因素的干扰而抵偿，例如变化的磁场方向或温度垂直递减率。由于双原子氧的磁偶极矩(Rosenkranz et al.，1988；Stogryn，1989a，1989b)，接近谱线中心的窄波段通道的权重函数几乎取决于地磁场的强度和方向。当压力高于几毫巴时，压力展宽克服了磁场效应。圆锥扫描时(将在 9.9.2 节讨论)，由于沿卫星视向的运动产生的多普勒效应，观测线频在扫描时会发生频移(Rosenkranz et al.，1977)。

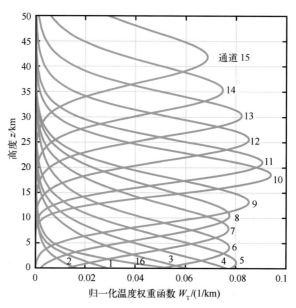

图 9.5　在天底点入射到非反射表面，1976 美国标准大气模型条件下，
ATMS 第 1 至第 16 通道的温度权重函数

9.2　数据表示

在开始应用数学反演方法求解地球物理问题之前，首先研究有关参数的一些统计性质，从而可以利用数据的统计性质简化反演问题。这么做能够带来许多有益的结果：减少反演问题中的自由参数通常能使反演过程更稳定，降低对失真数据(例如传感器噪声或大气干扰或表面特征)的敏感性。计算效率也能够因此提高，对于数据估算方法，较小的训练数据集在自由参数更少时通常只需要简单的反演算子。此外，表面辐射率的可变性会降低大气参数的反演精度，对分离并且消除干扰信号的数据表示方法非常

有用。

在以下分析中，假设一个随机辐射率矢量 $\widetilde{R}$ 的受噪声影响的观测值，通过如下正演模型 $f(\cdot)$ 与一系列大气状态矢量 S 相关联：

$$\widetilde{R} = f(S) + \Psi = R + \Psi \qquad (9.21)$$

式中，Ψ 为随机噪声矢量(可能取决于 S)；R 为"无噪声"的辐射率观测值。反演的目标是在给定观测值 $\widetilde{R}$ 的情况下估算状态矢量 S，其中 $\hat{S}(\widetilde{R})$ 表示给定 $\widetilde{R}$ 时计算的 S。典型的情况下，元素 $\widetilde{R}$ 为多频率下的亮温观测值，$f(S)$ 是联系 T_B 与相关大气参数的垂直廓线的正演模型。

9.2.1 大气探测数据的信息含量分析

观测数据的信息含量可以有很多种定义方式。两种常见的标量度量分别是香农信息量(Shannon，1948)和信号中存在的自由度数量(Rodgers，2000)，二者都与数据的协方差矩阵的特征值有关。

香农信息量

香农定义的信息含量取决于描述测量值特征的潜在的概率密度函数的熵。连续概率密度函数 $p(\widetilde{R})$ 的熵的定义如下：

$$H(p) = -\int p(\widetilde{R}) \log [p(\widetilde{R})] \, \mathrm{d}\widetilde{R} \qquad (9.22)$$

对数的底一般取为 2，此时熵的单位为 bit；若对数的底取为 e，则熵的单位为 nat。一次测量的香农信息量定义为测量 $\widetilde{R}$ 时熵的减少：

$$I(R, \widetilde{R}) = H[p(R)] - H[p(R \mid \widetilde{R})] \qquad (9.23)$$

或等价的

$$I(R, \widetilde{R}) = H[p(\widetilde{R})] - H[p(\widetilde{R} \mid R)] \qquad (9.24)$$

例如，为了计算 $\widetilde{R}$ 的熵，假设满足多变量高斯分布

$$p(\widetilde{R}) = \frac{1}{(2\pi)^{N/2} |C_{\widetilde{R}\widetilde{R}}|^{1/2}} \exp \left\{ -\frac{1}{2} \widetilde{R}^{\mathrm{T}} C_{\widetilde{R}\widetilde{R}}^{-1} \widetilde{R} \right\} \qquad (9.25)$$

式中，$C_{\widetilde{R}\widetilde{R}}$ 为 $\widetilde{R}$ 的协方差。满足该分布的熵为

$$H\left[p(\widetilde{\boldsymbol{R}})\right] = \sum_{i=1}^{N} \log(2\pi \,\mathrm{e}\lambda_i)^{1/2} = N\log(2\pi\mathrm{e})^{1/2} + \frac{1}{2}\log\left(\prod_{i=1}^{N}\lambda_i\right)$$

$$= N\log(2\pi\mathrm{e})^{1/2} + \frac{1}{2}\log|\boldsymbol{C}_{\widetilde{R}\widetilde{R}}| = c_1 + \frac{1}{2}\log|\boldsymbol{C}_{RR} + \boldsymbol{C}_{\psi\psi}| \qquad (9.26)$$

此处，λ_i 为 $\boldsymbol{C}_{\widetilde{R}\widetilde{R}}$ 的特征值；N 为 $\boldsymbol{R}$ 的元素个数。可以看出，描述常值概率分布的表面的椭球体积正比于 $\boldsymbol{C}_{\widetilde{R}\widetilde{R}}$ 的特征值 $\{\lambda_i\}$ 的乘积的平方根（Strang，1980）。因此，概率分布函数的熵与常值概率的表面所围的体积有关。进行测算时，"体积的不确定性"降低。信息含量是对这个因子降低多少的衡量，这是对信噪比的标量概念的推广（Rodgers，2000）。

假设满足高斯性质，计算 $\widetilde{\boldsymbol{R}}$ 的信息含量。测量前 $\widetilde{\boldsymbol{R}}$ 的协方差为 $\boldsymbol{C}_{RR} + \boldsymbol{C}_{\psi\psi}$，当测量结束后，$\widetilde{\boldsymbol{R}}$ 的协方差为 $\boldsymbol{C}_{\psi\psi}$。根据式（9.24），

$$I(\boldsymbol{R}, \widetilde{\boldsymbol{R}}) = H\left[p(\widetilde{\boldsymbol{R}})\right] - H\left[p(\widetilde{\boldsymbol{R}}\mid\boldsymbol{R})\right]$$

$$= \frac{1}{2}\log|\boldsymbol{C}_{RR} + \boldsymbol{C}_{\psi\psi}| - \frac{1}{2}\log|\boldsymbol{C}_{\psi\psi}|$$

$$= \frac{1}{2}\log|\boldsymbol{C}_{\psi\psi}^{-1}(\boldsymbol{C}_{RR} + \boldsymbol{C}_{\psi\psi})|$$

$$= \frac{1}{2}\log|\boldsymbol{C}_{\psi\psi}^{-1/2}\boldsymbol{C}_{RR}\boldsymbol{C}_{\psi\psi}^{-1/2} + \boldsymbol{I}| = \frac{1}{2}\log|\widetilde{\boldsymbol{C}}_{RR} + \boldsymbol{I}| \qquad (9.27)$$

式中，

$$\widetilde{\boldsymbol{C}}_{RR} \triangleq \boldsymbol{C}_{\psi\psi}^{-1/2}\boldsymbol{C}_{RR}\boldsymbol{C}_{\psi\psi}^{-1/2} \qquad (9.28)$$

为描述 $\boldsymbol{R}$ 的白化协方差矩阵，式（9.27）可以由 $\widetilde{\boldsymbol{C}}_{RR}$ 的特征值简单地计算出来：

$$I(\boldsymbol{R}, \widetilde{\boldsymbol{R}}) = \frac{1}{2}\sum_i \log(1 + \lambda_i) \qquad (9.29)$$

自由度

另一种观测信息含量的度量是自由度（DOF），其中自由度可以被粗略地定义为包含关于 $\boldsymbol{R}$ 的一些信息的 $\widetilde{\boldsymbol{R}}$ 的独立成分，信息的不确定性小于这些成分的测量误差。例如，若对 $\widetilde{\boldsymbol{R}}$ 预白化后映射到特征向量 $\widetilde{\boldsymbol{C}}_{RR} + \boldsymbol{I}$，其中 $\boldsymbol{I}$ 为单位矩阵，$\widetilde{\boldsymbol{C}}_{RR}$ 的特征值给出了每一个不相关成分的信噪比。显然，自由度的数值等于信噪比大于或者近似等于 1 的分量的数量。此外，区分信号自由度（$\mathrm{DOF_s}$）和噪声自由度（$\mathrm{DOF_n}$）十分方便。前面的描述暗指信号自由度。若 $\boldsymbol{R}$ 中有 N 个元素，则有

$$\mathrm{DOF_s} + \mathrm{DOF_n} = N \tag{9.30}$$

Rodgers(2000)给出了 $\mathrm{DOF_s}$ 和 $\mathrm{DOF_n}$ 的定义如下:

$$\mathrm{DOF_s} = \mathrm{tr}(\widetilde{\boldsymbol{C}}_{RR}[\widetilde{\boldsymbol{C}}_{RR} + \boldsymbol{I}]^{-1}) = \sum_i \frac{\lambda_i^2}{(1 + \lambda_i^2)} \tag{9.31a}$$

以及

$$\mathrm{DOF_n} = \mathrm{tr}([\widetilde{\boldsymbol{C}}_{RR} + \boldsymbol{I}]^{-1}) = \sum_i \frac{1}{(1 + \lambda_i^2)} \tag{9.31b}$$

式中, tr 为矩阵的迹。以上定义不一定产生整数的自由度, 例如, SNR = 1 的分量的 $\mathrm{DOF_s}$ 为 1/2, $\mathrm{DOF_n}$ 为 1/2, 这也满足式(9.30)。最后, 注意到式(9.29)和式(9.31a)的相似之处, 二者均仅仅取决于 $\widetilde{\boldsymbol{C}}_{RR}$ 的特征值。

一个示例

一个辐射传输模型用于模拟 22 通道的 ATMS 测量来自大气层顶的上行热力辐射(Rosenkranz, 1995), 在仿真的测量值中加入了随机噪声。图 9.6 表示香农和 Rodgers 规定的自由度数。从图中可以看到, 在大约第 15 个特征值后, 累积信息达到渐进值。这表明将 15 阶以上的特征值设置为 0 可以压缩辐亮度谱, 其信息损失可以忽略。注意到高特征值主要受随机噪声的影响, 正如 $\mathrm{DOF_n}$ 曲线在第 15 个特征值后线性增长。因此, 利用前 15 个特征值不仅可以更紧凑地表达亮度信息, 还可以减少噪声分量(Rodgers, 1996)。

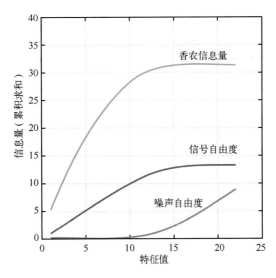

图 9.6　使用香农信息量和自由度(DOF)作为特征值数量函数度量的 ATMS 的信息含量

9.2.2 主成分分析

现在证明如何应用最小秩线性变换恢复辐射谱的信息量。一个随机矢量(例如 N 个频率观测的大气辐射强度)如下:

$$\boldsymbol{R} = \begin{bmatrix} R_{v1} \\ R_{v2} \\ \vdots \\ R_{v_N} \end{bmatrix} \tag{9.32}$$

可以将其分解为含有 r 个统计独立的元素的矢量 $\boldsymbol{I}_r$(其中,$1 \leqslant r \leqslant N$):

$$\boldsymbol{I}_r = \begin{bmatrix} I_1 \\ I_2 \\ \vdots \\ I_r \end{bmatrix} = \begin{bmatrix} f_1(\boldsymbol{R}) \\ f_2(\boldsymbol{R}) \\ \vdots \\ f_r(\boldsymbol{R}) \end{bmatrix} = \boldsymbol{f}_r(\boldsymbol{R}) \tag{9.33}$$

式中,$f_r(\boldsymbol{R})$ 为连续(通常是非线性)函数。辐射率矢量 $\boldsymbol{R}$ 可以由矢量 $\boldsymbol{I}_r$(可能会造成失真)的独立元素按照如下形式重建:

$$\hat{\boldsymbol{R}}_r = \begin{bmatrix} g_1(\boldsymbol{I}_r) \\ g_2(\boldsymbol{I}_r) \\ \vdots \\ g_N(\boldsymbol{I}_r) \end{bmatrix} = \boldsymbol{g}_r(\boldsymbol{I}_r) \tag{9.34}$$

式中,$\boldsymbol{g}_r$ 为连续(通常是非线性)函数。矢量值函数 $\boldsymbol{f}_r(\cdot)$ 和 $\boldsymbol{g}_r(\cdot)$ 的选择标准是最小化代价函数:

$$C(\boldsymbol{R} - \hat{\boldsymbol{R}}_r) \tag{9.35}$$

其中,$1 \leqslant r \leqslant N$。考虑到当 $r = N$ 时 $\hat{\boldsymbol{R}}_r = \boldsymbol{R}$,且如果 $\boldsymbol{R}$ 中的元素是统计相关的,$r < N$ 时也可能满足 $\hat{\boldsymbol{R}}_r = \boldsymbol{R}$。函数 $\boldsymbol{f}_r(\cdot)$ 和 $\boldsymbol{g}_r(\cdot)$ 以及 $\boldsymbol{I}_r$ 的统计矩为 $\boldsymbol{R}$ 的统计结构提供了一个衡量方法。

若代价函数是最小化 $\boldsymbol{R} - \hat{\boldsymbol{R}}_r$ 的误差平方和的期望值,即

$$C(\cdot) = E\left[(\boldsymbol{R} - \hat{\boldsymbol{R}}_r)^{\mathrm{T}} (\boldsymbol{R} - \hat{\boldsymbol{R}}_r) \right] \tag{9.36}$$

则 $\boldsymbol{I}_r$ 的元素称为 $\boldsymbol{R}$ 的主成分。

建立矢量 $\boldsymbol{I}_r$ 的方式有几种,取决于 $\boldsymbol{f}_r(\cdot)$ 和 $\boldsymbol{g}_r(\cdot)$ 是线性还是非线性函数(Kramer, 1991;Tan et al., 1995;Slone, 1995)。具体细节超出了本书的范围,但阐明反演精度和主成分数量的关系是很有意义的。图 9.7 给出了两种主成分变换的温度廓线反演技

能，该技能表达为测量值与实际的整体对流层廓线的平均相关系数。反演误差表示为反演过程中所用的主成分的数目。对于任意数量的系数，投影主成分变换的性能超过了主成分变换。

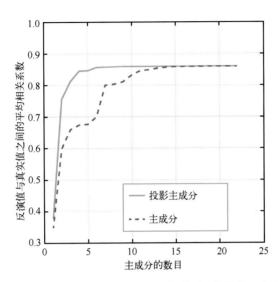

图 9.7　利用主成分(虚线)和投影主成分(实线)变换的温度反演精度
(对流层内温度的反演值与真实值之间的平均相关系数)

9.3　反演技术

如果将式(9.5)的积分近似为每层高度为 Δz 的 m 层求和，那么在频率为 f_i 时，观测到的辐射温度 $T_{DN}(f_i)$ 可以表示为

$$T_{DN}(f_i) = \sum_{j=1}^{m} W(f_i, z_j) T(z_j) \qquad (i = 1, 2, \cdots, n) \tag{9.37}$$

式中，n 为观测所用频率的总数目；$T(z_j)$ 表示中间高度为 z_j 上的 Δz 间隔内的平均温度。并且

$$W(f_i, z_j) = \int_{z_j - \Delta/2}^{z_j + \Delta/2} W(f_i, z) \, dz \tag{9.38}$$

为了简化符号，我们将变量 f_i 和 z_j 分别用其下标代替：

$$T_{DN}(i) = \sum_{j=1}^{m} W(i, j) T(j) \quad (i = 1, 2, \cdots, n) \tag{9.39}$$

并且进一步将公式简化成以下形式：

$$\boldsymbol{T}_{DN} = \boldsymbol{W} \boldsymbol{T} \tag{9.40}$$

式中，$\boldsymbol{T}_{DN}$ 和 $\boldsymbol{T}$ 分别为 n 维和 m 维的矢量；$\boldsymbol{W}$ 为 $n \times m$ 矩阵。$\boldsymbol{T}_{DN}$ 代表观测值，假设观

测时没有噪声存在；W 为加权矩阵，同样假设是已知的；T 为大气垂直温度，是未知矢量。典型地，观测频率的个数 n 通常只有 3 个或 4 个，但是我们期望的 m 的值一般会很大。这是因为 m 值越大，垂直分辨率越大（也就是分层越密）。由于 $m>n$，式 (9.40) 有无数多个 T 的解，这就产生了问题。此外，真实情况与之前提到的假设或者暗含的理想情况有以下偏差：

（a）T_{DN} 的测量存在噪声，这是测量过程中仪器产生的噪声；

（b）数学模型中的 T_{DN} 与 W 并不精确，这是由于物理与数学上的假设以及固有的近似而使最终的表达式存在偏差；

（c）$W(f, z)$ 的形式表明加权函数仅仅与 f、z 有关。实际上，$W(f, z)$ 通过吸收系数 $\kappa_a(z)$ 与 z 产生依赖关系，反过来，通过大气变量 $T(z)$、$\rho_v(z)$ 以及 $P(z)$ 与 z 产生依赖关系。因此，$W(f, z)$ 是一个与大气的 3 个变量都相关的公式，并且其大小随这 3 个变量的改变而改变。图 9.8 给出了在一组特定的大气垂直廓线下的曲线。如果大气中存在云或雨，情况会变得更加复杂。但是，当存在云时，对结果进行修正的方法确实是存在的，并且被用于反演算法中。

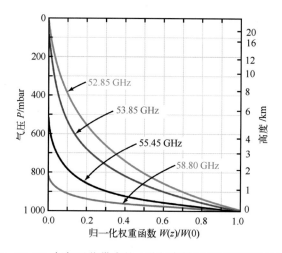

图 9.8　利用 50~60 GHz 氧气吸收带内的 4 种频率做仰视天顶观测的归一化权重函数

一方面，以上几种因素面临着一个问题，即如何利用在很少的几个频率测得的 $T_{DN}(f)$ 来反演大气温度廓线 $T(z)$。另一方面，有一个可以解决该问题的方法，对于一个给定的地点、给定的时间，其大气的特点是可以事先知道的先验信息。Rodgers（1976a，1977）将这种先验信息叫作"虚拟测量"，这是因为它们所提供的廓线信息和真实测量所做的一样。Rodgers（1977）表示，"为了解决反问题，真实的测量和虚拟的测量都必须包含足够的信息，以确定符合实际应用精度的廓线的所有参数"。虚拟测量可以是关于廓线的历史数据、大气物理学的限制条件以及其他任何可以缩小 $T(z)$ 的范围并合并到反演算法中的信息。虚拟测量信息能够合并到反演算法中的程度在一定程度上取决于反演算法的结构。

9.3.1　一般表达式

与说明如何用反演技术求解式(9.40)和反演 $T(z)$ 相比，考虑包含偏差和误差项的技术更有意义。一般来讲，辐射传输方程常采用的两种基本形式的积分方程为线性形式和非线性形式。

线性形式

如果由辐射计测得的亮温 $T_B(f_i)$ 与未知的或者待求方程 $g(z)$ 线性相关：

$$T_B(f_i) = T_{BGD}(f_i) + \int_0^\infty W(f_i, z) g(z) \mathrm{d}z \qquad (i = 1, 2, \cdots, n) \qquad (9.41)$$

那么，这个物理模型就认为是线性的。对于数值计算，表达式可以表示为离散形式：

$$\boldsymbol{T}_B = \boldsymbol{T}_{BGD} + \boldsymbol{W} \boldsymbol{g} \qquad (9.42)$$

式中，$\boldsymbol{T}_B$ 和 $\boldsymbol{T}_{BGD}$ 为 n 维矢量；$\boldsymbol{g}$ 为 m 维矢量；$\boldsymbol{W}$ 为 $n \times m$ 维矩阵。辐射温度 $T_{BGD}(f_i)$ 包含背景场的辐射(对于俯视的陆基辐射计，背景辐射来自宇宙空间；对于俯视的星载辐射计，背景辐射来自地球表面)。$W(f_i, z)$ 称为源方程 $g(z)$ 的核函数或者是权重函数。如果观测不是在 $\theta = 0°$(根据不同平台，天顶角或者天底角)，假设水平层化是已知的，我们只需要将式(9.41)中的 z 替换成 $z \sec \theta$。如果 $\boldsymbol{T}_{BGD}$ 是一个常数，或者可以通过计算、测量得到一个精确值，那么式(9.42)可以被写成

$$\boldsymbol{T}_M = \boldsymbol{W} \boldsymbol{g} \qquad (9.43)$$

其中，

$$\boldsymbol{T}_M = \boldsymbol{T}_B - \boldsymbol{T}_{BGD} \qquad (9.44)$$

是一个表示输入测量值的矢量。式(9.43)与式(9.40)有相同的形式。

在大多数大气廓线反演问题中，未知函数 $g(z)$ 并不是完全未知的。通过已经存在的统计记录可以得到一段时间的平均或者是平均廓线 $\langle g(z) \rangle$。因此，反演算法的目标就变成了判断它们与平均值之间的偏差 $g'(z)$：

$$g'(z) = g(z) - \langle g(z) \rangle \qquad (9.45)$$

根据式(9.41)，对应于平均廓线 $\langle g(z) \rangle$ 的亮温为

$$\langle T_B(f_i) \rangle = T_{BGD}(f_i) + \int_0^\infty W(f_i, z) g(z) \mathrm{d}z \qquad (i = 1, 2, \cdots, n) \qquad (9.46)$$

式(9.41)减去式(9.46)，并且定义

$$T'_B(f_i) = T_B(f_i) - \langle T_B(f_i) \rangle \qquad (9.47)$$

我们得到

$$T'_B(f_i) = \int_0^\infty W(f_i, z)\, g'(z)\, \mathrm{d}z \qquad (i = 1, 2, \cdots, n) \qquad (9.48)$$

其离散形式是

$$\boldsymbol{T}'_B = \boldsymbol{W}\boldsymbol{g}' \qquad\qquad (9.49)$$

我们隐含地假设 $T_{BGD}(f_i)$ 是与时间无关的量，因此，这一项在减法中被抵消。只要不存在点光源穿过天线的波束（例如太阳），这种假设对于仰视观测是适用的。即使是这样，该假设也仅仅是部分地有效，因为 $T_{BGD}(f_i)$ 连续地被云或者是雨调制。对于俯视观测，$T_{BGD}(f_i)$ 一般不是常数，这是由于背景场（地表）的辐射随着空间和时间的不同而不同。如果不考虑这些变化，会给 $g(z)$ 的反演值带来误差。但是，误差的相对大小强烈依赖于频率 f_i。

非线性形式

在有些情况下，不能得到关于未知函数 $g(z)$ 的线性表达式，但是可能得出一个如下形式的非线性模型：

$$T_B(f_i) = T_{BGD}(f_i) + \int_0^\infty W_1(f_i, z) I[f_i, g(z)]\, \mathrm{d}z \qquad (i = 1, 2, \cdots, n)$$

$$(9.50)$$

式中，$I[f_i, g(z)]$ 是待求函数，从中可以确定廓线 $g(z)$。$W_1(f_i, z)$ 为 $I[f_i, g(z)]$ 的权重函数。非线性形式在微波波段不如在红外波段常见。例如，由式（9.5）给出的线性积分方程的红外等式包含了普朗克亮温方程（见 6.2 节），该方程在红外区域，对于 T 表现为很强的非线性，但是在大多数微波波段近似符合线性变化。

式（9.50）的离散形式是

$$\boldsymbol{T}_M = \boldsymbol{W}_1\boldsymbol{I} \qquad\qquad (9.51)$$

基本上来讲，用于求解 $g(z)$ 的方法对于线性形式与非线性形式都是类似的，除了在非线性时需要先将 $I[f_i, g(z)]$ 反演出来。但是，这并不意味着这两种方法反演廓线 $g(z)$ 的精度是一样的。在线性与非线性模型中，测量误差与传播方程中的误差往往会产生不同精度的 $g(z)$。正如后面所讨论的，统计回归方法是反演算法中最好的方法之一，这种方法不需要由式（9.43）给出的知识，但是要求 $\boldsymbol{T}_M$ 与 $\boldsymbol{g}$ 之间的关系是线性的。如果模型是非线性的且未知的，可以利用基于神经网络的非线性回归方法（Blackwell et al., 2009）。

如果非线性模型仅仅是中等程度的非线性，可以用泰勒展开式进行线性化。因为对于任意的 z，偏离平均值的部分 $g'(z)$，通常远小于 $g(z)$。非线性方程 $I[f_i, g(z)]$ 可以展开为关于平均廓线 $\langle g(z)\rangle$ 的泰勒级数：

$$I[f_i, g(z)] = I[f_i, \langle g(z) \rangle] + a(f_i, z)[g(z) - \langle g(z) \rangle] + \cdots \qquad (9.52)$$

式中,

$$a(f_i, z) = \left. \frac{\partial I[f_i, g(z)]}{\partial g(z)} \right|_{g(z) = \langle g(z) \rangle} \qquad (9.53)$$

常数 $a(f_i, z)$ 是 $I[f_i, g(z)]$ 关于 $g(z)$ 在平均廓线处的导数。如果将一阶项之后的高阶项略去,将式(9.52)代入式(9.50)中,后者变为

$$T_B(f_i) = T_{BGD}(f_i) + \int_0^\infty W_I(f_i, z) \cdot \{I[f_i, \langle g(z) \rangle] + a(f_i, z) g'(z)\} \mathrm{d}z \qquad (9.54)$$

注意到与平均廓线 $\langle g(z) \rangle$ 相关的亮温为

$$\langle T_B(f_i) \rangle = T_{BGD}(f_i) + \int_0^\infty W_I(f_i, z) I[f_i, \langle g(z) \rangle] \mathrm{d}z \qquad (9.55)$$

以上两式联立:

$$T'_B(f_i) = T_B(f_i) - \langle T_B(f_i) \rangle = \int_0^\infty W_I(f_i, z) a(f_i, z) g'(z) \mathrm{d}z$$

$$= \int_0^\infty W(f_i, z) g'(z) \mathrm{d}z \qquad (i = 1, 2, \cdots, n) \qquad (9.56)$$

式中,

$$W(f_i, z) = W_I(f_i, z) a(f_i, z)$$

为 $g'(z)$ 的权重函数。式(9.56)的离散形式[现在是关于 $g'(z)$ 的线性形式]为

$$\boldsymbol{T}'_B = \boldsymbol{W} \boldsymbol{g}' \qquad (9.57)$$

这一节的其余部分简要回顾利用遥感反演大气变量的廓线的反演算法。关于更详细的介绍,读者可以参考 Westwater 等(1968)以及发表在遥感反演算法的两个技术研讨会论文集中的论文,均由 Deepak(1977,1980)编辑。在 Janssen(1993)以及 Blackwell 等(2009)的书中有更多补充。

9.3.2　不适定问题的最小二乘法

让我们来考虑由式(9.43)给出的物理模型:

$$\boldsymbol{T}_M = \boldsymbol{W} \boldsymbol{g} \qquad (9.58)$$

该式将 n 维可观测矢量 $\boldsymbol{T}_M$ 与 m 维未知矢量 $\boldsymbol{g}$ 通过 $n \times m$ 维已知权重矩阵 $\boldsymbol{W}$ 联系起来。实际上,我们不可能精确地测量出 $\boldsymbol{T}_M$ 的真值,这主要是由于实验误差的存在,包括测量误差和模型误差,后者是由于式(9.43)给出的模型中的近似与假设造成的。将 $\boldsymbol{T}_M$ 的观测值记作 $\hat{\boldsymbol{T}}_M$:

$$\hat{\boldsymbol{T}}_M = \boldsymbol{T}_M + \boldsymbol{\varepsilon} = \boldsymbol{W} \boldsymbol{g} + \boldsymbol{\varepsilon} \qquad (9.59)$$

式中，$\pmb{\varepsilon}$ 为误差矢量。

为了求解式(9.59)，第一个需要满足的条件是观测点的数量 n 至少等于并且最好大于未知数的数量 m。式(9.58)的标准解(估计值)$\hat{\pmb{g}}$由 Franklin(1968)给出：

$$\hat{\pmb{g}} = (\pmb{W}^{\dagger}\pmb{W})^{-1}\ \pmb{W}^{\dagger}\ \hat{\pmb{T}}_{\mathrm{M}} \tag{9.60}$$

式中，$\pmb{W}^{\dagger}$ 为 $\pmb{W}$ 的转置矩阵，它被称为最小二乘解，因为它使测量值$\hat{\pmb{T}}_{\mathrm{M}}$与基于模型计算的解 $\pmb{T}_{\mathrm{M}}$之差的平方和最小，即

$$\sum_{i=1}^{n}\left[\hat{\pmb{T}}_{\mathrm{M}}(i) - \sum_{j=1}^{m}\pmb{W}(i,j)\ \hat{\pmb{g}}(j)^{2}\right]^{2} = 最小值 \tag{9.61}$$

当 $m=n$ 时，式(9.60)简化为

$$\hat{\pmb{g}} = \pmb{W}^{-1}\ \hat{\pmb{T}}_{\mathrm{M}} \tag{9.62}$$

最小二乘解并不适用于大多数大气反演问题，主要源于两方面原因。第一，观测值的数量 n 一般都很小；在20世纪70年代，卫星辐射计仅包含5个通道，现代的辐射计使用大约10个通道，而待估计的温度廓线的层数 m 的量级大致为20或者更多。为了满足条件 $m \leqslant n$，我们必须将大气的垂直剖面分解为5层或者更少层。在大多数情况下，如此粗糙的廓线几乎不能使用。

即使第一个问题能够通过增加观测次数(频率或者角度)来缓解，最小二乘解仍存在不稳定性的缺陷。如果与估计值 $\hat{\pmb{g}}$ 相关的误差不可接受地偏大，那么解就被认为是不稳定的。不稳定性问题产生的原因是权重函数 $\pmb{W}$ 一般是关于 j(高度)的光滑函数，因此，其元素彼此之间相差不大，这意味着矩阵$\pmb{W}^{\dagger}\pmb{W}$求逆时是一个病态矩阵。即逆矩阵 $(\pmb{W}^{\dagger}\pmb{W})^{-1}$中的元素可能变得很大，以至于在 $\pmb{T}_{\mathrm{M}}$中很小的实验误差 $\pmb{\varepsilon}$ 会被 $(\pmb{W}^{\dagger}\pmb{W})^{-1}$放大很多倍。Ishimaru(1978)通过一个简单的例子很好地证明了这一点，如果一个2×2的矩阵 $\pmb{W}$ 中相邻元素的差异是 10^{-3}，测量函数值的1%的实验误差将导致未知方程 $\hat{\pmb{g}}$产生2 000%的误差。一个具有不稳定解的问题称为病态问题(Franklin，1970)。

9.3.3　约束的线性反演算法

通过引入一个光滑函数限制廓线 $g(z)$ 的形状，Phillips(1962)和 Twomey(1965)对最小二乘法进行了扩展。Tikhonov(1963)也独立地提出了该方法，他将该方法称为"错误适定性问题的正则化"。如今，该方法有几个常用的名字，包括平滑方法、正则化方法、Twomey-Phillips 方法和 Twomey-Tikhonov 方法。

式(9.58)解的形式为

$$\hat{\pmb{g}} = (\pmb{W}^{\dagger}\pmb{W} + \gamma\pmb{H})^{-1}\ \pmb{W}^{\dagger}\ \hat{\pmb{T}}_{\mathrm{M}} \tag{9.63}$$

式中，$\pmb{H}$ 为 $m \times m$ 的平滑矩阵，该矩阵必须能够描述或者体现方程 g 的平滑度；γ 为

拉格朗日乘子，通常由经验确定。γ 的选择决定了解的稳定度。具体内容读者可以参考 Turchin 等（1971）、Deschamps 等（1972）、Rodgers（1976b）以及 Westwater（Janssen，1993）的文章。

9.3.4 最优估计方法

正如之前提到的，利用 n 维观测矢量 $\hat{\boldsymbol{T}}_M$ 来反演 m 维未知矢量 $\boldsymbol{g}$（其中 $n \ll m$）的关键是提供足够的虚拟观测值（先验信息）来调整病态问题。先验信息的一种形式是平均廓线 $\langle \boldsymbol{g} \rangle$ 以及它的协方差矩阵 $\boldsymbol{S}_g$，

$$S_g = \langle \boldsymbol{g}\boldsymbol{g}^\dagger \rangle \tag{9.64}$$

这两个都是可以通过可获得的 $\boldsymbol{g}$ 的历史记录来推断或者计算得到的。例如，如果 $\boldsymbol{g}$ 代表大气温度廓线 $T(z)$，由无线电探空仪测得的大气温度廓线的典型数据集合可以提供 $\langle \boldsymbol{g} \rangle$ 和它的协方差 $\boldsymbol{S}_g$。此外，假设实验误差矩阵 $\boldsymbol{\varepsilon}$ 的误差协方差矩阵 $\boldsymbol{S}_\varepsilon = \langle \boldsymbol{\varepsilon}\boldsymbol{\varepsilon}^\dagger \rangle$ 同样已知（或者通过标定得到，与之后小节里讨论的统计反演算法有关）。

利用式（9.59），$\hat{\boldsymbol{T}}_M$ 的协方差矩阵为

$$\boldsymbol{S}_{\hat{T}_M} = \langle \boldsymbol{T}_M \boldsymbol{T}_M^\dagger \rangle = \langle (\boldsymbol{W}\boldsymbol{g} + \boldsymbol{\varepsilon})(\boldsymbol{W}\boldsymbol{g} + \boldsymbol{\varepsilon})^\dagger \rangle = \langle (\boldsymbol{W}\boldsymbol{g} + \boldsymbol{\varepsilon})(\boldsymbol{g}^\dagger \boldsymbol{W}^\dagger + \boldsymbol{\varepsilon}^\dagger) \rangle$$
$$= \langle (\boldsymbol{W}\boldsymbol{g}\boldsymbol{g}^\dagger \boldsymbol{W}^\dagger) + \boldsymbol{\varepsilon}\boldsymbol{g}^\dagger \boldsymbol{W}^\dagger + \boldsymbol{W}\boldsymbol{g}\boldsymbol{\varepsilon}^\dagger + \boldsymbol{\varepsilon}\boldsymbol{\varepsilon}^\dagger \rangle = \boldsymbol{W}\boldsymbol{S}_g \boldsymbol{W}^\dagger + \boldsymbol{S}_\varepsilon \tag{9.65}$$

式中，已经假设误差的均值为 0（$\langle \boldsymbol{\varepsilon} \rangle = 0$），并且在统计上与 $\boldsymbol{g}$ 无关，即，$\langle \boldsymbol{\varepsilon}\boldsymbol{g}^\dagger \boldsymbol{W}^\dagger \rangle = \langle \boldsymbol{\varepsilon} \rangle \langle \boldsymbol{g}^\dagger \boldsymbol{W}^\dagger \rangle = 0$，类似地，有 $\langle \boldsymbol{W}\boldsymbol{g}\boldsymbol{\varepsilon}^\dagger \rangle = \langle \boldsymbol{W}\boldsymbol{g} \rangle \langle \boldsymbol{\varepsilon}^\dagger \rangle = 0$。

基于虚拟观测 $\langle \boldsymbol{g} \rangle$、实际观测 $\hat{\boldsymbol{T}}_M$，以及与它们相联系的协方差矩阵 $\boldsymbol{S}_g$ 和 $\boldsymbol{S}_{\hat{T}_M}$，最佳估计方法找到 $\boldsymbol{g}$ 的"最可能"值。Rodgers（1976b）用一个简单的例子解释了这个概念：假设对标量 x 进行两次独立的观测 x_1 和 x_2，并假设它们的方差分别为 s_1 和 s_2，那么它们联合估计的 x 的值为

$$\hat{x} = \left(\frac{x_1}{s_1} + \frac{x_2}{s_2} \right) s_{\hat{x}}$$

式中，$s_{\hat{x}}$ 为 $\hat{x}$ 的协方差，

$$s_{\hat{x}} = \left(\frac{1}{s_1} + \frac{1}{s_2} \right)^{-1}$$

可以通过把这种方法推广到矢量得到 $\boldsymbol{g}$ 的最佳估计，把 x_1 和 x_2 当成矩阵 $\langle \boldsymbol{g} \rangle$ 和 $\langle \boldsymbol{D}\hat{\boldsymbol{T}}_M \rangle$，其中 $\boldsymbol{D}$ 为任意精确解，使得 $\boldsymbol{W}\boldsymbol{D} = \boldsymbol{I}$，$\boldsymbol{I}$ 为单位矩阵（Strand et al.，1968；Westwater et al.，1968；Rodgers，1976b）。由式（9.59）给出的病态方程的解为

$$\hat{\boldsymbol{g}} = \langle \boldsymbol{g} \rangle + \boldsymbol{S}_g \boldsymbol{W}^\dagger (\boldsymbol{W}\boldsymbol{S}_g \boldsymbol{W}^\dagger + \boldsymbol{S}_\varepsilon)^{-1} (\hat{\boldsymbol{T}}_M - \boldsymbol{W}\langle \boldsymbol{g} \rangle) \tag{9.66}$$

$(g-\hat{g})$ 的协方差矩阵为 $S_{(g-\hat{g})}$，其对角元素提供了 g 精度的估计，由下式(Rodgers，1976b)给出：

$$S_{(g-\hat{g})} = S_g - S_g W^\dagger (W S_g W^\dagger + S_\varepsilon)^{-1} W S_g \qquad (9.67)$$

为了得到 g 和 $S_{(g-\hat{g})}$，Rodgers(1976b)提供了一种序列估计的方法，而不需要采用任何矩阵求逆。

9.3.5 统计学反演方法

统计学反演算法或许是遥感中最为广泛采用的技术。Westwater(一位发展反演大气各种变量的垂直廓线技术的先驱人物)指出统计学的反演算法能够最大限度地将测量信息提取出来(Westwater et al.，1977)。如果变量 g 和 T_M 为高斯分布，这种方法的基础以及形式解与之前章节里讨论的最佳估计方法相同。但是，实现解的方法是不同的。

假设观测值 $\hat{T}_M$ 与未知函数 g 线性相关：

$$\hat{T}_M = Wg + \varepsilon \qquad (9.68)$$

并且 $\langle \varepsilon \rangle = 0$，我们能够得到

$$\hat{T}_M' = Wg' + \varepsilon \qquad (9.69)$$

带符号的项表示偏离平均值：

$$\hat{g}' = \hat{g} - \langle g \rangle \qquad (9.70)$$

以及

$$\hat{T}_M' = \hat{T}_M - \langle \hat{T}_M \rangle = \hat{T}_M - W\langle g \rangle \qquad (9.71)$$

统计学反演方法与多元线性回归密切相关，给出的解 g' 通过预报矩阵 D 与观测值 $\hat{T}_M'$ 线性相关：

$$\hat{g}' = D \hat{T}_M' \qquad (9.72)$$

矩阵 D 的元素是回归系数，由下式给出(Franklin，1970；Ishimaru，1978)：

$$D = E\{g'(\hat{T}_M')^\dagger\} E\{(\hat{T}_M')(\hat{T}_M')^\dagger\}^{-1} \qquad (9.73)$$

可以通过最小化误差的方差的期望值得到：

$$E\{(g-\hat{g})^\dagger(g-\hat{g})\} = 最小值 \qquad (9.74)$$

为此，该方法也被称为最小方差方法。

可以证明(Franklin，1970；Ishimaru，1978)，给定式(9.69)，由式(9.73)可得

$$\hat{g}' = S_{g'} W^\dagger (W S_{g'} W^\dagger + S_\varepsilon)^{-1} \hat{T}_M' \qquad (9.75)$$

从根本上来讲，如果 $\langle g \rangle$ 和 $\hat{T}_M$ 设置为 0，上式与式(9.66)是相同的。

在实际过程中，给定辐射测量的 $\hat{T}_M$ 和独立测量的 g（例如通过无线电探空仪测得）的数据集联合分布，式(9.73)中的统计量可以通过标准回归程序根据经验给出。因此，矩阵 D 的元素能够在不知道权重函数 W 基础上得到。联合分布的可获得性实际上是用于标定$\langle \hat{g}' \rangle$ 和 $\hat{T}_M$之间的线性关系。对于误差分析的目的，如果 W 是已知的，那么联合分布可以得到 S_g 和 $S_{\hat{T}_M}$，然后，式(9.65)能够得到 S_ε。这里 S_ε 是总的误差方差，部分是由于仪器产生的。最后，模型误差估计的预测可以通过仪器定标得到。如果无法获得测量值的联合分布，可以利用式(9.69)定义的模型产生仿真数据，并结合可以得到的任何关于独立变量 g 和观测过程的统计学数据。

线性与非线性回归技术都被用来估计地球物理变量 g 的廓线。在一些情况下，物理上的非线性能通过非线性估计量处理。例如，图 9.9 中给出了一个线性回归估算与 3 个不同阶数的非线性估计性能(估计温度廓线)的比较。明显地，非线性估计量比线性估计量的性能要好，在某些情况下要好两倍。

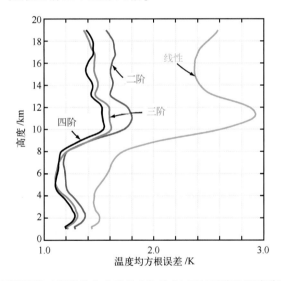

图 9.9　ATMS 观测海洋时用线性和非线性(多项式)回归反演的温度廓线的均方根误差

9.3.6　Backus–Gilbert 合成平均反演算法

统计学反演方法是一个有效的反演技术，只要满足：①有足够的关于测量误差和未知函数 g 的统计知识，从而将问题转化为一个适定性问题；②解的误差方差$S_{(g-\hat{g})}$ 可以接受。假设该方法应用于一个给定的反演廓线的问题，并且条件②没有满足，即用于衡量解的总体质量的矩阵 $S_{(g-\hat{g})}$ 的迹很大而不可接受。误差方差能够通过在垂直方向上进行空间平均来减小，也就是通过降低反演廓线的分辨率来达到这一目的。但是，统计学方法不能权衡分辨率与噪声从而得到对某个特殊应用的最优折中。而这样的权衡可以通过 Backus-Gilbert 反演算法实现，这种方法最初应用到地震探测固体地球的反演问题（Backus et al.，1970），后来被用到大气遥感问题（Conrath，1972；Westwater et al.，1973）。

考虑模型：

$$T_M(f_i) = \int_0^\infty W_i(z) g(z) \mathrm{d}z \qquad (i = 1, 2, \cdots, n) \qquad (9.76)$$

在频率 f_i 下的观测值为

$$\hat{T}_M(f_i) = T_M(f_i) + \varepsilon_i \qquad (i = 1, 2, \cdots, n) \qquad (9.77)$$

实验误差 ε_i，其特点为 $\langle \varepsilon_i \rangle = 0$，Backus-Gilbert 方法提供的解为

$$\hat{g}(z) = \sum_{i=1}^n a_i(z) \hat{T}_M(f_i) \qquad (9.78)$$

与 z 相关的回归系数 $a_i(z)$ 构成 $n \times 1$ 的矢量：

$$\boldsymbol{a}(z) = \frac{\boldsymbol{R}^{-1}(z)\boldsymbol{U}}{\boldsymbol{U}^\dagger \boldsymbol{R}^{-1}(z)\boldsymbol{U}} \qquad (9.79)$$

式中，$\boldsymbol{R}(z)$ 为与误差方差矩阵 $\boldsymbol{S}_\varepsilon$ 和 $n \times n$ 维矩阵 $\boldsymbol{S}(z)$ 的加权和线性相关的函数

$$\boldsymbol{R}(z) = \boldsymbol{\alpha}\boldsymbol{S}(z) + (1 - \alpha)r\boldsymbol{S}_\varepsilon \qquad (9.80)$$

$n \times 1$ 列矢量 $\boldsymbol{U}$ 的元素 U_i 等于对应的权重函数方程的总积分：

$$U_i = \int_0^\infty W_i(z) \mathrm{d}z \qquad (9.81)$$

矩阵 $\boldsymbol{S}$ 的元素是

$$S_{kl}(z) = 12 \int_0^\infty (z - z')^2 W_k(z') W_l(z') \mathrm{d}z' \qquad (9.82)$$

式（9.80）中的因子 r 是一个插入的常数，使得这两项的维数相同。α 是权衡参数，α 的变化范围为 $0 \sim 1$，$\alpha = 0$ 时，意味着将通过牺牲分辨率来最小化估计方差；$\alpha = 1$ 时，意味着将通过牺牲测量精度来最大化分辨率，这两个哪一个占重点地位取决于实际应用。

虽然在式（9.80）中可以很明显地看出参数 α 的大小控制了这两项（这两项的和定义了 $\boldsymbol{R}$）谁占重要地位，但是 α 的选择如何影响分辨率和方差并不明显。这是由于我们直接给了 Backus-Gilbert 的解而没有进行推导。α 与分辨率以及方差之间的关系能够通过以下几个步骤很清楚地证明：

（a）对于给定的一组权重函数 $W_i(z)$，$i = 1, 2, \cdots, n$，矩阵 $\boldsymbol{S}(z)$ 完全由式（9.82）确定；

（b）对于给定的误差协方差矩阵 $\boldsymbol{S}_\varepsilon$，权衡参数 α 指定了矩阵 $\boldsymbol{R}(z)$，进而通过式（9.79）确定了列矢量 $\boldsymbol{a}(z)$，因为矢量 $\boldsymbol{U}$ 已经由式（9.81）中的权重函数确定了；

（c）对于指定的 $\boldsymbol{a}(z)$，未知函数的估计值 $\hat{g}(z)$ 可以通过对测量值 $\hat{T}_{\mathrm{M}}(f_i)$ 线性求和来估计，每个频率用相应的系数 $a_i(z)$ 加权；

（d）如果我们忽略随机误差 ε 并将式（9.76）代入式（9.78），得到以下结果：

$$\hat{g}(z) = \sum_{i=1}^{n} a_i(z) T_{\mathrm{M}}(f_i) = \sum_{i=1}^{n} a_i(z) \int_0^\infty W_i(z') g(z') \mathrm{d}z'$$

$$= \int_0^\infty \sum_{i=1}^{n} a_i(z) W_i(z') g(z') \mathrm{d}z' = \int_0^\infty A(z,\ z') g(z') \mathrm{d}z' \qquad (9.83)$$

式中，$A(z,\ z')$ 称为平均核，定义如下：

$$A(z,\ z') = \sum_{i=1}^{n} a_i(z) W_i(z') \qquad (9.84)$$

因此，根据式（9.83），在高度为 z 上的估计值 $\hat{g}(z)$ 是廓线 $g(z)$ 对整层大气的加权平均数，并且权重函数 $A(z,\ z')$ 由系数 $a_i(z)$ 控制，进而由权衡参数 α 控制。

将式（9.77）代入式（9.78），并且计算估计值 $\hat{g}(z)$ 的方差 $\sigma_{\hat{g}}^2(z)$，可以很容易地得到

$$\sigma_{\hat{g}}^2(z) = \boldsymbol{a}^\dagger(z) \boldsymbol{S}_\varepsilon \boldsymbol{a}(z) \qquad (9.85)$$

式中，$\boldsymbol{S}_\varepsilon = \langle \boldsymbol{\varepsilon}\boldsymbol{\varepsilon}^\dagger \rangle$ 为误差方差矩阵。

因此，系数 $a_i(z)$ 控制方差 $\sigma_{\hat{g}}^2$ 和平均核 $A(z,\ z')$，该函数的形状控制与估计值 $\hat{g}(z)$ 有关的有效分辨率。有效分辨率的宽度叫作伸展，由下式给出：

$$s(z) = 12 \int_0^\infty (z - z')^2 A^2(z,\ z') \mathrm{d}z' \qquad (9.86)$$

伸展 $s(z)$ 有 z 的单位，并且也是 $A(z,\ z')$ 关于 $z = z'$ 的伸展的衡量。

为了说明各种参数彼此之间如何联系在一起，考虑下面的例子。图 9.10 给出了一组 8 个权重函数 $W_i(z)$ 作为 z/H 的图像，其中 H 是大气标高（常数）。得到 8 组测量值 $\hat{T}_{\mathrm{M}}(f_i)$（其中 $i = 1,\ 2,\ \cdots,\ 8$），并且每次测量的误差是零均值随机误差，其方差为 $\langle \varepsilon_i^2 \rangle = \sigma_\varepsilon^2$（对所有的 i）。假设 $\sigma_\varepsilon^2 = 0.1$，并且为方便起见，选择式

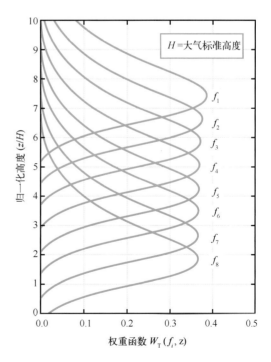

图 9.10　归一化到单位面积的一系列理想化权重函数（Rodgers，1976b）

(9.80)中的维度因子 r 为 1。测量精度与分辨率之间的权衡如图 9.11 和图 9.12 所示。图9.11 是在 $z = 5H$ 时，对不同的参数 α，估计方差 σ_g^2 作为传播 s 的函数。

从图 9.12 可以看出，当 $\alpha = 1$，可以得到最好的分辨率(最小伸展)为 $1.15H$。但是其对应的方差 $\sigma_g^2 = 0.72$。另一方面，如果 $\alpha = 0$，$\sigma_g^2 \approx 0.1$，但是 $s = 4.8H$。图 9.12 给出了平均核 $A(z, z')$ 关于 $\alpha = 0$ 和 $\alpha = 1$ 的变化以及 α 的其他中间值对应的图像。

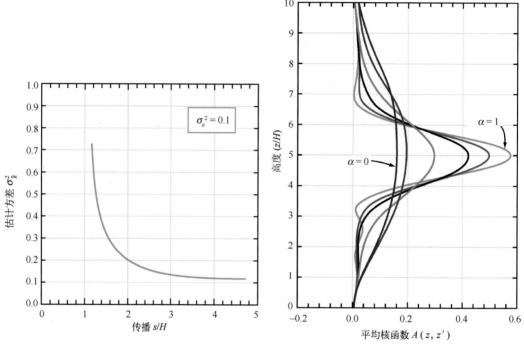

图 9.11　对于理想权重函数(图 9.10)、高度 $z = 5H$ 时，估算精度与垂直分辨率的权衡

图 9.12　$z = 5H$ 时的平均核函数，$\alpha = 0$，1 和其他值

9.3.7　基于神经网络的反演

人工神经网络，或者说神经网络，是受到生物密集联系的神经元网络启发而得到的计算机结构，其中每一个单元都只能进行简单的计算。正如生物神经网络可以从环境中进行学习，神经网络能够从所给的训练数据中学习，随着自由参数(权重和偏差)适应性地调整来拟合训练数据。神经网络能够被用来学习和计算函数，这些函数的输入与输出之间的解析关系都是未知的，并且(或者)计算复杂，因此这对模式识别、分类以及方程近似很有用。神经网络在大气遥感数据的反演很吸引人，因为这些数据是非线性的、非高斯分布的，并且它们彼此之间的物理过程还没有被完全理解。

前向多层感知器（FFMLP）由于其简单、灵活以及使用方便而被经常使用。多层神经网络大多数情况下由一层输入层、一层或多层非线性隐藏层和一层线性输出层构成。FFMLP 采用的数学方程是连续的可微的，这样的方程方便训练以及误差分析。但是，也许神经网络最有用的性质是它的可伸展性。一个带有足够数量的权重和偏差的网络能够在有限区域内对有界的、连续的方程进行任意精度的逼近（Hornik et al.，1989）。因此，神经网络能够被用作大量函数的逼近。

图 9.9 表明简单、非线性函数（多项式）的线性组合能够被用来构建强大的非线性估计量。但是，没有方法说明如何选择这些函数，或者应该选择多少个函数。神经网络可以通过几个相似的形式构建：简单的计算元素（节点）通过往神经网络中添加节点的方式联系起来，从而合成复杂的函数。在这里，神经网络典型的特征是应用到每一个节点上的"激励函数"、节点的数量、在网络中的节点的连接（拓扑）以及用于推导权重和偏差的算法（训练）。感兴趣的读者可以参考 Haykin（2008）、Bishop（2007）以及 Blackwell 等（2009）了解更多详细信息。

9.4　地基观测的温度廓线反演

在关于大气中氧气的微波光谱的论文中，Meeks 等（1963）建议可通过测量氧气的发射光谱遥感获得大气的结构信息。两年以后，Westwater（1965）发表论文，他检验了该理论对于俯视观测的情况，并且提出了通过反演测得的辐射来推断大气温度廓线的数学步骤。此外，他还估计了预计会与反演技术有关的误差来源以及量级大小。自此多个研究进行了继续探索，包括 Westwater 等（1968）、Waters（1971）、Snider（1972）、Westwater（Janssen，1993）以及 Blackwell 等（2009）。因此，在测量技术的使用、反演方法以及其他与遥感问题相关的因素方面，已经取得了广泛的经验。在这一节里，我们将会介绍温度廓线反演过程的基本步骤以及重点介绍一些目前的经验。

9.4.1　单一频率多角度观测

图 9.13 给出了利用 54.5 GHz 的单频辐射计的角度扫描测量记录反演的温度廓线 $\hat{T}(z)$，在图中同时给出了平均温度廓线图 $\langle T(z) \rangle$（从历史数据中获得）以及在与辐射计观测得到 $\hat{T}(z)$ 的同一时间上，用无线电探空仪测得的温度廓线 $T_{rs}(z)$。总体而言，在利用 9.3.5 节的统计反演方法从 6 个入射角（$\theta = 0°$，$30°$，$60°$，$75°$，$80°$，$85°$）的测量值反演的温度廓线 $\hat{T}(z)$，提供了"真实"廓线 $T_{rs}(z)$ 的良好估计，但是在 $z \approx 2.7$ km 处没有预测出逆温层。

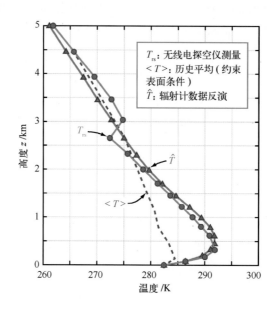

图 9.13　从单频(54.5 GHz)扫描辐射计数据反演的温度廓线的典型例子,

数据测量自俄亥俄州的辛辛那提。T_{rs} 为无线电探空仪测得的温度廓线,

$\langle T \rangle$ 为约束表面条件的平均温度廓线,$\hat{T}$ 为反演的温度廓线(Westwater et al., 1977)

值得注意的是,由微波辐射计反演的温度廓线与由无线电探空仪测量得到的温度廓线定性不同。气球携带的无线电探空仪是定点观测,而辐射计是定体积观测。此外,如果测量的距离比空间分辨率小,辐射计会将 T 的空间变化平均化。

除了提供给反演模式的先验信息之外,辐射计测量值 $\hat{T}_{DN}$ 是用于估计温度廓线 $T(z)$ 的唯一输入。因此,反演过程并没有考虑除了大气温度廓线 $T(z)$ 之外的其他大气变量对 $\hat{T}_{DN}$ 变化的影响。此外,用于得到 $\hat{T}(z)$ 的反演技术是基于正问题是线性形式的假设,这意味着权重函数 $W_T(f, \theta, z)$ 不依赖 $T(z)$。在实际过程中,几乎不可能找到一个频率 f 使得 $W_T(f, \theta, z)$ 完全与平均温度、压强、水汽密度廓线的偏离值无关。$W_T(f, \theta, z)$ 的变化反过来也会影响观测值 $\hat{T}_{DN}(f, \theta)$ 的变化。

9.4.2　多频率单一角度观测

单一频率多角度观测方案一个明显的局限性是它要求大气是水平分层的。另一方面,多频率单一角度系统有一个典型的优势,即所有的观测都是在相同的大气体积内进行的,只要天线的选择使得所有频率的波束大小近似相等。

微波扫描光谱仪(SCAMS)是 1975 年发射的 Nimbus-6 卫星载荷的一部分。SCAMS 是一个 5 通道的辐射计,其中 3 个通道在 50~60 GHz 的氧气吸收波段,一个通道在中心频率为 22.235 GHz 的水汽吸收波段，还有一个通道在 31.65 GHz 的大气窗口波段。SCAMS 的地基版本被用来反演大气温度和水汽廓线，从天顶方向在 5 个频率下进行辐射观测(Decker et al.，1978)。水汽反演将在下一节进行讨论，在这一节仅仅讨论温度反演。图 9.4(b)中给出了 SCAMS 3 个氧气吸收波段通道频率下的温度权重函数。图 9.14 给出了一个典型温度廓线 $T(z)$ 的反演例子，是利用统计方法反演辐射测量数据得到的。

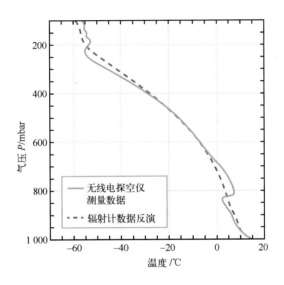

图 9.14　SCAMS 辐射计数据反演的温度廓线(虚线)与同步的无线电探空仪
测量数据(实线)对比示例(Decker et al.，1978)

　　总体而言，从地表到大约 600 mbar(约 4 km)(Decker et al.，1978)，反演得到的温度廓线精度很好，均方根的数量级为 1~2 K(相对于无线电探空仪的测量)。该反演算法有一个明显的缺陷，即不能够反演出温度随高度的急剧变化，比如逆温层。当我们考虑到廓线是在 4 个数据(3 个氧气吸收波段的微波测量值以及测得的表面温度)下反演得到的，这就不奇怪了。非氧气通道并没有对反演温度廓线有直接的贡献，但是，必要时它可以用于校正水汽和云的影响。

　　通过增加 50~70 GHz 范围内通道的数量以及通过开发更稳固的反演技术，有可能将反演温度的精度进一步提高，但是反演高海拔的逆温层仍然是困难的。图 9.15 展示了在北极区，利用 6 通道辐射计，在 6 个不同仰角观测，得到的总计 36 个大气温度廓线(Cimini et al.，2010)，由无线电探空仪测量到的温度廓线作为对比。两组温度廓线在地表到 3 km 的大气层中比在更高层的大气中吻合度更好。

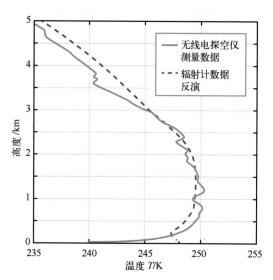

图 9.15　辐射计温度数据反演值与无线电探空仪测量值曲线对比，
数据于 2007 年 3 月 11 日在阿拉斯加巴罗(Barrow)观测(Cimini et al.，2010)

9.4.3　气压高度

温度廓线 $T(P)$ 能够被用来判断气压高度 z_P，也就是对应于一个给定压强级 P 的高度。将式(9.14)两边同时从地面 $z = 0$(对应的压强为 P_s)积分到高度 z_P(对应的压强为 P)，得

$$z_P = -\frac{R}{Mg}\int_{\ln P_s}^{\ln P} T(P)\,\mathrm{d}(\ln P) \tag{9.87}$$

图 9.16 给出了 700 mbar、500 mbar 和 300 mbar 气压高度的时间序列图，所有数据都是来自 6 个通道(4 个 50~60 GHz 氧气吸收波段通道，1 个水汽吸收波段通道，1 个 31.65 GHz 的大气窗口波段通道)的辐射计测量(Decker et al.，1982)。

9.5　地基观测的水汽廓线反演

原则上，辐射计能够采用与之前反演大气温度廓线 $T(z)$ 相同的统计反演技术来推测水汽密度的高度廓线 $\rho_v(z)$。在选择辐射计的频率时，下面的准则很重要：①所选频率的辐射温度 $T_{DN}(f)$ 对 $\rho_v(z)$ 有很强的敏感性，并且对其他大气变量，如温度廓线 $T(z)$，有很弱的敏感性(或者是完全不敏感)；②水汽权重函数 $W_\rho(f, z)$ 在所选频率下应该有足够不同的高度廓线从而减少冗余。这些原则在概念上能够通过选择位于 22.235 GHz 或 183.31 GHz 的水汽吸收线的峰值或者是肩部的频率而被满足。每种情况的细节将在接下来进行讨论。但是，首先应该指出温度廓线 $T(z)$ 的反演与水汽密度廓线的反演问题之间的重要不同之处。温度廓线 $T(z)$ 有一个稳定的结构，并且相对于平均廓线 $\langle T(z) \rangle$ 变化的量级大约为 0.2，但是水汽密度空间和时间可能发生很大变化。对于一个固定的地点，总累积含水量 M_v 在一年内可以变化 30 倍（Westwater，1979）。估计值域很宽的参数的廓线比估计值域很窄的参数廓线的难度更大。

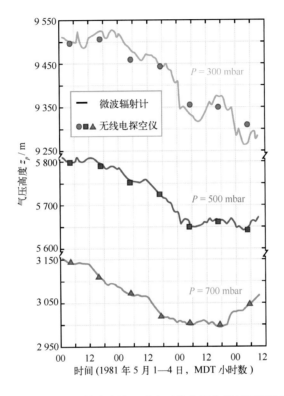

图 9.16　由微波辐射计连续记录和无线电探空仪每天两次测量
得到的 700 mbar、500 mbar 和 300 mbar 气压高度时间序列图

为简单起见，我们将讨论限制在天顶方向观测，也就是 $\theta = 0°$。水汽的权重函数 $W_\rho(f, z)$ 由以下标准形式定义：

$$T_{DN}(f) = \int_0^\infty W_\rho(f, z)\rho_v(z)\,dz \tag{9.88}$$

式中，$T_{DN}(f)$ 是沿着天顶方向向下发射的亮温；$\rho_v(z)$ 是水汽廓线。对于 $\theta = 0°$，令式（9.88）等于式（9.2），得到

$$W_\rho(f, z) = \kappa_a(f, z)\frac{T(z)}{\rho_v(z)}e^{-\tau_0(0, z)} \tag{9.89}$$

权重函数的单位是 K·(g/m³)/km。吸收系数 $\kappa_a(f, z)$ 包括氧气和水汽的吸收影响。在

水汽线峰值上或者是峰值附近，κ_a 由水汽成分 κ_{H_2O} 主导。除了干燥的气候，这对于强吸收线 183.31 GHz 是完全正确的，对于相对弱一点的吸收线 22.235 GHz 也同样是正确的。考虑上一章的图 8.7，在频率 f = 22.235 GHz 时，κ_{H_2O} 比 κ_{O_2} 大 10 倍（对于 ρ_0 = 7.5 g/m³）。在干燥的气候条件下，例如 ρ_0 = 1 g/m³ 时两者的比值大约为 2，因此总的吸收系数 κ_a 并没有由水汽成分主导。当 κ_a 确实能够近似为 $\kappa_a \approx \kappa_{H_2O}$，式（9.89）表示的 $W_\rho(f, z)$ 对 $\rho_v(z)$ 的依赖就会消失，因为 κ_{H_2O} 直接与 $\rho_v(z)$ 成比例。

图 9.17 给出了在几个微波频率下 $W_\rho(f, z)$ 的高度廓线，包括在 22.235 GHz 和 183.31 GHz 的共振频率和几个线–肩频率以及两个窗口频率（31.4 GHz 和 140 GHz）。窗口频率经常被用于估计云的衰减（当有云存在时），这将在下一节讨论。相对于其他微波水汽线和氧气吸收线，由于 22.235 GHz 线较弱，权重函数在 21.0 GHz 和 22.235 GHz 随着高度的变化不迅速。因此，辐射测量频率选择在 22.235 GHz 或者其附近时不能得到垂直分辨率较高的水汽廓线。例如，图 9.18(a) 给出了水汽廓线图。这些廓线图从 5 种微波频率的辐射观测数据中反演得到，都是在天顶方向上得到的。相对应的权重函数在图 9.18(b) 中给出。用于反演廓线的辐射计系统是 SCAMS 的地基版本，与 9.4.2 节中讨论的温度廓线反演相关。

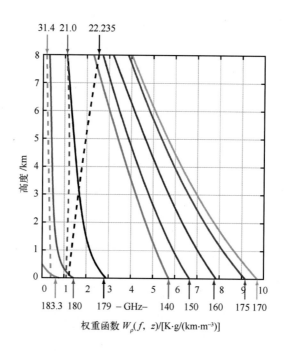

图 9.17　22.235 GHz（虚线）和 183.31 GHz（实线）频率附近的权重函数（Askne et al.，1983）

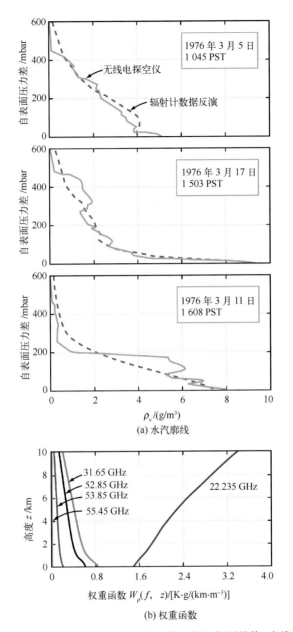

图 9.18　反演的 $\rho_v(z)$ 廓线（虚线）与同步的无线电探空仪测量值（实线）对比示例和

SCAMS 5 个频率通道上的水汽权重函数（Westwater et al.，1977）

Decker 等（1978）发现反演精度在大约 500 m 高度处优于 1 g/m³，并且精度随着海拔的增加而提高。在地表是不存在误差的，这是因为反演廓线被可获得的地表观测所约束。Skoog 等（1982）发表了类似的关于水汽反演的研究，他们使用的频率为 31.65 GHz 和 21.0 GHz，而不是 Decker 等（1978）利用的线中心频率 22.235 GHz。

Skoog 等(1982)报道的廓线精度(图 9.19)在形状和随高度的变化方面都与 Decker 等(1978)的相似,但是在量级上比 Decker 等(1978)稍微更好一点。

以上结果表明,利用 22.235 GHz 水汽吸收线的辐射测量值反演的水汽廓线并未达到足够的精度,因此还不能进行实际应用。对于精确水汽廓线反演技术,建议使用在强水汽吸收线 183.31 GHz 附近工作的多频率辐射计观测系统(Hogg, 1980; Askne et al., 1983; Wilheit, 1990)。图 9.20 给出了在 140~183.31 GHz 频率波段下的水汽密度权重函数图(已经在表面做归一化)。根据利用这些权重函数的仿真研究(Askne et al., 1983),与利用 21 GHz 和 31.4 GHz 的双频辐射计相比,增加一个在 175 GHz 附近的频率可以使廓线的反演精度提高 40%。

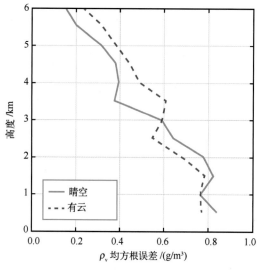

图 9.19 水汽廓线的精度:辐射计测量反演值与无线电探空仪实测的廓线的均方根误差,实线为 22 次晴空测量,虚线为 16 次多云天气下测量 (Askne et al., 1983)

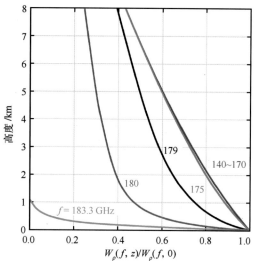

图 9.20 频率在 140~183.3 GHz 波段的归一化水汽密度权重函数(Askne et al., 1983)

由于之前的这些探索,大量的研究利用 183.31 GHz 水汽吸收线附近的多通道进行仿真、测量和反演大气水汽廓线(Wilheit, 1990; Lutz et al., 1991; Wang et al., 1997; Kuo et al., 1994; Racette et al., 1996; Pazmany, 2007; Cimini et al., 2007a; Racette et al., 2005; Mattioli et al., 2010)。其中的一个例子就是 HAMSTRAD(南极平流层和对流层微波辐射计),这是一个欧洲团队为了测量南极洲康科迪亚(Concordia)站的水汽廓线而开发的地基辐射计。该仪器包括 7 个 50~60 GHz 波段通道以及 13 个 169~197 GHz 波段通道用于反演水汽密度 $\rho_v(z)$。该系统(图 9.21)在运输到南极洲之前在法国的比利牛斯山进行安装和验证。这两个地点都是十分寒冷并且气候极度干燥；但是在温带气候中 ρ_v 的典型值在 $3 \sim 10 \ \mathrm{g/m^3}$ 范围内，而在南极洲 ρ_v 很少超过 $1 \ \mathrm{g/m^3}$。在这样干燥的气候中反演要求的精度量级为 $0.05 \ \mathrm{g/m^3}$。图 9.22 给出了 HAMSTRAD 在 3 种情况下（相对干燥、中等、稍湿润的南极大气）反演的廓线。同时还给出了同一时间段用无线电探空仪得到的廓线图。在这 3 种情况下，每一对廓线都达到了很好的一致性。图 9.23 给出了一周的廓线。

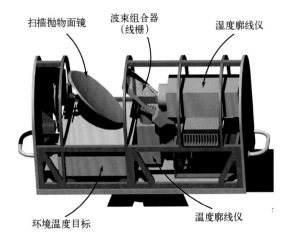

图 9.21　HAMSTRAD 的内部结构
（Ricaud et al.，2010a）

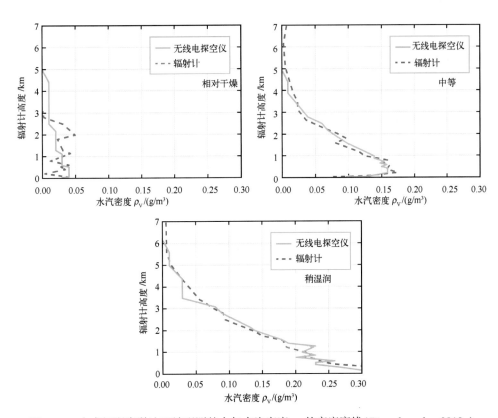

图 9.22　在南极洲康科迪亚站观测的大气水汽密度 ρ_v 的高度廓线（Ricaud et al.，2010a）

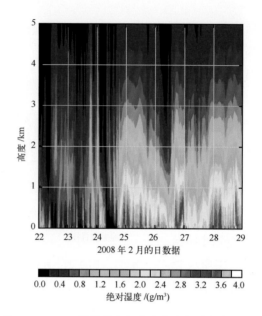

图 9.23   2008 年 2 月 HAMSTRAD 测量的大气水汽密度的时间变化(Ricaud et al.， 2010a)

9.6   地基观测的综合可降水量反演

在这一节中，我们考察辐射测量如何用于估计大气中的综合可降水量(IPWV) 以及非降雨云的液态水路径(LWP)。这些大气参数的测量对气象学研究、天文学以及军事应用很有用处(Decker et al.， 1973；Gorelik et al.， 1978；Westwater， 1978；Goldfinger， 1980)。

根据式(8.8)的定义，包含在单位横截面积(1 cm²) 的垂直气柱内的大气水汽的总质量为

$$M_v = \int_0^\infty \rho_v(z)\,\mathrm{d}z \qquad (\,\mathrm{g/cm^2}\,) \tag{9.90}$$

式中，$\rho_v(z)$ 为在高度 z 处的水汽密度。如果具有这一质量的水汽全部沉降到一个横截面积为 1 cm² 的管内，管内液态水的高度将为

$$h_v = \frac{M_v}{\rho_L} = \int_0^\infty \rho_v(z)\,\mathrm{d}z \qquad (\,\mathrm{cm}\ 可降水量) \tag{9.91}$$

式中，液态水的密度 $\rho_L = 1\ \mathrm{g/cm^3}$；高度 h_v 为大气的综合可降水量。

类似的，对于一个垂直厚度为 $H(\mathrm{km})$、水汽含量 $m_v(\mathrm{g/m^3})$ 均匀分布的云，其液态水路径将以高度 h_L 衡量，定义如下：

$$h_L = \frac{m_v}{\rho_L}H \qquad \left(\frac{\mathrm{g/m^3 \times km}}{\mathrm{g/cm^3}} = \mathrm{mm}\ 液态水 \right) \tag{9.92}$$

h_v 和 h_L 这两个量能够通过双频微波辐射计测得，双频微波辐射计的一个频率对水汽很敏感，另一个频率对云中的液态水很敏感。为了测量 h_v，最佳的频率是水汽密度权重函数随着高度不变的廓线所在的频率。如果在一个频率 f_1，$W_\rho(f_1, z) \approx W_\rho(f_1)$，那么式(9.88)就变为

$$T_{DN}(f_1) = W_\rho(f_1) \int_0^\infty \rho_v(z)\, \mathrm{d}z = W_\rho(f_1)\ h_v \tag{9.93}$$

这样，辐射计的测量值就直接与 h_v 成比例。图 9.17 给出了一个在 21 GHz 近似不依赖高度的权重函数的图像。但是，这样的图像代表的是一段时间之内的平均状态。对于一个给定的地点和时间，水汽密度权重函数的真实廓线可能会由于温度和水汽密度的变化而与平均廓线有显著的不同。因此，仅仅依赖于单辐射通道来估计 h_v 可能并不能获得可接受的精确解。并且在天线波束观测体积内的云也会对 h_v 的精度产生影响，除非对云进行单独的观测。因此，应该采用额外的通道来实现这个功能(中心频率为 30~32 GHz 的窗口)。

图 9.24 给出了由仰视辐射计测得的亮温 T_B 值，绘制成 h_v 的函数。由 Payne 等(2008)给出的测量值是在 22 GHz 水汽吸收线附近的 4 个频率测得的，其余 4 个频率是在 183 GHz 吸收线附近。对于第一组数据，T_B 对于 h_v 的响应是线性的；对于第二组数据，T_B 对于 h_v 的响应是非线性的，但是斜率更大。注意到，相对于光滑曲线，数据点的离散程度相对较小。

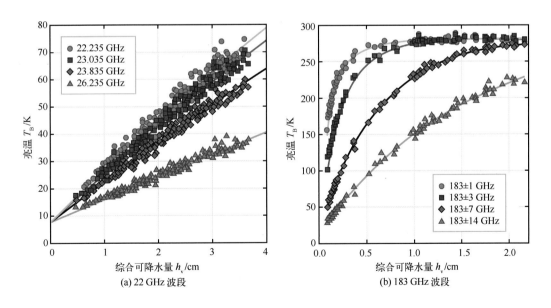

图 9.24　无云情况下，辐射计测量的亮温与无线电探空仪测量的综合可降水量的关系

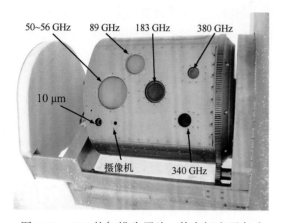

图 9.25 GSR 的扫描头照片，其中标出了每个辐射计的透镜天线。对于 55 GHz 和 89 GHz 的透镜天线，波束宽度大约为 3.5°；对于 183 GHz、340 GHz 和 380 GHz 的透镜天线，波束宽度为 1.8°（Cimini et al.，2007b）

地基扫描辐射计（GSR）是一个拥有 25 个通道能够在 50～380 GHz 范围内工作的系统，其中包括 7 个 183 GHz 波段通道（Cimini et al.，2007b）。相对于水平面，它扫描的高度角范围为 15°～165°。图 9.25 展示了该系统的照片。根据 Cimini 等（2007a）报告中的分析，在毫米波段和亚毫米波段，得到的灵敏度"与 20～30 GHz 辐射计相比，对于综合可降水量的改良因子为 1.5～69，对于云中液态水含量的改良因子为 3～4"，不仅灵敏度变好，而且反演精度也提高了。图9.26 以一个时间序列说明，该图包含两种反演，一个以 GSR 系统为基础，另一个以上一代微波辐射计（MWR）的观测值为基础，

其工作频率为 23.8 GHz 和 31.4 GHz。两组反演的时间序列与无线电探空仪的直接观测进行比较。结果表明，GSR 反演的 h_v 值始终与无线电探空仪直接观测的吻合度很好，但是 MWR 并不这样。在 126 次观测中，GSR 反演的 h_v 均方根误差为 0.03 cm（相对于无线电探空仪），而 MWR 的均方根误差为 0.04 cm（图 9.27）。值得注意的是，这是很好的精度，尤其是在干燥的气候环境（阿拉斯加的巴罗）中 h_v 的最大值很少超过 1.5 cm。

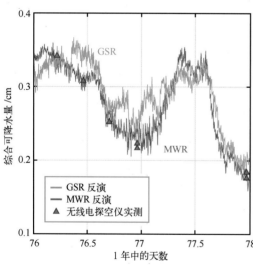

图 9.26 GSR 和 MWR 反演的综合可降水量的时间序列图（Cimini et al.，2007a）

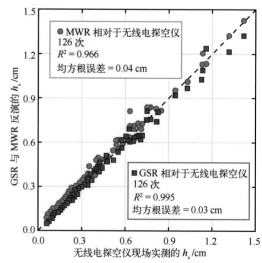

图 9.27 遥感观测与现场实测的综合可降水量的散点图（Cimini et al.，2007a）

9.7　地基观测的云中液态水路径反演

9.7.1　物理基础

根据式(9.1)和式(9.2)，沿天顶方向($\theta = 0°$)的大气仰视亮温为

$$T_B = T_{cos} e^{-\tau_0} + \int_0^\infty \kappa_a(z) T(z) e^{-\tau_0(0, z)} dz \qquad (9.94)$$

式中，$T_{cos} = 2.7$ K，$\tau_0 = \tau_0(0, \infty)$，且

$$\tau_0(0, z) = \int_0^z \kappa_a(z') dz' \qquad (9.95)$$

这些表达式适用于无散射大气，包括晴空条件和非降水云存在时。通常情况下，$\kappa_a(z)$包括氧气、水汽和云中液态水成分的吸收：

$$\kappa_a(z) = \kappa_{O_2}(z) + \kappa_{H_2O}(z) + \kappa_c(z) \qquad (9.96)$$

且$\kappa_{H_2O}(z)$大约与水汽密度$\rho_v(z)$成正比，$\kappa_c(z)$与云中液态水含量$m_v(z)$成正比[如式(8.71a)]，那么式(9.96)表达为

$$\kappa_a(z) = \kappa_{O_2}(z) + \kappa_v \rho_v(z) + \kappa_L m_v(z) \qquad (9.97)$$

式中，κ_v和κ_L为关于频率的常数。当$\kappa_a(z)$和$\kappa_{O_2}(z)$的单位取 Np/km，且$\rho_v(z)$和$m_v(z)$的单位取 g/m³时，κ_v和κ_L的单位为$(Np/km)/(g/m^3)$。

利用式(9.97)，天顶光学厚度τ_0为

$$\tau_0 = \int_0^\infty \kappa_a(z) dz = \int_0^\infty \kappa_{O_2}(z) dz + \int_0^\infty \kappa_v \rho_v(z) dz + \int_0^\infty \kappa_L m_v(z) dz \qquad (9.98)$$

根据式(9.91)和式(9.92)中 IPWV 和 LWP 的定义，

$$\tau_0 = \tau_d + \kappa_v h_v + \kappa_L h_L \qquad (9.99)$$

式中，τ_d为天顶光学厚度的干分量：

$$\tau_d = \int_0^\infty \kappa_{O_2}(z) dz \qquad (9.100)$$

根据式(9.99)，天顶光学厚度的组成部分为干分量、水汽分量和液态分量。

式(9.94)的第二项为向下辐射的亮温T_{DN}，不包括宇宙辐射部分。有效(或平均)辐射亮温T_m定义为(Wu，1979)：

$$T_m = \frac{\int_0^\infty \kappa_a(z) T(z) e^{-\tau_0(0, z)} dz}{\int_0^\infty \kappa_a(z) e^{-\tau_0(0, z)} dz} \qquad (9.101)$$

注意到分子与T_{DN}相同。此外，分母可以简写为如下形式：

$$\int_0^\infty \kappa_a(z) e^{-\tau_0(0,\,z)} dz = \int_0^{\tau_0(0,\,\infty)} e^{-\tau_0(0,\,z)} d\tau_0(0,\,z) = \left[1 - e^{-\tau_0(0,\,\infty)}\right] = \left[1 - e^{-\tau_0}\right]$$

$$(9.102)$$

式中，$\tau_0 = \tau_0(0,\,\infty)$。结合式(9.101)、式(9.102)和式(9.94)，得到

$$T_B = T_{\cos} e^{-\tau_0} + T_m \left[1 - e^{-\tau_0}\right] \qquad (9.103)$$

在式(9.103)中，τ_0 和 T_m 取决于频率。解出 τ_0，有

$$\tau_0 = \ln\left(\frac{T_m - T_{\cos}}{T_m - T_B}\right) \qquad (9.104a)$$

根据图 8.12，当 $f < 35$ GHz 时，$\tau_0 \leqslant 0.4$ dB，等于 $0.4/4.34 \approx 0.09$ Np。由于 $\tau_0 \ll 1$，可以利用近似 $e^{-\tau_0} \approx 1 - \tau_0$，则由式(9.103)得

$$\tau_0 = \frac{T_B - T_{\cos}}{T_m - T_{\cos}} \qquad (\tau_0 \ll 1 \text{ Np}) \qquad (9.104b)$$

根据加利福尼亚穆古角(Mugu Point)上空大气的 24 个无线电探空仪廓线，Wu(1979)给出了一个简单的关系式：

$$T_m = a T_s \qquad (9.105)$$

式中，T_s 为地表物理开尔文温度；a 为与频率相关的常数。他发现当频率在 $20 \sim 24.5$ GHz 之间时，$a \approx 0.95$；当窗口频率为 31.4 GHz 时，$a \approx 0.94$。这种测定方式所得 T_m 的标准差小于 3.5 K。

▶ 这表明光学厚度 τ_0 能够直接根据 T_B 确定。◀

若 T_B 在两个微波频率下测得，例如测量 h_v 的 21 GHz 和对于 h_L 最敏感的 31 GHz，则可估计得 $\tau_0(f_1)$ 和 $\tau_0(f_2)$：

$$\tau_0(f_1) = \tau_d(f_1) + \kappa_v(f_1) h_v + \kappa_L(f_1) h_L \qquad (9.106a)$$

$$\tau_0(f_2) = \tau_d(f_2) + \kappa_v(f_2) h_v + \kappa_L(f_2) h_L \qquad (9.106b)$$

在以上两个频率，利用 8.2.3 节中的 MPM 代码计算 τ_d（结合一个标准大气模型以及 T、ρ_v 和 P 的直接地面观测值），且 κ_v 和 κ_L 为常数[κ_L 见式(8.71)]。因此，结合式(9.106a)和式(9.106b)能够解出 h_v 和 h_L：

$$h_v = \frac{\tau_1 \kappa_L(f_2) - \tau_2 \kappa_L(f_1)}{\kappa_v(f_1) \kappa_L(f_2) - \kappa_v(f_2) \kappa_L(f_1)} \qquad (9.107a)$$

$$h_L = \frac{-\tau_1 \kappa_v(f_2) + \tau_2 \kappa_v(f_1)}{\kappa_v(f_1) \kappa_L(f_2) - \kappa_v(f_2) \kappa_L(f_1)} \qquad (9.107b)$$

式中，

$$\tau_1 = \tau_0(f_1) - \tau_d(f_1) \qquad (9.108a)$$

$$\tau_2 = \tau_0(f_2) - \tau_d(f_2) \tag{9.108b}$$

9.7.2 统计反演

对于 $\tau_0 \ll 1 \ \mathrm{Np}$，式(9.104b)给出的线性形式的 τ_0 结合式(9.99)可得到以下形式的线性反演算法：

$$h_v = a_0 + a_1 T_B(f_1) + a_2 T_B(f_2) \tag{9.109a}$$

$$h_L = b_0 + b_1 T_B(f_1) + b_2 T_B(f_2) \tag{9.109b}$$

式中，$T_B(f_1)$ 和 $T_B(f_2)$ 为测量的亮温；a 和 b 为常数系数[对于特定的 (f_1, f_2) 组合]，由之前定义的各种比吸收系数确定。或者，这些常数系数也可以通过统计线性回归分析来确定。例如，对于在 $f_1 = 20.6 \ \mathrm{GHz}$、$f_2 = 31.6 \ \mathrm{GHz}$ 工作的双频辐射计测量系统，Guiraud 等(1979)利用科罗拉多州丹佛市的数据建立了如下关系式：

$$h_v = -0.19 + 0.118 T_B(f_1) - 0.056\ 0 T_B(f_2) \quad (\mathrm{cm}) \tag{9.110a}$$

$$h_L = -0.018 + 0.001\ 14 T_B(f_1) + 0.002\ 84 T_B(f_2) \quad (\mathrm{cm}) \tag{9.110b}$$

式(9.110b)中 $T_B(f_1)$ 的系数已经改正了 Guiraud 等(1979)文献中的印刷错误。

h_v 的反演效果可以通过对比反演值和无线电探空仪的数据来评估。但是不能对 h_L 运用这种方法，因为无线电探空仪无法探测大气的液态水特性。为了检验辐射测量技术观测非降雨云的累积液态水的性能，Snider 等(1980)直接测量了 $f = 28 \ \mathrm{GHz}$ 时云的光学厚度 τ_L。这是通过地面接收机测定来自 Comstar 3 卫星的传输信号电平实现的。图 9.28(a) 是 $\tau_L = \kappa_L h_L$ 的 3.5 h 记录，图 9.28(b) 是当天线波束通过云时相应的 T_B 的增值，图 9.28(c) 是 h_L 的值。图 9.28(c) 中的三角形代表辐射测量技术的估算值，包括：①根据在 $f_1 = 20.6 \ \mathrm{GHz}$ 和 $f_2 = 30.6 \ \mathrm{GHz}$ 时测量的 T_B 计算的 τ_1 和 τ_2；②然后利用经验算法

$$h_v = -0.01 + 26.97 \tau_1 - 11.77 \tau_2 \quad (\mathrm{cm}) \tag{9.111a}$$

$$h_L = -0.01 - 0.229 \tau_1 + 0.563 \tau_2 \quad (\mathrm{cm}) \tag{9.111b}$$

图 9.28(c) 中的实线表示通过卫星信号衰减测定的 h_L 的值，三角形是根据式(9.111b)计算的结果。两个数据集的吻合度很好。

9.8 传播延迟估计

海平面的大气折射率通常取 $n' = 1.003$，这表示传播速度非常接近于真空中的光速 c。然而，对于很长的距离，即使 n' 的偏差很小也会导致显著的传播时间延迟。标准的做法是定义折射率差 N 为超出自由空间的折射率。实际操作中，将差值扩大 10^6。因此，根据式(8.13)，

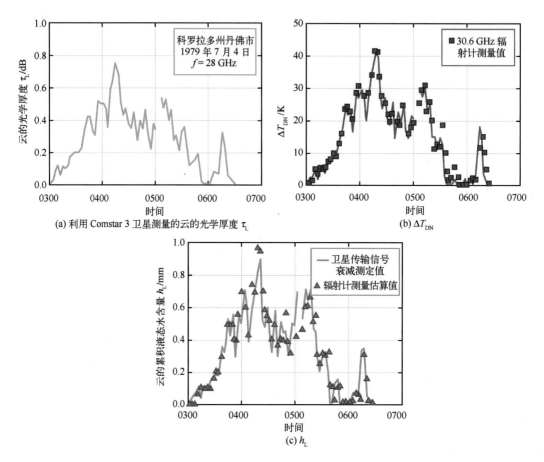

图 9.28 （a）天线波束穿过有云状态时 Comstar 3 卫星观测的信号衰减的增长，（b）相应的辐射温度的增加和（c）推断的云累积液态水含量（Snider et al.，1980）

$$N' = (n'-1) \times 10^6 \qquad (9.112)$$

当 $n' = 1.003$ 时，$N' = 300$。然而，N 的量级受温度、气压和介质的水汽密度控制，因此，N 是空间（水平和垂直方向）和时间的函数。对于在从地球表面某点到大气外部某点之间的大气中传播的无线电信号，两点间的电学路径长度比物理路径长度更长，超过的路径长度称为超出电学路径长度 ΔR。该长度的概念是由大气引入的，与 N' 廓线沿指定路径的积分成正比，在沿垂直传播方向的路径上，其值为 220~270 cm（Pandey et al.，1983），沿倾斜路径传播时该值更大。在许多应用中都需要精确计算 ΔR，例如射电天文中利用非常长基线干涉测量法观测微小辐射源（Schaper et al.，1970；Moran et al.，1981；Mathur et al.，1970），导弹和宇宙飞船跟踪和航行（Black，1978），以及雷达测高技术（第17章）。不久后将看到，N' 包括两个部分：相对不变的"干"部分（不包括水汽）和多变的"湿"部分（直接与水汽密度 ρ_v 成正比）。本节中将讨论如何利用辐射观测来测算由 ρ_v 引起的超出电学路径长度。

折射率差 N' 由 Smith 等(1953)的模型给出:

$$N' = N'_d + N'_v \tag{9.113}$$

其中,干部分 N'_d 和湿部分 N'_v 的表达式分别为

$$N'_d = 77.6 \frac{P}{T} \tag{9.114a}$$

$$N'_v = 3.73 \times 10^5 \frac{e}{T^2} = 1\,720 \frac{\rho_v}{T} \tag{9.114b}$$

式中,$P(\mathrm{mbar})$ 为总压强;$T(\mathrm{K})$ 为温度;$e(\mathrm{mbar})$ 为水汽分压;$\rho_v(\mathrm{g/m^3})$ 为水汽密度,并利用了以下表达式:

$$\rho_v = \frac{217e}{T} \tag{9.115}$$

因为 P、T 和 ρ_v 均随距离地面的高度 z 变化,所以 N'_d 和 N'_v 也是如此。在地面,N'_d 的值通常为 250~300,N'_v 的值通常为 10~200(Moran et al.,1981)。实际上,N'_v 包括两部分:由式(9.114b)给出的非色散部分以及与微波水汽吸收线相联系的色散部分。低于 100 GHz 时,色散部分小于非色散部分的 1%(Liebe,1981)。

总对流层超出电学路径长度包括干路径长度 ΔR_d 和湿路径长度 ΔR_v:

$$\Delta R_{\mathrm{Tropo}} = \Delta R_d + \Delta R_v$$

干路径长度 ΔR_d 与 $N'_d(r)$ 的廓线关系如下:

$$\Delta R_d = 10^{-6} \int_0^\infty N'_d(r)\,\mathrm{d}r \tag{9.116}$$

式中,r 定义为传播路径,对于层结大气,$\mathrm{d}r = \sec\theta\,\mathrm{d}z$。$\Delta R_d$ 的量级约为 230 cm。根据 Goldfinger(1980),Hopfield(1971)的模型能够仅根据地面天气数据精确地预测 $N'_d(r)$ 的廓线,Moran 等(1981)说明天顶方向 ΔR_d 的"测定结果的误差能达到低于 1 cm(假设地面气压的测定值误差为数 mbar)"。因此,为了提高 $\Delta R_{\mathrm{Tropo}}$ 的精度,应该提高 ΔR_v 的精度。湿路径长度 ΔR_v 由下式给出:

$$\Delta R_v = 10^{-6} \int_0^\infty N'_v(r)\,\mathrm{d}r = 1.72 \times 10^{-3} \int_0^\infty \frac{\rho_v(r)}{T(r)}\,\mathrm{d}r \tag{9.117}$$

其中,利用了式(9.114b)。当 ρ_v 的单位为 $\mathrm{g/m^3}$ 且 T 的单位取 K,ΔR_v 的单位与 r 相同。传统的计算 ΔR_v 的方法依赖于上述积分值,可以通过以下方法实现:①假设 $\rho_v(z)$ 和 $T(z)$ 的廓线满足特定模型,并使用地面测量值增强;②用无线电探空仪测定 $\rho_v(z)$ 和 $T(z)$。前者通常不成功,后者通常能够成功但是仅适用于天顶的情况。若需要在倾斜路径下测定 ΔR_v,该路径与天顶方向的夹角为 θ,仍然可能使用无线电探空仪技术,其前提是假设大气变量的水平层结性是有效的。显然,该假设并不总是成立,尤其是对于天顶角较大($\theta \geqslant 80°$)的情况。相比之下,当辐射计天线指向所需测量的倾斜路径,它观测了

相同的气块,因此超出路径长度就能够被测得;所以,水平层结的假设就不需要了。下文将证明,辐射计的亮温与 ΔR_{v} 直接相关。

下面来讨论式(9.117),不失一般性,这里仅讨论天顶方向的情况。水汽密度$\rho_{\mathrm{v}}(z)$通常随高度呈指数减小,并且以标高 2.2 km 为特征(8.1.5 节)。因此,$\rho_{\mathrm{v}}(z)$ 在高于 10 km的高度基本等于零。在这个高度之下,$T(z)$ 可以由式(8.1)来表示:

$$T(z) = T_0 - az \qquad (0 \leqslant z \leqslant 11 \text{ km})$$

式中,T_0 为地面温度;a 为温度递减率(对于美国标准大气,$a = 6.5$ K/km)。如Goldfinger(1980)提出,将式(9.117)中的 $T^{-1}(z)$ 用泰勒级数展开,得

$$\frac{1}{T(z)} = \left[T_0\left(1 - \frac{az}{T_0}\right) \right]^{-1} \approx \frac{1}{T_0}\left(1 + \frac{az}{T_0} + \cdots\right)$$

将展开形式的前两项代入式(9.117),

$$\Delta R_{\mathrm{v}} \approx \frac{1.72 \times 10^{-3}}{T_0}\left[\int_0^\infty \rho_{\mathrm{v}}(z)\,\mathrm{d}z + \frac{a}{T_0}\int_0^\infty \rho_{\mathrm{v}}(z)\,\mathrm{d}z \right] \tag{9.118}$$

注意到上式的前一项积分是式(9.91)定义的综合可降水量h_{v}。根据9.6节,h_{v} 可利用双频微波辐射计测得,其均方根误差很小。Goldfinger(1980)证明了方括号中第二项的量级是第一项的4%(对于 $T_0 = 300$ K)。通常上式中第一项的积分单位为 g/m³。为了用h_{v}替代积分,并使 h_{v} 和 ΔR_{v} 的单位为 cm,需要将表达式乘以 10^6。综合上述调整,并用$0.04\,h_{\mathrm{v}}$ 替代式(9.118)中的第二项。得到

$$\Delta R_{\mathrm{v}} \approx \frac{1.79 \times 10^3}{T_s} h_{\mathrm{v}} \quad (\text{cm}) \tag{9.119}$$

h_{v} 可以用微波辐射手段测得,从而得到 ΔR_{v};或者 ΔR_{v} 能够直接通过以下线性算法得到

$$\Delta R_{\mathrm{v}} = a_0 + a_1 T_{\mathrm{B}}(f_1) + a_2 T_{\mathrm{B}}(f_2) \tag{9.120}$$

根据 Wu(1979)的模拟分析,天顶方向 ΔR_{v} 的估算结果的均方根误差可能达到0.3 cm,天顶角为80°时可以达到小于 2 cm 的误差。Wu(1979)的三点建议之一是使用20.3 GHz 和31.4 GHz 的组合可以达到这样的精确度。Pandey 等(1983)对俯视辐射计进行了类似的模拟研究。他们得出的结论是,最优频率组合是 16 GHz 和 21 GHz,相应的天底点的均方根误差为 0.54 cm。基于频率为 19 GHz 和 22 GHz 的天顶测量,Moran 等(1983)得到 ΔR_{v} 的均方根误差为 1.5 cm,是模拟结果误差的 3~5 倍。但是,1.5 cm 的均方根误差已经显著小于 3.2 cm 的均方根误差,后者来自基于地面气象参数的估算结果。图9.29 中比较了湿路径长度 ΔR_{v} 的辐射计观测反演结果和基于无线电探空仪测量值的计算结果。Moran 等(1981)利用的辐射测定算法为式(9.120)的形式。对于 $f_1 = 19$ GHz 和 $f_2 = 22.2$ GHz,利用 45 点数据的统计线性回归,得到以下回归系数:$a_0 = -4.1$ cm,$a_1 = -0.22$ cm/K 以及$a_2 = 0.67$ cm/K。

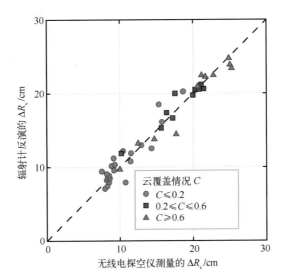

图 9.29　辐射计反演的湿路径长度与无线电探空仪测量的湿路径长度对比，

符号表示不同的云覆盖情况(Moran et al.，1981)

9.9　星基大气探测辐射计

从太空观测地球的机械扫描微波传感器历来使用以下 3 种扫描方式之一：交叉轨道扫描，该方式的入射角是变化的，且会经过天底点；圆锥扫描，该方式的入射角是固定的，围绕垂直轴旋转；临边扫描，该方式具有窄范围的、接近切向的入射角。专用微波成像仪/探测仪(SSMIS)的圆锥扫描仪器如图 9.30 所示，该传感器于 2003 年 10 月搭载在美国国防气象卫星计划(DMSP)F-16 航天器上首次发射。SSMIS 结合了传统 DMSP 圆锥扫描的专用微波传感器/成像仪(SSM/I)的成像能力以及交叉轨道微波扫描探测仪的专用微波温度传感器和专用微波湿度传感器，SSM/T-2 成为一个单圆锥扫描 24 通道仪器，其具有扩展的中间层廓线探测能力(Kunkee et al.，2008)。

高级微波探测仪(ATMS，如图 9.31 所示)为 22 通道交叉轨道扫描探测仪。ATMS 的探测产品应用于反演大气温度和湿度廓线，从而进行天气预报和持续的气候监测。图 9.32 展示了 ATMS 在 23.8 GHz 附近的全球亮温观测图。与其前身的悠久传统类似，ATMS 结合了前身 AMSU-A1、AMSU-A2 和 AMSU-B 的所有通道(表 9.1)，形成单一集合，减小了质量、能量和体积。ATMS 与交叉红外探测仪(CrIS)组成交叉红外和微波探测套件(CrIMSS)。云在红外部分基本是不透明的，而在微波波段基本是透明的。因此，微波和红外探测仪协同运行，可以利用微波探测仪对云的穿透能力和红外探测仪相对较高的垂直分辨率。2002 年，NASA 发射 Aqua 卫星上的大气红外探测仪(AIRS)和 AMSU，首次验证了微波和高光谱红外探测的联合观测(Aumann et al.，2003a，2003b)。

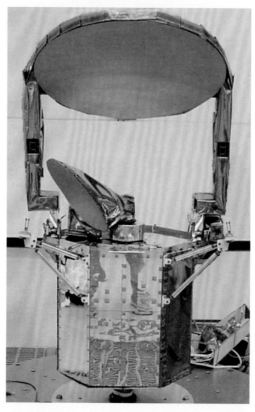

图 9.30　展开的 SSMIS 仪器，图中展示了主罐、反射器天线和定标负载装配
（Kunkee et al.，2008）。展开后传感器高约 1.2 m，质量约 96 kg

图 9.31　准备集成到芬兰 NPP 卫星上的 ATMS 传感器，尺寸为 70 cm × 60 cm × 40 cm，
质量为 74.1 kg(Northrop Grumman Electronic Systems 供图)

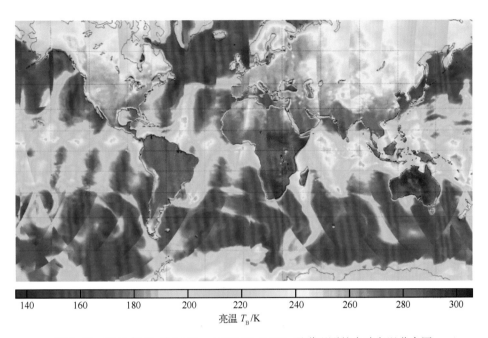

亮温 T_B/K

图 9.32　2011 年 12 月 16 日，ATMS 23.8 GHz 通道观测的全球亮温分布图

表 9.1　AMSU 仪器特征参数

通道号	中心频率/GHz	带宽/MHz	辐射敏感度 ΔT
1	23.80	251	0.30
2	31.40	161	0.30
3	50.30	161	0.40
4	52.80	380	0.25
5	53.59±0.115	168	0.25
6	54.40	380	0.25
7	54.94	380	0.25
8	55.50	310	0.25
9	57.29＝f_0	310	0.25
10	f_0±0.217	76	0.40
11	f_0±0.322±0.048	34	0.40
12	f_0±0.322±0.022	15	0.60
13	f_0±0.322±0.010	8	0.80
14	f_0±0.322±0.004	3	1.20
15	89.00	2 000	0.50

通道号	中心频率/GHz	带宽/MHz	辐射敏感度 ΔT
16	89.00	5 000	2.00
17	150	4 000	2.00
18	183±1	1 000	2.00
19	183±3	2 000	2.00
20	183±7	4 000	2.00

给定足够的天线大小使各种天线发挥各自的优势，交叉轨道和圆锥扫描模式一般提供更好的水平空间分辨率，而临边扫描提供更好的垂直分辨率。交叉轨道相对于圆锥扫描的优点基于以下几点考虑，Rosenkranz 等(1997)给出了详细说明，下面将概括叙述。

9.9.1 权重函数的垂直偏移

某给定通道的温度权重函数的峰值对应的压强随着 $\sqrt{\cos\theta}$ 而下降，其中 θ 为垂直于地面的夹角(Grody，1993)。由于交叉轨道扫描的仪器在全部入射角范围内都能够提供很好的反演结果，它的频率选择为使得权重函数在最大入射角时透过大气底部。当交叉扫描仪器扫描到天底点时，因为大气路径长度减小，其最低探测通道对地表辐射率变化的敏感度增大。然而，这一较大的敏感性对反演精度的影响取决于在反演算法中如何利用这些通道。在最优算法中，在任意固定高度，所有权重函数向较低高度的移动会导致对峰值在地面附近的通道补偿较小的权重。最后，微波对表面参数成像最好使用双极化、倾斜入射角观测(除其他原因外，为了将近海表面风速影响从其他参数中分离出来)，正如 Gaiser 等(2004)所述。

9.9.2 刈幅宽度

圆锥扫描系统对地观测垂直于地面的夹角常采用约 50°，部分原因是为了让辐射测量对地面参数的敏感程度最大，例如近表面风速。此外，刈幅宽度通常被障碍物所限制，障碍物包括安装天线反射器的组装机械(图 9.30)、卫星附属物等，从而将主动扫描角限制在飞行平台前方大约±70°的范围内。以上代价限制了圆锥扫描系统的刈幅宽度大约为 1 700 km。SSMIS 的扫描几何模式如图 9.33 所示。交叉轨道扫描系统，如 AMSU 和 ATMS 的观察角度接近或大于 50°。ATMS 的最大扫描角约为 52.8°(图 9.34)，使刈幅在赤道上连续。

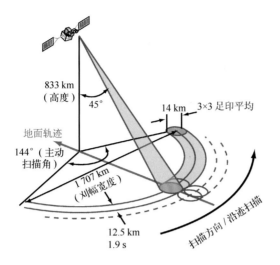

图 9.33 SSMIS 的扫描几何模式，图中展示扫描方向、刈幅宽度、地面轨迹和足印平均

（Kunkee et al.，2008）

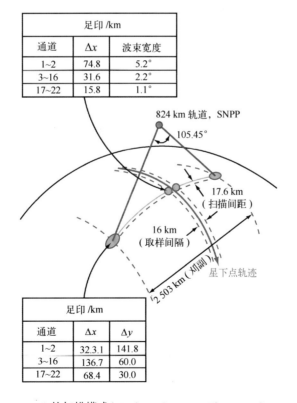

足印 /km		
通道	Δx	波束宽度
1~2	74.8	5.2°
3~16	31.6	2.2°
17~22	15.8	1.1°

足印 /km		
通道	Δx	Δy
1~2	32.3.1	141.8
3~16	136.7	60.0
17~22	68.4	30.0

图 9.34 ATMS 的扫描模式（Northrop Grumman Electronic Systems 供图）

9.9.3 云敏感性

当传感器的观测角度降低时，低大气通道对云和降水更加敏感，这是因为云层上的大气不透明度降低导致的遮蔽效应。然而，近天底点的廓线精度受云的影响较小，因为平面云(在简单情形)的不透明度变成原来的 sec θ 倍。

9.9.4 定标

交叉轨道扫描仪器能通过将波束指向冷空和仪器内的目标物定标。对于圆锥扫描，主反射器永远不指向这些方向，而副反射器通常被移动到某个位置，把来自冷空的能量转移到仪器馈线喇叭内，且定标物体也被移动到馈线喇叭之前。因为主反射器传递函数没有在这一过程中定标，这就阻止了完全"通过天线"定标。因此，系统定标需要通过发射前校正来合理地描述主反射器的特征。

9.9.5 模型和反演算法的复杂性

由于交叉轨道扫描在一定角度范围内扫描，反演算法和相关的正演模型比固定角度的更为复杂。虽然这并不直接影响反演精度，但如果算法产生有偏向的结果，这种偏向可能取决于角度。圆锥扫描的覆盖区域大小是固定的，因此能够简化数据模拟和处理。

9.9.6 与其他传感器的兼容性

红外波段的探测仅能在晴朗天空或通过碎云进行，清除云算法的精度随着云覆盖百分比的增大而降低(Blackwell，2011)。给定垂向云的范围，其比例在倾斜角度会增大。因此，红外探测更适合用交叉轨道扫描。若微波通道和红外通道相结合，校准圆锥扫描微波探测器的反演算法复杂性会更大，因为圆锥扫描探测仪通过大气的倾斜路径与交叉轨道的红外探测仪不同，所以成像将与高度有关。

9.10 俯视辐射计的大气探测

9.10.1 辐射亮温

以相对于天底角 θ 对地观测的星载辐射计(图9.35)，其亮温为
$$T_B = T_{UP} + Y(T_{SE} + T_{SS}) \tag{9.121}$$
其中，除了 T_{UP} 表示的大气上行辐射，信号还包括地面的辐射贡献。令
$$T_{SE} = e_s T_S \tag{9.122a}$$
以及

$$T_{SS} = \Gamma_S T_{DN} \approx (1 - e_S) T_{DN} \qquad (9.122b)$$

式中，e_S、Γ_S 和 T_S 分别为表面辐射率、反射率和物理温度，则有

$$T_B = T_{UP} + Y[e_S T_S + (1 - e_S) T_{DN}]$$

$$= \sec\theta \int_0^\infty \kappa_a(z) T(z) e^{-\tau_0(z, \infty)\sec\theta} dz + e_S T_S e^{-\tau_0(0, \infty)\sec\theta}$$

$$+ (1 - e_S) \sec\theta \, e^{-\tau_0(0, \infty)\sec\theta} \cdot \int_0^\infty \kappa_a(z) T(z) e^{-\tau_0(0, z)\sec\theta} dz \qquad (9.123)$$

因为大气辐射是式(9.123)的第一项和第三项的一部分，将其结合

$$T_B = T_{BGD} + \int_0^\infty W_T(z) T(z) dz \qquad (9.124)$$

其中，

$$T_{BGD} = e_S T_S e^{-\tau_0(0, \infty)\sec\theta} \qquad (9.125a)$$

以及

$$W_T(z) = \sec\theta \, \kappa_a(z) \cdot \left[e^{-\tau_0(z, \infty)\sec\theta} + (1 - e_s) e^{-\tau_0(0, \infty)\sec\theta} e^{-\tau_0(0, z)\sec\theta} \right]$$

$$\qquad (9.125b)$$

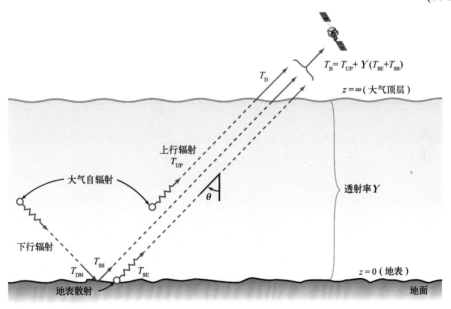

图 9.35　以天底角 θ 对地观测的星载辐射计

图 9.36 给出了 3 个氧气吸收线频率通道的温度权重函数，其中有两组数据集，一组是陆地表面，辐射率为 1.0；另一组为海洋表面，辐射率为 0.5。每个数据集包括天底观测（$\theta = 0°$）以及 $\theta = 53.3°$（对应于 SCAMS 的极限扫描方位）。值得注意的是，55.45 GHz 通道的陆地表面和海洋表面的温度权重函数完全相同，而较低频率通道的温度权重函数在大于 700 mbar 的高度会受到表面效应的影响。

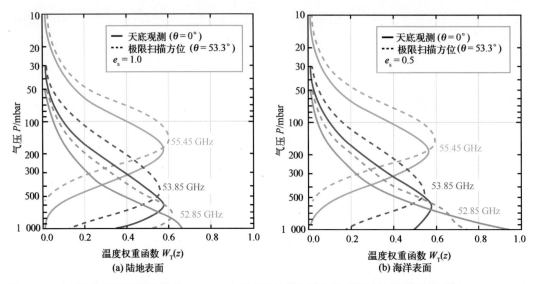

图 9.36　对于陆地表面和海洋表面，SCAMS 在天底和极限扫描方位观测时的温度权重函数(Grody，1978)

9.10.2　反演参数举例

　　图 9.37 所示为温度廓线反演的一个典型例子(Liu et al.，2005)。AMSU 第 20 通道(表 9.1)反演的廓线与无线电探空仪记录的廓线从地面到 12.5 km 的整个高度层(P 在 12.5 km 约为220 mbar)吻合度都很好。图中也给出了 AMSU 以 183 GHz 水汽吸收线为中心频率的 3 个通道的大气湿度反演值。AMSU 的其他大气参数反演包括综合可降水量、云液态水路径、云冰-水路径以及表面降雨率。图9.38 展示了基于 2003 年 9 月 12 日飓风"伊莎贝尔"(Isabel)的观测反演的参数。

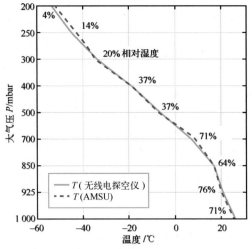

图 9.37　下投式无线电探空仪测量的大气温度廓线(实线)和 AMSU 反演的大气温度廓线(虚线)，
百分比值表示反演的大气相对湿度(Liu et al.，2005)

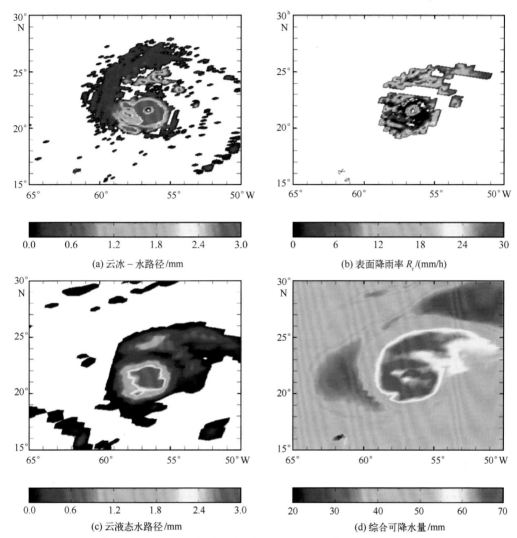

图 9.38　2003 年 9 月 12 日飓风"伊莎贝尔"期间，AMSU 反演的冰-水路径、表面降雨率、云液态水路径和综合可降水量(Liu et al., 2005)

9.11　大气临边探测

当微波临边探测仪(MLS)的视野穿过大气边缘时，它通过观测热辐射测量大气参数(Waters，1993)。

> ▶ 微波临边探测技术在探测上层大气时特别有用，从平流层的臭氧化学到上对流层湿度的气候应用。◀

图 9.39 中展示了一个轨道距离地表高度为 H 的空基辐射计平台的扫描几何模式。角度 θ 为高度角，即观测路径与卫星水平线间的夹角。切线高度 h_T 定义为观测路径与地球径向垂直相交时相对于地面的高度。给定轨道高度 H，切线高度受限于 θ。扫描一般在仰视角度进行，以产生更垂直的观测路径的切点轨迹（Waters et al.，2006）。切线高度的范围一般是 0 到 100 km，因此提供了云冰、温度、位势高度以及许多大气中化学物质的垂直分布。微波临边探测仪于 2004 年在 NASA 的 Aura 卫星上开始运行，2009年超导亚毫米波边缘辐射仪（SMILES）在国际空间站的日本实验舱开始运行（Kikuchi et al.，2010）。

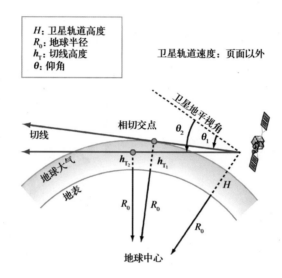

图 9.39 临边探测仪扫描几何模式。传感器在地球上方的高度为 H、局地水平线下的观测角为 θ，得到的切线高度为 h_T（未按照比例画图）

如前所述，临边探测技术相对于交叉轨道扫描和圆锥扫描有许多优势。大气路径长度更长，因此提高了对微量气体的敏感性，包括许多上层大气中存在的分子。微波临边探测能够利用窄波段光谱学解出所有高度上的辐射线，通过这种方法可探测到强辐射线附近的弱辐射线（Waters et al.，2006）。观测几何方式使得当沿视线方向的空间分辨率为数百千米时，垂直分辨率接近 1 km。大气辐射是相对于冷空背景下测得的，因此避免了由于表面辐射率的不确定性而导致的误差。临边探测技术的难点在于需要精度很高的指向认知，因为亮温随着瞄准高程的改变每度可以超过 100 K。与指向地球的绝对值相比，产品精度对于仪器不同频段的相对指向更加敏感，因此需要辐射计具有非常精确的轴线校准（Cofield et al.，2006）。此外，需要窄天线波束宽度来优化探测的垂直分辨率。

9.11.1　基本考虑

如图 9.40 所示，对于宽度无穷小的波束宽度，切点以下没有信号产生，可以证明，在给定切线高度 z_k（第 k 个切层），沿视线的路径长度远大于其他层次。除了这一几何因素，测量的大气成分的密度通常随着高度的增加而降低。由于以上两个因素，若大气是透明的，辐射计观测到的大部分辐射来自光线切点 2 km 内的窄垂直层（Staelin，1997）。这说明临边探测可以用非常窄的权重函数来表征。

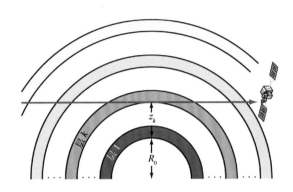

图 9.40　第 k 层的路径长度大于其他任何层（未按照比例画图）

假设（a）大气为球面层结和球面对称的；（b）忽略大气折射；（c）大气成分的辐射是局地热力平衡的，水平指向、切线高度为 h_T 的辐射计观测到的亮温为

$$T_B(h_T) = T_{cos} e^{-\tau(-\infty,\ \infty)} + \int_{-\infty}^{\infty} T(x)\kappa_a(x) e^{-\tau(x,\ \infty)} dx \qquad (9.126)$$

式中，$T_{cos} = 2.7\ \text{K}$，为宇宙（背景）亮温；$T(x)$ 为切线路径上的 x 点的大气温度；$\kappa_a(x)$ 为吸收系数；$\tau(x,\ \infty)$ 为 x 点到 ∞（卫星所在位置）之间的光学厚度，

$$\tau(x,\ \infty) = \int_x^{\infty} \kappa_a(x) dx \qquad (9.127)$$

如图 9.41 所示的几何关系，把距离 x 与离地球表面高度 z 联系起来：

$$x^2 = (R_0 + z)^2 - (R_0 + h_T)^2 \qquad (9.128)$$

式中，R_0 为地球半径。根据这一关系，式（9.126）可以转换为关于 z 的积分：

$$T_B(h_T) = T_{cos} e^{-2\tau(h_T,\ \infty)} + \int_{h_T}^{\infty} T(z)\ W_T(z) dz \qquad (9.129)$$

式中，温度权重函数为

$$W_T(z) = \kappa_a(z) e^{-\tau(z,\ \infty)} \big[1 + e^{-2\tau(h_T,\ z)} \big] f(z) \qquad (9.130)$$

以及

$$\tau(z_1, z_2) = \int_{z_1}^{z_2} \kappa_a(z) f(z)\, \mathrm{d}z \qquad (9.131)$$

函数 $f(z)$ 定义为 x 关于 z 的导数，

$$f(z) = \frac{\mathrm{d}x}{\mathrm{d}z} = (R_0 + z)\left[(R_0 + z)^2 - (R_0 + h_T)^2\right]^{-1/2} \qquad (9.132)$$

式(9.130)中出现两项是因为 x 是 z 的双值函数。

若频率 f 接近某给定大气成分的吸收线频率 f_0，且若吸收系数 $\kappa_a(z)$ 取决于该成分的种类，那么亮温 $T_B(h_T)$ 是一个关于该成分的体积混合比廓线 $v(z)$ 的函数。体积混合比定义为 $v(z) = N(z)/N_{air}(z)$，其中 $N(z)$ 和 $N_{air}(z)$ 分别是该成分的数密度和空气的数密度。

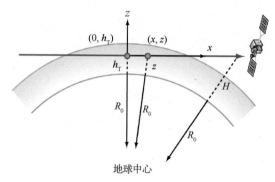

图 9.41　将 x 与 z 关联的几何方式(未按照比例画图)

9.11.2　NASA Aura 卫星微波临边探测仪

NASA Aura 卫星的微波临边探测仪如图 9.42 所示。微波临边探测仪测量 118 GHz、190 GHz、240 GHz、640 GHz 和 2 500 GHz 频率附近的热辐射，利用一个三反射偏置天线系统垂直扫描大气临边。对所有波段每 25 s 进行一次大气临边扫描和辐射定标。在亚轨道每 165 km 进行一次垂直廓线反演，每条轨道覆盖 82°S 到 82°N。图 9.43 给出了 118 GHz、190 GHz、240 GHz 和 640 GHz 通道的微波临边探测仪的温度权重函数。这些图像是利用式(9.130)，并结合天线直径为 1.6 m 的非零天线波束计算得到的。微波临边探测仪的一套产品概括在图 9.44 中，包括了各类化学成分、温度、位势高度和二氧化硫。图 9.45 给出了对于切线高度为 18 km 的微波临边探测仪的温度和 6 种大气气体的测量结果。

未来对于微波临边探测技术可以改进提高的要点包括：方位角扫描提供宽刈幅测量，将垂直分辨率大约提高两倍以及探测 NO、NO_2、HDO 和 $H_2^{18}O$ (Liversey et al., 2008)。

图 9.42　对地观测系统微波临边探测仪于 2004 年 7 月 15 日搭载在 NASA
Aura 卫星上发射（Waters et al., 2006）

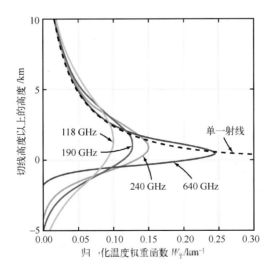

图 9.43　运行在 705 km 轨道高度的微波临边探测仪，切线高度为 50 km 时的归一化温度
权重函数。所有曲线假设吸收系数与压强成正比。微波临边探测仪的频谱和空间特征
均为假设（Waters et al., 2006; Cofield et al., 2006; Jarnot et al., 2006）

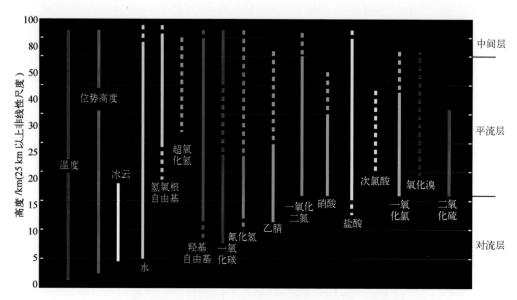

图 9.44 微波临边探测仪产品。实线表示通常对各产品有用的精度要求；

虚线表示为了达到有用的精度，一般需要纬向(或者其他)平均(Waters et al.，2006)

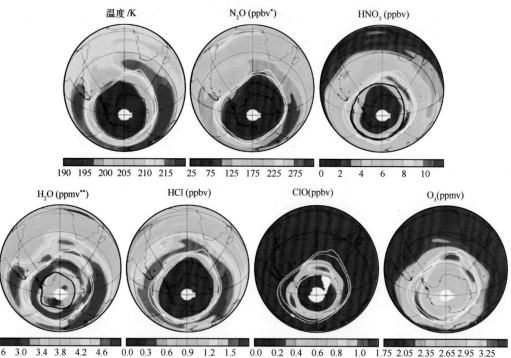

图 9.45 2004 年 8 月 3 日，微波临边探测仪在 $h_T \approx 18$ km 处的测量数据，

白色区域的中心是南极点(Waters et al.，2006)

---

*   ppb 为体积分数 nl/L。——译者注

**   ppm 为体积分数 μl/L。——译者注

9.12　利用大气探测绘制全球降水图

对比水汽凝结体和辐射较冷的海水之间的亮温差异，对透明和不透明的水汽和氧气微波吸收波段的同步探测能用于反演降水强度(Ferraro et al.，2005；Vila et al.，2007；Chen et al.，2003；Surussavadee et al.，2010a，2010b)。在陆地表面，对流云中的冰晶发射的毫米波通道辐射产生的亮温信号与降雨率有关，这是因为冰粒的大小和含量随降水强度而增大。然而，这些特征对于探测非对流型的"暖雨"过程较为不敏感。另外，需要谨慎地处理来自地面辐射变化的干扰信号。最近的相关研究进展包括改进的辐射传输和电磁模型以及先进的验证技术(Surussavadee et al.，2008，2010c)。

与地基降水探测系统相比，空基探测系统(例如 AMSU、ATMS 和 SSMIS)提供均匀的全球覆盖。不透明波段的应用也降低了由于表面辐射率的不确定性造成的误差，最近的研究工作已证实了对雪覆盖的陆地和海冰的实用技术(Surussavadee et al.，2009)。与现在的星载雷达相比，其优点在于更宽的刈幅，利用一个卫星每 12 h 就可以进行一次全球覆盖的观测。最近的研究联合了搭载在热带降雨测量卫星(TRMM)的主动和被动微波传感器，通过调整雷达的分辨率以适应同时观测的辐射计来改进观测结果(Kummerow et al.，2011)。红外和微波观测技术的融合也被证明能提供实用的降水反演技术(Ebert et al.，2007)。

9.12.1　物理基础：衰减和散射

微波辐射测量降水是基于两个主要的物理机制：吸收和散射(Wilheit，1986)。频率低于 22 GHz 的水汽吸收线衰减测量通常应用于海洋上。该测量针对液体水凝物自身，故被认为是直接降水测量(Wilheit et al.，1991)。频率高于 60 GHz 的氧气吸收波段的散射测量来自水凝物特性的响应(大小、丰度、相态等)，并且非直接地与降水强度相联系。我们进一步指出，微波亮温的转化被应用于更好地分离在降水云系中的液态水衰减和冰散射的信号，并解耦来自大气和海洋背景信号的变化(Petty，1994)。为了提高海洋和陆地的降水反演精度，最近已经开展了类似研究(Surussavadee et al.，2008)。

NPOESS 机载探测仪(NAST-M)进行的天基观测给出了衰减和散射现象，如图 9.46 所示。在大西洋观测系统研究和预测实验(THORpex)观测系统测试中(PTOST，2003)，数据在以下 4 个波段收集：50~57 GHz、118.75 GHz、183.31 GHz、424.76 GHz。图 9.46 中的 4 列代表 2003 年 3 月 14 日在北太平洋上空 20 km 处由 ER-2 飞越观测的 4 个对流单体。图中上 4 行对应温度权重函数峰值在 14 km 且具有相对无云亮温的 4 个波段通道。仅仅最接近中心的 11 个扫描角的情况被画出，跨越的刈幅宽度约为 32 km。通过减去每条通道的无云基线亮温，得到一个云扰动图像，从而简化不同带之间的比较。

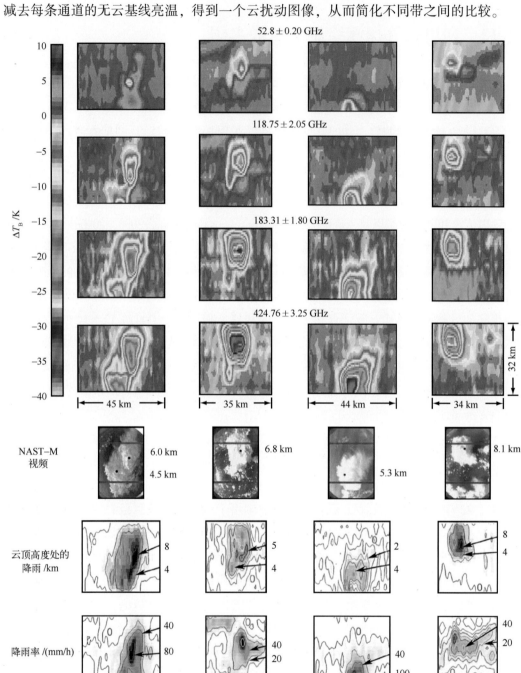

图 9.46　在相似的晴空温度权重函数下，NAST-M 光谱仪的不同通道观测的对流单体比较。
图中还给出了 NAST-M 云视频图像、降雨单体顶部的高度反演和降雨率反演结果，
观测是在 2003 年 3 月 14 日的 PTOST 中进行的（Leslie et al.，2004）

波段之间的差异十分显著。52 GHz 的图像仅仅对这种单体的窄对流核心有强的响应：单体中的冰凝结物一般足够大从而产生强散射特征（直径大约大于 2 mm）。这些核心的典型宽度大约为 9 km。这些单体的典型直径在 118 GHz 附近明显较大，因为瑞利散射（冰或液态水）与波长的四次方成反比。这种趋势在频率由 183 GHz 变化到 425 GHz 持续存在，其中这些单体的直径大约接近 1 617 km。每个单体的顶部最小亮温也具有相关的趋势。按照频率增大排列，这些最小值大约为 6 K、18 K、20～30 K、24～40 K 并且每种情况都在基线之下（Leslie et al.，2004）。

从灾害性天气角度，特别感兴趣的是对流型降水，通常由上升的饱和气团和湿绝热温度廓线表征其特点（Staelin，Chen，2000）。183 GHz 附近的降水反演取决于水凝物散射和吸收的冷亮温信号。23.8 GHz、31.4 GHz、89.0 GHz、150 GHz 附近的透明窗口通道是十分有用的，因为它们对于海洋上的水汽吸收和水凝物散射很敏感。协同使用 60 GHz 和 183 GHz 附近的通道可以反演温度和水汽廓线，二者对水凝物的发展起着重要作用，因而与降雨率在某种程度上有关联。平均降雨率通常与垂直风和绝对湿度的乘积有关。用厘米波观测反演降水时，主要是利用 90 GHz 以下的双极化窗口在大的常数天顶角观测，来估计大气吸收和水的路径（Wilheit et al.，2003）；与之相比，毫米波分光仪降水反演更依赖于与频率和大小相关的散射信号，它们来自冷宇宙背景辐射的冰水凝物。

每条通道的敏感程度随高度的变化揭示了降水云体的三维结构和垂直上升气流的速度，而且每个频率通道对不同范围粒子大小的敏感性揭示了粒子尺寸分布的信息。垂直风与单体顶部高度、水凝物大小分布的高度廓线和单体顶部反射率有关。单体顶部的高度由 60 GHz 和 183 GHz 波段的"高度切片"探测。

毫米波观测的单体顶部定义为直径为 1～5 mm 的水凝物，它们对毫米波散射有主要贡献。这些单体顶可以位于在以光学频率观测到的顶部之下。仅当强对流单体顶上升到足够的高度才能够被大多数 183 GHz 的非窗区通道观测到，而位于大气底层的单体顶仅能够被大多数窗区通道观测到。由于散射对冰粒子尺寸分布和丰度有很强的依赖性，通过探测 60 GHz 和 183 GHz 波段的散射截面的差异，可以得到水凝物尺寸分布的高度廓线。只有强烈的垂直风相联系的大冰水凝物和强降水才在 60 GHz 波段有强烈散射。与较小的垂直风相联系的小冰水凝物和较弱的降水主要在 183 GHz 波段发生散射。影响 60 GHz 和 183 GHz 波段的冰水凝物通常大到足以形成降水，并且水滴和云冰的散射影响较小。

利用非窗区通道测量降水强度的难点在于某些降水在到达地面之前可能会被蒸发，因此使得雷达与雨量计的比较更为复杂。最近的研究通过近地表蒸发校正来改进被动毫米波段降水反演技术的性能（Surussavadee et al.，2011）。

9.12.2　例子：ATMS 降水反演

为 ATMS 开发的 ATMP-1 降水反演算法(Surussavadee et al.，2012)是利用神经网络，并使用一个有效的全球参考物理模型 NCEP/MM5/TBSCAT/F(λ)(Surussavadee et al.，2006)来训练和评价网络。扫描角度和表面效应以及其他干扰信号通过主成分分析滤去。ATMP-1 适用于各种参数的反演，包括表面降雨率，雨水、雪和霰的水路径，雨水、雪和霰的总和以及垂直风峰值。ATMP-1 对于测算高于 1 mm 时的降雨率、高于 0.1 mm 的水凝物水路径以及大于 0.1 mm 的垂直风速峰值是很有用的(Surussavadee et al.，2006)。如图 9.47 所示，在一次全球降雨率反演中揭示了 2012 年 10 月 29 日侵袭美国东海岸的飓风"桑迪"(Sandy)。

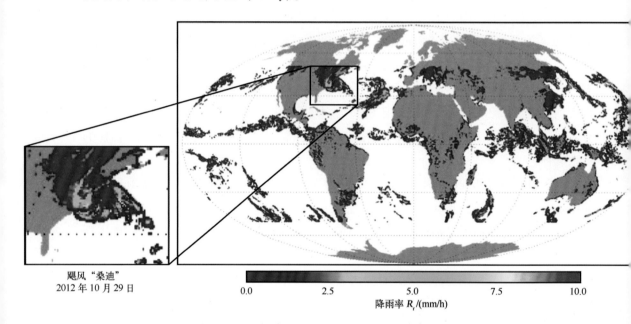

飓风"桑迪"
2012 年 10 月 29 日

降雨率 R_t/(mm/h)

图 9.47　2012 年 10 月 29 日的 ATMS 全球降雨率反演

9.13　GPS 无线电掩星技术

在天文学中，掩星的意思是某天体(例如行星)在另一个天体经过它前面时被隐藏。日食就是一种掩星事件。无线电掩星涉及无线电波，首次应用无线电掩星发生在 1964 年的宇宙飞船 Mariner 4 沿着火星背后(相对于地球)的轨道飞行时(Melbourne，2004)。当宇宙飞船运行到火星背向，宇宙飞船和地球接收站之间的无线电连接信号穿过、并被火星大气临边调制。调制造成了无线电信号的振幅变化和相位延迟，宇宙飞船在火星的其他地点出现时也观测到了相似的变化。这些观测导致获得了火星大气密度的高度廓线。在金星、土星以及其他行星和月球上也开展了相似的研究。在 20 世纪 90 年代，将无线电掩星技术与全球定位系统（GPS）结合，通过测定在 GPS 卫星发射机和轨道卫星接收器之间的大气信号传输，评估其获得用于地球大气的温度和水汽密度廓线的功能（Kursinski et al.，1997；Rocken et al.，1997）。十年间，规划和发射了一系列卫星无线电掩星任务（Hajj et al.，2004；Wickert et al.，2006；Heise et al.，2006；Healy et al.，2007），如今提供具有高精度的、极好的垂直分辨率的大气温度和湿度廓线。Yunck 等（2000）的文章著有关于无线电掩星技术的简单历史，Melbourne（2004）的专著中有广泛的无线电掩星的基础物理原理。至今，已经发射了 9 颗低地球轨道卫星系统，包括挑战性小卫星载荷（CHAMP）卫星、重力测量与气候实验（GRACE）卫星以及用于气象、电离层和气候研究的星座观测系统（COSMIC）。总体而言，这些系统已经记录了超过 600 万无线电掩星资料，其中一半以上都来自 COSMIC。

在无线电掩星技术中，低地球轨道卫星，例如 CHAMP，比较两个接收信号，一个来自掩蔽 GPS 卫星，另一个来自参照 GPS 卫星（图 9.48）。当掩蔽信号经过地球临边大气时，它弯折了一个角度 α，但参照信号的路径基本没有受大气的影响。弯曲角 α 可以从载波频率的多普勒频移来确定。随着 CHAMP 移动到地平线下（相当于穿过地球大气的不同球面层），其测量值是时间的函数（图 9.49）。根据多普勒频移的时间记录，可以生成大气和电离层的折射率差廓线，然后被用于反演算法中估算大气温度和湿度廓线。图 9.50 给出了一个典型例子，大气压强从表面的大约 1 000 mbar 扩展到海拔高度大约为 50 km 处的 1 mbar。

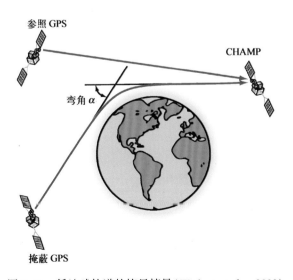

图 9.48　低地球轨道的掩星情景（Wickert et al.，2002）

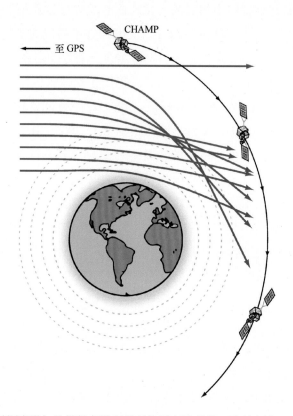

图 9.49　按照随深度增加的折射率梯度得到的顺序排列的一系列光线(Melbourne，2004)

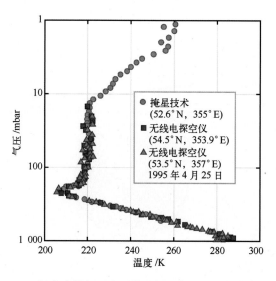

图 9.50　GPS 温度廓线与两个无线电探空仪测量比较(Yunck，2002)

习　题

9.1　利用标准大气模型和第 8 章中适当的计算机程序，对于一个地基天顶方向的辐射计，计算并绘制标准化温度权重函数 W_T 在以下频率随高度 z（从 0 到 30 km）的变化：

（a）50 GHz；

（b）52 GHz；

（c）53 GHz；

（d）55 GHz；

（e）60 GHz。

9.2　重复题 9.1，但将题 9.1 中的地基辐射计换成天底点方向观测的星载辐射计，忽略地球表面的贡献。

9.3　重复题 9.2，但将频率定为 53 GHz，分别在 θ 等于 0°、20°、30°、50° 以及 60° 时进行计算。

9.4　利用标准大气模型，$\rho_0 = 7.5$ g/cm³ 以及第 8 章中适当的计算机程序，对于一个地基天顶方向的辐射计，计算并绘制标准化水汽权重函数在以下频率随高度 z（从 0 到 10 km）的变化：

（a）20 GHz；

（b）35 GHz；

（c）170 GHz；

（d）175 GHz；

（e）180 GHz。

9.5　重复题 9.4，但将题 9.4 中的地基辐射计换成天底点方向观测的星载辐射计，忽略地球表面的贡献。

9.6　给定一个天顶方向观测的辐射计，在频率为 21 GHz、35 GHz 和 180 GHz 通道下工作，哪个通道能够得到最佳累积可降水水汽 h_v 的测算值？将 T_{DN} 和 h_v 通过标准大气模型（$T_0 = 300$ K，$P_0 = 1\,013$ mbar）联系起来，模拟这一过程，其中 ρ_0 是变化的（从 1 g/m³ 到 12 g/m³）。阐述确定"最佳结果"的理由。

9.7　给定一个天顶方向 35 GHz 辐射计，模拟 9.7.1 节中 Wu（1979）的结果：

（a）利用标准大气模型，给出 25 条廓线，包括 5 种不同的表面温度（$T_s = 275$ K，285 K，295 K，305 K，315 K），以及 5 种不同的水汽密度（$\rho_0 = 2$ g/m³，5 g/m³，7 g/m³，10 g/m³，12 g/m³）；

(b)对于每条廓线，计算平均辐射温度 T_m 以及亮温 T_B；

(c)计算 τ_0，然后利用线性回归建立它与表面温度 T_s 和水汽密度 ρ_0 的关系；

(d)利用线性回归建立平均辐射温度 T_m 与表面温度 T_s 的关系。

9.8 利用 $T_0 = 300\ \mathrm{K}$，$P_0 = 1\ 013\ \mathrm{mbar}$ 以及 $\rho_0 = 10\ \mathrm{g/m^3}$ 的标准大气模型：

(a)计算天顶方向的过干燥、湿以及总路径长度；

(b)分别计算 ΔR_v[根据式(9.119)]和 h_v[根据式(9.91)]；

(c)(a)和(b)中计算所得 ΔR_v 的误差百分比是多少？

9.9 根据图9.43的归一化温度权重函数：

(a)重现图片，考虑直径为 1.6 m 的天线为非零波束宽度；

(b)重复这一过程，通道为 240 GHz，比较不同尺寸(直径为 1.6 m、3 m、5 m)天线的温度权重函数廓线。

9.10 证明 h_T 随 θ 的变化率为 $\sqrt{(R_0+H)^2-(R_0+h_T)^2}$（km/rad）。

9.11 计算轨道高度为 705 km 的微波临边探测仪，在切线高度为 50 km 处达到 3 km 的垂直分辨率所需的视场宽度，观测的仰角为多少？

第 ⑩ 章
表面散射模型与陆地观测

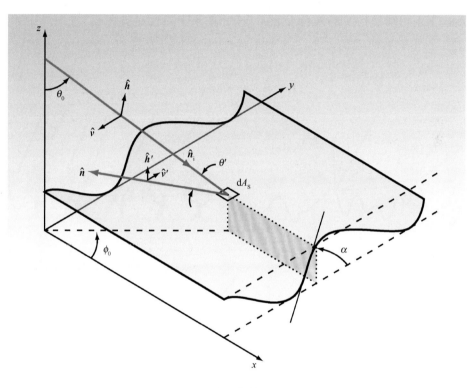

表面散射

雷达在观测每个地表像素时接收到的后向散射信号，是由表面散射或体散射或二者共同作用产生的。如图10.1(a)所示，在空气–土壤界面产生的表面散射一般是表面单次散射，其表面法线通常指向雷达。多次散射可能是多个界面的多次散射，或表面形状的特定正弦分量的共振效应。将植被冠层[图10.1(b)]看作体散射介质，因为土壤表面和冠层顶部之间存在很多独立散射体，例如叶子、针叶以及枝杈等。植被的后向散射通常包括土壤表面散射以及土壤表面和冠层的各个组成部分发生的多次散射分量。图10.1(c)展示的第三个例子是土壤表面覆盖有积雪时的情况。在这种情况下，后向散射可能包括上部来自表面的散射(如果上表面足够粗糙)、空气中冰晶的体散射、下方土壤的表面散射、这两个界面间发生的散射和二者中间雪体的多次散射。

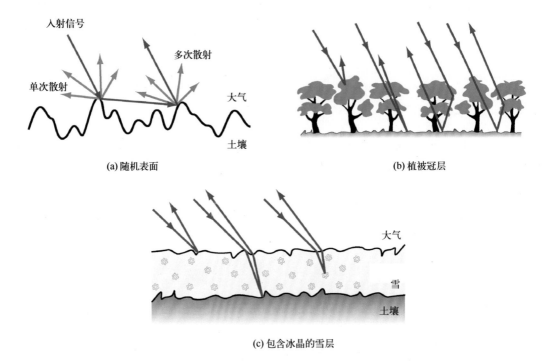

(a) 随机表面　　　　　　　(b) 植被冠层

(c) 包含冰晶的雪层

图 10.1　随机表面、植被冠层以及含有冰晶的雪层上的散射

本章重点讨论表面散射，接下来第11章则讨论体散射。本章给出了表面散射模型综述，同时还补充了大量实验测量案例，从而阐明后向散射特性是关于雷达波参数(即波长、入射角、接收/发射极化配置)以及表面几何特性和介电属性的函数。但是应当注意，本章并非关注建立散射模型时所用的数学技巧，详细说明这一话题需要大量篇幅，建议对此内容感兴趣的读者可以查阅 Tsang 等(1985)、Jin(1993)和 Fung(1994)撰写的书籍。

10.1 散射模型的作用

大多数自然地形的几何结构是两个因素的叠加，一个是确定性形状，另一个是随机的形状变化。土壤表面有平均边界，要再加上随机高度偏差。树木冠层包含特定形状的散射体，其大小和方向由概率分布表征，其他类型的冠层类似。由于地形目标物的统计特征和复杂形状，要建立地形上的双站散射模型非常困难。即便是在裸露的土壤表面建模也是一大挑战；几乎不可能确定表面几何的准确廓线，即便能确定，检测出理论模型的有效性之后，要么结果不能应用到其他表面（对于这些表面通常缺乏相关信息），要么应用过程十分困难。那么应当怎样建立散射模型呢？答案如下。

（1）尝试用统计分布描述地形，比如随机的表面高度和斜率分布、体散射体的大小和方位分布等。

（2）进行数学平均：（a）根据假设统计综合得到大量的表面和体积；（b）为每个综合目标物计算出所需雷达波参数的散射截面；（c）计算出集合平均值。

步骤（2）相当于进行蒙特卡罗模拟，而该模拟的数学过程是将假定统计分布应用于散射公式，再计算出平均雷达横截面。

> ▶ 因此在最理想的情况下，地形的散射模型充分逼近雷达在实际散射过程中的实测地形表面或体积。该散射模型能指导实测观测，当某特定地形参数作为研究对象时，雷达散射系数σ^0能用散射模型来解释。◀

应当注意，散射模型不仅适用于雷达遥感，还能帮助模拟、理解微波辐射计所观测到的地形辐射。如 6.7.3 节所述，对所有散射方向上的双站散射系数积分，可以得出地形的辐射率[式(6.105)]。

10.2 表面参数

作为本章接下来几节的开头，在此（再次）介绍与自然表面物理特征、统计特征有关的术语。

同一给定的表面，对于可见光波而言可能很粗糙，对微波而言却非常光滑。这是由于随机表面的粗糙度是以波长为变量单位的统计参数所表征的。表征表面粗糙度的两个基本参数为表面高度变量的标准差（或均方根高度）s 和表面相关长度 l。对于某些表面模型的另一个很重要的表面参数还包括均方根斜率 m。任何情况下，这些统计参数都与（相对于参考表面的）表面高度的随机分量有关。如图 10.2(a)所示，该参考表面是确定的未受干扰的周期性表面（比如成排耕种的土壤表面或风生海浪）；在随机变化的情况中［图10.2(b)］，该参考表面可能为平均表面。10.4.2节详细讨论了周期性表面的情况，因此目前的讨论仅针对非周期性随机表面。

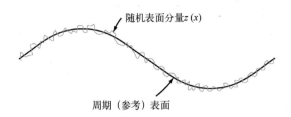

(a) 周期性表面上叠加随机高度变化

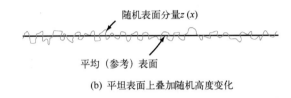

(b) 平坦表面上叠加随机高度变化

图10.2　高度变化的两种情形

10.2.1　表面均方根高度

某随机表面的平均值和 $x\text{-}y$ 平面重合，其偏离 $x\text{-}y$ 平面的高度 $z(x,\ y)$ 通常由下述高斯概率密度函数 $p(z)$ 表征：

$$p(z) = \frac{1}{\sqrt{2\pi s^2}}\mathrm{e}^{-z^2/2s^2} \tag{10.1}$$

式中，s 为表面均方根高度：

$$s = \langle z^2 \rangle^{1/2} = \left[\int_{-\infty}^{\infty} z^2 p(z)\,\mathrm{d}z\right]^{1/2} \tag{10.2}$$

5.10.1节中曾提到，对于大多数随机自然表面采用高斯近似效果很好。

相反，若 $z(x,\ y)$ 代表某一表面中的一段，尺寸分别为 L_x 与 L_y，且这块表面的中心处于原点，则表面的平均高度 $\bar{z}$ 和二阶矩 $\overline{z^2}$ 可以通过下述公式计算得出：

$$\bar{z} = \frac{1}{L_x L_y}\int_{-L_x/2}^{L_x/2}\int_{-L_y/2}^{L_y/2} z(x,\ y)\,\mathrm{d}x\mathrm{d}y \tag{10.3a}$$

且

$$\overline{z^2} = \frac{1}{L_x L_y}\int_{-L_x/2}^{L_x/2}\int_{-L_y/2}^{L_y/2} z^2(x,\ y)\,\mathrm{d}x\mathrm{d}y \tag{10.3b}$$

均方根高度则表示为

$$s = (\overline{z^2} - \overline{z}^2)^{1/2} \tag{10.4}$$

若该表面方位向对称，则高度廓线 $z(x)$ 仅需要在 x 维积分。实际情况中，以适当间隔 Δx 对该廓线进行离散化，得到 $z_i(x_i)$。若水平间隔 Δx 内，高度变化 Δz 远小于波长 λ，则 Δz 对 Δx 段表面反射的影响可以忽略。一般地，间隔 Δx 选取的值应满足为 $\Delta x \leqslant 0.1\lambda$。

一维离散情况下的均方根高度为

$$s = \left[\frac{1}{N-1} \left(\sum_{i=1}^{N} z_i^2 - N\overline{z}^2 \right) \right]^{1/2} \tag{10.5}$$

式中，N 为样本数量，并且

$$\overline{z} = \frac{1}{N} \sum_{i=1}^{N} z_i \tag{10.6}$$

10.2.2　表面相关长度

式 (5.105) 定义了连续随机表面 $\rho(\xi)$ 的相关函数。在一维离散情况下，

$$\rho(\xi) = \frac{\sum_{i=1}^{N+1-j} z_i z_{j+i-1}}{\sum_{i=1}^{N} z_i^2} \tag{10.7}$$

式中，$\xi = (j-1)\Delta x$，j 为大于等于 1 的整数。相关长度 l 为 $\rho(\xi) = e^{-1}$ 时 ξ 的值。图 10.3（第 5 章也曾介绍）给出了真实表面 $z(x)$、$p(z)$ 和 $\rho(\xi)$ 的图形化描述。

对于完全光滑的平面而言，$l = \infty$。

10.2.3　均方根斜率

在 x 处，$z(x)$ 的斜率通过下式给出：

$$Z_x(x) = \lim_{\Delta x \to 0} \frac{z(x + \Delta x) - z(x)}{\Delta x} \tag{10.8a}$$

Z_x^2 的集合均值为

$$
\begin{aligned}
\langle Z_x^2 \rangle &= \lim_{\Delta x \to 0} \left\langle \frac{z^2(x + \Delta x) - 2z(x)z(x + \Delta x) + z^2(x)}{(\Delta x)^2} \right\rangle \\
&= \lim_{\Delta x \to 0} \left[\frac{s^2 - 2s^2\rho(\Delta x) + s^2}{(\Delta x)^2} \right] \\
&= 2s^2 \lim_{\Delta x \to 0} \left[\frac{1 - \rho(\Delta x)}{(\Delta x)^2} \right]
\end{aligned} \tag{10.8b}
$$

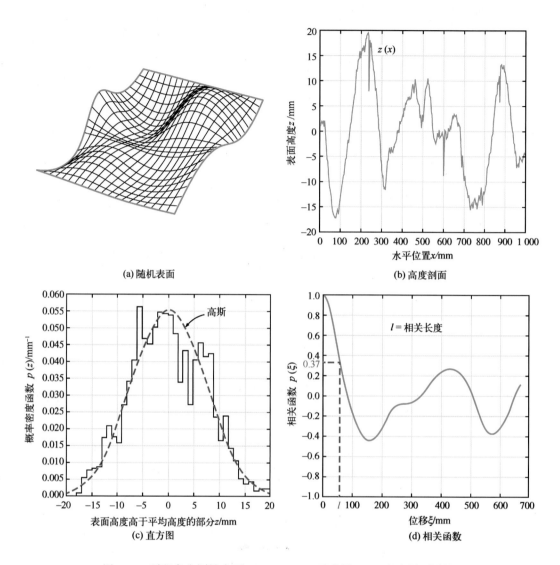

图 10.3 随机各向同性表面 $z(x, y)$：(a)示意图；(b)高度剖面测量；(c)高度剖面概率密度函数；(d)相关函数 $p(\xi)$，其中 ξ 为表面上两点间的位移

式中，s 为均方根高度；$\rho(\Delta x)$ 为关于离散间隔 Δx 的函数。为了确定极限值，在 $\Delta x = 0$ 处对 $\rho(\Delta x)$ 进行泰勒级数展开。由于 $\rho(\Delta x)$ 为偶函数，其一阶导数 $\rho'(0) = 0$，在这种情况下，

$$\langle Z_x^2 \rangle = 2s^2 \lim_{\Delta x \to 0} \left[\frac{1 - \left[1 + \rho''(0)(\Delta x)^2/2 + \cdots \right]}{(\Delta x)^2} \right] \approx -s^2 \rho''(0) \qquad (10.9)$$

其中，$\rho''(0)$ 为 $\xi = 0$ 时，表面相关函数 $\rho(\xi)$ 的二阶导数。均方根斜率为

$$m = \langle Z_x^2 \rangle^{1/2} = [-s^2 \rho''(0)]^{1/2} \qquad (10.10)$$

应当注意的是，相关函数为偶函数，因此 $\rho'(0)=0$，$\rho''(0)$ 为负值。

10.2.4 菲涅耳反射系数

表面的散射系数 σ_{vv}^0、σ_{hh}^0 和 σ_{hv}^0 通过菲涅耳反射率 Γ_h 和 Γ_v 与表面物质的介电常数 ε 相关。对于一阶导数而言，σ_{vv}^0 与 Γ_v 成正比，σ_{hh}^0 与 Γ_h 成正比，σ_{hv}^0 与 $(\Gamma_v \Gamma_h)^{1/2}$ 相关。土壤的体含水量 m_v 对 ε_{soil} 影响很大。图 10.4 展示了在 4 种微波频率情况下，ε_{soil} 随 m_v 的变化情况。图 10.5(a) 表示不同含水量时，$\Gamma_v(\theta)$ 和 $\Gamma_h(\theta)$ 随入射角的变化，图 10.5(b) 和图 10.5(c) 表示 3 个入射角时，Γ_h 和 Γ_v 分别相对于 m_v 的变化。我们注意到，$\theta=30°$ 时，当 m_v 从 0.05 g/cm³ 增加到 0.35 g/cm³ 时，Γ_h 和 Γ_v 变为原来的 4 倍（或 6 dB）。

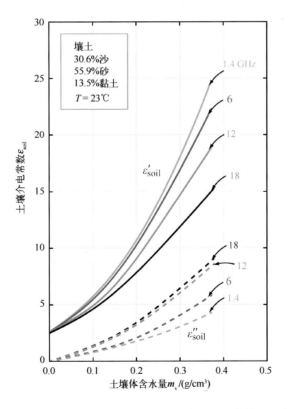

图 10.4   4 种微波频率下，实测肥沃土壤的介电常数随土壤体
含水量的变化(Hallikainen et al., 1985)。

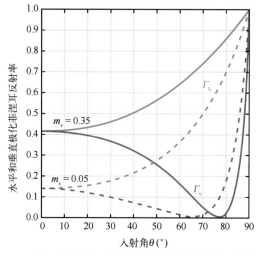

(a) 不同入射角对应的水平和垂直极化菲涅耳反射率

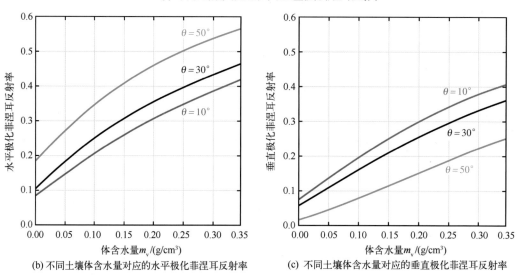

(b) 不同土壤体含水量对应的水平极化菲涅耳反射率　　　(c) 不同土壤体含水量对应的垂直极化菲涅耳反射率

图 10.5　频率为 1.5 GHz 时，肥沃土壤的反射率 Γ 随入射角 θ 和土壤体含水量 m_v 的变化

10.2.5　光滑表面判据

在什么样的条件下才能将表面视为电磁学上的"光滑"呢？

图 10.6(a)中的几何图代表两束光线垂直入射到表面上。若该表面绝对平坦，则两束反射光线的电场同相位，但由于粗糙表面的 B 点比 A 点高出 h，因此 B 点反射光线的电场的传播距离比 A 点短 $2h$。

相关相位差为 $\Delta\phi = 2kh = 4\pi h/\lambda$，其中 $k = 2\pi/\lambda$ 为波数。倾斜入射角为 θ [图 10.6(b)]时，

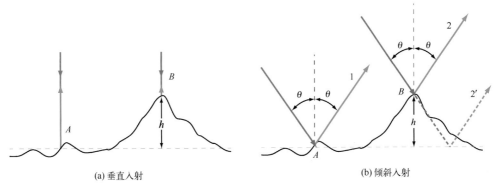

图 10.6　（a）垂直入射时，A 和 B 两点反射光线之间的相位差为 $\Delta\phi = 2kh$；

（b）倾斜入射时，相位差为 $\Delta\phi = 2kh\cos\theta$

$$\Delta\phi = 2kh\cos\theta = \frac{4\pi h}{\lambda}\cos\theta \tag{10.11}$$

瑞利粗糙度准则指出，若 $\Delta\phi < \pi/2$，则可将表面视为光滑，即

$$h < \frac{\lambda}{8\cos\theta}$$

对于均方根表面高度为 s 的随机表面，可将 h 替换为 s：

$$s < \frac{\lambda}{8\cos\theta} \quad 或 \quad ks < 0.8 \quad (\theta = 0°) \quad （瑞利准则） \tag{10.12a}$$

瑞利准则可用于表面粗糙度或光滑度的一阶情况，但若是要建立微波波段（波长 λ 通常与均方根高度 s 的量级相等）自然表面的散射和辐射模型，则需要更加严格的标准。为此，我们采用了用于定义天线远场距离的准则，该准则要求来自天线中心与边缘的电场之间的最大相位差小于 $\pi/8$ rad。这种准则称为夫琅禾费（Fraunhofer）粗糙度准则，若满足条件：

$$s < \frac{\lambda}{32\cos\theta} \quad 或 \quad ks < 0.2 \quad (\theta_i = 0°) \quad （夫琅禾费准则） \tag{10.12b}$$

则表面能视为光滑。夫琅禾费准则与 5.10.3 节中随机表面的相干反射率的讨论结果一致。接下来的小节将会讨论后向散射系数 σ^0 与表面粗糙度的函数关系，第 12 章则会讨论辐射率与粗糙度的函数关系。

10.3　表面散射模型

20 世纪 50 年代起，人们开始致力于研究随机粗糙表面的数学模型，并建立了两个近似模型。第一个由 Rice（1951）建立，针对均方根高度和相关长度均小于入射波长的微粗糙表面，称为小扰动模型。适用条件为

$$
\left.\begin{array}{r}
ks < 0.3 \\
kl < 3 \\
\dfrac{s}{l} < 0.3
\end{array}\right\} \quad \text{（小扰动模型）}
$$

式中，s 为均方根高度；l 为相关长度；$k = 2\pi/\lambda$。

第二个模型为基尔霍夫散射模型，由 Beckman 和 Spizzichino（1963）建立，用于描述轻微起伏的表面电磁散射，相比于 λ，该表面的平均水平尺度较大。可以利用两种近似来计算表面的总体散射场的积分，其中一种为几何光学模型，针对 $ks = (2\pi s/\lambda) \geqslant 3$；另一种为物理光学模型，针对 $ks<3$。对平均曲率半径和粗糙表面的均方根斜率额外约束作为有效的要求。若 $ks \geqslant 3$ 且粗糙度尺度内的曲率半径远大于波长，散射过程主要为反射。对散射场积分进行近似，取泰勒展开的前两项可以得到相关函数（在 10.3.1 节中提及），建立几何光学模型。若 $ks<3$ 且粗糙度的曲率半径仍大于波长，则局部的反射和衍射都必须考虑。这种情况下，相关函数无法取近似，得到的模型为物理光学模型。

> ▶ 基尔霍夫散射模型在水平范围内，适用于粗糙度的尺度大于一个波长的情况，而扰动模型适用于粗糙度的尺度比雷达波长小的情况。很显然，需要建立一个对表面粗糙度的尺度大小没有限制的表面散射模型。◀

在波长从 1 mm（$f = 300$ GHz）到 30 cm（$f = 1$ GHz）的微波波段内，自然表面的粗糙度尺度变化很大。因此，之前提到的 20 世纪 60 年代的模型只适用于部分粗糙度的研究。接下来的 30 年中，研究人员进行了很多尝试，改善模型，扩大其适用范围，最终建立了一个积分方程模型（IEM）（Fung et al.，1992），能够弥补之前众多模型的不足。然而，该模型仅适用于后向散射。随后几十年，Fung 和同事将 IEM 的适用范围扩展到双站散射（Fung et al.，2002）。本书将新模型称为改进版 IEM 散射模型，简称 I²EM。

如前所述，粗糙表面的辐射率是对上半球上的总双站散射积分求得的。该计算过程的有效性得益于 I²EM 的可计算性，第 12 章将会详细讨论。

10.3.1　I²EM 参数

I²EM 模型的数学计算算法十分复杂，利用该模型可以计算出任意极化组合方式的、任意确定粗糙度的随机表面的后向散射系数或双向散射系数。该计算过程包括考虑阴影效应的多次散射的贡献。一般相比于单次散射，除非是均方根斜率非常大的表面（而一般的自然表面都不会出现这种情况），多次散射都很少。排除多次散射的贡献（需要二重积分），该模型可化简为相对简单的代数形式。图 10.7 以框图的形式列出计算 σ^0 时，该模型所需的表面参数和雷达参数。理论上，应对该模型所用的相关函数在原点求微分。因此，不能使用常用的指数相关函数。然而，对于中低频率，相关函数的这种特性可以有所放宽，因为只有满足几何光学条件，粗糙度的尺度比波长大时，计算结果才取决于该特性。

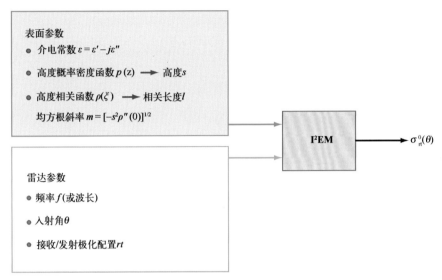

图 10.7 以框图的形式表示后向散射的情况中，I^2EM 模型的表面参数和雷达输入参数。双向散射时，θ 变为 θ_i，散射方向由 θ_s 和 ϕ 确定，其中 ϕ 为方位角，即入射方向和散射方向之间的夹角。实际情况中，由于自然表面通常存在各种不同的粗糙度尺度，这种高频条件很少达到。缩短入射波长后，该波仅对粗糙度尺度较小的表面产生响应

本文涉及的一些相关函数包括[†]：

指数型： $$\rho(\xi) = e^{-|\xi|/l} \qquad (10.13a)$$

高斯型： $$\rho(\xi) = e^{-\xi^2/l^2} \qquad (10.13b)$$

x-指数型： $$\rho(\xi) = e^{-(|\xi|/l)^x} \qquad (10.13c)$$

x 次幂型： $$\rho(\xi) = \frac{1}{[1 + (\xi^2/l^2)]^x} \qquad (10.13d)$$

x 点的高度 $z(x)$ 和距离 x 点 ξ 处的点 $z(x+\xi)$ 的高度之间的统计相关特性由以上 4 种相关函数表示。较长的水平区间内，沿着不同的水平方向，很难测量随机表面的高准确度高度廓线 $z(x)$。基于本书对于自然表面进行的为数不多的测量，指数相关函数最合适，其次为高斯相关函数。对这两种相关函数而言，l 代表随机表面的相关距离，即 $\rho(\xi)=1/e$ 时的距离（5.10.1 节）。x-指数型相关函数包含两个参数（x 和 l），当 $x=1$ 时为指数相关函数；当 $x=2$ 时为高斯相关函数 [图 10.8（a）]。因为包含两个拟合参数，

---

† 计算机代码 10.1。

因此根据测定的高度廓线将模型和相关函数进行匹配时，x-指数型相关函数的灵活性更强。此外，x-指数型相关函数中的 l 依然是相关距离的常规定义。

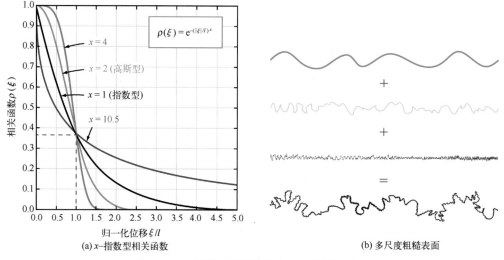

图 10.8　x-指数型相关函数和三尺度随机表面

式(10.13)中最后列出的相关函数为 x 次幂型的相关函数，也有两个拟合参数，但此时 l 不再是常规相关距离的定义。

对于 x 次幂型和高斯型的相关函数，式(10.10)定义的均方根斜率为

$$m = \sqrt{3}\,\frac{s}{l} \qquad (x \text{ 次幂型},\ x = 1.5) \tag{10.14a}$$

$$m = \sqrt{2}\,\frac{s}{l} \qquad (\text{高斯型}) \tag{10.14b}$$

10.3.2　多尺度表面

实际随机表面包含多个或连续的粗糙度尺度，并且较小的粗糙度位于较大粗糙度的上方。图 10.8(b)展示了一个 3 尺度和表面，包括一个相关长度为 l_1、相关均方根高度为 s_1 的大尺度波动，一个相关长度为 l_2、相关均方根高度为 s_2 的中尺度扰动，一个相关长度为 l_3、相关均方根高度为 s_3 空间高频变化的小尺度。若利用传感器(比如激光束)测量 $z(x)$ 的高度廓线，且精确度比最小尺度更优(即垂直分辨率 $\Delta z \ll s_3$，水平分辨率 $\Delta x \ll l_3$)以及表面满足为高斯型相关函数的条件，则通过实测记录能够得到以下相关函数形式[†]：

$$\rho(\xi) = \frac{1}{s^2}\left[s_1^2 e^{-\xi^2/l_1^2} + s_2^2 e^{-\xi^2/l_2^2} + s_3^2 e^{-\xi^2/l_3^2} \right] \tag{10.15a}$$

式中，s 是复合表面等效均方根高度，与独立表面的均方根高度的关系为

$$s^2 = s_1^2 + s_2^2 + s_3^2 \tag{10.15b}$$

---

† 计算机代码 10.2。

514

　　表面散射过程会受波长过滤效应的影响，实际上，该效应决定哪些粗糙度更重要。定性地分析 λ 从 $\lambda \gg l_1$ 变为 $\lambda \ll s_3$。若 λ 远大于 s_1 和 l_1，则对于入射波而言，表面近似完全平坦，此时波在相对于平均表面的镜面方向发生相干反射，并且在任意方向都不会出现非相干散射。若波长变短，接近最大尺度 s_1 和 l_1 的大小，则会出现非相干散射，而较小的尺度则不会对散射产生重要影响，这便是波长过滤。若 λ 大小接近中尺度粗糙度的 s_2 和 l_2，则散射过程主要受中尺度统计参数的影响。λ 继续变小，直至接近小尺度粗糙度时，中尺度和大尺度粗糙度的影响则减弱(不包括求解小尺度粗糙度处的平均斜率的情况)，小尺度粗糙度的影响变大。图 10.9 展示了这种散射现象，列出了具有三种粗糙度的表面在电磁波频率为 2 GHz、4 GHz、9 GHz 时的后向散射计算结果。从图中能明显看出，随着入射角或频率变大，较小尺度的粗糙度越来越重要。

　　在微波频率中，λ 大小从数厘米到数十厘米不等。因此从表面散射来看，最重要的粗糙度尺度是厘米量级。$f > 10$ GHz 时，毫米量级的尺度开始变得重要，但是测量自然表面的毫米量级尺度的粗糙度非常困难。

> ▶ 因此，实际中为了确定表面特性，一般更好的选择是利用其厘米尺度的粗糙度统计数据，尽管这种做法有时会造成模型计算结果与实验观测到的后向散射系数的数据不一致。实际表面散射包括多尺度散射，而模型计算的散射基于单一尺度的统计数据。这并非因为模型无法基于多尺度统计数据进行计算，而是由于实测粗糙度廓线的垂直精度和水平间距的精度有限，导致无法测定实际廓线在毫米量级上的粗糙度。◀

　　I^2EM 的数学细节不在本书讨论范围之内，但 I^2EM 对于指导和预测散射特性具有十分重要的作用。因此，在接下来的几节会利用它来检验表面粗糙度和介电常数的作用，并比较模型预测数据和实测数据。

10.3.3　相关函数的作用

　　在图 10.10 中，还给出了利用 I^2EM 计算得到的、参数相同的两个表面的 σ_{vv}^0、σ_{hh}^0 和 σ_{hv}^0 随角度的变化，这两种结果只是相关函数不一样。这两个表面的相关长度相同，均为 10 cm，其中一个表面由式(10.13a)中的指数型相关函数表达，另一个由式(10.13b)中的高斯型相关函数表达。注意到，3 种极化的高斯型相关函数表面的 σ^0 随角度的变化都比指数型相关函数表面的 σ^0 随角度的变化快得多。$\theta = 70°$ 时，高斯型相关函数的 σ_{hh}^0 比指数型相关函数的 σ_{hh}^0 小 38 dB，而对 hv 极化而言，两者之间的差异高达 50 dB，而 50 dB 相当于 5 个数量级的大小。

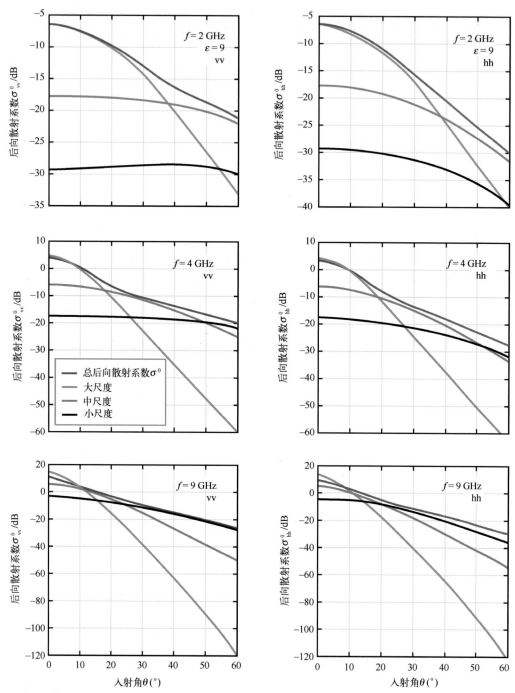

图 10.9　在后向散射中，有效波长为 $\lambda_e = \lambda/(2\sin\theta)$。由于频率或入射角变大，使得 λ_e 变小，因此小尺度粗糙度在散射中的作用更明显。该表面有 3 个尺度粗糙度：大尺度 $(s_1, l_1) = (0.4\ \text{cm}, 7\ \text{cm})$，中尺度 $(s_2, l_2) = (0.25\ \text{cm}, 3\ \text{cm})$，小尺度 $(s_3, l_3) = (0.13\ \text{cm}, 1.5\ \text{cm})$。图中展示了 3 种尺度粗糙度的各自贡献以及总体贡献

> ▶ 具有各参数相当(均方根高度 s，相关长度 l，介电常数 ε)的土壤表面的实测 σ^0 更接近指数型相关函数表面的预计结果，而非高斯型相关函数表面。◀

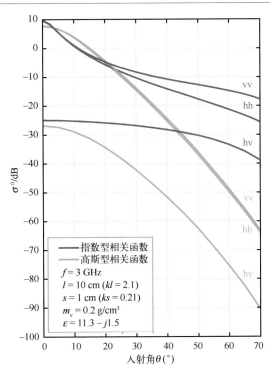

图 10.10　表面参数相同、相关函数不同的两个表面，利用 $\mathrm{I}^2\mathrm{EM}$ 比较两者的后向散射系数

10.3.4　均方根高度的作用

为了说明均方根高度 s 对 σ^0 的影响，我们利用 $\mathrm{I}^2\mathrm{EM}$ 模拟两个表面[图 10.11，一个表面 $s = 0.5$ cm(相应的 $ks \approx 0.3$)；另一个表面 $s = 1.5$ cm(相应的 $ks \approx 0.9$)]的 σ^0_{vv}、σ^0_{hh} 和 σ^0_{hv} 随入射角的变化(频率为 3 GHz)。入射角大于 $20°$ 时，粗糙度较大的表面的同极化后向散射系数大约比粗糙度较小的表面大 $8 \sim 15$ dB，σ^0_{hv} 的差别幅度接近 17 dB。一般情况下，入射角大于 $20°$ 时，3 种后向散射系数均随 ks 的增大而增大(但增大速率不同)，直到 ks 约等于 2，之后三者的响应处于稳定水平(接下来会在 10.3.6 节讨论)。

10.3.5　相关长度的作用

相较于均方根高度 s，相关长度 l 对 σ^0 的影响较小。对于 vv 极化和 hv 极化，图 10.12 表明 l 从 2 cm 增大到 16 cm，σ^0 减小了 $5 \sim 6$ dB，hh 极化(为了避免曲线堆积，并未在图 10.12 中表示)的情况类似。

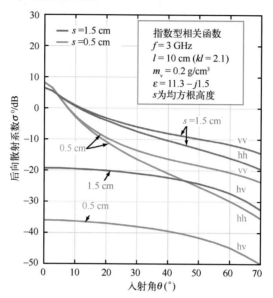

图 10.11　两种表面的 I²EM 后向散射对不同均方根高度的响应

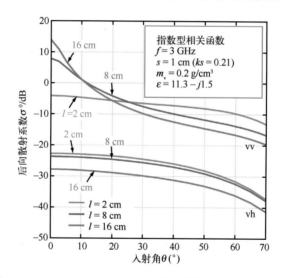

图 10.12　l 分别为 2 cm、8 cm、16 cm 的 3 种表面,利用 I²EM 求得相关长度 l 对 $\sigma°$ 的影响

10.3.6　介电常数的作用

频率为 3 GHz 时,肥沃土壤的介电常数的实部随着土壤体含水量的增大而增大,$m_v \approx 0$ 时,介电常数为 3,$m_v \approx 0.35$ g/cm³ 时,介电常数为 20.6。图 10.13(a)展示了不同极化条件下,σ^0 随入射角的变化。图 10.13(b)展示了 $\theta = 30°$ 时,σ^0 随 m_v 的变化。在 m_v 的全部变化范围之内,σ^0_{vv}、σ^0_{hh} 和 σ^0_{hv} 的增幅分别为 8 dB、6 dB 和 13 dB。入射角

为其他值时，情况类似。

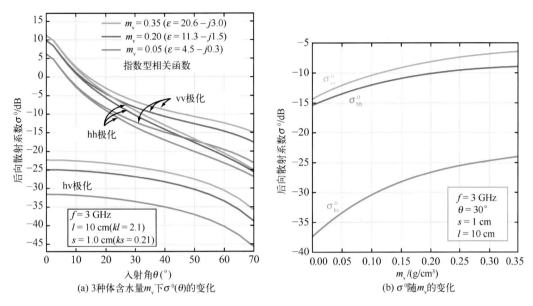

图 10.13　土壤湿度的作用

10.3.7　极化比的作用

同极化和交叉极化比定义为

$$p = \frac{\sigma_{hh}^0}{\sigma_{vv}^0} \quad \text{或} \quad p(dB) = \sigma_{hh}^0(dB) - \sigma_{vv}^0(dB) \tag{10.16a}$$

且

$$q = \frac{\sigma_{hv}^0}{\sigma_{vv}^0} \quad \text{或} \quad q(dB) = \sigma_{hv}^0(dB) - \sigma_{vv}^0(dB) \tag{10.16b}$$

图 10.14 表示均方根高度 $s = 1$ cm，相关长度 $l = 10$ cm 的表面，当入射角 $\theta = 30°$ 时，利用 I^2EM 计算得到的曲线。将频率从 1 GHz 依次增加到 15 GHz，在计算时，将后向散射系数视为关于电磁粗糙度 ks 的函数。注意到以下几个一般特点：

（a）ks 从 0.25 增加到 2 时，同极化比 $p(dB)$ 大约增加 3 dB。ks 超过 2 时，$p(dB)$ 接近 0 dB，或 $\sigma_{hh}^0 = \sigma_{vv}^0$；

（b）同极化比在水分含量较低（0.05 g/cm³）时比水分含量较高时（0.35 g/cm³）大；

（c）ks 从 0.25 增大到 3 时，交叉极化比 $q(dB)$ 大约增加 18 dB；

（d）土壤湿度对 q 和 p 的作用相反：随着土壤湿度的增加，q 会增大，而 p 会减小。

前述 I^2EM 的变化趋势在 10.5 节中的实验观测数据中得到证实。

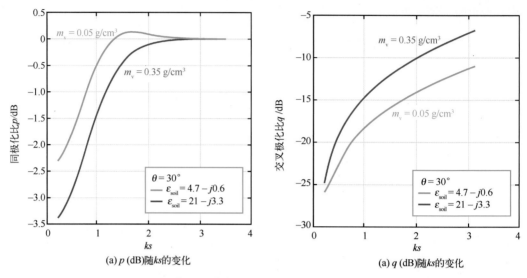

(a) p (dB)随ks的变化　　　　　　(a) q (dB)随ks的变化

图 10.14　根据 I^2EM 计算的同极化比 p 和交叉极化比 q 随 ks 的变化

10.3.8　模拟结果与后向散射实验测量数据的比较

图 10.15 展示了利用 I^2EM 计算得到的 σ_{vv}^0 和 σ_{hh}^0 随入射角变化以及 Oh 等(1992)针对相对光滑的随机表面(均方根高度 $s=0.4$ cm)得到的实验测量数据。频率为 1.5 GHz 和 4.75 GHz 时，利用模型计算得到的曲线和根据实验测量数据得到的曲线整体吻合。

图 10.16 针对较为粗糙的表面($s=1.12$ cm)，展示了一组类似数据，根据模型得到的数据和实验数据也近似吻合。

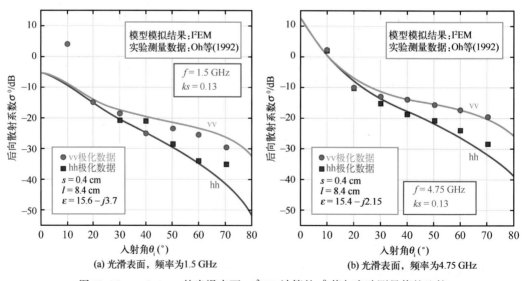

(a) 光滑表面，频率为1.5 GHz　　　　　(b) 光滑表面，频率为4.75 GHz

图 10.15　$s=0.4$ cm 的光滑表面，I^2EM 计算的 σ^0 值与实验测量值的比较

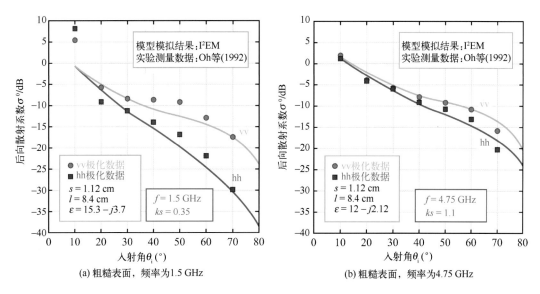

图 10.16　$s = 1.12$ cm 的粗糙表面，I^2EM 计算的 σ^0 值与实验测量值的比较

10.3.9　模拟结果与双站实验测量数据的比较

到目前为止，仅仅探讨了后向散射时的 $I^2EM^†$ 特性。但实际上该模型同样适用于双站散射，这对于计算随机表面的辐射率是很重要的。在 6.7.3 节中，式(6.105)给出的表面辐射率与双站散射系数在上半球的积分成正比。对于各向同性的随机表面，双站散射与 3 个角度参量有关：入射角 θ_i、散射角 θ_s、方位角 $\phi = \phi_s - \phi_i$。

图 10.17 展示了在入射平面中(定义为 $\theta_s = \theta_i$ 且 $\phi = 0°$)σ^0_{vv} 和 σ^0_{hh} 随 θ_i 变化的曲线。图中所对应的 3 种粗糙度表面均由 De Roo 等(1994)在频率为 10 GHz 时测量得到。根据 $I^2EM^†$ 计算得到的数据不仅与实验测量数据基本吻合，而且 I^2EM 还正确预测出在 $s = 0.246$ cm(或 $ks = 0.515$)的最光滑表面上，布儒斯特角为 60°，而在 $s = 0.926$ cm(或 $ks = 1.94$)最粗糙的表面上，布儒斯特角约为 57°。

图 10.18 展示了在 $s = 0.2$ cm 相对光滑的随机表面上，频率为 4.775 GHz 时，观测到的 σ^0_{vv} 和 σ^0_{hh} 随方位角 ϕ 的变化情况(Hauck et al.，1998)。$\theta_i = \theta_s = 45°$ 时，入射角和散射角保持不变。I^2EM 能准确预测出 σ^0_{vv} 和 σ^0_{hh} 的大小以及它们随 ϕ 的变化情况。

最后，图 10.19 展示了 $\theta_i = 20°$、$\phi = 0°$，另外两个角不变时，σ^0_{vv} 和 σ^0_{hh} 随散射角 θ_s 的变化情况。意大利的欧洲微波信号实验室联合研究中心在网站(wmw-emsl.jrc.it)上公布了测量数据，这些数据根据高斯型相关函数在人为产生的随机表面($s = 0.4$ cm，$l = 6$ cm)上测得。

---

†　计算机代码 10.3。

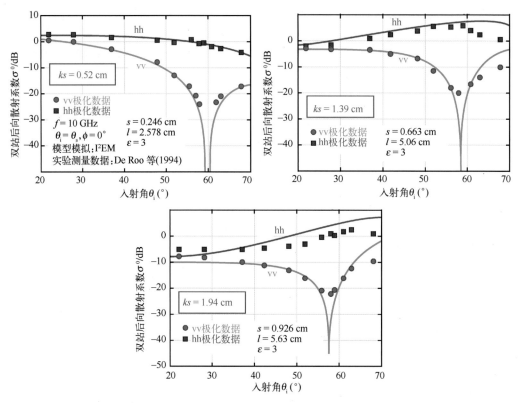

图 10.17　3 种粗糙度不同的表面，I^2EM 计算的双站散射系数与在入射平面
$(\theta_i = \theta_s，且 \phi = 0°)$ 上实验测量的数据比较

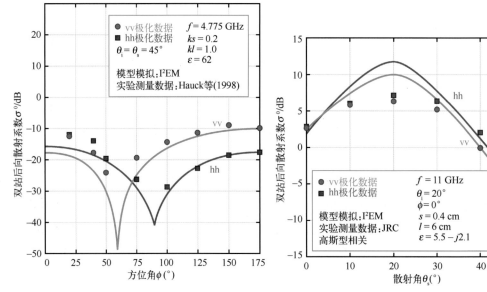

图 10.18　$\theta_i = \theta_s = 45°$ 时，I^2EM 计算的双站后向
散射系数与实验测量数据随方位角 ϕ 变化对比

图 10.19　I^2EM 计算的双站后向散射系数与
实验测量数据随散射角 θ_s 变化对比

在频率为 11 GHz 和 13 GHz 时进行表面测量，图 10.19 只展示了 11 GHz 时的数据，13 GHz 时几乎一致，这点并不意外。

10.3.10　表面散射模型的适用性

自然情况非常复杂，不可能用相对简单的模型和数学函数进行描述。任意一个自由表面均包含多尺度粗糙度，因此按照简单相关函数描述表面的统计特性只可能得到近似结果，即便"直接"测量其均方根高度和相关长度，也仅仅是对其真实统计特性的估算。理论或实际上，在最理想的情况下，模型对真实表面的适用程度实际上等效于能在多大程度上接近我们所得知的表面统计数据，即了解表面统计数据的精度如何。

模型能帮助理解如何利用微波传感器的观测数据，并且如何利用反演技术提取微波观测数据中的物理参数(比如土壤湿度和表面粗糙度)。

10.4　随机表面和周期性表面散射

如 5.12.5 节所述，对单站雷达而言，相干散射分量只在以下两种情况下需要考虑：偏离天底入射角约 1° 的极小角度范围内和表面相对光滑($ks < 0.5$ 或 $ks \approx 0.5$)。本节讨论表面粗糙度的作用以及周期性表面和非周期性表面情形下介电常数的作用。

10.4.1　随机非周期性表面后向散射

表面粗糙度

首先，研究一个具有统计性均一表面的干燥的沥青停车场的 σ^0 随入射角的变化。图 10.20 展示了频率分别为 8.6 GHz、17.0 GHz、35.6 GHz 时，hh 极化、vv 极化、hv 极化的测量数据。表面均方根高度的估计值为 $s < 0.5$ cm。注意到：

(a)所有频率，在垂直入射和 $\theta \approx 10°$ 之间的范围，hh 极化和 vv 极化对入射角的响应基本吻合，之后二者随 θ 变化的曲线开始分离，σ_{vv}^0 比 σ_{hh}^0 大；

(b)交叉极化后向散射系数 σ_{hv}^0 与入射角的关系呈余弦型；

(c)频率从 8.6 GHz 增加到 35.6 GHz 相当于电磁粗糙度增加 4 倍。粗糙度增加会使得 σ_{vv}^0 和 σ_{hh}^0 随入射角的变化曲线更靠近。此外，σ_{vv}^0 和 σ_{hh}^0 之间的差异更小(更加去极化)。

图 10.21 展示了在一个粗糙度更大的表面上(预计均方根高度为 1.5 cm)，在相同的频率和入射角范围内进行的一个简单测量。频率为 8.6 GHz 时，相应的 ks 值为 2.7，该表面属于电磁粗糙一类，频率更高时，粗糙度更大。因此，①并没有证据证明显著的相干部分的存在；②在整个入射角范围内，$\sigma_{vv}^0 \approx \sigma_{hh}^0$；③$\sigma_{hv}^0$ 比同极化的后向散射系数小 5~10 dB。

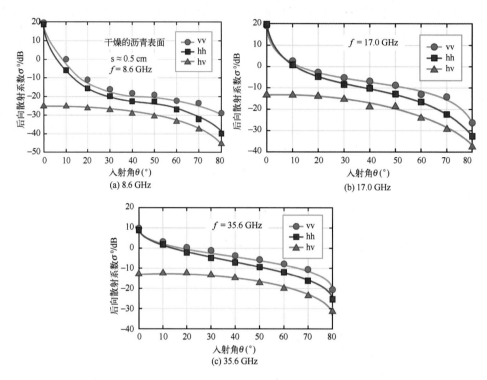

图 10.20　3种微波频率时，测量的干燥沥青表面的后向散射系数（预估的均方根高度 $s \approx 0.5$ cm）

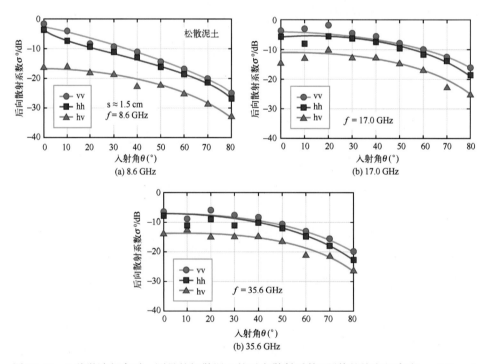

图 10.21　3种微波频率时，测量的松散泥土的后向散射系数（预估的均方根高度 $s \approx 1.5$ cm）

湿度

由于①一级近似中，σ^0 与菲涅耳反射率 Γ 成正比；②Γ 依赖于土壤表面的介电常数 ε_{soil}；③ε_{soil} 依赖于土壤体含水量 m_v，因此 σ^0 也依赖于土壤湿度。图10.22 中的数据表明，对于相对光滑的表面（$ks = 0.35$），σ^0（dB）大约以 0.24 dB/（0.01 g/cm^3）的速率随 m_v 线性增大。与此相反，针对 $ks = 1.3$ 的粗糙表面，线性增加速率为 0.17 dB/（0.01 g/cm^3）。图 10.22 中的数据展示了一个研究初期的结果，该研究旨在为开发一个可行的算法，用于通过成像雷达系统测定土壤湿度。最终结果是 10.5 节中所述的反演算法。

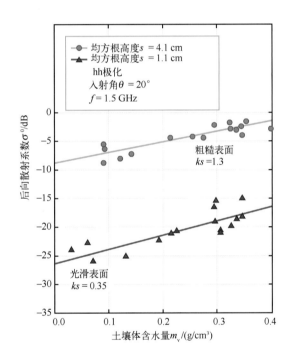

图 10.22 频率为 1.5 GHz 时，不同的土壤含水量对应的后向散射系数（Ulaby et al., 1978）

10.4.2 周期性表面的后向散射

通常情况下，农作物都是平行成排种植的，形成矩形或同心圆的形状（比如圆形喷洒灌溉农田）。本节中考察观测方向对 σ^0 的影响，观测方向的定义如图 10.23 所示，方位角 ϕ_0 是指天线波束轴的地面投影与 x 轴之间的夹角。y 轴方向发生周期性变化，因此 $\phi_0 = 0°$ 称为平行观测方向，而 $\phi_0 = 90°$ 称为垂直观测方向。

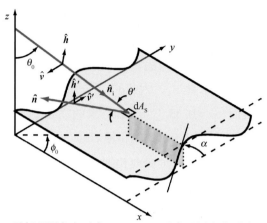

图 10.23　平行观测方向对应于 $\phi_0 = 0°$，垂直观测方向对应于 $\phi_0 = 90°$

▶ 下述方法能计算复合表面后向散射系数：假设散射仅发生在随机表面部分，表面周期性分量对表面随机分量的局部平均斜率起到调制作用。◀

Ulaby 等（1982）对这种双尺度散射模型进行了描述。Eom 等（1984）采用另一种方法，同时处理任意分量和周期性分量。

几何因素

图 10.24(a)展示了在 x–y 平面内指向土壤表面的窄波束天线。

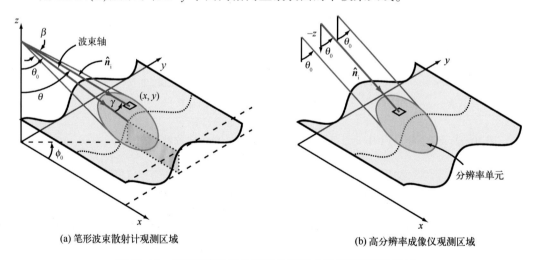

(a) 笔形波束散射计观测区域　　　　(b) 高分辨率成像仪观测区域

图 10.24　笔形波束散射计和高分辨率成像仪观测到的区域

土壤表面包含由 $z(x, y)$ 表示的任意高度变化，$z(x, y)$ 叠加在一个更大的、确定的、一维周期性高度变量上，该高度变量由下述表达式给出：

$$Z(x, y) = Z(y) = Z(y + m\Lambda)$$

式中，m 为任意整数；Λ 为 y 方向上周期表面的空间周期（行距）。对于图 10.24(a) 所示观测区域内的一点 (x, y)，入射角 $\theta(x, y)$ 是 $-\hat{z}$ 和 $\hat{n}_i$ 之间的夹角，其中 $\hat{n}_i$ 是天线到点 (x, y) 之间传播方向上的单位矢量。

成像雷达

对于成像雷达而言，在分辨率单元内包含的角波束宽度很小，因此入射角 θ 实际上在每个像元上都相同。此外，假定像元点大小远大于空间周期 Λ，所以每个像元内都包含很多空间周期[为了图示简洁，图 10.24(b) 中的分辨率单元仅包含一个周期中的一部分]。

之前探讨过，像元点上的后向散射系数 σ^0 等于该单元的雷达散射截面 σ 相对面元的物理截面 A 归一化处理，因此根据上述分辨率单元包含很多空间周期的假设，可以得到下述结论：A 在 y 方向上的长度为 Λ，在 x 方向上的任意长度为 L_s，且 $L_s \gg l$，通过计算 A 内的单一矩形条带，可以确定 σ^0，其中 l 是随机表面 $z(x, y)$ 的相关长度。

在 x-y 平面中，对于中心位于 (x, y)、面积为 $\mathrm{d}x\mathrm{d}y$ 的面元，土壤表面的相应面积为

$$\mathrm{d}A_s(x, y) = \left[\frac{\mathrm{d}x}{\cos \alpha(y)} \right] \mathrm{d}y \tag{10.17}$$

式中，角 α（图 10.23）的正切值等于周期性表面 $Z(y)$ 的斜率：

$$\tan \alpha(y) = \frac{\mathrm{d}Z(y)}{\mathrm{d}y} \tag{10.18}$$

对于线性极化天线（接收—发射由 pq 表示），观测到的后向散射系数 $\sigma^0_{pq}(\theta_0, \phi_0)$ 可以表示为矩形条带上的非相干积分：

$$\sigma^0_{pq}(\theta_0, \phi_0) = \frac{\displaystyle\int_{y=0}^{\Lambda} \int_{x=0}^{L_s} \sigma^{ss}_{pq}(\theta') \, \mathrm{d}A_s(x, y)}{\displaystyle\int_{y=0}^{\Lambda} \int_{x=0}^{L_s} \mathrm{d}x\mathrm{d}y} \tag{10.19}$$

式中，$\sigma^{ss}_{pq}(\theta')$ 为面元 $\mathrm{d}A_s(x, y)$ 的后向散射系数，且 $\sigma^{ss}_{pq}(\theta')$ 的极化配置与雷达天线的极化配置相同；θ' 为局地入射角（图 10.23）；上标 ss 指较小尺度的随机粗糙度；面元 $\mathrm{d}A_s(x, y)$ 的散射受以下两种因素的制约：面元的表面特征、单位入射矢量 $\hat{n}_i$[图 10.24(a)]，该矢量是相对于垂直于周期性表面 $\hat{n}_i$ 的局部矢量。

将式(10.17)代入式(10.19)，不考虑随 x 的变化，则式(10.19)变为

$$\sigma^0_{pq}(\theta_0, \phi_0) = \frac{1}{\Lambda} \int_0^{\Lambda} \sigma^{ss}_{pq}(\theta') \sec \alpha(y) \, \mathrm{d}y \tag{10.20}$$

锥形波束散射计

对于一个圆对称天线波束，其天线辐射模式为 $F(\gamma)$，其中 γ 为图 10.24(a) 中偏离波束轴的角度。将式(10.19)变为下述形式，表示在辐射面元内的天线增益：

$$\sigma_{pq}^0(\theta_0, \phi_0) = \frac{\iint_{\text{main beam}} F^2(\gamma)\,\sigma_{pq}^{\text{ss}}(\theta')\sec\alpha(y)\,dxdy}{\iint_{\text{main beam}} F^2(\gamma)\,dxdy} \tag{10.21}$$

其他天线波束配置也可以得到类似的表达式。

正弦型周期表面

为了求出式(10.20)的积分，需要 $\sigma_{pq}^{\text{ss}}(\theta')$ 的表达式以及 θ'、α 与 y 之间的关系。根据图 10.23 所示的几何关系，可得

$$\theta' = \arccos(-\hat{\boldsymbol{n}}_i \cdot \hat{\boldsymbol{n}}) \tag{10.22}$$

式中，单位矢量 $\hat{\boldsymbol{n}}_i$ 和 $\hat{\boldsymbol{n}}$ 与入射方向 (θ_0, ϕ_0) 有关，周期性表面的廓线如下：

$$\hat{\boldsymbol{n}}_i = \hat{\boldsymbol{x}}\sin\theta_0\cos\phi_0 + \hat{\boldsymbol{y}}\sin\theta_0\sin\phi_0 - \hat{\boldsymbol{z}}\cos\theta_0 \tag{10.23}$$

$$\hat{\boldsymbol{n}} = (-\hat{\boldsymbol{x}}Z_x - \hat{\boldsymbol{y}}Z_y + \hat{\boldsymbol{z}})D_0 \tag{10.24}$$

其中，

$$D_0 = (1 + Z_x^2 + Z_y^2)^{-1/2}$$

$$Z_x = \frac{dZ}{dx}, \quad Z_y = \frac{dZ}{dy} \tag{10.25}$$

对于只随 y 变化的一维正弦型周期表面，周期性分量通过下述表达式给出：

$$Z(y) = A\sin\left(\frac{2\pi y}{\Lambda}\right) \tag{10.26a}$$

其沿 x 和 y 的斜率分别变为

$$Z_x = \frac{dZ}{dx} = 0 \tag{10.26b}$$

$$Z_y = \frac{dZ}{dx} = \left(\frac{2\pi A}{\Lambda}\right)\cos\left(\frac{2\pi y}{\Lambda}\right) \tag{10.26c}$$

且

$$\alpha(y) = \arctan Z_y \tag{10.26d}$$

> ▶ σ^0：在一个或多个空间周期上的平均值，能被雷达观测到；
>
> σ^{s}：小尺度粗糙度，没有周期性表面；
>
> σ^{ss}：小尺度粗糙度，随周期性表面变化。◀

小尺度随机粗糙度 $\sigma_{pq}^{ss}(\theta')$

由于是周期性表面，一般情况下，微面元 dA_s 的局地坐标系 (x',y',z') 不同于参考坐标系 (x,y,z)。因此，参考（雷达）坐标系的极化矢量 $\hat{h}$ 和 $\hat{v}$ 不同于局地坐标系中的 $\hat{h}'$ 和 $\hat{v}'$。要建立这两个坐标系的关系，可以利用下述关系式（Ulaby et al.，1982a）：

$$\hat{z}' = \hat{n} \tag{10.27a}$$

$$\hat{y}' = \frac{\hat{n} \times \hat{n}_i}{|\hat{n} \times \hat{n}_i|} = D_1 \big[\hat{x}(Z_y \cos\theta_0 - \sin\theta_0 \sin\phi_0) + \hat{y}(\sin\theta_0 \cos\phi_0 - Z_x \cos\theta_0)$$
$$+ \hat{z}\sin\theta_0(Z_y \cos\phi_0 - Z_x \sin\phi_0) \big] \tag{10.27b}$$

$$\hat{x}' = \hat{y}' \times \hat{z}'$$
$$= \Big\{ \hat{x}\big[\sin\theta_0 \cos\phi_0 - Z_x \cos\theta_0 + \sin\theta_0(Z_y \cos\phi_0 - Z_x \sin\phi_0)Z_y \big]$$
$$+ \hat{y}\big[\sin\theta_0(Z_x \sin\phi_0 - Z_y \cos\phi_0)Z_x + \sin\theta_0 \sin\phi_0 - Z_y \cos\theta_0 \big]$$
$$+ \hat{z}\big[(\sin\theta_0 \sin\phi_0 - Z_y \cos\theta_0)Z_y + (\sin\theta_0 \cos\phi_0 - Z_x \cos\theta_0)Z_x \big] \Big\} D_0 D_1 \tag{10.27c}$$

式中，

$$D_1 = \Big\{ \sin^2\theta_0 + Z_x^2(\cos^2\theta_0 + \sin^2\theta_0 \sin^2\phi_0) + Z_y^2(\cos^2\theta_0 + \sin^2\theta_0 \cos^2\phi_0)$$
$$- 2\sin\theta_0 \cos\theta_0(Z_x \cos\phi_0 + Z_y \sin\phi_0 + Z_x Z_y \tan\theta_0 \sin\phi_0 \cos\phi_0) \Big\}^{-1/2} \tag{10.27d}$$

注意式（10.27）给出的表达式适用于 $Z_x \neq 0$ 的一般情况。对于周期性沿 y 方向的一维周期表面而言，$Z_x = 0$。

局地坐标系和参考坐标系的水平极化矢量和垂直极化矢量定义如下：

$$\hat{h}' = \hat{y}' \tag{10.28a}$$

$$\hat{v}' = -\hat{x}' \cos\theta' - \hat{z}' \cos\theta' \tag{10.28b}$$

$$\hat{h} = -\hat{x} \sin\phi_0 + \hat{y} \cos\phi_0 \tag{10.28c}$$

$$\hat{v} = -\hat{x}' \cos\theta_0 \cos\phi_0 - \hat{y} \cos\theta_0 \sin\phi_0 - \hat{z} \sin\theta_0 \tag{10.28d}$$

根据式（5.30），后向散射系数 $\sigma_{pq}^0 = \sigma_{pq}/A$ 表达为

$$\sigma_{pq}^0 = \frac{4\pi R_r^2}{A} \frac{S_p^s}{S_q^i} = \frac{4\pi R_r^2}{A} \frac{|E_p^s|^2}{|E_q^i|^2} = \frac{4\pi}{A} |S_{pq}|^2 \tag{10.29}$$

式中，S_{pq} 为以 q 为入射极化方式、p 为接收极化方式的目标物的散射振幅。推导随机表面的散射系数 $\sigma_{pq}^{ss}(\theta')$ 中包括散射振幅的乘积，需要引入广义散射系数：

$$\sigma_{mnpq}^0 = \frac{4\pi}{A} \text{Re}(S_{mn} S_{pq}^*) \qquad (10.30)$$

根据这一新定义以及由式(10.28)定义的单位极化矢量,随机表面的后向散射系数的表达式如下:

$$\sigma_{vv}^{ss}(\theta') = (\hat{\boldsymbol{v}} \cdot \hat{\boldsymbol{v}}')^4 \sigma_{vv}^s(\theta') + (\hat{\boldsymbol{v}} \cdot \hat{\boldsymbol{h}}')^4 \sigma_{hh}^s(\theta') + 2(\hat{\boldsymbol{v}} \cdot \hat{\boldsymbol{h}}')^2 (\hat{\boldsymbol{v}} \cdot \hat{\boldsymbol{v}}')^2 \sigma_{vvhh}^s(\theta')$$

$$(10.31a)$$

$$\sigma_{hh}^{ss}(\theta') = (\hat{\boldsymbol{h}} \cdot \hat{\boldsymbol{v}}')^4 \sigma_{vv}^s(\theta') + (\hat{\boldsymbol{h}} \cdot \hat{\boldsymbol{h}}')^4 \sigma_{hh}^s(\theta') + 2(\hat{\boldsymbol{h}} \cdot \hat{\boldsymbol{h}}')^2 (\hat{\boldsymbol{h}} \cdot \hat{\boldsymbol{v}}')^2 \sigma_{vvhh}^s(\theta')$$

$$(10.31b)$$

且

$$\begin{aligned}
\sigma_{vh}^{ss}(\theta') =\ & (\hat{\boldsymbol{v}} \cdot \hat{\boldsymbol{v}}')^2 (\hat{\boldsymbol{v}} \cdot \hat{\boldsymbol{h}}')^2 \sigma_{vv}^s(\theta') + (\hat{\boldsymbol{v}} \cdot \hat{\boldsymbol{h}}')^2 (\hat{\boldsymbol{h}}' \cdot \hat{\boldsymbol{h}})^2 \sigma_{hh}^2(\theta') \\
& + 2(\hat{\boldsymbol{v}} \cdot \hat{\boldsymbol{v}}')(\hat{\boldsymbol{v}}' \cdot \hat{\boldsymbol{h}})(\hat{\boldsymbol{v}} \cdot \hat{\boldsymbol{h}}')(\hat{\boldsymbol{h}}' \cdot \hat{\boldsymbol{h}}) \sigma_{vvhh}^s(\theta') \\
& + [(\hat{\boldsymbol{v}} \cdot \hat{\boldsymbol{v}}')(\hat{\boldsymbol{h}}' \cdot \hat{\boldsymbol{h}}) + (\hat{\boldsymbol{v}} \cdot \hat{\boldsymbol{h}}')(\hat{\boldsymbol{v}}' \cdot \hat{\boldsymbol{h}})]^2 \sigma_{hv}^s(\theta')
\end{aligned} \qquad (10.31c)$$

其中,根据天线坐标系中的定义,σ_{vv}^{ss} 是较小尺度粗糙度的 vv 极化后向散射系数,而 σ_{vv}^s 为同一随机表面的 vv 极化后向散射系数,但无周期性。核查式(10.31a)可发现主要项为 $(\hat{\boldsymbol{v}} \cdot \hat{\boldsymbol{v}}')^4 \sigma_{vv}^s(\theta')$。与此类似,式(10.31b)中的主要项为 $(\hat{\boldsymbol{h}} \cdot \hat{\boldsymbol{h}}')^4 \sigma_{hh}^s(\theta')$。在式(10.31c)中,前 3 项几乎可以忽略,最后一项为 $\sigma_{vh}^{ss}(\theta')$。

模型特性

在考察周期性表面的后向散射系数与表面参数的关系之前,首先回顾现有结果。式(10.20)表示后向散射系数 $\sigma_{pq}^0(\theta_0, \phi_0)$,由探测周期性表面的成像雷达测得,其中雷达入射角为 θ_0(相对于平均表面),方位角为 ϕ_0。根据对 $\sigma_{pq}^{ss}(\theta')$ 的线性积分,$\sigma_{pq}^{ss}(\theta')$ 是面元的后向散射系数,该面元的法线与观测方向的夹角为 θ'。该积分相当于对雷达观测的一个空间周期 Λ 内所有面元的非相干后向散射贡献的求和。

具有线性(水平或垂直)极化方向(定义在天线参考系中)的入射波一般在微面元 dA_s 的局地坐标系中都存在 $\hat{\boldsymbol{h}}$ 和 $\hat{\boldsymbol{v}}$ 分量。因此,微面元 dA_s 的后向散射系数 $\sigma_{hh}^{ss}(\theta')$ 不仅与 dA_s 在本坐标系中的后向散射系数 $\sigma_{hh}^s(\theta')$ 相关,还包括与该区域的后向散射系数 $\sigma_{vv}^s(\theta')$ 和 $\sigma_{vvhh}^s(\theta')$ 相关的贡献。

后向散射系数的单个上标 s 表示随机表面(不包括周期性表面)的后向散射特性。为了说明周期性表面和视角对 hh-后向散射系数的影响,将该模型应用于除了表面随机分量差别很大以外,两个表面是完全相同的正弦型表面。图 10.25 展示了两个表面的随机分量的后向散射系数 $\sigma_{hh}^s(\theta')$ 随角度的变化。粗糙度 $ks = 0.2$ 的随机光滑表面,入射

角在 $\theta' = 0°$ 和 $\theta' = 30°$ 之间变化时，后向散射系数变化为 28 dB；相比之下，在 $ks \approx 2$ 的随机粗糙表面，入射角在同一个范围内变化时，后向散射系数仅变化 10 dB。

之前在讨论式（10.31b）关于 $\sigma_{hh}^{ss}(\theta')$ 表达式时提到，主要项为第二项，即

$$\sigma_{hh}^{ss}(\theta') \approx (\hat{\boldsymbol{h}} \cdot \hat{\boldsymbol{h}}')^4 \, \sigma_{hh}^{s}(\theta')$$

在入射角 θ_0 和方位角 ϕ_0 处，计算 $\sigma_{hh}^{0}(\theta_0, \phi_0)$ 需要进行式（10.20）中的积分。对于每个积分变量 y：①式（10.26）给出了 Z_x、Z_y 和 α 的值；②这些值确定了 $\hat{\boldsymbol{n}}_i$ 和 $\hat{\boldsymbol{n}}$ 的值，而这两者又由式（10.22）中 θ' 的值来确定。同时，利用式（10.27）和式（10.28）可以确定 $\hat{\boldsymbol{n}}$ 和 $\hat{\boldsymbol{h}}'$。

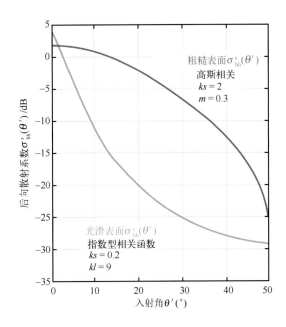

图 10.25　随机光滑表面和粗糙表面（不包括周期性表面）的 $\sigma_{hh}^{s}(\theta')$ 随入射角 θ' 的变化

对于 $ks = 0.2$ 的随机光滑表面，图 10.26（a）展示了 ϕ_0 为不同值时，$\sigma_{hh}^{0}(\theta_0, \phi_0)$ 随 θ_0 的变化曲线；图 10.26（b）展示了 θ_0 为不同值时，$\sigma_{hh}^{0}(\theta_0, \phi_0)$ 随 ϕ_0 的变化曲线。该周期性表面呈正弦型，振幅 $A = 5.5$ cm，空间周期 $\Lambda = 60.6$ cm。$\phi_0 = 0$（平行于观测方向）和 $\phi_0 = 90°$（垂直于观测方向）时差异最大。$\theta_0 = 25°$ 时，$\sigma_{hh}^{0}(\theta_0, \phi_0)$ 随 ϕ_0 的变化超过 20 dB。

图 10.27 展示了另一表面的类似曲线，该表面与图 10.26 中的表面具有相同的周期结构，但是具有更粗糙的随机表面分量。显然，观测方向对 $\sigma_{hh}^{0}(\theta_0, \phi_0)$ 的影响小得多。

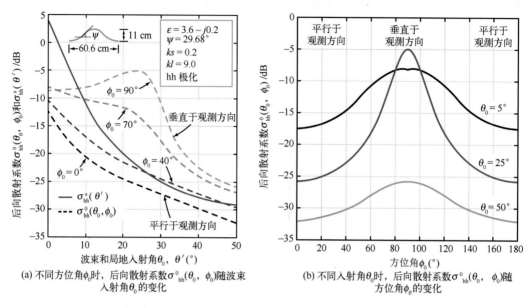

图 10.26　相对光滑随机波动的周期性表面，后向散射系数$\sigma_{hh}^0(\theta_0, \phi_0)$随$\theta_0$、$\phi_0$的变化

（a）不同方位角ϕ_0时，后向散射系数$\sigma_{hh}^0(\theta_0, \phi_0)$随波束入射角$\theta_0$的变化

（b）不同入射角θ_0时，后向散射系数$\sigma_{hh}^0(\theta_0, \phi_0)$随方位角$\phi_0$的变化

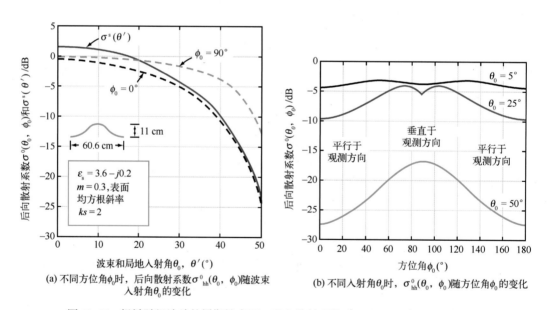

（a）不同方位角ϕ_0时，后向散射系数$\sigma_{hh}^0(\theta_0, \phi_0)$随波束入射角$\theta_0$的变化

（b）不同入射角θ_0时，$\sigma_{hh}^0(\theta_0, \phi_0)$随方位角$\phi_0$的变化

图 10.27　粗糙随机波动的周期性表面，后向散射系数$\sigma_{hh}^0(\theta_0, \phi_0)$随$\theta_0$、$\phi_0$的变化

实验观测

散射计已经能观测到观测方向导致的σ^0变化（Batlivala et al., 1976；Ulaby et al., 1979；Bradley et al., 1981；Fenner et al., 1981；Ulaby et al., 1982c），并且这些变化都

反映在了雷达图像中(Batlivala et al., 1976;MacDonald et al., 1978;Blanchard et al., 1983)。图 10.28 中展示了一个例子,一块矩形麦茬地,麦茬成列分布(如图中所示),机载散射计经过麦茬地时测量到 σ^0 随时间的变化。土壤表面的麦茬对背景土壤的后向散射特性几乎没有影响。因此,为了方便实际操作,在微波频率内,可将麦茬地视为裸露土壤表面。在麦茬地三角形区域内的每个边界,雷达观测方向与麦茬列正交($\phi_0=$ 90°),而在中间区域,雷达观测方向平行于麦茬列($\phi_0=0$°)。图 10.28 展示了 $\theta_0=20$° 时的变化曲线,包括频率为 1.6 GHz、4.75 GHz、13.3 GHz 时的同极化(hh 极化和 vv 极化)曲线以及 1.6 GHz 和 4.75 GHz 时的 hv 极化曲线。对于同极化而言,在 $\phi_0=0$°~90° 的整个范围内,频率为 1.6 GHz 时,σ^0 的变化程度最小,频率为 13.3 GHz 时,σ^0 的变化程度最大。这种特性是可预见的,因为随着频率的增大,随机粗糙度分量的粗糙度也会增大。对于粗糙度较大的随机表面,σ^s 随 θ' 的衰减率较小,因此受观测方向的影响也较小。

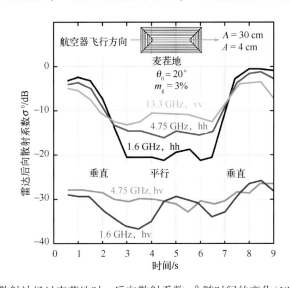

图 10.28　机载散射计经过麦茬地时,后向散射系数 σ^0 随时间的变化(Ulaby et al., 1982)

▶ 与同极化散射系数不同,交叉极化散射系数对方位角的敏感度较弱。◀

天线交叉极化隔离的性能信息表明,在 $\phi_0=0$° 和 $\phi_0=90$° 区域的边界上,σ^0_{hv} 的增加部分实际上是由于一部分同极化散射返回交叉极化的接收天线,产生了耦合现象。因此,σ^0_{hv} 随着方位角的变化可能比图 10.28 中所示的更弱。理论上,σ^0_{hv} 确实应当对 ϕ_0 的敏感性低,如图 10.20 和图 10.21 所示,σ^s_{hv} 对入射角的敏感性偏低,尤其是在 $\theta'=$ 0° 和 $\theta'=40$° 之间的区域。

图 10.29(a)展示了圆形倾斜场的雷达观测的几何结构。假设雷达平台向北移动,

雷达波束指向东方，该田地狭窄的双锥形部分(其轴为东西向)包含近似与雷达观测方向垂直($\phi_0 = 90°$)的麦茬列。图10.29(b)展示了图像强度变化，该图像强度为田地中心径向矢量上的平均值，是圆形耕地表面方位角ϕ_0的函数(Blanchard et al.，1983)。以上数据由海洋卫星合成孔径雷达得到，数据表明，$\phi_0 = 90°$时，像元的后向散射能量(与σ^0成正比)最高；$\phi_0 = 0°$时，像元的后向散射能量最低。这些结果与图10.26所示的理论图形相吻合。

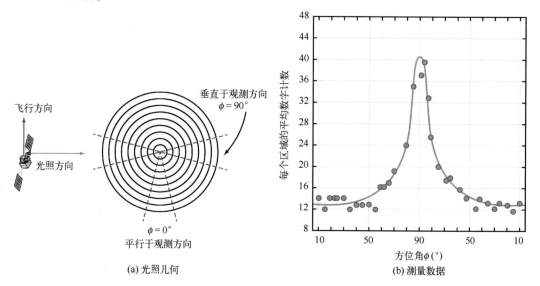

图10.29　在耕作方向的影响下，Seasat 合成孔径雷达回波的区别(Blanchard et al.，1983)

10.5　极化雷达反演土壤湿度(PRISM)

理论模型和实验观测数据都表明，对于入射角θ和微波频率f，雷达对随机表面的观测结果有以下结论：

(a)表面后向散射系数σ_{vv}^0、σ_{hh}^0和σ_{hv}^0的大小主要取决于均方根高度s和体含水量m_v，其次取决于相关长度l；

(b)入射远离天底点时，相对光滑表面($ks \approx 0.1$)的同极化比$p = \sigma_{hh}^0/\sigma_{vv}^0$为$0.1 \sim 0.4$(取决于$\theta$和$m_v$)，当$ks$增值大于2时，同极化比随之增加为1；

(c)表面完全光滑时，$\sigma_{hv}^0 = 0$。表面粗糙度增加使得交叉极化比$q = \sigma_{hv}^0/\sigma_{vv}^0$随$ks$单调增加，$ks$超过2时，$q$的值达到饱和。

这些事实表明，通过测量3个后向散射系数，可以反演得到随机表面的均方根高度s和体含水量m_v的值。为了建立该反演模型，密歇根大学的一个团队利用移动车载多频率极化散射计辅之一个激光廓线系统进行了实地实验，测量表面高度廓线以及用一个微波介质探针测量土壤介质的介电常数和水分含量(Oh et al., 1992)。该研究在干湿两种情况下分别测量了 4 个土壤表面，这些表面的粗糙度 s 在 $0.32 \sim 3.02$ cm 范围之内。该研究不仅为了定量表示雷达后向散射随表面粗糙度和土壤湿度的变化情况，还建立了一个半经验反演模型：通过多极化雷达观测数据测算表面粗糙度和土壤湿度。1992 年的研究又称极化雷达反演土壤湿度-1，简称 PRISM-1，如 10.5.2 节所述。数年后，利用多种雷达仪器(包括机载极化合成孔径雷达)进行了附加实验，得到了 PRISM-1 的改进版本，称之为 PRISM-2，10.5.3 节进行了详细介绍。

10.5.1　同极化和交叉极化比

由于 σ^0 是 θ、ks、m_v 和 f 的函数，因此在建立反演模型之前，分析这些参数的特性非常重要。

图 10.30(a)展示了频率为 1.5 GHz($ks = 0.1$)时，光滑表面($s = 0.32$ cm)的实验数据，图 10.30(b)展示了频率为 9.5 GHz($ks = 6$)时，粗糙表面($s = 3.02$ cm)的实验数据，比较两者，粗糙度的影响非常明显。这两种表面的体含水量基本相同(光滑表面含水量为 0.14 g/cm²，粗糙表面为 0.16 g/cm²)。粗糙表面的同极化后向散射系数[$\sigma_{hh}^0(\theta)$ 和 $\sigma_{vv}^0(\theta)$]变化较弱，在 $\theta = 10°$ 和 $\theta = 70°$ 之间下降约 12 dB；相比之下，光滑表面的同极化后向散射系数随入射角的变化较强，在 $\theta = 10°$ 和 $\theta = 70°$ 之间下降约 45 dB。入射角斜率之差大于 30 dB，相当于 1 000 m²/m²。也就是说，光滑表面[图 10.30(a)]的角衰减率平均为粗糙表面[图 10.30(b)]的 1 000 倍左右。

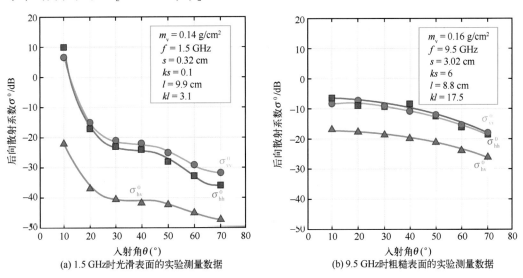

(a) 1.5 GHz时光滑表面的实验测量数据　　　　(b) 9.5 GHz时粗糙表面的实验测量数据

图 10.30　频率为 1.5 GHz 和 9.5 GHz 时，测量的光滑表面($s = 0.32$ cm)和
粗糙表面($s = 3.02$ cm)的后向散射系数 σ^0 随入射角 θ 的变化

同极化比

根据图 10.30 中的数据以及 Oh 等(1992)的其他数据,同极化比定义为

$$p = \frac{\sigma_{hh}^0}{\sigma_{vv}^0} \qquad (10.32)$$

该极化比一般小于或等于 1,随着 ks 变大,该极化比接近 1。单位为 dB 时,

$$p(dB) = \sigma_{hh}^0(dB) - \sigma_{vv}^0(dB) \qquad (10.33)$$

在图 10.30 中,p 为 $\sigma_{hh}^0(dB)$ 与 $\sigma_{vv}^0(dB)$ 之差。如图 10.31 所示,在 $\theta = 50°$ 时,在潮湿土壤表面上测量到的 $p(dB)$ 随 ks 的变化。观察发现,p 取决于 ks 和 ε,且 $ks \geqslant 2$ 时,p 接近 0 dB,基本不受介电常数 ε 的影响。

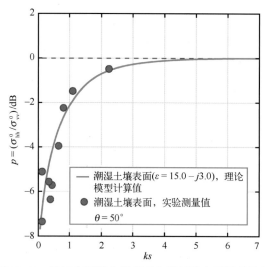

图 10.31　通过在潮湿土壤表面上进行的实验测量值与
理论模型计算值对比,同极化比 p 随电磁粗糙度 ks 的变化

Oh 等(1992)针对同极化比 p 建立了下述经验模型:

$$p = \frac{\sigma_{hh}^0}{\sigma_{vv}^0} = \left[1 - \left(\frac{2\theta}{\pi} \right)^\alpha e^{-ks} \right]^2 \qquad (10.34)$$

式中,θ 为入射角,单位为 rad;$k = 2\pi/\lambda$;s 为均方根高度;且

$$\alpha = \frac{1}{3\Gamma_0} \qquad (10.35)$$

Γ_0 代表垂直入射时的表面(菲涅耳)反射率[†]

$$\Gamma_0 = \left| \frac{1 - \sqrt{\varepsilon}}{1 + \sqrt{\varepsilon}} \right|^2 \qquad (10.36)$$

---

† 计算机代码 10.5。

如 4.8 节所述，体含水量 m_v 对土壤表面的介电常数 ε 的影响很大。

交叉极化比

交叉极化比定义为

$$q = \frac{\sigma^0_{hv}}{\sigma^0_{vv}} \qquad (10.37)$$

如图 10.32 所示，ks 对交叉极化比的影响很大，可以建立经验模型：

$$q = 0.23\Gamma^{1/2}_0 [1 - e^{-ks}] \qquad (10.38)$$

利用 p 和 q 的经验模型，建立了下述 σ^0_{vv}、σ^0_{hh}、σ^0_{hv} 的模型：

$$\sigma^0_{vv} = 0.7[1 - e^{-0.65(ks)^{1.8}}] \frac{\cos^3\theta}{\sqrt{p}} [\Gamma_v(\theta) + \Gamma_h(\theta)] \qquad (10.39a)$$

$$\sigma^0_{hh} = p\sigma^0_{vv} \qquad (10.39b)$$

$$\sigma^0_{hv} = q\sigma^0_{vv} \qquad (10.39c)$$

式(10.34)至式(10.39)给出的表达式组成了 PRISM-1 的正演模型。

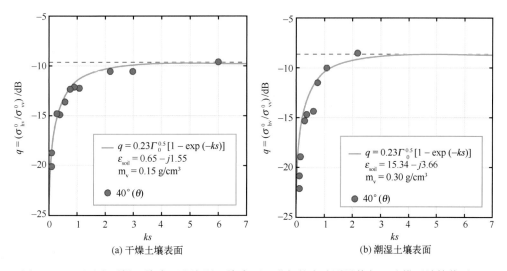

图 10.32　通过在干燥土壤表面和潮湿土壤表面上进行的实验测量值与理论模型计算值对比，
交叉极化比 q 随电磁粗糙度 ks 的变化(Oh et al., 1992)

10.5.2　PRISM-1

根据 p 和 q 的模型，建立一个非线性反演模型(PRISM-1)用于估计 ks、ε'、ε'' 和 m_v 的值。图 10.33 展示了 f = 1.25 GHz、θ = 30°时的一个例子。结合 p 和 q，可以得到 s 和 m_v 的值。图 10.34 比较了模型计算值和实测值。m_v 的均方根误差为

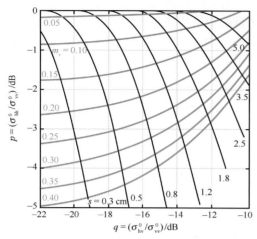

图 10.33 PRISM-1 在任意频率/入射角组合情况下，$f = 1.25$ GHz、$\theta = 30°$时，利用同极化比 p 和交叉极化比 q 估算均方根高度 s 和体含水量 m_v 的值

0.04 g/cm^3，该误差与在实际情况中直接测量 m_v 所得的均方根高度基本相同。当测量目标范围较大时，为了测量 m_v，需从不同空间位置获取数个土壤样品并加以处理，从而确定其平均值以及标准差。即便是在土壤条件很均一的条件下，仅空间变化（忽略用于测量 m_v 的介质探针的测量误差）就接近 0.04 g/cm^3。这表明雷达估算值的精度与 m_v 的自然空间变化的量级相当。

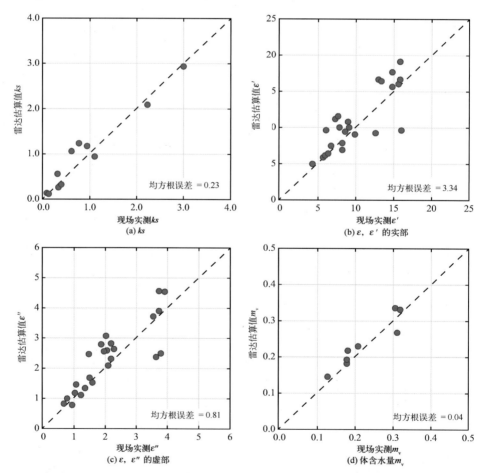

图 10.34 根据雷达（基于 PRISM-1）估算出的 ks、ε'、ε''和m_v的值与相应直接测量值对比(Oh et al., 1992)

10.5.3　PRISM-2

尽管 1992 年的 σ^0 经验模型与实测数据吻合较好，反演模型能提供准确的土壤水分估算值，但还是要注意该模型仅代表包含 4 种不同土壤表面的单一实验。接下来的数十年中，在密歇根州、俄克拉荷马州和加利福尼亚州的实验区，利用车载、室内散射计以及数架飞机上搭载的喷气推进实验室的机载合成孔径雷达进行了更多实验。7 个实验的集成数据覆盖约 40 块裸露土壤，ks 值的范围为 0.13～6.98，体含水量的范围为 0.04～0.29 g/cm^3（Oh et al.，2002）。

利用扩展后的数据集建立了一个新的半经验模型（PRISM-2），m_v 不再是由式（10.34）、式（10.38）和式（10.39）中给出的模型提供的 ε 和 Γ 决定的，而是一个独立的变量。2004 年的模型（Oh，2004）形式如下：

$$\sigma_{vh}^0 = 0.11\, m_v^{0.7}\, (\cos\theta)^{2.2}\left[1 - e^{-0.32(ks)^{1.8}}\right] \tag{10.40a}$$

$$p = \frac{\sigma_{hh}^0}{\sigma_{vv}^0} = 1 - \left(\frac{2\theta}{\pi}\right)^{0.35 m_v^{-0.65}} \cdot e^{-0.4(ks)^{1.4}} \tag{10.40b}$$

$$q = \frac{\sigma_{hv}^0}{\sigma_{vv}^0} = 0.095\,(0.13 + \sin 1.5\theta)^{1.4}\left[1 - e^{-1.3(ks)^{0.9}}\right] \tag{10.40c}$$

在这个模型中，交叉极化比 q 仅是 θ 和 ks 的函数。图 10.35(a)展示了 $\theta = 45°$ 时，交叉极化比 q 随 ks 的变化；图 10.35(b)和图 10.35(c)描绘了 σ_{vh}^0 和 p 随 m_v 和 ks 的变化。

Oh(2004)利用式(10.40)建立反演模型，通过多极化雷达测量数据计算 ks 和 m_v 的估算值。图 10.36 比较了 s 和 m_v 的现场实测值以及利用反演模型得到的估算值，在 1°×1 频率×1 土壤表面条件处，反演由 σ_{hh}^0、σ_{hv}^0 和 σ_{vv}^0 组成的 414 组数据矢量。针对每个实地测量的 ks 或 m_v 的值，该反演模型可以得到多个估算值，对应雷达观测所采用的不同频率/角度组合。图 10.36(a)和(b)中沿着 y 轴的扰动一部分是由于反演模型不准确，但扰动也可能是来自多雷达和观测场的运动之间的相互定标作用。通过多个频率/入射角组合得到多个 ks 估算值，计算这些值的平均值之后，大部分扰动会消失，如图 10.37 所示。

除了 10.3 节描述的 I^{2}EM 理论模型和本章的经验模型，本书还包括随机表面的雷达散射的其他理论模型和经验模型，接下来的章节会讨论其中两个模型。Baghdadi 等(2011)对现有可用模型进行了比较。此外，研究者们共同致力于进一步改进土壤湿度反演算法，使雷达和辐射计的观测数据同时包含在这些反演算法内（Njoku et al.，2002；Narayan et al.，2006；Zhan et al.，2006）。这种方法面临的主要困难是两种传感器在空间分辨率上的巨大差异：星载辐射计的分辨率为数千米，而合成孔径雷达的分辨率为数米至数十米。第 12 章中将对利用微波辐射计估算土壤湿度进行讨论。

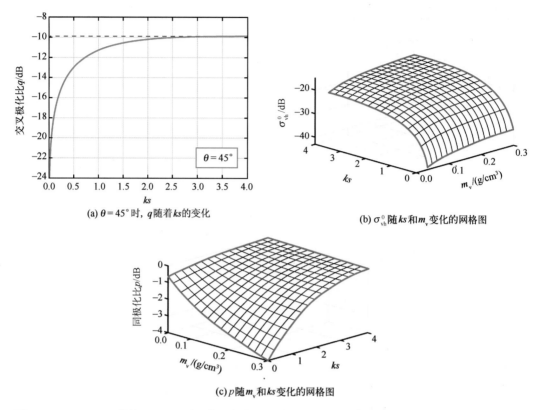

(a) $\theta = 45°$时, q随着ks的变化

(b) σ_{vh}^0随ks和m_v变化的网格图

(c)p随m_v和ks变化的网格图

图 10.35　PRISM-2 曲线：$\theta = 45°$时，交叉极化比 q 随 ks 的变化；σ_{vh}^0 及同极化比 p 随 ks 和 m_v 的变化

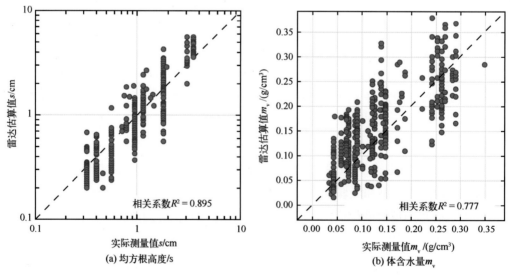

(a) 均方根高度/s

(b) 体含水量m_v

图 10.36　利用 PRISM-2，雷达估算得到的 s、m_v 值与现场实际测量值之间的比较，

每个数据点代表一个单独频率/入射角组合(Oh, 2004)

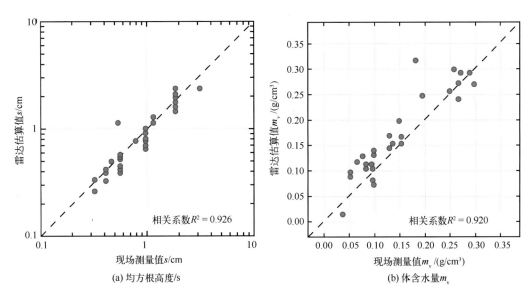

图 10.37　为了减少图 10.36 中由于多雷达与现场测量活动的相互定标效应产生的散射,
计算了多频率/入射角组合得到的多个雷达估算值的平均值(Oh, 2004)

10.6　基于雷达技术的土壤湿度评估(SMART)

Dubois 等(1995a, 1995b)建立了土壤湿度反演模型, 称为基于雷达技术的土壤湿度评估, 简称 SMART。开发该模型所利用的数据集包括密歇根大学 LCX POLARSCAT 的测量结果(Tassoudji et al., 1989)和瑞士伯尔尼大学 RASAM 系统的测量结果(Wegmüller, 1993)。

上述小节中的 PRISM 模型建立在密歇根大学 LCX POLARSCAT 测量结果数据集上。该数据集包括 3 个微波频率(1.25 GHz、4.75 GHz、9.5 GHz), 均方根高度 s 在 0.32~3.02 cm 范围内时, 多个表面的测量值。瑞士伯尔尼大学 RASAM 系统(Wegmüuller, 1993)测量结果数据集包括 6 个频率(范围为 2.5~11 GHz), 均方根高度 s 在 0.57~1.12 cm 范围内时, 多个表面的测量值。以上两个数据集都包括土壤湿度和土壤密度测量结果。

$\theta \geqslant 30°$时, 利用以上数据集, SMART 模型具有以下经验关系[††]:

---

† 计算机代码 10.7。

†† Dubois 等(1995a)最初的文章中有印刷错误, 后更正(1995b)。

$$\sigma_{hh}^0 = 10^{-2.75} \cdot \frac{\cos^{1.5}\theta}{\sin^5\theta} \cdot 10^{0.028\varepsilon'\tan\theta} \ (ks\ \sin\theta)^{1.4}\ \lambda^{0.7} \qquad (10.41a)$$

$$\sigma_{vv}^0 = 10^{-2.35} \cdot \frac{\cos^3\theta}{\sin^3\theta} \cdot 10^{0.046\varepsilon'\tan\theta} \ (ks\ \sin\theta)^{1.1}\ \lambda^{0.7} \qquad (10.41b)$$

式中，ε' 为土壤的介电常数的实部；$k = 2\pi/\lambda$；s 为均方根高度，单位为 cm；λ 为波长，单位为 cm；σ_{hh}^0 和 σ_{vv}^0 的单位为 m^2/m^2。图 10.38 是 σ_{vv}^0(dB) 对比同极化比 $p = \sigma_{hh}^0/\sigma_{vv}^0$ 的图像，以 ks 和 ε' 为参数。这些计算结果是 $\theta \geqslant 45°$ 时的情况。van Zyl 等（2011）指出，ks 的值较大时，根据模型表达式得到的同极化比会超过 1，这与理论预期结果相矛盾。因此，相比于粗糙度较大的表面，该模型更适用于 ks 小于或约为 1.2 的表面。

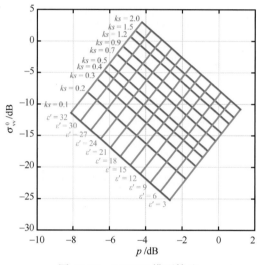

图 10.38　SMART 模型算法

θ 和 λ 为已知雷达参数，式（10.41）中未知的参数只有 ε' 和 s。利用测得的 σ_{hh}^0 和 σ_{vv}^0 确定 ε' 和 s，土壤介电模型(4.8 节)给出了 ε' 与土壤湿度 m_v 之间的关系。

为了证明 SMART 模型的可行性，Dubois 等（1995a，1995b）对式（10.41）右侧的项 $(ks\ \sin\theta)$ 分离变量，再将两侧单位换算为 dB，得到

$$10\ \log\left[\sigma_{hh}^0\ \lambda^{-0.7} \cdot \frac{\sin^5\theta}{\cos^{1.5}\theta} \cdot 10^{-0.028\varepsilon'\tan\theta}\right] = 10\ \log\left[10^{-2.75}\ (ks\ \sin\theta)^{1.4}\right]$$

$$= -27.5 + 14\ \log(ks\ \sin\theta) \qquad (10.42)$$

图 10.39 中，根据联合数据集，式（10.42）左侧的计算值和 $\log(ks\ \sin\theta)$ 的值进行了比较。图 10.39 中的直线表示式（10.42）呈线性形式。图 10.40 中，应用该模型根据 σ_{hh}^0 和 σ_{vv}^0 反演估算 m_v 和 s 的值。反演结果中，m_v 均方根误差大约为 4%，s 均方根误差大约为 0.4 cm。由机载和星载成像雷达的记录数据，将反演模型应用到 L 波段图像中，其结果如图 10.41 所示。

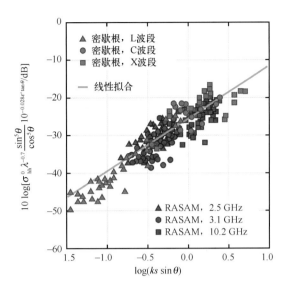

图 10.39 针对 POLARSCAT 和 RASAM 散射计数据，$\log(ks\sin\theta)$ 与

$$10\log\left[\sigma_{hh}^{0}\lambda^{-0.7}\cdot\frac{\sin^{5}\theta}{\cos^{1.5}\theta}\cdot 10^{-0.028\varepsilon'\tan\theta}\right]$$ 的对比曲线 (Dubois et al., 1995a, 1995b)

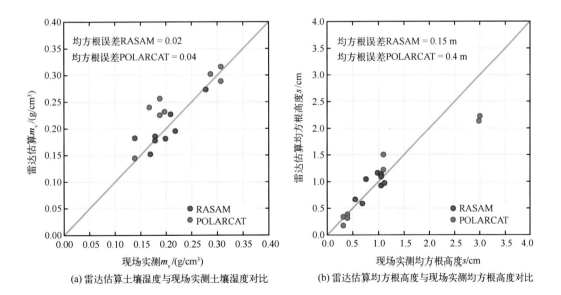

(a) 雷达估算土壤湿度与现场实测土壤湿度对比

(b) 雷达估算均方根高度与现场实测均方根高度对比

图 10.40 土壤湿度和均方根高度现场实测数据与雷达估算值对比 (Dubois et al., 1995a)

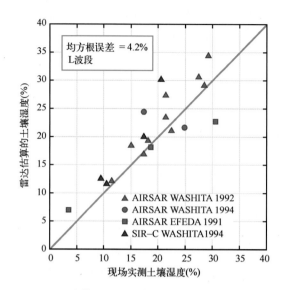

图 10.41　JPL AIRSAR 和 SIR-C 成像的裸露土壤的雷达估算土壤湿度与现场实测土壤湿度对比

反演表达式如下 (van Zyl et al., 2011)[†]:

$$\varepsilon' = \frac{1}{3.36 \tan \theta}\{14\,\sigma_{vv}^0(\mathrm{dB}) - 11\,\sigma_{hh}^0(\mathrm{dB}) + 26.5$$
$$- 255\ln(\cos\theta) - 130\ln(\sin\theta) - 21\ln(\lambda)\} \tag{10.43a}$$

和

$$\ln(ks) = -0.083\,\sigma_{vv}^0(\mathrm{dB}) + 0.137\,\sigma_{hh}^0(\mathrm{dB}) + 1.807 + 0.446\ln(\cos\theta)$$
$$+ 3.345\ln(\sin\theta) - 0.375\ln(\lambda) \tag{10.43b}$$

λ 的单位为 cm。

SMART 模型具有几个明显特征:

(a)表达式非常直观, 使用简单;

(b)仅受 hh 极化和 vv 极化的影响(而 PRISM 模型除了这两种极化, 还包括σ_{hv}^0);

(c)能准确估算m_v和 s。

因此, 该模型以多极化雷达成像为基础绘制土壤湿度图, 已在许多地方应用(Kseneman et al., 2009; Truong-LöI et al., 2009; Merzouki et al., 2011; Prakash et al., 2012)。

10.7　模型对比

电磁散射模型有 3 种不同形式, 其中最简单的是半经验模型。在本文中, 这些半

---

†　计算机代码 10.8。

经验模型包括 10.5 节的 PRISM 模型和 10.6 节的 SMART 模型。在理论模型趋势预测的指导下，这些模型主要根据实验数据建立。

第二种形式包括理论基础更强的理论模型，但其解析解需要利用不同假设进行数学近似，并且通常需要重积分求解，但对计算机内存的需求较低，10.3 节中的 $\mathrm{I}^2\mathrm{EM}$ 便是一个很好的例子。

第三种形式包括三维麦克斯韦方程的数值解法。三维麦克斯韦方程比近似理论模型更准确，但是需要很大的计算机内存。在最近的一项研究中，Huang 等（2010）利用矩量法计算 σ^0 和辐射率 e 关于表面参数的 6 000 个数值解，其中 σ^0 的计算条件是 hh 极化和 vv 极化，e 的计算条件是 h 极化和 v 极化。其中表面参数包括 s/λ、l/λ 和 ε，其中 s 和 l 为随机表面的均方根高度和相关长度，ε 为该表面的介电常数。在进行所有计算时，$\theta = 40°$。图 10.42 和图 10.43 给出了 σ^0 的计算结果。

图 10.42（a）中有 3 条 σ_{vv}^0 随 ks 变化的曲线以及 6 个数据点。这些数据点来自 Huang 等（2010）的三维数据矩量法计算结果，3 条曲线分别代表 $\mathrm{I}^2\mathrm{EM}$ 模型、PRISM-1 模型和 SMART 模型。图 10.42（b）为 σ_{hh}^0 随 ks 变化的曲线，图 10.43 与图10.42 类似，但自变量为 ε'。

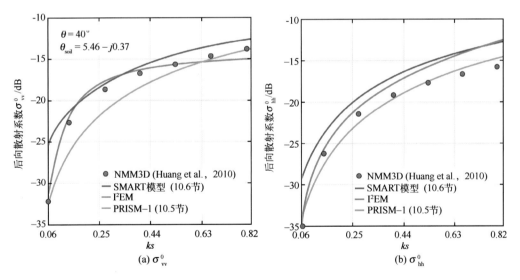

图 10.42　利用 $\mathrm{I}^2\mathrm{EM}$、PRISM-1 和 SMART 模型计算的 vv 极化和
hh 极化后向散射系数随电磁粗糙度 ks 的变化

与 Huang 等（2010）的研究类似，Baghdadi 等（2011）在法国和突尼斯几个地点，利用高分辨率 TerraSAR-X 成像雷达进行的测量，评估了 $\mathrm{I}^2\mathrm{EM}$ 模型、PRISM-1 模型和 SMART 模型。

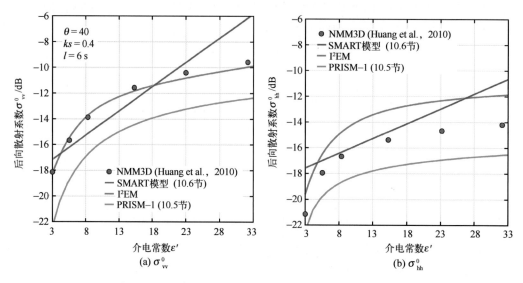

图 10.43　利用 I²EM、PRISM-1 和 SMART 模型计算的 vv 极化和
hh 极化后向散射系数随介电常数的变化

10.8　观测总结

自从 Ulaby(1974)首次发表文章研究雷达对土壤湿度的响应以来，对该响应的研究已有数百项。利用这些研究成果开发反演技术，获取大尺度范围土壤-水分分布地图。现在已经有诸如 I²EM、PRISM-1 和 SMART 等模型的基本反演手段，但绘制土壤-水分地图还需要建立一种准确度能够达到3%~4%的反演算法。

达到这种准确度的难点有两个方面。第一，与土壤体含水量m_v的定义有关。在一些实际研究中，m_v在土壤表面 1 cm 之内的位置测得，其他一些研究是在土壤表面 2 cm 或 5 cm 之内的位置测量。事实上，水分会随着深度变化增加或减少，使得 m_v 的定义变得复杂。可能的解决方案：将雷达反演模型预测的m_v定义为雷达等效水分含量，让这些土壤-水分信息的使用者(水文学家、气候建模者、农民等)明白怎样根据实际应用选择合适的使用方法。

第二，与表面粗糙度描述过度简化有关。根据 I²EM 模型，表面-高度统计关系取决于相关函数的形式、均方根高度和相关长度 l，若表面-高度廓线包括不同尺度的粗糙度，这些参数适用于每个粗糙度。PRISM-1 模型和 SMART 模型只有 ks 表示粗糙度。由于不同粗糙度对不同雷达波长的反应不同，因此相比于单频系统，双频极化雷达(比如L 波段加 C 波段雷达)更有可能提供较为准确的m_v。Oh(2004)将图 10.36 所示的结果和图 10.37 所示的结果进行比较，得出这一结论。为了探测植被下的土壤湿度(将在第 12 章讨论)，有必要增加第三(甚至第四)低频率频道。

习 题

10.1 假设一个随机表面由 3 个粗糙度表征。利用图 10.9 所示的结果解释在什么条件下，哪种粗糙度最重要。假设比率 s_i/λ_e 中 s_i 为第 i 个尺度的均方根高度，λ_e 为有效波长。

10.2 假设有一个包含高斯型相关函数的 3 尺度随机表面，该表面的粗糙度参数为 $s_1 = 1$ cm、$l_1 = 15$ cm，$s_2 = 0.4$ cm、$l_2 = 5$ cm，$s_3 = 0.2$ cm、$l_3 = 2.5$ cm。介电常数 $\varepsilon = 12$。$\theta = 30°$ 时，计算 hh 极化的后向散射系数，并作出随 ks 变化的函数曲线，绘制出后向散射系数的曲线。其中 k 为表面波数，s 为表面等效均方根高度，ks 的范围为 $0.1 \sim 1$。

10.3 σ_{hv}^0 为 m_v 的函数，图 10.13 展示了 $f = 3$ GHz 时 σ_{hv}^0 的图像。绘制出频率为 1.5 GHz 和 4.5 GHz 时，相同表面的类似曲线。

10.4 一维正弦表面的 $A = 8$ cm、$\Lambda = 40$ cm，一个相对光滑的随机表面在这个周期性表面的上方，该随机表面的后向散射系数(无周期性表面时)如下：

$$\sigma_{vv}^s = e^{-13.2\theta'} \qquad (m^2/m^2)$$

其中，θ' 为入射角，单位为 rad。$\theta_0 = 20°$ 时，计算成像雷达(空间分辨率为 Λ 的数倍)观测到的后向散射系数，并作出曲线。曲线应当显示出其随方位角 $\phi_0(0° \sim 180°)$ 的变化。

10.5 相对粗糙表面的后向散射系数为

$$\sigma_{vv}^s = e^{-2\theta'} \qquad (m^2/m^2)$$

其余条件和问题同题 10.4，重复做题 10.4。

10.6 利用计算机代码 4.7 和计算机代码 10.5，计算下述条件时，PRISM-1 模型随 $m_v(0 \sim 0.3$ g/cm^3) 的变化：

(a)σ_{vv}^0；(b)σ_{hh}^0；(c)σ_{hv}^0；(d)同极化比和交叉极化比。

假设 $f = 3$ GHz，$\theta = 45°$，$s = 1.5$ cm。

10.7 利用计算机代码 4.7 和计算机代码 10.5，计算下述条件时，SMART 模型随 $m_v(0 \sim 0.3$ g/cm^3) 的变化：

(a)σ_{vv}^0；(b)σ_{hh}^0。

假设 $f = 3$ GHz，$\theta = 45°$，$s = 1.5$ cm。

10.8 入射角为 30° 时，利用 1.5 GHz 极化雷达绘制裸露土壤的图像。该土壤介电常数通过近似模型给出：

$$\varepsilon' = 57\,m_{\mathrm{v}} + 3$$

$$\varepsilon'' = 11\,m_{\mathrm{v}}$$

其中，m_{v} 的单位为 g/cm³。在 0.05 g/cm³ $\leqslant m_{\mathrm{v}} \leqslant$ 0.35 g/cm³ 和 0.2 cm $\leqslant s \leqslant$ 2 cm 范围内，m_{v} 与均方根高度 s 进行不同组合时，利用 PRISM-1 正演模型求 σ_{hh}^0 和 σ_{vv}^0。利用所求数据建立反演模型。通过线性回归分析比较模型预测的 m_{v} 和实际的 m_{v}，评估所建模型的性能。

第 11 章
体散射模型与陆地观测

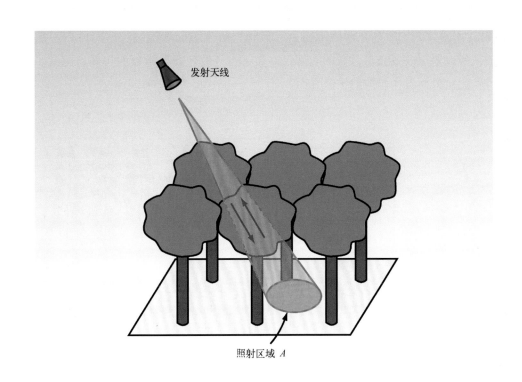

发射天线

照射区域 A

体散射

表面散射发生在两种介质(介电性能不同)之间的连续表层界面,与之相反,体散射是由均质背景电介质中的离散粒子所引起的。图 11.1 所示是土壤介质上的干雪层。干雪由悬浮在空气中的冰晶构成,雪–土壤混合物散射的总信号包括以下散射成分:空气–雪界面和雪–土壤界面表面散射产生的散射成分、冰晶体散射产生的散射成分以及包含表面散射和体散射的多次散射产生的散射成分。除了植被冠层顶部没有明显的界面外,上述类似情况也适用于图 11.2 所示的植被冠层。为了计算空气–冠层扩散界面的散射,用等效的均质电介质表示冠层。但是,由于冠层中植被物质的体积不足冠层的 1%,所以冠层有效介电常数的实部仅略大于空气有效介电常数的实部。因此,我们将空气–冠层界面看作非散射扩散界面。

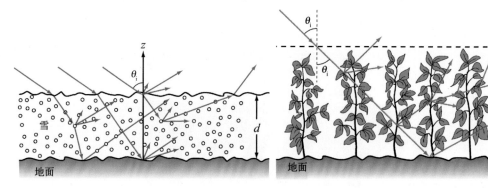

图 11.1 干雪层的散射   图 11.2 植被冠层的体散射

> ▶ 在对体散射介质产生的雷达散射或辐射进行建模或分析时,应考虑以下几个因素:
>   (a)散射体相对于波长 λ 的尺寸分布;
>   (b)散射体的三维方向分布;
>   (c)散射体的形状分布;
>   (d)散射体的介电常数(若存在不止一种类型的散射体,则对每种类型散射体的介电常数都要考虑)。◀

这些因素决定了:

(a)散射体的形状对于散射体方向图是否重要。较大的散射体(相对 λ)具有清晰的散射体图样,对于很小的散射体的散射图像不论其形状如何,都可以使用瑞利相位函数近似(详见 11.6.5 节)。

(b)该层的体散射是否可以被限制为单次散射,从而简化计算。

(c)介质的消光系数是否取决于吸收(与散射有关)。

(d)体积是否呈方位对称。

为帮助读者厘清各个因素及其影响结果之间的相互关系，我们首先对简单情况下的散射过程进行启发式描述，然后概述各种相关介质的波传播特性。这两个主题相结合，为在 11.6 节和 11.7 节中讨论辐射传输理论提供了有用的知识背景。

11.1　植被启发式单次散射模型

以图 11.3 描述的植被冠层为例。

> ▶ 单次散射后向散射模型考虑地表的散射贡献，包括植被冠层体积的单次散射，也可能包含地表双次散射、单次散射或无散射的贡献。◀

这些贡献包括：

(a)地表的单次后向散射，冠层中的双向传输也考虑在内(图 11.3 中用"射线①"表示)；

(b)冠层成分的单次直接后向散射(图 11.3 中用"射线②"表示)；

(c)先后经过地面和植被元素的单次双站散射(反射)，最终指向雷达，或散射序列与此相反的情况(图 11.3 中分别用"射线③ₐ"和"射线③ᵦ"表示)；

(d)透过冠层中的传输，然后是地表的镜面反射，接着是植被体后向散射及地表的再一次镜面反射(图 11.3 中用"射线④"表示)。

对于不同的冠层体积，p 极化消光系数 κ_e^p 表示波传播产生的吸收和散射损耗，即

$$\kappa_e^p = \kappa_a^p + \kappa_s^p \qquad (11.1)$$

由于冠层的高度是不均匀的，方位上可能是各向异性的，且植被成分(叶子、茎等)的形状和方向各异，所以 κ_e^p 通常依赖于高度(冠层顶部 $z=0$，冠层底部 $z=-d$)、方向和极化。对于这种简单的启发式模型，假定 κ_s^p、κ_a^p 和 κ_e^p 都是有关植被深度 z 的函数。

对于沿着入射角 θ_i 相对于天底点的向下传播或沿着角度 θ_i 相对于 $z=-d$ 向上传播(图 11.4)，冠层的 p 极化的单向倾斜透射率 Y_p 表示为

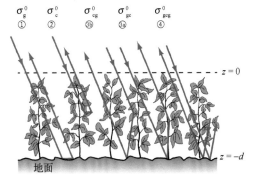

①来自土壤的直接后向散射(σ_g^0)
　(包括冠层的双向衰减)
②来自植物的直接后向散射(σ_c^0)
③植物/地面和地面/植物散射(σ_{cgt}^0)
④地面/植物/地面散射(σ_{gcg}^0)

σ_g^0　σ_c^0　σ_{cg}^0　σ_{gc}^0　σ_{gcg}^0
①　　②　　③ᵦ　　③ₐ　　④

$z=0$

地面

$z=-d$

图 11.3　植被冠层中的单次散射贡献

$$Y_p = \mathrm{e}^{-\tau_p} \tag{11.2}$$

式中，τ_p 为冠层的 p 极化衰减（光学深度），即

$$\tau_p = \kappa_e^p d \sec \theta_i \quad (\mathrm{Np}) \tag{11.3}$$

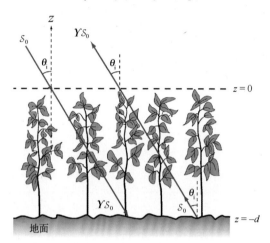

图 11.4 透射率 Y 解释了透过冠层沿入射角的透射损耗

> ▶ 散射术语
>
> 在下列推导中，我们将使用多个与散射相关的参量。为了写作连贯简洁，我们首先给出以下定义：
>
> $\sigma^0_{\mathrm{name}_{pq}}$：上标 0 表示该参量为散射系数（单位面积的散射截面），以 $\mathrm{m}^2/\mathrm{m}^2$ 为单位；下标“name”指相关散射机制的简称（图 11.3）；pq 表示接收/发射极化（p，q=v 或 h 极化）。
>
> $\sigma^{\mathrm{back}}_{\mathrm{v}_{pq}}$：下标 v 表示该参量为体后向散射系数（单位体积的散射截面），以 $\mathrm{m}^2/\mathrm{m}^3 = \mathrm{m}^{-1}$ 为单位；上标“back”表示入射方向和散射方向恰好相反。
>
> $\sigma^{\mathrm{bist}}_{\mathrm{v}_{pq}}$：该参量也是体散射系数，但是针对双站散射。
>
> $\sigma^{\mathrm{back}}_{pq}$：单一粒子的后向散射截面（$\mathrm{m}^2$）。
>
> $\sigma^{\mathrm{bist}}_{pq}$：单一粒子的双站散射截面（$\mathrm{m}^2$）。◀

11.1.1 直接地面贡献

若不存在植被层，则地表的后向散射系数为 $\sigma^0_{\mathrm{s}_{pq}}$。若存在植被层，则直接地面贡献将被调节为 $Y_p Y_q$ 倍，即

$$\sigma^0_{g_{pq}}(\theta_i) = Y_p Y_q \, \sigma^0_{s_{pq}}(\theta_i) \qquad (\text{m}^2/\text{m}^2)\ (p,\ q = \text{v 极化或 h 极化}) \qquad (11.4)$$

通常情况下，$\sigma^0_{s_{pq}}$ 与极化和入射角相关，所以 $\sigma^0_{g_{pq}}$ 也与极化和入射角相关。

11.1.2　直接体贡献——云模型

为了对冠层体的散射贡献 $\sigma^0_{c_{pq}}(\theta_i)$ 进行建模，Attema 等（1978）将冠层视为等效的"水态云"，由均匀分布在体内的相同散射体构成，如图 11.5 所示。忽略多次散射，则植被介质的 pq 极化体后向散射系数 $\sigma^{back}_{v_{pq}}$ 为

$$\sigma^{back}_{v_{pq}} = N_v \, \sigma^{back}_{pq} \qquad (\text{m}^{-1}) \qquad (11.5)$$

式中，N_v 为数密度（单位体积内的散射粒子数，以 m^{-3} 为单位）；σ^{back}_{pq} 为单一粒子的 pq 极化后向散射截面。

从图 11.5 可以看出，在截取冠层之前，q 极化入射平面波的功率密度为 δ^i_0，冠层到地面的横向距离为 $z \sec \theta_i$，则冠层内穿过面积为 A 的微分体的 q 极化功率密度为

$$\mathcal{S}^i_q(z) = \mathcal{S}^i_0 \cos \theta_i \, e^{\kappa^q_e z \sec \theta_i} \qquad (\text{W}/\text{m}^2) \qquad (11.6)$$

式中，κ^q_e 为 q 极化的消光系数。注意，冠层顶部定义为 $z=0$，地面定义为 $z=-d$，所以冠层内部定义为 $z \leqslant 0$。$\cos \theta$ 表示入射面积 A_0 与较大入射面积 $A(A=A_0/\cos \theta_i)$ 的功率密度差；指数函数表示冠层表面与深度 z 处微分体之间的单向透射率。

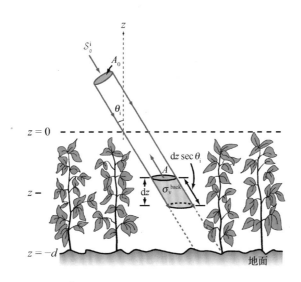

图 11.5　冠层体对后向散射的直接贡献

已知 $\sigma^{back}_{v_{pq}}$ 为单位体积的后向散射截面，且微分体的大小为 $A \sec \theta_i \, \mathrm{d}z$，则微分体的总后向散射截面为

$$d\sigma_{pq}^{\text{back}} = \sigma_{v_{pq}}^{\text{back}} A \sec\theta_i \, dz \qquad (\text{m}^2) \tag{11.7}$$

从深度 z 处上升至冠层顶部后，其后向散射方向上微分体再辐射的微分 p 极化功率为

$$dP_p^{\text{rer}} = \mathcal{S}_q^i(z) \, d\sigma_{pq}^{\text{back}} e^{\kappa_e^p z \sec\theta_i} = \mathcal{S}_0^i A \cos\theta_i \sigma_{v_{pq}}^{\text{back}} e^{2(\kappa_e^q + \kappa_e^p)z \sec\theta_i} \sec\theta_i \, dz \tag{11.8}$$

对冠层整体深度的 dP_p^{rer} 进行积分，得出

$$\begin{aligned}
P_p^{\text{rer}} &= \int_{-d}^{0} \mathcal{S}_0^i A \cos\theta_i \sigma_{v_{pq}}^{\text{back}} e^{2(\kappa_e^p + \kappa_e^q)z \sec\theta_i} \sec\theta_i \, dz \\
&= \frac{\mathcal{S}_0^i A \sigma_{v_{pq}}^{\text{back}}}{(\kappa_e^p + \kappa_e^q)\sec\theta_i}\left[1 - e^{-(\kappa_e^p + \kappa_e^q)d \sec\theta_i} \right] \\
&= \frac{\mathcal{S}_0^i A \cos\theta_i \sigma_{v_{pq}}^{\text{back}}}{\kappa_e^p + \kappa_e^q}\left[1 - Y_p Y_q \right]
\end{aligned} \tag{11.9}$$

式中，Y 为式(11.2)所定义的单向透射率。

距接收天线 R_r 处，散射波的 p 极化功率密度为

$$\mathcal{S}_p^s = \frac{P_p^{\text{rer}}}{4\pi R_r^2}$$

根据式(5.30)给出的雷达截面标准定义，再除以面积 A，可得出 pq 极化冠层后向散射系数 $\sigma_{c_{pq}}^0$ 为

$$\sigma_{c_{pq}}^0(\theta_i) = \frac{4\pi R_r^2}{A}\frac{\mathcal{S}_p^s}{\mathcal{S}_0^i} = \frac{\sigma_{v_{pq}}^{\text{back}} \cos\theta_i}{\kappa_e^p + \kappa_e^q}(1 - Y_p Y_q) \qquad (\text{m}^2/\text{m}^2) \tag{11.10}$$

若 σ_v^{back} 和 κ_e 均与极化无关，且都不产生交叉极化，则 hh 极化和 vv 极化的 $\sigma_c^0(\theta_i)$ 相同、hv 极化的 $\sigma_c^0(\theta_i)$ 为零。对于真实的冠层，hv 极化的 σ_c^0 并非为零。若冠层含有垂直茎秆，则 hh 极化和 vv 极化的 σ_c^0 大小可能不一样。

11.1.3 冠层-地面贡献

冠层-地面贡献的成分包括两部分：雷达方向上的地面反射和冠层双站散射以及雷达方向上的散射和冠层双站散射的地面反射(图11.6)。为了计算这两个成分，我们将地面界面看作准镜面表面。由于是准镜面，我们将反射限定为镜面反射方向，但同时也考虑了由于表面粗糙引起的菲涅耳反射率降低的问题。也就是说，根据式(5.110)，用 p 极化菲涅耳反射率表示镜面 $\Gamma^p(\theta_i)$ 的 p 极化相干反射率 $\Gamma_{\text{coh}}^p(\theta_i)$ ，即

$$\Gamma_{\mathrm{coh}}^{p}(\theta_{i}) = \Gamma^{p}(\theta_{i}) \, e^{-4k^{2}s^{2}\cos^{2}\theta_{i}} \qquad (p = \mathrm{v} \ 或 \ \mathrm{h}) \tag{11.11}$$

式中，$k = 2\pi/\lambda$ 表示波数；s 为地表的均方根高度。

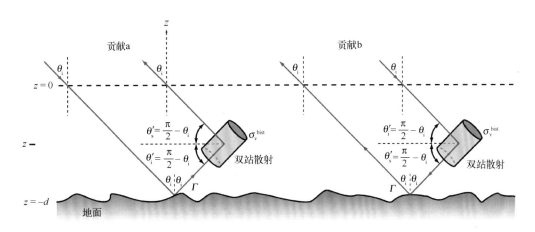

图 11.6　体-地面单次散射双贡献

> ▶ 以下内容中，用符号 Γ 表示表面反射率。若电磁粗糙度 $ks > 0.2$，则用 Γ_{coh} 表示 Γ。◀

在镜面反射条件下，上下两个方向上均发生传播，角 θ_{i} 与 $\hat{z}$ 或 $-\hat{z}$ 对准。假定图 11.6 中"a"表示散射贡献。当波穿过冠层向下传播到地表，并沿着镜面方向完成反射后，最终传播至冠层顶部并超过顶部。在上述波的传播过程中，部分向上的传播能量在雷达方向发生双站散射。散射的能量与体积双站散射系数 $\sigma_{\mathrm{v}_{pq}}^{\mathrm{bist}}(\theta_{s}', \phi_{s}'; \theta_{i}', \phi_{i}')$ 成正比，其中 (θ_{i}', ϕ_{i}') 和 (θ_{s}', ϕ_{s}') 表示相对微分体的入射方向和散射方向。镜面反射方向上，$\phi_{s}' = \phi_{i}' = 0$，且 $\theta_{i}' = \theta_{s}' = \pi/2 - \theta_{i}$。按照式(11.10)推导 σ_{c}^{0} 表达式的步骤，可以推导出地面-冠层后向散射系数的表达式：

$$\sigma_{\mathrm{gc}_{pq}}^{0}(\theta_{i}) = \sigma_{\mathrm{v}_{pq}}^{\mathrm{bist}} \cdot d \Gamma^{q} \, Y_{q} Y_{p} \tag{11.12}$$

式中，d 为冠层高度，且体积双站散射系数 $\sigma_{\mathrm{v}_{pq}}^{\mathrm{bist}}$ 满足 $\theta_{i}' = \theta_{s}' = \pi/2 - \theta_{i}$。

同理，对于图 11.6 中的贡献"b"，

$$\sigma_{\mathrm{cg}_{pq}}^{0}(\theta_{i}) = \sigma_{\mathrm{v}_{pq}}^{\mathrm{bist}} \cdot d \Gamma^{p} \, Y_{p} Y_{q} \tag{11.13}$$

两个成分之和称作冠层-地面总贡献，即

$$\sigma_{\mathrm{cgt}_{pq}}^{0}(\theta_{i}) = \sigma_{\mathrm{gc}_{pq}}^{0}(\theta_{i}) + \sigma_{\mathrm{cg}_{pq}}^{0}(\theta_{i}) = \sigma_{\mathrm{v}_{pq}}^{\mathrm{bist}}(\theta_{i}) \cdot d \left[\Gamma^{p} + \Gamma^{q} \right] Y_{p} Y_{q} \tag{11.14}$$

当 $p = q$(即 hh 极化或 vv 极化)时，式(11.14)简化为

$$\sigma^0_{\text{cgt}_{pp}}(\theta_\text{i}) = 2\,\sigma^{\text{bist}}_{\text{v}_{pp}} \cdot d\Gamma^p Y_p^{\,2} \qquad (p = \text{h 或 v}) \text{（非相干求和）} \qquad (11.15\text{a})$$

上述推导是基于辐射传输理论进行的，涉及的是功率量而非电场。因此，不同贡献要进行非相干求和（对于相位）。由于两个贡献完成同一传播过程，但顺序相反，所以二者的振幅和相位相同，此时电场可以进行相干求和。

对于 hh 极化和 vv 极化，相干求和使 σ^0_{cgt} 增大两倍，得出

$$\sigma^0_{\text{cgt}_{pp}}(\theta_\text{i}) = 4\,\sigma^{\text{bist}}_{\text{v}_{pp}} \cdot d\Gamma^p\, Y_p^{\,2} \qquad (p = \text{h 或 v}) \text{（相干求和）} \qquad (11.15\text{b})$$

同极化冠层–地面总贡献的增加称作双站散射增强。

11.1.4 地面–冠层–地面贡献

图 11.3 中的第二项表示冠层体向上的后向散射，第四项表示沿向下方向的冠层体的后向散射以及地面的双重反射和通过冠层额外的双向传播。因此，地面–冠层–地面贡献表示为

$$\begin{aligned}
\sigma_{\text{gcg}_{pq}}(\theta_\text{i}) &= Y_p Y_q\, \Gamma^p \Gamma^q\, \sigma^0_{\text{c}_{pq}}(\theta_\text{i}) \\
&= \frac{\sigma^{\text{back}}_{\text{v}_{pq}} \cos\theta_\text{i}}{\kappa_\text{e}^p + \kappa_\text{e}^q}\, \Gamma^p \Gamma^q (Y_p Y_q - Y_p^{\,2} Y_q^{\,2})
\end{aligned} \qquad (11.16)$$

11.1.5 单次散射辐射传输模型

总的单次散射后向散射系数为上述 4 种贡献之和，即

$$\begin{aligned}
\sigma^0_{pq} &= \sigma^0_{\text{g}_{pq}} + \sigma^0_{\text{c}_{pq}} + \sigma^0_{\text{cgt}_{pq}} + \sigma^0_{\text{gcg}_{pq}} \\
&= Y_p Y_q\, \sigma^0_{\text{s}_{pq}}(\theta_\text{i}) + \frac{\sigma^{\text{back}}_{\text{v}_{pq}} \cos\theta_\text{i}}{\kappa_\text{e}^p + \kappa_\text{e}^q}(1 - Y_p Y_q)(1 + \Gamma^p \Gamma^q\, Y_p Y_q) \\
&\quad + n\, \sigma^{\text{bist}}_{\text{v}_{pq}} d(\Gamma^p + \Gamma^q)\, Y_p Y_q
\end{aligned} \qquad (11.17)$$

且 $n = 1$ 时，表示 hv 极化，还表示非相干求和假设条件下的 hh 极化和 vv 极化；$n = 2$ 时，表示相干求和得出的 hh 极化和 vv 极化。由于式(11.17)和 11.5 节得到辐射传输方程式的形式解相同，因此将此公式称作单次散射辐射传输（S^2RT）模型。

若不存在植被层，则 $d = 0$，$Y = 1$，而式(11.17)简化为：$\sigma^0 = \sigma^0_{\text{s}_{pq}}$。若存在植被层，则对于非常茂密的高衰减冠层，$Y \approx 0$，此时冠层看起来像半无限层，即

$$\sigma^0_{pq}(\theta_\text{i}) = \frac{\sigma^{\text{back}}_{\text{v}_{pq}} \cos\theta_\text{i}}{\kappa_\text{e}^p + \kappa_\text{e}^q} \qquad (Y \to 0) \text{（半无限层）} \qquad (11.18)$$

11.2 各向同性散射和瑞利散射

11.2.1 各向同性散射的冠层元素

对于各向同性散射体而言，hh 极化和 vv 极化各方向上的散射图样分布均匀，因此，

$$\sigma_{\mathrm{v}}^{\mathrm{back}} = \sigma_{\mathrm{v}}^{\mathrm{bist}} = \kappa_{\mathrm{s}} \tag{11.19}$$

式中，κ_{s} 为消光系数 κ_{e} 的散射成分，且 $Y_p = Y_q$。将式(11.19)代入式(11.17)中，得出

$$\sigma_{pp}^{0}(\theta_{\mathrm{i}}) = Y^{2} \sigma_{\mathrm{s}_{pp}}^{0}(\theta_{\mathrm{i}}) + \frac{a \cos \theta_{\mathrm{i}}}{2} (1 - Y^{2})(1 + \Gamma^{2} Y^{2}) + 4\kappa_{\mathrm{s}} d\Gamma Y^{2} \qquad (p = \mathrm{h}\ 或\ \mathrm{v})$$

$$\tag{11.20}$$

式中，$\Gamma = \Gamma^p$，并引入了单次散射反照率，其定义如下：

$$a = \frac{\kappa_{\mathrm{s}}}{\kappa_{\mathrm{e}}} \tag{11.21}$$

11.2.2 用作瑞利散射的冠层元素

在 8.5.3 节中，我们使用瑞利近似探讨了小型球体的散射和吸收特性(11.5.5节将会进一步讨论)。瑞利粒子的散射图样依赖于入射和散射方向，图 11.6 展示了 hh 极化和 vv 极化以及入射和散射方向：

$$\sigma_{\mathrm{v}}^{\mathrm{back}} = \sigma_{\mathrm{v}}^{\mathrm{bist}} = \frac{3}{2} \kappa_{\mathrm{s}} \qquad (\mathrm{hh}\ 极化和\ \mathrm{vv}\ 极化) \tag{11.22}$$

得出

$$\sigma_{pp}^{0}(\theta_{\mathrm{i}}) = Y^{2} \sigma_{\mathrm{s}_{pp}}^{0}(\theta_{\mathrm{i}}) + \frac{3a}{4} \cos \theta_{\mathrm{i}} (1 - Y^{2})(1 + \Gamma^{2} Y^{2}) + 3n\kappa_{\mathrm{s}} d\Gamma Y^{2} \qquad (p = \mathrm{h}\ 或\ \mathrm{v})$$

$$\tag{11.23}$$

我们将此称为含有瑞利粒子的 $\mathrm{S}^2\mathrm{RT}$ 模型，或简称为 $\mathrm{S}^2\mathrm{RT/R}$ 模型。

图 11.7 展示了以下 3 种瑞利冠层 σ^0 4 种成分的相对贡献：低度损耗冠层($Y_0 = 0.8$)、中度损耗冠层($Y_0 = 0.3$)以及高度损耗冠层($Y_0 = 0.1$)。上述 3 种冠层的单次散射反照率 $a = 0.1$，消光系数 $\kappa_{\mathrm{e}} = 1$ Np/m，但高度在 0.22 m(低度损耗冠层)至 2.3 m(高度损耗冠层)不等。冠层下面的土壤表面略微粗糙($ks = 0.63$)，体含水量为 0.2 g/cm^3。理论上，对于低度损耗冠层，地面成分 $\sigma_{\mathrm{g}_{pq}}^{0}$ 为主要贡献，特别是接近垂直入射时；但对于高度损耗冠层，σ_{c}^{0} 为主要贡献。

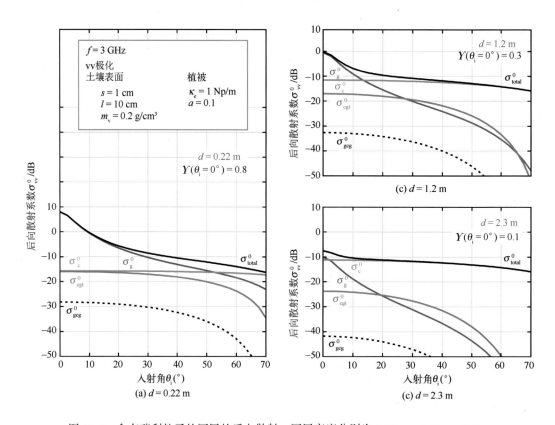

图 11.7 含有瑞利粒子的冠层的后向散射，冠层高度分别为 0.22 m、1.2 m、2.3 m

11.3 积雪-覆盖地面启发式单次散射模型

图 11.8 中雪层的深度为 d，包含在空气中分布均匀的散射体(冰晶)。除了对空气-雪界面的修改外，计算雪-地面混合物中后向散射的过程与上个章节中的求解过程一样。这些修改包括以下两方面。

(a)空气-雪界面产生的后向散射，用后向散射系数 σ_{as}^0 表示，它与空气-雪反射率成正比，由于雪层的介电常数略大于空气的介电常数，所以空气-雪反射率很小(湿雪情况除外)。因此，与其他散射贡献相比，σ_{as}^0 的大小可以忽略不计。

(b)从空气到雪的传输。从空气到雪的传输是双向的，即进入雪层和从雪层出来，可以用 $\mathbb{T}^p\mathbb{T}^q$ 表示，其中 $\mathbb{T}^p$ 为 p 极化空气-雪边界透射率，见表 2.5。

此外，由于入射角 θ_i 和入射角 θ_i' 之间存在折射，所以式(11.2)和式(11.3)给出的 Y 表达式中的 θ_i 应用 θ_i' 取代，因此:

$$\sigma_{pq}^{0}(\theta_{i}) = \mathbb{T}^{p}(\theta_{i})\ \mathbb{T}^{q}(\theta_{i})\big[\ Y_{p}Y_{q}\ \sigma_{sg_{pq}}^{0}(\theta_{i}')$$

$$+\ \frac{\sigma_{v_{pq}}^{back}(\theta_{i}')\ \cos\theta_{i}'}{\kappa_{e}^{p}+\kappa_{e}^{q}}(1-Y_{p}Y_{q})(1+\Gamma^{p}\Gamma^{q}\ Y_{p}Y_{q})$$

$$+\ n\ \sigma_{v_{pq}}^{bist}d(\Gamma^{p}+\Gamma^{q})\ Y_{p}Y_{q}\big]\ +\ \sigma_{as_{pq}}^{0}(\theta_{i}) \qquad (11.24)$$

且 $n=1$ 时，表示 hv 极化，还表示非相干求和假设下的 hh 极化和 vv 极化；$n=2$ 时，表示相干求和假设下的 hh 极化和 vv 极化。式中，σ_{sg}^{0} 为雪–地面后向散射系数，σ_{as}^{0} 为空气–雪后向散射系数。式(11.24)给出的为明显上界面的 $S^{2}RT/R$ 模型。

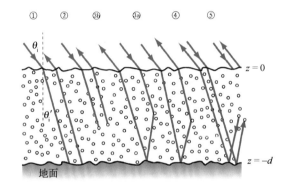

图 11.8　雪–地面的单次散射贡献

11.4　穿透深度

在介质中沿 z 方向传播的电磁波的功率密度 $S(z)$ 可以由消光系数 κ_{e} 表示为

$$S(z) = S(0)\mathrm{e}^{-\kappa_{e}z}$$

式中，$S(0)$ 为参照位置处($z=0$)的功率密度，且 $\kappa_{e}=\kappa_{a}+\kappa_{s}$。体吸收系数 κ_{a} 与介质的有效介电常数 ε 之间的关系为

$$\kappa_{a} = 2k_{0}n'' = -2k_{0}\mathrm{Im}\{\sqrt{\varepsilon}\} \qquad (11.25)$$

式中，$k_{0}=2\pi/\lambda_{0}$，λ_{0} 为自由–空间波长；n 为复折射率。若介质由多种成分构成，如由空气、冰晶和液态水构成的湿雪混合物，则 ε 为混合物的等效介电常数。严格上讲，当且仅当冰晶和小水泡等成分的尺寸远小于 λ_{0} 时，非均匀介质的"有效"或"等效"介电常数的概念才适用。满足该条件时，体散射系数 κ_{s} 远小于 κ_{a}，则 $\kappa_{e}\approx\kappa_{a}$。

通常，当粒子尺寸接近 λ 时，可以利用第 4 章介绍的等效介电模型计算 ε 的一阶近似值。此关系的有效参数为介质的单次散射反射率，如式（11.21）所定义的。若 $a<0.01$，则散射损耗对总消光的贡献可以忽略不计。

介质的消光系数为 κ_{e}，其穿透深度定义为 $\delta_{\mathrm{p}} = z$，且 $S(z) = S(0)\,\mathrm{e}^{-1} = 0.37S(0)$，得出

$$\delta_{\mathrm{p}} = \frac{1}{\kappa_{\mathrm{e}}} \qquad (\mathrm{m})$$

对于无散射介质，$\delta_{\mathrm{p}} = \delta_{\mathrm{s}}/2$，$\delta_{\mathrm{s}}$ 为趋肤深度。出现因数 2 是因为 δ_{s} 是针对电场振幅 $E(z)$ 定义的，而 δ_{p} 是针对功率密度 $S(z)$ 定义的，且 $S(z)$ 与 $|E(z)|^2$ 成正比。

11.5 辐射传输理论

计算非均匀介质的多次散射，可使用两种不同的理论方法：分析理论和辐射传输理论（也称传输理论）。分析理论方法运用麦克斯韦方程组和波动方程组，可以解释各种多次散射、衍射和干扰效应，但计算复杂，耗费较大。

> ▶ 相反，辐射传输方法可以解决介质中含有粒子的能量输送问题，并假定不同粒子散射场是互不相关的。在该假设条件下，可以对多次散射贡献产生的功率（而非电场）进行相干求和。◀

为了验证这一假设，设定散射粒子是随机分布的，且粒子之间的平均间距足够大（以波长为测量单位）以至于对相互之间的耦合作用可以忽略不计。幸运的是，当电磁波穿过多数自然介质时会发生多次散射，所以都满足随机分布这一条件。第二个条件是关于相邻散射粒子的间距，这并不是总能实现的，如雪层冰晶之间的间距或植被冠层中两个相邻叶子之间的间距。尽管如此，辐射传输模型可以提供与实验观测结果较为吻合的结构，个别情况除外。

对于含有球形粒子的无界介质（如传感器仰视观测到的大气），波传输的极化状态变得不相干。因此，辐射传输可以表示为关于标量特定强度 I 的公式，如 6.6 节所介绍的。对于雷达，根据该公式可求出标量辐射传输方程：

$$\frac{\mathrm{d}I(\boldsymbol{R},\ \hat{s})}{\mathrm{d}s} = -\kappa_{\mathrm{e}}I(\boldsymbol{R},\ \hat{s}) - \kappa_{\mathrm{a,\ b}}I(\boldsymbol{R},\ \hat{s}) + \iint_{4\pi}\psi(\hat{s},\ \hat{s}')I(\boldsymbol{R},\ \hat{s}')\,\mathrm{d}\Omega' \quad (11.26)$$

这类似于将式（6.48）、式（6.52）和式（6.53）进行合并，但不存在自发辐射贡献 $\kappa_{\mathrm{a}}J_{\mathrm{a}}$。标量辐射传输方程表明，$\hat{s}$ 方向上，波长 $\mathrm{d}s$ 的微分体传播会产生损耗（负号）和增益（正号）。由于粒子的消光（吸收和散射）而产生的损耗用 κ_{e} 表示，由背景材料的吸

收(无损)而产生的损耗用背景吸收系数 $\kappa_{\mathrm{a,b}}$ 表示。式(11.26)右侧最后一项表示所有 $\hat{s}'$ 方向入射的能量(源自其他体的双站散射),并沿着强度 I 的原方向 $\hat{s}'$ 被折射(图11.9)。对于被动式遥感,该公式还包括一个额外的源项,其表示微分体的自发辐射(第12章)。

多数地面介质不包括球形粒子,表明粒子产生的散射通常与波极化有关。此外,散射介质有时以下表面(地面)为界,有时以上表面为界。表面边界产生的反射和传输也与极化有关。因此,我们可将式(11.26)概括为矢量辐射传输方程:

$$\frac{\mathrm{d}\boldsymbol{I}(\boldsymbol{R},\ \hat{s})}{\mathrm{d}s} = -\boldsymbol{\kappa}_{\mathrm{e}}\boldsymbol{I}(\boldsymbol{R},\ \hat{s}) - \kappa_{\mathrm{a,b}}\boldsymbol{I}(\boldsymbol{R},\ \hat{s}) + \iint_{4\pi}\boldsymbol{\psi}(\hat{s},\ \hat{s}')\boldsymbol{I}(\boldsymbol{R},\ \hat{s}')\mathrm{d}\Omega' \quad (11.27)$$

式中,$\boldsymbol{I}$ 为 4×1 矢量,表示平面波的矢量特定强度,其电场为

$$\boldsymbol{E} = (\hat{\boldsymbol{v}}E_{\mathrm{v}} + \hat{\boldsymbol{h}}E_{\mathrm{h}})\,\mathrm{e}^{-jk\hat{s}\boldsymbol{R}} \quad (11.28)$$

式中,$\hat{s}$ 为传播方向,$\boldsymbol{R}$ 为从坐标系原点到设定微分体位置的矢量。根据公式(5.23a),得出

$$\boldsymbol{I} = \begin{bmatrix} I_{\mathrm{v}} \\ I_{\mathrm{h}} \\ U \\ V \end{bmatrix} = \begin{bmatrix} \langle\,|\,E_{\mathrm{v}}\,|^2\,\rangle \\ \langle\,|\,E_{\mathrm{h}}\,|^2\,\rangle \\ \langle\,2\mathrm{Re}(E_{\mathrm{v}}\,E_{\mathrm{h}}^*)\,\rangle \\ \langle\,2\mathrm{Im}(E_{\mathrm{v}}\,E_{\mathrm{h}}^*)\,\rangle \end{bmatrix} \Big/ \eta \quad (11.29)$$

式中,$\langle\ \rangle$ 为分布式目标独立观测值的总体均值。

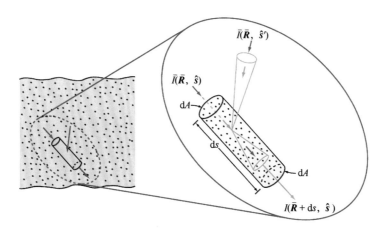

图 11.9　微分体的传播和散射:散射随机分布

式(11.27)中粗体加黑的其他量为消光矩阵 $\boldsymbol{\kappa}_{\mathrm{e}}$ 和相位矩阵 $\boldsymbol{\psi}$,均是 4 × 4 方阵。下面介绍它们的定义。

11.5.1　消光矩阵

对于单一粒子，若其发生正向散射，且 $\theta_s = \theta_i$，$\phi_s = \phi_i$，则消光截面 Q_e 是关于粒子散射矩阵元的函数，光学定理提供了计算消光截面 Q_e 的有效关系式。若入射波是 p 极化，即 $p = v$ 或 h，则用方向 (θ_j, ϕ_j) 表示粒子的消光截面：

$$Q_e^p = \frac{4\pi}{k}\mathrm{Im}\big[\widetilde{S}_{pp}(\theta_i, \phi_i; \theta_i, \phi_i; \theta_j, \phi_j)\big] \tag{11.30}$$

式中，$k = 2\pi/\lambda$；$\widetilde{S}_{pp}$ 为粒子的 pp 散射振幅，如前向散射基准原则（FSA）常规定义的那样（5.3.1 节）。

若介质的粒子随机分布，其 p 极化消光系数可通过计算粒子各方向的总体均值获得，即

$$\kappa_e = N_v \langle Q_e^p \rangle \tag{11.31}$$

式中，N_v 为单位体积内的粒子数。对于球形粒子，极化和消光矩阵的 κ_e 的对角形式均如下：

$$\boldsymbol{\kappa}_e = \begin{bmatrix} \kappa_e & 0 & 0 & 0 \\ 0 & \kappa_e & 0 & 0 \\ 0 & 0 & \kappa_e & 0 \\ 0 & 0 & 0 & \kappa_e \end{bmatrix} \quad （球形） \tag{11.32}$$

通常情况下，若粒子不是球形的，则消光矩阵假定对角形式为（Ishimaru et al., 1980）：

$$\boldsymbol{\kappa}_e = \begin{bmatrix} 2\mathrm{Re}(m_{vv}) & 0 & \mathrm{Re}(m_{vh}) & \mathrm{Im}(m_{vh}) \\ 0 & 2\mathrm{Re}(m_{hh}) & \mathrm{Re}(m_{hv}) & -\mathrm{Im}(m_{hv}) \\ 2\mathrm{Re}(m_{hv}) & \mathrm{Re}(m_{vh}) & \mathrm{Re}(m_{vh} + m_{hh}) & \mathrm{Im}(m_{hh} - m_{vv}) \\ -2\mathrm{Im}(m_{hv}) & \mathrm{Im}(m_{vh}) & \mathrm{Im}(m_{vh} - m_{hh}) & \mathrm{Re}(m_{vv} + m_{hh}) \end{bmatrix} \tag{11.33}$$

式中，

$$m_{pq} = j\left[\frac{2\pi}{k}\right]N_v\langle\widetilde{S}_{pq}\rangle \qquad (p, q = v 或 h) \tag{11.34}$$

11.5.2　相位矩阵

依据 5.3 节给出的式（5.12）得出，散射矩阵为 $\widetilde{S}$ 的粒子散射的球形波电场 $\boldsymbol{E}^s$ 与入射平面波的电场 $\boldsymbol{E}^i$ 有关：

$$\begin{bmatrix} E_{\mathrm{v}}^{\mathrm{s}} \\ E_{\mathrm{h}}^{\mathrm{s}} \end{bmatrix} = \left(\frac{\mathrm{e}^{-jkR_{\mathrm{r}}}}{R_{\mathrm{r}}} \right) \begin{bmatrix} \widetilde{S}_{\mathrm{vv}} & \widetilde{S}_{\mathrm{vh}} \\ \widetilde{S}_{\mathrm{hv}} & \widetilde{S}_{\mathrm{hh}} \end{bmatrix} \begin{bmatrix} E_{\mathrm{v}}^{\mathrm{i}} \\ E_{\mathrm{h}}^{\mathrm{i}} \end{bmatrix} \tag{11.35}$$

同样在 5.3 节中，我们还指出了它们对应的矢量特定强度为 $\boldsymbol{I}^{\mathrm{s}}$ 和 $\boldsymbol{I}^{\mathrm{i}}$，二者关系如下：

$$\boldsymbol{I}^{\mathrm{s}} = \frac{1}{R_{\mathrm{r}}^2} \widetilde{\boldsymbol{M}} \boldsymbol{I}^{\mathrm{i}} \tag{11.36}$$

式中，$\widetilde{\boldsymbol{M}}$ 为改进的米勒矩阵，如下：

$$\widetilde{\boldsymbol{M}} = \begin{bmatrix} |\widetilde{S}_{\mathrm{vv}}|^2 & |\widetilde{S}_{\mathrm{vh}}|^2 & \mathrm{Re}(\widetilde{S}_{\mathrm{vv}}\widetilde{S}_{\mathrm{vh}}^*) & -\mathrm{Im}(\widetilde{S}_{\mathrm{vv}}\widetilde{S}_{\mathrm{vh}}^*) \\ |\widetilde{S}_{\mathrm{hv}}|^2 & |\widetilde{S}_{\mathrm{hh}}|^2 & \mathrm{Re}(\widetilde{S}_{\mathrm{hv}}\widetilde{S}_{\mathrm{hh}}^*) & -\mathrm{Im}(\widetilde{S}_{\mathrm{hv}}\widetilde{S}_{\mathrm{hh}}^*) \\ \cdots & & & \\ 2\mathrm{Re}(\widetilde{S}_{\mathrm{vv}}\widetilde{S}_{\mathrm{hv}}^*) & 2\mathrm{Re}(\widetilde{S}_{\mathrm{vh}}\widetilde{S}_{\mathrm{hh}}^*) & \mathrm{Re}(\widetilde{S}_{\mathrm{vv}}\widetilde{S}_{\mathrm{hh}}^* + \widetilde{S}_{\mathrm{vh}}\widetilde{S}_{\mathrm{hv}}^*) & -\mathrm{Im}(\widetilde{S}_{\mathrm{vv}}\widetilde{S}_{\mathrm{hh}}^* - \widetilde{S}_{\mathrm{vh}}\widetilde{S}_{\mathrm{hv}}^*) \\ 2\mathrm{Im}(\widetilde{S}_{\mathrm{vv}}\widetilde{S}_{\mathrm{hv}}^*) & 2\mathrm{Im}(\widetilde{S}_{\mathrm{vh}}\widetilde{S}_{\mathrm{hh}}^*) & \mathrm{Im}(\widetilde{S}_{\mathrm{vv}}\widetilde{S}_{\mathrm{hh}}^* + \widetilde{S}_{\mathrm{vh}}\widetilde{S}_{\mathrm{hv}}^*) & -\mathrm{Im}(\widetilde{S}_{\mathrm{vv}}\widetilde{S}_{\mathrm{hh}}^* - \widetilde{S}_{\mathrm{vh}}\widetilde{S}_{\mathrm{hv}}^*) \end{bmatrix} \tag{11.37}$$

> ▶ 辐射传输理论有一个基本假设：若介质的粒子分布随机，则粒子散射的波相位也是随机的，因此暂不考虑各粒子相位的情况下，可以对多个波进行非相干求和。◀

也就是说，混合波的斯托克斯参数为各个波的斯托克斯参数之和。介质可能含有形状、尺寸和方向都不相同的粒子，这种情况下，式（11.36）可替换为

$$\boldsymbol{I}^{\mathrm{s}}(\theta_{\mathrm{s}},\ \phi_{\mathrm{s}}) = \frac{1}{R_{\mathrm{r}}^2} \boldsymbol{\psi}(\theta_{\mathrm{s}},\ \phi_{\mathrm{s}};\ \theta_{\mathrm{i}},\ \phi_{\mathrm{i}}) \boldsymbol{I}^{\mathrm{i}}(\theta_{\mathrm{i}},\ \phi_{\mathrm{i}}) \tag{11.38}$$

式中，$\boldsymbol{\psi}$ 为相位矩阵，即

$$\boldsymbol{\psi}(\theta_{\mathrm{s}},\ \phi_{\mathrm{s}};\ \theta_{\mathrm{i}},\ \phi_{\mathrm{i}}) = N_{\mathrm{v}} \langle \widetilde{\boldsymbol{M}}(\theta_{\mathrm{s}},\ \phi_{\mathrm{s}};\ \theta_{\mathrm{i}},\ \phi_{\mathrm{i}};\ x_1,\ x_2,\ \cdots,\ x_n) \rangle$$

$$= N_{\mathrm{v}} \int \widetilde{\boldsymbol{M}}(\theta_{\mathrm{s}},\ \phi_{\mathrm{s}};\ \theta_{\mathrm{i}},\ \phi_{\mathrm{i}};\ x_1,\ x_2,\ \cdots,\ x_n)$$

$$\times p(x_1,\ x_2,\ \cdots,\ x_n) \mathrm{d}x_1 \mathrm{d}x_2 \cdots \mathrm{d}x_n \tag{11.39}$$

且 $p(x_1,\ x_2,\ \cdots,\ x_n)$ 为关于形状、尺寸和方向参数的联合概率密度函数$(x_1,\ x_2,\ \cdots,\ x_n)$。

11.5.3　散射截面和吸收截面

式(5.30)定义了粒子的后向散射截面，其形式也适用于双站散射的后向散射截面。由于平面波入射方向 $\hat{\boldsymbol{i}}$ 对应于角 (θ_i, ϕ_i)，球面波散射方向 $\hat{\boldsymbol{s}}$ 对应于角 (θ_s, ϕ_s)，因此 pq 极化双站散射截面为

$$\sigma_{pq}(\hat{\boldsymbol{s}}, \hat{\boldsymbol{i}}) = 4\pi R_r^2 \frac{\mathcal{S}_p^s(\hat{\boldsymbol{s}})}{\mathcal{S}_q^i(\hat{\boldsymbol{i}})} \qquad (p, q = \mathrm{h} \ \text{或} \ \mathrm{v}) \tag{11.40}$$

式中，R_r 为到接收天线的距离(假定足够大，以满足远场标准)；$\mathcal{S}_p^s(\hat{\boldsymbol{s}})$ 为散射波的 p 极化功率密度；$\mathcal{S}_q^s(\hat{\boldsymbol{i}})$ 为入射波的 q 极化功率密度。粒子的 p 极化(总)散射截面 Q_s^p 定义为粒子各方向散射的总功率与 p 极化入射功率密度之比(包括 h 极化和 v 极化)：

$$Q_s^p = \frac{P^s}{\mathcal{S}_q^i(\hat{\boldsymbol{i}})} = \frac{\iint [\mathcal{S}_h^s(\hat{\boldsymbol{s}}') + \mathcal{S}_v^s(\hat{\boldsymbol{s}}')] \mathrm{d}A'}{\mathcal{S}_p^i(\hat{\boldsymbol{i}})} = \frac{\iint_{4\pi} [\mathcal{S}_h^s(\hat{\boldsymbol{s}}') + \mathcal{S}_v^s(\hat{\boldsymbol{s}}')] R_r^2 \mathrm{d}\Omega_s'}{\mathcal{S}_p^i(\hat{\boldsymbol{i}})}$$

$$= \frac{1}{4\pi} \iint_{4\pi} [\sigma_{hp}(\hat{\boldsymbol{s}}', \hat{\boldsymbol{i}}) + \sigma_{vp}(\hat{\boldsymbol{s}}', \hat{\boldsymbol{i}})] \mathrm{d}\Omega_s' \tag{11.41}$$

根据式(5.31)给出的关系式：

$$\sigma_{pq}(\hat{\boldsymbol{s}}', \hat{\boldsymbol{i}}) = 4\pi |\widetilde{S}_{pq}(\hat{\boldsymbol{s}}', \hat{\boldsymbol{i}})|^2 \qquad (p = \mathrm{h} \ \text{或} \ \mathrm{v}) \tag{11.42}$$

Q_s^p 的表达式变为

$$Q_s^p = \iint_{4\pi} [|\widetilde{S}_{hp}(\hat{\boldsymbol{s}}', \hat{\boldsymbol{i}})|^2 + |\widetilde{S}_{vp}(\hat{\boldsymbol{s}}', \hat{\boldsymbol{i}})|^2] \mathrm{d}\Omega_s' \tag{11.43}$$

若单位体积内的随机分布的粒子数为 N_v，则介质的散射系数为

$$\kappa_s^p = N_v \langle Q_s^p \rangle \tag{11.44}$$

吸收系数为

$$\kappa_a^p = \kappa_e^p - \kappa_s^p = N_v \langle Q_e^p - Q_s^p \rangle \qquad (p = \mathrm{h} \ \text{或} \ \mathrm{v}) \tag{11.45}$$

式中，Q_e^p 为式(11.30)给出的消光截面。p 极化的单次散射反照率为

$$a^p = \frac{\kappa_s^p}{\kappa_e^p} \tag{11.46}$$

若背景介质为非空或无损介质，且粒子存在其中，则背景吸收系数 $\kappa_{a,b}$ 为

$$\kappa_{a,b} = 2k_0 n_b'' = -2k_0 \mathrm{Im}\{\sqrt{\varepsilon_b}\} \tag{11.47}$$

式中，n_b'' 为背景介质复折射率的虚部，且 $k_0 = 2\pi/\lambda_0$。介质的总消光矩阵变为

$$\boldsymbol{\kappa}_{e,t} = \boldsymbol{\kappa}_e + \boldsymbol{\kappa}_{a,b} \tag{11.48}$$

式中，$\boldsymbol{\kappa}_e$ 为式(11.33)给出的粒子消光矩阵，且 $\boldsymbol{\kappa}_{a,b} = \kappa_{a,b} \boldsymbol{U}$，$\boldsymbol{U}$ 为 4×4 的单位矩阵。

11.5.4　适用条件

辐射传输方程是根据能量平衡推导而来的。因此，散射波的相位变化及其互相关项在传输方程求解过程中被忽略不计。此外，实际运用中的相位函数是独立散射体或等效独立散射体产生的远区散射振幅大小平方的平均。因此，为了适用于传输方程，离散介质中散射体之间的间距或连续介质中相邻非均匀介质之间的间距必须足够大。Vasalos(1969)的实验研究结果表明，为了适用于传输方程，散射体之间的间距要大于 $\lambda/3$ 和 $0.4d$，其中 λ 为主介质的波长，d 为散射体的直径。Vasalos 认为体积分数可以高达 0.295，d/λ 的比值介于 0.186~1.2，光学厚度介于 0.01~321 1。经过 Hottel 等 (1971)深入研究的结果表明，若 d/λ 比值大于 0.23，体积分数为 0.219 5 或更小，则间距-波长的比值 l/λ 低于 0.117 是可以接受的。Fante(1981)根据麦克斯韦方程组，针对辐射传输法与波传输法二者之间的关系进行了理论研究。Ishinaru 等(1982)也开展过相关研究。

11.5.5　简单物体的相位矩阵

依据前面章节给出的相位矩阵和消光矩阵的定义，对于粒子分布状况和界面条件已知的介质，式(11.27)给出了矢量辐射传输方程，原则上我们可以采用适当的数值法对该方程进行求解。由于存在多次散射，所以非均匀介质中各个单元相互耦合，而且在给定方向上的传播波与其他方向上传播的波相互耦合。虽然数值求解法是可行的，但是计算强度大。为了降低计算难度，可以采取下列两种基本方法：

(a)只对一阶或二阶散射进行求解，11.6 节中将会提到；

(b)将粒子视为各向同性散射源或等效球形瑞利散射体，进而简化消光矩阵和相位矩阵。为了验证这两种方法，必须满足波长 λ 远大于粒子尺寸。只有满足这些条件，才能精确求解矢量辐射传输方程。

各向同性散射

各向同性散射源的特征是具有简单的标量相位函数，即

$$\psi = \frac{\kappa_s}{4\pi} = a\frac{\kappa_e}{4\pi} \tag{11.49}$$

式中，$a=\kappa_s/\kappa_e$，表示单次散射反照率。注意，ψ 与极化和入射角均无关。

球形瑞利散射

如果冰晶形状不是球形，但尺寸比 λ 小，那么可以根据实际晶体的尺寸和质量对

冰晶进行等效建模。原则上，这种等效法也可用于其他类型的散射粒子，如植被冠层中的小叶片和针形叶。已知球形半径为 r，折射的相对指数为 n，则可以根据瑞利近似求出球形的散射，只要 n 与参数 χ 的乘积满足

$$| n \chi | = \left| \frac{2\pi n}{\lambda_b} r \right| < 0.5 \tag{11.50}$$

那么，计算结果还是较为准确的。其中 $\chi = kr = 2\pi r/\lambda_b$；$\lambda_b$ 为背景介质的波长；$n = n_p/n_b$（n_p 和 n_b 分别为粒子和背景介质的折射率）。已知随机介质含有球形瑞利散射体，沿着角（θ_i，ϕ_i）入射，沿着角（θ_s，ϕ_s）散射，如图 11.10，则相位矩阵为（Tsang et al., 1985，第 157~158 页）：

$$\boldsymbol{\psi}(\phi_s,\ \theta_s;\ \phi_i,\ \theta_i) = \begin{bmatrix} \psi_{11} & \psi_{12} & \psi_{13} & 0 \\ \psi_{21} & \psi_{22} & \psi_{23} & 0 \\ \psi_{31} & \psi_{32} & \psi_{33} & 0 \\ 0 & 0 & 0 & \psi_{44} \end{bmatrix} \tag{11.51}$$

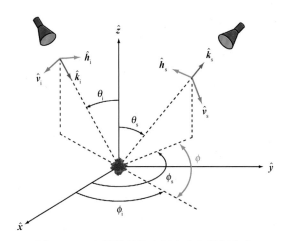

图 11.10　点源散射的入射方向和散射方向

式中，

$$\psi_{11} = b\left[\sin^2\theta_s \sin^2\theta_i + \cos^2\theta_s \cos^2\theta_i \cos^2(\phi_s - \phi_i) \right.$$
$$\left. + 2\sin\theta_s \sin\theta_i \cos\theta_s \cos\theta_i \cos(\phi_s - \phi_i) \right]$$

$$\psi_{12} = b\cos^2\theta_s \sin^2(\phi_s - \phi_i)$$

$$\psi_{13} = b\left[\cos\theta_s \sin\theta_s \sin\theta_i \sin(\phi_s - \phi_i) \right.$$
$$\left. + \cos^2\theta_s \cos\theta_i \sin(\phi_s - \phi_i) \cos(\phi_s - \phi_i) \right]$$

$$\psi_{21} = b\cos^2\theta_i \sin^2(\phi_s - \phi_i)$$

$$\psi_{22} = b\cos^2(\phi_s - \phi_i)$$

$$\psi_{23} = -b \cos \theta_s \sin(\phi_s - \phi_i) \cos (\phi_s - \phi_i)$$

$$\psi_{31} = b\big[-2 \sin \theta_s \sin \theta_i \cos \theta_i \sin(\phi_s - \phi_i)$$

$$-2 \cos \theta_s \cos^2 \theta_i \cos(\phi_s - \phi_i) \sin (\phi_s - \phi_i) \big]$$

$$\psi_{32} = 2b\big[\cos \theta_s \sin \theta_i \cos(\phi_s - \phi_i) + \cos (\phi_s - \phi_i \big]$$

$$\psi_{33} = b\big\{ \sin \theta_s \sin \theta_i \cos(\phi_s - \phi_i)$$

$$+ \cos \theta_s \cos \theta_i \big[\cos^2(\phi_s - \phi_i) - \sin^2(\phi_s - \phi_i) \big] \big\}$$

$$\psi_{44} = b\big[\sin \theta_s \sin \theta_i \cos(\phi_s - \phi_i) + \cos \theta_s \cos \theta_i \big]$$

$$b = \frac{3}{8\pi}\kappa_s$$

且 κ_s 为散射系数。

根据式(8.45a)，得出

$$\kappa_s = N_v Q_s = \frac{2\lambda^2}{3\pi} N_v \chi^6 |K|^2 = \frac{8\pi}{3} N_v k^4 r^6 |K|^2 = 2vk^4 r^3 |K|^2 \tag{11.52}$$

式中，$k = 2\pi/\lambda_b$，N_v 为粒子的数密度（个/m³）；v 为散射体的体积分数，即

$$v = \left(\frac{4}{3}\pi r^3\right) N_v \tag{11.53}$$

且式(8.43)将 K 定义为

$$K = \frac{n^2 - 1}{n^2 + 2} = \frac{\varepsilon - 1}{\varepsilon + 2} \tag{11.54}$$

式中，$\varepsilon = n^2 = \varepsilon_p/\varepsilon_b$。

相位矩阵考虑了入射波和散射波的极化方向，进而描述了瑞利粒子的双站散射图样。在入射平面内（$\phi_s = \phi_i$），所有非对角项均为零，且对角项简化为

$$\psi_{11} = \frac{3\kappa_s}{8\pi}(\sin \theta_s \sin \theta_i + \cos \theta_s \cos \theta_i)^2 \tag{11.55a}$$

$$\psi_{22} = \frac{3\kappa_s}{8\pi} \tag{11.55b}$$

$$\psi_{33} = \psi_{44} = \frac{3\kappa_s}{8\pi}(\sin \theta_s \sin \theta_i + \cos \theta_s \cos \theta_i) \tag{11.55c}$$

此外，若 $\theta_s = \theta_i$，且 $\phi_s = \phi_i$，则

$$\psi_{11} = \psi_{22} = \psi_{33} = \psi_{44} = \frac{3\kappa_s}{8\pi} \tag{11.56}$$

根据式(8.45a)，得出吸收系数为

$$\kappa_a = N_v Q_a = \frac{\lambda^2}{\pi} N_v \chi^3 \mathrm{Im}[-K] = 3vk\mathrm{Im}[-K] = 3vk \frac{\varepsilon''}{|\varepsilon + 2|^2} \tag{11.57}$$

粒子的消光系数为 $\kappa_e = \kappa_s + \kappa_a$，且消光矩阵为各元素都等于 k_e 的对角阵，见式 (11.32)。

11.5.6　平面界面的边界条件

介电常数不同的两种介质之间有一个边界，特定强度的波束照射到该边界上时，一部分入射能量被反射，另一部分越过边界被传输出去。本节中，我们假定边界条件将两个介质特定强度的斯托克斯参数关联起来。

若该边界是平滑的介质界面，则在边界处会产生镜面散射，且不包括漫反射；若边界是粗糙的，则边界各方向均发生散射，且入射强度被耦合到各个反射方向和传输方向。但是，散射层中粒子的散射反照率大于 0.3 时，则只能对辐射传输方程进行数值求解，这样计算结果才准确；而 a 大于 0.3 或约为 0.3 时，则不宜采用迭代解法。在本书中，我们只探讨平滑边界。如果有读者对粗糙界面的边界条件感兴趣，我们推荐参考 Fung 等(1981)发表的文章。他们采用基尔霍夫近似分析粗糙表面中瑞利粒子层产生的雷达散射。此外，还可以参考 Tsang 等(1985)以及 Fung 等(2010)发表的文章。

若平面波入射到介质 1 和介质 2 之间的平面界面上(图 11.11)，则表 2.5 中菲涅耳反射系数和传输系数及相关反射率和传输率的表达式可以写成

$$\rho_h = \frac{n_1 \cos\theta_1 - n_2 \cos\theta_2}{n_1 \cos\theta_1 + n_2 \cos\theta_2} \tag{11.58a}$$

$$\rho_v = \frac{n_1 \cos\theta_2 - n_2 \cos\theta_1}{n_1 \cos\theta_2 + n_2 \cos\theta_1} \tag{11.58b}$$

$$\tau_h = 1 + \rho_h, \quad \tau_v = 1 + \rho_v \frac{\cos\theta_1}{\cos\theta_2} \tag{11.58c}$$

$$\Gamma^h = |\rho_h|^2, \quad \Gamma^v = |\rho_v|^2 \tag{11.58d}$$

$$\mathbb{T}^h = 1 - \Gamma^h, \quad \mathbb{T}^v = 1 - \Gamma^v \tag{11.58e}$$

式中，n_1 和 n_2 分别为介质 1 和介质 2 的折射率。根据斯涅耳定律，得出角 θ_1 和 θ_2 的关系式为

$$n_2 \sin\theta_2 = n_1 \sin\theta_1 \tag{11.59}$$

式(11.29)定义了传播波的矢量特定强度 I，其与波电场的 h 极化分量和 v 极化分量有关。Ishimaru(1978)用上标 I^i、I^r、I^t 分别表示入射特定强度、反射特定强度和传输特定强度，三者之间的关系为

$$I^r = \mathbb{R} I^i \tag{11.60a}$$

$$I^t = \mathbb{T} I^i \tag{11.60b}$$

式中，$\mathbb{R}$ 和 $\mathbb{T}$ 分别为反射率矩阵和透射率矩阵，即

$$
\mathbb{R} = \begin{bmatrix} \Gamma^{v} & 0 & 0 & 0 \\ 0 & \Gamma^{h} & 0 & 0 \\ 0 & 0 & \mathrm{Re}(\rho_{v}\rho_{h}^{*}) & -\mathrm{Im}(\rho_{v}\rho_{h}^{*}) \\ 0 & 0 & \mathrm{Im}(\rho_{v}\rho_{h}^{*}) & \mathrm{Re}(\rho_{v}\rho_{h}^{*}) \end{bmatrix} \tag{11.61a}
$$

$$
\mathbb{T} = \frac{n_{2}^{3}\cos\theta_{2}}{n_{1}^{3}\cos\theta_{1}} \begin{bmatrix} |\tau_{v}|^{2} & 0 & 0 & 0 \\ 0 & |\tau_{v}|^{2} & 0 & 0 \\ 0 & 0 & \mathrm{Re}(\tau_{v}\tau_{h}^{*}) & -\mathrm{Im}(\tau_{v}\tau_{h}^{*}) \\ 0 & 0 & \mathrm{Im}(\tau_{v}\tau_{h}^{*}) & \mathrm{Re}(\tau_{v}\tau_{h}^{*}) \end{bmatrix} \tag{11.61b}
$$

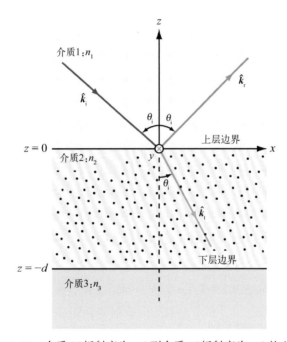

图 11.11　介质 1(折射率为 n_1)到介质 2(折射率为 n_2)的入射

11.6　辐射传输方程的迭代解法

除一些特例外,矢量辐射传输方程不存在解析解。求解辐射传输方程所用的近似法和数值法包括迭代求解法和离散坐标法(Chandrasekhar,1960；Ishimaru,1978；Tsang et al.,1985；Ulaby et al.,1986a；Fung,1994)。在迭代求解法中,辐射传输方程表达成积分形式,通过迭代得出零阶解、一阶解和二阶解。原则上,多次迭代后可以得出精确的值。但实际上,超过二阶解就没有必要再进行迭代了。

离散坐标特征分析法为辐射传输方程提供了良好的数值求解法(Ishimaru et al., 1982；Ulaby et al., 1986a)，已在文献中被广泛应用。这类方法将特定强度和相位矩阵正交分解为有限数量的方向，然后通过特征分析法对所得矩阵方程进行求解。

除此之外，还可采用其他几种方法求解辐射传输方程，如不变量嵌入法和有限差分法(Tsang et al., 1985)。这些数值法的主要缺点是计算量大，特别是当相位矩阵的角度变化很复杂的时候。但是当散射层中粒子的散射反照率 a 大于 0.3 时，辐射传输方程的数值求解法能够得出合理准确的结果。

11.6.1 迭代求解法

当随机介质的散射性较弱时，即反照率 a 较小时，宜使用迭代求解法。迭代求解法首先忽略散射，只考虑散射对消光产生的贡献，从而计算零阶解；然后，将零阶解看作源函数来进一步计算一阶解；最后，将一阶解看作源函数来计算二阶解。

以图 11.12 所示的简单三层物体为例对迭代求解法的原理进行阐述：

(a)中间层含有分布均匀的球形粒子，因此可将消光矩阵 $\boldsymbol{\kappa}_e$ 简化为单对角矩阵和标量消光系数 κ_e 的乘积；

(b)上边界是漫反射的，即顶部界面($z=0$)不存在镜面反射；

(c)下边界是平滑的，即底部界面($z=-d$)只产生镜面反射。

入射特定强度为 $\boldsymbol{I}_0^i(-\mu_i, \phi_i)$，其中 $\mu_i = \cos\theta_i$，$-\mu_i = \cos(\pi-\theta_i)$。因此，$\mu_i$ 表示上行传播波，$-\mu_i$ 表示下行传播波。总的后向散射强度为 $\boldsymbol{I}^s(\mu_i, \phi_i+\pi)$，它与入射强度 $\boldsymbol{I}_0^i$ 有关：

$$\boldsymbol{I}^s(-\mu_i, \phi_i+\pi) = \boldsymbol{T}_t(\mu_i, \phi_i+\pi; -\mu_i, \phi_i)\boldsymbol{I}_0^i(-\mu_i, \phi_i) \qquad (11.62)$$

式中，$\boldsymbol{T}_t(\mu_i, \phi_i+\pi; -\mu_i, \phi_i)$ 表示总的后向散射变换矩阵。辐射传输解的目的是得到下行入射($-\mu_i, \phi_i$)和上行后向散射($-\mu_i, \phi_i+\pi$)时 $\boldsymbol{T}_t$ 的表达式。由于下边界假定是平滑的，所以辐射传输模式不考虑底部表面衰减的直接后向散射。

已知 $\boldsymbol{T}_t$ 的值，则 vv 极化、hh 极化和 hv 极化的后向散射系数分别为

$$\sigma_{vv}^0(\theta_i) = Y^2\sigma_{s_{vv}}^0(\theta_i) + 4\pi\cos\theta_i[\boldsymbol{T}_t]_{11} \qquad (11.63a)$$

$$\sigma_{hh}^0(\theta_i) = Y^2\sigma_{s_{hh}}^0(\theta_i) + 4\pi\cos\theta_i[\boldsymbol{T}_t]_{22} \qquad (11.63b)$$

$$\sigma_{hv}^0(\theta_i) = Y^2\sigma_{s_{hv}}^0(\theta_i) + 4\pi\cos\theta_i[\boldsymbol{T}_t]_{21} \qquad (11.63c)$$

式中，Y^2 为中间层的双向透射率；$\sigma_{s_{pq}}^0$ 为底部表面的后向散射系数。为了计算其他感兴趣的接收/传输极化组合的后向散射系数，我们可以使用 5.11.3 节中提到的极化分析法。与式(5.150)类似：

$$\sigma_{rt}^0(\psi_r, \chi_r; \psi_t, \chi_t) = Y^2\sigma_{s_{rt}}^0(\theta_i) + 4\pi\cos\theta_i\boldsymbol{I}_n^r\boldsymbol{Q}\boldsymbol{T}_t\boldsymbol{I}_n^t \qquad (11.64)$$

式中，I_n^r 和 I_n^t 分别为接收波和发射波的极化，如式（5.145）所定义的；Q 为式（5.149）给出的 4×4 矩阵。

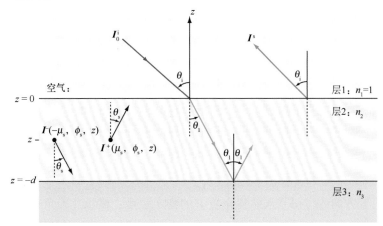

图 11.12　入射矢量强度为 I_0^i、下行传播强度、上行传播强度和后向散射强度分别为 I^-、I^+ 和 I^s

11.6.2　上行传播强度和下行传播强度

首先指定 $I^+(\mu_s,\ \phi_s,\ z)$ 为方向 $(\mu_s,\ \phi_s)$ 上的上行传播强度，深度为 z。同理，$I^-(-\mu_s,\ \phi_s,\ z)$ 为 $(-\mu_s,\ \phi_s)$ 方向上的下行传播强度。中间层的强度 I^+ 和 I^- 必须满足下列耦合辐射传输方程：

$$\frac{\mathrm{d}}{\mathrm{d}z}I^+(\mu_s,\ \phi_s,\ z) = -\frac{\kappa_e}{\mu_s}I^+(\mu_s,\ \phi_s,\ z) + \mathscr{F}^+(\mu_s,\ \phi_s,\ z) \qquad (11.65\mathrm{a})$$

$$-\frac{\mathrm{d}}{\mathrm{d}z}I^-(-\mu_s,\ \phi_s,\ z) = -\frac{\kappa_e}{\mu_s}I^-(-\mu_s,\ \phi_s,\ z) + \mathscr{F}^-(-\mu_s,\ \phi_s,\ z) \quad (11.65\mathrm{b})$$

注意，式（11.65b）中 $\mathrm{d}I^-/\mathrm{d}z$ 之前有一个负号，因为传播方向为 $-\mu_s$。上述方程组通过以下步骤得出：（a）将式（11.27）中的横向距离 $\mathrm{d}s$ 替换为 $\mathrm{d}z\ \sec\theta_s$；（b）根据式（11.32）中的 $\boldsymbol{\kappa}_e$ 矩阵，将 κ_e 替换为标量消光系数 κ_e；（c）由于中间层的后向背景介质是无损的，即 $\kappa_{a,b}=0$，所以将式（11.27）中的背景吸收项删除；若背景介质是有损的，则将 $\kappa_{a,b}$ 代入 κ_e 中；（d）用含有相位矩阵 $\mathscr{F}^+$ 的项表示上行传播，用 $\mathscr{F}^-$ 表示下行传播。因此，$\mathscr{F}^+$ 和 $\mathscr{F}^-$ 均为源函数，分别表示各个方向的入射能量从方向 $(\theta_s,\ \phi_s)$ 和 $(\pi-\theta_s,\ \phi_s)$ 到体积元，即

$$\mathscr{F}^+(\mu_s,\ \phi_s,\ z) = \frac{1}{\mu_s}\left[\int_0^{2\pi}\int_0^1 \boldsymbol{\psi}(\mu_s,\ \phi_s;\ \mu',\ \phi')I^+(\mu',\ \phi',\ z)\mathrm{d}\Omega' \right.$$

$$\left. + \int_0^{2\pi}\int_0^1 \boldsymbol{\psi}(\mu_s,\ \phi_s;\ -\mu',\ \phi')I^-(-\mu',\ \phi',\ z)\mathrm{d}\Omega' \right]$$

$$(11.66\mathrm{a})$$

$$\boldsymbol{\mathcal{F}}^{-}(-\mu_{\mathrm{s}},\ \phi_{\mathrm{s}},\ z) = \frac{1}{\mu_{\mathrm{s}}}\left[\int_{0}^{2\pi}\int_{0}^{1}\boldsymbol{\psi}(-\mu_{\mathrm{s}},\ \phi_{\mathrm{s}};\ \mu',\ \phi')\boldsymbol{I}^{+}(\mu',\ \phi',\ z)\mathrm{d}\Omega'\right.$$

$$\left. + \int_{0}^{2\pi}\int_{0}^{1}\boldsymbol{\psi}(-\mu_{\mathrm{s}},\ \phi_{\mathrm{s}};\ -\mu',\ \phi')\boldsymbol{I}^{-}(-\mu',\ \phi',\ z)\mathrm{d}\Omega'\right]$$

$$(11.66\mathrm{b})$$

式中，$\mathrm{d}\Omega' = \mathrm{d}\mu'\mathrm{d}\phi' = \sin\theta'\,\mathrm{d}\theta'\mathrm{d}\phi'$；$\boldsymbol{\psi}(\mu_{\mathrm{s}},\ \phi_{\mathrm{s}};\ \mu',\ \phi')$ 为中间层的相位矩阵。

边界条件满足

$$\boldsymbol{I}^{-}(-\mu_{\mathrm{s}},\ \phi_{\mathrm{s}},\ z=0) = \boldsymbol{I}_{0}^{\mathrm{i}}\delta(\mu_{\mathrm{s}}-\mu_{\mathrm{i}})\delta(\phi_{\mathrm{s}}-\phi_{\mathrm{i}}) \tag{11.67a}$$

$$\boldsymbol{I}^{+}(\mu_{\mathrm{s}},\ \phi_{\mathrm{s}},\ z=-d) = \boldsymbol{\mathbb{R}}(\mu_{\mathrm{s}})\boldsymbol{I}^{-}(-\mu_{\mathrm{s}},\ \phi_{\mathrm{s}},\ z=-d) \tag{11.67b}$$

式中，$\boldsymbol{I}_{0}^{\mathrm{i}}$ 为沿着方向 $(\mu_{\mathrm{i}},\ \phi_{\mathrm{i}})$ 入射到介质 1 的特定强度；$\boldsymbol{\mathbb{R}}(\mu_{\mathrm{s}})$ 为角度 $(\mu_{\mathrm{s}},\ z=-d)$ 处的反射率矩阵。式(11.61a)给出了 $\boldsymbol{\mathbb{R}}(\mu_{\mathrm{s}})$ 的表达式。重复 6.6.3 节中的计算步骤，得出式(11.65a)和式(11.65b)的通解：

$$\boldsymbol{I}^{+}(\mu_{\mathrm{s}},\ \phi_{\mathrm{s}},\ z) = \mathrm{e}^{-\kappa_{\mathrm{e}}(z+d)/\mu_{\mathrm{s}}}\boldsymbol{I}^{+}(\mu_{\mathrm{s}},\ \phi_{\mathrm{s}},\ z=-d) + \int_{-d}^{z}\mathrm{e}^{-\kappa_{\mathrm{e}}(z-z')/\mu_{\mathrm{s}}}\boldsymbol{\mathcal{F}}^{+}(\mu_{\mathrm{s}},\ \phi_{\mathrm{s}},\ z')\mathrm{d}z'$$

$$(11.68\mathrm{a})$$

$$\boldsymbol{I}^{-}(-\mu_{\mathrm{s}},\ \phi_{\mathrm{s}},\ z) = \mathrm{e}^{\kappa_{\mathrm{e}}z/\mu_{\mathrm{s}}}\boldsymbol{I}^{-}(-\mu_{\mathrm{s}},\ \phi_{\mathrm{s}},\ z=0) + \int_{z}^{0}\mathrm{e}^{\kappa_{\mathrm{e}}(z-z')/\mu_{\mathrm{s}}}\boldsymbol{\mathcal{F}}^{-}(-\mu_{\mathrm{s}},\ \phi_{\mathrm{s}},\ z')\mathrm{d}z'$$

$$(11.68\mathrm{b})$$

根据式(11.67a)和式(11.67b)给出的边界条件，得出

$$\boldsymbol{I}^{+}(\mu_{\mathrm{s}},\ \phi_{\mathrm{s}},\ z) = \mathrm{e}^{-\kappa_{\mathrm{e}}(z+d)/\mu_{\mathrm{s}}}\boldsymbol{\mathbb{R}}(\mu_{\mathrm{i}})\mathrm{e}^{-\kappa_{\mathrm{e}}d/\mu_{\mathrm{i}}}\boldsymbol{I}_{0}^{\mathrm{i}}\delta(\mu_{\mathrm{s}}-\mu_{\mathrm{i}})\delta(\phi_{\mathrm{s}}-\phi_{\mathrm{i}})$$

$$\times\ \mathrm{e}^{-\kappa_{\mathrm{e}}(z+d)/\mu_{\mathrm{s}}}\boldsymbol{\mathbb{R}}(\mu_{\mathrm{s}})\int_{-d}^{z}\mathrm{e}^{\kappa_{\mathrm{e}}(-d-z')/\mu_{\mathrm{s}}}\boldsymbol{\mathcal{F}}^{-}(-\mu_{\mathrm{s}},\ \phi_{\mathrm{s}},\ z')\mathrm{d}z'$$

$$+\ \int_{-d}^{z}\mathrm{e}^{-\kappa_{\mathrm{e}}(z-z')/\mu_{\mathrm{s}}}\boldsymbol{\mathcal{F}}^{+}(-\mu_{\mathrm{s}},\ \phi_{\mathrm{s}},\ z')\mathrm{d}z' \tag{11.69a}$$

$$\boldsymbol{I}^{-}(-\mu_{\mathrm{s}},\ \phi_{\mathrm{s}},\ z) = \mathrm{e}^{\kappa_{\mathrm{e}}z/\mu_{\mathrm{i}}}\boldsymbol{I}_{0}^{\mathrm{i}}\delta(\mu_{\mathrm{s}}-\mu_{\mathrm{i}})\delta(\phi_{\mathrm{s}}-\phi_{\mathrm{i}}) + \int_{z}^{0}\mathrm{e}^{\kappa_{\mathrm{e}}(z-z')/\mu_{\mathrm{s}}}\boldsymbol{\mathcal{F}}^{-}(-\mu_{\mathrm{s}},\ \phi_{\mathrm{s}},\ z')\mathrm{d}z'$$

$$(11.69\mathrm{b})$$

根据迭代解法，所得解可用于一系列微扰项：

$$\boldsymbol{I}(\mu,\ \phi,\ z) = \boldsymbol{I}_{0}(\mu,\ \phi,\ z) + \boldsymbol{I}_{1}(\mu,\ \phi,\ z) + \boldsymbol{I}_{2}(\mu,\ \phi,\ z) + \cdots \tag{11.70}$$

式中，$-1 < \mu < 1$。散射可视为迭代参数，所以微扰项与多次散射过程一一对应。解 $\boldsymbol{I}_{0}$ 表示减小的入射强度，$\boldsymbol{I}_{1}$ 表示单次散射解，$\boldsymbol{I}_{2}$ 表示两次散射解。介质单次散射反照率 $a = \kappa_{\mathrm{s}}/\kappa_{\mathrm{e}}$，只有当 a 较小时(即 a 小于 0.2 或约为 0.2)才适合使用迭代求解法。

11.6.3　零阶解

在式(11.69a)和式(11.69b)中，设 $\boldsymbol{\mathcal{F}}^+ = 0$ 且 $\boldsymbol{\mathcal{F}}^- = 0$，可以得出零阶解为

$$\boldsymbol{I}_0^-(-\mu_s,\ \phi_s,\ z) = \mathrm{e}^{\kappa_e z/\mu_i}\boldsymbol{I}_0^i \delta(\mu_s - \mu_i)\delta(\phi_s - \phi_i) \tag{11.71a}$$

$$\boldsymbol{I}_0^+(\mu_s,\ \phi_s,\ z) = \mathrm{e}^{-\kappa_e(z+d)/\mu_i}\,\boldsymbol{\mathbb{R}}\,\mathrm{e}^{-\kappa_e d/\mu_i}\boldsymbol{I}_0^i \cdot \delta(\mu_s - \mu_i)\delta(\phi_s - \phi_i) \tag{11.71b}$$

式(11.71a)中的脉冲函数指定了入射波的方向，式(11.71b)中的脉冲函数表明下边界只产生镜面反射。

> ▶ 入射强度在介质内呈指数衰减，而零阶解只表示入射强度降低。除了散射对消光贡献，其余散射都不包括在内。◀

11.6.4　一阶解

将式(11.71)给出零阶解代入式(11.66)，得出零阶源函数为

$$\boldsymbol{\mathcal{F}}_0^+(\mu_s,\ \phi_s,\ z)$$

$$= \frac{1}{\mu_a}\left[\int_0^{2\pi}\int_0^1 \boldsymbol{\psi}(\mu_s,\ \phi_s;\ \mu',\ \phi')\boldsymbol{I}_0^+(\mu',\ \phi',\ z)\mathrm{d}\Omega'\right.$$

$$\left. \times \int_0^{2\pi}\int_0^1 \boldsymbol{\psi}(\mu_s,\ \phi_s;\ -\mu',\ \phi')\boldsymbol{I}_0^-(-\mu',\ \phi',\ z)\mathrm{d}\Omega'\right]$$

$$= \frac{1}{\mu_s}\left[\int_0^{2\pi}\int_0^1 \boldsymbol{\psi}(\mu_s,\ \phi_s;\ \mu',\ \phi')\mathrm{e}^{-\kappa_e(z+d)/\mu_i}\boldsymbol{\mathbb{R}}(\mu_i)\cdot\mathrm{e}^{-\kappa_e d/\mu_i}\boldsymbol{I}_0^i\delta(\mu'-\mu_i)\delta(\phi'-\phi_i)\mathrm{d}\Omega'\right.$$

$$\left. + \int_0^{2\pi}\int_0^1 \boldsymbol{\psi}(\mu_s,\ \phi_s;\ -\mu',\ \phi')\mathrm{e}^{\kappa_e z/\mu_i}\boldsymbol{I}_0^i\cdot\delta(\mu'-\mu_i)\delta(\phi'-\phi_i)\mathrm{d}\Omega'\right]$$

$$= \left[\mathrm{e}^{-\kappa_e(z+2d)/\mu_i}\boldsymbol{\psi}(\mu_s,\ \phi_s;\ \mu_i,\ \phi_i)\boldsymbol{\mathbb{R}}(\mu_i) + \mathrm{e}^{\kappa_e z/\mu_i}\boldsymbol{\psi}(\mu_s,\ \phi_s;\ -\mu_i,\ \phi_i)\boldsymbol{\mathbb{R}}(\mu_i)\right]\frac{\boldsymbol{I}_0}{\mu_s}$$

$$\tag{11.72a}$$

$$\boldsymbol{\mathcal{F}}_0^-(-\mu_s,\ \phi_s,\ z)$$

$$= \frac{1}{\mu_s}\left[\int_0^{2\pi}\int_0^1 \boldsymbol{\psi}(-\mu_s,\ \phi_s;\ \mu',\ \phi')\boldsymbol{I}_0^+(\mu',\ \phi',\ z)\mathrm{d}\Omega'\right.$$

$$\left. \times \int_0^{2\pi}\int_0^1 \boldsymbol{\psi}(-\mu_s,\ \phi_s;\ -\mu',\ \phi')\boldsymbol{I}_0^-(-\mu',\ \phi',\ z)\mathrm{d}\Omega'\right]$$

$$= \frac{1}{\mu_s} \left[\int_0^{2\pi} \int_0^1 \boldsymbol{\psi}(-\mu_s, \phi_s; \mu', \phi') e^{-\kappa_e(z+d)/\mu_i} \boldsymbol{R}(\mu_i) \cdot e^{-\kappa_e d/\mu_i} \boldsymbol{I}_0^i \delta(\mu' - \mu_i) \delta(\phi' - \phi_i) \mathrm{d}\Omega' \right.$$

$$\left. + \int_0^{2\pi} \int_0^1 \boldsymbol{\psi}(-\mu_s, \phi_s; -\mu', \phi') e^{\kappa_e z/\mu_i} \boldsymbol{I}_0^i \cdot \delta(\mu' - \mu_i) \delta(\phi' - \phi_i) \mathrm{d}\Omega' \right]$$

$$= \left[e^{-\kappa_e(z+2d)/\mu_i} \boldsymbol{\psi}(-\mu_s, \phi_s; \mu_i, \phi_i) \boldsymbol{R}(\mu_i) + e^{\kappa_e z/\mu_i} \boldsymbol{\psi}(-\mu_s, \phi_s; -\mu_i, \phi_i) \boldsymbol{R}(\mu_i) \right] \frac{\boldsymbol{I}_0}{\mu_s}$$

$$(11.72b)$$

为了求出上行传播强度 $\boldsymbol{I}_1^+$ 和下行传播强度 $\boldsymbol{I}_1^-$ 的一阶解，将式(11.72)中的零阶源函数代入式(11.69)中，得出

$$\boldsymbol{I}_1^+(\mu_s, \phi_s, z)$$

$$= e^{-\kappa_e(z+2d)/\mu_i} \boldsymbol{R}(\mu_i) \boldsymbol{I}_0^i \delta(\mu_s - \mu_i) \delta(\phi_s - \phi_i) + e^{-\kappa_e(z+d)/\mu_s} \boldsymbol{R}(\mu_s) \int_{-d}^z e^{\kappa_e(-d-z')/\mu_s}$$

$$\times \left[e^{-\kappa_e(z'+2d)/\mu_i} \boldsymbol{\psi}(-\mu_s, \phi_s; \mu_i, \phi_i) \boldsymbol{R}(\mu_i) + e^{\kappa_e z'/\mu_i} \boldsymbol{\psi}(-\mu_s, \phi_s; -\mu_i, \phi_i) \right] \frac{\boldsymbol{I}_0^i}{\mu_s} \mathrm{d}z'$$

$$+ \int_{-d}^z e^{-\kappa_e(z-z')/\mu_s} \cdot \left[e^{-\kappa_e(z'+2d)/\mu_i} \boldsymbol{\psi}(\mu_s, \phi_s; \mu_i, \phi_i) \boldsymbol{R}(\mu_i) + e^{\kappa_e z'/\mu_i} \boldsymbol{\psi}(\mu_s, \phi_s; -\mu_i, \phi_i) \right] \frac{\boldsymbol{I}_0^i}{\mu_s} \mathrm{d}z'$$

$$(11.73a)$$

$$\boldsymbol{I}_1^-(-\mu_s, \phi_s, z)$$

$$= e^{\kappa_e z/\mu_i} \boldsymbol{I}_0^i \delta(\mu_s - \mu_i) \delta(\phi_s - \phi_i) + \int_z^0 e^{\kappa_e(z-z')/\mu_s} \times \left[e^{-\kappa_e(z'+2d)/\mu_i} \boldsymbol{\psi}(-\mu_s, \phi_s; \mu_i, \phi_i) \boldsymbol{R}(\mu_i) \right.$$

$$\left. + e^{\kappa_e z'/\mu_i} \boldsymbol{\psi}(-\mu_s, \phi_s; -\mu_i, \phi_i) \right] \frac{\boldsymbol{I}_0^i}{\mu_s} \mathrm{d}z'$$

$$(11.73b)$$

式(11.73)给出的表达式适用于中间层的任意高度 z，也分别适用于 $\boldsymbol{I}_1^+$ 和 $\boldsymbol{I}_1^-$ 的任意方向 (μ_s, ϕ_s) 和 $(-\mu_s, \phi_s)$。为了计算后向散射系数 $\sigma_{pq}^0(\theta_i)$，设式(11.73a)中的 $z=0$，$\mu_s = \mu_i$ 且 $\phi_s = \pi + \phi_i$，得出

$$\boldsymbol{I}_1^+(\theta_i, \phi_i, 0)$$

$$= e^{-2\kappa_e d/\mu_i} \boldsymbol{R}(\mu_i) \boldsymbol{I}_0^i \delta(\phi_s - \phi_i = \pi)$$

$$+ \left[e^{-4\kappa_e d/\mu_i} \boldsymbol{R}(\mu_i) \boldsymbol{\psi}(-\mu_i, \phi_i + \pi; \mu_i, \phi_i) \boldsymbol{R}(\mu_i) \times \int_{-d}^0 e^{-2\kappa_e z'/\mu_i} \mathrm{d}z' \right.$$

$$+ e^{-2\kappa_e d/\mu_i} \boldsymbol{\psi}(-\mu_i, \phi_i + \pi; -\mu_i, \phi_i) \boldsymbol{R}(\mu_i) \int_{-d}^0 \mathrm{d}z'$$

$$+ \mathrm{e}^{-2\kappa_e d/\mu_i} \boldsymbol{R}(\mu_i)\boldsymbol{\psi}(\mu_i, \phi_i + \pi; \mu_i, \phi_i)\int_{-d}^{0}\mathrm{d}z'$$

$$+ \boldsymbol{\psi}(\mu_i, \phi_i + \pi; -\mu_i, \phi_i)\int_{-d}^{0}\mathrm{e}^{2\kappa_e z'/\mu_i}\mathrm{d}z'\Bigg]\frac{\boldsymbol{I}_0^i}{\mu_i}$$

$$= Y^2\boldsymbol{R}(\theta_i)\boldsymbol{I}_0^i\delta(\phi_s - \phi_i = \pi)$$

$$+ \Bigg[Y^2\boldsymbol{R}(\theta_i)\boldsymbol{\psi}(-\mu_i, \phi_i + \pi; \mu_i, \phi_i)\boldsymbol{R}(\theta_i)\frac{\mu_i}{2\kappa_e}(1 - Y^2)$$

$$+ dY^2\boldsymbol{\psi}(-\mu_i, \phi_i + \pi; -\mu_i, \phi_i)\boldsymbol{R}(\theta_i) + dY^2\boldsymbol{R}(\theta_i)\boldsymbol{\psi}(\mu_i, \phi_i + \pi; \mu_i, \phi_i)$$

$$+ \boldsymbol{\psi}(\mu_i, \phi_i + \pi; -\mu_i, \phi_i)\frac{\mu_i}{2\kappa_e}(1 - Y^2)\Bigg]\frac{\boldsymbol{I}_0^i}{\mu_i} \tag{11.74}$$

式中，Y 为式(11.2)定义的中间层的单向透射率。

图 11.13 所示为式(11.74)中 5 个数项的示意图。

①第一项表示入射功率穿过中间层，向下传输至 2 层和 3 层之间的界面进行转移，再通过 2 层及以上进行镜面反射和传播。除了垂直入射存在后向散射，该项不会产生后向散射。

②第二项包括中间层向下的单次体后向散射以及边界处($z=-d$)的双镜面反射。

③第三项和第四项分别包括中间层的单次双站散射和下边界的单次反射。

④最后一项表示中间层向上的单次体后向散射，不包含下边界的后向散射。

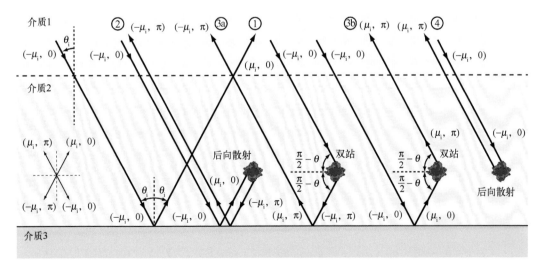

图 11.13　体散射机制

将式(11.74)中的第一个数项删除，并与式(11.62)对比，得出下列变换矩阵：

$$
\boldsymbol{T}_t(\mu_i,\ \phi_i+\pi;\ -\mu_i,\ \phi_i) = \frac{(1-Y^2)}{2\kappa_e}[\boldsymbol{\psi}(\mu_i,\ \phi_i+\pi;\ -\mu_i,\ \phi_i)
$$
$$
+ Y^2\boldsymbol{R}(\theta_i)\boldsymbol{\psi}(-\mu_i,\ \phi_i+\pi;\ \mu_i,\ \phi_i)\boldsymbol{R}(\theta_i)]
$$
$$
+ \frac{dY^2}{\cos\theta_i}[\boldsymbol{\psi}(-\mu_i,\ \phi_i+\pi;\ -\mu_i,\ \phi_i)\boldsymbol{R}(\theta_i)
$$
$$
+ \boldsymbol{R}(\theta_i)\boldsymbol{\psi}(\mu_i,\ \phi_i+\pi;\ \mu_i,\ \phi_i)] \tag{11.75}
$$

由于下边界被假定为完全平滑的表面，所以辐射传输解不包括下表面衰减的直接后向散射贡献，但是需要增加这部分贡献。因此，为了合成特定接收/发射极化结构的后向散射系数 σ_{rt}^0，式(11.64)需要借助 $\boldsymbol{T}_t$ 表达式。

11.6.5　瑞利散射

若中间层由瑞利粒子构成，对于 vv 极化我们借助式(11.63a)，这相当于将式(11.75)中的 $\boldsymbol{R}$ 和 $\boldsymbol{\psi}$ 分别替换为 Γ_v 和 ψ_{11}。根据式(11.56)，得出 $\psi_{11}=3\kappa_s/8\pi$，表示式(11.75)中入射方向和散射方向的 4 种组合，由此得出

$$
\sigma_{vv}^0(\theta_i) = Y^2\sigma_{s_{vv}}^0(\theta_i) + 4\pi\cos\theta_i[\boldsymbol{T}_t]_{11}
$$
$$
= Y^2\sigma_{s_{vv}}^0(\theta_i) + 4\pi\cos\theta_i\frac{(1-Y^2)}{2\kappa_e}\times\frac{3\kappa_s}{8\pi}
$$
$$
+ 4\pi\cos\theta_i Y^2\Gamma^2\frac{(1-Y^2)}{2\kappa_e}\times\frac{3\kappa_s}{8\pi} + 4\pi\cos\theta_i\frac{dY^2}{\cos\theta_i}\left(2\Gamma^2\times\frac{3\kappa_s}{8\pi}\right)
$$
$$
= Y^2\sigma_{s_{vv}}^0(\theta_i) + \frac{3}{4}a\cos\theta_i(1-Y^2)(1+\Gamma^2 Y^2) + 3\kappa_s d\Gamma Y^2
$$
$$
(\text{非相干求和}) \tag{11.76}
$$

上式中始终有 $\Gamma=\Gamma_v$ 成立。我们将该表达式称作非相干求和假设下瑞利散射的单次散射辐射传输模型（S^2RT/R）[†]。

如 11.1 节所提到的，辐射传输模型对所有能量源进行非相干求和，对可能存在的相位干扰忽略不计。式(11.76)中最后一项表示图 11.13 中 ③a 项和 ③b 项非相干求和。对于 hh 极化和 vv 极化，③a 项和 ③b 传播的相位延迟相同。地面表层的镜面反射导致了相位变化相同，且同一微分体的双站散射导致的相位变化也可能相同。因此，这两个贡献应该是同相的，从而式(11.76)中最后一项可能会增加 2 倍，得出

$$
\sigma_{vv}^0(\theta_i) = Y^2\sigma_{s_{vv}}^0(\theta_i) + \frac{3}{4}a\cos\theta_i(1-Y^2)(1+\Gamma^2 Y^2) + 6\kappa_s d\Gamma Y^2
$$
$$
(\text{相干求和，vv 极化}) \tag{11.77}
$$

[†]　计算机代码 11.1。

我们将该表达式称作相干求和假设下的 S^2RT/R。

σ_{vv}^0 的单次散射表达式与 11.1 节中启发式模型的单次散射表达式式(11.23)相同。该表达式可以扩展应用到 hh 极化，只需要将 $\sigma_{s_{vv}}^0(\theta_i)$ 和 Γ^v 分别替换为 $\sigma_{s_{hh}}^0(\theta_i)$ 和 Γ^h。对于 hv 极化，瑞利粒子不会产生交叉极化，所以没有体散射的贡献，从而式(11.77)简化为

$$\sigma_{hv}^0(\theta_i) = Y^2 \sigma_{s_{hv}}^0(\theta_i) \qquad (\text{hv 极化}) \tag{11.78}$$

11.6.6 明显的上边界

对于积雪层或海面冰层，我们根据 11.3 节中给出的步骤对 σ^0 表达式进行修改，可以将明显存在的上边界联合起来。因此，对于 vv 极化：

$$\sigma_{vv}^0(\theta_i) = \mathbb{T}_{12}^2(\theta_i) \left\{ Y^2 \sigma_{23}^0(\theta_i') + \frac{3}{4} a \cos\theta_i' (1 - Y^2) [1 + \Gamma_{23}^2(\theta_i') Y^2] \right.$$

$$\left. + 6\kappa_s d\, \Gamma_{23}(\theta') Y^2 \right\} + \sigma_{12}^0(\theta_i) \tag{11.79}$$

式中，$\mathbb{T}_{12}^2(\theta_i)$ 为介质 1 和介质 2 之间的 v 极化边界透射率(介质 2 表示包含雪层或冰层的中间层)；Y 为中间层 θ' 方向上的单向透射率；$\sigma_{23}^0(\theta_i')$ 为下边界的 vv 极化后向散射系数，该边界将介质 2 和介质 3 隔开；$\sigma_{12}^0(\theta_i)$ 为上边界的后向散射系数，该边界将介质 1 和介质 2 隔开；$\Gamma_{23}(\theta')$ 为下边界的 v 极化反射率。hh 极化也有类似的边界表达式。

11.7 S^2RT/R 模型的近似形式

如果下边界粗糙度和含水量未知，则很难对下界限和上界限的后向散射系数 σ_s^0 进行赋值。成像雷达很少在入射角低于 20°或大于 50°的情况下工作。在这个角度范围内，仔细研究实验数据和模型预测结果后发现，一个随机土壤表面的 hh 极化和 vv 极化 σ_s^0 总不大于 0 dB(或 1 m^2/m^2)。该上限同样适用于大多数与水面有关的各种粗糙表面。而且地面或水面的下边界可能低至 -30 dB(或 10^{-3} m^2/m^2)，甚至更低。由此，不管在何种情形下测量式(11.77)中的体散射项都要注意入射角范围。

式(11.77)中的最后一项包括乘积 $\kappa_s d$，可以写成

$$\kappa_s d = \frac{\kappa_s}{\kappa_e}(\kappa_e d) = a \frac{\tau}{\sec\theta} \tag{11.80}$$

式中，$a = \kappa_s/\kappa_e$，根据式(11.3)得出 $\tau = \kappa_e d \sec\theta$。根据式(11.2)得出

$$Y = e^{-\tau} \quad \text{或} \quad \tau = -\ln Y \tag{11.81}$$

所以

$$\kappa_s d = -a \cos\theta_i (\ln Y) \tag{11.82}$$

假定式(11.77)表示地表上植被冠层的 pp 极化($p=\text{v}$ 或 h),则公式改写为

$$\sigma_{pp}^0(\theta_i) = \sigma_g^0(\theta_i) + \sigma_c^0(\theta_i) + \sigma_{gcg}^0(\theta_i) + \sigma_{cg}^0(\theta_i)\,^* \qquad (11.83)$$

式中,

$$\sigma_g^0(\theta_i) = Y^2 \sigma_s^0(\theta_i) \qquad (\text{地面散射贡献}) \qquad (11.84a)$$

$$\sigma_c^0(\theta_i) = \frac{3}{4} a \cos\theta_i (1 - Y^2) \qquad (\text{直接冠层散射贡献}) \qquad (11.84b)$$

$$\sigma_{gcg}^0(\theta_i) = \Gamma^2(\theta_i) Y^2 \sigma_c^0(\theta_i) \qquad (\text{地面 - 冠层 - 地面散射贡献}) \qquad (11.84c)$$

$$\sigma_{cgt}^0(\theta_i) = -6 a \cos\theta_i \Gamma(\theta_i) Y^2(\ln Y) \qquad (\text{总地面 - 冠层散射贡献}) \qquad (11.84d)$$

根据式(11.82)给出的关系式,3 个与体相关的贡献(σ_c^0、σ_{gcg}^0 和 σ_{cgt}^0)可以用 θ_i、$\Gamma(\theta_i)$、a 和 Y 4 个参量表示。此外,这 3 个贡献与反照率 a 成正比。为了求出 3 个贡献的相对值,设定 $\theta_i = 30°$,且当 $Y = 0.8$、0.5 和 0.1 时,两种水分状态(干和湿)下对应有 6 种不同情形,由此评估这 3 个贡献。根据图 10.7 得出

$$\left.\begin{array}{l} \Gamma^{\text{v}} = 0.06 \\ \Gamma^{\text{h}} = 0.08 \end{array}\right\} \qquad (\theta = 30°, \quad m_{\text{v}} = 0)$$

$$\left.\begin{array}{l} \Gamma^{\text{v}} = 0.36 \\ \Gamma^{\text{h}} = 0.46 \end{array}\right\} \qquad (\theta = 30°, \quad m_{\text{v}} = 0.35\ \text{g/cm}^3)$$

表 11.1 显示了上述不同情形下 $\sigma_{gcg}^0/\sigma_c^0$ 和 $\sigma_{cgt}^0/\sigma_c^0$ 的大小。在所有情形中,只有在土壤极湿且植被略微有损的情况下,σ_{gcg}^0 至少比 σ_c^0 小一个量级;对于 vv 极化,$\sigma_{gcg}^0 = 0.135\,\sigma_c^0$,只占 σ_c^0 与 σ_{cgt}^0 总和的 4%。所以,贡献 σ_{gcg}^0 可以忽略不计,由此式(11.77)简化为

$$\sigma_{pp}^0(\theta_i) = Y^2 \sigma_{s_{pp}}^0(\theta_i) + \frac{3}{4} a \cos\theta_i \left[(1 - Y^2) - 8\,\Gamma^p(\theta_i) Y^2(\ln Y) \right] \qquad (11.85)$$

注意,由于 $0 \leqslant Y \leqslant 1$,所以 $\ln Y \leqslant 0$。

表 11.1 在 $\theta = 30°$ 时,分别在干燥土壤和潮湿土壤条件下通过比值 $\sigma_{gcg}^0/\sigma_c^0$ 和 $\sigma_{cgt}^0/\sigma_c^0$ 计算在 hh 极化和 vv 极化的 3 个冠层单向透射率

	$m_{\text{v}}=0$(干燥)			$m_{\text{v}}=0.35\ \text{g/cm}^3$(非常潮湿)		
	$Y=0.8$	$Y=0.5$	$Y=0.1$	$Y=0.8$	$Y=0.5$	$Y=0.1$
$\sigma_{gcg}^0/\sigma_c^0$, hh 极化	4.1×10^{-3}	1.6×10^{-3}	6.4×10^{-5}	0.135	5.3×10^{-2}	2.1×10^{-3}
$\sigma_{gcg}^0/\sigma_c^0$, vv 极化	2.3×10^{-3}	9×10^{-4}	3.6×10^{-5}	8.3×10^{-2}	3.2×10^{-2}	1.3×10^{-3}
$\sigma_{cgt}^0/\sigma_c^0$, hh 极化	0.40	6.2×10^{-2}	1.5×10^{-2}	2.3	0.36	8.6×10^{-2}
$\sigma_{cgt}^0/\sigma_c^0$, vv 极化	0.30	4.7×10^{-2}	1.1×10^{-2}	1.7	0.28	6.6×10^{-2}

---

* 原著有误,应为 $\sigma_{cgt}^0(\theta_i)$。——译者注

11.7.1　单次散射模型的适用性

在此，读者可能会问：单次散射瑞利模型对于植被冠层、雪层和冰层等真实介质的适用性如何？简单答案是：瑞利模型的适用性取决于散射元的大小（相对于 λ）、方向和平均间距。即使有时该模型并不适用，但其表达形式可作为推导合适的半经验模型的起点。

前面章节推导得出的模型是在以下几种限制条件下得出的：

（a）下边界十分平坦，由此将中间层的体散射贡献只限在能够同时满足下边界的镜面反射条件且入射与后向散射方向恰恰相反的特定方向；

（b）中间层散射成分的尺寸相对于 λ 极小，小到能够满足瑞利相位函数的标准；

（c）二阶或二阶以上的散射贡献远小于一阶贡献，因此可以忽略不计。

在微波范围内，底层不是电磁平滑，所以在植被冠层中，叶子和枝干的尺寸大于或等于 λ。如图 11.14 中的测量结果所示，扁平叶的散射方向图类似于尺寸形状相同的天线孔径辐射方向图。此外，若叶子不平滑，则散射方向图会发生变化（Sarabandi et al.，1988）。将小麦秆、玉米秆和树干塑造成介电圆柱体，能够具有较强的依赖于极化的散射。树冠中的散射元具有的尺寸、形状和方向的分布可能会随着地表到冠层顶部之间高度的变化而变化。

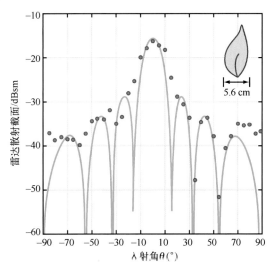

图 11.14　叶子的雷达散射为入射角（照射方向与垂直入射方向之间的夹角）的函数（Senior et al.，1987）

为了研究散射介质的物理属性，研究人员研发了几种理论上复杂且计算量大的模型用于比较预测结果和实验结果（Ulaby et al.，1990b；Sun et al.，1995；Lin et al.，

1999a, 1999b; Marliani et al., 2002）。多数情况下，散射元的尺寸、形状和方向分布是未知或只能初步估值，所以要对计算模型进行多个假设和参数调整，以使其计算结果与实验结果吻合。多参数模型还存在一个问题就是求逆难度很大。

虽然冠层中单叶或单个枝干的散射方向图与入射的方向和极化有关，但由尺寸和形状不同的叶或枝组成的整体散射方向图则与入射的方向和极化无关。这种无序性"破坏"了物理参数的灵敏度。所以，简单的单次散射瑞利模型常用于一些相关的体散射。这种模型的一个优点是，它只含有 3 个参数，分别为消光系数 κ_e、反照率 a 和分层深度 d。这些参数不仅可以计算底层的粗糙度和介电特性，还可以用来计算植被冠层的 σ_{vv}^0 和 σ_{hh}^0。假设冠层的平均介电常数约为 1。对于雪层或冰层，平均介电常数可能远大于 1，需要将所有参数加起来。还要注意，隐含的假设是散射层为弱散射介质（即反照率 a 小），但只要 a 的取值在（0，1）内，这种模型可以不受限制地使用。

多数情况下，单次散射瑞利模型提供的预测结果与实验结果是吻合的，但只适用于 hh 极化和 vv 极化，此时只有下界面和上界面的散射对 σ_{hv}^0 产生贡献。这意味着对于高损植被冠层，$\sigma_{hv}^0 = 0$，但事实并非如此。

11.7.2　与实验结果的对比

I^2EM 模型是用来计算表面散射的，而 S^2RT/R 模型（即瑞利粒子的单次散射辐射传输模型）是用来计算体散射的，将二者结合起来，并选用模型参数使该模型结果与地面植被、地面雪层及海平面冰层的实验数据相吻合。图 11.15、图 11.16 和图 11.17 所示为案例实验。

苜蓿测量数据涉及两个冠层，一个高 17 cm 且顶点光学厚度为 $\tau = 0.45$ Np；另一个高 55 cm 且 $\tau = 2.5$ Np。第二个冠层的高度不仅是第一个冠层的 3 倍，而且植被密度更大。当然，短冠层的后向散射响应取决于土壤表层贡献，特别是入射角小于 40° 的区域。相反，高冠层的角度响应较平缓，表明冠层屏蔽了土壤贡献，后向散射主要取决于直接冠层项 σ_c^0。

将干雪塑造成空气中的低损冰晶。在 17 GHz 处，冰晶的散射超过了吸收。因此，为了使图 11.16 中干雪的测量数据与模型匹配，选用下列模型参数：反照率 $a = 0.96$，光学厚度 $\tau = 0.35$ Np。相反，由于湿雪是有损介质（图 11.16），所以模型参数选取：$a = 0.19$，$\tau = 2.5$ Np。

图 11.17 所示为 Onstott（1990）对海冰层使用 10 GHz 测量的后向散射截面数据。模型参数为：$a = 0.4$，$\tau = 0.75$ Np。海冰层作为一种体散射介质，介于干雪和湿雪之间。

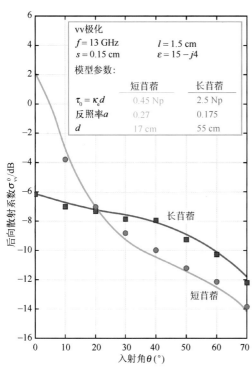

图 11.15　将短苜蓿和长苜蓿后向散射测量数据
拟合S²RT/R 模型得出的后向散射系数随入射角
的变化和高苜蓿冠层的后向散射测量数据

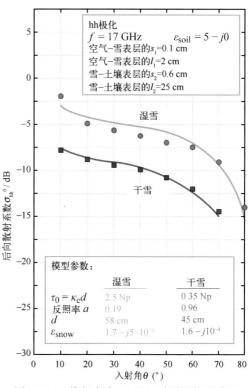

图 11.16　将频率为 17 GHz 时测量的干雪和
湿雪数据拟合 S²RT/R 模型得出的后向
散射系数随入射角的变化

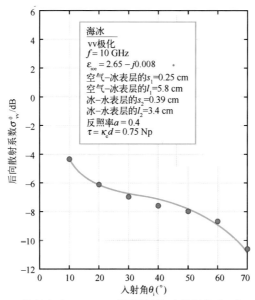

图 11.17　将频率为 10 GHz 时测量的海冰数据拟合 S²RT/R 模型
得出的后向散射系数随入射角的变化(Onstott，1990)

11.8 雷达观测植被冠层

本章节旨在基于模型结果和实验数据，概述后向散射系数与植被冠层各个物理参数之间的关系。在介绍前，我们归纳了对植被冠层和土壤表层的穿透特性及传播属性的理解。

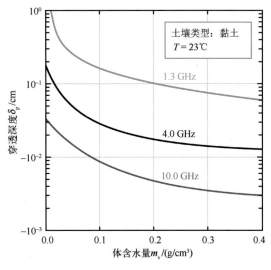

图 11.18 穿透深度与土壤含水量的关系

11.8.1 土壤的穿透深度

对于非常干燥的土壤，$2 \leqslant \varepsilon'_{\text{soil}} \leqslant 4$，$\varepsilon''_{\text{soil}} < 0.05$。$\varepsilon'_{\text{soil}}$ 和 $\varepsilon''_{\text{soil}}$ 的准确值取决于土壤密度和组成成分。当 $\varepsilon'_{\text{soil}} = 3$ 且 $\varepsilon''_{\text{soil}} = 0.05$ 时，1 GHz 处的穿透深度 $\delta_p = 1.65$ m。这表明，在干沙漠 1 GHz 信号的穿透深度能够达到数米，这也解释了为什么 L 波段航天成像雷达-A(SIR-A)能够探测埃及沙漠地表地形并绘制出地图(Schaber et al., 1986)。

土壤体含水量 m_v 的增加将导致 δ_p 呈指数减小，如图 11.18 所示。

11.8.2 栽培植被的传播属性

小麦冠层的组成可以划分为三部分：①叶；②秆；③秆头。为了建立冠层内部和穿过冠层的辐射传输模型，可将冠层分为由秆头构成的上层和由叶与秆构成的下层。对于另一种作物，如玉米的冠层大致分为主要由叶组成的上层和由秆组成的下层。同样，其他类型的作物也有其独特的组合构造。在对作物冠层的辐射或散射进行建模或解释时，有必要了解冠层整体的传播属性及其组成部分。

植被冠层的传播属性可通过确定性方法或统计方法进行计算。确定性方法要求对冠层中每个叶、秆和枝等组成部分的吸收和散射截面、位置、方向以及彼此间的相互作用必须是已知的。显然，当冠层成分的尺寸大于或等于 λ 时，很难满足这些要求。而且通常情况下，成分的尺寸、方向、形状及位置信息很难获知。另外，植被冠层具有一定的无序性，这表明给定雷达分辨单元内的冠层结构在统计上不同于其他分辨单元内的冠层结构。

相反，统计方法通常：①假设冠层成分(叶等)在空间上是随机分布的，无论是冠层整体内部还是冠层子区内部(若植物下部没长叶子,则子区就是冠层上部);②冠层成分之间的相互作用忽略不计;③运用统计分布函数描述冠层成分的形状、尺寸和方向。若这些参数随着地表到冠层顶部之间的高度而变化,则将该冠层看作一系列各自具有统计分布特点的水平层。

定义一个冠层体积元足够小,以致于冠层成分的密度、类型等大致均匀,但同时又足够大,使其具有一般代表性。若冠层结构不具有方位对称性,则消光系数 κ_e 可能是关于高度 z、入射角 θ、波极化 p 及方位角 ϕ 的函数,即

$$\kappa_e = \kappa_e(\theta,\ \phi,\ z,\ p)$$

冠层的高度为 h 时,对应的衰减(光学深度)为

$$\tau = \int_0^h \kappa_e z \sec \theta \qquad (11.86)$$

为计算冠层体积元的消光系数 κ_e,需要先知道每种冠层成分的形状、尺寸、方向分布以及散射和吸收模型。通常将秆和枝建模为介电圆柱体,将叶建模为介电板等。由于这些散射元大小接近于 λ,所以散射模型从数学上讲很复杂且计算量大。Ulaby 等(1990)以及 Ulaby 等(1990b)提出过这类模型。

植被冠层的传播属性可通过测量穿过冠层的发射信号的实验方法进行测定。图 11.19(a)所示为 Allen 等(1984)用来测量小麦冠层的光学厚度所采用的装置。其中发射天线位于冠层上部,观测方向为入射角 60°、方位角相对于作物行向 90° 处。接收天线安装在电机驱动的平台上,可以在土壤表面上空 23~132 cm 的高度进行垂直运动。整个冠层高度为 105 cm,其中冠头约占 8 cm。接收天线与检测器相连,检测器又与功率计相连。接收天线的高度转换成穿过电位计的电压,用来驱动 x-y 绘图仪的 x 轴,其中 y 轴表示接收功率的强度。测定的接收功率是关于接收天线高度的函数,系统在天线之间没有冠层的情况下重复测量实验来进行校正。最终结果为图 11.19(b)中给出的曲线,表明冠层的测定累积衰减(光学厚度)是一个关于路径长度 s(见图)的函数。曲线的平均斜率约为 4.6 Np/m,表示 $\theta = 60°$ 时麦秆垂直极化的倾斜消光系数。在麦田中另选 5 个位置重复该实验,得出整体平均消光系数为 6.91 Np/m(或 30 dB/m),相应的标准差为 2.8 Np/m。

多数研究人员尝试通过以下两种方法来测量植被冠层的消光系数:(a)借助位于冠层下方的接收器测量穿过冠层的传输功率;(b)借助位于冠层下方的标准目标(如三面反射器)测量反射功率。这两种方法都是通过对比有/无冠层情形下的功率密度来计算衰减。传输方法测量冠层的单向总衰减,而反射方法测量双向衰减。

单向传输方法测量中,若接收天线紧邻植被,可能会产生近场相互作用而使天线增益和方向图失真,从而导致衰减估算不准确。类似的情况也可能发生在双向传输

方法中，近距离存在的植被会使标准目标的散射图案失真。造成测量不准确性的另一
个原因是植被冠层的空间不均匀性。对比不同截距的测量结果会发现有较大波动（由于
位置）。

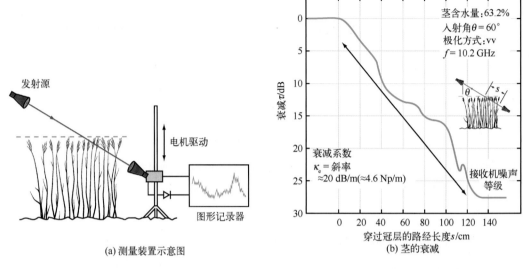

发射源

电机驱动

图形记录器

(a) 测量装置示意图

茎含水量:63.2%
入射角θ=60°
极化方式:vv
f = 10.2 GHz

衰减τ/dB

衰减系数
κ_e = 斜率
≈20 dB/m(≈4.6 Np/m)

接收机噪声
等级

穿过冠层的路径长度s/cm

(b) 茎的衰减

图 11.19　该简图展示了 Allen 等(1984)测量植被衰减(关于深度的函数)所用的装置，
接收天线是一个直径为 5 cm 的喇叭天线

　　然而，通过空间平均可降低这种不确定性。图 11.20 所示装置中，接收天线和检
测器位于近地面的塑料轨道上。天线装置与绳索相连，通过滑轮与卡车上的雷达保
持同步。卡车沿着麦田前进时，天线装置也随之前进。使用该技术可以跟进测量冠层
的发射功率，从而得出标准差较小的平均值。基于玉米冠层和小麦冠层在 10.2 GHz
处的测量结果，Ulaby 等(1984)确定了与总衰减平均值有关的标准差约为 1 dB(即
0.23 Np)。图 11.21(a)和(b)显示了大豆冠层和玉米冠层整个生长期间冠层衰减
τ(dB) 的时间变化，是在 10.2 GHz 处，使用 v 极化发射天线和接收天线进行的测量，
入射角为 52°，传播方向与行向正交。

　　这两种情形下，在作物生长的早期阶段和最后阶段时测量的总衰减较小，而在植
物长到最高并开始流失水分时测量的总衰减最大。

　　图 11.21(a)和(b)所示为根据相对简单的模型绘制的曲线图。对于大豆，模型将
总衰减 τ (Np)与冠层高度、叶和秆的体积分数(分别为 v_1 和 v_{st})相关联，即

$$\tau = \tau_1 + \tau_{st} = (\kappa_1 + \kappa_{st})h \sec \theta \tag{11.87}$$

式中，κ_1 和 κ_{st} 分别为叶和秆的吸收。上式将冠层视为两个冠层的叠加(图 11.22)：一
个冠层由叶构成，叶冠层有效折射率为 $n_{c,1}$；另一个由秆构成，秆冠层有效折射率为

$n_{\mathrm{c,st}}$。根据式(4.45)给出的折射模型，且 $\alpha = 1/2$，得出冠层叶折射率和冠层秆折射率分别与叶折射率 n_{l} 和秆折射率 n_{st} 有关，即

$$n_{\mathrm{c,l}} = (1 - v_{\mathrm{l}}) n_{\mathrm{air}} + v_{\mathrm{l}} n_{\mathrm{l}} \qquad (11.88\mathrm{a})$$

$$n_{\mathrm{c,st}} = (1 - v_{\mathrm{st}}) n_{\mathrm{air}} + v_{\mathrm{st}} n_{\mathrm{st}} \qquad (11.88\mathrm{b})$$

式中，$n_{\mathrm{air}} = 1$；v_{l} 和 v_{st} 分别为冠层中叶和秆的体积分数，v_{l} 和 v_{st} 均为关于时间的函数，但在整个生长周期中，它们的大小约为 0.01。因此，式(11.88a)和式(11.88b)得出 $n'_{\mathrm{c,l}}$ 和 $n'_{\mathrm{c,st}}$ 的值，略大于空气背景的折射率($n_{\mathrm{air}} = 1$)。所以上述公式简化为

$$n''_{\mathrm{c,l}} \approx v_{\mathrm{l}} n''_{\mathrm{l}} \qquad (11.89\mathrm{a})$$

$$n''_{\mathrm{c,st}} \approx v_{\mathrm{st}} n''_{\mathrm{st}} \qquad (11.89\mathrm{b})$$

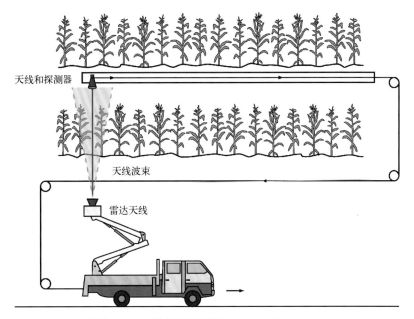

图 11.20　衰减测量装置(Ulaby et al., 1984)

最后得出，消光系数与冠层叶折射率和冠层秆折射率有关，即

$$\kappa_{\mathrm{e}} = \frac{2\pi}{\lambda_0}(n''_{\mathrm{c,l}} + n''_{\mathrm{c,st}}) = \frac{2\pi}{\lambda_0}(v_{\mathrm{l}} n''_{\mathrm{l}} + v_{\mathrm{st}} n''_{\mathrm{st}}) \qquad (11.90)$$

对于每个进行直接传输测量的日期，Ulaby 等(1984)通过把植物从冠层的代表性部分中移出来测量冠层的 v_{l} 和 v_{st} 并估算叶和秆的体积分数，也使用介电测量技术来确定 v_{l} 和 v_{st}，进而得出 $n_{\mathrm{l}} = \sqrt{\varepsilon_{\mathrm{l}}}$，$n_{\mathrm{st}} = \sqrt{\varepsilon_{\mathrm{st}}}$。尽管模型完全忽略了叶和秆的散射，且设定冠层的成分极小(事实并非如此)，但根据图 11.21(a)发现，测量值与模型计算值是一致的。

这种方法同样适用于玉米冠层，但简单模型计算的 τ 值与测量值不能很好地吻合。图 11.21(b) 中标有"衰减计算值"的曲线低估了 τ 值，因其只考虑了玉米叶子的吸收；

如将其应用到大豆，并将秆的吸收计算在内则会导致 τ 的计算值过高。由于玉米秆的间距和方向是有序的，而折射模型要求内含物不仅尺寸小，而且方向是无序的，所以该模型显然不适用于玉米冠层。

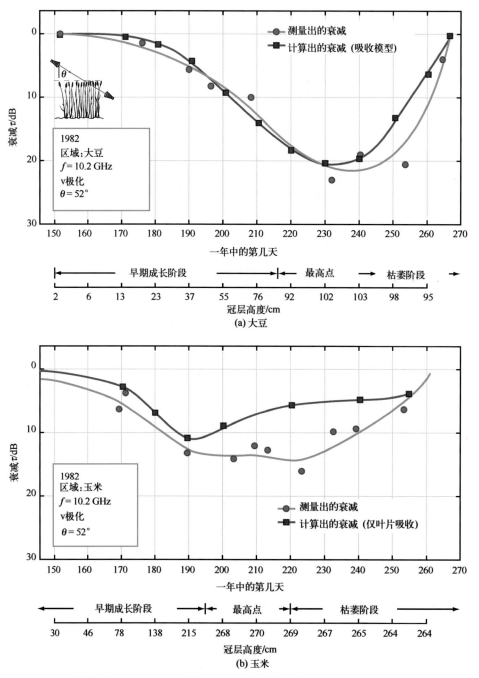

图 11.21　频率为 10.2 GHz 时，大豆冠层和玉米冠层单程衰减的实测值和模型计算值

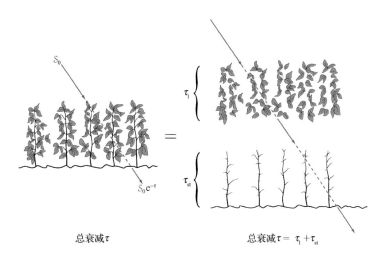

图 11. 22　将一个由茎和叶组成的冠层建模成等效的两个冠层的和,
一个是只包含叶的冠层, 另一个是只包含茎的冠层

11. 8. 3　冠层(含秆) 的消光

为了模拟含有垂直秆的冠层的传播属性, Ulaby 等(1987) 研究了一种冠层模型, 用方向垂直且有损的介电圆柱体表示秆, 方向随机的圆盘表示叶。该模型可以计算圆柱体的吸收和散射以及叶的吸收。为了验证模型的有效性, 他们还采用了图 11. 23 所示的装置, 分别在入射角为 20°、40°、60° 和 90° 处测定了成熟玉米冠层的传输损耗。发射器和接收器采用双极化天线, 中心频率选取 1. 62 GHz、4. 75 GHz 和 10. 2 GHz。

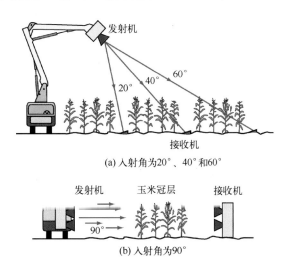

图 11. 23　传输测量所用的装置(Ulaby et al. , 1987)

基于 4.9.2 节给出的植被介电模型和对叶及秆样本所测定的体含水量，可以得出图 11.24 所示的介电常数，也可以计算出单个秆的消光截面以及冠层的消光系数。秆高约 2.7 m 但直径从根部到顶部不断变化，在根部时直径最大(约为 2.8 cm)，在顶部时直径最小(约为 0.6 cm)。该模型假设秆的直径均匀且为 1.7 cm。图 11.25 所示为吸收、散射及消光"宽度"的频谱，当入射沿着与柱体轴线正交的方向时，圆柱体直径标准化为 d。当频率低于 3 GHz 时需要特别注意吸收和散射对极化方向的强敏感性。介电圆柱体的散射和吸收在很大程度上取决于直径 d 相对于 λ 的大小。对于图 11.25 给定的玉米秆介电常数，1 GHz 处的波长 $\lambda \approx 30/4.2 \approx 7.1$ cm。因此 $d/\lambda \approx 1.7/7.1 \approx 0.24$。$f$ 增加到 10 GHz 时，d/λ 增加到 2.4。当圆柱体直径相对于 λ 很大时，散射和吸收对极化矢量的方向变得不敏感。

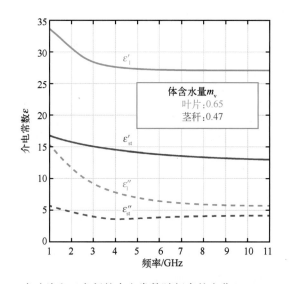

图 11.24　玉米叶片和玉米秆的介电常数随频率的变化(Ulaby et al., 1987)

将单一介电圆柱体所用的模型扩展到用于平行圆柱体的介质，设照射入射角为 θ_i，可以求出玉米冠层的消光系数 κ_e，也可以计算模型得出的结果并将其与实验测量值进行比较。图 11.26(a)所示为传输频率 1.62 GHz 处的消光系数。对于 h 极化波，任意入射角处的 κ_e 均小于 0.2 dB，这表明冠层几乎是透明的。相反，v 极化波的消光系数在很大程度上取决于 θ_i，垂直入射处约为 0.2 dB，掠入射处($\theta_i = 90°$)高达 2.5 dB/m。

对于均匀介质，复折射率 $n = n' - jn''$，则衰减常数为

$$\alpha = \frac{2\pi}{c} f n'' \qquad (11.91)$$

式中，c 为光速。因此，若 n 不随频率 f 发生变化，则 α 应随着 f 增加呈线性增加。对

于均质介质是这样的，同样也适用于含有尺寸远小于 λ 的介电粒子的介质（如 4.4 节中提到的等效介电介质），但 α 对频率的依赖关系并不总是可用的。图 11.26(b) 所示结果($f = 10.2$ GHz)与图 11.26(a) 所示结果($f = 1.62$ GHz)的对比表明，频率越大，h 极化的消光系数就越大，对于 v 极化反之成立。

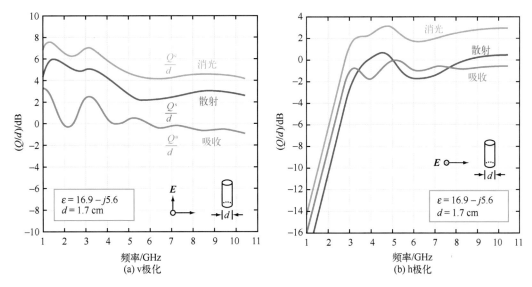

图 11.25　无限圆柱体标准吸收、散射及消光宽度的频谱变化，

照射波为 v 极化波和 h 极化波(Ulaby et al., 1987)

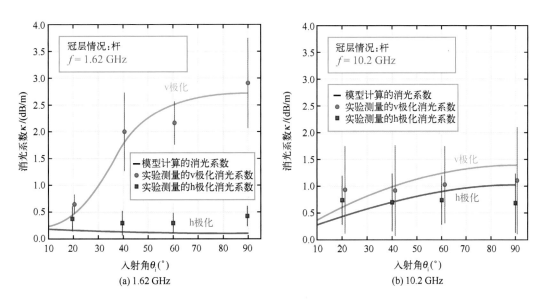

图 11.26　玉米秆的消光系数模型计算值与实验测量值比较

11.8.4　土壤表面贡献的作用

绿叶的含水量通常在70%，而生长末期的黄叶体含水量可能只有10%。根据4.9节中的叶介电模型得出，介电常数 ε_v 在很大程度上取决于叶的含水量 m_g。例如在 $f=10\ \text{GHz}$ 处，当 $m_g=0.7$ 时，$\varepsilon_v \approx 20-j8$，而当 $m_g=0.1$ 时，$\varepsilon_v \approx 1.9-j0.2$。相应地，含水量少的植被的消光系数远小于含水量多的植被的消光系数。因此，采用频率为 9 GHz 的雷达测量麦田收割前后的入射角响应，在统计结果上不会出现明显变化。图 11.27 所示为 σ^0 的测量曲线图。相对较干的小麦冠层实质上所有入射角对微波都是"透明"的，至少入射角在60°以下是成立的。

图 11.28 展示了对玉米冠层脱叶的实验结果。采用 5.1 GHz 的散射计来测量以下 3 种情况下的 $\sigma^0_{hh}(\theta)$：

（a）自然条件下成熟的玉米冠层；

（b）脱叶后的玉米冠层，但保留秆和玉米棒在原处；

（c）除去秆和玉米棒后剩下的裸露土壤。

基于图 11.28 所示的数据，得出以下结论：

（1）当入射角 $\theta_i \leqslant 20°$ 时，总冠层后向散射系数取决于土壤表面贡献；

（2）当 θ_i 大于 30° 时，作物变为总冠层后向散射系数 σ^0 的主要贡献者；

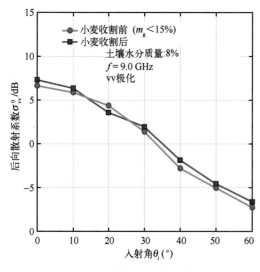

图 11.27　干小麦的冠层对于微波是"透明"的；在小麦的收割和清除过程中，σ^0 没有发生明显的变化（Lopes，1983）

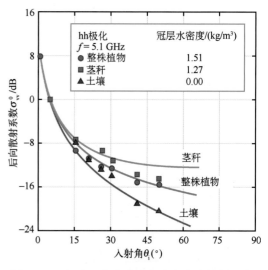

图 11.28　相连 3 个去叶阶段中完全成熟的玉米冠层的 σ^0 测量值，且所有测量均在同一天进行

（3）当 $\theta_i \gtrsim 30°$ 时，标有"茎和棒"的曲线高于标有"整株作物"的曲线。这表明，玉米茎和玉米棒的后向散射贡献发挥着重要作用，但冠层上部叶的衰减使茎的贡献降低到等于或小于叶的后向散射贡献。

这些观测结果表明，在均匀冠层模型中认为所有成分(叶、秆和棒)均具有相同的消光特性和散射特性，该模型不适用于上述玉米冠层。由于玉米冠层成分的尺寸等于或大于 λ，且方向分布并不具有随机性，所以不能将这些成分看作各向同性粒子或瑞利粒子。

为了例证土壤贡献的相对重要性，图 11.29 展示了 4 种植被冠层的入射角曲线图 ($f = 4.25$ GHz)。每一种作物的实验观测均是在相同的冠层条件下进行的，但土壤-水分条件不同。需要注意的是干土壤和湿土壤条件下的观测日期仅相隔几天。湿土壤条件的测量是在大雨过后仅仅一天，大雨使土壤表面被浸透并且体水分含量 m_v 从 0.04 g/m^3 增加到了 0.35 g/m^3。

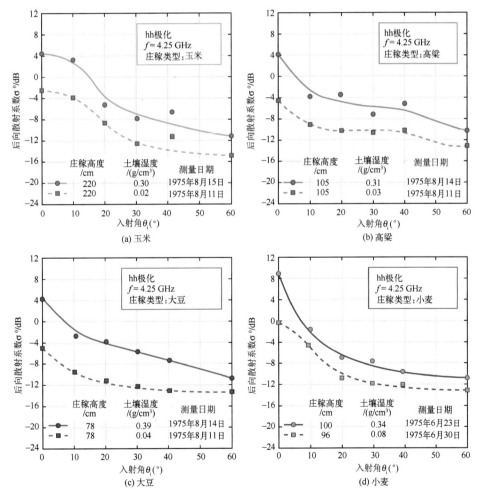

图 11.29 干土壤条件下和湿土壤条件下，频率为 4.25 GHz 时，4 种植被冠层的后向散射系数随入射角的变化

在这两种观测条件下冠层并没有发生实质性变化，所以我们将曲线差异完全归因于土壤地层。通常情况下，湿土壤的 σ^0 比干土壤的 σ^0 在垂直方向上高 7~8 dB，而在 60° 方向上高 3~4 dB。

11.8.5 σ^0 与叶面积指数的关系

以图 11.30 所示的曲线图为参考。左侧纵坐标表示玉米冠层的后向散射系数 σ^0，它是在玉米生长期内(约 100 d)关于时间的函数。σ^0 的单位是 m²/m²(而非 dB)。右侧纵坐标表示冠层叶面积指数(LAI)的时间变化，定义为单位占地面积内冠层中所有叶片的总单侧表面积。对于图 11.30 所示的玉米冠层，LAI $L(t)$ 在植物刚种植时为零，在植物完全成熟(即 Hanway 阶段 5)时达到最大值，约为 3.5，在生长周期结束前又逐渐减小为零。需要注意到 $\sigma^0(t)$ 和 $L(t)$ 的时间曲线整体相似。据观测，高粱冠层和小麦冠层的结果也具有相似性。

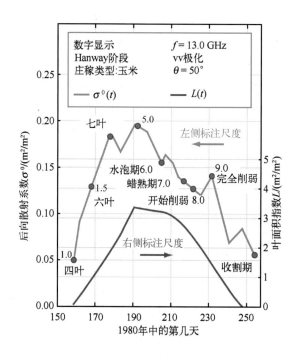

图 11.30　玉米地后向散射系数 σ^0 和叶面积指数的实测时间变化图。生长阶段用 Hanway(1971)阶段表示(Ulaby et al., 1984)。注意，σ^0 以 m²/m² 为单位，而非 dB

在一定程度上，叶面积指数可以表征冠层成分的含水量，这也是影响植被衰减和散射的一个最重要参数。此外，虽然叶面积指数只适用于绿叶，但它的时间变化与含水量随时间的变化有关。Ulaby 等(1984)认为叶面积指数 $L(t)$ 可以近似表示冠层质量，并基于 11.1 节介绍的单次散射模型提出了一种半经验模型：

$$\sigma^0 = A_1 L^n (1 - e^{-bL}) + A_2 e^{-bL} \qquad (11.92)$$

式中，A_1、A_2 和 b 为通过经验方法确定的常数。对于玉米和高粱，$n = 0$；对于小麦，$n = 1$。模型参数通过仅仅使用 t 时间的雷达观测结果，如此 $L \geqslant 0.2$。如图 11.31 所示，结果证实了相对简易半经验模型的通用性。

图 11.32 所示为论证 σ^0 和 L 之间高度相关性的一个案例，即使用 QuikSCAT 卫星(表 1.2)搭载的工作频率为 13.6 GHz 的 SeaWinds 散射计观测热带大草原。SeaWinds 散射计的观测入射角约为 50°。图 11.32 绘制了为期约 6 年的雷达数据(Yang et al., 2011)。雷达数据与使用 MODIS 卫星上光学传感器所得的叶面积指数观测结果具有高度相关性。

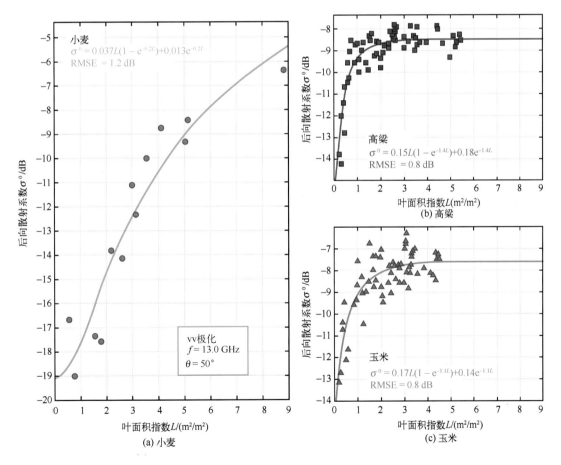

图 11.31　基于单一参数叶面积指数模型，对小麦、高粱和玉米的后向散射系数测量值进行比较

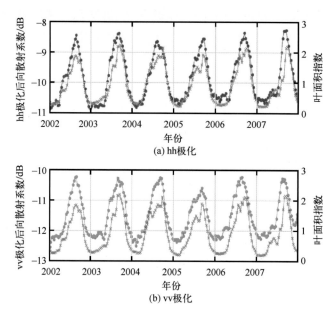

图 11.32　使用 QuikSCAT 散射计在 2002—2007 年观测的热带稀树草原(10.528°N，3.976°W)的后向
散射(左坐标轴)时间演化，绿色的时间序列是叶面积指数(右坐标轴)(Yang et al.，2011)

11.8.6　σ^0 与冠层含水量的关系

之前提到，(绿)叶面积指数 L 与积分冠层体含水量 M_W 高度相关。其中 M_W 以 kg/m² 为单位，被定义为单位地表面积内冠层垂直柱中水分的总重量，即

$$M_W = M_f - M_d \qquad (kg/m^2) \tag{11.93}$$

式中，M_f 和 M_d 分别为地表之上面积大于 1 m² 的生物鲜重和生物干重。实质上，M_W 表示等效云冠层的柱状含水量。

图 11.33 所示为 Macelloni 等(2001)得出的 5 种作物测量结果，使 L 与 M_f(即每平方米的生物鲜重)相关联。在大部分生长期间，M_f 远大于 M_d，所以 L 与冠层体含水量 M_W 之间的关系与图 11.33 所示的关系略有不同。

以植被冠层生物物理参数与 σ^0 的关系为基础(Jin et al.，1997；Bouvet et al.，2009；Kim et al.，2000；Maity et al.，2004；Inoue et al.，2002；Oh et al.，2009)，Kim 等(2012)利用地基多频极化散射计系统，对稻田和大豆地展开了大量的多时相实验。该系统的中心频率为 1.27 GHz(L 波段)、5.3 GHz (C 波段)和 9.65 GHz (X 波段)。在水稻和大豆的整个生长期内，所有雷达观测结果都是在入射角为 40° 条件下获得的。

图 11.34 所示为稻田和大豆地中的叶面积指数 L 与冠层体含水量 M_W 的时间变化曲线图。与期望结果一致，玉米和大豆的 L 与 M_W 分别具有高度相关性。图 11.35(a) 所

示为水稻生长期间，vv 极化、hh 极化和 hv 极化 $\sigma^0(t)$ 的曲线图。图 11.35(b) 所示为 $M_{\mathrm{W}}(t)$ 的曲线与雷达相关量雷达植被指数(RVI)的时间曲线，其中雷达植被指数是 Kim 等(2009)提出的一个参数，用于区分植被覆盖表面与裸土表面。对于一个由随机方向的薄圆柱体构成的冠层，式(5.177)给出的雷达植被指数表达式可以简化为(Kim et al., 2001)

$$R_{\mathrm{VI}} = \frac{8\,\sigma_{\mathrm{hv}}^0}{\sigma_{\mathrm{hh}}^0 + \sigma_{\mathrm{vv}}^0 + 2\,\sigma_{\mathrm{hv}}^0} \tag{11.94}$$

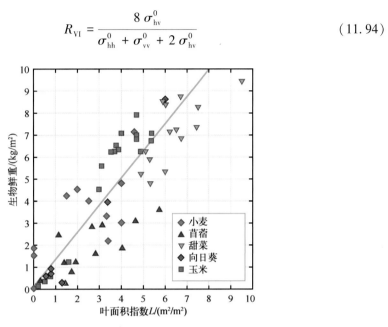

图 11.33　5 种不同作物的冠层生物鲜重 M_{f} 与叶面积指数 $L(\mathrm{m^2/m^2})$ 之间的关系(Maceloni et al., 2001)

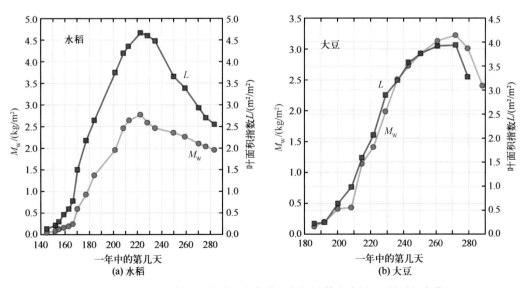

图 11.34　稻田和大豆地的叶面积指数 L 与冠层体含水量 M_{W} 的时间变化

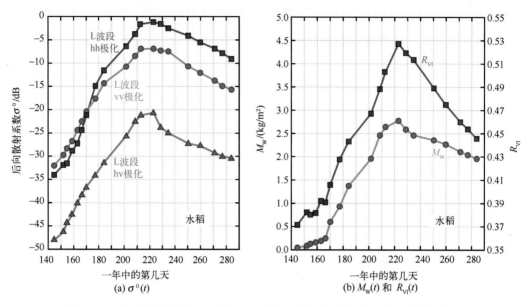

图 11.35　水稻生长期间，3 种极化方式的后向散射系数 σ^0 和雷达植被指数 R_{VI}
与冠层体含水量 M_W 随时间的变化

我们发现，对于水稻和大豆，R_{VI} 和 M_V 的时间曲线很相似。图 11.36 所示为大豆的观测数据。

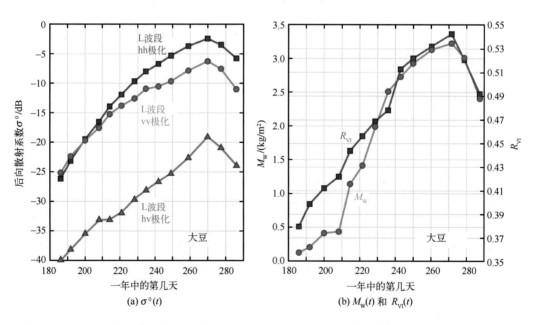

图 11.36　大豆地中，σ^0 和雷达植被指数 R_{VI} 与冠层体含水量 M_W 随时间的变化 (Kim et al., 2010)

Kim 等（2012）对水稻和大豆的混合研究得出图 11.37 所示的曲线图，以 M_W 和 R_{VI} 为坐标。R_{VI} 对 M_W 的灵敏度（斜率）在 L 波段最大，在 X 波段最小。

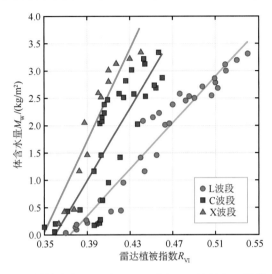

图 11.37 水稻和大豆混合的植被体含水量 M_W 与 R_{VI}（L 波段、C 波段和 X 波段）的关系（Kim et al.，2012）

11.9 土壤–水分反演示例

为了探究由雷达观测数据估算植被冠层下方土壤含水量的反演模型的可行性，De Roo 等（2001）运用车载雷达在 1996 年整个生长期间测量相邻两个大豆冠层的后向散射。使用全极化 L 波段散射计（1.25 GHz）和 C 波段（5.4 GHz）散射计在入射角为 45°、方位角为相对于行方向 45° 的方向对冠层进行了观测。该实验在 130 天内收集了约 60 个雷达数据集，涵盖了多种观测情形：植被体含水量 M_W 的变化范围是 $0.02 \sim 0.97$ kg/m^2，土壤体含水量 m_v 的变化范围是 3% $\sim$ 26%，冠层深度 d 的变化范围是 12 $\sim$ 63 cm。图 11.38 所示为 m_v 测量结果的时间序

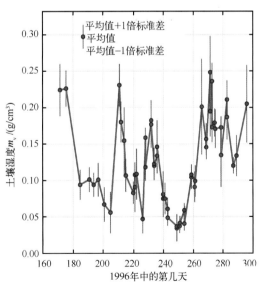

图 11.38 大豆冠层土壤体含水量 m_v 的时间序列，土壤湿度计在多个位置进行测量，由此得出每个含水量（De Roo et al.，2001）

列。图中，m_v 平均值处的竖线表示均值±1 倍标准差的范围。该研究旨在根据雷达观测结果估算 m_v，但是也要注意到 m_v 现场测量值的偏差约为 ±0.03。

11.9.1 直接模型

De Roo 等（2001）的研究把式（11.17）定义的单次散射相干模型调整为

$$\sigma_{pq}^0(\theta_i) = Y_p Y_q\, \sigma_{s_{pq}}^0(\theta_i) + \frac{\sigma_{v_{pq}}^{\text{back}} \cos\theta_i}{\kappa_e^p + \kappa_e^q}(1 - Y_p Y_q)(1 + \Gamma^p \Gamma^q Y_p Y_q)$$
$$+ n\sigma_{v_{pq}}^{\text{bist}} d(\Gamma^p + \Gamma^q) Y_p Y_q \qquad (p,\ q = v\ \text{或}\ h) \qquad (11.95)$$

式中，Γ^p 为入射角 θ_i 处的 p 极化土壤表面反射率（表 2.5）；$\sigma_s^0(\theta_i)$ 为土壤表面 pq 极化后向散射系数；σ_v^{back} 和 σ_v^{bist} 分别为大豆冠层 pq 极化体后向散射系数和双站散射系数。Y_p 为冠层单向透射率：

$$Y_p = e^{-\kappa_e^p d \sec \theta_i} \qquad (11.96)$$

对于 hv 极化，指数 $n=1$；对于 hh 极化和 vv 极化，$n=2$。式（10.37）和式（10.39）给出的半经验表达式依赖于均方根表面高度 s 和土壤体含水量 m_v 这两个物理参数，据此可以对土壤-地面后向散射系数 $\sigma_{s_{pq}}^0$ 进行建模。假设植被相关量与单位高度冠层含水量有关，即 $\rho_w = M_w/d$，得出

$$\sigma_{v_{pq}}^{\text{back}} = a_2^{pq} \rho_w \qquad (11.97a)$$

$$\sigma_{v_{pq}}^{\text{bist}} = a_3^{pq} \rho_w \qquad (11.97b)$$

$$\kappa_e^{pq} = \frac{\kappa_e^p + \kappa_e^q}{2} = a_4^{pq}\sqrt{\rho_w} \qquad (11.97c)$$

$$Y_p Y_q = e^{-2\kappa_e^{pq} \sec \theta_i} \qquad (11.97d)$$

式中，$i=2,\ 3,\ 4$ 时，系数 a_i^{pq} 为自由参数，需要使用经验方法确定。此外，将式（11.95）给出的表达式与经验得出的比例常数 a_i^{pq} 相乘。

在单个频率（1.25 GHz 或 5.4 GHz）和极化方式（hh、vv、hv）条件下，已知量或测定量为 θ_i、d、ρ_w 和 $a_{pq}^0(\theta_i)$，未知量为 $a_i^{pq}(i=1,\ 2,\ 3,\ 4)$ 和表面均方根高度 s。在作物生长早期进行了雷达测量并应用于 PRISM-1 对 s 进行求逆，最后得出 $s=2.8$ cm。根据误差最小化准则，选取 4 个未知参数值使得 σ^0 测量值与计算值之间的多参数误差最小。参数拟合的结果见表 11.2。6 种频率-极化组合中，σ^0 测量值与计算值之间的均方根误差范围是 0.55~0.81 dB，接近于雷达测量精度。参数 P 为模型拟合的标志，较好的拟合要求 P 大于 5%。表 11.2 中，有 5 个频率-极化组合满足 $P>5\%$。图 11.39 和图 11.40 分别为 L 波段和 C 波段处半经验模型计算数据与测量数据的比较。总之，该模型很好地映射了雷达测量数据的时间序列。

表 11.2　半经验大豆模型最佳拟合自由参数(De Roo et al., 2001)

$f/$ GHz	极化方式	$a_2/$ (m^2/kg)	$a_3/$ (m^2/kg)	$a_4/$ $[Np/(kg/m)^{1/2}]$	$a_1/$ dB	均方根误差/ dB	最大误差/ dB	P (%)
5.4	hh	0.151	= a2	0.341	2.50	0.71	1.79	23
5.4	vv	0.170	= a2	0.484	3.47	0.73	1.82	16
5.4	hv	0.051	= a2	0.948	5.16	0.55	1.26	84
1.25	hh	0.0	0.132	0.126	3.39	0.81	1.38	1.5
1.25	vv	0.002 5	0.060 5	0.0	4.78	0.62	1.81	49
1.25	hv	0.0	0.035 1	0.125	5.06	0.70	1.95	15

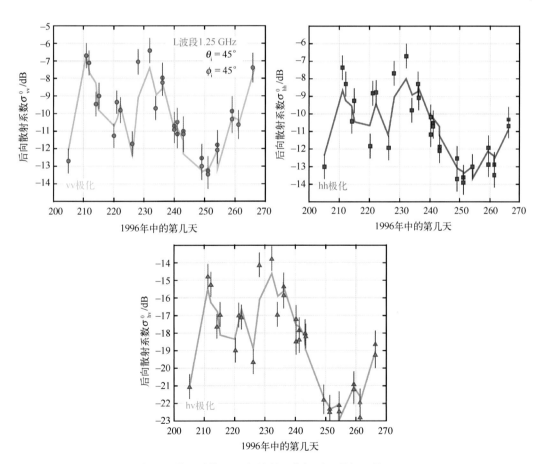

图 11.39　L 波段半经验模型计算的后向散射系数与测量数据比较(De Roo et al., 2001)

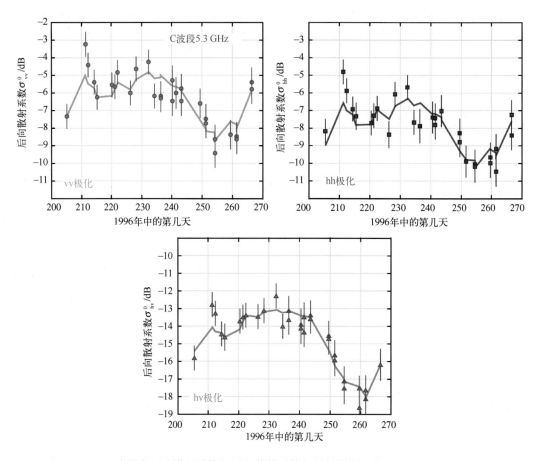

图 11.40　C 波段半经验模型计算的后向散射系数与测量数据比较（De Roo et al.，2001）

11.9.2　逆模型

逆模型旨在根据雷达数据对土壤体含水量 m_v 和冠层含水量 M_W 进行可靠估算。在直接模型中，M_W 呈现高度非线性，所以很难用解析方法进行求逆。另一种方法是建立关于后向散射系数比例的经验关系，从而可以得出以下几种逆模型。

土壤体含水量：

$$m_v = 0.234 + 0.024\,\sigma^0_{\mathrm{L\text{-}vv}} - 0.014(\sigma^0_{\mathrm{C\text{-}hv}} - \sigma^0_{\mathrm{C\text{-}vv}}) \qquad (\mathrm{g/cm^3})$$

$$\mathrm{rmse} = 1.75\%,\quad R^2 = 0.90 \tag{11.98}$$

式中，3 个 σ^0 的值均以 dB 为单位。注意，自然单位的两个量的比值在单位转换为 dB 后变为了两个量的差值。

植被含水量：

$$M_{\mathrm{W}} = 3.84 \left(\frac{\sigma^0_{\mathrm{L-hv}}}{\sigma^0_{\mathrm{L-vv}}} \right)^{0.97} \qquad (\mathrm{kg/m^2}) \qquad \mathrm{rmse} = 0.068 \ \mathrm{kg/m^2}, \quad R^2 = 0.87$$

$$(11.99)$$

此时，σ^0 以 $\mathrm{m^2/m^2}$ 为单位。

图 11.41 给出了现场测量值和基于雷达数据的反演值。

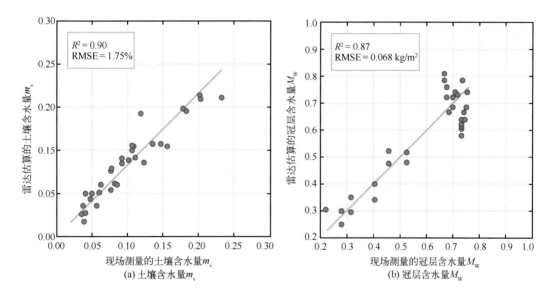

图 11.41　(a)现场测量的土壤含水量与利用雷达数据反演的土壤含水量结果比较;
(b)与(a)类似，但为冠层含水量结果比较

11.10　观测方向的依赖性

在 9.4.2 节中，我们探讨了周期裸土表面 σ^0 与雷达观测方向的相关性，将该观测方向定义为天线波束轴线的地面投影与行方向之间的方位角 ϕ_0。设定平行于观测方向为 $\phi_0 = 0°$，垂直于观测方向为 $\phi_0 = 90°$。下面以成行作物为例。

Batlivala 等(1976)以及 Ulaby 等(1979)使用车载多频散射计对大豆地和小麦田展开了多次实验以确定 σ^0 在 ϕ_0 为 0° 和 90° 方位条件下随入射角 θ 变化的情况。图 11.42 和图 11.43 分别为 1.1 GHz 和 4.25 GHz 处大豆冠层的观测结果。据观测，1.1 GHz 处 hh 极化具有高度灵敏度，而在 4.25 GHz 及更高的频率处观测方向具有无关性。此外，对 hv 极化在所有微波频率处 σ^0 与观测方向无关。这一观察结果与 10.4.2 节所述结果基本一致，也与图 11.25 和图 11.26 得到的衰减数据一致。对小麦和其他冠层在不同的生长期也观测到了类似的结果。

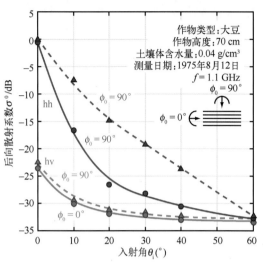

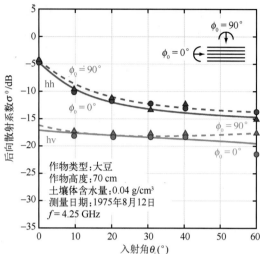

图 11.42　频率为 1.1 GHz 时，大豆冠层后向散射系数 $\sigma_\perp^0(\phi_0=90°)$ 和 $\sigma_\parallel^0(\phi_0=0°)$ 随入射角的变化比较

图 11.43　频率为 4.25 GHz 时，大豆冠层后向散射系数 $\sigma_\perp^0(\phi_0=90°)$ 和 $\sigma_\parallel^0(\phi_0=0°)$ 随入射角的变化

> ▶ 对于种植小麦、大豆和玉米的田地，$f \gtrsim 4$ GHz 时，σ_{hh}^0 和 σ_{vv}^0 对雷达观测方向（相对于行方向）依赖性小。对于交叉极化，σ_{hv}^0 对观测方向在任意频率处都有很小的依赖性，在频率低至 1 GHz 时也是如此。◀

11.11　露、风及其他环境因素的影响

前面章节提到的后向散射模型及实验数据均对应于"正常环境条件和作物生长条件"。通常情况下，这类模型基于对冠层几何结构的特定假设，若实际情况与假设不符，则可能导致模型无效。比如从逻辑上讲，小麦冠层模型假设冠层中大多数麦秆是垂直方向的，这是在正常环境条件下的合理假设。但是在强风情况下，风力作用会使麦秆偏离垂直方向而弯曲，而这与模型的初始假设不符。另外，由于冠层结构的关联复杂性，异常环境因素如强风、大雨、冰雹等对植被冠层的后向散射系数 σ^0 影响难以整合到后向散射模型的设计中。因此，可以认为由于上述影响导致了测量数据偏离了常态，如图 11.44 所示。图中用实心方形连接构成的曲线表示冬麦田 σ_{vv}^0 的时间序列，该观测结果是在冬麦生长后期获得的。只有满足以下两个标准的数据点才被作为"正常"数据：（a）测量过程中，风力十分微弱（即风速小于 25 m/h）；（b）根据目视观测，冠层结构看起来是正常

的。用实心三角形表示有风情况下的观测结果，这种情况下小麦植株偏离垂直方向而弯曲。用实心圆表示部分冠层受大雨、强风或冰雹破坏情况下的观测结果，统称为"吹倒"冠层。

水滴(如露水)落到植株叶表面时，会改变冠层的散射特性。为了评估这种影响，Allen 等(1984)对此进行了相关实验，分别在冬麦冠层被喷水之前和之后立即测量后向散射系数 σ_{vv}^0(图 11.45)。研究人员在麦秆上安装了导电板，用来监测以液滴形式留存在叶面上的含水量与喷洒后时间的函数关系。导电板的热性能类似于植被的热性能，因此从表层水蒸发的速率来看，导电板相当于叶片。图 11.45 所示的曲线图表明，喷洒使 σ_{vv}^0 增大约 3 dB，随着叶片表层水逐渐蒸发，约两个小时后 σ_{vv}^0 又降至原来的值。这个实验证明，虽然 σ^0 随着频率、入射角和极化变化关系尚未确定，但叶表面水对 σ^0 的影响十分显著。

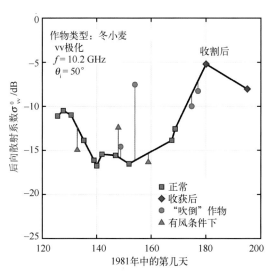

图 11.44　实线曲线将"正常"环境条件下植被冠层的后向散射测量结果相连接。由风造成的与"正常"环境条件曲线的偏差用▲表示，由雨"吹倒"造成的与"正常"环境条件曲线的偏差用●表示

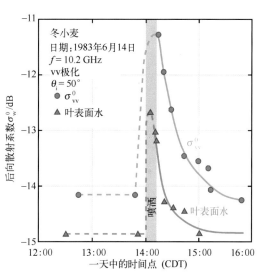

图 11.45　小麦植株叶片上的水滴对 σ^0 具有显著的影响(Allen et al., 1984)

11.12　树冠层的雷达后向散射

11.12.1　林冠层的传播特性

由于林冠层是一种非均匀、随机且可能各向异性的介质，所以为了正确描述林冠层的传播特性，需要通过多个途径测量衰减损失和相位延迟，进而求出平均值及相关

统计数据。相关量包括水平极化和垂直极化的衰减(光学深度)τ_h 和 τ_v 以及极化相位差 $\Delta\phi$。其中 $\Delta\phi = \phi_v - \phi_h$，$\phi_v$ 和ϕ_h分别表示 v 极化和 h 极化的单向相位延迟。

为了演示如何测量这些参量，Ulaby 等(1990b)使用了 1.6 GHz 极化散射计并将其安装在高 19 m 的平台上，使其以 40°的入射角向下观测高 13.7 m 的浓密松树冠层，如图 11.46(a)所示。卡车悬臂在锥形扫描面中旋转，使到地面的测量距离始终保持不变。总共进行了 30 次测量，间隔约 1 m。前 4 个测量位置均位于冠层之外，其余测量位置均位于冠层之内。每个位置处进行两次散射矩阵测量，一次使用位于照射区域的三面反射镜，另一次不使用三面反射镜。天线地面足迹在方位角方向和距离方向上的尺寸分别为 2.3 m 和 2.5 m。三面反射镜的正面边线长为 85 cm。综合这 30 次在有和没有三面反射镜情况下的散射矩阵测量值，能够求出水平极化衰减 τ_h、垂直极化衰减 $\tau_v(\text{dB})$ 和 $\Delta\phi = \phi_v - \phi_h$，结果如图 11.47 所示。

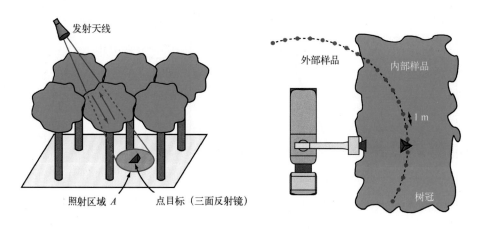

(a) 图示置于树下的接收天线，用以测量树冠的传播属性   (b) 衰减实验布置平面图

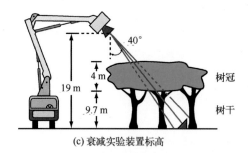

(c) 衰减实验装置标高

图 11.46   Ulaby 等(1990b)用以测量树衰减的实验装置，频率为 1.6 GHz

衰减取值范围较大，雷达波束无阻碍穿过冠层时，$\tau \approx 0$；波束受多棵树干扰时，$\tau \approx 4.6 \, \text{Np}$(约为 20 dB)。平均单程衰减为 $\tau_{av} \approx 2 \, \text{Np}$，对应的双向透射率：

$$Y^2 = e^{-2\tau_{av}} = e^{-4} \approx 0.02$$

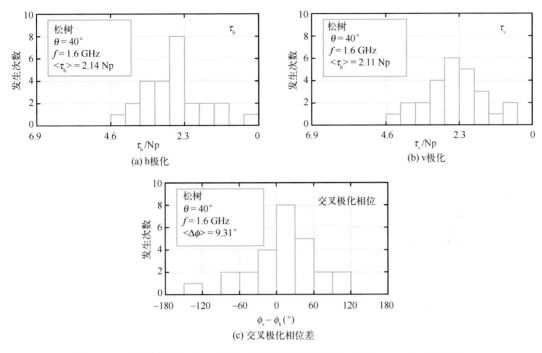

图 11.47　单程衰减 τ_h 和 τ_v 的分布以及相位延迟差 $\Delta\phi$（Ulaby et al.，1990b）

由此可知，除了接近垂直入射外，冠层衰减值很高（即使微波频率低至 1.6 GHz）以致于平均地面后向散射的贡献远低于冠层直接后向散射的贡献。通常，τ_{av} 随频率的增大而增大，所以不论对于 L 波段还是在其他微波频段（$f \geqslant 1$ GHz），之前得出的结论都是适用的。显然，这一结论不适用于短冠层或稀疏冠层，除非冠层是半无限有损介质，此时根据式（11.18）得出

$$\sigma_{pq}^0(\theta) = \frac{\sigma_{v_{pq}}^{\mathrm{back}} \cos \theta}{\kappa_e^p + \kappa_e^q} \qquad (p, \ q = \mathrm{h} \ \text{或} \ \mathrm{v})$$

对于特定的树冠层，体后向散射系数 $\sigma_{v_{pq}}^{\mathrm{back}}$ 以及消光系数 κ_e^p 和 κ_e^q 在不同入射角 θ 处的值可能是恒定的。因此，σ_{pq}^0 应具有简单的余弦相关性，或 $\gamma_{pq} = \sigma_{pq}^0 / \cos \theta$ 应该呈现平坦响应。下一节将介绍这一内容。

Kurum 等（2009）采用车载平台（图 11.48）也进行过类似研究，他们通过对记录的后向散射信号进行时域分析得到树冠层的信号衰减 τ。实验中的树冠层由 $11 \sim 14$ m 的高树构成，且地上生物量约为 13 kg/m^2。实验中频率为 $f = 1.25$ GHz，在 4 个入射角（15°、25°、35° 和 45°）处分别对全冠层和叶落（无叶）冠层进行测量。将从 28 个不同方位测量的结果进行平均，并把结果的单位由 dB 转换成 Np，结果如 11-49 所示。与预期结果一致，在两种极化方式下两种冠层的 τ_{av} 均随着入射角的增加而增大。通常，v

605

极化的 τ_{av} 略大，叶落冠层比全冠层的衰减小约 10%。

图 11.48　泡桐树上部署的 1.25 GHz
雷达系统(Kurum et al.，2009)

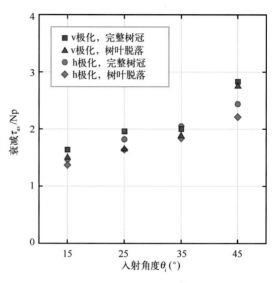

图 11.49　全冠和叶落情况下，泡桐树冠层的平均单程衰减。树高范围是 11~14 m，地上生物量约为 13 kg/m² (Kurum et al.，2009)

11.12.2　σ^0 的角度响应和频率响应

多数树冠层的空间分布不均匀，由随机分布的树(或树群)和空间构成。因此，为了获得树冠层后向散射系数 σ^0 的代表值，测量过程中需要在空间和时间上进行足够的平均运算，以确保 σ^0 的测量值不受风或冠层局部变化的影响。这种影响在使用高分辨率观测时尤为重要，若在接近垂直入射的入射角处进行高分辨率观测，如采用低空窄波束散射计或高分辨成像仪，要特别注意这一点。

如前文所述，若将树冠层看作有损散射体，即由多个尺寸和方向不同的随机散射体构成，则后向散射系数 σ^0 对入射角的依赖关系近似为 $\cos \theta$，亦即 $\gamma(\theta) = (\sigma^0 / \cos \theta)$ 的值为常数。文献记载中，多数观测结果都是关于入射角变化的。以阔叶树为例(图 11.50)，在 3.3 GHz 和 8.6 GHz 处 3 种极化方式在入射角 $\theta \geqslant 20°$ 时对应的 $\gamma(\theta)$ 都可以认为是常数(波动范围为 1~2 dB)。一般来说，叶茂阔叶树的 σ^0 比叶落的树大 2~8 dB，这也与入射角、频率和极化方式有关(图 11.51 和图 11.52)。这些研究结果都是根据 1~18 GHz 频率处的测量值得出的。Trebits 等(1978)根据 9.4 GHz、35 GHz 和 95 GHz 处的测量值也进行了类似的研究。

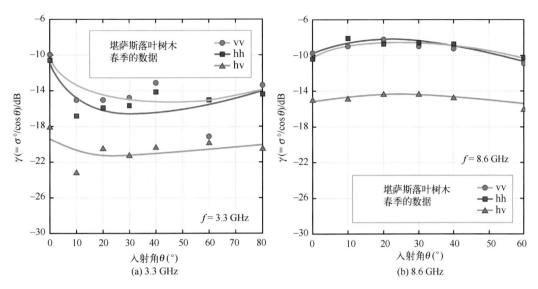

图 11.50 对于落叶树(有叶),频率为 3.3 GHz 和 8.6 GHz 时,γ 是入射角 θ 的函数
(Bush et al., 1976)。注意,$\gamma(dB) = 10 \log(\sigma^0 / \cos \theta)$

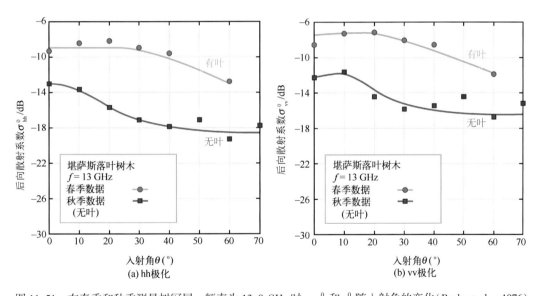

图 11.51 在春季和秋季测量树冠层:频率为 13.0 GHz 时,σ^0_{hh} 和 σ^0_{vv} 随入射角的变化(Bush et al., 1976)

11.12.3 密歇根微波冠层散射模型

本节旨在论证:基于冠层及下方土壤表面的物理特性和介电特性,辐射传输方程的单次散射解能够适用于林冠层后向散射建模。下面简单介绍一下密歇根微波冠层散射模型(MIMICS)。MIMICS 第一代又称 MIMICS-1,是由 Ulaby 等(1988c)针对包含连

607

续层的冠层提出的，之后几代 MIMICS 可适用于非连续冠层（McDounald et al.，1993）和周期冠层（Whitt et al.，1994）。在此，我们只探讨 MIMICS-1（即连续冠层）。

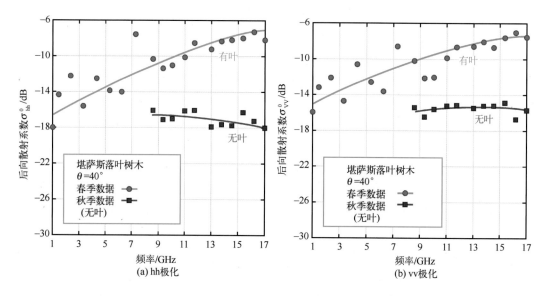

图 11.52 σ_{hh}^0 和 σ_{vv}^0 在入射角为 40°时的频谱响应（Bush et al.，1976）

MIMICS-1 是 11.6 节提出的单次散射解的通用版。它是全极化模型，所以对于所有散射和消光过程均使用 4×4 大小的矩阵。MIMICS-1 将林冠层看作介电地面上的两个不同的水平植被层（图 11.53）。顶层包含树冠，垂直高度为 h_c，由适量的叶和枝组成。下层包含树干，高度为 h_t。叶片被看作半径为 a、方向为 (θ, ϕ) 的扁平圆盘，其中 θ 表示天顶方向与垂直于叶表面的矢量之间的角度。把树枝和树干均看作介电圆柱体，并且也使用类似叶片的参量定义。

核桃冠层实验

1987 年，研究人员在加利福尼亚弗雷斯诺的科尼尔农业中心，利用密歇根大学 POLARSCAT 系统展开了田间实验。实验地点为缺水的核桃果园和不缺水的核桃地，二者相互独立。本研究是在不缺水的核桃地展开。根据附近气象站的天气观测数据确定冠层白天的水分蒸发量，并在夜间进行等量灌溉。他们还设计并进行了两组雷达实验，以研究冠层条件下后向散射对日变化的响应。第一组实验包括一系列多角度测量（40°~55°），记录时间长达 2 h。第二组实验持续了 3 天，期间核桃冠层观测角度 θ 始终为 55°。

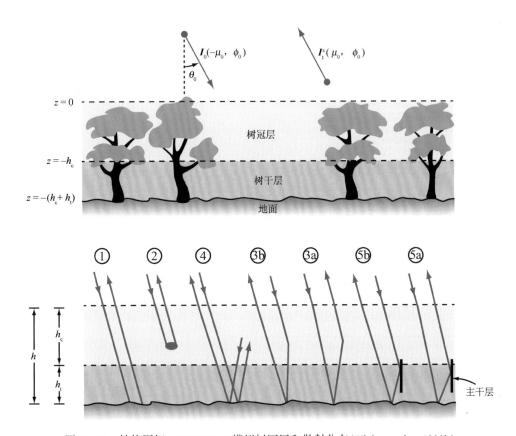

图 11.53　结构图解：MIMICS-1 模拟树冠层和散射分布（Ulaby et al.，1990b）

冠层结构

研究人员对 8 棵树的冠层结构进行了统计采样，并针对所有直径大于 2 cm 的树枝测量了高度、中间高度处的直径、天顶角和方位角。同时记录了侧枝的数量和尺寸，并对所有分枝进行编号，以便根据测量结果重构树骨架。此外，对直径小于 4 cm 的小树枝根据其直径大小划分等级并进行统计，直径等级分为 0~1 cm、1~2 cm、2~3 cm 和 3~4 cm。为了使树枝结构数据能够输入 MIMICS 模型，需要将核桃地划分为高度分别为 2.5 m 和 1.7 m 的树冠层和树干层，该高度划分标准与观测到的冠层结构一致。将树枝划分为 4 类尺寸等级，图 11.54 展示了一棵树的几何结构，包括 4 类树枝和树叶。较大的树枝往往位于冠层底部，可以视为树干层的一部分。该层为干-枝级别，由树干和直径大于 4.0 cm 的树枝构成，其他 3 个级别的树枝分布在整个树冠层中。

通常，直径较大的树枝大多是垂直方向的，而直径较小的树枝不具有这个方向特点。图 11.55 所示为树枝方向的概率密度分布函数图。树干层的主干枝的分布近似为

$\cos^6\theta$，角度 θ 的平均值为 0；一级枝的分布近似为 $\sin^4 2\theta$，角度 θ 的平均值为 45°；二级枝和高阶茎干的分布均近似为函数 $\sin\theta$，其朝向在固体元角度 $d\Omega = \sin\theta\, d\theta d\phi$ 无偏好。表明这些树枝的朝向轴均匀分布在球形表面。

树叶密度	652片/m³
叶平均直径	5.0 cm
叶平均厚度	0.02 cm
叶面积指数	3.2
叶取向概率密度函数	球形

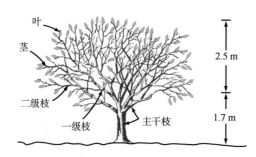

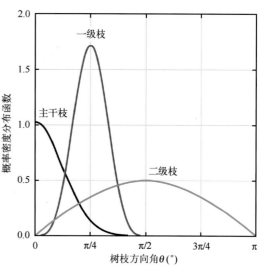

特征	树枝大小分类			
	主干枝	树冠分枝		
		一级枝	二级枝	茎
最大直径/cm	—	4.0	0.9	0.4
最小直径/cm	4.0	0.9	0.4	—
平均直径/cm	7.3	1.9	0.6	0.1
平均长度/cm	92.8	35.8	10.9	5.0
树叶密度/(片/m³)	0.13	1.55	1.41	900
方向 $f(\theta)$	$\cos^6\theta$	$\sin^4\theta$	$\sin\theta$	$\sin\theta$

图 11.54　核桃树图解：4 类树枝及其叶
（McDonald et al.，1991）

图 11.55　树枝方向概率密度分布函数
（McDonald et al.，1991）

冠层介电常数

使用频率为 1.2 GHz 的田间便携式介电探针，测量土壤表面和树干的相对介电常数。树干的测量针对外部树皮和内部木材。将同轴探针针头插入树干进行植被测量，获得了少量冠层植被的介电数据。然而，这些成分的介电性能可能受到冠层其他物理参数的影响，模型计算的相对介电常数与仅有的几个观测结果一致。

树干的介电特性随着时间发生显著变化，且具有重复的日变化规律。图 11.56 所示为对介电常数测量值的分段拟合。横轴为日期，日期标注位置对应当天的午夜时刻。介电常数大约是在 06:00 达到峰值；此后不久，介电常数开始快速减小直到 12:00 降到最低；从 19:00 开始，介电常数开始增大并再次达到峰值。这种变化规律与整个试验过程中观测到的数据一致。注意，ε'_V 的变化范围是 10~75，与水的 ε'_V 变化范围十分接近。

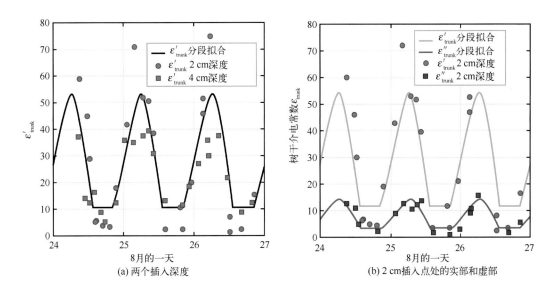

(a) 两个插入深度　　　　　　　　　　(b) 2 cm 插入点处的实部和虚部

图 11.56　所测树干介电常数数据的周期分段拟合比较(McDonald et al.，1991)

土壤介电常数

对土壤进行每小时一次观测，每次观测至少随机选取 15 个独立的样本，通过计算 15 个测量样本的平均值确定 ε_{soil}。由于土壤水分的空间变化与使用洒水喷头灌溉有关，导致测量介电数据之间离散度很高，难以获得土壤介电常数的有效估计值。因此，对已灌溉或湿润的土壤表面积、未灌溉或干燥的土壤表面积分别进行分析(图 11.57)，进而通过综合分析结果估算整体有效介电属性。

σ^0 的角度响应

为了测验 MIMICS-1 模型，使用图 11.54 和图 11.55 提供的结构信息以及图 11.58 所示的介电常数数据，计算在 $f = 1.25$ GHz 条件下后向散射截面随 θ 变化的关系。介电值的测量时间与多角度实验的时间接近。模拟数据与实测数据的对比结果如图 11.58 所示。由图可以看出，MIMICS-1 模型的计算结果与散射计测量的后向散射十分吻合。

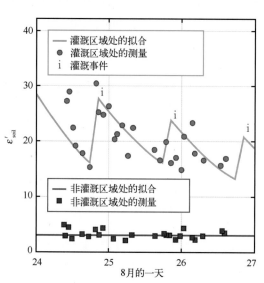

图 11.57 土壤介电常数属性，灌溉和未灌溉区域的介电常数拟合结果，(i) 表示长达 2.5 h 的灌溉周期的开始(McDonald et al., 1991)

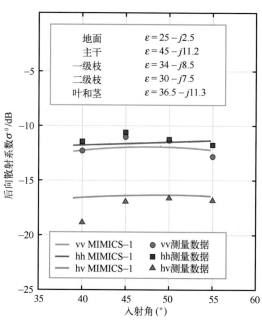

图 11.58 多角度数据集的测量数据与 MIMICS-1 模型数据比较(McDonald et al., 1991)

σ^0 的时间相应

已知 MIMICS-1 模型可以较为成功地预测不同入射角条件下的冠层后向散射，也可以在入射角不变($\theta = 55°$)而改变冠层介电参数的情况下，仿真 3 天内的日变化。图 11.59 展示了同极化和交叉极化条件下冠层后向散射的仿真结果和测量结果。如图所示，每种极化条件下 MIMICS 模型的预测结果以及在 3 天周期内后向散射的减小趋势与测量数据接近。此外，MIMICS-1 还预测到了每天下午早些时候 σ_{vv}^0 和 σ_{hv}^0 会减少 1~2 dB。

11.12.4 冠层生物物理参数

林冠层结构复杂，与树种和树龄有关。林冠层的主要生物物理参数包括：

树高：$h = h_t + h_c$；

树干高度：h_t(m)；

树冠深度：h_c(m)；

树(生长)密度 N：树干数量/ha 或树干数量/m²；

树干直径 d：树干不同高度处直径的平均值；

树干(茎)体积：$V_t = N h_t (\pi d^2/4)$(m³/m² 或 m³/ha，其中 1 m³/ha = 10^{-4} m³/m²)；

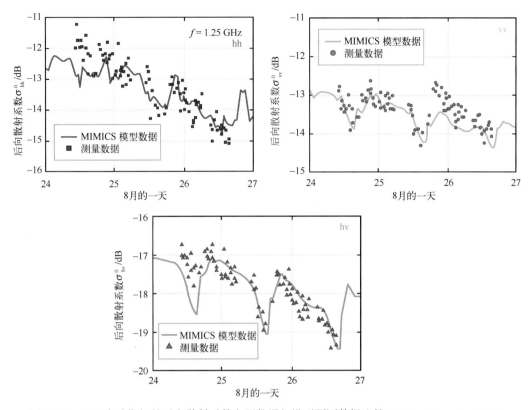

图 11.59　3 日实验期间的后向散射系数实测数据与模型预测数据比较(McDonald et al.，1991)

树干生物量：$B_t = \rho_t V_t =$ 单位面积内的树干干重(kg/m^2)。有时用 t/ha 表示生物量；转换因数：1 t $= 10^3$ kg，1 ha $= 10^4 m^2$。所以 1 t/ha $= 0.1\ kg/m^2$；

底面积：$A_b = V_t/h_t (m^2/m^2$ 或 $m^2/ha)$；

树冠生物量 B_c：树冠截面的 kg/m^2；

地上常设干生物量：$B_d = B_t + B_c$。

术语"茎"常用作树干的通用术语。冠层结构描述冠层成分的尺寸、形状及方向分布。Castel 等(2001)在文章中介绍了 AMAP 模型，文中作者为计算 σ^0 将 AMAP 提供的多个树种的统计信息与辐射传输模型中的通用参数关联。此外，对于许多森林树种已经建立了经验异速生长方程，将树干高度与树干直径关联，又将二者与生物量关联。若某一树种的高度与直径完全相关，那么根据树干高度 h_t 或直径 d 就可以求出树干生物量 B_t。然而，对多数树种并非如此，竞争、自然干扰过程和造林管理等都会改变树的密度。因此，B_t 不一定随着 h_t 或 d 发生单调变化。

植被结构分类模型把植被分为 6 种，如图 11.60 所示。模型分类的依据为木质茎的存在与否以及叶片的尺寸和形状。因此，该模型的提出是基于极化雷达信号与植被冠层的相互作用(Dobson et al., 1996)。

生长型	草本植物		木本植物			
	叶片刀状的	阔叶植物	灌木	树木		
				塔状的	下延的	柱状的
生长型	 如草	 如大豆	 如桤木	 裸子植物 如松树	 被子植物 双子叶植物 如橡树	 被子植物 单子叶植物 如棕榈
结构特征 树干	无	无	许多具有特征方向的小树干	具有层状电介质的锥形树干	具有层状电介质的圆柱形分叉树干	均匀介质的圆柱形树干
树枝	非木质茎	非木质茎	许多小树枝和茎	树枝的大小和方向随高度变化	树枝分叉很少有水平部分	无
叶片	刀状直立	阔叶	刀状或阔叶	针状	阔叶	在树干顶

图 11.60　简单植被结构类型介绍(Dobson et al., 1996)

11.12.5　林木参数的后向散射响应

本节我们将探讨以下直接和逆问题:

(a)σ^0 对上一节提到的生物物理参数是如何响应的?

(b)什么样的雷达波参数最适用于估算树高、树干及树冠生物量?

第一个问题的答案不仅与雷达波参数(入射角 θ、频率 f 和极化方式)有关,还与林木树种及冠层的空间均匀性有关。该文献包含两个方面:一个是 σ^0 与单一树种的生物物理参数的函数关系,另一个是 σ^0 与多个树种组合的生物物理参数的函数关系。我们即将看到,代表多个树种组合的数据相对趋势线比单一树更加分散。

理想情况下我们可以开发一种雷达系统,无论树种如何,它都能够准确地测量树干生物量。但实际上,这是无法实现的。冠层结构的多样性表明,切实可行的方法需要以下两步过程:

(1)确定土地覆盖类型:确定每块林地的种类;

(2)估算生物物理参数:使用树种专属的求逆算法。

下面,我们将简要探讨一下入射角 θ、频率 f 以及接收/发射极化方式 pq(p=h 或 v,q=h 或 v)的预期效果。

入射角

由于合成孔径雷达的距离分辨率与 $1/\sin\theta$ 成正比，所以 θ 必须大于或等于 $20°$。$\theta \geqslant 20°$ 时，我们同时避免了下垫面 σ^0 随近天底点小角度变化带来的相关问题。另一方面，随着 θ 增大，信号穿过整个冠层的路径增加（更倾斜），使冠层透射率 Y 变小。当 θ 取值较大时（如 $\theta > 75°$），冠层类似于一种电磁半无限介质，这虽然有利于估算树冠生物量，但不利于估算树高或树干生物量。综上所述，多数成像雷达系统的入射角范围是 $20° \leqslant \theta \leqslant 60°$。

频率

如图 11.47 和图 11.49 所示，若森林中树高为 $10 \sim 15$ m，则 L 波段处的双程透射率的量级为 10^{-2}。也就是说，使用 C 波段或更高频率的雷达系统可以有效估算出冠层上部（树冠截面）的生物量，但低频信号更适合测量树干生物量。

极化

通常，冠层体积是比下垫面更强的去极化介质。所以，σ_{hv}^0 随冠层高度或生物量变化的动态范围比 σ_{hh}^0 和 σ_{vv}^0 都大。

图 11.61 所示的曲线为使用 SIR-C 合成孔径雷达的 L 波段观测短叶松林地的结果。这一观测数据证明了上述结论。在冠层干生物量 B_d 的指定范围内，σ_{hv}^0 的动态范围约为 10 dB，而 σ_{hh}^0 和 σ_{vv}^0 的动态范围分别只有 5 dB 和 3 dB。

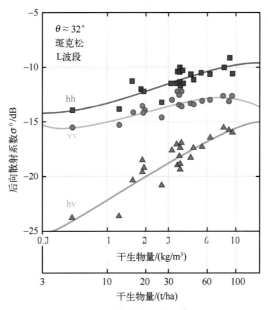

图 11.61　SIR-C 雷达测量的林地后向散射率系数 σ^0 对短叶松冠层干生物量的响应，生物量尺度呈对数关系（Dobson et al., 1995a）

11.12.6　甚高频段的σ^0响应

CARABAS SAR系统，全称为相干全无线电频段传感器(CARABAS)合成孔径雷达系统，是一种机载合成孔径雷达，其使用频率范围是20~90 GHz，该频率范围位于甚高频段的较低部分。该合成孔径雷达的空间分辨率约为3 m(Gustavsson et al., 1996)。尽管低频雷达系统不能用于空间平台(由于地球电离层存在传播损耗)，但它作为一种机载成像系统还是很有应用价值的，并且它的波长较大，能够穿透林冠层。

使用CARABAS系统对瑞典和法国的树林实验基地进行成像观测，进而确定σ^0对树干体积V_t的响应(Manninen et al., 2001；Melon et al., 2001)。图11.62所示为在法国两个实验基地的观测结果。如图所示，两个实验基地的观测数据对各自变化趋势十分贴近，这是由于林地空间分布具有独特的均匀性。研究人员这样记载(Melon et al., 2001)：

法国西南部的朗德森林几乎完全是由生长在沙地上的准均匀的海岸松构成，这些海岸松被统一管理，以确保森林冠层是均质的。多数海岸松都是人工种植的，行间距通常为4 m，呈东西方向分布。这片平坦的种植园包括砍伐和从幼苗到砍伐年龄46岁的一系列年龄等级，对应最大树干体积约为215 m³/ha。

第二个实验基地为法国南部的洛泽尔森林，生长着奥地利松，树龄分布在0~130 a，对应树干体积变化范围较大，最高可达900 m³/ha。

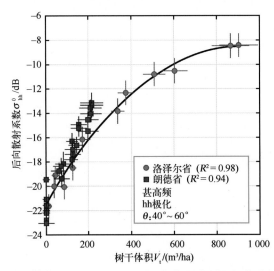

图11.62　法国两个实验基地：在甚高频段，后向散射系数的测量值随树干体积的变化曲线

我们注意到，当$V_t=0$ m²/ha* 到 $V_t=900$ m²/ha*时，σ_{hh}^0对应的变化幅度约为14 dB。

---

*　应为m³/ha，原著有误。——译者注

瑞典实验基地的观测结果也呈现类似的响应。

11.12.7　P 波段和 L 波段处的 σ^0 响应

PiSAR 是日本的一种 L 波段的四视机载极化合成孔径雷达，分辨率为 2 m。在日本北部的一个实验基地用该系统进行实验，用来验证其观测数据用于推算森林生物量的能力。该实验基地上生长着针叶树和其他品种的树。图 11.63 所示为 hh 极化、vv 极化和 hv 极化的 σ^0 测量值，每种极化测量值均描绘为树高 h、底面积 A_b 或干生物量 B_d 的函数关系。vv 极化、hh 极化和 hv 极化观测数据的动态范围分别约为 5 dB、6 dB 和

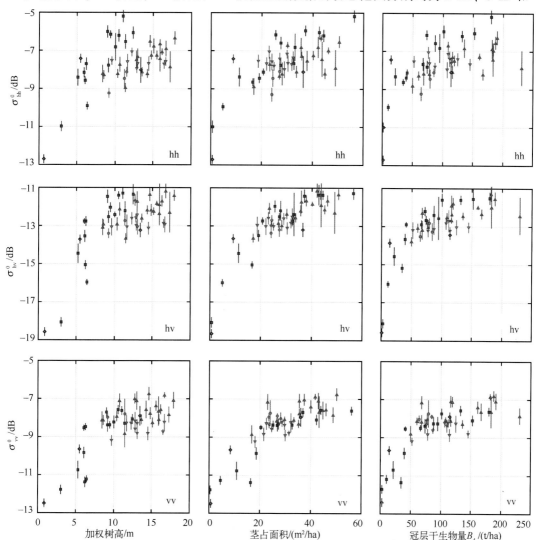

图 11.63　L 波段处，后向散射系数的测量值随树高 h、底面积 A_b 和冠层干生物量 B_d 的变化曲线，不同的颜色分别表示不同的树种，入射角范围为 43°～48°（Watanabe et al.，2006）

7.5 dB。对所有极化方式，σ^0 随冠层生物量的总体变化趋势为：在生物量小于 100 t/ha（相当于 10 kg/m^2）时单调增长，大于 100 t/ha 后趋于平缓并达到半无限冠层的饱和水平特征。观测数据离散分布在总体趋势周围，这主要是因为观测树种不同。

图 11.64 显示了类似结果，图为 L 波段和 P 波段 σ^0 与冠层干生物量 B_d 的函数关系。同期望结果一致，P 波段 σ^0 响应的变化范围更大、饱和时数值更大。然而，由于数据在整体变化趋势周围的离散幅度较大，因此很难量化 B_d 的变化范围。数据较为离散的原因是 NASA AIRSAR 系统成像的乔木和灌木的种类较多。

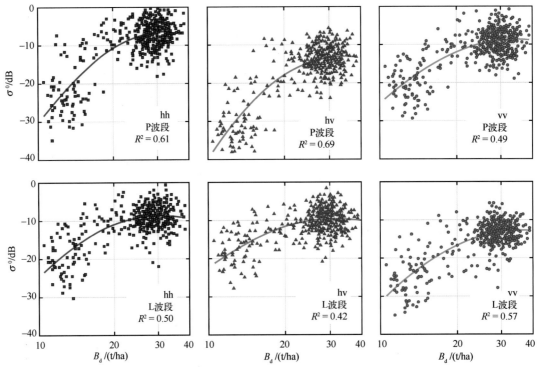

图 11.64　P 波段和 L 波段处，后向散射系数的测量值随冠层干生物量 B_d（对数尺度）的变化曲线，入射角范围为 26°~63°（Saatchi et al., 2007）

E-SAR 系统是德国航空航天中心（DLR）运行使用的双频（P 波段和 L 波段）机载系统。E-SAR 系统所使用的 P 波段和 L 波段中心频率分别为 340 MHz 和 1.3 GHz。基于 E-SAR 系统对瑞典南部一个实验基地的观测图像，Sandberg 等（2011）得到了如图 11.65 所示的结果。该实验基地共有 68 个林群，其中主要林种为挪威云杉、樟子松和白桦。为了消除后向散射系数 σ^0 对 θ 的依赖性，使用 $\gamma = \sigma^0/\cos\theta$。$\gamma$ 的动态范围对 P 波段 hh 极化最大（约为 12 dB），对 L 波段 vv 极化最小（约为 2.5 dB）。我们对后者不感到意外，但前者却令人意外。在所有其他研究中，与 σ^0_{hh}（即 γ_{hh}）相比，σ^0_{hv}（即 γ_{hv}）的动态范围更大。

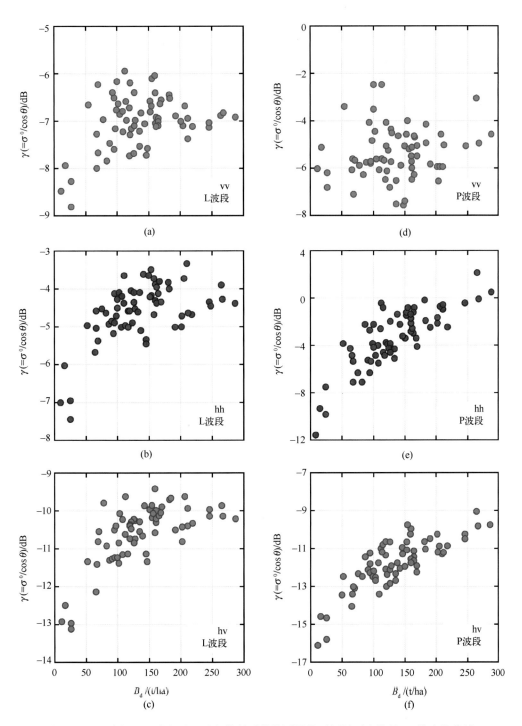

图 11.65　L 波段和 P 波段处，后向散射系数的测量值随冠层干生物量 B_d 的变化曲线，

入射角范围为 $28° \sim 50°$（Sandberg et al.，2011）

基于已有的 6 组数据(3 极化×2 频率)，Sandberg 等(2011)尝试建立由测量值 γ 反演冠层干生物量 B_d 的算法。他们得到最好的结果如图 11.66 所示，即将 P 波段测量的 γ_{hv} 和 γ_{hh} 结合起来使用，得到回归模型的相关系数为 $R^2 \approx 0.8$。

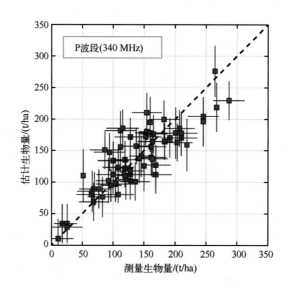

图 11.66　借助多极化回归模型，根据 2007 年 5 月 2 日的 P 波段数据，得出生物量估值：

$$B_d = [\beta_0 + \beta_1 \gamma_{hv}(\mathrm{dB}) + \beta_2 \gamma_{hh}(\mathrm{dB})]^2$$

式中，β_0、β_1 和 β_2 均为经验确定的常数(Sandberg et al., 2011)

11.13　SIR-S/X-SAR 案例分析

于 1994 年 4 月搭载在航天飞机上进入太空的 SIR-C/X-SAR 系统由 3 个雷达传感器构成：L 波段和 C 波段的全极化合成孔径雷达以及 X 波段的 vv 极化合成孔径雷达。因此，SIR-C/X-SAR 系统提供了使用 3 个不同的微波频率同时对陆地表面进行成像观测的机会。为了配合航天飞机实验任务，密歇根大学雷达遥感研究小组在密歇根上半岛的东部选定了一块实验基地，位于密歇根拉科附近。3 年间，该研究小组对拉科实验基地(约40 km×24 km)进行了综合调查。本节将对研究小组的观测过程及研究结果进行简要介绍(Dobson et al., 1995)。

11.13.1 拉科实验基地

拉科实验基地含有许多北方林种和温带林种。同质林群面积通常超过 10 ha。SIR-C/X-SAR 图像被处理成 25 m × 25 像素大小(每个像素表征的视数对 L 波段和 C 波段的合成孔径雷达约为 7.7, 对 X 波段的合成孔径雷达约为 6.5)。10 ha 面积相当于 1 000 m × 100 m, 可以包含 40 × 4 = 160 个上述像素。

森林群落包括:

(a)高地针叶林群:结构呈尖塔状(图 11.60), 树枝大且针叶长, 包括短叶松、红松和东松。

(b)低地针叶林群:结构呈尖塔状, 树枝小且针叶短, 包括黑云杉、白云杉、北方白柏和北美落叶松。

(c)北方硬木林群:结构下延(图 11.60), 树枝大, 包括糖枫、红枫、美国山毛榉、东部铁杉和香脂冷杉。

(d)低地硬木林群:结构下延, 树枝小, 包括红枫、白桦、黄桦和山杨。

除了以上 4 个林种, 该实验基地东南部还有永久空地、干草地和大片农田。这些无林区为:

(e)短植被;

(f)地面。

对主要的林群分别进行分层抽样, 用于生物调查。一共选取了 60 余个林区, 每片林区的面积约为 200 m × 200 m。使用 GPS 并进行三维差分处理, 在每个采样区内选取多个样带, 区分上层($h > 5$ m)、中层(1 m $< h < 5$ m)和下层($h < 1$ m)。按照树种记录活树干和死树干的直径, 记录最小的直径为 0.1 cm。调查中还记录了其他测量值:树干直径、树干生物量、树干密度和树冠生物量等。树木样本总量约为 64 000 个!!

11.13.2 土地覆盖分类

图 11.67 所示流程图为合成孔径雷达数据的处理步骤。在对合成孔径雷达图像进行定标校准后, 使用数字高程模型对重叠和遮掩区域进行掩膜。这是图 11.67 所示图像分割步骤的处理内容。把未被掩膜的部分划分为以下 3 级:

(a)1 级:基于等级已知的训练数据建立第一分类器, 目的是将地面景观划分为 4 类:城市、地表、矮植被和高植被(森林);

(b)2 级:依据植被的结构特点, 对 1 级中的高植被进行细分;

(c)3 级:将高植被划分为 4 类后, 利用分类特有的反演算法估算林冠层的生物物理特性。

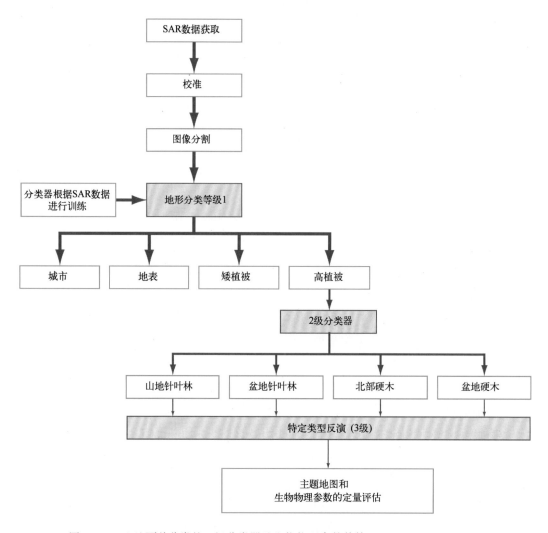

图 11.67　土地覆盖分类的 3 级分类器及生物物理参数估算(Dobson et al. ，1995b)

　　为了减小图像斑点噪声的影响，对所有图像采用 5 × 5 的平均窗口进行后处理，这使 L 波段和 C 波段的视数从约 7.7 提高至约 200、X 波段的视数从约 6.5 提高至约 160。上述三级分类方法使用经过后处理的图像。

　　图 11.68(a)为拉科实验基地的假彩色合成图像，图中红色表示 L 波段 hv 极化，绿色表示 C 波段 hv 极化，蓝色表示 X 波段 vv 极化。颜色合成的目的是要说明多极化雷达观测包含的图像地形信息比单极化丰富很多。

　　表 11.3 列出了 2 级分类结果，分类的图像结果如图 11.68(b)所示。分类的结果平均准确率约为 94%。

(a) 合成的SIR–C/X–SAR图像

山地针叶林
盆地针叶林
北部硬木
盆地硬木
农业/矮小的植被
水/机场

(b) 分类图

图 11.68　SIR-C/X-SAR 合成图像(数据获取于 1994 年 10 月 1 日，SRL-2，入射角为 22.2°；红色为 L 波段
hv 极化，绿色为 C 波段 hv 极化，蓝色为 X 波段 vv 极化)及已分类的图像(Dobson et al.，1995b)

表 11.3　2 级分类结果

			分类百分比(独立测试区域)				
结构分类	类型	高植被				矮植被	地表
	树形	塔状的		下延的		无	无
	分支大小	大	小	大	小		
	叶子类型	长针状	短针状	无	无		
	当地植物区系	山地针叶林	盆地针叶林	北部硬木	盆地硬木	草、莎草、灌木	裸地、铺砌面、水面
正确分类	山地针叶林	94.53	0.01	5.38	0	0.08	0
	盆地针叶林	4.53	92.88	2.41	0.11	0.07	0
	北部硬木	0.87	7.81	90.30	1.02	0	0
	盆地硬木	0	5.49	6.11	88.40	0	0
	矮植被	0.85	0.01	1.41	0.02	96.38	1.33
	地表	0	0	0	0	1.05	98.95

11.13.3　森林生物物理参数估算

为了将 3 级生物物理参数的反演误差与 2 级分类器的误差分离，只有被 2 级分类器准确分类的像素才会使用反演算法。用长度为 9 的矢量表示每个配准后处理过的图像像素。矢量长度 9 由 7 个图像强度和 2 个相位差组成。7 个图像强度是指 X 波段(vv 极化)的图像强度、L 波段和 C 波段分别对应 3 个极化方式(vv、hh 和 hv)的图像强度；2 个相位差是指 L 波段和 C 波段的同极化相位差。通过使用各种经验算法，即运用像素 9 种元素的各种组合，Dobson 等(1995b)针对 5 个不同的林群，建立了估算树高 h、底面积 A_b、树干生物量 B_t、冠层生物量 B_c 及干生物量 B_d 的经验方法，并且估算准确率较高，具体结果见图 11.69 和图 11.70。图中垂直误差条表示±1 倍的现场测量的标准差，水平误差条表示±1 倍的合成孔径雷达不确定性的标准差(包括合成孔径雷达图像的配准误差及定标误差)。由图可知，现场测量值与合成孔径雷达估算值十分吻合，这例证了为何我们需要多频的极化合成孔径雷达系统围绕地球持续运转。

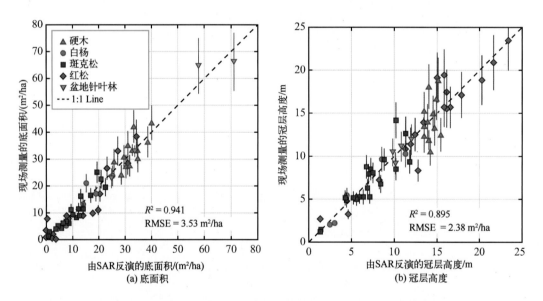

图 11.69　底面积和树高的现场测量值与 SIR-C/X-SAR 反演值对比

(Dobson et al.，1995b)

最后，通过图 11.71 说明此类系统能够生成的信息产品类型，包括：

(a)地上总干生物量 B_d；

(b)使用异速生长关系估算根系中包含的地下生物量(Bergen et al.，1998)；

(c)地上和地下总生物量。

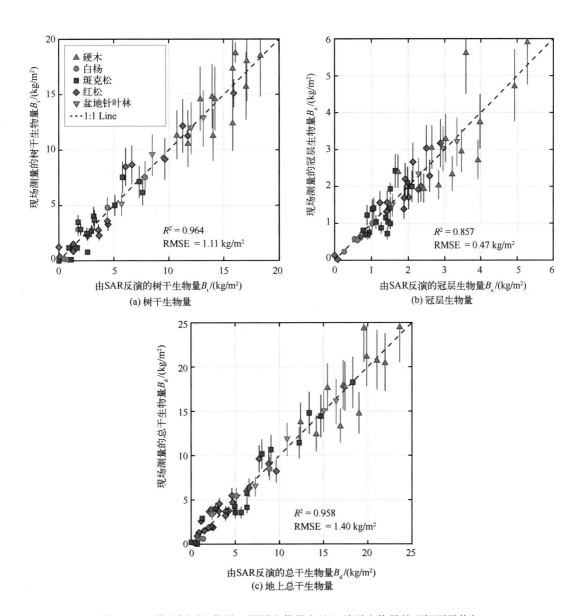

图 11.70　林地树干生物量、冠层生物量和地上总干生物量的现场测量值与
SAR 反演值对比(Dobson et al., 1995b)

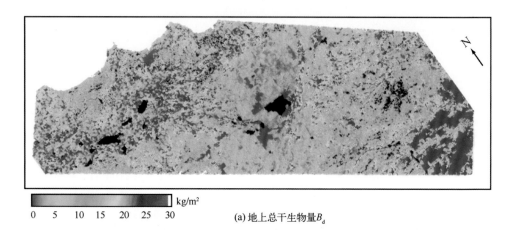

(a) 地上总干生物量B_d

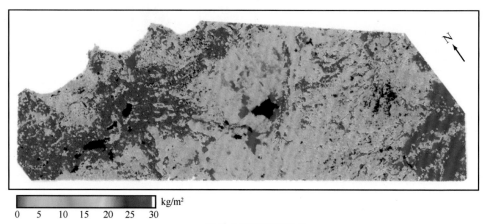

(b) 地上和地下总生物量

(c) 根系中包含的地下生物量

图 11.71　假彩色图像描述了拉科实验基地地上总干生物量、
地下生物量以及地上和地下总生物量的分布

（Dobson et al., 1995b；Bergen et al., 1998）

11.14　雪的传播特性

干雪层是由空气背景中的冰晶构成的电介质，而湿雪的构成较为复杂，将在本节后面介绍。假设雪中的冰粒是球形的，那么根据 8.5.2 节[†] 给出的米氏表达式可以求出每个冰粒的吸收截面 Q_a、散射截面 Q_s 和消光截面 Q_e，三者均是关于粒子半径 r 和相对介电常数 ε_i 的函数，其中 $Q_e = Q_a + Q_s$。实际上，表达式由下列参数表达：

$$\chi = k_b r = \frac{2\pi r}{\lambda_b} = \frac{2\pi r}{\lambda_0} \sqrt{\varepsilon_b'} \tag{11.100a}$$

且

$$n = \frac{n_i}{n_b} = \left(\frac{\varepsilon_i}{\varepsilon_b} \right)^{1/2} = \varepsilon^{1/2} \tag{11.100b}$$

式中，k_b 为背景介质中的波数；ε_b' 为背景介质的相对介电常数；n_i、n_b 和 n 分别是粒子（冰粒）、背景介质和与背景介质有关的粒子的复折射率；ε_i、ε_b 和 ε 均为复介电常数。对干雪而言，其背景介质是空气，因此 $\varepsilon_b' = 1$，$\varepsilon = \varepsilon_i$。

干雪和湿雪的散射均是由雪中的冰粒造成的，这点在下面将给予解释。忽略冰粒之间的相互作用，κ_s 是单位体积内所有冰球的散射截面之和：

$$\kappa_s = \sum_{j=1}^{N_v} Q_s(r_j, n) \tag{11.101}$$

式中，N_v 为冰球的数密度（m^{-3}）。

通常，吸收系数 κ_a 由两部分构成：

$$\kappa_a = \kappa_{ai} + \kappa_{ab} \tag{11.102}$$

式中，κ_{ai} 为冰球的吸收；κ_{ab} 为背景介质的吸收。它们分别由下面的公式给出：

$$\kappa_{ai} = \sum_{j=1}^{N_v} Q_a(r_j, n) \tag{11.103}$$

且

$$\kappa_{ab} = 2k_0(1 - v_i) n_b'' = 2k_0(1 - v_i) \left| \mathrm{Im}\{ \sqrt{\varepsilon_b} \} \right| \tag{11.104}$$

式中，$k_0 = 2\pi/\lambda_0$；v_i 为混合物中冰粒的体积分数。对于干雪而言，背景介质是空气，$n_b'' = 0$。因此，$\kappa_{ab} = 0$，$k_a = \kappa_{ai}$。对于湿雪而言，背景介质是空气-水的混合物（后面会提到），所以 $n_b'' \neq 0$。

若 $\varepsilon_b''/\varepsilon_b' \ll 1$，即液态水含量 m_v 较少，则可以使用式（11.104）的近似形式求出 κ_{ab}：

---

　† 计算机代码 11.3 和 11.4。

$$\kappa_{ab} \approx k_0 (1 - v_i) \frac{\varepsilon''_b}{\sqrt{\varepsilon'_b}} \tag{11.105}$$

已知液滴尺寸分布为 $p(r)$，通过计算下列公式中的积分，可以求出 κ_{ai} 和 κ_s：

$$\kappa = \int_0^\infty p(r) Q(r, n) \mathrm{d}r \tag{11.106}$$

式中，κ 为 κ_{ai} 和 κ_{si}，分别对应于 Q_a 和 Q_s；$p(r)$ 的单位是指每立方米液滴半径 r 的增量；当 r 大于半径 r_{max} 时，液滴尺寸分布等于零。若 λ_b（对干雪而言 $\lambda_b = \lambda_0$）满足条件 $\chi_{max} = 2\pi r_{max}/\lambda_b \leq 0.3$，则截面 Q_a 和 Q_s 的米氏表达式可以简化为 8.5 节给出的瑞利表达式。这不仅简化了相关量的计算，也使 κ_{ai} 的表达式不依赖于 $p(r)$。对于半径为 r_i 的冰粒子，$Q_a(r_i, n)$ 的瑞利表达式为

$$Q_a(r_i, n) = \frac{8\pi^2}{\lambda_b} r_i^3 \mathrm{Im}\{-K\} \tag{11.107}$$

式中，K 为式(8.43)定义的复数，与粒子-背景折射率 n 有关，即

$$K = \frac{n^2 - 1}{n^2 + 2} = \frac{\varepsilon - 1}{\varepsilon + 2} \tag{11.108}$$

将式(11.107)合并到式(11.103)给出的 κ_{ai} 离散形式，得出

$$\kappa_{ai} = \frac{8\pi^2}{\lambda_b} \mathrm{Im}\{-K\} \sum_{j=1}^N r_j^3 \tag{11.109}$$

干雪密度 ρ_s（g/cm³）等于冰粒的体积分数 v_i 与冰密度（$\rho_i = 0.916\ 7$ g/cm³）的乘积，即

$$\rho_s = \rho_i \sum_{j=1}^{N_v} \frac{4\pi}{3} r_j^3 \tag{11.110}$$

将式(11.110)合并到式(11.109)，得出

$$\kappa_{ai} = \frac{6\pi}{\lambda_b} \frac{\rho_s}{\rho_i} \mathrm{Im}\{-K\} \qquad （瑞利近似） \tag{11.111}$$

吸收系数和散射系数均为辐射传输方程所用的模型参数，用于计算雪层的散射和辐射。这样的计算中，雪层的 $p(r)$ 通常是未知的。然而，粒子半径的平均值或典型值是可以估算得到的。若粒子半径为 r，并假设所有粒子的尺寸相同，则 κ_{ai} 和 κ_{si}（分别对应 Q_a 和 Q_s）为

$$\kappa(r) = N_v(r) Q(r, n) \tag{11.112}$$

式中，数密度 $N(r)$ 可根据密度 ρ_s 得到

$$N_v(r) = \frac{\rho_s}{\rho_i} \cdot \left(\frac{4}{3}\pi r^3\right)^{-1} = \frac{v_i}{V_i(r)} \tag{11.113}$$

式中，$v_i = \rho_s/\rho_i$，表示干雪中冰的体积分数；$V_i(r)$ 为半径为 r 的单个冰粒的体积。

▶ 若瑞利近似适用于求解，则选用式(11.107)中的 $Q(r, n)$；若粒子半径 r 太大，不能满足 $|n\chi| < 0.5$ [n 和 χ 详见式(8.31)]，则选用米氏求解法，即 $Q = (\pi R^2)\xi$（ξ 详见 8.5.2 节）。◀

11.14.1　干雪

4.3 节介绍了冰的介电特性。实部 ε_i' 与温度和频率（微波波段）无关，约等于 3.18。介质损耗因数 ε_i'' 是关于温度和频率的函数，如图 4-3 所示。$n_b = 0.1$ 时，根据式 (11.103) 和式(11.101)，要求出 κ_{ai} 和 κ_{si} 的值，还需知道 3 个参数：雪密度 ρ_s、频率 f 和粒子半径 r。

图 11.72 所示为 κ_a、κ_s 和 κ_e 的频谱曲线，介质为含有球状($r = 0.5$ mm) 的冰晶。所有计算过程都采用了米氏表达式。

▶ 频率低于 5 GHz 时，$\kappa_s \ll \kappa_a$，反照率为 $a = \kappa_s/(\kappa_s + \kappa_a)$ 且较小。相反，频率高于 20 GHz 时，散射成为干雪介质总消光损耗的主要部分。◀

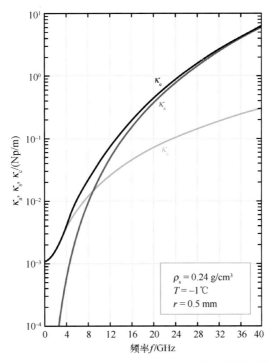

图 11.72　根据米氏表达式计算所得的干雪吸收系数、散射系数和消光系数随频率的变化。其中，干雪含有直径为 1 mm 的球形冰粒[†]

[†] 计算机代码 11.3。

对于含有冰粒的积雪，设冰粒半径为 $r=0.5$ mm，则消光系数 κ_e 随微波频率 f 变化的关系如图 11.73 所示。在整个频率范围($0 \sim 40$ GHz)内，米氏曲线和瑞利曲线几乎是重合的。

> ▶ 基于此和对较大粒子的类似比较得出，对于半径为 2 mm 的粒子，κ_e 的瑞利近似的有效性最大频率到 40 GHz；对于更大半径($r=5$ mm)的粒子，瑞利近似的有效性最大频率到 15 GHz。◀

图 11.74 所示为含有不同半径粒子的干雪穿透深度 δ_p 曲线，冰粒半径 r 分别取值 0.5 mm、2 mm 和 5 mm。图中所有计算都采用米氏表达式。随着粒子尺寸和微波频率的变化，δ_p 可能从数厘米变化到数十米。

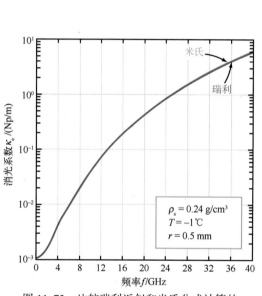

图 11.73　比较瑞利近似和米氏公式计算的干雪消光系数 κ_e 随频率 f 的变化关系

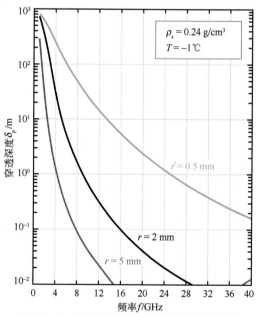

图 11.74　根据米氏表达式计算得出的干雪穿透深度随频率的变化

由于雪密度 ρ_s 定义了雪介质中粒子的数密度，所以也很重要。当 $f=37$ GHz 且 $r=0.5$ mm 时，κ_a、κ_s 和 κ_e 分别与 ρ_s 呈线性相关，如图 11.75 所示。

介质的散射反照率 a 是确定雪散射及辐射的一个重要参数，它取决于冰粒尺寸相对于 λ 的大小。散射反照率 a 是关于频率 f 的函数，图 11.76 所示为 3 种粒子半径对应的散射反照率曲线。当频率对应的尺寸参数 $\chi < 0.5$ 时，反照率随着频率 f 的增大而快速增大；χ 的值更大时，反照率随频率的增大而增大，但增大速率较慢。

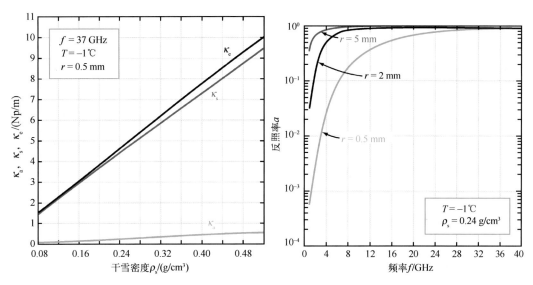

图 11.75　$f = 37$ GHz 时，根据米氏表达式
计算的干雪系数 κ_a、κ_s 和 κ_e 随 ρ_s 的变化关系[†]

图 11.76　三种米氏球体对应的干雪
散射反照率 a 随频率的变化

11.14.2　湿雪

当水以液态的形式存在于雪中时，雪介质成了由冰粒、水滴和空气组成的混合物。雪的体含水量 m_v（又称积雪湿度）通常不超过百分之几，而且水滴远小于冰粒。

> ▶　因此，我们假设介质中的散射主要是冰粒造成的，而且将背景介质看作水滴和空气的混合物。◀

假设水滴是随机方向的椭圆体，其介电常数为 ε_W，所以主成分是空气，则根据式（4.27）求出背景混合物（空气–水）的介电常数为

$$\varepsilon_b = 1 + \frac{m_v}{3}(\varepsilon_W - 1) \sum_{u = a,\ b,\ c}\left[\frac{1}{1 + A_u\left(\dfrac{\varepsilon_W}{\varepsilon_b} - 1\right)}\right] \qquad (11.114)$$

式中，A_a、A_b 和 A_c 分别为椭圆体水滴的 3 个去极化因数。4.1 节已给出 ε_W 的完整表达式。从 Ambach 等（1980）的研究得出，去极化因数可以设定为适当常数，即 $A_c = 0.88$，$A_a = A_b = 0.06$。设定去极化因数后，就可以容易地求解式（11.114），得到任意积雪湿度 m_v 对应的背景介电常数 ε_b［注意式（11.114）两边都有 ε_b］。

式（11.100）中，计算湿雪的 κ_{ai} 和 κ_{si} 也要用到米氏表达式，只是 $\varepsilon_b \neq 1.0$。此外，计算背景介质的吸收系数必然要使用式（11.104），其中干雪的吸收系数为 0。

---

†　计算机代码 11.3。

图 11.77 中，实线表示 κ_e 和 m_v 在频率为 4 GHz、16 GHz 和 37 GHz 条件下的关系。数据点为基于对不同湿度的雪样进行的透射测量。用显微镜观测雪样后发现，r 的平均值为 0.5 mm，在计算图 11.77 中曲线时使用了该半径值。将计算出的曲线与实测数据对比后发现，当 f = 4 GHz 时，计算值低于测量值；当 f = 16 GHz 时，计算值与测量值接近；当 f = 37 GHz 时，计算值普遍高于测量值。

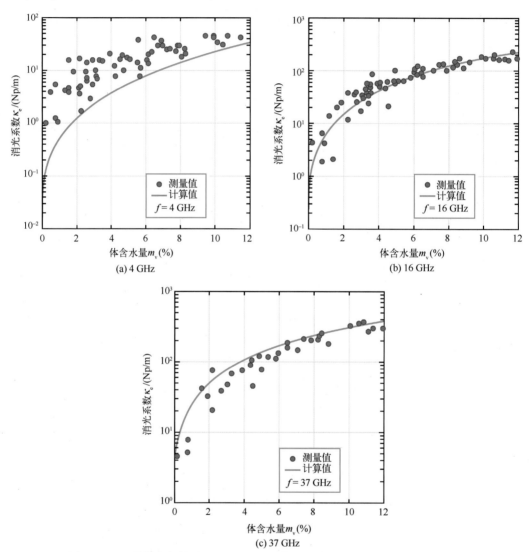

图 11.77　3 种频率条件下，$\rho_s = 0.24$ g/cm³，$r = 0.5$ mm，且 $A_a = A_b = 0.06$ 时，κ_e 与 m_v 的关系的测量值与计算值对比

干雪的背景介质吸收系数 $\kappa_{ab} = 0$，当雪融化时（$m_v \gtrsim 1\%$），背景介质吸收系数增大并且 $\kappa_{ab} > \kappa_s$。因而，雪混合物中的少量液态水足以使散射反照率 a 减小到很小，如图

11.78(a)所示。当 $m_v \gtrsim 2\%$ 时，反照率很小，以至它与 r 之间的关系可以忽略不计。因此，湿雪是一种非散射介质。图11.78(b)所示为频率在 4 GHz、10 GHz 和37 GHz 处，穿透深度δ_p 与液态水含量 m_v 的函数关系。

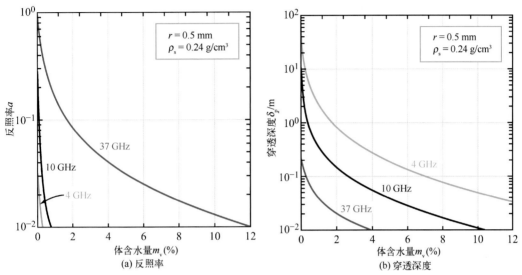

图 11.78　根据米氏表达式计算得出的雪的反照率和穿透深度与液态水含量的关系[†]

11.15　干雪的后向散射特征

通常，积雪地表的后向散射系数可能包括：(a)空气-雪边界的直接贡献；(b)雪-地表边界的双向衰减贡献；(c)直接的雪体后向散射；(d)由雪体积与雪层的任一或两个边界之间的相互作用产生的间接贡献。11.3 节和11.6 节给出的辐射传输方程都涉及这些贡献。

对于干雪，由于空气-雪边界处的介电失配很小，因此反射系数非常小，这反过来意味着与其他贡献相比，可能忽略了雪面后向散射的贡献(垂直入射除外)。这也意味着涉及雪层上边界和下边界的多次反射可以忽略不计。这与雷达散射计的观测结果相符[如图 11.79(a)所示]，即σ^0 实质上对干雪表面粗糙度不敏感。图 11.79(a)比较了两种干雪的σ^0。一种是"规则表面"，其特征是高频空间变化但变化幅度小(约 0.5 cm)。另一种是"风力表面"，通过 2 cm 高的脊连接的大光滑平面(约 30 cm 长)并形成锯齿状图案。"风力表面"是由强劲的南风引起的。图 11.79(a)所示的两条曲线十分接近，这表明σ^0 对干雪表面粗糙度不敏感。该结论不仅基于图 11.79 中所示的17 GHz 数据，还基于 1~35.6 GHz 范围内的其他几个频率测量的数据。

[†]　计算机代码 11.4。

与干雪相反，湿雪的后向散射系数σ^0对表面粗糙度的响应很明显。图11.79(b)显示了与之前基本相同的积雪的σ^0的角度曲线，除了雪层顶部5 cm含有一些液态水。湿雪具有比干雪更高的介电常数和更低的反照率[图11.78(a)]。因此，湿雪相对于干雪，不仅角度图案$\sigma^0(\theta)$不同，而且σ^0对雪表面粗糙度的灵敏度也不同。

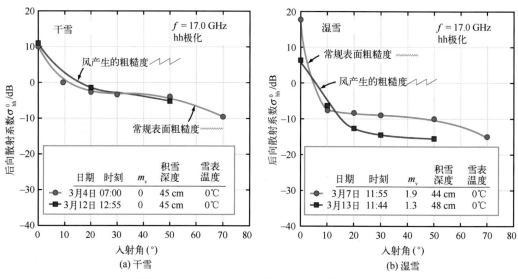

图11.79　干雪表面粗糙度的变化对σ^0不产生影响，而湿雪恰恰相反(Stiles et al., 1980b)

11.15.1　辐射传输模型

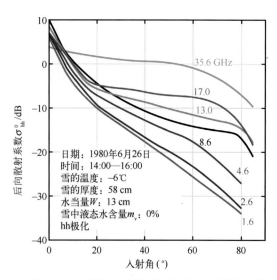

图11.80　不同频率测量的干雪的后向散射系数随入射角的变化(Stiles et al., 1981)

本节内容首先介绍图11.80。图中曲线为使用不同频率测量干雪后向散射系数σ_{hh}^0随入射角的变化关系，干雪的积雪深度58 cm，所使用的测量频率为1.6 GHz和35.6 GHz之间的多个频率。根据图11.74和图11.76所示的穿透深度曲线和反照率曲线推测当$f = 1.6$ GHz时，雪层的后向散射贡献很小，后向散射系数σ^0的测量值主要为底层地面的贡献，就像地面没有积雪。当$f = 35.6$ GHz时，雪深为58 cm，约为$5\delta_p$(δ_p为穿透深度)，且反照率$a \geqslant 0.9$。因此，从电磁学上讲，雪层的深度是半无限的，后向散射主要来自雪层上部的体散射。

11.6 节介绍的辐射传输理论非常适用于雪层后向散射模型的建立，雪层位于表面粗糙的雪–地边界之上。然而，当且仅当反照率满足 $a \leqslant 0.3$ 时，使用迭代求解法才能得到较为准确的辐射传输方程解。否则，需要采用数值求解法。由图 11.76 可知，若 $f > 12$ GHz 且 $r = 0.5$ mm，则 $a > 0.3$。所以，当 $f > 12$ GHz 时，对于具有较大冰粒的积雪，迭代求解方法的频率上限仍然较低。

σ^0 随雪层深度变化的理论关系如图 11.81 和图 11.82 所示。图中理论值的计算都采用了数值方法，该方法在 Fung(1994)、Tsang 等(1985)和 Ulaby 等(1986a)撰写的专著中进行了介绍。图 11.81 所示的曲线体现了微波频率 f 的重要作用。当 $f = 1.2$ GHz 时，σ^0 对雪层深度 d 不敏感；但即使雪层深 1.8 m，雪层对 1.2 GHz 电磁波来说也是完全透明的。当 $f = 35$ GHz 时，σ^0 对 d 在 0~40 cm 范围内具有很强的依赖性，但当 $d > 40$ cm 时，σ^0 达到饱和水平。

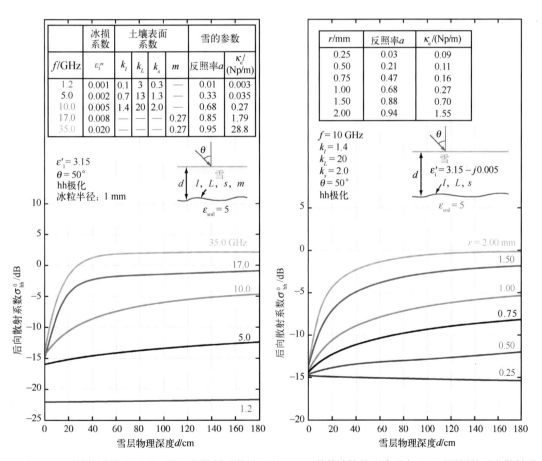

图 11.81　数值计算的干雪层的后向散射系数随雪层深度的变化关系，其中干雪层含有半径为 1 mm 的冰粒，注意微波频率的作用

图 11.82　数值计算的土壤干表面上干雪层的后向散射系数 σ^0_{hh} 随干雪层深度 d 的变化关系，其中冰晶半径 r 为参数，所有计算都是针对 hh 极化方式，$f = 10$ GHz，$\theta = 50°$

图 11.82 阐明了冰晶半径的作用。图中，频率 f 固定为 10 GHz，变量参数为 r。小冰晶的反照率较小，不会产生大量散射。相反，较大冰晶会产生大量散射。

> ▶ 影响雪中体散射的主要参数是 r/λ，其中 r 为冰晶半径，λ 为波长。当 $r/\lambda < 10^{-2}$ 且雪层深度 $d \leqslant 2$ m 时，从电磁学上讲，雪层是不可见的。相反，若 $d \geqslant 3\,000(r/\lambda)$，则雪层更像是一种半无限介质。◀

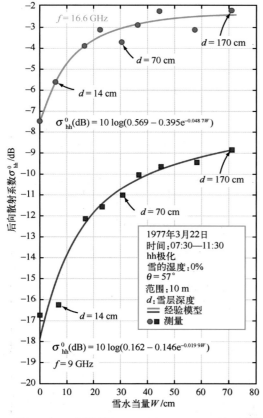

图 11.83 的理论预测趋势在图 11.83 显示的实验测量结果中十分明显。后向散射系数 σ^0 的测量值是关于 d 的函数，其中 d 是将干雪堆起来得出的深度（Stiles et al.，1980a）。实验测量频率为 9 GHz 和 16.6 GHz，入射角 $\theta = 57°$。测量数据通过下列经验表达式拟合：

$$\sigma^0 = c_1 - c_2 e^{-c_3 W} \qquad (\mathrm{m^2/m^2})$$

$$(11.115)$$

式中，c_1、c_2 和 c_3 为常数；W 为雪层的雪水当量，即

$$W = \int_0^d \rho_s \, \mathrm{d}z \qquad (11.116a)$$

式中，ρ_s 为雪的密度（g/cm³）。对于密度均匀的雪层，

$$W = \rho_s d \qquad (11.116b)$$

水当量是（融化后）雪层垂直柱中液态水的高度（cm），水平横截面为 1 cm²。在得出图 11.83 的实验中，雪的平均密度 $\rho_s = 0.42$ g/cm³。

图 11.83　在频率为 9 GHz 和 16.6 GHz 时，干雪的后向散射系数测量值随雪水当量的变化关系

（Stiles et al.，1980a）

11.15.2　雪-地界面的作用

σ^0 的动态范围是关于雪层深度 d 的函数，取值范围为 $[\sigma_1^0, \sigma_2^0]$。其中 $\sigma_1^0 = \sigma_s^0$ 表示无积雪情况下（即 $d \approx 0$）地面的后向散射系数，σ_2^0 表示半无限情况下的后向散射系数，随深度 d 的变化达到了饱和状态。下界 σ_1^0 取决于介电常数和地面的粗糙度，上界 σ_2^0 取

决于雪层的反照率。图 11.84 所示为频率为 13.9 GHz 的机载系统 POLSCAT 在 3 个不同实验站的测量结果。3 个测站得到的 σ^0 随 d 的变化关系十分相似，但当 $d=0$ 时，3 个测站点的 σ^0 值不同，相差约 8 dB，这是由于地面粗糙情况不同导致的。

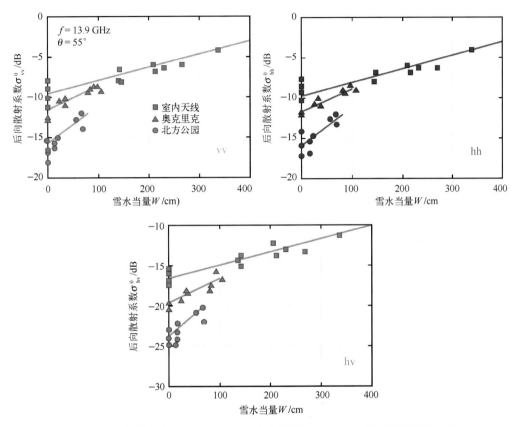

图 11.84　在频率为 13.9 GHz 时，3 个实验站的 POLSCAT 雷达测量数据对比

图 11.85 证明了雪-地界面的作用，图中对比了干雪后向散射系数与 f 的函数关系观测值和基于辐射传输模型的理论值，频率介于 $1 \sim 18$ GHz，其中观测值对应的入射角 θ 为 20° 和 50°。当地面为粗糙表面时，即 $\sigma_s^0 \neq 0$，则理论值与观测值十分吻合；当地面十分平坦时，在低频部分理论值与观测值的吻合度较差。为了计算双站面-雪的贡献和雪-地面的贡献，近似镜面的假设仍然合理，但不能忽略地面的直接后向散射。

对具有相当尺寸冰晶的深雪，后向散射系数应独立于下垫面。图 11.86 所示曲线为在科罗拉多和瑞士阿尔卑斯的实验基地的测量结果。雷达频率大致相同，雪层都很深，完全遮蔽了地面，所以两个实验基地测量得到的 σ^0 对入射角的响应也大致相同。

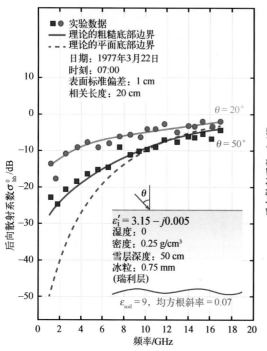

图 11.85　干雪层后向散射系数与频率的函数关系
理论值与测量值对比，频段范围为 0~18 GHz，
入射角为 20° 和 50°

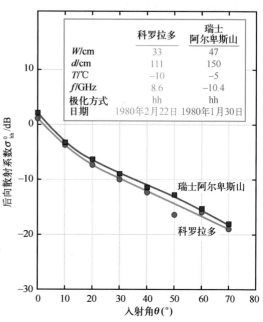

图 11.86　在瑞士阿尔卑斯山一个测量点
（由伯纳德大学 C. Mätzler 和 Schanda 提供）与
在科罗拉多一个测量点测量的深雪的后向散射
系数 σ^0 随入射角 θ 的变化对比

11.15.3　海冰上方积雪厚度测量

堪萨斯大学研究小组将超宽频（2~8 GHz）FMCW 雷达安装在雪橇上，对南极洲海冰上雪层厚度进行测量实验（Kanngaratnam et al., 2007）。图 11.87(a) 为 FMCW 雷达系统图片，图 11.87(b) 为雷达系统观测得到的一个典型回波信号。第一峰对应的是空气-雪边界，第二峰对应的是雪-冰边界。雪层厚度根据两个波峰之间的时间延迟以及相速 u_p 计算得到。其中 $u_p = c/\sqrt{\varepsilon'_{snow}}$，$\varepsilon'_{snow}$ 是根据与 ε'_i 有关的标准方程得出的。图 11.88 所示为不同积雪厚度的雷达测量结果，积雪厚度的变化为 4~85 cm。通过在 6 GHz 带宽（2~8 GHz）上扫描信号频率，得出 FMCW 系统的理论距离分辨率为

$$\Delta R = \frac{c}{2B} = \frac{3 \times 10^8}{2 \times 6 \times 10^9} = 0.025 \text{ m} = 2.5 \text{ cm} \qquad （空气中）$$

且

$$\Delta R = \frac{2.5 \text{ cm}}{\sqrt{\varepsilon'_{snow}}} \qquad （雪中）$$

(a) 雪橇雷达照片

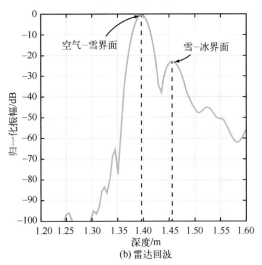

(b) 雷达回波

图 11.87　堪萨斯大学在南极洲安装的雪橇 FMCW 雷达和雷达反射信号实例(Kanngaratnam et al., 2007)

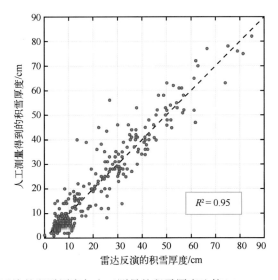

图 11.88　雷达反演的积雪厚度与人工测量的积雪厚度比较(Kangaratnam et al., 2007)

雪橇装载实验是在 2003 年进行的，但在 2007 年才公开发表相关结果。2008 年，运用直升机装载的 FMCW 雷达(图 11.89a)评估了机载平台测量积雪厚度的可行性。如图 11.89(b)所示的实验结果表明，积雪厚度的现场测量值与雷达反演值之间具有很好的相关性。此外，南极洲 2008 年的积雪厚度明显小于 2003 年的积雪厚度。

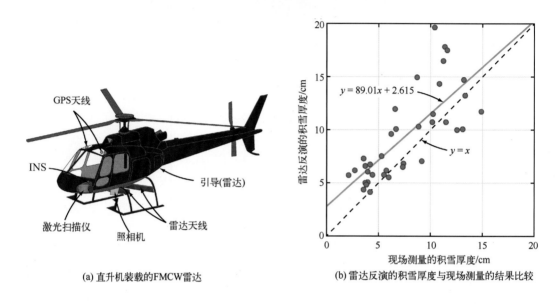

(a) 直升机装载的FMCW雷达   (b) 雷达反演的积雪厚度与现场测量的结果比较

图 11.89   直升机搭载的 FMCW 雷达和测量结果(Galin et al.，2012)

11.16   湿雪的后向散射特征

尽管雪表层的粗糙度对干雪层后向散射系数 σ^0 的影响可以忽略不计，但对湿雪层后向散射系数 σ^0 的影响十分显著。图 11.79 所示的曲线表明，这种后向散射特征与雪的平均介电常数有关。典型干雪的密度为 0.25 g/cm^3，其相对介电常数约为 1.5，而含有 10%液态水的积雪在 6 GHz 时的相对介电常数为 2.6。湿雪和干雪在垂直入射处的菲涅耳反射率分别对应为 0.01 和 0.06，也就是说，湿雪的反射率约是干雪反射率的 6 倍。因此，在构建湿雪后向散射模型时，将雪层上边界看作粗糙界面，而干雪的雪层上边界被看作平面界面。

积雪体积中的液态水不仅使雪层的介电常数增大，还导致雪层的介质损耗因数 ε''_{ws} 明显增加，详见 4.6.2 节。因此吸收系数也大幅增加，地面贡献相对减小。所以，为了简化 11.6 节所介绍的单次散射辐射传输模型，通常假设雪–地界面为平面界面。

11.16.1　角度依赖

为了评估雷达区分积雪状态的可能性，Mätzler 等(1984)在 $f = 10.4$ GHz 条件下比较了无积雪地面、干雪、湿雪的实测角度响应 $\gamma(\theta)$，结果如图 11.90 所示。图中所示的干雪曲线和湿雪曲线表示基于不同积雪状态测量所得的平均值，竖线表示均值 ±1 倍的标准差。图 11.90 中的数据表明，当 $\theta \geqslant 20°$ 时，由于干雪与湿雪的后向散射系数 σ^0 存在较大差异，所以雷达观测可以很容易地区分干雪覆盖地和湿雪覆盖地。

为了探究不同微波频率 f 对角度响应 $\sigma^0(\theta)$ 和对积雪湿度的灵敏性，图 11.91 为在 2.6 GHz 和 35.6 GHz 处对雪层深度为 27 cm 的干雪和湿雪的测量数据。由图可知，当 $f = 2.6$ GHz 时，频率 f 对液态水含量 m_v 不敏感。此外，后向散射系数随入射角变化(从 $0° \sim 70°$)而变化的动态范围约为 35 dB。相反，当 $f = 35.6$ GHz 且 $\theta \geqslant 10°$ 时，干雪的后向散射系数 $\sigma^0(\theta)$ 比湿雪的大 8 dB。此外，当 $f = 35.6$ GHz 时，$\sigma^0(\theta)$ 随入射角变化的动态范围非常小，尤其是干雪。

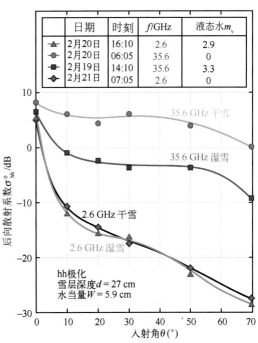

	日期	时刻	f/GHz	液态水 m_v
▲	2月20日	16:10	2.6	2.9
●	2月20日	06:05	35.6	0
■	2月19日	14:10	35.6	3.3
◆	2月21日	07:05	2.6	0

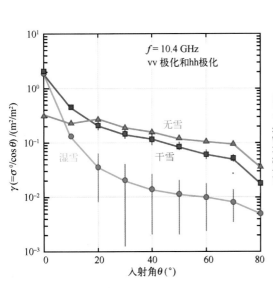

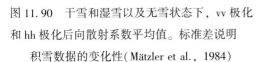

图 11.90　干雪和湿雪以及无雪状态下，vv 极化和 hh 极化后向散射系数平均值。标准差说明积雪数据的变化性(Mätzler et al., 1984)

图 11.91　频率为 2.6 GHz 和 35.6 GHz 时，湿雪和干雪的后向散射系数 σ^0 随入射角的变化(Stiles et al., 1980a)

11.16.2 频率依赖

图 11.92 所示的频谱曲线表明频率 f 在 σ^0 对积雪湿度 m_v 的灵敏性中的重要性。对于深度为 48 cm 的积雪，当 $f = 1$ GHz 时，若湿度从 0 增大到 1.26%，会导致湿雪与干雪的 σ^0 相差 1 dB，但差值会随着 f 的增大而增大，使得两条曲线分叉，当 $f = 35.6$ GHz 时，差值达到最大，约为 15 dB。

11.16.3 湿度依赖

由图 11.93 所示的数据可知，σ^0 对积雪中液态水含量 m_v（小于 5% 时）的响应近似呈线性相关。如图中标注所示，深度和水当量值是在 $f = 17$ GHz 时所得。Ulaby 等（1981）在 $f = 8$ GHz 处得到的测量结果十分类似，表明在 m_v 取值范围更大时，响应关系依然为线性。一般而言，在频率区间 1 ~ 35 GHz 内，σ^0 对 m_v 的灵敏度（即 $|d\sigma^0/dm_v|$）随着频率的增大而增大，且两者的关系近似线性；同时，在 m_v 的可观测范围随着频率的增大而变小。因此，频率的选择取决于是检测积雪中的液态水重要还是在最大范围内测量液态水的百分比更重要。

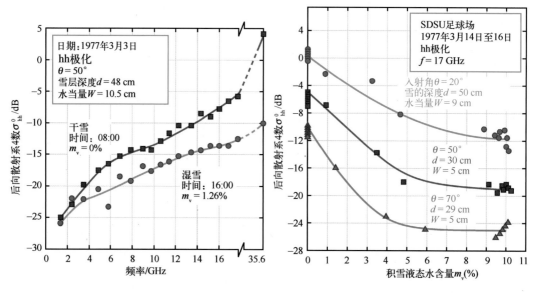

图 11.92 湿雪和干雪后向散射系数 σ^0 的
频谱响应（Ulaby et al.，1981）

图 11.93 频率为 17 GHz 时，雪的后向散射
系数 σ^0 对积雪液态水含量的响应测量值
（Ulaby et al.，1981）

11.16.4　日变化

估算 σ^0 对积雪湿度变化响应的简单方法是在晴天条件下 24 小时持续监测 σ^0 的变化。图 11.94 所示为实验结果，实验观测入射角 $\theta = 50°$。白天期间，湿度 m_v（积雪顶部 5 cm 的雪层）从 08:00 时的 0 增加到 15:00 时的 1.26%，此时湿度最大，到了傍晚，又降为 0。实质上，σ^0 的日变化为 m_v 变化的写照，两者之间可能存在一定时移。σ^0 从 2.6 GHz 处的谷值 2 dB 增加到 35.6 GHz 处的 15 dB。

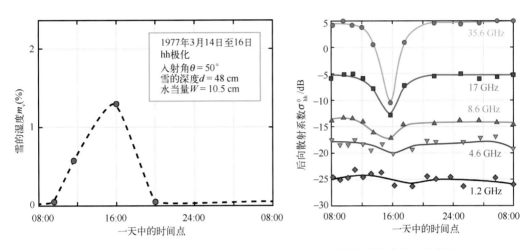

图 11.94　几个微波频率处，液态水含量 m_v 和后向散射系数 σ^0 的日变化图

在阴天冻结温度条件下，日观测结果显示 σ^0 没有发生变化。尽管如此，晴天条件下太阳照射会导致雪层部分融化，即使气温可能低于冻结温度。

11.16.5　季节变化

利用车载雷达系统对科罗拉多积雪实验基地进行了为期 6 周（Ulaby et al., 1981）的测量实验。图 11.95 展示了实验结果，包括后向散射系数 σ^0、积雪水当量 W 和液态水含量 m_v 的时间序列，实验中 $f = 8.6$ GHz，观测入射角 $\theta = 50°$。图中，σ^0 随时间变化的曲线介于 σ^0_{max} 和 σ^0_{min} 之间。当积雪顶层类型为湿雪时，它掩盖了下层的贡献。因此，当且仅当 W 大于最小值（约为湿雪穿透深度的 2~3 倍）时，σ^0_{min} 实质上与雪水当量 W 无关，但会随着 m_v 的变化而变化（图 11.93）。对于干雪，σ^0 随着 W 的增大而增大，这解释了 σ^0_{max} 的增长斜率为正。

虽然 σ^0 随着 m_v 和 W 的变化而变化，但是通过观测白天和夜间 σ^0 的变化关系，可以对导致变化的原因进行区分。夜间，积雪通常又冷又干，因此可以根据多个夜间观

测结果得知 W 对 σ^0 的影响。白天测量 σ^0 值相对前晚测量值的减小幅度能够在一定程度上表明积雪的湿度。

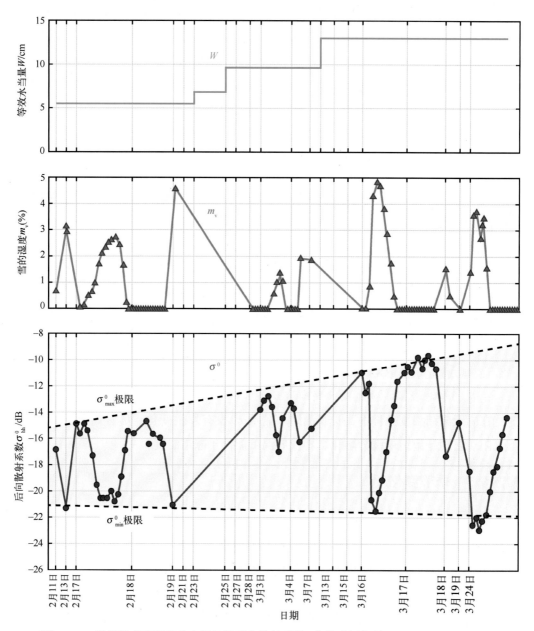

图 11.95　科罗拉多积雪实验点测量的后向散射系数 σ^0 的时间序列(Ulaby et al., 1981)

需要注意的是, 虽然 σ^0 在 6 周期间只增加了 5 dB(对应的 W 增长约 7 cm, 积雪深度增长约 25 cm), 但考虑到是对同一积雪场景的多日观测, 这个变化幅度已经足够显著。在夜间观测期间, 对于给定的地面单元, 影响 σ^0 变化的雪层及下方地面的参数(W

除外)随时间变化幅度远小于空间变化幅度。因此，使用变化检测技术就是把给定场景的雷达图像从之前的图像中"消除"，这一技术可以有效估算大面积积雪的水当量 W。

11.16.6　毫米波观测

到目前为止，我们一直讨论积雪在频率区间为 1 ~ 35 GHz 的后向散射特性。基于高频观测的研究较少。图 11.96 所示为在不同频率(35 GHz、98 GHz 和 140 GHz)和极化方式(vv 极化和 hv 极化)条件下测量湿雪和干雪后向散射系数 σ^0 随入射角变化的关系。当 f 从 35 GHz 增加到 140 GHz 时，我们得出了以下结果。

(a) σ^0_{hv} 大小接近于 σ^0_{vv}，表明冰晶大小相对增大能够导致交叉极化能量增加。

(b) σ^0 对湿度的灵敏度不断降低。当 $f = 140$ GHz 时，σ^0 对 m_v 完全不敏感。这种特性是由积雪介质的反照率造成的。当 $f = 35$ GHz 时，干雪的反照率约为 0.8；当积雪融化时(即 $m_v \geqslant 1\%$)，反照率降为 0.3，甚至更低[图 11.78(a)]。当 $f = 140$ GHz 时，由于冰晶尺寸非常大，所以干雪反照率接近于 1.0；而当 $f = 140$ GHz 时，液态水的介电常数约为 5，因此液态水不会影响反照率，这一点与冰晶很相似，且 $\varepsilon'_i = 3.15$。

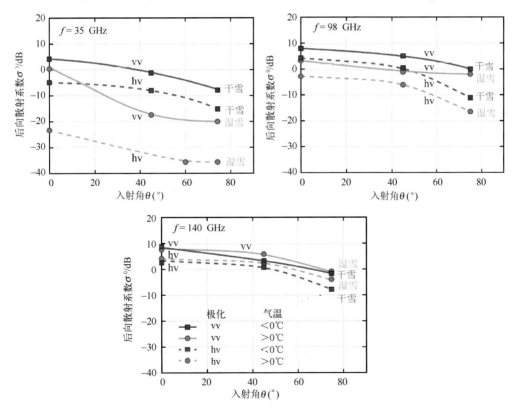

图 11.96　干雪和湿雪后向散射系数 σ^0 随入射角 θ 的变化，频率分别为 35 GHz、

98 GHz 和 140 GHz(Hayes et al., 1979)

Kuga 等(1991)利用数值方法求解辐射传输方程，估算了在 35 GHz、95 GHz 和 140 GHz 处 σ^0 对积雪湿度的理论响应。他们对 45 cm 深的积雪进行建模，其中冰粒的体积分数为 0.4(相当于雪密度为 $\rho_s = 0.37$ g/cm^3)，冰粒大小近似正态分布，平均直径和标准差分别为 1 mm 和 0.2 mm。假设雪面的均方根斜率为 $m = 0.5$。图 11.97 所示为 hh 极化和 hv 极化的测量结果：

(a)与同极化 σ^0_{hh} 相比，交叉极化 σ^0_{hv} 对湿度更敏感；

(b)后向散射系数对雪湿度的灵敏度随着频率的增大而减小，在上述 3 个毫米波频率中，m_v 从 0 到 6% 变化时引起 σ^0 的动态变化范围在 35 GHz 和 140 GHz 处分别达到最大和最小。

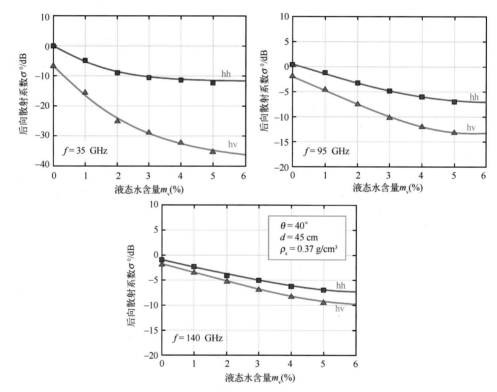

图 11.97 后向散射系数 σ^0 与雪含水量 m_v 的相关性，频率分别为 35 GHz、
95 GHz 和 140 GHz(Kuga et al., 1991)

实验测量结果印证了辐射传输模型的理论预测结果(Ulaby et al., 1991)，如图 11.98 和图 11.99 所示。图 11.98 显示了实验记录的气温，雪面温度和顶部 5 cm 雪层的平均湿度。图 11.99 显示了 σ^0_{hh} 分别在 35 GHz、95 GHz 和 140 GHz 处的实测日变化数据以及模型计算值。基于积雪的混合一阶数值模型得到计算值，该积雪的湿度剖面经历了昼夜循环中解冻和再冻结的过程。在所有 3 个毫米波频率下，模型计算值与雷达

测量值的昼夜变化特征十分吻合。

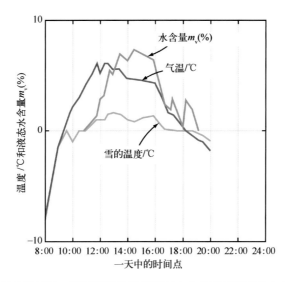

图 11.98 实验记录的气温、雪面温度及积雪液态水含量的时间变化(Ulaby et al.，1991)

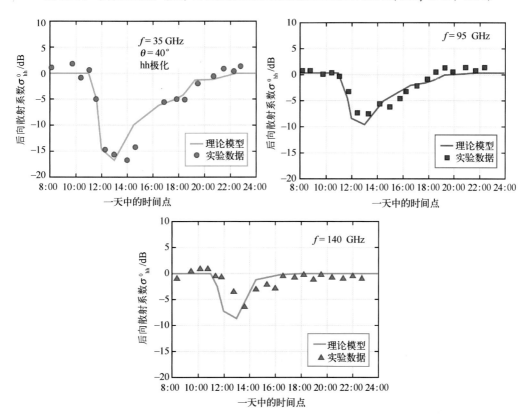

图 11.99 借助混合一阶数值辐射传输模型，比较干雪后向散射系数的雷达测量值和

模型计算值的日变化(Ulaby et al.，1991)

习　题

题 11.1、题 11.2 和题 11.3 是关于冠层的，某植被冠层的参数如下：

反照率为 $a = 0.03f$，且 1 GHz $\leqslant f \leqslant$ 20 GHz；

消光系数为 $\kappa_e = 0.3f(\mathrm{Np/m})$，且 1 GHz $\leqslant f \leqslant$ 20 GHz。

上述等式中 f 均以 GHz 为单位。

地下土壤为肥土并且表面随机，均方根高度为 1 cm。假设此处 PRISM-1 模型能够适用。

11.1　设 $\theta_i = 30°$，$f = 3$ GHz，分别计算下面两种土壤表层的 hh 极化和 vv 极化后向散射系数与冠层厚度 d 的函数关系，d 的取值范围是 0~2 cm：

（a）干土壤表层，$m_v = 0.05$ g/cm^3；

（b）湿土壤表层，$m_v = 0.3$ g/cm^3。

11.2　设 $\theta_i = 30°$，冠层高度为 1 m，分别计算以下频率处 hh 极化后向散射系数与土壤体含水量的函数关系，其中含水量变化范围为 0~0.3 g/cm^3：

（a）1 GHz；

（b）3 GHz；

（c）10 GHz。

$m_v = 0.2$ g/cm^3 时，求出斜率，并计算后向散射系数对土壤含水量的灵敏度。

11.3　设 $\theta_i = 30°$，冠层高度为 1 m，分别计算以下含水量对应的 hh 极化后向散射系数与频率的函数关系，其中频率变化范围为 1~10 GHz：

（a）$m_v = 0.05$ g/cm^3；

（b）$m_v = 0.30$ g/cm^3。

11.4　深度为 d 的干雪层覆盖在土壤表层。当 $\theta = 30°$ 时，在无雪的情况下土壤表层的 hh 极化后向散射系数为

$$\sigma_{\mathrm{soil}}^0 = 0.01 + 0.001f$$

式中，f 以 GHz 为单位，1 GHz $\leqslant f \leqslant$ 30 GHz。雪密度为 0.5 g/cm^3。在 10 GHz 处，雪的反照率为 0.2，消光系数为 0.15 Np/m。假设积雪顶层是平整的并且可以视为瑞利层。设 $\theta = 30°$，计算 hh 极化后向散射系数与 d 的函数关系并绘制曲线图，其中 $0 \leqslant d \leqslant 2$ m。

11.5　重复题 11.4 的计算要求，但是反照率为 0.01、消光系数为 1.2 Np/m。

第 12 章
辐射模型与陆地观测

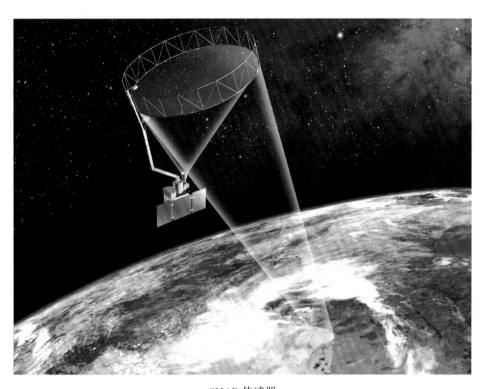

SMAP 传感器

几十年来，星载微波辐射计以业务化或准业务化运行方式提供了大量与大气和海洋有关的参量信息。然而，辐射计无法提供类似的陆地参量信息，主要限制因素包括空间分辨率和相对复杂度。

(a) 空间分辨率

星载微波辐射计的空间分辨率或视场主要与卫星轨道高度、入射角度、波长以及天线尺寸有关。迄今为止，大多数星载微波辐射计的视场范围为 5 km (工作频率为 100 GHz) 到 50 km (L 波段辐射计，工作频率为 1.4 GHz)。除局部小尺度现象外，大多数大气和海洋参数 (如温度、压力、风速等) 在数十千米的水平尺度上水平变化。此外，应用于大气和海洋观测的频率在 19 GHz 及以上，辐射计视场的尺度与我们感兴趣的大气和海洋参量的空间尺度相近。因此，微波辐射计已经非常成功地提供了有关大气和海洋在这些尺度上的状态信息。

陆地参量在数十米到数十千米的尺度范围内变化。对于与雪有关的应用 (包括积雪覆盖绘图)，雪水等效估算和融雪开始的检测，其空间尺度在数千米到数十千米，这与 AMSR (高级微波扫描辐射计) 的视场大小接近，因此 AMSR 观测通道可以支持这些应用。AMSR 算法生成的积雪产品的网格大小为 25 km。

为了利用被动微波遥感来绘制土壤湿度的空间分布，辐射过程的物理特性要求使用非常低的微波频率。于 2009 年发射运行的 SMOS (土壤湿度和海洋盐度卫星) 辐射计所使用的频率为 1.4 GHz，视场大小约为 40 km。然而，SMOS 的视场比土壤湿度和覆盖它的植被的空间变化尺度大一到两个数量级。

(b) 相对复杂度

在陆地、海洋以及大气 3 种媒介中，大气通常是最有规律的。大气变量，如温度和气压，具有可预测的平均垂直剖面，因此遥感的任务就是测量变量距平均值的偏差。基于多频微波辐射计的观测数据，通过反演算法可以很好地估计这些偏差 (第 9 章)。

总体来讲，海洋的动力过程比大气更为复杂。尽管如此，多年来一直在使用多频辐射测量数据反演提供有关海况、海冰密集度和其他海洋表面属性的有用信息 (第 18 章)。

相对而言，陆地是最为复杂的。地表特征，如植被覆盖，其形状、方向、密度以及介电特性等变化很大。几十年来，遥感手段获取裸露和植被覆盖土壤的土壤水分含量一直是遥感研究领域的重要目标。为了很好地理解辐射过程、辐射亮温与土壤表面和其上方植被覆盖物的各种性质之间的关系，已经进行了广泛的试验观察和模型模拟。若不考虑空间分辨率，那么可以设计一种能够精确估算土壤湿度的微波辐射计，这样的微波辐射计需要包括 L 波段、S 波段和 C 波段的多个频率通道（表 1.7 给出了被动微波频率分布情况）。否则，几乎不可能用单个通道分离亮温对各种土壤和植被覆盖参数的依赖性。Entekhabi 等（2010）提出要在 2014 年发射 SMAP（土壤湿度主被动）探测卫星计划。SMAP 使用一个 1.41 GHz 的辐射计和一个 1.26 GHz 的合成孔径雷达，目的是将 40 km 分辨率的辐射计图像与 1~3 km分辨率的雷达图像融合，以获得 10 km 分辨率的土壤湿度图。时间会告诉我们使用单波段主被动遥感的方式能否成功。

　　本章主要回顾裸土、植被覆盖地表、雪地以及淡水湖上冰层的微波辐射特性。

12.1　辐射率和反射率

　　如图 12.1 所示，微波辐射计向下观测。正如前面 6.8 节中所述，利用定标算法将由微波辐射计接收器测得的天线温度 T_A 转换为入射到天线之上的 p 极化亮温 T_B。我们需要的是 T_{SE}^p，即 p 极化亮温，是由地面单元辐射并被 p 极化天线所接收。地面单元可能是裸土表面、海洋表面、植被覆盖地表面或者是任意的其他地表。这里，T_{SE}^p 是在不考虑大气的情况下，从上往下测量得到的地面单元辐射。

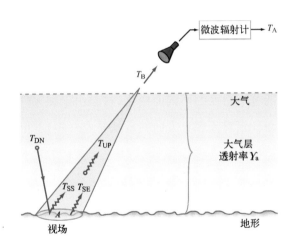

图 12.1　入射到辐射计天线上的亮温 T_B 包括由天线视场观测到的来自大气和地面单元的辐射贡献

　　一般情况下，T_B^p 与 T_{SE}^p 有如下关系：

$$T_B^p = Y_a(T_{SE}^p + T_{SS}^p) + T_{UP} \qquad (p = \text{v 或 h}) \tag{12.1}$$

式中，Y_a 为地面单元与天线之间的大气层透射率；T_{UP} 为地面单元与天线之间的大气层上行辐射；T^p_{SS} 为大气层向地面辐射又被地面单元向上散射并被天线接收到的辐射。若地面单元的温度分布均匀且为 T_0 时，

$$T^p_{SE} = e^p T_0 \tag{12.2}$$

式中，e^p 为 p 极化辐射率。由 6. 7. 3 节中的公式可以得到 e^p：

$$e^p(\theta_i, \phi_i) = 1 - \Gamma^p_{tot}(\theta_i, \phi_i) \qquad （粗糙表面辐射率） \tag{12.3}$$

其中，$\Gamma^p_{tot}(\theta_i, \phi_i)$ 为地表总反射率，包括连续相干分量 $\Gamma^p_{coh}(\theta_i, \phi_i)$ 与非相干分量 $\Gamma^p_{inc}(\theta_i, \phi_i)$：

$$\Gamma^p_{tot}(\theta_i, \phi_i) = \Gamma^p_{coh}(\theta_i, \phi_i) + \Gamma^p_{inc}(\theta_i, \phi_i) \tag{12.4}$$

其中，

$$\Gamma^p_{coh}(\theta_i) = \Gamma^p(\theta_i) e^{-4\psi^2} \tag{12.5}$$

$$\Gamma^p_{inc}(\theta_i, \phi_i) = \frac{1}{4\pi \cos\theta_i} \times \int_{\phi_s=0}^{2\pi} \int_{\theta_s=0}^{\pi/2} \left[\sigma^0_{pp}(\theta_i, \phi_i; \theta_s, \phi_s) + \sigma^0_{pq}(\theta_i, \phi_i; \theta_s, \phi_s)\right] \mathrm{d}\Omega_s \tag{12.6}$$

式中，$\psi = ks \cos\theta_i$；s 为地表均方根高度；$k = 2\pi/\lambda$；$\Gamma^p(\theta_i)$ 为地表在入射角为 θ_i 时的菲涅耳镜面反射率；σ^0_{pp} 和 σ^0_{pq} 分别为地面单元的非相干同极化以及交叉极化双站散射系数。

类似地，地表散射亮温可以描述为

$$T^p_{SS}(\theta_i, \phi_i) = \Gamma^p_{coh}(\theta_i) T_{DN}(\theta_i) + \int_{\theta_s=0}^{\pi/2} \int_{\phi_s=0}^{2\pi} \left[\sigma^0_{pp}(\theta_i, \phi_i; \theta_s, \phi_s)\right.$$

$$\left. + \sigma^0_{pq}(\theta_i, \phi_i; \theta_s, \phi_s)\right] \times T_{DN}(\theta_s, \phi_s) \mathrm{d}\Omega_s \tag{12.7}$$

尽管 $T_{DN}(\theta_s, \phi_s)$ 随着 θ_s 角度的不同而变化（这是由于在大气层范围内，沿着远离天底点方向对 T_{DN} 的贡献比沿着天底点方向的贡献要大一些），但是往往把它看作入射角为 θ_i 的常数值，即 $T_{DN}(\theta_s, \phi_s) = T_{DN}(\theta_i)$。将其代入式（12.7）得

$$T_{SS}(\theta_i, \phi_i) = \Gamma^p_{tot} T_{DN}(\theta_i) \tag{12.8}$$

将式（12.3）和式（12.8）代入式（12.1）得

$$T^p_B = Y_a \left[(1 - \Gamma^p_{tot}) T_0 + \Gamma^p_{tot} T_{DN}\right] + T_{UP} \tag{12.9}$$

为了得到 Γ^p_{tot} 和 T^p_B，我们需要对 T_0、Y_a、T_{DN} 以及 T_{UP} 有一个很好的估计。物理温度可以根据记录的天气数据或通过星载微波辐射计（如 TRMM、WindSat，见表 1.4）37 GHz 辐射通道测量数据进行估算。例如，Owe 等（1991）以及 van de Griend（2001）建立了地表温度 T_0 与搭载在 Nimbus-7 卫星上的辐射计 37 GHz 测量亮温之间的关系。对于其他量的估计，可以通过在第 9 章中描述的大气反演模型得到。最重要的

是，我们应该能够利用星载微波辐射计测量 T_B^p 值得到综合反射率 $\Gamma_{tot}^p(\theta_i)$ 的高精度估计值。

微波辐射测量在陆地的两个主要应用是土壤湿度传感和雪水当量的估算。正如我们接下来看到的，如果只有一个频率通道可以用的话，我们对土壤湿度遥感的首选频率是 1.4 GHz。这是综合考虑了空间分辨率以及植被效应。天线波束足迹（视场或分辨率）的大小随着频率的增加而减小，植被的掩蔽效应也是如此。为得到敏感度较好的雪水当量，频率应该在 10~20 GHz 范围内。在"标准天气情况下"（详见 8.3 节），式 (12.9) 里面的 3 个大气变量具有以下标称值：

变量	1 GHz	10 GHz	20 GHz
Y_a	约 0.98	约 0.95	约 0.80
$T_{UP} \approx T_{DN}$	5 K	6 K	18 K

利用可获得的天气信息，能够将 Y_a 的估计误差控制在 ±0.01，将 T_{DN} 和 T_{UP} 的误差控制在 ±1 K。

▶ **反射率术语**

为避免混淆，我们需要详细说明"反射率"术语的使用。

$\Gamma^p(\theta_i) =$ 在入射角为 θ_i 时的镜像表面 p 极化菲涅耳反射率，表 2.5 给出了 Γ^v 和 Γ^h 的表达式。

$\Gamma_{coh}^p(\theta_i) = \Gamma^p e^{-(2ks\cos\theta_i)^2} =$ 在地表均方根高度为 s 且波数 $k = 2\pi/\lambda$ 时，地表的相干反射率。

$\Gamma_{inc}^p(\theta_i, \phi_i) =$ 由上半球上所有方向 (θ_s, ϕ_s) 在散射方向 (θ_i, ϕ_i) 上的 p 极化非相干反射率。

$\Gamma_{tot}^p(\theta_i, \phi_i) = \Gamma_{coh}^p + \Gamma_{inc}^p = p$ 极化总反射率。

$e^p(\theta_i, \phi_i) = 1 - \Gamma_{tot}^p(\theta_i, \phi_i) = p$ 极化辐射率。◀

12.2　镜面表面的辐射

最简单可行的土壤辐射构造是空气–土壤界面为平面的均质、等温的土壤介质（在深度剖面中，其物理温度 T 与介电常数 ε_{soil} 均为常数）。对于镜面表面，其非相干反射率为 0，限定 $s = 0$，其相干反射率简化为菲涅耳反射率 Γ。因此，以角度 θ_i 透过空气观测土壤介质得到的 p 极化亮温为[†]

$$T_{\text{Bsoil}}^p = e_{\text{soil}}^p(\theta_i)T_0 = [1 - \Gamma^p(\theta_i)]T_0 \qquad (\text{镜面表面}) \qquad (12.10)$$

式中，T_0 为土壤介质的物理温度。

对于一个真实的土壤介质，其物理温度和介电常数 $\varepsilon_{\text{soil}}$ 均随着深度的变化而变化。除极度干燥的土壤条件(体含水量 $m_v < 0.02$ g/cm^3)外，在 1 GHz 和更高的频率下，穿透深度只有数厘米。因此，T_0[式(12.10)]代表土壤介质上部几厘米的有效值。土壤介电常数 $\varepsilon_{\text{soil}}$ 与之相同，土壤湿度 m_v 与之相反。20 世纪七八十年代，一些研究探讨了 T_{Bsoil} 对土壤温度和介电剖面的敏感性(Njoku et al.，1977；Wilheit，1978；Burke et al.，1979；Schmugge et al.，1981)。研究结果表明，即使对变化非常剧烈的剖面，T_{Bsoil} 与假设剖面均匀的计算值的偏差只有几度(Ulaby，1986a)。

在第 11 章中，已经给出了土壤的介电常数 $\varepsilon_{\text{soil}}$ 与体含水量 m_v 的关系图以及多个入射角下镜面反射率与湿度的函数关系图。为方便阅读，我们再次展示这些图(图 12.2)。

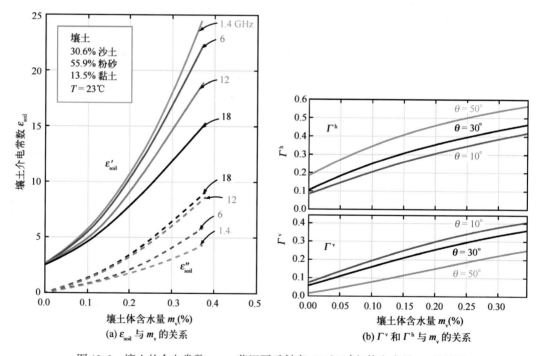

图 12.2　壤土的介电常数 $\varepsilon_{\text{soil}}$、菲涅耳反射率 Γ^v 和 Γ^h 与体含水量 m_v 的关系

[†]　计算机代码 12.1。

12.3　粗糙表面的辐射率

12.3.1　I²EM

在 10.7 节中，有研究比较了根据改良的积分方程方法（I²EM）、利用三维距量法数值计算所得后向散射系数 σ^0。对于极化辐射率 e_{soil}^p，Chen 等（2003）也进行了类似的研究。该研究评估了在 $p=$ v 极化和 h 极化，$\theta_i = 30°$ 的情况下，e_{soil}^p 对 m_v 的响应情况，根据粗糙度参数 ks 将粗糙地面分为很光滑的地面（$ks=0.22$）到很粗糙的地面（$ks=2.576$）。该研究同样在相应的大范围内改变地表相关长度 l。我们从这项重要的研究中提炼出两个主要的发现：

（a）4 种不同的分析模型中［小扰动模型（SPM）、几何光学模型（GOM）、传统积分方程方法（IEM）和 I²EM ］，唯一一个始终与数值技术保持极好一致性的模型是 I²EM。进一步证实了 I²EM 的适用性，不仅适用于后向散射，也适用于双站散射[†]。

（b）图 12.3 为利用 I²EM 模型、$\theta=40°$ 时，光滑表面和略微粗糙表面的 e_{soil}^v、e_{soil}^h 与 m_v 的关系图。

本研究同样探讨了 1.4 GHz、3 种不同土壤表面粗糙度条件下，湿土壤表面粗糙度的作用（图 12.4）。

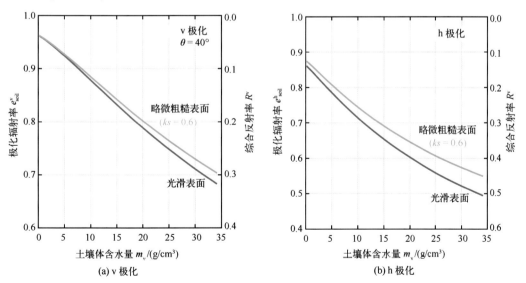

图 12.3　利用 I²EM 模型在入射角为 40°时，光滑表面和略微粗糙表面的极化

辐射率 e_{soil}^v、e_{soil}^v 与体含水量 m_v 的关系

[†]　计算机代码 12.2。

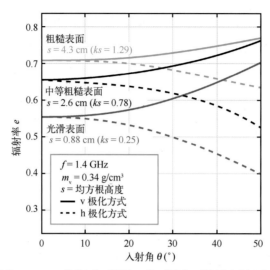

图 12.4　在频率为 1.4 GHz 条件下，测量 3 种不同表面粗糙度裸土辐射率与入射角的
变化关系(Newton et al., 1980)

12.3.2　半经验模型

介电常数相同时，相对于镜面表面，地表辐射率通常随其粗糙度增加而增加。利用 I²EM 模型(10.3 节)和式(12.6)计算所得的双站散射系数，结合式(12.3)、式(12.5)和式(12.6)可得辐射率或总反射率的变化。地表关键的参数是介电常数 ε_{soil}、均方根高度 s、相关性方程 $\rho(\xi)$ 和相关长度 l。或者，研究总反射率 $\Gamma_{tot}^{p}(\theta_i)$ 的半经验模型，这也是接下来要讨论的内容。

半经验模型的形式

首先提出利用半经验模型描述辐射率概念的是 Choudhury 等(1979)，随后被其他研究人员逐渐完善(Wang et al., 1981; Shi et al., 2005; Escorihuela et al., 2007; Wigneron et al., 2011)。半经验模型的基本结构是

$$e_{soil}^{p}(\theta_i) = 1 - \Gamma_{rs}^{p}(\theta_i) \tag{12.11a}$$

式中，Γ_{rs}^{p} 为有效粗糙表面反射率，可由下式确定：

$$\Gamma_{rs}^{p}(\theta_i) = [(1 - Q)\,\Gamma^{p}(\theta_i) + Q\,\Gamma^{q}(\theta_i)]\,e^{-h'\cos^{n}\theta_i} \qquad (p = h,\ q = v; \text{反之亦然})$$

$$\tag{12.11b}$$

式中，Γ^{p} 和 Γ^{q} 为菲涅耳反射率；Q 为极化混合因子；h' 为等效均方根高度；n 为角度指数(在早期模型中，其被认为与极化无关，但在后期模型中，被认为是一个与极化相关的参数)。对于 Q，其意义是当一个 h 极化辐射计观测地表时，由地表发出的 h 极

化能量大部分为地下发射到地表的 h 极化能量，小部分为地下发射到地表的 v 极化能量，其在穿越粗糙地面时会转化为 h 极化能量。因此，粗糙表面的 h 极化反射率 $\varGamma_{rs}^{h}$ 包含 $(1-Q)$ 乘以 h 极化镜面反射率 $\varGamma^{h}$ 因子以及 Q 乘以 v 极化镜面反射率 $\varGamma^{v}$ 因子。对于完全光滑表面，$Q=0$。

Choudhury 等（1979）利用 $\exp[-h'\cos^{n}\theta_{i}]$ 因子来近似相干反射率函数 $e^{-4\psi^{2}}$ [式（12.5）]。指数 n 为常数，用以描述 $\varGamma^{h}(\theta_{i})$ 与 $\varGamma^{v}(\theta_{i})$ 固有角度变化之外，$\varGamma_{rs}^{h}(\theta_{i})$ 与角度的相关性。

为量化极化与微波频率的多种组合中 3 个与粗糙度有关的参数（Q，h'，n），Wang 等（1983）将 1.4 GHz、5 GHz 和 10.7 GHz 时所得亮温测量值数据集用以 h 极化和 v 极化。测量值由 3 个具有完全不同的粗糙度和几乎相同的含水率的区域测量所得。图 12.5 给出了在最光滑区域（均方根高度为 $s=0.21$ cm）及最粗糙区域（均方根高度为 $s=2.45$ cm）所测得的角度模式。在最小化辐射率测量值和由式（12.11）所得计算值之间统计误差的过程中，产生的 Q 和 h' 值列于表 12.1 列出。此外，为角系数 n 建立的最佳拟合情况为 $n=0$，即与 θ_{i} 没有相关关系（除 $\varGamma^{h}$ 和 $\varGamma^{v}$ 中的相关性）。利用列表参数，得出由式（12.11）中模型计算所得辐射率和地面辐射计所测亮温值导出的辐射率值具有良好的一致性。在接下来的 30 年中，根据频率 f 和表面粗糙度参数建立了粗糙度参数（Q，h'，n）的经验表达式，通过大量的实验、模型模拟和分析，改进了式（12.11）中半经验模型。由于辐射率对表面粗糙度的敏感性和植被覆盖的掩蔽效应随着微波频率的增加而增大，L 波段（1.4 GHz）成为利用辐射测量土壤水分的首选频率。因此，大量的研究集中在建立裸土与植被覆盖土壤辐射的模型。而且，两颗卫星的主要目标是利用微波辐射计测量土壤湿度分布图，其概要会在 12.9 节中给出。在本章余下的章节里，为了在特定的 L 波段和其他更普遍的频率中，使用和改进半经验模型 [式（12.11）]，我们将对研究结果进行检验。

表 12.1　回归分析得到的参数（Wang et al., 1983）

f/GHz	区域序号	粗糙度参数				统计学	
		s/cm	ks	h'	Q	R^2	SEE/(g/cm^3)
1.4	1	0.21	0.06	0	0	0.95	0.026
	2	0.73	0.21	0.10	0.01	0.97	0.019
	3	2.45	0.72	0.53	0.12	0.83	0.024
5	1	0.21	0.22	0	0	0.99	0.020
	2	0.73	0.76	0.05	0.15	0.96	0.029
	3	2.45	2.57	0.58	0.28	0.88	0.025
10.7	1	0.21	0.47	0	0	0.97	0.025
	2	0.73	1.64	0.11	0.20	0.94	0.031
	3	2.45	5.50	0.60	0.30	0.81	0.029

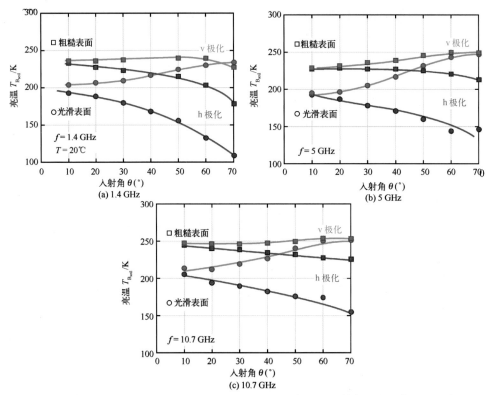

图 12.5　频率为 1.4 GHz、5 GHz 和 10.7 GHz 时，测量亮温是入射角 θ 的函数，光滑表面和

粗糙表面的土壤温度均约为 20℃。光滑和粗糙土壤上层 0~10 cm 的土壤体

含水量分别约为 0.25 g/cm³ 和 0.26 g/cm³（Wang et al.，1983）

12.3.3　L 波段模型参数

从表 12.1 中，我们注意到在频率为 1.4 GHz 时，光滑表面的 $Q=0$，中等粗糙表面的 $Q=0.01$，非常粗糙表面的 $Q=0.12$。基于 Wang 等（1983）和后续的几个调查研究，普遍共识为：一阶近似中，对于所有类型表面 Q 都可以设置为 0，而不产生显著性误差。正如我们稍后讨论的，近期研究结果表明，Q 可以与 h' 经验相关，而不是将其设置为 0，但这会对 m_v 的估计带来微小的误差。

PORTOS-93 是一个包含了设立在法国的地面辐射计所得亮温测量值的大数据集（Wigneron et al.，2001）。其研究区域为涵盖了很大粗糙度范围的 7 个裸地：s 的范围为 0.476~5.94 cm，l 的范围为 3.15~20.6 cm。对这些裸地进行灌溉和晒干过程中，以 10°~40° 入射角（每隔 10°），在多个微波频率下进行多时相辐射观测。利用数据集中 L 波段部分，得到了两个关于 (Q, h', n) 的有意义的表达式。对于 $p=v$ 和 $p=h$，在数据集中 4 个入射角及所有土壤含水率条件下，两个表达式都是通过最小化辐射率的实测值或模型计算值与经验模型（[式（12.11）]）之间的误差而得到的。

（a）2011 表达式

Wingeron 等（2011）的研究得到了以下参数：

$$Q = 0$$

$$h' = \left(\frac{9.4s}{8.865s + 2.29}\right)^{6} \qquad (12.12a)$$

或者

$$h' = 1.39m = 1.39\left(\frac{s}{l}\right) \qquad (12.12b)$$

$$n = \begin{cases} 0.5 & (\text{h 极化}) \\ -1.5 & (\text{v 极化}) \end{cases} \qquad (12.12c)$$

表面均方根高度 s、相关长度 l 的单位均为厘米，m 为均方根斜率。利用以上公式，地面粗糙度由单一参数 s 或 m 表征，其取决于 h' 是由式（12.12a）还是式（12.12b）定义。

图 12.6（a）给出了 h' 随 s 的变化，图中实线是由式（12.12a）得出的经验拟合曲线，虚线代表相干反射率表达式中的粗糙度因子的函数形式，即 $h' = 4\psi^2 = (2ks \cos\theta_i)^2$。该表达式适用于 $s<1$ cm 的情况，当 $s>1$ cm 时，其对 h' 的有效值估计偏高。

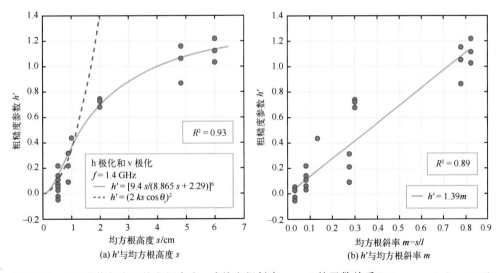

图 12.6　h' 反演值与表面均方根高度 s 或均方根斜率 $m=s/l$ 的函数关系（Wingeron et al.，2011）

图 12.6（b）给出了 Wingeron 等（2011）关于 h' 随着地表均方根斜率 $m(=s/l)$ 变化的研究结果。式（12.12b）给出了 h' 与 m 之间的线性关系。从散射理论的角度来看，很显然 s 与 m 都是重要的粗糙度参数，并且对于具有高斯高度相关函数的表面，临界参数

确实是均方根斜率 s/l。Chen 等(2010)提出了一个类似的对 m 的依赖性。

Wingeron 等(2011)研究中最后评估的参数是角功率因数 n。图 12.7(a)给出了 h 极化的结果。除在 $s=0.5$ cm 附近有较宽的垂直传播外，n 的大部分值在 $0\sim1$。因此在 h 极化中，大多数用户将 n_h 取值为 0.5。当 s 较小时，$h'\approx0$，因此在 $s=0.5$ cm 左右的垂直传播是不相干的。在这种情况下，边界层实际上就成了一个镜面(因子 $e^{-h'\cos n\theta_i}\approx1$)。除有更合适的值($n_v=-1.5$)的情况外，以上结论也同样适用于 v 极化。

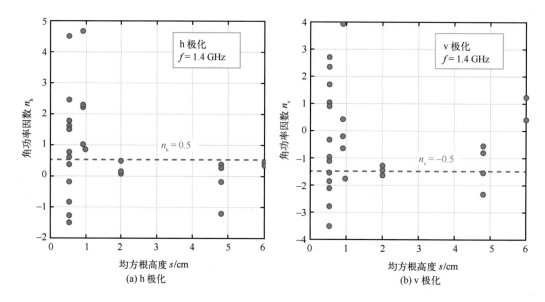

图 12.7　n_h 或 n_v 反演值与表面均方根高度 s 的函数关系(Wingeron et al.，2011)

(b) 2013 表达式

基于有限元法生成的数据集，并结合 PORTOS-93 数据集的重新检验结果，Led Lawrence 等(2013)建立了一个既不设置 $Q=0$，也不将固定值赋给 n，但仍是一个单一参数的粗糙度模型(除了土壤含水量)。等效均方根高度 h' 随 s、l 和 $m=s/l$ 变化而变化，但与其最相关的是一个人工地表参数，定义为

$$Z_s = \frac{s^2}{l} \qquad (\text{cm})$$

图 12.8(a)中的实线描述了以下关系：

$$h' = \begin{cases} 2.615\left[1-\exp\left(\dfrac{-Z_s}{2.473}\right)\right] & (Z_s < 1.235\ \text{cm}) \\ 1.027\ 9 & (Z_s > 1.235\ \text{cm}) \end{cases} \qquad (12.13)$$

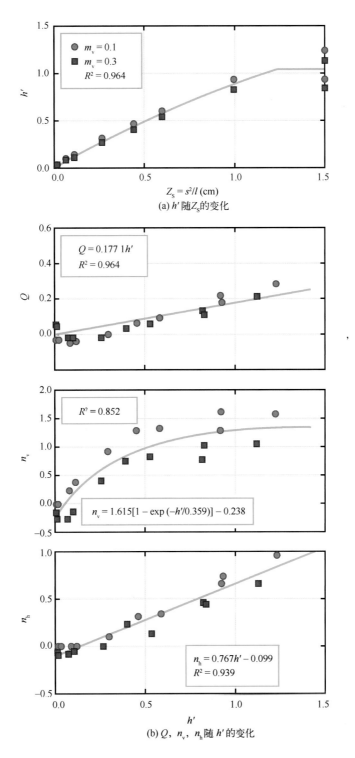

图 12.8　基于式(12.13)和式(12.14)拟合得到的半经验模型(Lawrence et al., 2013)

其余的粗糙度参数与h'有关,其表达式如下:

$$Q = 0.177\ 1h' \tag{12.14a}$$

$$n = \begin{cases} 1.615\left[1 - \exp\left(\dfrac{-h'}{0.359}\right)\right] - 0.238 & (\text{v 极化}) \\ 0.767h' - 0.099 & (\text{h 极化}) \end{cases} \tag{12.14b}$$

这些关系如图 12.8(b)所示。

将式(12.13)、式(12.14)中经验关系[†]应用到 PORTOS-93 数据集,对由亮温值反演的 m_v 值与现场实测值进行比较,得到图 12.9,以上结果的事先假设是 Z_s 已知,但实际上其是未知的。

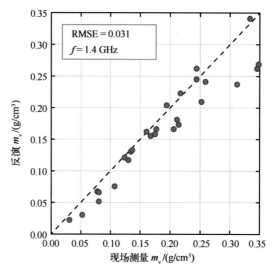

图 12.9　现场测量与基于 PORTOS-93 数据集反演的 m_v 值比较(Lawrence et al.,2013)

12.3.4　其他频率下的模型参数

高级微波扫描辐射计——对地观测系统或简称 AMSRE,携带 6 通道辐射计以 55°入射角观测地球表面,其中心频率(表 1.4)为 6.92~89 GHz。为表征前 5 个辐射计频率(6.92 GHz、10.7 GHz、18.7 GHz、23.8 GHz 和 36.4 GHz)下裸土的预期辐射率,Shi 等(2005)利用 PORTOS-93 野外测量辐射率(Wigneron et al.,2001)和由 I²EM 计算辐射率的联合数据集,发展了半经验模型:

$$\Gamma_{rs}^{p}(\theta_i) = (1 - Q_p)\ \Gamma^{p}(\theta_i) + Q_p\ \Gamma^{q}(\theta_i) \tag{12.15}$$

式中,$p=$v 和 $q=$h,反之亦然。在该模型中,Q_p 为特定极化方式粗糙度参数,其取决

[†]　计算机代码 12.3。

于微波频率 f 和地表均方根斜率 $m = s/l$。最初，只给出了特定频率 10.7 GHz 时的模型，得出了关于 Q_p 的表达式如下：

$$\left. \begin{array}{l} Q_v(10.7) = 3.22 + 2.45 \log m - 6.67m \\ Q_h(10.7) = 5.60 + 3.10 \log m - 9.38m \end{array} \right\} \quad (10.7\ \text{GHz}) \qquad (12.16)$$

图 12.10 中给出了 $Q_v(10.7)$ 与 $Q_h(10.7)$ 与 m 的函数关系。

随后，根据 Q_p 在 10.7 GHz 时的值，给出了在其他频率下 $Q_p(f)$ 的表达式：

$$Q_v(f) \approx Q_v(10.7) \qquad (12.17a)$$

$$Q_h(f) \approx \beta_h Q_h(10.7) \qquad (12.17b)$$

式中，

$$\beta_h = \begin{cases} 0.958 & (6.9\ \text{GHz}) \\ 1.013 & (18.7\ \text{GHz}) \\ 1.015 & (23.8\ \text{GHz}) \\ 1.026 & (36.4\ \text{GHz}) \end{cases} \qquad (12.17c)$$

日本东京大学 Kuria 等(2006)的调查结果证实了式(12.16)和式(12.17)中关系的有效性。

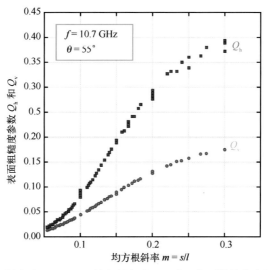

图 12.10　频率为 10.7 GHz 且入射角为 55°时，表面粗糙度参数 Q_v 和 Q_h

随均方根斜率 m 的变化关系(Shi et al., 2005)

12.4　周期性表面的辐射

本节周期性表面的辐射与 10.4.2 节中周期性表面后向散射系数相类似。实际上，我们将图 10.23 复制为图 12.11，以重新引入周期性表面的几何结构。为了使公式便于

处理，我们只考虑一维正弦表面，其高度 $Z(y)$ 为

$$Z(y) = A\left[1 + \cos\left(\frac{2\pi y}{\Lambda}\right)\right] \tag{12.18}$$

式中，A 为振幅；Λ 为空间周期。如图 12.11 中定义的角度 (θ_0, ϕ_0)，周期性表面的 p 极化亮温为

$$T_B(\theta_0, \phi_0; p) = \frac{\iint_{\Omega_M} T_B^{SS}(\theta'; p) F(\theta, \phi) \mathrm{d}\Omega}{\iint_{\Omega_M} F(\theta, \phi) \mathrm{d}\Omega_f} \tag{12.19}$$

式中，Ω_M 为天线方向图的主波束立体角；$F(\theta, \phi)$ 为相对于基准方向 (θ, ϕ) 上归一化天线增益；$T_B^{SS}(\theta'; p)$ 为局部小尺度地表在地表法线 $\hat{n}$ 与入射方向的反方向 $\hat{n}_i$ 的交角 θ' 下的 p 极化亮温。在分子、分母中，均认为主光束内 $F(\theta, \phi) = 1$。为了使 $T_B(\theta_0, \phi_0; p)$ 与周期性表面[式(12.18)]联系起来，我们将立体角微分转化为面积微分。对于波状地表的面积微分 $\mathrm{d}A$，相应的立体角是

$$\mathrm{d}\Omega = \frac{\mathrm{d}A}{R^2}\cos\theta' \tag{12.20}$$

式中，R 为辐射计天线到地表的距离。用 $\mathrm{d}x$、$\mathrm{d}y$ 方式表示为

$$\mathrm{d}A = \frac{\mathrm{d}x\mathrm{d}y}{\cos\alpha} = \mathrm{d}x\mathrm{d}y\,\sec\alpha \tag{12.21}$$

式中，α 为与 $\mathrm{d}A$ 相关的坡角[图 12.11(b)]，因此

$$\mathrm{d}\Omega = \frac{\mathrm{d}x\mathrm{d}y}{R^2}\sec\alpha\,\cos\theta' \tag{12.22}$$

式中，α 与 θ' 均是 y 的函数。

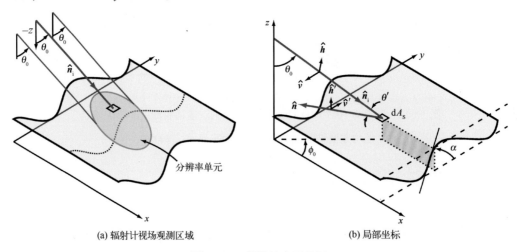

(a) 辐射计视场观测区域 (b) 局部坐标

图 12.11 周期性表面几何

式(12.19)中的分母是主波束的立体角，其代表了微分立体角 $\mathrm{d}\Omega_{\mathrm{f}}$ 通过平坦表面时的增益变化，由以下公式给出：

$$\mathrm{d}\Omega = \frac{\mathrm{d}A}{R^2}\cos\theta_0 = \frac{\mathrm{d}x\mathrm{d}y}{R^2}\cos\theta_0 \tag{12.23}$$

将式(12.22)和式(12.23)代入式(12.19)$\left[F(\theta,\phi)=1\right]$，得到

$$T_{\mathrm{B}}(\theta_0,\phi_0;p) = \frac{\int T_{\mathrm{B}}^{\mathrm{SS}}(\theta';p)\sec\alpha\cos\theta'\mathrm{d}y}{\int\cos\theta_0\,\mathrm{d}y} \tag{12.24}$$

假设天线足迹包含多个空间周期 Λ，可以将积分限制在一个周期内，即式(12.24)简化为

$$T_{\mathrm{B}}(\theta_0,\phi_0;p) = \frac{1}{\Lambda\cos\theta_0}\int_0^{\Lambda}T_{\mathrm{B}}^{\mathrm{SS}}(\theta';p)\sec\alpha\cos\theta'\mathrm{d}y^{\dagger} \tag{12.25}$$

对于 $A=0$ 的平坦地面上的每一个点，$\alpha=0$ 和 $\theta'=\theta_0$，即式(12.25)可简化为 $T_{\mathrm{B}}=T_{\mathrm{B}}^{\mathrm{SS}}$。

假设一个非起伏的表面(平面或具有任意粗糙度)的 v 极化、h 极化的亮度-温度角函数分别为 $T_{\mathrm{B}}(\theta';\mathrm{v})$、$T_{\mathrm{B}}(\theta';\mathrm{h})$，其中 θ' 为入射方向与地表法线的交角。然后，假设将这个表面叠加到由式(12.18)给出的一维正弦周期性表面。通常对于倾斜表面区域微分而言，局部坐标系中的 $\hat{\boldsymbol{v}}'$ 极化与 $\hat{\boldsymbol{h}}'$ 极化不同于天线坐标系中的 $\hat{\boldsymbol{v}}$ 极化与 $\hat{\boldsymbol{h}}$ 极化，$\hat{\boldsymbol{v}}$、$\hat{\boldsymbol{h}}$、$\hat{\boldsymbol{v}}'$ 和 $\hat{\boldsymbol{h}}'$ 由式(10.28)以 θ_0、ϕ_0 和 θ' 的形式给出。此外，θ' 和 α 由式(10.22)和式(10.26d)给出，$T_{\mathrm{B}}^{\mathrm{SS}}(\theta';\mathrm{h})$ 和 $T_{\mathrm{B}}^{\mathrm{SS}}(\theta';\mathrm{v})$ 为(Ulaby et al.，1986a)：

$$\begin{aligned}
T_{\mathrm{B}}^{\mathrm{SS}}(\theta';\mathrm{h}) &= (\hat{\boldsymbol{h}}\cdot\hat{\boldsymbol{h}}')^2 T_{\mathrm{B}}(\theta';\mathrm{h}) + (\hat{\boldsymbol{h}}\cdot\hat{\boldsymbol{v}}')^2 T_{\mathrm{B}}(\theta';\mathrm{v})\\
T_{\mathrm{B}}^{\mathrm{SS}}(\theta';\mathrm{v}) &= (\hat{\boldsymbol{v}}\cdot\hat{\boldsymbol{h}}')^2 T_{\mathrm{B}}(\theta';\mathrm{h}) + (\hat{\boldsymbol{v}}\cdot\hat{\boldsymbol{v}}')^2 T_{\mathrm{B}}(\theta';\mathrm{v})
\end{aligned} \tag{12.26}$$

式中，如前所述，$T_{\mathrm{B}}(\theta';\mathrm{h})$ 和 $T_{\mathrm{B}}(\theta';\mathrm{v})$ 适用于没有周期性的任意地表。Wang 等(1980)通过其他解决方法得到了相同的表达式。

为了说明 T_{B} 周期性波动的影响，图 12.12 中给出了镜面地表上的 $T_{\mathrm{B}}(\theta_0)$ 以及具有相同空间周期 $\Lambda=100\ \mathrm{cm}$、不同振幅的两个正弦曲线地表上的 $T_{\mathrm{B}}(\theta_0)$，其中图 12.12(a)为平行观测方向($\phi_0=0°$)，图 12.12(b)为垂直观测方向($\phi_0=90°$)。周期性表面有一个有趣的特性：在天底点($\theta_0=0°$)，水平极化亮温($\phi_0=0°$)与垂直极化亮温($\phi_0=90°$)相同，即 $T_{\mathrm{B}}(0°,0°;\mathrm{h})=T_{\mathrm{B}}(0°,90°;\mathrm{v})$。在这两种情况下，电场矢量指向与周期性表面的几何方向(图 12.11 y 轴方向)相同，反之亦然：$T_{\mathrm{B}}(0°,90°;\mathrm{h})=T_{\mathrm{B}}(0°,0°;\mathrm{v})$。

---

† 计算机代码 12.4。

Wang 等(1980)的试验结果证明了 $A = 10$ cm、$\Lambda = 95$ cm 时正弦表面中观测方向的影响，如图 12.13 所示，其实测数据与理论之间具有很好的符合度。

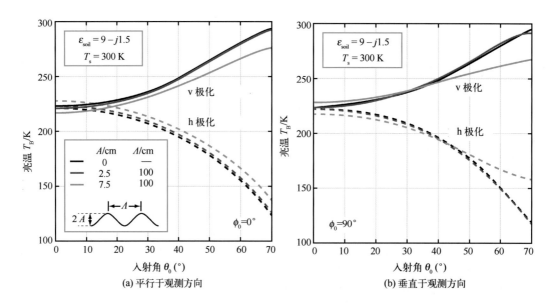

图 12.12　没有随机粗糙度的正弦曲面的亮温计算，观测方位为平行于观测方向和垂直于观测方向

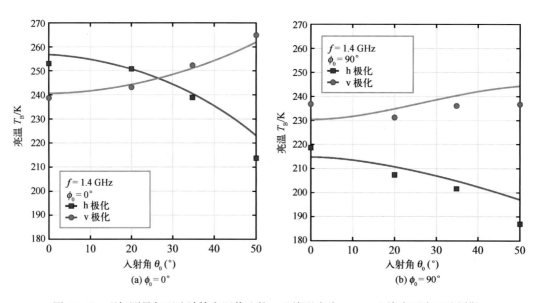

图 12.13　现场测量与理论计算亮温值比较，土壤湿度为 30%，土壤表面为正弦周期，
峰-峰振幅为 20 cm，空间周期为 95 cm(Wang et al.，1980)

12.5 植被覆盖地表的辐射传输方程

图 12.14 为植被覆盖层示意图，其厚度为 d，$z = 0$ 表示覆盖层层顶，$z = -d$ 表示覆盖层下的地表。我们的目标是给出辐射计沿角度 θ_i 观测所得地表单元的亮温值 $T_{\mathrm{B}_\mathrm{veg}}(\theta_\mathrm{i})$ 的表达式，此处只考虑了植被和地面的综合辐射，没有考虑大气的影响。大气的传输和辐射影响通过式 (12.1) 给出。

假设植被和下侧地表具有相同的物理温度 T_0，式 (12.2) 和式 (12.3) 可以用来定义 $T_{\mathrm{B}_\mathrm{veg}}(\theta_\mathrm{i})$ 的辐射率 $e_\mathrm{veg}(\theta_\mathrm{i})$：

$$e_\mathrm{veg}(\theta_\mathrm{i}) = \frac{T_{\mathrm{B}_\mathrm{veg}}(\theta_\mathrm{i})}{T_0} \tag{12.27}$$

当然，$T_{\mathrm{B}_\mathrm{veg}}$ 和 e_veg 与 h 极化或 v 极化有关。

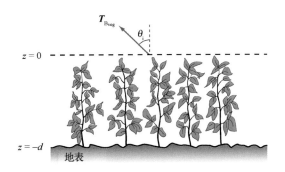

图 12.14　地表植被层的微波辐射

12.5.1 标量辐射传输方程

除需要增加一个自辐射量来解释植被层的辐射外，辐射物体的辐射传输方程与雷达的辐射传输方程基本相似。同时，$z = 0$ 与 $z = -d$ 的边界条件也不同。

为了使陈述相对简单，将公式推导限制在标量情况下。在式 (11.65) 方程组中增加自辐射量 $\kappa_\mathrm{a} J_\mathrm{a}$，可得

$$\frac{\mathrm{d}}{\mathrm{d}z} I^+(\mu_\mathrm{s},\ \phi_\mathrm{s},\ z) = -\frac{\kappa_\mathrm{e}}{\mu_\mathrm{s}} I^+(\mu_\mathrm{s},\ \phi_\mathrm{s},\ z) + \frac{\kappa_\mathrm{a}}{\mu_\mathrm{s}} J_a(\mu_\mathrm{s},\ \phi_\mathrm{s},\ z) + \mathcal{F}^+(\mu_\mathrm{s},\ \phi_\mathrm{s},\ z)$$

$$\tag{12.28a}$$

$$-\frac{\mathrm{d}}{\mathrm{d}z} I^-(-\mu_\mathrm{s},\ \phi_\mathrm{s},\ z) = -\frac{\kappa_\mathrm{e}}{\mu_\mathrm{s}} I^-(-\mu_\mathrm{s},\ \phi_\mathrm{s},\ z) + \frac{\kappa_\mathrm{a}}{\mu_\mathrm{s}} J_a(-\mu_\mathrm{s},\ \phi_\mathrm{s},\ z) + \mathcal{F}^-(-\mu_\mathrm{s},\ \phi_\mathrm{s},\ z)$$

$$\tag{12.28b}$$

式中，I^+、I^- 分别是图 12.15 中中间层的向上传播强度、向下传播强度；$\mu_\mathrm{s} = \cos\theta_\mathrm{s}$。我

们已假定冠层的传播参数与极化方式无关。

利用瑞利-金斯近似,式(6.56)和式(6.57)变得适用,即式(12.28)可用上行传输亮温 T_B^+、下行传输亮温 T_B^- 和物理温度 T_0(假定植被层内是均匀的,且与土壤的物理温度相同)表示:

$$\frac{\mathrm{d}}{\mathrm{d}z}T_B^+(\mu_s, \phi_s, z) = -\frac{\kappa_e}{\mu_s}T_B^+(\mu_s, \phi_s, z) + \frac{\kappa_a}{\mu_s}T_0 + \mathcal{F}^+(\mu_s, \phi_s, z) \quad (12.29a)$$

$$-\frac{\mathrm{d}}{\mathrm{d}z}T_B^-(-\mu_s, \phi_s, z) = -\frac{\kappa_e}{\mu_s}T_B^-(-\mu_s, \phi_s, z) + \frac{\kappa_a}{\mu_s}T_0 + \mathcal{F}^-(-\mu_s, \phi_s, z)$$

$$(12.29b)$$

$\mathcal{F}^+$ 与 $\mathcal{F}^-$ 的源函数分别是

$$\mathcal{F}^+(-\mu_s, \phi_s, z) = \frac{1}{\mu_s}\left[\int_0^{2\pi}\int_0^1 \Psi(\mu_s, \phi_s; \mu', \phi')T_B^+(\mu', \phi', z)\mathrm{d}\Omega'\right.$$

$$\left. + \int_0^{2\pi}\int_0^1 \Psi(\mu_s, \phi_s; -\mu', \phi')T_B^-(-\mu', \phi', z)\mathrm{d}\Omega'\right]$$

$$(12.30a)$$

$$\mathcal{F}^-(-\mu_s, \phi_s, z) = \frac{1}{\mu_s}\left[\int_0^{2\pi}\int_0^1 \Psi(-\mu_s, \phi_s; \mu', \phi')T_B^+(\mu', \phi', z)\mathrm{d}\Omega'\right.$$

$$\left. + \int_0^{2\pi}\int_0^1 \Psi(-\mu_s, \phi_s; -\mu', \phi')T_B^-(-\mu', \phi', z)\mathrm{d}\Omega'\right]$$

$$(12.30b)$$

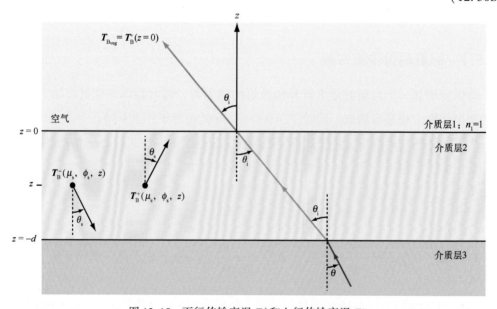

图 12.15 下行传输亮温 T_B^+ 和上行传输亮温 T_B^-

按照 6.6.3 节中的步骤，可将微分方程转换成积分解：

$$T_{\mathrm{B}}^{+}(\mu_s,\ z) = \mathrm{e}^{-\kappa_e(z+d)/\mu_s} T_{\mathrm{B}}^{+}(\mu_s,\ -d) + \int_{-d}^{z} \mathrm{e}^{-\kappa_e(z-z')/\mu_s} \left[\frac{\kappa_a}{\mu_s} T_0 + \mathcal{F}^{+}(\mu_s,\ z') \right] \mathrm{d}z'$$

$$(12.31\mathrm{a})$$

$$T_{\mathrm{B}}^{-}(-\mu_s,\ z) = \mathrm{e}^{-\kappa_e z/\mu_s} T_{\mathrm{B}}^{-}(-\mu_s,\ 0) + \int_{z}^{0} \mathrm{e}^{\kappa_e(z-z')/\mu_s} \left[\frac{\kappa_a}{\mu_s} T_0 + \mathcal{F}^{-}(-\mu_s,\ z') \right] \mathrm{d}z'$$

$$(12.31\mathrm{b})$$

为简单起见，以上方程组中不包含角度 ϕ_s。除包含 $\kappa_a T_0/\mu_s$ 的自辐射量外，以上方程组与雷达研究中式(11.68)的方程组相似。

12.5.2 边界条件

由于植被层的有效折射率接近 1，空气-植被边界处没有突变，因此在 $z=0$ 时没有与反射有关的边界条件。在式(12.31b)中，$T_{\mathrm{B}}^{-}(-\mu_s,\ 0)$ 代表在空气-植被边界向下传播的辐射。由于本研究的辐射源仅限于植被层或其下面的土壤(即不考虑大气对下行辐射的贡献)，并且由于在空气-植被边界面没有发生反射，

$$T_{\mathrm{B}}^{-}(-\mu_s,\ 0) = 0 \tag{12.32}$$

在 $z=-d$ 的准镜面下边界处，p 极化亮温 T_{B}^{+} 和 T_{B}^{-} 的关系为

$$T_{\mathrm{B}}^{+}(-\mu_s,\ -d) = \Gamma_{\mathrm{coh}}^{p}(\mu_s) T_{\mathrm{B}}^{-}(-\mu_s,\ -d) + e_{\mathrm{soil}}^{p}(\mu_s) T_0 \tag{12.33}$$

式中，$\Gamma_{\mathrm{coh}}^{p}(\mu_s)$ 为土壤表面在角度 θ_s 下的 p 极化相干反射率[式(12.5)]，$e_{\mathrm{soil}}^{p}(\mu_s)$ 为土壤表面的辐射率，由以下公式得到：

$$e_{\mathrm{soil}}^{p}(\mu_s) = 1 - \Gamma_{\mathrm{tot}}^{p}(\mu_s) \tag{12.34}$$

式中，$\Gamma_{\mathrm{tot}}^{p}(\mu_s)$ 是土壤表面的总反射率[式(12.4)]。对于具有菲涅耳反射率 $\Gamma^{p}(\mu_s)$ 的镜面表面，

$$\Gamma_{\mathrm{tot}}^{p}(\mu_s) = \Gamma_{\mathrm{coh}}^{p}(\mu_s) = \Gamma^{p}(\mu_s) \qquad (镜面表面) \tag{12.35}$$

12.5.3 弱散射介质

当频率大于 10 GHz 时，除非常矮小、非常稀疏或非常干燥的植被覆盖层外，植被层的存在掩盖了其下方地表的大部分辐射。为得到土壤体含水量 m_v，必须利用 1~5 GHz 频段内某一个频率或几个频率的组合。因为植被中含有水分，且水分在微波光谱的低频率处具有很大的损耗，植被层的反照率很少超过 0.2，因此将植被层视为弱散射介质。

对于弱散射介质，可以忽略与体散射系数 κ_s 直接相关的贡献，即将散射相位函数

设置为：$\Psi = 0$，随之源函数设置为：$\mathcal{F}^{+} = \mathcal{F}^{-} = 0$，得到的解即为零阶解。

式(12.31b)中，设置 $T_{\mathrm{B}}^{-}(-\mu_{\mathrm{s}},\ 0) = 0$、$\mathcal{F}^{-}(-\mu_{\mathrm{s}},\ z') = 0$ 和 $z = -d$，可得

$$T_{\mathrm{B}}^{-}(-\mu_{\mathrm{s}},\ -d) = \int_{-d}^{0} \mathrm{e}^{-\kappa_{e}(d+z')/\mu_{\mathrm{s}}} \frac{\kappa_{\mathrm{a}} T_{0}}{\mu_{\mathrm{s}}} \mathrm{d}z' = \frac{\kappa_{\mathrm{a}} T_{0}}{\mu_{\mathrm{s}}} \mathrm{e}^{-\kappa_{e} d/\mu_{\mathrm{s}}} \int_{-d}^{0} \mathrm{e}^{-\kappa_{e} z'/\mu_{\mathrm{s}}} \mathrm{d}z'$$

$$= \frac{\kappa_{\mathrm{a}} T_{0}}{\kappa_{e}}(1 - \mathrm{e}^{-\kappa_{e} d/\mu_{\mathrm{s}}}) = (1 - a) T_{0}(1 - Y_{\mathrm{veg}}) \qquad (12.36)$$

式中，

$$a = \kappa_{\mathrm{s}}/\kappa_{e} \qquad (12.37\mathrm{a})$$

$$\frac{\kappa_{\mathrm{a}}}{\kappa_{e}} = 1 - a \qquad (12.37\mathrm{b})$$

$$Y_{\mathrm{veg}} = \mathrm{e}^{-\kappa_{e} d/\mu_{\mathrm{s}}} \qquad (12.37\mathrm{c})$$

接着，将式(12.36)代入式(12.33)中，可得

$$T_{\mathrm{B}}^{+}(\mu_{\mathrm{s}},\ -d) = \Gamma_{\mathrm{coh}}^{p}(\mu_{\mathrm{s}}) \left[(1 - a) T_{0}(1 - Y_{\mathrm{veg}}) \right] + e_{\mathrm{soil}}^{p}(\mu_{\mathrm{s}}) T_{0} \qquad (12.38)$$

最后，令 $\mathcal{F}^{+} = 0$，将式(12.38)代入式(12.31a)中，并在 $z = 0$、$\theta_{\mathrm{s}} = \theta_{i}$ 时进行计算：

$$T_{\mathrm{B}}^{+}(\theta_{i},\ 0) = \mathrm{e}^{-\kappa_{e} d/\mu_{i}} \{ \Gamma_{\mathrm{coh}}^{p}(\mu_{i}) \left[(1 - a) T_{0}(1 - Y_{\mathrm{veg}}) \right] + e_{\mathrm{soil}}^{p} T_{0} \} + \int_{-d}^{0} \mathrm{e}^{\kappa_{e} z'/\mu_{i}} \frac{\kappa_{\mathrm{a}}}{\mu_{i}} T_{0} \mathrm{d}z'$$

$$= Y_{\mathrm{veg}} \left[\Gamma_{\mathrm{coh}}^{p}(1 - a)(1 - Y_{\mathrm{veg}}) + e_{\mathrm{soil}}^{p} T_{0} \right] + (1 - a) T_{0}(1 - Y_{\mathrm{veg}})$$

$$(12.39)$$

将以上公式设置为

$$T_{\mathrm{B}}^{+}(\theta_{i},\ 0) = T_{\mathrm{Bveg}}^{p}(\theta_{i}) = e_{\mathrm{veg}}^{p}(\theta_{i}) T_{0} \qquad (12.40)$$

因此，得到 p 极化零阶辐射传输(ZRT)辐射率 $e_{\mathrm{veg}}^{p}(\theta_{i})$[†]：

$$e_{\mathrm{veg}}^{p}(\theta_{i}) = \left[1 + \Gamma_{\mathrm{coh}}^{p}(\theta_{i}) Y_{\mathrm{veg}} \right] (1 - a)(1 - Y_{\mathrm{veg}}) + Y_{\mathrm{veg}} e_{\mathrm{soil}}^{p}(\theta_{i}) \qquad (\text{ZRT 模型})$$

$$(12.41)$$

式中，Y_{veg} 由式(12.37c)确定：

$$\Gamma_{\mathrm{coh}}^{p} = \Gamma^{p} \mathrm{e}^{-(2ks \cos \theta_{i})^{2}} \qquad (12.42)$$

$$e_{\mathrm{soil}}^{p} = 1 - \Gamma_{\mathrm{tot}}^{p} \qquad (12.43)$$

其中，$k = 2\pi/\lambda$；s 为均方根高度；Γ^{p} 为地表菲涅耳反射率；$\Gamma_{\mathrm{tot}}^{p}$ 为综合反射率，由以下方程给出：

$$\Gamma_{\mathrm{tot}}^{p} = \Gamma_{\mathrm{coh}}^{p} + \Gamma_{\mathrm{inc}}^{p} \qquad (12.44)$$

式中，非相干反射率 $\Gamma_{\mathrm{inc}}^{p}$ 由积分式(12.6)给出。在低频率微波波段，$\Gamma_{\mathrm{tot}}^{p}$ 可近似为仅含有一个由半经验粗糙表面表达式[式(12.11b)]定义的相干要素：

[†] 计算机代码 12.5。

$$\Gamma_{tot}^{p}(\theta_i) = \Gamma_{rs}^{p}(\theta_i) = \left[(1-Q)\,\Gamma^p(\theta_i) + Q\,\Gamma^q(\theta_i) \right] e^{-h'\cos^n\theta_i} \qquad (p=h,\ q=v,\ 反之亦然)$$

$$(12.45)$$

式(12.42)利用类似的近似可得到：

$$\Gamma_{coh}^{p}(\theta_i) = \Gamma^p(\theta_i)\, e^{-h'\cos^n\theta_i} \tag{12.46}$$

对于一个完美的镜面土壤表面，菲涅耳反射率为 $\Gamma^p(\theta_i)$，其相干反射率和土壤辐射率可简化为：$\Gamma_{coh}^{p}(\theta_i) = \Gamma^p$，$e_{soil}^{p} = 1 - \Gamma^p(\theta_i)$，即式(12.41)可简化为

$$e_{veg}^{p}(\theta_i) = \left[1 + \Gamma^p(\theta_i)\,Y_{veg} \right](1-a)(1-Y_{veg}) + \left[1 - \Gamma^p(\theta_i) \right] Y_{veg}$$

（镜面土壤边界 ZRT 模型）　　　(12.47)

式(12.41)由 3 个部分组成(图 12.16)：

(a) $Y_{veg} e_{soil}^{p}$：被冠层单向透射率 Y_{veg} 所衰减的地表辐射(用 e_{soil}^{p} 表示)；

(b) $(1-a)(1-Y_{veg})$：地表到冠层顶部之间、沿方向 θ_i 的倾斜圆柱体的上行辐射；

(c) $\Gamma_{coh}^{p}(1-a)(1-Y_{veg})Y_{veg}$：倾斜圆柱体向下辐射后被地表反射，穿过植被层到达上边界的辐射。

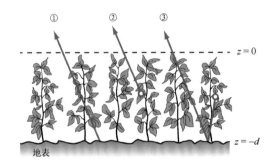

图 12.16　弱散射植被冠层的辐射贡献

① $Y_{veg} e_s$：土壤直接辐射(包括冠层的单向衰减)；② $(1-a)(1-Y_{veg})$：植被的直接上行辐射；

③ $\Gamma_{coh}(1-a)(1-Y_{veg})Y_{veg}$：植被下行辐射后被反射

对于 $Y_{veg} \approx 0$ 的不透明植被层，其辐射率简化为

$$e_{veg}^{p}(\theta_i) = 1 - a \qquad （不透明冠层\ Y \ll 1） \tag{12.48}$$

辐射传输解的变化包括：

(a) 用 T_B^+ 和 T_B^- 的零阶解作为源函数 $\mathcal{F}^+$ 和 $\mathcal{F}^-$，将以上模型扩展到一阶，然后继续计算得到新的 T_B^+ 和 T_B^-；

(b) 以矢量形式求解辐射传输方程，加入 4×4 散射相位函数 $\boldsymbol{\Psi}$，从而解释了植被层与极化相关的散射与吸收；

(c) 由于散射反照率 $a > 0.4$，可以数值求解辐射传输方程。

相关研究成果来源于 Tsang(1985)、Ulaby(1986a)和 Fung(1994)等的论著。

由于天空辐射从上面入射到冠层，通过植被层到达地表，$T_{\mathrm{DN}}(\theta_i)$ 需要乘以 Y_{veg}。若有准镜面反射，重新传播到空气-植被边界时，净贡献为

$$T_{\mathrm{SS}}^{p} = Y_{\mathrm{veg}}^{2} \, \Gamma_{\mathrm{coh}}^{p} T_{\mathrm{DN}} \qquad (12.49)$$

在式(12.1)中插入 T_{SS}^{p} 的表达式，e_{veg}^{p} 用式(12.41)表示，得到了以下表示入射到辐射计天线上的能量的亮温公式：

$$T_{\mathrm{B}}^{p} = Y_{\mathrm{a}}\{[\,(1 + \Gamma_{\mathrm{coh}}^{p} \, Y_{\mathrm{veg}})(1 - a)(1 - Y_{\mathrm{veg}}) + Y_{\mathrm{veg}} e_{\mathrm{soil}}^{p}\,]T_0 + Y_{\mathrm{veg}}^{2} \, \Gamma_{\mathrm{coh}}^{p} T_{\mathrm{DN}}\} + T_{\mathrm{UP}}$$

$$(12.50)$$

式中，Y_{a} 与 T_{UP} 适合地面单元与辐射计天线之间的大气层。

12.6 具有清晰上边界层的 ZRT 模型

对于一个具有明显上边界的层，如地面上的雪或水面上的冰，该层的两个边界上都会发生反射(和折射)。如果将边界看作准镜面时，沿方向 θ_i(图 12.17)向上辐射的亮温公式(Ulaby 等，1981a，第 243 页)为[†]

$$T_{\mathrm{B}}^{p}(\theta_i) = \left(\frac{1 - \Gamma_{12}^{p}}{1 - \Gamma_{12}^{p} \, \Gamma_{23}^{p} \, Y^{2}}\right) \cdot [\,(1 + \Gamma_{23}^{p} Y)(1 - a)(1 - Y)T_2 + (1 - \Gamma_{23}^{p}) Y \, T_3\,]$$

$$(12.51)$$

式中，$\Gamma_{12}^{p}(\theta_i)$ 为上边界 p 极化反射率；$\Gamma_{23}^{p}(\theta_i')$ 为下边界在角度 θ_i' 方向的反射率，θ_i' 为中间层的折射角，其与 θ_i 的关系符合斯涅耳定律。T_2、T_3 分别是中间层、底层的物理温度。最前面一项乘以方括号内的项表示了两个边界层的多次反射。对于植被层，其上边界是漫反散的，这意味着 $\Gamma_{12}^{p} \approx 0$。此外，如果 $T_2 = T_3 = T_0$，可由式(12.51)导出植被-地面联合体辐射率的表达式：

$$e_{\mathrm{veg}}^{p}(\theta_i) = \frac{T_{\mathrm{B}}^{p}(\theta_i)}{T_0} = [1 + \Gamma^{p}(\theta_i) \, Y_{\mathrm{veg}}](1 - a)(1 - Y_{\mathrm{veg}}) + [1 - \Gamma^{p}(\theta_i)] \, Y_{\mathrm{veg}}$$

$$(12.52)$$

式中，将 Γ_2 替换为 $\Gamma^{p}(\theta_i)$，Y 增加了下标 veg。由式(12.52)给出的表达式与由式(12.47)给出的 ZRT 模型表达式一致。因此，ZRT 植被模型是一个由式(12.52)给出的更为通用的模型的简化版。

[†] 计算机代码 12.6。

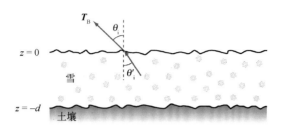

图 12.17   具有清晰边界的中层，代表土壤上的雪或水面上的冰

12.7   ZRT 植被模型的适用性

将式(12.45)和式(12.46)给出的半经验模型代入式(12.52)中，ZRT 植被模型变为

$$e_{veg}^{p}(\theta_i) = (1 + Y_{veg}\,\Gamma^p e^{-\Psi'})(1 - a)(1 - Y_{veg}) + Y_{veg}\{1 - [(1 - Q)\,\Gamma^p + Q\,\Gamma^q]e^{-\Psi'}\}$$

(12.53)

式中，$\Psi' = h'\cos^n\theta_i$。

对于指定的一组辐射计参数(频率 f、入射角 θ_i、天线极化方式 p)，辐射率是以下环境参数的函数：

(a)土壤参数：

——土壤介电常数 ε_{soil}；

——土壤表面粗糙度参数 Q、h'、n。

(b)植被参数：

——单次散射反照率 a；

——天底点光学厚度 $\tau_0 = \kappa_e d$。

如果辐射计的工作频率为 1.4 GHz，采用经验模型可以将地表粗糙度参数从 3 个减少至 1 个(Lawrence et al., 2013)，如 12.3.3 节所述。该模型给出了 Q、n 以 h' 表示的经验表达式。因此，以上场景参数的总数减少到 3 个：h'、a、τ_0。

为评估辐射率 $e_{veg}^{p}(\theta_i)$ 对不同土壤和植被参数的敏感度以及易于分析，将分析限制在微波波谱的低端(1~5 GHz 波段)。在检验了 ZRT 模型对镜面土壤表面上植被层的应用情况后，将该检验扩展到中等粗糙度的土壤表面。

12.7.1   模型在镜面土壤表面的应用

当 $a = 0.05$、镜面土壤表面的 $\Gamma_{coh}^{p} = \Gamma^p$ 时，环境参数减少为两个：ε_{soil}、τ_0。图 12.18 给出了 τ_0(作为一个变量)递减时，$e_{veg}^{h}(\theta_i)$ 随入射角的变化关系，图 12.18 (a)(b)分别对应的是相对干燥的土壤表面和非常湿润的土壤表面。天底点光学厚度的变化范围为 0(没有植被)到 1 Np。作为参考,成熟期玉米冠层在 L 波段,$\tau_0 \approx 0.7$ Np,那么 $\tau_0 > 1$ Np 对应更密集的冠层或更高的频率。

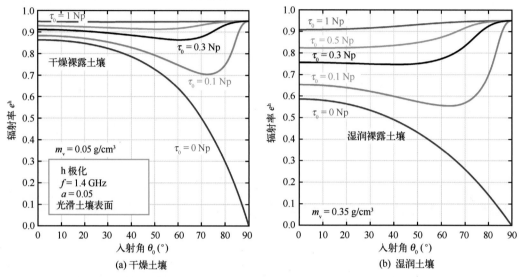

图 12.18　干燥土壤表面和湿润土壤表面 h 极化辐射率随入射角的变化关系,
被天底点光学厚度为 τ_0 的植被覆盖。土壤表面绝对平滑

由图 12.18 可得:

(a)辐射率随着光学厚度的增加而增加。这是由于植被冠层的增加对辐射的影响大于土壤辐射率的减少所产生的影响;

(b)对于所有有植被覆盖的情况,随着 θ_i 越接近 $90°$, e^h 越接近 $(1-a)$。

由于湿润土壤的辐射率远低于干燥土壤,图 12.18(b)中 $\tau_0 = 0$ Np 到 $\tau_0 = 1$ Np 之间角度曲线的动态范围远大于图 12.18(a)中对应的曲线。但在这两种情况下,当 $\tau > 1$ Np 时,植被有效地遮盖了其下的土壤表面。

12.7.2　模型在中等粗糙度土壤表面的应用

图 12.19 中(a)(b)分别给出了光滑土壤表面和中等粗糙度土壤表面的辐射率对土壤湿度 m_v 的响应。在每个实例中,我们将 τ_0 看作一个参数。除光滑土壤表面辐射率的曲线斜率比中等粗糙度土壤表面的更陡外,两者大部分的反应都是一致的。如果将图 12.19 中的曲线近似成直线,即可将土壤湿度敏感度近似为

$$S_{m_v} = \left| \frac{\partial e_{veg}}{\partial m_v} \right| \approx \left| \frac{e_{veg}(m_v = 0.35) - e_{veg}(m_v = 0.05)}{0.35 - 0.05} \right| \qquad (12.54)$$

图 12.20 给出了实际操作之后得到的曲线。对于光滑土壤表面,从 $\tau_0 = 0$ Np 到 $\tau_0 = 1$ Np,土壤湿度敏感度 S_{m_v} 从 h 极化的 1.05 和 v 极化的 0.8 降低到 0.1。对于中等粗糙度

土壤表面，从 $\tau_0 = 0$ Np 到 $\tau_0 = 1$ Np，土壤湿度敏感度 S_{m_v} 从 0.5 下降到 0.05。

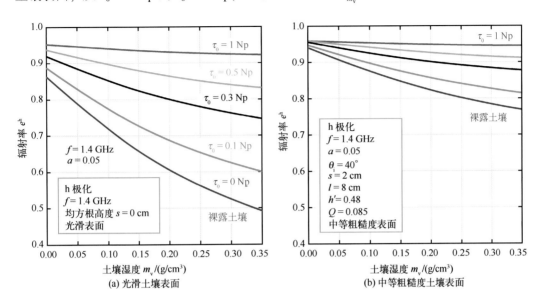

图 12.19　光滑土壤表面和中等粗糙度土壤表面的辐射率对土壤湿度 m_v 的响应

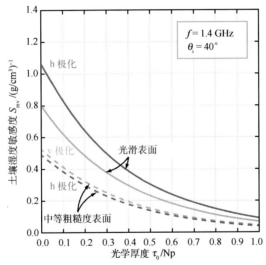

图 12.20　植被导致土壤湿度敏感度降低，这些曲线是根据图 12.19 中的曲线近似地用直线绘制

12.7.3　实验观测

图 12.21 给出了 L 波段车载辐射计所测数据。在相对短的测量周期中，土壤含水量范围为 0.08~0.39 g/cm³，植被冠层参量(物理温度、高度和含水量)基本保持不变。以上测量是在 $\theta_i = 0°$(天底点视向)处进行的，即 $\varGamma^v = \varGamma^h$，因此致使式(12.53)中的 Q 变得无关，设置 $\varPsi' = h'$。图 12.21 中的连续曲线建立在 $a = 0.04$、$h' = 0.08$ 的 ZRT 模型

上，若将这两个参数作为自由参数，其值应使模型与实测值之间的误差达到最小。作为参考，我们同样给出了具有相同 h' 值的裸露土壤表面的 T_B 随 m_v 的变化图。

如果我们将 T_B 随 m_v 在 $0.1 \sim 0.4$ g/cm^3 之间的变化近似为直线，其斜率为辐射土壤湿度敏感度[式(12.54)]：

$$S_{m_v} = \left| \frac{\partial e}{\partial m_v} \right| = \left| \frac{1}{T_0} \frac{\partial T_B}{\partial m_v} \right|$$

相对于植被覆盖土壤的 $S_{m_v} \approx 0.35$（g/cm^3）$^{-1}$，图 12.21 中裸露土壤的 $S_{m_v} \approx 1$（g/cm^3）$^{-1}$。

Jackson 等(1991)研究了 L 波段植被覆盖的遮蔽效果。图 12.22 中给出了裸露土壤和草地分别在干燥和湿润状态下，辐射率随入射角的变化关系。在车载辐射计测量两个样地在干燥条件下的辐射率之后，两个样地被洒水喷灌 2 h，然后在第二天再一次测量其辐射率。

图 12.22 中可以看出，很难区分干燥裸露土壤的辐射率和干燥或湿润草地的辐射率。

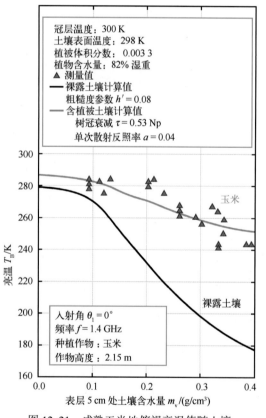

图 12.21　成熟玉米地俯视亮温值随土壤含水量的变化(Ulaby et al., 1981b)

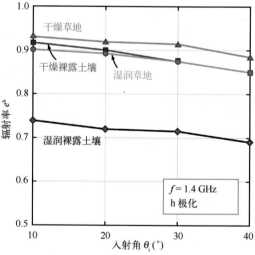

图 12.22　在湿润土壤和干燥土壤条件下，使用 1.4 GHz 测量得到裸露土壤和草地的辐射率随入射角的变化(Jackson et al., 1991)

为了评估 ZRT 模型的适用性，Brunfeldt 等(1986)进行了去叶实验：

(1)测量成熟的玉米和大豆冠层的亮温；

(2)然后，将玉米或大豆的叶子去除，再测量其亮温；

(3)最后，将玉米或大豆的茎秆去除，再一次测量剩余裸土的亮温。

图 12.23 给出了他们在 2.7 GHz 频率下的研究结果。裸土的数据在每个入射角下都能很好地估计出土壤表面反射率。利用这些数据，将单次散射反照率和冠层衰减作为自由变量，然后将 ZRT 模型拟合到全叶冠层和无叶冠层，该模型可以很好地拟合实验数据。

使用安装在 20 m 高吊杆上的多频微波辐射计，法国研究小组在 INRA(国家农业研究院)进行了为期 2.5 个月的实验，测量了小麦和大豆农田的亮温(Wigneron et al.，1995)。实测数据和利用 ZRT 模型计算所得数据的对比如图 12.24 所示。模型中使用的反照率值为 $a = 0$，τ_0 与实测的整体冠层含水量 M_w 经验相关(12.7.5 节中会有讨论)。模型计算值与实测值吻合度很好。

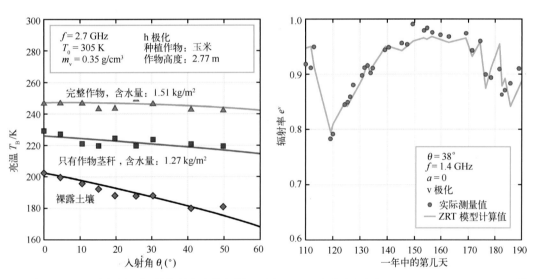

图 12.23　玉米冠层逐渐脱落所产生的辐射　图 12.24　在小麦生长期，PORTOS-1993 1.4 GHz 现场
(Brunfeldt et al.，1984a，1986)　测量与模型计算小麦辐射率对比(Wigneron et al.，1995)

12.7.4　单次散射反照率 a

假设 ZRT 模型是有效的，多位研究人员通过将模型与植被冠层辐射的实测值相拟合，得到单次散射反照率 a 的估计值(Mo et al.，1982；Brunfeldt et al.，1986；Pampaloni et al.，1986；Jackson，1993；Wegmüller et al.，1995；Wigneronet et al.，1995)。上述研究一致表明，在 1.4 GHz 时，a 的变化范围为 0.03~0.15，这取决于植被的种类和结构。对

于同一给定的冠层结构，反照率 a 对于 h 极化和 v 极化即便可能有不同的值（Brunfeldt et al., 1986；Wigneron et al., 1995），但差异也很小。

> ▶ 因此，在大多数土壤反演研究中，a 被看作与极化方式无关。◀

12.7.5　植被光学厚度 τ_0

透射率与光学厚度 τ_0 的关系如下：

$$Y = e^{-\tau_0 \sec \theta_i}$$

在 11.8.6 节中，我们定义了冠层总含水量 M_w 作为单位地面面积对应垂直柱体中的冠层的总含水量。由于植被冠层本质上相当于一片水云，因此把 τ_0 看作随 M_w 变化的函数是合理的。Schmugge 等（1986）、Brunfeldt 等（1986）分别研究了在 1.4 GHz 和 2.7 GHz 下，由亮温测量值与 ZRT 模型拟合所得的 τ_0 估计值与 M_w 的关系，结果如图 12.25 所示。利用线性回归得到

$$\tau_0 = 0.115 \, M_w \quad （1.4 \text{ GHz，适用于草地、玉米地和大豆地}） \tag{12.55a}$$

以及

$$\tau_0 = 0.36 \, M_w \quad （2.7 \text{ GHz，适用于大豆地}） \tag{12.55b}$$

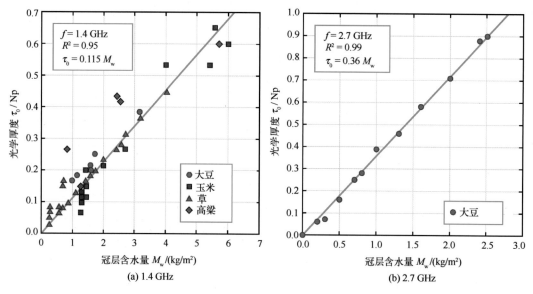

图 12.25　光学厚度随植被冠层含水量的变化：(a)频率为 1.4 GHz，玉米地、草地和大豆地；
(b)频率为 2.7 GHz，大豆地（Brunfeldt et al., 1986）

Saleh 等（2007）对一块以苜蓿草为主的草地进行了类似研究，对数据进行线性回归

（图 12.26）得到：

$$\tau_0 = 0.06 M_{\text{w}} - 0.003，\ 1.4\ \text{GHz}\quad（适用于苜蓿草草地）\tag{12.56}$$

在相同微波频率下[式（12.55a）]，式（12.56）中 M_{w} 的系数取值大约是 Schmugge 等（1986）所得系数的一半。这一明显的差异表明，光学厚度 τ_0 不仅与植被冠层含水量 M_{w} 有关，还与植被的几何结构有关。

Jackson 等（1991）估计了 τ_0 与频率的依赖性，假设：

$$\tau_0 = bM_{\text{w}}\tag{12.57a}$$

以及

$$b = b'f^x\tag{12.57b}$$

式中，b 为与频率相关的常数；b' 为与植被类型有关的特定常数；指数 x 表示频率与 b 之间的关系。为了将不同的数据拟合到模型中，小麦、大豆和燕麦的 x 取值分别为 1.08、1.38 和 1.47。为了说明频率的作用，图 12.27 给出了在 3 种微波频率条件下，天底点透射率 Y 与冠层含水量之间的函数。所选的 b 值代表了一个类别的植被，实际的透射率取决于所考虑的具体植被。

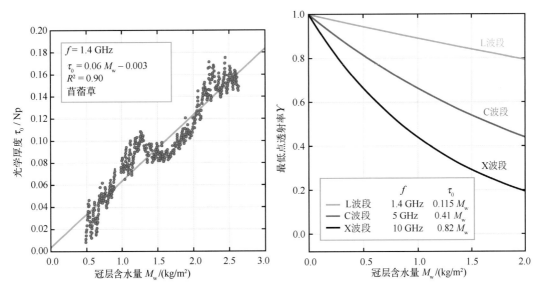

图 12.26　苜蓿草覆盖场地的衰减（光学厚度）τ_0 与植被含水量的关系图（Saleh et al., 2007）

图 12.27　3 种微波频率下草地冠层的典型冠层透射率

12.8　土壤湿度和植被含水量估算

式（12.53）中 ZRT 模型最简单的形式包含两个与土壤有关的参数，即土壤粗糙度参数 h' 和介电常数 $\varepsilon_{\text{soil}}$，以及两个与植被有关的参数（$a$ 和 τ_0）。为了利用星载微波辐射计

所测亮温 $T_{B_{sat}}$ 来估计单位体积土壤含水量 m_v，必须进行以下步骤。

(1)估算植被亮温 $T_{B_{veg}}$

星载微波辐射计所测亮温为

$$T_{B_{sat}} = Y_a \left[T_{B_{veg}} + Y_{veg}^2 \Gamma_{coh} T_{DN} \right] + T_{UP} \tag{12.58}$$

式中，Y_a 为大气透射率；T_{DN} 和 T_{UP} 分别为下行辐射大气亮温和上行辐射大气亮温。以上 3 个与大气有关的变量都可以利用大气卫星传感器得到的大气剖面数据估算出（第 9 章）。在 L 波段，$Y_a \approx 0.99$，T_{DN} 和 T_{UP} 通常只有几度。由于 $Y_{veg} \leq 1$ 和 $\Gamma_{coh} \leq 1$，$Y_{veg}^2 \Gamma_{coh} T_{DN}$ 的值相对于 $T_{B_{veg}}$ 非常小，所以该项完全可以忽略不计，底线是可以估算极高精度的 $T_{B_{veg}}$。

(2)估算植被辐射率 e_{veg}

为了将 $T_{B_{veg}}$ 转换成 e_{veg}，冠层的物理温度 T_0（假设与土壤的温度相同）应是已知的或可估算的。基于星载微波辐射计在 18.7 GHz 或 37 GHz 频率下的观测值，目前有几种经验算法可估算 T_0（Owe et al.，2001；Jones et al.，2007）。

其转换方程为

$$e_{veg} = \frac{T_{B_{veg}}}{T_0} \tag{12.59}$$

(3)判断地表植被类型

(a)利用光学卫星传感器或其他辅助信息，可以判断被观测地表类型，如裸地、植被覆盖地或其他类型（如城市、水域等）。如果是裸露的土壤表面，辐射率至少由两个参数决定，即 h' 和 ε_{soil}。因此，需要两组独立的测量值来反演裸土辐射率模型，从而估算 ε_{soil}，其中可以利用介电模型估算 m_v。这两组测量值可以在两个不同频率，或两个不同入射角，或 θ_i 明显大于 0 时两种极化方式下测量得到。另外，h' 的值可以任意选取，在这种情况下 m_v 的估算值可能会不准确。

(b)如果是有植被覆盖的地表，并且植被的种类是已知的（例如利用光学图像判断），那么基于以往的实验，可以给散射反照率 a 指定一个值，并利用下式估算 τ_0：

$$\tau_0 = bM_w = bcL \tag{12.60}$$

式中，b 为特定植被类型对应的常数；c 为冠层含水量 M_w 与叶面积指数 L 之间的转换因子（图 11.33）。基于以上方法，可以利用式（12.53）得到 m_v 的估算值。

> ▶ 理想情况下，如果有 4 个或更多独立的辐射测量数据通道（入射角、频率和极化方式的多种组合），则可以在不依赖光学数据或任意分配参数值的情况下反演模型。◀

12.8.1　单通道土壤湿度反演

图 12.28 所示是最早展示比较 m_v 的辐射计反演值和实地观测值的图之一，其数据

为 1.4 GHz 下机载观测所得。由于只有一条通道的数据可用，因此在反演过程中必须使用植被类型以及在将 ZRT 模型与辐射率测量值之间进行匹配过程中得到的其他因子。PSR 是一种多功能、机载微波成像辐射计，工作频率为 6~10.75 GHz（Piepmeier et al.，2001b），其成像模式之一为圆锥扫描，固定入射角度为 55°。PSR 在 2002 年被用于艾奥瓦州农业用地的成像，其大部分种植玉米和大豆。在 C 波段（7.32 GHz），利用特定的土壤表面粗糙度值和植被系数反演 ZRT 模型，结果如图 12.29 所示。考虑到这些结果是基于单通道的辐射测量数据所得，而玉米和大豆冠层在 7.32 GHz 时比低频率情况下的损耗更加严重，因此有大量的数据分散在 1:1 的直线周围就显得很正常了。

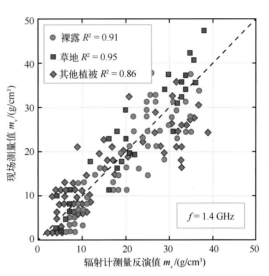

图 12.28　土壤湿度实地测量值与机载辐射计反演值比较，其中反演值的计算基于位于南达科他州（美国）实验基地 1.4 GHz 辐射率测量数据（Schmugge，1983）

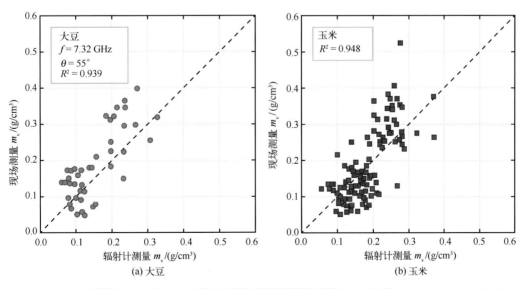

图 12.29　现场测量 m_v 与基于 C 波段单通道辐射测量数据反演的 m_v 比较（Bindlish et al.，2006）

12.8.2 多通道土壤湿度反演

为了克服单通道土壤湿度辐射反演的局限性，欧洲和澳大利亚的研究人员(Saleh et al.，2009)进行了一项调查，用两台 L 波段辐射计来测量低度植被覆盖到中度植被覆盖的农田的辐射。两台辐射计结合可提供 6 种不同入射角情况下的 h 极化和 v 极化的测量值。这些多角度数据使得该团队可以进行两步反演，即根据辐射观测来估计粗糙度和植被参数，而不是基于辅助地表观测，结果如图 12.30 所示，m_v 的反演值与实测值高度相关。

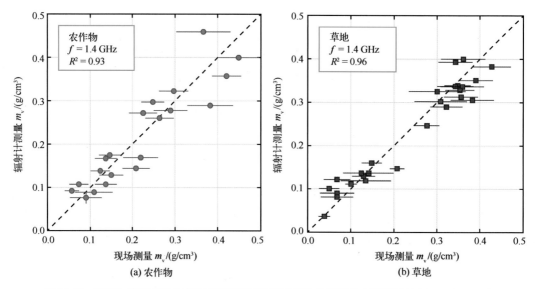

图 12.30　基于 L 波段多极化多角度测量值反演的农作物地和草地土壤湿度(Saleh et al.，2009)

除利用多角度数据外，Bolten 等(2003)利用多频率(L 波段和 S 波段)、主动式和被动式微波传感器组合，利用多种频道组合来评估 m_v 的反演效果。其研究基于主动/被动 L 波段和 S 波段(PALS)仪器(Wilson et al.，2001)飞越俄克拉荷马州一个实验场所得数据，该实验场包括农田(种植小麦、玉米、苜蓿)、草地和裸地。辐射计提供了 1.4 GHz 和 2.69 GHz 下的双极化数据，雷达提供了 1.26 GHz 和 3.15 GHz 下的多极化数据。图12.31 所示的反演结果是基于单独使用被动传感器和单独使用主动传感器得到的多频/多极化观测值。不幸的是，没有足够的数据来评估主动/被动遥感联合反演能力。

12.8.3 变化检测

利用 PALS 仪器(上一节提到过)飞越艾奥瓦州实验点，Narayan 等(2006)检验了 L 波段雷达和辐射计在 2002 年 7 月 5—7 日对土壤湿度变化的敏感度。图 12.32 给出了 7 月 5—7 日 ΔT_B 与 $\Delta \sigma^0$ 的变化。考虑到这两个时间仅相差两天，可以假定期间植被覆盖层没有变化。因此，T_B 与 σ^0 的变化与 m_v 的变化有关。总之，除空间分辨率不同外，图 12.32(a)中 ΔT_B 部分与图 12.32(b)中 $\Delta \sigma^0$ 部分基本相似，微波辐射计的分辨率为 400 m ×400 m，而雷达的分辨率为 30 m × 30 m。将雷达数据聚集到微波辐射计的分辨率(将雷达多个像素平均化)，ΔT_B 与 $\Delta \sigma^0$ 就可以进行比较了。图 12.33 表明，以上两种仪器对于 m_v 均具有很高的敏感度。

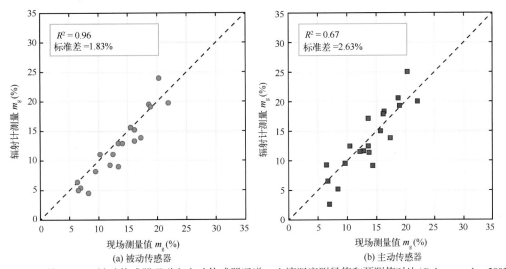

图 12.31 利用 PALS 被动传感器通道和主动传感器通道，土壤湿度测量值和预测值对比(Bolten et al.，2003)

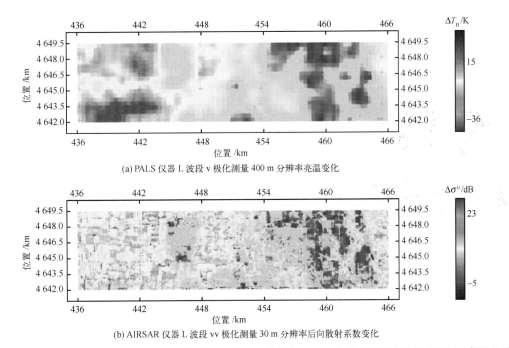

(a) PALS 仪器 L 波段 v 极化测量 400 m 分辨率亮温变化

(b) AIRSAR 仪器 L 波段 vv 极化测量 30 m 分辨率后向散射系数变化

图 12.32 在 7 月 5—7 日期间，PALS 仪器 L 波段 v 极化测量 400 m 分辨率亮温变化和 AIRSAR 仪器 L 波段 vv 极化测量 30 m 分辨率后向散射系数变化。湿润土壤和干燥土壤的图像模式十分吻合(Narayan et al.，2006)

683

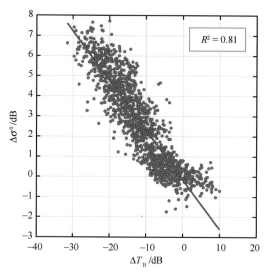

图 12.33　将雷达数据聚合到微波辐射计 400 m 分辨率图像上后，与图 12.32 对应的 ΔT_{B} 和 $\Delta \sigma^0$

12.9　业务化卫星

欧洲空间局(ESA)与美国国家航空航天局(NASA)各自进行了一项卫星任务，目的是绘制全球范围内土壤含水量分布图。下面对两个任务进行简单介绍。

12.9.1　土壤湿度和海洋盐度卫星

根据 Mecklenburg 等(2012)撰写的评估报告，ESA 的土壤湿度和海洋盐度(SMOS)卫星任务于 2009 年启动，目标在于提供：

图 12.34　SMOS 卫星平台上的 MIRAS(1.4 GHz)

(a) 全球土壤体含水量估算精度为 0.04 g/cm³，空间分辨率为 35 ~ 50 km，采样间隔为 1~3 d。

(b)对全球海洋盐度进行观测，在开放海域 200 km×200 km 分辨率下，10 ~ 30 d 平均的精度达到 0.1 实际盐度单位。

SMOS 卫星上主要的仪器是 MIRAS，一种合成孔径微波成像辐射计(McMullan et al., 2008)，其天线由 3 个可展开部分组成(图 12.34)，每一部分包含 23 个天线单元。天线波束是由 69 个单元进行孔径合成产生(见 7.13 节)。辐射计在 L 波段(1.413 GHz)下采用单极化和全极化模式，工作角度从天底点到 55°。

　　利用前面章节中的 ZRT 模型反演得到土壤湿度。在 40 km × 40 km 地表单元内反演土壤湿度，需要大量的关于土地利用类型(裸地、植被、森林、水域、城市等)、植被覆盖类型和土壤类型等的信息。因此，m_v 的反演值精度较低。图 12.35 和图 12.36 分别给出了"最佳"结果，利用 SMOS 反演所得土壤湿度与利用美国农业部全国性网络记录数据库估计所得土壤湿度对比更"典型"的结果。图中曲线和与之相关的回归分析表明了 SMOS 反演的 m_v 和实地测量的 m_v 之间总体吻合，但均方根误差是原定目标 0.04 g/cm³ 的两倍。考虑到分辨率单元的大小，很难评价误差主要由哪种原因引起。评估过程包括估算与反演算法和仪器本身相关的误差，以及与每个 40 km × 40 km 地面分辨率单元原位土壤含水量平均值有关的误差。

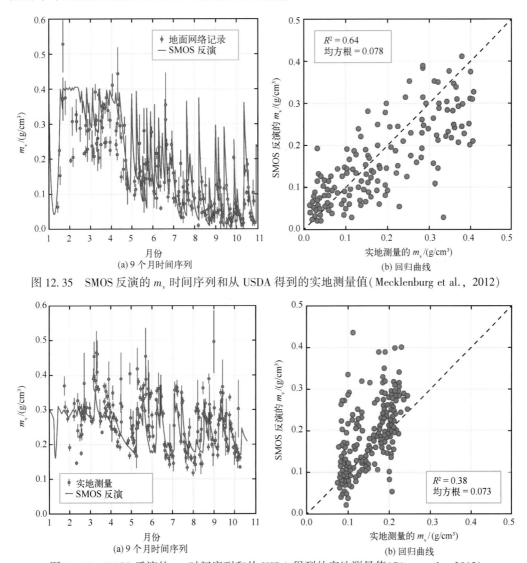

图 12.35　SMOS 反演的 m_v 时间序列和从 USDA 得到的实地测量值(Mecklenburg et al., 2012)

图 12.36　SMOS 反演的 m_v 时间序列和从 USDA 得到的实地测量值(Bitar et al., 2012)

12.9.2　土壤湿度主被动遥感卫星

与 SMOS 类似，NASA 的土壤湿度主被动(SMAP)遥感任务计划于 2014 年发射。其辐射计在 L 波段下运行，空间分辨率为 40 km，但是与 SMOS 有两点不同。第一，SMOS 利用合成孔径的方法，包含了 69 个天线单元，分布在 3 个臂上来实现目标分辨率。而 SMAP 使用 6 m 直径网状反射器(图 12.37)，并且已经实现固定天线入射角度(35.5°或者是 40°)下进行圆锥扫描成像(Spencer et al.，2011)。第二，SMAP 同时利用了标称为单角度观测，分辨率为 250 m × 400 m 的 L 波段成像雷达。将雷达的分辨率降低到 1 km × 1 km，独立样本的数量从 1 增加到 10。SMAP 的基本概念是为了得到 10 km 分辨率的土壤湿度图。他们通过将雷达图像进行聚合，将微波辐射计图像进行分解从而实现这一目的。雷达的分辨率从 1 km 下降到 10 km，相反的，微波辐射计的分辨率从 40 km 提高到 10 km。所采用的土壤湿度产品反演算法由 Colliander 等(2012)提出。SMAP 任务的可行性以及它能否实现其保证的 0.04 g/cm³ 土壤湿度精度(Entekhabi et al.，2010)目前还不能确定。

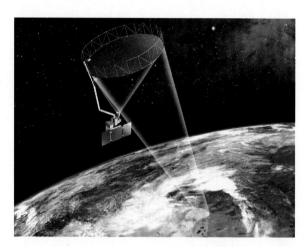

图 12.37　SMAP 在轨示意图，展示了网状天线、天线波束和地面刈幅(Spencer et al.，2011)

12.10　森林冠层的光学厚度与辐射率

正如前面图 12.25 中提到的，草地和农作物(比如玉米和大豆)在 L 波段的光学厚度 τ_0 可能在 0~0.8 Np 之间变化，这与植被结构和植物含水量有关。由于其较高的高度和较大的生物量，森林冠层具有更大的光学厚度、更低的透射率和更高的辐射率。

利用 5 个通道地基辐射计系统，Mäteler(1994)在不同风速和温度条件下测量了成熟的百年山毛榉树林的光学厚度。辐射计系统向上瞄准树的中部。图 12.38 给出了在有叶子和没有叶子的两种情况下，τ_0 随着频率的变化图。在没有叶子的情况下，穿过整个测量范围，$\tau_0 \approx 1$ Np。在有叶子的情况下，τ_0 明显地随着频率的增加而增加。

Mäteler(1994)的另一个有趣的结果是 τ_0 的变化与树木的物理温度 T_0 有关。温度在冻结温度以下和冻结温度以上时，τ_0 有明显的量级的改变。我们预计会发生的现象是当植物组织包含的液体温度穿过冻结温度之后，介电常数会有变化。τ_0 的变化与这一预计会发生的变化相吻合(图 4.41)。

辐射率随着 τ_0 的增加而增加，到达极限之后，e 接近常数$(1-a)$。图 12.39 给出了 5 个不同森林的夏季和冬季观测值。根据该图提供的数据，我们发现辐射率在 0.9(1.4 GHz)至 0.97(10 GHz)之间变化(Vecchia et al., 2010)。

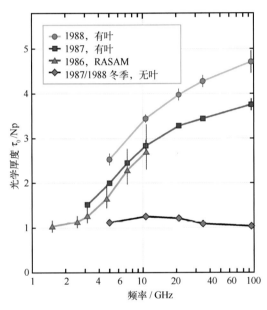

图 12.38　沿垂直方向测量的光学厚度随频率的变化。1987 年和 1988 年的数据是测试山毛榉树的解冻、干燥、冬季落叶状况和层状的山毛榉树在静风条件下接近 20℃。1986 年的 RASAM 数据是另一块森林中一组山毛榉树测量值的平均值和标准差(Mätzler, 1994)

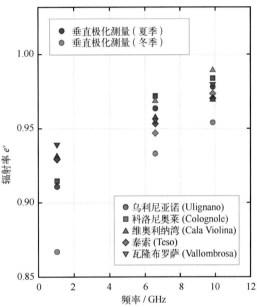

图 12.39　对 5 个树林垂直极化测量辐射率随频率的变化，观测入射角为 30°

(Vecchia et al., 2010)

12.11　雪地的辐射

11.15 节对干雪和湿雪的辐射传播特性进行了详细的描述，其中包含了吸收、散射、消光系数与微波频率 f、雪的密度 ρ_s、冰晶半径 r 以及液态水含量 m_v 的函数关系。同时，我们给出了单次散射反照率 a 和穿透深度 δ_p 与 f、m_v 的函数关系。这些辐射特性和关系与雪地的微波辐射类似（11.15 节）。仅有的不同点是我们希望引入由 Hallikainen 等（1987）发展出来的消光系经验表达式：

$$\kappa_e = 1.66 \times 10^{-3} f^{2.8} r^2 \qquad (\text{Np/m}) \qquad (18 \sim 60 \text{ GHz}) \qquad (12.61)$$

式中，f 的单位为 GHz；r 为冰晶的半径，单位为 mm。式（12.61）中的常数系数与原文献有所不同，这是因为原公式中消光系数 κ_e 的单位是 dB/m 并且粒径大小用直径表示而不是半径。式（12.61）中的关系是在广泛的传输实验测量下得到的。这些测量在 18 GHz、35 GHz、60 GHz 和 90 GHz 下进行，雪样的平均晶体直径范围为 $0.2 \sim 1.6$ mm，样品包括新形成的雪和再次冻结的雪，雪的密度范围为 $0.17 \sim 0.39$ g/cm^3。

12.11.1　辐射传输模型

由式（12.51）可知，对于包含冰晶、厚度为 d 并具有微弱反照率 a 的雪层，其辐射传输方程（ZRT）的零阶解为以下形式：

$$T_{B_{snow}} = \left(\frac{1 - \Gamma_{as}}{1 - \Gamma_{as} \Gamma_{sg} Y_s^2} \right) \cdot \left[(1 + \Gamma_{sg} Y_s)(1 - Y_s)(1 - a) T_s + (1 - \Gamma_{sg}) Y_s T_g \right]$$

$$(12.62)$$

式中，$\Gamma_{as} = \Gamma_{as}^p(\theta_i)$ 和 $\Gamma_{sg} = \Gamma_{sg}^p(\theta_i')$ 分别为空气–雪界面以及雪–地表界面在入射角为 θ_i、反射角为 θ_i' 时的 p 极化（相干）反射率。Y_s 为沿着方向 θ_i' 雪层的单向透射率。T_s 和 T_g 分别是雪层的物理温度和地表的物理温度。ZRT 近似对于单次散射反照率 $a < 0.2$ 或者 $a \approx 0.2$ 时是适用的。从图 11.76 中的图形可以清楚地看到，对于包含平均半径为 0.5 mm 冰晶的雪，在频率 $f > 10$ GHz 时，$a \approx 0.2$。因此，当频率 $f > 10$ GHz 以及雪中含有大颗粒冰晶时，ZRT 模型就不适用了，该模型的实用率仅限于更低的频率。因此，大多数雪地辐射计算模型都依靠数值计算以及致密介质假设（Chang et al., 1976；Zwally, 1977；Kong et al., 1979；Choudhury et al., 1981；Fung et al., 1981；Tsang et al., 1985；Ulaby et al., 1986；Fung, 1994）。然而，式（12.62）在 $a > 0.2$ 时仍然适用，我们用该公式生成等效半经验模型来描述亮温的变化，其中的物理参数有很多，比如雪水当量 W。前文式（11.116）中的 W 是雪层之间大气柱中水分转换成等量液态水的高度（单位：cm）。

图 12.40 比较了基于辐射传输方程（Fung et al., 1981）的数值计算结果与在 5 GHz、10.7 GHz 和 18 GHz 对 66 cm 深积雪的测量数据（Chang et al., 1980）。总的来说，理论与实验观测还是比较一致的。为了让模式估计与实验观测相匹配，冰球等效半径定为 0.85 mm。与之对应的反照率，在 5 GHz 时 $a = 0.05$，10.7 GHz 时 $a = 0.30$，18 GHz 时 $a = 0.70$。这表明 ZRT 模型在 5 GHz 时十分适用，但在高频率时不适用。

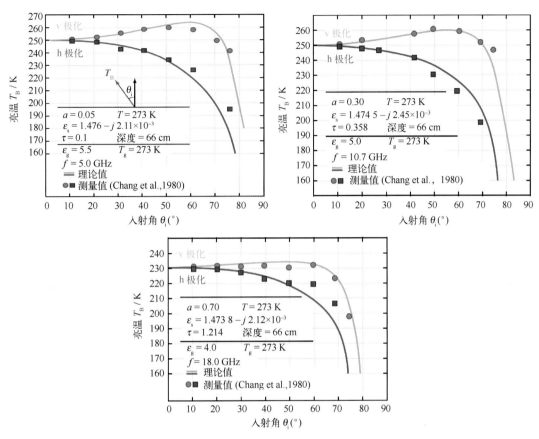

图 12.40　理论值与不同入射角测量值的比较，雪层 $\varepsilon_{\text{ice}} = 3.15 - j14 \times 10^{-3}$，雪密度 $\rho_{\text{s}} = 0.3 \text{ g/cm}^3$，

等效散射半径 $r = 0.85 \text{ mm}$，湿重比 $m_{\text{w}} = 0.06\%$（Fung et al.，1981）

12.11.2　干雪对水当量的响应

干雪的相对介电常数 ε'_{ds} 一般介于 $1.2 \sim 2$，这取决于雪的密度 ρ_{s}，并且 $\varepsilon''_{\text{ds}}/\varepsilon'_{\text{ds}} \ll 1$（4.6.1 节）。如果下面的土壤处于冻结状态，其相对介电常数 $\varepsilon'_{\text{soil}}$ 大约在 3.0，并且 $\varepsilon''_{\text{soil}}/\varepsilon'_{\text{soil}} \ll 1$。从本质来讲，这些值与温度（冻结温度以下）以及所有微波频率无关。Γ_{as} 的大小是 ε_{ds}、入射角 θ_{i} 以及极化方式 $p = \text{v}$ 或者 $p = \text{h}$ 的函数。类似的，雪地界面 Γ_{sg} 被 ε_{ds}、$\varepsilon_{\text{soil}}$、反射角 θ'_{i} 以及 p 所控制。对于 ε_{ds} 和 $\varepsilon_{\text{soil}}$ 的指示值，计算菲涅耳反射率得到以下关系：

$$\Gamma_{\text{as}}\,\Gamma_{\text{sg}} < 0.01 \qquad (\theta \leqslant 70°)$$

上式对 $p = \text{v}$ 或者 $p = \text{h}$ 都成立。如果两个界面中的任意一个界面并非完全平整，则其反射率就会小于镜像反射。在这种情况下，两个反射率的乘积甚至会小于 0.01。因此,式(12.62)中的因子式$(1-\Gamma_{as}\Gamma_{sg}Y_s^2)$表示空气-雪层界面与雪-地表界面之间的多次散射,能够被看作一个整体并且其误差小于1%(牢记$Y_s \leqslant 1$)。进一步简化公式,我们可以忽略$\Gamma_{sg}Y_s$(远小于1.0),这是由于在$\theta_i \leqslant 70°$且$Y_s \leqslant 1$时,$\Gamma_{sg} < 0.05$。式(12.62)利用了以上简化方法,并令$T_s = T_g = T_0$,我们得到雪的辐射率e_{snow}表达式:

$$e_{snow} = \frac{T_{B_{snow}}}{T_0} = (1 - \Gamma_{as})[(1 - a) + (a - \Gamma_{sg})Y_s] \tag{12.63}$$

在给定入射角θ_i以及极化方式p之后,Γ_{as}、Γ_{sg}以及a这3个参数就变成了常数,雪层的透射率由以下表达式给出:

$$Y_s = e^{-\kappa_e d \sec \theta_i'} = e^{-\kappa_{em} d \rho_s \sec \theta_i'} = e^{-\kappa_{em} W \sec \theta_i'} \tag{12.64}$$

式中,$\kappa_{em} = \kappa_e/\rho$为质量消光系数;$W = d\rho_s$为雪水当量。利用式(12.64),我们能将式(12.63)写成如下形式:

$$e_{snow} = c_1 + c_2 e^{-c_3 W} \tag{12.65}$$

式中,

$$c_1 = (1 - \Gamma_{as})(1 - a) \tag{12.66a}$$

$$c_2 = (1 - \Gamma_{as})(a - \Gamma_{sg}) \tag{12.66b}$$

$$c_3 = \kappa_{em} \sec \theta_i' \tag{12.66c}$$

式中,θ_i'与θ_i符合斯涅耳反射定律[式(2.95)]。

尽管式(12.63)是以ZRT模型为基础建立的,而ZRT模型只有在$a < 0.2$以及$a \approx 0.2$时才适用,但是我们已经证明了式(12.65)的形式在$a > 0.2$时仍然可以有效地将e_{snow}与W联系起来。

图12.41中的数据是Stiles等(1980a)利用车载微波辐射计(中心频率为10.7 GHz、37 GHz、94 GHz)进行的3组雪地测量实验。在其中一个实验中$\theta_i = 27°$,其余两个实验中$\theta_i = 57°$。在每次实验中,他们都会在原有雪地的水平层基础上再增加$30 \sim 40$ cm,然后再用辐射计进行测量。每一层都是由新形成的雪组成的,这样在密度方面以及冰晶粒径分布方面可以近似看作统一的积雪场。与该人造的积雪场相比,自然形成的积雪场有好几层不同密度以及不同冰晶粒径分布的雪层。不同层次的特性与积雪场的历史有关,往往与地理位置和海拔高度有关。雪中包含的冰晶会经历一次或者多次的融化、再冻结循环,这就与新形成雪的形状和大小方面有很大的不同。

回到我们之前要讨论的图12.41,在每一种入射角与频率的组合中,通过对式(12.65)中系数c_1到c_3进行调整,与观测数据进行拟合。我们注意到:

（a）e_{snow} 的敏感度（其初始斜率是 W 方程）在 57° 时比 27° 更加陡峭；

（b）94 GHz 条件下的斜率比 37 GHz 的斜率更加陡峭；同样的，37 GHz 比 10.7 GHz 更加陡峭；

（c）在 $\theta_i = 27°$ 以及 57°，$c_1 \approx (1-a)$ 时，h 极化空气-雪地反射率在干雪情况下数量级大概为 0.02。因此，在入射角为 57° 时，反照率的有效值为：10.7 GHz，$a \approx 0.22$；37 GHz，$a \approx 0.41$；94 GHz，$a \approx 0.49$。

图 12.41 中 W 的范围略大于 70 cm（这是由于一层的深度为 1.7 m）。Macelloni 等（2001）在意大利进行了类似的实验测量，他们选择的频率是 10 GHz 和 37 GHz。但是，他们实验中 W 的范围较窄，只到 20 cm。图 12.42 给出了他们的结果，与图 12.41 结果一致。

图 12.41 与图 12.42 中的实验测量相互验证了理论计算的预测，图 12.43 给出了 Chang 等（1987）利用 Nimbus-7 卫星上的多通道微波扫描辐射计（SMMR）的 5 个频率计算得到的结果。该图是在 $\theta_i = 50°$、h 极化和积雪场包含半径为 0.5 mm 的冰晶下测得的。增加冰晶半径会导致更加陡峭的响应，降低高原的水平，加快衰减率。

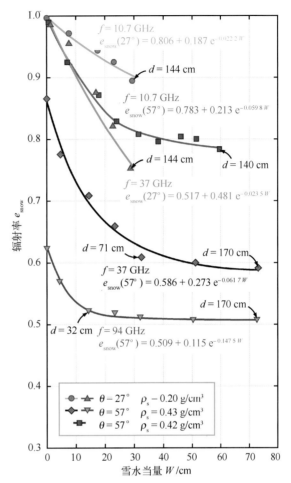

图 12.41　在频率为 10.7 GHz、37 GHz 和 94 GHz 时，辐射率随雪水当量的变化

（Stiles et al., 1980a）

相对于图 12.41 到图 12.43 中所示的近乎理想的均匀雪况下的数据和模型计算值，图 12.44 中的亮温是自然状况下的积雪场。实验场位于瑞士，海拔 2 450 m（Mätzler et al., 1982）。其中的数据涵盖了很长一段范围的干燥的冬季雪的状态，从 10 月刚刚进入下雪季节到翌年 3 月雪季结束。春季雪经常发生在当地 4—6 月，将在后面展开讨论。

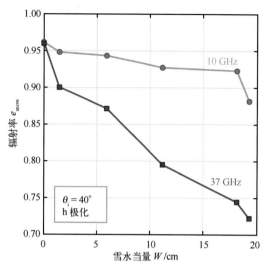

图 12.42　频率为 10 GHz 和 37 GHz 时，
测量的辐射率随雪水当量的变化
（Macelloni et al.，2001）

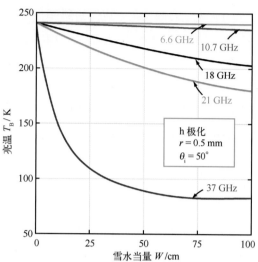

图 12.43　利用 SMMR 5 个频率、水平极化且入
射角为 50°时，计算亮温值随雪水当量的变化
（Chang et al.，1987）

根据图 12.44 中的数据，对于 $W \leqslant 20$ cm（对应的深度为 $60 \sim 80$ cm），$T_{B_{snow}}$ 随着 W 的增加而减小，这与图 12.42 和图 12.43 中人造积雪场中的辐射率随着 W 变化吻合。然而，当 $W = 20$ cm 时，图 12.44 中的曲线斜率就开始逆转了，表现出随着 W 的增加而

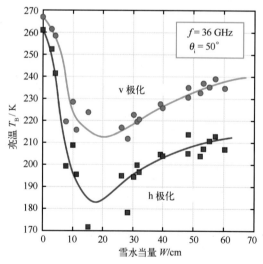

图 12.44　频率为 36 GHz 时亮温随干雪雪水
当量的变化，从雪季开始直到翌年 3 月末冬季，
数据采集于 1977 年 3 月至 1980 年 12 月
（Schanda et al.，1983）

增大的趋势。这种逆转引出了两个问题：①究竟是什么原因导致曲线斜率开始逆转？②一个 T_B 值对应两个不同的 W 值，这个事实是否会带来解释上的困难？我们首先来解决第二个问题：利用多波段观测能够解决 W 的估计值存在的不确定性（Mätzler et al.，1982）。

为了回答为什么会出现 T_B 随着 W 出现趋势逆转的问题，我们利用包含在图 12.45 中的信息。将计算得到的 h 极化和 v 极化亮温在每一个散射反照率 a 下都看作光学厚度 $\tau_0 = \kappa_e d$ 的函数。这些公式得到的图像很清楚地表明了 a 和 τ_0 中只要有一个变化了就会给亮温 $T_{B_{snow}}$ 带来很大变化。举例来说，考虑一个积雪场的特征为有大粒子冰晶, 反照率 $a \approx 0.87$。如果 $\tau_0 \geqslant 2.0$, 对于 h 极化我们能够得到 $T_{B_{snow}} \approx 175$ K。现在考虑, 表面新增了一层雪。如果这一层新增加的雪的反照率比 0.87 还要小, 那么 $T_{B_{snow}}$ 将会降低。对于干雪, 其反照率由波长和冰晶的粒径大小分布决定。注意到图 12.44, $T_{B_{snow}}$ 随着 W 斜率发生逆转的其中一种可能的解释是积雪场里的冰晶在冬季的早期(与之对应 $W \leqslant 20$ cm) 尺寸相对比在 W 达到 20 cm 之后形成的雪层里面的冰晶尺寸更加大一些(尤其是在积雪场的浓霜部分)。我们很清楚, 20 cm 这个数字并不神奇, 这只是碰巧由于数据获得的观测地点历史积累气候造成的。根据 Mätzler 等 (1982)研究发现, 图 12.44 中 $T_{B_{snow}}$(包括 4 个连续的下雪季节)的这种响应是冬季干雪所特有的, 即使在这 4 个季节里历史降雪有很大不同。

基于卫星观测数据, $T_{B_{snow}}$ 对 W 的响应将在 12.11.6 节中进一步讨论。

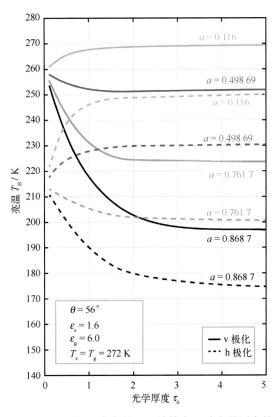

图 12.45　入射角为 56°且不同反照率条件下, 计算亮温随光学厚度的变化(Lee, 1981)

12.11.3　雪的分类

基于 5 年对雪的微波观测的基础上, 伯尼尔大学的研究小组(Schanda et al., 1983) 提出了下列分类类别:

（1）冬季雪：雪没有经历过任何融化过程。在北半球的高纬地区11月至翌年3月可以产生满足该条件的雪。

（2）春季湿雪：积雪场表面由数层厚厚的（至少数厘米深）、湿的、准球形的冰晶（直径1~3 mm）组成，并且这些冰晶是在冻结温度以上时形成的，这往往与暖锋过境、阳光或者是晴空现象有关。

（3）春季干（重新冻结）雪：积雪场的表面由重新冻结的陈年雪组成，这些雪是在晴朗、寒冷的晚上形成的并且有数厘米厚。

在高纬度，春季雪条件的时间跨度为4月早期至6月晚期。这个持续时间表明冬天和春天的积雪适合前文提到的瑞士实验场的海拔（2 450 m）。在更低或者是更高的海拔，雪期会更短或者更长。此外，冬季与春季雪的相对持续时间也与海拔有关。举例来说，低海拔的积雪场一般不会存在冬季雪，在这种情况下，在整个雪季都可以看作春季雪。

图12.46给出了冬季雪 $T_{B_{snow}}$ 的平均值随频率的变化。所有的测量都被标准化到雪水当量=48 cm。对于干雪，频率 f 的增加会使得消光系数 κ_e 以及反照率 a 增大。这意味着，对于给定雪的厚度为 d（或者水当量 W），$T_{B_{snow}}$ 会随着频率的增加而减小。事实上，这也是图12.46中所展示的那样，冬季和春季的干雪随着频率的增加而减少。这两组光谱在两方面有显著的不同：①极化方式的不同 $\Delta T_{B_{snow}} = T_{B_{snow}}^{v} - T_{B_{snow}}^{h}$ 对于冬季的雪值更大一些。②春季干雪的 $T_{B_{snow}}$ 随频率增加的变化比冬季干雪的 $T_{B_{snow}}$ 更陡。这个差异归因于两种雪特有的冰晶形状和大小不同（Schanda et al.，1983）。冬季雪对极化方式

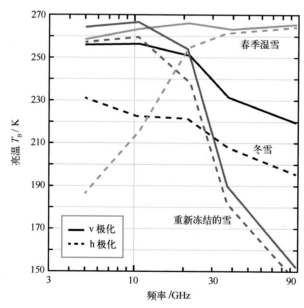

图12.46　在不同雪季和入射角为50°时，水平极化和垂直极化测量亮温值的平均值随频率的变化

(Schanda et al.，1983)

的强烈依赖性是由于冰晶一般是非球形的。然而当它们经历了几次融化和再冻结的循环之后就会变成这样(这就是春季雪的关键属性)。同时，融化、再冻结过程也会产生更大的冰晶，这是由于雪的冰晶倾向于互相结合在一起。这个过程反过来就会导致散射增加或者反照率增加，这就使得春雪对频率 f 的依赖性更强。

正如图 11.78(a)中观测得到的那样，反照率 a 随着雪的湿度 m_v 的增加而降低。当雪介质不存在散射或者说近似不存在散射，这种介质就近似变为了黑体辐射源。并且，如果 $f \gg f_0$，f_0(≈ 9 GHz，$T = 0\,℃$)为水的弛豫频率。雪质的平均介电常数仅仅略大于空气，这意味着空气–雪界面的透射率略小于 1.0。因此，对于两种极化方式，$T_{B_{snow}}$ 都会下降并接近一个在 $0.92T_0$ 到 $0.99T_0$ 之间的一个值(T_0 为雪表面的物理温度)。图 12.46 给出的是春雪在频率超过 21 GHz 时亮温值的平均值随频率的变化。在低频率，由于水的介电常数很高，使得雪的表面的平均介电常数也变得比较高。反过来，表面的不连续性就变得更加重要，尤其在水平极化更加明显。

12.11.4　雪的湿度

我们接下来将会研究雪的湿度对雪的辐射的影响。我们通过比较干雪和湿雪的亮温 $T_{B_{snow}}$ 测得的角度模式来进行审查。图 12.47 给出了在水平极化方式下，频率为 10.7 GHz 以及 37 GHz 下的比较图。湿雪，指的是雪表面包含着液态的水。然而，大多数积雪场可能是或者不是湿的。图 12.47 给出了湿度的值，随后的图是表层 5 cm 处雪层的平均体含水量，这是通过冻结热量计测得的。在 10.7 GHz 时的数据表明，在不同

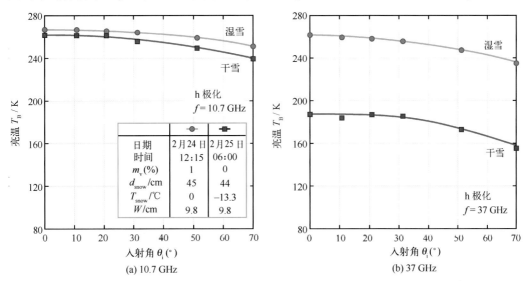

图 12.47　1977 年 2 月 24—25 日在 10.7 GHz 与 37 GHz 时干雪和湿雪的亮温 $T_{B_{snow}}$ 随入射角的变化

(Stiles et al., 1980a)

频率与水平极化方式的组合中，$T_{B_{snow}}$ 对湿度的变化并不敏感。与之相反，在 37 GHz 时，湿度值变化 1% 将导致 $T_{B_{snow}}$ 值变化 70 K。在图 11.79 中讨论过的后向散射系数也与此类情况类似，湿雪表面粗糙度对 $T_{B_{snow}}$ 的影响比干雪的要大，图 12.48 的曲线证实了这一点。

图 12.49 给出的曲线是雪对湿度响应的总结。所有的曲线都是以测量为基础得到的。这些测量都是在 $\theta = 20°$ 且雪层的厚度为 2 m 的情况下进行的。m_v 是积雪表层 15 cm 的平均体液态水含量。

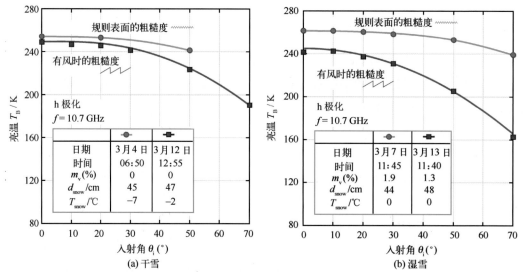

图 12.48　表面粗糙度对干雪和湿雪在 10.7 GHz 时亮温 $T_{B_{snow}}$ 的影响（Stiles et al., 1980b）

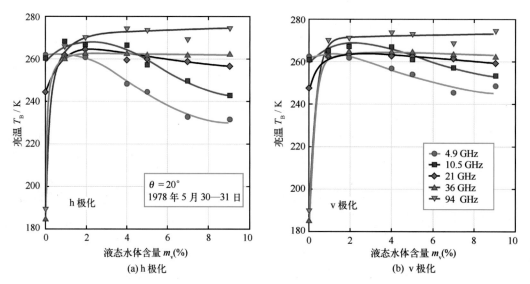

图 12.49　在雪融化周期内，使用 5 个频率测得雪的湿度随亮温 $T_{B_{snow}}$ 的变化，

其中湿度为表层 15 cm 处的均值（Hofer et al., 1980）

12.11.5　日变化

图 12.50 为我们展示了一个印象深刻的例子，给出了频率 f 关于 $T_{B_{snow}}$ 对于 m_v 的敏感度的重要性图解说明。对 $T_{B_{snow}}$ 进行完整的昼夜观测表明，当 m_v 从 0 变化到 1% 和 2% 时，在 10.7 GHz 时，$T_{B_{snow}}$ 增加约 10 K；在 37 GHz 时，增加 100 K 以上。在 37 GHz，$T_{B_{snow}}$ 观测到的峰值在雪表面物理温度 1 K 以内。仪器的绝对精度大约是 ±2 K，这就意味着 $T_{B_{snow}}$ 本来就能够达到 270 K。假设湿雪介质可以看作完美的黑体，那么之前提到的 $T_{B_{snow}}$ 的值表明雪–空气的透射率 ≈0.99。Schanda 等(1982)的报告中有类似的结果。

雪亮温对于 m_v 的敏感度在频率 5～10 GHz 之间的某处有一个反转的迹象。在 10 GHz 以上时，m_v 从 0 增加到 2%，$T_{B_{snow}}$ 一般随之增大。在 4.9 GHz 下的观测(Hofer et al., 1980；Schanda et al., 1982)表明 $T_{B_{snow}}$ 随着 m_v 的增加而减小。图12.51 给出了在频率为 4.9 GHz 下 $T_{B_{snow}}$ 的反应与 21 GHz、36 GHz 下的 $T_{B_{snow}}$ 的反应进行对比所得的图像。

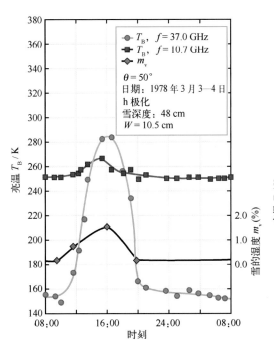

图 12.50　在频率为 10.7 GHz 和 37 GHz 且入射角为 50°时测得的亮温 $T_{B_{snow}}$ 的日变化

(Stiles et al., 1980a)

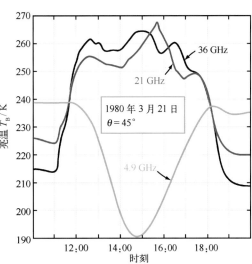

图 12.51　在频率为 4.9 GHz、21 GHz 和 36 GHz 时水平极化测量亮温的时间变化

(Hofer et al., 1980)

12.11.6　卫星观测

水文学应用中需要积雪层信息的类型包括：①雪域；②积雪覆盖区域的雪水当量 W；③积雪开始融化的检测。Rango（1980）给出了星载积雪层覆盖观测的实用性的评估，Hall 等（2001，2002）以及 Armstrong 等（2002）简要介绍了关于得到积雪覆盖地图的方法。用于得到积雪覆盖地图的数据通过星载光学传感器和地基观测得到。光学测量会被云层阻碍，因此不能提供雪的深度信息。为了能够得到很大区域的估计值，地基测量必须采用外推方法，并且常常是外推很长一段距离。因此，基于微波对通常的积雪参量响应的评估以及特别是使用 SMMR 数据的研究结果，我们得出结论，微波辐射传感器在获取积雪覆盖信息方面比光学传感器更加精确。

发展一个能成功地进行地面覆盖物分类的算法的关键是否有多波段数据可用。图 12.52 中的表格展示了 20 种地表在冬天情况下的 v 极化辐射率的标称值。这些测量是在 4 个微波频率下测得的：10 GHz、22 GHz、35 GHz 以及 94 GHz。该表格由 Grody（2008）利用 Mätzler（1997）报告的数据编成，其中 $\theta_i = 50°$。当温度在冻结温度以下时，所有的无雪种类（种类 2 到 9）在 4 种频率下的辐射率大约都是 0.95。与之相反，所有有雪覆盖的表面辐射率随着种类和频率的不同而不同。在辐射率上的强烈反差可以用来构建算法，利用该算法来区分不同的地表种类以及估计对应的雪的含量。图 12.53

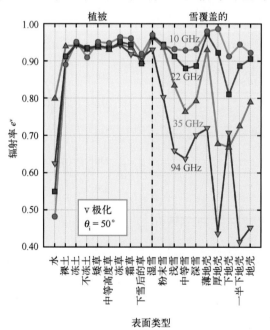

图 12.52　使用 10 GHz、22 GHz、35 GHz 和 94 GHz 地基垂直极化对不同陆地表面辐射率的测量值。大于 10 的地表类型对应不同类型的干雪。该图由 Grody（2008）基于 Mätzler（1994）报告数据制作

给出了在两个不同的地理范围内(加拿大和俄罗斯),现场观测的雪深和利用 SMMR 仪器的 v 极化 37 GHz 通道测得的 T_B 比较。利用像这样的经验观测发展来的算法(Chang et al.,1987;Hall et al.,2002),得到了超过 30 年的雪深和雪水当量地图,其典型精度的量级为 10%。图 12.54 给出了一个例子。

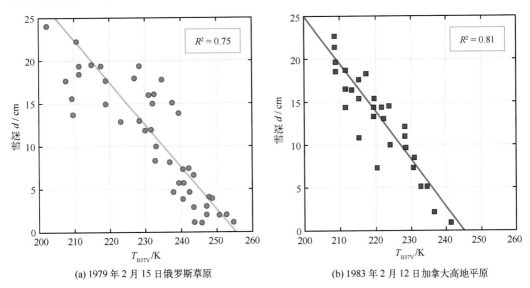

(a) 1979 年 2 月 15 日俄罗斯草原　　　　　(b) 1983 年 2 月 12 日加拿大高地平原

图 12.53　1979 年 2 月 15 日俄罗斯草原和 1983 年 2 月 12 日加拿大高地平原的 SMMR 亮温与雪水当量的关系(Change et al.,1987)

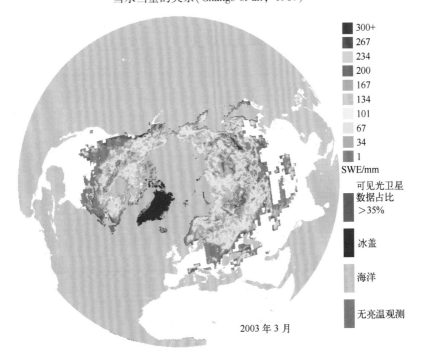

图 12.54　雪水当量(SWE)的彩色地图(美国国家冰雪数据中心)

12.12　相干与非相干辐射率

12.12.1　相干辐射率

图 12.55(a)中的结果代表的是厚度为 d、介电常数为 ε_2 的电介质层，在介电常数为 ε_3 的均匀电介质层之上。顶层的介质为空气，其介电常数为 $\varepsilon_1 = 1$。上下边界为电磁平板，在中间层体积内的变量空间尺度相对于 λ 很小，因此可以近似将其看作均匀的介质。所有的介质都有相同的物理温度 T_0。

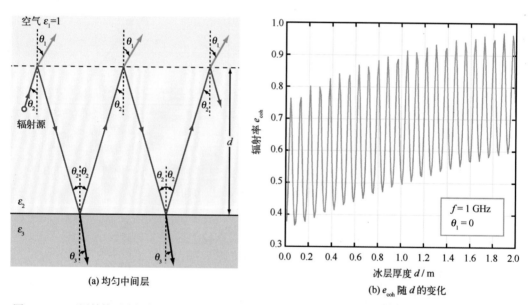

图 12.55　两层结构(厚度为 d、介电常数为 ε_2 的电介质层在介电常数为 ε_3 的均匀电介质层之上)的相干辐射率：(a)微分体积的辐射贡献；(b)在频率为 1 GHz 时辐射率 e_{coh} 随水面冰层厚度 d 的变化

让我们来考虑一下图 12.55(a)中微分体积(标记为辐射源)以及顶层介质在方向为 θ_1 上发射的能量占总发射辐射的贡献。由于平行平面结构，微分体积提供的电场能量由无数的贡献组成，所有的贡献都由特定的相位关系相互关联。相位关系与在两个边界之间的传播延迟有关，相位角与两个界面的反射系数有关。此外，这些相位关系同样可以应用在中间层的每一个微分体积元的辐射以及来自低层的辐射。因此，即使这些辐射源彼此不相干，但是它们总体上会有相干特性。两层结构的辐射率表达式计算可以用两种方式获得，一是将所有沿着 θ_1 方向向顶层介质贡献辐射的能量来源进行积分；二是调用能量守恒方程。后一种方法可以得到 p 极化相干辐射率 e_{coh}^p：

$$e_{\mathrm{coh}}^p = 1 - \Gamma_{\mathrm{coh}}^p = 1 - \left| \rho^p \right|^2 \qquad （相干辐射率）^\dagger \qquad (12.67)$$

式中，ρ^p 为 p 极化反射系数，由式（2.143）给出。

$$\rho^p = \frac{\rho_{12}^p + \rho_{23}^p \mathrm{e}^{-2\gamma_2 d \cos\theta_2}}{1 + \rho_{12}^p \rho_{23}^p \mathrm{e}^{-2\gamma_2 d \cos\theta_2}} \qquad (12.68)$$

因此，ρ_{12}^p 为在上边界，以入射角 θ_1 从介质 1 入射到介质 2 的 p 极化反射系数。类似的，ρ_{23}^p 为以入射角 θ_2 从介质 2 入射到介质 3 的 p 极化反射系数。当然，入射角 θ_1、θ_2、θ_3 满足斯涅耳定律，γ_2 为中间层的传播常数，在 2.4 节中有相应的定义。

以实例说明，图 12.55（b）展示了 e_{coh} 随着 d 的变化关系。其中，光线垂直入射到水面上的纯冰上，纯冰的厚度为 d，入射频率为 1 GHz。与多层反射贡献中相干叠加有关的建设性与消极性干扰，会产生 e_{coh} 的振荡行为。

12.12.2 非相干辐射率

如果图 12.56（a）中的中间层随机分布着不均匀的介质，其尺寸大于 $\lambda/100$。多层反射贡献中的相位关系是不再保留的，在这种情况下，中间层与底层发射出来的辐射能够被加入能量中（与电场相反），从而得到式（12.51）。设式（12.51）中的 $T_2 = T_3 = T_0$，然后利用 T_0 将表达式分开，我们得到 p 极化非相干辐射率 e_{inc}^p 的表达式：

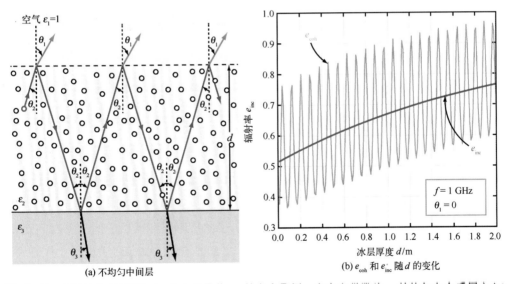

(a) 不均匀中间层

(b) e_{coh} 和 e_{inc} 随 d 的变化

图 12.56　两层结构（厚度为 d、介电常数为 ε_2 的电介质层，在介电常数为 ε_3 的均匀电介质层之上）的非相干辐射率（红色）：（a）微分体积的辐射贡献；（b）在频率为 1 GHz 时辐射率 e_{inc} 随水面冰层厚度 d 的变化。作为对比，相干辐射率用蓝色显示

$\dagger$　计算机代码 12.7。

$$e_{\text{inc}}^p = \left(\frac{1 - \Gamma_{12}^p}{1 - \Gamma_{12}^p \Gamma_{23}^p Y^2} \right) \cdot \left[(1 + \Gamma_{23}^p Y^2)(1 - a)(1 + Y) + (1 - \Gamma_{23}^p)Y \right] \quad (\text{非相干辐射率})^{\dagger}$$

$$(12.69)$$

式中，a 为中间层的单次散射反照率，以及

$$Y = e^{-\kappa_e d \sec \theta_2} \tag{12.70}$$

如果中间层中随机分布着的不均匀介质足够破坏多层反射之间的相位相干，但是同时 $a \ll 1$，那么式（12.69）就简化为

$$e_{\text{inc}}^p = \left(\frac{1 - \Gamma_{12}^p}{1 - \Gamma_{12}^p \Gamma_{23}^p Y^2} \right) \cdot (1 - \Gamma_{23}^p Y^2) \qquad (a \ll 1) \tag{12.71}$$

在图 12.56(b) 中，我们给出了相干辐射率以及非相干辐射率与 d 的函数关系。这两个辐射率都有相似的变化趋势，但是相干辐射率同样展示了之前讨论过的相位干扰振荡。

12.13 湖冰的微波辐射

海冰中的卤水泡导致其变为一个混合物，如同一个带有明显散射和吸收的损耗介质。与此相反，湖冰是一种低损耗传输介质。4.3 节中总结了纯冰的介电性质。因为内河与湖水可能包含杂质以及少量的溶解盐分，其盐度并不完全为零，但是含盐量很少超过 1‰。

图 12.57 展示了利用式（12.71）给出的非相干模型计算得到的多频率曲线。5 GHz 的曲线与图 12.58 中的实验测量可以相互比较。图 12.58 中 d 的范围为 20～65 cm。T_B 对于 d 的敏感度（也就是 T_B 的斜率随 d 的变化）随着频率的增加而增加，但是其线性范围很窄。该模型是在接近理想条件下建立的，冰的特性均匀且没有雪层覆盖。如果有雪覆盖的话，我们将需要发展以及使用多层辐射传输模型。

为了理解实际场景的复杂度，考虑图 12.59 展示的观测结果时间序列。这些数据来自加拿大西北地区的大熊湖（Kang et al., 2010）。底部的时间序列显示了从 2003 年中期到 2004 年中期的平均气温，同时还给出了冰层厚度和冰层上的雪深时间变化。根据作者的描述，湖面完全冻结（CFO）发生在以 2003 年第 340 天为中心的 10 天间隔内。冰的厚度单调递增直到 2004 年的第 140 天达到峰值，大约为 150 cm。随后不久就开始融化（MO），并且在接下来的 20 天冰层完全融化，厚度重新回归到零。

---

† 计算机代码 12.8。

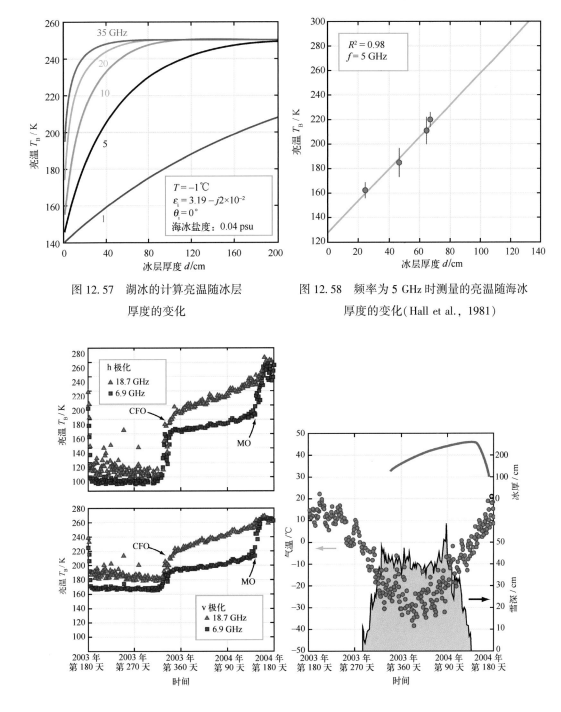

图 12.57　湖冰的计算亮温随冰层
厚度的变化

图 12.58　频率为 5 GHz 时测量的亮温随海冰
厚度的变化(Hall et al.，1981)

图 12.59　加拿大大熊湖垂直极化和水平极化下两个频率的亮温 T_B、平均气温、冰厚度和雪深度的
时间序列(Kang et al.，2010)。图中 CFO 表示完全冻结，MO 表示开始融化

Kang 等(2010)的论文包含了 T_B 在频率为 6.9 GHz、10.72 GHz 以及 18.7 GHz，h 极化和 v 极化下的时间序列。AMSRE 系统记录了 2003—2004 年的测量值。图 12.59 我们仅仅给出了在 3 个频率中最低与最高的通道。对于所有的通道，T_B 在以第 340 天为中心的冰冻期间显著上升，随后随时间呈线性增加直到冰开始融化。与我们在 12.11.4 节中的观测相一致，融化开始时，湿雪将会导致 T_B 增加。在完全冻结和开始融化期间，T_B 随着冰层厚度 d 大约呈线性变化。图 12.60 给出了 327 对 (T_B, d) 示例。决定系数 R^2 在 0.86(6.9 GHz) 到 0.96(18.7 GHz) 之间变化。更为重要的是，斜率 $s_d = \partial T_B / \partial d$ 从 0.1 K/cm(6.9 GHz) 增加到 0.28 K/cm (18.7 GHz)。这些结果与式(12.71)的一般模型预测结果一致，如图 12.57 所示。

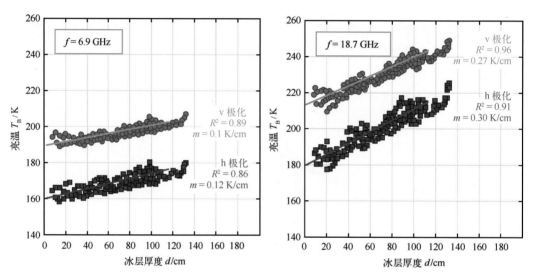

图 12.60　亮温和湖冰厚度的线性回归关系(Kang et al., 2010)

习　题

12.1　一个相对干燥的土壤介质，其介电常数为 $\varepsilon_{soil} = 4 - j\, 0.1$。

(a)利用计算机代码 12.1 来计算并绘出 h 极化和 v 极化镜面辐射率随入射角从 $0° \sim 70°$ 变化的关系图。

(b)利用 I^2EM、计算机代码 12.2 给出类似的图形，其中假设表面非常光滑。可以设 $s = 0.1$ cm，$l = 20$ cm 以及 $f = 1$ GHz。比较这两组图。

12.2　对于具有指数相关函数的随机表面，均方根高度 $s = 1$ cm，相关长度 $l = 12$ cm，使用计算机代码 12.2 计算并画出在 $\theta = 30°$ 时，h 极化辐射率随频率从 $1 \sim 10$ GHz 变化的函数关系。假设肥沃土壤的 $m_v = 0.2$ g/cm³。

12.3　利用计算机代码 12.3，绘制 $\theta_i = 30°$、1 GHz、h 极化，辐射率与 m_v 的函数关系图，其中 m_v 为 0～0.3 g/cm³，这些曲线对应于如下地表参数值（$Z_s = s^2/l$）：0，0.5，1.0，1.5。

12.4　正弦周期表面的振幅为 15 cm，周期为 75 cm，土壤水分含量为 0.25 g/cm³。假设表面没有随机粗糙度，计算并绘出 h 极化、v 极化的辐射率随入射角 θ_0 变化的函数关系：

　　（a）$\phi_0 = 0$（平行观测方向）；

　　（b）$\phi_0 = 45°$；

　　（c）$\phi_0 = 90°$（垂直观测方向）。

12.5　在题 12.4 的基础上增加正弦变化的随意粗糙表面，其特征为 $s = 2$ cm，$l = 10$ cm。利用计算机代码 12.4，设其频率为 1.4 GHz。

12.6　一个森林层的特征参数为：反照率 $a = 0.03\,f$，消光系数 $\kappa_e = 0.3\,f$（Np/m），其中 f 单位为 GHz 且 $1 \leqslant f \leqslant 10$ GHz。在其下方的土壤表面均方根高度 $s = 2$ cm，相关长度 $l = 10$ cm。利用计算机代码 12.5 来计算 ZRT 辐射率在频率为 1.4 GHz，$\theta_i = 30°$ 和 h 极化条件下：

　　（a）与森林冠层高度 d 的函数关系，取 $m_v = 0.05$ g/cm³；

　　（b）与森林冠层高度 d 的函数关系，取 $m_v = 0.3$ g/cm³。

12.7　利用题 12.6 中森林冠层的参数，计算并绘制 ZRT 辐射率在 $\theta_i = 30°$ 和 h 极化条件下与 m_v（0～0.3 g/cm³）的函数关系：

　　（a）频率在 L 波段（1.4 GHz）；

　　（b）频率在 X 波段（10 GHz）。

森林冠层的高度为 1.2 m。

12.8　利用题 12.6 中的参数，计算并绘出 h 极化 ZRT 辐射率在 $\theta_i = 30°$ 时和 $f = 1.4$ GHz 条件下与 m_v（0～0.3 g/cm³）的函数关系，其中：

　　（a）$d = 0.2$ m；

　　（b）$d = 1.5$ m。

12.9　土壤表面覆盖一层厚度为 d 的干燥积雪。土壤表面可以看作镜面，其介电常数为 $\varepsilon = 4 - j0.1$。频率为 10 GHz，雪的反照率 $a = 0.2$，消光系数 $\kappa_e = 1.1$（Np/m），密度为 0.5 g/cm³。计算并画出辐射计 h 极化向下观测得到的辐射率随 d 变化的函数关系。

12.10　计算并画出相干辐射率在垂直入射时，随着水面上冰层厚度变化的图像，其中 d 从 0 变化到 1 m。设频率为 3 GHz，水是纯水，温度为 -5℃，冰的介电常数为 $\varepsilon_{ice} = 3.2 - j2 \times 10^{-3}$。